한번에 합격하기 합격플래

[STEP 1. 필기이론 정리]

품질경영기사 필기

Part	Chapter	1회독	2회독
Part 1 공업통계학	Chpater 1. 데이터의 기초 방법	☐ __월 __일 ~ __월 __일	☐ __월 __일 ~ __월 __일
	Chpater 2. 확률변수와 확률분포	☐ __월 __일 ~ __월 __일	☐ __월 __일 ~ __월 __일
	Chpater 3. 검정과 추정	☐ __월 __일 ~ __월 __일	☐ __월 __일 ~ __월 __일
	Chpater 4. 상관분석과 회귀분석	☐ __월 __일 ~ __월 __일	☐ __월 __일 ~ __월 __일
Part 2 관리도	Chpater 1. 관리도의 개념	☐ __월 __일 ~ __월 __일	☐ __월 __일 ~ __월 __일
	Chpater 2. 관리도의 종류	☐ __월 __일 ~ __월 __일	☐ __월 __일 ~ __월 __일
	Chpater 3. 관리도의 해석	☐ __월 __일 ~ __월 __일	☐ __월 __일 ~ __월 __일
Part 3 샘플링	Chpater 1. 검사의 개요	☐ __월 __일 ~ __월 __일	☐ __월 __일 ~ __월 __일
	Chpater 2. 샘플링검사	☐ __월 __일 ~ __월 __일	☐ __월 __일 ~ __월 __일
	Chpater 3. 샘플링검사의 형태	☐ __월 __일 ~ __월 __일	☐ __월 __일 ~ __월 __일
Part 4 실험계획법	Chpater 1. 실험계획법의 개념	☐ __월 __일 ~ __월 __일	☐ __월 __일 ~ __월 __일
	Chpater 2. 실험계획법의 분류	☐ __월 __일 ~ __월 __일	☐ __월 __일 ~ __월 __일
Part 5 신뢰성관리	Chpater 1. 신뢰성 개념	☐ __월 __일 ~ __월 __일	☐ __월 __일 ~ __월 __일
	Chpater 2. 신뢰성 분포	☐ __월 __일 ~ __월 __일	☐ __월 __일 ~ __월 __일
	Chpater 3. 신뢰성시험 및 추정	☐ __월 __일 ~ __월 __일	☐ __월 __일 ~ __월 __일
	Chpater 4. 시스템 구성 및 설계	☐ __월 __일 ~ __월 __일	☐ __월 __일 ~ __월 __일
Part 6 품질경영	Chpater 1. 품질경영의 개념	☐ __월 __일 ~ __월 __일	☐ __월 __일 ~ __월 __일
	Chpater 2. 품질관리조직 및 기능	☐ __월 __일 ~ __월 __일	☐ __월 __일 ~ __월 __일
	Chpater 3. 품질보증 및 제조물 책임	☐ __월 __일 ~ __월 __일	☐ __월 __일 ~ __월 __일
	Chpater 4. 규정공차와 공정능력 분석	☐ __월 __일 ~ __월 __일	☐ __월 __일 ~ __월 __일
	Chpater 5. 검사설비 관리	☐ __월 __일 ~ __월 __일	☐ __월 __일 ~ __월 __일
	Chpater 6. 6시그마 혁신활동과 Single PPM	☐ __월 __일 ~ __월 __일	☐ __월 __일 ~ __월 __일
	Chpater 7. 품질비용	☐ __월 __일 ~ __월 __일	☐ __월 __일 ~ __월 __일
	Chpater 8. 품질혁신활동 및 수법	☐ __월 __일 ~ __월 __일	☐ __월 __일 ~ __월 __일
	Chpater 9. 산업표준화	☐ __월 __일 ~ __월 __일	☐ __월 __일 ~ __월 __일
	Chpater 10. 사내표준화	☐ __월 __일 ~ __월 __일	☐ __월 __일 ~ __월 __일
	Chpater 11. 품질경영시스템 인증	☐ __월 __일 ~ __월 __일	☐ __월 __일 ~ __월 __일
	Chpater 12. 서비스 품질경영	☐ __월 __일 ~ __월 __일	☐ __월 __일 ~ __월 __일
Part 7 생산시스템	Chpater 1. 생산시스템과 생산전략	☐ __월 __일 ~ __월 __일	☐ __월 __일 ~ __월 __일
	Chpater 2. 수요예측과 제품조합	☐ __월 __일 ~ __월 __일	☐ __월 __일 ~ __월 __일
	Chpater 3. 자재관리전략	☐ __월 __일 ~ __월 __일	☐ __월 __일 ~ __월 __일
	Chpater 4. 생산계획 수립	☐ __월 __일 ~ __월 __일	☐ __월 __일 ~ __월 __일
	Chpater 5. 표준작업관리	☐ __월 __일 ~ __월 __일	☐ __월 __일 ~ __월 __일
	Chpater 6. 설비보전관리	☐ __월 __일 ~ __월 __일	☐ __월 __일 ~ __월 __일

절취선

한번에 합격하기 합격플래너
품질경영기사 필기

[STEP 2. 기출문제 풀이]

		1회독	2회독
2017년	2017년 제1회	□ __월 __일	□ __월 __일
	2017년 제2회	□ __월 __일	□ __월 __일
	2017년 제4회	□ __월 __일	□ __월 __일
2018년	2018년 제1회	□ __월 __일	□ __월 __일
	2018년 제2회	□ __월 __일	□ __월 __일
	2018년 제4회	□ __월 __일	□ __월 __일
2019년	2019년 제1회	□ __월 __일	□ __월 __일
	2019년 제2회	□ __월 __일	□ __월 __일
	2019년 제4회	□ __월 __일	□ __월 __일
2020년	2020년 제1·2회 통합	□ __월 __일	□ __월 __일
	2020년 제3회	□ __월 __일	□ __월 __일
	2020년 제4회	□ __월 __일	□ __월 __일
2021년	2021년 제1회	□ __월 __일	□ __월 __일
	2021년 제2회	□ __월 __일	□ __월 __일
	2021년 제4회	□ __월 __일	□ __월 __일
2022년	2022년 제1회	□ __월 __일	□ __월 __일
	2022년 제2회	□ __월 __일	□ __월 __일
2023년	2023년 제1회	□ __월 __일	□ __월 __일
	2023년 제2회	□ __월 __일	□ __월 __일
	2023년 제4회	□ __월 __일	□ __월 __일
2024년	2024년 제1회	□ __월 __일	□ __월 __일
	2024년 제2회	□ __월 __일	□ __월 __일
	2024년 제3회	□ __월 __일	□ __월 __일
CBT	CBT 온라인 모의고사	□ __월 __일	□ __월 __일

절취선

한번에 합격하는 품질경영기사

필기

염경철 지음

BM (주)도서출판 성안당

■ 도서 A/S 안내

성안당에서 발행하는 모든 도서는 저자와 출판사, 그리고 독자가 함께 만들어 나갑니다.

좋은 책을 펴내기 위해 많은 노력을 기울이고 있습니다. 혹시라도 내용상의 오류나 오탈자 등이 발견되면 **"좋은 책은 나라의 보배"**로서 우리 모두가 함께 만들어 간다는 마음으로 연락주시기 바랍니다. 수정 보완하여 더 나은 책이 되도록 최선을 다하겠습니다.

성안당은 늘 독자 여러분들의 소중한 의견을 기다리고 있습니다. 좋은 의견을 보내주시는 분께는 성안당 쇼핑몰의 포인트(3,000포인트)를 적립해 드립니다.

잘못 만들어진 책이나 부록 등이 파손된 경우에는 교환해 드립니다.

저자 문의 e-mail : clsqc@naver.com(염경철)
본서 기획자 e-mail : coh@cyber.co.kr(최옥현)
홈페이지 : http://www.cyber.co.kr 전화 : 031) 950-6300

머리말

현시대는 "품질관[illegible]가 친숙한 단어지만, 저자가 학원과 대학에서 처음 강의를 [illegible]게는 아주 생소한 단어이자 학문이었다. 자격증을 준비하려거나 강의를 하려고 해도 책이 거의 없던 그때에 비하면 오늘날 품질 분야는 질적 · 양적으로 비약적인 발전을 하여 기업의 사활을 좌우하는 핵심적인 경영 기법으로 자리 잡고 있다.

그러나 품질경영의 기본이 되는 과목들은 아직도 전공자들조차도 쉽게 접근하지 못하는 실정이며 어려운 학문으로 인식되고 있는 안타까운 현실이다. 저자는 품질관리라는 학문을 우연한 기회에 접하게 되어 혼자서 연구 · 정리하며 비전공자나 입문자를 대상으로 지금껏 강의를 하고 있는 관계로, 혼자서 지식을 터득해야 하는 독학의 어려움을 누구보다도 잘 알고 있다.

따라서 이번에 출간되는 책은 그간의 강의 노하우를 담아 수험생이나 입문자의 입장에서 최대한 쉽게 이해되고 정리될 수 있도록 기존 틀에서 벗어나 최대한 쉽게 전개시켰다는 자부심이 있다.

이 책의 특징은 다음과 같다.

첫째, 30여 년의 강의 노하우를 총동원하여 기초가 없는 학생들까지도 접근할 수 있는 쉬운 방법으로 이론을 전개하여 전체적인 이론 체계를 이해할 수 있도록 구성하였다.

둘째, CBT 시험의 기본이 되는 2017년 1회부터 2024년 3회까지의 기출문제를 수록하고, 세세하고 쉬운 해설로 혼자서 공부하기에도 무리가 없도록 하였고, 저자 직통 전화를 통한 합격상담실을 운영한다.

셋째, 가장 최근에 변경된 기준의 내용까지도 철저하게 반영하여 최신 출제경향에 완벽하게 대비할 수 있도록 하였다.

저자는 30여 년 동안 강의를 하면서 이 학문을 어려워하는 학생들에게 "어떻게 하면 쉽고 체계적으로 이해를 시킬 수 있을까"를 누구보다도 많이 고뇌해 왔다고 자신할 수 있다. 본서는 그동안 생각해 두었던 전달의 문제점을 정리하여 좀 더 쉽게 이해할 수 있도록 사전 지식이 없는 독자 편에 서서 심혈을 기울여 집필하였고, 출제빈도가 높은 기본문제의 세세한 해설로 품질경영기사 자격시험의 최고의 지침서가 되리라 확신하는 바이다.

끝으로 이 책이 출간되기까지 척박한 품질관리라는 외길을 함께 걸어온 동료 교수와 후배 교수, 그리고 성안당 관계자 및 그 외의 여러분께 심심한 감사를 드린다.

저자 **염 경 철**

1 국가직무능력표준(NCS)의 의미

(1) NCS의 개념

국가직무능력표준(NCS ; National Competency Standards)은 산업현장에서 직무를 수행하는 데 필요한 능력(지식·기술·태도)을 국가가 표준화한 것이다.

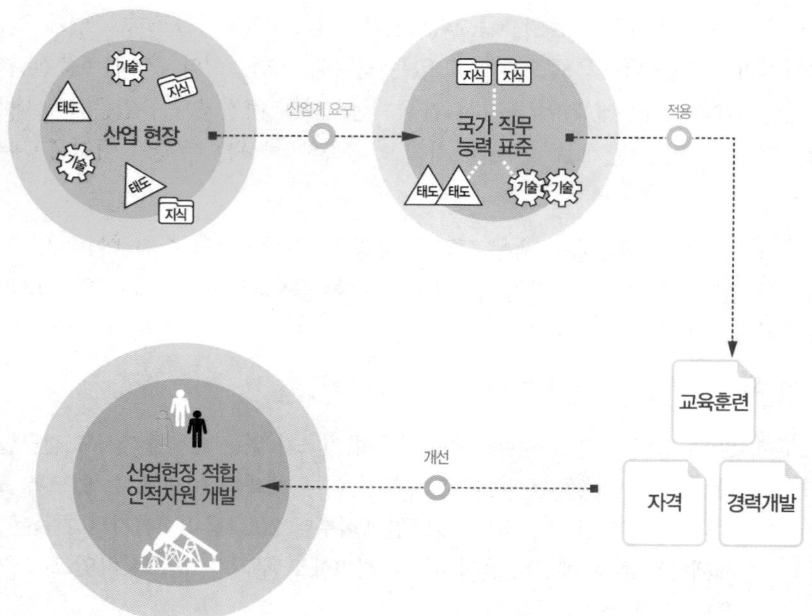

(2) NCS 학습모듈의 개념

NCS가 현장의 '직무 요구서'라고 한다면, NCS 학습모듈은 NCS의 능력단위를 교육훈련에서 학습할 수 있도록 구성한 '교수·학습 자료'이다. NCS 학습모듈은 구체적 직무를 학습할 수 있도록 이론 및 실습과 관련된 내용을 상세하게 제시하고 있다.

NCS(산업계 개발) 능력단위 구성 내용	NCS 기반 학습모듈 (교육계 · 산업계 개발) 구성 내용	NCS 기반 교육훈련과정 (교육훈련기관) 학교 적용
• 수행준거 • 지식, 기술, 태도 • 적용범위, 작업상황 • 평가지침	• 학습목표 • 학습내용 • 교수 학습방법 • 평가 및 피드백 운영	• 교재 개발 • 강의계획서 개발 • 교수학습 운영 • 평가 및 피드백 등

2 국가직무능력표준의 필요성

능력 있는 인재를 개발해 핵심 인프라를 구축하고, 나아가 국가경쟁력을 향상시키기 위해 국가직무능력표준이 필요하다.

(1) 국가직무능력표준(NCS)의 적용

지금은

- 직업 교육 · 훈련 및 자격제도가 산업현장과 불일치
- 인적자원의 비효율적 관리 운용

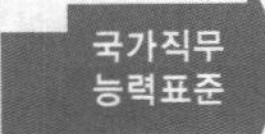

이렇게 바뀝니다.

- 각각 따로 운영되었던 교육·훈련, 국가직무능력표준 중심시스템으로 전환 (일–교육 · 훈련–자격 연계)
- 산업현장 직무중심의 인적자원 개발
- 능력중심사회 구현을 위한 핵심 인프라 구축
- 고용과 평생직업능력 개발 연계를 통한 국가경쟁력 향상

(2) 국가직무능력표준(NCS)의 활용범위

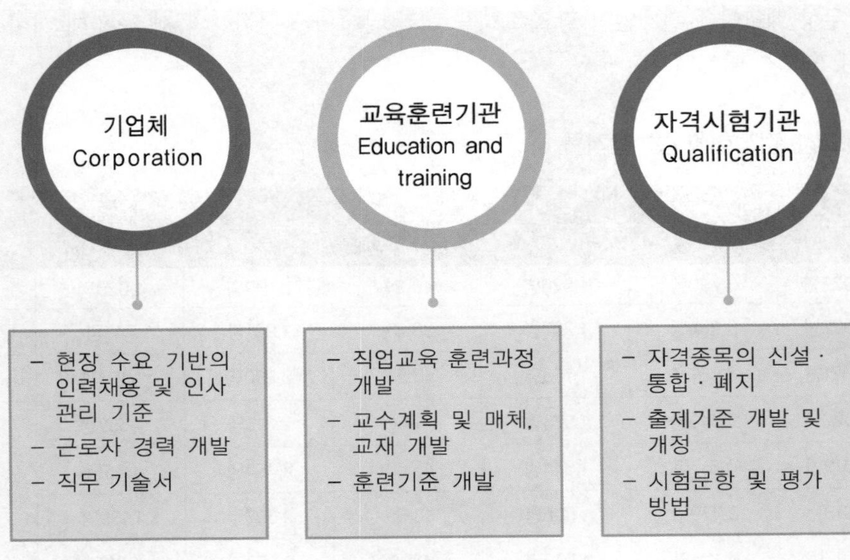

자격 안내

1 자격 기본정보

- 자격명 : 품질경영기사(Engineer Quality Management)
- 관련부처 : 산업통상자원부
- 시행기관 : 한국산업인력공단

(1) 자격 개요

경제, 사회 발전에 따라 고객의 요구가 가격 중심에서 고품질, 다양한 디자인, 충실한 A/S 및 안전성 등으로 급속히 변화하고 있으며, 이에 기업의 경쟁력 창출요인도 변화하여 기업경영의 근본요소로 품질경영체계의 적극적인 도입과 확산이 요구되고 있으며, 이를 수행할 전문기술인력양성이 요구되어 자격제도를 제정하였다.

(2) 수행직무

일반적인 지식을 갖고 제품의 라이프 사이클에서 품질을 확보하는 단계에서 생산준비, 제조 및 서비스 등 주로 현장에서 품질경영시스템의 업무를 수행하고 각 단계에서 발견된 문제점을 지속적으로 개선하고 혁신하는 업무 등을 수행하는 직무이다.

(3) 진로 및 전망

유·무형 제조물에 관계없이 필요로 하므로 각 분야의 생산현장의 제조·판매 서비스에 이르기까지 수요가 폭넓다.

(4) 연도별 검정현황 및 합격률

연 도	필 기			실 기		
	응시	합격	합격률	응시	합격	합격률
2023년	3,790명	1,526명	40.3%	2,190명	1,020명	46.6%
2022년	3,264명	1,267명	38.8%	1,901명	743명	39.1%
2021년	3,687명	1,753명	47.5%	2,230명	1,154명	51.7%
2020년	3,343명	1,973명	59%	2,815명	1,552명	55.1%
2019년	3,617명	1,644명	45.5%	2,454명	835명	34%
2018년	3,459명	1,506명	43.5%	2,395명	1,139명	47.6%
2017년	4,126명	1,739명	42.1%	2,653명	900명	33.9%
2016년	3,846명	1,534명	39.9%	2,365명	950명	40.2%

품질경영기사 자격시험은 한국산업인력공단에서 시행합니다.
원서접수 및 시험일정 등 기타 자세한 사항은 한국산업인력공단에서 운영하는 사이트인 큐넷(q-net.or.kr)에서 확인하시기 바랍니다.

2 자격증 취득정보

(1) 품질경영기사 응시자격

다음 중 어느 하나에 해당하는 사람은 기사 시험을 응시할 수 있다.

① 산업기사 등급 이상의 자격을 취득한 후 응시하려는 종목이 속하는 동일 및 유사 직무분야에서 1년 이상 실무에 종사한 사람
② 기능사 자격을 취득한 후 응시하려는 종목이 속하는 동일 및 유사 직무분야에서 3년 이상 실무에 종사한 사람
③ 응시하려는 종목이 속하는 동일 및 유사 직무분야의 다른 종목 기사 등급 이상의 자격을 취득한 사람
④ 관련학과의 대학 졸업자 등 또는 그 졸업예정자
⑤ 3년제 전문대학 관련학과 졸업자 등으로서 졸업 후 응시하려는 종목이 속하는 동일 및 유사 직무분야에서 1년 이상 실무에 종사한 사람
⑥ 2년제 전문대학 관련학과 졸업자 등으로서 졸업 후 응시하려는 종목이 속하는 동일 및 유사 직무분야에서 2년 이상 실무에 종사한 사람
⑦ 동일 및 유사 직무분야의 기사 수준 기술훈련과정 이수자 또는 그 이수예정자
⑧ 동일 및 유사 직무분야의 산업기사 수준 기술훈련과정 이수자로서 이수 후 응시하려는 종목이 속하는 동일 및 유사 직무분야에서 2년 이상 실무에 종사한 사람
⑨ 응시하려는 종목이 속하는 동일 및 유사 직무분야에서 4년 이상 실무에 종사한 사람
⑩ 외국에서 동일한 종목에 해당하는 자격을 취득한 사람
※ 품질경영기사 관련학과 : 4년제 대학교 이상의 학교에 개설되어 있는 산업공학, 산업경영공학, 산업기술경영 등 관련학과

(2) 응시자격서류 제출

① 응시자격을 응시 전 또는 응시 회별 별도 지정된 기간 내에 제출하여야 필기시험 합격자로 실기시험에 접수할 수 있으며, 지정된 기간 내에 제출하지 아니할 경우에는 필기시험 합격예정이 무효 처리된다.
② 국가기술시험 응시자격은 국가기술자격법에 따라 등급별 정해진 학력 또는 경력 등 응시자격을 충족하여야 필기 합격이 가능하다.
※ 응시자격서류 심사의 기준일 : 수험자가 응시하는 회별 필기 시험일을 기준으로 요건 충족

자격증 취득과정

1 원서 접수 유의사항

① 원서 접수는 온라인(인터넷, 모바일앱)에서만 가능하다.
스마트폰, 태블릿 PC 사용자는 모바일앱 프로그램을 설치한 후 접수 및 취소/환불 서비스를 이용할 수 있다.

② 원서 접수 확인 및 수험표 출력기간은 접수 당일부터 시험 시행일까지이다.
이외 기간에는 조회가 불가하며, 출력장애 등을 대비하여 사전에 출력하여 보관하여야 한다.

③ 원서 접수 시 반명함 사진 등록이 필요하다.
사진은 6개월 이내 촬영한 3.5cm×4.5cm 컬러사진으로, 상반신 정면, 탈모, 무 배경을 원칙으로 한다.

※ 접수 불가능 사진 : 스냅사진, 스티커사진, 측면사진, 모자 및 선글라스 착용 사진, 혼란한 배경사진, 기타 신분확인이 불가한 사진

STEP 01 필기시험 원서접수

- Q-net(q-net.or.kr) 사이트 회원가입 후 접수 가능
- 반명함 사진 등록 필요 (6개월 이내 촬영본, 3.5cm×4.5cm)

STEP 02 필기시험 응시

- 입실시간 미준수 시 시험 응시 불가 (시험 시작 20분 전까지 입실)
- 수험표, 신분증, 필기구 지참 (공학용 계산기 지참 시 반드시 포맷)

STEP 03 필기시험 합격자 확인

- CBT 시험 종료 후 즉시 점수 확인 가능
- Q-net 사이트에 게시된 공고로 확인 가능

STEP 04 실기시험 원서접수

- Q-net 사이트에서 원서 접수
- 실기시험 시험일자 및 시험장은 접수 시 수험자 본인이 선택 (먼저 접수하는 수험자가 선택의 폭이 넓음)

2 시험문제와 가답안 공개

① 필기

품질경영기사 필기는 CBT(Computer Based Test)로 시행되므로 시험문제와 가답안은 공개되지 않는다.

② 실기

필답형 실기시험 시 특별한 시설과 장비가 필요하지 않고 시험장만 있으면 시험을 치를 수 있기 때문에 전 수험자를 대상으로 토요일 또는 일요일에 검정을 시행하고 있다. 시험 종료 후 본인 문제지를 가지고 갈 수 없으며 별도로 시험문제지 및 가답안은 공개하지 않는다.

STEP 05 실기시험 응시

- 수험표, 신분증, 필기구, 공학용 계산기, 종목별 수험자 준비물 지참 (공학용 계산기는 허용된 종류에 한하여 사용 가능하며, 수험자 지참 준비물은 실기시험 접수기간에 확인 가능)

STEP 06 실기시험 합격자 확인

- 문자메시지, SNS 메신저를 통해 합격 통보 (합격자만 통보)
- Q-net 사이트 및 ARS (1666-0100)를 통해서 확인 가능

STEP 07 자격증 교부 신청

- Q-net 사이트에서 신청 가능
- 상장형 자격증, 수첩형 자격증 형식 신청 가능

STEP 08 자격증 수령

- 상장형 자격증은 합격자 발표 당일부터 인터넷으로 발급 가능 (직접 출력하여 사용)
- 수첩형 자격증은 인터넷 신청 후 우편 수령만 가능

CBT 안내

1 CBT란?

CBT란 Computer Based Test의 약자로, 컴퓨터 기반 시험을 의미한다. 정보기기운용기능사, 정보처리기능사, 굴삭기운전기능사, 지게차운전기능사, 제과기능사, 제빵기능사, 한식조리기능사, 양식조리기능사, 일식조리기능사, 중식조리기능사, 미용사(일반), 미용사(피부) 등 12종목은 이미 오래 전부터 CBT 시험을 시행하고 있으며, 품질경영기사는 2022년 4회 시험부터 CBT 시험이 시행되었다.

CBT 필기시험은 컴퓨터로 보는 만큼 수험자가 답안을 제출함과 동시에 합격여부를 확인할 수 있다.

2 CBT 시험 과정

한국산업인력공단에서 운영하는 홈페이지 **큐넷(Q-net)**에서는 누구나 쉽게 CBT 시험을 볼 수 있도록 실제 자격시험 환경과 동일하게 구성한 **가상 웹 체험 서비스를 제공**하고 있다.

가상 웹 체험 서비스를 통해 CBT 시험을 연습하는 과정은 다음과 같다.

(1) 시험시작 전 신분 확인 절차

① 수험자가 자신에게 배정된 좌석에 앉아 있으면 신분 확인 절차가 진행된다.

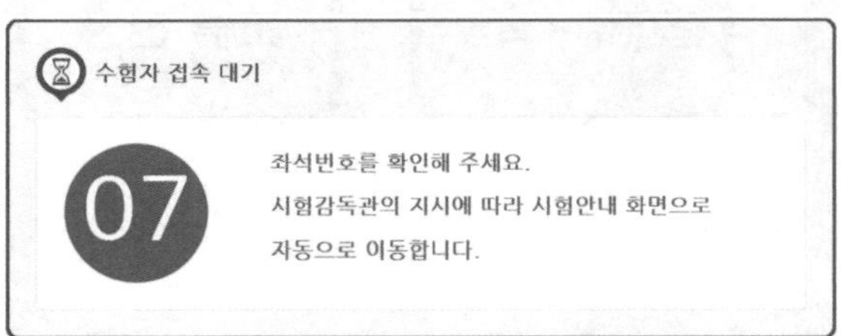

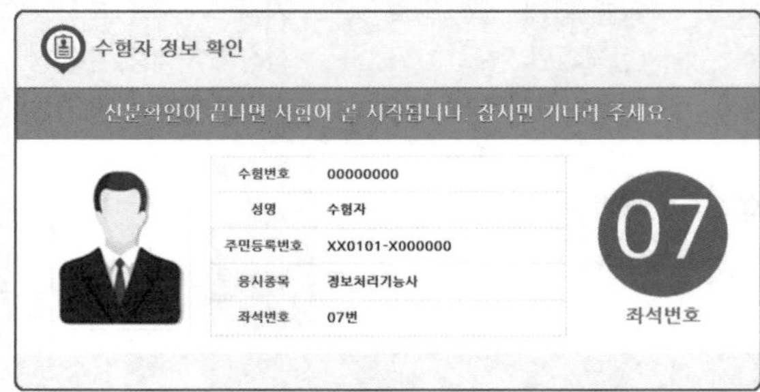

② 신분 확인이 끝난 후 시험시작 전 CBT 시험안내가 진행된다.

안내사항 > 유의사항 > 메뉴 설명 > 문제풀이 연습 > 시험준비 완료

(2) 시험 [안내사항]을 확인한다.

① 시험은 총 5문제로 구성되어 있으며, 5분간 진행된다.
자격종목별로 시험문제 수와 시험시간은 다를 수 있다.
※ 품질경영기사 필기 – 100문제/1시간 30분

② 시험 도중 수험자 PC 장애 발생 시 손을 들어 시험감독관에게 알리면 긴급장애조치 또는 자리이동을 할 수 있다.

③ 시험이 끝나면 합격여부를 바로 확인할 수 있다.

(3) 시험 [유의사항]을 확인한다.

시험 중 금지되는 행위 및 저작권 보호에 관한 유의사항이 제시된다.

(4) 문제풀이 [메뉴 설명]을 확인한다.

문제풀이 기능 설명을 유의해서 읽고 기능을 숙지해야 한다.

(5) 자격검정 CBT [문제풀이 연습]을 진행한다.

실제 시험과 동일한 방식의 문제풀이 연습을 통해 CBT 시험을 준비한다.

① CBT 시험 문제 화면의 기본 글자크기는 150%이다. 글자가 크거나 작을 경우 크기를 변경할 수 있다.

② 화면배치는 '1단 배치'가 기본 설정이다. 더 많은 문제를 볼 수 있는 '2단 배치'와 '한 문제씩 보기' 설정이 가능하다.

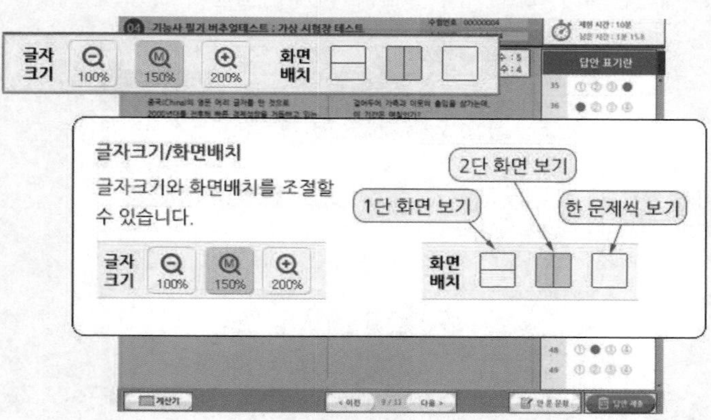

③ 답안은 문제의 보기번호를 클릭하거나 답안표기 칸의 번호를 클릭하여 입력할 수 있다.
④ 입력된 답안은 문제화면 또는 답안표기 칸의 보기번호를 클릭하여 변경할 수 있다.

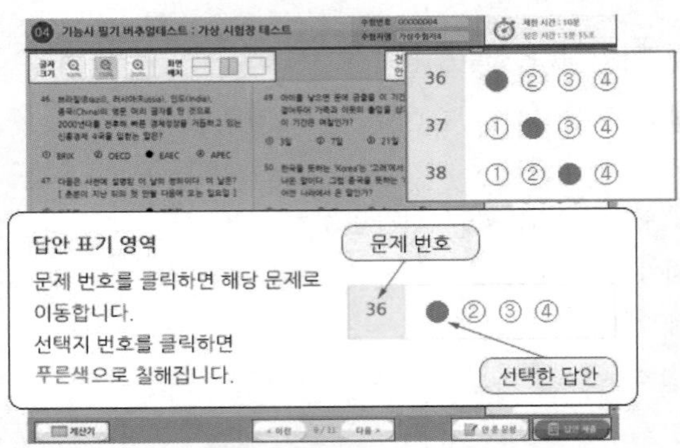

⑤ 페이지 이동은 '페이지 이동' 버튼 또는 답안표기 칸의 문제번호를 클릭하여 이동할 수 있다.

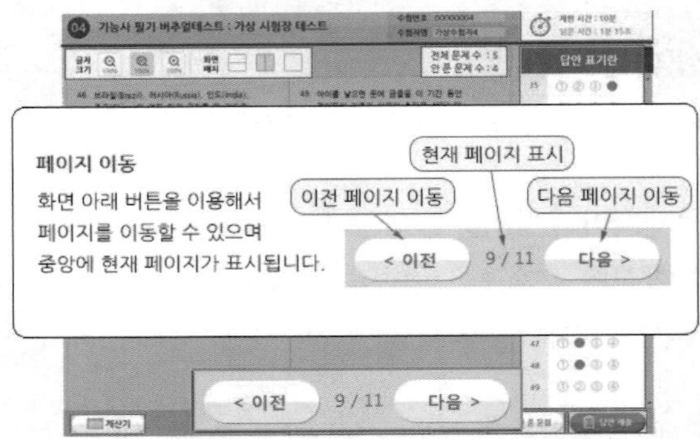

⑥ 응시종목에 계산문제가 있을 경우 좌측 하단의 계산기 기능을 이용할 수 있다.

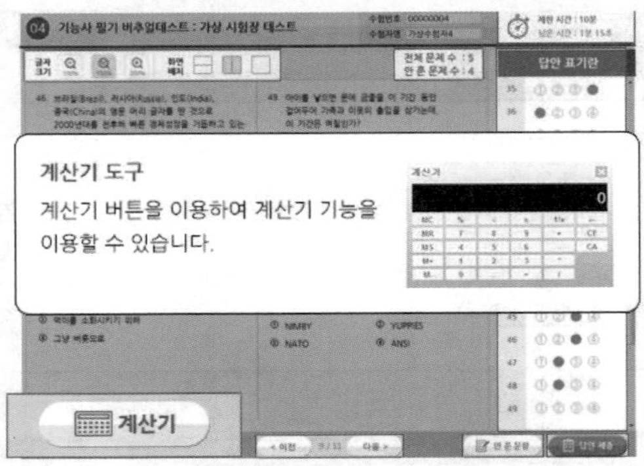

⑦ 안 푼 문제 확인은 답안 표기란 좌측에 안 푼 문제 수를 확인하거나 답안 표기란 하단 '안 푼 문제' 버튼을 클릭하여 확인할 수 있다. 안 푼 문제번호 보기 팝업창에 안 푼 문제번호가 표시된다. 번호를 클릭하면 해당 문제로 이동한다.

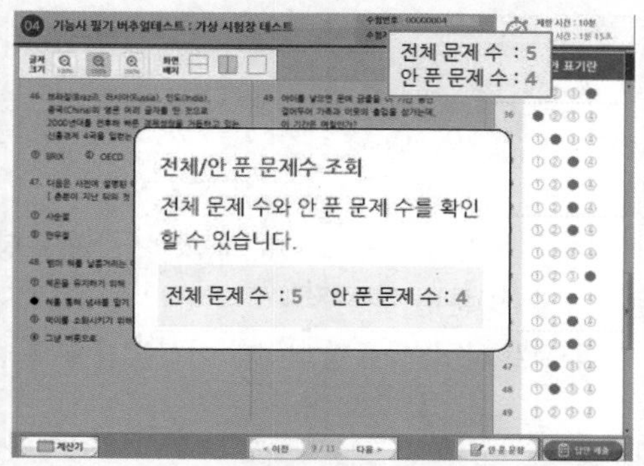

⑧ 시험문제를 다 푼 후 답안 제출을 하거나 시험시간이 모두 경과되었을 경우 시험이 종료되며, 시험결과를 바로 확인할 수 있다.

⑨ '답안 제출' 버튼을 클릭하면 답안 제출 승인 알림창이 나온다. 시험을 마치려면 '예'를, 시험을 계속 진행하려면 '아니오'를 클릭하면 된다. 답안 제출은 실수 방지를 위해 두 번의 확인 과정을 거친다. 이상이 없으면 '예' 버튼을 한 번 더 클릭한다.

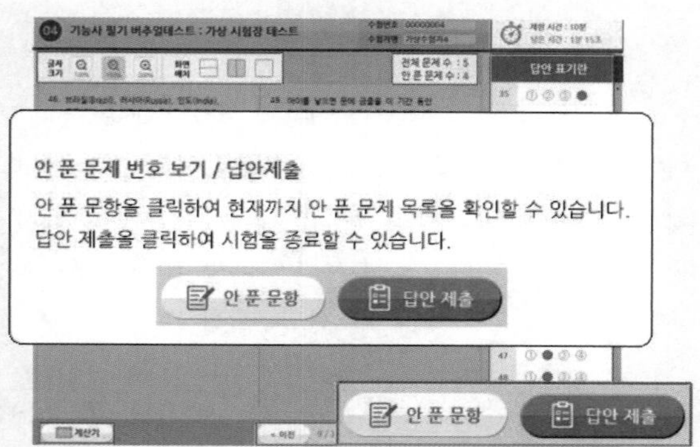

(6) [시험준비 완료]를 한다.

시험 안내사항 및 문제풀이 연습까지 모두 마친 수험자는 '시험준비 완료' 버튼을 클릭한 후 잠시 대기한다.

(7) 연습한 대로 CBT 시험을 시행한다.

(8) 답안 제출 및 합격여부를 확인한다.

검정방법 / 출제기준

1 필기

- 시험과목 : 총 5개 과목
  1. 실험계획법
  2. 통계적 품질관리
  3. 생산시스템
  4. 신뢰성관리
  5. 품질경영
- 검정방법 : CBT(객관식/4지 택일형), 총 100문제(과목당 20문항)
- 시험시간 : 총 150분(과목당 30분)
- 합격기준 : 100점을 만점으로 하여 과목당 40점 이상, 전 과목 평균 60점 이상

제1과목 실험계획법

주요 항목	세부 항목	세세 항목
실험계획 분석 및 최적해 설계	(1) 실험계획의 개념	① 실험계획의 개념 및 원리 ② 실험계획법의
	(2) 요인 실험(요인배치법)	① 1요인 실험 ② 1요인 실험의 해석 ③ 반복이 없는 2요인 실험 ④ 반복이 있는 2요인 실험 ⑤ 난괴법 ⑥ 다요인 실험의 개요
	(3) 대비와 직교분해	대비와 직교분해
	(4) 계수값 데이터의 분석 및 해석	계수값 데이터의 분석 및 해석 (1요인 · 2요인 실험)
	(5) 분할법	① 단일분할법 ② 지분실험법
	(6) 라틴방격법	라틴방격법 및 그레코라틴방격법
	(7) K^n형 요인 실험	K^n형 요인 실험
	(8) 교락법	교락법과 일부실시법
	(9) 직교배열표	① 2수준계 직교배열표 ② 3수준계 직교배열표
	(10) 회귀분석	회귀분석
	(11) 다구찌 실험계획법	① 다구찌 실험계획법의 개념 ② 다구찌 실험계획법의 설계

제2과목 통계적 품질관리

주요 항목	세부 항목	세세 항목
1. 품질정보 관리	(1) 확률과 확률분포	① 모수와 통계량 ② 확률 ③ 확률분포
	(2) 검정과 추정	① 검정과 추정의 기초이론 ② 단일 모집단의 검정과 추정 ③ 두 모집단 차의 검정과 추정 ④ 계수값 검정과 추정 ⑤ 적합도 검정 및 동일성 검정
	(3) 상관 및 단순회귀	상관 및 단순회귀
2. 품질검사 관리	샘플링검사	① 검사 개요 ② 샘플링방법과 샘플링오차 ③ 샘플링검사와 OC 곡선 ④ 계량값 샘플링검사 ⑤ 계수값 샘플링검사 ⑥ 축차 샘플링검사
3. 공정품질 관리	관리도	① 공정 모니터링과 관리도 활용 ② 계량값 관리도 ③ 계수값 관리도 ④ 관리도의 판정 및 공정해석 ⑤ 관리도의 성능 및 수리

제3과목 생산시스템

주요 항목	세부 항목	세세 항목
1. 생산시스템의 이해와 개선	(1) 생산전략과 생산시스템	① 생산시스템의 개념 ② 생산형태와 설비배치/라인밸런싱 ③ SCM(공급망 관리) ④ 생산전략과 의사결정론 ⑤ ERP와 생산정보 관리
	(2) 수요예측과 제품조합	① 수요예측 ② 제품조합
2. 자재관리 전략	자재조달과 구매	① 자재관리와 MRP(자재소요량계획) ② 적시생산시스템(JIT) ③ 외주 및 구매관리 ④ 재고관리

주요 항목	세부 항목	세세 항목
3. 생산계획 수립	일정관리	① 생산계획 및 통제 ② 작업순위 결정방법 ③ 프로젝트 일정관리 및 PERT/CPM
4. 표준작업 관리	작업관리	① 공정분석과 작업분석 ② 동작분석 ③ 표준시간과 작업측정 ④ 생산성 관리 및 평가
5. 설비보전 관리	설비보전	① 설비보전의 종류 ② TPM(종합적 설비관리)

제4과목 신뢰성 관리

주요 항목	세부 항목	세세 항목
신뢰성 설계 및 분석	(1) 신뢰성의 개념	① 신뢰성의 기초개념 ② 신뢰성 수명분포 ③ 신뢰도함수 ④ 신뢰성 척도 계산
	(2) 보전성과 가용성	① 보전성 ② 가용성
	(3) 신뢰성 시험과 추정	① 고장률 곡선 ② 신뢰성 데이터 분석 ③ 신뢰성 척도의 검정과 추정 ④ 정상수명시험 ⑤ 확률도(와이블, 정규, 지수 등)를 통한 신뢰성 추정 ⑥ 가속수명시험 ⑦ 신뢰성 샘플링 기법 ⑧ 간섭이론과 안전계수
	(4) 시스템의 신뢰도	① 직렬결합 시스템의 신뢰도 ② 병렬결합 시스템의 신뢰도 ③ 기타 결합 시스템의 신뢰도
	(5) 신뢰성 설계	① 신뢰성 설계 개념 ② 신뢰성 설계 방법
	(6) 고장해석방법	① FMEA에 의한 고장해석 ② FTA에 의한 고장해석
	(7) 신뢰성 관리	신뢰성 관리

제5과목 품질경영

주요 항목	세부 항목	세세 항목
품질경영의 이해와 활용	(1) 품질경영	① 품질경영의 개념 ② 품질전략과 TQM ③ 고객만족과 품질경영 ④ 품질경영시스템(QMS) ⑤ 협력업체 품질관리 ⑥ 제조물책임과 품질보증 ⑦ 교육훈련과 모티베이션 ⑧ 서비스업의 품질경영
	(2) 품질비용	① 품질비용과 COPQ ② 품질비용 측정 및 분석
	(3) 표준화	① 표준화와 표준화 요소 ② 사내표준화 ③ 산업표준화와 국제표준화 ④ 품질인증제도(ISO, KS 등)
	(4) 6시그마 혁신활동과 공정능력	① 공차와 공정능력분석 ② 6시그마 혁신활동
	(5) 검사설비 운영	① 검사설비 관리 ② MSA(측정시스템 분석)
	(6) 품질혁신활동	① 혁신활동 ② 개선활동 ③ 품질관리기법

2 실기

- 검정방법/시험시간 : 필답형/3시간
- 합격기준 : 100점을 만점으로 하여 60점 이상
- 수행준거
  1. 통계적 기법을 기초로 품질경영 업무 및 신뢰성 업무를 수행할 수 있다.
  2. 품질계획 및 설계, 제조, 서비스에 이르는 품질보증시스템 전반에 대해 이해하고 관리도 및 샘플링검사, 실험계획법 등을 활용하여 관리개선 업무를 수행할 수 있다.
  3. 제도적 개선방법에 대해 이해하고 품질시스템 유지 및 개선을 위한 시스템 운영방법을 적용할 수 있다.

[실기 과목명] 품질경영 실무

주요 항목	세부 항목	세세 항목
1. 품질정보 관리	(1) 품질정보체계 정립하기	① 품질전략에 따라 설정된 품질목표의 평가와 품질보증 업무의 개선 필요사항을 도출할 수 있는 품질정보의 분류체계를 정립할 수 있다. ② 정립된 품질정보의 분류체계에 따라 품질정보 운영절차 및 기준을 작성할 수 있다.
	(2) 품질정보 분석 및 평가하기	① 품질정보 운영절차 및 기준에 따라 항목별 품질 데이터를 산출할 수 있다. ② 품질정보 운영절차 및 기준에 따라 항목별 품질 데이터를 수집할 수 있다. ③ 수집된 품질 데이터를 통계적 기법에 따라 분석할 수 있다. ④ 품질정보의 분석결과에 따라 목표달성 여부와 프로세스 개선 필요 여부를 평가할 수 있다. ⑤ 품질정보의 평가결과에 따라 품질회의의 의사결정을 통해 각 부문의 개선활동계획 수립에 반영할 수 있다.
	(3) 품질정보 활용하기	① 각 부문 품질경영활동 추진을 위한 장단기 계획에 따라 통계적 품질관리 활용계획을 포함하여 수립할 수 있다. ② 각 부문 품질경영활동에 통계적 품질관리기법을 활용할 수 있도록 지원할 수 있다. ③ 각 부문 통계적 품질관리활동 추진결과를 평가하여 사후관리를 할 수 있다.
2. 품질코스트 관리	(1) 품질코스트 체계 정립하기	① 품질코스트 관리절차와 운영기준에 따라 분류체계별 품질코스트 항목을 설정할 수 있다. ② 설정된 품질코스트 항목별 산출기준과 수집방법을 정립하여 사내표준으로 제정할 수 있다.

주요 항목	세부 항목	세세 항목
	(2) 품질코스트 수집하기	① 품질코스트(Q cost) 및 COPQ 항목별 산출기준에 따라 각 부문에서 주기적으로 품질코스트를 산출하고 수집하도록 지원할 수 있다. ② 수집된 품질코스트(Q cost) 및 COPQ를 산출기준에 따라 검증할 수 있다.
	(3) 품질코스트 개선하기	① 품질코스트(Q cost) 및 COPQ 분석결과에 따라 품질개선이 필요한 항목을 도출할 수 있다. ② 도출된 품질코스트(Q cost) 및 COPQ 개선항목에 따라 개선활동을 수행할 수 있다. ③ 품질코스트(Q cost) 및 COPQ 항목과 산출기준의 정합성을 모니터링하여 품질을 개선할 수 있다.
3. 설계품질 관리	(1) 품질특성 및 설계변수 설정하기	① 최적설계를 구현하기 위한 품질변수를 설정할 수 있다. ② 설정된 품질변수를 통하여 실험설계를 할 수 있다. ③ 실험설계를 위한 실험방법 및 조건을 도출할 수 있다.
	(2) 파라미터 설계하기	① 파라미터 설계를 위한 실험계획을 수립할 수 있다. ② 계획된 실험방법에 따라 실험을 진행할 수 있다. ③ 계획된 실험방법에 따라 진행된 실험결과를 분석할 수 있다. ④ 품질특성에 따라 설계변수의 최적 조합조건을 도출하여 설계변수를 결정할 수 있다.
	(3) 허용차 설계 및 결정하기	① 설계변수의 최적 조합수준하에서 관리허용범위 내 재현성 실험설계를 실시할 수 있다. ② 실험 데이터를 분산분석으로 요인별 기여도를 파악하여 허용차를 설정할 수 있다. ③ 최종 품질특성치에 따라 허용차를 결정하여 표준화를 실시할 수 있다.
4. 공정품질 관리	(1) 중점관리항목 선정하기	① 중점관리항목 선정절차에 따라 필요한 정보를 수집하여 분석할 수 있다. ② 수집 및 분석된 정보를 바탕으로 품질기법을 활용하여 중점관리항목을 선정할 수 있다. ③ 선정된 중점관리항목을 관리계획에 반영하여 문서(관리계획서 또는 QC 공정도)를 작성할 수 있다.
	(2) 관리도 작성하기	① 중점관리항목의 특성에 따라 해당되는 관리도의 종류를 선정할 수 있다. ② 관리계획서 또는 QC 공정도의 관리방법에 따라 데이터를 수집하여 관리도를 작성할 수 있다. ③ 작성된 관리도를 활용하여 공정을 해석할 수 있다. ④ 관리도 해석으로부터 발생한 공정 이상에 대해 조치할 수 있다.

주요 항목	세부 항목	세세 항목
	(3) 공정능력 평가하기	① 데이터의 수집기간과 유형에 따라 공정능력 분석방법을 선정할 수 있다. ② 품질특성의 규격에 따라 공정능력을 평가할 수 있다. ③ 공정능력 평가결과를 활용하여 개선방향을 수립할 수 있다. ④ 수립한 개선방향에 따라 공정능력 향상활동을 수행할 수 있다.
5. 품질검사 관리	(1) 검사체계 정립하기	① 품질 요구사항을 고려하여 이를 충족할 수 있는 검사업무절차와 검사기준을 설정할 수 있다. ② 검사업무절차와 검사기준에 따라 검사 관리요소를 설정할 수 있다. ③ 제품 개발계획과 생산계획에 따라 검사계획을 수립할 수 있다.
	(2) 품질검사 실시하기	① 검사업무절차와 검사기준에 따라 로트별로 품질검사를 실시할 수 있다. ② 검사결과 발생한 불합격 로트에 대해 부적합품 처리절차를 수행할 수 있다. ③ 로트별 검사결과에 따라 검사이력 관리대장을 작성할 수 있다.
	(3) 측정기 관리하기	① 측정기 유효기간을 고려하여 교정계획을 수립할 수 있다. ② 수립한 교정계획에 따라 교정을 실시할 수 있다. ③ 측정기 관리업무절차와 측정시스템 분석계획에 따라 측정시스템 분석을 수행할 수 있다.
6. 품질보증체계 확립	(1) 품질보증체계 정립하기	① 품질보증업무에 대한 프로세스의 요구사항 조사결과에 따라 미비 · 수정 · 보완 사항을 도출할 수 있다. ② 도출된 미비 · 수정 · 보완 사항에 따라 품질보증업무 프로세스를 정립할 수 있다. ③ 정립된 품질보증업무 프로세스를 문서화하여 사내표준을 정비할 수 있다.
	(2) 품질보증체계 운영하기	① 연간 교육계획을 수립하여 품질보증업무에 대한 사내표준의 이해와 실행에 대한 교육을 운영할 수 있다. ② 품질보증업무에 대한 사내표준에 따라 단계별 품질보증활동을 지원할 수 있다. ③ 품질보증업무에 대한 사내표준에 따라 단계별 품질보증활동을 수행할 수 있다. ④ 품질보증업무 운영결과에 따라 사후관리를 할 수 있다.

주요 항목	세부 항목	세세 항목
7. 신뢰성 관리	(1) 신뢰성체계 정립하기	① 신뢰성체계 요구사항에 대한 조사결과에 따라 수정 · 보완 사항을 도출할 수 있다. ② 도출된 수정 · 보완 사항에 따라 신뢰성 업무 프로세스를 정립할 수 있다. ③ 정립된 신뢰성 업무 프로세스를 문서화하여 사내표준을 정비할 수 있다.
	(2) 신뢰성 시험하기	① 고객의 사용환경조건 및 요구사항에 따라 신뢰성 시험 업무절차와 시험방법을 선정할 수 있다. ② 신뢰성 시험 업무절차와 시험방법을 고려하여 신뢰성 시험을 실시할 수 있다. ③ 신뢰성 시험 결과에 근거하여 개선방향을 설정할 수 있다. ④ 신뢰성 개선방향에 근거하여 개선 필요사항을 도출하여 수정할 수 있다.
	(3) 신뢰성 평가하기	① 신뢰성 데이터의 수집기간과 유형에 따라 신뢰성 파라미터 분석방법을 선정할 수 있다. ② 신뢰성 파라미터 분석방법에 따라 신뢰성 수준을 분석하고 평가할 수 있다. ③ 신뢰성 평가결과를 활용하여 개선방향을 설정할 수 있다. ④ 신뢰성 개선방향에 따라 개선 필요사항을 도출하여 수정할 수 있다.
8. 현장품질 관리	(1) 3정 5S 활동하기	① 3정 5S 추진절차에 따라 활동계획을 수립할 수 있다. ② 활동계획에 따라 역할을 분담하여 3정 5S 활동을 실행할 수 있다.
	(2) 눈으로 보는 관리하기	① 품질특성에 영향을 주는 관리대상을 선정하여 활동계획을 수립할 수 있다. ② 활동계획에 따라 관리방법과 기준을 결정할 수 있다.
	(3) 자주보전 활동하기	① 자주보전 추진계획에 따라 활동단계별 세부 추진일정을 수립할 수 있다. ② 활동단계별 진행방법에 따라 활동을 실행할 수 있다.

위 품질경영기사 필기/실기 출제기준의 적용기간은 2023년 1월 1일 ~ 2026년 12월 31일까지입니다.

차 례

PART 1 공업통계학

PART 2 관리도

PART 4 실험계획법

CHAPTER 1 실험계획법의 개념

CHAPTER 2 실험계획법의 분류

PART 5 신뢰성관리

CHAPTER 1 신뢰성 개념

CHAPTER 2 신뢰성 분포

차 례

▎CBT 온라인 모의고사 안내▕

품질경영기사 필기시험은 2022년 4회부터 CBT(Computer Based Test) 방식으로 시행됨에 따라 실제 시험과 같은 형태로 문제를 풀어볼 수 있는 CBT 온라인 모의고사를 제공합니다.
CBT 온라인 모의고사는 성안당 문제은행서비스(exam.cyber.co.kr)에 쿠폰을 등록하여 응시할 수 있으며, 자세한 이용방법과 쿠폰번호는 “별책부록”을 확인해 주세요.

부록 2 수험용 수치표

품질경영기사 필기

PART 1

공업통계학

품질경영기사 필기

Chpater 1 데이터의 기초 방법 / Chpater 2 확률변수와 확률분포
Chpater 3 검정과 추정 / Chpater 4 상관분석과 회귀분석

PART 1

공업통계학

CHAPTER 01 데이터의 기초 방법

1 통계학의 개념

통계학이란 관심의 대상이 되는 집단으로부터 자료를 수집·정리·요약하여 제한된 자료나 정보를 토대로 불확실한 사실에 대하여 과학적인 판단을 내릴 수 있도록 그 방법과 절차를 제시하는 학문으로, 크게 기술통계학과 추측통계학으로 나눌 수 있다.

(1) 기술통계학(descriptive statistics)

자료를 수집·정리하고 요약하는 통계적 원리와 절차를 다루는 분야이다.

(2) 추측통계학(inferential statistics)

표본에 내포된 정보를 분석하여 모집단의 여러 가지 특성에 대하여 과학적으로 추론하는 방법을 다루는 분야이다.

2 데이터의 정리

1 데이터의 개념

품질관리는 사실적 데이터에 기초를 두고 행하는 총체적 현상관리로서, 특정 모집단에 대한 정보를 얻기 위해 취한 시료를 관측·정리한 자료가 데이터인데, 이 데이터를 가공·처리하면 정보를 얻을 수 있다.

2 사용목적에 따른 분류

(1) 정성적 데이터(qualitative data)

원칙적으로는 숫자로 표현할 수 없으며 필요에 따라 숫자화할 수는 있다. 이때의 숫자는 편의상 약속에 불과한 데이터로, 범주형 데이터라고도 한다.

① 명목데이터(nominal data)

② 순서데이터(ordinal data)

(2) 정량적 데이터(quantitative data)

원칙적으로 숫자의 표현이 가능하며, 의미를 부여할 수 있는 데이터이다.

① 이산형 데이터(discrete data)

② 연속형 데이터(continuous data)

3 측도에 의한 분류

(1) 계수치(discrete data)

데이터의 수치가 원리적으로 이산되어 있어 일정 구간의 실수값 사이에 취할 수 있는 실수의 개수가 유한개로 나타나는 품질별 특성값이다.

예 부적합품(불량품)의 수, 부적합(결점)의 수, 흠의 수, 얼룩의 수 등

(2) 계량치(continuous data)

데이터의 수치가 원리적으로 연속적 변화가 가능한 상태로, 일정 구간의 실수값 사이에 포함될 수 있는 실수들이 무한개로 측정될 수 있는 품질별 특성값이다.

예 길이, 무게, 강도, 온도, 시간 등

3 모집단의 정보

1 모집단과 모수

(1) 개요

모집단(N)이란 관심의 대상이 되는 모든 개체의 관측값이나 특성값들의 집합으로서, 이를 조사하기 위하여 취한 부분집단을 표본 또는 시료라고 한다. 여기서 모집단(population)의 특성을 나타내는 구체적인 참값을 모수(population parameter)라고 하는데, 모집단의 상태를 정의하는 참값이라고 할 수 있다.

또한 표본특성을 규명하기 위한 표본(n)에 대한 함수값을 통계량(statistic)이라고 하며, 추측통계학에서 통계량은 모수값을 모를 때 대신 사용하려고 구한 모수추정치(estimator)의 의미를 갖는다.

모집단의 속성을 정의하는 모수는 보통 그리스어로 표기하며, 다음과 같다.

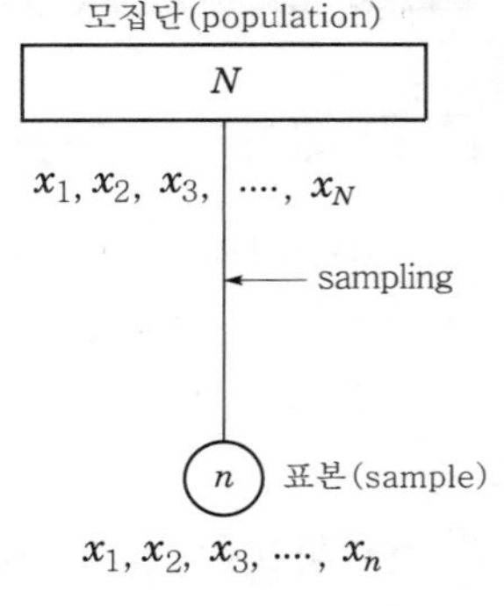

‖ 표본(sample) ‖

① **모평균(μ)** : 모집단이 갖는 분포의 중심위치를 나타내는 정확도의 측도이다.

② **모분산(σ^2)** : 모집단이 갖는 분포의 퍼짐상태를 나타내는 정밀도의 측도이다.

③ **부적합품률(P)** : 모집단이 갖는 부분비율을 표시하는 계수치로, 정확도와 정밀도를 동시에 정의하는 측도이다.

(2) 모집단의 종류

① 무한 모집단(infinite population) : 크기를 헤아릴 수 없는 무한대의 집단을 말하며, 전수조사가 불가능한 집단이다.

② 유한 모집단(finite population) : 크기를 헤아릴 수 있는 유한대의 집단을 말하며, 전수조사가 가능한 집단이다.

(3) 모집단의 특징

① 통상 무한집단으로 간주되어 조사가 불가능한 집단이다.

② 분산은 0이 아닌 집단이다($\sigma^2 \neq 0$).

③ 평균(기대치)과 편차를 가지고 있지만, 계산하는 것이 불가능하다.

(4) 모수(population parameter)

$$x_1,\ x_2,\ x_3,\ \cdots\cdots\cdots\cdots\cdots\cdots\cdots,\ x_N$$

① 기대치(기준값, 평균, expected value)

특성값 x의 대표값(기준값)으로 중심적 위치를 정의하고 있는 정확도에 관한 측도로서 1차 적률함수값이다.

$$E(x) = \frac{x_1 + x_2 + x_3 + \cdots\cdots\cdots + x_N}{N}$$

$$= \frac{\sum_{i=1}^{N} x_i}{N}$$

$$= \mu$$

② 분산(평균제곱, variance)

편차제곱의 평균값(기대치)으로 평균과는 달리 점의 수 N개가 아닌, 선의 수(자유도) $N-1$에 의해 정의되는 최소단위당 편차제곱으로, 2차 적률함수값인 평균제곱이라고 한다.

$$V(x) = \frac{(x_1 - \mu)^2 + (x_2 - \mu)^2 + \cdots\cdots + (x_N - \mu)^2}{N-1}$$

$$= \frac{\sum_{i=1}^{N} (x_i - \mu)^2}{N}$$

$$= E(x - \mu)^2$$

$$= \sigma^2$$

⊙ N은 무한대로, $N-1 = N$이다.

③ 편차(deviation)

일반적으로 편차란 기준값으로부터 치우친 차이로, 특성값 x에서 기준값인 기대치를 뺀 거리값을 의미한다. 개개의 특성값으로부터 형성되는 개개의 편차를 구해 편차의 평균을 구하면 "0"이 된다는 것을 알 수 있는데, 이는 음의 값이 형성되는 편차가 있기 때문이다. 그러나 여기서 정의하는 편차라는 개념은 개개의 편차들의 대표값을 의미하는 표준편차로, 최소단위로 처리되는 편차이며 점과 점 사이의 선인 거리값을 나타내는 측도이다.
표준편차는 일반적으로 분산에 제곱근을 취해 구하며, 2차 적률함수값이므로 음의 값을 취할 수 없다.

$$D(x) = \sqrt{\frac{(x_1-\mu)^2+(x_2-\mu)^2+\cdots\cdots(x_N-\mu)^2}{N-1}}$$

$$= \sqrt{\frac{\sum_{i=1}^{N}(x_i-\mu)^2}{N}}$$

$$= \sigma$$

⊘ 여기서 $N-1=N$으로 처리하는 이유는 $N=\infty$이기 때문이다.

참고 연속형 x의 평균과 분산을 파라미터 μ와 σ^2으로 정의하고, 이산형 x의 평균과 분산은 파라미터 P와 $P(1-P)$로 정의되며 다음과 같다.

$E(x)=P$

$V(x)=P(1-P)$

[증명] • $E(x)=\dfrac{\Sigma x_i}{N}$

$$=\frac{0+1+0+0+\cdots\cdots+0+1}{N}$$

$$=\frac{0\times(N-M)}{N}+\frac{1\times M}{N}=\frac{M}{N}=\frac{NP}{N}=P$$

(단, x는 0 또는 1인 명목 데이터이고, M은 1의 개수를 의미한다.)

• $V(x)=\dfrac{\Sigma[x_i-E(x)]^2}{N}=\dfrac{\Sigma(x_i-P)^2}{N}$

$$=\frac{(0-P)^2\times(N-M)}{N}+\frac{(1-P)^2\times M}{N}$$

$$=P^2\times\frac{N-M}{N}+(1-P)^2\times\frac{M}{N}$$

$$=P^2(1-P)+(1-P)^2P$$

$$=P(1-P)[P+(1-P)]$$

$$=P(1-P)$$

2 제1종 오류(α)와 제2종 오류(β)

(1) 제1종 오류와 제2종 오류의 정의

표본을 통하여 모집단의 상태를 추측·파악하는 추측통계학상에서 표본의 크기가 무한대가 아닌 경우 표본이 모집단을 대표하는 데 필연적으로 한계성이 나타날 수밖에 없다. 이 통계적 한계성 중 첫 번째로 정의되는 통계적 오류를 제1종 오류 α, 두 번째로 정의되는 통계적 오류를 제2종 오류 β로 정의하고 있다.

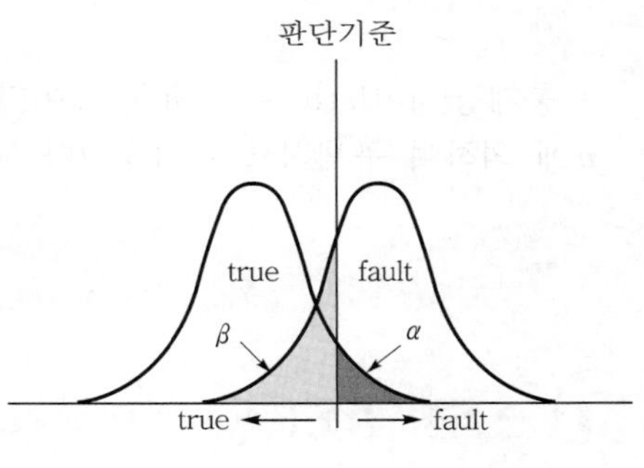

▮α와 β의 관계▮

① 제1종 오류(error type Ⅰ) : α

서로 대비(contrast)되는 두 개의 현상 중 기준이 되는 현상을 true라고 할 때, true인 현상을 true가 아니라고 잘못 판정하는 오류를 말한다.

② 제2종 오류(error type Ⅱ) : β

기준현상에 반대되는 true가 아닌 fault 현상을 true라고 잘못 판정하는 오류를 말한다.

참고 신뢰율과 검출력

- 신뢰율($1-\alpha$) : true인 현상을 true라고 판정하는 능력
- 검출력($1-\beta$) : fault인 현상을 fault라고 판정하는 능력

(2) 통계적 오류의 결정

통계적 오류인 제1종 오류와 제2종 오류는 어느 한쪽만 작다고 대표성이 확보되는 것이 아니기 때문에, 통계학에서는 합리적이고 경제적인 상태에서 대표성을 충족시키기 위해 α와 β를 작은 값이 되도록 조정하고 있다.

① α와 β의 관계

n과 σ를 고정시킨 상태에서 α를 감소시키면 상대적으로 β가 증가한다.

② α, β를 작은 값으로 고정시키는 방법

㉠ α값을 일정한 작은 값으로 고정시킨다.

$\alpha = 0.05$

$\quad = 0.01$

㉡ α값에 따라, β값도 일정한 큰 값으로 고정된다.

㉢ n을 증가시키거나 σ를 작게 하면 제2종 오류(β)가 작아져서 표본(시료)이 모집단을 대표하는 대표성이 높아지게 된다.

⊙ 추측통계학에서는 $\alpha=0.05$, $\beta=0.10$이 되도록 n과 σ를 조정한다.

4 통계량의 수리해석

통계량(statistic)이란 표본 데이터로부터 계산되는 표본의 특성을 정의하는 함수값으로 시료수 n에 의하여 구체적으로 결정된다.

[DATA] $x_1,\ x_2,\ x_3,\ \cdots\cdots\cdots\cdots\cdots\cdots\cdots,\ x_n$

1 중심적 경향(center tendency)

중심위치를 나타내는 1차 적률함수 개념의 정확도를 정의하는 측도로서, 음의 값을 취할 수 있다.

(1) 산술평균(Arithmetic mean, 시료평균) : $\bar{x}$

산술평균은 n개 데이터 값의 합을 개수 n개로 나눈 개념이다.

① 연속형 평균

$$\bar{x} = \frac{x_1 + x_2 + \cdots\cdots\cdots + x_n}{n} = \frac{\sum_{i=1}^{n} x_i}{n} = \frac{T}{n} = \hat{\mu}$$

② 이산형 평균

$$p = \frac{\sum_{i=1}^{n} x_i}{n} = \frac{X}{n} = \hat{P}$$

참고 시료평균 $\bar{x}$는 모수 μ 대신 사용하는 중심적 경향의 연속형 모수 추정치이고, 시료부적합품률(불량률) p는 모수 P 대신 사용하는 중심적 경향의 이산형 모수 추정치이다.

(2) 중앙값(Median) : $M_e,\ \tilde{x}$

데이터를 크기 순으로 나열했을 때 정중앙에 위치하는 데이터 값으로, 군(群)이 홀수이면 중앙에 위치한 데이터의 값을 중앙값으로 취한다.

[DATA] $x_1,\ x_2,\ x_3,\ x_4,\ x_5,\ x_6,\ x_7$

$$M_e = x_i \left(\text{단, } i = \frac{n+1}{2} \right)$$

중앙값은 산술평균에 비해 전체 데이터를 활용하는 효율성이 작아 대표성이 떨어지는 단점이 있으나, 이질적인 데이터를 제거하지 못하는 경우 $\bar{x}$ 대신에 사용하며 계산이 간단하다.
주로 시료수가 10 미만인 경우에 많이 사용되는데, 군이 짝수이면 중앙에 위치한 두 데이터의 평균치를 중앙값으로 한다.

$$[\text{DATA}]\ x_1,\ x_2,\ x_3,\ [x_4,\ x_5],\ x_6,\ x_7,\ x_8$$

$$M_e = \frac{x_i + x_{i+1}}{2}\ \left(\text{단},\ i = \frac{n}{2}\right)$$

(3) 범위의 중앙값(Mid-range) : M

데이터의 최대값($x_{\max}$)과 최소값($x_{\min}$)의 평균값를 말한다.

$$M = \frac{x_{\max} + x_{\min}}{2}$$

참고 데이터 수가 적거나 좌우대칭이 되지 않으면 모평균에 대한 추정능력이 떨어진다.

(4) 최빈수(Mode) : M_o

① 정리된 자료(도수분포표)에서는 도수가 최대인 계급의 대표값이다.
② 정리되지 않은 자료인 경우에는 출현빈도가 가장 많은 데이터 값이다.

(5) 기하평균(Geometric mean) : $G(\overline{x}_G)$

기하급수적으로 변화하는 측정치 또는 시간 경과에 따라 변화하는 측정치의 평균값을 계산할 때 사용하는데, 이는 일반적으로 데이터들이 모두 양의 값인 경우에만 사용된다. 동일한 데이터로 기하평균을 계산하면 산술평균보다 작은 값이 나타난다.

$$G = (x_1 \cdot x_2 \cdot \cdots\cdots \cdot x_n)^{\frac{1}{n}}$$

$$\log G = \frac{1}{n}\sum_{i=1}^{n}\log x_i$$

(6) 조화평균(Harmonic mean) : $H(\overline{x}_H)$

조화평균은 각 측정값의 역수를 산술평균한 뒤, 이를 다시 역으로 구한 값으로, 상대적 산포를 줄이기 위해 사용한 평균값이다.

① 단순 조화평균

$$H = \frac{1}{\frac{1}{n}\sum_{i=1}^{n}\frac{1}{x_i}} = \frac{n}{\sum_{i=1}^{n}\frac{1}{x_i}}$$

② 가중 조화평균 : 평균속도, 평균가격에 대한 계산에 이용한다.

$$H = \frac{\Sigma f_i}{\sum_{i=1}^{k}\frac{f_i}{x_i}}\ (\text{단},\ i = 1 \sim k\text{이다.})$$

참고 통계량의 추정치 사용에 대한 일반적인 판단기준은 불편성, 유효성, 일치성, 충분성 등의 성질을 갖추어야 하는데, 이 중 불편성과 유효성(최소분산성, 정밀도)을 주로 취급하고 있으며 불편성은 유효성에 우선되는 성질이 있다. 따라서 통계량은 무엇보다도 모수값을 중심으로 분포를 해야 하는 불편성이 확보되어야 모수추정치로서 의미가 있다.

예제 1-1

다음 데이터로부터 산술평균, 중앙값(M_e), 미드레인지(M)를 구하시오.

[DATA] 5.2 5.3 5.4 5.7 5.9 6.0 5.8

(1) 산술평균(시료평균)

$$\bar{x}=\frac{x_1+x_2+\cdots\cdots+x_n}{n}=\frac{\Sigma x_i}{n}=5.614$$

(2) 중앙값(median ; M_e)

데이터를 크기 순으로 나열했을 때 정중앙에 위치하는 데이터 값이므로, $M_e=5.7$ 이 된다.

(3) 미드레인지(Mid-range ; M)

$$M=\frac{x_{\max}+x_{\min}}{2}=\frac{6.0+5.2}{2}=5.6$$

2 산포의 경향(tendency of fluctation)

여기서 산포(fluctation)라 함은 정밀도를 뜻하는 데이터의 변동 상태를 의미하는 것으로, 변동(variation)의 측도에는 제곱합(S), 불편분산이라고도 하는 시료분산(s^2, V), 시료표준편차(s), 범위(R)가 있다. 다음 [그림]과 같이 데이터들은 크기에 따라 랜덤하게 흩어져 있다.

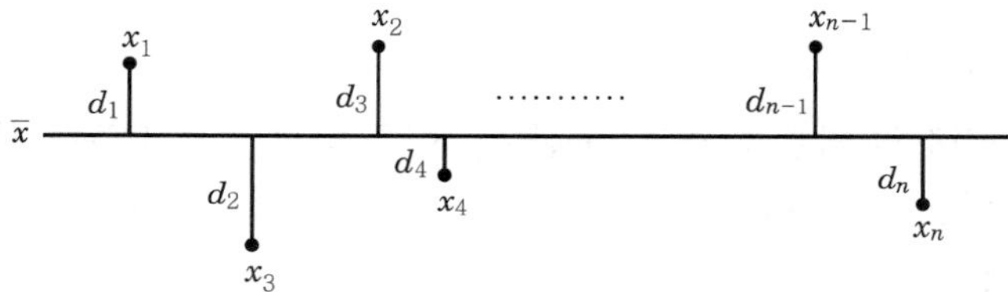

이러한 n개 데이터들의 중심값을 $\bar{x}$라 하고 개개의 데이터와 평균값의 차이를 d_i라고 하면 n개의 d_i가 생기는데, 중심값보다 작은 쪽의 데이터들은 편차가 음의 값을 취하게 된다. 따라서 편차의 합 $\Sigma d_i=0$이 되며, 편차의 평균인 $\bar{d}$도 $\Sigma d_i/n$이므로 "0"이 된다.

따라서 표준편차를 계산하려면 음의 값을 취하는 편차에 제곱을 하여 계산하게 되는데, 데이터의 변동상태를 정의하는 통계량은 다음과 같다.

(1) 제곱합(Sum of square) : S

제곱합(변동)은 개개의 데이터에서 나온 편차를 제곱하여 합친 값으로, 편차의 제곱합이라 하기도 하며, 다음과 같이 나타낸다.

$$S=\sum_{i=1}^{n} d_i^{\,2}=d_1^{\,2}+d_2^{\,2}+d_3^{\,2}+\cdots\cdots+d_n^{\,2}$$

제곱합(S)을 간단하게 정리하면 다음과 같다.

$$\begin{aligned}S&=\sum_{i=1}^{n}(x_i-\hat{\mu})^2=\sum_{i=1}^{n}(x_i-\overline{x})^2=\sum_{i=1}^{n}(x_i^{\,2}-2x_i\cdot\overline{x}+\overline{x}^2)\\&=\sum_{i=1}^{n}x_i^{\,2}-2\overline{x}\cdot\sum_{i=1}^{n}x_i+n\overline{x}^2\\&=\sum_{i=1}^{n}x_i^{\,2}-2\overline{x}\cdot n\overline{x}+n\overline{x}^2\\&=\sum_{i=1}^{n}x_i^{\,2}-n\overline{x}^2\\&=\sum_{i=1}^{n}x_i^{\,2}-\frac{\left(\sum_{i=1}^{n}x_i\right)^2}{n}=\sum_{i=1}^{n}x_i^{\,2}-CT\end{aligned}$$

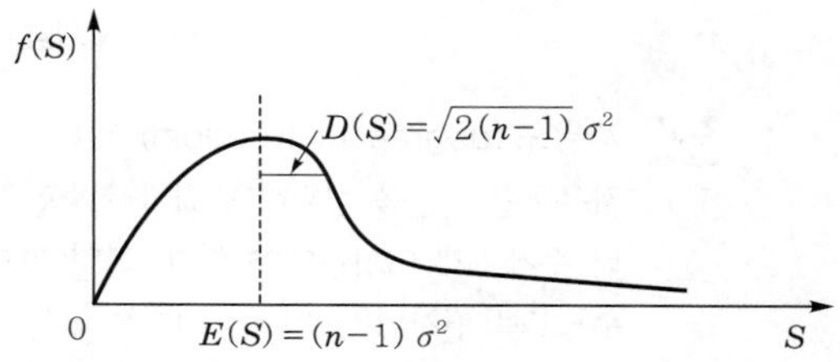

▌제곱합 S의 분포▐

제곱합 S의 분포는 시료분산 s^2의 분포에 자유도 $\nu=n-1$을 곱한 분포로, 자유도 ν와 모분산 σ^2에 의해 정의되는 좌우비대칭의 분포가 나타난다.

(2) 시료분산(sample variance) : s^2

단위당 편차제곱의 값으로서, 제곱합을 자유도(ν)로 나눈 값인데, 모분산의 추정치로 사용하는 불편통계량이다. 평균제곱(sample mean square), 불편분산(unbiased variance)이라고도 한다.

$$s^2=\frac{\sum_i(x_i-\mu)^2}{n}\ :\text{자유도 }\nu=n\text{인 분산}$$

$$=\frac{\sum_i(x_i-\hat{\mu})^2}{n-1}\ :\text{자유도 }\nu=n-1\text{인 분산}$$

$$=\frac{\sum_i(x_i-\overline{x})^2}{n-1}=\frac{S}{\nu}=V\ :\text{자유도 }\nu=n-1\text{인 분산}$$

시료분산(s^2)의 분포는 모집단의 분산이 σ^2인 집단에서 표본 n개를 무한 번 반복 추출할 때 발생하는 s^2들의 퍼짐현상으로 좌우비대칭 분포이다. s^2의 분포는 s^2의 중심인 $E(s^2)$이 σ^2으로 정의되고, 분산 $V(s^2)$은 모분산 σ^2과 자유도 $n-1$에 의해 정의되는 분포가 된다. (여기서, $\hat{\sigma}^2 = s^2$으로 정의된다.)

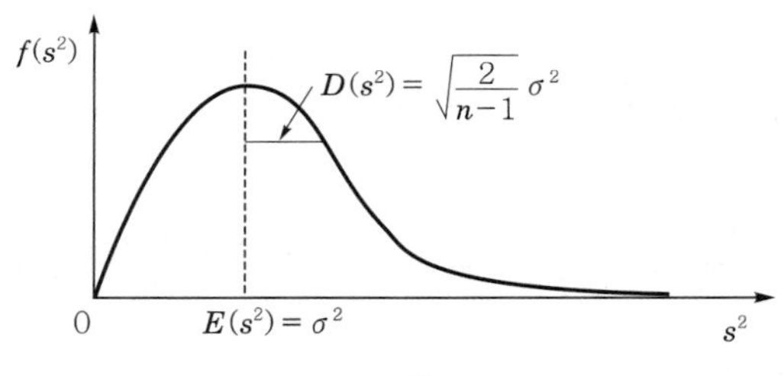

‖ 시료분산 s^2의 분포 ‖

참고 자유도 (degree of freedom) : ν

자유도란 분산을 정의하기 위한 최소한의 데이터 수를 의미하는 것으로, 분산을 추정하려면 최소한 데이터 수가 2개 이상이어야 한다. 또한 편차가 점과 기준점 간의 선으로 정의되기 때문에, 자유도는 '점의 수−1'로 편차의 개수라는 의미를 갖는다. 추측통계학에서는 제약받지 않는 개수 또는 '개수 −모수추정치의 개수'로도 정의된다. 표준의 변경 전에는 자유도 $\nu = n-1 (n \geq 2)$을 ϕ로 표시하였다.

(3) 시료표준편차(sample standard deviation) : s

불편분산을 제곱근으로 처리했을 때 나타나는 단위당 편차로, 시료편차라고도 한다. 이러한 시료표준편차 s는 시료분산 s^2처럼 불편성이 확보된 통계량은 아니지만, 시료 크기가 증가하면 $E(s) \fallingdotseq \sigma$로 치우침이 거의 발생하지 않으므로 모편차 σ의 추정치로 사용된다($\hat{\sigma} = s$이다).

$$s = \sqrt{\frac{S}{n-1}} = \sqrt{\frac{S}{\nu}} = \sqrt{V}$$

시료편차(s)의 분포는 모집단의 편차가 σ로 정의되는 경우 표본 n개를 무한 번 반복 추출할 때 발생하는 좌우비대칭 분포로, 불편성이 없는 분포이다.

여기서, $\sigma = \frac{s}{c_4}$로 정의된다.

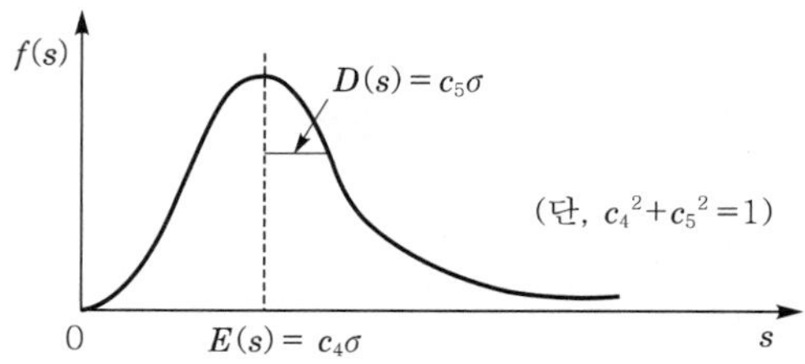

‖ 시료표준편차 s의 분포 ‖

참고 시료분산은 모분산 대신 사용하는 불편추정량으로 불편성을 갖추고 있는 통계량이지만, 시료편차는 불편성이 없는 통계량이다.

예 $E(s^2) = \sigma^2$

$E(s) \neq \sigma[E(s) < \sigma]$

(4) 범위(Range) : R

n개의 데이터 중 최대값($x_{\max}$)과 최소값($x_{\min}$)의 차이를 말하는 것으로, 음의 값을 취할 수 없다(2개 이상의 데이터 차(差)의 값에 절대치를 부여한 값이다).

$$R = x_{\max} - x_{\min}$$

범위를 이용하여 모표준편차를 추정하는 방법은 다음과 같다.

$$\hat{\sigma} = \frac{R}{d_2} \sim \hat{\sigma} = \frac{\overline{R}}{d_2}$$

이때, $\overline{R} = \dfrac{R_1 + R_2 + \cdots + R_k}{k} = \dfrac{\sum_{i=1}^{k} R_i}{k}$

(단, $k \neq \infty$ 이다.)

또한, d_2는 범위 R을 구하는 군 크기 n에 의해 정의되며, 거리를 나타내는 상수값이다.

예 n=2일 때 d_2=1.128, n=3일 때 d_2=1.693, n=4일 때 d_2=2.059 등으로 나타난다. (부록 〈수치표〉 참조)

이러한 범위 R의 분포는 모편차가 σ인 모집단에서 표본 n개를 무한 번 반복 추출할 때 발생하는 R의 일반적인 퍼짐현상으로, 좌우비대칭 분포이다.

(여기서, $\hat{\sigma} = \dfrac{R}{d_2}$로 정의된다.)

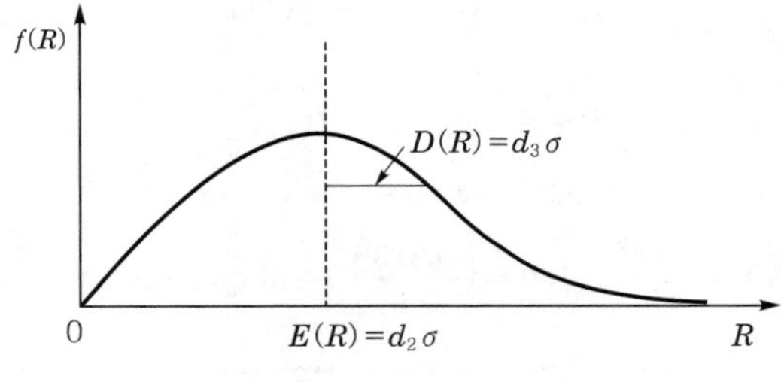

▌범위 R의 분포▐

(5) 변동계수(Coefficient of Variation) : CV

표준편차를 산술평균으로 나눈 값으로서, 평균값을 고려한 상대적 편차값이다. 단위가 다른 두 집단의 산포상태를 비교하는 척도로 사용된다.

$$CV(\%) = \frac{s}{\bar{x}} \times 100$$

참고 상대분산

분산의 구성비율을 표시한 척도로, 백분율로 표시한다.

$$CV^2(\%) = \left(\frac{s}{\bar{x}}\right)^2 \times 100$$

예제 1-2

다음의 데이터를 보고 물음에 답하시오.

[DATA] 5.2 5.3 5.4 5.7 5.9 6.0 5.8

(1) 제곱합을 구하시오.
(2) 평균제곱과 시료편차를 구하시오.
(3) 범위를 구하시오.
(4) 상대분산을 구하시오.

---

(1) 제곱합 : $S = \sum_{i=1}^{n} x_i^{\ 2} - \frac{\left(\sum_{i=1}^{n} x_i\right)^2}{n}$

$$= 5.2^2 + 5.3^2 + \cdots + 6.0^2 + 5.8^2 - \frac{(5.2 + 5.3 + \cdots + 6.0 + 5.8)^2}{7} = 0.5885 \fallingdotseq 0.589$$

(2) 평균제곱(시료분산)과 시료편차

① 평균제곱 : $s^2 = \frac{S}{n-1} = \frac{\sum_i x_i^{\ 2} - \frac{\left(\sum_i x_i\right)^2}{n}}{n-1} = 0.098$

② 시료편차 : $s = \sqrt{\frac{S}{n-1}} = 0.313$

(3) 범위 : $R = x_{\max} - x_{\min} = 6.0 - 5.2 = 0.8$

(4) 상대분산 : $CV^2(\%) = \left(\frac{s}{\bar{x}}\right)^2 \times 100 = \left(\frac{0.313}{5.6}\right)^2 \times 100 = 0.00312 \times 100 = 0.312\%$

5 수치변환

복잡한 수치값을 가감승제를 이용하여 단순화시키는 과정을 수치변환(numerical transformation)이라고 한다. 다음은 $X_i=(x_i-x_o)h$로 수치변환하는 경우이며, 이때, x_o는 가평균, h는 scale parameter이다.

① $\overline{x}=x_o+\dfrac{\overline{X}}{h}$

[증명] $X_i=(x_i-x_o)h$

$$\frac{\sum_{i=1}^{n}X_i}{n}=\frac{\sum_{i=1}^{n}(x_i-x_o)h}{n}$$

$$\overline{X}=\left(\frac{\Sigma x_i}{n}-\frac{\Sigma x_o}{n}\right)h=\left(\overline{x}-\frac{nx_o}{n}\right)h=(\overline{x}-x_o)h$$

$$\therefore\ \overline{x}=x_o+\frac{\overline{X}}{h}$$

② $S_x=\dfrac{1}{h^2}\cdot S_X$

[증명] $X_i=(x_i-x_o)h$

$$X_i-\overline{X}=(x_i-x_o)h-\overline{X}=(x_i-x_o)h-(\overline{x}-x_o)h=(x_i-\overline{x})h$$

양변을 제곱하여 합하면

$$\sum_{i=1}^{n}(X_i-\overline{X})^2=\sum_{i=1}^{n}(x_i-\overline{x})^2h^2$$

$$S_X=S_x\cdot h^2$$

$$\therefore\ S_x=\frac{1}{h^2}\cdot S_X$$

③ $V_x=\dfrac{1}{h^2}\cdot V_X$

[증명] $S_X=S_x\cdot h^2$

양변을 ν로 나누면

$$\frac{S_X}{\nu}=\frac{S_x}{\nu}\cdot h^2$$

$$V_X=V_x\cdot h^2$$

$$\therefore\ V_x=\frac{1}{h^2}\cdot V_X$$

예제 1-3

x_i를 $X_i=(x_i-100)\times 50$으로 수치변환한 결과 $\overline{X}=90$, $S_X=200$을 얻었다. 이때 $\overline{x}$, S_x는 얼마인가?

① $\overline{x}=\overline{X}\cdot\dfrac{1}{h}+100=100+\dfrac{90}{50}=101.8$

② $S_x=\dfrac{S_X}{h^2}=\dfrac{200}{50^2}=0.08$

CHAPTER 02 확률변수와 확률분포

1 확률(probability)

1 표본공간과 사건

① 시행(trial) : 똑같은 조건에서 수없이 반복될 수 있는 실험이나 관측· 조사

② 원소(element) : 어떤 집합을 구성하는 데 필요한 조건을 만족시키는 대상물

③ 표본공간(sample space ; S) : 통계적인 실험에서 발생 가능한 서로 다른 모든 결과의 집합

④ 사건(event) : 표본공간의 부분집합

예 A, B, C, D …… 로 표시

⑤ 근원사건(elementary event) : 시행마다 나타나는 가장 기본적인 결과

⑥ 배반사건(mutually exclusive event) : 두 개의 사건 A와 B를 나타내는 부분집합들이 서로 동일한 근원사상을 포함하고 있지 않는 경우로, 동일 시행하에서 동시 발생이 불가능한 사건

⑦ 합집합(union) : $A \cup B$

⑧ 교집합, 공통집합(intersection) : $A \cap B$

⑨ 보집합, 여집합, 여사건(complement) : $\overline{A}$, A', A^c

⑩ 부분집합(subset) : $A \subseteq B$

예제 1-4

한 개의 동전을 두 번 던지는 시행에서 앞면이 나오면 H, 뒷면이 나오면 T라고 한다.

(1) 표본공간 S를 구하시오.

(2) 첫 번째 던진 동전의 결과가 앞면이 되는 사건 A와 두 번째 던진 동전의 결과가 뒷면이 되는 사건 B를 구하시오.

(3) 사건 A와 B는 서로 배반인가?

(4) $A \cup B$, $A \cap B$와 A'를 구하시오.

---

(1) $S=\{(H, H), (H, T), (T, H), (T, T)\}$

(2) $A=\{(H, H), (H, T)\}$, $B=\{(H, T), (T, T)\}$

(3) A와 B는 동일한 근원사상(H, T)를 가지고 있으므로, 서로 배반사건이 아니다.

(4) $A \cup B=\{(H, H), (H, T), (T, T)\}$, $A \cap B=\{(H, T)\}$, $A'=\{(T, H), (T, T)\}$

2 합의 법칙과 곱의 법칙

(1) 합의 법칙(OR 법칙)

동일 시행하에서 발생 가능한 사건 중 어느 한 사건이 발생해도 좋은 경우 확률의 가법성이 나타난다.

① $0 \leq P(A) \leq 1$

② $P(A \cup B) = P(A) + P(B) - P(A \cap B)$

만약 사건 A, B가 서로 배반사건이면 $P(A \cap B) = 0$이 되므로,

$P(A \cup B) = P(A) + P(B)$

③ $P(A') = 1 - P(A)$

④ $P(\overline{A \cup B}) = P(A' \cap B') = 1 - P(A \cup B)$

⑤ $P(A \cap B \cap C)$

$= P(A) + P(B) + P(C) - P(A \cap B) - P(B \cap C) - P(A \cap C) + P(A \cap B \cap C)$

⑥ $P(S) = P(A \cup A') = P(A) + P(A') = 1$

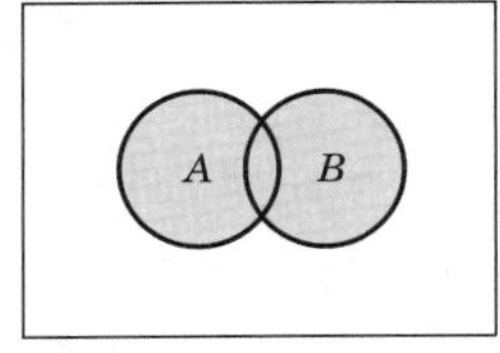

‖ A∪B ‖

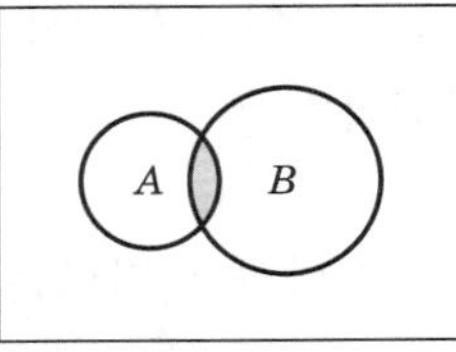

‖ A∩B ‖

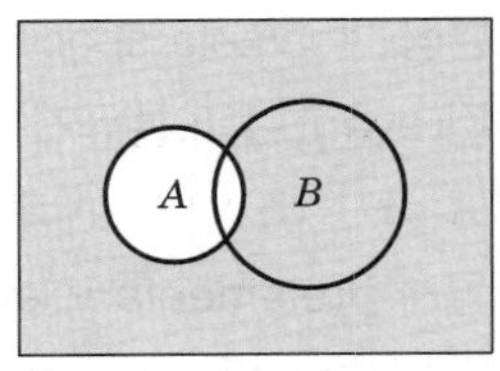

‖ A′ ‖

(2) 곱의 법칙(AND 법칙)과 조건부 확률

서로 다른 시행하에서 발생하는 사건 A, B를 모두 만족할 확률은 확률의 곱의 법칙을 따른다.

① 사건 B가 일어난다는 조건하에서 사건 A가 일어날 확률

$P(A \mid B) = \dfrac{P(A \cap B)}{P(B)}$ (단, $P(B) > 0$이다.)

② 사건 A가 일어난다는 조건하에서 사건 B가 일어날 확률

$P(B \mid A) = \dfrac{P(A \cap B)}{P(A)}$

③ $P(A) > 0$, $P(B) > 0$인 경우

$P(A \cap B) = P(B \mid A) \cdot P(A) = P(A \mid B) \cdot P(B)$

④ 사건 A, B가 서로 독립인 경우

$P(A \cap B) = P(A) \cdot P(B)$

$P(A \mid B) = \dfrac{P(A \cap B)}{P(B)} = \dfrac{P(A) \cdot P(B)}{P(B)} = P(A)$

$P(B \mid A) = \dfrac{P(A \cap B)}{P(A)} = \dfrac{P(A) \cdot P(B)}{P(A)} = P(B)$

예제 1-5

(1) 1에서 10까지의 번호를 쓴 10매의 카드를 넣은 주머니에서 1매를 꺼낼 때, 그 번호가 2의 배수 또는 3의 배수일 확률은 얼마인가?

(2) 다음 표를 보고, 부적합품에서 임의로 한 개를 뽑았을 때 A회사의 것일 확률을 구하시오.

구분	A회사	B회사	계
적합품	250	150	400
부적합품	50	50	100
계	300	200	500

(1) $P(A\cup B)=P(A)+P(B)-P(A\cap B)=\frac{5}{10}+\frac{3}{10}-\frac{1}{10}=\frac{7}{10}$

※ 여기서 A와 B는 배반사건이 아니다.

(2) $P(A\,|\,\text{부적합품})=\frac{P(A\cap \text{부적합품})}{P(\text{부적합품})}=\frac{\frac{50}{500}}{\frac{100}{500}}=\frac{1}{2}$

2 확률변수

1 확률변수의 정의

어떤 시행의 표본공간을 S라 하고, 이 표본공간에서 각각의 근원사상 e에 대하여 일정 규칙에 따라 하나의 실수값을 대응시키는 경우, 이때의 관계를 $X(e)$로 표시하면 이는 표본공간에서 정의된 하나의 수치함수가 되는데, 이렇게 정의된 함수값 X를 확률변수(random variable)라 한다.

2 확률변수의 분류

확률변수는 이산형 확률변수와 연속형 확률변수로 분류된다.

① 이산형 확률변수(discrete random variable)

유한 개의 값을 취하거나, 일정 구간 내의 실수값이 아무리 많더라도 하나하나 셀 수 있는 확률변수를 뜻하는 것으로, 계수치가 이산형 확률변수가 된다.

② 연속형 확률변수(continuous random variable)

제품의 크기나 중량처럼 일정 구간 내에 취할 수 있는 실수값이 무한개로 정의되는 확률변수를 뜻하는 것으로, 계량치가 연속형 확률변수의 값이 된다.

(1) 이산형 확률변수의 확률질량함수(pmf)

① $P(X) \geq 0$

② $\sum P(X) = 1$

③ $P(a \leq X \leq b) = \sum_{X=a}^{b} P(X)$

(2) 연속형 확률변수의 확률밀도함수(pdf)

① $f(X) \geq 0$

② $\int_{-\infty}^{\infty} f(X)dX = 1$

③ $P(a \leq X \leq b) = \int_{a}^{b} f(X)dX$

(3) 누적분포함수(cdf)의 성질

$F(x) = P(-\infty \leq X \leq x) = P(X \leq x)$

X가 주어진 실수 x보다 작거나 같은 확률을 나타낸다.

① 만약 $x_1 \leq x_2$이면, $F(x_1) \leq F(x_2)$이다.
즉, $F(x)$는 비감소함수(nondecreasing function)로서 좌에서 우로의 연속 증가함수이다.

② $F(-\infty) = 0$, $F(\infty) = 1$

③ $P(a \leq X \leq b) = \int_{-\infty}^{b} f(x)dx - \int_{-\infty}^{a} f(x)dx = F(b) - F(a)$

예제 1-6

동전을 2회 던지는 실험에서 확률변수 X를 앞면의 수라 할 때, $F(x)$ 값을 구하고 그래프로 나타내시오.

X	0	1	2
$P(X)$	$\frac{1}{4}$	$\frac{1}{2}$	$\frac{1}{4}$

- $F(x<0) = 0$ ($x<0$인 경우)
- $F(x=0) = \frac{1}{4}$ ($0 \leq x < 1$인 경우)
- $F(x=1) = \frac{3}{4}$ ($1 \leq x < 2$인 경우)
- $F(x=2) = 1$ ($x \geq 2$인 경우)

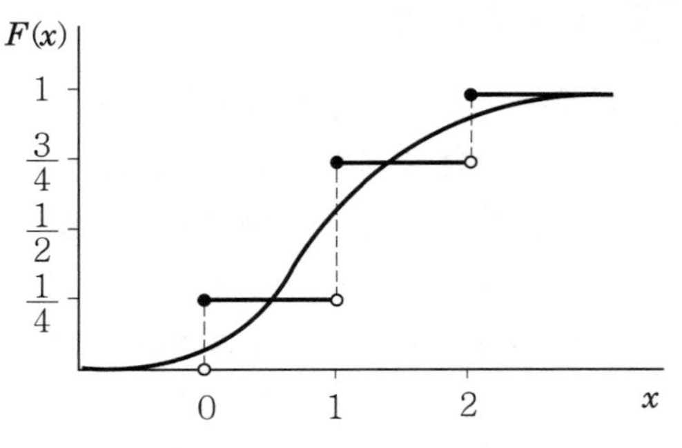

3 기대치와 분산

(1) 정의

① 이산형

㉠ $E(X) = \sum_X X \cdot P(X)$

$= \mu$

㉡ $V(X) = \sum_X (X-\mu)^2 P(X)$

$= \sum_X X^2 P(X) - \left[\sum_X XP(X)\right]^2$

$= \sum_X X^2 P(X) - \mu^2$

$= E(X^2) - \mu^2$

② 연속형

㉠ $E(X) = \int_{-\infty}^{\infty} X \cdot f(X)dX$

㉡ $V(X) = \int_{-\infty}^{\infty} (X-\mu)^2 f(X)dX$

$= \int_{-\infty}^{\infty} X^2 f(X)dX - \left[\int_{-\infty}^{\infty} Xf(X)dX\right]^2$

$= \int_{-\infty}^{\infty} X^2 f(X)dX - \mu^2$

$= \sigma^2$

③ X의 함수 $g(X)$의 기대치와 분산에 대한 정의

㉠ $E[g(X)] = \sum_X g(X)P(X)$: 이산형

$= \int_{-\infty}^{\infty} g(X)f(X)dX = v$: 연속형

㉡ $V[g(X)] = \sum_X [g(X)-v]^2 P(X)$: 이산형

$= \int_{-\infty}^{\infty} [g(X)-v]^2 f(X)dX$: 연속형

(단, $v = E[g(X)]$이다.)

예제 1-7

어느 공휴일 오후 4시와 5시 사이에 정비소에서 서비스를 받고 나가는 차의 수 X의 확률분포가 아래 표와 같다. $g(X)=2X-1$을 정비소 사장이 종업원에게 지불하는 수당이라고 할 때, 이 시간 사이의 종업원의 기대수익은? (단, 단위는 천원)

X	4	5	6	7	8	9
$P(X)$	$\frac{1}{12}$	$\frac{1}{12}$	$\frac{1}{4}$	$\frac{1}{4}$	$\frac{1}{6}$	$\frac{1}{6}$

$$E[g(X)]=E[2X-1]$$
$$=\sum_{X=4}^{9}(2X-1)P(X)=7\times\frac{1}{12}+9\times\frac{1}{12}+11\times\frac{1}{4}+13\times\frac{1}{4}+15\times\frac{1}{6}+17\times\frac{1}{6}=12.67$$

(2) 법칙

① 기대치의 법칙

㉠ $E(aX\pm b)=E(aX)\pm E(b)=aE(X)\pm b=a\mu\pm b$

참고 상수의 기대치는 상수이고, 상수의 분산은 0이다.

- $E(b)=b$
- $V(b)=E[b-E(b)]^2=0$

㉡ $E(X\pm Y)=E(X)\pm E(Y)=\mu_X\pm\mu_Y$

㉢ $E(X\cdot Y)=\mu_X\cdot\mu_Y$: X, Y가 서로 독립인 경우

$=\mu_X\mu_Y+COV(XY)$: X, Y가 서로 독립이 아닌 경우

② 분산의 법칙

㉠ $V(X)=E[X-E(X)]^2=E(X-\mu)^2=\sigma^2$

㉡ $V(aX)=a^2V(X)=a^2\sigma^2$

㉢ $V(aX\pm b)=V(aX)+V(b)=a^2V(X)+0=a^2\sigma^2$

[증명] $V(b)=E[b-E(b)]^2$

여기서 $E(b)=b$가 되므로, $V(b)=E(b-b)^2=0$

$\therefore$ $V(b)=0$ ⇒ 상수의 분산은 항상 0이 된다.

㉣ $V(aX\pm bY)$

ⓐ X, Y가 서로 독립일 때

$V(aX\pm bY)=a^2V(X)+b^2V(Y)$

ⓑ X, Y가 서로 종속일 때

$V(aX\pm bY)=a^2V(X)+b^2V(Y)\pm 2ab\,COV(X,\ Y)$

참고 분산의 일반적 정의

$$V(X) = E(X-\mu)^2 = E(X^2 - 2X\mu + \mu^2) = E(X^2) - 2\mu \cdot E(X) + \mu^2 = E(X^2) - \mu^2$$

따라서 $E(X^2) = \mu^2 + \sigma^2$로 정의되며, $E(X) = \sqrt{E(X^2) - V(X)}$가 된다.

4 공분산과 상관계수

$$COV(X, Y) = E[(X-\mu_X)(Y-\mu_Y)] = E(XY) - \mu_X \mu_Y$$

만약 X, Y가 서로 독립이면 $COV(X, Y) = 0$이 된다.
이러한 공분산을 이용한 상관계수를 정의하면 다음과 같다.

$$Corr(X, Y) = \frac{COV(X, Y)}{V(X) \cdot V(Y)} = \frac{E[(X-\mu_X)(Y-\mu_Y)]}{\sqrt{E(X-\mu_X)^2 \cdot E(Y-\mu_Y)^2}} = \frac{\sigma_{XY}}{\sigma_X \cdot \sigma_Y} = \rho$$

(이때, σ_{XY}를 ${\sigma_{XY}}^2$으로 표시하기도 한다.)

예제 1-8

$\sigma_X^2 = 2$, $\sigma_Y^2 = 4$일 때, 관계식 $Z = 3X - 4Y + 8$의 분산은 얼마인가? (단, X와 Y는 서로 독립이다.)

$$V(Z) = V(3X - 4Y + 8) = 3^2 V(X) + 4^2 V(Y) + V(8) = 9\sigma_X^2 + 16\sigma_Y^2 + 0 = 9 \times 2 + 16 \times 4 = 82$$

5 Chebyshev의 정리

확률변수 X값이 평균(μ)으로부터 표준편차(σ)의 k배 이내에 있을 확률은 $1 - \frac{1}{k^2}$보다 작지 않다.

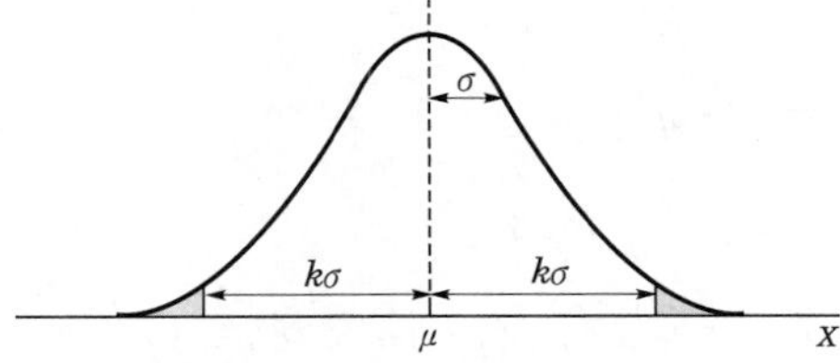

참고 $P(|X-\mu| < k\sigma) \geq 1 - \frac{1}{k^2}$ (단, $k > 0$, $\sigma > 0$이다.)

$$= P(\mu - k\sigma < X < \mu + k\sigma) \geq 1 - \frac{1}{k^2} = \int_{\mu - k\sigma}^{\mu + k\sigma} f(X) dX \geq 1 - \frac{1}{k^2}$$

3 확률분포

분포는 취하고 있는 확률변수의 성질이 연속적 특성(continuous type)인가 이산적 특성(discrete type)인가에 따라 연속형 분포와 이산형(계수형) 분포로 구분된다. 품질관리에서 주로 취급하는 연속형 분포에는 정규분포, t분포, χ^2분포, F분포, 지수분포 등이 있고, 이산형 분포에는 베르누이분포, 이항분포, 푸아송분포, 초기하분포 등이 있다.

1 이산형 분포(discrete probability distribution)

(1) 베르누이분포(Bernoulli distribution)

어느 실험 또는 관찰을 독립적으로 반복해서 시행하는 경우, 시행마다 오직 대비(contrast)되는 두 개의 결과만이 발생하며, 각 시행이 서로 독립적인 것을 베르누이 시행이라고 한다. 베르누이분포는 $n=1$인 이항분포에 해당된다.

① 확률질량함수(pmf)

임의의 확률변수 x가 두 가지 값 0, 1만 취하고 그 확률이 $P(x=1)=P$, $P(x=0)=1-P$라고 하면, 이 확률변수 x의 확률질량함수는 다음과 같이 정의된다.

$P(x)=P^x(1-P)^{1-x}$

(단, x는 0 또는 1이다.)

② 기대치와 분산

㉠ 기대치(Expectation)

$E(x)=P$

[증명] $E(x)=\sum_{X=0}^{1} x \cdot P(x)$

$=0 \cdot P(x=0)+1 \cdot P(x=1)$

$=0 \cdot (1-P)+1 \cdot P=P$

$\therefore$ $E(x)=P$이다.

㉡ 분산(Variance)

$V(x)=P(1-P)=P \cdot q$

[증명] $V(x)=\sum_{X=0}^{1} [x-E(x)]^2 \cdot P(x)$

$=(0-P)^2 \cdot P(x=0)+(1-P)^2 \cdot P(x=1)$

$=P^2 \cdot (1-P)+(1-P)^2 \cdot P$

$=P(1-P) \cdot [P+(1-P)]$

$=P(1-P)$

$\therefore$ $V(x)=P(1-P)$이다.

(2) 이항분포(binomial distribution) : 부적합품(불량) 분포

모부적합품률이 P인 무한모집단에서 $P \neq 0$인 경우 비복원 추출방식을 취하거나, 부적합품률이 P인 유한모집단에서 복원 추출방식으로 취한 크기 n의 랜덤 시료 중에서 발견되는 부적합품수(x) 또는 단위당 부적합품수(p)의 출현확률을 정의한 이산형 확률분포를 이항분포라 한다.

⊙ 표준용어에서 불량 개수는 부적합품수, 불량률은 부적합품률, 결점수는 부적합수, 결점률은 부적합률(단위당 부적합수)로 표현한다.

① **확률질량함수(pmf)**

이항분포를 따르는 확률변수 $X=x$의 확률질량함수 $P(x)$는 다음과 같다.

$$P(x) = {}_nC_x P^x (1-P)^{n-x}$$
$$= {}_nC_x P^x q^{n-x}$$

(단, ${}_nC_x = \dfrac{n!}{x!(n-x)!}$이고, $x=0,\ 1,\ 2,\ \cdots,\ n$이다.)

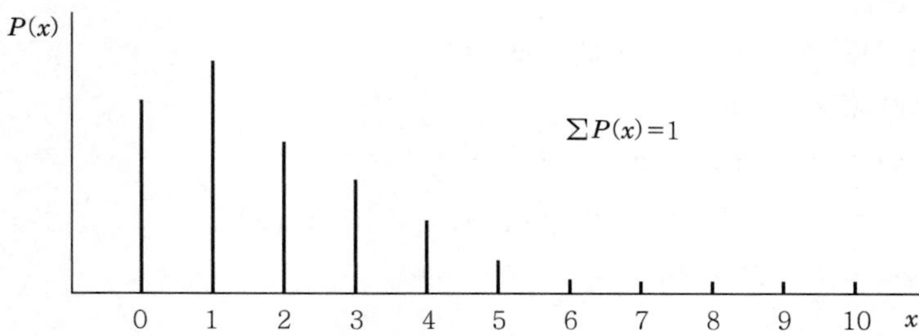

[증명] 1. 1개를 뽑아서 그것이 부적합품(불량품)일 확률

$$\frac{NP}{N} = P$$

2. 1개를 뽑아서 그것이 적합품(양품)일 확률

$$\frac{N-NP}{N} = (1-P)$$

3. 연속해서 부적합품이 x개가 나올 확률(확률의 곱의 법칙)

$$\underbrace{P \cdot P \cdot P \cdots\cdots P}_{x\text{회 계속}} = P^x$$

4. 연속해서 적합품이 $n-x$개가 나올 확률

$$\underbrace{(1-P)\cdot(1-P)\cdot\ \cdots\cdots\ \cdot(1-P)}_{n-x\text{회 계속}} = (1-P)^{n-x}$$

5. 연속해서 부적합품이 x개가 나오고, 그 이후로 적합품이 $n-x$개가 나올 확률

$$\underbrace{\underbrace{P\cdot P\cdot P\cdot\ \cdots\cdots\ \cdot P}_{x\text{개}}\cdot \underbrace{(1-P)\cdot(1-P)\cdot\ \cdots\cdots\ \cdot(1-P)}_{(n-x)\text{개}}}_{n\text{개}} = P^x\cdot(1-P)^{n-x}$$

6. 이항분포는 부적합품과 적합품의 출현순서는 고려하지 않고, n개의 시료 중 부적합품이 x개 발생하면 되므로, n개 중 x개를 배열시키는 방법의 가짓수는 ${}_nC_x$개가 된다.

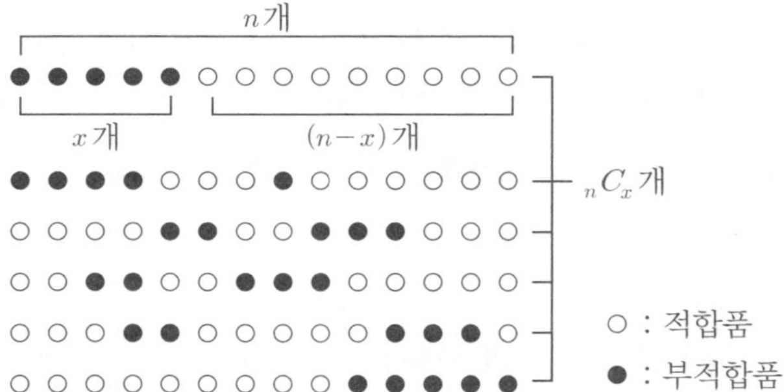

여기서 하나하나의 배열이 $P^x \cdot (1-P)^{n-x}$씩의 확률을 가지고 있으므로 "그 중 어느 것이 되어도 좋을 때 어떤 것이 나타날 확률은 개개의 사건이 일어날 확률의 합이다"라는 「확률의 합의 법칙」으로부터 $P(x) = {}_nC_x P^x \cdot (1-P)^{n-x}$이 된다.

② 기대치와 분산

㉠ 시료 부적합품수 $x(r)$의 기대치와 분산

ⓐ 기대치(Expectation)

$$E(x) = E(x_1 + x_2 + x_3 + \cdots\cdots + x_n)$$
$$= E(x_1) + E(x_2) + E(x_3) + \cdots\cdots + E(x_n)$$
$$= P + P + P + \cdots\cdots + P = nP$$

⊙ 계산기상에는 부적합품수를 r로 표현하며, ${}_nC_x$가 ${}_nC_r$로 표시되어 있다.

ⓑ 분산(Variance)

$$V(x) = V(x_1 + x_2 + x_3 + \cdots\cdots + x_n)$$
$$= V(x_1) + V(x_2) + V(x_3) + \cdots\cdots + V(x_n)$$
$$= P(1-P) + P(1-P) + P(1-P) + \cdots\cdots + P(1-P)$$
$$= nP(1-P) = nPq$$

따라서, 이항분포의 편차 $D(x) = \sqrt{V(x)} = \sqrt{nP(1-P)}$가 된다.

㉡ 시료 부적합품률 p의 기대치와 분산

ⓐ 기대치(Expectation)

$$E(p) = E\left(\frac{x}{n}\right) = \frac{1}{n} \cdot E(x) = \frac{1}{n} nP = P$$

ⓑ 분산(Variance)

$$V(p) = V\left(\frac{x}{n}\right) = \frac{1}{n^2} \cdot V(x) = \frac{1}{n^2} \cdot nP(1-P) = \frac{P(1-P)}{n}$$

⊙ 시료 부적합품률(p)은 모부적합품률(P)의 추정치($\hat{P}$)로 사용된다.

③ 특징

㉠ N이 무한모집단인 경우나 $\dfrac{N}{n} > 10$인 경우로, N은 확률값에 영향을 주지 않는다.

㉡ 부적합품수, 부적합품률, 출석률 등의 계수치는 이항분포를 따른다.

㉢ 분포가 이산적 특징을 취한다.

㉣ $P = 0.5$일 때 평균치값을 중심으로 좌우대칭의 분포를 한다.

㉤ $P \leq 0.5$, $nP \geq 5$일 때 정규분포에 근사한다.

㉥ P가 대단히 작아지는 경우 이항분포는 푸아송분포를 따른다($P \rightarrow 0$).

㉦ $\dfrac{N}{n} < 10$(유한모집단)일 때는 초기하분포를 따른다.

⊙ 이항분포, 푸아송분포 및 초기하분포(이산형 확률분포)에서 모부적합품률 P에 비해 시료 크기가 충분히 커지면 이산형 확률변수 x의 분포는 좌우대칭의 정규분포에 근사한다(정규분포근사법).

예제 1-9

부적합품률이 10%인 공정이 있다. 이 공정에서 시료를 10개 샘플링한다고 할 때, 다음 각 물음에 답하시오.

(1) 부적합품이 1개 나타날 확률은?

(2) 부적합품이 2개 나타날 확률은?

(3) 부적합품이 2개 이하로 나타날 확률은?

(4) 부적합품이 3개 이상일 확률은?

---

(1) 부적합품이 1개 나타날 확률

$P(x=1) = {}_nC_x P^x (1-P)^{n-x}$

$= {}_{10}C_1\, 0.1^1 \times (1-0.1)^{10-1} = 0.387$

(2) 부적합품이 2개 나타날 확률

$P(x=2) = {}_nC_x P^x (1-P)^{n-x}$

$= {}_{10}C_2\, 0.1^2 \times (1-0.1)^{10-2} = 0.194$

(3) 부적합품이 2개 이하일 확률

부적합품이 0개, 1개, 2개 중 어느 것이 나타나도 좋은 경우이므로 확률의 합의 법칙을 이용하여 계산한다.

$P(x \leq 2) = P(0) + P(1) + P(2)$

따라서, $P(x \leq 2) = {}_{10}C_0\, 0.1^0 \times (1-0.1)^{10-0} + {}_{10}C_1\, 0.1^1 \times (1-0.1)^{10-1} + {}_{10}C_2\, 0.1^2 \times (1-0.1)^{10-2}$

$= 0.348 + 0.387 + 0.194 = 0.929$

(4) 부적합품이 3개 이상일 확률

확률의 여사건을 이용하여 계산한다.

$1 - P(x \leq 2) = 1 - [P(0) + P(1) + P(2)] = 1 - 0.929 = 0.071$

(3) 푸아송분포(Poisson distribution) : 부적합(결점) 분포

이항분포에서 $nP=m$을 작은 값으로 일정하게 고정시키고 시료 n을 증가시킨 발생확률(P)이 매우 작은 희귀사건 X의 극한 분포로서, 품질관리상에서 주로 사용되고 있는 이산형 확률분포이다.

① 확률질량함수(pmf)

푸아송분포를 따르는 확률변수 $X=x$의 확률질량함수(pmf)는 다음과 같다.

$$P(x)=\frac{e^{-m}\cdot m^x}{x!}$$

(단, $m=nP$,
$m>0$,
$x=0,\ 1,\ 2,\ \cdots\cdots,\ n$이다.)

참고 회사의 결근자수, 부적합수(결점수), 단위당 부적합수(결점률)와 같은 계수치는 푸아송분포에 따른다.

② 기대치와 분산

㉠ 기대치(Expectation)

$E(x)=nP=m$

㉡ 분산(Variance)

$V(x)=nP=m$

참고 부적합수 x는 관리도상에서 c로 표현한다.

③ 특징

㉠ 평균과 분산이 같은 이산형 확률분포이다.

㉡ $m\geq 5$일 때는 정규분포에 근사하는 분포이다.

㉢ m이 작을 때는 왼쪽으로 기울어진 비대칭 분포지만, m이 커짐에 따라 좌우대칭의 분포에 가까워진다.

㉣ 모부적합품률 P가 대단히 작아지는 경우, 현상 규명을 위한 상대적 시료 크기(n)가 대단히 증가하게 되는데, 이때 발생하는 이산형 확률분포이다. (단, $P\to 0$, $q\to 1$)

⊙ 부적합품률이 10% 이상(부적합품률이 큰 집단)이고 모집단이 명시되어 있지 않은 경우이므로 이항분포를 적용하지만, 부적합품률이 극히 적은 집단일 경우는 푸아송분포가 적용되며, $\frac{N}{n}<10$의 유한모집단인 경우는 초기하분포가 적용된다.

(4) 초기하분포(hypergeometric distribution)

모집단(N)의 크기가 유한 모집단일 때 발생하는 이항분포의 파생분포로서, 이항분포는 N이 무한대이므로 모부적합품률(모불량률) P가 거의 변하지 않는 복원 추출방식이라면, 초기하분포는 추출 시마다 P가 변하는 비복원 추출방식을 따르는 이산형 확률분포이다.

① **확률질량함수(pmf)**

부적합품률이 P인 N개의 모집단에서 비복원 추출로 n개의 시료를 뽑았을 때, 그 중 이산형 확률변수인 부적합품수(불량 개수) X는 $X=x$가 되는 확률질량함수 $P(x)$를 따른다.

$$P(x)=\frac{{}_{M}C_{x}\cdot{}_{N-M}C_{n-x}}{{}_{N}C_{n}}$$

(단, $x=0,\ 1,\ 2,\ \cdots\cdots,\ n$이고,
$M=NP$이다.)

② **기대치와 분산**

㉠ 기대치(Expectation)

$E(x)=nP$

㉡ 분산(Variance)

$$V(x)=\left(\frac{N-n}{N-1}\right)nP(1-P)$$

(여기서, $1-P=q$로 표현한다.)

참고 $V(x)=\left(\frac{N-n}{N-1}\right)nPq$에서 유한수정계수 $\frac{N-1}{N-1}\fallingdotseq\frac{N-n}{N}$으로 표현하면,

$V(x)=\left(\frac{N-n}{N}\right)nPq=\left(1-\frac{n}{N}\right)nPq=nPq-\frac{n}{N}nPq$가 된다.

이는 이항분포의 분산보다 분산값이 작아진다는 것을 보여주며, 동일한 상황에서 이항분포보다 정밀도가 높다는 것을 뜻하므로, 동일한 상황에서 시행 시 확률의 정도가 높아진다는 것을 의미한다.

③ **특징**

㉠ 분포가 $\frac{N}{n}<10$인 경우의 이산적 특징을 취한다.

㉡ $N\rightarrow\infty$에 근사시키면 이항분포에 근사하게 된다.

㉢ $P\rightarrow 0.5$이면 좌우대칭의 분포가 발생한다.

㉣ 유한수정계수 $\left(\frac{N-n}{N-1}\right)$을 가지며, 확률의 정도가 가장 높은 이산형 분포이다.

⊘ 유한수정계수는 상대적 시료 크기를 감안하는 분산조정계수로 $\frac{N-n}{N-1}\leq 1$이며, 유한모집단에만 의미가 있다.

예제 1-10

3명의 화학자와 5명의 생물학자 중 임의로 5명을 선택하여 위원회를 구성하고자 한다. 위원회에 포함된 화학자수를 확률변수로 할 때, 다음을 구하시오.

(1) 확률분포
(2) 기대치
(3) 분산

---

(1) 확률분포

- $x=0$일 경우, $P(x=0)=\frac{{}_3C_0\,{}_5C_5}{{}_8C_5}=\frac{1}{56}$
- $x=1$일 경우, $P(x=1)=\frac{{}_3C_1\,{}_5C_4}{{}_8C_5}=\frac{15}{56}$
- $x=2$일 경우, $P(x=2)=\frac{{}_3C_2\,{}_5C_3}{{}_8C_5}=\frac{30}{56}$
- $x=3$일 경우, $P(x=3)=\frac{{}_3C_3\,{}_5C_2}{{}_8C_5}=\frac{10}{56}$

(2) 기대치

$E(x)=nP=5\times\frac{3}{8}=1.875$

(3) 분산

$V(x)=\frac{N-n}{N-1}nPq=\frac{8-5}{8-1}\times\frac{3}{8}\times\frac{5}{8}=0.5$

2 연속형 분포(continuous probability distribution)

연속형 분포는 계량형 분포라고도 하며, 어느 일정 구간 내에 포함될 수 있는 확률변수가 무한개의 실수값으로 정의되는 분포로서, 확률변수 $X=x$가 어떠한 구간 $[a, b]$에 속할 확률이 $\int_a^b f(x)dx$와 같이 표시되는 확률분포이다.

연속형 분포의 특징은 일정 구간의 확률면적을 적분하여 구할 수 있는 확률변수 X의 확률밀도함수(probability density function)로 정의될 수 있다.

(1) 정규분포(normal distribution) : Gauss의 오차분포

1차 적률함수값으로 정의되는 연속형 확률변수 x가 우연적 상태에서 무한개 집합할 때 발생하는 보편적 형태의 확률분포로서, 중심값 근처에 대다수가 밀집되는 좌우대칭의 종 모양 분포를 의미한다. 이러한 정규분포는 $N(\mu,\ \sigma^2)$로 표현되며, 확률밀도함수(pdf)는 다음과 같다.

① 특성치 x의 분포

㉠ 확률밀도함수(pdf)

$$f(x) = \frac{1}{\sqrt{2\pi} \cdot \sigma} e^{-\frac{(x-\mu)^2}{2\sigma^2}}$$

(단, $-\infty \le x \le \infty$,

$e = 2.71828\cdots$,

$\pi = 3.141592\cdots$ 이다.)

㉡ 기대치와 분산

ⓐ 기대치(Expectation)

$E(x) = \mu$

ⓑ 분산(Variance)

$V(x) = \sigma^2$

㉢ 정규분포의 구간확률 : $x \sim N(\mu, \sigma^2)$

ⓐ $P(\mu - 1\sigma \le x \le \mu + 1\sigma) = 0.6827$

ⓑ $P(\mu - 2\sigma \le x \le \mu + 2\sigma) = 0.9545$

ⓒ $P(\mu - 3\sigma \le x \le \mu + 3\sigma) = 0.9973$

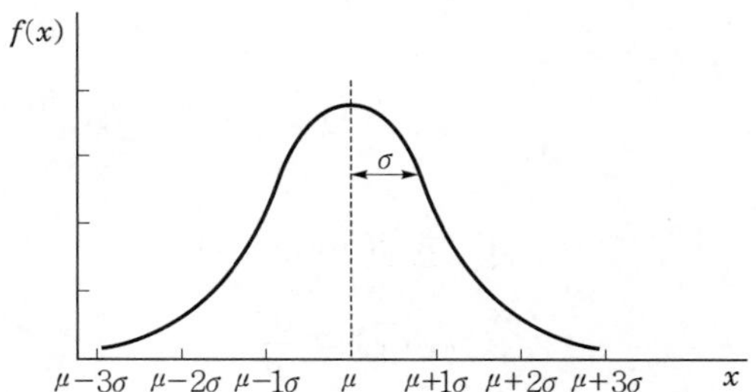

② 시료평균 $\bar{x}$의 분포

평균이 μ이고 표준편차가 σ인 모집단에서 시료(n)를 무한번 반복 추출할 때 발생하는 시료평균 $\bar{x}$들의 퍼짐현상으로, x의 분포와 비교하면 평균은 μ로 같으나, 분포의 표준편차가 $\sigma/\sqrt{n}$로 특성치 x의 분포보다 폭이 좁은 정규분포가 발생한다.

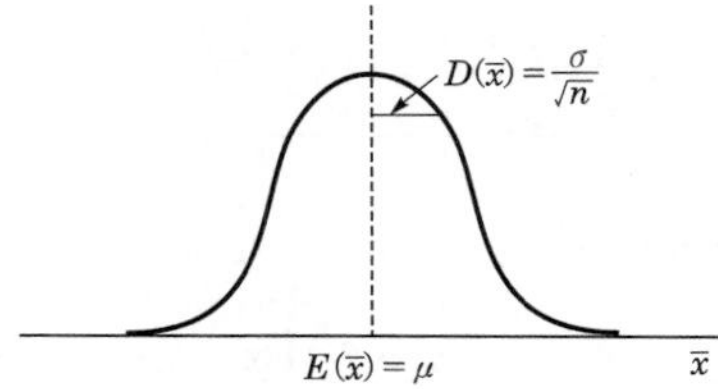

㉠ 확률밀도함수(pdf)

$$f(\bar{x}) = \frac{1}{\sqrt{2\pi} \cdot \sigma/\sqrt{n}} e^{-\frac{(\bar{x}-\mu)^2}{2\sigma^2/n}}$$

(단, $-\infty \le \bar{x} \le \infty$,

$e = 2.71828$,

$\bar{x} = \frac{x_1 + x_2 + \cdots\cdots + x_n}{n} = \frac{\sum x_i}{n}$ 이다.)

㉡ 기대치와 분산

ⓐ 기대치(Expectation)

$$E(\overline{x}) = \mu$$

[증명] $E(\overline{x}) = E\left(\dfrac{x_1 + x_2 + \cdots\cdots + x_n}{n}\right)$

$$= \frac{1}{n} \cdot E(x_1 + x_2 + \cdots\cdots + x_n)$$

$$= \frac{1}{n} \cdot [E(x_1) + E(x_2) + \cdots\cdots + E(x_n)]$$

$$= \frac{1}{n} \cdot (\mu + \mu + \mu + \cdots\cdots + \mu)$$

$$= \frac{1}{n} \cdot n\mu = \mu$$

(단, x_1, x_2, x_3, ……, x_n은 서로 독립이다.)

$\therefore\ E(\overline{x}) = \mu$

ⓑ 분산(Variance)

$$V(\overline{x}) = \frac{\sigma^2}{n}$$

[증명] $V(\overline{x}) = V\left(\dfrac{x_1 + x_2 + \cdots\cdots + x_n}{n}\right)$

$$= \frac{1}{n^2} \cdot V(x_1 + x_2 + \cdots\cdots + x_n)$$

$$= \frac{1}{n^2} \cdot [V(x_1) + V(x_2) + \cdots\cdots + V(x_n)]$$

$$= \frac{1}{n^2} \cdot \underbrace{(\sigma^2 + \sigma^2 + \sigma^2 + \cdots\cdots + \sigma^2)}_{n\text{개}}$$

$$= \frac{1}{n^2} \cdot n\sigma^2 = \frac{\sigma^2}{n}$$

(단, x_1, x_2, x_3, ……, x_n은 서로 독립이다.)

$\therefore\ V(\overline{x}) = \dfrac{V(x)}{n} = \dfrac{\sigma^2}{n}$

ⓒ 편차(Deviation)

$$D(\overline{x}) = \sqrt{V(\overline{x})} = \frac{\sigma}{\sqrt{n}}$$

참고 시료평균 $\overline{x}$는 데이터 합 T를 데이터 개수 n으로 나눈 값이다. 여기서 평균 $\overline{x}$의 분산은 평균을 구할 때 사용되는 데이터 개수(n)만큼 비례하여 작아지는 성질이 있다.

③ 표준정규분포(standard normal distribution)

확률변수 x가 정규분포 $N(\mu,\ \sigma^2)$을 따를 때 x나 $\overline{x}$의 함수를 확률변수 u라고 정의하면, 확률변수 u는 표준정규분포 $N(0,\ 1^2)$을 따르며, 확률밀도함수는 다음과 같다.

$$f(u) = \frac{1}{\sqrt{2\pi}} e^{-\frac{1}{2}u^2} \sim N(0,\ 1^2)$$

참고 중심극한정리(central limit theorem)

모집단의 분포와 관계없이 표본 n개를 반복 추출하는 시행을 무한 반복할 때, 표본평균들이 갖는 분포는 모집단의 평균값을 중심으로 좌우대칭의 분포를 하는 정규분포가 발생한다.

㉠ 표준정규분포의 확률변수(수치변환값)

$$u = \frac{x - E(x)}{D(x)} = \frac{x - \mu}{\sigma}$$

$$= \frac{\overline{x} - E(\overline{x})}{D(\overline{x})} = \frac{\overline{x} - \mu}{\sigma/\sqrt{n}}$$

㉡ 표준정규분포의 구간확률

$P(-1 \le u \le 1) = 0.6827$

$P(-2 \le u \le 2) = 0.9545$

$P(-3 \le u \le 3) = 0.9973$

⊘ $P(-1.96 \le u \le 1.96) = 0.95$

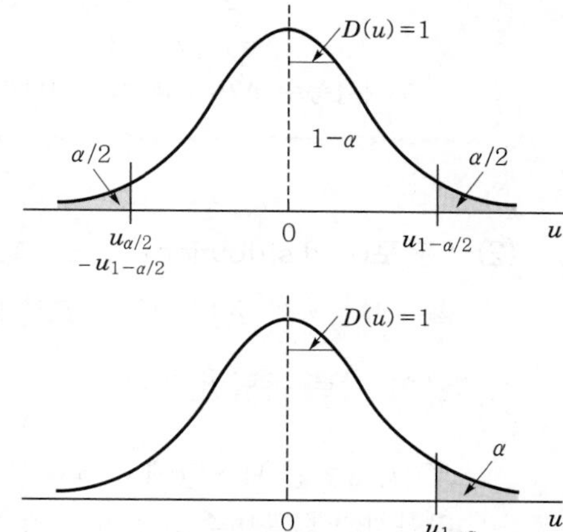

④ 정규분포의 특징

㉠ 평균값 μ에 밀집되는 좌우대칭의 분포를 한다.

㉡ 편차(σ)가 분포의 폭을 결정하며, 편차가 평균보다 훨씬 작은 분포이다.

㉢ 1차 연속형 확률변수 x가 우연적 상태에서 집합할 때 발생하는 오차분포이다.

㉣ 중심극한정리를 이용한 표준정규분포가 통계적 검정과 추정에 많이 이용된다.

㉤ 표준정규분포는 σ기지인 경우 정확도를 규명하는 통계량 $\overline{x}$의 분포이다.

〈 표준정규분포에서의 백분위수 〉

위험률(α)	$u_{1-\alpha/2}$	$u_{1-\alpha}$
0.01	2.576	2.326
0.05	1.96	1.645
0.10	1.645	1.282

⊘ 표준화 정규확률변수 u는 z 또는 k로도 표현된다.

예제 1-11

어떤 공정(파이프)의 평균이 25cm이고 공정 전체의 표준편차가 0.5cm이다. 이때 규격이 25±1.5cm라면 이 공정에서 부적합품수는 얼마인가? (단, lot 단위 생산량은 10000개이다.)

평균 $\mu=25\text{cm}$, 편차 $\sigma=0.5$인 $N(25,\ 0.5^2)$의 정규분포를 하는 집단이다.

$$
\begin{aligned}
\text{부적합품률}(P) &= P(x<23.5)+P(x>26.5)\\
&= P\left(u<\frac{23.5-\mu}{\sigma}\right)+P\left(u>\frac{26.5-\mu}{\sigma}\right)\\
&= P\left(u<\frac{23.5-25}{0.5}\right)+P\left(u>\frac{26.5-25}{0.5}\right)\\
&= P(u<-3)+P(u>3)\\
&= 1-P(-3\le u\le 3)=0.27\%
\end{aligned}
$$

∴ 부적합품수 $NP=10000\times 0.0027=27$개이다.

(2) t 분포(t-distribution) : W.S. Gosset

확률변수 u가 $N(0,\ 1^2)$인 표준정규분포를 따르고, χ^2이 자유도 ν인 χ^2분포를 따를 때, u와 χ^2이 서로 독립인 경우 $t=\dfrac{u}{\sqrt{\chi^2(\nu)/\nu}}$는 자유도 ν인 t분포를 따른다.

$N(\mu,\ \sigma^2)$인 모집단에서 σ미지인 경우 σ 대신 $\hat{\sigma}$인 시료편차 s를 사용하여 통계량 $\bar{x}$를 수치 변환시킨 확률변수를 t라고 정의하면, 확률변수 t의 분포는 자유도 ν에 의해 분포의 모양이 정의되는 좌우대칭의 연속형 확률분포가 발생한다.

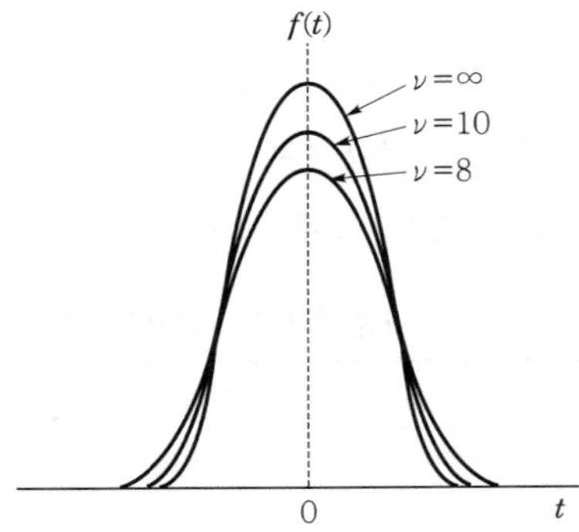

이러한 t분포는 자유도를 무한대로 증가시키면, 시료편차 s가 모편차 σ값에 근사하므로 정규분포에 근사하게 된다.

$$t=\frac{\bar{x}-E(\bar{x})}{D(x)}=\frac{\bar{x}-\mu}{\hat{\sigma}/\sqrt{n}}=\frac{\bar{x}-\mu}{s/\sqrt{n}}\sim t(\nu)\ \text{(단, }\sigma\text{미지인 경우)}$$

참고 σ 대신 통계량 s를 사용하면 분포의 정밀도가 떨어지며, t분포는 표준정규분포보다 폭이 넓어진다. (일반적으로 $\nu \geq 30$이면 정규분포로 근사시켜 취급한다.)

① 기대치와 분산

㉠ 기대치(Expectation)

$E(t) = 0$

㉡ 분산(Variance)

$V(t) = \dfrac{\nu}{\nu - 2}$ (단, $\nu > 2$이다.)

㉢ 편차(Deviation)

$D(t) = \sqrt{\dfrac{\nu}{\nu - 2}}$

② 특징

㉠ 1차 연속형 확률변수 $\bar{x}$를 σ의 추정치인 시료편차 s를 대신 사용하여 수치변환시킨 표준정규분포(u분포)의 보정분포이다.

㉡ 자유도에 따라 분포의 폭이 결정되는 연속형 확률분포이다.

ⓐ ν가 ∞에 근사하면 t분포는 표준정규분포에 근사한다.

ⓑ ν가 ∞에 근사할 때 t분포는 분포의 폭이 가장 좁은 분포가 형성된다.

ⓒ ν가 상대적으로 작아지면 t분포의 폭은 상대적으로 넓어지며 t값은 증가하게 된다.

㉢ 정규분포보다 정도(정밀도)가 떨어지는 분포로, 분포의 폭이 상대적으로 넓게 형성된다.

㉣ σ미지인 경우 정확도를 규명하는 통계량의 분포이다.

③ t 분포의 확률

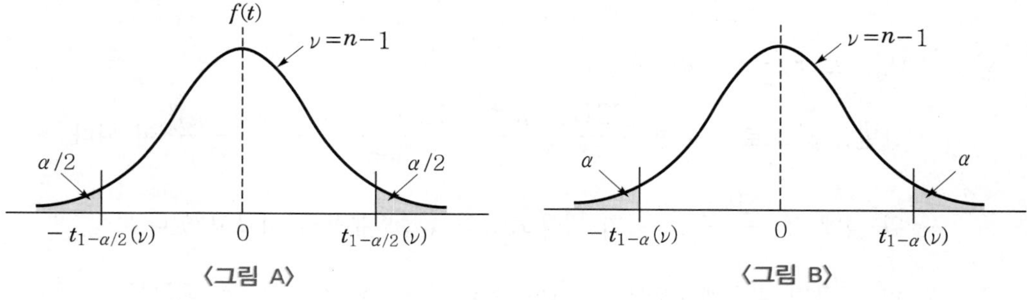

〈그림 A〉 〈그림 B〉

t 분포는 ν(자유도)$= n - 1$에 의해 분포의 폭이 정의되기 때문에 확률변수 t값은 자유도 ν와 부분확률면적에 의해 정의된다.

〈그림 A〉와 〈그림 B〉는 한쪽 부분확률면적을 $\alpha/2$와 α로 표시하고 있는데, [그림] 상의 빗금 확률면적에 의한 좌측 경계치를 $t_{\alpha/2}(\nu) = -t_{1-\alpha/2}(\nu)$와 $t_{\alpha}(\nu) = -t_{1-\alpha}(\nu)$로 표시하고, 우측 경계치를 $t_{1-\alpha/2}(\nu)$, $t_{1-\alpha}(\nu)$로 표시한다.

(단, $t_{\alpha}(\nu) = -t_{1-\alpha}(\nu)$이고, $t_{\alpha/2}(\nu) = -t_{1-\alpha/2}(\nu)$이다.)

(3) χ^2 분포(chi-square distribution) : Karl Pearson

정규분포를 하는 모집단 $N(\mu,\ \sigma^2)$에서 시료를 취해 제곱합 S을 구한 후 모분산으로 나눈 값을 $\chi^2(\nu)$이라고 하는데, 이러한 확률변수 χ^2은 자유도(ν)에 의해 정의되는 좌우비대칭의 분포가 형성된다. 여기서 2차 적률함수값인 χ^2이란 σ^2이 최소단위 1^2인 상태에서 제곱합 S값을 의미하므로, χ^2분포는 모분산이 $\sigma^2 = 1^2$인 경우 S가 우연적 상태에서 무한개가 집합할 때 나타나는 통계량 S의 확률분포라 할 수 있다.

$$\chi^2 = \frac{S}{\sigma^2} = \frac{(n-1)V}{\sigma^2} \sim \chi^2(n-1)$$

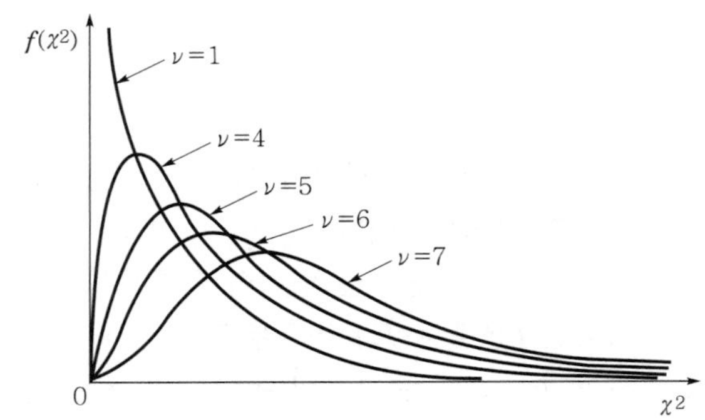

① 정규분포와 χ^2분포와의 관계

$$\begin{aligned}\Sigma(x_i-\mu)^2 &= \Sigma[(x_i-\overline{x})+(\overline{x}-\mu)]^2 \\ &= \Sigma(x_i-\overline{x})^2+\Sigma(\overline{x}-\mu)^2+2(\overline{x}-\mu)\Sigma(x_i-\overline{x}) \\ &= \Sigma(x_i-\overline{x})^2+n(\overline{x}-\mu)^2\end{aligned}$$

(단, $\Sigma(x_i-\overline{x})=0$이다.)

양변을 σ^2으로 나누면, $\dfrac{\Sigma(x_i-\mu)^2}{\sigma^2} = \dfrac{\Sigma(x_i-\overline{x})^2}{\sigma^2} + \dfrac{n(\overline{x}-\mu)^2}{\sigma^2}$이 된다.

위 식에서, $\dfrac{\Sigma(x_i-\mu)^2}{\sigma^2}$가 자유도 n인 $\chi^2(n)$분포를 따르고 있다.

χ^2의 합의 법칙에 의하면, $\chi^2(\nu_1)+\chi^2(\nu_2)=\chi^2(\nu_1+\nu_2)$가 되므로

$\dfrac{\Sigma(x_i-\overline{x})^2}{\sigma^2} = \dfrac{(n-1)V}{\sigma^2}$는 자유도 $n-1$인 χ^2분포를 따르고,

$\dfrac{n(\overline{x}-\mu)^2}{\sigma^2} = \dfrac{(\overline{x}-\mu)^2}{\sigma^2/n} = \left(\dfrac{\overline{x}-\mu}{\sigma/\sqrt{n}}\right)^2 = u^2$은 자유도 1인 χ^2분포를 따른다.

② 기대치와 분산

X가 자유도 $\nu=n-1$인 χ^2분포를 따른다면 기대치와 분산은 다음과 같다.

㉠ 기대치(Expectation)

$E(X) = \nu$

㉡ 분산(Variance)

$V(X) = 2\nu$

③ 특징

㉠ χ^2은 음의 값을 취할 수 없다. (단, $0 < \dfrac{S}{\sigma^2} \leq \infty$ 이므로, 0의 값을 취할 수 없다.)

㉡ χ^2분포는 ν에 따라 분포의 모양이 정의된다.

㉢ 자유도가 증가할수록 χ^2분포는 오른쪽으로 꼬리가 길어지는 분포가 형성되며, $\nu \to \infty$ 이면 좌우대칭의 분포에 근사한다.

㉣ σ기지일 때 산포에 관한 분포이다.

㉤ 표준정규분포 확률변수 u^2의 분포는 $\nu = 1$인 χ^2분포를 따른다[$u^2_{1-\alpha/2} = \chi^2_{1-\alpha}(1)$].

㉥ 서로 독립인 자유도가 ν_1인 χ^2분포와 자유도가 ν_2인 χ^2분포의 합성분포는 자유도가 $\nu_1 + \nu_2$인 χ^2분포를 따른다[$\chi^2(\nu_1) + \chi^2(\nu_2) = \chi^2(\nu_1 + \nu_2)$].

㉦ σ기지인 경우 정밀도를 규명하는 통계량 S의 분포이다.

④ 확률

χ^2분포는 ν가 무한대가 아닌 경우 좌우비대칭의 분포가 형성되는데, 일정 부분 확률면적 α를 지정했을 때 해당되는 χ^2값이 형성된다.

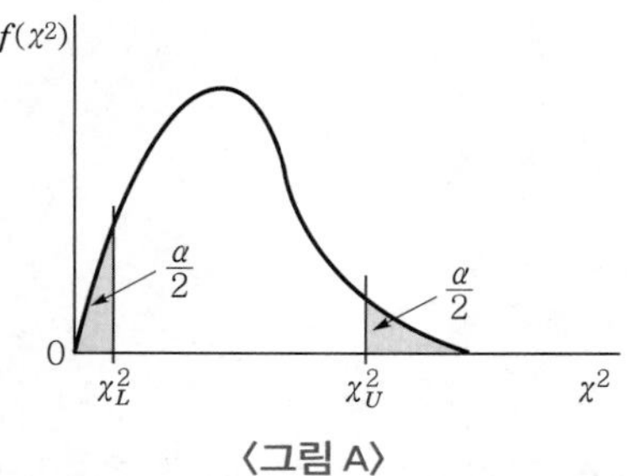

〈그림 A〉

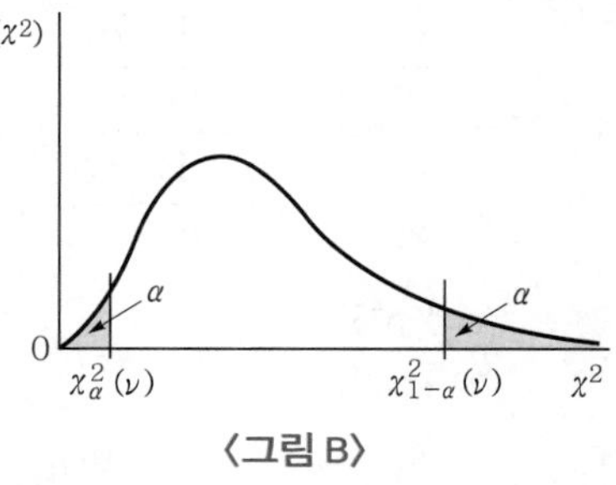

〈그림 B〉

〈그림 A〉는 확률면적 α를 양쪽에 $\alpha/2$씩 나누어 배치한 형태로, 상측 χ^2값을 χ^2_U이라고 하고, 하측에 생기는 χ^2값을 χ^2_L이라고 한다. 여기서 $\chi^2_U = \chi^2_{1-\alpha/2}(\nu)$, $\chi^2_L = \chi^2_{\alpha/2}(\nu)$로 표기하며, 〈$\chi^2$분포표〉에서 그 값을 찾을 수 있다.

또한, 부분확률면적을 한쪽에 배치하면 〈그림 B〉와 같다. 자유도(ν)와 부분확률면적(α)에서 정해지는 상측 χ^2_U값을 일반적으로 $\chi^2_{1-\alpha}(\nu)$라고 하는데 자유도(ν)가 13, 부분확률면적(α)이 0.05일 때 〈χ^2분포표〉를 이용하면 $\chi^2_{0.95}(13)$값이 22.36임을 알 수 있다. 또한 좌측에 부분확률면적 α를 배치한 경우 하측 χ^2_L값은 $\chi^2_\alpha(\nu)$로 표시하며, $\alpha = 0.05$와 ν가 13인 경우 $\chi^2_{0.05}(13)$값은 5.89로 나타난다.

(4) F 분포(F-distribution) : R.A. Fisher

동일 모집단으로부터 취한 2조의 시료에 대해 구한 시료분산비, 혹은 분산이 동일한 2개의 정규모집단으로부터 각각 랜덤으로 n_1, n_2를 추출하여 구한 V_1과 V_2의 비를 확률변수 F라고 정의하면, 2차 적률함수값인 확률변수 F는 자유도 ν_1, ν_2에 의해 정의되는 좌우비대칭의 연속형 확률분포를 따르게 되는데 이러한 확률분포를 F분포라 한다.

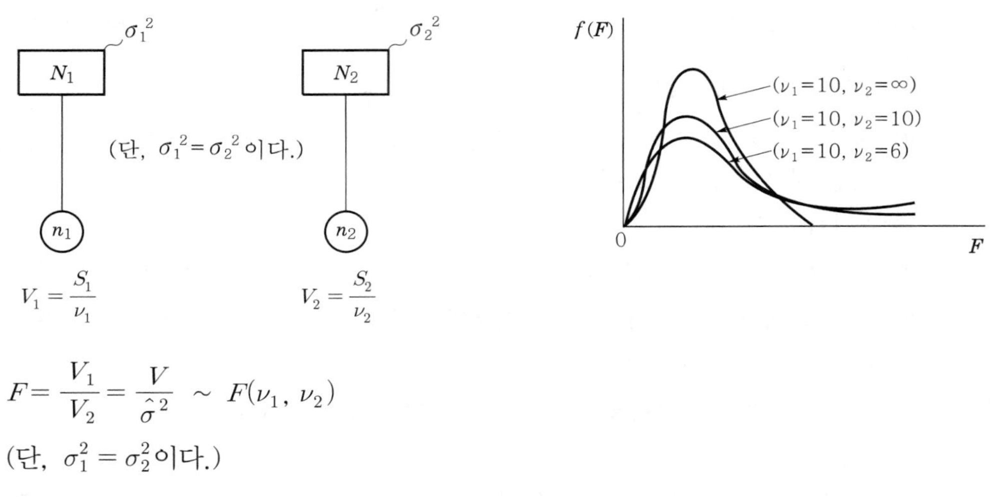

$$F=\frac{V_1}{V_2}=\frac{V}{\hat{\sigma}^2} \sim F(\nu_1,\ \nu_2)$$

(단, $\sigma_1^2=\sigma_2^2$이다.)

① 정의

㉠ F통계량은 두 개의 서로 독립인 확률변수 χ^2의 비로 나타난다.

$$F=\frac{\dfrac{\chi_1^2}{\nu_1}}{\dfrac{\chi_2^2}{\nu_2}}=\frac{\dfrac{\nu_1 \cdot V_1/\sigma_1^2}{\nu_1}}{\dfrac{\nu_2 \cdot V_2/\sigma_2^2}{\nu_2}}=\frac{\dfrac{V_1}{\sigma_1^2}}{\dfrac{V_2}{\sigma_2^2}}$$

$$=\frac{V_1\sigma_2^2}{V_2\sigma_1^2} \sim F(\nu_1,\ \nu_2)$$

㉡ $x_1 \sim N(\mu_1,\ \sigma_1^2)$, $x_2 \sim N(\mu_2,\ \sigma_2^2)$에서 각각 시료 n_1, n_2를 추출하면

$F=\dfrac{V_1/\sigma_1^2}{V_2/\sigma_2^2} \sim F(\nu_1,\ \nu_2)$로 정의되며,

$\sigma_1^2=\sigma_2^2$인 경우에는 $F=\dfrac{V_1}{V_2}$으로 정의된다.

㉢ $F_\alpha(\nu_1,\ \nu_2)=\dfrac{1}{F_{1-\alpha}(\nu_2,\ \nu_1)}$이다.

② 기대치와 분산

확률변수 X가 자유도 ν_1, ν_2인 F분포를 한다면, 기대치와 분산은 다음과 같다.

㉠ 기대치(Expectation)

$$E(X) = \frac{\nu_2}{\nu_2 - 2} \quad (\text{단, } \nu_2 > 2\text{이다.})$$

㉡ 분산(Variance)

$$V(X) = \left(\frac{\nu_2}{\nu_2 - 2}\right) \cdot \frac{2(\nu_1 + \nu_2 - 2)}{\nu_1(\nu_2 - 4)} \quad (\text{단, } \nu_2 > 4\text{이다.})$$

③ 특징

㉠ 확률변수 F값은 음의 값을 취할 수 없다($0 < F \leq \infty$).

㉡ ν_1을 고정시키고 ν_2를 무한대로 증가시키면 F값은 상대적으로 작은 값을 취하게 되며, 좌우대칭의 분포에 근사하는 특징을 갖는다.

㉢ ν_1, ν_2에 따라 변하는 좌우비대칭의 산포에 관한 분포로, 두 개의 자유도 중 어느 하나가 증가해도 분포의 폭은 좁아진다.

㉣ ν_1에 비해 ν_2가 분포에 상대적으로 더 큰 영향을 미친다.

㉤ σ미지일 때 산포에 관한 분포로, 정밀도를 규명하는 통계량의 분포이다.

④ 확률

일반적으로 자유도는 ν_1, ν_2, 확률면적 α의 F값은 $F_{1-\alpha}(\nu_1, \nu_2)$로 정의하는데, χ^2분포와 같이 확률면적 α를 양쪽에 배치할 때와 한쪽에 배치할 때 각각 F값이 달라지게 된다.

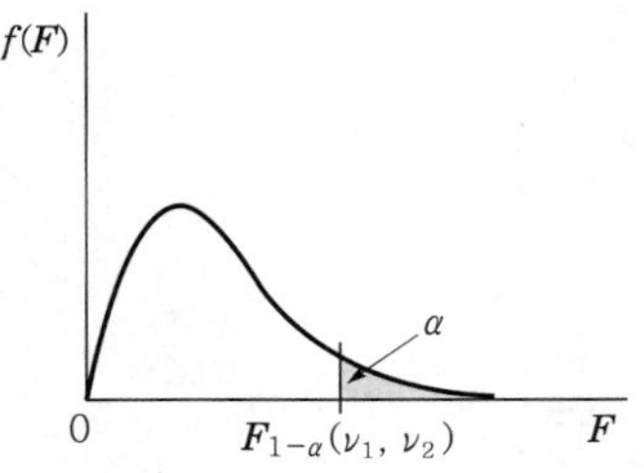

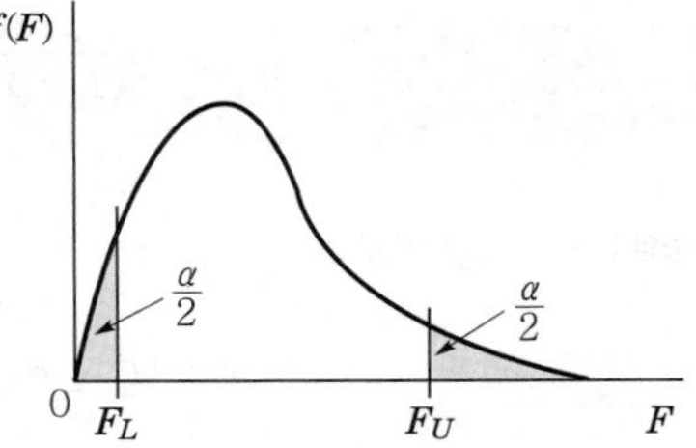

확률면적 α를 한쪽, 즉 상측에 배치했을 경우의 F_U값은 $F_{1-\alpha}(\nu_1, \nu_2)$로 표시하고, 상측과 하측 양쪽에 배치했을 경우에는 $F_U = F_{1-\alpha/2}(\nu_1, \nu_2)$, $F_L = F_{\alpha/2}(\nu_1, \nu_2)$로 표시하는데, 하측값 F_L은 〈F분포표〉에서 찾을 수 없으므로 다음과 같이 구한다.

$$F_{\alpha/2}(\nu_1, \nu_2) = \frac{1}{F_{1-\alpha/2}(\nu_2, \nu_1)}$$

즉, 자유도를 바꾸고 $\alpha/2$의 역측을 취한 값의 역수값으로 구한다.

이 식을 이용하여 $\alpha = 0.05$, 0.01, 0.025, 0.005의 값을 구할 수 있다.

(5) 각 분포의 특징과 관계

① 표준정규분포와 t분포의 관계(평균의 분포)

자유도가 ∞인 t분포는 $s=\sigma$가 되므로 표준정규분포와 일치한다.

$$t=\frac{\bar{x}-\mu}{s/\sqrt{n}} \xrightarrow[\nu=\infty]{} u=\frac{\bar{x}-\mu}{\sigma/\sqrt{n}}$$

$$t_{1-\alpha}(\infty)=u_{1-\alpha}$$

② 표준정규분포와 χ^2분포의 관계(σ 기지인 경우)

표준정규분포의 확률변수 u^2의 분포는 $\nu=1$인 χ^2분포를 따른다.

$u \sim N(0,\ 1^2)$일 때 $u^2 \sim \chi^2_{1-\alpha}(1)$을 따르게 되는데, 표준정규분포의 부분확률면적은 $\alpha/2$, χ^2분포의 부분확률면적은 α로 정의된다.

이는 표준정규분포의 음의 영역에 제곱을 취하면 양의 값으로 변환되기 때문이다.

$$(u_{1-\alpha/2})^2=\chi^2_{1-\alpha}(1)$$

③ t 분포와 F 분포의 관계(σ 미지인 경우)

t분포의 확률변수 t^2의 분포는 $\nu_1=1$인 F분포를 따른다.

$$t_{1-\alpha/2}(\nu)=\sqrt{F_{1-\alpha}(1,\ \nu)}$$

[증명] $[t_{1-\alpha/2}(\nu)]^2=\left[\frac{\bar{x}-\mu}{s/\sqrt{n}}\right]^2=\frac{(\bar{x}-\mu)^2}{s^2/n}$

$$=\frac{n(\bar{x}-\mu)^2}{s^2}=\frac{n(\bar{x}-\mu)^2/1}{S/n-1}\approx\frac{V_1}{V_2}=F_{1-\alpha}(1,\ \nu)$$

$$\therefore\ t_{1-\alpha/2}(\nu)=\sqrt{F_{1-\alpha}(1,\ \nu)}$$

④ χ^2분포와 F 분포의 관계(산포의 분포)

자유도 $\nu=n-1$로 나눈 χ^2분포는 $\nu_2=\infty$인 F분포를 따른다.

$$\frac{\chi^2_{1-\alpha}(\nu)}{\nu}=F_{1-\alpha}(\nu,\ \infty)$$

[증명] $\frac{\chi^2}{\nu}=\frac{1}{\nu}\times\frac{S}{\sigma^2}=\frac{V}{\sigma^2}=F(\nu,\ \infty)$

$$\therefore\ \frac{\chi^2_{1-\alpha}(\nu)}{\nu}=F_{1-\alpha}(\nu,\ \infty)$$

CHAPTER 03 검정과 추정

1 검정과 추정의 개념

1 검정의 개념

모집단의 모수값이나 확률분포에 대하여 어떤 가설(hypothesis)을 설정하고, 이 가설의 성립 여부를 표본의 통계량으로 판단하여 모집단의 변화 여부에 대해 통계적 결정을 내리는 것을 통계적 가설 검정(statistical hypothesis testing)이라 한다.

(1) 귀무가설(null hypothesis) : H_0

검정의 대상이 되는 가설로 기준가설이며, 가급적 부정하고 싶은 가설로 영가설이라고도 한다.

(2) 대립가설(alternative hypothesis) : H_1

귀무가설에 반하는 가설로서, 가급적 입증하고 싶은 가설로 연구가설이라고도 한다.

(3) 가설 검정의 결과(제1종 오류, 제2종 오류)

결과 \ 현상	H_0	H_1
H_0 Accept	옳은 결정$(1-\alpha)$	제2종 오류(β)
H_0 Reject	제1종 오류(α)	옳은 결정$(1-\beta)$

2 추정의 개념

모집단으로부터 제한된 크기의 표본을 추출하고, 표본의 정보로부터 모수의 값을 추측하는 통계적 방법론으로 통계적 추정(statistical estimation) 또는 모수의 추정(estimation of population parameter)이라 한다.

(1) 점추정(point estimator)

표본의 데이터로부터 모수를 추정할 때, 단일값이 되도록 추측하는 추정방법을 점추정이라 하고, 점추정의 값을 점추정치라고 한다.

(2) 양쪽 추정(구간추정 ; interval estimation)

어떤 구간이 모수를 포함하고 있을 것이라고 추정하는 것을 구간추정이라 하고, 이 구간이 모수를 포함시킬 확률을 신뢰율이라 하며, 이 구간을 신뢰구간이라 한다. 즉 모수가 신뢰하한값과 신뢰상한값 사이에 위치할 확률이 신뢰율 $1-\alpha(\%)$라고 추측하는 통계적 방법이다. 양쪽 검정에서 귀무가설(H_0)이 기각되면 양쪽 추정을 행한다.

(3) 한쪽 추정

신뢰상한값 또는 신뢰하한값만 명시하는 추정방법으로 모수가 신뢰상한값보다 작거나 같을 확률이 $1-\alpha(\%)$라고 추측하거나, 신뢰하한값보다 크거나 같을 확률이 $1-\alpha(\%)$라고 추측하는 통계적 방법이다. 검정 시 대립가설이 한쪽 가설인 경우 귀무가설(H_0)이 기각되면 추정은 한쪽 추정이 행하여진다.

3 검정의 일반적 순서(모평균의 검정 시)

(1) 기본가정 파악

기본가정의 만족 여부를 파악한다.

① 모집단의 표준편차(σ)를 알고 있는지 또는 모르고 있는지의 여부를 파악한다.

② 모집단의 표준편차(σ)를 알고 있다면 표준편차가 변화되었는가의 여부를 파악한다.

③ 정밀도의 변화 여부에 대한 파악은 한 개의 모분산에 관한 검정으로 실시한다.

(2) 가설 설정

주장하고자 하는 내역(대립가설)을 바탕으로 귀무가설과 대립가설을 세운다.

① 귀무가설

㉠ 양쪽 검정

$H_0 : \mu = \mu_0$

㉡ 한쪽 검정

$H_0 : \mu \le \mu_0$ 또는 $H_0 : \mu \ge \mu_0$

② 대립가설

㉠ 양쪽 검정

$H_1 : \mu \ne \mu_0$

㉡ 한쪽 검정

$H_1 : \mu > \mu_0$ 또는 $H_0 : \mu < \mu_0$

⊙ 여기서 μ_0는 모두에 관찰된 모집단의 기준값이므로 수치값으로 대신할 수 있다.

(3) 유의수준 결정

유의수준(α)을 결정한다.

유의수준이란 제1종 오류의 영역으로서, 보통 0.05, 0.01 또는 0.10을 사용한다.

참고 제1종 오류(α)

귀무가설이 옳은데도 불구하고 귀무가설을 기각하는 통계적 오류이다.

(4) 검정통계량 계산

검정통계량을 계산한다.

① σ기지인 경우

$$u_o = \frac{\text{통계량} - E(\text{통계량})}{V(\text{통계량})} = \frac{\bar{x} - E(\bar{x})}{V(\bar{x})} = \frac{\bar{x} - \mu}{\sqrt{\sigma^2/n}} = \frac{\bar{x} - \mu}{\sigma/\sqrt{n}}$$

② σ미지인 경우

$$t_o = \frac{\text{통계량} - E(\text{통계량})}{V(\text{통계량})} = \frac{\bar{x} - E(\bar{x})}{V(\bar{x})} = \frac{\bar{x} - \mu}{\sqrt{V/n}} = \frac{\bar{x} - \mu}{s/\sqrt{n}}$$

참고 단, σ미지인 경우라도 $\nu \geq 30$인 경우에는 σ기지인 경우(u_o)로 계산할 수 있다.

즉, $\dfrac{\bar{x} - \mu}{s/\sqrt{n}}$를 σ기지인 경우의 $\dfrac{\bar{x} - \mu}{\sigma/\sqrt{n}}$로 처리하여 사용하기도 한다.

(5) 기각치 설정

유의수준 α로서 부록의 〈표준정규분포표〉와 〈t분포표〉를 참조하여 설정한다.

예 $u_{0.95} = 1.645$, $u_{0.975} = 1.96$, $u_{0.90} = 1.282$, $u_{0.99} = 2.326$, $u_{0.995} = 2.576$

(6) 판정

검정통계량의 값과 기각치를 비교하여 판정한다.

① σ기지인 경우

㉠ 양쪽 검정

$H_1 : \mu \neq \mu_o$인 경우, $|u_o| > u_{1-\alpha/2}$이면 H_0를 기각한다.

㉡ 한쪽 검정

$H_1 : \mu > \mu_o$인 경우, $u_o > u_{1-\alpha}$이면 H_0를 기각한다.

$H_1 : \mu < \mu_o$인 경우, $u_o < -u_{1-\alpha}$이면 H_0를 기각한다.

② σ미지인 경우

㉠ 양쪽 검정

$H_1 : \mu \neq \mu_o$인 경우, $|t_o| > t_{1-\alpha/2}(\nu)$이면 H_0를 기각한다.

㉡ 한쪽 검정

$H_1 : \mu > \mu_o$인 경우, $t_o > t_{1-\alpha}(\nu)$이면 H_0를 기각한다.

$H_1 : \mu < \mu_o$인 경우, $t_o < -t_{1-\alpha}(\nu)$이면 H_0를 기각한다.

4 추정의 일반 원칙

검정 시 귀무가설 H_0가 기각되는 경우에만 추정에 의미가 있다.

(1) 양쪽 추정

양쪽 검정인 경우 행하는 추정으로, 신뢰구간의 추정이 이루어진다.

(2) 한쪽 추정

한쪽 검정인 경우 행하는 추정이다.

① 신뢰하한값의 추정

대립가설 $H_1 : \mu > \mu_o$라는 한쪽 가설이 설정된 경우, H_0 기각 시 $\mu \geq A$일 확률을 $1-\alpha$로 추정하는 방식으로, 여기서 A값은 신뢰하한값이 된다.

② 신뢰상한값의 추정

대립가설 $H_1 : \mu < \mu_o$라는 한쪽 가설이 설정된 경우, H_0 기각 시 $\mu \leq A$일 확률을 $1-\alpha$로 추정하는 방식으로, 여기서 A값은 신뢰상한값이 된다.

⊙ 여기서 A는 임의의 실수값이다.

2 계량치의 검정과 추정

1 단일모집단의 모분산에 관한 검·추정

(1) 단일모집단의 모분산 검정(정밀도의 검정)

① 귀무가설과 대립가설의 설정

㉠ 양쪽 검정

ⓐ $H_0 : \sigma^2 = \sigma_o^2$

ⓑ $H_1 : \sigma^2 \neq \sigma_o^2$

㉡ 한쪽 검정

ⓐ $H_0 : \sigma^2 \leq \sigma_o^2$ 또는 $\sigma^2 \geq \sigma_o^2$

ⓑ $H_1 : \sigma^2 > \sigma_o^2$ 또는 $\sigma^2 < \sigma_o^2$

② 유의수준 결정

$\alpha = 0.05$ 또는 0.01

③ 검정통계량 계산

$$\chi_o^2 = \frac{S}{\sigma_o^2} = \frac{(n-1)\cdot s^2}{\sigma_o^2}$$

④ 기각치 설정

〈χ^2분포표〉를 참조하여 H_0 기각치를 설정한다.

⑤ 판정

㉠ 양쪽 검정

$\chi_o^2 > \chi_{1-\alpha/2}^2(\nu)$ 또는 $\chi_o^2 < \chi_{\alpha/2}^2(\nu)$이면 H_0를 기각한다.

㉡ 한쪽 검정

$H_1 : \sigma^2 > \sigma_o^2$인 경우, $\chi_o^2 > \chi_{1-\alpha}^2(\nu)$이면 H_0를 기각한다.

$H_1 : \sigma^2 < \sigma_o^2$인 경우, $\chi_o^2 < \chi_{\alpha}^2(\nu)$이면 H_0를 기각한다.

(2) 단일모집단의 모분산 추정(정밀도의 추정)

① 양쪽 추정

$$\begin{aligned} 1-\alpha &= P(\chi_L^2 \le \chi^2 \le \chi_U^2) \\ &= P\left(\chi_{\alpha/2}^2(\nu) \le \frac{S}{\sigma^2} \le \chi_{1-\alpha/2}^2(\nu)\right) \\ &= P\left(\frac{S}{\chi_{1-\alpha/2}^2(\nu)} \le \sigma^2 \le \frac{S}{\chi_{\alpha/2}^2(\nu)}\right) \end{aligned}$$

따라서, 양쪽 추정은 $\dfrac{(n-1)s^2}{\chi_{1-\alpha/2}^2(\nu)} \le \sigma^2 \le \dfrac{(n-1)s^2}{\chi_{\alpha/2}^2(\nu)}$가 된다.

② 한쪽 추정

㉠ 신뢰하한값($H_1 : \sigma^2 > \sigma_o^2$인 경우)

$$\sigma_L^2 = \frac{(n-1)s^2}{\chi_{1-\alpha}^2(\nu)} = \frac{S}{\chi_{1-\alpha}^2(\nu)}$$

㉡ 신뢰상한값($H_1 : \sigma^2 < \sigma_o^2$인 경우)

$$\sigma_U^2 = \frac{(n-1)s^2}{\chi_{\alpha}^2(\nu)} = \frac{S}{\chi_{\alpha}^2(\nu)}$$

2 단일모집단의 모평균에 관한 검·추정

(1) 단일모집단의 모평균 검정(정확도의 검정)

① 귀무가설과 대립가설의 설정

㉠ 양쪽 검정

ⓐ $H_0 : \mu = \mu_o$

ⓑ $H_1 : \mu \neq \mu_o$

㉡ 한쪽 검정

ⓐ $H_0 : \mu \leq \mu_o$ 또는 $\mu \geq \mu_o$

ⓑ $H_1 : \mu > \mu_o$ 또는 $\mu < \mu_o$

② 유의수준 결정

$\alpha = 0.05$ 또는 0.01

③ 검정통계량 계산

㉠ σ기지인 경우

$$u_o = \frac{\overline{x} - \mu_o}{\sigma / \sqrt{n}}$$

㉡ σ미지인 경우

$$t_o = \frac{\overline{x} - \mu_o}{s / \sqrt{n}}$$

④ 기각치 설정

자유도 ν와 유의수준 α에 의해 〈표준정규분포표〉 또는 〈t분포표〉를 참조하여 H_0 기각치를 설정한다.

⑤ 판정

㉠ σ기지인 경우

ⓐ 양쪽 검정

$H_1 : \mu \neq \mu_o$인 경우, $|u_o| > u_{1-\alpha/2}$이면 H_0를 기각한다.

ⓑ 한쪽 검정

$H_1 : \mu > \mu_o$인 경우, $u_o > u_{1-\alpha}$이면 H_0를 기각한다.

$H_1 : \mu < \mu_o$인 경우, $u_o < -u_{1-\alpha}$이면 H_0를 기각한다.

㉡ σ미지인 경우

ⓐ 양쪽 검정

$H_1 : \mu \neq \mu_o$인 경우, $|t_o| > t_{1-\alpha/2}(\nu)$이면 H_0를 기각한다.

ⓑ 한쪽 검정

$H_1 : \mu > \mu_o$인 경우, $t_o > t_{1-\alpha}(\nu)$이면 H_0를 기각한다.

$H_1 : \mu < \mu_o$인 경우, $t_o < -t_{1-\alpha}(\nu)$이면 H_0를 기각한다.

참고 모평균의 검정이란 정확도를 판단하는 검정으로, 검정통계량 u_o와 t_o의 식에서 분자 쪽 $\bar{x}-\mu$는 치우침으로 정확도를 뜻하고, 분모 쪽 $\sigma/\sqrt{n}$는 정밀도를 표시한다. 즉, 이 식은 정확도 유무를 정밀도를 기준으로 판단한다는 것을 의미하며, 정밀도는 정확도에 우선하고 있음을 보여주는 대표적 경우이다. 품질상에서 정밀도가 보장되지 않는 정확도는 아무런 의미가 없다는 것과 일맥상통한다.
또한 모평균 검정의 σ기지와 σ미지의 구분은 모분산의 검정에 의해 결정되며, 모분산의 검정에서 판정결과 H_0가 기각되면 σ미지인 모평균의 검정이 되고, H_0가 채택되면 σ기지인 모평균의 검정이 된다.

(2) 단일모집단의 모평균 추정(정확도의 추정)

① σ기지인 경우

㉠ 양쪽 추정

$$1-\alpha = P(-u_{1-\alpha/2} \le u \le u_{1-\alpha/2})$$
$$= P\left(-u_{1-\alpha/2} \le \frac{\bar{x}-\mu}{\sigma/\sqrt{n}} \le u_{1-\alpha/2}\right)$$
$$= P\left(\bar{x}-u_{1-\alpha/2}\frac{\sigma}{\sqrt{n}} \le \mu \le \bar{x}+u_{1-\alpha/2}\frac{\sigma}{\sqrt{n}}\right)$$

따라서, $\mu = \bar{x} \pm u_{1-\alpha/2}\frac{\sigma}{\sqrt{n}}$로 정의된다.

㉡ 한쪽 추정

ⓐ 신뢰하한값 : $\mu = \bar{x} - u_{1-\alpha}\frac{\sigma}{\sqrt{n}}$

ⓑ 신뢰상한값 : $\mu = \bar{x} + u_{1-\alpha}\frac{\sigma}{\sqrt{n}}$

참고 신뢰구간의 추정이란 신뢰 상한값과 하한값을 추정하는 양쪽 추정의 방식이나, 한쪽 추정은 신뢰상한값 혹은 신뢰하한값을 추정하는 방식이다. 이때 대립가설이 $H_1 : \mu > \mu_o$로 "크다"라는 가설이면 신뢰하한값을 $H_1 : \mu < \mu_o$로 "작다"라는 가설이면 신뢰상한값을 추정하게 된다.

② σ미지인 경우

㉠ 양쪽 추정

$$1-\alpha = P[-t_{1-\alpha/2}(\nu) \le t \le t_{1-\alpha/2}(\nu)]$$
$$= P\left[-t_{1-\alpha/2}(\nu) \le \frac{\bar{x}-\mu}{s/\sqrt{n}} \le t_{1-\alpha/2}(\nu)\right]$$
$$= P\left[\bar{x}-t_{1-\alpha/2}(\nu)\frac{s}{\sqrt{n}} \le \mu \le \bar{x}+t_{1-\alpha/2}(\nu)\frac{s}{\sqrt{n}}\right]$$

따라서, 양쪽 신뢰구간의 추정은 $\mu = \bar{x} \pm t_{1-\alpha/2}(\nu)\frac{s}{\sqrt{n}}$가 된다.

㉡ 한쪽 추정

ⓐ 신뢰하한값 : $\mu = \bar{x} - t_{1-\alpha}(\nu)\frac{s}{\sqrt{n}}$

ⓑ 신뢰상한값 : $\mu = \bar{x} + t_{1-\alpha}(\nu)\frac{s}{\sqrt{n}}$

예제 1-12

어떤 부분품의 특정치 길이에 대한 모평균은 최대 18.52mm로 알려져 있다. 기계를 조정한 후 $n=10$의 샘플을 취해 다음과 같은 데이터를 얻었다.

[DATA] 18.54 18.57 18.52 18.56 18.51 18.53 18.55 18.56 18.51 18.58 (단위 : mm)

(1) $\sigma=0.03$mm라고 할 때 조정 후의 모평균은 커졌다고 할 수 있겠는가? (단, 유의수준 $\alpha=0.05$)

(2) 신뢰한계값을 $1-\alpha=95\%$로 추정하면?

---

(1) 모평균의 검정

① 가설 : $H_0 : \mu \le 18.52$mm

$H_1 : \mu > 18.52$mm

② 유의수준 : $\alpha=0.05$

③ 검정통계량 : $u_o=\dfrac{\bar{x}-\mu_o}{\sigma/\sqrt{n}}=\dfrac{18.543-18.52}{0.03/\sqrt{10}}=2.424$

위 식에서, $\bar{x}=\dfrac{\sum x_i}{n}=\dfrac{1}{10}(18.54+18.57+\cdots\cdots+18.58)=18.543$mm

④ 기각치 : $u_{0.95}=1.645$

⑤ 판정 : $u_o>1.645$이므로 H_0를 기각한다.

즉, 모평균이 커졌다고 할 수 있다.

(2) 모평균의 추정

모평균의 추정은 검정 시 H_0가 기각되어 $\mu \ne \mu_0$인 경우만 의미가 있다. 여기서는 한쪽 검정이므로, $1-\alpha=95\%$ 신뢰한계값을 추정한다면 신뢰하한값을 명시하게 되며, 그 값을 구하면 다음과 같다.

$$\mu_L=\bar{x}-u_{1-\alpha}\frac{\sigma}{\sqrt{n}}=18.543-u_{0.95}\frac{0.03}{\sqrt{10}}$$

$$=18.543-1.645\frac{0.03}{\sqrt{10}}=18.527\text{mm}$$

※ σ가 미지이면 정규분포 대신 t 분포를 이용하며, 여기서는 검정 시 한쪽 검정이므로 추정 시에도 한쪽 추정이 적용되는 것에 주의한다.

⊙ 양쪽 추정의 신뢰구간

$$\text{모수}=\text{통계량}\pm \begin{matrix} u_{1-\alpha/2} \\ t_{1-\alpha/2}(\nu) \end{matrix} \sqrt{V(\text{통계량})}$$

$$\mu=\bar{x}\pm u_{1-\alpha/2}\sqrt{V(\bar{x})}=\mu\pm u_{1-\alpha/2}\sqrt{\frac{\sigma^2}{n}}$$

$$\mu=\bar{x}\pm t_{1-\alpha/2}(\nu)\sqrt{V(\bar{x})}=\bar{x}\pm t_{1-\alpha/2}(\nu)\sqrt{\frac{V}{n}}$$

3 대응있는 차에 관한 검·추정

(1) 대응있는 차 검정(재현성의 검정)

① 귀무가설과 대립가설의 설정

㉠ 양쪽 검정

ⓐ $H_0 : \Delta = 0$

ⓑ $H_1 : \Delta \neq 0$

㉡ 한쪽 검정

ⓐ $H_0 : \Delta \le 0$ 또는 $H_0 : \Delta \ge 0$

ⓑ $H_1 : \Delta > 0$ 또는 $H_1 : \Delta < 0$

(단, $\Delta = \mu_1 - \mu_2$이다.)

② 유의수준 결정

$\alpha = 0.05$ 또는 0.01

③ 검정통계량 계산

㉠ σ_d기지인 경우 : $u_o = \dfrac{\overline{d} - \Delta}{\sigma_d / \sqrt{n}}$

㉡ σ_d미지인 경우 : $t_o = \dfrac{\overline{d} - \Delta}{s_d / \sqrt{n}}$

(단, $\overline{d} = \dfrac{\sum d_i}{n}$, $s_d = \sqrt{\dfrac{\sum d_i^2 - (\sum d_i)^2/n}{n-1}}$ 이다.)

④ 기각치 설정

σ_d가 기지이면 〈표준정규분포표〉, σ_d가 미지이면 〈t분포표〉를 이용하여 설정한다.

⑤ 판정

㉠ σ_d기지인 경우

ⓐ 양쪽 검정

$H_1 : \Delta \neq 0$인 경우, $|u_o| > u_{1-\alpha/2}$이면 H_0를 기각한다.

ⓑ 한쪽 검정

$H_1 : \Delta > 0$인 경우, $u_o > u_{1-\alpha}$이면 H_0를 기각한다.

$H_1 : \Delta < 0$인 경우, $u_o < -u_{1-\alpha}$이면 H_0를 기각한다.

㉡ σ_d미지인 경우

ⓐ 양쪽 검정

$H_1 : \Delta \neq 0$인 경우, $|t_o| > t_{1-\alpha/2}(\nu)$이면 H_0를 기각한다.

ⓑ 한쪽 검정

$H_1 : \Delta > 0$인 경우, $t_o > t_{1-\alpha}(\nu)$이면 H_0를 기각한다.

$H_1 : \Delta < 0$인 경우, $t_o < -t_{1-\alpha}(\nu)$이면 H_0를 기각한다.

(2) 대응있는 차 추정(재현성의 추정)

① σ_d 기지인 경우

㉠ 양쪽 추정 : $\Delta = \overline{d} \pm u_{1-\alpha/2}\dfrac{\sigma_d}{\sqrt{n}}$

㉡ 한쪽 추정 : $\Delta_L = \overline{d} - u_{1-\alpha}\dfrac{\sigma_d}{\sqrt{n}}$, $\Delta_U = \overline{d} + u_{1-\alpha}\dfrac{\sigma_d}{\sqrt{n}}$

② σ_d 미지인 경우

㉠ 양쪽 추정 : $\Delta = \overline{d} \pm t_{1-\alpha/2}(\nu)\dfrac{s_d}{\sqrt{n}}$

㉡ 한쪽 추정 : $\Delta_L = \overline{d} - t_{1-\alpha}(\nu)\dfrac{s_d}{\sqrt{n}}$, $\Delta_U = \overline{d} + t_{1-\alpha}(\nu)\dfrac{s_d}{\sqrt{n}}$

참고 여기서 U와 L은 각각 신뢰상한값과 신뢰하한값을 의미한다.

예제 1-13

A, B 두 사람의 작업자가 같은 재료를 이용하여 가공한 기계부품의 길이를 측정한 결과 다음 표와 같은 자료가 얻어졌다. A작업자가 만든 부품이 B작업자가 만든 부품의 길이보다 크다고 할 수 있는지를 유의수준 $\alpha = 0.05$로 검정하시오. (단, 자료는 서로 대응성이 있다.)

작업자 \ 데이터의 그룹	1	2	3	4	5	6
A	17	18	23	26	20	25
B	19	20	17	21	23	23

① 가설 : $H_0 : \Delta \le 0$

$H_1 : \Delta > 0$ (단, $\Delta = \mu_A - \mu_B$이다.)

② 유의수준 : $\alpha = 0.05$

③ 검정통계량

데이터의 그룹	1	2	3	4	5	6	합계	평균($\overline{d}$)
차이($d_i = x_{A_i} - x_{B_i}$)	−2	−2	6	5	−3	2	6	1

여기서, $s_d^2 = \dfrac{S_d}{n-1} = \dfrac{1}{n-1}\left[\Sigma d_i^2 - \dfrac{(\Sigma d_i)^2}{n}\right] = \dfrac{1}{6-1}\left[82 - \dfrac{(6)^2}{6}\right] = 15.2$

$\therefore\ t_o = \dfrac{\overline{d} - \Delta}{s_d / \sqrt{n}} = \dfrac{1-0}{\sqrt{15.2}/\sqrt{6}} = 0.628$

④ 기각치 : $t_{0.95}(5) = 2.015$

⑤ 판정 : $t_o < 2.015$이므로, H_0를 채택한다.

따라서, A작업자가 만든 부품이 B작업자가 만든 부품의 길이보다 크다고 할 수 없다.

4 두 집단의 모분산비에 관한 검·추정

(1) 두 집단의 모분산비 검정

① 귀무가설과 대립가설의 설정

㉠ 양쪽 검정

ⓐ $H_0 : \sigma_1^2 = \sigma_2^2$

ⓑ $H_1 : \sigma_1^2 \neq \sigma_2^2$

㉡ 한쪽 검정

ⓐ $H_0 : \sigma_1^2 \le \sigma_2^2$ 또는 $H_0 : \sigma_1^2 \ge \sigma_2^2$

ⓑ $H_1 : \sigma_1^2 > \sigma_2^2$ 또는 $H_1 : \sigma_1^2 < \sigma_2^2$

② 유의수준 결정

$\alpha = 0.05$ 또는 0.01

③ 검정통계량 계산

$$F_o = \frac{V_1}{V_2} = \frac{S_1/\nu_1}{S_2/\nu_2}$$

④ 기각치 설정

〈F분포표〉를 참조하여 설정한다.

⑤ 판정

㉠ 양쪽 검정

$F_o > F_{1-\alpha/2}(\nu_1,\ \nu_2)$, $F_o < F_{\alpha/2}(\nu_1,\ \nu_2)$이면 H_0를 기각한다.

㉡ 한쪽 검정

$H_1 : \sigma_1^2 > \sigma_2^2$인 경우, $F_o > F_{1-\alpha}(\nu_1,\ \nu_2)$이면 H_0를 기각한다.

$H_1 : \sigma_1^2 < \sigma_2^2$인 경우, $F_o < F_{\alpha}(\nu_1,\ \nu_2)$이면 H_0를 기각한다.

참고 F_o 검정 역시 가설이 양쪽 가설인지, 한쪽 가설인지에 따라 기각치가 결정되는데, 양쪽 가설인 경우의 기각치는 양쪽에, 한쪽 가설인 경우의 기각치는 한쪽에 위치한다.

(2) 두 집단의 모분산비 추정

① 양쪽 추정

$$F = \frac{V_1/\sigma_1^2}{V_2/\sigma_2^2} = \frac{V_1}{V_2} \cdot \frac{\sigma_2^2}{\sigma_1^2} \sim F(\nu_1,\ \nu_2)$$의 정의로부터,

$$\frac{V_1/V_2}{F_{1-\alpha/2}(\nu_1,\ \nu_2)} \le \frac{\sigma_1^2}{\sigma_2^2} \le \frac{V_1/V_2}{F_{\alpha/2}(\nu_1,\ \nu_2)}$$

$$\frac{F_o}{F_U} \leq \frac{\sigma_1^2}{\sigma_2^2} \leq \frac{F_o}{F_L}$$

(단, $F_o = \dfrac{V_1}{V_2}$ 이고, $\dfrac{1}{F_L} = \dfrac{1}{F_{\alpha/2}(\nu_1,\ \nu_2)} = F_{1-\alpha/2}(\nu_2,\ \nu_1)$ 이다.)

② 한쪽 추정

㉠ 신뢰하한값 : $\left(\dfrac{\sigma_1^2}{\sigma_2^2}\right)_L = \dfrac{F_o}{F_{1-\alpha}(\nu_1,\ \nu_2)}$

㉡ 신뢰상한값 : $\left(\dfrac{\sigma_1^2}{\sigma_2^2}\right)_U = \dfrac{F_o}{F_{\alpha}(\nu_1,\ \nu_2)} = F_{1-\alpha}(\nu_2,\ \nu_1)F_o$

5 두 집단의 모평균차에 관한 검·추정

(1) 두 집단의 모평균차 검정

① 귀무가설과 대립가설의 설정

㉠ 양쪽 검정

ⓐ $H_0 : \mu_1 = \mu_2$

ⓑ $H_1 : \mu_1 \neq \mu_2$

㉡ 한쪽 검정

ⓐ $H_0 : \mu_1 \leq \mu_2$ 또는 $H_0 : \mu_1 \geq \mu_2$

ⓑ $H_1 : \mu_1 > \mu_2$ 또는 $H_1 : \mu_1 < \mu_2$

② 유의수준 결정

$\alpha = 0.05$ 또는 0.01

③ 검정통계량 계산

㉠ $\sigma_1,\ \sigma_2$가 기지인 경우

ⓐ $\sigma_1^2 \neq \sigma_2^2$인 경우(이분산인 경우)

$$u_o = \frac{(\overline{x}_1 - \overline{x}_2) - \delta}{\sqrt{\dfrac{\sigma_1^2}{n_1} + \dfrac{\sigma_2^2}{n_2}}}$$

ⓑ $\sigma_1^2 = \sigma_2^2$인 경우(등분산인 경우)

$$u_o = \frac{(\overline{x}_1 - \overline{x}_2) - \delta}{\sqrt{\sigma^2\left(\dfrac{1}{n_1} + \dfrac{1}{n_2}\right)}}$$

(단, $\delta = \mu_1 - \mu_2$이다.)

참고 여기서, $u_o = \dfrac{(\overline{x}_1 - \overline{x}_2) - E(\overline{x}_1 - \overline{x}_2)}{\sqrt{V(\overline{x}_1 - \overline{x}_2)}}$ 로 $(\overline{x}_1 - \overline{x}_2)$ 라는 합성통계량을 모평균의 검정 시 통계량 $\overline{x}$ 라고 생각하면, $u_o = \dfrac{\overline{x} - E(\overline{x})}{\sqrt{V(\overline{x})}}$ 와 다를 것이 없다.

㉡ σ_1, σ_2가 미지인 경우

ⓐ $\sigma_1^2 \neq \sigma_2^2$이라고 생각되는 경우(이분산이라고 생각되는 경우)

$$t_o = \frac{(\overline{x}_1 - \overline{x}_2) - \delta}{\sqrt{\dfrac{V_1}{n_1} + \dfrac{V_2}{n_2}}} \quad (\text{단, } V_1 = \hat{\sigma}_1^2 \text{이고, } V_2 = \hat{\sigma}_2^2 \text{이다.})$$

ⓑ $\sigma_1^2 = \sigma_2^2$이라고 생각되는 경우(등분산이라고 생각되는 경우)

$$t_o = \frac{(\overline{x}_1 - \overline{x}_2) - \delta}{\sqrt{V\left(\dfrac{1}{n_1} + \dfrac{1}{n_2}\right)}} \quad (\text{단, 합성분산 } V = \frac{S_1 + S_2}{\nu_1 + \nu_2} = \hat{\sigma}^2 \text{이다.})$$

참고 여기서 σ가 미지인 경우 등분산과 이분산의 구분은 모분산비의 검정 결과에 의해 정해진다. 모분산비의 검정 결과 H_0가 채택되면 등분산의 경우가 되고, H_0가 채택되면 이분산의 경우가 된다.

④ **기각치 설정**

〈표준정규분포표〉 또는 〈t분포표〉를 사용하여 기각치를 설정한다.

⑤ **판정**

㉠ σ_1, σ_2가 기지인 경우

ⓐ 양쪽 검정

$H_1 : \mu_1 \neq \mu_2$인 경우, $|u_o| > u_{1-\alpha/2}$이면 H_0를 기각한다.

ⓑ 한쪽 검정

$H_1 : \mu_1 > \mu_2$인 경우, $u_o > u_{1-\alpha}$이면 H_0를 기각한다.

$H_1 : \mu_1 < \mu_2$인 경우, $u_o < -u_{1-\alpha}$이면 H_0를 기각한다.

㉡ σ_1, σ_2가 미지인 경우

ⓐ $\sigma_1^2 = \sigma_2^2$이라고 생각되는 경우

- 양쪽 검정

$H_1 : \mu_1 \neq \mu_2$인 경우, $|t_o| > t_{1-\alpha/2}(\nu^*)$이면 H_0를 기각한다.

- 한쪽 검정

$H_1 : \mu_1 > \mu_2$인 경우, $t_o > t_{1-\alpha}(\nu^*)$이면 H_0를 기각한다.

$H_1 : \mu_1 < \mu_2$인 경우, $t_o < -t_{1-\alpha}(\nu^*)$이면 H_0를 기각한다.

(단, 합성자유도 $\nu^* = \nu_1 + \nu_2 = n_1 + n_2 - 2$이다.)

ⓑ $\sigma_1^2 \neq \sigma_2^2$이라고 생각되는 경우

- 양쪽 검정

  H_1 : $\mu_1 \neq \mu_2$인 경우, $|t_o| > t_{1-\alpha/2}(\nu^*)$이면 H_0를 기각한다.

- 한쪽 검정

  H_1 : $\mu_1 > \mu_2$인 경우, $t_o > t_{1-\alpha}(\nu^*)$이면 H_0를 기각한다.

  H_1 : $\mu_1 < \mu_2$인 경우, $t_o < -t_{1-\alpha}(\nu^*)$이면 H_0를 기각한다.

(단, 등가자유도 $\nu^* = \dfrac{(V_1/n_1 + V_2/n_2)^2}{\dfrac{(V_1/n_1)^2}{\nu_1} + \dfrac{(V_2/n_2)^2}{\nu_2}}$이다.)

(2) 두 집단의 모평균차 추정

① σ_1, σ_2가 기지인 경우(양쪽 신뢰구간 추정인 경우)

㉠ 이분산인 경우

$$\mu_1 - \mu_2 = (\overline{x}_1 - \overline{x}_2) \pm u_{1-\alpha/2}\sqrt{\frac{\sigma_1^2}{n_1} + \frac{\sigma_2^2}{n_2}}$$

㉡ 등분산인 경우

$$\mu_1 - \mu_2 = (\overline{x}_1 - \overline{x}_2) \pm u_{1-\alpha/2}\sqrt{\sigma^2\left(\frac{1}{n_1} + \frac{1}{n_2}\right)}$$

② σ_1, σ_2가 미지인 경우(한쪽 추정 시 신뢰한계값을 구하는 경우)

㉠ $\sigma_1^2 = \sigma_2^2$이라고 생각되는 경우(한쪽 추정 시 신뢰상한값)

$$\mu_1 - \mu_2 = (\overline{x}_1 - \overline{x}_2) + t_{1-\alpha}(\nu^*)\sqrt{V\left(\frac{1}{n_1} + \frac{1}{n_2}\right)}$$

(단, 합성자유도 $\nu^* = \nu_1 + \nu_2 = n_1 + n_2 - 2$이다.)

㉡ $\sigma_1^2 \neq \sigma_2^2$이라고 생각되는 경우(한쪽 추정 시 신뢰하한값)

$$\mu_1 - \mu_2 = (\overline{x}_1 - \overline{x}_2) - t_{1-\alpha}(\nu^*)\sqrt{\frac{V_1}{n_1} + \frac{V_2}{n_2}}$$

(단, 등가자유도 $\nu^* = \dfrac{(V_1 / n_1 + V_2 / n_2)^2}{\dfrac{(V_1 / n_1)^2}{\nu_1} + \dfrac{(V_2 / n_2)^2}{\nu_2}}$이다.)

✓ 위의 식에서 V를 $\hat{\sigma}^2$, V_1을 $\hat{\sigma}_1^2$, $V_2 = \hat{\sigma}_2^2$로 표기할 수 있다.

예제 1-14

원료 A, B가 있다. 각각을 사용하여 생성된 어떤 약품의 수량을 계산하여 다음 표와 같은 결과를 얻었다. 이때 각 물음에 답하시오. (단, 유의수준은 $\alpha = 0.05$이다.)

구분	A	B
n	9	16
$\overline{x}$	25.0	20.0
S	350	225

(1) $H_0 : \sigma_A^2 = \sigma_B^2$를 $H_1 : \sigma_A^2 \neq \sigma_B^2$에 대하여 검정하시오.

(2) $H_0 : \mu_A = \mu_B$를 $H_1 : \mu_A \neq \mu_B$에 대하여 검정하시오.

(3) 모평균의 양쪽 신뢰구간을 구하시오. (단, $1-\alpha = 95\%$)

(1) 모분산비의 검정

① 가설 : $H_0 : \sigma_A^2 = \sigma_B^2$

$H_1 : \sigma_A^2 \neq \sigma_B^2$

② 유의수준 : $\alpha = 0.05$

③ 검정통계량 : $V_A = \dfrac{S_A}{n_A - 1} = \dfrac{350}{8} = 43.75$, $V_B = \dfrac{S_A}{n_B - 1} = \dfrac{225}{15} = 15$

$$F_o = \frac{V_A}{V_B} = 2.917$$

④ 기각치 : $F_{0.025}(8,\ 15) = 1/4.10$, $F_{0.975}(8,\ 15) = 3.20$

⑤ 판정 : $1/4.10 < F_o < 3.20$이므로, H_0를 채택한다.

(2) 모평균차의 검정 : 모분산비의 검정에서 H_0가 채택되었으므로 등분산이라고 생각되는 경우의 모평균차의 검정이 진행된다.

① 가설 : $H_0 : \mu_A - \mu_B = 0(\mu_A = \mu_B)$

$H_1 : \mu_A - \mu_B \neq 0(\mu_A \neq \mu_B)$

② 유의수준 : $\alpha = 0.05$

③ 검정통계량 : $t_o = \dfrac{(\overline{x}_A - \overline{x}_B) - \delta}{\sqrt{\hat{\sigma}^2\left(\dfrac{1}{n_A} + \dfrac{1}{n_B}\right)}} = \dfrac{25 - 20}{\sqrt{5^2\left(\dfrac{1}{9} + \dfrac{1}{16}\right)}} = 2.4$

위 식에서, $\hat{\sigma}^2 = \dfrac{S_A + S_B}{n_A + n_B - 2} = \dfrac{350 + 225}{9 + 16 - 2} = 5^2$이다.

④ 기각치 : $t_{0.975}(23) = 2.069$, $-t_{0.975}(23) = -2.069$

⑤ 판정 : $t_o > 2.069$이므로 H_0를 기각한다. 즉, 모평균에 차이가 있다.

(3) 모평균차의 추정

$$\mu_A - \mu_B = (\overline{x}_A - \overline{x}_B) \pm t_{0.975}(23)\sqrt{\hat{\sigma}^2\left(\frac{1}{n_A} + \frac{1}{n_B}\right)} = (25 - 20) \pm 2.069 \times \sqrt{5^2\left(\frac{1}{9} + \frac{1}{16}\right)}$$

$$= 0.69 \sim 9.31$$

3 계수치의 검정과 추정

1 단일모집단의 모부적합품률에 관한 검·추정

(1) 단일모집단의 모부적합품률 검정

① 귀무가설과 대립가설의 설정

㉠ 양쪽 검정 시

ⓐ $H_0 : P = P_o$

ⓑ $H_1 : P \neq P_o$

㉡ 한쪽 검정 시

ⓐ $H_0 : P \leq P_o$ 또는 $H_0 : P \geq P_o$

ⓑ $H_1 : P > P_o$ 또는 $H_1 : P < P_o$

② 유의수준 결정

$\alpha = 0.05$ 또는 0.01

③ 검정통계량 계산

$$u_o = \frac{\hat{p} - E(\hat{P})}{\sqrt{V(\hat{P})}} = \frac{\hat{p} - P_o}{\sqrt{\dfrac{P_o(1-P_o)}{n}}}$$

(단, 이항분포에서 $E(\hat{p}) = P$, $V(\hat{p}) = \dfrac{P(1-P)}{n}$이다.)

④ 기각치 설정

〈표준정규분포표〉를 사용하여 설정한다.

⑤ 판정

㉠ 양쪽 검정

$H_1 : P \neq P_o$인 경우, $|u_o| > u_{1-\alpha/2}$이면 H_0를 기각한다.

㉡ 한쪽 검정

$H_1 : P > P_o$인 경우, $u_o > u_{1-\alpha}$이면 H_0를 기각한다.

$H_1 : P < P_o$인 경우, $u_o < -u_{1-\alpha}$이면 H_0를 기각한다.

참고 검정통계량은 모평균 검정 시 검정통계량 $\dfrac{\bar{x} - \mu}{\sqrt{\sigma^2/n}}$와 다를 것이 없다.

이산형은 연속형의 $\bar{x}$가 $\hat{p}$으로 σ^2이 $P(1-P)$로 처리되기 때문이다.

$$u_o = \frac{\bar{x} - \mu}{\sqrt{\dfrac{\sigma^2}{n}}} = \frac{\hat{p} - P}{\sqrt{\dfrac{P(1-P)}{n}}}$$

(2) 단일모집단의 모부적합품률 추정

① 양쪽 추정

$$1-\alpha = P[-u_{1-\alpha/2} \le u \le u_{1-\alpha/2}] = P\left[-u_{1-\alpha/2} \le \frac{\hat{p}-E(\hat{p})}{D(\hat{p})} \le u_{1-\alpha/2}\right]$$
$$= P\left[-u_{1-\alpha/2} \le \frac{\hat{p}-P}{\sqrt{\frac{P(1-P)}{n}}} \le u_{1-\alpha/2}\right]$$

모수 P에 관하여 정리하면 $P = \hat{p} \pm u_{1-\alpha/2}\sqrt{\frac{P(1-P)}{n}}$ 가 된다.

여기서 추정은 모수값을 모를 때 통계량을 기준으로 모수를 추측하는 통계적 방법론이므로, 편차 부분[$D(\hat{p})$]의 모수 P를 $\hat{p}$로 사용하면 $P = \hat{p} \pm u_{1-\alpha/2}\sqrt{\frac{\hat{p}(1-\hat{p})}{n}}$ 이다.

② 한쪽 추정

한쪽 추정 시에는 $u_{1-\alpha}$를 사용하여 신뢰상한값 혹은 신뢰하한값을 추정한다.

㉠ 신뢰하한값(H_0 : $P \le P_o$ 기각 시) : $P_L = \hat{p} - u_{1-\alpha}\sqrt{\frac{\hat{p}(1-\hat{p})}{n}}$

㉡ 신뢰상한값(H_0 : $P \ge P_o$ 기각 시) : $P_U = \hat{p} + u_{1-\alpha}\sqrt{\frac{\hat{p}(1-\hat{p})}{n}}$

예제 1-15

어떤 부품의 제조공정에서 종래 장기간의 공정 평균 부적합품률이 9% 이상이었다. 부적합품률을 낮추기 위해 최근 그 공정의 일부를 변경하였고, 변경한 후 그 공정을 조사하였더니 167개의 샘플 중 8개가 부적합품이었다. 과연 부적합품률이 낮아졌다고 할 수 있는가를 유의수준 5%로 검정하고, 유의할 경우 신뢰한계값을 추정하시오.

(1) 모부적합품률의 검정

① 가설 : H_0 : $P \ge 0.09$, H_1 : $P < 0.09$

② 유의수준 : $\alpha = 0.05$

③ 검정통계량 : $u_o = \frac{\hat{p}-P}{\sqrt{\frac{P(1-P)}{n}}} = \frac{0.0479-0.09}{\sqrt{\frac{0.09\times(1-0.09)}{167}}} = -1.901$

(위 식에서, $\hat{p} = \frac{x}{n} = \frac{8}{167} = 0.0479$이다.)

④ 기각치 : $-u_{0.95} = -1.645$

⑤ 판정 : $u_o < -1.645$이므로 H_0를 기각한다. 즉, 공정 부적합품률이 낮아졌다고 할 수 있다.

(2) 모부적합품률의 추정

H_0가 기각되었으므로 95%의 신뢰한계값을 구한다면 다음과 같다(신뢰상한값의 추정).

$$P_U = \hat{p} + u_{0.95}\sqrt{\frac{\hat{p}(1-\hat{p})}{n}} = 0.0479 + 1.645\sqrt{\frac{0.0479\times(1-0.0479)}{167}} = 0.07508$$

※ 검정 후 H_0가 기각될 경우, 모부적합품률의 추정은 가설이 양쪽일 경우 신뢰구간 추정이 되며, 대립가설이 H_1 : $P > P_o$일 경우 신뢰하한값을, H_1 : $P < P_o$일 경우 신뢰상한값을 추정하게 된다.

2 단일모집단의 모부적합수에 관한 검·추정

(1) 단일모집단의 모부적합수 검정

① 귀무가설과 대립가설의 설정

㉠ 양쪽 검정

ⓐ $H_0 : m = m_o$

ⓑ $H_1 : m \neq m_o$

㉡ 한쪽 검정

ⓐ $H_0 : m \leq m_o$ 또는 $H_0 : m \geq m_o$

ⓑ $H_1 : m > m_o$ 또는 $H_1 : m < m_o$

② 유의수준 결정

$\alpha = 0.05$ 또는 0.01

③ 검정통계량 계산

$$u_o = \frac{c - E(c)}{\sqrt{V(c)}} = \frac{c - m_o}{\sqrt{m_o}}$$

(단, 푸아송분포는 $E(c) = m$이고, $V(c) = m$인 이산형 분포이다.)

④ 기각치 설정

〈표준정규분포표〉를 사용하여 설정한다.

⑤ 판정

㉠ 양쪽 검정

$H_1 : m \neq m_o$인 경우, $|u_o| > u_{1-\alpha/2}$이면 H_0를 기각한다.

㉡ 한쪽 검정

$H_1 : m > m_o$인 경우, $u_o > u_{1-\alpha}$이면 H_0를 기각한다.

$H_1 : m < m_o$인 경우, $u_o < -u_{1-\alpha}$이면 H_0를 기각한다.

(2) 단일모집단의 모부적합수 추정

① 양쪽 추정

$m = c \pm u_{1-\alpha/2}\sqrt{c}$

② 한쪽 추정

㉠ 신뢰하한값

$m_L = c - u_{1-\alpha}\sqrt{c}$

㉡ 신뢰상한값

$m_U = c + u_{1-\alpha}\sqrt{c}$

참고 단위당 모부적합수의 추정

- 양쪽 추정 : $U = \hat{u} \pm u_{1-\alpha/2}\sqrt{\frac{\hat{u}}{n}}$
- 한쪽 추정 : $U_L = \hat{u} - u_{1-\alpha}\sqrt{\frac{\hat{u}}{n}}$

$U_U = \hat{u} + u_{1-\alpha}\sqrt{\frac{\hat{u}}{n}}$

(단, $\hat{u} = \frac{c}{n}$이다.)

3 두 집단 모부적합품률차에 관한 검·추정

(1) 두 개의 모부적합품률차 검정

① 귀무가설과 대립가설의 설정

㉠ 양쪽 검정 시

ⓐ $H_0 : P_1 = P_2$

ⓑ $H_1 : P_1 \neq P_2$

㉡ 한쪽 검정 시

ⓐ $H_0 : P_1 \leq P_2$ 또는 $H_0 : P_1 \geq P_2$

ⓑ $H_1 : P_1 > P_2$ 또는 $H_1 : P_1 < P_2$

② 유의수준 결정

$\alpha = 0.05$ 또는 0.01

③ 검정통계량 계산

$$u_o = \frac{(\hat{p}_1 - \hat{p}_2) - \delta}{\sqrt{\hat{p}(1-\hat{p})\left(\frac{1}{n_1} + \frac{1}{n_2}\right)}}$$

(단, $\delta = P_1 - P_2 = 0$, $\hat{p} = \frac{x_1 + x_2}{n_1 + n_2}$이다.)

④ 기각치 설정

〈표준정규분포표〉를 사용하여 설정한다.

⑤ 판정

㉠ 양쪽 검정

$H_1 : P_1 \neq P_2$인 경우, $|u_o| > u_{1-\alpha/2}$이면 H_0를 기각한다.

㉡ 한쪽 검정

$H_1 : P_1 > P_2$인 경우, $u_o > u_{1-\alpha}$이면 H_0를 기각한다.

$H_1 : P_1 < P_2$인 경우, $u_o < -u_{1-\alpha}$이면 H_0를 기각한다.

(2) 두 개의 모부적합품률차 추정

① 양쪽 추정

$$P_1 - P_2 = (\hat{p}_1 - \hat{p}_2) \pm u_{1-\alpha/2}\sqrt{\frac{\hat{p}_1(1-\hat{p}_1)}{n_1} + \frac{\hat{p}_2(1-\hat{p}_2)}{n_2}}$$

② 한쪽 추정

㉠ 신뢰하한값

$$P_1 - P_2 = (\hat{p}_1 - \hat{p}_2) - u_{1-\alpha}\sqrt{\frac{\hat{p}_1(1-\hat{p}_1)}{n_1} + \frac{\hat{p}_2(1-\hat{p}_2)}{n_2}}$$

㉡ 신뢰상한값

$$P_1 - P_2 = (\hat{p}_1 - \hat{p}_2) + u_{1-\alpha}\sqrt{\frac{\hat{p}_1(1-\hat{p}_1)}{n_1} + \frac{\hat{p}_2(1-\hat{p}_2)}{n_2}}$$

참고 두 개의 모부적합품률 차의 검정과 추정에서 사용되는 편차가 다른 이유는 검정 시에 $P_1 = P_2$가 기준이 되지만, 추정 시에는 $P_1 \neq P_2$가 기준이 되어 적용되는 편차가 다르게 정의되기 때문이다.

또한 검정통계량은 모평균차의 검정통계량 $\dfrac{(\overline{x}_1 - \overline{x}_2) - \delta}{\sqrt{\hat{\sigma}^2\left(\dfrac{1}{n_1} + \dfrac{1}{n_2}\right)}}$과 다를 것이 없는데, 이산형은 연속형의 $\overline{x}$가 $\hat{p}$으로, $\hat{\sigma}^2$가 $\hat{p}(1-\hat{p})$으로 표현되기 때문이다.

4 두 집단의 모부적합수차에 관한 검·추정

(1) 두 집단의 모부적합수차 검정

① 귀무가설과 대립가설의 설정

㉠ 양쪽 검정

ⓐ $H_0 : m_1 = m_2$

ⓑ $H_1 : m_1 \neq m_2$

㉡ 한쪽 검정

ⓐ $H_0 : m_1 \leq m_2$ 또는 $H_0 : m_1 \geq m_2$

ⓑ $H_1 : m_1 > m_2$ 또는 $H_1 : m_1 < m_2$

② 유의수준 결정

$\alpha = 0.05$ 또는 0.01

③ 검정통계량 계산

$u_o = \dfrac{(c_1 - c_2) - \delta}{\sqrt{c_1 + c_2}}$ (단, c는 $\hat{m}$이고, δ는 $m_1 - m_2$이다.)

④ 기각치

〈표준정규분포표〉를 사용하여 설정한다.

⑤ 판정

㉠ 양쪽 검정

$H_1 : m_1 \neq m_2$인 경우, $|u_o| > u_{1-\alpha/2}$이면 H_0를 기각한다.

㉡ 한쪽 검정

$H_1 : m_1 > m_2$인 경우, $u_o > u_{1-\alpha}$이면 H_0를 기각한다.

$H_1 : m_1 < m_2$인 경우, $u_o < -u_{1-\alpha}$이면 H_0를 기각한다.

(2) 두 집단의 모부적합수차 추정

① 양쪽 추정(신뢰구간 추정)

$m_1 - m_2 = (c_1 - c_2) \pm u_{1-\alpha/2}\sqrt{c_1 + c_2}$

② 한쪽 추정(신뢰한계값 추정)

㉠ 신뢰하한값 : $m_1 - m_2 = (c_1 - c_2) - u_{1-\alpha}\sqrt{c_1 + c_2}$

㉡ 신뢰상한값 : $m_1 - m_2 = (c_1 - c_2) + u_{1-\alpha}\sqrt{c_1 + c_2}$

5 적합도의 검정

적합도 검정에 사용되는 확률변수는 이산형 확률변수로서 이산형 확률변수들의 차이 유무를 따지는 산포의 검정으로 χ^2분포를 이용한다. 또한 어떤 도수포가 주어져 있는 경우에 그 도수포에 대응하는 모집단의 확률분포가 어떤 특정한 분포라고 보아도 좋은가를 확인하고 싶을 때도 사용한다.

(1) 확률 P_i의 값이 설정된 경우

① 귀무가설과 대립가설의 설정

㉠ $H_0 : P_1 = P_2 = P_3 = \cdots = P_k = P_o$

㉡ $H_1 : P_1 \neq P_2 \neq P_3 \neq \cdots \neq P_k \neq P_o$

✓ 가설 설정 시 양쪽 가설 같지만, 적합 유무를 따지는 것으로 H_0에서 각 상황에 따른 확률이 같다는 것은 $\sigma^2 = 0$임을 의미하고, H_1에서 다르다는 것은 $\sigma^2 > 0$인 것을 의미하므로 한쪽 가설에 해당된다. 이하 독립성의 검정, 동일성의 검정도 모두 한쪽 가설이 설정된다.

② 유의수준 결정

$\alpha = 0.05$ 또는 0.01

③ 검정통계량 계산

$$\chi_o^2 = \frac{\sum_{i=1}^{k}(X_i - E_i)}{E_i} \quad (\text{단, } E_i = nP_i\text{이고, } \sum_i P_i = 1\text{이다.})$$

④ 기각치 설정

$\chi^2_{1-\alpha}(k-1)$

⑤ 판정

$\chi_o^2 > \chi^2_{1-\alpha}(k-1)$이면, H_0를 기각한다.

예제 1-16

어떤 장치에 대하여 1개월간 고장에 의한 정지횟수를 조사한 결과 다음의 표와 같았다. 고장에 의한 정지횟수를 변하게 한 원인이 있었다고 볼 수 있는가? (단, 유의수준 $\alpha = 0.05$로 한다.)

월	4	5	6	7	8	계
고장건수	25	10	5	8	13	61

① 가설 : $H_0 : P_4 = P_5 = P_6 = P_7 = P_8 = \frac{1}{5}$, $H_1 : P_4 \neq P_5 \neq P_6 \neq P_7 \neq P_8 \neq \frac{1}{5}$

② 유의수준 : $\alpha = 0.05$

③ 검정통계량

월	4	5	6	7	8	계
고장건수(x_i)	25	10	5	8	13	61(n)
가정된 확률(P_{i_o})	1/5	1/5	1/5	1/5	1/5	1
기대도수($E_i = nP_{i_o}$)	61/5	61/5	61/5	61/5	61/5	61

$$\chi_o^2 = \frac{\sum (X_i - E_i)^2}{E_i} = \frac{(25-61/5)^2}{61/5} + \cdots\cdots + \frac{(13-61/5)^2}{61/5} = 19.58$$

④ 기각치 : $\chi^2_{0.95}(4) = 9.49$

⑤ 판정 : $\chi_o^2 > 9.49$이므로, H_0를 기각한다. 즉, 월별 고장에 의한 정지횟수가 다르다고 할 수 있다.

(2) 확률 P_i의 값이 설정되지 않은 경우

① 귀무가설과 대립가설의 설정

㉠ H_0 : 측정된 데이터는 어떤 특정 분포를 따른다.

㉡ H_1 : 측정된 데이터는 어떤 특정 분포를 따르지 않는다.

② 유의수준 결정

$\alpha = 0.05$ 또는 0.01

③ 검정통계량 계산 : $\chi_o^2 = \dfrac{\sum_{i=1}^{k}(X_i - E_i)^2}{E_i} = \dfrac{\sum_{i=1}^{k}[f_i - E(f_i)]^2}{E(f_i)}$

④ 기각치 설정 : $\chi^2_{1-\alpha}(k-1-p)$

⑤ 판정 : $\chi_o^2 > \chi^2_{1-\alpha}(k-1-p)$이면, H_0를 기각한다.

단, p는 모수 추정치의 개수로서, 푸아송분포의 적합성 검정 시 모수 추정치는 $\hat{m}$으로 1개이고, 정규분포의 적합성 검정 시 모수 추정치는 $\hat{\mu}$, $\hat{\sigma}^2$으로 2개가 된다.

6 분할표에 의한 검정

(1) $r \times c$ 분할표에 의한 독립성의 검정

Table에서 배치된 2개의 속성(요인) 간에 독립관계 여부를 결정하는 검정으로, 실험계획법상 계수형 2원배치의 교호작용($A \times B$) 검정에 해당된다.

등급 \ 기계	A	B	C	D	T_j
1	X_{A1}	X_{B1}	X_{C1}	X_{D1}	T_1
2	X_{A2}	X_{B2}	X_{C2}	X_{D2}	T_2
3	X_{A3}	X_{B3}	X_{C3}	X_{D3}	T_3
T_i	T_A	T_B	T_C	T_D	T

① 귀무가설과 대립가설의 설정

㉠ $H_0 : P_{ij} = P_{i\cdot} \cdot P_{\cdot j}$

㉡ $H_1 : P_{ij} \neq P_{i\cdot} \cdot P_{\cdot j}$

(단, $i = 1,\ 2,\ \cdots,\ m$이고, $j = 1\ 2,\ \cdots,\ n$이며,

$P_{ij} = P(A_i B_i)$: A_i와 B_j에 동시에 속하는 확률,

$P_{i\cdot} = P(A_i)$: A_i에 속하는 확률, $P_{\cdot j} = P(B_j)$: B_j에 속하는 확률이다.)

② 유의수준 결정

$\alpha = 0.05$ 또는 0.01

③ 검정통계량 계산

$$\chi_o^2 = \sum_{i=1}^{r} \sum_{j=1}^{c} \frac{(X_{ij} - E_{ij})^2}{E_{ij}} \quad (\text{단, } E_{ij} = \frac{T_i \cdot T_j}{T} \text{이다.})$$

귀무가설을 기준으로, 추정치를 구한다.

$\hat{p}_{ij} = \hat{p}(A_i B_j) = \hat{p}_{i\cdot} \cdot \hat{p}_{\cdot j} = \frac{n_{i\cdot}}{n} \cdot \frac{n_{\cdot j}}{n} = \frac{n_{i\cdot} \cdot n_{\cdot j}}{n^2}$이다.

따라서 $A_i B_j$의 추정된 기대도수는 다음과 같다.

$E_{ij} = n \cdot \hat{p}_{ij} = \frac{n_{i\cdot} \cdot n_{\cdot j}}{n}$가 되며, 위 분할표에서는 $n_{i\cdot} = T_i$, $n_{\cdot j} = T_j$, $n = T$로 표현되므로,

$E_{ij} = \frac{T_i \cdot T_j}{T}$가 된다.

④ 기각치 설정

$\chi^2_{1-\alpha}[(m-1)(n-1)]$

⑤ 판정

$\chi_o^2 > \chi^2_{1-\alpha}[(m-1)(n-1)]$이면, H_0를 기각한다.

(2) $r \times c$ 분할표에 의한 동일성의 검정

모집단을 몇 개의 부차 모집단으로 분할하는 경우 부차 모집단의 속성이 동일한가의 여부를 결정하는 검정으로, 실험계획법의 계수형 분산분석 1원배치에 해당된다.

① 귀무가설과 대립가설의 설정

㉠ $H_0 : P_{1j} = P_{2j} = P_{3j} = \cdots = P_{ij} = P_j$

㉡ $H_1 : P_{1j} \neq P_{2j} \neq P_{3j} \neq \cdots \neq P_{ij} \neq P_j$

(단, $j = 1,\ 2,\ 3,\ \cdots,\ n$)

② 유의수준 설정

$\alpha = 0.05$ 또는 0.01

③ 검정통계량 계산

$$\chi_o^2 = \Sigma\Sigma \frac{(X_{ij} - E_{ij})^2}{E_{ij}}$$

(단, E_{ij}=(A_i의 표본 크기)×(주어진 A_i에서 B_j에 속하게 되는 확률 추정치)

$$= n_{i}. \cdot \hat{p}_{ij} = n_{i}. \times \frac{n._j}{n} = \frac{T_i \cdot T_j}{T}$$ 이다.)

④ 기각치 설정

$\chi^2_{1-\alpha}[(m-1)(n-1)]$

⑤ 판정

$\chi_o^2 > \chi^2_{1-\alpha}[(m-1)(n-1)]$이면, H_0를 기각한다.

(3) 2×2 분할표

A \ B	A	B	합계
1	a	c	T_1
2	b	d	T_2
합계	T_A	T_B	T

① 귀무가설과 대립가설의 설정

㉠ $H_0 : P_{ij} = P_i \times P_j$

㉡ $H_1 : P_{ij} \neq P_i \times P_j$

(단, $i = A,\ B$이고, $j = 1,\ 2$이다.)

② 유의수준 결정

$\alpha = 0.05$ 또는 0.01

③ 검정통계량 계산

$$\chi_o^2 = \frac{\sum_i \sum_j (X_{ij} - E_{ij})^2}{E_{ij}} = \frac{(ad-bc)^2 T}{T_1 \cdot T_2 \cdot T_A \cdot T_B}$$

④ 기각치 설정

$\chi^2_{1-\alpha}(1)$

(단, $\nu = (m-1)(n-1) = (2-1)(2-1) = 1$ 이다.)

⑤ 판정

$\chi_o^2 > \chi^2_{1-\alpha}(1)$ 이면, H_0를 기각한다.

참고 Yates의 수정식

Pearson의 χ_o^2 통계량은 정규분포를 따라야 하므로 $np \geq 5$인 경우에만 사용 가능한 제약조건을 갖고 있으나, $m < 5$인 경우에도 사용할 수 있도록 방법을 제시한 수정식이다.

$$\chi_o^2 = \frac{\sum_i \sum_j \left(|X_{ij} - E_{ij}| - \frac{1}{2} \right)^2}{E_{ij}} = \frac{\left(|ad-bc| - \frac{T}{2} \right)^2 T}{T_1 \cdot T_2 \cdot T_A \cdot T_B}$$

CHAPTER 04

상관분석과 회귀분석

상관과 회귀는 대응되는 두 변량(X, Y)의 관계를 정의하는 것으로, 두 변량이 서로 영향을 주고 있는 관계가 상관을 의미한다면, 하나의 변량이 또 다른 변량에 일방적으로 영향을 미치는 상태를 회귀라고 할 수 있다.

1 상관분석

1 산점도(산포도)

(1) 산점도의 정의

서로 대응되는 두 개의 짝으로 된 데이터를 그래프용지 위에 점으로 나타낸 것이다.

산점도 작성 후 검토사항

- 점들의 분포로부터 변량 x와 y 사이에 관계가 있는지 검토한다.
- 변량 x와 y가 직선관계인지, 곡선관계인지 살펴본다.
- 이상 데이터가 없는지 확인한다.
- 점들이 뚜렷하게 층별되는 경우가 있는지 검토한다.

(2) 산점도의 유형

① 정상관(양상관) : 하나의 변량이 증가하면, 대응되는 또 다른 변량이 증가하는 상태이다.
② 부상관(음상관) : 하나의 변량이 증가하면, 대응되는 또 다른 변량이 감소하는 상태이다.
③ 무상관(영상관) : 두 변량 사이에 아무런 관계도 존재하지 않는 상태이다.

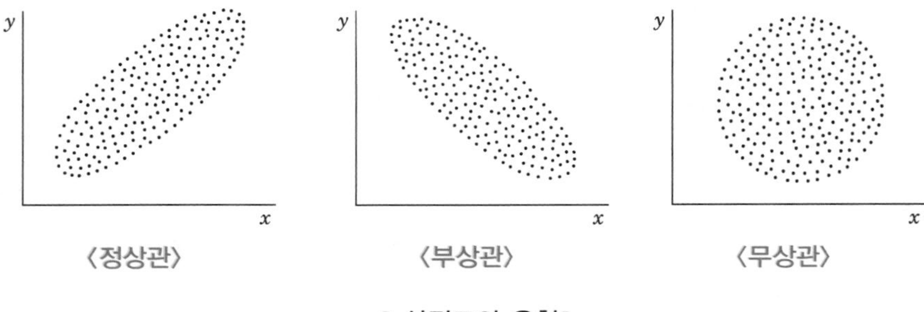

산점도의 유형

2 표본상관계수(r)

두 변량 간의 긴밀성 정도를 표시하는 측도로서 $n \geq 3$이어야만 정의가 가능하다.

r값이 ±1로 가까워질수록 점들의 배열이 직선에 가까워지는 완전상관 관계임을 뜻하나, 기울기를 뜻하는 것은 아니다.

(1) 시료상관계수

$$r = \frac{S_{xy}}{\sqrt{S_{xx} \cdot S_{yy}}}$$

(단, $r = 0$: 영상관,
$r < 0$: 음상관,
$r > 0$: 양상관이다.)

(2) 모상관계수

$$E(r) = \rho = \frac{\sigma_{xy}}{\sigma_x \cdot \sigma_y}$$

(단, $\sigma_{xy} = E(x-\mu_x)(y-\mu_y)$,
$\sigma_x^2 = E(x-\mu_x)^2$,
$\sigma_y^2 = E(y-\mu_y)^2$이다.)

✓ $\sigma_{xy} = \sigma_{xy}^2$로 표기하기도 한다.

(3) r의 특성

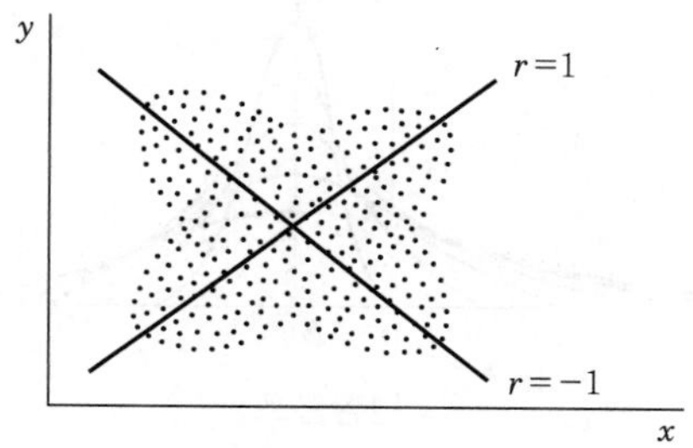

① r의 범위는 $-1 \leq r \leq 1$이다.
② r의 값은 x, y 간의 선형관계와 긴밀성를 나타내는 척도이다.
③ r의 값이 ±1로 가까이 갈수록 일정 경향선으로부터 산포가 작아진다(완전상관).
④ 수치변환을 해도 r값은 변하지 않는다.

3 r 분포(r-distribution)

r분포는 모상관계수 ρ와 자유도($\nu = n-2$)에 의해서 정의되는 분포로서, 자유도가 작을 때는 모상관계수 ρ값과는 거의 무관한 좌우비대칭의 분포가 형성되지만, 자유도가 충분히 커지면 ρ값을 중심으로 좌우대칭의 분포가 형성된다.

(1) r 분포

[기대치와 분산]

$$E(r) = \rho, \quad V(r) = \frac{1-\rho^2}{n-2}$$

[증명] $E(r) = E\left[\frac{S_{xy}}{\sqrt{S_{xx} \cdot S_{yy}}}\right] = E\left[\frac{S_{xy}/\nu}{\sqrt{S_{xx}/\nu \cdot S_{yy}/\nu}}\right]$

$$= \frac{E(V_{xy})}{E[\sqrt{V_x V_y}]} = \frac{\sigma_{xy}}{\sigma_x \sigma_y}$$

$$\therefore \rho = \frac{\sigma_{xy}}{\sigma_x \sigma_y}$$

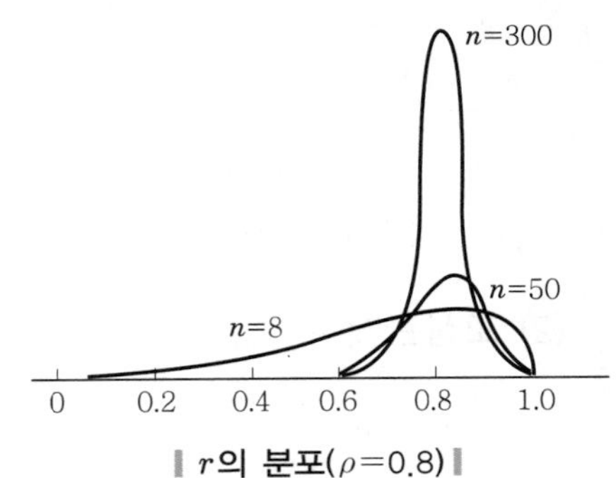

‖ r의 분포(ρ=0.8) ‖

(2) z 변환분포

상관계수 r을 자연로그를 사용하여 수치변환한 값을 변수 z라고 정의할 때, z변환분포는 r분포보다 자유도가 작아도 평균값을 중심으로 좌우대칭의 분포가 형성된다.

$$z = \frac{1}{2}\ln\frac{1+r}{1-r} = \tan h^{-1} r$$

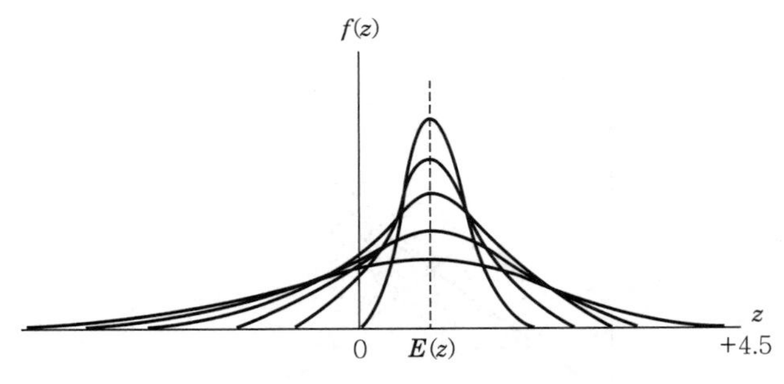

‖ z변환분포 ‖

[기대치와 분산]

① $E(z) = \frac{1}{2}\ln\frac{1+\rho}{1-\rho} + \frac{\rho}{2(n-1)} \fallingdotseq \frac{1}{2}\ln\frac{1+\rho}{1-\rho} = \tan h^{-1}\rho$

② $V(z) = \frac{1}{n-3}$

③ $D(z) = \frac{1}{\sqrt{n-3}}$

⊙ 여기서 z변환분포는 표준정규분포(u분포)를 의미하는 것이 아니다.

4 모상관계수의 검·추정

(1) 상관 유무의 검정($\rho=0$인 검정)

모집단에 상관관계가 존재하는가의 여부를 시료를 통하여 입증하려는 검정방법으로, 한쪽·양쪽 검정에 관계없이 H_0가 $\rho=0$인 상태를 항상 포함한다.

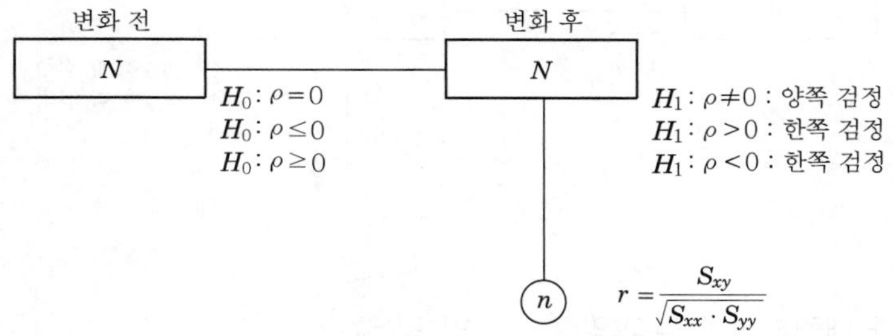

참고 부록의 〈상관계수분포표〉는 $\rho=0$인 경우의 분포표로 ρ가 0가 아닌 경우는 사용할 수 없다. 따라서 모상관계수의 검정은 기준가설이 $\rho=0$인 경우와 $\rho\neq 0$인 경우 두 가지로 분류하게 된다.

① 귀무가설과 대립가설의 설정

㉠ $H_0 : \rho=0$

㉡ $H_1 : \rho\neq 0$

② 유의수준 결정

$\alpha=0.05$ 또는 0.01

③ 검정통계량 계산

㉠ 〈r분포표〉를 적용하는 경우($\nu\ge 10$인 경우)

$$r_o=\frac{S_{xy}}{\sqrt{S_{xx}\cdot S_{yy}}}$$

㉡ 〈t 분포표〉를 적용하는 경우

$$t_o=\frac{r-E(r)}{\sqrt{V(r)}}=\frac{r_o-0}{\sqrt{\frac{1-r_o^2}{n-2}}}=r_o\sqrt{\frac{n-2}{1-r_o^2}}=\frac{r_o\sqrt{n-2}}{\sqrt{1-r_o^2}}$$

④ 기각치 설정

㉠ 〈r분포표〉가 주어진 경우

$-r_{1-\alpha/2}(n-2),\ r_{1-\alpha/2}(n-2)$

㉡ 〈t 분포표〉가 주어진 경우

$-t_{1-\alpha/2}(n-2),\ t_{1-\alpha/2}(n-2)$

⑤ 판정

㉠ 〈r분포표〉인 경우 : $|r_o|>r_{1-\alpha/2}(n-2)$이면 H_0를 기각한다.

㉡ 〈t 분포표〉인 경우 : $|t_o|>t_{1-\alpha/2}(n-2)$이면 H_0를 기각한다.

(2) 모상관계수의 검정($\rho \neq 0$인 검정)

모상관계수의 변화 여부를 시료를 통하여 판단하는 검정으로, ρ가 0이 아닌 특정값을 갖는 경우의 상관계수 검정을 뜻한다. 따라서 H_0는 $\rho \neq 0$ 상태인 특정 상수값으로 정의되는 특징이 있기 때문에 $\rho \neq 0$인 검정이라 정의한다.

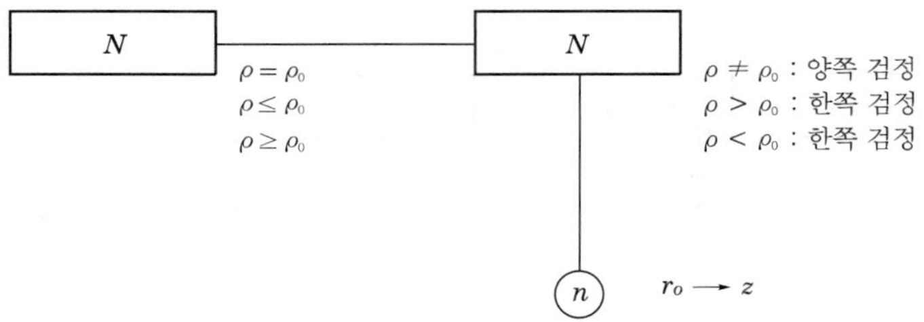

① 귀무가설과 대립가설의 설정(양쪽 가설인 경우)

㉠ $H_0 : \rho = \rho_o$

㉡ $H_1 : \rho \neq \rho_o$

② 유의수준 결정

$\alpha = 0.05$

③ 검정통계량 계산

$$u_o = \frac{z - E(z)}{\sqrt{V(z)}}$$

㉠ $z = \frac{1}{2}\ln\frac{1+r}{1-r} = \tan h^{-1} r$

㉡ $E(z) = \frac{1}{2}\ln\frac{1+\rho}{1-\rho} = \tan h^{-1} \rho$

㉢ $V(z) = \frac{1}{n-3}$

④ 기각치

$-u_{1-\alpha/2} = -u_{0.975} = -1.96$, $u_{1-\alpha/2} = u_{0.975} = 1.96$

⑤ 판정

$|u_o| > u_{1-\alpha/2}$이면 H_0를 기각한다.

(3) 모상관계수(ρ)의 신뢰구간 추정

$$E(z) = z \pm u_{1-\alpha/2}\sqrt{V(z)} = z \pm u_{1-\alpha/2}\frac{1}{\sqrt{n-3}}$$

$$E(z)_L \leq E(z) \leq E(z)_U$$

따라서, $E(z)$을 ρ로 변환하면 다음과 같다.

$\tan h\, E(z)_L \leq \rho \leq \tan h\, E(z)_U$ (단, $r = \tan h\, z = \frac{e^{2z}-1}{e^{2z}+1}$이다.)

2 회귀분석

회귀분석(regression analysis)은 변수들 간의 함수적인 관련성을 규명하기 위하여 어떤 수학적 모형을 가정하고, 이 모형을 측정된 변수들의 자료로부터 추정하는 통계적 분석방법이다.

x	x_1,	x_2,	x_3,	……	,	x_n	Σx_i
y	y_1,	y_2,	y_3,	……	,	y_n	Σy_i

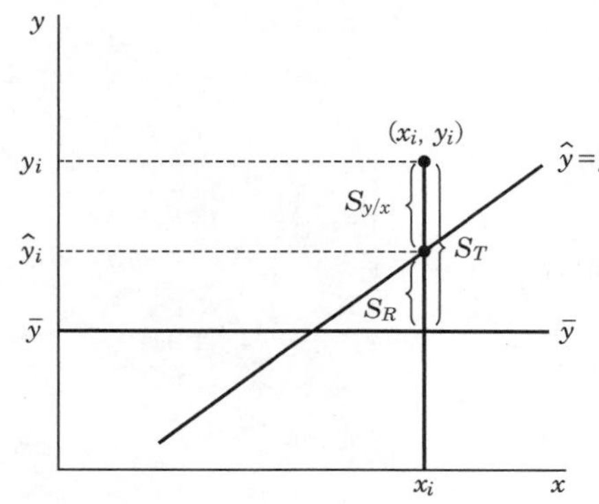

- $S_T = S_{yy}$: 총제곱합
- S_R : 1차 회귀의 제곱합(회귀에 기인하는 제곱합)
- $S_{y/x}$: 회귀로부터의 제곱합(잔차 제곱합)

▌총편차 $y_i - \bar{y}$의 분해 ▌

$$\underbrace{y_i - \bar{y}}_{T} = \underbrace{(y_i - \hat{y}_i)}_{y/x} + \underbrace{(\hat{y}_i - \bar{y})}_{R}$$

$$\begin{aligned} S_R &= \sum_i (\hat{y}_i - \bar{y})^2 \\ &= \sum_i [\bar{y} + b(x_i - \bar{x}) - \bar{y}]^2 \\ &= \sum_i [b^2 (x_i - \bar{x})^2] \\ &= b^2 \sum_i (x_i - \bar{x})^2 \\ &= b^2 S_{xx} = \left(\frac{S_{xy}}{S_{xx}}\right)^2 S_{xx} = \frac{S_{xy}^2}{S_{xx}} \end{aligned}$$

참고 타점된 점이 n개면 성향 분해는 최대 $n-1$차까지 가능하며, 각 차수에 해당되는 자유도는 항상 1이다.

- $S_T = S_{1차} + S_{2차} + S_{3차} + S_{4차} + \cdots\cdots + S_{(n-1)차}$
- $\nu_T = \underbrace{1+1+1+1+\cdots\cdots+1}_{(n-1)개} = n-1$

1 1차 회귀분석

(1) 귀무가설과 대립가설의 설정

① $H_0 : \sigma_R^2 \le \sigma_{y/x}^2$(1차 회귀로 의미가 없다.)

② $H_1 : \sigma_R^2 > \sigma_{y/x}^2$(1차 회귀로 의미가 있다.)

(2) 유의수준 결정

$\alpha = 0.05$ 또는 0.01

(3) 검정통계량 계산

$$F_o = \frac{V_R}{V_{y/x}}$$

① 제곱합의 분해

$S_T = S_R + S_{y/x}$

여기서, S_R : 1차 회귀의 제곱합(회귀에 기인하는 변동)

$S_{y/x}$: 회귀로부터의 제곱합(잔차 변동)

㉠ $S_T = S_{yy} = \sum y_i^2 - \dfrac{(\sum y_i)^2}{n}$

㉡ $S_R = \dfrac{(S_{xy})^2}{S_{xx}}$

이때, $S_{xx} = \sum x_i^2 - \dfrac{(\sum x_i)^2}{n}$

$S_{xy} = \sum x_i y_i - \dfrac{\sum x_i \sum y_i}{n}$

㉢ $S_{y/x} = S_T - S_R$

② 자유도의 분해

㉠ $\nu_T = \nu_{yy} = n-1$

㉡ $\nu_R = 1$

㉢ $\nu_{y/x} = \nu_T - \nu_R = n-2$

(4) 기각치 설정

$F_{1-\alpha}(\nu_R,\ \nu_{y/x})$

(5) 판정

$F_o > F_{1-\alpha}(\nu_R,\ \nu_{y/x})$이면 H_0를 기각한다(1차 회귀로 볼 수 있다).

2 단순회귀직선의 추정

일정 경향선으로부터 점들의 산포가 최소가 되도록 1차 회귀직선을 추정한다.
즉, 잔차 제곱합 $S_{y/x}$가 최소가 되도록 a와 b에 대하여 편미분을 행한다.

$$\begin{aligned}\hat{y} &= \hat{\beta}_0 + \hat{\beta}_1 x \\ &= a + bx\end{aligned}$$

① $\hat{\beta}_1 = \dfrac{S_{xy}}{S_{xx}}$

② $\hat{\beta}_0 = \overline{y} - \hat{\beta}_1 \overline{x}$

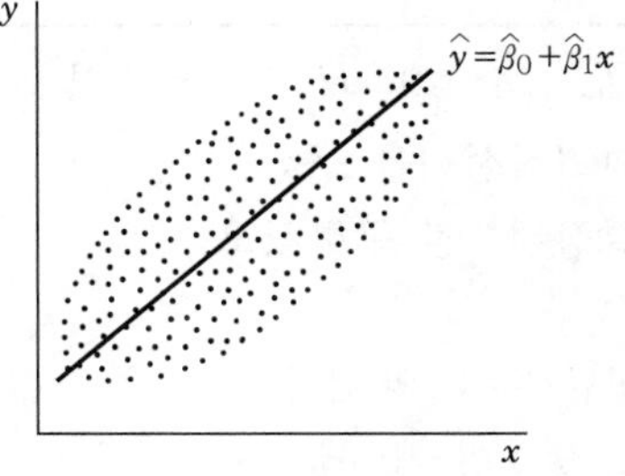

⊙ 여기서, $\hat{\beta}_0 = a$, $\hat{\beta}_1 = b$로 표기하기도 한다.

참고 최소자승법

$$\begin{aligned}y - \overline{y} &= \hat{\beta}_1 (x - \overline{x}) \\ &= b(x - \overline{x})\end{aligned}$$

- $\overline{x} = \dfrac{\Sigma x_i}{n}$
- $\overline{y} = \dfrac{\Sigma y_i}{n}$
- $\hat{\beta}_1 = \dfrac{S_{xy}}{S_{xx}}$

3 결정계수(R^2)

총제곱합을 기준으로 1차 회귀변동의 구성비율을 나타낸 측도로 1차 회귀의 기여율이라고 하며, 수학적으로는 상관계수(r)의 제곱한 값과 동일한 값이 형성된다.

$$\begin{aligned}R^2 &= \frac{S_R}{S_T} = \frac{(S_{xy})^2 / S_{xx}}{S_{yy}} \\ &= \frac{(S_{xy})^2}{S_{xx} \cdot S_{yy}} = \left(\frac{S_{xy}}{\sqrt{S_{xx} \cdot S_{yy}}}\right)^2 \\ &= r^2 \times 100\end{aligned}$$

참고 여기서 단순회귀로부터 구해진 결정계수 R^2으로부터 상관계수 r을 구하려면 $r = \pm\sqrt{R^2}$으로 계산하며, $\hat{\beta}_1$이 음의 값이면 $r = -\sqrt{R^2}$이고, $\hat{\beta}_1$이 양의 값이면 $r = +\sqrt{R^2}$이다.

예제 1-17

두 변수 x, y에 대하여 다음과 같은 5개의 데이터가 있다. 다음 물음에 답하시오.

x	2	3	4	5	6
y	4	7	6	8	10

(1) $H_0 : \beta_1 = 0$, $H_1 : \beta_1 \neq 0$을 $\alpha = 0.05$로 검정하시오. (단, $F_{0.95}(1,\ 3) = 10.1$)

(2) 회귀직선식을 구하시오.

(3) 결정계수를 구하시오.

---

(1) 회귀계수 β_1의 검정

① $H_0 : \beta_1 = 0(\sigma_R^2 = 0)$

$H_1 : \beta_1 \neq 0(\sigma_R^2 > 0)$

② $\alpha = 0.05$

③ 분산분석표

요인	SS	DF	MS	F_o	$F_{0.95}$
R	16.9	1	16.9	16.41*	10.1
y/x	3.1	3	1.03		
T	20.0	4			

위 표에서, $S_R = \dfrac{S_{xy}^2}{S_{xx}} = \dfrac{13^2}{10} = 16.9$

$S_{y/x} = S_{yy} - S_R = 20 - 16.9 = 3.1$

$\nu_R = 1$

$\nu_{y/x} = \nu_T - \nu_R = 4 - 1 = 3$

④ 판정 : $F_o > F_{0.95}(1,\ 3)$이므로, 1차 회귀직선으로 판단할 수 있다.

※ 여기서 F_o 검정 대신, $\beta_1 = 0$인 1차 방향계수의 t 검정을 사용할 수도 있다.

$$t_o = \frac{\hat{\beta}_1 - \hat{\beta}}{\sqrt{V(\hat{\beta}_1)}} = \frac{\hat{\beta}_1 - 0}{\sqrt{V_{y/x}/S_{(xx)}}}$$

(2) 회귀직선의 추정

$b = \dfrac{S_{xy}}{S_{xx}} = \dfrac{13}{10} = 1.3$

$a = \bar{y} - b\bar{x} = 7 - 1.3 \times 4 = 1.8$

따라서, $y = a + bx = 1.8 + 1.3x$이다.

(3) 결정계수(R^2)

$R^2 = \dfrac{S_R}{S_T} = \dfrac{S_R}{S_{yy}} = \dfrac{16.9}{20} = 0.845$

4 1차 방향계수의 검 · 추정

(1) 1차 방향계수(β_1)의 검정

① 귀무가설과 대립가설의 설정

㉠ $H_0 : \beta_1 = \beta_{1o}$

㉡ $H_1 : \beta_1 \neq \beta_{1o}$

② 유의수준 결정

$\alpha = 0.05$ 또는 0.01

③ 검정통계량 계산

$$t_o = \frac{\hat{\beta}_1 - E(\hat{\beta}_1)}{\sqrt{V(\hat{\beta}_1)}} = \frac{\hat{\beta}_1 - \beta_1}{\sqrt{V_{y/x}/S_{xx}}} \sim t(n-2)$$

⊙ 방향계수는 $\nu = n-2$의 t분포를 따른다.

④ 기각치 설정

$-t_{1-\alpha/2}(n-2),\ t_{1-\alpha/2}(n-2)$

⑤ 판정

$|t_o| > t_{1-\alpha/2}(n-2)$이면 H_0를 기각한다.

(2) 1차 방향계수(β_1)의 추정

$$E(\hat{\beta}_1) = \hat{\beta}_1 \pm t_{1-\alpha/2}(n-2)\sqrt{V(\hat{\beta}_1)}$$

$$= \hat{\beta}_1 \pm t_{1-\alpha/2}(n-2)\sqrt{\frac{V_{y/x}}{S_{xx}}}$$

5 $E(\hat{y})$의 검 · 추정

독립변수 x가 특정값 x_o인 경우 종속변수 $\hat{y}$의 모수값 η의 변화 여부를 판단하고, 모수를 추정하는 통계적 방법론이다.

(1) $E(\hat{y})$의 검정

① 귀무가설과 대립가설의 설정

㉠ $H_0 : E(\hat{y}) = \eta_o$

㉡ $H_1 : E(\hat{y}) \neq \eta_o$

② 유의수준 결정

$\alpha = 0.05$ 또는 0.01

③ 검정통계량 계산

$$t_o = \frac{\hat{y} - E(\hat{y})}{\sqrt{V(\hat{y})}} = \frac{(\hat{\beta}_o + \hat{\beta}_1 x_o) - \eta_o}{\sqrt{V_{y/x}\left(\frac{1}{n} + \frac{(x_o - \overline{x})^2}{S_{xx}}\right)}}$$

④ 기각치

$t_{1-\alpha/2}(n-2)$, $-t_{1-\alpha/2}(n-2)$

⑤ 판정

$|t_o| > t_{1-\alpha/2}(n-2)$이면 H_0를 기각한다.

(2) $E(\hat{y})$의 추정

$$E(\hat{y}) = \hat{y} \pm t_{1-\alpha/2}(n-2)\sqrt{V(\hat{y})}$$

$$= (\hat{\beta}_o + \hat{\beta}_1 x_o) \pm t_{1-\alpha/2}(n-2)\sqrt{V_{y/x}\left(\frac{1}{n} + \frac{(x_o - \overline{x})^2}{S_{xx}}\right)}$$

〈 회귀모수 추정치의 분산 〉

모수	점추정치	분산
β_o	$\hat{\beta}_o = \hat{y} - \hat{\beta}_1 \overline{x}$	$\left(\frac{1}{n} + \frac{(\overline{x})^2}{S_{xx}}\right)\sigma^2_{y/x}$
β_1	$\hat{\beta}_1 = \frac{S_{xy}}{S_{xx}}$	$\frac{\sigma^2_{y/x}}{S_{xx}}$
$E(\hat{y})$	$\hat{y} = \hat{\beta}_o + \hat{\beta}_1 x_o$	$\left(\frac{1}{n} + \frac{(x_o - \overline{x})^2}{S_{xx}}\right)\sigma^2_{y/x}$

⊙ 추정 시에는 모수 $\sigma^2_{y/x}$ 대신 $V_{y/x}$를 사용한다.

PART 2

관리도

품질경영기사 필기

PART 2

관리도

CHAPTER 01

관리도의 개념

1 관리도의 기초

1 관리도의 역사와 정의

(1) 관리도의 역사

① 1924년 W.A. Shewhart에 의해 '관리도'란 용어 사용

② 1931년 Shewhart가 「Economic Control of Quality of Manufactured product」를 출판

③ 1933년 E.S. Pearson의 「The Application of Statistical Method to Industrial Standardization and Quality Control」을 영국 규격 「BS 600」으로 제정하여 품질관리를 보급

④ 1942년 Pearson의 저서 「대량생산 관리와 통계적 수법」이 번역되어 일본에 관리도가 소개됨

⑤ 1954년 일본 국가규격으로 「JIS－Z 9021(관리도법)」이 제정

⑥ 1961년 9월 「공업표준화법」이 공포되어 이에 따른 KS 표시 허가제도 실시

⑦ 1963년 5월 한국 공업규격으로 「KS A 3201(관리도법)」이 제정

(2) 관리도의 정의

공정의 상태를 나타내는 특성치에 관해 그린 꺾은선 그래프로서, 공정의 관리상태 유무를 조사하여 공정을 안정상태로 유지하기 위해 사용하는 통계적 관리기법이다.

참고 품질변동의 원인

- 우연원인(chance cause)

  생산조건이 엄격하게 관리된 상태에서도 발생되는 불가피한 우연변동의 원인(작업자의 숙련도 차이, 작업환경의 차이)으로, 현재의 기술수준으로는 거의 통제가 불가능한 원인이다.

- 이상원인(assignable cause)

  만성적으로 존재하지 않고 산발적으로 발생하여 품질의 이상변동을 일으키는 원인(작업자의 부주의, 생산 설비상의 이상, 불량 자재의 사용 등)으로, 현재 기술수준으로 통제가 가능하다. 따라서 공정은 이상원인을 제거해야만 우연변동만으로 구성되는 관리상태가 된다.

2 관리도의 기본이론과 구분

(1) 관리도의 기본이론

정규분포에서 평균을 중심으로 편차의 3배 거리 안에 특성값 X가 존재할 확률은 99.73%이다. 만약 공정의 산포가 우연변동으로만 구성된다면 $\mu_X \pm 3\sigma_X$를 벗어나는 확률이 0.27%에 불과한데, 관리도는 이러한 통계적 이론에 기초를 두고 있다.

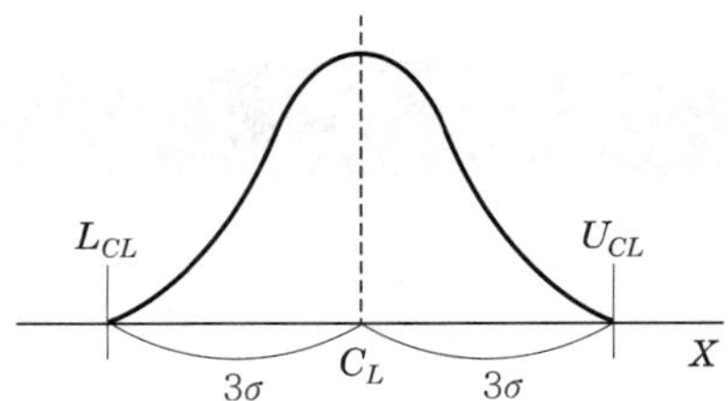

여기서 $\mu_X \pm 3\sigma_X$를 각각 조치선(action limit)인 U_{CL}(Upper Control Limit), L_{CL}(Lower Control Limit)이라 하며, 타점시킨 점이 관리한계선을 벗어나면 공정에는 바람직하지 않은 이상변동이 존재하고 있다고 판정한다. 그러나 이러한 판정에는 0.27%의 오류가 있을 수 있는데 이를 제1종 오류(α)라고 하며, 이는 공정이 관리상태에 있는데도 불구하고 관리상태가 아니라고 판정하는 오류가 0.27%라는 것을 뜻한다.

또한 관리도 작성의 주요 목적은 공정에 이상원인이 발생하였을 때 이것을 가능한 한 빨리 탐지해서 원인을 규명하고 조치를 취하여 공정을 관리상태로 되돌리는 데 있으므로, 공정이 비관리상태에 있을 때 이상원인을 탐지하는 능력인 검출력이 높은 관리도가 유용하다.

관리도상에서 검출력($1-\beta$)을 향상시키기 위해 $\mu_X \pm 2\sigma_X$의 경고선(warning limit)인 관리한계선을 이용하기도 하는데, 2σ법 관리도는 3σ법 관리도보다 관리한계폭이 좁아 제1종 오류는 증가하지만 제2종 오류는 감소하기에 검출력이 높아지는 특징이 있다.

(2) 관리도의 목적에 따른 분류

① **기준값이 설정되지 않은 관리도** : 해석용 관리도

공정상태는 어떠한지, 어떠한 원인으로 어떠한 변동이 생기고 있는지를 조사하기 위해 작성하는 단속적 상태의 관리도로서, 기준값을 설정하기 위한 예비용 관리도이다.

② **기준값이 설정된 관리도** : 관리용 관리도

해석용 관리도를 근거로 하여 작성하는 것으로서, 작업 시 공정을 모니터링하기 위한 관리도로 사용된다. 이상변동이 있으면 원인을 규명하여 제거하기 위해 작성하며, 연속적 개념을 갖고 있는 관리도이다.

2 관리도 작성의 기초

1 관리도의 작성순서

① 관리하고자 하는 제품이나 종류를 결정한다.
② 비용, 시간, 노동을 고려하여 관리하여야 할 항목을 선정한다.
③ 관리도를 선정한다.
④ 일정 기간 동안 예비자료를 채취하여 관리도를 작성한다(해석용 관리도).
⑤ 관리상태를 조사한다.
⑥ 공정이 안정상태이면 관리선을 연장하여 공정관리용으로 사용한다.
⑦ 일정하게 데이터를 채취하여 관리도에 타점한다.
⑧ 이상변동이 발견되는 즉시 원인을 규명하고 조치를 한다.
⑨ 일정 기간 후 새로운 관리도를 작성한다.

참고 관리도에서 부분군의 채취빈도에 대해 일반적인 기준은 존재하지 않으나, 초기 도입용, 해석용, 관리용 관리도는 경우에 따라 달라지게 된다. 공정 초기 도입 시 공정의 이상상태를 신속히 판단하기 위해 초기 관리도를 작성할 때는 부분군을 채취하는 시간 간격을 짧게 하여 채취빈도를 높이고, 공정이 안정되어 갈수록 채취빈도를 줄여나가는 것이 원칙이라고 할 수 있다.

2 $\overline{x}$ 관리도의 작성순서

① 데이터를 채취한다(일반적으로 $n \geq 4$개, $k = 20 \sim 25$개로 한다).
② 각 군의 평균을 구한다.

$$\overline{x}_i = \frac{\sum x_i}{n}$$

③ 각 군의 범위를 구한다.

$R_i =$ 각 군의 $x_{\max} - x_{\min}$

④ 관리도 용지를 준비한다(각 점을 plot시킨다).
⑤ 중심선(C_L)을 구한다.

$$\overline{\overline{x}} = \frac{\sum \overline{x}_i}{k}, \quad \overline{R} = \frac{\sum R_i}{k}$$

⑥ 관리한계선을 계산하여 점으로 기입한다(U_{CL}, L_{CL}).
⑦ 판정을 한다(기사란에 기입).

CHAPTER 02

관리도의 종류

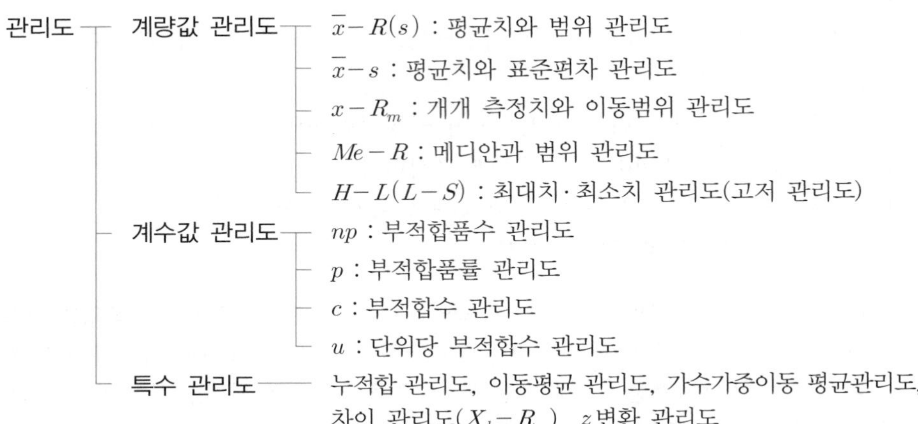

1 계량값 관리도

1 $\bar{x}-R$ 관리도

(1) 관리대상

길이, 무게, 시간, 강도, 성분과 같이 데이터가 연속적인 계량치인 경우 사용하는 관리도로서 시료채취가 용이한 경우 사용하는 계량값 관리도의 대표적인 관리도이다. 여기서 $\bar{x}$ 관리도는 공정평균의 변화 여부인 정확도를 감시하기 위한 관리도이고, R관리도는 산포의 변화 여부인 정밀도를 감시하기 위해 사용된다.

정밀도는 정확도에 우선하므로 정밀도를 감시하는 R관리도가 관리상태가 아닌 경우 정확도를 감시하는 $\bar{x}$ 관리도의 해석은 사실상 의미가 없으며, $\bar{x}$관리도의 해석은 R관리도가 관리상태라는 전제조건하에 의미를 갖는다.

$\bar{x}$ 관리도는 군간변동(σ_b^2)을 감시하며, R관리도는 우연변동인 군내변동(σ_w^2)을 감시하는 관리도로서 설명될 수도 있다.

예 축의 지름, 실의 인장강도, 아스피린의 순도, 전구의 소비전력, 바이트의 소입온도 등

(2) 공식

① $\overline{x}$ 관리도

㉠ 중심선(C_L ; Center Line)

$$\overline{\overline{x}} = \frac{\sum \overline{x}_i}{k} = \frac{\sum\sum x_{ij}}{nk}$$

㉡ 관리한계선(Control Limit)

ⓐ $U_{CL} = \overline{\overline{x}} + A_2\overline{R}$

ⓑ $L_{CL} = \overline{\overline{x}} - A_2\overline{R}$

② R 관리도

㉠ 중심선(C_L ; Center Line)

$$\overline{R} = \frac{\sum R_i}{k}$$

㉡ 관리한계선(Control Limit)

ⓐ $U_{CL} = D_4\overline{R} = D_2\sigma$

ⓑ $L_{CL} = D_3\overline{R} = D_1\sigma$

단, R 관리도의 L_{CL}은 $n \le 6$이면 D_3, D_1이 음의 값이므로, 고려하지 않는다.

(3) 관리도의 수리

① $\overline{x}$ 관리도

$$E(\overline{x}) \pm 3D(\overline{x}) = \mu \pm 3\frac{\sigma}{\sqrt{n}} = \mu_o \pm \frac{3}{\sqrt{n}} \cdot \sigma = \mu_o \pm A\sigma_o$$

$$= \hat{\mu} \pm \frac{3}{\sqrt{n}} \cdot \frac{\overline{R}}{d_2} = \overline{\overline{x}} \pm A_2\overline{R}$$

$$= \hat{\mu} \pm \frac{3}{\sqrt{n}} \cdot \frac{\overline{s}}{c_4} = \overline{\overline{x}} \pm A_3\overline{s}$$

(단, $A = \frac{3}{\sqrt{n}}$, $A_2 = \frac{3}{d_2\sqrt{n}}$, $A_3 = \frac{3}{c_4\sqrt{n}}$, $\hat{\sigma} = \frac{\overline{R}}{d_2}$ 또는 $\hat{\sigma} = \frac{\overline{s}}{c_4}$ 이다.)

② R 관리도

$$E(R) \pm 3D(R) = d_2\sigma \pm 3d_3\sigma$$

$$= (d_2 \pm 3d_3)\sigma = \begin{cases} D_2\sigma_o \\ D_1\sigma_o \end{cases}$$

$$= \left(1 \pm 3\frac{d_3}{d_2}\right)\overline{R} = \begin{cases} D_4\overline{R} \\ D_3\overline{R} \end{cases}$$

(단, $D_4 = 1 + 3\frac{d_3}{d_2}$, $D_3 = 1 - 3\frac{d_3}{d_2}$, $D_2 = d_2 + 3d_3$, $D_1 = d_2 - 3d_3$ 이다.)

A_2, A_3, d_2, d_3 값은 부분군의 크기 n에 따라 정해지는 상수값이다.

예제 2-1

군의 크기 4, 군의 수 20인 $\overline{x}-R$ 관리도에서 $\sum\overline{x}_i=20.51$, $\sum R_i=20$일 때, $\overline{x}-R$ 관리도의 C_L 및 U_{CL}, L_{CL}을 구하시오. (단, $n=4$, $k=20$, $A_2=0.729$, $D_4=2.282$)

- $\overline{\overline{x}}=\dfrac{\sum\overline{x}_i}{k}=\dfrac{20.51}{20}=1.0255$
- $\overline{R}=\dfrac{\sum R_i}{k}=\dfrac{20}{20}=1$

(1) $\overline{x}$ 관리도(σ가 미지이므로, σ 대신 $\hat{\sigma}=\dfrac{\overline{R}}{d_2}$를 사용한다.)

① $C_L=\overline{\overline{x}}=1.0255$

② $U_{CL}=\overline{\overline{x}}+3\dfrac{\sigma}{\sqrt{n}}\xrightarrow{\hat{\sigma}=\frac{\overline{R}}{d_2}}\overline{\overline{x}}+A_2\overline{R}=1.0255+0.729\times1=1.7545$

③ $L_{CL}=\overline{\overline{x}}-A_2\overline{R}=1.0255-0.729\times1=0.2965$

(2) R 관리도

① $C_L=d_2\sigma\xrightarrow{\hat{\sigma}=\frac{\overline{R}}{d_2}}\overline{R}=1$

② $U_{CL}=d_2\sigma+3d_3\sigma\xrightarrow{\hat{\sigma}=\frac{\overline{R}}{d_2}}\left(1+3\dfrac{d_3}{d_2}\right)\overline{R}=D_4\overline{R}=2.28$

③ L_{CL}은 $n\leq6$이면 존재하지 않는다.

2 $\overline{x}-s$ 관리도

(1) 관리대상

아직까지는 $\overline{x}-R$관리도가 계량 데이터의 품질특성을 관리하는 보편적인 관리도이나, 시료표준편차 s를 사용하면 상대적으로 검출력이 높은 관리도를 작성될 수 있다. 수계산을 하던 과거에는 계산의 복잡성 때문에 부분군의 크기(n)가 4~6개인 R관리도가 선호되었다. 그러나, 컴퓨터 프로그램으로 처리하는 경우에는 부분군(n)이 커지더라도 계산의 곤란성이 없으므로, 통계량 R보다 상대적으로 추정능력이 높은 통계량 s를 사용하면 정밀도를 감시하는 능력이 높은 정밀도 관리도를 작성할 수 있어 정확도의 감시에도 유리할 수 있다.

(2) 공식

① $\bar{x}$ 관리도

㉠ 중심선

$$\bar{\bar{x}} = \frac{\sum x_i}{k}$$

㉡ 관리한계선

ⓐ $U_{CL} = \bar{\bar{x}} + A_3\bar{s}$

ⓑ $L_{CL} = \bar{\bar{x}} - A_3\bar{s}$

② s 관리도

㉠ 중심선

$$\bar{s} = \frac{\sum s_i}{k}$$

㉡ 관리한계선

ⓐ $U_{CL} = B_4\bar{s} = \left(1 + 3\frac{c_5}{c_4}\right)\bar{s}$

ⓑ $L_{CL} = B_3\bar{s} = \left(1 - 3\frac{c_5}{c_4}\right)\bar{s}$

(단, $c_5 = \sqrt{1 - c_4^2}$ 이다.)

(3) 관리도의 수리

① $\bar{x}$ 관리도

$$E(\bar{x}) \pm 3D(\bar{x}) = \mu \pm 3\frac{\sigma}{\sqrt{n}} = \hat{\mu} \pm \frac{3}{\sqrt{n}} \cdot \frac{\bar{s}}{c_4} = \bar{\bar{x}} \pm A_3\bar{s}$$

(단, $A_3 = \frac{3}{c_4\sqrt{n}}$ 이고, $\hat{\sigma} = \frac{\bar{s}}{c_4}$ 이다.)

② s 관리도

$$E(s) \pm 3D(s) = c_4\sigma \pm 3c_5\sigma = (c_4 \pm 3c_5)\sigma$$

$$= (c_4 \pm 3c_5)\frac{\bar{s}}{c_4} = \left(1 \pm 3\frac{c_5}{c_4}\right)\bar{s} = \begin{cases} B_4\bar{s} \\ B_3\bar{s} \end{cases}$$

(단, $B_4 = 1 + 3\frac{c_5}{c_4}$, $B_3 = 1 - 3\frac{c_5}{c_4}$ 이다.)

⊙ s 관리도에서 $n \le 5$인 경우 B_3, B_5가 음의 값이므로, L_{CL}이 존재하지 않는다.

참고 기준값이 설정된 s 관리도

- 중심선 : $C_L = c_4\sigma_o$
- 관리한계선 : $U_{CL} = (c_4 + 3c_5)\sigma_o = B_6\sigma_o$, $L_{CL} = (c_4 - 3c_5)\sigma_o = B_5\sigma_o$

3 x 관리도

(1) 관리대상

데이터를 부분군(sub-group)으로 구분하지 않고 개개의 측정치를 그대로 사용하여 공정을 관리하는 경우에 사용한다. 데이터를 얻는 간격이 크거나 군 구분을 하는 것이 의미가 없는 경우 또는 정해진 공정에서 한 개의 측정치밖에 얻을 수 없는 경우 사용한다. 즉, 부분군인 시료 채취가 용이하지 않은 경우 $\overline{x}$ 관리도 대신 사용하는 계량값 관리도이다.

예 시간소요가 많은 화학분석치, 알코올 농도, 배치(batch) 반응치, 1일 전력소비량

① 합리적인 군으로 나눌 수 있는 경우($x-\overline{x}-R$ 관리도)

㉠ $\overline{x}-R$ 관리도와 병용하면 유익한 정보를 얻을 수 있다.

㉡ 이상원인의 조기 발견과 치유를 목적으로 $\overline{x}-R$ 관리도와 병용한다.

② 합리적인 군으로 나눌 수 없는 경우($x-R_m$ 관리도)

㉠ 1로트 또는 1batch로부터 1개의 측정치만 얻을 수 있는 경우

㉡ 정해진 공정의 내부가 균일하여 많은 측정치가 의미가 없는 경우

㉢ 측정치를 얻는 데 시간이나 경비가 많이 소요되는 경우

(2) 공식

① 합리적인 군으로 나눌 수 있는 경우의 x 관리도

㉠ 중심선

$$\overline{\overline{x}} = \frac{\sum x_i}{k}$$

㉡ 관리한계선

ⓐ $U_{CL} = \overline{\overline{x}} + \sqrt{n}\, A_2 \overline{R}$

ⓑ $L_{CL} = \overline{\overline{x}} - \sqrt{n}\, A_2 \overline{R}$

② 합리적인 군으로 나눌 수 없는 경우의 x 관리도

㉠ 중심선

$$\overline{x} = \frac{\sum x_i}{k}$$

㉡ 관리한계선

ⓐ $U_{CL} = \overline{x} + 2.66\overline{R}_m$

ⓑ $L_{CL} = \overline{x} - 2.66\overline{R}_m$

(단, 2.66은 $n=2$일 때 $\sqrt{n}\, A_2$값이다.)

- $\overline{R}_m = \dfrac{R_{m_1} + R_{m_2} + \cdots + R_{m_{(k-1)}}}{k-1}$
- $R_{m_i} = |x_i - x_{i+1}|$

참고 종전에는 R_m을 R_s로 표기하였다.

③ 합리적인 군으로 나눌 수 없는 경우의 R_m 관리도

㉠ 중심선 : $\overline{R}_m = \dfrac{\sum R_m}{k-1}$

㉡ 관리한계선

ⓐ $U_{CL} = D_4\overline{R}_m = 3.267\overline{R}_m$ (단, 3.267은 $n=2$일 때 D_4값이다.)

ⓑ $L_{CL} = D_3\overline{R}_m = —$

$n=2$인 R_m 관리도의 L_{CL}은 항상 음의 값이므로, 고려하지 않는다.

(3) 관리도의 수리

① 군 구분이 가능한 경우

$$E(x) \pm 3D(x) = \mu \pm 3\sigma_x = \hat{\mu} \pm 3\frac{\overline{R}}{d_2} = \overline{\overline{x}} \pm E_2\,\overline{R} = \overline{\overline{x}} \pm \sqrt{n}\,A_2\overline{R}\ \left(\text{단, } E_2 = \frac{3}{d_2}\text{이다.}\right)$$

② 군 구분이 불가능한 경우

$$E(x) \pm 3D(x) = \mu \pm 3\sigma_x = \hat{\mu} \pm 3\frac{\overline{R}_m}{d_2} = \overline{x} \pm 3\frac{\overline{R}_m}{1.128} = \overline{x} \pm 2.66\overline{R}_m$$

(단, $n=2$인 경우 $d_2 = 1.128$이다.)

예제 2-2

합리적인 군 구분이 안 될 경우 $k=25$, $\sum x_i = 152.3$, $\sum R_m = 10.2$라면, 다음 물음에 답하시오.

(1) x관리도의 C_L 및 U_{CL}, L_{CL}을 구하시오.

(2) R_m 관리도의 U_{CL} 값을 구하시오.

---

(1) x관리도

$\overline{x} = \dfrac{\sum x_i}{k} = \dfrac{152.3}{25} = 6.092$, $\overline{R}_m = \dfrac{\sum R_m}{k-1} = \dfrac{10.2}{24} = 0.425$

① $C_L = \overline{x} = 6.092$

② $U_{CL} = \overline{x} + 3\sigma = \overline{x} + 3\dfrac{\overline{R}_m}{d_2} = \overline{x} + 2.66\overline{R}_m = 6.092 + 2.66 \times 0.425 = 7.2225$

③ $L_{CL} = \overline{x} - 2.66\overline{R}_m = 6.092 - 2.66 \times 0.425 = 4.9615$

※ 합리적인 군 구분이 안 될 경우, $n=2$이므로 $\dfrac{3}{d_2}$의 값은 항상 2.66이다.

(2) R_m관리도

$U_{CL} = 3.267\overline{R}_m = 3.267 \times 0.426 = 1.3885$

4 $Me-R(\tilde{x}-R)$ 관리도

(1) 관리대상

$\overline{x}$ 관리도 대신 사용하는 관리도로, 작업원이 쉽게 작성할 수 있어 예전에는 교육용 관리도로 사용되기도 하였다. 그러나 $\overline{x}$ 관리도보다 관리한계폭이 m_3배 넓어 검출력$(1-\beta)$이 하락하는 관리도지만, Outlier(이질적 데이터)의 영향을 배제할 수 있다.

(2) Me 관리도 공식

① 중심선

$$\overline{Me}=\frac{\sum Me_i}{k}$$

② 관리한계선

㉠ $U_{CL}=\overline{Me}+m_3A_2\overline{R}=\overline{Me}+A_4\overline{R}$

㉡ $L_{CL}=\overline{Me}-m_3A_2\overline{R}=\overline{Me}-A_4\overline{R}$

⊙ R 관리도는 $\overline{x}-R$ 관리도와 동일하다.

(3) 관리도의 수리

$$\begin{aligned}E(Me)\pm 3D(Me)&=\mu\pm 3m_3\frac{\sigma_x}{\sqrt{n}}\\&=\hat{\mu}\pm 3m_3\frac{1}{\sqrt{n}}\cdot\frac{\overline{R}}{d_2}\\&=\overline{Me}\pm m_3A_2\overline{R}\\&=\overline{Me}\pm A_4\overline{R}\end{aligned}$$

5 $H-L$ 관리도

(1) 관리대상

계량치 데이터를 군으로 구분했을 때 군에서 최대치(H)와 최소치(L)를 하나의 표에 점으로 찍어나가는 관리도로서, H의 관리상한선과 L의 관리하한선에 의하여 관리한계선이 작성된다. 이러한 관리도는 공정의 미세한 변동을 $\overline{x}$관리도보다 민감하게 탐지할 수 있는 장점을 갖고 있어, $\overline{x}$관리도와 병용하여 사용한다.

(2) 공식

① 중심선

$$\overline{M}=\frac{\overline{H}+\overline{L}}{2}$$ (단, $\overline{H}=\frac{\sum H}{k}$, $\overline{L}=\frac{\sum L}{k}$이다.)

② 관리한계선

㉠ $U_{CL}=\overline{M}+A_9\overline{R}=\overline{M}+H_2\overline{R}$

㉡ $L_{CL}=\overline{M}-A_9\overline{R}=\overline{M}-H_2\overline{R}$

⊙ 새로운 표준은 종전의 계수 A_9을 H_2로 표기하고 있다.

(3) 관리도의 수리

① H의 분포

㉠ $E(H)=\mu+\dfrac{d_2}{2}\sigma$

㉡ $D(H)=e_3\sigma$

② L의 분포

㉠ $E(L)=\mu-\dfrac{d_2}{2}\sigma$

㉡ $D(L)=e_3\sigma$

③ H에 대한 U_{CL}과 L에 대한 L_{CL}을 취하여 관리선을 구한다.

$$\left.\begin{matrix}U_{CL}\\L_{CL}\end{matrix}\right]=\left(\mu\pm\frac{d_2}{2}\sigma\right)\pm e_3\sigma$$

$$=\mu\pm\left(\frac{d_2}{2}+3e_3\right)\sigma=\hat{\mu}\pm\left(\frac{d_2}{2}+3e_3\right)\cdot\frac{\overline{R}}{d_2}$$

$$=\frac{\overline{H}+\overline{L}}{2}\pm\left(\frac{1}{2}+3\frac{e_3}{d_2}\right)\overline{R}=\overline{M}\pm H_2\overline{R}$$

(단, $H_2=\dfrac{1}{2}+3\dfrac{e_3}{d_2}$이며, $\overline{H}=\dfrac{\sum H_i}{k}$, $\overline{L}=\dfrac{\sum L_i}{k}$, $\overline{R}=\overline{H}-\overline{L}=\dfrac{\sum R_i}{k}$이다.)

2 계수값 관리도

1 np 관리도 : 부적합품수 관리도

(1) 관리대상

공정을 부적합품수(np)에 의해 관리할 때 사용하며, 각 군의 시료 크기(n)가 일정해야 적용 가능하다. 시료군의 크기는 시료 중 부적합품수가 5개 이상 되는 것이 이론적으로 타당하나, 현실적으로 1~5개로 정한다. 단, 부적합품수가 0이면 품질 정보가 없는 경우로, 상대적 시료 크기가 너무 작은 경우에 발생하며 검출력이 하락하므로 주의하여야 한다.

예 전구 꼭지쇠, 나사 길이, 전화기의 겉보기 등의 부적합품수

(2) 공식

① 중심선

$$n\bar{p} = \frac{\Sigma np}{k}$$

② 관리한계선

㉠ $U_{CL} = n\bar{p} + 3\sqrt{n\bar{p}(1-\bar{p})}$

㉡ $L_{CL} = n\bar{p} - 3\sqrt{n\bar{p}(1-\bar{p})}$ (단, $\bar{p} = \dfrac{\Sigma np}{\Sigma n}$ 이다.)

(3) 관리도의 수리

$$E(np) \pm 3D(np) = nP \pm 3\sqrt{nP(1-P)}$$
$$= n\bar{p} \pm 3\sqrt{n\bar{p}(1-\bar{p})}$$

(기준값인 모수 P를 모르는 경우, P 대신 P의 추정치인 $\bar{p}$를 사용한다.)

⊙ 음의 값이 나올 경우 관리하한선은 고려하지 않는다.

예제 2-3

np 관리도에서 시료군마다 $n = 125$이고, 시료군의 수가 $k = 25$이며, $\Sigma np = 88$일 때, C_L, U_{CL}, L_{CL}은?

$\bar{p} = \dfrac{\Sigma np}{\Sigma n} = \dfrac{\Sigma np}{nk} = \dfrac{88}{125 \times 25} = 0.0282$

① $C_L = n\bar{p} = 0.0282 \times 125 = 3.52$

② $U_{CL} = n\bar{p} + 3\sqrt{n\bar{p}(1-\bar{p})} = 3.52 + 5.5 = 9.02$

③ $L_{CL} = 3.52 - 5.5 = -1.98$(음의 값이므로 고려하지 않는다.)

2 p 관리도 : 부적합품률 관리도

(1) 관리대상

p 관리도는 계량값 관리도인 $\bar{x}$ 관리도에 비견되는 계수값 관리도의 대표적 관리도로서, 단위당 부적합품수로 공정을 감시한다. 군 크기 n에 따라 상대적 편차가 변하므로 패턴 분석이 불가능하나, 표준정규분포를 이용한 z변환 관리도로서 패턴 분석을 행할 수 있다.

① 공정을 부적합품률(p)에 의해 관리할 경우 사용한다.

② 부분군의 크기(n)가 다를 때 n에 따라 관리한계의 폭이 변한다.

(2) 공식

① 중심선

$$\bar{p} = \frac{\sum np}{\sum n}$$

② 관리한계선

㉠ $U_{CL} = P_o + 3\sqrt{\frac{P_o(1-P_o)}{n}}$

$$= \bar{p} + 3\sqrt{\frac{\bar{p}(1-\bar{p})}{n_i}}$$

㉡ $L_{CL} = P_o - 3\sqrt{\frac{P_o(1-P_o)}{n}}$

$$= \bar{p} - 3\sqrt{\frac{\bar{p}(1-\bar{p})}{n_i}}$$

음의 값이 나올 경우 관리하한선은 고려하지 않는다.

(3) 관리도의 수리

$$E(p) \pm 3D(p) = P \pm 3\sqrt{\frac{P(1-P)}{n}}$$

$$= \bar{p} \pm 3\sqrt{\frac{\bar{p}(1-\bar{p})}{n}}$$

참고 z변환관리도

z변환관리도는 부적합품률(p)을 z변환시켜 타점시킨 관리도로서, $C_L = 0$이고, $U_{CL} = 3$, $L_{CL} = -3$으로 관리한계선이 변하지 않으므로 p관리도 해석의 한계인 패턴분석을 행할 수 있다.

$$z_i = \frac{p_i - \bar{p}}{\sqrt{\frac{\bar{p}(1-\bar{p})}{n}}}$$

3 c 관리도 : 부적합수 관리도

(1) 관리대상

일정 단위 중 나타나는 흠의 수, 결함 수를 취급할 때 사용하는 관리도이다.

① 부적합수에 대해 n이 일정할 때

② 같은 단위시료로 구성되어 있을 때

③ 물품 한 개 중에 부적합수가 적을 때는 일정 개수 중의 부적합수를 사용한다.

예 텔레비전 한 대 중 납땜 부적합 개수

(2) 공식

① 중심선

$$\bar{c} = \frac{\sum c}{k}$$

② 관리한계선

㉠ $U_{CL} = \bar{c} + 3\sqrt{\bar{c}}$

㉡ $L_{CL} = \bar{c} - 3\sqrt{\bar{c}}$

⊙ 음의 값이 나올 경우 관리하한선은 고려하지 않는다.

(3) 관리도의 수리

$E(c) \pm 3D(c) = m \pm 3\sqrt{m} = \bar{c} \pm 3\sqrt{\bar{c}}$

(기준값인 모수 m을 모르는 경우, m 대신 m의 추정치인 $\bar{c}$를 사용한다.)

4 u 관리도 : 단위당 부적합수 관리도

(1) 관리대상

검사하는 시료의 면적이나 길이 등이 일정하지 않은 경우에 사용되는 관리도이다.

예 직물 1m^2당 얼룩 수, 에나멜동선의 핀홀 수

(2) 공식

① 중심선

$$\bar{u} = \frac{\sum c}{\sum n}$$

② 관리한계선

㉠ $U_{CL} = \bar{u} + 3\sqrt{\frac{\bar{u}}{n}}$

㉡ $L_{CL} = \bar{u} - 3\sqrt{\frac{\bar{u}}{n}}$

⊙ n이 변하면 관리한계선이 변한다.

(3) 관리도의 수리

$$E(u) \pm 3D(u) = \frac{\bar{c} \pm 3\sqrt{\bar{c}}}{n} = \frac{n\bar{u} \pm 3\sqrt{n\bar{u}}}{n} = \bar{u} \pm 3\sqrt{\frac{\bar{u}}{n}}$$

(단, $u = \frac{c}{n}$이다.)

3 특수 관리도

1 평균 변화의 탐지능력을 보완하는 관리도

(1) CUSUM 관리도(누적합 관리도)

① 앞에서(검사한 결과들을 누적하여) 산출한 값으로 공정의 변화를 판단한다.

② 서서히 변하는 공정의 작은 변화에 비교적 민감하다(SPC의 도구로 활용).

③ 특히 장치산업 같은 제조업에서 널리 사용된다.

④ 누적합은 $S_m = \sum_{k=1}^{m}(\overline{x}_k - \mu_o)$ 이며, 이 값을 타점하여 공정의 평균 변화를 탐지하나 산포의 변화에는 둔감한 편이다.

⑤ 공정의 이상 유무 판단에는 V마스크를 이용하며, 타점된 점이 V마스크에 가려지면 비관리 상태로 판정한다.

(2) 이동평균 관리도(MA ; Moving Average)

① 관리한계선 : $U_{CL} = \overline{\overline{x}} + \dfrac{3\sigma}{\sqrt{nw}}$

$$L_{CL} = \overline{\overline{x}} - \frac{3\sigma}{\sqrt{nw}}$$

(단, $k < w$이면 $nw \rightarrow nk$이고, $M_k = \dfrac{\sum_i \overline{x}_i}{k}$이다.)

② 특징은 CUSUM 관리도와 동일하다.

③ 이동평균은 $M_k = \dfrac{(\overline{x}_k + \overline{x}_{k-1} + \cdots + \overline{x}_{k-w+1})}{w}$이며, 이 점을 타점시킨다.

④ 일반적으로 이동평균의 수 w가 클수록 관리한계폭이 줄어들어 민감도가 증가한다.

(3) 지수가중 이동평균 관리도(EWMA ; Exponentially Weighted Moving Average)

① 관리한계선 : $U_{CL} = \overline{\overline{x}} + \dfrac{3\sigma}{\sqrt{n}}\sqrt{\dfrac{\lambda}{2-\lambda}}$

$$L_{CL} = \overline{\overline{x}} - \frac{3\sigma}{\sqrt{n}}\sqrt{\frac{\lambda}{2-\lambda}}$$

② 특징은 CUSUM 관리도와 동일하다.

③ 지수가중 이동평균은 $z_k = \lambda\overline{x}_k + (1-\lambda)z_{k-1}$이며, 이 값을 타점시킨다.

④ 일반적으로 최근 측정치에 더 큰 가중치를 주어 공정의 변화에 민감하게 대응할 수 있으며, λ값이 작을수록 민감도가 높아진다.

2 다변량 차트(multi-vari chart)

① 여러 가지 요인을 차트에 그려봄으로써 어느 요인이 큰 영향을 주는가를 찾아내 품질안정을 기하는 것이 목적이다.

② 품질변동의 핵심 원인을 노출시키며, 수학적 수식을 사용하지 않고 단순히 그래프에 의한 기법이다.

③ 품질 문제가 발생하였을 때 가능한 원인을 찾아내기 위한 현상 파악용으로 사용된다.

④ 특히, 품질변동의 주기나 형태를 용이하게 찾아 줄 수 있다.

⑥ 규명대상 변동으로는 위치변동, 주기변동, 시간변동을 들 수 있다.

3 다품종을 관리할 수 있는 관리도

(1) $z-w$ 관리도(표준정규변환 관리도)

동일한 설비에서 여러 개의 제품이 생산되고 목표값이 다른 경우에 사용된다.

z 관리도는 $z_i = \dfrac{x - \text{목표값}}{\sigma} = \dfrac{x_i - T}{\overline{R}_m / 1.128}$ 로 계산하며,

w 관리도는 $w_i = |z_i - z_{i+1}|$로 계산한 후 타점한다.

① z 관리도

㉠ 중심선

$C_L = E(z) = 0$

㉡ 관리한계선

ⓐ $U_{CL} = E(z) + 3D(z) = 3.0$

ⓑ $L_{CL} = E(z) - 3D(z) = -3.0$

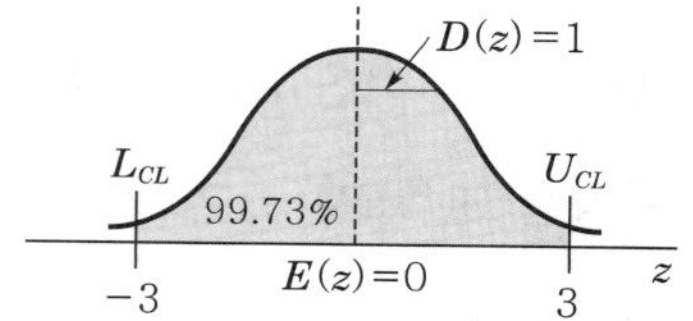

② w 관리도

㉠ 중심선

$C_L = d_2 = 1.128$

(단, $n=2$인 경우 $d_2 = 1.128$이다.)

㉡ 관리한계선

ⓐ $U_{CL} = d_2 + 3d_3 = 1.128 + 3 \times 0.853 = 3.687$

ⓑ $L_{CL} = d_2 - 3d_3 = 1.128 - 3 \times 0.853 = -1.431$(고려하지 않는다.)

(2) $\overline{z}-w$ 관리도

이 관리도는 동일한 설비로 생산주기가 짧은 제품들을 생산하는 경우 공정을 관리할 때 사용하며, 동종 제품의 부분군에서 나타난 $\overline{x}_i$와 R_i를 $\overline{z}_i$와 w_i로 변환하여 관리도를 작성한다.

$$\overline{z}_i = \frac{\overline{x}_i - T}{\hat{\sigma}/\sqrt{n}}$$

$$w_i = \frac{R_i}{\hat{\sigma}}$$

① $\overline{z}$ 관리도

㉠ 중심선

$C_L = E(\overline{z}) = 0$

㉡ 관리한계선

ⓐ $U_{CL} = E(\overline{z}) + 3D(\overline{z}) = 3.0$

ⓑ $L_{CL} = E(\overline{z}) - 3D(\overline{z}) = -3.0$

② w 관리도

㉠ 중심선

$C_L = d_2$(군 크기(n)에 의해 결정되는 계수값)

㉡ 관리한계선

ⓐ $U_{CL} = d_2 + 3d_3$

ⓑ $L_{CL} = d_2 - 3d_3$(고려하지 않는다.)

CHAPTER 03 관리도의 해석

1 관리상태의 판정

1 공정의 관리상태 판정기준(슈하트 판정기준)

① 점이 관리한계선을 벗어나지 않는다.
② 점의 배열에 어떤 습관성이 존재하지 않는다.
　㉠ 제1종 오류(α) : 공정이 관리상태에 있는데도 관리상태가 아니라고 판단하는 오류이다.
　㉡ 제2종 오류(β) : 공정이 관리상태에 있지 않는데도 관리상태라고 판단하는 오류이다.

2 관리한계선 이탈점과 비관리상태(main method)

3σ 법 관리도에서 공정이 관리상태인데 우연적 상태에서 타점한 점이 관리한계선을 이탈할 확률은 불과 0.27%에 불과하다. 따라서 관리도의 주된 판정기준은 관리한계선의 이탈점이 발생하면 비관리상태로 판정하여 조치를 취한다.

3 습관성과 점의 배열에서 나타내는 비관리상태(subject method)

① 길이가 지나치게 긴 런(run)이 나타난다.
② 경향(trend)이나 주기(cycle)가 있다.
③ 중심선의 근처에 많은 점들이 연속하여 나타난다.
④ 관리한계선에 근접하는 점이 여러 개가 나타난다.

(1) 연(run)

중심선의 한쪽에 연속으로 나타나는 점의 배열현상을 연이라 한다. 최장의 연을 척도로 삼아 점의 배열에 습관성이 있는지 없는지를 판단한다.

종전에는 슈하트 판정을 기초로 길이 7의 연을 비관리상태로 판정하였으나, 현재는 KS Q 7870의 판정규칙에 따라 길이 9의 연을 비관리상태로 판정한다.

길이 9의 확률은 관리도 양쪽 검정의 편측 확률 $\alpha/2$와 거의 일치한다. 이러한 판정은 종전의 판정보다 제1종 오류의 확률값을 엄격하게 적용한다는 특징이 있다.

(2) 경향(trend)

점이 점차 올라가거나 내려가는 상태를 말하며, 길이 6의 연속 상승·하강 경향을 비관리상태로 판정한다. 또한 연속 11점 중 10점의 상승·하강 경향을 갖는 경우 비관리상태로 판정하는데, 전반적인 흐름이 한 방향으로 지속적으로 이동되는 경우는 상황에 따라 비관리상태로 판정하여 조치를 취하기도 한다.

(3) 주기(cycle)

점이 주기적으로 상하로 변동하여 파형을 나타내는 경우에는 주기변동이라는 원인 추구와 관리목적에 따른 군 구분의 방법, 시료채취 방법, 데이터를 얻는 방법 또는 데이터의 수정방법을 재검토해야 한다.

점이 중심선 부근에는 거의 없고 불규칙하게 비정상적으로 큰 폭을 갖고 오르내리는 상태를 불안정 혹은 불안정 혼합(unstable mixture)이라고 하는데, 1σ 한계를 넘는 점이 타점한 점의 1/3 이상이 되는 경우이며, 점들이 중심선 부근에 별로 없고 낮은 수준과 높은 수준을 오르내리면서 톱니 같은 모양을 나타내는 경우가 대표적인 현상으로 비관리상태가 된다.

또한, 규칙적 혼합이란 점이 중심선 부근에는 거의 없고 1σ 한계를 벗어나는 지역에서 규칙적으로 톱니 모양을 나타내고 있는 현상인데, 이상원인이 존재하는 경우에 해당된다.

(4) 점이 중심선 한쪽에 편향될 때

점이 중심선 한쪽에 일방적으로 나타날 경우 선별 또는 공정에 치우침이 나타났다는 신호이므로 비관리상태로 판정한다.

(5) 점이 관리한계선에 근접해서 나타날 때(중심선 한쪽 기준)

① 연속 3점 중 2점 이상

② 연속 7점 중 3점 이상

③ 연속 10점 중 4점 이상

⊙ 위의 경우는 비관리상태로 판정한다.

4 공정의 비관리상태 판정기준(KS Q 7870 판정규칙)

KS Q 7870은 슈하트 관리도에서 점의 움직임 패턴을 해석하기 위해 8가지 기준을 소개하고 있다. 그러나 판정규칙을 정할 때는 공정의 상황이나 조건에 맞게 고유변동을 고려하여 결정하는 것이 바람직하다.

① 3σ 이탈점이 1점 이상 나타난다.

② 9점이 중심선에 대하여 같은 쪽에 있다.

③ 6점이 연속적으로 증가 또는 감소하고 있다.

④ 14점이 교대로 증감하고 있다.

⑤ 연속하는 3점 중 2점이 중심선 한쪽으로 2σ를 넘는 영역에 있다.
⑥ 연속하는 5점 중 4점이 중심선 한쪽으로 1σ를 넘는 영역에 있다.
⑦ 연속하는 15점이 $\pm 1\sigma$ 영역 내에 존재한다.
⑧ 연속하는 8점이 $\pm 1\sigma$ 한계를 넘는 영역에 있다.

연속하는 8점보다 연속하는 5점이 α값에 가깝다.
$(1-0.6827)^8 = 1.0274^{-4}$, $(1-0.6827)^5 = 3.2163^{-3}$

2 공정해석

1 공정해석의 순서

① 공정에 요구되는 특성치를 검토한다. 기술적으로 중요한 것이나 해석을 위한 특성은 되도록 많게 하고, 수량화가 쉬운 것을 선택한다.
② 특성치와 관계있는 요인을 선정한다.
③ 특성치와 요인의 관계를 조사한다.
④ 공정 실험을 행한다.
⑤ 해석 결과를 표준화한다.
⑥ 표준에 따라 작업을 행하고, 그 결과를 체크한다.

2 군 구분의 원칙

① 군내는 가능한 균일하게 우연변동만 존재하도록 한다.
② 군내변동에 의한 원인과 군간변동에 의한 원인이 기술적으로 구별되도록 한다.
③ 공정에서 관리하려는 산포가 군간변동에 나타날 수 있도록 한다.

3 공정능력지수의 계산

공정능력지수(process capability index)의 계산은 σ를 사용함이 원칙이나, 관리도상에서는 σ 대신 $\hat{\sigma}$인 $\overline{R}/d_2$를 사용하여 계산하기도 한다.

(1) S_U와 S_L이 동시에 주어진 경우(망목특성)

① 정적 공정능력(최대 공정능력)

$$C_P = \frac{T}{6\sigma_w} = \frac{S_U - S_L}{6\sigma_w} = \frac{S_U - S_L}{6(\overline{R}/d_2)}$$

② 동적 공정능력(최소 공정능력)

$$C_{PK} = (1-k)C_P = C_P - kC_P$$

$$= C_P - \frac{|\mu - M|}{T/2} C_P = C_P - \frac{|\mu - M|}{3\sigma_w} = C_P - \frac{\text{bias}}{3\sigma_w}$$

(2) S_U만 주어진 경우(망소특성)

$$C_{PK} = C_{PK_U} = \frac{S_U - \mu}{3\sigma_w} = \frac{S_U - \overline{\overline{x}}}{3(\overline{R}/d_2)}$$

(3) S_L만 주어진 경우(망대특성)

$$C_{PK} = C_{PK_L} = \frac{\mu - S_L}{3\sigma_w} = \frac{\overline{\overline{x}} - S_L}{3(\overline{R}/d_2)}$$

참고 PPI(Process Performance Index) : 공정성능지수

$$P_P = \frac{S_U - S_L}{6\sigma_T} = \frac{S_U - S_L}{6\sqrt{\sigma_w^2 + \sigma_b^2}}$$

여기서 P_P는 $\sigma_T = \sqrt{\sigma_w^2 + \sigma_b^2}$ 로 계산하며, 결과로 나타난 실적을 반영한 장기적 상태에서 발생하는 현실적인 공정능력으로, C_P가 단기능력을 표현한 것이라면 P_P는 장기능력을 표현하고 있다.

3 군내변동과 군간변동

일반적으로 부분군 내에서 특성치 x 간에 발생하는 우연변동을 군내변동(σ_w^2)이라고 하며, 부분군 간의 특성치 x 간에 발생하는 변동을 군간변동(σ_b^2)이라고 한다.

군간변동(σ_b^2)이 군내변동에 비해 커지면 이상원인의 변동이 내재된 것으로 보아 비관리상태로 판정한다.

1 군내변동과 군간변동의 관계식

관리도 $\overline{x}$의 움직임은 군내변동의 $\frac{1}{n}$과 군간변동의 합성으로 이루어진다.

$$\sigma_{\overline{x}}^2 = \frac{\sigma_w^2}{n} + \sigma_b^2$$

① 군내변동 : $\sigma_w^2 = \left(\dfrac{\overline{R}}{d_2}\right)^2$

② $\overline{x}$의 변동 : $\sigma_{\overline{x}}^2 = \dfrac{\sum_{i=1}^{k}(\overline{x}_i - \overline{\overline{x}})^2}{k-1} = \left(\dfrac{\overline{R}_m}{d_2}\right)^2$

(단, $d_2 = 1.128$로 $n=2$일 때 값이며, $R_{m_i} = |\overline{x}_i - \overline{x}_{i-1}|$로 계산하고, $\overline{R}_m = \dfrac{\sum R_{m_i}}{k-1}$이다.)

③ 군간변동 : $\sigma_b^2 = \sigma_{\overline{x}}^2 - \dfrac{\sigma_w^2}{n}$

④ 전체 데이터의 변동 : $\sigma_T^2 = \sigma_w^2 + \sigma_b^2$

✔ 여기서, nk개 x들의 변동으로 $\sigma_x^2 = \sigma_T^2$이다.

2 각 변동의 비교

(1) 완전관리상태인 경우($\sigma_b = 0$)

① $\sigma_{\overline{x}}^2 = \dfrac{\sigma_w^2}{n} \rightarrow n\sigma_{\overline{x}}^2 = \sigma_w^2$

② $\sigma_H^2 = \sigma_w^2$

$\therefore\ n\sigma_{\overline{x}}^2 = \sigma_H^2 = \sigma_w^2$이다.

(2) 일반적 상태인 경우($\sigma_b \neq 0$)

$n\sigma_{\overline{x}}^2 > \sigma_H^2 > \sigma_w^2$

참고 평균($\overline{x}$) 관리도에서 한계를 벗어나는 점이 많을수록 $\sigma_{\overline{x}}^2$은 커진다. 이는 우연변동인 σ_w^2이 일정한 상태에서 σ_b^2이 증가하기 때문이다. 관리도에서 비관리상태란 σ_b^2 값이 증가하는 경우가 된다.

예제 2-4

$n=5$, $k=25$인 어느 $\overline{x}$관리도에서 $\overline{R} = 1.45$, $\overline{R}_m = 1.05$일 때의 $\sigma_{\overline{x}}^2$, σ_w^2, σ_b^2을 구하시오. (단, $n=2$일 때 $d_2 = 1.128$이고, $n=5$일 때 $d_2 = 2.326$이다.)

---

① $\sigma_{\overline{x}}^2 = \left(\dfrac{\overline{R}_m}{d_2}\right)^2 = \left(\dfrac{1.05}{1.128}\right)^2 = 0.86648$

② $\sigma_w^2 = \left(\dfrac{1.45}{2.326}\right)^2 = 0.38861$

③ $\sigma_b^2 = \sigma_{\overline{x}}^2 - \dfrac{\sigma_w^2}{n} = 0.86648 - \dfrac{0.38861}{5} = 0.78876$

3 관리계수(C_f)

공정의 관리상태 여부를 판단하는 척도로, 우연변동인 σ_w를 기준으로 군간변동 σ_b를 비교한 계수값이다. 따라서 C_f 값이 클수록 군간변동이 커지므로 비관리상태일 수 있는 확률이 높아진다.

$$C_f = \frac{\sigma_{\bar{x}}}{\sigma_w}$$

[판정] $C_f > 1.2$: 군간변동이 크다.

$0.8 < C_f < 1.2$: 대체로 관리상태이다.

$C_f < 0.8$: 군 구분이 잘못이다.

참고 관리도는 군간변동(σ_b)이 커질수록 비관리상태일 수 있는 확률이 커진다.
여기서 $C_f > 1.2$라는 것은 군간변동이 크다는 것이지, 꼭 비관리상태를 의미하는 것은 아니다.

4 검출력

검출력(test power)이란 공정에 이상원인이 작용하고 있을 때 관리도로서 이상원인이 있다고 판단할 수 있는 능력으로, 민감도(sensitivity)라고도 한다. 즉, 공정이 비관리상태일 때 관리도로서 관리상태가 아니라고 판정할 수 있는 능력으로, $1-\beta$로 표시한다.

1 1점 타점 시 관리도의 검출력

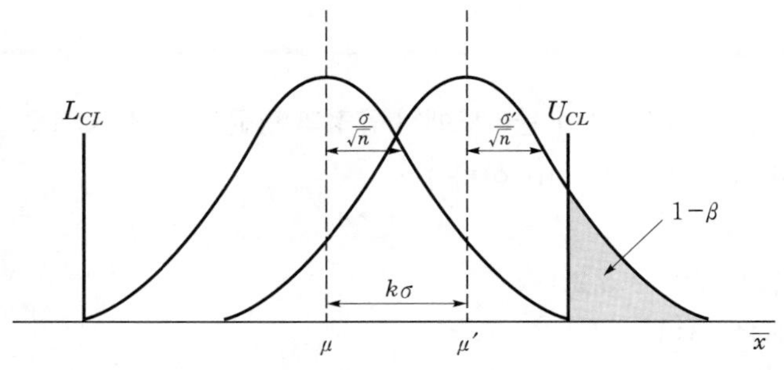

▌공정평균이 상향 이동된 경우▐

⊙ R관리도는 관리상태로 정밀도가 변하지 않은 경우이며, 정밀도가 변하면 정확도의 유무를 판단하는 $\bar{x}$ 관리도의 검출력 해석은 의미가 없다. 공정에서 정밀도가 깨진다는 것은 정확도도 깨진다는 것을 의미하기 때문이다.

① 상향 이동 시

$$1-\beta = P(\overline{x} \geq U_{CL}) + P(\overline{x} \leq L_{CL})$$
$$= P\left(u \geq \frac{U_{CL}-\mu'}{\sigma/\sqrt{n}}\right) + 0$$
$$= P(u \geq 3 - k\sqrt{n})$$

(단, $\mu' = \mu + k\sigma$이다.)

② 하향 이동 시

$$1-\beta = P(\overline{x} \leq L_{CL}) + P(\overline{x} \geq U_{CL})$$
$$= P\left(u \leq \frac{L_{CL}-\mu'}{\sigma/\sqrt{n}}\right) + 0$$
$$= P(u \leq -3 + k\sqrt{n})$$

(단, $\mu' = \mu - k\sigma$이다.)

참고 상향 이동 시 $\overline{x}$가 관리하한선(L_{CL})을 넘는 경우는 거의 없으므로 $P(\overline{x} \leq L_{CL})$은 확률이 거의 "0"이고, 하향 이동 시 $\overline{x}$가 관리상한선(U_{CL})을 넘을 확률은 거의 "0"에 가깝다.

2 k점 타점 시 관리도의 검출력

1점 타점 시 검출력은 관리도에서 위와 같이 $1-\beta$로 정의되지만, 관리도는 k개의 점이 연속 타점되므로 이때의 검출력은 k개의 점 중 1점 이상이 관리한계선을 벗어날 확률로 아래와 같다.

$$1-\beta_T = 1 - \Pi\beta_i = 1 - \beta_i^k$$

예제 2-5

$U_{CL} = 43.44$, $L_{CL} = 16.56$인 $\overline{x}$관리도에서 공정의 평균이 30에서 34로 변했을 때의 검출력을 구하시오. (단, $n=5$, $\sigma^2 = 10^2$이다.)

$$1-\beta = P(\overline{x} \geq U_{CL}) + P(\overline{x} \leq L_{CL})$$
$$= P\left(u \geq \frac{43.44-34}{10\sqrt{5}}\right) + 0$$
$$= P(u \geq 2.11)$$
$$= 0.0174$$

※ 상측 치우침이 발생하면 L_{CL}을 벗어날 확률은 거의 0이다.

5 관리도의 재작성

해석용 관리도에서 비관리상태인 점이 나타나면 원인을 규명하여 조치하고, 해당 군을 제거한 후 남아 있는 군으로 관리도를 재작성하여 관리용 상태의 관리도로 전환시키게 되는데, 해석용 관리도를 관리용 관리도로 연결시키기 위한 전제조건의 관리도이다.

일반적으로 관리용 관리도는 U_{CL}, L_{CL}을 점선 혹은 일점쇄선으로 표시하고, C_L은 굵은 실선으로 표시하는데, R관리도가 관리상태라는 전제조건하에서 $\overline{x}$ 관리도의 재작성이 의미가 있다.

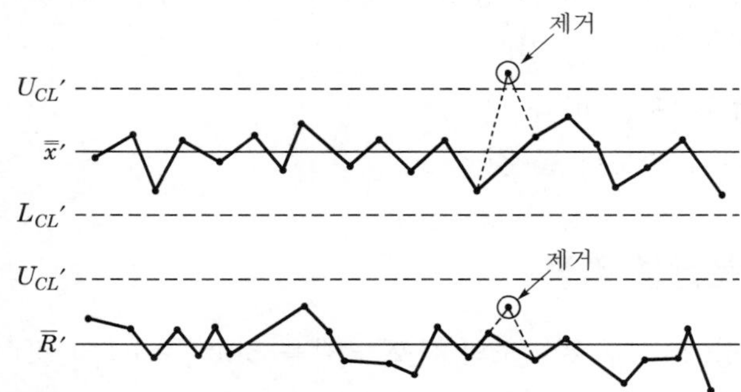

▌비관리상태인 점이 나타난 군을 제거한 후 관리상태의 관리도▐

1 $\overline{x}$ 관리도

① 중심선

$$C_L' = \overline{\overline{x}}' = \sum_{i=1}^{k'} \frac{\overline{x}_i}{k'} = \frac{\sum \overline{x}_i - \overline{x}_d}{k - k_d}$$

② 관리한계선

㉠ $U_{CL}' = \overline{\overline{x}}' + A_2 \overline{R}'$

㉡ $L_{CL}' = \overline{\overline{x}}' - A_2 \overline{R}'$

2 R 관리도

① 중심선

$$\overline{R}' = \sum_{i=1}^{k'} \frac{R_i}{k'} = \frac{\sum R_i - R_d}{k - k_d}$$

② 관리한계선

㉠ $U_{CL}' = D_4 \overline{R}'$

㉡ $L_{CL}' = D_3 \overline{R}'$

⊙ 여기서 k'은 관리한계선을 벗어난 군을 제외한 나머지 타점된 군의 수이고, k_d는 제거된 군의 수이다.

6 두 관리도 평균치 차이의 검정

시료군의 크기(n)가 같은 두 관리도에서 두 평균치의 유의차를 검정한다.

1 전제조건

① 두 관리도가 모두 관리상태일 것
② 두 관리도의 시료군 크기(n)가 동일할 것
③ $\sigma_A^2 = \sigma_B^2$일 것($\overline{R}_A = \overline{R}_B$일 것)
④ 두 관리도는 정규분포를 따를 것
⑤ 군의 수 k_A, k_B가 충분히 클 것

2 두 관리도의 등분산성 검정

관리도의 평균차 검정에서 '두 관리도의 산포가 같을 것($\sigma_A^2 = \sigma_B^2$일 것)'이라는 전제조건이 있는데, 이는 두 관리도의 산포가 같지 않으면 평균차의 검정이 의미가 없음을 뜻한다. 따라서 두 집단 산포의 동일 여부는 F_o검정에 의해 결정된다.

① 가설 설정

㉠ $H_0 : \sigma_A^2 = \sigma_B^2$

㉡ $H_1 : \sigma_A^2 \neq \sigma_B^2$

② 유의수준 설정

$\alpha = 0.05$

③ 검정통계량 계산

$$F_o = \frac{(\overline{R}_A / C_A)^2}{(\overline{R}_B / C_B)^2}$$

(단, C는 n과 k에 의해 결정되는 상수이다. 수치표상의 〈검정보조표〉를 이용한다.)

④ 기각치 설정

㉠ $F_{\alpha/2}(\nu_A, \nu_B)$

㉡ $F_{1-\alpha/2}(\nu_A, \nu_B)$

⑤ 판정

㉠ $F_o < F_{\alpha/2}(\nu_A, \nu_B)$이면 H_0를 기각한다.

㉡ $F_o > F_{1-\alpha/2}(\nu_A, \nu_B)$이면 H_0를 기각한다.

⊙ 여기서는 H_0가 채택되어야 평균차 검정이 의미가 있다.

3 두 관리도의 평균차 검정

(1) 모평균차의 검정

① 가설 설정

㉠ $H_0 : \mu_A = \mu_B$

㉡ $H_1 : \mu_A \neq \mu_B$

(단, $\delta = \mu_A - \mu_B = 0$이다.)

② 유의수준 설정

$\alpha = 0.0027$

③ 검정통계량 계산

$$u_o = \frac{(\overline{\overline{x}}_A - \overline{\overline{x}}_B) - \delta}{\sqrt{V(\overline{\overline{x}}_A - \overline{\overline{x}}_B)}} = \frac{\overline{\overline{x}}_A - \overline{\overline{x}}_B}{\dfrac{\overline{R}}{d_2\sqrt{n}}\sqrt{\dfrac{1}{k_A} + \dfrac{1}{k_B}}}$$

(단, $\overline{R} = \dfrac{k_A\overline{R}_A + \overline{R}_B k_B}{k_A + k_B}$이다.)

④ 기각치 설정

$-u_{1-0.00135} = -3$

$u_{1-0.00135} = 3$

⑤ 판정

$|u_o| > 3$이면 H_0를 기각한다(두 관리도의 평균치에는 차이가 있다).

(2) 최소유의차의 검정(LSD 검정)

$|\overline{\overline{x}}_A - \overline{\overline{x}}_B| > A_2\overline{R}\sqrt{\dfrac{1}{k_A} + \dfrac{1}{k_B}}$ 이면, H_0가 기각된다.

이는 두 관리도의 평균에는 차이가 있음을 의미하는데, 이를 최소유의차 검정이라 한다.

여기서, $A_2 = \dfrac{3}{d_2\sqrt{n}}$

$$\overline{R} = \frac{k_A\overline{R}_A + k_B\overline{R}_B}{k_A + k_B}$$

$$\text{LSD} = A_2\overline{R}\sqrt{\frac{1}{k_A} + \frac{1}{k_B}}$$

[증명] $u_o = \dfrac{(\overline{\overline{x}}_A - \overline{\overline{x}}_B) - \delta}{\sqrt{V(\overline{\overline{x}}_A - \overline{\overline{x}}_B)}} = \dfrac{(\overline{\overline{x}}_A - \overline{\overline{x}}_B) - 0}{\sqrt{\dfrac{\sigma_A^2}{k_A n_A} + \dfrac{\sigma_B^2}{k_B n_B}}}$

여기서 $n_A = n_B$, $\sigma_A^2 = \sigma_B^2$인 상태이므로(전제조건), $u_o = \dfrac{\overline{\overline{x}}_A - \overline{\overline{x}}_B}{\sqrt{\dfrac{\sigma^2}{n}\left(\dfrac{1}{k_A} + \dfrac{1}{k_B}\right)}}$ 이다.

σ 대신 $\dfrac{\overline{R}}{d_2}$를 대입하면, $u_o = \dfrac{(\overline{\overline{x}}_A - \overline{\overline{x}}_B)}{\dfrac{\overline{R}}{d_2\sqrt{n}}\sqrt{\dfrac{1}{k_A} + \dfrac{1}{k_B}}}$

$|u_o| > u_{1-\alpha/2}$이면 유의차가 있다고 할 수 있으므로

$\alpha = 0.0027$일 때 $u_{1-\alpha/2}$ 값인 3을 대신하면, $u_o = \dfrac{|\overline{\overline{x}}_A - \overline{\overline{x}}_B|}{\dfrac{\overline{R}}{d_2\sqrt{n}}\sqrt{\dfrac{1}{k_A} + \dfrac{1}{k_B}}} > 3$이 된다.

$\therefore\ |\overline{\overline{x}}_A - \overline{\overline{x}}_B| > 3\dfrac{\overline{R}}{d_2\sqrt{n}}\sqrt{\dfrac{1}{k_A} + \dfrac{1}{k_B}} \ \rightarrow\ |\overline{\overline{x}}_A - \overline{\overline{x}}_B| > A_2\overline{R}\sqrt{\dfrac{1}{k_A} + \dfrac{1}{k_B}}$ 이다.

PART 3

샘플링

PART
3

샘플링

CHAPTER 01 검사의 개요

1 검사의 정의 및 분류

1 검사의 정의

검사(inspection)란 물품을 어떤 방법으로 측정한 결과를 판정기준과 비교하여 개개의 제품에 대해서는 적합품(양품)과 부적합품(불량품)을 판별하고, 로트(lot)에 대해서는 합격·불합격의 판정을 내리는 것으로 품질에 대한 정보를 제공한다.

(1) MIL-STD-105D

검사란 측정, 점검, 시험 또는 게이지에 맞추어 보는 것과 같이, 제품의 단위를 요구조건과 비교하여 적합 여부를 결정하는 활동이다.

(2) Juran

검사란 제품이 계속되는 다음 공정에 적합한지, 혹은 최종 제품인 경우 구매자에게 발송하여도 좋은지를 결정하는 활동이다.

(3) KS Q ISO 3534

측정, 시험 또는 계측에 의해 적합한 것으로 수반된, 관측 및 판단에 의한 적합성 평가이다.

2 검사의 분류

(1) 검사공정에 의한 분류

① 수입검사(구입검사)
재료, 반제품, 제품을 받아들이는 경우 행하는 검사이다.

② 공정검사(중간검사)
앞 제조공정이 끝나고 다음 제조공정으로 이동하는 사이에 행하는 검사로, 공정간 검사라고도 한다.

③ 최종검사(완성검사)
완성된 제품에 대해서 행하는 검사로, 완제품 검사라고도 한다.

④ 출하검사(출고검사)
제품을 출하할 때 행하는 검사이다.

(2) 검사장소에 의한 분류

① 정위치검사

검사에 특별한 장치가 필요하거나, 특별한 장소에 물품을 운반하여 행하는 검사이다. 집중 방식과 공정간 방식이 있다.

② 순회검사

도중에 검사공정을 넣지 않고, 검사원이 적시에 현장을 순회하며 대상을 검사한다.

③ 출장검사(입회검사)

외주업체나 타 공정에 나가서, 타 책임자의 입회하에 검사한다.

(3) 검사성질에 의한 분류

① 파괴검사

시험을 하면 물품의 상품가치가 없어지는 검사이며, 전수검사를 행할 수 없다.

예 전구 수명시험, 인장강도시험, 냉장고 수명시험 등

② 비파괴검사

물품 조사 후에도 상품 가치가 없어지지 않는 검사이다.

예 전구 점등시험, 에나멜동선의 핀홀(pinhole) 검사, 브레이크 작동시험 등

③ 관능검사

인간(검사자) 자신이 측정기기가 되어 감각에 의해서 하는 검사이다.

예 시각, 청각, 촉각, 후각, 미각을 이용한 검사

(4) 검사방법(판정대상)에 의한 분류

① 전수검사

검사 로트를 전부 조사하는 검사로, 파괴검사인 경우는 사용할 수 없다.

② 로트별 샘플링검사

판정하려는 집단에서 추출된 시료의 판정에 의해 집단의 상태를 판정하려는 검사이다.

③ 관리 샘플링검사(체크검사)

제조공정 관리, 공정검사의 조정, 검사의 체크를 목적으로 하여 행하는 검사이다.

④ 무검사

제품의 품질을 간접적으로 보증해주는 방법이다.

참고 검사의 목적

검사의 목적에는 다음 공정이나 고객에게 부적합품이 전달되는 것을 방지하고, 공정의 관리 및 해석을 위한 품질정보를 제공하며, 생산자의 생산의욕 고취와 소비자의 제품에 대한 신뢰감 고양 등이 있다.

2 임계부적합품률

임계부적합품률(P_b)은 검사비용과 무검사 시 발생하는 손실비용이 일치하는 부적합품률을 의미하는 것으로, 검사와 무검사를 결정하는 기준을 정하는 것이나 무형의 손실비용을 계량적으로 측정하기가 어려워 현실적으로 기업에서 무검사를 진행하는 경우는 극히 드물다.

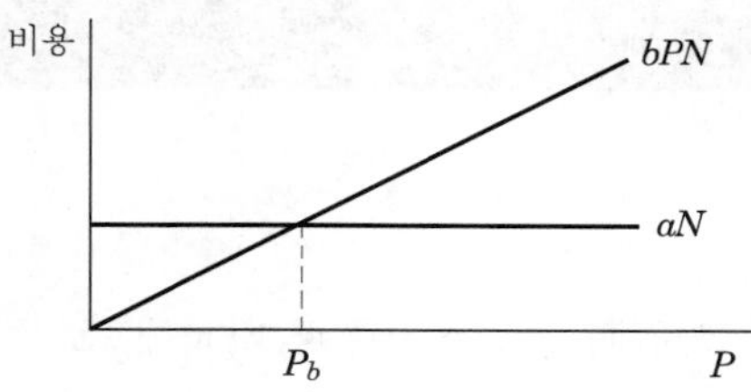

- P_b : 임계부적합품률
- N : 검사단위(lot)의 크기
- a : 개당 검사비용
- b : 무검사 시 개당 손실비용
- c : 선별 후 재가공·수리 비용

P_b는 $aN = bPN$ 또는 $aN + cPN = bPN$에 대해 정리한 것이다.

① $P_b = \dfrac{aN}{bN} = \dfrac{a}{b}$

② $P_b = \dfrac{a}{b-c}$

[판정] $P > P_b$: 검사가 이익

$P < P_b$: 무검사가 이익

예제 3-1

어떤 제품에 대해 소비자로부터 클레임이 발생했을 때는 교환 또는 수리하여 주며, 그 비용은 1개당 3200원씩이 든다고 한다. 모든 제품을 전부 선별하여 적합품만 출하할 때, 검사원 1인의 인건비는 8000원/일이고, 하루에 1인당 400개의 제품을 검사할 수 있으며, 또 선별 후 발견된 부적합품에 대해서는 평균손실이 약 1600원 정도라고 한다. 이때 전수검사와 무검사가 같아지는 부적합품률을 구하시오.

개당 검사비용 a, 무검사 시 개당 손실비용 b, 검사로 발견된 부적합품에 대한 손실비 c, 총검사단위의 크기 N이고, 임계부적합품률이 P_b일 때, $aN + cP_bN = bP_bN$이므로, $P_b = \dfrac{aN}{(b-c)N} = \dfrac{a}{b-c}$가 된다.

$a = \dfrac{\text{인건비}}{\text{생산량}} = \dfrac{8000}{400} = 20\text{원}$

$P_b = \dfrac{a}{b-c} = \dfrac{20}{3200-1600} \times 100\% = 1.25\%$

즉, 부적합품률이 1.25%일 때 전수검사와 무검사의 부적합품률이 같아진다.

CHAPTER 02 샘플링검사

1 샘플링검사의 개요

1 샘플링검사의 정의

로트(lot)로부터 표본을 채취하여 시험한 후, 그 결과를 판정기준과 비교해, 로트의 합격·불합격을 판정하는 검사이다.

2 전수검사와 샘플링검사의 적용

(1) 전수검사가 필요한 경우

① 부적합품이 1개라도 혼입되면 안 될 경우

㉠ 부적합품이 혼입되면 경제적으로 큰 영향을 미칠 경우(예 보석의 경우)

㉡ 부적합품이 다음 공정으로 넘어가면 큰 손실을 미칠 경우

㉢ 안전에 중요한 영향을 미칠 경우(예 브레이크 작동시험, 고압용기 내압시험)

② 전수검사를 저비용으로 쉽게 행할 수 있을 경우

(2) 샘플링검사가 필요한 경우

① 파괴검사의 경우

예 인장강도시험, 제품 수명시험

② 연속체 또는 대량품인 경우

예 석탄, 약품, 전선, 가솔린

(3) 샘플링검사가 유리한 경우

① 다수·다량의 것으로, 어느 정도 부적합품이 섞여도 허용되는 경우

② 검사항목이 많을 경우

③ 불완전한 전수검사에 비해 높은 신뢰성이 얻어질 경우

④ 검사비용을 적게 하는 편이 이익이 되는 경우

⑤ 생산자에게 품질 향상의 자극을 주고 싶을 경우

(4) 샘플링검사의 실시조건

① 제품이 로트로서 처리될 수 있을 것
② 합격 로트 속에 어느 정도의 부적합품 혼입을 허용할 것
③ 시료의 샘플링은 무작위로 실시할 것
④ 품질기준이 명확할 것
⑤ 계량 샘플링검사에서는 로트 검사단위의 특성치 분포를 알고 있을 것

(5) 샘플링 방법의 선택조건

① 실시방법이 성문화되고 누구에게나 이해될 수 있을 것
② 공정이나 대상물 변화에 따라 바꿀 수 있을 것
③ 샘플링하는 사람에 따라 차이가 없을 것
④ 목적에 알맞고, 경제적인 면을 고려할 것
⑤ 실시하기 쉽고, 관리하기 쉬울 것

3 검사단위의 품질 표시방법

(1) 부적합품(불량)에 의한 표시방법

① **치명부적합품** : 인명에 위험을 주거나 설비를 파괴하는 부적합품
② **중부적합품** : 물품을 의도하는 목적대로 사용할 수 없게 하는 부적합품
③ **경부적합품** : 물품의 성능이나 수명을 저하시키는 부적합품
④ **미부적합품** : 물품의 가치를 저하시키지만, 성능이나 수명에는 영향을 주지 않는 부적합품

(2) 부적합(결점)에 의한 표시방법

① 치명부적합
② 중부적합
③ 경부적합
④ 미부적합

(3) 특성치에 의한 표시방법

검사단위의 특성을 측정하여 그 측정치에 의해 품질을 표시하는 방법으로, 치수, 무게, 강도, 열량, 전기적 성질 등을 사용한다.

(4) 로트의 품질 표시방법

① 로트의 부적합품률로 표시
② 로트 내 검사단위당 평균 부적합수로 표시
③ 로트의 평균치로 표시
④ 로트의 표준편차로 표시

(5) 시료의 품질 표시방법

① 시료의 부적합품수로 표시
② 시료의 검사단위당 평균 부적합수로 표시
③ 시료의 평균치로 표시
④ 시료의 표준편차로 표시
⑤ 시료의 범위로 표시

2 샘플링오차와 측정오차

1 오차의 개념

오차(error)는 일반적으로 모집단이 갖는 참값과 그것을 추측하기 위해 얻는 측정 데이터와의 차이라고 할 수 있다. 통계적 품질관리에서 관심이 있는 오차는 측정오차(observation error)와 샘플링오차(sampling error)이며, 이 오차의 성질을 분석할 때는 신뢰도, 정밀도, 정확도로 나누어 생각할 수 있다.

(1) 신뢰도(reliability)

데이터를 신뢰할 수 있는가의 문제로, 샘플링을 작업표준에서 지시한 대로 하였는가, 분석방법이 잘못되지 않았는가, 계측기에 잘못이 있지 않았는가 하는 등의 문제이다. 정밀도의 신뢰도와 정확도의 신뢰도로 구분할 수 있다.

(2) 정밀도(precision)

일정한 측정법으로 동일 시료를 무한히 반복 측정하면 그 데이터는 반드시 어떤 산포를 갖게 된다. 이 산포의 크기를 정밀도라 하며, 다음과 같이 구분할 수 있다.

① **평행정밀도(반복정밀도)** : σ_{m_1}

같은 사람이 같은 날, 같은 장치로 동등하게 측정했을 때의 정밀도이다.

② **재현정밀도(같은 실험실 내)** : σ_{m_2}(σ_{m_1}의 3~5배)

일반적인 정밀도로서, 같은 장소에서 다른 사람이 다른 날, 다른 장치로 측정했을 때의 정밀도이다.

③ **재현정밀도(다른 실험실 내)** : σ_{m_3}(σ_{m_2}의 2~3배)

다른 장소에서 다른 사람이 다른 날, 다른 장치로 측정했을 때의 정밀도이다.

참고 정밀도는 표준편차, 분산, 변동계수, 범위, 정도(β) 등으로 표시하는데, 신뢰한계폭으로 표시하는 정밀도(정도)는 다음과 같다.

$$\beta = \pm u_{1-\alpha/2}\frac{\sigma}{\sqrt{n}} = \pm t_{1-\alpha/2}(\nu)\frac{s}{\sqrt{n}}$$

$$\beta = \pm u_{1-\alpha/2}\sqrt{\frac{P(1-P)}{n}} = \pm u_{1-\alpha/2}\sqrt{\frac{\hat{p}(1-\hat{p})}{n}}$$

이 식을 n에 관하여 정리하면 정도(β)를 만족시키는 시료 크기를 결정할 수 있다.

(3) 정확도(bias, accuracy)

정확도를 치우침이라고도 하며, 동일 샘플링 방법 또는 동일 측정법으로 모집단에서 반복 데이터를 취하였을 때 그 데이터의 평균치와 모집단의 참값의 차를 말한다.

bias는 $|\overline{x}-\mu|$로 표현된다.

참고 오차의 검토순서

신뢰성 검토 → 정밀도 검토 → 정확도 검토

2 샘플링오차와 측정오차의 관계

샘플링오차는 시료를 랜덤하게 샘플링하지 못함으로써 발생되는 우연적 차이를 말하며, 측정오차는 측정기의 부정확, 측정자의 기술 부족으로 발생하는 우연적 차이를 의미한다.

(1) 단위체인 경우

단위체 1개를 취하여 1회 측정할 때의 데이터 구조식은 $x = \mu + s + m$이다.

여기서 $V(s) = {\sigma_s}^2$, $V(m) = \sigma_m^2$이므로, 데이터 구조식의 양변에 분산을 취하면 다음과 같다.

$$V(x) = V(\mu + s + m) = {\sigma_s}^2 + \sigma_m^2$$

여기서, ${\sigma_s}^2$: 샘플링오차 분산, σ_m^2 : 측정오차 분산

① 시료를 n개 취해 각 1회씩 측정하는 경우

$$V(\overline{x}) = \frac{1}{n}({\sigma_s}^2 + \sigma_m^2) = \frac{{\sigma_s}^2}{n} + \frac{\sigma_m^2}{n}$$

② 시료를 n개 취해 각 시료를 k회 측정하는 경우

$$V(\overline{x}) = \frac{1}{n}\left({\sigma_s}^2 + \frac{\sigma_m^2}{k}\right) = \frac{{\sigma_s}^2}{n} + \frac{\sigma_m^2}{nk}$$

(2) 집합체인 경우(축분·혼합을 행할 때)

인크리먼트를 1개 취해 이것을 축분(resampling)하여 1회 측정했을 때의 데이터 구조식은 $x=\mu+s+r+m$이 된다. 여기서 $V(s)={\sigma_s}^2$, $V(r)={\sigma_r}^2$, $V(m)={\sigma_m}^2$이므로, 데이터 구조식의 양변에 분산을 취하면 다음과 같다.

$$V(x)=V(\mu+s+r+m)$$
$$={\sigma_s}^2+{\sigma_r}^2+{\sigma_m}^2$$

여기서, ${\sigma_s}^2$: 샘플링오차 분산, ${\sigma_r}^2$: 축분오차 분산, ${\sigma_m}^2$: 측정오차 분산

① 시료를 n개 취해 각 1회씩 축분·분석하는 경우

$$V(\overline{x})=\frac{1}{n}({\sigma_s}^2+{\sigma_r}^2+{\sigma_m}^2)=\frac{{\sigma_s}^2}{n}+\frac{{\sigma_r}^2}{n}+\frac{{\sigma_m}^2}{n}$$

② 시료를 n개 취해 각 1회씩 축분하여 k회 분석하는 경우

$$V(\overline{x})=\frac{1}{n}\left({\sigma_s}^2+{\sigma_r}^2+\frac{{\sigma_m}^2}{k}\right)$$

③ 시료를 n개 취하여 혼합·축분 후 k회 분석하는 경우

$$V(\overline{x})=\frac{1}{n}{\sigma_s}^2+{\sigma_r}^2+\frac{{\sigma_m}^2}{k}$$

3 샘플링 방법

1 랜덤샘플링(random sampling)

모집단의 어느 부분이라도 목적으로 하는 특성에 대해 같은 확률로 시료 구성이 되도록 하는 샘플링 방법으로, 시료 크기가 증가할수록 샘플링의 정도가 높아진다.

(1) 단순랜덤샘플링(simple random sampling)

모집단의 크기 N개 중 1개를 $\frac{1}{N}$의 확률로 뽑고, 나머지 $N-1$개 중 1개를 $\frac{1}{N-1}$의 확률로 뽑아서 시료 n개가 뽑힐 때까지 반복하는 샘플링 방법으로, 시료평균 $\overline{x}$의 분산(정밀도)은 다음과 같이 정의된다.

$$V(\overline{x})=\frac{\sigma_x^2}{n} \text{ : 무한모집단인 경우}$$
$$=\frac{N-n}{N-1}\cdot\frac{\sigma_x^2}{n} \text{ : 유한모집단인 경우}$$

참고 여기서 $\frac{N-n}{N-1}$을 유한수정계수라고 하며, $\frac{N}{n} \geq 10$인 경우에는 유한수정계수를 무시하고 무한모집단으로 취급해도 좋다.

(2) 계통샘플링(systematic sampling)

N개의 물품이 일련의 배열로 되어 있을 때, 첫 k개의 샘플링 단위 중 랜덤하게 1개를 뽑고, 그로부터 매 k번째를 선택하여 n개의 시료를 추출하는 샘플링 방법이다.

$$k = \frac{N}{n}$$

[특징]

① 시간적·공간적으로 층별샘플링의 효과가 있다.
② 층간변동($\sigma_b{}^2$)은 샘플링 정밀도에 거의 영향을 주지 않는다.
③ 층별 효과가 있어 단순랜덤샘플링보다 정밀도가 높은 경우가 있다.
④ 제품 생산에 주기성이 있으면 사용하지 못한다.
⑤ 단순랜덤샘플링보다 시료채취의 용이성이 크다.

(3) 지그재그샘플링(zigzag sampling)

계통샘플링에서 주기성에 의한 치우침이 들어갈 위험을 방지하기 위해, 하나씩 걸러서 일정한 간격으로 샘플을 취하는 방법이다. 샘플의 채취간격이 주기성과 일치되는 경우 계통샘플링을 사용할 수 없으므로 지그재그샘플링을 행하여 주기성을 피한다.

2 2단계 샘플링(two-stage sampling)

모집단(lot)이 제품이 N_i개씩 들어있는 M상자로 나누어져 있을 때, 랜덤하게 m개 상자를 취하고 각각의 상자로부터 n_i개의 제품을 랜덤하게 채취하는 샘플링 방법으로, 샘플링 실시가 용이하다는 장점이 있다.

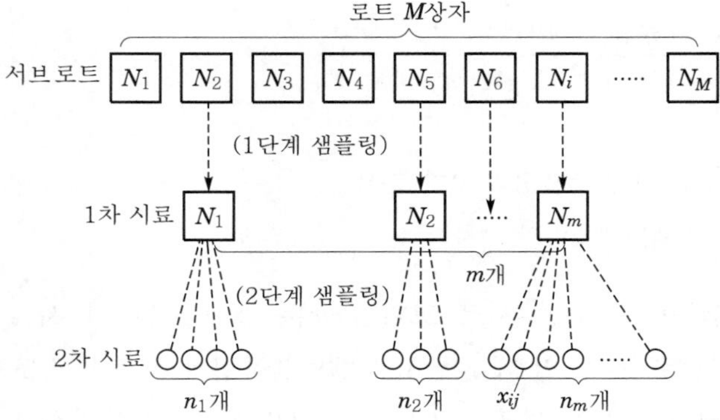

여기서, $\overline{n} = \frac{\sum_{i=1}^{m} n_i}{m}$이므로 최종 시료의 개수는 $\sum_{i=1}^{m} n_i = m\overline{n}$가 된다. 이는 랜덤샘플링의 시료 크기 n에 해당되는 것이다.

(1) 특징

① 층간변동이 작용하여 랜덤샘플링보다 추정 정밀도가 떨어진다.

② 샘플링 조작이 용이하다.

③ 샘플링 비용이 저렴하다.

④ 샘플링오차 분산이 층내변동과 층간변동의 합성으로 이루어진다.

(2) 2단계 샘플링의 정밀도

① 무한모집단인 경우($N \geq 10n$, $M \geq 10m$인 경우)

$$V(\overline{\overline{x}}) = \frac{{\sigma_b}^2}{m} + \frac{{\sigma_w}^2}{m\overline{n}}$$

② 유한모집단인 경우($N \leq 10n$, $M \leq 10m$)

$$V(\overline{\overline{x}}) = e_b \cdot \frac{{\sigma_b}^2}{m} + e_w \cdot \frac{{\sigma_w}^2}{m\overline{n}}$$

(단, $e_b = \dfrac{M-m}{M-1}$, $e_w = \dfrac{\overline{N}-\overline{n}}{N-1}$이다.)

③ $m\overline{n}$개의 시료를 1회 측정한 경우

$$V(\overline{\overline{x}}) = \frac{{\sigma_b}^2}{m} + \frac{{\sigma_w}^2}{m\overline{n}} + \frac{{\sigma_m}^2}{m\overline{n}}$$

④ $m\overline{n}$개의 시료를 혼합한 후 축분하여 이것을 k회 분석하는 경우

$$V(\overline{\overline{x}}) = \frac{{\sigma_b}^2}{m} + \frac{{\sigma_w}^2}{m\overline{n}} + {\sigma_r}^2 + \frac{{\sigma_m}^2}{k}$$

(3) 랜덤샘플링의 정밀도 비교

$$\alpha = \frac{V_T(\overline{\overline{x}})}{V_R(\overline{x})} = \frac{\left(\dfrac{{\sigma_w}^2}{m\overline{n}} + \dfrac{{\sigma_b}^2}{m}\right)}{\dfrac{{\sigma_x}^2}{n}} = \frac{{\sigma_w}^2 + \overline{n}{\sigma_b}^2}{\sigma_x^2}$$

여기서, $V_T(\overline{\overline{x}})$: 2단계 샘플링의 오차 분산

$V_R(\overline{x})$: 랜덤샘플링의 오차 분산

위에서, 2단계 샘플링의 최종 시료 크기 $m\overline{n}$는 랜덤샘플링의 시료 크기 n에 해당되고, ${\sigma_x}^2 = \sigma_w^2 + {\sigma_b}^2$이므로 $n = 1$일 때 $\alpha = 1$로 랜덤샘플링과 샘플링 정도가 동일하며, $n \geq 2$일 때 $\alpha > 1$로 2단계 샘플링의 샘플링 정도가 랜덤샘플링보다 하락한다.

예제3-2

15kg 들이 화학약품이 60상자가 입하되어 약품의 순도를 조사하기 위해 우선 5상자를 랜덤 샘플링하고, 각각의 상자에서 6인크리먼트씩 샘플링하여 혼합·축분한 후 반복 2회 측정하였다. 이때 모평균의 추정 정밀도 $\sigma_{\bar{\bar{x}}}^2$을 구하시오. (단, $\sigma_b = 0.2$, $\sigma_w = 0.35$, $\sigma_r = 0.1$, $\sigma_m = 0.15$)

$$\sigma_{\bar{\bar{x}}}^2 = \frac{\sigma_b^{\ 2}}{m} + \frac{\sigma_w^{\ 2}}{m\bar{n}} + \sigma_r^{\ 2} + \frac{\sigma_m^{\ 2}}{k} = \frac{0.2^2}{5} + \frac{0.35^2}{5 \times 6} + 0.1^2 + \frac{0.15^2}{2} = 0.03333$$

3 층별샘플링(stratified sampling)

모집단을 몇 개의 층으로 나누어 각 층마다 랜덤하게 시료를 추출하는 방법으로, 층간 차는 가능한 한 크게 하고, 층내는 균일하게 층별함을 원칙으로 한다.

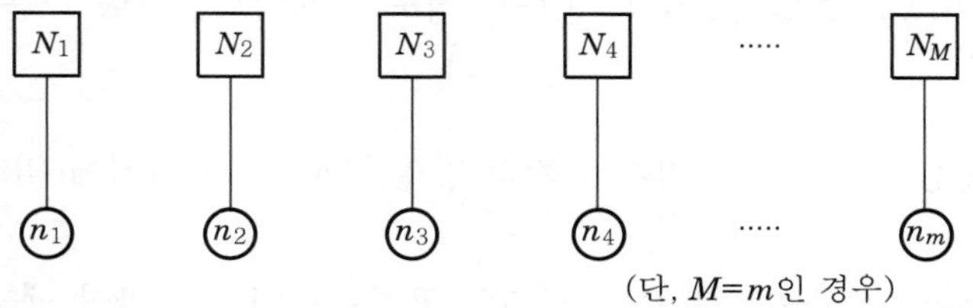

(단, $M=m$인 경우)

층별샘플링은 M개의 상자에서 각각 n_i개씩 시료를 구하는 샘플링으로, 2단계 샘플링은 M개의 상자에서 모두 시료를 구하지 않고 M개 중 m개의 상자를 취해 샘플링을 수월하게 행한 것이라고 보면 된다. 2단계 샘플링과 비교하면 $M = m$이므로 $e_b = 1 - \dfrac{m}{M} = 0$이 되며, 층간변동이 영향을 미치지 않으므로 샘플링오차 분산은 다음과 같다.

$$\begin{aligned} V(\bar{\bar{x}}) &= e_b \frac{\sigma_b^{\ 2}}{m} + e_w \frac{\sigma_w^{\ 2}}{m\bar{n}} \\ &= e_w \frac{\sigma_w^{\ 2}}{m\bar{n}} \ \ (\text{단, } e_b = 0\text{인 경우}) \end{aligned}$$

(1) 특징

① 랜덤샘플링보다 시료 크기는 적어도 같은 정밀도를 얻을 수 있다.

② 층내는 균일하게, 층간변동($\sigma_b^{\ 2}$)을 크게 한다(층별).

③ 정밀도가 높고 샘플링 조작이 용이하며, 현실적으로 가장 많이 사용되는 방법이다.

④ 샘플링오차 분산($\sigma_{\bar{\bar{x}}}^2$)이 층내변동($\sigma_w^{\ 2}$)에 의해 결정된다.

⊙ 층별 샘플링은 층별이 되면 될수록 샘플링 정도는 랜덤샘플링보다 높아진다.

(2) 층별샘플링의 정밀도

① 무한모집단인 경우($\overline{N} \geq 10\overline{n}$)

$$V(\overline{\overline{x}}) = \frac{{\sigma_w}^2}{m\overline{n}}$$

② 유한모집단인 경우($\overline{N} < 10\overline{n}$)

$$V(\overline{\overline{x}}) = e_w \cdot \frac{{\sigma_w}^2}{m\overline{n}}$$

(3) 랜덤샘플링의 정밀도 비교

$$\alpha = \frac{V_S(\overline{\overline{x}})}{V_R(\overline{x})} = \frac{\dfrac{{\sigma_w}^2}{m\overline{n}}}{\dfrac{{\sigma_x}^2}{n}} = \frac{{\sigma_w}^2}{{\sigma_x}^2} \leq 1 \text{ (단, } {\sigma_x}^2 = {\sigma_w}^2 + {\sigma_b}^2 \text{이다.)}$$

따라서, $\alpha \leq 1$이므로 층별샘플링의 샘플링 정도가 랜덤샘플링보다 높다.

(4) 종류

① 층별비례샘플링 : 각 층의 크기가 일정하지 않을 때 층의 크기에 비례하여 시료를 취하는 방식이다.

② 네이만(Neyman) 샘플링 : 각 층의 크기와 표준편차에 비례하여 샘플링하는 방식이다.

③ 데밍(Deming) 샘플링 : 각 층으로부터 크기와 편차, 샘플링하는 비용까지도 고려하여 샘플링하는 방식이다.

(5) 시료의 최적할당

① 층별비례샘플링 : 크기에 비례하는 경우

$$n_i = n\left(\frac{N_i}{\sum_i N_i}\right) \text{ (단, } i = 1 \sim m \text{이다.)}$$

② 네이만 샘플링 : 크기와 편차를 고려하는 경우

$$n_i = n \cdot \frac{N_i \sigma_i}{\sum_i N_i \sigma_i} \text{ (단, } i = 1 \sim m \text{이다.)}$$

③ 데밍 샘플링 : 크기와 편차, 비용을 고려하는 경우

$$n_i = n\left(\frac{\dfrac{N_i \sigma_i}{\sqrt{C_i}}}{\sum_i \dfrac{N_i \sigma_i}{\sqrt{C_i}}}\right)$$

예제 3-3

인구가 각각 $N_1 = 40$만, $N_2 = 20$만, $N_3 = 30$만인 세 도시에 $n = 400$명의 표본을 층별샘플링하여 이 세 도시에 살고 있는 주민들의 평균치를 알고자 한다. 표본의 크기 n_i를 $N_i \sigma_i$에 비례하도록 할당하시오. (단, $\sigma_1 = 20$, $\sigma_2 = 12$, $\sigma_3 = 14$이다.)

$n_i = n \dfrac{N_i \sigma_i}{\sum_i N_i \sigma_i}$ 에서,

① $n_1 = 400 \times \dfrac{40 \times 20}{40 \times 20 + 20 \times 12 + 30 \times 14} \fallingdotseq 219$

② $n_2 = 400 \times \dfrac{20 \times 12}{1460} \fallingdotseq 66$

③ $n_3 = 400 \times \dfrac{30 \times 14}{1460} \fallingdotseq 115$

4 집락샘플링(cluster sampling)

모집단을 몇 개의 층으로 나누고 그 중에서 시료수(n)에 맞게 몇 개의 층을 랜덤샘플링하여, 그것을 취한 층 안의 모든 것을 측정·조사하는 방법이다.

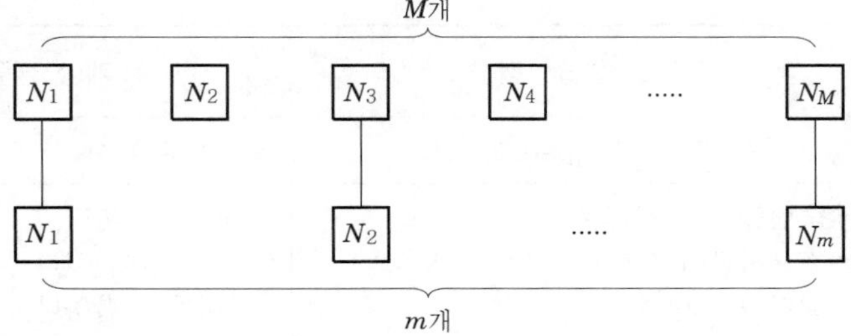

(1) 특징

① 층간은 균일해질 수 있도록 집락군을 형성한다.

② 일반적으로 ${\sigma_b}^2$이 작아질수록 샘플링 정도가 높아진다.

③ 샘플링오차 분산($\sigma_{\bar{\bar{x}}}^2$)이 층간변동(${\sigma_b}^2$)에 의해 결정된다.

(2) 집락샘플링의 정밀도

$\bar{n} = \bar{N}$이므로 $e_w = 1 - \dfrac{\bar{n}}{\bar{N}} = 0$이 되어 층내변동이 샘플링오차 분산에 영향을 미치지 않는다.

$$V(\bar{\bar{x}}) = e_b \frac{{\sigma_b}^2}{m} + e_w \frac{{\sigma_w}^2}{m\bar{n}} = e_b \frac{{\sigma_b}^2}{m}$$

① 무한모집단의 경우

$$V(\overline{\overline{x}}) = \frac{{\sigma_b}^2}{m}$$

② 유한모집단의 경우

$$V(\overline{\overline{x}}) = e_b \cdot \frac{{\sigma_b}^2}{m}$$

(3) 랜덤샘플링과의 정밀도 비교

층간변동(${\sigma_b}^2$)이 증가하면 샘플링 정도가 하락하므로, ${\sigma_b}^2$이 작아질수록 유리한 샘플링 방법이 된다.

$$\alpha = \frac{V_C(\overline{\overline{x}})}{V_R(\overline{\overline{x}})} = \frac{{\sigma_b}^2/m}{{\sigma_x}^2/n} = \frac{{\sigma_b}^2/m}{{\sigma_x}^2/m\overline{n}} = \frac{\overline{n}{\sigma_b}^2}{{\sigma_x}^2} = \frac{\overline{n}{\sigma_b}^2}{{\sigma_w}^2 + {\sigma_b}^2}$$

4 샘플링검사의 분류 및 형식

1 샘플링검사의 분류

구분 \ 내용	계수 샘플링검사	계량 샘플링검사
품질의 표시방법	부적합품 또는 부적합수로 표시	특성치로 표시
검사방법	• 숙련을 요하지 않는다. • 소요시간이 짧다. • 설비가 간단하다. • 기록이 간단하다.	• 숙련을 요한다. • 소요시간이 길다. • 설비가 복잡하다. • 기록이 복잡하다.
적용 시 이론상의 제약	샘플링검사를 적용하는 조건이 쉽게 만족될 수 있다.	시료채취에 랜덤성이 요구되며, 그 적용범위가 정규분포를 하는 경우 혹은 특수한 경우로 제한된다.
판별능력과 검사개수	검사개수가 같은 경우 계량보다 판별능력이 낮으므로 검사개수가 상대적으로 많다.	검사개수가 같은 경우 계수보다 판별능력이 커지므로 검사개수가 상대적으로 적다.
검사기록의 이용	다른 목적에 이용되는 정보의 활용도가 낮다.	다른 목적에 이용되는 정보의 활용도가 높다.
적용해서 유리한 경우	검사비용이 적은 것, 즉 검사에 시간, 설비, 인원을 많이 요하지 않는 것	• 검사비용이 많은 것, 즉 검사에 시간, 설비, 인원을 많이 요하는 것 • 파괴검사에 유리

2 샘플링검사의 형식

(1) 1회 샘플링검사

모집단(lot)에서 시료를 단 1회 추출하고 판정기준과 비교하여 로트의 합격·불합격을 결정하는 샘플링 방식으로, 샘플링 형식 중에서 가장 간편하나 검사개수가 상대적으로 크다.

예 $N=5000$개에서 $n=100$개를 추출하여 부적합품이 2개 이내이면 로트 합격, 3개 이상이면 로트 불합격

n	합격판정개수(A_c)	불합격판정개수(R_e)
100	2	3

1회 샘플링검사의 로트 합격확률 $L(P)$는 다음과 같다.

$$L(P) = P(x \le A_c)$$

$$= \sum_{x=0}^{c} {}_nC_x P^x (1-P)^{n-x}$$

$$= \sum_{x=0}^{c} \frac{e^{-m} m^x}{x!} \quad (\text{단, } m = nP\text{이다.})$$

$$= \sum_{x=0}^{c} \frac{{}_MC_x \cdot {}_{N-M}C_{n-x}}{{}_NC_n}$$

(2) 2회 샘플링검사

1회에서 지정된 시료로 검사한 결과로 판정을 내리지 못할 때, 다시 2회 시료를 채취하고 1회 결과와 누계한 결과에 따라 로트의 합격·불합격을 판정하는 방식이다.

① 판정절차

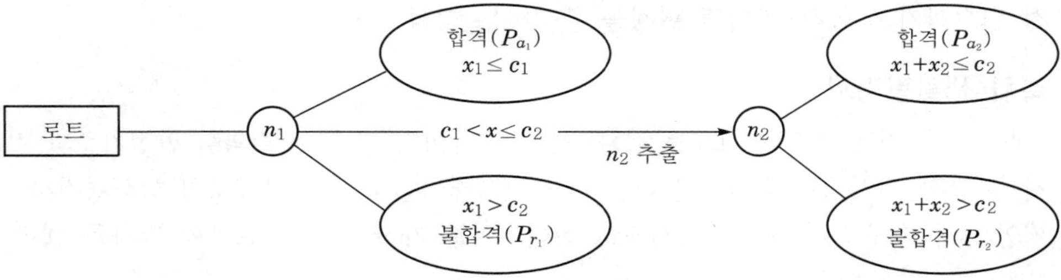

여기서, n_1 : 1회 시료
n_2 : 2회 시료
c_1 : 1회 시료에서의 합격판정기준
c_2 : 2회 시료에서의 합격판정기준

② **확률 계산**

㉠ 로트가 1회 시료(n_1)에서 합격되는 확률(P_{a_1})

$$P_{a_1} = P(x_1 \le c_1) = \sum_{x_1=0}^{c_1} \frac{e^{-n_1 P} \cdot (n_1 P)^{x_1}}{x_1!} \quad (\text{단, } n_1 P = m_1 \text{이다.})$$

㉡ 로트가 1회 시료(n_1)에서 불합격되는 확률(P_{r_1})

$$P_{r_1} = P(x_1 > c_2) = 1 - P(x_1 \le c_2) = 1 - \sum_{x_1=0}^{c_2} \frac{e^{-n_1 P} \cdot (n_1 P)^{x_1}}{x_1!}$$

㉢ 로트가 2회 시료(n_2)에서 합격되는 확률(P_{a_2})

$$P_{a_2} = P(x_1 + x_2 \le c_2) = \sum_{x_1=c_1+1}^{c_2} \sum_{x_2=0}^{c_2-x_1} \frac{e^{-n_1 P} \cdot (n_1 P)^{x_1}}{x_1!} \cdot \frac{e^{-n_2 P} \cdot (n_2 P)^{x_2}}{x_2!}$$

(단, $n_1 P = m_1$, $n_2 P = m_2$이다.)

㉣ 로트가 2회 시료(n_2)에서 불합격되는 확률(P_{r_2})

$$P_{r_2} = P(x_1 + x_2 > c_2) = 1 - (P_{a_1} + P_{r_1} + P_{a_2})$$

(단, $x_1 + x_2$는 2회 시료까지 누계 부적합수이다.)

③ **평균검사개수(ASN ; Average Sample Number)**

$ASN = n_1 + n_2(1 - P_{a_1} - P_{r_1})$

(3) 다회 샘플링검사

2회 샘플링검사를 3회 이상의 샘플링검사 형식으로 확장한 것이다. 이는 각 회의 샘플링에서 조사한 결과를 일정 기준과 비교하여 합격·불합격·검사속행의 3종류로 분류하면서, 어느 일정 횟수까지는 합격·불합격 판정을 결정하는 형식이다.

(4) 축차 샘플링검사

1개씩 혹은 일정 개수씩 시료를 검사하면서 그때마다 그 누계 결과를 판정기준과 비교하여 합격·불합격·검사속행의 판정을 하는 것으로, 1개씩인 경우를 각개축차 샘플링검사, 일정 개수씩인 경우를 군축차 샘플링검사라고 한다. 이는 가장 적은 시료로써 검사를 행할 수 있다.

〈 각 샘플링 형식의 비교 〉

구분 \ 샘플링 형식	1회 샘플링	2회 샘플링	다회 샘플링	축차 샘플링
검사로트당의 평균 검사개수	대	중	소	최소
검사로트마다 검사개수의 변동	없음	조금 있음	있음	있음
검사비용	대	중	소	소
실시 및 기록의 복잡성	간단	중간	복잡	복잡
심리적 효과	나쁨	중간	좋음	좋음

5 검사특성곡선(OC 곡선)

OC 곡선(Operating Characteristic curve)이란 가로축의 부적합품률 P에 따른 로트의 합격확률 $L(P)$을 구하여 세로축에 기입하고 이를 연결시킨 곡선으로, 계수형 샘플링검사인 경우 로트 크기 N과 시료 크기 n, 판정기준 c에 의해 OC 곡선의 형태가 결정된다.

1 OC 곡선과 로트의 합격확률

(1) $L(P)$의 계산

① 초기하분포

$$L(P) = \sum_{x=0}^{c} \frac{{}_{M}C_{x} \cdot {}_{N-M}C_{n-x}}{{}_{N}C_{n}}$$

(단, $M = NP$)

② 이항분포

$$L(P) = \sum_{x=0}^{c} {}_{n}C_{x} P^{x} (1-P)^{n-x}$$

(단, 조건이 $N \geq 10n$인 경우)

③ 푸아송분포

$$L(P) = \sum_{x=0}^{c} \frac{e^{-m} \cdot m^{x}}{x!}$$

(단, 조건이 $N \geq 10n$, $P < 0.1$이고, n이 충분히 큰 경우)

⊘ N이 n보다 10배 이상인 경우 초기하분포는 이항분포에 근사하므로, OC 곡선은 거의 변화하지 않는다.

예제 3-4

$N = 1000$, $n = 20$, $c = 2$인 계수값 1회 샘플링검사에서 $P = 5\%$일 때 로트가 합격할 확률은? (단, 푸아송분포를 사용하시오.)

$m = np = 20 \times 0.05 = 1.0$

$$L(P) = P(x \leq 2) = \sum_{x=0}^{2} \frac{e^{-m} m^{x}}{x!}$$

$$= \sum_{x=0}^{2} \frac{e^{-1.0} \times 1.0^{x}}{x!}$$

$$= e^{-1.0}\left(1 + 1 + \frac{1^2}{2}\right) = 0.91970$$

(2) OC 곡선과 $L(P)$의 관계

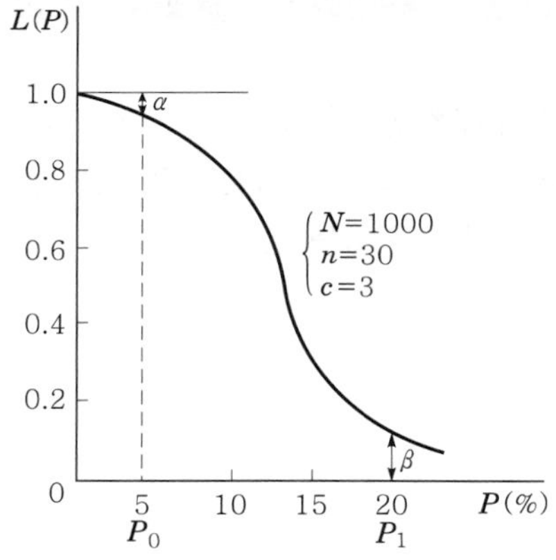

- $L(P)$: 로트가 합격할 확률
- P : 로트의 불량률
- $P_0(P_A)$: 합격시키고 싶은 로트 부적합품률의 상한값
- $P_1(P_R)$: 불합격시키고 싶은 로트 부적합품률의 하한값
- α : 합격시키고 싶은 로트가 불합격될 확률
- β : 불합격시키고 싶은 로트가 합격될 확률

2 OC 곡선의 성질

(1) c, n이 일정하고, N이 변할 경우

N은 OC 곡선에 별로 영향을 미치지 않으며, $N \geq 10n$이면 생산자 위험을 작은 수준으로 유지할 수 있는 샘플링검사 방식이 가능하고 검사비용을 절감할 수 있다.

그러나, N을 지나치게 크게 설정하면 불합격에 따른 상대적 위험률이 너무 커지므로 바람직한 샘플링검사 방식이라 할 수 없다.

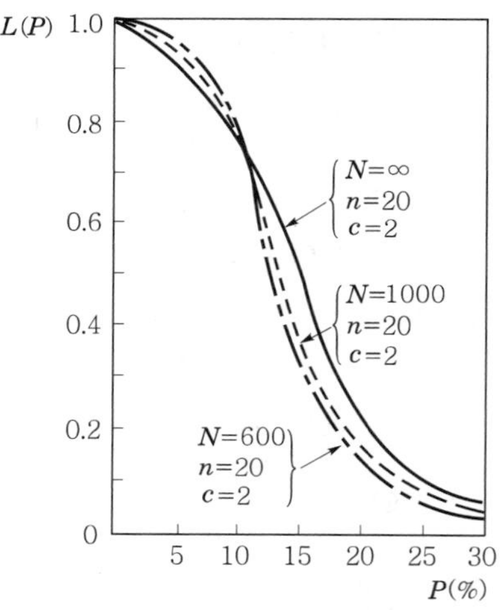

(2) 비례샘플링$\left(\dfrac{c/n}{N}=\text{일정}\right)$인 경우

N의 크기에 따라 n과 c가 같은 비율로 증가하면 OC 곡선의 기울기가 급해지며 α와 β가 줄어들어 샘플링검사의 판별능력이 높아진다.

그러나, 로트의 크기가 변하면 품질보증의 정도가 달라지므로 일정한 품질보증을 할 수 없다.

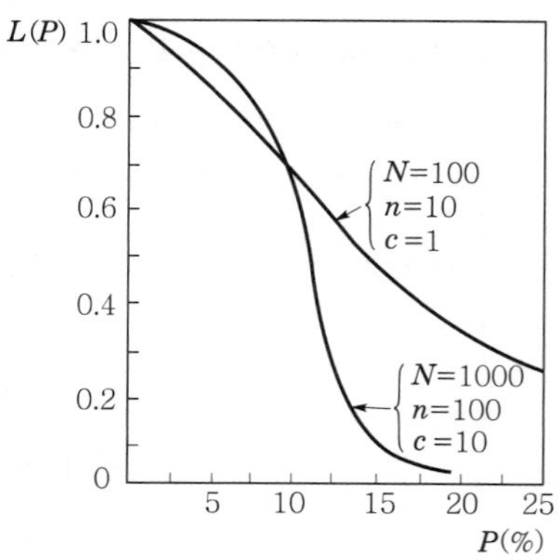

⊘ N이 증가하는 비율만큼 샘플링의 정도가 향상되지는 않는다.

(3) N, c가 일정하고, n이 변할 경우

n이 증가할수록 OC 곡선은 기울기가 급격히 변하며 β가 감소한다. 즉, 품질이 나쁜 로트가 합격할 수 있는 확률 β가 대단히 작아지며 합격시키고 싶은 로트 쪽에서의 불합격 확률 α는 증가하나, β에 비해 상대적 변화폭은 작게 형성된다.

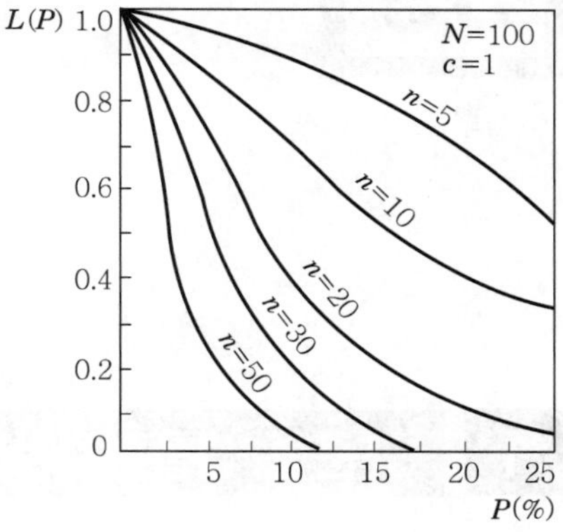

(4) N, n이 일정하고, c가 변할 경우

c가 감소할수록 OC 곡선은 기울기가 급해지며 β가 감소하지만, β의 감소폭에 비하면 α의 증가폭은 상대적으로 작다.

그러나, $c=0$의 샘플링검사는 OC 곡선의 기울기가 급해져서 α가 크게 증가하므로, 그리 합리적인 샘플링검사 방식이라고는 할 수 없다.

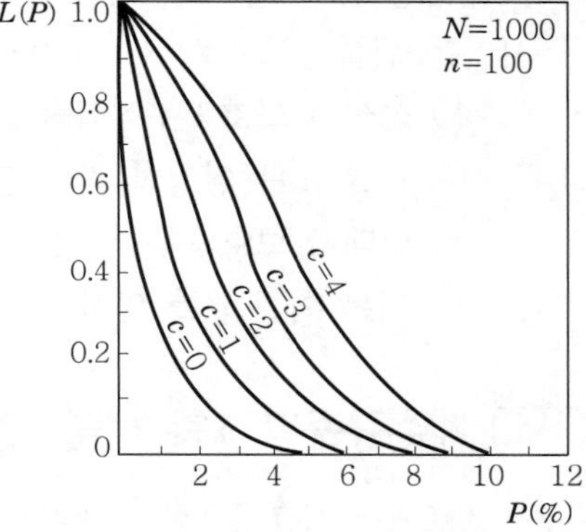

참고 샘플링검사에서 $\frac{N}{n}>10$인 경우 N은 OC 곡선에 거의 영향을 미치지 않으므로, 샘플링검사 방식의 설계는 n과 c의 합리적 결정이라 할 수 있다.

CHAPTER 03 샘플링검사의 형태

1 규준형 샘플링검사(KS Q 0001)

규준형 샘플링검사는 생산자와 구매자가 상호 합의하여 생산자와 구매자의 요구를 동시에 만족시키는 샘플링검사로, $\alpha = 0.05$, $\beta = 0.10$를 보증하는 검사방식을 의미한다.

① **생산자 보호** : 부적합품률 P_0, 평균치 m_0인 바람직한 로트가 검사에서 불합격으로 되는 확률 α를 일정한 작은 값($\alpha = 0.05$)으로 정하여 보호한다.

② **구매자 보호** : 부적합품률 P_1, 평균치 m_1인 바람직하지 않은 로트가 검사에서 합격으로 되는 확률 β를 일정한 작은 값($\beta = 0.10$)으로 정하여 보호한다.

1 계수규준형 1회 샘플링검사

로트에서 시료를 1회만 채취하여 시료 중의 검사단위를 조사하고 이를 품질기준과 비교하여 적합품과 부적합품으로 구분하고, 부적합품 개수가 판정기준인 합격판정개수(A_c, C) 이하이면 합격시키고, 합격판정개수보다 큰 경우 불합격시키는 샘플링검사이다.

참고 계수규준형 샘플링검사에서 OC 곡선의 확률을 결정하는 검사개수 n과 판정기준 c는 연립방정식으로 구한 것이지만, 실무상에서는 〈계수규준형 샘플링검사표〉를 이용한다.

- $L(P_0) = \sum_{x=0}^{c} {}_nC_x\, P_0^x \cdot (1-P_0)^{n-x} = 1-\alpha$
- $L(P_1) = \sum_{x=0}^{c} {}_nC_x\, P_1^x \cdot (1-P_1)^{n-x} = \beta$

(1) 특징

① 최초 거래 시에 사용한다.

② 생산자와 구매자 양쪽 모두 불만이 없도록 설계되었다.

③ 파괴검사와 같이 전수검사가 불가능할 때 사용한다.

(2) 샘플링검사표(KS Q ISO 0001)에 의한 검사의 설계

① 구매자와 공급자의 합의에 의해 P_0, P_1을 결정한다. (단, $\alpha = 0.05$, $\beta = 0.10$ 지정)
경제적 사정, 여건, 능력을 고려하여 정하며, 이론적으로 $P_1/P_0 > 3$이나 P_1/P_0 비가 3에 가까우면 n이 증가하므로 $P_1/P_0 > 5$로 하는 것이 합리적인 샘플링검사가 된다.

② 로트를 형성한다.

③ P_0, P_1이 지정되면 〈계수규준형 샘플링 설계표〉에서 P_0와 P_1이 만나는 칸의 n, c를 구한다. 만약 $n \geq N$이면 전수검사, *가 있으면 〈검사보조표〉를 이용하여 설계한다.

④ 불합격 로트를 처리한다.
반송, 전수검사, 교환을 사전에 결정하고, 불합격 로트의 재재출이 되지 않도록 주의한다.

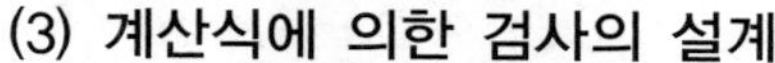

(3) 계산식에 의한 검사의 설계

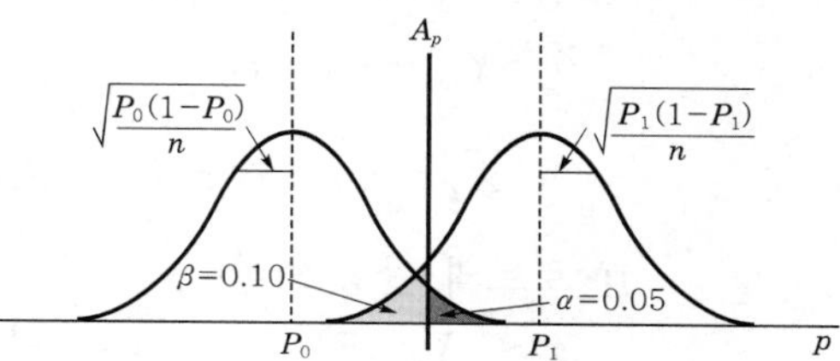

① 합격판정 부적합품률(A_p)

$$A_p = P_0 + k_\alpha \sqrt{\frac{P_0(1-P_0)}{n}}$$

② 검사개수(n)

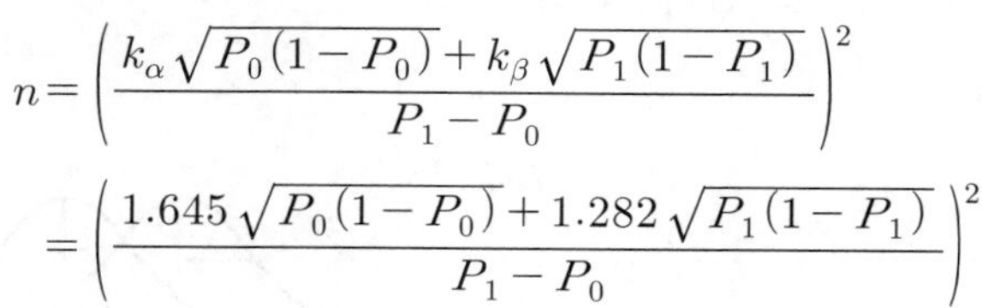

$$n = \left(\frac{k_\alpha \sqrt{P_0(1-P_0)} + k_\beta \sqrt{P_1(1-P_1)}}{P_1 - P_0} \right)^2$$

$$= \left(\frac{1.645 \sqrt{P_0(1-P_0)} + 1.282 \sqrt{P_1(1-P_1)}}{P_1 - P_0} \right)^2$$

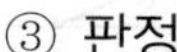

③ 판정

㉠ $p \leq A_p$이면 로트 합격

㉡ $p > A_p$이면 로트 불합격

[증명] $A_p = P_0 + k_\alpha \sqrt{\frac{P_0(1-P_0)}{n}}$ ········· ①

$= P_1 - k_\beta \sqrt{\frac{P_1(1-P_1)}{n}}$ ········· ②

①식과 ②식을 연립하여 n에 관해 정리하면

$$P_1 - P_0 = k_\alpha \sqrt{\frac{P_0(1-P_0)}{n}} + k_\beta \sqrt{\frac{P_1(1-P_1)}{n}} = \frac{k_\alpha \sqrt{P_0(1-P_0)} + k_\beta \sqrt{P_1(1-P_1)}}{\sqrt{n}}$$

따라서, $n = \left(\frac{k_\alpha \sqrt{P_0(1-P_0)} + k_\beta \sqrt{P_1(1-P_1)}}{P_1 - P_0} \right)^2$ 이다.

※ 합격판정기준 A_p에 검사개수 n을 곱하면 합격판정개수(C)가 된다.

$C = A_p \times n$

2 계량규준형 샘플링검사(σ기지)

생산자와 구매자가 합의하여 m_0, m_1을 지정하고 로트에서 1회 샘플링한 시료로 평균 $\overline{x}$를 계산한 후, 합격판정기준인 $\overline{X}_U$, $\overline{X}_L$과 비교하여 로트의 합격·불합격을 판정하는 샘플링검사 방식이다.

(1) 로트 평균치를 보증하는 방법

① 샘플링검사표에 의한 검사 설계

㉠ 소비자와 생산자가 합의하여 m_0, m_1을 결정한다.

㉡ σ를 구한다.

㉢ $\dfrac{|m_0 - m_1|}{\sigma}$을 계산하여 〈계량규준형 검사표〉에서 G_o, n를 구한다.

㉣ 합격판정기준을 구한다.

ⓐ $\overline{X}_U = m_0 + G_o\sigma$

ⓑ $\overline{X}_L = m_0 - G_o\sigma$ (단, $G_o = \dfrac{k_\alpha}{\sqrt{n}}$ 이다.)

㉤ 로트의 판정을 한다.

$\overline{x} \le \overline{X}_U$ 또는 $\overline{x} \ge \overline{X}_U$이면 로트를 합격시킨다.

② $\overline{X}_U$가 지정되는 경우(망소특성)

㉠ 상한 합격판정기준

$$\overline{X}_U = m_0 + k_\alpha \frac{\sigma}{\sqrt{n}}$$
$$= m_1 - k_\beta \frac{\sigma}{\sqrt{n}}$$

⊙ m_0가 기준이므로 m_1에 의한 합격판정기준은 사용하지 않는다.

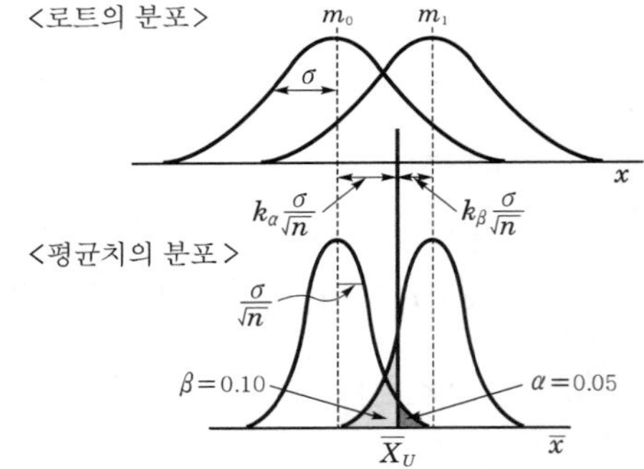

| 특성치가 낮을수록 좋은 경우 |

㉡ 검사개수

$$n = \left(\frac{k_\alpha + k_\beta}{m_1 - m_0}\right)^2 \sigma^2$$
$$= \left(\frac{2.927}{\Delta m}\right)^2 \sigma^2$$

㉢ 판정

$\overline{x} \le \overline{X}_U$이면 로트 합격,

$\overline{x} > \overline{X}_U$이면 로트 불합격이다.

⊙ 통계학상의 $u_{1-\alpha}$가 샘플링검사에서는 k_α로 표시된다.

③ $\overline{X}_L$이 지정되는 경우(망대특성)

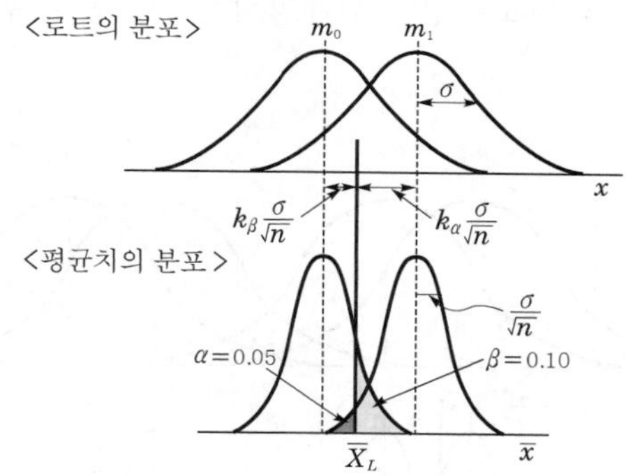

| 특성치가 높을수록 좋은 경우 |

㉠ 하한 합격판정기준

$$\overline{X}_L = m_0 - k_\alpha \frac{\sigma}{\sqrt{n}} = m_1 + k_\beta \frac{\sigma}{\sqrt{n}}$$

⊘ 합격판정기준의 설정은 m_0를 기준으로 계산한다.

㉡ 검사개수

$$n = \left(\frac{k_\alpha + k_\beta}{m_0 - m_1}\right)^2 \sigma^2 = \left(\frac{2.927}{\Delta m}\right)^2 \sigma^2$$

㉢ 판정

$\overline{x} \geq \overline{X}_L$이면 로트 합격, $\overline{x} < \overline{X}_L$이면 로트 불합격이다.

예제 3-5

어떤 식료품에 포함되어 있는 A성분은 중요한 품질특성이다. 이 식료품의 수입검사에서 A성분의 평균치가 47% 이상인 로트는 되도록 합격시키고, 평균치가 44% 이하인 로트는 불합격시키고 싶다. 종래의 경험으로, 이 성분은 정규분포를 따르며 표준편차는 3%임을 알고 있다. 다음 물음에 답하시오. (단, $\alpha=0.05$, $\beta=0.10$이다.)

(1) 계량규준형 샘플링검사 방식에서 n, $\overline{X}_L$를 설계하시오.

(2) 만약 샘플의 평균치가 45.2%이면 합격인가, 불합격인가?

---

(1) $m_0=47$, $m_1=44$, $\sigma=3$, $k_\alpha=1.645$, $k_\beta=1.282$이므로

① $n = \left(\frac{k_\alpha + k_\beta}{m_0 - m_1}\right)^2 \sigma^2 = \left(\frac{1.645+1.282}{47-44}\right)^2 \times 3^2 ≒ 9$개

② $\overline{X}_L = m_0 - k_\alpha \frac{\sigma}{\sqrt{n}} = 47 - 1.645\frac{3}{\sqrt{9}} = 45.355\%$

(2) $\overline{x} = 45.2\% < \overline{X}_L = 45.355\%$이므로, 로트는 불합격된다.

④ $\overline{X}_U$, $\overline{X}_L$이 동시 지정되는 경우(망목특성)

서로 독립인 망대특성과 망소특성의 설계방식을 결합한 경우로, $\dfrac{m_0{''} - m_0{'}}{\sigma/\sqrt{n}} > 1.7$ 인 경우만 설계가 가능하다.

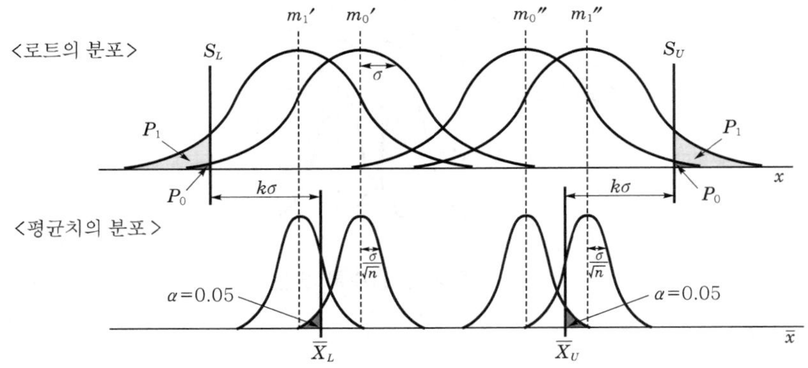

㉠ 합격판정기준

ⓐ $\overline{X}_U = m_0{''} + k_\alpha \dfrac{\sigma}{\sqrt{n}}$

ⓑ $\overline{X}_L = m_0{'} - k_\alpha \dfrac{\sigma}{\sqrt{n}}$

㉡ 검사개수

$$n = \left(\frac{2.927}{\Delta m}\right)^2 \sigma^2$$

㉢ 판정

$\overline{X}_L \le \bar{x} \le \overline{X}_U$이면 로트 합격, $\bar{x} < \overline{X}_L$ 또는 $\bar{x} > \overline{X}_U$이면 로트 불합격이다.

평균값이 100±2mm 이내인 로트는 합격시키고, 100±5mm를 벗어나는 로트는 불합격시키고 싶은 로트라고 설계되었다면, $m_0{'}$=98mm, $m_0{''}$=102mm, $m_1{'}$=95mm, $m_1{''}$=105mm가 된다.

⑤ 로트 평균치 보증에 대한 OC 곡선

㉠ 망소특성

$\overline{X}_U = m_1 - k_\beta \dfrac{\sigma}{\sqrt{n}}$에서 $m_1 \to m$, $k_\beta \to k_{L(m)}$

으로 하면, $k_{L(m)} = \dfrac{(m - \overline{X}_U)}{\sigma/\sqrt{n}}$ 가 된다.

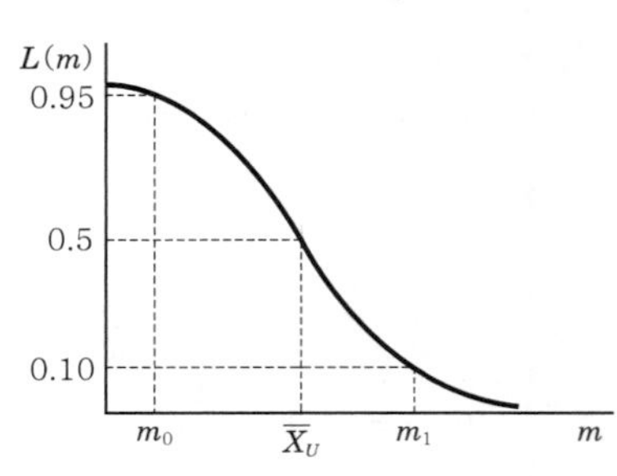

㉡ 망대특성

$\overline{X}_L = m_1 + k_\beta \dfrac{\sigma}{\sqrt{n}}$에서 $m_1 \to m$, $k_\beta \to k_{L(m)}$

으로 하면, $k_{L(m)} = \dfrac{(\overline{X}_L - m)}{\sigma/\sqrt{n}}$ 이 된다.

참고 $\overline{X}_U$가 지정되거나 $\overline{X}_L$이 지정될 때, 로트 평균치 m이 $\overline{X}_U$나 $\overline{X}_L$과 같으면 $k_{L(m)}$은 0이 되어 $L(m)=0.5(50\%)$가 되며, $k_{L(m)}$이 음의 값으로 갈수록 $L(m)$값은 50%보다 커진다.

(2) 로트 부적합품률을 보증하는 방법

① 샘플링검사표에 의한 검사 설계

㉠ 생산자와 구매자가 합의하여 p_0, p_1을 지정한다.

㉡ 〈계량규준형 샘플링검사표〉에서 대응하는 n과 k를 구한다.

⊘ 마크가 있을 때는 $n=\left(\dfrac{2.927}{k_{p_0}-k_{p_1}}\right)^2$, $k=0.562073\,k_{p_1}+0.43793\,k_{p_0}$로 구한다.

㉢ σ를 구한다.

㉣ $\overline{X}_U$, $\overline{X}_L$을 구한다.

㉤ 로트를 판정한다.

② S_U가 주어진 경우(망소특성)

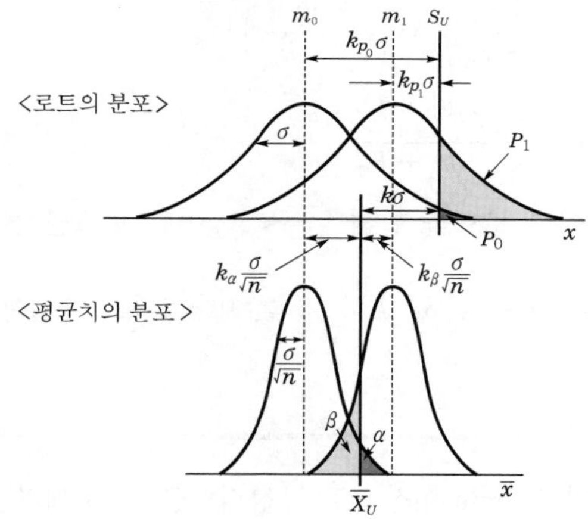

▌상한 규격치 S_U가 주어진 경우▐

㉠ 합격판정기준 : $\overline{X}_U=S_U-k\sigma$

㉡ 검사개수 : $n=\left(\dfrac{k_\alpha+k_\beta}{k_{p_0}-k_{p_1}}\right)^2=\left(\dfrac{2.927}{k_{p_0}-k_{p_1}}\right)^2$

㉢ 합격판정계수 : $k=\dfrac{k_{p_0}\cdot k_\beta+k_{p_1}\cdot k_\alpha}{k_\alpha+k_\beta}$

㉣ 판정 : $\overline{x}\le\overline{X}_U$이면 로트를 합격, $\overline{x}>\overline{X}_U$이면 로트를 불합격시킨다.

⊘ $k\sigma=k_{p_0}\sigma-k_\alpha\dfrac{\sigma}{\sqrt{n}}$, $k\sigma=k_{p_1}\sigma+k_\beta\dfrac{\sigma}{\sqrt{n}}$ 이므로, 두 식을 연립하여 n과 k를 구한다.

③ S_L이 주어진 경우(망대특성)

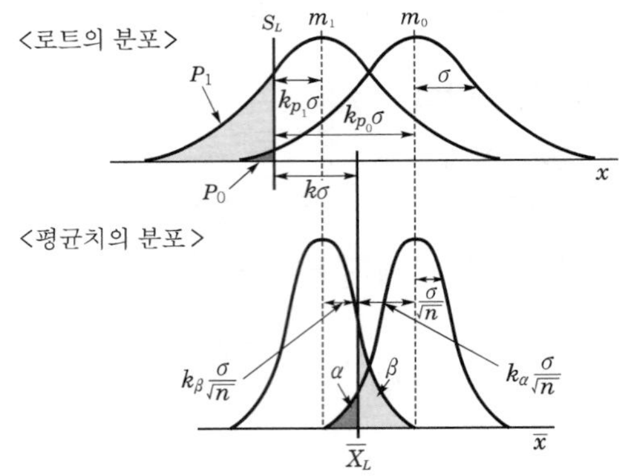

▌하한 규격치 S_L이 주어진 경우▐

㉠ 합격판정기준 : $\overline{X}_L = S_L + k\sigma$

㉡ 검사개수 : $n = \left(\dfrac{k_\alpha + k_\beta}{k_{p_0} - k_{p_1}}\right)^2 = \left(\dfrac{2.927}{k_{p_0} - k_{p_1}}\right)^2$

㉢ 합격판정계수 : $k = \dfrac{k_{p_0} \cdot k_\beta + k_{p_1} \cdot k_\alpha}{k_\alpha + k_\beta}$

㉣ 판정 : $\overline{x} \ge X_L$이면 로트를 합격, $\overline{x} < X_L$이면 로트를 불합격시킨다.

⊘ $k\sigma = k_{p_0}\sigma - k_\alpha \dfrac{\sigma}{\sqrt{n}}$, $k\sigma = k_{p_1}\sigma + k_\beta \dfrac{\sigma}{\sqrt{n}}$로, 망소특성과 동일한 n과 k가 구해진다.

예제 3-6

금속판 두께의 규격치가 2.3mm 이상으로 규정되었을 때 두께가 2.3mm에 달하지 못하는 것이 1% 이하인 로트는 통과시키고, 9% 이상인 로트는 통과시키지 않는 경우 n과 $\overline{X}_L$은? (단, $\sigma = 0.2$mm 이고, $\alpha = 0.05$, $\beta = 0.10$, $k_{p_0} = 2.326$, $k_{p_1} = 1.341$, $k_\alpha = 1.645$, $k_\beta = 1.282$ 이다.)

① $n = \left(\dfrac{k_\alpha + k_\beta}{k_{p_0} - k_{p_1}}\right)^2 = \left(\dfrac{1.645 + 1.282}{2.326 - 1.341}\right)^2 = 8.83 \rightarrow 9$개

② $k = \dfrac{k_{p_0}k_\beta + k_{p_1}k_\alpha}{k_\alpha + k_\beta} = \dfrac{2.326 \times 1.282 + 1.341 \times 1.645}{1.645 + 1.282} = 1.77$

$\overline{X}_L = S_L + k\sigma = 2.3 + 1.77 \times 0.2 = 2.654$

④ S_L, S_U가 동시에 주어지는 경우(망목특성)

서로 독립인 망대특성과 망소특성의 샘플링검사 방식을 결합한 형태로, 판정기준의 설계는 동일하다.

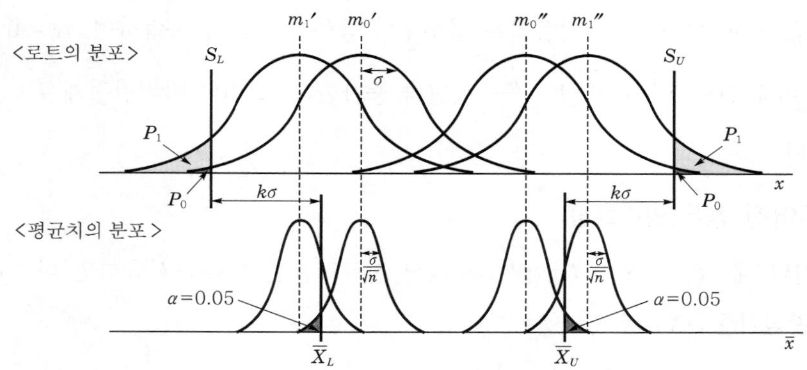

㉠ 합격판정기준

ⓐ $\overline{X}_U = S_U - k\sigma$

ⓑ $\overline{X}_L = S_L + k\sigma$

㉡ 검사개수

$$n = \left(\frac{k_\alpha + k_\beta}{k_{p_0} - k_{p_1}}\right)^2 = \left(\frac{2.927}{k_{p_0} - k_{p_1}}\right)^2$$

㉢ 합격판정계수

$$k = \frac{k_{p_0} k_\beta + k_{p_1} k_\alpha}{k_\alpha + k_\beta}$$

㉣ 판정

ⓐ $\overline{X}_L \leq \overline{x} \leq \overline{X}_U$이면 로트를 합격시킨다.

ⓑ $\overline{x} < \overline{X}_L$ 또는 $\overline{x} > \overline{X}_U$이면 로트를 불합격시킨다.

⑤ **부적합품률 보증에 대한 OC 곡선**

$k_{L(P)} = (k - k_p)\sqrt{n}$

⊘ $k_{L(P)} < 0$이면 $L(P) > 0.5$가 된다.

3 계량규준형 1회 샘플링검사(σ미지)

로트 표준편차(σ)가 미지인 경우 σ 대신 $\hat{\sigma}$의 시료편차 s를 사용하는 샘플링검사의 설계로 평균치를 보증하는 경우는 설계가 불가능하고, 부적합품률을 보증하는 경우만 샘플링검사의 설계가 가능하다. $\hat{\sigma}$를 사용하므로 σ를 사용하는 경우보다 샘플링 정도가 하락하며, $\alpha = 0.05$, $\beta = 0.10$을 보증하기 위해 검사개수 n이 $\left(1+\dfrac{k^2}{2}\right)$배만큼 증가한다. 그러나 합격판정계수 k는 σ기지인 경우와 동일하다.

(1) S_U가 주어진 경우(망소특성)

σ가 기지일 때 $\overline{X}_U = S_U - k\sigma$에서 σ 대신 시료표준편차 s를 사용하면 다음과 같다.

① 합격판정기준 : $\overline{X}_U = S_U - ks$

② 검사개수 : $n = \left(1+\dfrac{k^2}{2}\right)\cdot\left(\dfrac{k_\alpha + k_\beta}{k_{p_0} - k_{p_1}}\right)^2$

③ 합격판정계수 : $k = \dfrac{k_{p_0}\cdot k_\beta + k_{p_1}\cdot k_\alpha}{k_\alpha + k_\beta}$

④ 판정

㉠ $\overline{x} + ks \le S_U$이면 로트를 합격시킨다.

㉡ $\overline{x} + ks > S_L$이면 로트를 불합격시킨다.

(2) S_L이 주어진 경우(망대특성)

σ가 기지일 때 $\overline{X}_L = S_L + k\sigma$에서 σ 대신 시료표준편차 s를 사용하면 다음과 같다.

① 합격판정기준 : $\overline{X}_L = S_L + ks$

② 검사개수 : $n = \left(1+\dfrac{k^2}{2}\right)\cdot\left(\dfrac{k_\alpha + k_\beta}{k_{p_0} - k_{p_1}}\right)^2$

③ 합격판정계수 : $k = \dfrac{k_{p_0}\cdot k_\beta + k_{p_1}\cdot k_\alpha}{k_\alpha + k_\beta}$

④ 판정

㉠ $\overline{x} - ks \ge S_L$이면 로트를 합격시킨다.

㉡ $\overline{x} - ks < S_L$이면 로트를 불합격시킨다.

⊙ 망목특성인 경우도 σ기지인 경우 σ 대신 $\hat{\sigma} = s$를 사용하고 검사개수가 $\left(1+\dfrac{k^2}{2}\right)$배 증가하는 것 이외에는 σ기지인 경우와 동일하다.

2 계수값 샘플링검사(KS Q ISO 2859)

계수값 샘플링검사는 종전의 계수 조정형(KS 3109)과 계수 선별형(KS 3105)을 통합하여 연속로트에 대한 계수값 AQL 지표형 샘플링검사인 KS Q ISO 2859-1과, 고립로트에 대한 LQ 지표형 샘플링검사인 KS Q ISO 2859-2로 구분하고, 지정된 AQL보다 월등히 품질이 좋은 로트의 검사빈도를 줄여 검사개수를 줄여가는 스킵로트 샘플링검사인 KS Q ISO 2859-3을 신설하였다.

이러한 계수값 샘플링검사는 구입자 측에서 샘플링검사를 수월하게 하거나 까다롭게 하여 검사를 조정하는 것이 특징인데, 바람직하다고 생각하는 최소한의 로트 품질(AQL)을 정하고 이 수준보다 높은 품질의 로트를 제출하는 경우 거의 다 합격시킬 것을 공급하는 쪽에 보증하는 동시에, 품질 높은 로트에 대하여는 샘플의 크기를 작게 하여 검사비용를 줄이려는 목적을 갖고 있는 샘플링검사이다.

⊙ 연속로트란 제출한 로트의 품질(부적합품률)이 로트마다 동일하다고 판단하는 경우이고, 고립로트란 로트마다 품질이 일정치 않다고 구매자가 판단하는 경우라 할 수 있다.

1 AQL 지표형 샘플링검사(KS Q ISO 2859-1) : 연속로트

(1) AQL 지표형 샘플링검사의 특징

① 검사의 엄격도 전환(스코어법)에 의해 생산자의 품질 향상에 자극을 준다.

② 구입자가 공급자를 선택할 수 있다.

③ 연속로트인 경우 적용하며, 장기적으로 품질을 보증한다(프로세스 품질 보증).

④ 불합격 로트의 처리방법은 전수검사에 따른 폐기, 선별, 수리, 재평가로 소관권한자가 결정하도록 되어 있다.

⑤ 로트 크기와 시료 크기와의 관계가 분명히 정해져 있다(비례샘플링 방식).

⑥ 로트의 크기에 따라 α가 일정하지 않다($N\uparrow : \alpha\downarrow$).

⑦ 3종류의 샘플링 형식이 정해져 있다(1회·2회·다회(5회) 샘플링검사).

⑧ 검사수준이 여러 개가 있다(특별검사수준 4개, 통상검사수준 3개).

⑨ AQL과 시료 크기는 등비수열이 채택되어 있다($R-5$ 등비수열).

(2) 적용범위

① 공급자로부터 연속적이고 대량으로 구입되는 경우

② 로트의 합격·불합격에 대한 공급자의 관심이 큰 경우

③ 공급자의 프로세스 품질에 관심이 있는 경우

(3) 보통검사의 절차

① 품질기준을 정한다.

② AQL(Acceptable Quality Level)을 결정한다.

③ 검사수준을 결정한다(일반적으로 통상검사수준 Ⅱ를 사용).
④ 검사의 엄격도를 정한다(일반적으로 보통검사에서 시작).
⑤ 샘플링 형식을 정한다(보편적으로 1회 샘플링검사 적용).
⑥ 로트 구성 및 크기를 정한다.
⑦ 샘플링 방식을 구한다.
⑧ 시료를 채취하고, 품질특성을 구한다.
⑨ 로트의 판정을 내리고 로트를 처리한다.

(4) 엄격도 전환

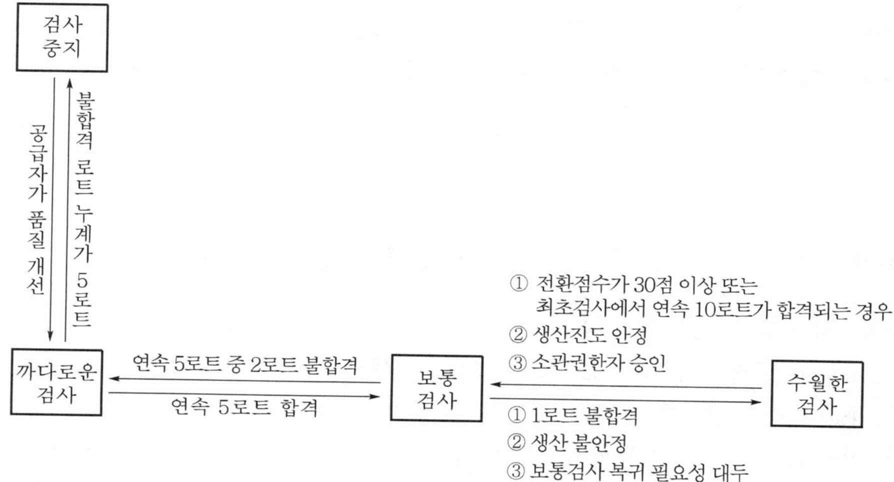

⊙ 전환점수(S_S)가 30점 이상이라는 의미는 $A_c \geq 2$인 샘플링검사인 경우 한 단계 엄격한 AQL 조건하에서 연속 10로트가 합격되는 경우이거나, $A_c \leq 1$인 검사에서 연속 15로트가 합격되는 경우이다. 이는 Process의 품질수준인 $\overline{P}$가 AQL보다 작은 쪽에 위치하고 있으며, 품질수준이 안정되어 있다는 것을 의미한다.

① 까다로운 검사는 보통검사와 검사개수가 동일하지만, 수월한 검사(축소검사)는 보통검사보다 검사개수가 2/5 이하로 감소된다.
② 소관권한자란 샘플링검사 시스템의 중립성을 유지하고, 이 절차를 원활하게 운영·유지할 수 있는 자로, 계약 시에 공급자와 구입자 양자의 합의에 의해 규정되는 것이 보통이지만, 그렇지 않은 경우로 제1자, 제2자, 제3자에게 할당되는 경우가 있다.
소관권한자는 분수 합격판정개수 샘플링검사나, 스킵로트 샘플링검사의 승인, 검사수준의 결정 또는 불합격 로트의 처리 등에 대한 권한을 갖고 있다.
㉠ 제1자 : 공급자의 품질 부문
㉡ 제2자 : 구입자 또는 조달기관
㉢ 제3자 : 독립의 검사기관 또는 인증기관

(5) AQL 설정 시 주의할 점

① 구매자의 요구품질에 맞추어 설정한다.
② 불필요하고 엄격한 품질을 피하여 설정한다.
③ 공정평균에 근거를 두고 설정한다.
④ 공급자와 협의하여 타당한 품질을 정한다.
⑤ AQL 값의 지속적인 검토를 행한다.

(6) 검사수준

① 검사수준의 구분
㉠ 통상검사 : Ⅰ, Ⅱ, Ⅲ(Ⅱ는 표준검사수준)
⊙ 시료 크기 비율은 근사적으로 0.4 : 1 : 1.6의 비율을 따른다.
㉡ 특별검사 : S-1, S-2, S-3, S-4(소시료검사)

② 검사수준의 결정방법
㉠ 물품의 복잡한 정도와 원가(구조가 간단하거나 저가인 제품 → 낮은 검사수준 적용)
㉡ 검사비용(검사비 저렴 → 높은 검사수준)
㉢ 파괴검사인 경우(낮은 검사수준)
㉣ AQL보다 낮은 품질의 로트를 합격시키고 싶지 않은 경우(높은 검사수준)
㉤ 생산이 안정되어 있는 경우(낮은 검사수준)
㉥ 로트 간의 산포(산포가 적고 언제나 합격하는 경우 → 낮은 검사수준)
㉦ 로트 내 품질의 산포(산포가 규격 폭에 비해 작으면 → 낮은 검사수준)
⊙ 동일한 AQL, 동일한 시료문자, 동일한 엄격도 전환이 되어 있는 경우에는 어느 샘플링 형식을 취하여도 OC 곡선은 실제적으로 거의 같도록 설계되어 있다. 따라서 어떤 샘플링 형식을 선택할 것인가에 대해서는 OC 곡선 이외의 사항을 고려하여 결정한다.

(7) 검사의 엄격도 전환

① 검사의 개시 시점에서는 원칙적으로 보통검사를 적용한다.
② 계약 초기에 까다로운 검사를 적용하는 경우(소관권한자가 결정)
㉠ 공급자가 이전 계약에서 규정된 AQL을 만족시키지 못했을 때
㉡ 공급자가 제조경험이 없을 때
㉢ 생산 전 공장 검사의 결과가 나쁠 때
㉣ 이전 경험으로 보아 공급자가 제조 초기에 어려움이 있다고 인정될 때
③ 엄격도 전환원칙
㉠ AQL보다 월등하게 우수하며 일관되게 좋은 품질을 달성하면, 소관권한자의 판단에 따라 수월한 검사를 택한다.
㉡ AQL보다 확실히 품질저하 현상이 검출되면, 구매자에 대한 자동 보호차원에서 까다로운 검사나 검사정지로의 전환이 이루어진다.

(8) 검사의 엄격도 전환규칙

① 보통검사에서 까다로운 검사로의 전환

연속 5로트 검사에서 2로트가 불합격되는 경우

② 까다로운 검사에서 보통검사로의 전환

연속 5로트가 최초검사에서 합격하는 경우

③ 검사 중지로의 전환

불합격 로트의 누계가 5로트인 경우

⊙ 검사 중지로 전환 후 검사 대기 중인 로트는 전수검사를 행한다.

④ 보통검사에서 수월한 검사로의 전환

다음의 조건이 모두 만족된 경우는 수월한 검사로 전환해야 한다.

㉠ 전환점수(switching score)가 30점 이상인 경우 또는 최초검사에서 연속 10로트가 합격하고 소관권한자가 승인한 경우

㉡ 생산진도가 안정된 경우

㉢ 수월한 검사가 바람직하다고 소관권한자가 판단하는 경우

⑤ 수월한 검사에서 보통검사로의 전환

㉠ 1로트가 불합격된 경우

㉡ 생산이 불안정한 경우

㉢ 기타 보통검사로의 복귀 필요성이 발생하는 경우

(9) 전환점수의 계산

① 합격판정개수 $A_c \leq 1$인 1회 샘플링검사

로트가 합격되면 전환점수(S_S) 2점을 가산하고, 그렇지 않으면 전환점수를 0점으로 처리한다.

② 합격판정개수 $A_c \geq 2$인 1회 샘플링검사

한 단계 엄격한 AQL에서 합격 시 전환점수(S_S) 3점을 가산하고, 그렇지 않으면 전환점수를 0점으로 처리한다.

③ 2회 샘플링검사 방식

1회 샘플링에서 로트가 합격되면 전환점수(S_S) 3점을 가산하고, 그렇지 않으면 0점으로 처리한다.

④ 다회 샘플링검사 방식

3회 샘플링에서 로트가 합격되면 전환점수(S_S) 3점을 가산하고, 그렇지 않으면 전환점수를 0점으로 처리한다.

참고 2859-1의 주샘플링검사표(부표 2-A, B, C)에서 샘플문자와 AQL을 교차시키면 n과 A_c, R_e를 구할 수 있으나, AQL에 비해 샘플문자가 상대적으로 작은 경우 화살표에 걸리는 경우가 있다. 이러한 경우에는 화살표에 따라 샘플문자가 변하게 되므로 주의하여야 한다. 만약 샘플문자 G와 AQL=0.25%인 경우라면 시료문자 G에서 화살표가 걸리므로 샘플문자 G는 H로 변하게 되며, $n=50$, $A_c=0$, $R_e=1$인 샘플링검사 방식이 설계된다.

(10) 분수 합격판정개수의 샘플링검사

소관권한자가 승인하는 경우 사용할 수 있으며, 〈주샘플링검사표(부표 2-A, B, C)〉의 합격판정개수가 0과 1의 중간에 화살표로 된 2개의 칸(수월한 검사는 3개의 칸)이 있는데, 화살표 대신 1/5개(수월한 검사에만 적용됨), 1/3개 및 1/2개라는 분수 합격판정개수를 사용하여 검사개수의 변화 없이 지정된 AQL을 보증할 수 있도록 한 샘플링검사 방식이다.

이러한 분수 합격판정개수 샘플링검사는 샘플링 방식이 일정한 경우와 샘플링 방식이 일정하지 않은 경우로 나누어지며, 〈주샘플링검사 보조표(부표 11-A, B, C)〉로 명시하고 있다.

① 샘플링 방식이 일정한 경우

검사가 진행되는 동안 각 로트마다 지정된 AQL과 시료문자가 동일한 경우로, 분수 합격판정개수의 샘플링검사 방식은 다음과 같다.

㉠ 부적합품이 0개인 경우는 로트가 합격되며, 2개 이상인 경우는 불합격된다.

㉡ 부적합품이 1개인 경우에 검사 로트가 합격되는 경우

ⓐ 합격판정개수 1/2개인 검사 : 직전 1개 로트에 부적합품이 없다.

ⓑ 합격판정개수 1/3개인 검사 : 직전 2개 로트에 부적합품이 없다.

ⓒ 합격판정개수 1/5개인 검사 : 직전 4개 로트에 부적합품이 없다.

② 샘플링 방식이 일정하지 않은 경우

로트 크기의 변동 및 엄격도 전환에 따라 검사가 계속되는 경우로, 합부판정점수(A_s)를 계산하여 검사 전 합부판정점수(A_s)가 8점 이하이면 합격판정개수(A_c)가 0인 검사를 행하며, 검사 전 합부판정점수(A_s)가 9점 이상이면 합격판정개수(A_c)가 1인 샘플링검사를 행하여 로트의 합격과 불합격을 결정한다.

[합부판정점수(A_s)의 계산]

㉠ 누계 합부판정점수를 이용하여 합격판정개수 A_c가 분수일 때 다음의 기준을 적용한다.

ⓐ 검사 전 합부판정점수가 8점 이하이면 $A_c=0$인 샘플링검사를 진행한다.

ⓑ 검사 전 합부판정점수가 9점 이상이면 $A_c=1$인 샘플링검사를 진행한다.

㉡ 보통검사, 까다로운 검사, 수월한 검사의 개시 시점에서 검사 전 합부판정점수는 0점에서 시작된다.

ⓐ $A_c=0$이면, 합부판정점수에 0점을 가산한다.

ⓑ $A_c=1/5$이면, 합부판정점수에 2점을 가산한다.

ⓒ $A_c=1/3$이면, 합부판정점수에 3점을 가산한다.

ⓓ $A_c=1/2$이면, 합부판정점수에 5점을 가산한다.

ⓔ $A_c\geq 1$이면, 합부판정점수에 7점을 가산한다.

㉢ 검사 후 샘플 중에 부적합품이 발생하지 않으면 검사 후 합부판정점수는 검사 전 합부판정점수와 동일하게 처리한다.

㉣ 만일 샘플 중에 부적합품이 발생하면 로트의 합격과 불합격의 판정 후, 검사 후 합부판정점수를 0으로 처리한다.

㉤ 주어진 A_c가 정수이면 적용되는 A_c는 합부판정점수와 관계없이 바뀌지 않는다.

다음은 분수 합격판정개수의 샘플링방식을 적용한 경우의 설명이다.

어떤 회사에서 특정 부품의 수입검사에 계수값 샘플링검사인 KS Q ISO 2859-1을 사용하고 있다. 샘플링방법의 검토 후 $AQL = 1.0\%$, 통상검사수준 Ⅱ로 소관권한자의 판단 아래 1회 주샘플링검사 보조표를 이용해 샘플링검사를 진행하기로 하고, 로트 검사 시 최초의 검사 로트는 보통검사에서 시작하였다. 합부판정점수(검사 전·후), 적용하는 A_c, 전환점수, 합부판정을 기입하고 로트의 엄격도 전환을 결정하였더니 아래와 같은 표가 작성되었다.

(단, ISO 2859-1의 보조적 주샘플링검사표의 보통검사, 까다로운 검사, 수월한 검사표를 사용하여 샘플문자, 시료수 및 당초의 A_c는 기입을 하였으며, 부적합품수는 표의 상태로 검사 시 발견되었다고 가정한다.)

로트 번호	N	샘플 문자	n	당초의 A_c	합부판정 점수 (검사 전)	적용하는 A_c	부적합 품수 d	합부 판정	합부판정 점수 (검사 후)	전환 점수	엄격도 적용
1	180	G	32	1/2	5	0	0	합	5	2	보통검사 적용
2	200	G	32	1/2	10	1	1	합	0	4	보통검사 속행
3	250	G	32	1/2	5	0	1	불	0	0	보통검사 속행
4	450	H	50	1	7	1	1	합	0	2	보통검사 속행
5	300	H	50	1	7	1	1	합	0	4	보통검사 속행
6	80	E	13	0	0	0	1	불	0	0	까다로운 검사로 전환
7	800	J	80	1	7	1	1	합	0	–	까다로운 검사 적용
8	300	H	50	1/2	5	0	0	합	5	–	까다로운 검사 속행
9	100	F	20	0	5	0	0	합	5	–	까다로운 검사 속행
10	600	J	80	1	12	1	0	합	12	–	까다로운 검사 속행
11	200	G	32	1/3	15	1	0	합	0*	–	보통검사로 전환
12	600	J	80	2(1)	7	2	2	합	0	0	보통검사 적용
13	250	G	32	1/2	5	0	0	합	5	2	보통검사 적용
14	600	J	80	2(1)	12	2	1	합	0	5	보통검사 속행
15	80	E	13	0	0	0	0	합	0	7	보통검사 속행
16	200	G	32	1/2	5	0	0	합	5	9	보통검사 속행
17	500	H	50	1	12	1	0	합	12	11	보통검사 속행
18	100	F	20	1/3	15	1	0	합	15	13	보통검사 속행
19	120	F	20	1/3	18	1	0	합	18	15	보통검사 속행
20	85	E	13	0	18	0	0	합	18	17	보통검사 속행
21	300	H	50	1	25	1	1	합	0	19	보통검사 속행
22	500	H	50	1	7	1	0	합	7	21	보통검사 속행
23	700	J	80	2(1)	14	2	1	합	0	24	보통검사 속행
24	600	J	80	2(1)	7	2	0	합	7	27	보통검사 속행
25	550	J	80	2(1)	14	2	0	합	0*	30	수월한 검사로 전환
26	400	H	20	1/2	5	0	0	합	5	–	수월한 검사 적용

[비고] *는 엄격도 전환 시 "합부판정점수"이고, 당초 A_c의 ( ) 안의 숫자는 한 단계 엄격한 AQL에서의 합격판정개수(A_c)를 의미한다. 만약에 부적합품수 d가 ( ) 안의 A_c보다 크면 전환점수는 0점으로 처리된다.

⊘ 분수 합격판정개수의 샘플링검사는 KS Q ISO 2859-3에 기초한 스킵로트검사에는 사용할 수 없으며, 검사절차 B를 따르는 고립로트인 경우(KS Q ISO 2859-2)에 적용되는 전환점수도 위의 내용에 해당된다.

2 LQ 지표형 샘플링검사(KS Q ISO 2859-2) : 고립로트

(1) LQ 지표형 샘플링검사의 적용

KS Q ISO 2859-1은 합격시키고 싶은 로트의 품질수준인 AQL을 지표로 하는 계수값 샘플링 검사로, 연속로트 검사에 적용되는 샘플링검사이다. 이 경우 생산자에게는 품질수준 개선에 대한 자극을 주는 동시에 구매자의 품질 보호를 동시에 만족시켜 장기적으로 프로세스의 품질 보증을 하는 샘플링검사라고 할 수 있다.

그러나 KS Q ISO 2859-2는 바람직하지 않다고 생각되는 로트의 품질수준인 LQ(한계품질) 지표형 샘플링검사로 고립로트인 경우에 적용되는 샘플링검사 방식이다.

이러한 LQ 지표형은 소비자 위험을 0.10~0.13선인 낮은 합격확률로 억제하고 있으며, LQ는 바람직한 품질의 최저 4배 이상에서 결정한다.

⊘ 예전에는 KS A 3105인 계수 선별형이 사용되었다.

(2) LQ 지표형 샘플링검사의 특징

① AQL 지표형의 전환규칙을 사용할 수 없는 고립로트에 적용되는 샘플링검사 방식이다.

② 연속적 거래가 아닌 경우나 1회 거래시에 사용하며, KS Q ISO 2859-1처럼 프로세스 품질을 보증하는 데는 관심이 없고 거래시의 로트 자체의 품질에 관심이 있는 경우 사용한다.

③ 공급자와 소비자 양쪽 모두 고립로트라고 인정하는 경우 검사절차 A를 사용하여 검사를 행하며, 이때는 LQ를 지표로 하는 1회 샘플링 검사표(부표 A)가 이용된다.

④ 공급자는 제출한 로트가 연속로트라고 생각하고 있으나, 소비자는 고립로트라고 판단하는 경우 검사절차 B를 적용하게 되는데, 이때는 LQ에 대응되는 AQL값을 지정하고 있는 부표 B1~B10을 사용하여 KS Q ISO 2859-1의 샘플링 방식으로 검사하게 되어 있다. 따라서 생산자는 구매자가 고립로트로 할 것인가, 연속로트로 할 것인가에 관계없이 동일한 검사 절차를 유지할 수 있다.

⑤ 검사절차 A인 경우는 합격판정개수가 0인 샘플링 방식을 포함하지만, 검사절차 B인 경우는 합격판정개수가 0인 샘플링 방식은 포함하지 않고 전수검사를 행한다.

⊘ 검사절차 A와 검사절차 B의 적용은 구매자는 고립로트라고 판단하고 있는 상태에서 공급자 요구에 따라 결정된다.

3 스킵로트 샘플링검사(KS Q ISO 2859-3)

(1) 스킵로트 샘플링검사의 적용

연속로트에만 사용하며, 검사에 제출된 제품의 품질이 AQL보다 상당히 높다고 인정되어 소정의 판단기준과 합치했을 때 2859-1에 해당되는 AQL 지표형 검사는 소관권한자의 승인하에 스킵로트 샘플링검사를 사용할 수 있다.

(2) 스킵로트 샘플링검사의 특징

① 연속로트에만 사용하며, 고립로트에는 사용하지 않는다.
② 검사특성값이 KS Q ISO 2859-1에 설정된 계수값 샘플링검사의 경우에만 사용한다.
③ 검사하는 특성값의 수가 복수일 때 사용하는 스킵로트 절차는 조합하여 사용하는 KS Q ISO 2859-1의 절차에 사용되는 원칙과 같은 원칙에 따른다.
④ 제품의 자격심사기간 중 검사수준 Ⅰ, Ⅱ, Ⅲ에서 보통검사, 수월한 검사, 혹은 보통검사와 수월한 검사의 조합이 적용되어야 가능하다.
⑤ 지정된 AQL보다 품질이 월등히 높은 경우 사용한다.
⑥ 합격판정개수가 0인 샘플링검사는 스킵로트 샘플링검사의 사용을 자제한다.
⑦ 안전에 관계되는 제품의 특성검사에는 적용하지 않는다.
⑧ 스킵로트 샘플링검사는 수월한 검사보다 비용적으로 유리한 경우에 수월한 검사 대신 사용할 수 있다.
⑨ 프로세스의 품질수준인 부적합품률 P가 $AQL/2$ 이하인 경우에 소관권한자의 승인하에 사용될 수 있다.

3 축차 샘플링검사(KS Q ISO 28591, 39511)

1 계수값 축차 샘플링검사(KS Q ISO 28591)

(1) 검사절차

① 품질기준을 정한다.
② $P_A(PRQ,\ Q_{PR})$, $P_R(CRQ,\ Q_{CR})$을 설정한다.
③ 로트 크기(N)를 형성한다.
④ 샘플링검사표를 작성한다.
㉠ 샘플링 표에서 지정된 $P_A(Q_{PR})$를 포함하는 행과 지정된 $P_R(Q_{CR})$을 포함하는 열이 만나는 칸을 구한다.
㉡ 칸 속의 h_A, h_R, g 값을 구한다.
㉢ 합격판정개수 및 불합격판정개수를 계산한다.
ⓐ $n_{cum} < n_t$인 경우
- 합격판정개수 $A = -h_A + gn_{cum}$ → 소수점 이하의 숫자는 버린다.
  (단, n_{cum}은 누적검사개수이다.)
- 불합격판정개수 $R = h_R + gn_{cum}$ → 소수점 이하의 숫자는 올린다.

ⓑ $n_{cum} = n_t$인 경우
누계 검사개수 중지치(n_t)에서 합부판정개수
$A_t = gn_t$, $R_t = A_t + 1$

⑤ 시료를 채취한다.
⑥ 시료를 시험한다.
⑦ 샘플링검사표를 작성한다.
⑧ 로트의 합격·불합격·검사 속행을 판정한다.

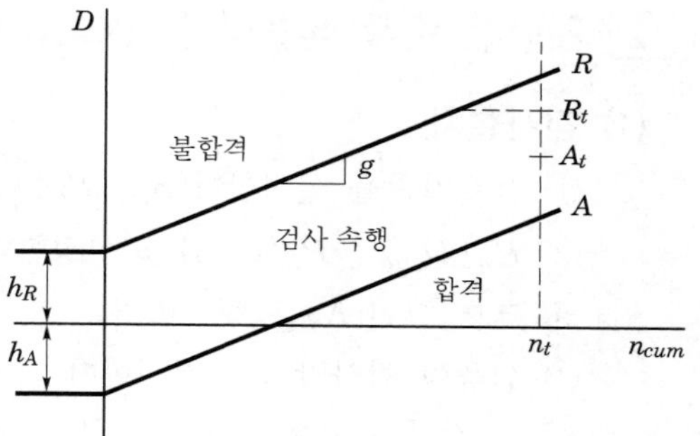

㉠ $n_{cum} < n_t$ 인 경우
ⓐ $A < D < R$: 검사 속행
ⓑ $D \geq R$: 로트 불합격
ⓒ $D \leq A$: 로트 합격
단, $D = R_t$ 인 경우 로트 불합격으로 판정한다.

㉡ $n_{cum} = n_t$ 인 경우
ⓐ $D \leq A_t$: 로트 합격
ⓑ $D \geq R_t$: 로트 불합격

(2) 계수값 축차 샘플링검사의 파라미터 설계

① $h_A = \dfrac{\log[(1-\alpha)/\beta]}{\log[P_R(1-P_A)]/[P_A(1-P_R)]}$

② $h_R = \dfrac{\log[(1-\beta)/\alpha]}{\log[P_R(1-P_A)]/[P_A(1-P_R)]}$

③ $g = \dfrac{\log[(1-P_A)(1-P_R)]}{\log[P_R(1-P_A)]/[P_A(1-P_R)]}$

참고 축차 샘플링검사에서 무한정 시료를 조사할 수 없다.
이때의 누계 검사개수 중지치(n_t)를 구하게 되는데 n_t는 다음과 같다.
- 1회 샘플링검사의 검사개수(n_0)를 아는 경우 : $n_t = 1.5n_0$
- 부적합품률의 검사인 경우 : $n_t = 2h_A h_R / g(1-g)$
- 100항목당 부적합수 검사의 경우 : $n_t = 2h_A h_R / g$

예제 3-7

$A = -1.445 + 0.11\, n_{cum}$, $R = 1.885 + 0.11\, n_{cum}$ 인 축차 샘플링검사에서 40개를 샘플링한 결과 6번째와 35번째에서 부적합품이 발견되었다면 로트를 어떻게 처리해야 하는가? (단, $n_{cum} < n_t$ 이다.)

$A = -1.445 + 0.11\, n_{cum} = -1.4445 + 0.11 \times 40 = 2.955$ → 2개(소수점 이하 버림)
$R = 1.885 + 0.11\, n_{cum} = 1.885 + 0.11 \times 40 = 6.285$ → 7개(소수점 이하 올림)
∴ 누계 부적합품수(2개)가 합격판정개수 A와 같으므로, 로트를 합격시킨다.

2 계량값 축차 샘플링검사(KS Q ISO 39511)

(1) 검사절차

① 품질기준을 설정한다(S_U, S_L을 지정).

② $P_A(Q_{PR})$, $P_R(Q_{CR})$를 설정한다.

③ 로트 크기(N)를 형성한다.

④ 샘플링 검사방식을 결정한다.

㉠ 샘플링 표에서 P_A와 P_R을 사용하여 h_A, h_R, g, n_t를 구한다.

㉡ 합격판정치 및 불합격판정치를 계산한다.

⑤ 로트 속에서 시료를 하나씩 축차적으로 랜덤하게 뽑아 여유치 y_i를 구해 누계 여유치를 계산한다.

$$Y = \sum y_i = \sum(x_i - L) = \sum(U - x_i)$$

㉠ 상한 규격의 경우 : $y_i = U - x_i$

㉡ 하한 규격의 경우 : $y_i = x_i - L$

㉢ 양쪽 규격의 경우 : $y_i = x_i - L$

⑥ 로트의 합격·불합격 및 검사 속행을 판정한다.

(2) 한쪽 규격인 경우(망대특성 또는 망소특성)

규격하한 L 또는 규격상한 U가 지정되는 경우로, 누계 여유치 $\sum y_i$값을 $\sum(x_i - S_L)$ 또는 $\sum(S_U - x_i)$로 구하기 때문에 판정선은 동일하게 형성된다.

① 합격판정치 및 불합격판정치의 계산

㉠ 합격판정치

$A = h_A\sigma + g\sigma n_{cum}$

㉡ 불합격판정치

$R = -h_A\sigma + g\sigma n_{cum}$

㉢ 누계 검사개수 중지치에서 합격판정치

$A_t = g\sigma n_t$

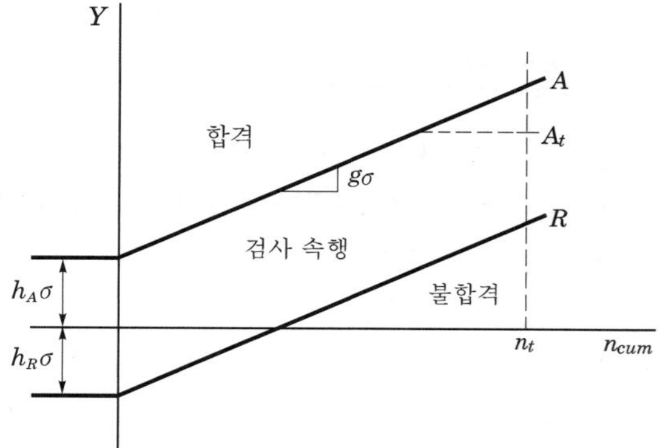

② 판정

㉠ $n_{cum} < n_t$인 경우

ⓐ $R < Y < A$: 검사 속행

ⓑ $Y \geq A$: 로트 합격

ⓒ $Y \leq R$: 로트 불합격

㉡ $n_{cum} = n_t$인 경우

ⓐ $Y \geq A_t$: 로트 합격

ⓑ $Y < A_t$: 로트 불합격

참고 계량규준형 샘플링검사의 검사개수(n_o)의 1.5배로 누계 검사개수 중지치를 구한다.

$$n_t = 1.5n_o = 1.5\left(\frac{k_\alpha + k_\beta}{k_{P_A} - k_{P_R}}\right)^2$$

예제 3-8

굵기 10mm인 염화비닐관의 수압검사를 KS Q ISO 39511 계량값 축차 샘플링 방식으로 설계하고 싶다. 이때, 하한 규격치 $S_L = 100\text{kg/cm}^2$이며, 과거의 데이터에 의해 산포는 8.0kg/cm^2으로 추정된다. 다음 물음에 답하시오.

(1) 누계 검사개수 중지치(n_t)와 그때의 합격판정치(A_t)를 구하시오. (단, $\alpha = 0.05$, $\beta = 0.10$인 조건에서 $P_A = 1\%$, $P_R = 5\%$이며, KS Q ISO 39511 〈표 1〉 계량 축차 샘플링표를 이용하시오.)

(2) 누계 검사개수 n_{cum}일 때의 합격·불합격 판정선을 설계하시오. (단, $n_{cum} < n_t$이다.)

(3) 또한 시료를 7개까지 속행하여 측정치를 계산한 누계 여유치 Y가 100kg/cm^2였다면 검사 로트의 판정은 어떻게 되는가?

---

(1) KS Q 39511 〈표1〉에서 파라미터를 구하면,

$h_A = 3.303$, $h_R = 4.241$, $g = 1.986$, $n_t = 29$이다.

$n_{cum} = n_t = 29$에서의 합격판정기준은 다음과 같다.

$A_t = g\sigma n_t = 1.986 \times 8 \times 29 = 460.752$

즉, 29개의 로트까지 판정이 나지 않으면 검사를 중단한 후

누계 여유치 $Y = \Sigma(x_i - L) \geq A_t$이면 로트를 합격시키고, 아니면 불합격 처리한다.

(2) $n_{cum} \geq n_t$일 때의 합부판정기준

$A = h_A\sigma + g\sigma n_{cum}$

$= 3.303 \times 8 + 1.986 \times 8 \times n_{cum} = 26.424 + 15.888n_{cum}$

$R = -h_R\sigma + g\sigma n_{cum}$

$= -4.241 \times 8 + 1.986 \times 8 \times n_{cum} = -33.928 + 15.888n_{cum}$

(3) $n_{cum} = 7$에서의 판정

$A = 26.424 + 15.888n_{cum}$

$= 26.424 + 15.888 \times 7 = 137.64\text{kg/cm}^2$

$R = -33.928 + 15.888n_{cum}$

$= -33.928 + 15.888 \times 7 = 77.288\text{kg/cm}^2$

$R < Y(100\text{kg/cm}^2) < A$이므로 검사를 속행한다.

(3) 양쪽 규격인 경우(망목특성)

규격 상한과 규격 하한의 양쪽이 규정되어 있는 경우에는 연결식과 개별식으로 나누어 설계하는데, 연결식 양쪽 규격은 각 규격한계에 같은 품질지표(AQL)를 지정하는 경우 사용하며, 개별식 양쪽 규격은 각 규격한계에 각각 다른 품질지표(AQL)를 지정하는 경우 사용한다.

계량 축차 샘플링검사 방식에서 연결식 양쪽 규격이 주어지는 경우, 축차 샘플링검사를 적용할 수 있는 한계 프로세스 표준편차(LPSD)를 지정하게 되는데, 검사를 진행하려는 프로세스의 표준편차가 LPSD를 넘는 경우에는 축차 샘플링 방식을 적용할 수가 없다.

LPSD는 다음과 같이 구한다.

$$LPSD = \psi(U-L)$$

① 합격판정치 및 불합격판정치의 계산(연결식)

㉠ 합격판정치

$$A_U = -h_A\sigma + (U-L-g\sigma)n_{cum}$$

$$A_L = h_A\sigma + g\sigma n_{cum}$$

㉡ 불합격판정치

$$R_U = h_R\sigma + (U-L-g\sigma)n_{cum}$$

$$R_L = -h_R\sigma + g\sigma n_{cum}$$

㉢ 누계 샘플 중지치에 대한 합격판정치

$$A_{t.U} = (U-L-g\sigma)n_t$$

$$A_{t.L} = g\sigma n_t$$

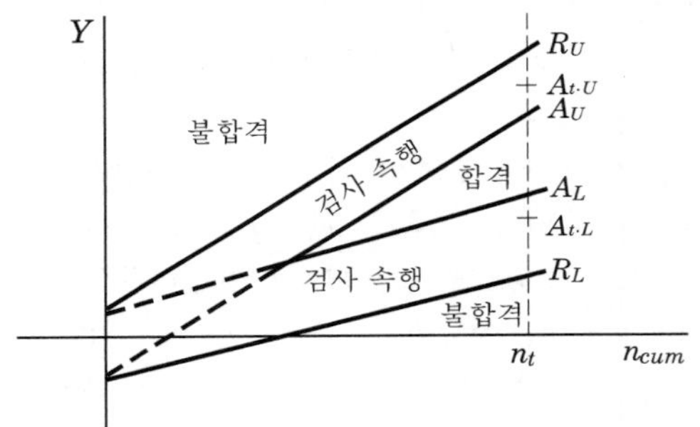

② 판정

㉠ $n_{cum} < n_t$인 경우

ⓐ $A_L \le Y \le A_U$: 로트 합격

ⓑ $Y \ge R_U$ 또는 $Y \le R_L$: 로트 불합격

ⓒ $A_U < Y < R_U$ 또는 $R_L < Y < A_L$: 검사 속행

㉡ $n_{cum} = n_t$인 경우

ⓐ $A_{t.U} \le Y \le A_{t.U}$: 로트 합격

ⓑ $Y > A_{t.U}$, $Y < A_{t.U}$: 로트 불합격

참고 개별식 양쪽 규격은 최대 프로세스 표준편차(MPSD)를 지정하게 되는데, 검사를 진행하려는 프로세스의 표준편차가 MPSD를 넘는 경우에는 모든 로트를 불합격시킨다.

MPSD는 다음과 같이 구한다.

$MPSD = f(U-L)$

PART
4

실험계획법

품질경영기사 필기

PART

4

실험계획법

실험계획법의 개념

1 실험계획법의 개요

1 실험계획법의 정의

실험계획법(DOE ; Design Of Experiments)이란 실험방법에 대한 합리적 설계로, 해결하고자 하는 문제에 대하여 어떻게 실험을 행하고, 어떻게 데이터를 취하며, 어떠한 통계적 방법으로 데이터를 분석하면 최소 실험을 통하여 최대의 정보를 얻을 수 있는 효율적인 실험을 설계할 수 있는가를 계획하는 통계적 방법론이라고 할 수 있다.

2 실험계획의 주요 특징

(1) 실험계획의 목적

① 어떤 요인이 실험 특성치에 유효한 영향을 주고 있는가를 파악하고, 그 영향력의 정도를 알아보기 위하여(검정과 추정)

② 작은 영향을 미치는 요인의 전체적 영향 정도를 파악하기 위하여(오차항 추정)

③ 유효한 영향을 미치는 요인의 가장 바람직한 반응을 하는 조건을 파악하고, 영향력 정도를 파악하기 위하여(최적 조건의 결정 및 해석)

(2) 실험계획의 순서

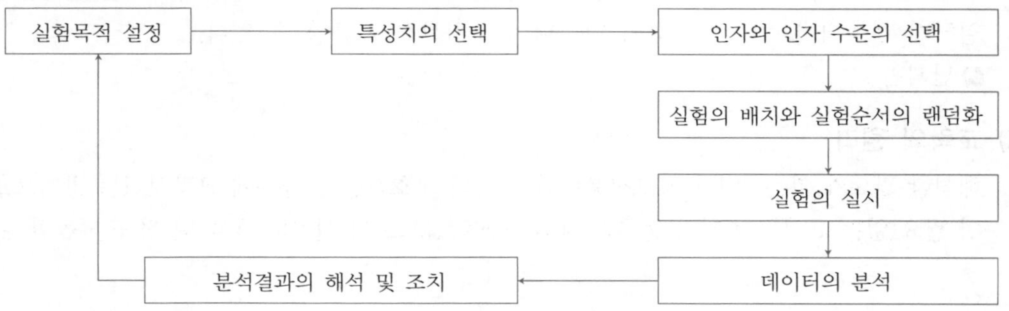

⊙ 인자의 수준(level)을 처리(treatment)라고도 하며, 인자를 질적 또는 양적으로 변화시킨 상태를 의미한다.

예 온도 100℃, 105℃, 110℃, 115℃ ……

(3) 실험계획에 사용되는 분석방법

① 분산분석(analysis of variance)
② 상관분석(correlation analysis)
③ 회귀분석(regression analysis)
④ 다구찌 실험계획 등

(4) 분산분석의 정의

표본자료로부터 측정한 전체 변동을 각 변동 성분으로 분해하여 각 변동 성분의 원천을 찾고, 각 변동 성분이 전체 변동에 미치는 영향 및 각 변동 성분 간의 차이를 파악하는 분석방법이다. 분산분석(ANOVA ; ANalysis Of VAriance)은 급간변동(요인변동)과 급내변동(오차변동)의 대결이라고 정의할 수 있다.

3 실험계획법의 기본원리

(1) 랜덤화의 원리

실험에 채택된 인자 외에 통제하지 못한 기타 요인들이 실험결과에 편기되어 영향을 미치는 것을 방지하려는 것으로, 실험순서를 무작위로 정하는 실험계획의 가장 기본적인 원리이다.

① **완전랜덤화법** : 1요인, 2요인, 3요인, 다요인 배치법
② **부분랜덤화법** : 분할법

(2) 반복의 원리

동일 조건하에 실험을 2회 이상 행하여 실험의 정도를 높이려는 원리이다. 반복을 행함으로써 오차항의 자유도를 크게 할 수 있으며, 오차분산이 정도 높게 추정됨으로써 실험결과의 신뢰성을 높일 수 있고, 2요인 이상의 교호작용을 규명할 수 있다.

(3) 블록화의 원리(층별의 원리)

실험 전체를 시간적·공간적으로 분할하여 블록으로 구성하면, 블록 내에서는 실험환경이 균일하게 형성되어 층별의 효과가 나타나며 오차분산을 줄일 수 있다.

예 난괴법

(4) 교락의 원리

해석할 필요가 없는 2인자 교호작용이나 고차의 교호작용을 블록에 교락시키는 방법으로, 해석이 필요 없는 요인의 효과가 블록의 효과와 교락함으로써 실험의 효율 및 정도를 높일 수 있다.

(5) 직교화의 원리

배치된 요인 간에 직교성을 갖도록 실험을 계획하여 데이터를 취하면, 동일한 실험횟수에서 검출력이 높은 실험을 설계할 수 있고, 상대적으로 적은 횟수의 실험으로도 해석하려는 요인을 정도 높게 추정할 수 있다.

4 실험계획의 분류

(1) 인자수에 의한 분류

① 1요인 실험 : 실험에 채택된 인자가 1개인 경우
② 2요인 실험 : 실험에 채택된 인자가 2개인 경우
③ 3요인 실험 : 실험에 채택된 인자가 3개인 경우
④ 다요인 실험 : 실험에 채택된 인자가 3개 이상인 경우

(2) 구조모형에 의한 분류

① 모수모형(fixed model)의 실험

인자의 수준을 기술적으로 지정할 수 있는 경우, 실험에 채택된 인자의 수준이 재현성을 갖고 있는 모수인자들로 구성된 실험구조를 모수모형이라 한다. 평균의 해석인 모수값의 추정을 목적으로 한다.

② 변량모형(variable model)의 실험

인자의 수준을 기술적으로 지정할 수 없거나 지정하는 것이 의미가 없는 경우, 실험에 채택된 변량인자의 수준은 재현성이 없으며 랜덤하게 지정된다. 이러한 인자들의 실험구조를 변량모형이라고 하며, 산포의 해석을 목적으로 한다.

③ 혼합모형(mixed model)의 실험

모수인자와 변량인자가 혼합된 구조모형을 혼합모형이라고 한다.

(3) 실험배치에 의한 분류

① 완비형 계획

인자 각 수준의 모든 조합에서 실험이 행해지며, 실험의 순서가 랜덤하게 행해지는 실험이다.

예 요인배치법

② 불완비형 계획

같은 실험의 장에서 비교하고자 하는 인자수준의 조합이 들어있지 않고 완전랜덤화가 곤란한 경우의 실험이다.

예 교락법, 일부실시법, 분할법

2 실험계획에 사용되는 인자의 속성과 종류

1 모수인자와 변량인자

(1) 모수인자(fixed factor)

인자의 수준에 재현성이 있고, 수준을 기술적으로 지정하는 것이 가능하며, 실험자에 의해 통제가 가능한 인자이다.

예 온도, 반응시간, 습도, 촉매량, 재료, 작업방법 등

① a_i는 고정된 상수이다.

$E(a_i) = a_i$

$V(a_i) = 0$

② a_i의 합은 0이다.

$\sum a_i = 0$

$\overline{a} = 0$

③ a_i 간의 산포의 측도는 다음과 같이 표현된다.

$$\hat{\sigma}_A^2 = E\left(\frac{\sum(a_i - \overline{a})^2}{l-1}\right) = E\left(\frac{\sum a_i^2}{l-1}\right) = \frac{\sum a_i^2}{l-1}$$

(2) 변량인자(variable factor)

인자의 수준에 재현성이 없으며, 수준의 선택이 확률적이고 랜덤하게 이루어진다. 수준의 기술적인 지정이 불가능하거나 의미가 없는 경우의 인자이다(랜덤하게 취한 작업자).

① a_i는 랜덤하게 변하는 확률변수이다.

$E(a_i) = 0$

$V(a_i) = \sigma_A^2$

② a_i의 합은 0이 아니다.

$\sum a_i \neq 0$

$\overline{a} \neq 0$

③ a_i 간의 분포의 분산은 다음과 같다.

$$\sigma_A^2 = E\left(\frac{1}{l-1}\sum(a_i - \overline{a})^2\right)$$

⊙ 인자의 효과(effect)란 i수준의 모평균과 실험 전체 모평균의 차이값을 뜻하며, 요인 A의 효과는 $a_i = \mu_{i\cdot} - \mu$로 처리된다. 모수인자인 경우 $\mu_{i\cdot}$와 μ는 모수값으로 상수이므로 효과 a_i는 상수이며, 변량인자인 경우에는 $\mu_{i\cdot}$와 μ가 확률변수이므로 a_i는 랜덤하게 변하는 확률변수가 된다.

2 인자의 분류

(1) 제어인자

실험에서 해석을 목적으로 채택한 모수인자로서, 몇 개의 수준을 설정하고 그 가운데서 최적 수준을 선택하여 평균의 해석을 위해 실험에 채택한 인자이다.

예 반응온도, 반응시간, 재료의 품종, 완성방법 등

(2) 표시인자

제어인자와 마찬가지로 몇 개의 수준을 설정하지만 주효과의 해석은 의미가 없다. 즉 최적수준을 구하려고 실험에 채택한 인자가 아니고, 제어인자와의 교호작용의 해석을 목적으로 채택한 모수인자이다.

(3) 집단인자

실험에서 해석을 목적으로 채택한 변량인자를 의미하며, 제어인자의 배치가 평균의 해석이 목적이라면 집단인자는 산포의 해석을 목적으로 한다.

(4) 블록인자

실험의 정도를 높힐 목적으로 실험의 장을 층별하기 위해서 채택한 변량인자로, 랜덤화가 곤란하며 수준의 재현성도 없다. 따라서 실험에 배치한 다른 인자와의 교호작용도 의미가 없다.

3 실험오차의 특성

실험오차 e_{ij}는 개개의 실험데이터 x_{ij}에서 각 수준의 모평균값 $\mu_i\cdot$를 뺀 값으로 랜덤하게 변하는 확률변수이며, 실험오차변동 σ_e^2은 통계학상의 우연변동(σ_w^2)에 해당된다. 이러한 오차의 분포는 평균값을 중심으로 산포하는 좌우대칭의 정규분포를 따른다.

(1) ${\sigma_e}^2$의 일반 정의식

① ${\sigma_e}^2 = E\left[\frac{1}{lr-1}\sum_i\sum_j(e_{ij}-\bar{\bar{e}})^2\right]$

② ${\sigma_e}^2 = E\left[\frac{r}{l-1}\sum_i(\bar{e}_i\cdot-\bar{\bar{e}})^2\right]$

③ ${\sigma_e}^2 = E\left[\frac{1}{r-1}\sum_j(e_{ij}-\bar{e}_i\cdot)^2\right]$

④ ${\sigma_e}^2 = E(e_{ij}^2)$

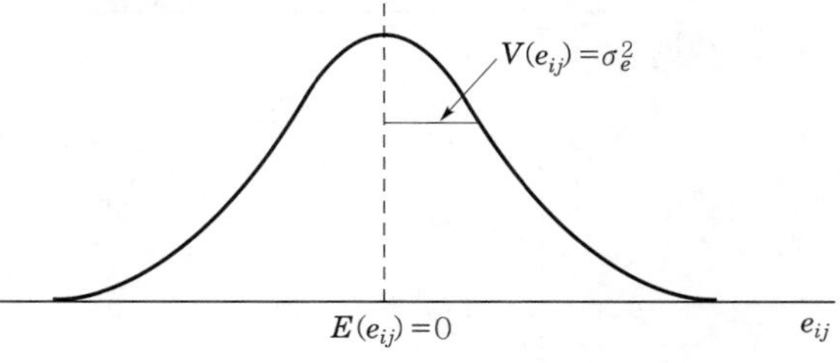

(2) 오차의 특성

① 정규성(normality) : 평균이 0이고 분산이 ${\sigma_e}^2$인 정규분포를 따른다. ➟ $[e_{ij} \sim N(0,\ {\sigma_e}^2)]$

② 독립성(independence) : 모든 e_{ij}는 서로 독립이다. ➟ $[COV(e_{ij},\ e_{ij}')=0]$

③ 불편성(unbiasedness) : 오차 e_{ij}의 기대값은 0이고 치우침은 없다. ➟ $[E(e_{ij})=0]$

④ 등분산성(equal variance) : 모든 e_{ij}의 분산은 ${\sigma_e}^2$이다. ➟ $[V(e_{ij})={\sigma_e}^2]$

CHAPTER 02 실험계획법의 분류

1 1요인 배치법

1요인 배치법(one-way factor design)은 실험의 특성치에 영향을 주는 원인들 중 해석하고자 하는 1개의 요인을 채택하여 영향력을 해석하기 위한 실험을 설계하는 완전랜덤화법의 실험배치 방식이다.

1 1요인 배치의 개요

(1) 특징

① 인자의 각 수준이 처리(treatment)된다.
② 수준수와 반복수에는 거의 제한이 없다(수준 3~5개, 반복수 3~10개).
③ 반복수는 모든 수준에 대해 동일하지 않아도 설계가 가능하다.
④ 실험순서를 랜덤하게 결정하여 실험특성치를 구한다.
⑤ 결측치가 발생하여도 그대로 분산분석이 가능하다.

반복 \ 수준	A_1	A_2	A_3	$\cdots$	A_i	$\cdots$	A_l	$T_{\cdot j}$
1	x_{11}	x_{21}	x_{31}	$\cdots$	x_{i1}	$\cdots$	x_{l1}	$T_{\cdot 1}$
2	x_{12}	x_{22}	x_{32}	$\cdots$	x_{i2}	$\cdots$	x_{l2}	$T_{\cdot 2}$
$\vdots$	$\vdots$	$\vdots$	$\vdots$		$\vdots$		$\vdots$	$\vdots$
j	x_{1j}	x_{2j}	x_{3j}	$\cdots$	x_{ij}	$\cdots$	x_{lj}	$T_{\cdot j}$
$\vdots$	$\vdots$	$\vdots$	$\vdots$		$\vdots$		$\vdots$	$\vdots$
r	x_{1r}	x_{2r}	x_{3r}	$\cdots$	x_{ir}	$\cdots$	x_{lr}	$T_{\cdot r}$
$T_{i\cdot}$	$T_{1\cdot}$	$T_{2\cdot}$	$T_{3\cdot}$	$\cdots$	$T_{i\cdot}$	$\cdots$	$T_{l\cdot}$	T
$\bar{x}_{i\cdot}$	$\bar{x}_{1\cdot}$	$\bar{x}_{2\cdot}$	$\bar{x}_{3\cdot}$	$\cdots$	$\bar{x}_{i\cdot}$	$\cdots$	$\bar{x}_{l\cdot}$	$\bar{\bar{x}}$

(단, $i=1 \rightsquigarrow l$, $j=1 \rightsquigarrow r$, $T_{i\cdot}=\sum_{j=1}^{r}x_{ij}$, $T=\sum_{i=1}^{l}\sum_{j=1}^{r}x_{ij}$, $\bar{x}_{i\cdot}=\frac{\sum_{j=1}^{r}x_{ij}}{r}=\frac{T_{i\cdot}}{r}$, $\bar{\bar{x}}=\frac{\sum_{i=1}^{l}\bar{x}_{i\cdot}}{l}=\frac{T}{lr}=\frac{T}{N}$ 이다.)

(2) 데이터 구조식

통계학에서 오차 $e=x-\mu$이므로 $x=\mu+e$, $\overline{x}=\mu+\overline{e}$로 정의된다.

1요인 배치의 데이터 구조식은 '요인의 효과+오차'로 구성되며, 요인의 효과는 주효과와 교호작용의 효과로 구분된다.

① $x_{ij}=\mu+a_i+e_{ij}$

② $\overline{x}_i\cdot=\mu+a_i+\overline{e}_i$

③ $\overline{\overline{x}}=\mu+\overline{a}+\overline{\overline{e}}=\mu+\overline{\overline{e}}$

(단, $\overline{a}=\dfrac{\sum a_i}{l}=0$)

여기서, μ : 실험 전체 평균

a_i : 요인의 효과($a_i=\mu_i\cdot-\mu$)

e_{ij} : i수준에 있어서 j번째 데이터에 부수되는 오차

⊙ $x=\mu+e$이므로, $x_{ij}=\mu_i\cdot+e_{ij}=\mu+a_i+e_{ij}$가 되고,

$\overline{x}=\mu+\overline{e}$이므로, $\overline{x}_i\cdot=\mu_i\cdot+\overline{e}_i\cdot=\mu+a_i+\overline{e}_i\cdot$로 정의된다.

(단, $\mu_i\cdot=\mu+a_i$이다.)

(3) 제곱합 분해

데이터의 총변동(S_T)은 요인변동(S_A)과 오차변동(S_e)으로 구분된다.

$$(x_{ij}-\overline{\overline{x}})=(x_{ij}-\overline{x}_i\cdot)+(\overline{x}_i\cdot-\overline{\overline{x}})$$

$$\sum_i\sum_j(x_{ij}-\overline{\overline{x}})^2=\sum_i\sum_j[(x_{ij}-\overline{x}_i\cdot)+(\overline{x}_i\cdot-\overline{\overline{x}})]^2$$

$$=\sum_i\sum_j(x_{ij}-\overline{x}_i\cdot)^2+\sum_i\sum_j(\overline{x}_i\cdot-\overline{\overline{x}})^2+2\sum_i\sum_j(x_{ij}-\overline{x}_i\cdot)(\overline{x}_i\cdot-\overline{\overline{x}})$$

여기서, $\sum_i\sum_j(x_{ij}-\overline{x}_i\cdot)=\sum_i\sum_j x_{ij}-r\sum_i\overline{x}_i\cdot=\sum_i\sum_j x_{ij}-r\sum_i\dfrac{\sum_j x_{ij}}{r}=0$이므로,

마지막 항이 0이다.

따라서, $\underbrace{\sum_i\sum_j(x_{ij}-\overline{\overline{x}})^2}_{S_T}=\underbrace{\sum_i\sum_j(\overline{x}_i\cdot-\overline{\overline{x}})^2}_{S_A}+\underbrace{\sum_i\sum_j(x_{ij}-\overline{x}_i\cdot)^2}_{S_e}$이 된다.

① $S_T=\sum_i\sum_j(x_{ij}-\overline{\overline{x}})^2=\sum_i\sum_j(x_{ij}^2-2\overline{\overline{x}}\cdot x_{ij}+\overline{\overline{x}}^2)$

$=\sum_i\sum_j x_{ij}^2-2\overline{\overline{x}}\sum_i\sum_j x_{ij}+lr\overline{\overline{x}}^2=\sum_i\sum_j x_{ij}^2-2\overline{\overline{x}}\cdot lr\overline{\overline{x}}+lr\overline{\overline{x}}^2$

$=\sum_i\sum_j x_{ij}^2-lr\overline{\overline{x}}^2=\sum_i\sum_j x_{ij}^2-\frac{T^2}{lr}=\sum_i\sum_j x_{ij}^2-CT$

② $S_A=\sum_i\sum_j(\overline{x}_i.-\overline{\overline{x}})^2=r\sum_i(\overline{x}_i.^2-2\overline{\overline{x}}\cdot\overline{x}_i.+\overline{\overline{x}})^2$

$=r\sum_i\overline{x}_i.^2-2r\cdot\overline{\overline{x}}\sum_i\overline{x}_i.+lr\overline{\overline{x}}^2=r\sum_i\overline{x}_i.^2-2r\cdot\overline{\overline{x}}(l\,\overline{\overline{x}})+lr\overline{\overline{x}}^2$

$=r\sum_i\left(\frac{T_i.}{r}\right)^2-lr\overline{\overline{x}}^2=\sum_i\frac{T_i.^2}{r}-\frac{T^2}{lr}=\sum_i\frac{T_i.^2}{r}-CT$

③ $S_e=\sum_i\sum_j(x_{ij}-\overline{x}_i.)^2=\sum_i\sum_j(x_{ij}^2-2\cdot x_{ij}\,\overline{x}_i.+\overline{x}_i.^2)$

$=\sum_i\sum_j x_{ij}^2-2\sum_i\boxed{\sum_j x_{ij}}\,\overline{x}_i.+r\sum_i\overline{x}_i.=\sum_i\sum_j x_{ij}^2-r\sum_i\overline{x}_i.^2$

$=\sum_i\sum_j x_{ij}^2-r\sum_i\left(\frac{T_i.}{r}\right)^2=\sum_i\sum_j x_{ij}^2-\sum_i\frac{T_i.^2}{r}$

$=\left(\sum_i\sum_j x_{ij}^2-CT\right)-\left(\sum_i\frac{T_i.^2}{r}-CT\right)=S_T-S_A$

(단, $\overline{x}_i.=\frac{\sum_j x_{ij}}{r}$ 이며, $\sum_j x_{ij}=r\overline{x}_i.$가 된다.)

2 반복이 일정한 1요인 배치법(모수모형)

전체 실험데이터의 변동을 급내변동과 급간변동으로 구분하여 급간변동을 0(zero)으로 볼 수 있는가의 여부를 결정하는 실험배치로, 실험에 단독으로 배치한 인자가 특성치에 영향을 미치는지의 여부를 파악하고 영향력 정도를 해석하는 실험이다.

(1) 분산분석(ANOVA)

① 제곱합 분해

제곱합은 요인변동인 급간변동 S_A와 오차변동인 급내변동 S_e로 구분된다.

㉠ $S_T=\sum_i\sum_j(x_{ij}-\overline{\overline{x}})^2=\sum_i\sum_j x_{ij}^2-CT$

㉡ $S_A=\sum_i\sum_j(\overline{x}_i.-\overline{\overline{x}})^2=\sum_i\frac{T_i.^2}{r}-CT$

㉢ $S_e=S_T-S_A$

(단, $CT=\frac{T^2}{N}$ 이다.)

② 자유도 분해

총자유도(ν_T)는 요인의 자유도(ν_A)와 오차 자유도(ν_e)의 합으로 구성되며, 자유도(DF)는 '개수 − 제약받는 개수'이므로 '제곱합에 사용된 데이터수 − 1'로 구성된다.

㉠ $\nu_T = N-1 = lr-1$

㉡ $\nu_A = l-1$

㉢ $\nu_e = \nu_T - \nu_A = (lr-1)-(l-1) = l(r-1)$

실험계획법에서 ν_T는 항상 '실험 총데이터수 −1'이며, 요인 A의 자유도 ν_A는 '수준수 −1'이고, 오차 자유도 ν_e는 '총자유도 ν_T에서 요인 자유도 ν_A를 뺀 값'으로 계산된다.

③ 분산분석표 작성

요인	SS	DF	MS	F_o	$F_{1-\alpha}$	$E(V)$
A	S_A	$l-1$	S_A/ν_A	V_A/V_e	$F_{1-\alpha}(\nu_A,\ \nu_e)$	$r\sigma_A^2+\sigma_e^2$
e	S_e	$l(r-1)$	S_e/ν_e			σ_e^2
T	S_T	$lr-1$				

요인분산의 기대값 $E(V)$를 기대평균제곱이라고도 하는데,
실험계획법에서는 $E(V_A)=r\sigma_A^2+\sigma_e^2$으로 정의되므로 $E(V_A)\neq\sigma_A^2$이다.
따라서 요인 A의 분산추정치 $\hat{\sigma}_A^2$는 V_A가 될 수 없다.
$E(V_A)=r\sigma_A^2+\sigma_e^2$

[증명] $E(S_A)=E\left[\sum_i\sum_j(\bar{x}_i.-\bar{\bar{x}})^2\right]$

$$=E\left[r\sum_i\{\mu+a_i+\bar{e}_i.-(\mu+\bar{\bar{e}})\}^2\right]$$

$$=E\left[r\sum_i\{a_i+(\bar{e}_i.-\bar{\bar{e}})\}^2\right]$$

$$=E\left[r\sum_i a_i^2+r\sum_i(\bar{e}_i.-\bar{\bar{e}})^2+2r\sum_i a_i(\bar{e}_i.-\bar{\bar{e}})\right]$$

여기서, $\sum_i(\bar{e}_i.-\bar{\bar{e}})=\sum_i\bar{e}_i.-\sum_i\bar{\bar{e}}=l\bar{\bar{e}}-l\bar{\bar{e}}=0$이므로,

$$E(S_A)=E\left[r\sum_i a_i^2+r\sum_i(\bar{e}_i.-\bar{\bar{e}})^2\right]$$

$$=(l-1)\left[E\left(\frac{r\sum_i a_i^2}{l-1}\right)+E\left(\frac{r\sum_i(\bar{e}_i.-\bar{\bar{e}})^2}{l-1}\right)\right]$$

$=(l-1)(r\sigma_A^2+\sigma_e^2)$가 된다.

따라서, $E(V_A)=\dfrac{E(S_A)}{l-1}$이므로, $E(V_A)=r\sigma_A^2+\sigma_e^2$이 된다.

$E(V_{요인})=\sigma_e^2+$반복수 $\sigma_{요인}^2$으로, 요인분산에는 오차분산이 포함되어 있다.

④ F_o 검정

㉠ 가설 설정

ⓐ $H_0 : \sigma_A^2 \le \sigma_e^2$, $H_0 : a_i = 0$, $H_0 : \mu_1. = \mu_2. = \cdots = \mu_l. = \mu$

ⓑ $H_1 : \sigma_A^2 > \sigma_e^2$, $H_0 : a_i \ne 0$, $H_1 : \mu_1. \ne \mu_2. \ne \cdots \ne \mu_l. \ne \mu$

(단, $a_i = \mu_i. - \mu$이고, 가설의 형태는 한쪽 가설이 된다.)

㉡ 유의수준 결정

$\alpha = 0.05$ 또는 0.01

㉢ 검정통계량 계산

$$F_o = \frac{V_A}{V_e} = \frac{S_A/\nu_A}{S_e/\nu_e} \sim F(\nu_A, \nu_e)$$

㉣ 기각치

$F_{1-\alpha}(\nu_A, \nu_e)$

㉤ 판정

$F_o > F_{1-\alpha}(\nu_A, \nu_e)$이므로, H_0를 기각한다.

즉, 요인 A는 유의한 인자라고 할 수 있다.

(2) 해석

F_o 검정 결과 실험에 채택한 인자가 유의한 경우 인자에 대한 해석을 하게 되는데, 모수모형의 실험에서는 평균에 대한 해석을 행하며, A_i수준에서 최적조건의 추정이 이루어진다.

① 각 수준에서 모평균의 추정(최적조건의 신뢰구간 추정)

$$\mu_i. = \bar{x}_i. \pm t_{1-\alpha/2}(\nu_e)\sqrt{V(\bar{x}_i.)}$$
$$= \bar{x}_i. \pm t_{1-\alpha/2}(\nu_e)\sqrt{\frac{V_e}{r}}$$

[증명] • $\bar{x}_i. = \mu + a_i + \bar{e}_i. = \hat{\mu} + a_i = \hat{\mu}_i.$

• $V(\bar{x}_i.) = V(\mu + a_i + \bar{e}_i.) = V(\mu) + V(a_i) + V(\bar{e}_i.)$

$$= V(\bar{e}_i.) = V\left(\sum_{j=1}^{r} e_{ij}/r\right) = \frac{1}{r^2}V(e_{i1} + e_{i2} + \cdots + e_{ir})$$

$$= \frac{1}{r^2}\underbrace{\left(\sigma_e^2 + \sigma_e^2 + \cdots + \sigma_e^2\right)}_{r\text{개}} = \frac{\sigma_e^2}{r}$$

여기서, σ_e^2 대신 $\hat{\sigma}_e^2$인 V_e를 사용하면 $V(\bar{x}_i.) = \frac{V_e}{r}$가 된다.

(단, 모수모형에서 μ와 a_i는 상수로, $V(\mu) = 0$, $V(a_i) = 0$이다.)

참고 각 수준에서 모평균 추정 시 사용하는 평균값의 분산은 항상 $\frac{V_e}{\text{반복수}}$로 정의되며, 반복수는 통계상의 평균을 구할 때 사용되는 데이터수와 동일한 의미이다.

② 수준 간 모평균차의 추정

수준 간 모평균차의 추정 시에는 수준 간 모평균차의 검정에서 유의한 결과가 나와야 추정에 의미가 있는데, 이것을 LSD 검정(최소유의차 검정)이라고 한다.

$$\mu_i - \mu_i' = (\bar{x}_i. - \bar{x}_i.') \pm t_{1-\alpha/2}(\nu_e)\sqrt{V(\bar{x}_i. - \bar{x}_i.')}$$

$$= (\bar{x}_i. - \bar{x}_i.') \pm t_{1-\alpha/2}(\nu_e)\sqrt{\frac{2V_e}{r}}$$

[증명] $V(\bar{x}_i. - \bar{x}_i.') = V(\bar{e}_i.) + V(\bar{e}_i.') = \frac{\sigma_e^2}{r} + \frac{\sigma_e^2}{r'}$

여기서, $r_i = r_i'$이고, σ_e^2이 미지이므로, σ_e^2 대신 $\hat{\sigma}_e^2$인 V_e를 사용하면

$V(\bar{x}_i. - \bar{x}_i.') = \frac{2V_e}{r}$가 된다.

참고 최소유의차 검정(LSD 검정)

모평균차의 추정에서 두 수준의 평균 차이가 $t_{1-\alpha/2}(\nu_e)\sqrt{\frac{2V_e}{r}}$ 보다 크지 않으면 실제로 비교하려는 두 수준 간의 모평균에는 차이가 없다고 할 수 있는데, 신뢰구간에 0이 포함되기 때문이다.

따라서 모평균차의 추정이 의미를 가지려면 $|\bar{x}_i. - \bar{x}_i.| > t_{1-\alpha/2}(\nu_e)\sqrt{\frac{2V_e}{r}}$ 를 만족해야 한다.

여기서 수준 간 차의 구간 추정 시 정도(β)를 표시하는 $t_{1-\alpha/2}(\nu_e)\sqrt{\frac{2V_e}{r}}$ 를 최소유의차(LSD ; Least Significance Difference)라고 한다.

③ 실험 전체 모평균의 추정

$$\mu = \bar{\bar{x}} \pm t_{1-\alpha/2}(\nu_e)\sqrt{V(\bar{\bar{x}})}$$

$$= \bar{\bar{x}} \pm t_{1-\alpha/2}(\nu_e)\sqrt{\frac{V_e}{N}}$$

(단, $\bar{\bar{x}} = \frac{T}{N} = \frac{\sum\sum x_{ij}}{lr}$ 이다.)

④ 오차분산의 추정

$$\frac{S_e}{\chi^2_{1-\alpha/2}(\nu_e)} \le \sigma_e^2 \le \frac{S_e}{\chi^2_{\alpha/2}(\nu_e)}$$

3 반복이 일정하지 않은 1요인 배치법(모수모형)

반복이 일정하지 않은 경우는 어느 특정 수준에서 측정에 실패하여 실험의 결측치가 생기거나 특정 수준을 정도 높게 추정하고자 하는 경우에 사용하는 실험으로, 반복이 일정한 1요인 배치의 실험과 비교하면 총자유도 ν_T와 오차 자유도 ν_e가 상대적으로 작아지는 실험이 된다.

반복이 일정한 1요인 배치와 분산분석과 해석은 거의 같으나, 차이점은 다음과 같다.

① $N' = \sum_i r_i = r_1 + r_2 + \cdots\cdots + r_l$

② $S_A = \sum_i \frac{T_i.^2}{r_i} - CT = \left(\frac{T_1.^2}{r_1} + \frac{T_2.^2}{r_2} + \cdots + \frac{T_l.^2}{r_l} \right) - \frac{T^2}{\sum r_i}$

③ $E(V_A) = \sigma_e^2 + \frac{\sum r_i a_i^2}{l-1}$

④ 각 수준 모평균의 추정

$\mu_i. = \bar{x}_i. \pm t_{1-\alpha/2}(\nu_e)\sqrt{\frac{V_e}{r_i}}$

⑤ 수준 간 모평균차의 추정

$\mu_i. - \mu_i.' = (\bar{x}_i. - \bar{x}_i.') \pm t_{1-\alpha/2}(\nu_e)\sqrt{\frac{V_e}{r_i} + \frac{V_e}{r_i'}}$

⊙이 식에서 각 수준의 반복이 같으면 $r_i = r_i'$이므로,

$\mu_i. - \mu_i.' = (\bar{x}_i. - \bar{x}_i.') \pm t_{1-\alpha/2}(\nu_e)\sqrt{\frac{2V_e}{r}}$ 이다.

4 1요인 배치법(변량모형)

인자가 변량인자인 때 분산분석은 모수모형과 동일하지만, 해석하려고 채택한 인자의 각 수준에서의 모평균 추정은 의미가 없고, 분산의 추정치가 산포의 정도를 해석하는 방법으로 이용된다. 즉 급간변동의 검정과 분산성분의 추정을 행하며, 요인분산의 추정치는 다음과 같이 구한다.

$\hat{\sigma}_A^2 = \frac{V_A - V_e}{r}$

여기서, r은 요인 A의 각 수준에서 반복수를 의미하고 있다.

[증명] $E(V_A) = \sigma_e^2 + r\sigma_A^2 = E(\hat{\sigma}_e^2 + r\hat{\sigma}_A^2)$

양변에서 기대치를 소거 후 $\hat{\sigma}_A^2$에 대하여 정리하면, $\hat{\sigma}_A^2 = \frac{V_A - V_e}{r}$로 정의된다.

⊙실험계획법에서 $V_A \neq \hat{\sigma}_A^2$이며, V_A는 $\hat{\sigma}_A^2$에 비해 반복수 r배가 큰 상태이다.

예제 4-1

제품의 강도를 높이기 위하여 첨가제의 비율을 A_1은 8%로 하고, A_2는 10%로 정하여 각각 6회씩 실험을 반복을 행한 결과, 다음과 같은 데이터를 얻었다. 물음에 답하시오.

수준＼횟수	1	2	3	4	5	6	계
A_1	9	3	4	2	1	8	27
A_2	6	10	11	9	10	12	58

(1) 분산분석을 행하고, 기대평균제곱[$E(V)$]을 포함한 분산분석표를 작성한 후 결과를 판단하시오. (단, $F_{0.95}(1,\ 10)=4.96$, $F_{0.99}(1,\ 10)=10.0$이다.)

요인	SS	DF	MS	F_o	$E(V)$
급간(A)					
급내(e)					
계					

(2) 강도를 최대로 하는 최적수준은 어느 것인가?

(3) 최적수준에서 신뢰율 95%의 모평균을 추정하시오.

---

(1) ① 제곱합 분해

- $CT=\dfrac{T^2}{N}=\dfrac{(85)^2}{12}=602.0833$
- $S_T=\sum\sum x_{ij}^2-CT=154.9167$
- $S_A=\sum\dfrac{T_i.^2}{r}-CT=\dfrac{1}{6}[(27^2+(58)^2)]-CT=80.0834$
- $S_e=S_T-S_A=74.8333$

② 분산분석표

요인	SS	DF	MS	F_o	$F_{0.95}$	$F_{0.99}$	$E(V)$
A	80.0834	1	80.0834	10.7016**	4.96	10.0	$\sigma_e^2+6\sigma_A^2$
e	74.8333	10	7.4833				σ_e^2
T	154.9167	11					

③ 판정 : $F_o > F_{0.99}$이므로 A의 첨가 비율이 제품의 강도에 매우 큰 영향을 미친다(매우 유의하다).

(2) $\hat{\mu}(A_1)=\bar{x}_1.=\dfrac{T_1\cdot}{r}=\dfrac{27}{6}=4.5$, $\hat{\mu}(A_2)=\bar{x}_2.=\dfrac{T_2\cdot}{r}=\dfrac{58}{6}=9.67$

각 수준의 모평균 점추정치값을 계산하면, 강도가 높은 수준이 A_2이며 최적수준이 된다.

(3) $\mu_2.=\bar{x}_2.\pm t_{1-\alpha/2}(\nu_e)\sqrt{\dfrac{V_e}{r}}=9.67\pm 2.228\sqrt{\dfrac{7.4833}{6}}=7.1818\sim 12.1582$

2 반복없는 2요인 배치법

2요인 배치법(two-way factor design)은 특성치에 영향을 주는 2개 인자에 대하여 그 영향력을 조사하고자 할 때 사용하는 실험배치이다. 이 실험은 2인자의 교호작용이 있다고 판단될 때는 반복있는 2요인 배치의 실험을 행하고, 교호작용이 없다고 생각되는 경우, 즉 요인 A와 B가 독립인 경우는 반복없는 2요인 배치를 사용한다.

1 반복없는 2요인 배치(모수모형)

B \ A	A_1	A_2	A_3	$\cdots$	A_i	$\cdots$	A_l	$T_{\cdot j}$	$\bar{x}_{\cdot j}$
B_1	x_{11}	x_{21}	x_{31}	$\cdots$	x_{i1}	$\cdots$	x_{l1}	$T_{\cdot 1}$	$\bar{x}_{\cdot 1}$
B_2	x_{12}	x_{22}	x_{32}	$\cdots$	x_{i2}	$\cdots$	x_{l2}	$T_{\cdot 2}$	$\bar{x}_{\cdot 2}$
$\vdots$	$\vdots$	$\vdots$	$\vdots$		$\vdots$		$\vdots$	$\vdots$	$\vdots$
B_j	x_{1j}	x_{2j}	x_{3j}	$\cdots$	x_{ij}	$\cdots$	x_{lj}	$T_{\cdot j}$	$\bar{x}_{\cdot j}$
$\vdots$	$\vdots$	$\vdots$	$\vdots$		$\vdots$		$\vdots$	$\vdots$	$\vdots$
B_m	x_{1m}	x_{2m}	x_{3m}	$\cdots$	x_{im}	$\cdots$	x_{lm}	$T_{\cdot m}$	$\bar{x}_{\cdot m}$
$T_{i\cdot}$	$T_{1\cdot}$	$T_{2\cdot}$	$T_{3\cdot}$	$\cdots$	$T_{i\cdot}$	$\cdots$	$T_{l\cdot}$	T	
$\bar{x}_{i\cdot}$	$\bar{x}_{1\cdot}$	$\bar{x}_{2\cdot}$	$\bar{x}_{3\cdot}$	$\cdots$	$\bar{x}_{i\cdot}$	$\cdots$	$\bar{x}_{l\cdot}$		$\bar{\bar{x}}$

(단, $i=1 \sim l$, $j=1 \sim m$, $\bar{x}_{i\cdot}=\dfrac{T_{i\cdot}}{m}=\dfrac{\sum_j x_{ij}}{m}$, $\bar{x}_{\cdot j}=\dfrac{T_{\cdot j}}{l}=\dfrac{\sum_i x_{ij}}{l}$ 이다.)

⊘ A의 1요인 배치로 생각하면 수준수가 l, 반복수는 m인 실험이며, B의 1요인 배치로 생각하면 수준수가 m, 반복수는 l인 실험이 된다.

(1) 데이터 구조식

① $x_{ij}=\mu+a_i+b_j+e_{ij}$

② $\bar{x}_{i\cdot}=\mu+a_i+\bar{b}+\bar{e}_{i\cdot}=\mu+a_i+\bar{e}_{i\cdot}$

③ $\bar{x}_{\cdot j}=\mu+\bar{a}+b_j+\bar{e}_{\cdot j}=\mu+b_j+\bar{e}_{\cdot j}$

④ $\bar{\bar{x}}=\mu+\bar{a}+\bar{b}+\bar{\bar{e}}=\mu+\bar{\bar{e}}$

(단, $e_{ij} \sim N(0,\ \sigma_e^2)$이고, 모수모형인 경우 $\Sigma a_i=0$, $\Sigma b_j=0$이므로, $\bar{a}$와 $\bar{b}$는 0으로 처리된다.)

(2) 분산분석

① 제곱합 분해

㉠ $S_T = \sum_i \sum_j x_{ij}^2 - CT$

㉡ $S_A = \dfrac{\sum_i T_i.^2}{m} - CT$

㉢ $S_B = \dfrac{\sum_j T._j^2}{l} - CT$

㉣ $S_e = S_T - S_A - S_B$

(단, $CT = \dfrac{T^2}{N} = \dfrac{T^2}{lm}$이다.)

② 자유도 분해

㉠ $\nu_T = N-1 = lm-1$

㉡ $\nu_A = l-1$

㉢ $\nu_B = m-1$

㉣ $\nu_e = \nu_T - \nu_A - \nu_B = (lm-1)-(l-1)-(m-1) = (l-1)(m-1)$

⊙ 여기서 $\nu_e = (l-1)(m-1)$는 $\nu_A \times \nu_B$가 되는데, 반복이 있는 2요인 배치법에서 최종 교호작용의 자유도 $\nu_{A\times B}$와 일치한다. 이는 2요인 배치의 반복이 없는 실험에서 교호작용이 있다면, 교호작용은 오차항에 교락되어 있음을 의미한다.

③ 분산분석표 작성

요인	SS	DF	MS	F_o	$F_{1-\alpha}$	$E(V)$
A	S_A	$l-1$	V_A	V_A/V_e	$F_{1-\alpha}(\nu_A,\ \nu_e)$	$\sigma_e^2 + m\sigma_A^2$
B	S_B	$m-1$	V_B	V_B/V_e	$F_{1-\alpha}(\nu_B,\ \nu_e)$	$\sigma_e^2 + l\sigma_B^2$
e	S_e	$(l-1)(m-1)$	V_e			σ_e^2
T	S_T	$lm-1$				

⊙ 모수모형에서 요인분산 기대치를 서술하는 방법은 $\sigma_e^2 + 반복수 \times \sigma_{요인}^2$으로 표시된다. 반복없는 2요인 배치 실험에서 A의 수준수가 l이고 B의 수준수가 m인 경우, 요인 A의 각 수준에서 실험 반복횟수는 m회, 요인 B의 각 수준에서 실험 반복횟수는 l회가 된다.

④ F_o 검정

$F_o = \dfrac{V_A}{V_e}$, $F_o = \dfrac{V_B}{V_e}$가 기각치보다 큰 값으로 유의하다면, 실험에 배치한 요인이 실험의 특성값에 영향을 주고 있다고 판단한다. 따라서 실험에 배치한 요인 A, B가 독립적으로 실험값에 영향을 주는 경우인데, A요인과 B요인의 수준에서 독립적으로 최적수준을 결정하여 모평균의 추정을 행하게 되며, 이들 수준을 결합한 조합수준에서 모평균을 추정하려는 데 목적이 있다.

(3) 해석

① 인자의 각 수준에서 모평균의 추정

㉠ A인자의 각 수준 모평균 추정

$$\mu_{i\cdot} = \bar{x}_{i\cdot} \pm t_{1-\alpha/2}(\nu_e)\sqrt{\frac{V_e}{m}}$$

㉡ B인자의 각 수준 모평균 추정

$$\mu_{\cdot j} = \bar{x}_{\cdot j} \pm t_{1-\alpha/2}(\nu_e)\sqrt{\frac{V_e}{l}}$$

⊘ 여기서, $\bar{x}_{i\cdot} = \mu + a_i + \bar{e}_{i\cdot} = \hat{\mu} + a_i = \hat{\mu}_{i\cdot}$이고,

$\bar{x}_{\cdot j} = \mu + b_j + \bar{e}_{\cdot j} = \hat{\mu} + b_j = \hat{\mu}_{\cdot j}$이다.

② 수준 간 모평균차의 추정

㉠ A인자의 수준 간 모평균차 추정

$$\mu_{i\cdot} - \mu_{i\cdot}{}' = (\bar{x}_{i\cdot} - \bar{x}_{i\cdot}{}') \pm t_{1-\alpha/2}(\nu_e)\sqrt{\frac{2V_e}{m}}$$

㉡ B인자의 수준 간 모평균차 추정

$$\mu_{\cdot j} - \mu_{\cdot j}{}' = (\bar{x}_{\cdot j} - \bar{x}_{\cdot j}{}') \pm t_{1-\alpha/2}(\nu_e)\sqrt{\frac{2V_e}{l}}$$

③ 조합평균의 추정

실험에 배치한 인자가 모두 유의한 경우 A의 i수준과 B의 j수준에서 최적조건의 모평균 추정을 조합평균의 추정이라 한다. 반복이 없는 2요인 배치의 실험은 교호작용 $A \times B$를 무시하고 있는 경우의 실험배치로, A와 B가 서로 독립인 상태에서 수준조합을 결합시킨 해석이 행해진다.

$$\mu_{ij} = \bar{x}_{ij} \pm t_{1-\alpha/2}(\nu_e)\sqrt{V(\bar{x}_{ij})}$$

$$= \bar{x}_{ij} \pm t_{1-\alpha/2}(\nu_e)\sqrt{\frac{V_e}{n_e}}$$

㉠ 점추정치

$$\bar{x}_{ij} = \hat{\mu} + a_i + b_j = (\hat{\mu} + a_i) + (\hat{\mu} + b_j) - \hat{\mu}$$

$$= \bar{x}_{i\cdot} + \bar{x}_{\cdot j} - \bar{\bar{x}} = \frac{T_{i\cdot}}{m} + \frac{T_{\cdot j}}{l} - \frac{T}{lm}$$

⊙ 여기서 교호작용이 없는 경우 $\hat{\mu}_{ij} = \bar{x}_{ij} = \bar{x}_{i\cdot} + \bar{x}_{\cdot j} - \bar{\bar{x}}$로 처리된다.

㉡ 유효반복수

$$n_e = \frac{lm}{l+m-1}$$

⊙ 여기서 lm은 실험 총수를 의미하며, $n_e = NR$로 표시하기도 한다.

[증명] 조합평균 추정 시 사용되는 실험 반복수를 유효반복수(n_e)라고 정의하며, 다음과 같이 구한다.

1. 이나(伊奈) 공식

$$\frac{1}{n_e} = \text{모수 추정식의 계수합}$$

예 $\frac{1}{n_e} = \frac{1}{m} + \frac{1}{l} + \left(-\frac{1}{lm}\right) = \frac{l+m-1}{lm}$, $\therefore n_e = \frac{lm}{l+m-1}$

2. 다구찌(田口) 공식

$$n_e = \frac{\text{실험 총수}}{\text{분산분석표상 유의한 요인의 자유도 합}+1}$$

예 $n_e = \frac{lm}{\nu_A + \nu_B + 1} = \frac{lm}{(l-1)+(m-1)+1} = \frac{lm}{l+m-1}$

참고 유효반복수(n_e)란 2요인 이상의 조합평균 추정 시 사용하는 실험 반복수를 지칭한 개념으로, 모평균 추정치에서 평균값을 정의하는 표본의 크기가 실험계획법에서는 실험 반복수로 정의되는데, 이를 조합한 상태가 된다.

2 난괴법(반복없는 2요인 배치 - 혼합모형)

난괴법은 R.A. Fisher가 창안한 농사시험에서 유래된 것으로, 1인자는 모수인자이고 다른 1인자는 변량인자로 구성된 혼합모형이다. 공업실험에서는 1요인 배치 실험에서 실험의 반복을 하나의 변량인자(블록인자)로 취하여 1요인 배치의 실험 정도를 높이기 위한 실험으로 이용된다.

분산분석은 반복없는 2요인 배치와 동일하지만, 해석을 할 때는 모수인자만 해석하므로 1요인 배치와 동일한 해석이 행해지는 실험계획 방식이다.

(1) 난괴법의 특징

① 완전랜덤화법인 1요인 배치보다 층별의 효과(블록화 효과)가 작용하여 정도가 높다.

② 해석 시에는 변량인자인 블록인자의 산포를 오차항에 풀링(pooling)시켜서 해석한다.

③ 처리수의 다소에 구애받지 않으며, 통계적 분석이 가능하다.

④ 처리수에 따른 반복수가 동일해야 하며, 결측치가 생기면 해석이 불가능해진다.

⊙ 요인의 수준수를 처리수(treatment number)라고도 한다.

(2) 데이터 구조식(A 모수인자, B 변량인자)

① $x_{ij} = \mu + a_i + b_j + e_{ij}$

② $\overline{x}_{i\cdot} = \mu + a_i + \overline{b} + \overline{e}_i$

③ $\overline{x}_{\cdot j} = \mu + \overline{a} + b_j + \overline{e}_{\cdot j} = \mu + b_j + \overline{e}_{\cdot j}$

④ $\overline{\overline{x}} = \mu + \overline{a} + \overline{b} + \overline{\overline{e}} = \mu + \overline{b} + \overline{\overline{e}}$

(단, $\Sigma a_i = 0$, $\Sigma b_j \neq 0$, $\overline{a} = 0$, $\overline{b} \neq 0$, $e_{ij} \sim N(0,\ \sigma_e^2)$, $b_j \sim N(0,\ \sigma_B^2)$이다.)

⊙ 모수인자 효과의 평균은 0이고, 변량인자 효과의 평균은 0이 아니다.

(3) 분산분석

반복없는 2요인 배치의 모수모형과 동일하며, 기대평균제곱 $E(V)$도 모수모형과 동일하다.

(4) 해석

난괴법의 해석에서 모수인자 A는 평균의 해석을 하지만, 변량인자 B는 분산성분의 추정을 한다.

① 인자 A의 모평균 추정

$$\mu_{i\cdot} = \overline{x}_{i\cdot} \pm t_{1-\alpha/2}(\nu_e^*)\sqrt{V(\overline{x}_{i\cdot})}$$

$$= \overline{x}_{i\cdot} \pm t_{1-\alpha/2}(\nu_e^*)\sqrt{\frac{V_B + (l-1)V_e}{N}}$$

(단, $\nu_e^* = \dfrac{[V_B + (l-1)V_e]^2}{\dfrac{V_B^2}{\nu_B} + \dfrac{[(l-1)V_e]^2}{\nu_e}}$로, 등가자유도라고 한다.)

[증명] $V(\overline{x}_{i\cdot}) = V(\mu + a_i + \overline{b} + \overline{e}_{i\cdot})$

$$= V(\mu) + V(a_i) + V(\overline{b}) + V(\overline{e}_{i\cdot})$$

$$= V(\overline{b}) + V(\overline{e}_{i\cdot})$$

$$= \frac{\sigma_B^2}{m} + \frac{\sigma_e^2}{m} = \frac{1}{m}\left(\frac{V_B - V_e}{l}\right) + \frac{1}{m}V_e = \frac{V_B + (l-1)V_e}{lm}$$

(여기서, μ와 a_i는 상수로, 분산은 0이다.)

참고 모수인자의 해석 시 변량요인의 분산은 오차분산에 포함되며,

$V(\bar{x}_i\cdot)$는 $\sqrt{\dfrac{V_{변량}+자유도\times V_e}{실험\ 총수}}$ 로 정리할 수 있다.

② 수준 간 모평균차의 추정

$$\mu_i\cdot - \mu_i\cdot' = (\bar{x}_i\cdot - \bar{x}_i\cdot') \pm t_{1-\alpha/2}(\nu_e)\sqrt{\frac{2V_e}{m}}$$

⊙ B인자 간의 산포가 상쇄되어 수준 간 차의 추정은 모수모형과 동일하다.

[증명]
$$\begin{aligned} V(\bar{x}_i\cdot - \bar{x}_i\cdot') &= V\left[\mu + a_i + \bar{b} + \bar{e}_i\cdot - (\mu + a_i' + \bar{b} + \bar{e}_i\cdot')\right] \\ &= V(a_i - a_i' + \bar{e}_i\cdot - \bar{e}_i\cdot') \\ &= V(a_i) + V(a_i') + V(\bar{e}_i\cdot) + V(\bar{e}_i\cdot') \\ &= V(\bar{e}_i\cdot - \bar{e}_i\cdot') \\ &= \frac{\sigma_e^2}{m} + \frac{\sigma_e^2}{m} = \frac{2\sigma_e^2}{m} \end{aligned}$$

⊙ 실험계획에서는 σ_e^2이 미지이므로, σ_e^2 대신 $\hat{\sigma}_e^2$인 V_e를 사용한다.

③ 변량인자 B의 분산성분 추정

$$\hat{\sigma}_B^2 = \frac{V_B - V_e}{l}$$

⊙ 여기서 B인자 각 수준의 반복수는 l로 정의된다.

[증명] $E(V_B) = \sigma_e^2 + l\sigma_B^2 = E(\hat{\sigma}_e^2 + l\hat{\sigma}_B^2)$

양변에서 기대치를 소거 후, $\hat{\sigma}_B^2$에 관하여 정리하면

$\hat{\sigma}_B^2 = \dfrac{V_B - \hat{\sigma}_e^2}{l} = \dfrac{V_B - V_e}{l}$ 가 된다.

3 결측치가 있는 경우의 반복없는 2요인 배치

모수모형에서 결측치가 있는 경우 1요인 배치는 반복이 일정하지 않은 분산분석을 행하고, 반복이 있는 2요인 배치의 경우 평균치를 사용하여 분산분석을 행한다. 그러나 반복없는 2요인 배치는 결측치를 추정한 후 추정치를 사용하여 제곱합을 계산하고 분산분석표를 작성하게 된다.

제곱합 분해 시에는 추정치까지 포함하여 계산을 행하지만, 자유도 분해 시에는 추정치가 실험 총데이터수에 포함되지 않기 때문에, ν_T와 ν_e가 결측치 수만큼 줄어들어 실험오차 V_e가 증가하게 되므로, 요인의 검출력과 실험 정도가 하락하게 된다. 따라서 실험을 실시하는 경우 가급적 실험에서 결측치가 생기지 않도록 유의할 것이며, 결측치가 생긴 경우 그 수준에서 실험을 다시 행할 수 있다면, 다시 한번 실험을 행하는 것이 좋다.

(1) 결측치가 1개인 경우

B \ A	A_1	A_2	A_3	$\cdots$	A_i	$\cdots$	A_l	$T_{\cdot j}$
B_1	(y_{11})	x_{21}	x_{31}	$\cdots$	x_{i1}	$\cdots$	x_{l1}	$T_{\cdot 1}'$
B_2	x_{12}	x_{22}	x_{32}	$\cdots$	x_{i2}	$\cdots$	x_{l2}	$T_{\cdot 2}$
$\vdots$	$\vdots$	$\vdots$	$\vdots$		$\vdots$		$\vdots$	$\vdots$
B_j	x_{1j}	x_{2j}	x_{3j}	$\cdots$	x_{ij}	$\cdots$	x_{lj}	$T_{\cdot j}$
$\vdots$	$\vdots$	$\vdots$	$\vdots$		$\vdots$		$\vdots$	$\vdots$
B_m	x_{1m}	x_{2m}	x_{3m}	$\cdots$	x_{im}	$\cdots$	x_{lm}	$T_{\cdot m}$
$T_{i\cdot}$	$T_{1\cdot}'$	$T_{2\cdot}$	$T_{3\cdot}$	$\cdots$	$T_{i\cdot}$	$\cdots$	$T_{l\cdot}$	T'

[결측치의 추정]

오차항이 최소가 되도록, 즉 $\frac{\partial S_e}{\partial y}=0$이 되게 결측치 y_{11}을 추정한다.

$$y_{11}=\frac{lT_{1\cdot}'+mT_{\cdot 1}'-T'}{(l-1)(m-1)}$$

따라서, A의 i수준과 B의 j수준에서의 결측치는 다음과 같다.

$$y_{ij}=\frac{lT_{i\cdot}'+mT_{\cdot j}'-T'}{(l-1)(m-1)}$$

(2) 결측치가 2개인 경우

B \ A	A_1	A_2	A_3	$\cdots$	A_i	$\cdots$	A_l	$T_{\cdot j}$
B_1	(y_1)	x_{21}	x_{31}	$\cdots$	x_{i1}	$\cdots$	x_{l1}	$T_{\cdot 1}'$
B_2	x_{12}	(y_2)	x_{32}	$\cdots$	x_{i2}	$\cdots$	x_{l2}	$T_{\cdot 2}''$
$\vdots$	$\vdots$	$\vdots$	$\vdots$		$\vdots$		$\vdots$	$\vdots$
B_j	x_{1j}	x_{2j}	x_{3j}	$\cdots$	x_{ij}	$\cdots$	x_{lj}	$T_{\cdot j}$
$\vdots$	$\vdots$	$\vdots$	$\vdots$		$\vdots$		$\vdots$	$\vdots$
B_m	x_{1m}	x_{2m}	x_{3m}	$\cdots$	x_{im}	$\cdots$	x_{lm}	$T_{\cdot m}$
$T_{i\cdot}$	$T_{1\cdot}'$	$T_{2\cdot}''$	$T_{3\cdot}$	$\cdots$	$T_{i\cdot}$	$\cdots$	$T_{l\cdot}$	T'

[결측치의 추정]

다음 ①과 ②의 두 식을 연립하여 y_1, y_2를 구한다.

① $(l-1)(m-1)y_1+y_2=lT_{i\cdot}'+mT_{\cdot j}'-T'$

② $(l-1)(m-1)y_2+y_1=lT_{i\cdot}''+mT_{\cdot j}''-T'$

⊙ 여기서 T'은 $lm-2$개의 데이터 합이 된다.

3 반복있는 2요인 배치법

1 반복있는 2요인 배치(모수모형)

반복있는 2요인 배치는 실험에 배치한 인자가 서로 독립이 아니라고 생각되는 경우 교호작용의 해석을 위해 배치하는 실험형태로, 분산분석 후 교호작용이 유의한 경우와 유의하지 않은 경우로 나누어 해석이 행해진다.

〈 반복있는 2요인 배치의 테이블 〉

B \ A		A_1	A_2	$\cdots$	A_i	$\cdots$	A_l	$T_{\cdot j \cdot}$	$\bar{x}_{\cdot j \cdot}$
B_1	1	x_{111}	x_{211}	$\cdots$	x_{i11}	$\cdots$	x_{l11}	$T_{\cdot 1 \cdot}$	$\bar{x}_{\cdot 1 \cdot}$
	2	x_{112}	x_{212}	$\cdots$	x_{i12}	$\cdots$	x_{l12}		
	$\vdots$	$\vdots$	$\vdots$		$\vdots$		$\vdots$		
	r	x_{11r}	x_{21r}	$\cdots$	x_{i1r}	$\cdots$	x_{l1r}		
B_2	1	x_{121}	x_{221}	$\cdots$	x_{i21}	$\cdots$	x_{l21}	$T_{\cdot 2 \cdot}$	$\bar{x}_{\cdot 2 \cdot}$
	2	x_{122}	x_{222}	$\cdots$	x_{i22}	$\cdots$	x_{l22}		
	$\vdots$	$\vdots$	$\vdots$		$\vdots$		$\vdots$		
	r	x_{12r}	x_{22r}	$\cdots$	x_{i2r}	$\cdots$	x_{l2r}		
	$\vdots$	$\vdots$	$\vdots$		$\vdots$		$\vdots$	$\vdots$	$\vdots$
B_j	1	x_{1j1}	x_{2j1}	$\cdots$	x_{ij1}	$\cdots$	x_{lj1}	$T_{\cdot j \cdot}$	$\bar{x}_{\cdot j \cdot}$
	2	x_{1j2}	x_{2j2}	$\cdots$	x_{ij2}	$\cdots$	x_{lj2}		
	$\vdots$	$\vdots$	$\vdots$		$\vdots$		$\vdots$		
	r	x_{1jr}	x_{2jr}	$\cdots$	x_{ijr}	$\cdots$	x_{ljr}		
	$\vdots$	$\vdots$	$\vdots$		$\vdots$		$\vdots$	$\vdots$	$\vdots$
B_m	1	x_{1m1}	x_{2m1}	$\cdots$	x_{im1}	$\cdots$	x_{lm1}	$T_{\cdot m \cdot}$	$\bar{x}_{\cdot m \cdot}$
	2	x_{1m2}	x_{2m2}	$\cdots$	x_{im2}	$\cdots$	x_{lm2}		
	$\vdots$	$\vdots$	$\vdots$		$\vdots$		$\vdots$		
	r	x_{1mr}	x_{2mr}	$\cdots$	x_{imr}	$\cdots$	x_{lmr}		
$T_{i \cdot \cdot}$		$T_{1 \cdot \cdot}$	$T_{2 \cdot \cdot}$	$\cdots$	$T_{i \cdot}$	$\cdots$	$T_{l \cdot \cdot}$	T	
$\bar{x}_{i \cdot \cdot}$		$\bar{x}_{1 \cdot \cdot}$	$\bar{x}_{2 \cdot \cdot}$	$\cdots$	$\bar{x}_{i \cdot \cdot}$	$\cdots$	$\bar{x}_{l \cdot \cdot}$		$\bar{\bar{x}}$

(단, $i=1 \rightsquigarrow l$, $j=1 \rightsquigarrow m$, $k=1 \rightsquigarrow r$, $\bar{x}_{i \cdot \cdot}=\dfrac{T_{i \cdot \cdot}}{mr}$, $\bar{x}_{\cdot j \cdot}=\dfrac{T_{\cdot j \cdot}}{lr}$, $\bar{x}_{ij \cdot}=\dfrac{T_{ij \cdot}}{r}$ 이다.)

(1) 반복의 이점

① 교호작용을 오차항에서 분리할 수 있다.
② 인자의 효과에 대한 검출력이 높아지고, 순수 실험오차를 단독으로 구할 수 있다.
③ 반복한 데이터로부터 실험의 재현성과 관리상태를 검토할 수 있다.
④ 수준수가 작아도 반복수의 크기를 조절하여 검출력을 높일 수 있다.
⑤ 실험의 정도를 향상시킬 수 있다.

(2) 데이터 구조식

① $x_{ijk} = \mu + a_i + b_j + (ab)_{ij} + e_{ijk}$
② $\overline{x}_{ij\cdot} = \mu + a_i + b_j + (ab)_{ij} + \overline{e}_{ij\cdot}$
③ $\overline{x}_{i\cdot\cdot} = \mu + a_i + \overline{e}_{i\cdot\cdot}$
④ $\overline{x}_{\cdot j\cdot} = \mu + b_j + \overline{e}_{\cdot j\cdot}$
⑤ $\overline{\overline{x}} = \mu + \overline{\overline{e}}$
(단, $\Sigma a_i = 0$, $\Sigma b_j = 0$, $\Sigma\Sigma(ab)_{ij} = 0$,
$e_{ijk} \sim N(0,\ \sigma_e^2)$ 이다.)

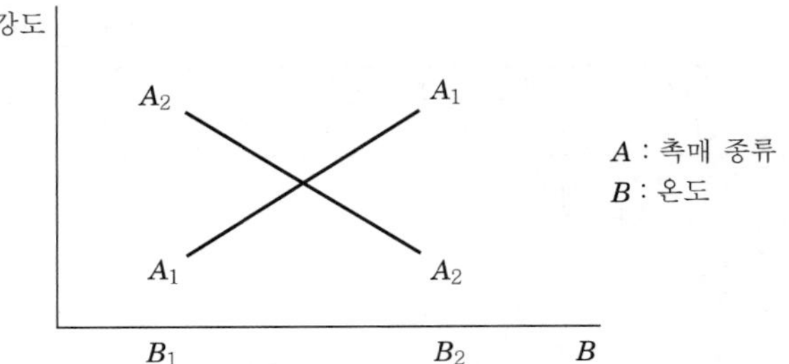

교호작용 $A \times B$가 존재하는 경우

(3) 분산분석(ANOVA)

① 제곱합 분해

㉠ $S_T = \sum_i \sum_j \sum_k x_{ijk}^2 - CT$

㉡ $S_A = \dfrac{\sum_i T_{i\cdot\cdot}^2}{mr} - CT$

㉢ $S_B = \dfrac{\sum_i T_{\cdot j\cdot}^2}{lr} - CT$

㉣ $S_{A\times B} = S_{AB} - S_A - S_B$

㉤ $S_{AB} = \dfrac{\sum_i \sum_j T_{ij\cdot}^2}{r} - CT$

㉥ $S_e = S_T - S_{AB}$

(단, $CT = \dfrac{(\Sigma\Sigma\Sigma x_{ijk})^2}{lmr} = \dfrac{T^2}{N}$ 이다.)

⊙ 앞에서 제곱합을 살펴보면 총변동 S_T가 급간변동 S_{AB}와 급내변동 S_e로 나뉘게 되는 것을 알 수 있는데, 요인변동을 구성하는 S_{AB}, S_A, S_B에서 각각 (r),(mr),(lr)은 각 요인의 수준에서의 실험 반복횟수임을 알면 요인의 변동을 정의하기가 수월해진다.

② 자유도 분해

㉠ $\nu_T = N-1 = lmr-1$

㉡ $\nu_A = l-1$

㉢ $\nu_B = m-1$

㉣ $\nu_{AB} = lm-1$

㉤ $\nu_{A\times B} = \nu_{AB}-\nu_A-\nu_B = lm-1-(l-1)-(m-1) = (l-1)(m-1) = \nu_A \times \nu_B$

㉥ $\nu_e = \nu_T - \nu_{AB} = lm(r-1)$

⊘ 교호작용의 자유도는 요인 자유도의 곱으로 정의된다.

예 $\nu_{A\times B} = \nu_A \times \nu_B$, $\nu_{A\times B\times C} = \nu_A \times \nu_B \times \nu_C$

③ 분산분석표 작성

요인	SS	DF	MS	F_o	$F_{1-\alpha}$	$E(V)$
A	$\sum \frac{T_{i\cdot\cdot}^2}{mr} - CT$	$l-1$	V_A	V_A/V_e	$F_{1-\alpha}(\nu_A,\ \nu_e)$	$\sigma_e^2 + mr\sigma_A^2$
B	$\sum \frac{T_{\cdot j\cdot}^2}{lr} - CT$	$m-1$	V_B	V_B/V_e	$F_{1-\alpha}(\nu_B,\ \nu_e)$	$\sigma_e^2 + lr\sigma_B^2$
$A\times B$	$S_{AB}-S_A-S_B$	$(l-1)(m-1)$	$V_{A\times B}$	$V_{A\times B}/V_e$	$F_{1-\alpha}(\nu_{A\times B},\ \nu_e)$	$\sigma_e^2 + r\sigma_{A\times B}^2$
e	$S_T - S_{AB}$	$lm(r-1)$	V_e			σ_e^2
T	$\sum\sum\sum x_{ijk}^2 - CT$	$lmr-1$				

(4) 해석

인자 A, B 모두 유의한 경우 최적조건의 추정은 교호작용이 유의한 경우와 유의하지 않은 경우 두 가지로 구분한다. 교호작용이 유의한 경우에는 인자 A와 B가 독립이 아닌 반복있는 실험의 해석을 하게 되지만, 교호작용을 무시할 수 있는 경우에는 A인자와 B인자가 서로 독립인 실험이 된다. 이러한 경우는 교호작용($A\times B$)을 오차항에 풀링시켜 분산분석표를 재작성한 후, 반복없는 2요인 배치와 동일한 해석을 하게 된다.

① 교호작용($A\times B$)을 무시할 수 없는 경우

$F_o > F_{1-\alpha/2}(\nu_{A\times B},\ \nu_e)$인 경우로 교호작용($A\times B$)이 유의한 경우이며, A인자와 B인자 각 수준에서의 모평균 추정은 거의 의미가 없고 조합수준에서의 모평균 추정이 의미가 있다.

$$\mu_{ij\cdot} = \hat{\mu}_{ij\cdot} \pm t_{1-\alpha/2}(\nu_e)\sqrt{\frac{V_e}{n_e}}$$

$$= \frac{T_{ij\cdot}}{r} \pm t_{1-\alpha/2}(\nu_e)\sqrt{\frac{V_e}{r}}$$

(단, $\hat{\mu}_{ij\cdot} = \hat{\mu} + a_i + b_j + (ab)_{ij} = \overline{x}_{ij\cdot}$이며, $\hat{\sigma}_e^2 = V_e = \frac{S_e}{\nu_e}$이다.)

✅교호작용을 무시할 수 없는 경우의 유효반복수(다구찌 공식)

$$n_e = \frac{\text{실험 총수}}{\text{유의한 요인의 자유도 합}+1}$$

$$= \frac{lmr}{\nu_A + \nu_B + \nu_{A\times B} + 1} = \frac{lmr}{(l-1)+(m-1)+(lm-l-m+1)+1} = r$$

② 교호작용($A \times B$)을 무시할 수 있는 경우

교호작용이 유의하지 않은 경우로 교호작용 $A \times B$를 오차항에 풀링시켜 분산분석표를 재작성한 후 $\hat{\sigma}_e^2$로 합성 실험오차 V_e^*를 사용하여 요인을 검정하고, 반복없는 2요인 배치의 실험과 동일한 해석을 행한다.

요인	SS	DF	MS	F_o	$F_{1-\alpha}$	$E(V)$
A	S_A	ν_A	V_A	V_A / V_e^*	$F_{1-\alpha}(\nu_A,\ \nu_e^*)$	$\sigma_e^2 + mr\sigma_A^2$
B	S_B	ν_B	V_B	V_B / V_e^*	$F_{1-\alpha}(\nu_B,\ \nu_e^*)$	$\sigma_e^2 + lr\sigma_B^2$
e^*	S_e^*	ν_e^*	V_e^*			σ_e^2
T	S_T	ν_T				

(여기서, $\nu_e^* = \nu_e + \nu_{A\times B}$, $S_e^* = S_e + S_{A\times B}$, $V^* = \dfrac{S_e^*}{\nu_e^*} = \dfrac{S_e + S_{A\times B}}{\nu_e + \nu_{A\times B}}$ 이다.)

㉠ A인자와 B인자 각 수준에서 모평균의 추정

ⓐ $\mu_{i\cdot\cdot} = \bar{x}_{i\cdot\cdot} \pm t_{1-\alpha/2}(\nu_e^*)\sqrt{\dfrac{V_e^*}{mr}}$

ⓑ $\mu_{\cdot j\cdot} = \bar{x}_{\cdot j\cdot} \pm t_{1-\alpha/2}(\nu_e^*)\sqrt{\dfrac{V_e^*}{lr}}$

㉡ A인자와 B인자의 수준 간 모평균차의 추정

ⓐ $\mu_{i\cdot\cdot} - \mu_{i\cdot\cdot}' = (\bar{x}_{i\cdot\cdot} - \bar{x}_{i\cdot\cdot}') \pm t_{1-\alpha/2}(\nu_e^*)\sqrt{\dfrac{2V_e^*}{mr}}$

ⓑ $\mu_{\cdot j\cdot} - \mu_{\cdot j\cdot}' = (\bar{x}_{\cdot j\cdot} - \bar{x}_{\cdot j\cdot}') \pm t_{1-\alpha/2}(\nu_e^*)\sqrt{\dfrac{2V_e^*}{lr}}$

㉢ 조합평균의 추정

$$\mu_{ij\cdot} = \hat{\mu}_{ij\cdot} \pm t_{1-\alpha/2}(\nu_e^*)\sqrt{\frac{V_e^*}{n_e}}$$

ⓐ $\hat{\mu}_{ij\cdot} = \hat{\mu} + a_i + b_j = (\hat{\mu} + a_i) + (\hat{\mu} + b_j) - \hat{\mu}$

$= \hat{\mu}_{i\cdot\cdot} + \hat{\mu}_{\cdot j\cdot} - \hat{\mu} = \bar{x}_{i\cdot\cdot} + \bar{x}_{\cdot j\cdot} - \bar{\bar{x}}$

$= \dfrac{T_{i\cdot\cdot}}{mr} + \dfrac{T_{\cdot j\cdot}}{lr} - \dfrac{T}{lmr} = \bar{x}_{ij\cdot}$

ⓑ $\dfrac{1}{n_e} = \dfrac{1}{mr} + \dfrac{1}{lr} - \dfrac{1}{lmr} = \dfrac{l+m-1}{lmr}$, $\therefore\ n_e = \dfrac{lmr}{l+m-1}$

교호작용을 무시할 수 있는 경우의 유효반복수(다구찌 공식)

$$n_e = \frac{lmr}{\nu_A + \nu_B + 1} = \frac{lmr}{(l-1)+(m-1)+1} = \frac{lmr}{l+m-1}$$

예제 4-2

어떤 합금의 열처리에 가장 영향을 준다고 생각되는 인자로 온도(A)와 시간(B)를 택하여 각 2회씩 랜덤하게 실험한 결과로 다음 데이터를 얻었다. 물음에 답하시오. (단, 단위 : 경도)

온도 \ 시간	B_1	B_2	B_3
A_1	51 52	54 54	54 55
A_2	52 54	55 56	56 55
A_3	53 56	56 55	57 57
A_4	52 54	55 54	54 55

(1) 분산분석을 하시오. (단, 교호작용이 유의하지 않으면 풀링하시오.)
(2) 경도를 최대로 하는 수준조합의 95% 신뢰율로 신뢰구간을 구하시오.

(1) 분산분석(ANOVA)

① 반복이 있으므로 실험의 관리상태를 알아보는 등분산성 검토를 행한다.

〈R_{ij} 표〉

B \ A	A_1	A_2	A_3	A_4	계
B_1	1	2	3	2	8
B_2	0	1	1	1	3
B_3	1	1	0	1	3
계	2	4	4	4	14

$\overline{\overline{R}} = \dfrac{\sum_i \sum_j R_{ij}}{lm} = \dfrac{14}{12} = 1.167$이고, $r=2$일 때 $D_4 = 3.267$이므로, $D_4\overline{\overline{R}} = 3.81$이 된다.

따라서, 모든 R_{ij}값이 $D_4\overline{\overline{R}}$보다 작으므로, 실험은 관리상태에 있다.

② 제곱합 분해

〈$T_{ij\cdot}$ 보조표〉

B \ A	A_1	A_2	A_3	A_4	$T_{\cdot j \cdot}$	$\overline{x}_{\cdot j \cdot}$
B_1	103	106	109	106	424	53.0
B_2	108	111	111	109	439	54.9
B_3	109	111	114	109	443	55.4
$T_{i\cdot\cdot}$	320	328	334	324	1306	
$\overline{x}_{j\cdot\cdot}$	53.3	54.7	55.7	54.0		54.4

$CT=\frac{T^2}{N}=\frac{1306^2}{4\times3\times2}\fallingdotseq 71068.17$

$S_T=\sum\sum\sum x_{ijk}^2-CT=71126-CT=57.83$

$S_A=\sum\frac{T_{i}..^2}{mr}-CT=\frac{1}{3\times2}(320^2+328^2+334^2+324^2)-CT=71086-CT=17.83$

$S_B=\sum\frac{T_{\cdot j\cdot}^2}{lr}-CT=\frac{1}{4\times2}(424^2+439^2+443^2)-CT=71093.25-CT=25.08$

$S_{AB}=\sum\sum\frac{T_{ij\cdot}}{r}-CT=\frac{1}{2}(103^2+106^2+\cdots\cdots+114^2+109^2)-CT=71114-CT=45.83$

$S_{A\times B}=S_{AB}-S_A-S_B=2.92$, $S_e=S_T-S_{AB}=12$

③ 분산분석표 작성

요인	SS	DF	MS	F_o	$F_{0.95}$	$F_{0.99}$	$E(V)$
A	17.83	3	5.943	5.943*	3.49	5.95	$\sigma_e^2+6\sigma_A^2$
B	25.08	2	12.540	12.540**	3.89	6.93	$\sigma_e^2+8\sigma_A^2$
$A\times B$	2.92	6	0.487	0.487	3.00	4.82	$\sigma_e^2+2\sigma_{A\times B}^2$
e	12	12	1				σ_e^2
T	57.83	23					

위 결과 $A\times B$가 유의하지 않으므로, 오차항에 풀링하여 새로운 분산분석표를 작성한다.

요인	SS	DF	MS	F_o	$F_{0.95}$	$F_{0.99}$	$E(V)$
A	17.83	3	5.943	7.17**	3.10	4.94	$\sigma_e^2+6\sigma_A^2$
B	25.08	2	12.54	15.13**	3.49	5.85	$\sigma_e^2+8\sigma_B^2$
e^*	14.92	18	0.829				σ_e^2
T	57.83	23					

실험에 배치한 요인 A, B는 매우 유의한 인자이다.

(2) 최적조건(A_iB_j)의 추정

$A\times B$가 유의하지 않으므로, A인자에서 경도를 최대로 하는 A_3수준과 B인자에서 경도를 최대로 하는 B_3수준을 결합한 상태가 최적조합수준이 된다.

① $\hat{\mu}_{33\cdot}=\bar{x}_{3\cdot\cdot}+\bar{x}_{\cdot3\cdot}-\bar{\bar{x}}$

② $n_e=\frac{lmr}{l+m-1}=\frac{4\times3\times2}{4+3-1}=4$

③ 95% 신뢰구간의 추정

$$\mu_{33\cdot}=(\bar{x}_{3\cdot\cdot}+\bar{x}_{\cdot3\cdot}-\bar{\bar{x}})\pm t_{1-\alpha/2}(\nu_e^*)\sqrt{\frac{V_e^*}{n_e}}$$

$$=(55.7+55.4-54.4)\pm t_{0.975}(18)\sqrt{\frac{0.829}{4}}=56.7\pm0.96$$

$\therefore\ 55.74\le\mu_{33\cdot}\le57.66$

2 반복있는 혼합모형의 2요인 배치(A : 모수, B : 변량)

1인자 모수인자와 1인자 변량인자인 경우로 분산분석까지는 모수모형과 동일하나, $E(V)$의 구조가 모수모형과 다르기 때문에 F_o 검정방법과 해석에서 차이가 생긴다.

(1) 데이터 구조식

① $x_{ijk} = \mu + a_i + b_j + (ab)_{ij} + e_{ijk}$

② $\overline{x}_{ij\cdot} = \mu + a_i + b_j + (ab)_{ij} + \overline{e}_{ij\cdot}$

③ $\overline{x}_{i\cdot\cdot} = \mu + a_i + \overline{b} + \overline{(ab)}_{i\cdot} + \overline{e}_i$

④ $\overline{x}_{\cdot j\cdot} = \mu + b_j + \overline{e}_{\cdot j\cdot}$

⑤ $\overline{\overline{x}} = \mu + \overline{b} + (\overline{\overline{ab}}) + \overline{\overline{e}}$

(단, $\sum_i a_i = 0$, $\sum_j b_j \neq 0$, $\sum_i (ab)_{ij} = 0$, $\sum_j (ab)_{ij} \neq 0$, $\sum_i \sum_j (ab)_{ij} \neq 0$,

$b_j \sim N(0,\ \sigma_B^2)$, $(ab)_{ij} \sim N(0,\ \sigma_{A\times B}^2)$, $e_{ijk} \sim N(0,\ \sigma_e^2)$이다.)

(2) 분산분석표 작성

요인	SS	DF	MS	F_o	$F_{1-\alpha}$	$E(V)$
A	S_A	$l-1$	V_A	$V_A / V_{A\times B}$	$F_{1-\alpha}(\nu_A,\ \nu_{A\times B})$	$\sigma_e^2 + r\sigma_{A\times B}^2 + mr\sigma_A^2$
B	S_B	$m-1$	V_B	V_B / V_e	$F_{1-\alpha}(\nu_B,\ \nu_e)$	$\sigma_e^2 + lr\sigma_B^2$
$A\times B$	$S_{A\times B}$	$(l-1)(m-1)$	$V_{A\times B}$	$V_{A\times B} / V_e$	$F_{1-\alpha}(\nu_{A\times B},\ \nu_e)$	$\sigma_e^2 + r\sigma_{A\times B}^2$
e	S_e	$lm(r-1)$	V_e			σ_e^2
T	S_T	$lmr-1$				

⊙ 모수인자 $E(V_A)$에 모수×변량의 교호작용 $r\sigma_{A\times B}^2$이 나타난다. 따라서 모수인자 A는 모수×변량의 교호작용인 $A\times B$로 검정한다.

(3) 해석

모수인자 A에서는 평균에 관한 해석을 하지만, 변량인자 B에서는 산포에 대한 해석을 한다.

① 모수인자의 해석

㉠ 각 수준에서 모평균의 추정

ⓐ 교호작용이 유의하지 않은 경우

$$\mu_{i\cdot\cdot} = \overline{x}_{i\cdot\cdot} \pm t_{1-\alpha/2}(\nu_e^*)\sqrt{\frac{V_B + (l-1)V_e^*}{lmr}}$$

(단, $\nu_e^* = \dfrac{[V_B + (l-1)V_e^*]^2}{\dfrac{V_B^2}{\nu_B} + \dfrac{[(l-1)V_e^*]^2}{\nu_e}}$, $V_e^* = \dfrac{S_e + S_{A\times B}}{\nu_e + \nu_{A\times B}}$이다.)

⊙ 난괴법의 해석과 동일하다.

ⓑ 교호작용이 유의한 경우

$$\mu_{i\cdot\cdot} = \bar{x}_{i\cdot\cdot} \pm t_{1-\alpha/2}(\nu_e^*)\sqrt{\frac{V_B + lV_{A\times B} - V_e}{lmr}}$$

(단, $\nu_e^* = \dfrac{[V_B + lV_{A\times B} - V_e]^2}{\dfrac{{V_B}^2}{\nu_B} + \dfrac{(lV_{A\times B})^2}{\nu_{A\times B}} + \dfrac{(-V_e)^2}{\nu_e}}$ 이다.)

㉡ 수준 간 모평균차의 추정

ⓐ $A\times B$가 유의하지 않은 경우

$$\mu_{i\cdot\cdot} - \mu_{i\cdot\cdot}' = (\bar{x}_{i\cdot\cdot} - \bar{x}_{i\cdot\cdot}') \pm t_{1-\alpha/2}(\nu_e^*)\sqrt{\frac{2V_e^*}{mr}}$$

(단, $V_e^* = \dfrac{S_e + S_{A\times B}}{\nu_e + \nu_{A\times B}}$ 이다.)

ⓑ $A\times B$가 유의한 경우

$$\mu_{i\cdot\cdot} - \mu_{i\cdot\cdot}' = (\bar{x}_{i\cdot\cdot} - \bar{x}_{i\cdot\cdot}') \pm t_{1-\alpha/2}(\nu_{A\times B})\sqrt{\frac{2V_{A\times B}}{mr}}$$

⊙오차분산이 상쇄되고 교호작용의 분산만 남게 된다.

② **변량인자의 분산성분 추정**

교호작용 $A\times B$가 유의하지 않으면 오차항에 풀링시켜 $V_e^* = \dfrac{S_e + S_{A\times B}}{\nu_e + \nu_{A\times B}}$ 를 구한 후, 분산분석표를 재작성하고, 요인을 재검정한다.

㉠ $A\times B$가 유의하지 않은 경우

$$\hat{\sigma}_B^2 = \frac{V_B - V_e^*}{lr}$$

㉡ $A\times B$가 유의한 경우

ⓐ $\hat{\sigma}_B^2 = \dfrac{V_B - V_e}{lr}$

ⓑ $\hat{\sigma}_{A\times B}^2 = \dfrac{V_{A\times B} - V_e}{r}$

⊙A와 B가 모수인 경우 교호작용 $A\times B$는 모수이지만,
A가 모수이고 B가 변량인 경우 교호작용 $A\times B$는 변량이 된다.

4 3요인 배치법

실험 특성치의 해석을 위하여 채택된 인자가 3개인 경우로서, 3인자가 모수인자인 모수모형의 실험과 1인자가 변량인 혼합모형이 있다. 제곱합과 자유도 분해, 분산분석표의 작성은 2요인 배치와 거의 동일하나, 3요인 배치법에서는 교호작용이 유의하지 않은 경우 오차항에 풀링하여 F_o 검정을 다시 하게 되는데, F_o값이 $F_{0.90}$과 $F_{0.95}$ 사이에 있으면 새로 얻은 오차분산으로 다시 검정하여 풀링 여부를 결정하는 것이 좋다. 따라서 분산분석 후 풀링하여 얻어지는 최종 분산분석표가 어떻게 작성되었느냐에 따라 해석이 달라지게 된다는 점에서 2요인 배치와는 차이가 있다.

1 반복없는 3요인 배치(모수모형)

(1) 데이터 구조식

$x_{ijk}=\mu+a_i+b_j+c_k+(ab)_{ij}+(bc)_{jk}+(ac)_{ik}+e_{ijk}$

(단, $\sum a_i=0$, $\sum b_j=0$, $\sum c_k=0$, $e_{ijk}\sim N(0,\ \sigma_e^2)$이다.)

(2) 분산분석

요인	SS	DF	MS	F_o	$F_{1-\alpha}$	$E(V)$
A	S_A	$l-1$	V_A	V_A/V_e	$F_{1-\alpha}(\nu_A,\ \nu_e)$	$\sigma_e^2+mn\sigma_A^2$
B	S_B	$m-1$	V_B	V_B/V_e	$F_{1-\alpha}(\nu_B,\ \nu_e)$	$\sigma_e^2+ln\sigma_B^2$
C	S_C	$n-1$	V_C	V_C/V_e	$F_{1-\alpha}(\nu_C,\ \nu_e)$	$\sigma_e^2+lm\sigma_C^2$
$A\times B$	$S_{AB}-S_A-S_B$	$(l-1)(m-1)$	$V_{A\times B}$	$V_{A\times B}/V_e$	$F_{1-\alpha}(\nu_{A\times B},\ \nu_e)$	$\sigma_e^2+n\sigma_{A\times B}^2$
$A\times C$	$S_{AC}-S_A-S_C$	$(l-1)(n-1)$	$V_{A\times C}$	$V_{A\times C}/V_e$	$F_{1-\alpha}(\nu_{A\times C},\ \nu_e)$	$\sigma_e^2+m\sigma_{A\times C}^2$
$B\times C$	$S_{BC}-S_B-S_C$	$(m-1)(n-1)$	$V_{B\times C}$	$V_{B\times C}/V_e$	$F_{1-\alpha}(\nu_{B\times C},\ \nu_e)$	$\sigma_e^2+l\sigma_{B\times C}^2$
e	S_e	$(l-1)(m-1)(n-1)$	V_e			σ_e^2
T	S_T	$lmn-1$				

⊙ 요인 A는 l수준, 요인 B는 m수준, 요인 C는 n수준으로 표시된다.

① $S_T=\sum_i\sum_j\sum_k x_{ijk}^2-CT$

② $S_A=\dfrac{\sum_i T_{i\cdot\cdot}^2}{mn}-CT$

③ $S_B=\dfrac{\sum_j T_{\cdot j\cdot}^2}{ln}-CT$

④ $S_C=\dfrac{\sum_k T_{\cdot\cdot k}^2}{lm}-CT$

⑤ $S_{AB}=\dfrac{\sum_i\sum_j T_{ij\cdot}^2}{n}-CT$

⑥ $S_{AC}=\dfrac{\sum_i\sum_k T_{i\cdot k}^2}{m}-CT$

⑦ $S_{BC}=\dfrac{\sum_j\sum_k T_{\cdot jk}^2}{l}-CT$

⑧ $S_e=S_T-S_A-S_B-S_C-S_{A\times B}-S_{A\times C}-S_{B\times C}$

⊙ 교호작용의 자유도는 교호작용을 구성하는 교호작용의 특정 요인 자유도의 곱으로 나타난다.

예 $\nu_{A\times B}=\nu_A\times\nu_B$, $\nu_{B\times C}=\nu_B\times\nu_C$, $\nu_{A\times B\times C}=\nu_A\times\nu_B\times\nu_C$

또한, 교호작용의 제곱합은 요인의 급간제곱합에서 각 요인의 제곱합을 뺀 값으로 나타난다.

예 $S_{A\times B}=S_{AB}-S_A-S_B$, $S_{B\times C}=S_{BC}-S_B-S_C$, $S_{A\times C}=S_{AC}-S_A-S_C$

(3) 해석

① 주효과만 유의한 경우(교호작용들은 모두 오차항에 풀링)

㉠ 인자의 각 수준에서 모평균의 추정

$$\mu_{i}..=\bar{x}_{i}..\pm t_{1-\alpha/2}(\nu_e^*)\sqrt{\frac{V_e^*}{mn}}$$

$$\mu_{\cdot j\cdot}=\bar{x}_{\cdot j\cdot}\pm t_{1-\alpha/2}(\nu_e^*)\sqrt{\frac{V_e^*}{ln}}$$

$$\mu_{\cdot\cdot k}=\bar{x}_{\cdot\cdot k}\pm t_{1-\alpha/2}(\nu_e^*)\sqrt{\frac{V_e^*}{lm}}$$

㉡ 수준조합 $A_iB_jC_k$에서 모평균의 추정

$$\mu_{ijk}=\hat{\mu}_{ijk}\pm t_{1-\alpha/2}(\nu_e^*)\sqrt{\frac{V_e^*}{n_e}}$$

ⓐ 점추정치

$$\begin{aligned}\hat{\mu}_{ijk}&=\hat{\mu}+a_i+b_j+c_k\\&=(\hat{\mu}+a_i)+(\hat{\mu}+b_j)+(\hat{\mu}+c_k)-2\hat{\mu}\\&=\bar{x}_{i}..+\bar{x}_{\cdot j\cdot}+\bar{x}_{\cdot\cdot k}-2\bar{\bar{x}}\end{aligned}$$

ⓑ 유효반복수

$$n_e=\frac{lmn}{\nu_A+\nu_B+\nu_C+1}=\frac{lmn}{l+m+n-2}$$

② 주효과와 교호작용의 일부($A\times B$)만 유의한 경우

㉠ 수준조합 $A_iB_jC_k$에서 모평균의 추정

$$\mu_{ijk}=\hat{\mu}_{ijk}\pm t_{1-\alpha/2}(\nu_e^*)\sqrt{\frac{V_e^*}{n_e}}$$

ⓐ 점추정치

$$\begin{aligned}\hat{\mu}_{ijk}&=\hat{\mu}+a_i+b_j+c_k+(ab)_{ij}\\&=(\hat{\mu}+a_i+b_j+(ab)_{ij})+(\hat{\mu}+c_k)-\hat{\mu}=\bar{x}_{ij\cdot}+\bar{x}_{\cdot\cdot k}-\bar{\bar{x}}\end{aligned}$$

ⓑ 유효반복수

$$n_e=\frac{lmn}{\nu_A+\nu_B+\nu_C+\nu_{A\times B}+1}=\frac{lmn}{lm+n-1}$$

2 반복없는 혼합모형인 경우(C인자 변량인자)

(1) 데이터 구조식

$x_{ijk} = \mu + a_i + b_j + c_k + (ab)_{ij} + (bc)_{jk} + (ac)_{ik} + e_{ijk}$

(단, $\Sigma a_i = 0$, $\Sigma b_j = 0$, $\Sigma c_k \neq 0$, $e_{ijk} \sim N(0,\ \sigma_e^2)$이다.)

(2) 분산분석표 작성

요 인	SS	DF	MS	F_o	$F_{1-\alpha}$	$E(V)$
A	S_A	$l-1$	V_A	$V_A / V_{A\times C}$	$F_{1-\alpha}(\nu_A,\ \nu_{A\times C})$	$\sigma_e^2 + \boxed{m\sigma_{A\times C}^2} + mn\sigma_A^2$
B	S_B	$m-1$	V_B	$V_B / V_{B\times C}$	$F_{1-\alpha}(\nu_B,\ \nu_{B\times C})$	$\sigma_e^2 + \boxed{l\sigma_{B\times C}^2} + ln\sigma_B^2$
C	S_C	$n-1$	V_C	V_C / V_e	$F_{1-\alpha}(\nu_C,\ \nu_e)$	$\sigma_e^2 + lm\sigma_C^2$
$A\times B$	$S_{A\times B}$	$(l-1)(m-1)$	$V_{A\times B}$	$V_{A\times B} / V_e$	$F_{1-\alpha}(\nu_{A\times B},\ \nu_e)$	$\sigma_e^2 + n\sigma_{A\times B}^2$
$A\times C$	$S_{A\times C}$	$(l-1)(n-1)$	$V_{A\times C}$	$V_{A\times C} / V_e$	$F_{1-\alpha}(\nu_{A\times C},\ \nu_e)$	$\sigma_e^2 + m\sigma_{A\times C}^2$
$B\times C$	$S_{B\times C}$	$(m-1)(n-1)$	$V_{B\times C}$	$V_{B\times C} / V_e$	$F_{1-\alpha}(\nu_{B\times C},\ \nu_e)$	$\sigma_e^2 + l\sigma_{B\times C}^2$
e	S_e	$(l-1)(m-1)(n-1)$	V_e			σ_e^2
T	S_T	$lmn-1$				

⊙ 요인 A는 l수준, 요인 B는 m수준, 요인 C는 n수준으로 표시된다.

(3) F_o 검정

모수인자는 모수×변량의 교호작용으로 F_o 검정을 행하고, 변량인자와 모수×변량의 교호작용은 변량이므로 오차분산으로 F_o 검정을 행한다.

① 모수인자의 검정

$$F_o = \frac{V_A}{V_{A\times C}},\ \frac{V_B}{V_{B\times C}},\ \frac{V_{A\times B}}{V_e}$$

② 변량인자의 검정

$$F_o = \frac{V_C}{V_e},\ \frac{V_{A\times C}}{V_e},\ \frac{V_{B\times C}}{V_e}$$

⊙ $A\times B$는 모수이므로 모수×변량인 $(A\times B)\times C$로 검정하지만,
반복없는 3요인 배치는 $A\times B\times C$가 오차 e에 교락되어 있으므로

$F_o = \dfrac{V_{A\times B}}{V_{A\times B\times C}}$ 는 $F_o = \dfrac{V_{A\times B}}{V_e}$ 로 처리한다.

또한, 모수인자 $E(V)$에는 모수×변량의 교호작용이 포함되어 있다.

$E(V_A) = \sigma_e^2 + \boxed{m\sigma_{A\times C}^2} + mn\sigma_A^2$

$E(V_B) = \sigma_e^2 + \boxed{l\sigma_{A\times C}^2} + ln\sigma_B^2$

5 기타 분석

1 오차항으로의 풀링

분산분석표에서 F_o 검정을 한 결과 유의하지 않은 교호작용이나 요인을 오차항에 포함시켜 새로운 합성오차분산을 구하여 해석하게 되는데, 재작성된 분산분석표상의 오차분산(V_e^*)이 풀링 전 분산분석표상의 오차분산(V_e)보다 값이 현격히 증가하면 제2종 오류가 발생할 수 있으므로 풀링에 주의를 요한다.

풀링(pooling) 시 고려할 점은 다음과 같다.

① 실험의 목적을 고려

교호작용의 중요성을 고려하여 오차항의 풀링 여부를 결정한다.

② 기술적인 면과 통계적인 면을 고려

ν_e와 $\sigma^2_{A\times B}$의 계수 r을 고려하여 결정한다.

㉠ $\nu_e > 20$인 경우

교호작용이 $\alpha = 0.05$에서 유의하지 않으면 풀링하여도 ν_e가 상당히 크므로 실질적으로 큰 변화가 없다.

㉡ $\nu_e \le 20$인 경우

$F_o = \dfrac{V_{A\times B}}{V_e} < 1$이면 풀링시키고, $1 < F_o < F_{0.90}$일 때는 r이 크면($r \ge 3$) 풀링하고, $r = 2$이고 $F_{0.95} > F_o \ge F_{0.90}$이면 기술적인 면을 고려한다.

③ 제2종 오류를 고려

제2종 오류를 범하는 것이 큰 잘못일 때는 $F_o \le 1$인 경우에만 풀링한다.

2 회귀분석

1요인 배치에서 요인의 수준을 독립변수 x, 실험의 특성치를 y라고 정의한 단순회귀분석은 y가 갖는 총변동이 1차 회귀에 의한 변동과 잔차변동으로 분해된다.

$y_i - \bar{y} = (y_i - \hat{y}_i) + (\hat{y}_i - \bar{y})$이므로,

다음과 같이 정의된다.

$$\underbrace{\sum(y_i-\bar{y})^2}_{S_T} = \underbrace{\sum(y_i-\hat{y}_i)^2}_{S_{y/x}} + \underbrace{\sum(\hat{y}_i-\bar{y})^2}_{S_R}$$

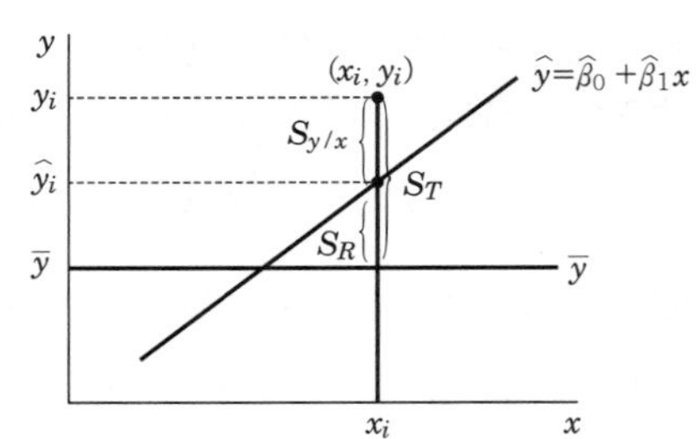

(1) 제곱합 분해

① $S_T = S_{yy} = \sum_i \sum_j y_{ij}^2 - CT$

$= S_A + S_e$

$= S_R + S_r + S_e$

$= S_R + S_{y/x}$

② $S_R = \dfrac{(S_{xy})^2}{S_{xx}}$

③ $S_{xx} = r\left(\sum_i x_i^2 - \dfrac{\left(\sum_i x_i\right)^2}{l}\right)$

④ $S_{xy} = \sum_i x_i T_i - \dfrac{\sum_i x_i \sum_i T_i}{l}$

(단, $i = 1 \rightarrow l$이고, x_i는 요인 A의 수준값이다.)

(2) 자유도 분해

① $\nu_T = lr - 1$

② $\nu_R = 1$

③ $\nu_r = \nu_A - \nu_R = (l-1) - 1 = l - 2$

④ $\nu_e = \nu_T - \nu_R - \nu_r = l(r-1)$

⊙ 회귀분석에서 수준을 l로 하면 요인의 제곱합 S_A는 $(l-1)$차 제곱합까지 분해가 가능하므로, 각 차수에 해당되는 자유도는 각각 '1'이 된다. 따라서 ν_R은 항상 '1'이다.

$S_A = S_{1차} + S_{2차} + S_{3차} + \cdots\cdots + S_{l-1차}$

$\nu_A = \nu_{1차} + \nu_{2차} + \nu_{3차} + \cdots\cdots + \nu_{l-1차}$

(여기서, $\nu_A = l - 1$이므로, $\nu_{1차} = \nu_{2차} = \nu_{3차} = \cdots\cdots = \nu_{l-1차} = 1$이다.)

(3) 단순회귀의 분산분석표 작성

요인		SS	DF	MS	F_o	$F_{0.95}$	$F_{0.99}$
A	R	S_R	1	V_R	V_R/V_e		
	r	S_r	$l-2$	V_r	V_r/V_e		
	e	S_e	$l(r-1)$	V_e			
T		S_T	$lr-1$				

여기서, $F_o = \dfrac{V_r}{V_e} > F_{1-\alpha}(\nu_r,\ \nu_e)$이면 고차 회귀로 설명된다.

그러나, $F_o = \dfrac{V_r}{V_e} < F_{1-\alpha}(\nu_r,\ \nu_e)$이면 단순회귀로서 x와 y 관계가 설명되고 있음을 뜻한다.

이러한 경우는 유의하지 않은 나머지 회귀 r을 오차항에 풀링시켜 분산분석표를 재작성하고, 1차 회귀의 유의성 여부를 최종적으로 결정하게 된다.

요인	SS	DF	MS	F_o	$F_{1-\alpha}$
R y/x	S_R $S_e + S_r$	1 $lr-2$	V_R $V_{y/x}$	$V_R / V_{y/x}$	$F_{1-\alpha}(\nu_R,\ \nu_{y/x})$
T	S_T	$lr-1$			

(4) 회귀직선의 추정

$$y - \bar{y} = \hat{\beta}_1(x - \bar{x})$$

① $\bar{y} = \dfrac{T}{N}$

② $\bar{x} = \dfrac{\sum_i x_i}{l}$

③ $\hat{\beta}_1 = \dfrac{S_{(xy)}}{S_{(xx)}}$

3 직교분석

1차 이상인 k차 고차 회귀의 회귀곡선는 다음과 같이 표현한다.

$$y = \hat{\beta}_0 + \hat{\beta}_1 x + \hat{\beta}_2 x^2 + \cdots\cdots + \hat{\beta}_k x^k + e$$

이때, $\hat{\beta}_0$, $\hat{\beta}_1$, $\hat{\beta}_2$, $\cdots$, $\hat{\beta}_k$는 행렬(matrix)을 사용해야 해가 가능하지만, 몇 가지 전제조건이 충족된다면 직교다항식 표를 사용하여 기계적인 조작을 모르고도 각 차수의 제곱합 및 회귀계수를 쉽게 추정할 수 있다.

(1) 직교분해의 전제조건

① 배치된 인자는 모수모형이어야 한다.
② 수준의 간격은 등간격이어야 한다.
③ 각 수준의 반복수(r)는 같아야 한다.

(2) k차 회귀계수의 추정식

$$\beta_k = \frac{\Sigma\, W_i T_i}{(\lambda \cdot S) r \cdot h^k}$$

여기서, r : 반복수, h : 수준의 간격, k : 차수

(3) k차 회귀의 제곱합

$$S_k = \frac{(\sum W_i T_i)^2}{(\lambda^2 \cdot S)r}$$

(4) k차 회귀계수 β_k의 신뢰구간 추정

$$\pm t_{1-\alpha/2}(\nu_e)\sqrt{\frac{V_{y/x}}{n_e}}$$ (단, $n_e = r \cdot S \cdot h^{2k}$이다.)

(5) 4수준 1요인 배치의 고차 회귀분석표

요인	SS	DF	MS	F_o	$F_{1-\alpha}$
A	S_A	3	V_A	V_A / V_e	
l	S_{A_l}	1	V_l	V_l / V_e	
q	S_{A_q}	1	V_q	V_q / V_e	
c	S_{A_c}	1	V_c	V_c / V_e	
e	S_e	$l(r-1)$	V_e		
	S_T	$lr-1$			

⊙ 요인 A의 수준이 4수준인 경우 제곱합 S_A는 3차 제곱합까지 분해가 가능하다.

4 대비와 직교분해

n개의 측정치 x_1, x_2, x_3, $\cdots$, x_n의 모든 계수 c_i가 0이 아닌 상태에서 계수 1차식을 다음과 같이 정의할 때, L을 선형식이라고 한다.

$$L = c_1x_1 + c_2x_2 + \cdots + c_nx_n$$

(1) 대비와 직교

① 대비(contrast)

계수 c_i의 합이 0이 되는 경우의 선형식 L을 대비 성질을 갖춘 선형식이라고 한다.

$$\sum_i c_i = c_1 + c_2 + \cdots + c_n = 0$$

② 직교(orthogonality)

대비 성질을 갖춘 두 개의 선형식에서 계수들을 곱하여 합한 것이 0이 되는 경우, 두 개의 선형식을 서로 직교하는 선형식이라고 한다.

$L = c_1x_1 + c_2x_2 + \cdots + c_nx_n$ (단, $\sum c_i = 0$이다.)

$L' = d_1x_1 + d_2x_2 + \cdots + d_nx_n$ (단, $\sum d_i = 0$이다.)

위 두 선형식은 $\sum c_i = 0$, $\sum d_i = 0$이므로 대비 성질을 갖고 있는 선형식이며, $\sum c_i d_i = c_1d_1 + c_2d_2 + \cdots + c_nd_n = 0$인 경우, L과 L'은 서로 직교하는 선형식이다.

(2) 대비의 제곱합(S_L)

$$S_L = \frac{L^2}{\sum c_i^2 r_i} = \frac{L^2}{D}$$

⊙ 여기서 단위수 D는 계수 제곱합으로 선형식 L에서는 $\sum c_i^2$이고, 1요인 실험이라면 $\sum c_i^2 r_i$가 된다.

다음은 수준수가 2, 반복이 r인 1요인 배치법이다.

A_1	A_2
x_{11} x_{12} $\vdots$ x_{1r}	x_{21} x_{22} $\vdots$ x_{2r}
$T_1.$	$T_2.$

요인 A의 제곱합 S_A와 선형식 L의 제곱합 S_L의 관계는 다음과 같다.

$$\begin{aligned} S_A &= \frac{\sum_i T_i.^2}{r} - CT \\ &= \frac{T_1.^2 + T_2.^2}{r} - \frac{(T_1. + T_2.)^2}{2r} \\ &= \frac{1}{2r}(T_2. - T_1.)^2 \\ &= \frac{1}{2r}(T_2.^2 + T_1.^2 - 2T_1.T_2.) \\ &= \frac{r}{2}\left(\frac{T_2.^2}{r^2} + \frac{T_1.^2}{r^2} - 2\frac{T_2.}{r} \cdot \frac{T_1.}{r}\right) \\ &= \frac{r}{2}\left(\frac{T_2.}{r} - \frac{T_1.}{r}\right)^2 = \frac{\left(\frac{1}{r}T_2. + \left(-\frac{1}{r}\right)T_1.\right)^2}{2/r} \end{aligned}$$

여기서 대비 성질을 갖는 선형식을 $L = \frac{T_2.}{r} - \frac{T_1.}{r}$라고 하면,

$$S_A = \frac{L^2}{\left(\frac{1}{r}\right)^2 \times r + \left(-\frac{1}{r}\right)^2 \times r} = \frac{L^2}{\sum c_i^2 r_i} = S_L \text{이다.}$$

따라서, 요인 A의 제곱합 S_A는 차의 선형식 L의 제곱합인 S_L과 의미가 같다.

예제 4-3

4종류의 플라스틱제품 A_1(자기 회사 제품), A_2(국내 C회사 제품), A_3(국내 D회사 제품), A_4(외국 제품)에 대하여, 각각 10개, 6개, 6개, 2개씩 표본을 취하여 강도(kg/cm^2)를 측정하였다. 이 실험의 목적은 4종류의 제품 간에 구체적으로 다음과 같은 것을 비교하는 것이다. 이때 다음 데이터로부터 대비의 제곱합을 포함한 분산분석표를 작성하시오. (단, 선형식의 제곱합은 정수 처리한다.)

- L_1 : 외국 제품과 한국 제품의 차
- L_2 : 자기 회사 제품과 국내 타 회사 제품의 차
- L_3 : 국내 타 회사 제품 간의 차

A의 수준	데이터										표본의 크기	계
A_1	20	18	19	17	17	22	18	13	16	15	10	175
A_2	25	23	28	26	19	26					6	147
A_3	24	25	18	22	27	24					6	140
A_4	14	12									2	26
계											24	488

수준수가 4인 실험에서는 서로 직교하는 선형식이 3개 존재하며, 요인 A의 제곱합이 3개 선형식의 제곱합으로 분해되는 특징이 있다. 1요인 배치는 수준 간 차이가 구체적으로 어느 수준 사이에 있는지 나타내지 못하지만, 선형식의 제곱합을 이용하면 구체적인 차이의 상태를 파악할 수 있다.

① 선형식

- $L_1 = \dfrac{T_{4\cdot}}{2} - \dfrac{T_{1\cdot} + T_{2\cdot} + T_{3\cdot}}{22} = \dfrac{26}{2} - \dfrac{175+147+140}{22} = -8.0$
- $L_2 = \dfrac{T_{1\cdot}}{10} - \dfrac{T_{2\cdot} + T_{3\cdot}}{12} = \dfrac{175}{10} - \dfrac{147+140}{12} = -6.41667$
- $L_3 = \dfrac{T_{2\cdot}}{6} - \dfrac{T_{3\cdot}}{6} = \dfrac{147}{6} - \dfrac{140}{6} = 1.2$

② 선형식의 제곱합

- $S_{L_1} = \dfrac{L_1^{\ 2}}{\sum_{i=1}^{4} r_i c_i^2} = \dfrac{(-8.0)^2}{(2)\left(\dfrac{1}{2}\right)^2 + (10)\left(-\dfrac{1}{22}\right) + (6)\left(-\dfrac{1}{22}\right)^2 + (6)\left(-\dfrac{1}{22}\right)^2} = 117$
- $S_{L_2} = \dfrac{(-6.4)^2}{(10)\left(\dfrac{1}{10}\right)^2 + (6)\left(-\dfrac{1}{12}\right)^2 + (6)\left(-\dfrac{1}{12}\right)^2} = 225$
- $S_{L_3} = \dfrac{(1.2)^2}{(6)\left(\dfrac{1}{6}\right)^2 + (6)\left(-\dfrac{1}{6}\right)^2} = 4$

③ 제곱합 분해

- $S_T = (20)^2 + (18)^2 + \cdots + (12)^2 - \frac{(488)^2}{24} = 503$
- $S_A = \Sigma \frac{T_{i\cdot}^2}{r_i} - \frac{T^2}{N} = \frac{(175)^2}{10} + \frac{(147)^2}{6} + \frac{(140)^2}{6} + \frac{(26)^2}{2} - \frac{(488)^2}{24} = 346$

④ 분산분석표

요인	SS	DF	MS	F_o	$F_{0.95}$	$F_{0.99}$
A	346	3	115.3	14.7**	3.10	4.94
L_1	117	1	117	14.9**	4.35	8.10
L_2	225	1	225	28.7**	4.35	8.10
L_3	4	1	4	0.5	4.35	8.10
e	157	20	7.85			
T	503	23				

※ 외국 제품과 한국 제품의 강도는 큰 차이를 보이고 있으며, 국내 자사 제품과 타사 제품의 강도도 대단히 큰 차이를 보이고 있다. 그러나 국내 타 회사 간 제품의 강도는 차이가 없다.

6 방격법

1 라틴방격법

라틴방격법(Latin square design)은 15C 유희수학인 Latin 방진을 사용한 실험 배치방법이며, k개의 숫자를 어느 행, 어느 열에도 중복됨이 없도록 배열하여 종횡 k개씩의 4각형이 되도록 한 배치법으로, $k \times k$ 라틴방격이라고 한다.

난괴법이 한 방향 블록을 고려하는 실험인 반면에, 라틴방격법은 양방향 블록을 동시에 고려하는 모수모형 실험배치의 형태로, k형 실험의 일부실시법 형태이다.

① 라틴방격법의 특징

㉠ 교호작용을 무시하는 경우 사용되는 실험으로 교호작용의 효과는 구할 수 없고, 주효과를 분석하기 위한 실험 배분이다.

㉡ 행과 열은 정사각형으로, 각 인자의 수준수와 반복수가 동일한 실험이다.

㉢ k^n형 실험의 일부실시법 형태로, 교호작용이 있는 경우에 사용하면 오차항에 교락되어 오차분산(V_e)이 커지게 되므로 실험배치의 효율성이 떨어지게 된다.

㉣ 분산분석은 교호작용을 무시하는 경우의 분산분석을 행한다.

㉤ 변량인자는 가급적 배치하지 않으며, 모수모형의 실험이 전개된다.

② 라틴방격의 총방격(가능한 배열방법 수)

$$총방격수 = 표준방격수 \times k! \times (k-1)!$$

$k \times k$ 라틴방격	표준방격수	총방격수
3×3	1	1×3!×2!=12
4×4	4	4×4!×3!=576
5×5	56	56×5!×4!

〈 4×4 라틴방격표 〉

B \ A	A_1	A_2	A_3	A_4
B_1	C_1 (x_{111})	C_2 (x_{212})	C_3 (x_{313})	C_4 (x_{414})
B_2	C_2 (x_{122})	C_3 (x_{223})	C_4 (x_{324})	C_1 (x_{421})
B_3	C_3 (x_{133})	C_4 (x_{234})	C_1 (x_{331})	C_2 (x_{432})
B_4	C_4 (x_{144})	C_1 (x_{241})	C_2 (x_{342})	C_3 (x_{443})

(단, $i=1 \sim k$, $j=1 \sim k$, $k=1 \sim k$이다.)

참고 4×4 라틴방격의 실험은 3요인 배치의 1/4 일부실시법 형태가 된다. 4^3형 실험(4수준 3요인)은 총실험횟수가 64회이나, 4×4 라틴방격법에서는 3요인이 배치되었음에도 64개의 실험조건 중 16개의 실험조건을 택하여 실험횟수가 16회만 이루어지는 1/4 일부실시법의 실험이다.

(1) 분산분석

① 데이터 구조식

㉠ $x_{ijk} = \mu + a_i + b_j + c_k + e_{ijk}$

㉡ $\overline{x}_{ij\cdot} = \mu + a_i + b_j + \overline{e}_{ij\cdot}$

㉢ $\overline{x}_{\cdot jk} = \mu + b_j + c_k + \overline{e}_{\cdot jk}$

㉣ $\overline{x}_{i\cdot k} = \mu + a_i + c_k + \overline{e}_{i\cdot k}$

㉤ $\overline{x}_{i\cdot\cdot} = \mu + a_i + \overline{e}_{i\cdot\cdot}$

㉥ $\overline{x}_{\cdot j\cdot} = \mu + b_j + \overline{e}_{\cdot j\cdot}$

㉦ $\overline{x}_{\cdot\cdot k} = \mu + c_k + \overline{e}_{\cdot\cdot k}$

㉧ $\overline{\overline{x}} = \mu + \overline{\overline{e}}$

(단, $\Sigma a_i = 0$, $\Sigma b_j = 0$, $\Sigma c_k = 0$, $e_{ijk} \sim N(0,\ \sigma_e^2)$이다.)

② 제곱합 분해

㉠ $S_T = \sum_i \sum_j \sum_k x_{ijk}^2 - CT$

㉡ $S_A = \dfrac{\sum_i T_{i\cdot\cdot}^2}{k} - CT$

㉢ $S_B = \dfrac{\sum_j T_{\cdot j\cdot}^2}{k} - CT$

㉣ $S_C = \dfrac{\sum_k T_{\cdot\cdot k}^2}{k} - CT$

㉤ $S_e = S_T - S_A - S_B - S_C$

(단, $CT = \dfrac{T^2}{k^2}$ 이다.)

참고 라틴방격법은 교호작용을 구할 수 없다. 만약 교호작용이 있다면 오차항에 교락되어 있기 때문에, 오차분산이 커져 실험의 정도가 하락하게 되므로 요인의 검출력이 떨어지게 된다.

③ 분산분석표 작성

요인	SS	DF	MS	F_o	$F_{1-\alpha}$	$E(V)$
A	$S_A = \dfrac{\Sigma T_{i\cdot\cdot}^2}{k} - CT$	$k-1$	V_A	V_A/V_e	$F_{1-\alpha}(\nu_A,\ \nu_e)$	$\sigma_e^2 + k\sigma_A^2$
B	S_B	$k-1$	V_B	V_B/V_e	$F_{1-\alpha}(\nu_B,\ \nu_e)$	$\sigma_e^2 + k\sigma_B^2$
C	S_C	$k-1$	V_C	V_C/V_e	$F_{1-\alpha}(\nu_C,\ \nu_e)$	$\sigma_e^2 + k\sigma_C^2$
e	S_e	$(k-1)(k-2)$	V_e			σ_e^2
T	S_T	k^2-1				

✓ 라틴방격은 수준수와 반복수가 각각 k이다.

(2) 해석

분산분석표상의 유의한 인자에서 모수모형의 해석이 행해진다.

① 인자의 각 수준에서 모평균의 추정

㉠ A인자 각 수준의 모평균 추정 : $\mu_{i\cdot\cdot} = \overline{x}_{i\cdot\cdot} \pm t_{1-\alpha/2}(\nu_e)\sqrt{\dfrac{V_e}{k}}$

㉡ B인자 각 수준의 모평균 추정 : $\mu_{\cdot j\cdot} = \overline{x}_{\cdot j\cdot} \pm t_{1-\alpha/2}(\nu_e)\sqrt{\dfrac{V_e}{k}}$

㉢ C인자 각 수준의 모평균 추정 : $\mu_{\cdot\cdot k} = \overline{x}_{\cdot\cdot k} \pm t_{1-\alpha/2}(\nu_e)\sqrt{\dfrac{V_e}{k}}$

② 2인자 조합평균의 추정

3인자 중 2개의 인자만 유의한 경우로서 교호작용을 무시한 상태에서 해석이 이루어지며, 교호작용이 있는 경우는 해석의 정도가 하락한다.

㉠ A, B만 유의한 경우

$$\mu_{ij\cdot} = \bar{x}_{ij\cdot} \pm t_{1-\alpha/2}(\nu_e)\sqrt{\frac{V_e}{n_e}}$$

$$= (\bar{x}_{i\cdot\cdot} + \bar{x}_{\cdot j\cdot} - \bar{\bar{x}}) \pm t_{1-\alpha/2}(\nu_e)\sqrt{\frac{V_e}{k^2/(2k-1)}}$$

㉡ A, C만 유의한 경우

$$\mu_{i\cdot k} = \bar{x}_{i\cdot k} \pm t_{1-\alpha/2}(\nu_e)\sqrt{\frac{V_e}{n_e}}$$

$$= (\bar{x}_{i\cdot\cdot} + \bar{x}_{\cdot\cdot k} - \bar{\bar{x}}) \pm t_{1-\alpha/2}(\nu_e)\sqrt{\frac{V_e}{k^2/(2k-1)}}$$

㉢ B, C만 유의한 경우

$$\mu_{\cdot jk} = \bar{x}_{\cdot jk} \pm t_{1-\alpha/2}(\nu_e)\sqrt{\frac{V_e}{n_e}}$$

$$= (\bar{x}_{\cdot j\cdot} + \bar{x}_{\cdot\cdot k} - \bar{\bar{x}}) \pm t_{1-\alpha/2}(\nu_e)\sqrt{\frac{V_e}{k^2/(2k-1)}}$$

참고 여기서 조합평균의 추정은 교호작용을 무시하는 반복없는 2요인 배치와 다를 것이 없다. 단, 반복수(r)와 수준수(l)를 k로 처리하므로 2요인 배치의 $n_e = \dfrac{lm}{l+m-1}$이 $\dfrac{k^2}{2k-1}$으로 변한 것이라고 생각하면 된다.

③ 3인자 조합평균의 추정(A, B, C 모두 유의한 경우)

$$\mu_{ijk} = \bar{x}_{ijk} \pm t_{1-\alpha/2}(\nu_e)\sqrt{\frac{V_e}{n_e}}$$

㉠ $\bar{x}_{ijk} = \hat{\mu} + a_i + b_j + c_k$

$$= (\hat{\mu} + a_i) + (\hat{\mu} + b_j) + (\hat{\mu} + c_k) - 2\hat{\mu}$$

$$= \bar{x}_{i\cdot\cdot} + \bar{x}_{\cdot j\cdot} + \bar{x}_{\cdot\cdot k} - 2\bar{\bar{x}}$$

$$= \hat{\mu}_{ijk}$$

㉡ $\dfrac{1}{n_e} = \dfrac{1}{k} + \dfrac{1}{k} + \dfrac{1}{k} - \dfrac{2}{k^2} = \dfrac{3k-2}{k^2}$

예제 4-4

어떤 제조공장에서 제품의 수명을 높이기 위하여 제품 수명에 크게 영향을 미치는 모수인자를 3개 선정하고, 각 인자를 5수준으로 하여 라틴방격법에 의한 실험을 행하였다. 실험에 배치된 인자 간에는 교호작용을 거의 무시할 수 있으며, 25개의 실험조건의 순서를 랜덤하게 정해 실험하여 다음 표와 같은 결론을 얻었다.

〈 ($X_{ijk} = x_{ijk} - 70$)로 변수 변환된 자료 〉

B \ A	A_1	A_2	A_3	A_4	A_5
B_1	$C_1(-2)$	$C_2(4)$	$C_3(-7)$	$C_4(-6)$	$C_5(0)$
B_2	$C_2(-6)$	$C_3(0)$	$C_4(-5)$	$C_5(-12)$	$C_1(2)$
B_3	$C_3(1)$	$C_4(9)$	$C_5(0)$	$C_1(-1)$	$C_2(6)$
B_4	$C_4(1)$	$C_5(4)$	$C_1(-1)$	$C_2(-4)$	$C_3(0)$
B_5	$C_5(2)$	$C_1(11)$	$C_2(-2)$	$C_3(-5)$	$C_4(8)$

각 물음에 답하시오.

(1) 기대평균제곱을 포함한 분산분석표를 작성하시오.

(2) A 인자의 A_1 수준에서 모평균의 추정을 95% 신뢰율로 계산하시오.

(3) 수명을 높이는 최적조건을 결정하고, 최적조건에서의 점추정치 및 신뢰구간을 신뢰율 95%로 추정하시오.

(1) 분산분석표 작성

① 제곱합 분해

- $S_T = \sum\sum\sum x_{ijk}^2 - CT = 684.64$
- $S_A = \sum \frac{T_{i\cdot\cdot}^2}{k} - CT = 412.64$
- $S_B = \sum \frac{T_{\cdot j\cdot}^2}{k} - CT = 196.24$
- $S_C = \sum \frac{T_{\cdot\cdot k}^2}{k} - CT = 57.84$
- $S_e = S_T - S_A - S_B - S_C = 17.92$

② 자유도

- $\nu_T = k^2 - 1 = 24$
- $\nu_A = \nu_B = \nu_C = k - 1 = 4$
- $\nu_e = (k-1)(k-2) = 12$

③ 분산분석표

요인	SS	DF	MS	F_0	$F_{0.95}$	$F_{0.99}$	$E(V)$
A	412.64	4	103.16	69.08051**	3.26	5.41	$\sigma_e^2+5\sigma_A^2$
B	196.24	4	49.06	32.85275**	3.26	5.41	$\sigma_e^2+5\sigma_B^2$
C	57.84	4	14.46	9.68306**	3.26	5.41	$\sigma_e^2+5\sigma_C^2$
e	17.92	12	1.49333				σ_e^2
T	684.64	24					

(2) A_1수준에서 모평균의 신뢰구간

① 점추정치

$$\hat{\mu}(A_1)=\overline{x}_{1\cdot\cdot}=\overline{X}_{1\cdot\cdot}+70$$
$$=-\frac{4}{5}+70=69.2$$

② 신뢰구간의 추정

$$\mu_{1\cdot\cdot}=\overline{x}_{1\cdot\cdot}\pm t_{1-\alpha/2}(\nu_e)\sqrt{\frac{V_e}{k}}$$
$$=69.2\pm 2.179\sqrt{\frac{1.49333}{5}}$$
$$=69.2\pm 2.179\times 0.54650$$
$$\rightarrow 68.00918\sim 70.39082$$

(3) 최적조건의 추정

분산분석 결과 A, B, C 3요인 모두 유의하므로, A의 1원표, B의 1원표, C의 1원표에서 각각 수명을 높이는 각 인자의 수준을 구하면, A는 A_2수준에서, B는 B_3수준에서, C는 C_1수준에서 결정된다. 따라서, 수명을 최대로 하는 최적조합수준은 A_2, B_3, C_1으로 결정된다.

① 점추정치

$$\hat{\mu}(A_2B_3C_1)=\overline{x}_{2\cdot\cdot}+\overline{x}_{\cdot 3\cdot}+\overline{x}_{\cdot\cdot 1}-2\overline{\overline{x}}$$
$$=\left(\frac{28}{5}+\frac{15}{5}+\frac{9}{5}-2\times\frac{(-3)}{25}\right)+70=80.64$$

② 신뢰구간의 추정

$$\mu(A_2B_3C_1)=\hat{\mu}(A_2B_3C_1)\pm t_{1-\alpha/2}(\nu_e)\sqrt{\frac{V_e}{n_e}}$$
$$=80.64\pm 2.179\sqrt{1.49333\times\frac{13}{25}}$$
$$\rightarrow 78.71984\sim 82.56016$$

(단, $\frac{1}{n_e}=\frac{3k-2}{k^2}=\frac{13}{25}$ 이다.)

2 그레코 라틴방격법

그레코 라틴방격법(Graeco Latin square design)은 서로 직교하는 두 개의 라틴방격을 포갠 방격으로, 두 개의 라틴방격을 겹쳐서 조합했을 때 한번 나온 조합이 중복되어 나오지 않으면 두 개의 라틴방격은 서로 직교하는 방격이라고 정의한다. 4인자 배치의 실험에 사용되고, k^2의 총실험횟수(N)를 갖는다.

〈 3×3 그레코 라틴방격표〉

B \ A	A_1	A_2	A_3
B_1	C_1D_1	C_2D_3	C_3D_2
B_2	C_2D_2	C_3D_1	C_1D_3
B_3	C_3D_3	C_1D_2	C_2D_1

참고 여기서 A, B, C, D 4인자는 각각 수준이 3개이고 실험조건은 $A_1\ B_1\ C_1\ D_1$에서 부터 $A_3\ B_3\ C_2\ D_1$까지 9개이며, 3^4형 실험의 1/9 일부실시법 형태이다.

(1) 분산분석

① 데이터 구조식

$x_{ijkl} = \mu + a_i + b_j + c_k + d_l + e_{ijkl}$

(단, $\Sigma a_i = 0$, $\Sigma b_j = 0$, $\Sigma c_k = 0$, $\Sigma d_l = 0$, $e_{ijkl} \sim N(0,\ \sigma_e^2)$이다.)

② 분산분석표 작성

요인	SS	DF	MS	F_o	$F_{1-\alpha}$	$E(V)$
A	$S_A = \Sigma \frac{T_{i\cdots}^2}{k} - CT$	$k-1$	V_A	V_A / V_e	$F_{1-\alpha}(\nu_A,\ \nu_e)$	$\sigma_e^2 + k\sigma_A^2$
B	S_B	$k-1$	V_B	V_B / V_e	$F_{1-\alpha}(\nu_B,\ \nu_e)$	$\sigma_e^2 + k\sigma_B^2$
C	S_C	$k-1$	V_C	V_C / V_e	$F_{1-\alpha}(\nu_C,\ \nu_e)$	$\sigma_e^2 + k\sigma_C^2$
D	S_D	$k-1$	V_D	V_D / V_e	$F_{1-\alpha}(\nu_D,\ \nu_e)$	$\sigma_e^2 + k\sigma_D^2$
e	S_e	$(k-1)(k-3)$	V_e			σ_e^2
T	S_T	k^2-1				

(2) 해석

라틴방격처럼 교호작용의 검출은 불가능하며, 해석 역시 동일하다.

4요인 배치 형태이기에 4요인 조합평균의 추정이 나타날 수 있다.

① 인자의 각 수준에서 모평균의 추정

$$\mu_{i}\cdots = \overline{x}_{i}\cdots \pm t_{1-\alpha/2}(\nu_e)\sqrt{\frac{V_e}{k}}$$

② 2인자 조합평균의 추정(A, B만 유의한 경우)

$$\mu_{ij}.. = \overline{x}_{ij}.. \pm t_{1-\alpha/2}(\nu_e)\sqrt{\frac{V_e}{n_e}}$$

(단, $\overline{x}_{ij}.. = \overline{x}_{i}\cdots + \overline{x}_{.j}.. - \overline{\overline{x}}$, $n_e = \dfrac{k^2}{2k-1}$ 이다.)

③ 3인자 조합평균의 추정(A, B, C만 유의한 경우)

$$\mu_{ijk\cdot} = \overline{x}_{ijk\cdot} \pm t_{1-\alpha/2}(\nu_e)\sqrt{\frac{V_e}{n_e}}$$

(단, $\overline{x}_{ijk\cdot} = \overline{x}_{i}\cdots + \overline{x}_{.j}.. + \overline{x}_{..k\cdot} - 2\overline{\overline{x}}$, $n_e = \dfrac{k^2}{3k-2}$ 이다.)

④ 4인자 조합평균의 추정(A, B, C, D 모두 유의한 경우)

$$\mu_{ijkl} = \overline{x}_{ijkl} \pm t_{1-\alpha/2}(\nu_e)\sqrt{\frac{V_e}{n_e}}$$

(단, $\overline{x}_{ijkl} = \overline{x}_{i}\cdots + \overline{x}_{.j}.. + \overline{x}_{..k\cdot} + \overline{x}_{\cdots l} - 3\overline{\overline{x}}$, $n_e = \dfrac{k^2}{4k-3}$ 이다.)

3 초방격법(초그레코 라틴방격법)

서로 직교하는 라틴방격 3개를 조합하여 만든 방격이다. 일반적으로 k가 반우수(2로 나눠서 홀수가 되는 수 ; 2 또는 6)가 아닌 한 $k \times k$ 라틴방격에 있어서 서로 직교하는 $k-1$개의 라틴방격이 있다.

또한 $\nu_e = (k-1)(k-4)$이므로 초방격에서는 $k \le 4$인 경우 실험 설계 시 오차항의 자유도가 존재할 수 있도록 $k \ge 5$인 실험이나 블록 반복의 실험을 행한다.

참고 라틴방격은 3요인, 그레코 라틴방격은 4요인, 초그레코 라틴방격은 5요인을 배치할 수 있는 실험형태이며, 모두 교호작용을 검출할 수 없다.

또한 행과 열이 같은 k^n형의 일부실시법 형태로 요인의 제곱합과 오차 자유도는 다음과 같다.

1. 요인 제곱합

$$S_{\text{요인}} = \frac{\sum T_{\text{수준}}^2}{\text{반복수}(k)} - CT$$

2. 오차 자유도

- $\nu_e = (k-1)(k-2)$: 라틴방격
- $\nu_e = (k-1)(k-3)$: 그레코 라틴방격
- $\nu_e = (k-1)(k-4)$: 초그레코 라틴방격

7 분할법

분할법(split-plot design)이란 실험 전체를 완전랜덤화하는 것이 곤란한 경우 실험 전체를 몇 개의 단계로 나누어 확률화하는 실험형태로서, 실험조건을 1단 또는 2단 이상으로 분할하고 각 단에 따른 오차분산이 형성되는 실험이다.

원래 농사시험에서 각 지구를 몇 개의 지구로 분할하여 거기에 다른 인자를 배치하기 위하여 고안되었다.

[분할법의 특징]

① 실험의 완전랜덤화가 곤란한 경우에 사용된다.
② 각 단마다 오차분산이 단계별로 분할된다.
③ 정도 높게 추정하고 싶은 인자(제어인자)를 고차 단위에 배치한다.
④ 1차 단위의 인자(표시인자)에 대해서는 다요인 배치 실험보다 소요되는 원료량을 줄일 수 있고, 인자의 수준 변경에 수반되는 실험비용을 절감할 수 있다.
⑤ 해석하려는 주요 요인의 효과에 대하여 실험 정도를 높게 설계할 수 있다.
⑥ 저차 단위 인자와 고차 단위 인자의 교호작용은 고차 단위에 배치된다.
⑦ 요인배치법의 실험보다 실험의 실시가 쉬운 반면, 다요인 배치보다 검·추정이 복잡해진다.

1 단일분할법 - 1차 단위가 1요인 배치인 경우

단일분할법이란 실험의 분할이 한 번만 일어나는 경우로서, 1차 단위에 배치되는 표시인자가 1요인 배치인 경우의 실험과 1차 단위에 배치되는 표시인자가 2요인 배치인 경우의 실험이 있다.

다음의 실험은 반복없는 2요인 배치 실험에서 블록 반복을 2회로 하는 1차 단위에 배치한 인자가 1개인 단일분할법의 실험형태로, 1차 단위 인자인 A_i의 수준에서 2차 단위 인자인 B_j의 수준을 랜덤하게 선택하여 실험을 행한다. 예를 들어 A_1수준에서 B_1, B_2, B_3수준을 선택하여 A_1B_1, A_1B_2, A_1B_3의 실험순서를 랜덤하게 결정하여 실험을 행하고, 차례로 A_2, A_3, A_4수준에서 B_1, B_2, B_3수준의 실험순서를 랜덤하게 결정하여 실험을 행하게 된다.

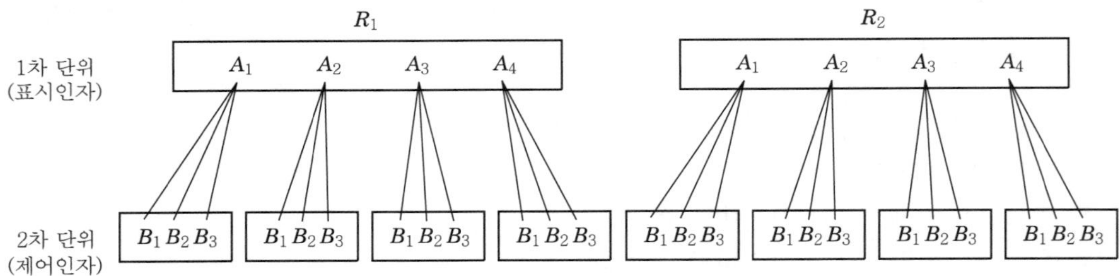

〈 반복 Ⅰ 〉

B \ A	A_1	A_2	A_3	A_4	$T_{\cdot j1}$
B_1	x_{111}	x_{211}	x_{311}	x_{411}	$T_{\cdot 11}$
B_2	x_{121}	x_{221}	x_{321}	x_{421}	$T_{\cdot 21}$
B_3	x_{131}	x_{231}	x_{331}	x_{431}	$T_{\cdot 31}$
$T_{i\cdot 1}$	$T_{1\cdot 1}$	$T_{2\cdot 1}$	$T_{3\cdot 1}$	$T_{4\cdot 1}$	$T_{\cdot\cdot 1}$

(단, $i=1 \rightsquigarrow l(4)$, $j=1 \rightsquigarrow m(3)$, $k=1 \rightsquigarrow r(2)$이다.)

〈 반복 Ⅱ 〉

B \ A	A_1	A_2	A_3	A_4	$T_{\cdot j2}$
B_1	x_{112}	x_{212}	x_{312}	x_{412}	$T_{\cdot 12}$
B_2	x_{122}	x_{222}	x_{322}	x_{422}	$T_{\cdot 22}$
B_3	x_{132}	x_{232}	x_{332}	x_{432}	$T_{\cdot 32}$
$T_{i\cdot 2}$	$T_{1\cdot 2}$	$T_{2\cdot 2}$	$T_{3\cdot 2}$	$T_{4\cdot 2}$	$T_{\cdot\cdot 2}$

(단, $i=1 \rightsquigarrow l(4)$, $j=1 \rightsquigarrow m(3)$, $k=1 \rightsquigarrow r(2)$이다.)

(1) 분산분석

① 데이터 구조식

$x_{ijk} = \mu + a_i + r_k + e_{ik(1)} + b_j + (ab)_{ij} + e_{ijk(2)}$

(단, $\Sigma a_i = 0$, $\Sigma b_j = 0$, $\Sigma r_k \neq 0$, $e_{ik(1)} \sim N(0,\ \sigma_{e_1}^2)$, $e_{ijk(2)} \sim N(0,\ \sigma_{e_2}^2)$이다.)

② 제곱합 분해

㉠ $S_T = \sum_i \sum_j \sum_k x_{ijk}^2 - CT$

㉡ $S_A = \sum_i \frac{T_{i\cdot\cdot}^2}{mr} - CT$

㉢ $S_R = \sum_k \frac{T_{\cdot\cdot k}^2}{lm} - CT = \frac{1}{N}(T_{\cdot\cdot 2} - T_{\cdot\cdot 1})^2$

㉣ $S_{AR} = \sum_i \sum_k \frac{T_{i\cdot k}^2}{m} - CT$

㉤ $S_{e_1} = S_{A\times R} = S_{AR} - S_A - S_R$

㉥ $S_B = \sum_j \frac{T_{\cdot j\cdot}^2}{lr} - CT$

㉦ $S_{AB} = \frac{\sum_i \sum_j T_{ij\cdot}^2}{r} - CT$

ⓞ $S_{A\times B}=S_{AB}-S_A-S_B$

ⓩ $S_{e_2}=S_T-S_{AR}-S_B-S_{A\times B}$

⊘1차 단위 오차 e_1에는 교효작용 $A\times R$이 교락되어 있고, 2차 단위 오차 e_2에는 $B\times R$과 $A\times B\times R$이 교락되어 있다.

③ 분산분석표 작성

요인		SS	DF	MS	F_0	$F_{1-\alpha}$	$E(V)$
1차 단위	A	S_A	$l-1$	V_A	V_A/V_{e_1}	$F_{1-\alpha}(\nu_A,\ \nu_{e_1})$	$\sigma_{e_2}^2+m\sigma_{e_1}^2+mr\sigma_A^2$
	R	S_R	$r-1$	V_R	V_R/V_{e_1}	$F_{1-\alpha}(\nu_R,\ \nu_{e_1})$	$\sigma_{e_2}^2+m\sigma_{e_1}^2+lm\sigma_R^2$
	$e_1(A\times R)$	S_{e_1}	$(l-1)(r-1)$	V_{e_1}	V_{e_1}/V_{e_2}	$F_{1-\alpha}(\nu_{e_1},\ \nu_{e_2})$	$\sigma_{e_2}^2+m\sigma_{e_1}^2$
AR		S_{AR}	$lr-1$				
2차 단위	B	S_B	$m-1$	V_B	V_B/V_{e_2}	$F_{1-\alpha}(\nu_B,\ \nu_{e_2})$	$\sigma_{e_2}^2+lr\sigma_B^2$
	$A\times B$	$S_{A\times B}$	$(l-1)(m-1)$	$V_{A\times B}$	$V_{A\times B}/V_{e_2}$	$F_{1-\alpha}(\nu_{A\times B},\ \nu_{e_2})$	$\sigma_{e_2}^2+r\sigma_{A\times B}^2$
	e_2	S_{e_2}	$l(m-1)(r-1)$	V_{e_2}			$\sigma_{e_2}^2$
T		S_T	$lmr-1$				

⊘1차 단위 인자는 1차 오차(e_1)로, 2차 단위 인자는 2차 오차(e_2)로 검정한다. 만약 e_1이 유의하지 않으면 e_2에 풀링시켜 분산분석표를 재작성한 후, 합성오차분산(V_e^*)으로 각 요인을 다시 검정하고, 반복있는 2요인 배치의 해석을 행한다.

(2) 해석

분할법의 해석은 1차 단위 오차 e_1이 유의한 경우와 e_1이 유의하지 않은 경우 2가지로 나뉘게 되는데, e_1이 유의하지 않는 경우는 e_1을 e_2에 풀링시켜 해석하기 때문에 반복있는 2요인 배치의 경우와 유사한 해석이 행해진다. 하지만 e_1이 유의한 경우는 다음과 같은 해석을 한다.

① A_i수준에서 모평균의 추정

$$\mu_{i\cdot\cdot}=\bar{x}_{i\cdot\cdot}\pm t_{1-\alpha/2}(\nu_e^*)\sqrt{\frac{V_R+(l-1)V_{e_1}}{lmr}}$$

㉠ $\bar{x}_{i\cdot\cdot}=\mu+a_i+\bar{r}+\bar{e}_{i\cdot(1)}+\bar{e}_{i\cdot\cdot(2)}=\dfrac{T_{i\cdot\cdot}}{mr}$

㉡ $V(\bar{x}_{i\cdot\cdot})=V(\bar{r})+V(\bar{e}_{i\cdot(1)})+V(\bar{e}_{i\cdot\cdot(2)})=\dfrac{\hat{\sigma}_R^2}{r}+\dfrac{\hat{\sigma}_{e_1}^2}{r}+\dfrac{\hat{\sigma}_{e_2}^2}{mr}=\dfrac{1}{lmr}[V_R+(l-1)V_{e_1}]$

㉢ $\nu_e^*=\dfrac{[V_R+(l-1)V_{e_1}]^2}{\dfrac{V_R^2}{\nu_R}+\dfrac{[(l-1)V_{e_1}]^2}{\nu_{e_1}}}$

② B_j수준에서 모평균의 추정

$$\mu_{\cdot j \cdot} = \bar{x}_{\cdot j \cdot} \pm t_{1-\alpha/2}(\nu_e^*)\sqrt{\frac{V_R + (m-1)V_{e_2}}{lmr}}$$

㉠ $\bar{x}_{\cdot i \cdot} = \mu + \bar{r} + \bar{e}_{\cdot\cdot(1)} + b_j + \bar{e}_{\cdot j \cdot(2)}$

㉡ $V(\bar{x}_{\cdot j \cdot}) = V(\bar{r}) + V(\bar{e}_{\cdot\cdot(1)}) + V(\bar{e}_{\cdot j \cdot(2)})$

$$= \frac{\sigma_R^2}{r} + \frac{\sigma_{e_1}^2}{lr} + \frac{\sigma_{e_2}^2}{lr}$$

$$= \frac{1}{lmr}[V_R + (m-1)V_{e_2}]$$

㉢ $\nu_e^* = \dfrac{[V_R + (m-1)V_{e_2}]^2}{\dfrac{V_R^2}{\nu_R} + \dfrac{[(m-1)V_{e_2}]^2}{\nu_{e_2}}}$

③ A_iB_j수준에서 모평균의 추정(교호작용이 유의한 경우)

$$\mu_{ij\cdot} = \bar{x}_{ij\cdot} \pm t_{1-\alpha/2}(\nu_e^*)\sqrt{\frac{V_R + (l-1)V_{e_1} + l(m-1)V_{e_2}}{lmr}}$$

㉠ $\bar{x}_{ij\cdot} = \mu + a_i + \bar{r} + \bar{e}_{i\cdot(1)} + b_j + (ab)_{ij} + \bar{e}_{ij\cdot(2)} = \dfrac{T_{ij\cdot}}{r}$

㉡ $V(\bar{x}_{ij\cdot}) = V(\bar{r}) + V(\bar{e}_{i\cdot(1)}) + V(\bar{e}_{ij\cdot(2)})$

$$= \frac{\hat{\sigma}_R^2}{r} + \frac{\hat{\sigma}_{e_1}^2}{r} + \frac{\hat{\sigma}_{e_2}^2}{r}$$

$$= \frac{V_R + (l-1)V_{e_1} + l(m-1)V_{e_2}}{lmr}$$

㉢ $\nu_e^* = \dfrac{[V_R + (l-1)V_{e_1} + l(m-1)V_{e_2}]^2}{\dfrac{V_R^2}{\nu_R} + \dfrac{[(l-1)V_{e_1}]^2}{\nu_{e_1}} + \dfrac{[l(m-1)V_{e_2}]^2}{\nu_{e_2}}}$

④ 1차 실험오차(e_1)의 분산성분 추정

$$\hat{\sigma}_{e_1}^2 = \frac{V_{e_1} - V_{e_2}}{m}$$

⊙ 블록인자 R의 추정은 1차 단위오차(e_1)로 행한다.

$$\hat{\sigma}_R^2 = \frac{V_R - V_{e_1}}{lm}$$

예제 4-5

1차 인자 A를 3수준, 2차 인자 B를 2수준, 블록 반복 3회의 분할법 실험을 행하여 다음과 같은 분산분석표를 얻었다. 빈칸을 채우고, 분산분석표를 작성하시오.

요인	SS	DF	MS	F_o	$F_{0.95}$	$E(V)$
A	400					
R	100					
e_1	100					
B	200					
$A\times B$	100					
e_2	100					
T	1000	17				

① 자유도 분해

- $\nu_A = l-1 = 2$
- $\nu_R = r-1 = 2$
- $\nu_{e_1} = (l-1)(r-1) = 4$
- $\nu_B = m-1 = 1$
- $\nu_{A\times B} = (l-1)(m-1) = 2$
- $\nu_{e_2} = l(m-1)(r-1) = 6$
- $\nu_T = lmr-1 = 17$

※ $\nu_{e_1} = \nu_{A\times R} = \nu_A \times \nu_R = (l-1)(r-1)$

$\nu_{e_2} = \nu_{B\times R} + \nu_{A\times B\times R} = (m-1)(r-1) + (l-1)(m-1)(r-1) = l(m-1)(r-1)$

② 분산분석표 작성 ($l=3$, $m=2$, $r=3$인 경우)

요인	SS	DF	MS	F_o	$F_{0.95}$	$E(V)$
A	400	2	200	8*	6.94	$\sigma_{e_2}^2 + m\sigma_{e_1}^2 + lm\sigma_R^2$
R	100	2	50	2	6.94	$\sigma_{e_2}^2 + m\sigma_{e_1}^2 + mr\sigma_A^2$
e_1	100	4	25	1.50	4.53	$\sigma_{e_2}^2 + m\sigma_{e_1}^2$
B	200	1	200	12.0*	5.99	$\sigma_{e_2}^2 + lr\sigma_B^2$
$A\times B$	100	2	50	3.0	5.14	$\sigma_{e_2}^2 + r\sigma_{A\times B}^2$
e_2	100	6	16.667			$\sigma_{e_2}^2$
T	1000	17				

※ 만약 블록인자 R이 유의하다면 실험을 블록 반복할 때마다 실험의 환경이 균일하지 않다는 것으로, 실험의 관리가 이루어지지 않았음을 의미한다. 따라서 블록인자 R은 실험이 정상적으로 관리되고 있다면 유의하지 않은 것이 정상적이며, 교호작용 $A\times B$가 유의하지 않다는 것은 요인 A와 B가 서로 독립임을 의미하고 있다.

2 단일분할법 - 1차 단위가 2요인 배치인 경우

1차 단위 인자로 표시인자 A, B가 배치되고, 2차 단위 인자로 제어인자 C가 배치된 실험으로, 요인 A, B는 실험순서의 랜덤화가 되지 않은 상태에서 요인 C만 랜덤화를 한 실험이다.

1차 단위 오차에는 $A\times B$, 2차 단위 오차에는 $A\times B\times C$가 교락되어 있다. 이 실험은 요인 C와 교호작용 $A\times C$, $B\times C$의 해석을 목적으로 하며, 3요인 배치보다 실험의 실시가 유리한 장점이 있다.

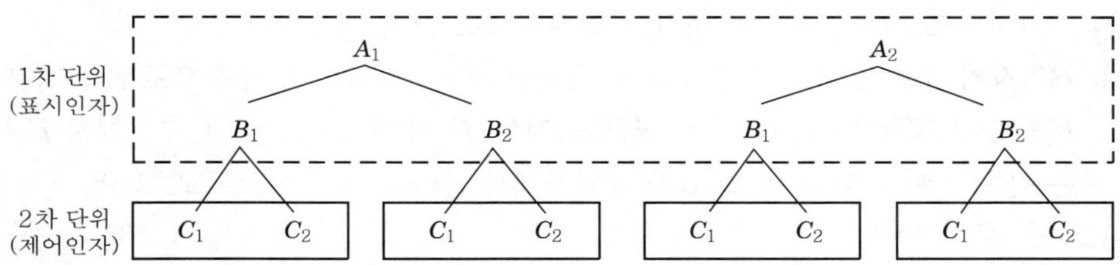

(1) 데이터 구조식

$x_{ijk}=\mu+a_i+b_j+e_{ij(1)}+c_k+(ac)_{ik}+(bc)_{jk}+e_{ijk(2)}$

(단, $e_{ij(1)}\sim N(0,\ \sigma_{e_1}^2)$, $e_{ijk(2)}\sim N(0,\ \sigma_{e_2}^2)$이다.)

(2) 분산분석표 작성

	요 인	SS	DF	MS	F_o	$E(V)$
1차 단위	A	S_A	$l-1$	V_A	V_A/V_{e_1}	$\sigma_{e_2}^2+n\sigma_{e_1}^2+mn\sigma_A^2$
	B	S_B	$m-1$	V_B	V_B/V_{e_1}	$\sigma_{e_2}^2+n\sigma_{e_1}^2+ln\sigma_B^2$
	e_1	S_{e_1}	$(l-1)(m-1)$	V_{e_1}	V_{e_1}/V_{e_2}	$\sigma_{e_2}^2+n\sigma_{e_1}^2$
2차 단위	C	S_C	$(n-1)$	V_C	V_C/V_{e_2}	$\sigma_{e_2}^2+lm\sigma_C^2$
	$A\times C$	$S_{A\times C}$	$(l-1)(n-1)$	$V_{A\times C}$	$V_{A\times C}/V_{e_2}$	$\sigma_{e_2}^2+m\sigma_{A\times C}^2$
	$B\times C$	$S_{B\times C}$	$(m-1)(n-1)$	$V_{B\times C}$	$V_{B\times C}/V_{e_2}$	$\sigma_{e_2}^2+l\sigma_{B\times C}^2$
	e_2	S_{e_2}	$(l-1)(m-1)(n-1)$	V_{e_2}		$\sigma_{e_2}^2$
	T	S_T	$lmn-1$			

⊙ 자유도 $\nu_{e_1}=\nu_{A\times B}$, $\nu_{e_2}=\nu_{A\times B\times C}$이고, 제곱합 $S_{e_1}=S_{A\times B}$, $S_{e_2}=S_{A\times B\times C}$가 된다.

3 지분실험법(변량모형)

실험에 배치한 모든 요인이 변량인자인 집단인자의 실험배치이며, 실험의 전체적인 장에서 재현성도 없고 실험순서의 랜덤화가 곤란하므로, 지분 간의 교호작용은 무의미하다. 로트 간 또는 로트 내 산포, 기계 간 산포, 작업자 간 산포, 측정의 산포 등 여러 가지 샘플링 및 측정의 정도를 추정하여 샘플링 방식의 설계를 하거나, 측정방법을 검토하기 위해 사용된다.

[지분실험법의 특징]

① 일반적으로 변량인자들에 대한 실험계획으로 많이 사용한다.

② B인자의 수준은 A인자의 수준이 정해진 후 A인자의 각 수준으로부터 지분된다.

③ B_j수준의 효과를 $b_{j(i)}$라 하면, A_1수준에서 B_1의 효과 $b_{1(1)}$과 A_2수준에서 B_1의 효과 $b_{1(2)}$는 같은 것이 아니다. 또한 B가 A인자에서 갈라져 나왔으므로 교호작용 $A\times B$를 구하는 것은 무의미하다.

④ 고차 단위에 배치한 인자일수록 큰 자유도를 갖게 되며, 정도 높게 추정되는 특징이 있다. 따라서 중요한 인자일수록 고차 단위에 배치하는 것이 유리하다.

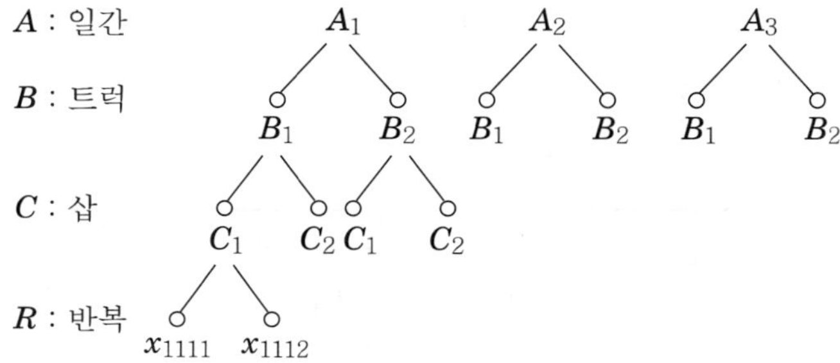

(1) 데이터의 구조식

$x_{ijkp} = \mu + a_i + b_{j(i)} + c_{k(ij)} + e_{p(ijk)}$

(단, $a_i \sim N(0,\ \sigma_A^2)$, $b_{j(i)} \sim N(0,\ \sigma_{B(A)}^2)$, $c_{k(ij)} \sim N(0,\ \sigma_{C(AB)}^2)$, $e_{p(ijk)} \sim N(0,\ \sigma_e^2)$이다.)

(2) 분산분석

① 제곱합 분해

㉠ $S_T = \sum\sum\sum\sum x_{ijkp}^2 - CT$

㉡ $S_A = \dfrac{T_{i\cdots}{}^2}{mnr} - CT$

㉢ $S_{B(A)} = S_{AB} - S_A$

㉣ $S_{C(AB)} = S_{ABC} - S_{AB}$

㉤ $S_e = S_T - (S_A + S_{B(A)} + S_{C(AB)})$

$= S_T - (S_A + S_B + S_C + S_{A\times B} + S_{A\times C} + S_{B\times C} + S_{A\times B\times C})$

② 자유도 분해

$\nu_T = \nu_A + \nu_{B(A)} + \nu_{C(AB)} + \nu_e$

㉠ $\nu_T = lmnr - 1$

㉡ $\nu_A = l - 1$

㉢ $\nu_{B(A)} = \nu_{AB} - \nu_A$
$= (lm-1) - (l-1)$
$= l(m-1)$

㉣ $\nu_{C(AB)} = \nu_{ABC} - \nu_{AB}$
$= (lmn-1) - (lm-1)$
$= lm(r-1)$

㉤ $\nu_e = \nu_T - \nu_{ABC}$
$= (lmnr-1) - (lmn-1)$
$= lmn(r-1)$

③ 분산분석표 작성

요인	SS	DF	MS	F_o	$E(V)$
A	S_A	$l-1$	V_A	$V_A / V_{B(A)}$	$\sigma_e^2 + r\sigma_{C(AB)}^2 + nr\sigma_{B(A)}^2 + mnr\sigma_A^2$
$B(A)$	$S_{AB} - S_A$	$l(m-1)$	$V_{B(A)}$	$V_{B(A)} / V_{C(AB)}$	$\sigma_e^2 + r\sigma_{C(AB)}^2 + nr\sigma_{B(A)}^2$
$C(AB)$	$S_{ABC} - S_{AB}$	$lm(n-1)$	$V_{C(AB)}$	$V_{C(AB)} / V_e$	$\sigma_e^2 + r\sigma_{C(AB)}^2$
e	$S_T - S_{ABC}$	$lmn(r-1)$	V_e		σ_e^2
T	S_T	$lmnr-1$			

(3) 분산성분의 추정

① $\hat{\sigma}_e^2 = V_e$

② $\hat{\sigma}_{C(AB)}^2 = \dfrac{V_{C(AB)} - V_e}{r}$

③ $\hat{\sigma}_{B(A)}^2 = \dfrac{V_{B(A)} - V_{C(AB)}}{nr}$

④ $\hat{\sigma}_A^2 = \dfrac{V_A - V_{B(A)}}{mnr}$

8 계수형 분산분석

실험에서 취하고 있는 데이터가 성별(남·여), 부적합품 여부, 신용(좋음·나쁨) 등과 같이 불연속적(계수치) 확률변수인 경우로, 실험조건의 순서를 정하고 동일 조건에서 반복을 취하므로 교호작용이 오차에 교락되어, 랜덤화법인 요인배치법처럼 교호작용을 해석할 수 없다. 분산분석 및 해석은 연속형(계량치)과 거의 동일하나, 다음과 같은 전제조건하에서 이루어진다.

① 실험에서 채택하는 인자의 배치는 모수모형이어야 한다.

② 실험에 채택하는 인자 간에는 교호작용이 없어야 한다.

③ 동일 조건하에서 실험의 반복은 충분히 커야 한다.

1 계수형 1요인 배치

실험에 배치한 모수인자가 1개인 경우로서, 계량형 1요인 배치와의 차이점은 실험의 횟수가 크고 실험순서의 랜덤화가 이루어지지 않는다는 것을 제외하면, 분산분석과 해석이 거의 유사하다.

요인	A_1	A_2	A_3	A_4
부적합품 적합품	20 180	15 185	10 190	15 185
합계	200	200	200	200

(단, 부적합품은 1로 처리하고, 적합품은 0으로 처리한다.)

(1) 분산분석

① 제곱합 분해

㉠ $S_T = \sum_{i=1}^{l}\sum_{j=1}^{r} {x_{ij}}^2 - CT = \sum_i \sum_j x_{ij} - CT = T - CT$

예 $S_T = T - CT = 60 - \frac{60^2}{800}$ (단, $CT = \frac{T^2}{N}$ 이다.)

$$S_T = \underbrace{1^2 + 1^2 + \cdots + 1^2 + 0^2 + 0^2 + \cdots + 0^2}_{lr\text{개}} - CT$$

$$= \underbrace{1 + 1 + \cdots + 1 + 0 + 0 + \cdots + 0}_{lr\text{개}} - CT = \sum\sum x_{ij} - CT$$

㉡ $S_A = \frac{\sum_i {T_{i\cdot}}^2}{r} - CT$

예 $S_A = \frac{20^2 + \cdots + 15^2}{200} - \frac{60^2}{800}$

㉢ $S_e = S_T - S_A$

② 자유도 분해

㉠ $\nu_T = lr - 1 = 800 - 1 = 799$

㉡ $\nu_A = l - 1 = 4 - 1 = 3$

㉢ $\nu_e = \nu_T - \nu_A = 796$

③ 분산분석표 작성

요인	SS	DF	MS	F_o
A	S_A	ν_A	V_A	V_A/V_e
e	$S_T - S_A$	ν_e	V_e	
T	$T - CT$	ν_T		

참고 여기서 $F_o = \dfrac{V_A}{V_e} > F_{1-\alpha}(\nu_A,\ \infty)$의 검정 대신, Pearson의 적합도 검정(동일성 검정)을 사용하여도 검정결과는 같다.

$$\chi_o^2 = \frac{\sum_i \sum_j (X_{ij} - E_{ij})^2}{E_{ij}} > \chi^2_{1-\alpha}(\nu)$$

(2) 해석

① 각 수준에서 모부적합품률의 추정

계수형의 경우 오차 자유도가 현실적으로 100이 넘는 대단히 큰 경우로서, 정규분포에 근사시켜 사용한다.

$$P_{A_i} = \hat{p}_{A_i} \pm u_{1-\alpha/2}\sqrt{V(\hat{p})}$$

$$= \hat{p}_{A_i} \pm u_{1-\alpha/2}\sqrt{\frac{\hat{p}(1-\hat{p})}{r}}$$

$$= \hat{p}_{A_i} \pm u_{1-\alpha/2}\sqrt{\frac{\hat{\sigma}_e^2}{r}} \quad (\text{단, } \hat{\sigma}_e^2 = V_e \text{이다.})$$

⊘ $V(\hat{p}_{A_i})$는 $\dfrac{\hat{p}_{A_i}(1-\hat{p}_{A_i})}{r}$가 아니고,

실험 전체의 오차분산을 의미하는 $\dfrac{\hat{p}(1-\hat{p})}{r}$를 $\dfrac{\hat{\sigma}_e^2}{r}$으로 표현한 것이다.

② 수준 간 모부적합률 차의 추정

$$P_{A_i} - P_{A_i'} = \left(\hat{p}_{A_i} - \hat{p}_{A_i'}\right) \pm u_{1-\alpha/2}\sqrt{\frac{2V_e}{r}}$$

2 계수형 2요인 배치

계수형 2요인 배치는 실험 실시방법이 연속형의 완전랜덤화법과 다르다. 계량형 2요인 배치는 실험의 전체적인 장에서 실험순서의 랜덤화를 행하지만, 계수형 2요인 배치는 A_iB_j의 수준조합에서 어느 하나를 랜덤하게 선택하여 r회 반복을 실시한 후, 다음 수준조합을 랜덤하게 택해 다시 r회 반복 실시하는 방법으로 lmr회의 실험이 행해진다. 따라서 계수형 2요인 배치법은 이방분할법의 형태를 취하고 있다. 또한 이 실험은 배치한 2개의 인자가 서로 독립인 경우만 가능한 실험형태이므로, 인자 간에 발생하는 교호작용을 오차로 취급한다. 따라서 계량형 반복있는 2요인 배치의 교호작용이 유의하지 않는 경우와 동등한 해석이 행해진다.

아래 테이블은 요인 A가 4수준, 요인 B가 2수준이고, 조합조건에서의 반복이 120회로 총 960회의 실험을 행한 결과표이다. 이 실험은 A_1B_1에서 A_4B_2까지 8개의 조합조건이 있는데, 이 조합조건 중 랜덤하게 순서를 정하고, 각 조합조건에서 120회의 반복을 행한 결과이다.

(r=120개인 경우)

B \ A	A_1	A_2	A_3	A_4	$T_{\cdot j \cdot}$
B_1	5	12	3	20	40
B_2	10	20	8	22	60
$T_{i \cdot \cdot}$	15	32	11	42	T=100

(1) 분산분석

① 데이터 구조식

$x_{ijk} = \mu + a_i + b_j + e_{ij(1)} + e_{ijk(2)}$

(단, $x_{ijk}=0$(적합품) 혹은 $x_{ijk}=1$(부적합품)이고, 교호작용 $(ab)_{ij}$는 $e_{ij(1)}$에 교락되어 있다.)

② 제곱합 분해

㉠ $S_T = \sum_i \sum_j \sum_k x_{ijk}^2 - CT = \sum_i \sum_j \sum_k x_{ijk} - CT = T - CT$

㉡ $S_A = \dfrac{\sum_i T_{i \cdot \cdot}^2}{mr} - CT$

㉢ $S_B = \dfrac{\sum_j T_{\cdot j \cdot}^2}{lr} - CT$

㉣ $S_{AB} = \dfrac{\sum_i \sum_j T_{ij \cdot}^2}{r} - CT$

㉤ $S_{e_1} = S_{AB} - S_A - S_B = S_{A \times B}$

㉥ $S_{e_2} = S_T - S_{AB} = S_T - (S_A + S_B + S_{e_1})$

③ 분산분석표 작성

요인	SS	DF	MS	F_o	$F_{0.95}$	$F_{0.99}$
A	2.641	3	0.8803	34.79**	9.28	29.50
B	0.416	1	0.4160	16.44*	10.10	34.10
e_1	0.076	3	0.0253	0.28	2.60	3.78
e_2	86.450	952	0.0908			
T	89.583	959				

⊙ e_1이 유의하지 않으면, e_2에 풀링시켜 분산분석표를 재작성한다.

〈 재작성된 분산분석표 〉

요인	SS	DF	MS	F_o	$F_{0.95}$	$F_{0.99}$
A	2.641	3	0.8803	9.716**	2.60	3.78
B	0.416	1	0.4160	4.592**	3.84	6.63
e^*	86.526	955	0.0906			
T	89.583	959				

분산분석표의 재작성 후 e^*로 요인 A, B를 재검정하게 되므로, 해석 시 사용하는 오차분산의 추정치 $\hat{\sigma}_e^2$은 $V_e^* = 0.0906$을 사용한다.

(2) 해석

교호작용 $A \times B$가 오차로 취급되는 실험이므로, 계량형의 반복없는 2요인 배치법과 해석이 동일하며, 최적조건은 부적합품률을 최소로 하는 수준에서 결정된다.

① 모부적합품률의 추정

㉠ $P_{A_i} = \hat{p}_{A_i} \pm u_{1-\alpha/2}\sqrt{\dfrac{\hat{\sigma}_e^2}{mr}} = \dfrac{T_{i\cdot\cdot}}{mr} \pm u_{1-\alpha/2}\sqrt{\dfrac{V_e^*}{mr}}$

㉡ $P_{B_j} = \hat{p}_{B_j} \pm u_{1-\alpha/2}\sqrt{\dfrac{\hat{\sigma}_e^2}{lr}} = \dfrac{T_{\cdot j\cdot}}{lr} \pm u_{1-\alpha/2}\sqrt{\dfrac{V_e^*}{lr}}$

② 조합 평균부적합품률의 추정

$$P_{A_iB_j} = \hat{p}_{A_iB_j} \pm u_{1-\alpha/2}\sqrt{\frac{\hat{\sigma}_e^2}{n_e}} = (\hat{p}_{A_i} + \hat{p}_{B_j} - \hat{p}) \pm u_{1-\alpha/2}\sqrt{\frac{V_e^*}{n_e}}$$

$$= \left(\frac{T_{i\cdot\cdot}}{mr} + \frac{T_{\cdot j\cdot}}{lr} - \frac{T}{lmr}\right) \pm u_{1-\alpha/2}\sqrt{\frac{V_e^*}{n_e}}$$

(단, $n_e = \dfrac{lmr}{l+m-1}$, $V_e^* = \dfrac{S_{e_2} + S_{e_1}}{\nu_{e_2} + \nu_{e_1}}$ 이다.)

9 교락법

요인배치법에서 인자수나 수준수가 늘어나면 실험횟수는 급격히 커져 실험 실시상 랜덤화가 곤란해지므로, 실험의 정도가 상대적으로 저하된다.

교락법(confounding method)이란 실험횟수를 늘리지 않은 상태에서 실험을 몇 개의 블록으로 나누어 불필요한 고차 교호작용을 블록에 인위적으로 교락시키는 실험으로, 동일 환경 내의 실험을 균일하게 하여 실험의 정도를 향상시키려는 실험설계방법이다.

(1) 특징

① 실험횟수를 늘리지 않고 실험 전체를 몇 개의 블록으로 나누어 배치시킴으로써 동일 환경 내의 실험횟수를 줄여 실험의 정도를 높일 수 있다.
② 주효과는 블록효과와 전혀 교락되지 않고 정도 높게 추정된다.
③ 고차의 교호작용을 블록에 교락시켜 실험횟수를 늘리지 않고도 실험의 정도를 향상시킬 수 있다.

(2) 종류

① **단독교락** : 블록이 2개로 나누어지는 실험으로, 블록에 교락되는 요인의 효과가 하나인 실험이다.
② **2중교락** : 블록이 4개로 나누어지는 실험으로, 블록에 교락시키려는 요인의 효과가 두 개인 경우지만 최종적으로는 3개가 교락된다.
③ **완전교락** : 단독교락실험을 여러 번 반복하였을 때 어떤 반복에서나 동일한 요인 효과가 블록되어 있는 경우이다.
④ **부분교락** : 각 반복마다 블록과 교락되는 요인의 효과가 다른 경우이다.

⊘ 주블록 : (1)항을 포함하고 있는 블록을 주블록이라고 한다.

1 효과 및 변동 분해

교락법에서의 효과란 수준 간 평균의 차이값을 의미하며, 변동이란 수준 간 차의 제곱합으로, 다음과 같은 관계가 있다.

(1) 2^2형 실험

(N=4회)

B \ A	A_1	A_2	$T_{\cdot j}$
B_1	(1)	a	$T_{\cdot 1}$
B_2	b	ab	$T_{\cdot 2}$
$T_{i\cdot}$	$T_{1\cdot}$	$T_{2\cdot}$	T

위 분할표에서
A_1B_1을 $1\times1=1$로,
A_1B_2를 $1\times b=b$로,
A_2B_1을 $a\times1=a$로,
A_2B_2를 $a\times b=ab$로 처리하고, 효과 및 제곱합을 분해하면 다음과 같다.

① $A=\frac{1}{N/2}(a-1)(b+1)=\frac{1}{2}(ab+a-b-1)=\frac{1}{2}(T_2-T_1)$

$S_A=\frac{1}{N}(ab+a-b-1)^2=\frac{1}{4}(T_2-T_1)^2$

② $B=\frac{1}{N/2}(a+1)(b-1)=\frac{1}{2}(ab+b-a-1)=\frac{1}{2}(T_2-T_1)$

$S_B=\frac{1}{N}(ab+b-a-1)^2=\frac{1}{4}(T_2-T_1)^2$

③ $A\times B=\frac{1}{N/2}(a-1)(b-1)=\frac{1}{2}(ab+1-a-b)=\frac{1}{2}(T_2-T_1)$

$S_{A\times B}=\frac{1}{N}(ab+1-a-b)^2=\frac{1}{4}(T_2-T_1)^2$

⊙ 요인의 제곱합이나 효과를 구할 때, 구하려는 요인의 항에 "−"를 걸고 전개한다.

[증명] $S_A=\frac{\sum T_{i\cdot}^{\,2}}{m}-CT$

$=\frac{T_{2\cdot}^{\,2}+T_{1\cdot}^{\,2}}{m}-\frac{(T_{2\cdot}-T_{1\cdot})^2}{2m}$

$=\frac{1}{2m}(T_{1\cdot}^{\,2}+T_{2\cdot}^{\,2}-2T_{1\cdot}T_{2\cdot})$

$=\frac{1}{N}(T_{2\cdot}-T_{1\cdot})^2$

단, 2수준 실험에서 요인 A의 각 수준에서 실험 반복수는 $\frac{N}{2}=m$이다.

(2) 2^3형 실험

(N=8회)

B \ C \ A		A_1	A_2	
B_1	C_1	(1)	a	$T_{\cdot1\cdot}$
	C_2	c	ac	
B_2	C_1	b	ab	$T_{\cdot2\cdot}$
	C_2	bc	abc	
		$T_{1\cdot\cdot}$	$T_{2\cdot\cdot}$	T

⊙ 각 항의 기호는 1수준은 1로, 2수준은 문자로 표현한다.

① $A = \frac{1}{N/2}(a-1)(b+1)(c+1)$

$= \frac{1}{4}(abc+ab+ac+a-bc-b-c-1) = \frac{1}{4}(T_2 - T_1)$

$S_A = \frac{1}{8}(abc+ab+ac+a-bc-b-c-1)^2 = \frac{1}{N}(T_2 - T_1)^2$

② $B = \frac{1}{N/2}(a+1)(b-1)(c+1)$

$= \frac{1}{4}(abc+ab+bc+b-ac-a-c-1) = \frac{1}{4}(T_2 - T_1)$

$S_B = \frac{1}{8}(abc+ab+bc+b-ac-a-c-1)^2 = \frac{1}{N}(T_2 - T_1)^2$

③ $C = \frac{1}{N/2}(a+1)(b+1)(c-1)$

$= \frac{1}{4}(abc+ac+bc+c-ab-a-b-1) = \frac{1}{4}(T_2 - T_1)$

$S_C = \frac{1}{8}(abc+ac+bc+c-ab-a-b-1)^2 = \frac{1}{N}(T_2 - T_1)^2$

주효과의 전개는 주요인이 나타나는 항이 "+"가 된다. A의 효과는 a가 들어가는 항인 abc, ab, ac, a가 +항이고 B의 효과는 b가 들어가는 항인 abc, ab, bc, b가 +항이다.

④ $A \times B = \frac{1}{N/2}(a-1)(b-1)(c+1)$

$= \frac{1}{4}(ab+1+abc+c-ac-bc-a-b) = \frac{1}{4}(T_2 - T_1)$

$S_{A \times B} = \frac{1}{8}(ab+1+abc+c-ac-bc-a-b)^2 = \frac{1}{N}(T_2 - T_1)^2$

⑤ $B \times C = \frac{1}{N/2}(a+1)(b-1)(c-1)$

$= \frac{1}{4}(bc+1+abc+a-ab-ac-b-c) = \frac{1}{4}(T_2 - T_1)$

$S_{B \times C} = \frac{1}{8}(bc+1+abc+a-ab-ac-b-c)^2 = \frac{1}{N}(T_2 - T_1)^2$

⑥ $A \times C = \frac{1}{N/2}(a-1)(b+1)(c-1)$

$= \frac{1}{4}(ac+1+abc+b-ab-bc-a-c) = \frac{1}{4}(T_2 - T_1)$

$S_{A \times C} = \frac{1}{8}(ac+1+abc+b-ab-bc-a-c)^2 = \frac{1}{N}(T_2 - T_1)^2$

2요인 교호작용에서 $A \times B$인 경우는 2^2형 실험에서 +항은 ab와 1이므로 여기에 c를 곱한 abc와 c가 +항으로 구성되며, $B \times C$인 경우는 +항인 bc와 1에 a를 곱한 abc와 a가 +항으로 구성된다.

⑦ $A \times B \times C = \frac{1}{N/2}(a-1)(b-1)(c-1)$

$= \frac{1}{4}(abc + a + b + c - ab - ac - bc - 1) = \frac{1}{4}(T_2 - T_1)$

$S_{A \times B \times C} = \frac{1}{8}(abc + a + b + c - ab - ac - bc - 1)^2 = \frac{1}{N}(T_2 - T_1)^2$

⊘ 3요인 교호작용의 +항은 $A \times B \times C$인 경우 abc, a, b, c가 되고, $B \times C \times D$인 경우 bcd, b, c, d가 된다.

(3) 2^4형 실험

B	C	D \ A	A_1	A_2
B_1	C_1	D_1	(1)	a
		D_2	d	ad
	C_2	D_1	c	ac
		D_2	cd	acd
B_2	C_1	D_1	b	ab
		D_2	bd	abd
	C_2	D_1	bc	abc
		D_2	bcd	$abcd$

① $A = \frac{1}{N/2}(a-1)(b+1)(c+1)(d+1)$

$= \frac{1}{8}(abcd + abc + abd + acd + ab + ac + ad + a - bcd - bc - bd - cd - b - d - c - 1)$

$= \frac{1}{8}(T_2 - T_1)$

$S_A = \frac{1}{N}(T_2 - T_1)^2$

② $B = \frac{1}{N/2}(a+1)(b-1)(c+1)(d+1)$

$= \frac{1}{8}(abcd + abc + abd + bcd + ab + bc + bd + b - acd - ac - ad - cd - a - c - d - 1)$

$= \frac{1}{8}(T_2 - T_1)$

$S_B = \frac{1}{N}(T_2 - T_1)^2$

③ $C = \frac{1}{N/2}(a+1)(b+1)(c-1)(d+1)$

$= \frac{1}{8}(abcd + abc + acd + bcd + ac + bc + cd + c - abd - ab - ad - bd - a - b - d - 1)$

$= \frac{1}{8}(T_2 - T_1)$

④ $A \times B = \frac{1}{N/2}(a-1)(b-1)(c+1)(d+1)$

$= \frac{1}{8}(ab + 1 + abc + c + abd + d + abcd + cd - acd - bcd - ac - ad - bc - bd - a - b)$

$= \frac{1}{8}(T_2 - T_1)$

⑤ $C \times D = \frac{1}{N/2}(a+1)(b+1)(c-1)(d-1)$

$= \frac{1}{8}(cd + 1 + acd + a + bcd + b + abcd + ab - abc - abd - ac - ad - bc - bd - c - d)$

$= \frac{1}{8}(T_2 - T_1)$

⊘ 2요인 교호작용 분해 시 $A \times B$라면 ab와 1이 +항이므로 ab와 1에 c를 곱한 항을 +항으로 취하고, 다시 d를 곱한 항을 +항으로 취하면 된다.

⑥ $A \times B \times C = \frac{1}{N/2}(a-1)(b-1)(c-1)(d+1)$

$= \frac{1}{8}(abc + a + b + c + abcd + ad + bd + cd - abd - acd - bcd - ab - ac - bc - d - 1)$

$= \frac{1}{8}(T_2 - T_1)$

⑦ $B \times C \times D = \frac{1}{N/2}(a+1)(b-1)(c-1)(d-1)$

$= \frac{1}{8}(bcd + b + c + d + abcd + ab + ac + ad - abc - abd - acd - bc - bd - cd - a - 1)$

$= \frac{1}{8}(T_2 - T_1)$

⑧ $A \times B \times C \times D$

$= \frac{1}{N/2}(a-1)(b-1)(c-1)(d-1)$

$= \frac{1}{8}(abcd + ab + ac + ad + bc + bd + cd + 1 - abc - abd - acd - bcd - a - b - c - d)$

$= \frac{1}{8}(T_2 - T_1)$

2 단독교락

블록에 교락시키려는 요인의 효과가 1개인 교락방식으로, 블록이 2개로 나뉘어진다.
정의대비(I)를 최종 교호작용 $A\times B\times C$로 하는 2^3형 실험의 단독교락은 다음과 같다.

(1) 정의대비(I)

블록에 교락시키려는 요인의 효과를 정의대비(I)라고 한다.
$I=A\times B\times C$

(2) 효과 분해

$$A\times B\times C=\frac{1}{N/2}(a-1)(b-1)(c-1)=\frac{1}{4}(\underbrace{abc+a+b+c}_{+군}-\underbrace{ab-ac-bc-1}_{-군})$$

(3) 블록 배치

$A\times B\times C$를 블록 R에 교락시킨 단독교락의 실험으로, 2요인 교호작용 $A\times B$, $A\times C$, $B\times C$ 중 제곱합이 가장 작은 것을 오차항으로 취해 분산분석을 행한다.

블록 Ⅰ	블록 Ⅱ
(1)	a
ab	b
ac	c
bc	abc

$I=A\times B\times C$

⊙ $S_R=\frac{1}{8}(abc+a+b+c-ab-ac-bc-1)^2$으로 $S_{A\times B\times C}$와 동일하다.
이는 교호작용 $A\times B\times C$가 블록에 교락되어 있음을 의미한다.

참고 합동식을 이용한 단독교락의 배치

정의대비(I)를 $A\times B\times C$로 할 때, 다음과 같은 선형식을 만들 수 있다.
$L=x_1+x_2+x_3(\text{mod } 2)$
여기서 L은 0, 1만이 될 수 있으며, L값이 2 이상인 경우는 2를 뺀 후 나머지 값만 L이 되도록 한다.
예를 들어, ab는 $L=x_1+x_2+x_3=1+1+0=2(\text{mod } 2)=0$으로 블록 Ⅰ에 배치하며,
abc는 $L=x_1+x_2+x_3=1+1+1=3(\text{mod } 2)=1$이 되어 블록 Ⅱ에 배치한다.
다음 〈표〉는 실험조건에 따른 L의 값을 구한 표이다.

실험조건 \ 선형식	x_1	x_2	x_3	L
(1)	0	0	0	0
a	1	0	0	1
b	0	1	0	1
c	0	0	1	1
ab	1	1	0	2(mod 2)=0
ac	1	0	1	2(mod 2)=0
bc	0	1	1	2(mod 2)=0
abc	1	1	1	3(mod 2)=1

블록 Ⅰ	블록 Ⅱ
(1)	a
ab	b
ac	c
bc	abc
$L=0$	$L=1$

▎$A\times B\times C$를 교락시킨 2^3형 실험▎

3 이중교락

블록이 4개로 나뉘어지는 교락방식으로, 블록에 교락시키려는 요인의 효과가 2개인 경우이다. 2^4형 실험에서 정의대비(I)를 $A \times B \times C$와 $B \times C \times D$로 하면 곱의 성분인 $A \times D$도 블록에 교락되어, 최종적으로 블록에 교락되는 요인의 효과가 3개가 되는 실험이다.

(1) 정의대비(I)

$$I = A \times B \times C$$
$$= B \times C \times D$$
$$= A \times D$$

여기서, $(A \times B \times C) \times (B \times C \times D) = A \times B^2 \times C^2 \times D = A \times D$가 된다.

⊙ 2수준 실험에서는 $A^2 = B^2 = C^2 = D^2 = 1$로 처리하고,
3수준 실험에서는 $A^3 = B^3 = C^3 = D^3 = 1$로 처리한다.

(2) 효과 분해

① $A \times B \times C$

$$= \frac{1}{N/2}(a-1)(b-1)(c-1)(d+1)$$

$$= \frac{1}{8}(abc + a + b + c + abcd + ad + bd + cd - abd - acd - bcd - ab - ac - bc - d - 1)$$

② $B \times C \times D$

$$= \frac{1}{N/2}(a+1)(b-1)(c-1)(d-1)$$

$$= \frac{1}{8}(bcd + b + c + d + abcd + ab + ac + ad - abc - abd - acd - bc - bd - cd - 1)$$

(3) 블록 배치

$A \times B \times C$와 $B \times C \times D$의 효과를 (+, +), (+, −)(−, +), (−, −)로 구분하여 4개의 블록에 배치한다.

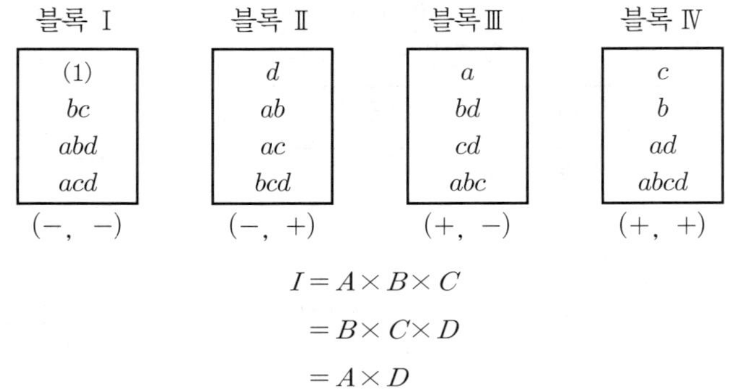

블록 Ⅰ	블록 Ⅱ	블록 Ⅲ	블록 Ⅳ
(1)	d	a	c
bc	ab	bd	b
abd	ac	cd	ad
acd	bcd	abc	$abcd$
(−, −)	(−, +)	(+, −)	(+, +)

$$I = A \times B \times C$$
$$= B \times C \times D$$
$$= A \times D$$

⊙ 여기서, $A_1 B_1 C_1$을 의미하는 (1)이 들어간 블록을 주블록이라고 한다.

(4) 이중교락의 블록 변동

이중교락에서 블록변동 S_R에는 $S_{A\times B\times C}$, $S_{B\times C\times D}$, 그리고 $S_{A\times D}$가 교락되어 있다. 이를 블록요인 R에 대한 1원표로 바꾸면 아래와 같다.

〈 R의 1원표 〉

R	R_1	R_2	R_3	R_4
1	(1)	d	a	c
2	bc	ab	bd	b
3	abd	ac	cd	ad
4	acd	bcd	abc	$abcd$
	T_{R_1}	T_{R_2}	T_{R_3}	T_{R_4}

$$S_R = \frac{T_{R_1}^2 + T_{R_2}^2 + T_{R_3}^2 + T_{R_4}^2}{4} - \frac{T^2}{16} = S_{A\times B\times C} + S_{B\times C\times D} + S_{A\times D}$$

⊙ 만약 2^4형 실험에서 정의대비(I)를 $A\times B\times C$와 $A\times B\times C\times D$로 정한다면,
$(A\times B\times C)\times(A\times B\times C\times D) = A^2\times B^2\times C^2\times D = D$가 되고
요인 D가 블록에 교락되어 주효과 D의 해석이 불가능해지므로 실험 설계 시 주의하여야 한다.

예제 4-6

합금의 제조에 관한 실험에서 8개의 실험조건을 2개의 블록으로 나누어 단독교락 방식의 교락법을 실시하였다. 물음에 답하시오.

블록 I	블록 II
$(1)=5$	$b=9$
$ab=9$	$c=10$
$ac=9$	$abc=8$
$bc=15$	$a=9$

(1) 위의 두 개의 블록과 교락된 교호작용은 무엇인가?
(2) 교호작용의 제곱합 $S_{A\times C}$을 구하시오.

---

(1) 효과 분해

$$R = \frac{1}{4}(abc + a + b + c - ab - ac - bc - 1) = \frac{1}{4}(a-1)(b-1)(c-1) = A\times B\times C$$

따라서, 정의대비(I)가 $A\times B\times C$이므로, $A\times B\times C$의 효과가 블록에 교락되어 있다.

(2) 제곱합 분해

$$S_{A\times C} = \frac{1}{8}[abc + ac + b + (1) - ab - bc - a - c]^2 = 18$$

※ $A_1B_1C_1$의 조건인 (1)이 들어간 블록 I을 주블록이라고 한다.

10 일부실시법

1 개요

(1) 일부실시법의 정의

일부실시법(fractional factorial design)이란 불필요한 교호작용이나 고차의 교호작용을 구하지 않는 대가로 실험의 크기를 작게 할 수 있도록 인자 조합 중 일부 인자의 조합만을 실험하는 형태로, 취급하고 싶은 인자가 많은 경우 대단히 유리한 실험 설계이다.
그러나 고차의 교호작용이 거의 존재하지 않는다는 전제조건하에 사용되며, 교호작용이 있는 경우 교호작용은 오차항에 교락되어 실험의 정도가 하락하게 된다.

(2) 일부실시법의 특징

① 각 효과의 추정식이 같을 때 각 요인은 별명관계에 있다.
② 정의대비(I)에 의해 결정된 블록의 일부만을 실시하는 실험 배치이다.
③ 의미가 없는 고차의 교호작용을 희생시켜 실험횟수를 적게 한 실험이다.
④ 별명(alias)은 정의대비에 요인 효과를 곱하여 구할 수 있다.
⑤ 별명 중 어느 한쪽의 효과가 존재하지 않는 경우에 적용이 가능하다.
⑥ 주효과와 2인자 교호작용의 별명은 3차 이상의 고차 교호작용이 되도록 배치한다.

2 2^3형의 실험 중 1/2만 실시하는 경우

2^3형 실험에서 교호작용 $A \times B \times C$를 블록에 교락시킨 배치가 다음 〈표〉와 같을 때, 4개의 조합만을 실험하는 1/2 반복 실험은 다음과 같이 블록Ⅰ 또는 블록Ⅱ의 실험만을 행하게 된다.

〈 2^3형에서 1/2 실시 〉

정의대비 $I=ABC$					
블록Ⅰ			블록Ⅱ		
$A_2B_1C_1$	⇐	a	(1)	⇒	$A_1B_1C_1$
$A_1B_2C_1$	⇐	b	ab	⇒	$A_2B_2C_1$
$A_1B_1C_2$	⇐	c	ac	⇒	$A_2B_1C_2$
$A_2B_2C_2$	⇐	abc	bc	⇒	$A_1B_2C_2$

(1) 블록 I 을 사용하는 경우($I=A\times B\times C$)

여기서 A의 주효과는 A_2수준합과 A_1수준합의 차로 구하므로, 다음과 같다.

$$A=\frac{1}{2}[(abc+a)-(b+c)]$$

또한 교호작용 $B\times C$의 효과는 교락법에 정의한 것처럼 A수준을 무시한 상태에서 B와 C수준의 (2, 2),(1, 1)은 2수준합, (1, 2),(2, 1)은 1수준합으로 정의되며 다음과 같다.

$$B\times C=\frac{1}{2}[(abc+a)-(b+c)]$$

따라서 $B\times C$의 효과는 A에 완전히 교락되어 있음을 알 수 있는데, 동일한 추정식으로 표시되는 요인 효과 A와 $B\times C$는 서로 별명관계에 있다.

블록 I 이 정의대비 $I=A\times B\times C$일 때 주효과 A, B, C의 별명은 다음과 같다.

① **A의 별명** : $A\times(+A\times B\times C)=A^2\times B\times C=B\times C$

② **B의 별명** : $B\times(+A\times B\times C)=A\times B^2\times C=A\times C$

③ **C의 별명** : $C\times(+A\times B\times C)=A\times B\times C^2=A\times B$

(단, 2^n형에서 $A^2=B^2=C^2=1$이다.)

참고 블록 I 을 사용하는 1/2 실시법은 교호작용 $A\times B$, $A\times C$, $B\times C$는 무시할 수 있는 경우로, 일부실시법은 실험에 배치되는 인자수가 3개 이상인 경우에 사용하나, 직교배열표를 이용하면 배치가 간단해진다.

(2) 블록 II 를 사용하는 경우($I=-A\times B\times C$)

블록 I 의 경우와 마찬가지로 구하나, 다음과 같다.

$$A=\frac{1}{2}[(ab+ac)-(bc+(1))]$$

$$B\times C=\frac{1}{2}[(bc+(1))-(ab+ac)]$$

즉, A는 교호작용 BC의 부호를 바꾼 것과 같다.

따라서 $A=-B\times C$로 별명관계를 표현하여 별명관계가 서로 미치는 영향력을 구분한다.

$I=-A\times B\times C$인 경우 주효과 A, B, C의 별명은 다음과 같다.

① **A의 별명** : $A\times(-A\times B\times C)=-A^2\times B\times C=-B\times C$

② **B의 별명** : $B\times(-A\times B\times C)=-A\times B^2\times C=-A\times C$

③ **C의 별명** : $C\times(-A\times B\times C)=-A\times B\times C^2=-A\times B$

참고 A, B, C의 별명이 블록 I 을 사용하면 +값을 갖고, 블록 II 를 사용하면 −값이 되며, 블록 I 을 사용하면 요인 A, B, C의 효과가 과대평가를 받고, 블록 II 를 사용하면 A, B, C의 효과는 과소평가를 받는다.

11 직교배열표에 의한 실험계획

직교배열표란 서로 직교(orthogonality)하는 대비 열을 배치한 표로서, 2, 3, 4, 5수준계 직교배열표가 있다.

이 중 널리 사용되는 직교배열표는 수준수가 2개인 2수준계 직교배열표와 수준수가 3개인 3수준계 직교배열표이다.

(1) 개념

① 서로 직교하는 각 열은 대비(contrast) 성질을 갖고 있는 열로 구성된다.

② 주요인과 기술적으로 있을 것 같은 2인자 교호작용을 검출하고, 의미가 거의 없는 고차 교호작용의 효과를 희생시켜 실험횟수를 적게 한 것이다.

③ 제품의 부적합품을 적게 하거나 품질산포를 작게 하려는 실험 조사에서는 고려할 요인이 많은데, 이런 경우 직교배열표를 이용하여 중요한 영향을 주는 주된 요인과 교호작용을 파악하는 데 이용된다.

(2) 특징

① 기계적 조작으로 이론을 잘 모르고도 일부실시법, 분할법, 교락법 등의 배치가 용이하다.

② 요인 제곱합의 계산이 용이하고, 분산분석표의 작성이 쉽다.

③ 실험횟수를 변화시키지 않고도 많은 인자와 교호작용의 배치가 가능하며, 실험 실시가 용이하다.

1 2수준계 직교배열표

배치된 요인들의 수준수가 2인 직교배열표로 행의 수(실험횟수)보다 열의 수는 1개가 작도록 대비 성질을 갖춘 열들을 배열한 표이다. $L_4(2^3)$형, $L_8(2^7)$형, $L_{16}(2^{15})$형, $L_{32}(2^{31})$형 등의 직교배열표가 있다.

$$L_{2^n}(2^{2^n-1})$$

여기서, L : Latin square

2 : 수준수

2^n : 실험횟수(행의 수)

2^n-1 : 열의 수(배치 가능한 인자수)

〈 $L_8(2^7)$형 직교배열표 〉

실험번호	열번호							실험조건	데이터
	1	2	3	4	5	6	7		
1	0	0	0	0	0	0	0	$A_0B_0C_0D_0F_0$	9
2	0	0	0	1	1	1	1	$A_0B_0C_0D_1F_1$	12
3	0	1	1	0	0	1	1	$A_0B_1C_1D_0F_1$	8
4	0	1	1	1	1	0	0	$A_0B_1C_1D_1F_0$	15
5	1	0	1	0	1	0	1	$A_1B_0C_1D_0F_0$	16
6	1	0	1	1	0	1	0	$A_1B_0C_1D_1F_1$	20
7	1	1	0	0	1	1	0	$A_1B_1C_0D_0F_1$	13
8	1	1	0	1	0	0	1	$A_1B_1C_0D_1F_0$	13
기본표시	a	b	ab	c	ac	bc	abc		$T=106$
배치	A	B	C	D	e	F	e		

(5인자를 배치한 $L_8(2^7)$형 실험)

참고 여기서 0은 낮은 수준, 1은 높은 수준을 뜻하는 것으로, 1과 2, −1과 1, −와 +로 처리하기도 한다.

(1) 특징

① 어느 열이나 0, 1의 수가 1/2씩 구성되어 있다.

② $L_8(2^7)$ 실험의 총실험횟수는 8회이며, 최대 인자 배치수는 7개가 된다.

③ 가장 작은 2수준 직교배열표는 행의 수가 4이고, 열의 수가 3인 $L_4(2^3)$ 직교배열표이다.

④ 교호작용이 없는 경우 7열에 랜덤하게 7개 요인을 배치하면, 2^7요인 실험의 1/16 일부실시법에 해당된다.

⑤ 2수준 직교배열표는 어느 열이나 자유도가 1이며, 특정 요인의 4수준 배치도 가능하다.

(2) 직교배열표의 인자 배치

① 인자의 배치방법

임의의 인자를 배치할 경우 최대 7개까지 배치할 수 있으나, 5~6개의 인자 배치가 적당하며, $L_8(2^7)$형에서 교호작용이 없다면 최대 A, B, C, D, F의 5개 인자를 1열에서 7열까지 임의로 배치한다.

② 교호작용의 배치방법

배치된 인자 간에 발생하는 교호작용을 구하려면 인자가 배치된 두 열의 성분을 곱한 성분이 나타나는 열에 교호작용을 배치하게 되므로, 교호작용이 나타나는 열에 다른 인자를 배치하면 교호작용을 구할 수 없다.

열	1	2	3	4	5	6	7
성분	a	b	ab	c	ac	bc	abc
인자 배치			A		$A\times B$	B	

참고 여기서 A요인이 배치된 3열의 성분은 ab, B요인이 배치된 6열의 성분은 bc이다.
두 열의 성분을 곱하면 $ab \times bc = ab^2c = ac$ (단, mod 2이므로, $a^2 = b^2 = c^2 = 1$로 처리)가 되므로, 성분 ac가 표시되는 5열에 교호작용 $A \times B$가 나타난다.

(3) 효과와 제곱합 분해

① 효과 $= \dfrac{1}{r}(T_2 - T_1)$

② 제곱합 $= \dfrac{1}{N}(T_2 - T_1)^2$

여기서, $N = 2^n$으로 실험횟수를 의미하고,

$r = \dfrac{N}{2} = \dfrac{2^n}{2}$으로 실험의 반복수를 뜻한다.

㉠ $S_T = \sum x_i^2 - \dfrac{T^2}{8} = 103.5$

㉡ $S_A = \dfrac{1}{8}(16 + 20 + 13 + 13 - 9 - 12 - 8 - 15)^2 = 40.5$

㉢ $S_B = \dfrac{1}{8}(8 + 15 + 13 + 13 - 9 - 12 - 16 - 20)^2 = 8$

㉣ $S_C = \dfrac{1}{8}(59 - 47)^2 = 18$

㉤ $S_D = \dfrac{1}{8}(60 - 46)^2 = 24.5$

㉥ $S_F = \dfrac{1}{8}(53 - 53)^2 = 0$

㉦ $S_e = S_T - S_A - S_B - S_C - S_D - S_F$

$= S_{5열} + S_{7열}$

$= 4.5 + 8 = 12.5$

(4) 분산분석표 작성

① 오차항의 결정방법

㉠ 요인이 배치되지 않는 공열의 제곱합을 오차제곱합으로 취한다. 공열이 2개 이상인 경우는 공열들의 제곱합을 합하여 오차제곱합으로 취한다.

㉡ 7개의 열에 요인이 배치되어 공열이 없는 경우에는 가장 작은 제곱합을 갖는 열을 오차항으로 취한다.
(단, 가장 작은 제곱합의 값이 "0"인 경우는 그 열과 그 다음으로 작은 제곱합을 갖는 열을 오차항으로 취한다.)

② 분석분석표

〈 분산분석표 〉

요인	SS	DF	MS
A	40.5	1	40.5
B	8	1	8
C	18	1	18
D	24.5	1	24.5
F	0	1	0
e	12.5	2	6.25
T	103.5		

〈 재작성된 분산분석표 〉

요인	SS	DF	MS
A	40.5	1	40.5
B	8	1	8
C	18	1	18
D	24.5	1	24.5
e^*	12.5	3	4.17
T	103.5		

⊘ $S_F=0$이므로, 오차항에 풀링시킨다.

(5) 기여율(ρ)

기여율이란 전체의 변동 중 요인의 순변동($S_{요인}'$)이 얼마로 구성되고 있는가를 백분율로 나타낸 척도로, 직교배열표에 의한 대그룹망 실험에서는 각 요인의 영향력 정도를 알아보기 위해 F_o 검정 대신 기여율을 사용하기도 한다. 이는 직교배열표를 이용한 실험에서 오차자유도가 작은 경우 요인의 검출력이 떨어지는 단점이 있는데, 이를 보완하고 있는 방법이다.

① 요인의 기여율

$$\rho_{요인}=\frac{S_{요인}'}{S_T}\times 100$$

$$=\frac{S_{요인}-\nu_{요인}\times V_e}{S_T}\times 100$$

예 $\rho_A=\dfrac{S_A'}{S_T}\times 100=\dfrac{S_A-\nu_A\times V_e}{S_T}\times 100$

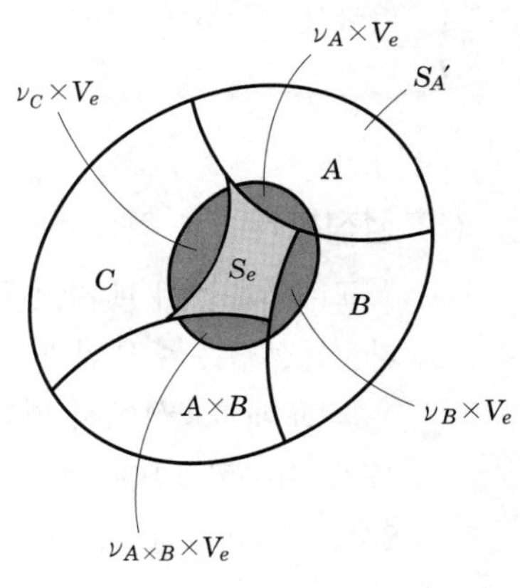

② 오차의 기여율

$$\rho_e=\frac{S_e'}{S_T}\times 100$$

$$=\frac{S_e+요인자유도의\ 합\times V_e}{S_T}\times 100$$

$$=\frac{\nu_T\times V_e}{S_T}\times 100$$

예 $\rho_e=\dfrac{S_e+(\nu_A+\nu_B+\nu_C+\nu_{A\times B})\times V_e}{S_T}\times 100$

참고 요인의 순변동은 $\nu_{요인}\times V_e$만큼 줄어들지만, 오차의 순변동은 요인의 순변동에서 줄어든 부분만큼 늘어난다.

예제 4-7

어떤 화학실험에서 촉매가 반응공정 합성률에 미치는 영향에 대해 다음 표와 같은 데이터를 얻었다. A인자(촉매)를 3열에, B인자(합성온도)를 6열에 배치하였다. 이때 $A \times B$ 교호작용의 제곱합 $S_{A \times B}$를 구하시오.

횟수 \ No.	1	2	3	4	5	6	7	Data
1	1	1	1	1	1	1	1	13
2	1	1	1	2	2	2	2	12
3	1	2	2	1	1	2	2	21
4	1	2	2	2	2	1	1	18
5	2	1	2	1	2	1	2	22
6	2	1	2	2	1	2	1	19
7	2	2	1	1	2	2	1	20
8	2	2	1	2	1	1	2	17
성분	a	b	a b	c	a c	b c	a b c	$T=142$

$A \times B$: $ab \times bc = ab^2c = ac$가 되어, 5열에 $A \times B$ 교호작용이 나타난다.

따라서, $S_{A \times B} = \frac{1}{N}(T_2 - T_1)^2 = \frac{1}{8}[(12+18+22+20)-(13+21+19+17)]^2 = 0.5$

(6) 선점도

직교배열표에서 배치된 인자와 교호작용을 교락 없이 배치한다는 것이 그리 용이한 것은 아니다. 선점도는 주요인과 특정 2인자 간 교호작용의 관계를 나타낸 그림으로, 선점도의 점과 선은 직교배열표상에서 하나의 열을 표시하며, 점 사이의 선은 두 점에 배치된 요인 간 교호작용을 표시하고 있다.

2수준계의 선점도는 다음 [그림]과 같다.

① $L_4(2^3)$형 선점도(1개)

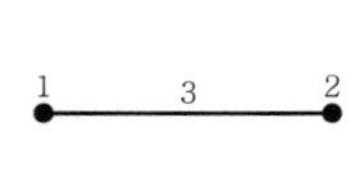

② $L_8(2^7)$형 선점도(2개)

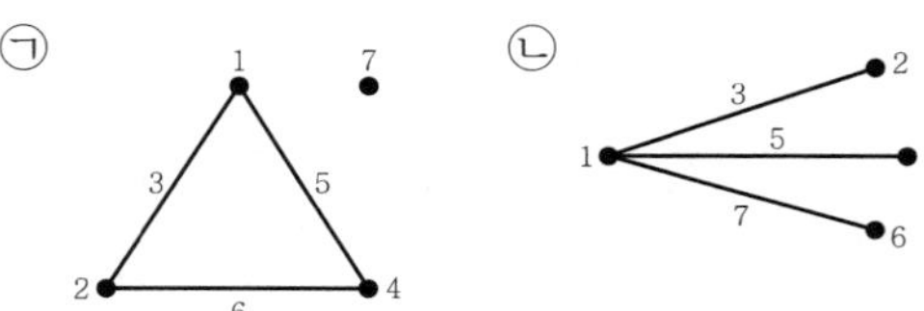

③ $L_{16}(2^{15})$형(6개)

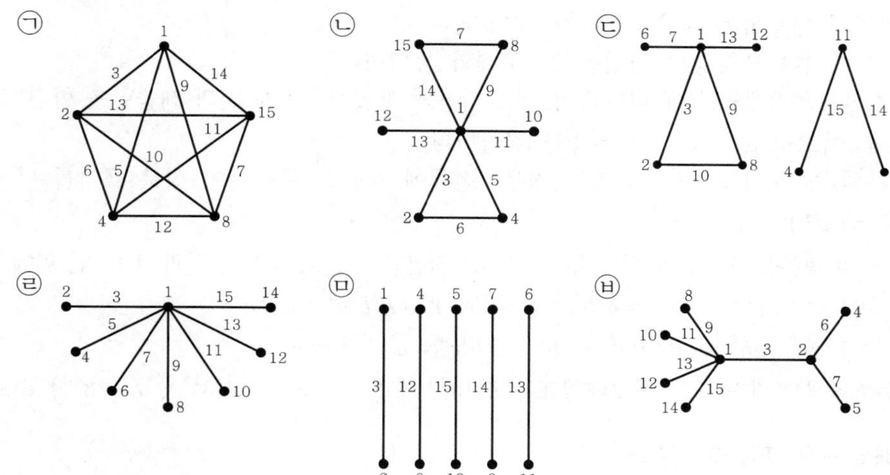

2 3수준계 직교배열표

3수준계 직교배열표는 배치된 요인의 수준수가 3인 경우의 직교배열표로, 열은 (0, 1, 2) 혹은 (1, 2, 3)으로 표현하며 각 열의 자유도는 2이다. 대비 성질을 갖춘 열들의 직교성은 mod 3으로 계산하여 구성된다.

$L_{3^n}(3^{(3^n-1)/2})$

여기서, 3^n : 실험의 크기(N)

$(3^n-1)/2$: 열의 수

〈 $L_9(3^4)$형 직교배열표〉

N \ 열	1	2	3	4	실험조건	실험값(x)
1	1	1	1	1	A_1B_1	x_1
2	1	2	2	2	A_1B_2	x_2
3	1	3	3	3	A_1B_3	x_3
4	2	1	2	3	A_2B_1	x_4
5	2	2	3	1	A_2B_2	x_5
6	2	3	1	2	A_2B_3	x_6
7	3	1	3	2	A_3B_1	x_7
8	3	2	1	3	A_3B_2	x_8
9	3	3	2	1	A_3B_3	x_9
성분	a	b	a b	a b^2		Σx
인자 배치	A	B	$A\times B$	$A\times B$		

(1) 특징

① 각 열에 대응하는 자유도는 각각 2이다.

② 인자 배치나 오차항의 결정은 2수준계와 동일하다.

③ 교호작용은 2개의 열에 나타나며, 교호작용의 제곱합은 2개 열의 제곱합을 합친 것이 된다.

④ mod 3이므로 $a^3 = b^3 = c^3 = 1$로 취급한다.

⑤ 성분의 앞 문자에 제곱이 있는 경우, 전체에 제곱을 부여하여 성분 표기를 다시 한다.
$a^2b = (a^2b)^2 = a^4b^2 = ab^2$

⑥ 두 열의 성분을 X, Y라 하면 두 열의 교호작용은 성분이 XY인 열과 XY^2인 열에 나타난다.

㉠ XY형 : $ab^2 \times ab^2c^2 = a^2b^4c^2 = (a^2bc^2)^2 = a^4b^2c^4 = ab^2c$

㉡ XY^2형 : $ab^2 \times (ab^2c^2)^2 = ab^2 \times a^2b^4c^4 = a^3b^6c^4 = c$

⑦ 3수준계에서 가장 작은 직교배열표는 $L_9(3^4)$이고, 그 다음 $L_{27}(3^{13})$, $L_{81}(3^{40})$ 순으로 된다.

(2) 직교배열표의 제곱합 분해

[각 열의 제곱합]

① $L_9(3^4)$형 직교배열표

$$S_{열} = \frac{1}{N/3}\{(1수준합)^2 + (2수준합)^2 + (3수준합)^2\} - CT$$

$$= \frac{T_1^2 + T_2^2 + T_3^2}{3} - \frac{T^2}{N}$$

예 $S_A = \frac{T_1^2 + T_2^2 + T_3^2}{3} - \frac{T^2}{9} = \frac{1}{3}\{(x_1 + x_2 + x_3)^2 + (x_4 + x_5 + x_6)^2 + (x_7 + x_8 + x_9)^2\} - \frac{T^2}{9}$

② $L_{27}(3^{13})$형 직교배열표

$$S_{열} = \frac{T_1^2 + T_2^2 + T_3^2}{9} - \frac{T^2}{27}$$

여기서, T_1, T_2, T_3는 각각 9개 데이터의 합이고, T는 27개 데이터의 합이다.

(3) 선점도

여기서 점 하나는 자유도 2를 갖는 하나의 열을 나타내고, 선은 점과 점의 교호작용으로 2개의 열에 대응한다. 따라서 3수준계 직교배열표에서 특정 2인자 교호작용의 자유도는 4가 된다. 3수준계의 선점도는 다음 [그림]과 같다.

① $L_9(3^4)$형 선점도(1개)

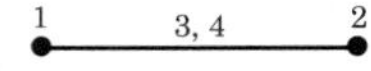

② $L_{27}(3^{13})$형 선점도(3개)

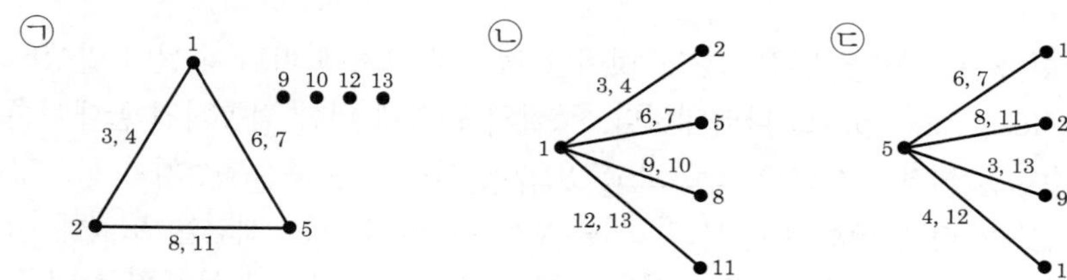

12 다구찌 실험계획

1 개요

(1) 다구찌 방법의 기초

다구찌는 양품과 불량품으로 구분하는 품질의 전통적인 골대이론에서 벗어나, 사회적 손실비용의 관점으로 품질을 보고, 품질을 향상시키기 위해서는 전통적인 접근방법과는 다른 각도에서 2차 손실함수의 개념으로 접근할 것을 주장하였다. 다구찌 방법의 핵심은 두 가지로 볼 수 있으며, 손실함수의 개념과 SN비를 이용하여 품질을 향상시킬 수 있는 로버스트 설계(강건설계)라고 할 수 있다.

(2) 다구찌 방법의 기본개념

① 다구찌는 품질을 "제품이 출하된 시점으로부터 기능 특성치의 변동, 부작용 등으로 인하여 사회에 끼치는 총손실"로 정의하였다.

② 무한경쟁 체제에서 생존을 위한 지속적인 품질개선과 비용절감의 필요성을 강조하고 있다.

③ 지속적인 품질개선 계획을 통한 성능특성의 목표로부터 성능특성치의 성능변동을 줄여야만 품질이 높아지며, 손실 발생이 작아진다.

④ 제품의 성능변동에 따른 손실은 제품의 성능특성치와 목표값 차이의 제곱에 근사적으로 비례하는 2차 손실함수를 따른다.

⑤ 생산된 제품의 최종적인 품질과 비용의 대부분은 off-line QC 단계인 설계·개발의 제품 설계단계와 생산기술의 공정 설계단계에 의해 좌우된다.

⑥ 제품의 성능변동은 성능특성치에 영향을 미치는 제품 혹은 공정 파라미터를 줄임으로 가능하다.

⑦ 성능특성에 대한 잡음 요인의 영향을 최소화시켜, 성능변동을 줄이는 제품의 최적 파라미터값을 구하기 위해 실험계획법을 사용한다.

참고 다구찌의 품질 정의

다구찌는 사회지향적 관점에서 품질의 생산성을 높이기 위해 다음과 같이 정의하였다.

- 생산성＝품질(quality)＋비용(cost)
- 품질＝(기능편차에 의한 손실)＋(사용비용에 의한 손실)＋(폐해 항목에 의한 손실)
- 비용＝(재료비)＋(가공비)＋(관리비)

2 손실함수

제품의 성능특성치가 목표치를 벗어나면 그 벗어난 정도의 크기에 따라 손실이 발생하는 것으로 보고 이를 손실함수(loss function)로 나타내었다. 품질의 규격에 의한 전통적인 골대이론으로는 규격을 벗어난 것만 손실을 발생시키는 것으로 보고 있으나, 다구찌는 품질특성치가 목표값에서 멀어질수록 품질 손실비용이 더 발생한다고 보고, 이를 2차 손실함수라는 개념을 도입해 설명하였다.

생산한 제품이 발생시키는 손실이 "0"인 경우는 제품의 품질특성치가 목표치를 만족시키는 한 점뿐이다. 그러나 품질특성치가 규격 하한과 규격 상한의 사이에 있든 바깥에 있든 목표치에서 멀어질수록 더 큰 손실을 발생시키고, 손실곡선은 목표치에서 멀어질수록 가파르게 된다.

따라서 제품의 성능변동에 따른 손실은 제품특성치와 목표값 차이의 제곱에 근사적으로 비례한다는 개념에 근거를 두고, 손실을 수식으로 정의한 것이 다구찌의 2차 손실함수(quadratic loss function)이다.

다구찌의 손실함수는 양쪽 규격이 주어지는 망목특성인 경우 다음과 같다.

$$L(y) = k(y-m)^2$$

여기서, k는 품질 손실계수라고 불리는 상수이고, y는 제품의 품질특성치이며, m은 제품의 품질특성에 대한 목표치이다.

(1) 망목특성

$$L(y) = A\left(\frac{y-m}{\Delta}\right)^2 = \frac{A}{\Delta^2}(y-m)^2 = k(y-m)^2$$

(단, $k = \frac{A}{\Delta^2}$ 이다.)

여기서, A : 손실금액, Δ : 기능한계(허용차)

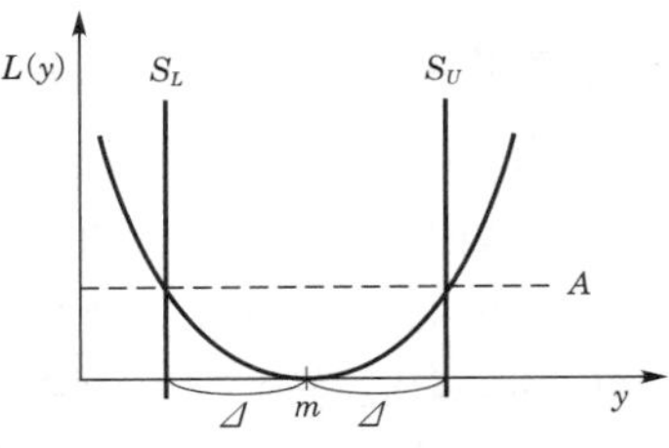

망목특성의 손실함수

(2) 망소특성

$$L(y) = ky^2$$

(단, $k = \frac{A}{\Delta^2}$ 이다.)

망소특성은 망목특성에서 목표치 m이 0인 경우이다.

$$L(y) = A\left(\frac{y-m}{\Delta}\right)^2 = A\left(\frac{y}{\Delta}\right)^2 = \frac{A}{\Delta^2}y^2 = ky^2$$

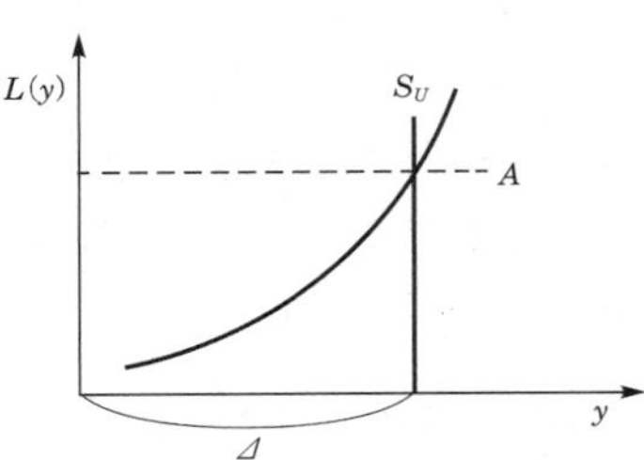

망소특성의 손실함수

(3) 망대특성

$$L(y) = k\frac{1}{y^2}$$

(단, $k = A\Delta^2$이다.)

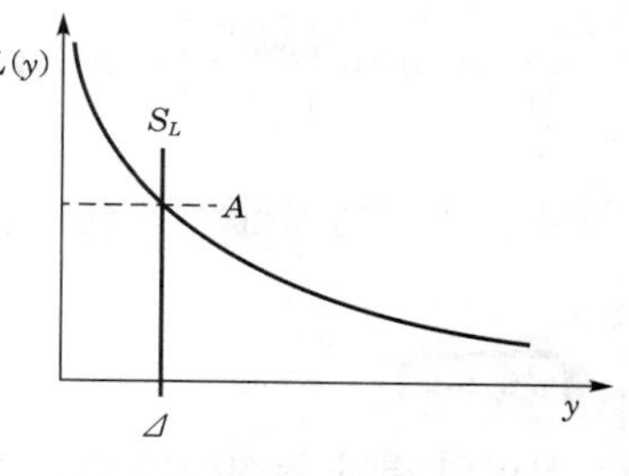

▌망대특성의 손실함수▐

✓ 망대특성은 망소특성을 $y = \frac{1}{y}$로 치환한 경우이다.

$$L(y) = A\left(\frac{1/y}{1/\Delta}\right)^2 = A\frac{(1/y)^2}{(1/\Delta)^2} = \Delta^2 A\left(\frac{1}{y}\right)^2 = k\left(\frac{1}{y}\right)^2$$

예제 4-8

TV 색상밀도의 기능적 한계가 $m \pm 7$이라고 가정하자. 이는 색상밀도가 $m \pm 7$일 때 소비자의 환경이나 취향의 다양성을 고려할 때 소비자의 절반이 TV가 고장이라고 하는 수준이다. TV의 수리비가 평균 $A = 98000$원이라고 할 때 색상밀도가 $m+4$인 수상기를 구입한 소비자가 입은 평균손실 $L(m+4)$은?

$L(y) = k(y-m)^2 = \frac{98000}{7^2}(m+4-m)^2 = 32000$원 (단, $k = \frac{A}{\Delta^2}$이다.)

3 SN비

제품의 품질특성치는 망소특성과 망대특성, 그리고 망목특성의 세 가지로 구분된다.

망소특성이란 배기가스량, 마모량, 처리시간, 불순물의 함유량, 균열, 소음 등과 같이 특성치의 값이 작으면 작을수록 좋은 특성이고, 망대특성이란 인장강도, 접착강도, 사용수명, 효율, 내구성, 수율 등과 같이 크면 클수록 좋은 특성이다. 그리고 망목특성은 제품의 길이, 무게, 두께 등과 같이 목표값이 주어진 경우 특성치의 값이 목표값에 가까울수록 좋은 특성을 말한다.

SN비는 신호의 힘(power of Signal)을 잡음의 힘(power of Noise)으로 나눈 비율로, SN비는 클수록 좋으며, SN비가 클수록 품질은 안정된다.

$$\begin{aligned} \text{SN비} &= \frac{\text{신호의 힘}}{\text{잡음의 힘}} \\ &= \frac{\text{모평균 } \mu^2\text{의 추정값}}{\text{분산 } \sigma^2\text{의 추정값}} \\ &= \frac{\hat{\mu}^2}{\hat{\sigma}^2} = \left(\frac{\hat{\mu}}{\hat{\sigma}}\right)^2 \end{aligned}$$

SN비는 특성치의 종류별로 다르게 정의되며, 이는 다음과 같다.

(1) 망목특성

$$SN = 10\log\left(\frac{(\bar{y})^2}{s^2}\right) = 20\log\left(\frac{\bar{y}}{s}\right)$$

다구찌 방법에서는 분산을 $s^2 = \dfrac{\Sigma(y_i - \bar{y})^2}{n}$ 로 사용한다.

예제 4-9

실험의 결과 특성치가 다음과 같다. 이를 망목특성치라 생각하고, SN비(Signal-to-Noise ratio)를 구하면? (단, 소수점 이하 셋째 자리에서 반올림한다.)

[DATA] 43 47 49 53 61 (단위 : dB)

$$SN = 20\log\left(\frac{\bar{y}}{s}\right) = 20\log\left(\frac{50.6}{6.841}\right) = 17.38\text{dB}$$

(2) 망소특성

$$SN = -10\log\left(\frac{1}{n}\Sigma y_i^2\right)$$

(3) 망대특성

$$SN = -10\log\left(\frac{1}{n}\Sigma\frac{1}{y_i^2}\right)$$

[증명] $SN = 10\log\left(\frac{(\bar{y})^2}{s^2}\right) = 10\log(\bar{y})^2 - 10\log s^2$

여기서 망소특성은 $m = 0$이므로 $\bar{y} \to 0$으로 하면 $SN = -10\log s^2$이다.

따라서, $SN = -10\log\left(\frac{\Sigma(y_i - \bar{y})^2}{n}\right) = -10\log\left(\frac{1}{n}\Sigma y_i^2\right)$이다.

또한 망대특성은 $y = \frac{1}{y}$로 치환한 경우이므로, $SN = -10\log\left(\frac{1}{n}\Sigma\frac{1}{y_i^2}\right)$이 된다.

예제 4-10

하나의 실험점에서 30, 40, 38, 49(단위 : dB)의 반복 관측치를 얻었다. 자료가 망대특성치라면 SN비 값은?

$$SN = -10\log\left(\frac{1}{n}\Sigma\frac{1}{y_i^2}\right) = -10\log\left[\frac{1}{4}\left(\frac{1}{30^2} + \frac{1}{40^2} + \frac{1}{38^2} + \frac{1}{49^2}\right)\right] = 31.4759\text{dB}$$

4 로버스트 설계

로버스트 설계(robust design)는 제품이 잡음(noise)에 의한 영향을 받지 않거나 덜 받도록 하는 설계로서, 성능특성치가 목표값으로부터 벗어나도록 하는 잡음 요인에 대해 둔감성(robustness)을 갖는 제품을 생산하는 데 있다.

로버스트 설계의 개념을 이해하기 위해서는 먼저 잡음(noise)의 개념을 알아둘 필요가 있다. 잡음이란 제품을 생산할 때 제품에 변동을 일으키는 원인을 말한다. 예를 들면 진동, 소음, 기후, 온도, 습도, 먼지, 작업자의 습관 또는 실수, 기계의 노후, 공구의 마모 등이 있다.

기존에는 제품에 변동을 일으키는 잡음을 발견하면 그 잡음을 제거하거나 차단하기 위해 생산공정을 재설계하는 것이 보통이었다. 이러한 경우 문제의 원인을 제거한다는 면에서 바람직해 보일 수도 있으나, 실제로는 재설계에 의한 고비용이 문제가 되어 경쟁력을 약화시키는 요인으로 작용하게 된다. 그러나 다구찌의 로버스트 설계 개념에 의하면 잡음을 발견하였을 때 잡음을 제거하거나 차단하는 것이 아니라, 제품의 설계단계에서부터 생산과정에 이르기까지 제품이 잡음에 의해 영향을 받는 것을 없애거나 줄일 수 있는 방법을 계속적으로 모색한다. 즉 잡음은 그대로 두고, 제품이 그 잡음에 둔감해지도록 설계하는 것이다. 이렇게 할 경우 잡음을 직접 제거하거나 차단하는 방법보다 더 적은 비용이 들어 효율적인 설계를 할 수 있다.

참고 잡음 요인의 3종류

1. 외부 잡음(external noise) : 온도, 습도 등과 같은 외부 사용 환경조건의 변화에 의한 잡음
2. 내부 잡음(internal noise) : 사용하면서 발생되는 내부 마모나 열화에 의한 잡음
3. 제품 간 잡음(between product noise) : 제조과정의 불완전함에 인해 생기는 제품 간 성능특성치의 변동으로 인한 잡음

다구찌 방법은 제품의 기획 및 설계와 생산기술의 단계(off-line QC)에서 시스템 설계, 파라미터 설계, 허용차 설계라는 3단계 설계를 이용해 제품이나 공정의 품질을 개선하는 방법을 이용하고 있다.

(1) 시스템 설계(system design)

개발하려는 제품 분야의 고유기술, 전문지식, 경험 등을 바탕으로 제품 기획단계에서 결정된 목적기능을 갖는 제품의 원형, 즉 시작품(prototype)을 개발하는 단계이다. 고유기술 및 생산기술적인 측면에서 제조공정의 설계도 이에 포함된다.

예 자동제어장치

(2) 파라미터 설계(parameter design)

파라미터는 잡음 효과를 최소화하는 제품 성능의 특성치에 영향을 주는 제어 가능한 인자를 의미하며, 파라미터 설계는 이들 인자들의 최적수준을 정해주는 것이다. 즉 제품의 품질변동이 잡음에 둔감하면서 목표품질을 가질 수 있도록 Low cost material/Low cost condition 하에서 설계변수들의 최적조건을 구하는 것이다.

제조공정의 각 부분에서 최적 공정조건을 정하고, 구입해야 할 적절한 원부자재, 부품 등을 정한다. 파라미터 설계의 주요 목적은 각종 잡음의 영향에서도 공정능력(process capability)이 높은 조건을 찾아주는 것이다.

(3) 허용차 설계(tolerance design)

파라미터 설계에 의하여 최적조건을 구했으나, 품질특성치의 변동이 만족할만한 상태가 아닌 경우에 행한다. 즉 변동을 줄이기 위해서는 비용이 증가하게 되나, 만족스러운 허용차를 얻는 범위 내에서 최소비용이 드는 방법을 고려해야 한다.

허용차 설계의 주요 목적은 공정조건의 허용차와 품질변동의 원인을 찾아내, 허용차를 줄여주거나 원인을 제거시키는 것이다.

PART 5

신뢰성관리

품질경영기사 필기

PART 5

신뢰성관리

CHAPTER 01

신뢰성 개념

1 신뢰성 기초

1 신뢰성의 이해

(1) 신뢰성의 정의

신뢰성이란 "시스템이나 제품, 부품 등이 규정된 사용조건하에서 의도하는 기간 동안 만족스럽게 작동하는 시간적 안정"을 나타내는 정성적인 의미이며, 신뢰도란 "시스템, 제품, 부품이 규정된 사용조건하에서 의도하는 기간 동안 만족스럽게 제 기능을 발휘할 확률"로 정의되는 정량적인 표현방식이다. 즉, 신뢰도는 시스템의 수명을 t라고 할 때 임의의 시점 t_i에서 시스템이 생존할 확률로 $R(t)$로 표현된다.

$$R(t) = P(t \geq t_i) = \int_t^{\infty} f(t)dt$$

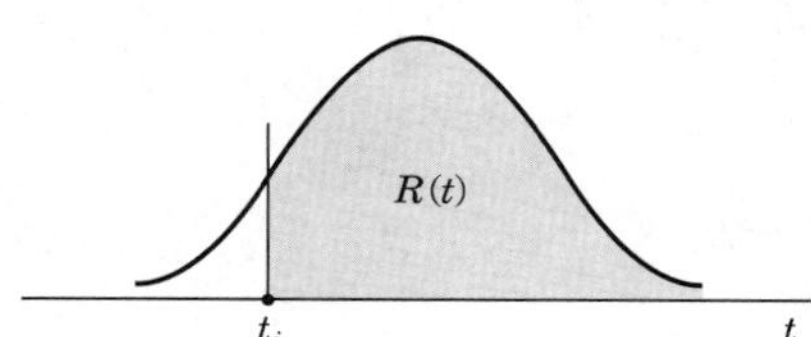

(2) 신뢰성 공학의 발전

① 제2차 세계대전 중 전자기기로 되어 있는 군 장비의 잦은 고장으로 인해 막대한 손실과 더불어 군 작전에 지장을 초래하여 1943년에 VTDC(Vacuum Tube Development Commitee)를 결성하였다.

② 1946년 ARINC(Aeronautical Radio Inc.)를 설립하여 신뢰성 연구를 시작하였다.

③ 1952년 AGREE(Advisory Group on Reliability of Electronic Equipment)를 구성하여 신뢰성 측정방법과 신뢰성을 고려한 시방서 작성방법 등을 기술한 보고서를 발간하였다.

④ 1958년 NASA(National Aeronautics and Space Administration)를 창설하여 인공위성과 로켓 시스템의 신뢰성 해석 및 예측, FMEA(Failure Mode and Effective Analysis), FTA(Fault Tree Analysis) 등의 기법을 개발하였다.

⑤ 현재는 토목, 건축, 기계, 자동차, 선박, 항공기 등 모든 분야에 적용되는 하나의 학문으로 체계화되었다.

(3) 신뢰성의 필요성

① 시스템이나 제품이 인간 생활과 밀접해지면서 고장으로 인한 손실이 크게 증대하였다.
② 시스템이나 제품이 제 기능을 발휘하기 위해서는 경제적·기술적으로 합리적인 신뢰성 기술이 필요하게 되었다.
③ 기술 개발속도가 빨라지면서 제조공정 관리 이전에 시스템 설계 중심의 사전평가나 예측을 시간 지연 없이 보증할 수 있는 기술의 필요성이 증대하였다.
④ 시스템이나 제품이 복잡화·세밀화되어 사용자의 오류가 빈번해지면서 사고나 고장으로 연결되는 기회가 증대하였다.

2 신뢰성관리

(1) 정의

신뢰성관리란 성능, 신뢰성, 보전성과 가동성이 높은 제품을 경제적으로 제조하기 위하여 제품의 개발, 설계, 제조, 사용 및 보전에 이르기까지 제품의 라이프사이클(life cycle)에 걸쳐 설계된 계획에 따라 제품의 신뢰성을 확보하고 유지하기 위한 종합적 관리활동이다.

(2) 고유신뢰성과 사용신뢰성

시스템, 제품 또는 부품의 작동신뢰성(R_o ; operational reliability)은 고유신뢰성(R_i ; inherent reliability)과 사용신뢰성(R_u ; use reliability)으로 나눌 수 있으며, R_o는 R_i과 R_u의 곱으로 나타낸다.

$$R_o = R_i \times R_u$$

고유신뢰성(R_i)은 제품의 수명을 연장하고 고장을 줄이는 신뢰성 설계, 공정 관리 및 공정 해석에 의하여 기술적 요인을 찾아 이를 시정하는 품질관리의 활동으로, 시스템의 기획, 재료 구입, 설계, 시험, 제조, 검사 등 제품이 만들어지는 모든 과정에서 나타나는 설계 및 제조의 신뢰성을 의미하고 있다.
사용신뢰성(R_u)은 제품이 만들어진 후 설계나 제조 과정에서 형성된 제품의 고유신뢰도를 목적하는 시점까지 보존하는 것으로, 사용자에게 넘어가는 과정인 포장, 수배송, 보관에서부터 사용 시 취급조작, 보전기술, 보전방식, A/S, 교육훈련 등으로 보증된 품질을 유지하고 관리하는 사용단계의 신뢰성을 의미하고 있다.

(3) 고유신뢰성 증대방법

① 사용방식과 사용 중 발생할 스트레스(stress)를 고려하여 설계한다.
② 보전성, 안전성, 사용의 편리성을 고려하여 설계한다.

③ 사용 중 발생하는 고장 데이터를 피드백(feedback)시켜 설계한다.
④ 병렬설계, 대기설계로 고장기회를 감소시키는 설계를 한다.
⑤ 제품을 단순화시켜 직렬부품 결합수를 줄이는 설계를 한다.
⑥ 고신뢰도 부품을 사용하여 설계를 행한다.

〈 고유신뢰성 증대방법의 구체적 사항 〉

구분	증대방법
부품 재료의 증대방법	• 외주관리 • 인증부품의 목록 작성 및 관리 • 수입검사 • 결함 제거 및 시험
제품의 설계단계에서 증대방법	• 제품의 단순화 • 부분품, 조립품의 단순화와 표준화 • 고신뢰도 부품 사용 • 병렬 및 대기 리던던시(redundancy) 설계 • 부하의 경감을 위한 디레이팅(derating) 설계 • 신뢰성시험의 체계 확립
제품의 제조단계에서 증대방법	• 제조공정의 자동화 • 제조기술의 향상 • 제조품질의 통계적 관리 • 부품과 제품의 번인 테스트(burn-in test) • 공정에서의 스크리닝(screening)

(4) 사용신뢰성 증대방법

① 예방보전(PM ; Preventive Maintenance)과 사후보전(CM ; Corrective Maintenance) 체계를 확립한다.
② 신속한 A/S를 제공한다.
③ 사용자 매뉴얼(manual)을 작성·배포한다.
④ 조작방법에 대한 사용자 교육을 실시한다.
⑤ 포장, 보관, 운송, 판매 단계의 철저한 관리체계를 확립한다.

(5) 신뢰성 증대방법

① 병렬과 대기설계(리던던시 설계) 방법을 사용한다.
② 제품의 고장률을 감소시킨다.
③ 제품의 연속 작동시간을 감소시킨다.
④ 제품의 수리시간을 감소시킨다.
⑤ 제품의 안전성을 제고한다.

2 신뢰성 척도

신뢰성의 대표적인 척도는 신뢰도함수로, 신뢰도를 사용시간 t의 함수로서 나타낸 개념이며, t시점의 생존(잔존)확률로 정의된다.

1 대시료 방법의 신뢰성 척도

(1) 신뢰도함수 : $R(t)$

일정 t시점에서 생존확률로서 초기 샘플수를 N개, t시점에서 생존개수를 $n(t)$라고 할 때 다음과 같다.

$$R(t) = \frac{n(t)}{N}$$

(2) 불신뢰도함수 : $F(t)$

일정 t시점에서의 누적고장확률로서 "0" 시점에서 t시간까지의 전체 기간 중 얼마나 고장이 발생하고 있는가를 나타낸 측도이다.

$$\begin{aligned} F(t) &= 1 - R(t) \\ &= 1 - \frac{n(t)}{N} \\ &= \frac{N - n(t)}{N} \end{aligned}$$

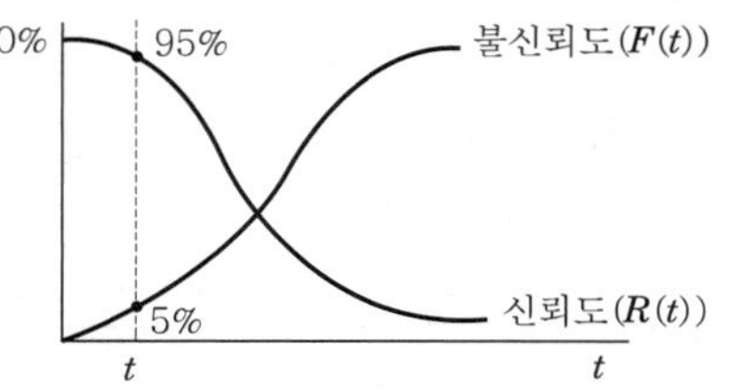

▌신뢰도와 불신뢰도▐

(3) 고장밀도함수 : $f(t)$

임의의 t시점에서 전체 중 단위시간당 고장비율이 어떻게 발생하고 있는가를 정의한 측도로서 누적고장확률 $F(t)$의 시간미분 상태이다. 따라서 고장밀도함수란 t시점과 $t+\Delta t$ 사이에서 발생한 구간 고장비율을 Δt로 나눈 단위시간당 고장비율로 정의될 수 있다.

$$\begin{aligned} f(t) &= [R(t) - R(t')] \cdot \frac{1}{\Delta t} \\ &= \left[\frac{n(t)}{N} - \frac{n(t')}{N}\right] \frac{1}{\Delta t} \\ &= \frac{n(t) - n(t')}{N} \cdot \frac{1}{\Delta t} \end{aligned}$$

(단, $t' = t + \Delta t$이다.)

참고 $f(t)$란 $F(t)$를 시간미분한 개념으로 다음과 같다.

$$f(t)=\frac{d\cdot F(t)}{dt}=\frac{d[1-R(t)]}{dt}=\frac{-dR(t)}{dt}=-R'(t)$$

(4) 고장률함수 : $\lambda(t)$

고장률함수(harzard function) $\lambda(t)$는 t시점의 순간고장률로, t시점에서 생존율 $R(t)$ 중 단위시간당 고장비율이 얼마나 발생하고 있는가를 나타낸 측도이다.

$$\lambda(t)=\frac{n(t)-n(t')}{n(t)}\cdot\frac{1}{\Delta t}$$
$$=\frac{n(t)-n(t+\Delta t)}{n(t)}\cdot\frac{1}{\Delta t}$$

여기서 분모, 분자를 N으로 나누면 다음과 같다.

$$\lambda(t)=\frac{[n(t)-n(t+\Delta t)]/N}{n(t)/N}\cdot\frac{1}{\Delta t}$$
$$=\frac{f(t)}{R(t)}$$

⊙ $\lambda(t)$는 $R(t)$ 중 다음 단위시간에 몇 %의 고장이 발생하고 있는가를 표시한 조건부확률이다.

참고 $\lambda(t)=\frac{f(t)}{R(t)}=\frac{-\frac{d}{dt}R(t)}{R(t)}=\frac{-R'(t)}{R(t)}$로 표현된다.

여기서 양변을 적분하면, $\int_0^t\lambda(t)dt=-\int_0^t\frac{R'(t)}{R(t)}dt=-\ln R(t)$이다.

따라서 $H(t)=\int_0^t\lambda(t)dt$로 정의하면, $H(t)=-\ln R(t)$이며,

양변에 역대수를 취하면, $R(t)=e^{-H(t)}=e^{-\int_0^t\lambda(t)dt}$로 정의된다.

(5) 평균고장률(AFR)

고장시간 t_1과 t_2 사이에서 발생하는 고장률함수[$\lambda(t)$]의 평균값으로, t_1과 t_2의 누적고장률을 Δt로 나눈 단위시간당 누적고장률이다. 지수분포는 $AFR=\lambda$로 정의되는 신뢰성분포가 된다.

$$AFR(t_1,\ t_2)=\frac{H(t_2)-H(t_1)}{t_2-t_1}$$
$$=\frac{-\ln R(t_2)-[-\ln R(t_1)]}{t_2-t_1}$$

(단, $t_2>t_1$이다.)

예제 5-1

90개의 샘플을 60시간까지 수명시험한 결과가 다음 표와 같을 때, $t=20$에서 $R(t)$, $F(t)$, $f(t)$, $\lambda(t)$는?

시험시간	고장개수
0~10	4
10~20	21
20~30	30
30~40	25
40~50	8
50~60	2

① $R(t=20)=\dfrac{n(t=20)}{N}=\dfrac{65}{90}=0.7222$

② $F(t=20)=1-R(t=20)=1-0.7222=0.2778$

③ $f(t=20)=\dfrac{n(t=20)-n(t=30)}{N\cdot\Delta t}=\dfrac{30}{90\times10}=0.03333/\text{hr}$

④ $\lambda(t=20)=\dfrac{n(t=20)-n(t=30)}{n(t=20)\cdot\Delta t}=\dfrac{30}{65\times10}=0.04615/\text{hr}$

2 소시료 방법의 신뢰성 척도

(1) 메디안순위법(median rank method)

샘플수가 많고 구간 시간에서의 고장개수를 표시할 수 있는 대시료 방법에서는 위에서 정의한 신뢰성 척도를 사용하지만, 소시료 방법에서는 Benard가 고안한 메디안순위법을 사용하여 신뢰성 척도를 계산한다. 메디안순위법으로 신뢰성 척도를 계산하면 시간데이터가 어떠한 분포를 하는지에 관계없이 적용 가능한 장점이 있다.

① $F(t_i)=\dfrac{i-0.3}{n+0.4}$

② $R(t_i)=1-F(t_i)=\dfrac{n-i+0.7}{n+0.4}$

③ $f(t_i)=\dfrac{1}{n+0.4}\cdot\dfrac{1}{\Delta t}$

④ $\lambda(t_i)=\dfrac{f(t)}{R(t)}=\dfrac{1}{n-i+0.7}\cdot\dfrac{1}{\Delta t}$

(단, $\Delta t=t_{i+1}-t_i$이다.)

여기서, n : 샘플수, i : 고장순번, t_i : i번째의 고장시간

(2) 평균순위법(mean rank method)

소시료 방법에서 시간 데이터가 정규분포를 따른다고 생각되는 경우 사용되는 방법으로, 조금 큰 시료 크기를 필요로 한다.

① $F(t_i) = \dfrac{i}{n+1}$

② $R(t_i) = 1 - F(t_i) = \dfrac{n-i+1}{n+1}$

③ $f(t_i) = \dfrac{1}{n+1} \cdot \dfrac{1}{\Delta t}$

④ $\lambda(t_i) = \dfrac{f(t_i)}{R(t_i)} = \dfrac{1}{n-i+1} \cdot \dfrac{1}{\Delta t}$

(단, $\Delta t = t_{i+1} - t_i$이다.)

여기서, n : 샘플수, i : 고장순번, t_i : i번째의 고장시간

선험법은 $F(t_i) = \dfrac{i}{n}$, 모드순위법은 $F(t_i) = \dfrac{i-0.5}{n}$로 계산한다.

예제 5-2

샘플수 $n=8$에서 얻은 데이터가 다음과 같을 때, $t=265$에서 $R(t)$, $F(t)$, $f(t)$, $\lambda(t)$를 메디안랭크법으로 계산하시오.

고장번호	고장까지의 시간
1	190
2	245
3	265
4	300
5	320
⋮	⋮

① $F(t=265) = \dfrac{i-0.3}{n+0.4} = \dfrac{3-0.3}{8+0.4} = 0.321$

② $R(t=265) = \dfrac{n-i+0.7}{n+0.4} = \dfrac{8-3+0.7}{8+0.4} = 0.679$

③ $f(t=265) = \dfrac{1}{(n+0.4)(t_4-t_3)} = \dfrac{1}{(8+0.4)(300-265)} = 0.0034/\text{hr}$

④ $\lambda(t=265) = \dfrac{1}{(n-i+0.7)(t_4-t_3)} = \dfrac{1}{(8-3+0.7)(300-265)} = 0.005/\text{hr}$

CHAPTER 02 신뢰성 분포

1 신뢰성 분포의 종류

신뢰성 이론에 사용하고 있는 고장확률밀도함수의 종류로는 고장률이 시간 t가 변해도 일정한 지수분포, 시간 t가 변함에 따라 증가하는 정규분포, 일반적인 수명분포를 나타내고 있는 와이블 분포가 있다.

고장률함수 $\lambda(t)$가 시간이 증가함에 따라 증가하는 경우를 IFR(Increasing Failure Rate), 고장률이 시간변화에 관계없이 일정한 경우를 CFR(Constant Failure Rate), 그리고 고장률이 시간이 증가함에 따라 감소하는 경우를 DFR(Decreasing Failure Rate)이라고 한다.

1 지수분포(exponential distribution)

고장률함수 $\lambda(t)$가 시간 t와 관계없이 상수 λ로 일정하게 정의되는 CFR의 분포로, 여러 개의 부품이 조합되어 만들어진 기기나 우발고장기에서 시스템의 고장밀도함수가 대표적인 지수분포를 따른다. 지수분포는 고장의 집중성이 없이 랜덤하게 발생하는 특징이 있으며, 평균과 편차가 동일한 수명분포이다. 고장률 λ가 시간 t와는 관계없이 일정하게 나타나며, 평균수명 이전의 초기상태 고장확률밀도가 평균수명 이후보다 높게 나타나는 특징이 있다.

참고 Drenick의 정리
서로 다른 부품으로 이루어진 시스템의 수명분포는 부품들의 수명분포가 지수분포를 따르지 않더라도, 근사적으로 고장발생의 시점이 랜덤하게 발생하는 지수분포를 따른다.

(1) 고장밀도함수 : $f(t)$

$$f(t) = \lambda e^{-\lambda t} = \frac{1}{\theta} e^{-\frac{t}{\theta}} = \frac{1}{MTBF} e^{-\frac{t}{MTBF}}$$

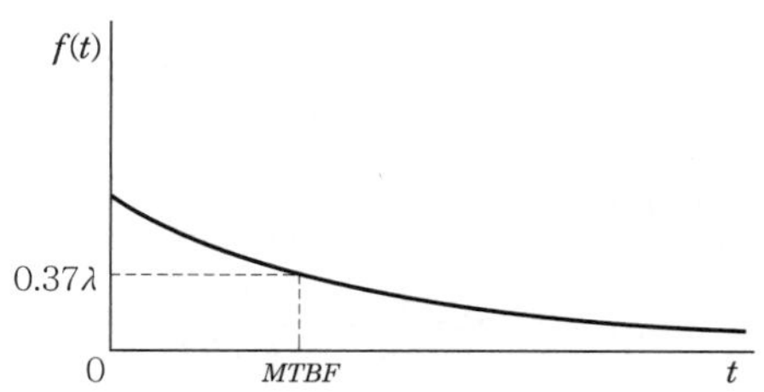

⊙ 신뢰성 공학에서 일반적으로 평균수명(mean life)을 θ, t_o로 표현하지만, 지수분포는 MTBF로, 정규분포는 μ로 표현하여 구분한다.

① 기대치와 분산

㉠ $E(t) = \frac{1}{\lambda} = MTBF$

㉡ $V(t) = \frac{1}{\lambda^2} = MTBF^2$

㉢ $D(t) = \frac{1}{\lambda} = MTBF$

⊘ 지수분포는 평균수명(MTBF)의 역수가 고장률(λ)로 정의되는 CFR의 분포이다.
평균수명은 1고장당 작동시간이고, 1시간당 고장개수를 고장률(λ)이라고 한다.

② 평균수명(mean life)

평균수명은 기대시간이기 때문에, 다음과 같이 정의된다.

$E(t) = \int_0^\infty tf(t)dt = \int_0^\infty t \cdot \lambda e^{-\lambda t}dt = \frac{1}{\lambda}$ 또는,

$E(t) = \int_0^\infty R(t)dt = \int_0^\infty e^{-\lambda t}dt = \left(-\frac{1}{\lambda}e^{-\lambda t}\right)_0^\infty = \frac{1}{\lambda}$ 이다.

여기서 $\frac{1}{\lambda}$ 은 평균수명으로 MTBF로 표현하며, 시스템을 수리하여 사용하는 경우와 수리하여 사용할 수 없는 경우로 나눌 수 있다.

㉠ 수리가 가능한 경우의 평균수명 : MTBF(Mean Time Between Failure)

㉡ 수리 불가능한 경우의 평균수명 : MTTF(Mean Time To Failure)

⊘ 신뢰성 공학에서 시스템은 수리가 가능해야 하므로, 평균수명을 주로 MTBF로 표현하고 있다.

참고 평균수명을 MTBF라고 하면 지수분포에서는 $t = MTBF$ 시점에서 부품 중 약 37%가 생존하고, 63%는 이미 고장 나 있다는 것을 알 수 있다.

$R(t = MTBF) = e^{-\frac{t}{MTBF}} = e^{-\frac{MTBF}{MTBF}} = e^{-1} = 0.36788 = 0.37$

(2) 신뢰도함수 : $R(t)$

지수분포의 신뢰도함수는 $\lambda(t) = \lambda$ 인 상태에서 다음과 같이 정의된다.

$R(t) = e^{-\lambda t} = e^{-\frac{t}{MTBF}}$

(단, $MTBF = \frac{1}{\lambda}$ 이다.)

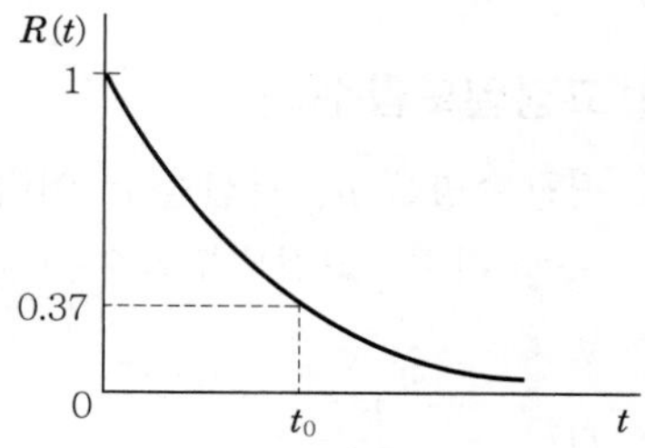

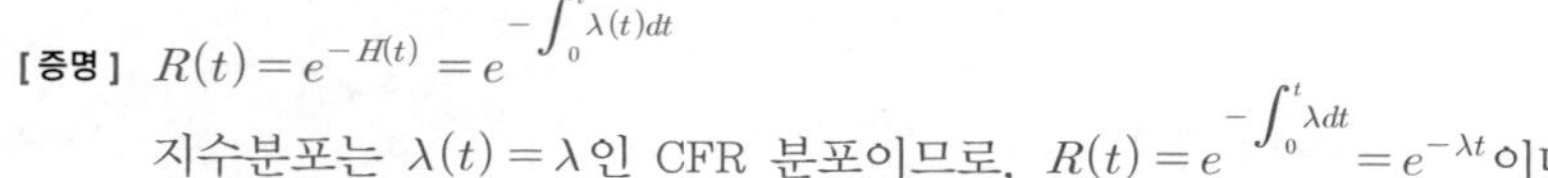

[증명] $R(t) = e^{-H(t)} = e^{-\int_0^t \lambda(t)dt}$

지수분포는 $\lambda(t) = \lambda$ 인 CFR 분포이므로, $R(t) = e^{-\int_0^t \lambda dt} = e^{-\lambda t}$ 이다.

(3) 고장률함수 : $\lambda(t)$

지수분포는 시간이 경과함에 따라 고장률이 변하지 않는 CFR 함수로서, 단위시간당 고장개수인 고장률이 일정한 상수값을 갖는다.

$$\lambda(t) = \frac{f(t)}{R(t)} = \frac{\lambda e^{-\lambda t}}{e^{-\lambda t}} = \lambda$$

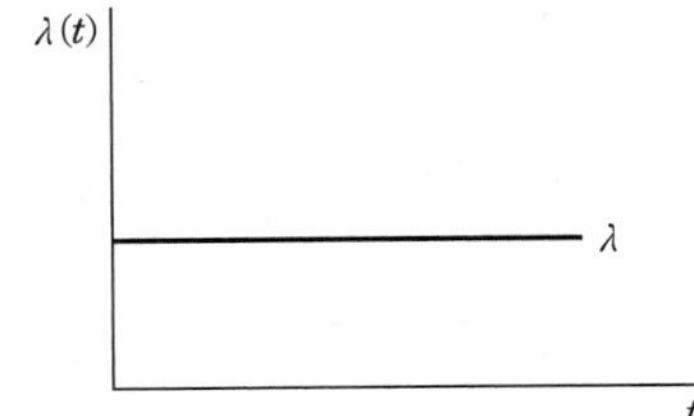

⊙지수분포의 누적고장률은 $H(t) = \lambda t$이며, 평균고장률(AFR)은 λ로 정의된다.

- $H(t) = -\ln R(t) = -\ln e^{-\lambda t} = \lambda t$
- $AFR(t) = \frac{H(t)}{t} = \frac{\lambda t}{t} = \lambda$

예제 5-3

평균수명이 1000인 제품이 지수분포를 따를 경우, 제품 신뢰도가 0.9일 때의 사용시간 t를 구하시오.

$R(t) = e^{-\lambda t} = e^{-\frac{t}{MTBF}}$이므로, $0.9 = e^{-\frac{t}{1000}}$

양변에 대수를 취하면, $\ln 0.9 = -\frac{t}{1000}$

$\therefore\ t = -\ln 0.9 \times 1000 = 105$시간

2 정규분포(normal distribution)

내용수명기간의 마모고장이 없는 전자적 특성의 부품이나 우발고장기의 시스템은 고장률이 일정한 지수분포를 따르나, 마모, 부식, 노화, 균열, 피로, 수축, 산화 등의 열화고장이 발생하는 기계적 특성의 부품이나 마모고장기의 시스템은 고장확률밀도가 평균수명 근처에 집중되는 좌우대칭의 정규분포를 따르게 된다. 이러한 정규분포는 고장률함수 $\lambda(t)$가 시간이 지남에 따라 증가하는 IFR 형태의 대표적인 분포이다.

(1) 고장밀도함수 : $f(t)$

평균수명을 μ, 분산을 σ^2이라고 정의할 때, 정규분포는 평균수명을 중심으로 좌우대칭의 분포를 하며, 고장밀도함수는 다음과 같이 정의된다.

$$f(t) = \frac{1}{\sqrt{2\pi}\,\sigma} e^{-\frac{(t-\mu)^2}{2\sigma^2}}$$

① 기대치 : $E(t)=\mu$

② 분산 : $V(t)=\sigma^2$

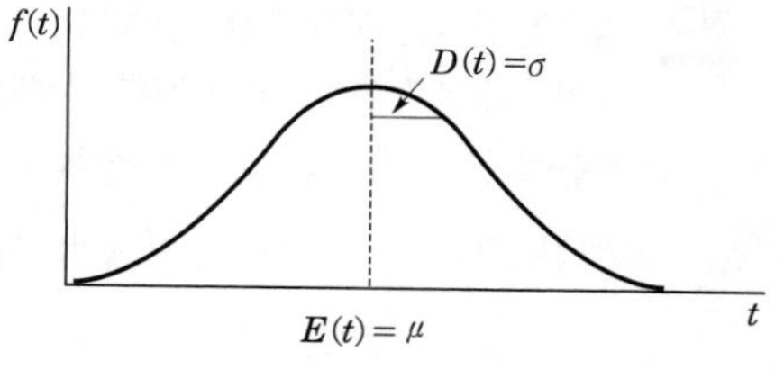

⊙ 평균수명과 분산의 점추정

- $\hat{\mu}=\dfrac{T}{r}=\dfrac{\Sigma t_i r_i}{\Sigma r_i}$
- $\hat{\sigma}^2=\dfrac{\sum_i (t_i-\hat{\mu})^2 r_i}{\Sigma r_i - 1}=\dfrac{\Sigma t_i\, r_i^2}{\Sigma r_i - 1}-\dfrac{(\Sigma t_i\, r_i)^2}{\Sigma r_i(\Sigma r_i - 1)}$

여기서, T : 총작동시간, r : 고장개수

(2) 신뢰도함수 : $R(t)$

정규분포의 신뢰도 $R(t)$는 t시점의 생존확률로서, $1-F(t)$로 정의된다.

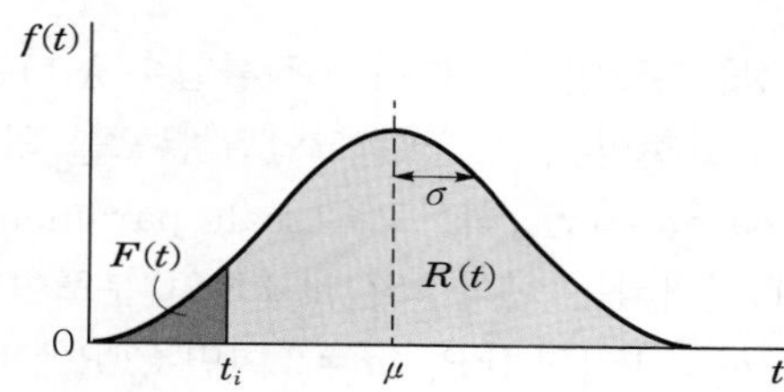

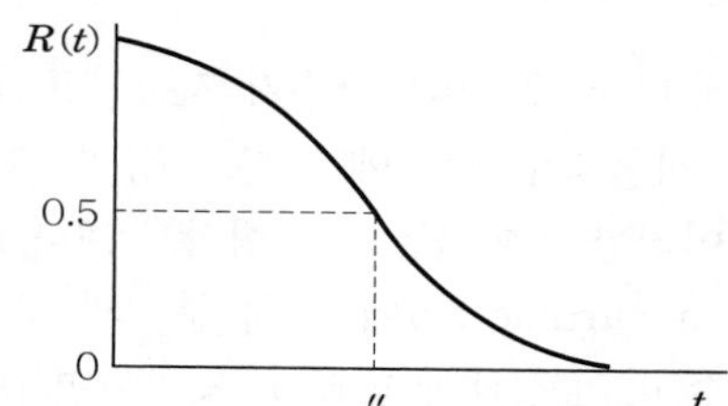

① $R(t)=P(t\geq t_i)=\int_t^{\infty} f(t)dt$

$=P\left(z\geq \dfrac{t_i-\mu}{\sigma}\right)=1-P\left(z<\dfrac{t_i-\mu}{\sigma}\right)$

② $F(t)=P(t\leq t_i)=\int_0^{t} f(t)dt$

$=P\left(z\leq \dfrac{t_i-\mu}{\sigma}\right)=\Phi(z)$

여기서, $\Phi(z)$는 t시점까지의 누적고장확률로 $F(z)$를 의미한다.

(3) 고장률함수 : $\lambda(t)$

시간 t가 경과함에 따라, 고장률이 증가하는 IFR의 형태가 된다.

$$\lambda(t)=\frac{f(t)}{R(t)}=\frac{f(z)}{\sigma R(t)}$$

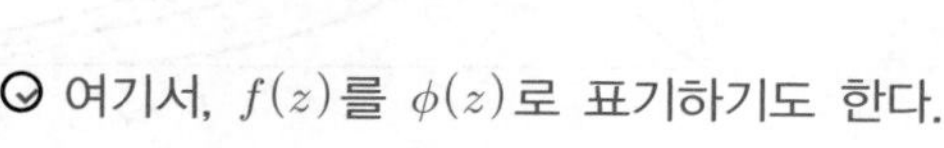
(단, $f(z)=\dfrac{1}{\sqrt{2\pi}}e^{-\frac{z^2}{2}}$ 이다.)

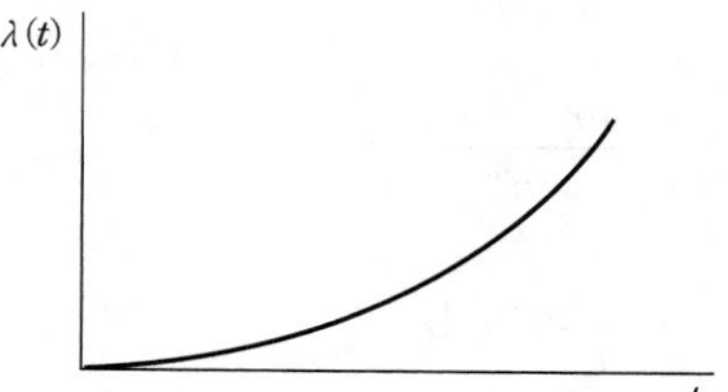

⊙ 여기서, $f(z)$를 $\phi(z)$로 표기하기도 한다.

참고 감소형 분포는 시간이 경과함에 따라 고장률이 감소되는 DFR의 형태로, 신뢰도함수 $R(t)$가 서로 독립인 두 개의 지수분포 혼합형으로 정의되는데, 전자제품의 초기 형태가 대부분 이 경우에 속한다. 이러한 전자제품은 사용에 앞서 에이징(aging)을 행하여 초기에 높은 고장률 부분을 제거시켜 적합품만 쓰는 것이 바람직하다.

$R(t) = pe^{\lambda_1 t} + (1-p)e^{-\lambda_2 t}$ (단, $\lambda_1 \gg \lambda_2$)

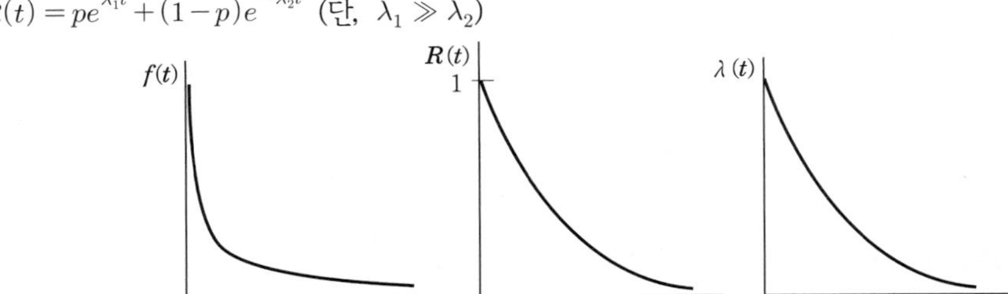

3 와이블분포(Weibull distribution) : Walodi Weibull

시간 t에 따른 고장밀도함수가 지수분포인지 정규분포인지에 따라 고장률함수 $\lambda(t)$는 달라지게 되는데, 고장률함수 $\lambda(t)$에 따른 고장밀도함수를 표현할 수 있도록 고안된 분포를 와이블분포라고 한다. 이러한 와이블분포는 형상모수(shape parameter), 척도모수(scale parameter), 위치모수(position parameter)에 의해 분포의 모양이 정의되는 신뢰성의 대표적인 분포이다.

형상모수 m의 상태에 따라 $m < 1$이면 DFR, $m > 1$이면 IFR, $m = 1$이면 CFR에 대응되는 특징이 있다. 또한 위치모수는 $r = 0$인 경우가 대부분이며, 이때 특성수명 $t = \eta$인 경우는 m의 값에 관계없이 신뢰도는 $R(t=\eta) = e^{-1}$, 즉 0.37의 일정한 값을 갖게 된다. 척도모수 η란 와이블분포에서 형상모수(m)와는 관계없이 63%가 고장 나는 시간을 의미한다.

형상모수 m이 3.5인 경우 와이블분포는 정규분포에 대응하는 것으로 알려져 있으며, 형상모수 m이 1인 경우 지수분포에 대응된다.

(1) 고장밀도함수 : $f(t)$

$$f(t) = \frac{m}{\eta}\left(\frac{t-r}{\eta}\right)^{m-1} e^{-\left(\frac{t-r}{\eta}\right)^m}$$
$$= \lambda(t) \cdot R(t)$$

여기서, r(위치모수)이 0인 경우는 다음과 같다.

$$f(t) = \frac{m}{\eta}\left(\frac{t}{\eta}\right)^{m-1} e^{-\left(\frac{t}{\eta}\right)^m}$$
$$= \frac{m \cdot t^{m-1}}{\eta^m} e^{-\frac{t^m}{\eta^m}}$$
$$= \frac{m}{t_o} t^{m-1} e^{-\frac{t^m}{t_o}}$$

(단, $\eta^m = t_o$이다.)

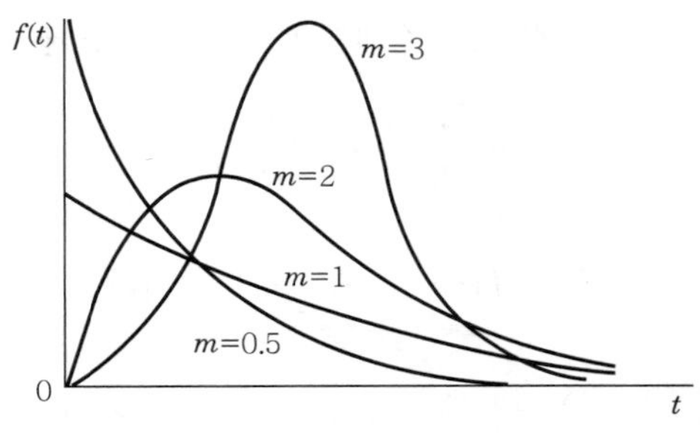

▌와이블분포의 확률밀도함수▐

① 기대치

$$E(t) = \eta\Gamma\left(1 + \frac{1}{m}\right)$$

② 분산

$$V(t) = \eta^2\left[\Gamma\left(1 + \frac{2}{m}\right) - \Gamma^2\left(1 + \frac{1}{m}\right)\right]$$

(2) 신뢰도함수 : $R(t)$

$$R(t) = e^{-\left(\frac{t-r}{\eta}\right)^m} = e^{-\left(\frac{t}{\eta}\right)^m} = e^{-\frac{t^m}{t_o}}$$

(3) 고장률함수 : $\lambda(t)$

$$\lambda(t) = \frac{f(t)}{R(t)} = \frac{\frac{m}{t_o}t^{m-1}e^{-\frac{t^m}{t_o}}}{e^{-\frac{t^m}{t_o}}} = \frac{m}{t_o}t^{m-1}$$

(단, $\eta^m = t_o$ 이다.)

(4) 평균고장률(AFR)

임의의 시점 t까지의 평균고장률 AFR(Average Falure Rate)은 와이블분포상에서 $\lambda(t)$가 변하므로, t시점까지의 누적고장률을 계산하여 Δt로 나눈 평균으로 계산한다.

t시점까지의 누적고장률 $H(t) = \int_0^t \lambda(t)dt$ 이므로, t시점까지의 평균고장률은 다음과 같다.

$$\overline{\lambda}(t) = \frac{H(t_2 = t) - H(t_1 = 0)}{t_2 - t_1}$$

$$= \frac{\int_0^t \lambda(t)dt}{t - 0} = \frac{-\ln R(t)}{t}$$

$$= \frac{-\ln e^{-\left(\frac{t-r}{\eta}\right)^m}}{t} = \frac{\left(\frac{t-r}{\eta}\right)^m}{t}$$

참고 와이블분포에서 척도모수 η는 63%가 고장 나는 시간이므로 m =1인 경우는 $\eta = MTBF$이므로 지수분포가 된다.

$$f(t) = \frac{m}{t_o} \cdot t^{m-1}e^{-\frac{t^m}{t_o}} = \frac{1}{t_o} \cdot t^{1-1} \cdot e^{-\frac{t}{t_o}}$$

$$= \frac{1}{t_o}e^{-\frac{t}{t_o}} = \frac{1}{\eta}e^{-\frac{t}{\eta}} = \lambda e^{-\lambda t}$$

(단, $t_o = \frac{1}{\lambda}$ 이다.)

2 욕조곡선

1 욕조곡선의 개요

여러 가지 부품으로 구성된 시스템의 고장률 패턴은 $\lambda(t)$가 사용기간이 변하면서 여러 가지 형태로 나타나게 되는데, 가장 전형적인 고장률 패턴을 욕조곡선이라고 부른다.

욕조곡선에서, 좌측의 고장률이 감소하는 초기고장의 형태(DFR)를 초기고장기간, 중간의 고장률이 평균고장률보다 낮고 안정되어 있는 부분(CFR)을 우발고장기간, 우측의 고장률이 증가하고 있는 부분(IFR)을 마모고장기간이라고 한다.

욕조곡선에서 우발고장기간에 적용되는 분포는 지수분포이고, 마모고장기간에는 고장이 평균수명 근처에서 집중적으로 발생하는 정규분포를 따른다.

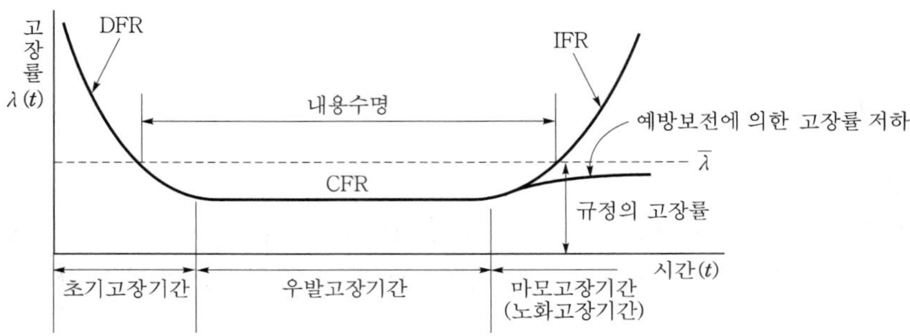

참고 고장률이 규정된 고장률보다 낮고 비교적 일정한 고장률을 갖는 안정상태의 기간을 내용수명(longevity useful life)이라고 한다.

2 고장발생의 원인과 조치

(1) 원인

① 초기고장기의 고장발생 원인

㉠ 표준 이하의 재료 사용

㉡ 불충분한 품질관리

㉢ 표준 이하의 작업자 숙련도

㉣ 불충분한 디버깅(debugging)

㉤ 부족한 가공 및 취급 기술

㉥ 조립상의 과오

㉦ 오염

ⓞ 부적절한 조치
ⓩ 부적절한 시동
ⓒ 저장 및 운반 중의 부품 고장
ⓚ 부적절한 포장 및 수송

② 우발고장기의 고장발생 원인
㉠ 낮은 안전계수
㉡ 강도(strength)보다 큰 부하(stress)
㉢ 사용자의 오류
㉣ 최선의 검사방법으로도 탐지되지 않은 결함
㉤ 디버깅 중에도 발견되지 않는 고장
㉥ 예방보전에 의해서도 예방될 수 없는 고장
㉦ 천재지변에 의한 고장

③ 마모고장기의 고장발생 원인
㉠ 부식 또는 산화
㉡ 마모 또는 피로
㉢ 노화 및 퇴화
㉣ 수축 또는 균열
㉤ 불충분한 정비
㉥ 부적절한 오버홀(over haul)

(2) 조치

각 고장기간의 고장률 감소를 위한 조치로, 초기고장기에는 출하 전 번인(burn-in) 기간을 설정하여 에이징(aging)에 의한 안정화를 꾀하고, 우발고장기에는 고장이 랜덤하게 발생하므로 고장 후 조치하는 사후보전(BM)을 행한다. 그러나 내용수명기간이 지난 마모고장기에는 규정의 고장률 이상으로 고장이 발생하면 고장으로 인한 시스템의 유지비가 많이 필요하게 되므로 폐기하는 것이 득이 되는 경우가 보통이다. 내용수명기간 내에서 부품의 마모나 노화가 시작되기 전에 사전교환 등 예방보전(PM)을 통해 내용수명을 연장시킬 수 있다.

① 초기고장기(early failure period)
㉠ 보전예방(MP ; Maintenance Prevention)
㉡ Debugging test : 시스템, 제품을 사용 개시 전에 작동시켜 결점을 찾아 수정함으로써 초기에 높은 고장률을 줄인다.
㉢ Burn-in test : 장시간 모의실험을 하여 무사 통과한 구성품을 시스템에 사용한다.

참고 스크리닝 실험

스크리닝(screening)은 부품의 잠재결함을 초기에 강제로 제거하는 비파괴적 선별기술로, 제품의 구입·인정·출하 등에 있어 신뢰성을 확인·보증하는 시험이다. 실제 사용 시 고장모드와 똑같지 않을 수 있다.

② 우발고장기(random failure period)
 ㉠ 극한 상황을 고려한 설계
 ㉡ 안전계수를 고려한 설계 : 마모고장이 발생하는 부품, 제품의 신뢰성 제고를 위한 설계 방법이다.
 ㉢ Derating 설계 : 우발적 고장이 발생하는 구성품에 걸리는 부하의 정격치에 여유를 두고 설계하는 방법이다.
 ㉣ 사후보전(BM ; Break-down Maintenance)
 ㉤ 개량보전(CM ; Corrective Maintenance) : 고장 난 후 설계변경 및 재료의 개선으로 수명연장이나 수리가 용이하도록 설비자체의 체질개선하는 보전방식이다.

③ 마모고장기(wear-out failure period)
 – 예방보전(PM ; Preventive Maintenance)

3 고장의 유형

① 파국고장(catastrophic failure)
고장이 발생하면 기능을 상실하는 완전고장이다.

② 열화고장(degradation failure)
기능이나 성능이 서서히 저하하는 고장으로, 측정 가능하고 사전에 예지할 수 있다.

③ 돌발고장(sudden failure)
돌연히 발생하여 사전에 예지할 수 없는 고장이다.

④ 오용고장(misuse failure)
규정된 능력을 초과하는 잘못된 사용으로 발생하는 스트레스에 의한 고장이다.

⑤ 연관고장(relevant failure)
시험이나 운전 결과를 해석할 때 또는 신뢰도를 계산할 때 포함시키는 고장으로, 포함기준을 진술하는 것이 바람직하다.

⑥ 간헐고장(intermittent failure)
매우 짧은 시간 동안 일부 기능이 상실되는 고장으로, 자연적으로 원래의 작동상태로 환원되는 고장이다.

⑦ 취약고장(weakness failure)
규정된 능력 이내의 스트레스에 놓여 있더라도, 품목 자체의 취약점에 의해 발생하는 고장이다.

참고 열화의 종류

- 절대적 열화 : 노후화
- 기술적 열화 : 성능변화
- 경제적 열화 : 가치감소
- 상대적 열화 : 구식화

4 각 고장기간의 $R(t)$, $f(t)$, $\lambda(t)$와 해당 분포

고장률의 형태	신뢰도함수 $R(t)$	고장확률밀도함수 $f(t)$	고장률함수 $\lambda(t)$	해당 분포
감소형 (DFR)	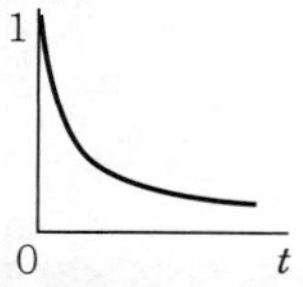 1, 0, t	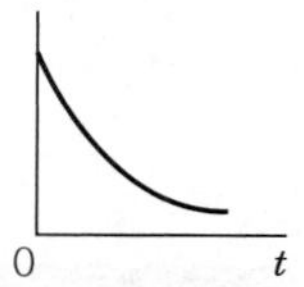 0, t	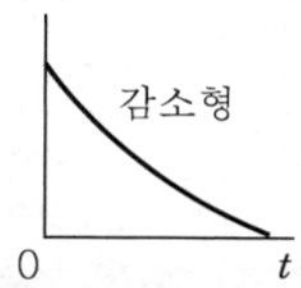 감소형, 0, t	• $k<1$: 감마분포 • $m<1$: 와이블분포
일정형 (CFR)	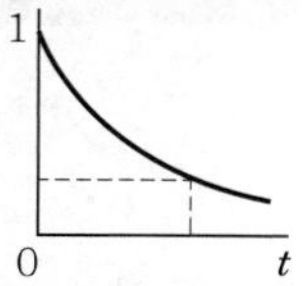 1, 0, t	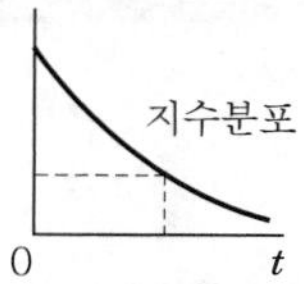 지수분포, 0, t	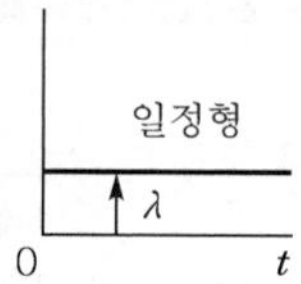 일정형, λ, 0, t	$m=1$: 지수분포
증가형 (IFR)	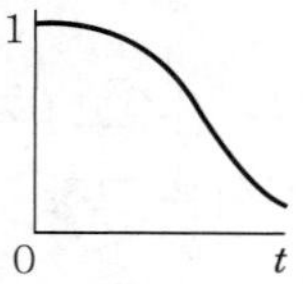 1, 0, t	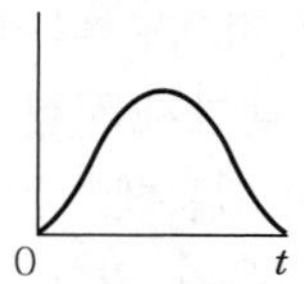 0, t	 증가형, 0, t	• $k>1$: 감마분포 • $m>1$: 와이블분포, 정규분포

신뢰성시험 및 추정

1 정상수명시험

1) 신뢰성시험의 분류

신뢰성시험의 방법에는 여러 가지가 있으나 일반적으로 많이 사용하는 것이 수명시험으로서, 수명시험은 크게 정상수명시험과 가속수명시험으로 나뉜다.

또한 정상수명시험은 샘플이 모두 고장 날 때까지 시험을 행하는 전수고장시험과 시간이나 고장 개수를 정해놓고 시험을 하는 중도중단시험이 있는데, 중도중단시험은 고장 난 샘플을 교체하면서 시험하는 경우와 교체하지 않고 시험하는 경우가 있다.

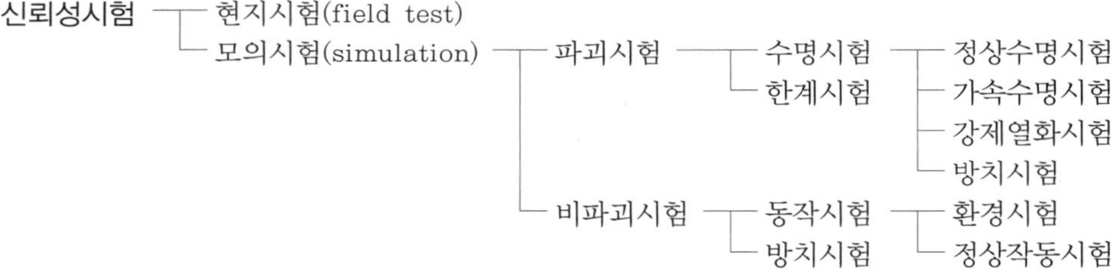

위 시험방법 중 가장 기본적인 방법은 정상수명시험으로, 신뢰도를 높이기 위해서 동일 로트의 제품을 모두 관측하는 전수고장시험을 원칙으로 하고 있다. 그러나 경제성 면에서 볼 때 전수시험은 시간이나 비용이 많이 들기 때문에, 일정 수의 시료를 발취하여 신뢰성 척도인 $f(t)$, $F(t)$, $R(t)$, $\lambda(t)$ 및 평균수명을 구하게 된다.

이와 같이 샘플링한 시료를 시험하여 제품의 신뢰성 척도를 추측하기 때문에, 신뢰성 추정이라 한다. 만약 예정된 시험기간 내에 샘플이 모두 고장 나지 않으면 시험기간을 연장하게 되므로, 검사비용이 증가되어 비경제적이다. 이 문제점을 해결하기 위하여 중도중단시험을 하거나, 사용조건을 정상조건보다 강화하여 고장발생시간을 단축하는 가속수명시험을 하여 신뢰성을 추정한다.

중도중단시험에는 정시중단시험과 정수중단시험이 있으며, 교체하지 않고 시험을 행하는 경우와 교체하는 경우가 있다.

2 적합도 검정

어떤 제품의 수명이 특정 분포를 따른다고 가정할 때, 임의의 t시점에서 신뢰도, 불신뢰도, 평균수명 등을 구하기 전에 먼저 특정 분포를 따른다는 가정이 적합한지 여부를 사전에 검정을 통해 알아보아야 한다.

검정방법으로 가장 많이 쓰이는 기법은 대시료 검정방법에는 χ^2 적합도 검정이 있고, 소시료 검정방법에는 Kolmagorov-Smirnov 검정(d-test)과 Bartlett 검정방법이 있다. Bartlett 검정방법은 χ^2분포를 사용하여 간단하기는 하지만, 샘플수가 20개 이상인 경우에만 적용이 가능하다.

(1) χ^2 적합도 검정

χ^2적합도 검정은 제품의 수명이 특정 분포를 따른다는 조건하에 수명시험에 의해 얻은 데이터를 이용하여 가정된 분포가 맞는가를 검정하는 것이다.

[검정절차]

① 가설을 설정한다(이론상 분포를 결정한다).

예 H_0 : 고장시간은 지수분포를 따른다.

H_1 : 고장시간은 지수분포를 따르지 않는다.

② $\chi_o^2 = \sum_{i=1}^{k} \frac{[f(t_i) - f_o(t_i)]^2}{f_o(t_i)}$ (단, k는 급수이다.)

③ $\chi_o^2 > \chi_{1-\alpha}^2(k-1)$이면 가정된 분포가 틀린 것이며,

$\chi_o^2 < \chi_{1-\alpha}^2(k-1)$이면 가정된 분포가 적합하다고 판정한다.

⊙ 가설이 지수분포인 경우, $f(t_i) = \frac{n(t) - n(t')}{N} \cdot \frac{1}{\Delta t}$, $f_o(t_i) = \lambda e^{-\lambda t}$이다.

(2) 콜모고로프-스미르노프(Kolmogorov-Smirnov) 검정

[검정절차]

① 가정한 이론분포에 따라 $F_o(t_i)$를 구한다. (단, t_i는 고장시간이다.)

② $F(t_i)$를 메디안순위법이나 평균순위법에 의하여 구한다.

③ 다음 식에 의거하여 통계량 D를 구한다.

$D = \max|F(t_i) - F_o(t_i)|$

④ 콜모고로프-스미르노프의 검정표에서 $d_{1-\alpha}(n)$ 값을 찾는다.

⑤ $D > d_{1-\alpha}(n)$이면 이론분포가 틀린 것이며, $D < d_{1-\alpha}(n)$이면 가정된 분포가 적합하다고 판정한다.

⊙ 여기서 지수분포인 경우 $F(t_i) = \frac{i-0.3}{n+0.4}$이고, $F_o(t_i) = 1 - e^{-\lambda t}$이다.

통계량 D는 고장시간 데이터에 의해 구한 관측값의 누적고장확률 $F(t_i)$와 이론상 누적고장확률 $F_o(t_i)$와의 차에 대한 절대값을 관측시점에서 각각 구하고, 그 중 가장 큰 값을 택한 것이다.

(3) Bartlett 검정

[검정절차]

① 이론분포를 가정한다.

② 다음 식에 의거하여 B_r을 구한다.

$$B_r = \frac{2r\left[\ln\frac{t_r}{r} - \frac{1}{r}\left(\sum_{i=1}^{r}\ln x_i\right)\right]}{1+\frac{r+1}{6r}}$$

여기서, x_i : 고장시간, r : 고장개수, t_r : r번째 고장이 발생한 시간

③ $\chi^2_{\alpha/2}(r-1) < B_r < \chi^2_{1-\alpha/2}(r-1)$이면 이론분포에 대한 가정이 적합한 것이다.

⊙ 수명분포에 대한 검정 후, 각 분포에 따른 신뢰성 추정을 행한다.

3 지수분포의 신뢰성 점추정

지수분포의 신뢰성은 고장률 λ의 추정으로 가능하다.

$R(t) = e^{-\lambda t} = e^{-\frac{t}{MTBF}}$로 정의되므로, 평균수명(MTBF)을 수명시험에 의해 추정한다.

⊙ 평균수명은 수리가 가능한 경우는 MTBF(Mean Time Between Failure)로, 수리가 불가능한 경우는 MTTF(Mean Time To Failure)로 표현하나, 여기서는 구분하지 않고 통상 MTBF로 쓰기로 한다.

(1) 전수고장시험($r = n$인 경우)

n개의 샘플을 발췌하여 모두 고장 날 때까지 시험하는 방법으로 신뢰성을 높일 수 있으나, 검사비용이나 시간소요가 많다는 단점이 있다.

$$\hat{\theta} = \frac{\sum_{i=1}^{n} t_i}{n} = \frac{T}{n}$$

여기서, n : 샘플수, T : 총작동시간, t_i : i번째의 고장발생시간

⊙ 평균수명 $\hat{\theta}$은 지수분포에서는 $\widehat{MTBF}$로 표현된다.

(2) 중도중단시험($r < n$인 경우)

샘플 n개 중 r개의 고장이 발생하면 시험을 종료시키는 시험방식으로, 샘플의 50% 정도가 고장 나는 시간에서 정한다.

① 정시중단시험(type Ⅰ censored test)

n개의 샘플을 발췌하여 50% 정도가 고장 나는 시간을 시험중단시간 t_o로 정하고 t_o시간이 되면 시험을 종료하는 시험방식으로, 교체하지 않는 경우와 교체하는 경우로 구분한다.

㉠ 교체하지 않는 경우

$$\hat{\theta} = \frac{t_1 + t_2 + \cdots\cdots + t_r + (n-r)t_o}{r} = \frac{\sum_{i=1}^{r} t_i + (n-r)t_o}{r} = \frac{T}{r}$$

㉡ 교체하는 경우

$$\hat{\theta} = \frac{nt_o}{r} = \frac{T}{r}$$

여기서, T : 샘플 n개의 총작동시간, r : 고장개수

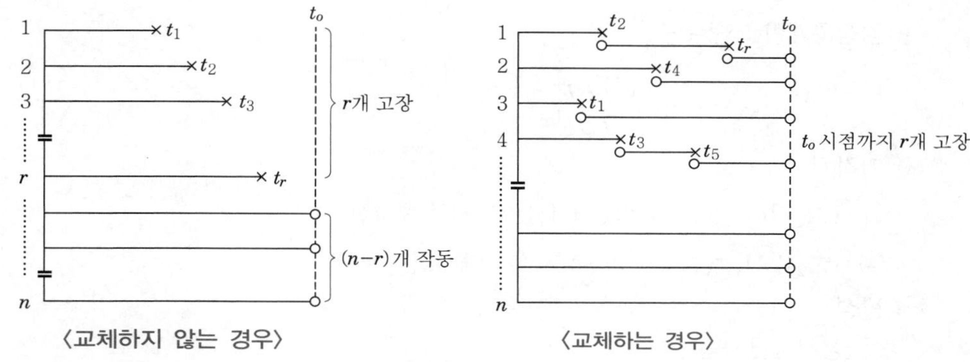

〈교체하지 않는 경우〉 〈교체하는 경우〉

| 정시중단시험 |

② **정수중단시험**(type Ⅱ censored test)

n개의 샘플을 발췌하여 r개가 고장 날 때까지 시험을 행하는 경우로, 샘플의 50% 정도가 고장 나는 개수로 고장개수 r을 정한다. 정시중단시험과 마찬가지로 교체하지 않는 경우와 교체하는 경우로 나뉜다.

㉠ 교체하지 않는 경우

$$\hat{\theta} = \frac{t_1 + t_2 + \cdots\cdots + t_r + (n-r)t_r}{r} = \frac{\sum_{i=1}^{r} t_i + (n-r)t_r}{r} = \frac{T}{r}$$

㉡ 교체하는 경우

$$\hat{\theta} = \frac{nt_r}{r} = \frac{T}{r}$$

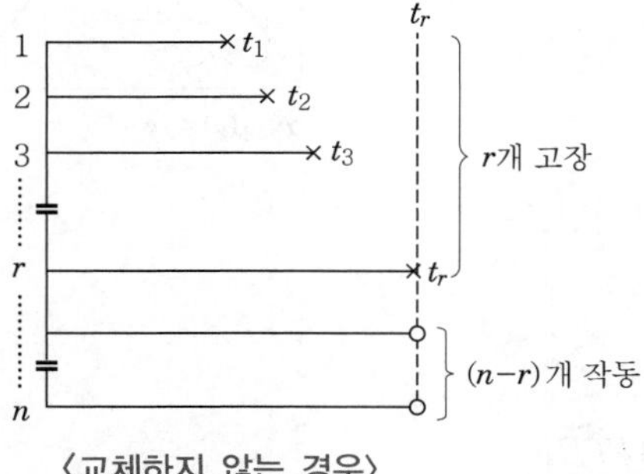

〈교체하지 않는 경우〉

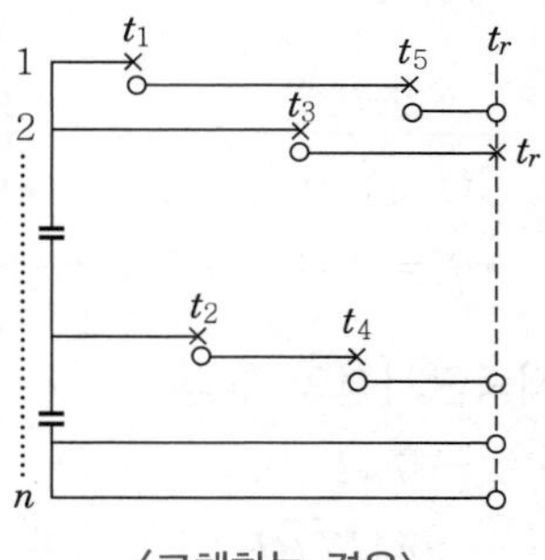

〈교체하는 경우〉

| 정수중단시험 |

4 지수분포의 신뢰성 검정 및 추정

(1) MTBF의 검정

① 가설

㉠ $H_0 : MTBF = MTBF_o$

㉡ $H_1 : MTBF \neq MTBF_o$

② 유의수준 : $\alpha = 0.10$ 또는 0.05

③ 검정통계량 : $\chi_o^2 = \dfrac{2r\hat{\theta}}{\theta}$

$$= 2r\frac{\widehat{MTBF}}{MTBF}$$

④ 기각치

㉠ $\chi^2_{\alpha/2}(2r)$, $\chi^2_{1-\alpha/2}[2(r+1)]$: 정시중단시험

㉡ $\chi^2_{\alpha/2}(2r)$, $\chi^2_{1-\alpha/2}(2r)$: 정수중단시험

⑤ 판정

㉠ 정시중단시험

$\chi_o^2 < \chi^2_{\alpha/2}(2r)$ 또는 $\chi_o^2 > \chi^2_{1-\alpha/2}[2(r+1)]$이면, H_0 기각

㉡ 정수중단시험

$\chi_o^2 < \chi^2_{\alpha/2}(2r)$ 또는 $\chi_o^2 > \chi^2_{1-\alpha/2}(2r)$이면, H_0 기각

(2) MTBF의 추정

고장발생확률이 지수분포를 따르는 경우 $\dfrac{2r\hat{\theta}}{\theta}$는 자유도가 $2r$인 χ^2분포를 따르게 되지만, 정시중단시험인 경우 χ^2분포의 상측 자유도는 근사적으로 $\nu = 2(r+1)$를 따른다.

$$1-\alpha = P\left[\chi^2_{\alpha/2}(\nu) \le \chi^2 \le \chi^2_{1-\alpha/2}(\nu)\right]$$
$$= P\left[\chi^2_{\alpha/2}(\nu) \le \frac{2r\hat{\theta}}{\theta} \le \chi^2_{1-\alpha/2}(\nu)\right]$$

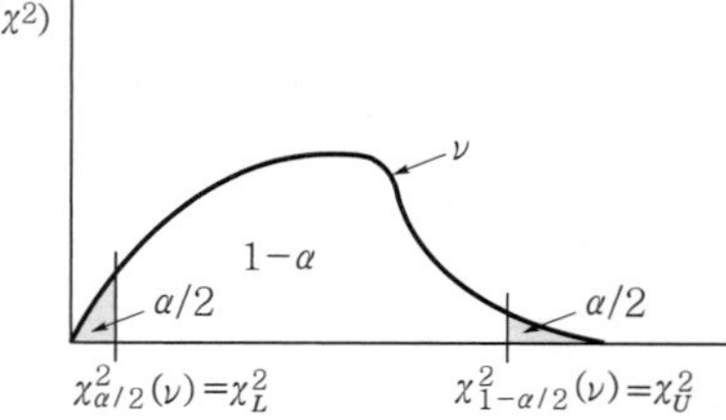

따라서, $\dfrac{2r\hat{\theta}}{\chi^2_{1-\alpha/2}(\nu)} \le \theta \le \dfrac{2r\hat{\theta}}{\chi^2_{\alpha/2}(\nu)}$이다.

여기서, $r\hat{\theta} = T$로, 샘플 n개의 총작동시간이다.

① 정시중단시험의 추정

㉠ 양쪽 추정

$$\frac{2r\widehat{MTBF}}{\chi^2_{1-\alpha/2}[2(r+1)]} \le MTBF \le \frac{2r\widehat{MTBF}}{\chi^2_{\alpha/2}[2r]}$$

ⓛ 한쪽 추정

한쪽 추정인 경우는 신뢰하한값 혹은 신뢰상한값만을 추정하게 되는데, 검정 시 세워지는 대립가설의 상태에 의해 결정한다.

ⓐ $MTBF_L = \dfrac{2T}{\chi^2_{1-\alpha}[2(r+1)]}$

ⓑ $MTBF_U = \dfrac{2T}{\chi^2_{\alpha}[2r]}$

✪ $2r\dfrac{\hat{\theta}}{\theta}$은 자유도가 $2r$인 χ^2 분포를 따르고 있으나, 지수분포에서 정시중단시험인 경우 마지막 고장은 시험 종료시간 t_o보다 훨씬 이전에 발생하는 특징이 있다. 이러한 현상 때문에 χ^2 상측 자유도는 $\nu=2r$보다 고장이 하나 더 있는 $\nu=2(r+1)$에 근사하는 성질이 있다.

② 정수중단시험의 추정

㉠ 양쪽 추정

$$\frac{2T}{\chi^2_{1-\alpha/2}(2r)} \le MTBF \le \frac{2T}{\chi^2_{\alpha/2}(2r)}$$

ⓛ 한쪽 추정

ⓐ $MTBF_L = \dfrac{2T}{\chi^2_{1-\alpha}(2r)}$

ⓑ $MTBF_U = \dfrac{2T}{\chi^2_{\alpha}(2r)}$

(단, $T=r\hat{\theta}$이다.)

(3) 고장개수 $r=0$인 경우

만일 n개의 샘플 중 시험 종료시간 t_0까지 고장이 1개도 없었다면 앞에서 설명한 방법으로는 평균수명을 구할 수가 없게 된다. 단위시간당 발생하는 고장개수는 푸아송분포를 따르게 되므로 푸아송분포를 이용하여 신뢰율 $1-\alpha$를 만족하는 MTBF 하한값의 한쪽 추정이 가능하다. 고장개수가 c개 이하일 확률은 다음과 같다.

$$P(r \le c) = \sum_{r=0}^{c} \frac{e^{-m}m^r}{r!} = \alpha$$

(단, $m=\lambda T=\lambda nt$이다.)

위 식에서 $r=0$인 경우에는 $e^{-m}=e^{-\lambda T}=\alpha$가 되므로,

양변에 ln을 취하면 $-\lambda T=\ln\alpha$로, $\lambda_U = -\dfrac{\ln\alpha}{T}$가 된다.

이를 $MTBF_L$에 관해 정리하면 다음과 같다.

$$MTBF_L = -\frac{T}{\ln\alpha}$$

① 신뢰수준 $1-\alpha=90\%$인 경우

$$MTBF_L=-\frac{T}{\ln 0.10}=\frac{T}{2.3}$$

② 신뢰수준 $1-\alpha=95\%$인 경우

$$MTBF_L=-\frac{T}{\ln 0.05}=\frac{T}{2.99}$$

⊙ 고장개수 $r=0$인 경우는 정시중단시험에서 시험 종료시간 t_o가 너무 작게 설정되어 나타나는 현상이므로, 신뢰하한값만 추정 가능하며 정시중단시험의 χ^2분포에 의한 신뢰하한값을 추정하는 한쪽 추정방식과 동일해진다.

$$MTBF_L=\frac{2T}{\chi^2_{1-\alpha}[2(r+1)]}=\frac{2T}{\chi^2_{1-\alpha}(2)}=-\frac{T}{\ln\alpha}$$

예제 5-4

어떤 제품의 수명은 지수분포를 따른다. 10개의 샘플을 추출하여 7번째 제품이 고장 날 때까지 시험하여 다음과 같은 데이터를 얻었다. 다음 물음에 답하시오.

[DATA] 7 19 35 41 62 84 124

(1) 평균수명을 구하시오.
(2) 고장률을 구하시오.
(3) $t=100$일 때의 신뢰도를 구하시오.
(4) 평균수명의 90% 신뢰구간을 구하시오.

(1) 평균수명

$$\widehat{MTBF}=\frac{7+19+\cdots+124+(10-7)\times 124}{7}=106.3\,\text{hr}$$

(2) 고장률

$$\hat{\lambda}=\frac{1}{\widehat{MTBF}}=\frac{1}{106.3}=0.0094/\text{시간}$$

(3) $t=100$일 때의 신뢰도

$$R(t)=e^{-\lambda t}=e^{-0.0094\times 100}=0.391$$

(4) 평균수명의 90% 신뢰구간

① 신뢰하한 : $\dfrac{2r\cdot\widehat{MTBF}}{\chi^2_{1-\alpha/2}(2r)}=\dfrac{2\times 7\times 106.3}{\chi^2_{0.95}(14)}=62.8\,\text{hr}$

② 신뢰상한 : $\dfrac{2r\cdot\widehat{MTBF}}{\chi^2_{\alpha/2}(2r)}=\dfrac{2\times 7\times 106.3}{\chi^2_{0.05}(14)}=226.5/\text{hr}$

5 확률지에 의한 지수분포의 신뢰성 추정방법

지수분포의 확률지에 의한 신뢰성 추정방법은 중도중단 데이터 해석에 유용한 누적고장률법과 데이터 직접해석법인 누적고장확률법이 있다.

(1) 누적고장률법

고장시간 t에 대한 누적고장률 $H(t)$를 구하여 이것을 확률지에 타점하여 추정선을 그은 다음, 고장률 λ를 직선의 기울기로 구하고 역수를 취하여 평균수명을 구하는 방법이다.

$$R(t) = e^{-\lambda t}$$

신뢰도함수가 지수분포인 경우는 다음과 같다.

$$H(t) = -\ln R(t) = -\ln e^{-\lambda t} = \lambda t$$

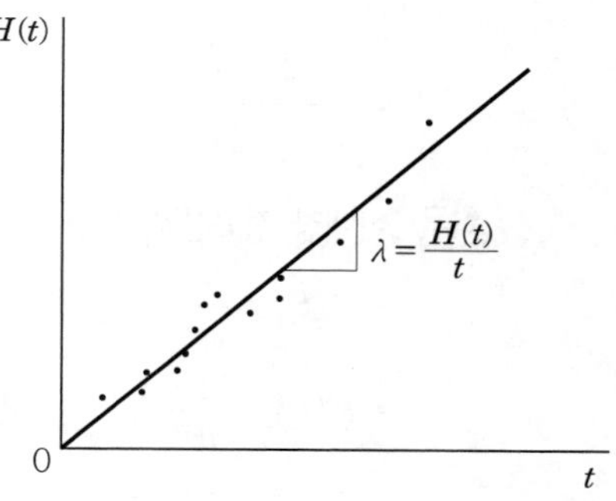

[순서]

① 고장시간 t_i에 대한 $H(t_i)$를 계산한다.

$H(t_i) = \sum h(t_i)$

(단, $h(t_i) = \frac{1}{k}$ 이다.)

② 가로축에 t_i를, 세로축에 $H(t_i)$의 눈금을 잡고 타점시킨다.

③ 타점된 점을 통과하는 추정선을 긋는다.

④ 추정선의 기울기를 구하여 평균고장률을 구한다.

$$\hat{\lambda} = \frac{H(t)}{t}$$

$$M\widehat{TB}F = \frac{1}{\hat{\lambda}}$$

⊙ 중도중단시험에서 관측이 중단된 데이터는 $F(t_i)$의 계산에는 이용하나, 타점하지는 않는다.

(2) 누적고장확률법

고장시간 t에 대한 $\frac{1}{1-F(t_i)}$을 구하여 이것을 확률지에 타점하여 추정선을 긋고, 직선의 기울기로 고장률을 구하는 방법이다.

지수분포인 경우 $F(t) = 1 - e^{-\lambda t}$가 되는데, $1 - F(t) = e^{-\lambda t}$에서 $-\ln[1 - F(t)] = \lambda t$를 구하고 고장률 λ에 대하여 정리하면 다음과 같다.

$$\lambda = \frac{\ln \frac{1}{1 - F(t)}}{t}$$

[순서]

① 메디안순위법으로 고장시간 t_i에 대한 $F(t_i)$를 계산한다.

$$F(t_i) = \frac{i-0.3}{n+0.4}$$

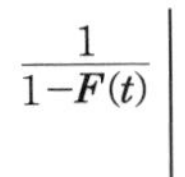

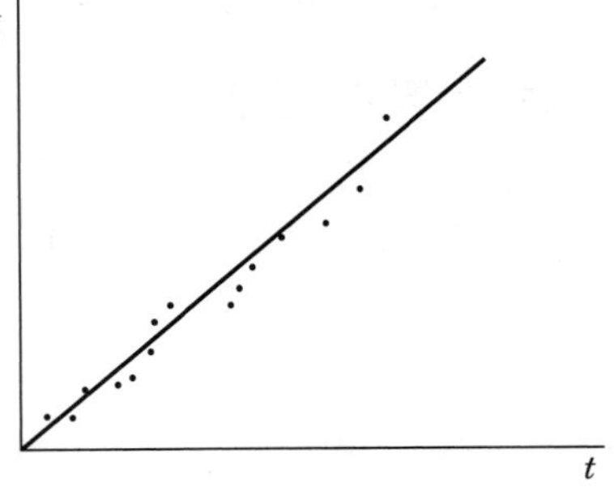

② 고장시간 t_i에 따른 $\dfrac{1}{1-F(t_i)}$값을 확률지에 타점한다.

③ 타점된 점을 통과하는 추정선의 기울기를 구한다.

④ 기울기값으로 $\hat{\lambda}$와 $\widehat{MTBF}$를 구한다.

$$\hat{\lambda} = \frac{\ln \dfrac{1}{1-F(t_i)}}{t}, \quad \widehat{MTBF} = \frac{1}{\hat{\lambda}}$$

참고 비대칭 정규분포인 경우 메디안순위법을 주로 사용하나, 다음의 방법도 있다.

- $F(t_i) = \dfrac{i}{n}$ ⋯ 〈선험법〉
- $F(t_i) = \dfrac{i}{n+1}$ ⋯ 〈평균순위법〉
- $F(t_i) = \dfrac{i-0.5}{n}$ ⋯ 〈모드순위법〉

6 정규분포의 신뢰성 추정

고장밀도함수가 정규분포를 따르는 경우 신뢰성 추정은 평균수명 μ와 분산 σ^2의 추정으로부터 출발한다.

$$R(t) = P\left(z \geq \frac{t-\mu}{\sigma}\right)$$

(1) 대시료방법

k	고장시간(t_i)	고장개수(r_i)
1	0 ~ 100	2
2	100 ~ 200	6
3	200 ~ 300	10
4	300 ~ 400	15
5	400 ~ 500	23
6	500 ~ 600	20
⋮	⋮	⋮
k	800 ~ 900	3
		$\Sigma r_i = 100$

① $\hat{\mu} = \dfrac{\Sigma t_i r_i}{\Sigma r_i}$

$= \dfrac{50\times 2 + 150\times 6 + \cdots + 850\times 3}{100}$

② $\hat{\sigma}^2 = \dfrac{\displaystyle\sum_i (t_i - \hat{\mu})^2 r_i}{\Sigma r_i - 1}$

$= \dfrac{\Sigma t_i^2 r_i}{\Sigma r_i - 1} - \dfrac{(\Sigma t_i r_i)^2}{\Sigma r_i(\Sigma r_i - 1)}$

$= \dfrac{50^2\times 2 + 150^2\times 6 + \cdots + 850^2\times 3}{100-1} - \dfrac{(50\times 2 + 150\times 6 + \cdots\ 850\times 3)^2}{100\times 99}$

③ $R(t) = P(t \geq t_i)$

$= P\left(z \geq \dfrac{t_i - \hat{\mu}}{\hat{\sigma}}\right)$

(2) 소시료방법

샘플 n개를 취하여 평균수명과 분산을 추정하는 경우로, $r=n$인 전수고장시험과 $r<n$인 중도중단시험으로 구분된다.

① 평균수명추정치($\hat{\mu}$)

$\hat{\mu} = \dfrac{T}{r} = \dfrac{\sum_{i=1}^{n} t_i}{n}$: 전수고장시험

$= \dfrac{\sum_{i=1}^{r} t_i + (n-r)t_o}{r}$: 정시중단시험

$= \dfrac{\sum_{i=1}^{r} t_i + (n-r)t_r}{r}$: 정수중단시험

② 분산추정치($\hat{\sigma}^2$)

$\hat{\sigma}^2 = \dfrac{\sum_{i=1}^{n} (t_i - \hat{\mu})^2}{n-1}$: 전수고장시험

$= \dfrac{\sum_{i=1}^{r} (t_i - \hat{\mu})^2 + (n-r)(t_o - \hat{\mu})^2}{r-1}$: 정시중단시험

$= \dfrac{\sum_{i=1}^{r} (t_i - \hat{\mu})^2 + (n-r)(t_r - \hat{\mu})^2}{r-1}$: 정수중단시험

③ 평균수명의 신뢰구간 추정

$$\mu = \hat{\mu} \pm t_{1-\alpha/2}(r-1)\sqrt{\frac{\hat{\sigma}^2}{r}}$$

(3) 정규확률지에 의한 방법

① 고장시간 t_i에 대응되는 $F(t_i)$를 평균순위법에 의해 구한다.

$$F(t_i) = \frac{i}{n+1} \times 100$$

② t_i에 대응하는 $F(t_i)$를 정규확률지에 타점한다.

③ 타점된 점을 통과하는 추정선을 긋는다.

④ 추정선과 $F(t_i) = 50\%$ 인 선이 만나는 고장시간 t_i 값이 $\hat{\mu}$ 값이 된다.

⑤ 추정선과 $F(t_i) = 84\%$ 인 선이 만나는 고장시간 t_i' 값이 $\mu + \hat{\sigma}$ 값이 된다. 따라서, $\hat{\sigma}$의 계산은 $\hat{\sigma} = t_i' - \mu$로 행한다.

⑥ $\hat{\mu}$과 $\hat{\sigma}$을 이용하여 신뢰성을 추정한다.

$$R(t) = P(t \geq t_i) = P\left(z \geq \frac{t_i - \hat{\mu}}{\hat{\sigma}}\right)$$

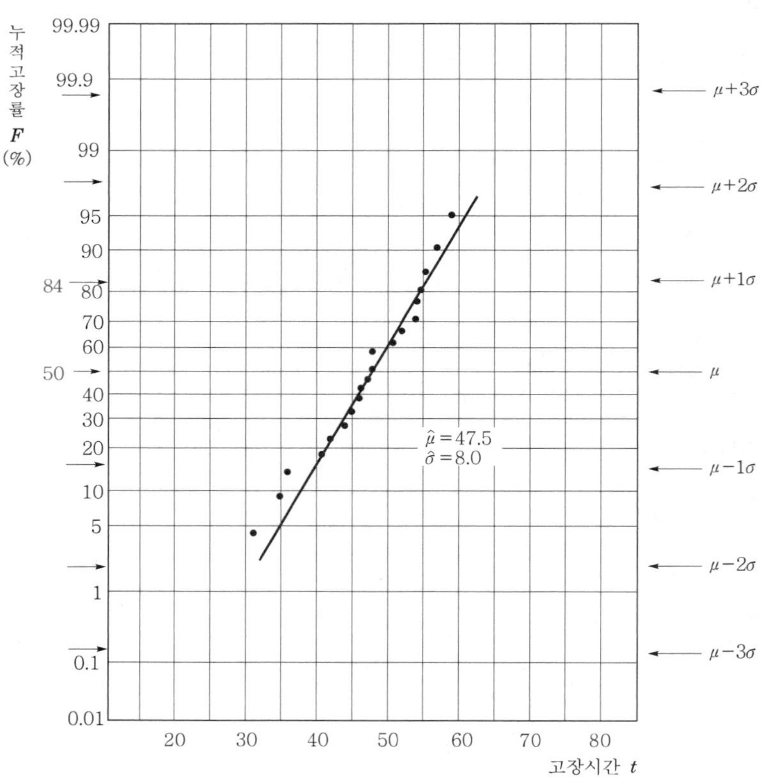

▌정규확률지▐

7 와이블분포의 신뢰성 추정

와이블분포의 확률밀도함수 $f(t)$는 $\frac{m}{\eta}\left(\frac{t-r}{\eta}\right)^{m-1} e^{-\left(\frac{t-r}{\eta}\right)^m}$ 으로 정의되며, 신뢰도 및 평균수명과 분산은 다음과 같다.

$$R(t) = e^{-\left(\frac{t-r}{\eta}\right)^m} = e^{-\frac{t^m}{\eta^m}} \quad (\text{단, } r=0\text{인 경우})$$

$$E(t) = \eta\Gamma\left(1+\frac{1}{m}\right)$$

$$V(t) = \eta^2\left[\Gamma\left(1+\frac{2}{m}\right) - \Gamma^2\left(1+\frac{1}{m}\right)\right]$$

(단, $\eta = t_o^{\frac{1}{m}}$ 이다.)

이러한 와이블분포의 신뢰성 추정은 형상모수 m과 척도모수 η의 추정을 필요로 하며, 신뢰성 추정방법으로는 간편법과 와이블확률지에 의한 방법이 있다.

(1) 간편법

와이블분포의 신뢰성 추정 시 회귀직선에 의한 방법은 계산이 매우 복잡하다. 따라서 와이블확률지에 의한 추정을 주로 사용하게 되는데, 와이블확률지를 이용할 수 없는 경우 사용하는 간이 추정방식을 간편법이라 한다.

① **형상모수(m)의 추정**

㉠ 고장시간 데이터를 이용하여 $\bar{t}$와 V_t를 구한다.

ⓐ $\bar{t} = \frac{\Sigma t_i}{n}$ ………………………………… n개가 전수고장

$= \frac{\sum_{i=1}^{r} t_i + (n-r)t_r}{r}$ ………………………… n개 중 r개가 고장

ⓑ $V_t = \frac{\sum_{i=1}^{n} (t_i - \bar{t})^2}{n-1}$ ………………………… n개가 전수고장

$= \frac{\sum_{i=1}^{r} (t_i - \bar{t})^2 + (n-r)(t_r - \bar{t})^2}{r-1}$ …… n개 중 r개가 고장

⊙ 정시중단시험인 경우 t_r 대신 t_o가 사용된다.

㉡ 변동계수 CV를 구한다.

$$CV = \frac{\sqrt{V_t}}{\bar{t}}$$

㉢ CV에 대응하는 m값을 표에서 찾는다.

CV	m	CV	m
2	0.55	0.5	2.1
1.5	0.71	0.45	2.35
1	1	0.35	3.11
0.75	1.35	0.25	4.55

② **척도모수(η)의 추정**

㉠ 특성수명 t_o를 구한다.

ⓐ 전수고장시험인 경우($r = n$)

$$t_o = \frac{\sum_{i=1}^{n} t_i^{\ m}}{n}$$

ⓑ 중도중단시험인 경우($r < n$)

- $t_o = \dfrac{\sum_{i=1}^{r} t_i^m + (n-r)t_r^m}{r}$: 정수중단시험
- $t_o = \dfrac{\sum_{i=1}^{r} t_i^m + (n-r)t_o^m}{r}$: 정시중단시험

㉡ 척도모수(η)를 계산한다.

$$t_o = \eta^m$$

$$\therefore\ \eta = t_o^{\frac{1}{m}}$$

㉢ 평균수명과 분산을 계산한다.

ⓐ $E(t) = MTBF = \eta\Gamma\left(1 + \dfrac{1}{m}\right)$

ⓑ $V(t) = \eta^2\left[\Gamma\left(1 + \dfrac{2}{m}\right) - \Gamma^2\left(1 + \dfrac{1}{m}\right)\right]$

(2) 와이블확률지에 의한 방법

와이블확률지는 가로축 상단을 $\ln t$, 세로축 우단을 $\ln\ln\dfrac{1}{1-F(t)}$로 하여 만든 확률지로, 확률지에 의한 모수 m, t_o, η와 μ, σ^2의 추정절차는 다음과 같다.

① 수명시험 결과 얻은 데이터 t_i를 작은 것부터 크기 순으로 나열한다.

② 고장시간 t_i에 대한 누적고장확률 $F(t_i)$를 계산한다.

㉠ $F(t_i)=\dfrac{i-0.3}{n+0.4}\times 100(\%)$: 메디안순위법

㉡ $F(t_i)=\dfrac{i}{n+1}\times 100(\%)$: 평균순위법

③ 고장시간 t_i에 해당하는 $F(t_i)(\%)$를 타점시킨 추정선을 긋는다.

④ 형상모수 m을 추정한다.

$\ln t=1.0$과 $\ln\ln\dfrac{1}{1-F(t)}=0$이 만나는 점($m$의 추정점)으로부터 $\ln t=0$까지 추정선과 평행하게 선을 긋고, 우측으로 연결하여 나타난 값의 부호를 바꾸어 m의 값을 추정한다. (표에서는, $m=-1.2$가 나온다.)

⑤ 척도모수 η를 추정한다.

추정선이 $F(t)=63\%$와 만나는 하측 눈금의 시간 t를 읽으면 척도모수 η가 추정된다.

참고 특성수명 t_o의 추정

타점시킨 추정선을 연장하여 $\ln t=0$인 선과 만나는 점의 우측 눈금을 읽으면 이 값이 $-\ln t_o$값이다. 따라서 우측 눈금의 값이 $-a$값이라면 역대수를 취해서 t_o값을 구하면 된다.

$-\ln t_o=-a$

$\therefore\ t_o=e^a$이다.

혹은, $t_o=\eta^m$이므로 ④항과 ⑤항에서 구한 m과 η값을 대입하여 구해도 된다.

⑥ 평균수명과 분산을 구한다.

㉠ $E(t)=\eta\Gamma\left(1+\dfrac{1}{m}\right)=t_o^{\frac{1}{m}}\Gamma\left(1+\dfrac{1}{m}\right)$

㉡ $V(t)=\eta^2\left[\Gamma\left(1+\dfrac{2}{m}\right)-\Gamma^2\left(1+\dfrac{1}{m}\right)\right]=t_o^{\frac{2}{m}}\left[\Gamma\left(1+\dfrac{2}{m}\right)-\Gamma^2\left(1+\dfrac{1}{m}\right)\right]$

⑦ 신뢰성을 추정한다.

$R(t)=e^{-\left(\frac{t-r}{\eta}\right)^m}$

참고 와이블분포의 신뢰도함수 $R(t)=e^{-\frac{t^m}{t_o}}$이다.

따라서, $\ln R(t)=-\dfrac{t^m}{t_o}\ \rightarrow\ \dfrac{t^m}{t_o}=-\ln R(t)$가 된다.

$\dfrac{t^m}{t_o}=\ln\dfrac{1}{1-F(t)}$에서 양변에 다시 대수를 취하면, $\ln\ln\dfrac{1}{1-F(t)}=m\ln t-\ln t_o$로 정리된다.

위 식을 회귀직선 $y=bx+a$로 표시하면 다음과 같다.

$y=\ln\ln\dfrac{1}{1-F(t)},\ x=\ln t,\ b=m,\ a=\ln t_o$

따라서, 와이블확률지의 가로축과 세로축이 $\ln t$와 $\ln\ln\dfrac{1}{1-F(t)}$로 정의된다.

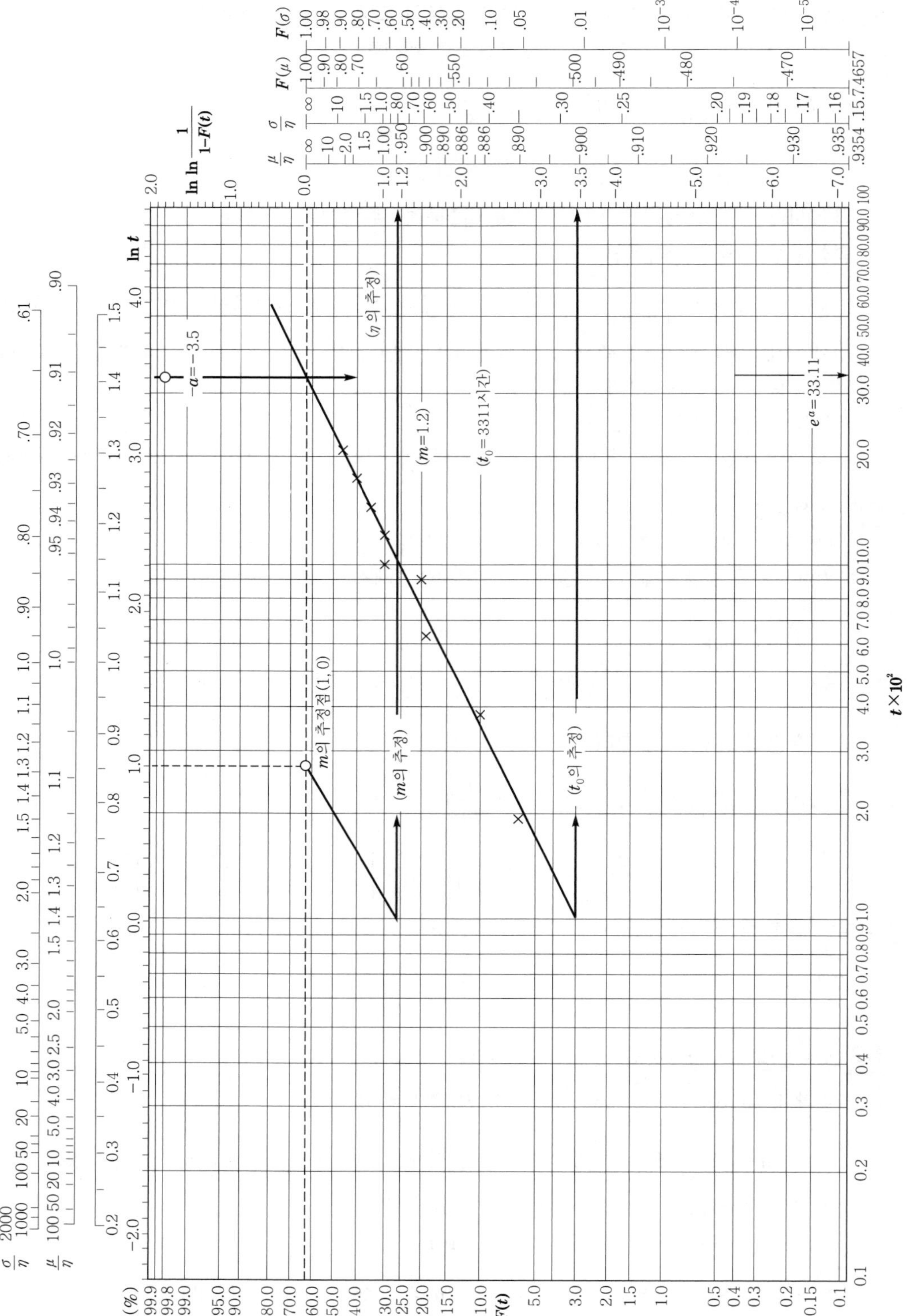
ln ln 1/(1−F(t))
ln t
t×10²
F(t)
(%)
m의 추정점(1, 0)
(m의 추정)
(η의 추정)
(m=1.2)
(t0=3311시간)
(t0의 추정)
−a=−3.5
e^a=33.11
μ/η
σ/η
F(μ)
F(σ)

8 감마분포의 신뢰성 추정

감마분포(gamma distribution)의 고장밀도함수 $f(t)=\lambda e^{-\lambda t}\dfrac{(\lambda t)^{k-1}}{\Gamma(k)}$ 이고, 신뢰도는 다음과 같다.

$$R(t)=P(t\geq t_i)=\int_t^{\infty} f(t)dt$$

$$MTBF=\frac{k}{\lambda}$$

$$\sigma^2=\frac{k}{\lambda^2}$$

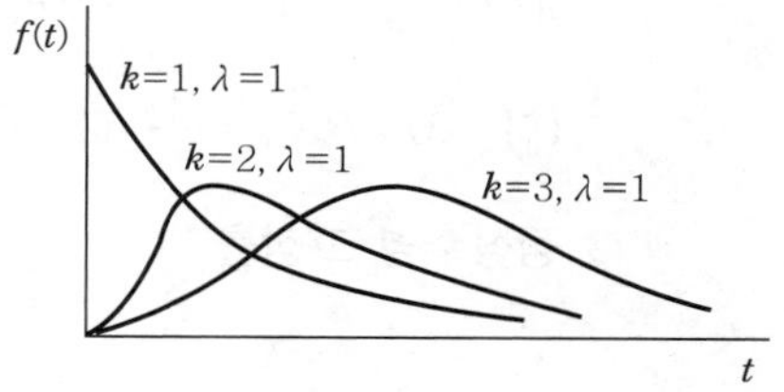

λ와 k값에 따라 분포의 모양이 위의 [그림]과 같이 변한다.
감마분포에서 $k=1$이면, 지수분포가 된다.

2 가속수명시험

가속수명시험은 정상수명시험의 단점인 장시간·고비용의 문제를 해결하기 위해, 기계적 부하나 온도, 습도, 전압 등 사용조건(stress)을 강화하여 고장시간을 단축시키는 수명시험이다. 정상 사용조건을 n, 이때의 고장시간을 t_n이라 하고 강화된 사용조건을 s, 이때의 고장시간을 t_s라 할 때, 스트레스와 고장시간은 다음 [그림]과 같이 선형관계로 나타낼 수 있다.

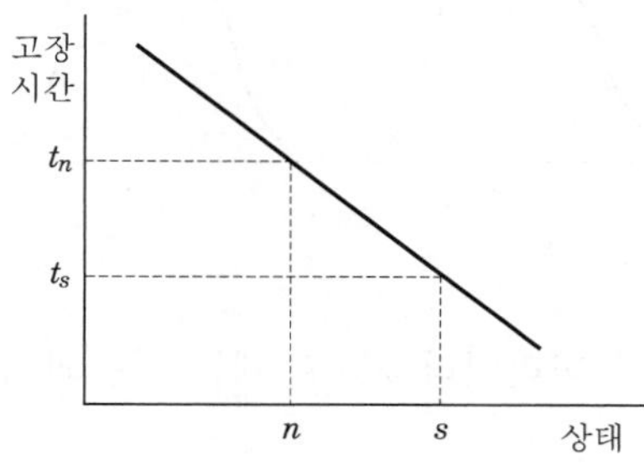

가속계수(AF ; Acceleration Factor)는 각 사용조건에서의 고장시간의 관계를 나타낸 상수이다. AF는 정상수명(t_n)을 가속수명(t_s)으로 나눈 값으로, 샘플 n개를 각 사용조건에서 시험한 후 평균수명을 구하여 계산하며, 다음과 같이 정의할 수 있다.

$$AF=\frac{\theta_n}{\theta_s}$$

1 가속수명시험의 데이터 분석

(1) 지수분포

가속수명시험 시간이 지수분포를 따르는 경우 정상수명과 정상수명 고장률은 다음과 같다.

① 정상수명

$MTBF_n = AF \times MTBF_s$

(단, $MTBF_s = \dfrac{T_s}{r_s}$로, 가속상태에서의 평균수명이다.)

② 정상수명 고장률

$\lambda_n = \dfrac{1}{AF} \times \lambda_s$

③ 신뢰도함수

$R_n(t) = e^{-\lambda_n t} = e^{-\frac{1}{AF}\lambda_s t}$

④ 누적고장 확률함수

$F_n(t) = 1 - R_n(t) = 1 - e^{-\frac{1}{AF}\lambda_s t}$

(2) 정규분포

정규분포에서의 평균수명은 사용조건을 강화한만큼 가속수명(μ_s)이 줄어들지만, 분산은 정상조건과 가속조건에서 동일하게 나타난다.

따라서, $\mu_n = AF \times \mu_s$, $\sigma_n = \sigma_s$이다.

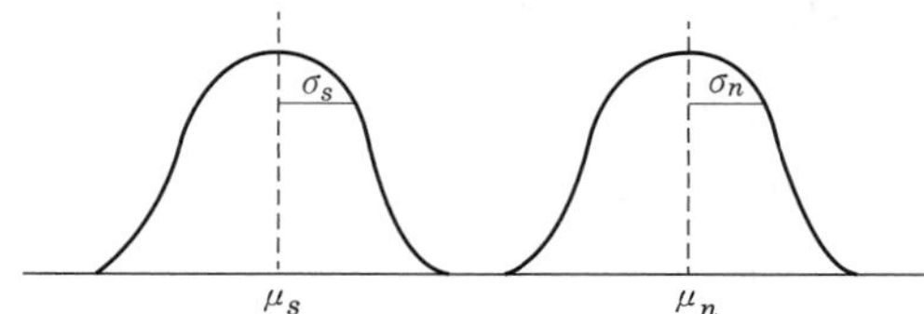

(3) 와이블분포

정상조건과 가속조건에서 각 파라미터들의 관계는 다음과 같다.

① $m_n = m_s$

② $\eta_n = AF\eta_s$

③ $\lambda_n(t) = \dfrac{m_n}{\eta_n}\left(\dfrac{t}{\eta_n}\right)^{m_n - 1} = \dfrac{m_s}{AF\,\eta_s}\left(\dfrac{t}{AF\,\eta_s}\right)^{m_s - 1}$

$= \left(\dfrac{1}{AF}\right)^{m_s}\dfrac{m_s}{\eta_s}\left(\dfrac{t}{\eta_s}\right)^{m_s - 1} = \left(\dfrac{1}{AF}\right)^{m_s}\lambda_s(t)$

④ $\theta_n = AF \times \theta_s$

예제 5-5

가속시험온도 100℃에서 얻은 평균수명이 4000시간이고 지수분포를 따른다. 이 부품의 정상 사용온도는 15℃이고, AF는 30일 때 정상조건에서 40000시간을 사용할 경우 신뢰도는?

$\theta_n = AF \times \theta_s = 30 \times 4000 = 120000\text{hr}$, $\lambda_n = \dfrac{1}{\theta_n} = \dfrac{1}{120000}/\text{hr}$

$\therefore\ R(t=40000) = e^{-\lambda_n t} = e^{-\frac{1}{120000} \times 40000} = 0.7165$

2 가속수명시험의 종류

(1) 아레니우스 모델(Arrhenius model)

온도가 제품 수명에 중요한 영향을 미치는 경우, 가속조건으로 온도만을 고려하고 있는 모델이다. 샘플 중 50%가 고장 나는 시간을 T_{50}이라고 하며, 다음과 같이 표현한다.

$$T_{50} = A \cdot e^{\frac{\Delta H}{kT}}$$

여기서, A : 미지의 상수, ΔH : 제품의 활성화 에너지
k : Blotzmann상수(8.617×10^{-5}eV/K$=1.38 \times 10^{-23}$J/K)
T : Kelvin도로 측정된 절대온도(Kelvin도=섭씨도+273.16)

T_{50}은 와이블분포에서는 η로, 지수분포에서는 $\dfrac{1}{\lambda}$로 나타낼 수 있다.

가속계수(AF)는 다음과 같다.

$$AF = \frac{T_{50}(\text{at } T_1)}{T_{50}(\text{at } T_2)} = \frac{A \cdot e^{\frac{\Delta H}{kT_1}}}{A \cdot e^{\frac{\Delta H}{kT_2}}} = e^{\frac{\Delta H}{k}\left(\frac{1}{T_1} - \frac{1}{T_2}\right)} = e^{\Delta H \cdot TF}$$

(단, $TF = \dfrac{1}{k}\left(\dfrac{1}{T_1} - \dfrac{1}{T_2}\right)$이고, $T_2 > T_1$이다.)

예제 5-6

어떤 전자부품을 150℃에서 가속열화실험을 하였더니 평균수명이 100시간으로 추정되었다. 이 부품의 활성화 에너지가 0.25eV, 가속계수가 2.0일 때, 정상사용조건의 온도는 약 몇 ℃인가? (단, 볼츠만상수는 8.617×10^{-5}eV/K이고, 분석모델은 아레니우스 모델을 적용하였다.)

$AF = e^{\frac{\Delta H}{k}\left(\frac{1}{T_1} - \frac{1}{T_2}\right)} = e^{\Delta H \cdot TF}$이므로, $TF = \dfrac{\ln AF}{\Delta H} = \dfrac{\ln 2}{0.25} = 2.77259$이고,

$TF = \dfrac{1}{k}\left(\dfrac{1}{T_1} - \dfrac{1}{T_2}\right)$이므로, 이를 T_1에 관하여 정리하면 $T_1 = \dfrac{1}{k\,TF + \dfrac{1}{T_2}} = 384\text{K}$이다.

따라서, 정상사용조건의 온도는 111℃이다. (단, T_1 =섭씨도+273.16, T_2 = 150℃ +273.16이다.)

(2) 아일링모델(Eyring model)

온도 외의 전압이나 습도, 압력 등 여러 가지 다른 스트레스까지 포함시킨 모델로 다음과 같다.

$$T_{50} = A\,T^{\alpha} e^{\frac{\Delta H}{kT}} \cdot e^{\left(B+\frac{C}{T}\right)S_1} \cdot e^{\left(D+\frac{E}{T}\right)S_2} \cdots\cdots$$

(3) 10℃ 법칙

정상적인 사용온도보다 10℃를 증가시키면 그 수명은 반으로 감소한다는 가정을 채택하고 있는 법칙으로, 정상수명 θ_n과 가속수명 θ_s의 관계는 다음과 같다.

$$\theta_n = AF\,\theta_s = 2^{\alpha}\,\theta_s$$

여기서 α는 10℃ 단위의 온도차의 수로, $\alpha = \dfrac{\text{가속온도} - \text{정상온도}}{10℃}$이다.

예제 5-7

20℃(정상온도)에서의 수명이 1000시간일 때 100℃(가속수명시험 온도)의 수명은?

$$\alpha = \frac{100℃ - 20℃}{10} = 8$$

$$\therefore\ \theta_s = \frac{1}{2^{\alpha}}\,\theta_n = \frac{1}{2^8} \times 1000 = 3.906\,\text{hr}$$

(4) α승 법칙

압력 또는 전압을 가속조건으로 하는 경우에 사용하는 법칙은 다음과 같다.

$$\theta_n = V^{\alpha}\,\theta_s = \left(\frac{V_s}{V_n}\right)^{\alpha}\theta_s$$

여기서, V는 전압 혹은 압력을 뜻하며, 활성계수 α는 물체에 따라 정해지는 상수값으로 큰 값일수록 가속상태에서 견디는 힘이 약하다는 것을 의미한다.

예 α
- 콘덴서 : 5
- 전구 필라멘트 : 13
- 유기절연물 : 13
- 볼베어링 : 3

예제 5-8

정상전압이 220V인 콘덴서 10개를 가속전압 280V에서 5개가 고장 날 때까지 수명시험을 한 결과, 53, 102, 205, 310, 450시간에서 고장이 발생하였다. 정상전압에서 콘덴서의 평균수명을 구하시오. (단, 콘덴서의 활성계수 α는 5이다.)

정수중단시험이므로, $\hat{\theta}_s = \dfrac{\Sigma t_i + (n-r)t_r}{r_s} = \dfrac{(53+102+205+310+450)+5\times 450}{5} = 674\text{hr}$

$AF = \left(\dfrac{V_s}{V_n}\right)^{\alpha} = \left(\dfrac{280}{220}\right)^5 = 3.34$

$\therefore\ \hat{\theta}_n = AF \times \hat{\theta}_s = 3.34 \times 674 = 2251.16\text{hr}$

3 보전도와 가용도

1 평균수리시간과 보전도

(1) 평균수리시간(MTTR)

고장이 발생하여 수리하는 데 소요되는 고장수리시간을 t_i라 할 때, MTTR(Mean Time To Repair)의 추정치는 다음과 같다.

$$M\widehat{TT}R = \frac{\sum_{i=1}^{n} t_i}{n} = \frac{T}{n} = \frac{\Sigma t_i f_i}{\Sigma f_i}$$

만약 수리시간이 지수분포를 따르면, 단위시간당 수리건수인 수리율 μ는 평균수리시간 MTTR의 역수로 다음과 같다.

$$\hat{\mu} = \frac{1}{M\widehat{TT}R}$$

(2) 평균정지시간(MDT)

MTTR이 사후보전만 고려한 보전시간이라면, MDT(Mean Down Time)는 예방보전과 사후보전을 고려한 설비의 보전을 위한 정지시간을 의미하는 것으로 다음과 같다.

$$MDT = \frac{M_p f_p + M_c f_c}{f_p + f_c}$$

여기서, M_p : 평균 예방보전시간, f_p : 예방보전건수, M_c : 평균 사후보전시간, f_c : 사후보전건수

⊙ 만약 사후보전만 실시하면 MDT는 $MTTR$과 같아진다.

(3) 보전도(Maintainability)

보전행위가 이루어질 때 수리제한시간인 임의의 t_i시간 이전에 수리가 완료될 확률을 의미한다.

$$M(t) = P(t \le t_i) = \int_0^t f(t)dt$$

① 수리시간이 지수분포를 따르는 경우

$$M(t) = \int_0^t \frac{1}{MTTR} e^{-\frac{t}{MTTR}}$$

$$= 1 - e^{-\frac{t}{MTTR}} = 1 - e^{-\mu t}$$

② 수리시간이 정규분포를 따르는 경우

$$M(t) = P(t \le t_i) = P\left(z \le \frac{t_i - \mu}{\sigma}\right)$$

(4) 보전조직의 형태

① 집중보전(central maintenance)

조직상이나 배치상으로 보전요원을 한 관리자 밑에 두어 배치하는 형태이다.

〈 집중보전의 장단점 〉

장점	단점
• 기동성 • 인원배치의 유연성 • 노동력의 유효한 이용 • 보전용 설비공구의 유효한 이용 • 보전원 기능향상의 유리성 • 보전비 통제의 확실성 • 보전기술과 육성의 유리성 • 보전책임의 명확성	• 운전과의 일체감 부족 • 현장감독의 곤란성 • 현장 왕복시간의 증대 • 작업일정 조정의 곤란성 • 특정 설비에 대한 습숙의 곤란성

② 지역보전(area maintenance)

조직상으로는 집중적인 형태이나, 배치상으로는 지역으로 분산되는 형태로, 지역이란 지리적·제품별·제조부문별·업무별로 나뉘어진다.

〈 지역보전의 장단점 〉

장점	단점
• 운전과의 일체감 • 현장감독의 용이성 • 현장 왕복시간의 단축 • 작업일정 조정의 용이 • 특정 설비에 대한 습숙성	• 노동력의 유효이용 곤란 • 인원배치의 유연성 제약 • 보전용 설비공구의 중복

③ 부문보전(departmental maintenance)

제조부문 감독자 밑에 보전요원을 배치하는 형태이다.

〈 부문보전의 장단점 〉

장점	단점
(지역보전과 동일한 장점을 가짐) • 운전과의 일체감 • 현장감독의 용이성 • 현장 왕복시간의 단축 • 작업일정 조정의 용이 • 특정 설비에 대한 습숙성	(지역보전의 결점 이외에 다음과 같은 단점이 있음) • 생산 우선에 의한 보전 경시현상 • 보전기술 향상이 곤란 • 보전책임의 분할

④ 절충보전(combination maintenance)

집중보전·지역보전·부문보전을 조합시켜 장점을 살리고, 결점을 보완하는 형태이다.

참고 1. 보전의 3요소

장치 그 자체의 보전품질, 보전과 관계된 인간요소, 보전시설과 조직의 질

2. 보전성의 결정요소

보전시간, 설계상 판단, 보전방침, 보전요원

2 가용도(Availability)

가용도란 임의의 시점 t에서 시스템이 작동되고 있을 확률을 뜻하며, 운용시간을 기준으로 한 작동시간의 비율로 정의된다.

(1) 시간의 가용도

$$A = \frac{\text{작동시간}}{\text{운용시간}} = \frac{\text{작동시간}}{\text{작동시간} + \text{정지시간}}$$

$$= \frac{MTBF}{MTBF + MTTR}$$

$$= \frac{\frac{1}{\lambda}}{\frac{1}{\lambda} + \frac{1}{\mu}} = \frac{\mu}{\lambda + \mu}$$

(단, $MTBF = \frac{1}{\lambda}$, $MTTR = \frac{1}{\mu}$ 이다.)

참고 운용시간 중 정지시간의 비율을 보전계수라고 하며, $\frac{\mu}{\lambda+\mu}$ 로 정의된다.

(2) 장비의 가용도

① 수리 가능한 장비의 가용도

$A(T\,;\,t) = R(T) + F(T) \cdot M(t) = e^{-\lambda T} + (1 - e^{-\lambda T})(1 - e^{-\mu t})$

② 수리 불가능한 장비의 가용도

$A(T) = R(T)$

여기서, T : 작동시간, t : 수리제한시간

⊘ 신뢰도와 가용도를 동시에 증가시킬 수 있는 구조는 병렬구조이다.

3 예비품 보유수

고장률이 λ인 지수분포를 따르는 n개의 부품을 t시간 사용할 때 발생하는 고장건수 c는 푸아송 분포를 따르는데, 품절률을 α 이하가 되도록 하려면 예비품을 몇 개 준비해야 하는가를 수식으로 나타내면 다음과 같다.

$$c \geq \lambda nt + u_{1-\alpha}\sqrt{\lambda nt}$$

[증명] $P(r \geq c+1) = \sum_{r=c+1}^{\infty} \frac{(\lambda nt)^r e^{-\lambda nt}}{r!} \leq \alpha$

$= 1 - P(r \leq c) \leq \alpha$

$= P(r \leq c) \geq 1 - \alpha$

$= P\left(u \leq \frac{c - \lambda nt}{\sqrt{\lambda nt}}\right) \geq 1 - \alpha$

따라서, $\frac{c - \lambda nt}{\sqrt{\lambda nt}} \geq u_{1-\alpha}$이므로, $c \geq \lambda nt + u_{1-\alpha}\sqrt{\lambda nt}$ 이다.

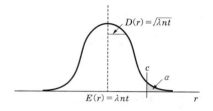

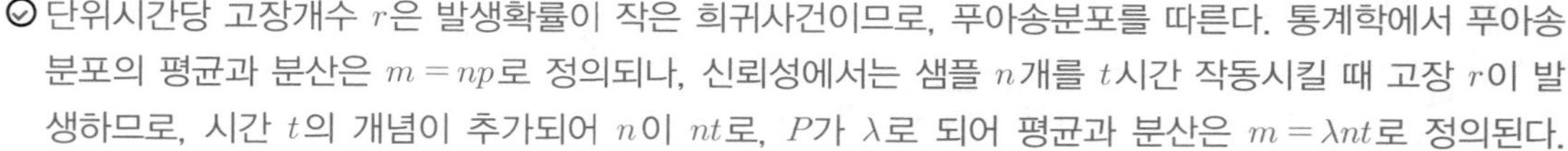
⊘ 단위시간당 고장개수 r은 발생확률이 작은 희귀사건이므로, 푸아송분포를 따른다. 통계학에서 푸아송 분포의 평균과 분산은 $m = np$로 정의되나, 신뢰성에서는 샘플 n개를 t시간 작동시킬 때 고장 r이 발생하므로, 시간 t의 개념이 추가되어 n이 nt로, P가 λ로 되어 평균과 분산은 $m = \lambda nt$로 정의된다.

$$P(r) = \frac{e^{-m} m^r}{r!} = \frac{e^{-\lambda nt}(\lambda nt)^r}{r!}$$

예제 5-9

$\lambda = 0.001$인 지수분포를 따르는 10개의 부품은 하루에 23시간씩 가동되며 30일마다 예비품이 공급된다. 부품의 품절률을 0.135%로 하기 위한 예비 부품수는 얼마인가?

$t = 23 \times 30 = 690$, $n = 10$, $\lambda = 0.001$

$u_{1-0.00135} = 3.0$

$\lambda nt = 10 \times 0.001 \times 690 = 6.9$

$\therefore\ c \geq 6.9 + 3 \times \sqrt{6.9} = 14.79 \fallingdotseq 15$개

4 신뢰성 샘플링검사

1 신뢰성 샘플링검사의 특징

신뢰성 샘플링검사는 품질관리상의 샘플링검사와 본질적으로 다른 것은 없으나, 수명시험이 주를 이루기 때문에 파괴검사적인 성격이 많다. 품질관리에서는 샘플링의 척도로 부적합품률(P)을 사용하나, 신뢰성 샘플링검사에서는 고장률(λ)을 사용하며, 수명실험인 관계로 지수분포나 와이블분포를 사용한 차이가 있다. 그러나 AQL이나 P_0, m_0와 의미가 같은 ARL이나 λ_0, θ_0를 규정하여 검사를 하는 것은 거의 차이가 없다.

(1) 신뢰성 샘플링검사의 특징

① 척도로서 MTBF와 λ를 사용한다.
② 표본이 작은 관계로 위험률 $\alpha=0.30\sim0.40$으로 크게 하여 사용하기도 한다.
③ 지수분포 또는 와이블분포를 주로 사용한다.
④ 계량샘플링인 경우 정시중단 방식 또는 정수중단 방식을 사용한다.

(2) 품질관리 샘플링검사와 신뢰성 샘플링검사의 차이점

품질관리 샘플링검사	신뢰성 샘플링검사
부적합품률(P)	고장률(λ)
P_0	λ_0
P_1	λ_1
AQL	ARL(Acceptable Reliability Level) 또는 AFR(Acceptable Failure Rate)
부적합품수(x)	고장개수(r)
시료수(n)	시료수×시험시간(nt)
기대부적합수($m=np$)	기대고장개수($m=n\lambda t$)

⊙ 부적합품수는 샘플 n개 중 발생하고 있으나, 고장 개수는 샘플 n개를 임의의 시험시간 t까지 시험하는 동안 발생하고 있다. 따라서 시료부적합품률 $\hat{P}=\frac{x}{n}$로 구하지만, 고장률의 추정치 $\hat{\lambda}=\frac{r}{nt}$로 계산이 된다(여기서 nt는 샘플 n개의 총작동시간이 된다).

2 신뢰성 샘플링검사의 종류

(1) 계수 1회 샘플링검사(MIL-STD-19500C)

① 합격판정고장개수(C)와 $\lambda_1 t$에 의한 설계

㉠ 합격판정고장개수(C)를 정한다.

예 $C=0$

C가 커지면 샘플수가 커지므로, C는 되도록 작게 정한다.

㉡ $\lambda_1 t$를 정한다.

예 $\lambda_1 = \frac{1\%}{10^3}$/hr$=10^{-5}$/hr로 하고, 시험시간 $t=1000$시간으로 결정하면, $\lambda_1 t=0.01$이 된다.

㉢ 〈샘플링검사표〉에서 n을 구한다. [신뢰수준 90%(β=0.10)으로 하는 경우]

예 $C=0$, $\lambda_1 t=0.01$이면, $n=231$개이다.

㉣ 판정한다.

n개의 샘플을 $t=1000$시간 시험하여, $r \leq C$이면 로트를 합격시키고, $r > C$인 경우 로트를 불합격시킨다.

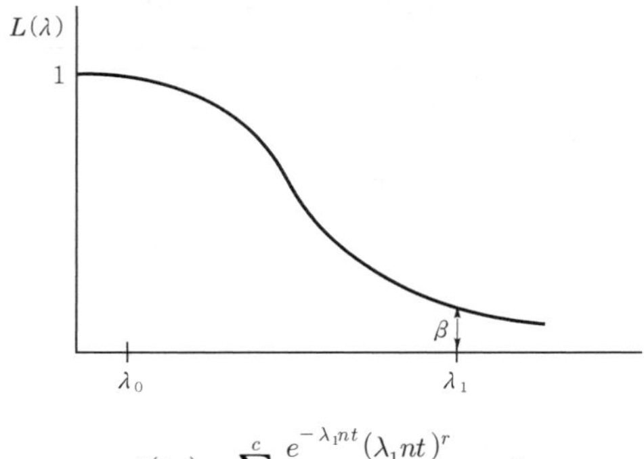

$$L(\lambda_1) = \sum_{r=0}^{c} \frac{e^{-\lambda_1 nt}(\lambda_1 nt)^r}{r!} \leq \beta$$

〈 계수 1회 샘플링검사표 : 샘플 수 n을 구하는 표〉

(신뢰수준 90%)

C \ $\lambda_1 t$	0.5	0.2	0.1	0.05	0.02	0.01
0	5	12	23	47	116	231
1	9	20	40	79	195	390
2	12	28	55	109	266	533
3	15	35	69	137	233	688
4	19	42	83	164	398	798

② 신뢰수준($1-\beta$)과 합격판정개수(C)에 의한 설계

㉠ 신뢰수준($1-\beta$)을 정한다.

예 $1-\beta=90\%$

㉡ 합격판정고장개수(C)를 정한다.

예 $C=0$개

㉢ 〈샘플링검사표〉에서 신뢰수준($1-\beta$)과 C를 교차시켜 총작동시간 $T=nt$를 구한다.

예 $1-\beta=90\%$이고 $C=0$인 경우, $nt=230315$시간이다.

㉣ 샘플수(n)와 시험시간(t)을 결정한다.

ⓐ 샘플수(n)의 결정

$$n=\frac{T}{t}=\frac{230315}{1000}=230.315 \fallingdotseq 231\text{개 (단, } t=1000\text{시간으로 하는 경우)}$$

ⓑ 시험시간(t)의 결정

$$t=\frac{T}{n}=\frac{230.315}{500}=460.63\text{시간 (단, } n=500\text{개인 경우)}$$

㉤ 판정한다.

샘플 n개 취해 시험시간 t까지 시험을 행한 후, $r \leq C$이면 로트를 합격시키고, $r > C$이면 로트를 불합격시킨다.

〈 계수 1회 샘플링검사표 : 총작동시간 $T=nt$를 구하는 표 〉

신뢰수준 $1-\beta$(%)	$T=nt$					
	$C=0$	$C=1$	$C=2$	$C=3$	$C=4$	$C=5$
50	69297	167813	267422	367188	467109	567031
60	91641	202266	310547	417500	523672	629219
90	230315	389063	532188	668125	799375	927344

(2) 계량 1회 샘플링검사(DOD-HDBK H108)

계량 1회 샘플링검사에서는 MTBF를 θ, MTBF의 상한값을 θ_0, MTBF의 하한값을 θ_1, MTBF의 추정치를 $\hat{\theta}$로 표시하며, 정수중단시험과 정시중단시험의 두 가지 방식으로 설계할 수 있다.

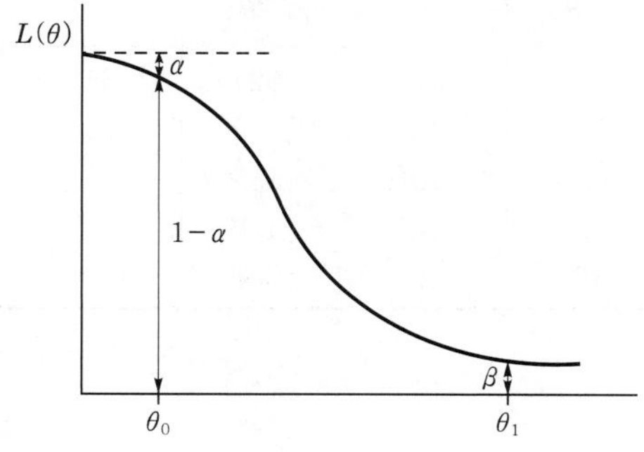

① 정수중단시험

고장 r개가 발생하면 시험을 종료한 후, 샘플 n개의 평균수명($\hat{\theta}$)과 합격판정고장시간(C)을 비교하여 로트의 합격과 불합격을 결정하는 신뢰성 샘플링검사 설계방식이다.

㉠ $\frac{\theta_1}{\theta_0}$, α, β를 지정한다.

예 $\frac{\theta_1}{\theta_0}=\frac{300}{900}=\frac{1}{3}$, $\alpha=0.05$, $\beta=0.10$

㉡ 〈샘플링검사표〉에서 r과 $\frac{C}{\theta_0}$를 구한다.

(단, $C=\frac{\theta_0\ \chi_\alpha^2(2r)}{2r}$이다.)

예 $r=8$개, $\frac{C}{\theta_0}=0.498$ → $C=448.2$시간

㉢ $n>r$로 하여 8개가 고장 날 때까지 시험한 후 평균수명 $\hat{\theta}$를 구한다.

$$\hat{\theta}=\frac{\sum t_i+(n-r)t_r}{r}$$

㉣ $\hat{\theta}\geq C$이면 로트를 합격으로 하고, $\hat{\theta}<C$인 경우 로트를 불합격시킨다.

〈 정수중단시험의 계량 샘플링검사표(H-108) 〉

θ_1/θ_0	$\alpha=.05$ $\beta=.01$		$\alpha=.05$ $\beta=.05$		$\alpha=.05$ $\beta=.10$		$\alpha=.05$ $\beta=.25$	
	r	C/θ_0	r	C/θ_0	r	C/θ_0	r	C/θ_0
2/3	95	.837	67	.808	55	.789	35	.739
1/2	33	.732	23	.683	19*	.655	13	.592
1/3	13	.592	10*	.543	8*	.498	6*	.436
1/5	7*	.469	5*	.394	4*	.342	3*	.272
1/10	4*	.342	3*	.272	3*	.272	2*	.178
θ_1/θ_0	$\alpha=.10$ $\beta=.01$		$\alpha=.10$ $\beta=.05$		$\alpha=.10$ $\beta=.10$		$\alpha=.10$ $\beta=.25$	
	r	C/θ_0	r	C/θ_0	r	C/θ_0	r	C/θ_0
2/3	77	.857	52	.827	41	.806	25*	.754
1/2	26	.758	18	.712	15*	.687	9*	.604
1/3	11	.638	10*	.582	6*	.525	4*	.436
1/5	5*	.487	4*	.436	3*	.367	3*	.367
1/10	3*	.367	2*	.266	2*	.266	2*	.266

② 정시중단시험

샘플 n개를 정해진 시험 종료시간 t_o까지 시험한 후, 발생한 고장개수(r)를 판정기준인 합격고장개수(r_c)와 비교하여 로트의 합격 여부를 결정하는 신뢰성 샘플링검사 설계방식이다.

㉠ θ_0, θ_1, α, β, 시험 종료시간 t_o를 지정한다.

예 $t_o = 50$시간으로 정한다.

$\theta_0 = 1000$시간, $\theta_1 = 500$시간, $\alpha = 0.05$, $\beta = 0.10$

㉡ $\dfrac{\theta_1}{\theta_0}$과 $\dfrac{t_o}{\theta_0}$를 계산한다.

예 $\dfrac{\theta_1}{\theta_0} = \dfrac{500}{1000} = \dfrac{1}{2}$, $\dfrac{t_o}{\theta_0} = \dfrac{50}{1000} = \dfrac{1}{20}$

㉢ $\alpha = 0.05$, $\beta = 0.10$인 곳에서 판정기준인 합격고장개수(r_c)와 n을 구한다.

$r_c = 19$개, $n = 258$개

㉣ 판정한다.

$n = 258$개를 샘플링하여 $t_o = 50$시간의 시험을 한 후, 발견된 고장개수(r)가 합격고장개수(r_c) 이하면 합격시키고, 그렇지 않으면 불합격시킨다.

〈 정시중단시험의 계량 샘플링검사표(H-108) 〉

θ_1/θ_0	r_c	t_o/θ_0 1/3	1/5	1/10	1/20	r_c	t_o/θ_0 1/3	1/5	1/10	1/20
		n	n	n	n		n	n	n	n
		$\alpha = 0.01$		$\beta = 0.05$			$\alpha = 0.05$		$\beta = 0.05$	
2/3	101	291	448	842	1632	67	198	305	575	1116
1/2	35	87	132	245	472	23	59	90	168	326
1/3	15	30	45	82	157	103	21	32	59	113
1/5	8	13	18	33	62	5	8	12	22	41
1/10	4	4	6	10	18	3	4	5	9	17
		$\alpha = 0.01$		$\beta = 0.10$			$\alpha = 0.05$		$\beta = 0.10$	
2/3	83	234	359	675	1307	55	159	245	462	895
1/2	30	72	109	202	390	19	47	72	134	258
1/3	13	25	37	67	128	8	16	24	43	83
1/5	7	11	15	26	50	4	6	9	15	29
1/10	4	4	6	10	18	3	4	5	9	17

(3) 계수축차 샘플링검사

처음부터 많은 수의 샘플을 취할 수 없는 경우 적용하는 검사로, 확률비를 이용해서 합부판정을 하기 때문에 확률비 축차시험(probability ratio sequential test)이라 부르며, 합격판정선과 불합격판정선은 아래의 [그림]과 같이 결정된다.

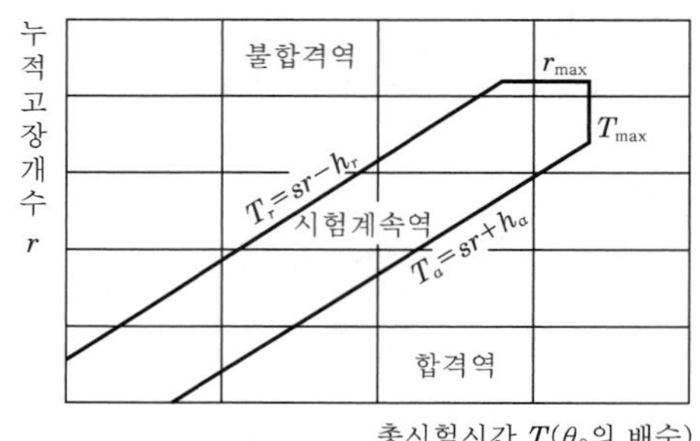

① 합격판정선

$T_a = h_a + sr$

② 불합격판정선

$T_r = -h_r + sr$

(단, $s = \dfrac{\ln\left(\dfrac{\lambda_1}{\lambda_0}\right)}{\lambda_1 - \lambda_0}$, $h_a = \dfrac{\ln\left(\dfrac{1-\alpha}{\beta}\right)}{\lambda_1 - \lambda_0}$, $h_r = \dfrac{\ln\left(\dfrac{1-\beta}{\alpha}\right)}{\lambda_1 - \lambda_0}$ 이다.)

만일 시험이 시험계속역에 있어 계속 시험을 해야 하는 경우, r_{max}과 T_{max}에 이르면 시험을 종결시킨다. 총고장수 r이 r_{max}에 이르면 불합격이고, T_{max}에 이르면 합격이다. (단, $r_{max} = 3r$, $T_{max} = sr_{max}$ 이다.)

⊙ $\dfrac{\lambda_0}{\lambda_1} = \dfrac{\theta_1}{\theta_0} \leq \dfrac{\chi^2_\alpha(2r)}{\chi^2_{1-\beta}(2r)}$를 만족하는 r을 구한다.

CHAPTER 04

시스템 구성 및 설계

1 시스템의 신뢰도

1 직렬결합모델(series structure)

직렬구조는 n개의 부품 중 어느 하나라도 고장이 나게 되면 기기나 시스템이 작동되지 않는 구조로, 다음과 같다.

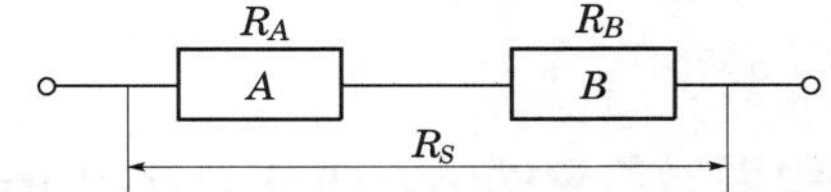

$$R_S = P(A \text{ and } B) = P(A \cap B)$$
$$= P(A) \cdot P(B) = R_A \cdot R_B$$

(단, A, B는 독립사건이다.)

(1) 정신뢰도(static reliability)

시간 t의 상태를 고려하지 않은 경우의 신뢰도를 의미한다.

① n개의 부품이 직렬결합되어 있는 경우

$$R_S = R_1 \times R_2 \times \cdots\cdots\cdots \times R_n = \prod_{i=1}^{n} R_i$$

② n개 부품의 신뢰도가 동일한 경우

$$R_S = R_i^{\ n}$$

(2) 동신뢰도(dynamic reliability)

시간 t가 경과됨에 따라 시스템의 신뢰도가 변하는 경우로, 고장밀도함수 $f(t)$가 지수분포를 따르는 경우 신뢰도는 다음과 같다.

[n개 부품이 결합되어 있는 경우]

$$R_S(t) = R_1(t) \cdot R_2(t) \cdot \cdots\cdots\cdots \cdot R_n(t)$$
$$= e^{-\lambda_1 t} \cdot e^{-\lambda_2 t} \cdot \cdots\cdots\cdots \cdot e^{-\lambda_n t}$$
$$= e^{-(\lambda_1 + \lambda_2 + \cdots\cdots + \lambda_n)t}$$
$$= e^{-\Sigma \lambda_i t} = e^{-\lambda_s t}$$

⊙ 부품이 지수분포를 따르면 시스템도 지수분포를 따른다.

① 시스템의 평균고장률(λ_S)

$$\lambda_S = \lambda_1 + \lambda_2 + \cdots + \lambda_n = \Sigma\lambda_i$$

② 평균수명($MTBF_S$)

$$MTBF_S = \frac{1}{\lambda_S} = \frac{1}{\Sigma\lambda_i}$$

$$= \frac{1}{n}\frac{1}{\lambda} = \frac{1}{n}MTBF : n\text{개 부품의 고장률 동일}$$

예제 5-10

고장률이 0.01인 4개의 부품이 직렬로 연결되어 있을 때, 시스템의 평균수명은?

$$\theta_S = \frac{1}{\lambda_S} = \frac{1}{\Sigma\lambda_i} = \frac{1}{0.01\times 4} = 25\text{hr}$$

2 병렬결합모델(parallel structure)

병렬구조란 n개의 부품 중 어느 하나 이상만 작동되면 시스템이 작동되는 경우로, 2개 부품으로 구성된 시스템의 신뢰도는 다음과 같다.

$$R_S = 1 - F_S$$
$$= 1 - F_A \times F_B$$
$$= 1 - (1 - R_A)(1 - R_B)$$
$$= R_A + R_B - R_A R_B$$

(단, A, B는 서로 독립이다.)

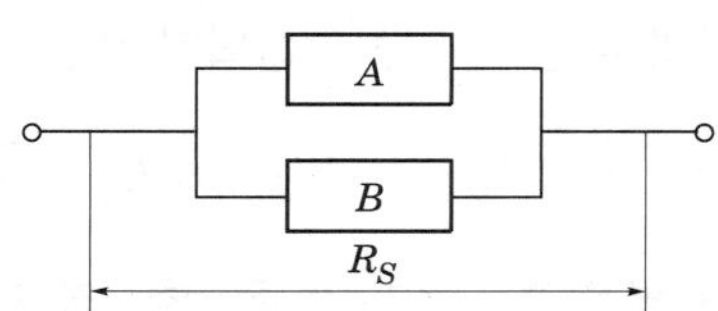

(1) 정신뢰도(static reliability)

① n개 부품이 병렬결합되어 있는 경우

$$R_S = 1 - F_S$$
$$= 1 - F_1 \cdot F_2 \cdots F_n$$
$$= 1 - (1 - R_1)(1 - R_2)\cdots\cdots(1 - R_n)$$
$$= 1 - \prod_{i=1}^{n}(1 - R_i)$$

② n개 부품의 신뢰도가 동일한 경우

$$R_S = 1 - (1 - R)^n$$

(2) 동신뢰도(dynamic reliability)

① 2개의 부품이 병렬결합되는 경우

$$R_S(t) = R_1(t) + R_2(t) - R_1(t)R_2(t)$$
$$= e^{-\lambda_1 t} + e^{-\lambda_2 t} - e^{-\lambda_1 t} \cdot e^{-\lambda_2 t}$$
$$= e^{-\lambda_1 t} + e^{-\lambda_2 t} - e^{-(\lambda_1 + \lambda_2)t}$$

㉠ 평균수명

$$MTBF_S = \frac{1}{\lambda_1} + \frac{1}{\lambda_2} - \frac{1}{\lambda_1 + \lambda_2}$$

㉡ $\lambda_1 = \lambda_2 = \lambda$인 경우의 평균수명

$$MTBF_S = \frac{1}{\lambda} + \frac{1}{\lambda} - \frac{1}{2\lambda} = \frac{3}{2\lambda}$$
$$= \frac{1}{\lambda} + \frac{1}{2\lambda} = \left(1 + \frac{1}{2}\right)\frac{1}{\lambda}$$

② 3개 부품이 병렬결합되는 경우

$$R_S(t) = 1 - [1 - R_1(t)][1 - R_2(t)][1 - R_3(t)]$$
$$= R_1(t) + R_2(t) + R_3(t) - R_1(t) \cdot R_2(t) - R_1(t) \cdot R_3(t) - R_2(t) \cdot R_3(t)$$
$$+ R_1(t) \cdot R_2(t) \cdot R_3(t)$$
$$= 1 - (1 - e^{-\lambda_1 t})(1 - e^{-\lambda_2 t})(1 - e^{-\lambda_3 t})$$
$$= e^{-\lambda_1 t} + e^{-\lambda_2 t} + e^{-\lambda_3 t} - e^{-(\lambda_1 + \lambda_2)t} - e^{-(\lambda_1 + \lambda_3)t} - e^{-(\lambda_2 + \lambda_3)t} + e^{-(\lambda_1 + \lambda_2 + \lambda_3)t}$$

㉠ 평균수명

$$MTBF_S = \frac{1}{\lambda_1} + \frac{1}{\lambda_2} + \frac{1}{\lambda_3} - \frac{1}{\lambda_1 + \lambda_2} - \frac{1}{\lambda_1 + \lambda_3} - \frac{1}{\lambda_2 + \lambda_3} + \frac{1}{\lambda_1 + \lambda_2 + \lambda_3}$$

㉡ $\lambda_1 = \lambda_2 = \lambda_3 = \lambda$인 경우의 평균수명

$$MTBF_S = \left(1 + \frac{1}{2} + \frac{1}{3}\right)\frac{1}{\lambda} = \frac{11}{6\lambda} = \frac{11}{6}MTBF$$

③ n개 부품이 병렬결합되는 경우

$$R_S(t) = 1 - \Pi(1 - e^{-\lambda_i t})$$

$$MTBF_S = \left(1 + \frac{1}{2} + \cdots + \frac{1}{n}\right)\frac{1}{\lambda}$$
$$= \left(1 + \frac{1}{2} + \cdots + \frac{1}{n}\right)MTBF$$

(단, $\lambda_1 = \lambda_2 = \cdots = \lambda_n$인 경우)

참고 구성부품이 지수분포를 따르는 경우 병렬시스템은 지수분포를 따르지 않고, 고장률이 증가형인 상태가 된다. 따라서, $MTBF_S \neq \frac{1}{\lambda_S}$이다.

예제 5-11

고장률이 0.02인 부품 2개가 병렬을 이루고 있을 때 시스템의 평균수명은?

$$\theta_S = \left(1+\frac{1}{2}\right)\frac{1}{\lambda} = \frac{3}{2} \times \frac{1}{0.02} = 75\,\mathrm{hr}$$

3 대기결합모델(stand by system)

대기결합모델은 여분의 부품이 병렬로 연결되어 있지 않고 주부품 a가 작동하고 있는 중에는 여분의 부품 b가 작동되지 않는 대기상태로 있지만, 부품 a가 고장 나는 경우 스위치가 고장을 감지하여 부품 b가 작동되는 시스템이다.

주부품이 1개인 경우보다 대기결합모델은 $MTBF_S$가 2배로 증가되고, 시스템의 신뢰도는 $(1+\lambda t)$배가 증가하는 리던던시 시스템이다.

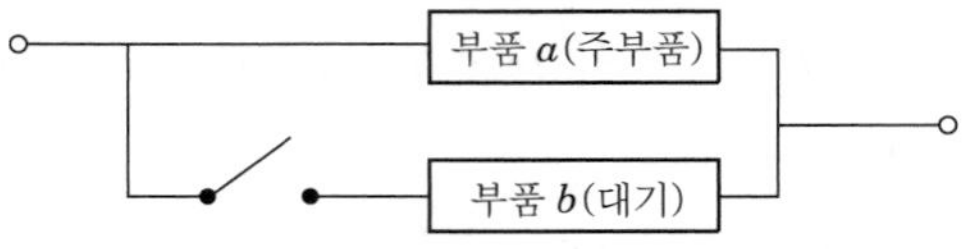

위와 같은 대기 시스템의 신뢰도는 $R_S = 1 - p(\overline{a}) \cdot p(\overline{b} \mid \overline{a})$로 정의된다.

[그림]과 같이 2개 부품의 대기결합모델인 경우 부품 a, b의 평균고장률이 λ_1, λ_2인 지수분포를 따르고, 이 시스템의 임무시간(mission time)을 t라고 정의하면 다음과 같다.

① $\lambda_1 \neq \lambda_2$인 경우

$$R_S(t) = \frac{1}{\lambda_1 - \lambda_2}(\lambda_1 e^{-\lambda_2 t} - \lambda_2 e^{-\lambda_1 t})$$

② $\lambda_1 = \lambda_2 = \lambda$인 경우

㉠ $R_S(t) = e^{-\lambda t}(1+\lambda t)$

㉡ $MTBF_S = \dfrac{2}{\lambda}$

참고 대기시스템의 유형

- 냉대기 : 예비설비가 연결이 끊어진 정지상태로 대기
- 온대기 : 예비설비가 전원이 연결된 상태로 대기
- 열대기 : 예비설비가 운행 중인 상태로 대기

4 n 중 k 시스템

n개 부품 중 k개만 작동되면($1 \le k \le n$) 시스템이 작동하는 경우로, $k=1$이면 병렬구조가 $k=n$이면 직렬구조가 된다. 이때 신뢰도의 계산은 이항분포의 원리가 적용되어 다음과 같다.

(1) 시스템의 신뢰도(R_S)

$$R_S = \sum_{i=k}^{n} {}_nC_i\, R^i (1-R)^{n-i}$$

여기서 부품들이 $R(t) = e^{-\lambda t}$로 지수분포를 따른다면, 신뢰도는 다음과 같다.

$$R_S(t) = \sum_{i=k}^{n} {}_nC_i (e^{-\lambda t})^i (1-e^{-\lambda t})^{n-i}$$

① 3 중 2 구조인 경우

㉠ $R_S = 3R^2 - 2R^3$

㉡ $R_S(t) = 3e^{-2\lambda t} - 2e^{-3\lambda t}$

② 4 중 3 구조인 경우

㉠ $R_S = 4R^3 - 3R^4$

㉡ $R_S(t) = 4e^{-3\lambda t} - 3e^{-4\lambda t}$

(2) 평균수명($MTBF_S$)

$$\begin{aligned} MTBF_S &= \sum_{i=k}^{n} \frac{1}{i\lambda} \\ &= \frac{1}{\lambda}\left(\frac{1}{k} + \frac{1}{k+1} + \cdots\cdots + \frac{1}{n}\right) \\ &= MTBF\left(\frac{1}{k} + \frac{1}{k+1} + \cdots\cdots + \frac{1}{n}\right) \end{aligned}$$

(단, $\lambda_1 = \lambda_2 = \lambda_3 = \cdots\cdots = \lambda_n = \lambda$인 경우)

예제 5-12

신뢰도가 0.9로 동일한 5 중 4 구조의 시스템 신뢰도는?

$$R_S = \sum_{i=4}^{5} {}_5C_i\, 0.9^i (1-0.9)^{5-i} = {}_5C_4\, 0.9^4 (1-0.9)^1 + {}_5C_5\, 0.9^5 = 0.9^4(5 \times 0.1 + 0.9) = 0.91854$$

※ 또는, $R_S = 5R^4 - 4R^5 = 5 \times 0.9^4 - 4 \times 0.9^5 = 0.91854$

5 혼합 결합구조

(1) 직병렬 혼합구조

직·병렬이 혼합되어 있는 것으로, 시스템을 세분하면 직렬이나 병렬로 나눌 수 있는 구조이다.

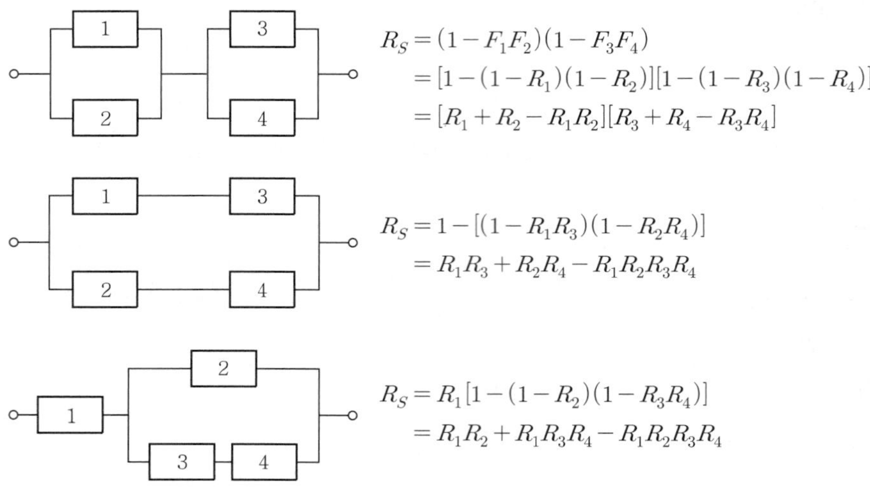

$$R_S=(1-F_1F_2)(1-F_3F_4)$$
$$=[1-(1-R_1)(1-R_2)][1-(1-R_3)(1-R_4)]$$
$$=[R_1+R_2-R_1R_2][R_3+R_4-R_3R_4]$$

$$R_S=1-[(1-R_1R_3)(1-R_2R_4)]$$
$$=R_1R_3+R_2R_4-R_1R_2R_3R_4$$

$$R_S=R_1[1-(1-R_2)(1-R_3R_4)]$$
$$=R_1R_2+R_1R_3R_4-R_1R_2R_3R_4$$

여기서, R_S : 시스템의 신뢰도

R_i : i 부품의 신뢰도

F_i : i부품의 불신뢰도

(2) 브리지 구조(bridge structure)

시스템을 세분화시켜도 직렬이나 병렬로 나눌 수 없는 구조를 브리지 구조라고 하며, 이러한 시스템의 신뢰도를 구하는 방법으로는 4가지가 있다.

① 사상-공간법(event-space method)

시스템에서 모든 가능한 경우를 나열하여 신뢰도를 계산하는 방법으로, 모든 사상은 상호 배타적이다. 그러므로 시스템 작동확률은 단순히 각각의 작동 가능한 사상의 발생확률을 더하거나 또는 1에서 작동 불가능한 사상의 확률을 모두 더한 값을 빼는 방법으로 시스템의 신뢰도를 구한다.

② 경로-추적법(path-tracing method)

작동경로를 나타내는 데 반드시 필요한 부품들로 경로를 구성하는 것으로, 이러한 사상은 상호 배타적이 아니므로 사상들의 합(union)으로 신뢰도를 표현한다.

③ 분해법(decomposition method)

주어진 구조를 하나로 묶어 주는 핵심부품(key component)을 선택하고, 시스템의 신뢰도를 핵심부품(X)에 의해 다음과 같이 분해한다.

$R_S=P(X)P(\text{시스템 작동} \mid X)+P(\overline{X})P(\text{시스템 작동}) \mid \overline{X})$

④ 절단집합과 연결집합법(cut-set and tie-set method)

연결집합(tie-set)이란 시스템을 작동시켜 주는 부품들의 집합으로, 최소연결집합(minimal tie-set)이란 연결집합 중 부품의 수가 최소인 것을 의미한다. 절단집합(cut-set)이란 시스템을 가동시키지 못하게 하는 부품들의 집합이며, 최소절단집합(minimal cut-set)이란 절단집합 중 부품의 수가 최소인 것을 의미한다.

확률의 계산은 모든 Path(그 부품들이 작동하면 시스템이 작동하는 부품의 집합)가 병렬결합된 경우의 신뢰도 R_p와 모든 Cut(그 부품들이 고장 나면 시스템이 고장 나는 부품의 집합)이 직렬결합된 경우의 신뢰도 R_c를 구하고, R_S는 $R_c \le R_S \le R_p$의 전제하에 있다는 간이추정을 한다.

다음은 브리지 구조(bridge structure)의 예를 설명한 것으로 R_p와 R_c를 구하는 방법은 다음과 같다.

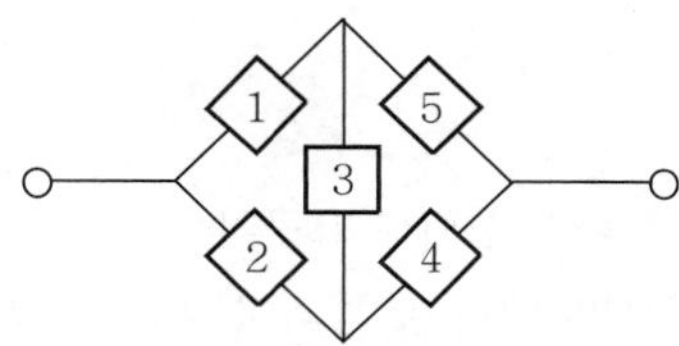

㉠ Path의 신뢰도(R_p)

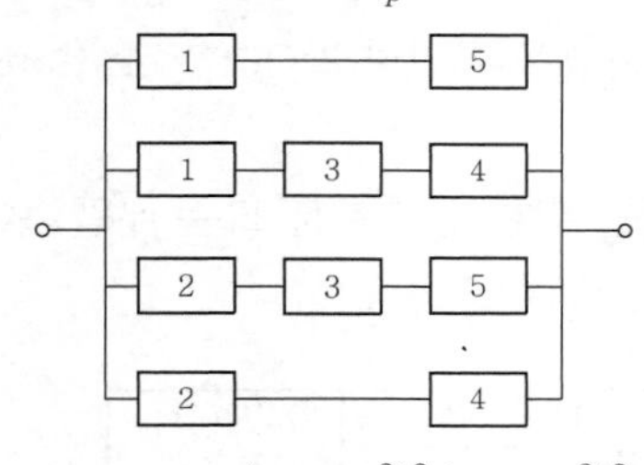

$R_p = 1-(1-R^2)^2(1-R^3)^2$

(단, $R_i = R$로 동일한 경우)

㉡ Cut의 신뢰도(R_c)

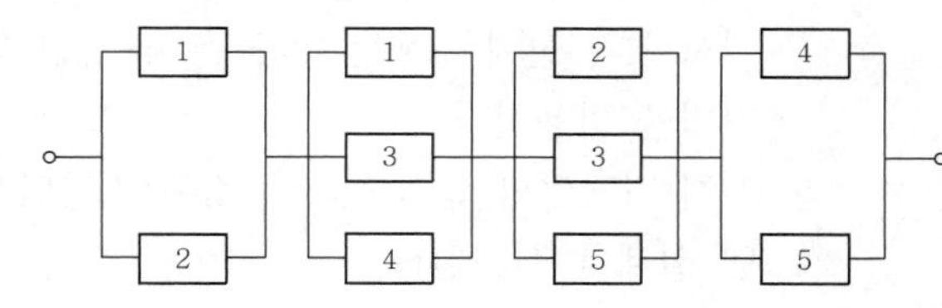

$R_c = [1-(1-R)^2]^2[1-(1-R)^3]^2$

2 신뢰성 설계 및 심사

제품 설계자는 제품의 여러 가지 기능적 요구항목에 대한 경중을 판단하고 이들을 상호 조정하여 경제적인 제품을 설계할 필요가 있다. 제품의 신뢰성 설계는 제품의 신뢰성 시방을 작성하는 것으로부터 출발하며, 신뢰성 시방의 기초는 신뢰성 설계목표치 R_S의 규정과 이의 실현을 위한 사용환경에 관련된 정책과 사고를 구체적으로 설명한 것이라고 할 수 있다.

신뢰성 설계 시 시스템 전체의 설계목표치를 정하고 부차 시스템 또는 하위 시스템에 대하여 각각 신뢰성 목표값이 배분되어야 하는데, 일반적으로 다음과 같은 신뢰성 배분의 원칙이 있다.

① 기술적으로 복잡하고 고성능을 요구하는 구성부분에 대해서는 허용한도 내에서 되도록 낮은 목표값을 배분한다.

② 단순하고 사용경험이 많은 부분은 높은 목표치를 배분한다.

1 신뢰성 설계의 일반적인 절차

① 설계하고자 하는 시스템의 요구기능에 의거하여, 꼭 필요한 직렬결합 부품수 n을 결정하고 시스템의 신뢰성 설계목표치 R_S를 결정한다.

② 신뢰성 설계목표치 R_S를 하위(sub) 시스템이나 하위 구성부분 또는 부품에 배분한다(신뢰성 배분).

$$R_i = \sqrt[n]{R_S} = R_S^{\frac{1}{n}}$$

여기서, R_i : 구성부분 또는 부품의 신뢰성 요구치

③ 시중에서 구할 수 있는 구성부분이나 부품의 신뢰도가 부품별로 배분된 신뢰성 요구에 맞으면 이것을 사용하여 시스템을 설계하고, 만일 그렇지 않으면 다음 단계의 절차를 따른다.

④ 가용부품의 신뢰성으로 신뢰성 설계목표치 R_S를 달성할 수 있도록 최적 리던던시 설계를 실시한다. 설계 시에는 원가·부피·중량 등 제한사항을 확인하고 OR(Operations Research) 기법을 활용한다.

⑤ 최적 리던던시 설계 결과 결정된 리던던시 설계를 위한 중복부분 또는 부품수에 따라 시스템 설계를 실시한다.

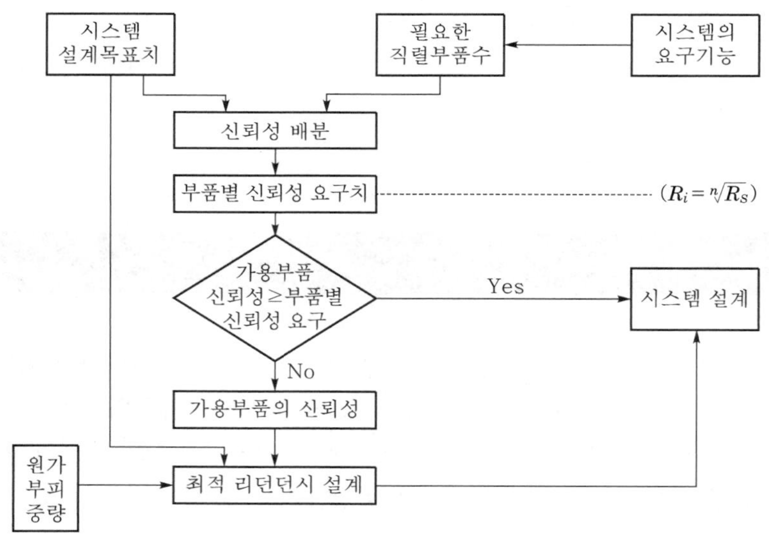

2 신뢰성 설계기술

(1) 리던던시 설계

구성품의 일부가 고장이 나더라도 시스템의 고장을 일으키지 않도록 하는 것으로, 병렬구조나 대기구조로 설계한다.

리던던시(redundancy) 설계 시 구성품의 신뢰도가 같을 때, 시스템의 중복보다 부품의 중복이 신뢰도가 높으며, 구성품의 신뢰도가 다를 때는 가장 신뢰도가 낮은 부품에 대하여 부품 중복을 시키는 것이 일반적으로 유리하다.

(2) 부품의 단순화와 표준화

부품의 증가와 복잡화가 신뢰성 저하를 일으키므로, 이를 막기 위한 대책으로 상대적으로 적은 수의 부품을 이용하는 단순화가 필요하다. 또한 표준화를 시킴으로써 부품의 결함과 약점이 제거되어 안전성과 보전성을 늘릴 수 있다.

(3) 최적재료 사용

신뢰성 설계기술 중 설계기술 못지 않게 중요한 것으로, 최적재료 선정 시 고려할 요소는 다음과 같다.

① 기계적 특성
② 비중
③ 가공성
④ 내환경성
⑤ 원가
⑥ 내구성
⑦ 품질과 납기

(4) 디레이팅 설계

마모고장이 없는 전자적 특성의 고장이 나타나는 부품에 걸리는 부하에 여유를 두고 설계하는 방법이다.

이러한 디레이팅(derating)은 마모고장이 나타나는 기계적 특성의 고장을 갖는 제품의 안전계수 또는 안전율과 동일한 개념으로 리던던시 설계와 더불어 과잉품질에 해당되지만, 신뢰성 향상의 중요한 방법 중 하나가 된다.

(5) 내환경성 설계

사용환경조건이 부품에 주는 영향을 추정·평가하여 제품의 강도와 내성을 설계하는 것이다.

스트레스의 유형

- 동작 스트레스 : 주파수, 전압, 전류 등의 내부잡음
- 환경 스트레스 : 온도, 습도, 방사능, 충격, 압력, 가스 등의 외부잡음

(6) 인간공학적 설계와 보전성 설계

인간공학적 설계란 인간의 육체적 조건과 행동심리학적 조건으로부터 도출된 인간공학의 제원칙을 활용하여 제품의 상세 부분에 대한 구조를 설계하는 방식이고, 보전성 설계란 시스템의 수리 회복률, 보전도 등의 정량값에 근거한 인간공학적 설계를 의미한다.

① 페일세이프(fail safe) 설계
조작상 과오로 기기 일부의 고장이 다른 부분의 고장으로 파급되는 것을 제지할 수 있도록 설계하는 것으로, 퓨즈 엘리베이터의 정전 시 제동장치 등이 이에 해당된다.

② 풀프루프(fool proof) 설계
사용자의 잘못된 조작으로 인해 시스템이 작동되지 않도록 하는 설계방법으로, 카메라의 셔터가 이에 해당된다.

③ 세이프라이프(safe life 설계)
절대로 고장을 일으키지 않는 완벽한 안전구조 설계를 뜻한다.

3 설계심사

설계심사(design review)는 제조원가, 사용조건, 작동을 보증하기 위하여 시행한다.

[원칙]
① 최고의 전문가, 관리자(manager)에 의한 편성을 한다.
② 설계에 전혀 관계없는 사람이 참가한다.
③ 신뢰성뿐만 아니라 생산성, 보전성, 서비스의 원인도 포함한다.
④ 시방 요구사항, 체크리스트(check list)와 같이 결정된 기준에 입각하여 행한다.
⑤ 발견된 문제는 전부 문서화한다.
⑥ 심사는 설계개시 시, 상세설계 시, 생산개시 시에 한다.

4 RACER법에 의한 제품 및 부품 선정법

웨스팅하우스사에서 레이팅 시스템(rating system)이라는 방법으로 제안되어 제품 및 부품 선정법으로 활용되고 있다.

다음 5항목으로 각각 점수를 합산하여, 평점이 최대인 부품을 선택한다.

① Reliability(신뢰도)
② Availability(공급성)
③ Compatability(적합성)
④ Economy(경제성)
⑤ Reproducibility(재현성)

5 고장률 가중치에 의한 배분법

서브시스템(subsystem)의 고장이 서로 독립이고, Drenick의 정리에 의해 시스템이 지수분포를 따르는 직렬시스템이다. 시스템의 목표고장률이 λ_S이고, 서브시스템에 할당할 고장률을 $\hat{\lambda}_i$라 하면, 다음의 과정으로 이루어진다.

① 시스템의 목표고장률 λ_s을 정한다.

② 직렬시스템의 고장률을 계산한다.

$$\sum_{i=1}^{n}\lambda_i = \lambda_1 + \lambda_2 + \cdots + \lambda_n$$

③ 서브시스템의 가중치 w_i를 계산한다.

$$w_i = \frac{\lambda_i}{\sum_{i=1}^{n}\lambda_i}$$

④ 고장률을 할당한다.

$$\hat{\lambda}_i = \lambda_S \cdot w_i = \lambda_S \times \frac{\lambda_i}{\sum_{i=1}^{n}\lambda_i}$$

3 고장해석방법

1 FMEA(Failure Mode and Effective Analysis)

시스템이나 기기의 잠재적인 고장모드를 찾아내고, 가동 중 고장이 발생하였을 경우 그 상위 아이템에 어떤 영향을 미치는가를 상향적(bottom-up) 방식으로 조사하여 영향력이 큰 모드에 대하여는 적절한 대책을 세울 뿐 아니라 제조공정의 평가나 안전성 평가에도 활용하는 방법이다.

(1) FMEA 실시절차

① 시스템의 구성과 임무를 확인한다.

② 시스템의 분석수준을 결정한다.

③ 기능별로 블록을 결정한다

④ 신뢰성 블록도를 작성한다.

⑤ 블록별로 고장모드를 검토한다.

⑥ 효과적인 고장모드를 선정한다.

⑦ 선정된 고장모드의 추정원인을 열거한다.

⑧ FMEA 양식에 결과를 기입한다.
⑨ FMEA의 등급을 결정한다.
⑩ 대책 또는 개선안 수립을 행한다.

시스템의 분해수준
시스템 – 서브시스템 – 컴포넌트 – 부품

(2) 고장등급(4등급) 결정방법

① 고장 평점법

$$C_S = (C_1 \cdot C_2 \cdot C_3 \cdot C_4 \cdot C_5)^{\frac{1}{5}}$$

여기서, C_1 : 기능적 고장 영향의 중요도
C_2 : 영향을 미치는 시스템의 범위
C_3 : 고장 발생 빈도
C_4 : 고장 방지 가능성
C_5 : 신규 설계의 정도

앞의 경우는 다섯 가지 평가요소를 모두 사용하여 C_S를 구하였지만, C_1, C_2, C_3만 고려하여 C_S를 구하면 다음과 같이 계산된다.

$$C_S = (C_1 \cdot C_2 \cdot C_3)^{\frac{1}{3}}$$

그리고 C_1, C_2, C_3의 평가점은 다음 〈표〉와 같다.

〈 C_1의 평가점〉

기능적 고장 영향의 중요도	평가점
임무의 달성 불능	10
임무의 달성 불능, 대체방법에 의해 일부만 달성 가능	9
임무의 중요한 부분 달성 불능	8
임무의 중요한 부분 달성 불능, 보조수단을 쓰면 달성 가능	7
임무의 일부 달성 불능	6
임무의 일부 달성 불능, 보조수단을 쓰면 달성 가능	5
임무의 경미한 부분 달성 불능	4
임무의 경미한 부분 달성 불능, 보조수단을 쓰면 달성 가능	3
외관기능을 저하시키는 경미한 고장	2
임무에 영향이 전혀 없음	1

〈 C_2의 평가점 〉

영향을 미치는 시스템의 범위	평가점
실외 및 공장 외에서의 사망 사고	10
실내 및 공장 내에서의 사망 사고, 가옥 및 공장 외에 피해	9
실내 및 공장 내에서의 사망 사고, 가옥 및 공장 내에 피해	8
중상, 가옥 및 공장 내에 피해	7
경상, 가옥 및 공장 내에 피해	6
인재 없음, 가옥 및 공장 내에 피해	5
인접한 설비 및 장치에 피해	4
접속된 장치의 일부에 피해	3
외벽의 진동, 고온, 외관 변색	2
피해가 전혀 없음	1

〈 C_3의 평가점 〉

고장 발생의 빈도(시간 또는 횟수)	평가점
10^{-2} 이상	10
$10^{-2} \sim 3\times10^{-3}$	9
$3\times10^{-3} \sim 10^{-3}$	8
$10^{-3} \sim 3\times10^{-4}$	7
$3\times10^{-4} \sim 10^{-4}$	6
$10^{-4} \sim 3\times10^{-5}$	5
$3\times10^{-5} \sim 10^{-5}$	4
$10^{-5} \sim 10^{-6}$	3
$10^{-6} \sim 10^{-7}$	2
10^{-7} 이하	1

위와 같은 방법으로 C_S를 계산하여, 다음과 같이 고장등급을 결정한다.

고장등급	C_S
Ⅰ	7점 이상 ~ 10점
Ⅱ	4점 이상 ~ 7점 미만
Ⅲ	2점 이상 ~ 4점 미만
Ⅳ	2점 미만

C_S 값으로 고장등급을 결정하기도 하지만, 임무달성에 의해 고장등급을 결정하기도 한다.

고장등급	고장구분	판단기준	대책내용
Ⅰ	치명고장	임무수행 불능, 인명 손실	설계변경 필요
Ⅱ	중대고장	임무의 중대한 부분 달성 불능	설계의 재검토 필요
Ⅲ	경미고장	임무의 일부 달성 불능	설계변경 불필요
Ⅳ	미소고장	영향이 전혀 없음	설계변경 전혀 불필요

② 치명도 평점법

$C_E = F_1 \cdot F_2 \cdot F_3 \cdot F_4 \cdot F_5$

여기서, F_1 : 고장 영향의 크기

F_2 : 시스템에 미치는 영향의 정도

F_3 : 고장 발생빈도

F_4 : 고장 방지 가능성

F_5 : 신규 설계 여부

항목	내용	계수
F_1	치명적인 손실을 주는 고장	5.0
	약간의 손실을 주는 고장	3.0
	기능이 상실되는 고장	1.0
	기능이 상실되지 않는 고장	0.5
F_2	시스템에 2가지 이상의 중대한 영향을 준다.	2.0
	시스템에 한 가지 이상의 중대한 영향을 준다.	1.0
	시스템에 미치는 영향이 그렇게 크지 않다.	0.5
F_3	발생빈도가 높다.	1.5
	발생가능성이 있다.	1.0
	발생가능성이 작다.	0.7
F_4	불능이다.	1.3
	방지 가능하다.	1.0
	간단히 방지된다.	0.7
F_5	약간 변경된 설계	1.2
	유사한 설계	1.0
	동일한 설계	0.8

위와 같은 방법으로 C_E를 계산하여 다음과 같이 고장등급을 결정한다.

고장등급	C_E
Ⅰ	3 이상
Ⅱ	1.0 초과 ~ 3 미만
Ⅲ	1.0
Ⅳ	1.0 미만

③ FMECA(Failure Mode Effects and Critical Analysis)

치명도 해석법이란 FMEA을 실시한 결과 고장등급이 높은 고장모드가 시스템이나 기기의 고장에 어느 정도 기여하는가를 정량적으로 계산하고, 고장모드가 시스템이나 기기에 미치는 영향을 정량적으로 평가하는 방법이다. FMECA(Failure Mode Effect and Criticality Analysis)란 FMEA에 치명도 해석을 포함시킨 것으로, FMECA는 기준고장률을 알아야 가능하므로, 신규 설계 제품에는 적용되지 않는다.

2 FTA(Fault Tree Analysis)

1961년 Bell 연구소의 Watson이 개발한 기법으로, 시스템의 고장을 발생시키는 사상(event)과 그 원인 간의 인과관계를 정상사상(top event)으로부터 논리회로(and·or)를 사용하여 고장목(fault tree)을 만들어 하향식(top-down) 방식으로 시스템의 고장을 정량적으로 분석하고, 신뢰성을 평가하는 방법이다.

이러한 FTA는 상향식(bottom-up) 방식으로 설계된 시스템이나 기기의 잠재적인 고장모드를 찾아내어 가동 중 고장이 발생하였을 경우, 그 상위 아이템에 어떠한 영향을 미치는가를 조사하여 영향력이 큰 고장모드에 대해 적절한 대책을 세워 고장을 미연에 방지하려는 정성적 분석방법인 FMEA와는 구분된다.

(1) FTA의 일반적 절차

① 고장목을 작성한다.

② 최하위 고장원인의 기본사상에 대한 고장확률을 추정한다.

③ 고장목의 기본사상에 중복이 있는 경우, Boolean 대수 공식을 적용하여 고장목을 간소화한다.

④ 시스템의 고장확률을 계산하고, 문제점을 찾는다.

⑤ 문제점의 개선 및 신뢰성 향상대책을 강구한다.

(2) 고장목 작성절차

① 시스템의 최상위 고장상태를 규정한다.

② 최상위 고장상태를 일으키는 차순위 고장원인을 찾아내서 논리회로로 결합한다.

③ 더 이상 분해할 수 없는 최하위의 기본사상이 될 때까지 반복한다.

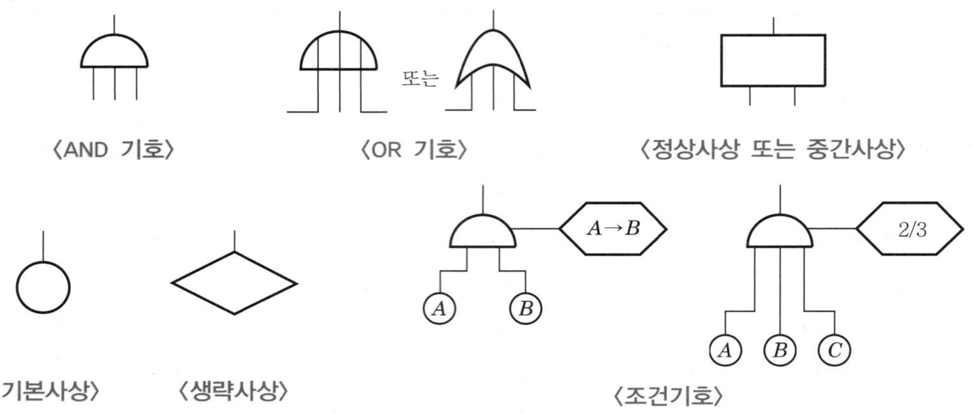

‖ 고장목 작성에 사용되는 기본적인 기호 ‖

(3) 고장확률 계산

① **AND 게이트** : 기본사상 n개가 모두 고장을 일으키면 정상사상에서 고장이 발생하는 논리회로인 경우로, n개의 기본사상이 AND로 연결되어 있는 경우 정상사상에서 고장이 발생할 확률은 각 기본사상의 고장확률을 곱한 값으로 계산한다. AND 게이트의 고장목은 신뢰성 블록도상 병렬연결의 경우에 해당한다.

$$F_{\mathrm{TOP}} = F_1 \times F_2 \times F_3 \times \cdots\cdots \times F_n = \prod_{i=1}^{n} F_i$$

② **OR 게이트** : 기본사상 중 어느 하나라도 고장이 발생하면 정상사상에서 고장이 발생하는 논리회로인 경우로, 전체 확률 1에서 기본사상 모두 정상일 확률을 뺀 값으로 계산한다. 이는 신뢰성 블록도상의 직렬연결이다.

$$F_{\mathrm{TOP}} = 1 - \prod_{i=1}^{n} R_i = 1 - (1-F_1)(1-F_2)\cdots\cdots(1-F_n) = 1 - \prod_{i=1}^{n}(1-F_i)$$

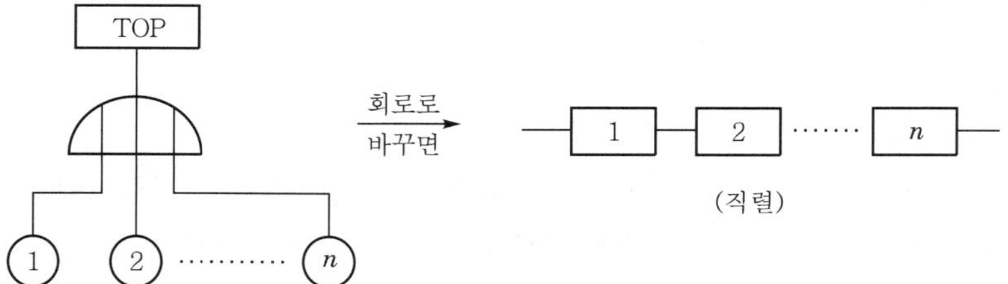

✓ 고장목 분석의 정상사상 F_{TOP}은 시스템의 고장확률 F_S와 의미가 같으며, $F_S=1-R_S$가 된다.

(4) 고장목의 간소화

기본사상이 중복되어 있는 경우 "Boolean 대수법칙"을 이용하여 고장목을 간소화한 후 정상사상의 고장확률을 계산한다.

① Boolean 대수의 법칙

㉠ 흡수법칙(law of absorption)

ⓐ $A+(A \cdot B)=A$

ⓑ $A \cdot (A \cdot B)=A \cdot B$

ⓒ $A \cdot (A+B)=A$

ⓓ $A \cdot (1+B)=A$

㉡ 동정법칙(law of identities)

ⓐ $A+A=2A=A$

ⓑ $A \cdot A=A^2=A$

ⓒ $1+A=1$

㉢ 분배법칙(law of distribution)

ⓐ $A+(B \cdot C)=(A+B) \cdot (A+C)$

ⓑ $A \cdot (B+C)=(A \cdot B)+(A \cdot C)$

✓ • $A+(A \cdot B)=A(1+B)=A$

• $A \cdot (A \cdot B)=A^2B=A \cdot B$

• $A \cdot (A+B)=A^2+AB=A+AB=A(1+B)=A$

• $A+A=2A=A$

② 고장목의 간소화

다음 논리회로를 살펴보면 기본사상 a가 중복되어 있다.

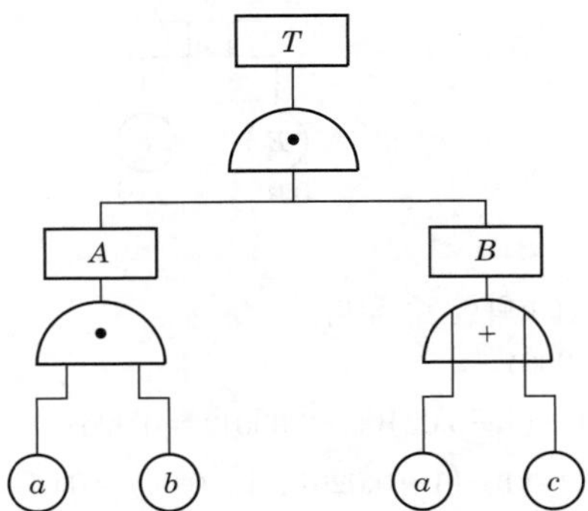

이것을 Boolean 대수 법칙을 적용시켜 간소화하면 다음과 같다.

$$T = A \cdot B = (a \cdot b)(a+c)$$
$$= (ab)a + (ab)c = a^2b + abc$$
$$= ab + abc = ab(1+c) = ab$$

따라서 간소화된 고장목은 다음과 같으며, 정상사상의 고장확률은 $F_{\text{TOP}} = F_a \times F_b$로 구해진다.

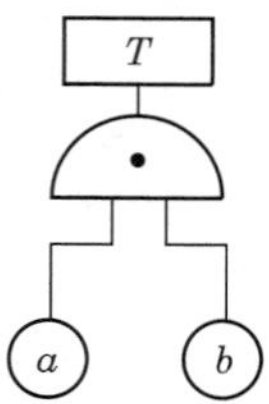

예제 5-13

다음 고장목에 정상사상이 발생할 확률을 구하시오.

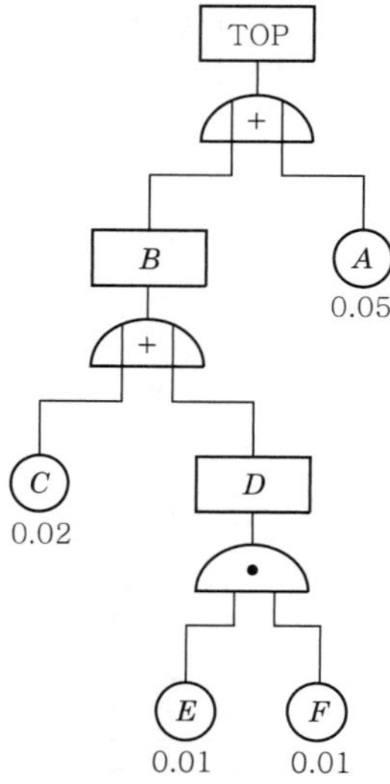

기본사상의 중복이 없으므로 간소화할 수 없다.

$F_D = F_E F_F = 0.01 \times 0.01 = 0.0001$

$F_B = 1-(1-F_C)(1-F_D) = 1-(1-0.02)(1-0.0001) = 0.0201$

$\therefore F_{\text{TOP}} = 1-(1-F_B)(1-F_A) = 1-(1-0.0201)(1-0.05) = 0.07$

4 간섭이론과 안전계수

강도(strength)란 고장 없이 만족스럽게 기능을 수행하는 능력을 의미하며, 부하(stress)란 고장을 발생시키는 하중(load), 환경, 온도, 전류 등 외부적 힘을 의미한다.

초기에 강도와 부하의 상태는 〈그림 A〉와 같으나, 시간이 경과하면 강도가 약화되어 〈그림 B〉와 같이 강도의 분포가 좌측으로 이동되면서, 중첩현상을 일으키며 고장이 발생한다.

부하의 분포와 강도의 분포가 중첩되는 현상을 간섭이론이라고 하며, 〈그림 B〉의 음영 부분이 불신뢰도가 된다.

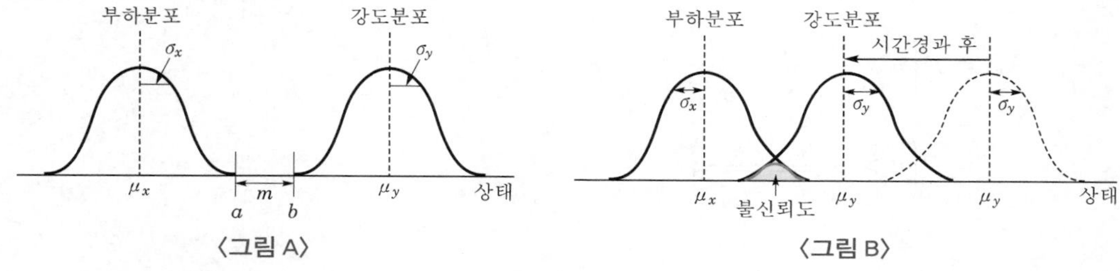

〈그림 A〉 〈그림 B〉

(1) 안전계수(safety factor) : m

운용 중 나타날 수 있는 최대부하에 대하여 과거의 경험을 근거로 설계할 때 여유를 주는 강도의 비율로서, 현실적 최대부하 대비 최소강도 개념으로 정의된다. 안전계수를 높게 설정하여 설계를 하면 고장발생확률은 줄어들지만, 비용이 증가하는 과잉품질이 된다.

$$m = \frac{b}{a}$$

$$= \frac{\mu_y - n_y\sigma_y}{\mu_x + n_x\sigma_x}$$

⊙ a는 현실적 최대부하값으로 $\mu_x + 2\sigma_x$이며, b는 현실적 최소강도값으로 $\mu_y - 2\sigma_y$로 정의한다.

(2) 재료의 강도 : μ_y

$$\mu_y = n_y\sigma_y + m(\mu_x + n_x\sigma_x)$$

⊙ 설계 시 μ_x, $n_x\sigma_x$, $n_y\sigma_y$는 상수적 요소지만, 안전계수(m)는 변수적 요소로서, 재료강도 결정의 핵심적인 요소가 된다.

(3) 불신뢰도

불신뢰도란 부하(x)가 강도(y)보다 큰 경우에 발생하며, 제품·부품이 파괴될 확률(고장 날 확률)을 의미한다.

$$P(x > y) = P(x - y > 0)$$

여기서 $z = x - y$라고 하면, z의 합성분포는 $z \sim N(\mu_x - \mu_y,\ \sigma_x^2 + \sigma_y^2)$이므로, 불신뢰도는 다음과 같다.

$$\begin{aligned} P(z > 0) &= P\left(u > \frac{0 - \mu_z}{\sigma_z}\right) \\ &= P\left(u > \frac{0 - (\mu_x - \mu_y)}{\sqrt{\sigma_x^2 + \sigma_y^2}}\right) \\ &= P\left(u > \frac{\mu_y - \mu_x}{\sqrt{\sigma_x^2 + \sigma_y^2}}\right) \end{aligned}$$

PART 6

품질경영

품질경영기사 필기

PART 6

품질경영

CHAPTER 01 품질경영의 개념

1 품질관리의 개념

1 품질(quality)

(1) 품질에 관한 정의

품질에 대한 석학들의 정의를 생산자·고객·사회적 관점으로 분류하면 다음과 같다.

① 생산자 관점에서의 정의
- ㉠ P.B. Crosby/J.M. Groocock : 요건에 대한 일치성으로 정의하였다.
- ㉡ H.D. Seghezzi : 품질 시방과의 일치성으로 정의하였다.

② 고객 관점에서의 정의
- ㉠ J.M. Juran : 용도에 대한 적합성으로 정의하였다.
- ㉡ A.V. Feigenbaum : 고객의 기대에 부응하는 특성으로 정의하였다.
- ㉢ F.M. Gryna : 고객만족으로 정의하였다.

③ 사회적 관점에서의 정의
- ㉠ ISO 9000/2000 : 고유특성의 집합이 요구사항을 충족시키는 정도로 정의하였다.
- ㉡ 다구찌 : 제품이 출하된 후 사회에서 그로 인해 발생하는 손실로 정의하였다.

(2) 사내의 책임과 권한을 고려한 품질수준

① 품질목표(기술 및 연구 담당)

장차 도달하고자 하는 품질수준으로 기술적 검토의 대상이 되는 연구품질로서, 소비자 요구와 경영정책 등에 의해 결정된다.

② 품질표준(제조 담당)

표준대로 작업하면 현 공정에서 달성할 수 있는 품질수준으로, 현재 기술로 달성이 가능한 품질수준이다.

③ 검사표준(검사 담당)

검사판정기준으로 보증품위보다 높은 수준에서 결정된다.

④ 보증품위(영업 담당)

현재의 기술, 공정관리검사에 의해 소비자에게 제시한 품질수준으로 계약품질이라고 한다.

2 관리(management)

(1) 관리의 개념

관리란 계획방침을 정하여 조직을 형성하고, 이것을 실행하며, 그 과정에 필요한 통제를 가하는 일련의 과정으로, 기준과 한계를 설정하여 적합시키려는 통제(control)와는 다르다고 할 수 있다. 즉, 통제는 협의의 관리라고 할 수 있는데, 흔히 QC(Quality Control)라는 것은 품질의 통제라는 측면을 생각하기 쉬우나, 계획이라는 면이 부각된다.

(2) 관리 사이클(PDCA cycle)

① Plan(계획)
② Do(실시)
③ Check(검토)
④ Action(조치)

(3) 관리의 양측면

① 현상 유지의 측면(협의의 관리)

현재의 상황이 어느 기준을 만족하고 있을 때 그 상태(표준상태)를 유지하려고 하는 측면으로, 실시방법을 알고 있으면서 그것을 표준화·성문화하여 그대로 지키는 것이 기본이다.

② 현상 타파의 측면(개선, 개발)

현재의 상황으로는 부족한 경우, 새로운 목표를 설정하고 목표를 도달하려는 측면으로 현재의 방법이 아닌 새로운 방법을 찾거나 일부를 개선하여 문제점을 타파하려는 것이다. 여기서는 목표에 도달한 것으로는 충분치 않고 어떠한 수단이 취해졌는가를 확인하여 성문화 시킬 필요가 있다.

3 품질관리

(1) 품질관리의 정의

근대적인 품질관리는 통계적인 측면에서 주로 전개되어 왔으나, 현대의 품질관리는 통계적 측면만이 아닌 제품 품질에 영향을 주는 모든 체계, 즉 사람, 부문, 기계 등을 종합·조정하여 품질 유지 및 향상에 유기적인 노력을 기울이고 있다. 이러한 품질관리를 종합적 품질관리(TQC)라고 정의하고 있다.

① KS Q

수요자의 요구에 맞는 품질의 물품 또는 서비스를 경제적으로 만들어내기 위한 수단의 체계이다. 근대적인 품질관리는 통계적인 수단을 채택하고 있으므로, 특히 통계적 품질관리(SQC)라고도 한다.

② W.E. Deming

통계적 품질관리란 최대한으로 유용하며 더욱 시장성이 있는 제품을 가장 경제적으로 생산할 것을 목표로 하여 생산의 모든 단계에 통계학의 원리와 수법을 응용하는 것이다.

③ J.M. Juran
품질관리란 품질의 표준을 설정하고 이것에 도달하기 위하여 사용되는 모든 수단의 체계이다. 또한 통계적 품질관리란 품질관리 가운데 통계적 수법을 응용하는 부분인 것이다.

④ A.V. Feigenbaum
종합적 품질관리란 소비자에게 충분히 만족되는 품질의 제품을 가장 경제적인 수준으로 생산할 수 있도록 사내의 각 부문이 품질개발, 품질유지 및 품질개선의 노력을 조정·통합하는 효과적인 체계이다. ➟ TQC 개념의 확립

⑤ ISO 8402
품질 요구사항들을 충족시키기 위하여 사용되는 운용상의 제기법 및 활동이다.

(2) 품질관리의 이념과 목적

소비자의 요구에 합치되는 제품을 가장 경제적으로 달성하는 데 있으며 품질관리의 목적을 달성하기 위한 기본적 이념으로는 표준화, 통계적 방법, 피드백(feedback) 기능을 들 수 있다.

① 작업의 원활화
② 부적합품 방지 및 감소
③ 신뢰성 높은 제품의 생산
④ 품질이 보증될 수 있는 제품의 생산
⑤ 공해 없는 제품의 생산
⑥ 제품책임(PL)을 이행할 수 있는 제품의 생산 등

(3) 품질관리의 실시효과

기업이 대외경쟁력을 가지려면 Q(품질), C(원가), D(납기)의 균형을 유지해야 하는데, 품질관리의 실시 후 나타나는 현상은 다음과 같이 요약할 수 있다.

① 제품 원가의 절감
② 부적합품 감소
③ 납기지연의 방지
④ 부적합품 처리비의 절감
⑤ 작업의 합리화
⑥ 조직 간의 관계 원활
⑦ 작업자의 기능 향상
⑧ 표준에 의한 합리화
⑨ 작업자의 품질의식 고취

(4) 품질관리의 PDCA 사이클

① 표준의 설정(P)
② 표준에 대한 적합도 평가(D)
③ 차이를 줄이려는 시정조치(C)
④ 표준에 적합시키기 위한 계획과 표준의 개선에 대한 입안(A)

2 품질관리와 품질경영

1 품질관리

(1) 품질관리 사이클

품질에 관계되는 기업활동을 생산의 전 과정에 대한 관리 사이클로 살펴보면 다음 [그림]과 같으며, 데밍 사이클(Deming cycle)이라고 한다.

사내 각 부문에 분산되어 있는 품질활동의 기능을 데밍 사이클로 설명하면, 품질의 설계, 공정관리, 품질보증, 품질조사 및 개선으로 압축될 수 있다.

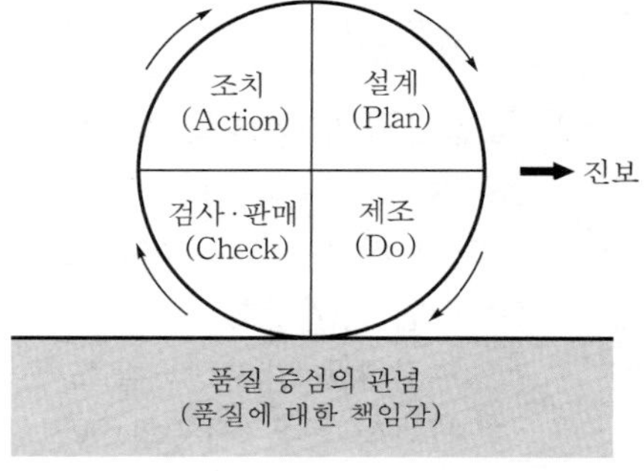

‖ Deming cycle ‖

(2) 품질관리시스템의 원칙

① 예방의 원칙
② 전원참가의 원칙
③ 과학적 관리의 원칙
④ 종합조정(협조)의 원칙

(3) 품질관리의 목적

품질관리의 목적은 넓은 의미에서 다섯 가지로 요약할 수 있다.

① 소비자의 요구에 맞는 품질의 제품을 경제적으로 생산한다.
② 품질보증이 될 수 있는 제품을 생산한다.
③ 신뢰성이 높은 제품을 생산한다.
④ 제품책임을 이행할 수 있는 제품을 생산한다.
⑤ 환경친화적 제품을 생산한다.

(4) 품질관리시스템에서의 품질관리 업무

① 신제품관리(new design control)

제품에 대한 바람직한 코스트, 기능 및 신뢰성에 대한 품질표준을 확립하여 규정하는 동시에, 본격적인 생산을 시작하기 전 품질상 문제가 될만한 근원을 제거하거나 그 소재를 확인하는 업무이다.

② 수입자재관리(incommig-material control)

시방(specification)의 요구에 맞는 부품, 원재료를 가장 경제적인 품질수준으로 수입, 보관, 관리하는 업무이다.

③ 제품관리(product control)

부적합품이 만들어지기 전에 품질 시방으로부터 제품이 벗어나는 것을 시정하고, 시장에서 제품 서비스를 원활히 하기 위해 생산현장이나 시장의 서비스를 통해 제품을 관리하는 업무이다.

④ 특별공정관리(special process control)
부적합품의 원인을 규명하거나 품질 특성의 개량 가능성을 결정하기 위한 조사나 시험으로, 보다 효과적인 품질을 개선·발전시키는 업무이다.

2 품질경영

(1) 품질경영의 개념

품질경영(QM ; Quality Management)이란 최고경영자의 품질방침 아래 목표와 책임을 설정하고 고객을 만족시키는 모든 종합적 활동으로서, 품질계획(QP), 품질관리(QC), 품질보증(QA), 품질개선(QI)을 포함하는 광의의 품질관리라고 할 수 있다.

$$QM = QP + QC + QA + QI$$

이는 일본의 전사적 품질관리(CWQC ; Company-Wide Quality Control) 또는 파이겐바움(A.V. Feigenbaum)의 TQC 개념과 일치된다. 또한 종합적 품질경영(TQM ; Total Quality Management)이란 품질을 중심으로 하는 모든 구성원의 참여와 고객만족을 통한 장기적 성공 지향을 기본으로 하며, 아울러 조직의 모든 구성원과 사회에 이익을 제공하는 조직의 경영적 접근방식을 의미한다.

(2) 품질경영의 요건

① 품질은 소비자, 즉 고객의 요구를 만족시키는 것이다.
② 고객이 요구하는 품질의 제품/서비스를 경제적으로 산출하여야 한다.
③ 고객만족을 효과적으로 수행하기 위해서는 모든 구성원의 참여 아래 사내 각 부문의 협력체계를 이룩하여 종합적으로 관리하여야 한다.
④ 통계적 기법뿐만 아니라 다양한 수단의 적용이 요구된다.
⑤ 전사적·종합적인 품질경영의 전개를 필요로 한다.

(3) 품질경영 8요소(8M)

구분	8요소
물적 요인	① 원자재(material) ② 기계설비(machine) ③ 자금(money)
기술적(관리적) 요인	④ 설계 및 제조 방법(method) ⑤ 시장(market) ⑥ 경영정보(management information)
인적 요인	⑦ 경영/경영자(management) ⑧ 작업자 및 기타 종사원(man)

3 종합적 품질경영(TQM)과 리더십

1 TQM의 개념

(1) ISO에서 TQM의 정의

종합적 품질경영(TQM)이란 품질을 중심으로 하는 모든 구성원의 참여와 고객만족을 통한 장기적인 성공 지향을 기본으로 하며, 조직의 모든 구성원과 사회에 이익을 제공하는 조직의 경영적 접근방식을 의미한다. 즉, TQM은 최고경영자의 리더십을 중심으로 품질을 최우선 과제로 하고, 고객만족을 통한 기업의 장기적인 성공은 물론, 기업 구성원과 사회 전체의 이익에 기여하기 위해 경영활동 전반에 걸쳐 모든 구성원의 참여와 총체적 수단을 활용하는 전사적·종합적인 전략경영시스템이다.

(2) 품질경영의 7원칙

① 고객 중심
② 리더십
③ 인원의 적극참여
④ 프로세스 접근법
⑤ 개선
⑥ 증거기반 의사결정
⑦ 관계관리/관계경영

(3) TQM 구성의 5가지 필수요소

① 고객
② 종업원
③ 공급자
④ 경영자
⑤ 프로세스(과정/공정)

2 말콤볼드리지상(Malcom Baldridge national quality award ; MB상)

(1) MB상의 특징

① 국가품질 조례를 법으로 제정하여 상무성과 NIST(미국 표준기술원)가 주관하고 ASQ(미국품질협회)가 관리를 담당하여 민관일체로 추진한다.
② 기업경영 전체에 대해 프로그램을 만들어 전략에서 실행까지 평가한다.
③ 데밍상이 How to do(프로세스 지향형) 사고인 데 반해, MB상은 What to do(목표지향형) 사고의 경영품질 개념이다.

⊙ 우리나라는 1993년 이래로 '품질경영상'과 종합상인 '품질경영대상'으로 나누어 시행하였으며, 품질경영상은 2000년에 '국가품질상'으로 명칭이 바뀌었다. 기본골격은 MB상과 유사하다.

(2) MB상의 구성

3개 요소와 7개 범주로서 평가하며, 심사항목은 다음과 같다.

말콤볼드리지상	점수	국가품질상	점수
리더십	120	리더십	100
전략계획	85	전략계획	85
고객과 시장 중시	85	고객과 시장 중시	85
측정, 분석 및 지식경영	90	측정·분석 및 지식경영	85
인적자원 중시	85	인적자원 중시	85
프로세스 관리	85	프로세스 관리	110
경영 성과	450	경영 성과	450

⊙ 반면, 데밍상은 3개 요소와 10개 범주로 구성되어 있다.

3 품질경영과 리더십

(1) 경영자의 역할

① 높은 품질 가치를 조직이 창출할 수 있도록 리더십을 발휘
② 조직이 지켜야 될 품질방침과 목표는 경영방침과 목표를 토대로 결정
③ 경영목표와 품질목표 및 각 부문 간 목표의 조화를 도모
④ 종합적이고 효율적 전개가 가능한 품질시스템의 확립
⑤ 품질 개선 및 품질경영활동에 필요한 자본과 인력의 지원
⑥ 품질경영의 효과적 전개를 위해 필요한 교육훈련 방침의 수립
⑦ 구성원들의 품질혁신 및 개선에 대한 동기부여
⑧ 품질관리와 보증활동이 방침대로 행해지고 있는가를 감독·평가
⑨ 구성원들이 이룬 품질 성과에 대해 인정과 보상

(2) TOP(최고경영자) 리더십의 5가지 핵심항목

① 미래에 대한 비전(vision)
② 구성원들에 대한 적절한 권한의 부여(empowerment)
③ 불확실한 변화에 대응하는 의사결정을 위한 직관력(institution)
④ 자기이해(self-understanding)
⑤ 자신과 조직 관리시스템의 가치관 조화(value congruence)

4 품질전략

현대는 '혁신 및 시장 창조'를 위한 종합품질을 축으로 하는 품질전략의 시대이다. 무한경쟁시대에서 기업은 고객의 요구에 꾸준히 부응함으로써 경쟁자가 제공하는 제품/서비스와 고객의 기대품질을 능가하는 제품을 지속적으로 출시하여야만 생존이 가능하다.

1 전략경영과 전략적 품질경영

(1) 전략경영(Strategic management)

전략경영이란 시장에서의 확실한 성공을 보장할 수 있도록 모든 실행 조치, 활동 및 의사결정을 수행하는 경영방식을 말하며, '전략계획'과 '전략실행' 및 '전략 평가 · 관리 단계'로 구성된다. 이때, 전략계획이란 조직의 비전, 임무, 지침, 포괄적 목표와 포괄적인 목표를 달성하기 위한 구체적인 전략을 개발하는 과정으로, 전략계획 단계의 시작은 SWOT 분석으로 행한다.

SWOT은 강점(Strength), 약점(Weakness), 기회(Opportunity) 및 위협(Threats)의 합성어로, 기업환경의 추세와 기업의 내부적 능력이 잘 조화될 수 있는 전략을 개발하기 위한 일종의 상황분석기법이라고 할 수 있으며, 추진단계는 다음과 같다.

① 비전 개발
② 임무 개발
③ 안내지침 개발
④ 포괄적·전략적 목표 개발
⑤ 구체적 전술 개발

(2) 전략적 품질경영(SQM ; Strategic Quality Management)

전략적 품질경영은 전략의 수립뿐만 아니라 실행과 평가 등 전략을 실제로 전개해 가면서 전략 목표를 달성하는 총괄적 경영과정이다.

전략적 품질경영의 주요 포인트는 다음의 3단계로 구분된다.

① 전략의 형성
  ㉠ 경영현황의 파악을 위한 SWOT 분석
  ㉡ 경영이념, 경영목표, 경영전략 · 경영방침의 수립을 통한 전략적 방향의 설정
② 전략의 실행
  ㉠ 실행계획 및 예산 편성
  ㉡ 세부절차의 수립
③ 전략 실행 성과에 대한 평가 및 통제

참고 벤치마킹

벤치마킹은 하나의 비교 우위과정을 뜻하는 상대적 우위성 전략으로, 조직의 업적 향상을 위해 최상을 대표하는 것으로 인정되는 다른 조직의 제품, 서비스, 업무수행방식을 검토하고 자사의 조직에 새로운 아이디어를 도입하여 경쟁력 우위를 확보하려는 체계적이고 지속적인 과정이라 할 수 있다.

2 품질가치사슬 : Ray Gahani

품질가치사슬(quality value chain)이란 TQM의 전략 전개를 위한 사상 제시를 위해 포터(M.E. Porter)의 부가가치사슬을 발전시켜 품질 선구자의 사상을 인용하여 제시한 것이다.

기본적인 부가가치활동을 전개하는 테일러(Taylor)의 검사품질과 함께 데밍의 공정관리품질과 이시가와의 예방종합품질을 하층 기반으로 하여, 중심부에는 경영 종합품질을 지목하고, 상층부에는 최고경영층의 전략적 종합품질을 제시하였다.

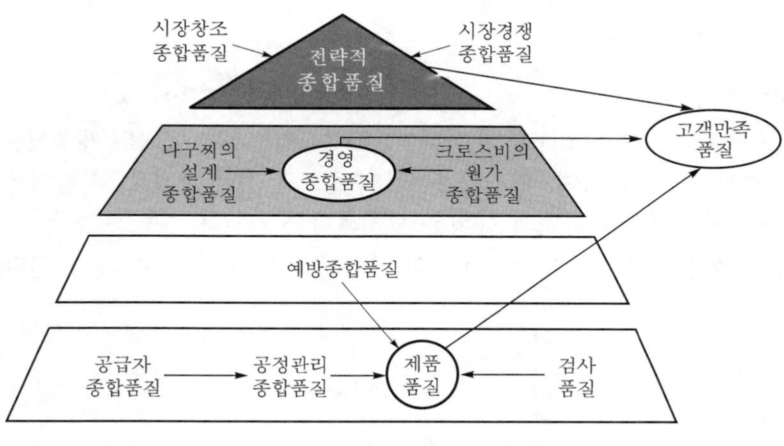

▮ 품질가치사슬 ▮

5 고객만족 품질

1 고객만족 품질의 의미

고객만족이란 고객의 만족조건을 최대로 보장하는 것으로, 고객만족을 위해서는 고객의 요구, 즉 고객이 기대하는 것이 무엇인지 올바르게 파악할 필요가 있다. 고객만족은 제품이나 서비스의 수행성과가 고객이 기대하고 투자한 것보다 클 때 이루어지며, 세계 최고의 제품/서비스나 장수 제품/서비스의 비결은 고객만족 품질의 끊임없는 추구에 있다.

⊙ 제품/서비스를 구매하는 고객들은 수요의 3요소인 품질(quality), 가격(cost), 납기/시간(delivery)을 종합적으로 평가하여 구매를 하는데, 이 3요소를 종합적 품질이라고 한다.

2 고객만족 품질경영

기업의 경영은 장기적으로 고객을 만족시키는 데 있으며 이를 달성하기 위한 품질의 설계는 고객이 요구하는 만족도를 위해 기술수준과 cost라는 제한조건을 균형 있게 하는 것으로 품질형성의 단계별 분류는 다음과 같다.

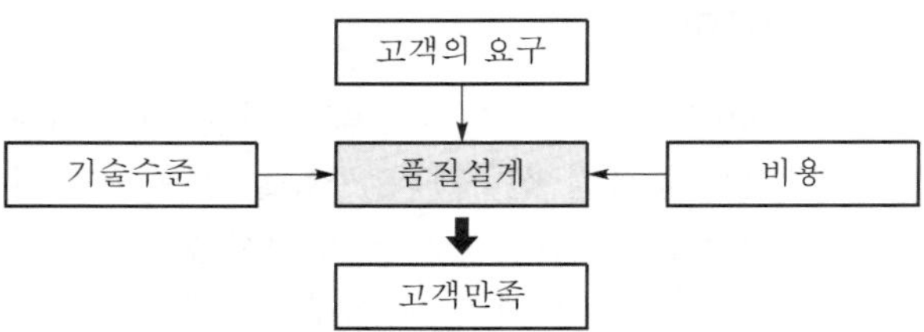

기업의 목적이나 경영방침에 의해 품질방침이나 판매방침이 결정되는데, 이는 개념적인 단계로서의 목표품질이라 할 수 있다.

(1) 설계품질(quality of design)

목표품질을 토대로 고객의 요구를 분석하여 품질이 결정되면 공정의 제조기술, 설비, 관리상태에 따라 경제성을 고려하여 제조가 가능한 수준으로 정한 품질로, 최적의 설계품질은 제품이 갖고 있는 사용가치와 가격의 균형을 고려하여 설정된다.

아래 [그림]에서는 품질가치와 품질비용의 차이가 가장 큰 부분이 q_0가 된다.

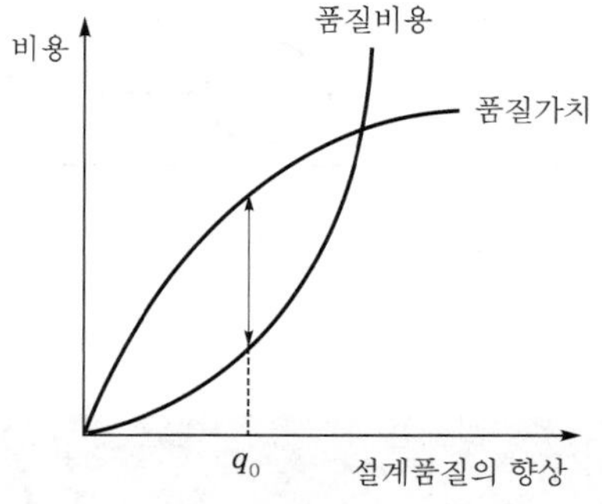

참고 설계품질은 제품의 시방, 성능, 외관 등을 규정하는 품질규격(quality standard)을 표시한 것이다.

(2) 제조품질/적합품질

실제로 제조된 품질이며 적합품질(quality of conformance)이라고 한다. 일반적으로 제품의 품질은 공정산포에 원인이 되는 4M(Man, Method, Machine, Meterial)에 영향을 받으며, 기술적·경제적으로 허용하는 범위 내에서 제조품질을 설계품질로 적합시키려는 노력에서 품질의 향상이 이루어진다.

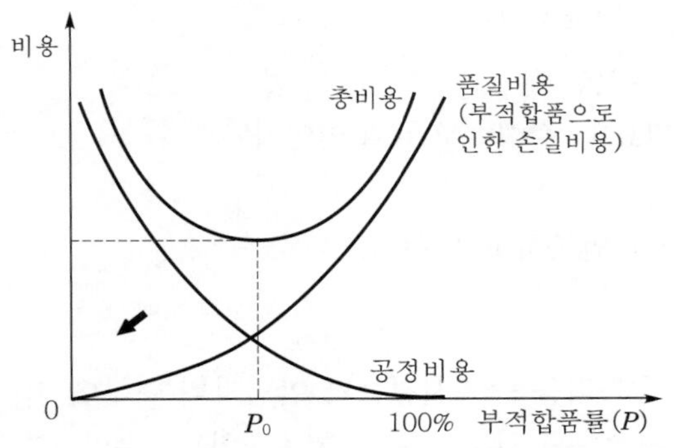

※ 공정비용 : 설계·측정기구의 정도를 유지하거나 작업자의 숙련도를 올리는 데 필요한 관리비용

※ 품질비용 : 부적합품에 의한 손실비용 [폐기(scrap), 재가공(rework), 선별검사비용 등]

⊙ 위 [그림]에서 제조품질의 적정 부적합품률은 총비용의 원가가 최저가 되는 P_0이다.

(3) 시장품질/사용품질

제품이 판매된 후 고객이 사용하면서 결정되는 품질로서, 실제 사용 중에 평가되므로 설계품질의 기초가 되는 요구품질이며, 목표품질이다. 제품의 품질은 시장품질(quality of market)을 기준으로 육성시켜야 한다.

참고 고객창조 품질경영

과거에는 공급자 위주의 시장(seller's market)에서 product out 사고를 지향했다면, 현재의 품질경영은 market in 사고로 '팔리는 것을 만든다'는 자세가 중요하며, 고객이 요구하는 품질과 서비스를 제공하여 고객을 만족시키는 고객창조 경영이 요구되고 있다.

3 고객의 요구

(1) 고객의 정의

고객이란 비즈니스의 본질을 수행하는 단계에서 관계를 형성하였거나, 관계가 형성되어 관리가 요구되는 개인이나 조직을 의미하는 것으로, 공급사슬상 후속되는 개인 또는 조직을 뜻하며, 내부고객과 외부고객으로 구분할 수 있다.

① **내부고객** : 프로세스에서 창출되는 정보, 서비스 또는 자재를 공급받는 사내의 부서 또는 직원

② **외부고객** : 제품/서비스를 사용 또는 구매하는 사외의 개인 또는 조직

(2) 고객 핵심요구사항(CCR)

기업은 고객이 기업의 제품/서비스에 대해 갖고 있는 다양한 요구사항과 기대를 정의하고 우선순위를 부여하는 방법, 즉 고객의 소리(VOC ; Voice Of Customer)를 이해하고 찾도록 노력하여야 한다. 하지만 고객의 소리는 애매하고 감성적일 수 있으므로, 측정 가능한 고객 핵심요구사항(CCR ; Critical Customer Requirement)으로 바꾸는 것이 필요하다.

고객의 요구사항은 다음 4가지 질문으로 검토한다.
① 고객이 원하는 제품/서비스 특성은 무엇인가?
② 고객의 기대사항을 충족시키는 데 필요한 수행수준은 무엇인가?
③ 각 특성의 상대적 중요성은 무엇인가?
④ 현재의 수행수준에서 고객들은 얼마나 만족하고 있는가?

(3) 소비자 요구의 품질특성

품질의 적합 여부는 제품의 사용자가 사용목적을 충족시켰는가 아닌가의 여부에 따라 평가되는데, 이때 품질평가의 대상은 성질 내지 성능, 강도, 순도, 치수, 외관, 수명, 부적합품률, 수율 등과 같은 것이다.
가빈(Gavin)은 품질을 이루고 있는 범주로서 성능, 특징, 신뢰성, 적합성, 내구성, 편의성, 심미성, 인지품질의 8차원 요소를 제시하였다.

〈 품질의 8차원 요소 〉

품질의 8가지 차원	내용
성능(performance)	제품의 기본적 운용특성
특징(feature)	기본적 특성을 보완하는 소구성
신뢰성(reliability)	규정된 조건하에서 만족스럽게 작동될 확률
적합성(conformance)	제품 규격과의 일치성
내구성(durability)	제품의 성능이 만족스럽게 발휘되는 수명
편의성(serviceability)	서비스의 신속성, 수행성, 접근성, 만족성
심미성(aesthetics)	제품 외형에 대한 주관적 선호도
인지품질(perceived quality)	광고, 상표, 명성 등에 의한 고객의 지각품질

참고 참특성과 대용특성

품질특성은 참특성과 대용특성으로 구분할 수 있다.
- 참특성 : 소비자가 요구하는 품질특성
- 대용특성 : 참특성을 해석하기 위한 또 다른 객관적 특성

4 품질기능전개와 고객만족모델

(1) 품질기능전개

품질기능전개(QFD ; Quality Function Deployment)란 1972년 일본 미쓰비시 중공업의 고베 조선소에서 시작된 것으로, 고객의 요구와 기대를 규명하고 이들을 설계 및 생산 사이클을 통하여 목적과 수단의 계열에 따라 계통적으로 전개하는 포괄적 계획화 과정이다.
QFD의 기본개념은 소비자의 요구사항을 우선 제품의 설계특성으로 변환하고, 이를 다시 부품특성, 프로세스 특성으로, 최종적으로 생산을 위한 구체적 시방으로 변환하는 것이다.

특히 고객이 무엇(what)을 요구하는지와 고객의 요구를 충족시키기 위해 제품과 서비스를 어떻게(how) 설계하고 생산할 것인지를 서로 관련시켜 나타내는 매트릭스도법을 이용하는 것이 이 기법의 핵심이다. 이러한 '목적(what)-수단(how) 매트릭스'를 이용하여 고객의 요구와 수단으로서의 기술적 요구조건 및 경쟁력 평가를 나타낸 그림을 품질표(house of quality)라고 한다.

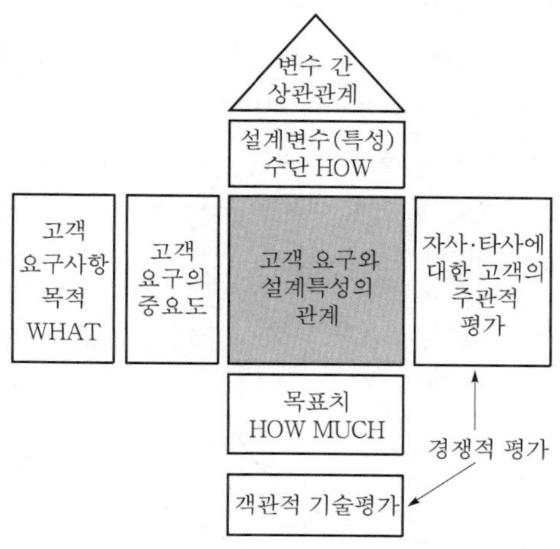

▌품질하우스(품질표)의 구조▐

⊘ QFD의 전개단계

고객 요구 → 제품 설계 → 부품 설계 → 프로세스 설계 → 생산 설계

(2) 카노의 고객만족모델

대부분의 고객들은 제품의 부족한 부분에 대해서는 불만을 가지며, 충분한 경우에는 당연하다고 느낄 뿐 만족감은 가지지 않는 경향이 있다.

이러한 상황을 체계적으로 설명하기 위해 카노(狩野)는 품질의 이원적 인식방법을 제시하였는데, 만족·불만족이라는 주관적 측면과 물리적 충족·불충족이라는 객관적 측면을 함께 고려하여 '사용자의 만족'이라는 주관적 측면과 '요구조건과의 일치'라는 객관적 측면을 대응시켜 품질요소를 다음과 같이 구분하였다.

① 매력적 품질요소(attractive quality element)

충족이 되면 고객에 만족을 주지만 충족되지 않는 경우에도 문제가 되지 않는 품질요소를 말한다. 이것은 고객이 미처 기대하지 못했던 것을 충족시켜 주거나 고객이 기대했던 것이라도 기대를 훨씬 초과하여 만족을 주는 품질요소로서, 고객만족 내지 고객감동(customer delight)의 원천이 된다. 따라서 이 품질요소는 경쟁사를 따돌리고 고객을 확보할 수 있는 주문획득인자(order winner)로 작용한다.

② 일원적 품질요소(one-dimensional quality element)

충족이 되면 만족, 충족되지 않으면 불만을 일으키는 명시 품질요소로서, 종래의 품질인식과 같다.

③ **당연적 품질요소**(must-be quality element)
당연한 것으로 생각되는 기본적인 품질요소로서, 충족이 되더라도 별다른 만족감을 주지 못하는 반면, 충족이 되지 않으면 불만을 일으키는 묵시적 기대품질 요소를 말한다. 당연적 품질요소는 불만예방 요인이라고 볼 수 있다.

④ **무차별 품질요소**(indifferent quality element)
충족되든 충족되지 않든 만족도, 불만도 일으키지 않는 품질요소를 말한다.

⑤ **역(逆) 품질요소**(reverse quality element)
충족이 되면 불만을 일으키고, 충족이 되지 않으면 만족을 일으키는 품질요소를 말한다. 역품질이란 생산자가 고객을 충족시키려는 노력을 기울이지만, 결과적으로 고객은 불만족스럽다고 평가하는 품질이다.

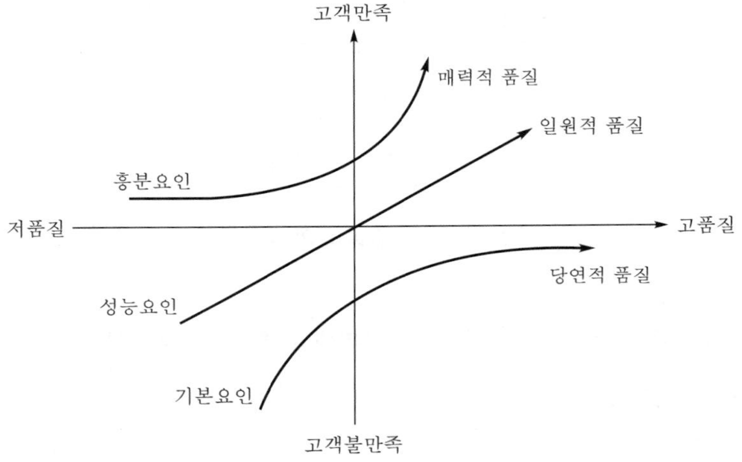

카노의 고객만족모델

카노는 품질요소는 시간이 경과함에 따라 '매력적 평가 → 일원적 평가 → 당연적 평가'로 변화하는 진부화(陳腐化) 현상을 보이기 때문에 기업이 경쟁력 우위를 확보하고 유지하기 위해서는 제품/서비스 개발 담당자들이 끊임없이 새로운 매력적 요소를 찾아내어 구현하고, 일원적 품질요소에 대한 충족도를 높이려는 노력을 계속하지 않으면 안 된다고 주장하였다.

품질관리조직 및 기능

1 품질관리조직과 품질시스템

조직(organization)이란 기업 또는 단체의 목적을 달성하기 위하여 직무를 개인 및 그룹 단위에 할당하여 전체가 동일 목적을 향하여 협력할 수 있도록 한 직무분담기구로서, 품질관리조직은 기업 내 분산되어 있는 품질에 대한 업무나 책임을 통합·관리할 수 있는 업무분담기구이다. 따라서 조직 내 각 부서가 자기 부서에 할당된 품질에 관한 부분적인 기능을 완전히 수행할 수 있도록 품질관리 부문의 각 기능을 통합·협조·조언·원조하는 스태프(staff) 조직이라 할 수 있다.

1 조직의 개요

(1) 조직 편성의 목적

① 개인 및 조직 단위에 대한 자기책임과 상호관계의 한계를 명시

② 책임과 권한의 소관범위 중복을 탈피

③ 조직의 공동목표 제시 및 협동체제 부양

④ 업무 부문의 원활화와 통제의 용이화

⑤ 자발적 협력의 환경 조성

(2) 조직화의 4단계

경영조직은 그 목적을 효율적으로 달성하기 위하여 일반적으로 4단계에 따라 조직하며 각 단계에 따른 일정한 원칙이 있다.

조직화를 위한 4단계는 다음과 같다.

① 1단계 : 일의 분할

② 2단계 : 부문화

③ 3단계 : 책임과 권한의 부여

④ 4단계 : 조정

(3) 조직화의 기본원칙

① 전문화의 원칙(principle of specialization)
② 직무할당의 원칙(principle of assignment of duty)
③ 권한과 책임의 원칙(principle of authority and responsibility)
④ 감독범위의 원칙(principle of span of control)
⑤ 명령 일원화의 원칙(principle of unifying command)
⑥ 위임의 원칙(principle of exception)
⑦ 조정과 통합의 원칙(principle of coordination and integration)

(4) 공장 조직의 기본형태

공장 조직은 인위적으로 권한과 책임이 주어지는 공식 조직과 자연발생적 조직인 비공식 조직으로 구분할 수 있다.

① 공식 조직(formal organization)

㉠ 직계식 조직(line organization)

지휘명령이 용이하고 명령이 신속한 조직으로, 하향식 의사소통(communication) 체계를 가지며, 직무상 상호협력이 곤란한 단점을 갖는다.

㉡ 부문 조직(department organization)

직계식 조직이 비대할 때 사용되는 분권적 관리조직으로, 독립채산제를 채택하는 것이 보통이다. 이러한 부문 조직은 관리는 수월하나, 경쟁의식에 의한 협력체제의 저하 및 작업중복 현상이 나타날 수 있다.

㉢ 기능식 조직(functional organization)

기능을 분업적으로 분할하여 전문 업무의 숙달이 수월하도록 배치하는 조직으로, 후계자의 양성이 용이하고 한 부문의 전문가를 쉽게 만들 수 있으나, 전문가 상호간의 협력이 어렵고 명령의 일원화가 이루어지지 않기 때문에 통제력 약화현상이 일어난다.

㉣ 직계참모식 조직(line and staff organization)

지휘명령의 통일성을 유지하면서 전문가를 각 관리계층에서 유효적절하게 활용해야 하는 기능식 조직의 장점을 도입한 조직으로, 위임과 조정 원리를 유효하게 사용할 수 있으나 보조자문 역할을 하는 스태프(staff)와 지휘조정을 하는 라인(line) 간의 업무한계가 명확하지 않을 경우 갈등(conflict)이 야기될 수 있다.

㉤ 위원회식 조직

소규모 조직에 사용되는 원탁형(성좌형) 조직으로, 수평적 의사소통체계를 갖는 비교적 전문화된 조직이다.

② 비공식 조직(informal organization)

직무와 관계없이, 공식 조직 내에 지연, 학연, 기질, 취미, 감정 등의 공통점을 가지고 자연발생적으로 형성되는 집단조직으로, 잘 활용되면 공식 조직의 성과를 높일 수 있는 반면에, 조직에 대한 저항이라는 역작용을 일으킬 수도 있다.

2 품질관리조직의 품질관리활동

(1) 품질관리조직의 형태

품질관리조직의 직무는 품질관리활동을 종합 조정하는 것으로서, 조직의 형태는 기업 조직의 규모나 구조의 복잡성, 그리고 기업이 처해진 환경에 따라 다르며, 품질관리가 도입되어 그 기능이 발전함에 따라 간단한 형태에서부터 단계적으로 발전시켜 나가는 것이 바람직하다.

① **소기업** : 최고경영자 밑에 품질 보좌원을 두어 품질활동을 담당

② **중소기업** : 기능별 조직

③ **대기업** : 사업부제 조직

참고 품질조직에 이용되는 3가지 도구

- 직무기술서(job description)
- 조직도(organization chart)
- 책임분장표(responsibility matrix)

(2) 품질관리조직의 2원칙(A.V. Feigenbaum)

① **제1원칙**

품질책임은 공동의 책임이다.

(Quality is everybody's job.)

② **제2원칙**

품질에 대한 책임은 공동 책임이기 때문에 무책임하게 되기 쉽다.

(Because quality is everybody's job in a business, it may become nobody's job.)

(3) 품질관리활동의 체계

품질관리를 실시하기 위해서는 품질의 해석, 공정의 해석, 작업표준의 활용 등이 필요하며, 개발·생산·판매·서비스의 전 단계에 걸쳐 다음과 같이 체계적으로 나타난다.

① **표준품질의 결정**

소비자의 요구와 제조 면의 요구(기술수준)를 고려하여 결정한다.

② **표준작업의 결정**

공정해석에서 원인과 특성치 관계를 명확히하며 제어해야 할 중요 요인을 관리해야 한다.

③ **작업표준에 의한 작업**

④ **작업결과를 알기 위한 측정**

생산된 제품이 표준품질과 일치하는가의 여부를 체크한다.

⑤ **관리표준의 작성**

관리수준의 결정방법, 절차에 대한 표준을 기재하는 것을 관리표준이라 한다.

⑥ **관리표준에 의한 특성치 체크**

⑦ **이상원인을 제거하기 위한 체크**

(4) 품질방침

품질방침이란 최고경영자에 의해 공식적으로 표명된 품질에 관한 조직의 전반적인 의도 및 방향으로서, 경영방침의 한 요소이며 품질경영활동의 지침을 위한 포괄적 원칙이다.

품질방침에서 다루어야 하는 중요한 사항은 다음의 6가지로 구분된다.

① 제품의 판매대상
② 고객에 대한 기업 입장
③ 품질 리더십의 정도
④ 납품업자와의 관계
⑤ 제품 전략의 중점
⑥ QM 활동에 대한 조직 참여 문제

3 품질시스템

(1) 품질시스템의 정의

품질시스템이란 지정된 품질표준을 생산하고 인도하기 위해 필요한 관리 및 기술상의 순서 네트워크(network)로, 품질보증, 신제품 관리, 원가 관리, 납기 관리 등이 유기적으로 결합된 총합적 관리체계이다.

(2) 품질시스템의 분류

① **품질보증(quality assurance) 시스템** : 소비자가 제품을 성능 면에서 안심하고 살 수 있고, 오래 사용할 수 있다는 것을 보증하는 대소비자와의 약속으로, 품질보증의 설계과정은 제품의 최종 사용 관점에서의 경제적 설계와 규정된 품질을 달성할 수 있는 경제적 공정설계로 이루어진다.

② **품질심사(quality audit) 시스템** : 제품 품질을 여러 단계에서 객관적으로 평가 품질보증에 필요한 정보를 파악하기 위해서 실시하는 품질관리활동으로, 품질감사라고도 한다. 제반 품질관리활동을 개선·평가함으로써 품질의 향상을 도모하는 품질보증 수단이며, 심사를 균일하게 누락 없이 진행하려면 심사점검표 등의 사용이 필요하다.

㉠ 품질계획의 심사 : 기업의 품질의 목표달성과 제품용도의 적합성을 보증하기 위해서 품질계획이 적절한 것인가를 판단·심사하는 행위이다.

㉡ 품질업무의 심사 : 품질관리의 실시상황을 확인·평가하여 품질을 보증하려는 활동으로 품질관리제도, 제품검사, 특수공정의 관리상태의 체크 등을 감사한다.

③ **품질계획(quality plan) 시스템** : 생산 개시 전의 품질설계 및 공정설계 단계에서 요구되는 제품의 품질을 측정하고 관리하기 위한 계획수립 활동을 의미한다.

④ **교육훈련(education and training) 시스템** : 직무수행에 필요한 전문적인 지식과 기술을 습득하고, 가치관과 태도를 바람직한 방향으로 변환시키는 활동을 의미한다.

⑤ **품질검사(quality inspection) 시스템** : 품질 요구조건을 확인하기 위하여 제품을 측정하거나 관측하는 확인활동을 의미한다.

2 품질관리 부문의 기능

품질관리 부문의 기능에는 두 가지 책임이 있다. 하나는 품질보증이고 또 다른 하나는 최적품질 코스트(cost) 구성이다.

⊘Feigenbaum의 QC 기능 수행에 필요한 기본권한이라고도 한다.

1 품질관리 부문의 일반적 기능

(1) 품질관리계획 입안

최고관리자가 결정·지시할 기본방침에서, 방침을 실행하기 위한 서식이나 지시까지를 포함하여 품질관리활동에 필요한 계획을 수립한다.

(2) 품질관리활동의 종합조정

품질관리활동의 감시, 품질관리위원회의 간사 역할, 품질평가제의 입안 및 실시, 품질표준에 대한 제안 등이다.

(3) 품질관리에 관한 교육지도

사내교육, 품질의식 향상, QC 수법에 관한 상담, QC 문제해결을 위한 실제 지도 등이다.

(4) 품질관리에 관한 정보제공

클레임(claim) 해석, 품질관리 신지식 도입 등을 들 수 있다.

2 품질관리 부문의 하위 기능(Feigenbaum의 품질관리 부차적 기능)

품질관리의 업무량이 복잡해지고 품질 책임이 커지는 경우 한 사람의 책임자가 이를 처리할 수 없으므로 이를 처리하는 부차적 기능(sub-function)을 두게 되는데, 다음의 [그림]과 같다.

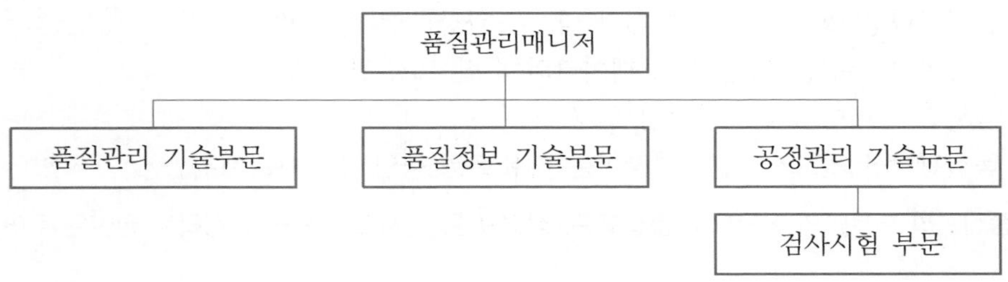

‖ 품질관리 부문의 기본적 구성 ‖

(1) 품질관리 기술부문

품질계획의 입안, 품질목표의 설정, 제품 및 공정 품질계획, 품질관리 교육, 품질정보의 피드백, 품질 코스트의 구성, 품질 문제의 진단 등의 업무를 수행하며 품질관리 피드백 사이클(feedback cycle) 중 품질계획(quality plan)을 담당하는 기술부문이다.

(2) 품질정보 기술부문

공정관리를 위한 검사, 품질측정장치 및 시험장치의 설계 및 개발, 품질측정기술 개발 등의 업무를 담당하는 기술부문이다.

(3) 공정관리 기술부문

공정의 QC 활동에 대한 기술적 원조, 품질관리 적용 실시의 감시, 낡은 검사법의 대체, 품질능력의 평가, 품질심사의 업무 등을 수행하며 품질관리 피드백 사이클 중 주로 통제기능인 품질평가(quality appraising) 및 품질해석(quality analysis)을 담당하고 있는 기술부문이다.

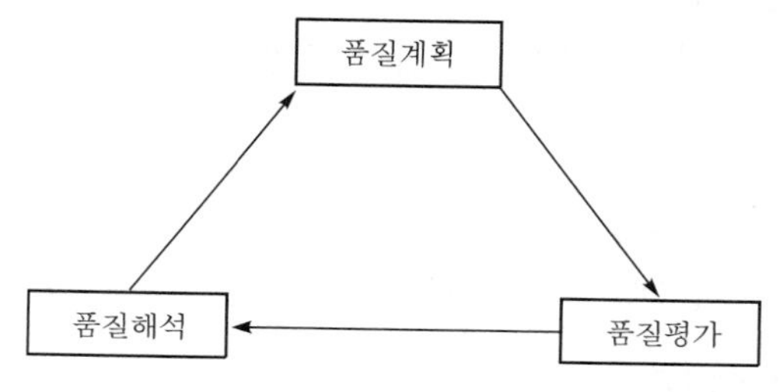

| 품질관리 피드백 사이클 |

3 품질관리 부문의 권한과 책임

(1) 품질관리 부문의 권한

품질관리 부문은 스태프 기능이므로 큰 권한을 부여할 필요가 없으나, 스태프로서 책임을 수행하기 위한 어느 정도의 권한이 필요하며, 다음과 같다.

① 품질관리상 필요한 항목에 대한 각 부·과장과 직접 연락
② 품질관리 추진을 위한 필요 데이터의 수집 요청(관련 부서)
③ 품질관리 데이터의 현장수집 연구
④ 품질관리상 필요시 어떤 현장이든 자유로운 출입 및 시료 채취

⊙ 품질관리 부문만의 판단으로 품질표준, 작업표준, 검사표준 등을 변경하는 권한은 주어질 수 없다.

(2) 품질관리 부문의 책임

① 기업 책임 : 기업의 시장 확대, 제품 계획 등에 관한 경영 계획 및 활동에 대하여 기본적이고 직접적으로 기여하는 책임이다.

② 시스템 책임 : 설계에서부터 서비스까지 품질을 적정 비용으로 보증할 수 있는 종합적인 품질시스템의 구축과 관리에 대한 책임이다.

③ 전문적 책임 : 기업 내의 품질개선활동의 전개와 보증활동을 지원하는 책임이다.

4 품질관리위원회

품질관리위원회란 QC 실시 및 추진에 중추적 역할을 행하는 기관이다.

(1) 품질관리위원회의 구성

① 위원장 : 사장, 부사장, 전무

② 위원 : 판매·생산·구매·경리·인사·품질관리 담당 중역 또는 부장 및 공장장

③ 간사 : 품질관리 담당 부·과장

(2) 품질관리위원회의 심의사항

① 품질관리 추진 프로그램의 결정(교육계획, 표준화계획 등)

② 공정 이상원인 제거에 대한 보고 및 취합

③ 각 부문의 문제(trouble) 제거 및 클레임 처리

④ 중요한 QC 문제, 품질표준 및 목표의 심의

⑤ 중점적인 품질 해석의 심의

⑥ 기타 QC에 관한 중요 항목의 심의

⑦ 신제품의 품질목표, 품질수준, 시험검사 등의 심의

CHAPTER 03

품질보증 및 제조물 책임

1 품질보증

1 품질보증의 개요

(1) 품질보증의 정의

품질보증(QA ; Quality Assurance)은 제품이나 서비스가 주어진 요구(소기의 성능)를 만족하고 있음을 보증하는 것으로, KS Q ISO 9001 규격에는 '품질 요구사항이 충족될 것이라는 신뢰를 제공하는 데 중점을 둔 품질경영의 일부'라고 정의되어 있다.

이러한 품질보증에 대해 학자들은 여러 가지 형태로 정의하고 있는데, 쥬란(J.M. Juran)은 '모든 관계자들에게 품질기능이 적절하게 수행되고 있다는 확신을 갖도록 하는 데 필요한 증거를 제시하는 활동'으로, 파이겐바움(A.V. Feigenbaum)은 '고객의 기대 충족'으로 정의하였다.

① KS Q 3001

소비자가 요구하는 품질을 충분히 만족시킨다는 것을 보증하기 위해서 생산자가 행하는 체계적인 활동이다.

② ISO 8402

제품 또는 서비스가 품질 요건을 만족시킬 것이라는 적절한 신뢰감을 주는 데 필요한 모든 계획적이고 체계적인 활동이다.

품질보증이란 '당연히 있어야 할 품질'과 '실현되는 품질'을 일치시키려는 노력이라고 할 수 있다.

참고 보증과 보상

- 보증(assurance)
  회사의 방침이나 완비된 시스템에 의해서 달성되는 활동
- 보상(compensation)
  소비자의 만족을 얻을 능력이 없는 기업이 행하는 소극적 활동(무료 수리, 무료 교환)

(2) 품질보증의 기능

① 품질이 소정의 수준에 있음을 보증하는 것이다.
② 품질보증은 감사(audit) 기능이다.
③ 제품에 대한 대소비자와의 약속이며 계약이다.
④ 제품에 대해 소비자가 안심하고 오래 사용할 수 있다는 것을 보증하는 것이다.
⑤ 생산의 각 단계에서 소비자의 요구가 정말로 반영되고 있는가를 체크하고, 각 단계에서 적절한 조치를 취하는 것이다.
⑥ 제품 품질이 만족할만하고 적절하며, 신뢰할 수 있고 경제적임을 소비자에게 입증하는 것이다.
⑦ 설정되어 있는 기술 요구에 한 품목 또는 제품이 적합되도록 하는 데 필요한 모든 행위의 계획적·체계적 형태를 뜻한다.

2 품질보증표시

(1) 품질보증표시의 유형

① 법률적 규제에 의해 그 마크가 없으면 판매할 수 없도록 하는 것
예 전기용품의 형식 승인마크
② 생산자가 임의로 정부기관 등 관련 기관의 보증마크를 취득해서 표시하는 것
예 KS 마크
③ 생산자의 상표 그 자체를 신뢰하는 경우
예 오메가 시계, 파커 만년필

(2) 국내의 품질보증표시

① KS 표시
KS 마크를 산업표준화법에 따라 제품에 부착함으로써 정부로부터 품질을 보증받는 효과를 지닌다.
② "검" 자 표시
전기용품을 제외한 공산품 중에서 재산상의 피해를 줄 우려가 있는 품목에 대해 사전품질 검사를 실시하는 제도이다.
③ "전" 자 표시
전기용품으로서 국민의 생명과 신체상의 피해를 줄 우려가 있고, 화재위험이 있는 품목에 대해 형식승인을 받도록 하는 제도이다.

3 품질보증업무 프로세스

(1) 품질보증업무의 과정

품질보증에 대한 활동은 제품의 기획부터 사용, A/S에 이르는 제품 라이프사이클(life cycle) 전반에 걸쳐 행해지므로, 전 단계에서 품질보증의 기능을 명확히 하여 이를 검토 및 수정하여야 한다.

① 품질방침의 설정과 전개
② 품질보증방침과 보증기준의 설정
③ 품질보증시스템의 설정과 운영
④ 각 단계에서 품질보증업무의 명확화
⑤ 각 단계에서 품질평가
⑥ 설계품질의 확보
⑦ 중요 품질 문제의 등록과 해석
⑧ 생산 및 생산 후 단계에서 중요한 품질보증기능
⑨ 제조기간 중 품질보증활동의 총괄
⑩ 품질 조사와 클레임 처리
⑪ 표시설명서 등의 관리
⑫ 제품 품질과 품질보증시스템의 심사(감사)
⑬ 품질정보의 수집·해석·활용

(2) 품질보증업무의 사전대책과 사후대책

① **사전대책**
　㉠ 시장조사(시장정보)
　㉡ 공업화 연구(기술연구)
　㉢ 고객에 대한 PR 및 기술지도
　㉣ 품질설계
　㉤ 공정능력 파악
　㉥ 공정관리(공정해석 → 안정화 → 품질 균일화)

② **사후대책**
　㉠ 제품검사
　㉡ 클레임 처리
　㉢ 애프터서비스, 기술서비스
　㉣ 보증기간방법(신뢰성)
　㉤ 품질심사(감사)

4 품질보증시스템

품질보증시스템은 진행절차를 구축하는 품질보증업무시스템과, 수행된 결과를 중심으로 기준과 비교하여 결과를 평가하는 품질평가시스템, 그리고 그 평가결과를 조직에 피드백하여 시스템의 효율화를 추구하는 품질정보시스템의 3요소로 구성된다.

(1) 품질보증업무시스템

① **부문별 품질보증시스템** : 품질보증활동을 조사부서, 설계부서, 생산기술부서, 구매부서, 제조부서 등과 같이 부서별로 책임과 권한을 분할하여 수행하는 시스템을 의미한다.

② **업무별 품질보증시스템** : 품질보증활동을 시장조사, 연구개발, 설계, 생산준비 등과 같이 제품 수명주기의 업무별로 수행하는 시스템을 의미한다. 이는 단계적 품질보증시스템이라고도 하며, 가장 일반적인 품질보증시스템으로 활용된다.

③ **기능별 품질보증시스템** : 품질보증활동을 품질평가, 품질심사, 검사, 고장해석, 제품책임, 표준화, 공정능력 분석 등과 같이 기능별로 분류하여 수행하는 시스템을 의미한다.

④ **프로젝트별 품질보증시스템** : 프로젝트 엔지니어나 매니저에게 인사권이나 예산권을 일임하여 신제품 개발을 주도하게 하는 방식으로, 프로젝트 리더 방식이라고도 하며, 품질보증과 동시에 생산·판매·이익 등의 책임을 부여하는 시스템이다.

참고 품질심사(품질감사)는 품질경영시스템을 통한 품질경영의 성과를 다양한 관점에서 객관적으로 평가하고 품질보증에 요구되는 정보를 파악하기 위해 수행되며, 심사주체에 따라 1자·2자·3자 심사로 분류된다.
이는 품질계획 및 품질시스템에 대한 심사이지 비용에 대한 심사는 아니며, 제품/서비스와 품질시스템을 객관적으로 확인하는 것으로, 업무절차와 평가결과 및 정보 피드백 과정이 심사대상이 된다.

(2) 품질평가시스템

품질평가는 품질을 측정하고 그에 따라 제품의 가치를 결정하는 것으로, 다음과 같은 단계를 거쳐 수행된다.

① **제품 개발단계** : 상품 기획단계와 제품 설계단계의 평가가 이루어진다.

② **제품 제조단계** : 수입검사, 공정검사, 제품검사, 출하검사를 통한 평가와 모니터링을 통한 과정관리가 이루어진다.

③ **제품 사용단계** : 고객이 평가하는 것으로, 사용의 용이성과 경제성 등이 평가된다.

참고 DR(Design Review)은 품질보증시스템상 제품 설계단계에서 단계적으로 이루어지며, 설계 및 개발 검토, 설계 및 개발 검증, 설계 및 개발 타당성 확인 등의 내용을 갖고 있다.

(3) 품질정보시스템

품질정보시스템은 별도로 구성되는 시스템은 아니며, 품질평가 결과인 품질정보를 품질업무절차에 적절히 피드백시킴으로써 제품/서비스의 질적 향상을 도모하기 위한 방법으로, 품질업무시스템 설계 시 품질정보시스템을 반영하여 설계하여야 한다.

2 제조물 책임

1 제조물 책임의 의미

제조물 책임(product liability)이란 상품의 생산, 유통, 판매 등 일련의 과정에 관여한 자가 그 상품의 결함으로 인해 야기된 생명, 신체, 재산 및 기타 권리에 대한 침해로 생긴 손해를 최종 소비자, 사용자 또는 제3자에게 배상할 의무를 부담하는 것, 즉 제품 결함으로 인해 발생한 피해에 대한 생산자, 판매자 등의 손해배상 책임을 말한다. 이를 제품 책임(품질관리 관계), 제조물 책임(법률 관계), 생산물 책임(보험 관계)이라고도 하며, 이 용어는 제조물의 고장과 성능 불량에 의해 소비자나 기업이 경제적 손해를 입은 경우에도 사용되고 있다.

여기서 결함 상태란 상품의 사용과 소비에 있어서 통상적으로 기대되는 안전성을 갖추지 못한 상태로서, 그것이 최종 소비자에게 부당하게 위험한 경우를 뜻하며, 불합리한 위험(unreasonably dangerous)이란 상품을 구입한 통상의 소비자가 예기한 정도를 넘은 위험을 의미한다.

제조물 책임제도는 제조자 측이 과실을 인정하지 않더라도 제품에 결함이 있었다는 것이 증명되면 손해배상을 받을 수 있다는 것으로, 이를 법률로 정한 것이 「제조물 책임법」이다.

2 제조물 결함의 유형

제조물 결함이란 제조물이 통상적으로 갖추어야 할 안전성의 결여로, 이는 소비자가 제품에 통상적으로 기대하는 안전성이 부족한 상태이다.

제조물 결함의 유형은 다음과 같다.

(1) 과실 책임

과실 책임이란 주의의무(예견되는 위험, 오용 시 위험, 우연발생상황의 경고의무) 위반과 같이 소비자에 대한 보호의무를 불이행한 경우, 피해자에게 손해배상을 해야 할 의무를 뜻한다.

① 제조상의 결함

제조업자가 제조물에 대하여 제조·가공상의 주의의무를 이행하였는지에 관계없이 제조물이 원래 의도한 설계와 다르게 제조·가공됨으로써 안전하지 못하게 된 경우를 말한다.

㉠ 고유기술 부족 및 미숙에 의한 잠재적 부적합

㉡ 제조의 품질관리 불충분

㉢ 안전시스템의 고장

㉣ 재질 부적합, 가공 부적합, 조립 부적합

㉤ 신뢰성 공증, 시험검사의 부족 및 부적합

② 설계상의 결함

제조업자가 합리적인 대체설계를 채용하였더라면 피해나 위험을 줄이거나 피할 수 있었음에도 대체설계를 채용하지 아니하여 해당 제조물이 안전하지 못하게 된 경우를 말한다.

㉠ 제조물 안전설계 및 설계 품질관리의 불충분

㉡ 안전시스템의 미비, 부족

㉢ 중요 원재료 및 부품의 부적합 등

③ 표시상의 결함

제조업자가 합리적인 설명·지시·경고 또는 그 밖의 표시를 하였더라면 해당 제조물에 의하여 발생할 수 있는 피해나 위험을 줄이거나 피할 수 있었음에도 이를 하지 아니한 경우를 말한다.

㉠ 취급설명서의 설명 부족이나 불충분

㉡ 경고라벨의 미비나 부적절

㉢ 선전·광고문의 과대나 부실 표시

㉣ 판매원의 구두 설명 미비

㉤ 명시의 보증 위반 등

(2) 보증 책임

제조자가 제품의 품질에 대하여 명시적·묵시적 보증을 한 후에 제품의 내용이 사실과 명백히 다른 경우 소비자에게 지게 되는 책임을 뜻한다.

① **명시보증 위반** : 보증서, 계약서, 선전·광고, 사용설명서, 판매원 설명 등 글 또는 말에 의한 보증을 위반한 경우를 의미한다.

② **묵시보증 위반** : 명시를 하지 않았지만 기대되는 품질의 성능 및 안전성에 대한 보증을 위반한 경우를 의미한다.

(3) 엄격 책임(무과실 책임)

과실 책임의 원칙이 갖는 문제점, 즉 가해자 측의 과실 입증이 곤란하여 피해자의 책임으로 전가되는 경우, 피해자 구제의 관점에 입각하여 법적인 결함 회복을 위해 만들어진 책임이다. 엄격 책임의 사고하에서는 피해자 측이 가해자 측의 과실을 입증하지 않아도 어느 정도의 손해배상을 받을 수 있다. 피해자가 엄격 책임으로 배상을 받기 위해서는 다음 2가지 사항을 입증하여야 한다.

① 제품에 신뢰할 수 없는 결함이 있고, 그것이 시장에 유통된 시점부터 존재하였다는 것

② 그 결함이 원인이 되어 피해가 발생했다는 것, 즉 제품과 사고에 인과관계가 존재한다는 것

3 제조물 책임법의 주요 내용

(1) 제조물 책임법의 적용대상

제조물 책임법은 제조되거나 가공된 동산(動産)에 대해서 적용된다.

① '동산'의 의미

여기서 동산은 부동산을 제외한 모든 물건을 말하며, 일정한 형체를 가지고 있는 고체·액체와 같은 유체물(有體物)은 물론, 전기, 열과 같은 무형의 에너지도 포함한다. 또한 동산에 해당하는 한 완성품은 물론, 부품·원재료도 적용대상이 되고, 신제품과 중고품·재생품, 대량 생산되는 공업제품과 수공업품·예술작품도 모두 적용된다.

② '가공' 또는 '제조'의 의미

여기서 가공은 동산을 재료로 하여 그 본질은 유지하면서 새로운 속성을 부가하거나 그 가치를 더한 것을 의미하고, 제조는 제품의 설계·제작·검사·표시를 포함하는 일련의 행위로 생산보다는 좁은 개념이며 서비스를 제외한다.

(2) 제조물 책임법의 적용 제외대상

① **부동산** : 아파트, 빌딩, 교량 등의 부동산은 이 법의 적용대상이 되지 않는다. 그러나 부동산의 일부를 구성하고 있는 조명시설, 배관시설, 공조시설, 승강기, 창호 등은 동산으로서 제조물 책임법의 적용대상이 된다.

② **미가공 농산물(임·축·수산물 포함)** : 제조·가공이 아니라 생산의 대상으로 생각되는 미가공된 농산물(임·축·수산물 포함)은 이 법의 적용대상에서 제외된다. 이때, 가공과 미가공의 구분은 개별적으로 해당 제조물에 추가된 행위 등 제반 여건을 감안하여 사회통념에 비추어 판단한다.

③ **소프트웨어·정보** : 소프트웨어·정보 등은 지적 재산물로서 동산이 아니므로, 제조물에 해당되지 아니한다.

(3) 제조물 배상 책임자

① **제조업자** : 제조물 책임법에 의해 배상 책임을 지는 제조업자는 제조물의 제조·가공 또는 수입을 업(業)으로 한 자를 말한다. 여기에서 '업'은 동종의 행위를 반복·계속하여 한 경우를 말하는 것으로 영리목적의 유무와는 상관이 없다.

② **표시제조업자** : 직접 제품을 제조·가공하지는 않았다고 하더라도, 제조물에 성명·상호·상표 또는 그 밖에 식별 가능한 기호 등을 사용하여 자신을 제조업자로 표시한 자 또는 제조업자로 오인하게 할 수 있는 표시를 한 자도 제조업자로 간주되어 제조물 책임을 진다.

③ **공급업자** : 피해를 입은 소비자가 제품의 제조업자를 알 수 없는 경우에는 판매업자가 제조업자를 대신하여 제조물 책임을 진다. 다만, 상당한 기간 내에 제조업자 또는 자신에게 공급한 자를 피해자에게 알려준 때에는 책임을 면한다.

(4) 제조업자의 책임 면책사유

손해배상 책임을 지는 자가 다음의 어느 하나에 해당하는 사실을 입증한 경우에는 손해배상 책임을 면한다.

① 제조업자가 해당 제조물을 공급하지 아니하였다는 사실

② 제조업자가 해당 제조물을 공급한 당시의 과학·기술 수준으로는 결함의 존재를 발견할 수 없었다는 사실(개발 위험의 항변)

③ 제조물의 결함이 제조업자가 해당 제조물을 공급한 당시의 법령에서 정하는 기준을 준수함으로써 발생하였다는 사실

④ 원재료나 부품의 경우에는 그 원재료나 부품을 사용한 제조물 제조업자의 설계 또는 제작에 관한 지시로 인하여 결함이 발생하였다는 사실

단, 손해배상 책임을 지는 자가 제조물을 공급한 후에 그 제조물에 결함이 존재한다는 사실을 알거나 알 수 있었음에도 그 결함으로 인한 손해의 발생을 방지하기 위한 적절한 조치를 하지 아니한 경우에는 위 ②~④까지의 규정에 따른 면책을 주장할 수 없다.

(5) 손해배상 청구의 소멸시효

손해배상의 청구권은 피해자 또는 그 법정대리인이 다음의 사항을 모두 알게 된 날부터 3년간 행사하지 아니하면 시효의 완성으로 소멸한다.

① 손해

② 제조물 책임에 의한 손해배상 책임을 지는 제조업자

단, 손해배상의 청구권은 제조업자가 손해를 발생시킨 제조물을 공급한 날부터 10년 이내에 행사하여야 한다. 다만, 신체에 누적되어 사람의 건강을 해치는 물질에 의하여 발생한 손해 또는 일정한 잠복기간이 지난 후에 증상이 나타나는 손해에 대하여는 그 손해가 발생한 날부터 기산한다.

4 소비자 보호제도와 제조물 책임제도

(1) 소비자 보호제도

① 애프터서비스(after service)

가장 보편화된 소비자 보호제도인 애프터서비스는 상품에 하자가 발생되어 소비자의 불만이나 시정요구가 있는 경우, 상품을 수리나 교환해 주는 소극적 의미의 소비자 보호제도이다. 따라서 고장이 잘 나지 않도록 제품 설계 및 제조가 잘 되었다면 애프터서비스의 작업량은 감소된다.

② 리콜(recall) 제도

리콜 제도는 소비자의 안전에 위해를 주거나 줄 우려가 있는 제품을 기업(제조업자, 수입자, 유통업자 등)이 공개적으로 회수하여 수리·교환·환불해 줌으로써 피해를 사전에 예방하는 직접적인 안전확보 제도이다.

리콜 제도에는 자발적 리콜과 강제적 리콜이 있는데, 일반적으로 리콜이란 자발적 리콜을 의미한다. 기업은 적극적 리콜로 안전사고를 방지함으로써 소비자 피해에 따른 손해배상 부담을 줄일 수 있을 뿐 아니라, 자기가 만든 제품에 대해 끝까지 책임진다는 것을 소비자에게 보임으로써 기업의 이미지를 향상시키는 기회로 활용할 수 있다.

⊙ 애프터서비스는 소비자의 시정 요구가 있는 경우 해당 상품에 대해서만 필요한 조치를 취하는 반면, 리콜은 일단 출하된 제품이 안전규격에 미달하거나 안전문제가 예상될 경우 소비자의 요구에 관계없이 문제 품목 전체를 대상으로 하여 공개적으로 예방 차원의 필요한 조치를 취하는 것이다.

(2) 제조물 책임제도

제품의 결함으로 피해를 입은 소비자가 사후에 손쉽게 보상받을 수 있도록 한 사후구제제도로서, 제조업자 등은 제품 결함 때문에 발생한 인적·물적 손해는 물론 정신적 피해까지도 배상하여야 한다. 제조물 책임제도가 도입되면 리콜 제도는 자연스럽게 활성화될 것으로 예상된다. 한편, 제조물 책임대상 제조물에는 완제품은 물론 관련 부품도 포함되며, 결함에 대한 책임도 각 생산단계의 제조업자뿐 아니라, 유통·판매업자에게까지 미쳐 책임범위가 광범위하다. 예컨대 자동차에서 제품 책임이 제기될 경우 완성차뿐 아니라 각종 부품도 대상이 되므로 부품업자, 조립업자 등 각 생산과정의 제조업자는 물론 부품 및 제품의 유통, 판매, 수입 관련 도·소매상에게도 책임을 묻게 된다.

5 제품 책임에 대한 대책

(1) 제품 책임대책

제품 책임대책에는 제품 사고 후의 방어전략인 제품책임방어(PLD ; Product Liability Defence)와 사전에 예방을 하는 전략인 제품책임예방(PLP ; Product Liability Prevention)이 있다. PLP는 PL 대응책의 본질로, 소프트웨어 측면과 제품 자체의 하드웨어 측면으로 나누어지는데, 소프트웨어와 하드웨어의 양면에서 전개하는 것이 필요하다.

PLP의 소프트웨어는 PL에 대비한 시스템이나 조직체계를 구축하는 것이며, 하드웨어는 제품 그 자체에 관한 문제인데, 하드웨어 측면은 다시 소프트웨어와 하드웨어로 구분된다. 여기서 소프트웨어란 제품의 사용방법이나 사용환경 등이 주체가 되는 제품 안전기술을 의미하고, 하드웨어는 재료나 부품 등의 안전 확보를 의미한다.

```
PL ─┬─ PLD ── 법정 대책, PL보험 조치
    └─ PLP ─┬─ 소프트웨어 ── PLP 추진시스템
            └─ 하드웨어 ─┬─ 소프트웨어 ── 사용방법, 사용환경 등의 제품 안전기술
                        └─ 하드웨어 ── 재료, 부품 등의 안전 확보
```

‖ 제품 책임의 전개과정 ‖

① 제품책임예방(PLP ; Product Liability Prevention)

제품의 사고가 발생하기 전, 사전에 사고를 방지하는 대책을 의미한다.

㉠ S/W : 고도의 QA 체계, 사용방법 보급, 사용환경 대응, 제품 안전기술, 기술 지도 및 관리

㉡ H/W : 재료, 부품 등의 안전 확보

② 제품책임방어(PLD ; Product Liability Defence)

제품의 결함으로 인하여 손해가 발생한 후의 방어대책을 의미한다.

㉠ 사전대책

ⓐ 책임의 한정 : 계약서, 보증서, 취급설명서

ⓑ 손실의 분산 : PL보험 가입

ⓒ 응급체계 구축 : 담당자 설정, 교육, 정보전달체계 구축 등

㉡ 사후대책

ⓐ 초동대책 : 사실의 파악, 피해자 대응 및 매스컴 대응

ⓑ 손실확대 방지 : 리콜, 수리 등

(2) 제조물 책임법에 대한 기업의 대응

① 인식의 전환

제조물 책임법 시행으로 기업의 최고경영자에서 직접 제조·설계·판매에 관여하는 전체 사원까지 인식과 발상이 바뀌어야 하는데, 제품의 안전성 확보와 제품 사고의 신속한 대응에 대한 최고경영자의 강한 의지가 중요하다.

② 품질경영시스템의 재고

제품의 안전성에 관한 측면을 강조하는 품질보증 및 경영시스템을 구축하는 것이 필요하며, 이를 위해서는 제품의 안전에 대한 공적기준을 능가하는 자가 안전기준을 설정하고, 또한 오해를 가능한 한 줄이기 위해 소비자에 대한 설명서 제공 및 경고 부착 등에 세심한 주의를 기울여야 한다.

③ 결함제품의 자발적 리콜

결함제품이 시중에 유통되어 판매될 경우 소비자에게 위해를 끼칠 뿐만 아니라, 추후 소비자로부터 손해배상 청구가 들어왔을 경우 기업도 막대한 손실을 입을 수 있으므로, 시중에 유통하는 자사 제품에 중대한 결함이 있음을 알게 된 경우 기업은 신속하게 해당 제품을 리콜하여야 한다.

④ 피해구제시스템의 강화

제조물 책임 분쟁을 효율적으로 처리하기 위하여 전임 담당자를 배치하는 등 상담창구를 정비하고, 현실적인 손해배상과 기업활동의 지속성을 위하여 제조물 책임보험 가입, 보증, 공탁 등을 활용하여 배상 자금력을 확보해 두어야 한다.

CHAPTER 04

규정공차와 공정능력 분석

1 규격과 규정공차

1) 규격

규격(specification)이란 표준 중 주로 물체에 직접 또는 간접으로 관계되는 기술적인 사항에 대해 규정한 기준으로, 요구사항을 명시한 문서(KS Q ISO 3534-2)를 뜻한다. 제품 품질에 요구되는 규격치는 사내표준의 제품 규격이므로 한국산업규격 또는 시방서에 의해 정해지며, 규격 중심과 품질 특성에 관하여 허용될 한계를 규정하는 공차를 지정하여 표현한다.

규격의 중심이 되며 요구하는 품질 특성의 기준이 되는 치수를 일반적으로 공칭치수(nominal size ; 호칭치수)라고 하며, 공칭치수로부터 흩어짐에 의해 규정된 특성의 총허용 산포를 규정공차(specified tolerance ; 규정허용차)라고 하는데, 규격은 이 두 가지에 의해 구성된다.

2) 규정공차와 끼워맞춤

(1) 허용차와 규정공차

① 허용차

규정된 기준값과 규정된 한계치와의 폭으로, 기준값으로부터의 허용한계를 뜻하며, 상한 규격(S_U)과 하한 규격(S_L)의 차이값으로 정의한다.

② 규정공차

품질특성의 총허용산포로 규정된 최대허용차와 최소허용차의 차이를 뜻한다.

다음 [그림]에서 치수 규격은 48±2mm로 허용차는 ±2mm, 공차는 4mm인데, 48^{+3}_{-2}로 표시되는 경우, 위 치수 허용차는 +3, 아래 치수 허용차는 −2를 의미한다.

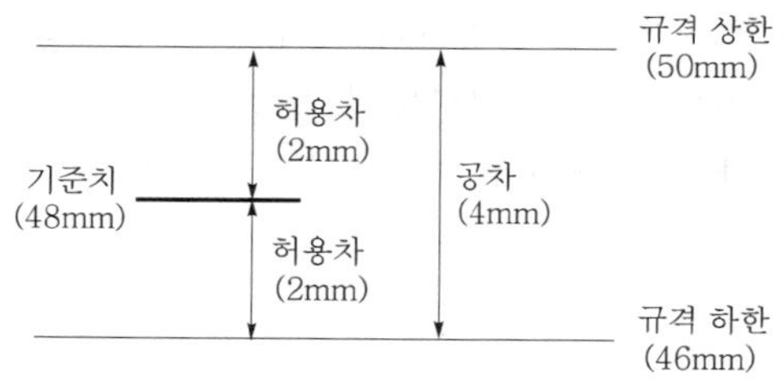

(2) 치수공차와 끼워맞춤

치수공차란 최대허용치수와 최소허용치수의 차이로 치수의 정밀함을 나타내는 측도로서, 끼워맞춤 방식을 결정하는 중요한 요소이고, 끼워맞춤(fit)이란 두 개의 기계부품이 서로 끼워맞추기 전의 치수 차에 의해 생기는 관계이다.

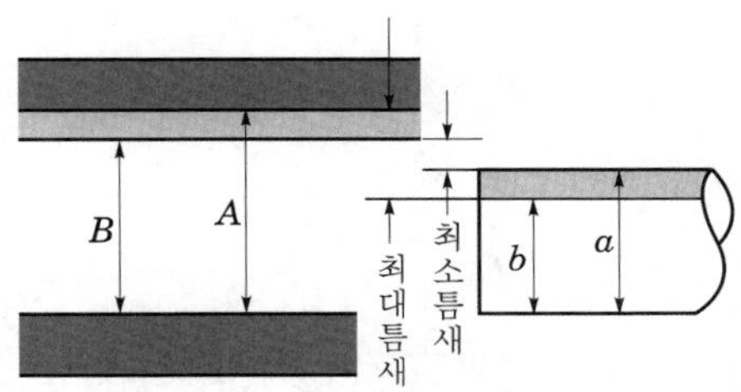

위 [그림]에서 최대틈새는 $A-b$이고, 최소틈새는 $B-a$이며, 평균틈새 μ_c는 최대틈새와 최소틈새를 합하여 반으로 나눈 값이 된다.

$$\mu_c = \frac{\text{최대틈새} + \text{최소틈새}}{2}$$

① 끼워맞춤의 유형

끼워맞춤은 틈새(clearance)와 죔새(interference)의 크기에 따라 3가지로 구분된다.

㉠ 헐거운 끼워맞춤(clearance fit) : $B > a$

항상 틈새가 생기는 끼워맞춤으로, 축의 허용구역이 구멍의 허용구역보다 작고, 구멍의 최소한계가 축의 최대한계보다 큰 경우이다.

㉡ 중간 끼워맞춤(transition fit) : $A > b,\ B < a$

끼워맞춤 시 경우에 따라 틈새와 죔새가 동시에 생기는 경우로, 축의 허용구역은 구멍의 허용구역과 겹치는 현상이 나타난다. 따라서 구멍의 최대한계가 축의 최소한계보다 크지만, 구멍의 최소한계가 축의 최대한계보다 작은 경우이다.

㉢ 억지 끼워맞춤(interference fit) : $A < b$

항상 죔새가 일어나는 끼워맞춤으로, 구멍의 최대허용한계가 축의 최소허용한계보다 작은 경우이며, 조립 후 해체를 하지 않는 경우 많이 사용된다.

② 틈새와 끼워맞춤 공차

틈새(c)는 구멍의 내경(h)과 축의 외경(s)의 차이이므로, 관계식은 $c = h - s$가 된다.

㉠ 조립품의 평균틈새 : $\mu_c = \mu_h - \mu_s$

㉡ 조립품 틈새의 표준편차 : $\sigma_c = \sqrt{{\sigma_h}^2 + {\sigma_s}^2}$

㉢ 조립품의 최대틈새 : $\mu_c + 3\sigma_c$

㉣ 조립품의 최소틈새 : $\mu_c - 3\sigma_c$

(3) 공차 설정법

① 평균의 법칙

㉠ 합의 법칙 : $\mu_T = \mu_A + \mu_B + \mu_C$

㉡ 차의 법칙 : $\mu_T = \mu_A - \mu_B$

㉢ 합과 차의 법칙 : $\mu_T = \mu_A + \mu_B - \mu_C$

② 분산의 법칙

$\sigma_T^2 = \sigma_A^2 + \sigma_B^2 + \sigma_C^2$

$\therefore \ \sigma_T = \sqrt{\sigma_A^2 + \sigma_B^2 + \sigma_C^2}$

$\sigma_A + \sigma_B + \sigma_C > \sqrt{\sigma_A^2 + \sigma_B^2 + \sigma_C^2}$ 이며, 이를 겹침공차(overlapping tolerance)라고 한다.

③ 공차의 계산법

㉠ 조립품의 평균 : $\mu_T = \mu_A + \mu_B + \mu_C$

㉡ 조립품의 분산 : $\sigma_T^2 = \sigma_A^2 + \sigma_B^2 + \sigma_C^2$

㉢ 조립품의 공차 : $T = \sqrt{T_A^2 + T_B^2 + T_C^2}$

참고 일반적으로 평균에는 합과 차의 법칙이 동시에 존재하지만,
분산에는 차의 법칙이 성립하지 않으며 합의 법칙만 존재한다.

3 규격과 제조공정

(1) 규격의 기본형태

규격은 보통 제품 설계자와 생산부서에서 제품 전반 및 세부사항이 정해지는 것이다.
규격의 기본적 형태는 다음과 같다.

① 개개의 제품에 적용되는 한계 또는 요구를 규정하는 경우

② 분포의 요구에 따라 적용되는 한계를 규정하는 경우

③ 제품에 대하여 허용되는 요구에 따라 적용되는 한계를 규정하는 경우

품질관리에서는 보통 ②의 규격을 쓰는 경우가 많은데, 이는 검사비용이 적고 제품 개개의 보증보다 집단 제품의 보증에 주력하기 때문이다.

(2) 규격에 따른 제조공정

① 공정의 산포가 규격의 규정공차보다 작고, 공정의 중심이 안정되어 있는 경우

㉠ 현행 제조공정의 관리를 계속한다.

㉡ 공정에 있어서 관리도의 변형된 관리한계선을 적용한다.

㉢ 공정에서 소정의 간격으로 시료를 취해, 관리도에 그 결과를 기입만 하는 체크(check) 검사로 검사를 줄인다.

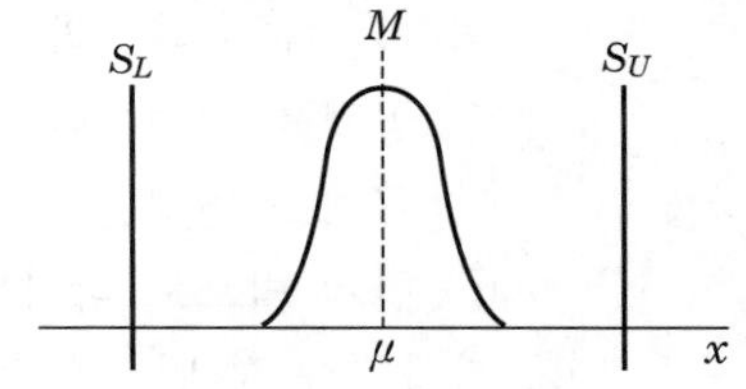

② 공정의 산포가 규격의 규정공차와 같은 경우

㉠ 공정의 변화를 항상 체크하여 공정의 중심이 규격의 중심(M)에 오도록 한다.

㉡ 산포가 커졌을 때 전수선별을 한다.

㉢ 실험계획에 의해 공정의 산포를 줄인다.

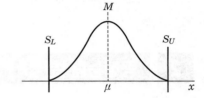

㉣ 규격의 폭을 가능하다면 넓힌다.

③ 공정의 산포는 규격의 규정공차보다 작으나, 공정의 중심이 규격한계의 중심에서 벗어난 경우

㉠ 공정이 규격과 일치하도록 공정의 대폭적인 변경관리를 한다.

㉡ 현재의 규격이 제품에 영향을 주지 않도록 변경한다.

㉢ 공정평균에 영향을 주는 변동원인을 색출·제거한다.

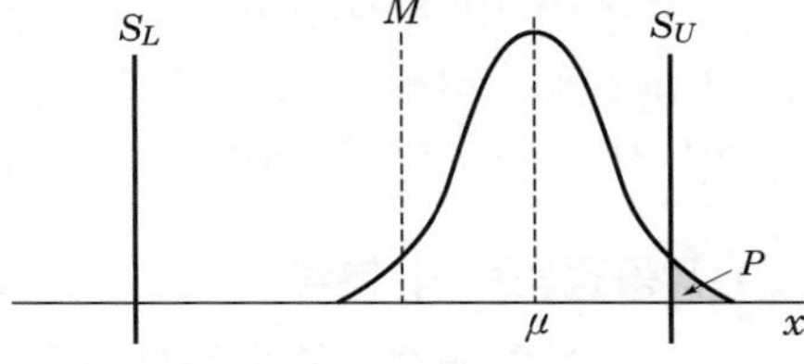

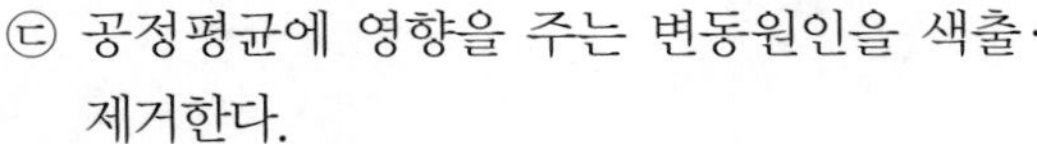

㉣ 규격을 만족시킬 때까지 전수선별한다.

④ 공정의 산포가 규격의 규정공차보다 큰 경우

㉠ 규격한계의 검토로 규격을 넓힌다.

㉡ 계속적 실험계획에 의해 공정 변동의 원인을 제거하고, 산포를 안정시킨다.

㉢ 전수검사를 실시한다.

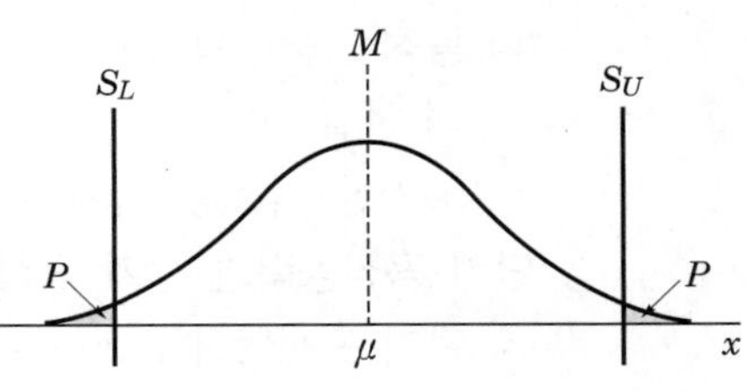

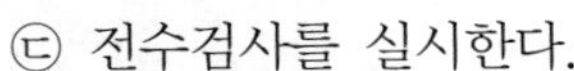

㉣ 가공품이나 폐기물도 기준을 정하여 관리한다.

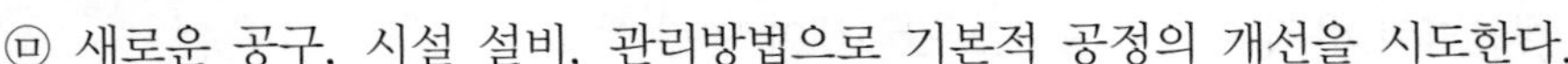

㉤ 새로운 공구, 시설 설비, 관리방법으로 기본적 공정의 개선을 시도한다.

(3) 규격의 모순과 그 대책

① 관리도에서 공정 품질의 산포가 너무 커서 규격의 한계 내에 들어오지 않을 때나 공정의 중심이 적정한 곳에 있지 않을 때 공정과 규격 사이에 모순이 발생한다. 이러한 모순을 해결하는 데는 다음과 같은 대책을 필요로 한다.

㉠ 공정을 변경한다.

㉡ 규격을 변경한다.

㉢ 한계 밖으로 나가는 제품을 선별하여 손질을 한다.

② 가급적 공정 변경에 먼저 주력하는 것이 효과적이다. 이것이 어려우면 둘째, 셋째 방법을 순차적으로 검토하여 대책을 수립하는 것이 일반적이다.

2 공정능력 분석

1 공정능력의 개요

공정능력(process capability)은 공정에 있어서 품질상의 달성능력을 가리키는 것으로 자연공차(natural tolerance)라고 하며, "그 공정이 최상을 이루고 있을 때(관리상태일 때) 제품의 변동이 어느 정도인가를 나타내는 표시량"으로 정의된다(자연공차는 6σ로 정의됨).

(1) 공정능력의 분류

① 정적 공정능력과 동적 공정능력

㉠ 정적 공정능력(static process capability) : 설비의 정밀도검사 결과 같은 문제의 대상물이 갖는 잠재능력으로, 가동이 되지 않는 정지상태의 최대공정능력이다.

㉡ 동적 공정능력(dynamic process capability) : 현실적인 면에서 실현되는 실제 운전상태의 현실능력으로, 시간적 변동 외에 원재료나 작업자의 대체 등으로 기인하는 변동까지 고려한 최소공정능력이다.

② 단기 공정능력과 장기 공정능력

㉠ 단기 공정능력(short-term process capability) : 임의의 일정 시점에 있어서 공정의 정상상태 공정능력을 말하며, 통계상의 군내변동에 해당된다. 기업의 보전부문은 단기 공정능력이 유지되도록 설비를 관리해야 한다.

㉡ 장기 공정능력(long-term process capability) : 정상적인 공구 마모의 영향, 재료의 배치(batch) 미세한 변동 및 유사한 변동을 포함한 공정능력으로, 군내변동과 군간변동의 합으로 정의된다. 제조부문은 장기 공정능력이 유지되도록 공정관리를 함으로써, 공정능력의 상태와 시계열적 변화를 파악해야 한다.

(2) 공정능력의 분해

품질에 영향을 미치는 요인을 5M 1E(작업자, 기계, 재료, 방법, 측정, 환경)로 대별할 때, 공정능력을 나타내는 변동 σ_p^2은 다음과 같다.

$$\sigma_p^2 = \sigma_{mac}^2 + \sigma_{man}^2 + \sigma_{mat}^2 + \sigma_{met}^2 + \sigma_{mea}^2 + \sigma_e^2$$

여기서, σ_{mac}^2 : 기계의 능력을 나타내는 변동

σ_{man}^2 : 사람의 능력을 나타내는 변동

σ_{mat}^2 : 재료의 능력을 나타내는 변동

σ_{met}^2 : 방법의 능력을 나타내는 변동

σ_{mea}^2 : 측정의 능력을 나타내는 변동

σ_e^2 : 기타 환경요인에 의한 변동

참고 σ_p^2이 커지는 경우 공정능력이 부족하게 되는데, 이때는 대량생산의 경우 기계에 의한 변동과 기타 요인 변동을 비교한 후 개선 요인을 찾게 된다.

(3) 공정능력의 전제조건 및 특징

① 공정능력은 장래에 예측할 수 있는 결과에 대한 것이다.
② 공정능력은 과거에 대한 결과를 평가할 수 없다.
③ 공정능력은 특정 조건하에서 도달 가능한 한계상태를 표시하는 정보여야 한다.
④ 공정능력의 척도는 공정능력의 개념과 결부시켜 결정하게 되며, 척도는 반드시 고정된 것이 아니다.
⑤ 요인의 상태에 대한 규정을 필요로 한다.
⑥ 요인 상태에 대한 결과로부터의 규정은 공정의 조건에 따라 달라져야 한다.

(4) 공정능력 조사의 절차

① 품질정보(설계정보, 시장정보, 공정설계, 품질정보, 검사정보 등)를 이용하여 중요한 공정을 선정한다.
② 품질에 영향을 주는 4M 현상을 조사하고, 표준화가 되어 있지 않으면 사전에 개선조치를 한다.
③ 조사하고 싶은 품질특성 및 조사범위를 명확히 하여 데이터를 수집한다.
④ 측정방법의 검토 및 측정오차를 고려한다.
⑤ 히스토그램, 관리도 등을 이용하여 공정능력을 조사한다.
⑥ 공정능력의 평가 및 해석을 행한다.
⑦ 공정능력의 유지 및 개선을 결정한다.

2 공정능력 산출과 평가

(1) 공정능력의 산출

공정능력은 4M의 변동을 포함하는 정상상태에서의 공정상 품질달성능력으로, 자연공차 6σ로 표시된다.

① 공정능력(치)

$$\pm 3\sigma = \pm 3\sqrt{\frac{\Sigma(x_i - \hat{\mu})^2}{n-1}} = \pm 3\sqrt{\frac{\Sigma f_i u_i^2}{\Sigma f_i - 1} - \frac{(\Sigma f_i u_i)^2}{\Sigma f_i(\Sigma f_i - 1)}} \times h$$

$$= \pm 3\left(\frac{\overline{R}}{d_2}\right) = \pm 3\left(\frac{\overline{R}_m}{d_2}\right)$$ (단, $\overline{R}_m$를 사용하는 경우의 $d_2 = 1.128$이다.)

(2) 공정능력의 계산

공정능력의 평가척도로서 자연공차로 허용공차(규격폭)를 나누어 공정능력의 상태를 수량화한 C_P(공정능력지수)를 사용한다.

① 망목(望目) 특성

㉠ 최대공정능력(C_P) : Juran

치우침이란 공정평균(μ)과 규격중심(M)의 차이로, 기호는 k로 나타낸다.
따라서 $|\mu - M|$이 0인 경우이다.

$C_P = \dfrac{T}{6\sigma}$ (단, $T = S_U - S_L$이다.)

참고 공정능력지수에 사용하는 표준편차(σ)는 관리도상의 군내변동(σ_w)이다.

㉡ 최소공정능력(C_{PK}) : Kane

공정평균(μ)과 규격중심(M)의 차이가 있는 경우로, $|\mu - M|$이 0이 아닌 경우이다.

$C_{PK} = (1-k)\,C_P = C_P - kC_P$ (단, $k = \dfrac{|\mu - M|}{T/2}$이다.)

여기서, 치우침(bias)인 $|\mu - M|$을 $z\sigma$라고 정의하면 C_{PK}는 다음과 같다.

$C_{PK} = C_P - \dfrac{z}{3}$

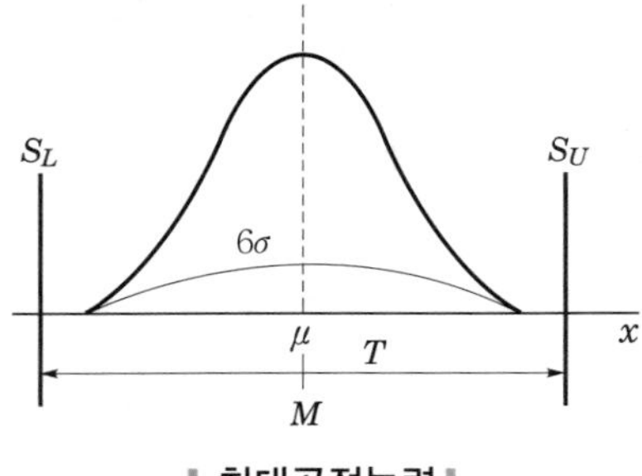

▎최대공정능력▎

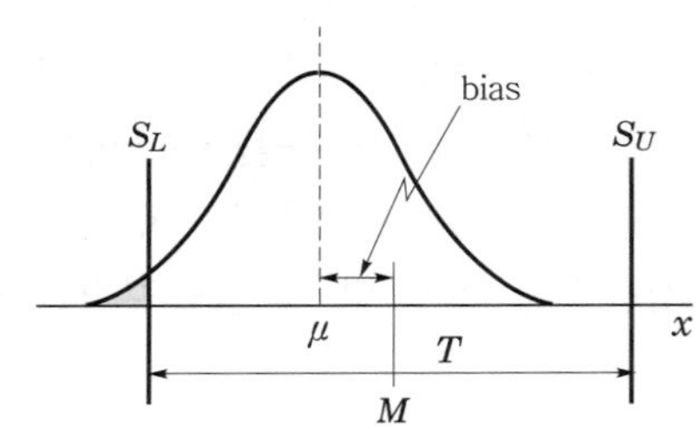

▎최소공정능력▎

② 망대(望大) 특성과 망소(望小) 특성

한쪽 규격이 주어지는 경우이며, 치우침이 있는 경우와 동일한 C_{PK}값이 나타난다.

㉠ 망대특성

$$C_{PK_L} = \frac{\mu - S_L}{3\sigma}$$

㉡ 망소특성

$$C_{PK_U} = \frac{S_U - \mu}{3\sigma}$$

[증명] 망소특성인 경우 bias $= \mu - M$이 되므로

$$C_{PK} = (1-k)C_P = C_P - kC_P = C_P - \frac{\text{bias}}{3\sigma}$$

$$= \frac{S_U - S_L}{6\sigma} - \frac{\mu - \frac{S_U + S_L}{2}}{3\sigma} = \frac{2S_U - 2\mu}{6\sigma} = \frac{S_U - \mu}{3\sigma} = C_{PK_U}$$

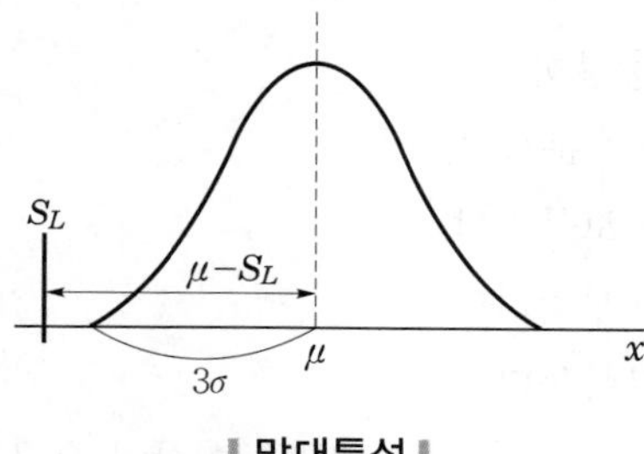

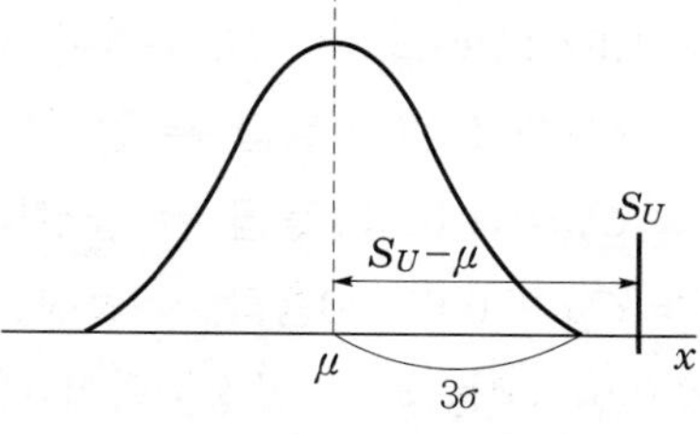

‖ 망대특성 ‖　　‖ 망소특성 ‖

참고 한쪽 규격이 주어지는 경우는 그 자체로 치우침을 포함하고 있다.
그러므로, 망목특성의 C_{PK}는 치우친 방향 쪽의 C_{PK_U} 혹은 C_{PK_L}의 값과 같다.

$C_{PK} = \min(C_{PK_U},\ C_{PK_L})$는 $\frac{S_U - \mu}{3\sigma}$ 또는 $\frac{\mu - S_L}{3\sigma}$ 중 작은 값을 의미한다.

③ 공정능력비(D_P ; Process Capability Ratio)

공정의 평가척도로서 C_P와 다를 바 없으나, σ 미지인 경우 C_P에 비해 취급이 용이하고 통계적 특성이 파악되기 쉬운 장점이 있다.

$$D_P = \frac{1}{C_P} = \frac{6\sigma}{T} = \frac{6\sigma}{S_U - S_L}$$

구분	한쪽 규격(%)	양쪽 규격(%)
현행 공정	95	88
공정	67	83

참고 D_P는 C_P의 역수로서, 값이 작을수록 공정능력이 좋아진다.

(3) 공정능력의 평가

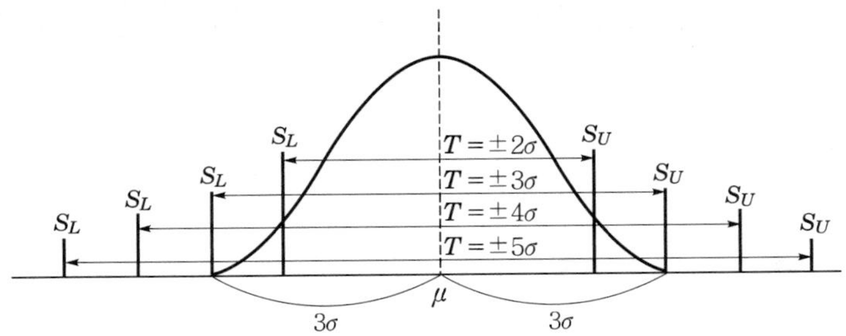

자연공차 $\pm 3\sigma$를 기준으로 할 때, 공차가 σ의 4배일 경우 C_P는 $\frac{\pm 2\sigma}{\pm 3\sigma}$(2시그마 수준)로 0.67, 6배일 경우 $\frac{\pm 3\sigma}{\pm 3\sigma}$로 1.00(3시그마 수준), 8배일 경우 $\frac{\pm 4\sigma}{\pm 3\sigma}$로 1.33(4시그마 수준), 10배일 경우 $\frac{\pm 5\sigma}{\pm 3\sigma}$로 1.67(5시그마 수준)이 된다.

① $C_P \geq 1.67$: 0등급 ⇒ 공정능력이 매우 충분하다.
② $1.67 > C_P \geq 1.33$: 1등급 ⇒ 공정능력이 충분하다.
③ $1.33 > C_P \geq 1.00$: 2등급 ⇒ 공정능력이 보통이다.
④ $1.00 > C_P \geq 0.67$: 3등급 ⇒ 공정능력이 부족하다.
⑤ $C_P < 0.67$: 4등급 ⇒ 공정능력이 매우 부족하다.

공정능력은 0급과 1급을 1급으로 분류하기도 하며, 기업에서는 1급 이상이 요구된다($C_P \geq 1.5$를 요구하기도 함). 1급 공정은 개당 가공시간의 단축으로 양적 생산능력을 향상시킬 수 있으며, 2급 공정은 관리에 주의를 요구하고, 3급 이하의 공정은 시급히 산포를 개선하고 공정능력을 향상시켜야 한다.

(4) 공정성능지수(PPI)와 설비성능지수(MPI)

공정능력지수(C_P)가 일반적으로 단기적 공정능력을 표시하는 척도로 사용된다면, 공정성능지수(P_P)는 중장기간에 걸쳐 나타나는 공정의 품질변동을 정의하는 장기적 공정능력을 정의하는 척도이다.

이러한 공정성능지수를 공정수행지수라고도 하는데, 공정성능지수를 조사하는 목적은 시간이 경과되면서 나타나는 원료 로트의 변경, 작업자의 교체, 공구 마모의 영향, 공구 교체, 장비 수리 등에 따라서 공정능력이 어느 정도 영향을 받는가를 조사하여 적절한 조치를 취하기 위함이다. 따라서 공정능력지수에 사용되는 σ는 통계학상 군내변동인 σ_w를 기준으로 하지만, 공정성능지수는 σ가 군내변동과 군간변동의 합인 σ_T로 표현된다.

또한 설비성능지수(C_{PM})는 품질특성치가 목표값 M에서 어느 정도 떨어져서 산포하고 있는가를 나타낸 척도로서 목표값으로부터 나타나고 있는 분산 σ_d^2을 사용하여 나타낸다.

① 공정능력지수(PCI)

㉠ $C_P = \dfrac{T}{6\sigma_w}$

㉡ $C_{PK} = (1-k)C_P = C_P - \dfrac{z}{3}$ (단, $z = \dfrac{|\mu - M|}{\sigma}$ 이다.)

㉢ $C_{PK_U} = \dfrac{S_U - \mu}{3\sigma_w}$

㉣ $C_{PK_L} = \dfrac{\mu - S_L}{3\sigma_w}$

② 공정성능지수(PPI)

㉠ $P_P = \dfrac{T}{6\sigma_T}$

㉡ $P_{PK} = (1-k)P_P$

㉢ $P_{PK_U} = \dfrac{S_U - \mu}{3\sigma_T}$

㉣ $P_{PK_L} = \dfrac{\mu - S_L}{3\sigma_T}$ (단, $\sigma_T = \sqrt{{\sigma_w}^2 + \sigma_b^2}$ 이다.)

③ 설비성능지수(MPI)

$$C_{PM} = \frac{T}{6\sigma_d} = \frac{T}{6\sqrt{\sigma^2 + (\mu - M)^2}}$$

[증명] $\sigma_d^2 = E(x-M)^2$

$= E[(x-\mu)+(\mu-M)]^2$

$= E[(x-\mu)^2+(\mu-M)^2+2(x-\mu)(\mu-M)]$

$= E(x-\mu)^2+E(\mu-M)^2+2E(x-\mu)(\mu-M)$

$= E(x-\mu)^2+(\mu-M)^2$

$= \sigma^2+(\mu-M)^2$

(단, $E(x-\mu)=E(x)-E(\mu)=\mu-\mu=0$ 이다.)

검사설비 관리

1 계측기 관리의 개요

1 계측

(1) 계측의 정의

계측이란 측정하려는 양이 같은 종류의 기준량에 비해 몇 배인지 또는 몇 분의 몇인지를 수치로 나타내는 일이며, 계량, 측정과 같은 의미이다.

(2) 계측의 필요성

① 계측을 올바르게 하지 않으면, 좋은 것을 나쁘게 판정하거나 나쁜 것을 좋은 것으로 판정할 수도 있다.
② 거래, 계약 등도 기본적으로 계측이 없이는 성립할 수 없다.
③ 계측을 올바르게 함으로써 기업활동의 원활성을 꾀할 수 있다.

(3) 계측의 목적

① 개별 단위 제품의 품질정보 제공
② 로트의 품질정보 제공
③ 생산공정의 능력정보 제공
④ 계측과정에 대한 정확도와 정밀도의 정보 제공

(4) 계측 관련 용어의 정의

① **기차** : 계측기가 표시하는 양이 실량에 미달하는 경우, 그 미달량을 뜻한다.
② **교정** : 사용하고 있는 계측기와 교정용 표준기의 차이를 확인하고, 계측기의 정밀도와 성능을 유지하려는 일련의 작업을 뜻한다.
③ **보정** : 비교검사 및 교정에 의하여 계측기가 정확한 측정값을 나타내게 하는 것이다.
④ **비교검사** : 계측기를 그 원기, 표준기 및 기준기와 비교하여 기차를 구하는 것이다.
⑤ **되돌림오차** : 동일 측정량에 대하여 다른 방향으로 접근할 경우, 측정값이 갖는 차이를 뜻한다.
⑥ **적합성 평가** : 제품, 서비스, 공정, 시스템 등이 기관의 표준, 제품 규격, 기술규정 등에서 규정된 요건에 적합한지 여부를 평가하는 것이다.

2 계측관리

(1) 계측관리의 정의

가장 경제적인 생산을 위해 생산공정에서 품질특성을 계측하는 데 필요한 적정 계측기를 선정하고 정비하여 그 정밀도를 유지하는 한편, 그 계측방법의 개선과 적정 실시에 필요한 조치를 취하는 것을 말한다.

(2) 계측관리의 필요성

품질관리가 품질특성을 계측한 결과에 따라 통계적 기법 등에 의해 품질의 유지·향상을 꾀하는 수단이므로, 올바른 계측관리를 바탕으로 할 때 비로소 품질관리는 효과적인 관리기능을 발휘하게 된다. 품질관리에서 이상값이 나온 경우에는 우선 계측기의 오차나 계측방법의 적합성 여부를 확인한 후에 이상원인을 탐구하는 것이 순서라고 할 수 있다.

(3) 계측관리의 목적

① 품질보증
② 품질평가
③ 생산능력 평가 등

(4) 계측관리의 내용

① 관리목적의 명확화
② 관리조직의 확립, 책임의 명확화
③ 관리대상의 조사연구
④ 계측화·자동화

3 계량의 단위

(1) 계량의 기본단위

길이, 질량, 시간, 온도, 광도, 전류, 몰질량 등을 기본 계량단위라고 하며, 다음과 같이 표시된다.

① **길이** : 미터(m)
② **질량** : 킬로그램(kg)
③ **시간** : 초(s)
④ **온도** : 켈빈(K)
⑤ **광도** : 칸델라(cd)
⑥ **전류** : 암페어(A)
⑦ **몰질량** : 몰(mol)

(2) 유도단위

기본단위의 조합에 의하여 유도되는 단위로서, 그 단위 및 현시방법은 대통령령으로 정하는 바에 따른다.

① 면적 : 제곱미터(m^2)
② 체적 : 세제곱미터(m^3)
③ 속도 : m/sec
④ 가속도 : m/sec^2
⑤ 각도 : 라드(rad)

(3) 보조계량단위

사용의 편의상 기본단위와 유도단위의 배수 및 분수를 표시하는 것으로, 각 보조계량단위 및 그 현시방법은 대통령령으로 정한다. 또한 특수용도(특수한 계량의 용도에 쓰이는 단위)의 보조계량단위도 있다.

① 10의 정수 승에 의한 보조계량단위

기호	접두어	배수 및 분수	기호	접두어	배수 및 분수
M	mega	10^6	d	deci	10^{-1}
K	kilo	10^3	c	centi	10^{-2}
h	hecto	10^2	n	nano	10^{-9}
da	deca	10	p	pico	10^{-12}

② 특수용도의 보조계량단위
㉠ 광학 또는 결정학에 있어서의 길이 : 옹스트롬(Å)
㉡ 해면 또는 공중에 있어서의 길이 : 해리(H)
㉢ 보석의 질량으로서의 무게 : 캐럿(Ct)
㉣ 항해 및 항공에 관한 속도 : 노트(Kn)

4 계측기

(1) 계측기의 정의

계측기는 계량기라고도 하며, 계측 또는 계량을 하기 위한 기계·기구·장치를 말한다.

⊙ 계량의 기준을 정하고 적절히 실시하여, 경제의 발전과 문화의 향상에 기여하기 위하여 「계량법」이 제정되었다.

(2) 계측기의 특성

① 감도

감도(sensitivity)란 계측기의 민감한 정도를 표시하는 것으로, 일반적인 계측기 감도(E)는 측정량 변화(ΔM)에 대한 지시량 변화(ΔA)의 비로 나타낸다.

$$E = \frac{\Delta A}{\Delta M}$$

길이 계측기에서 L을 눈금간격, S를 최소눈금이라 하면, 배율 V는 다음과 같다.

$$V = \frac{L}{S}$$

② 정확도와 정밀도 패널

㉠ 정확도(accuracy)란 참값(μ)과 측정평균(μ_M)의 차이로, 어느 한쪽으로의 치우침 정도를 뜻하며 계통적 오차에 의해 발생한다.

㉡ 정밀도(precision)란 측정치들의 흩어짐에 의한 작은 변동으로, 우연오차에 의해 발생한다.

③ 지시범위와 측정범위

㉠ 지시범위는 계측기의 눈금상에서 읽을 수 있는 측정량의 범위를 말한다.

㉡ 측정범위는 최소눈금값과 최대눈금값에 의거한 표시된 측정량의 범위를 뜻한다.

(3) 계수형·계량형 계측시스템

① 계수형 계측시스템의 장점

㉠ 계측기의 원가가 낮다.

㉡ 작업원의 숙련도가 낮아도 좋다.

㉢ 계측속도가 빠르다.

㉣ 데이터의 기록이 간단하다.

㉤ 1회 관측에 수반되는 총비용이 낮다.

② 계량형 계측시스템의 장점

㉠ 1회 관측에 따른 정보의 가치가 높다.

㉡ 충분한 정보를 얻는 데 소요되는 관측횟수가 적다.

㉢ 같은 횟수로 계측하였을 경우 계수형보다 판별능력이 높다.

2 측정오차

1 오차의 정의와 원인

(1) 오차의 정의

피측정물의 목표로 설정된 값(참값)과 측정값과의 차를 오차라 한다.

① 오차=측정값−참값

② 오차율$=\frac{\text{오차}}{\text{참값}}$ 또는 오차백분율(%)=오차율×100

(2) 오차의 발생원인

① 계측기 자체에 의한 오차(계기오차)
② 측정하는 사람에 의한 오차(개인오차)
③ 측정방법의 차이에 의한 오차(가장 큰 요인)
④ 외부적인 영향에 의한 오차(환경오차 : 간접요인)
  ㉠ 되돌림오차
  ㉡ 접촉오차
  ㉢ 시차(視差)
  ㉣ 온도
  ㉤ 측정력이 적당하지 않은 경우
  ㉥ 긴 물체의 휨에 의한 경우
  ㉦ 진동에 의한 경우
  ㉧ 계측기를 잘못 선택한 경우

2 측정방법

(1) 직접측정

측정하고자 하는 부품에 계측기를 직접 접촉시켜 눈금을 보는 방법이다.

예 버니어캘리퍼스, 마이크로미터

(2) 비교측정

기준치수로 되어 있는 표준제품을 계측기로 비교하여 지침이 지시하는 눈금의 차를 읽는 방법이다.

예 다이얼게이지, 전기 마이크로미터, 공기 마이크로미터

(3) 간접측정

기하학적으로 측정값을 구하는 방법으로, 나사, 기어 등과 같이 형태가 복잡한 것에 이용된다.

예 사인바(sine-bar)에 의한 각도 측정, 블록게이지에 의한 테이퍼의 측정

3 측정오차의 종류

(1) 과실오차

측정자의 경험 부족이나 조작 오류에 의한 오차로, 측정절차상의 잘못, 취급 부주의, 잘못 읽음, 기록 실수 등 발생하지 않아야 할 과실에 따른 오차이다.

(2) 우연오차

측정기, 측정물 및 환경 등 원인을 파악할 수 없어 측정자가 보정할 수 없는 오차이다.

(3) 계통오차

동일 측정조건하에서 같은 크기와 부호를 갖는 오차로, 측정기를 미리 검사·보정하여 측정값을 수정할 수 있는 오차이며, 교정오차(calibration error)라고도 한다.

[계통오차의 종류]

① **계기오차** : 측정기의 구조상에서 일어나는 오차
② **환경오차** : 측정하는 장소의 환경조건에 의해서 일어나는 오차
③ **이론오차** : 간이식 사용 등에 따른 오차
④ **개인오차** : 측정과 고유의 습관에서 오는 오차

⊙ 계측기의 필요 관측횟수

필요 관측횟수는 $\beta = k_{\alpha/2}\dfrac{\sigma_e}{\sqrt{n}}$를 n에 관해 정리한 것으로 다음과 같다.

$$n = \left(\frac{k_{\alpha/2} \cdot \sigma_e}{\beta}\right)^2$$

여기서, β : 오차의 허용한계, σ_e : 측정오차의 표준편차

3 측정시스템 분석(MSA)

1 MSA의 정의와 목적

(1) MSA의 정의

MSA는 인자나 제품특성을 측정하기 위한 조작(operation), 절차(procedure), 계측기(gage), 장비, 소프트웨어 및 이를 운용하기 위한 사람(operator) 등 측정치에 영향을 미치는 모든 구성요소의 집합체에 대한 분석을 뜻한다.

(2) MSA의 목적

측정시스템에 의해 산출된 결과에 영향을 줄 수 있는 산포의 원인과 크기에 관한 정보를 얻기 위함이다.

(3) MSA의 이점

① 측정데이터의 통계적 분석을 통한 측정시스템의 품질을 평가
② 측정데이터의 사용 및 측정시스템의 반복적인 사용 가능 여부 판단
③ 신뢰성 있는 측정시스템의 유지 및 측정데이터의 사용

2 측정시스템 변동의 유형

(1) 편의(정확성 ; bias)

① 정의 : 동일 계측기로 측정할 때 나타나는 측정값과 기준값의 차이로 정확성이라고 하며, 통계학의 모평균 검정으로 편의를 판단할 수 있다.

② 원인 : 기준값 오류, 계측기 마모, 손상된 계측기 사용, 계측기의 부적절한 사용 등

(2) 반복성(정밀도 ; repeatability)

① 정의 : 동일 시료를 동일한 계측자가 여러 번 측정하여 얻은 산포의 크기를 말하며, 모분산 검정으로 판단이 가능하다.

② 원인 : 계측기 불안정, 부품의 측정위치 차이, 미숙련된 계측자 등

(3) 재현성(reproducibility)

① 정의 : 동일한 계측기로 두 사람 이상의 측정자가 동일 시료를 측정할 때에 나타나는 측정 평균값의 차이를 말하며, 대응있는 차의 검정으로 판단이 가능하다.

② 원인 : 표준의 미비, 계측자 교육의 미흡, 계측자의 버릇 등

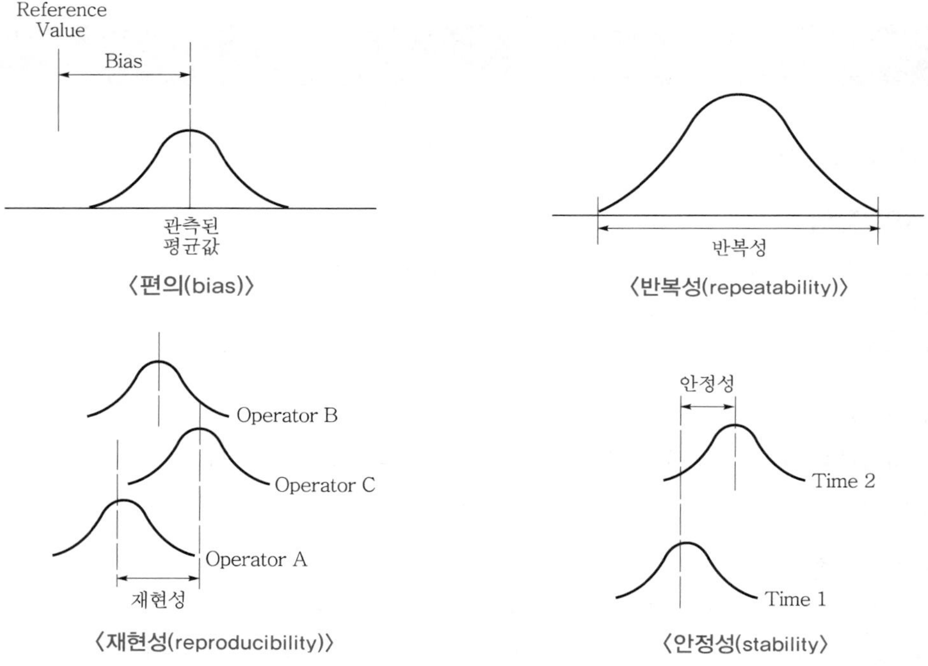

▌측정시스템 변동의 유형▐

(4) 안정성(stability)

① 정의 : 동일한 측정시스템으로 동일 시료를 정기적으로 측정할 때 얻어지는 측정값 평균 차의 변화로, 관리도나 경향도(trend chart)로 판단이 가능하다.

② 원인 : 환경조건, 불규칙한 사용시기, 계측기의 작동준비상태 등

(5) 직선성(linearity)

① 정의 : 계측기의 작동범위 내에서 발생하는 편의값이 일정하게 나타나지 않고 변화하는 경우 측정의 일관성을 판단하는 데 사용하며, 직선성의 적합성은 회귀직선의 결정계수로 판단이 가능하다.

② 원인 : 기준값 오류, 계측기 상단부나 하단부의 눈금 부적합, 계측기 설계 문제 등

3 측정시스템의 평가

측정시스템의 평가는 반복성과 재현성의 평가를 주된 항목으로 하며, 이를 Gage R&R이라고 한다.

(1) 항목별(편의, 반복성, 재현성, 직선성, 안정성) 개별평가기준

① 5% 이내 : 적합한 상태로 측정기 관리가 잘 되어 있다.

② 5%~10% 사이 : 수리비용과 오차를 고려하여 조치 여부를 선택적으로 결정한다.

③ 10% 이상 : 불량한 상태로 오차원인을 규명하고 해소대책을 수립한다.

(2) Gage R&R(반복성 & 재현성) : 단기적 평가

① 10% 이내 : 측정시스템이 적합한 상태이다.

② 10% 초과 30% 미만 : 적합하지만 개선을 요하는 상태로, 측정시스템의 조치비용과 계측오차의 심각성을 고려하여 조치 여부를 선택적으로 결정하는 상태이다.

③ 30% 이상 : 측정시스템이 불량하여 개선 및 조치가 필요한 상태이다.

✓ 10%~20% : 조건부 채택
20%~30% : 조건부 폐지

CHAPTER 06 6시그마 혁신활동과 Single PPM

1 6시그마 혁신활동

6시그마(six sigma) 운동은 미국의 모토로라(Motorola)사에 의해 처음 시작되었다. 1980년 초 모토로라는 일본 등과의 경쟁에서 밀려나며 당시 회장이던 갤빈(Robert W. Galvin)의 지휘로 품질향상 운동을 전개하게 되는데, 당시 이 운동의 주역이던 마이클 해리(Mikel J. Harry) 등이 그의 동료들과 함께 통계적 기법에 착안하여 보급하였다. 이후 GE의 잭 웰치(Jack Welch) 회장이 1995년 Vision 2000을 선포하며 대대적으로 전개하여 GE를 최고의 회사로 만들게 되자, 이를 계기로 전 세계로 급속히 퍼져나갔다.

1 6시그마의 개념

(1) 6시그마 공정과 시그마 수준

시그마(σ)는 그리스문자의 18번째 문자로, 모집단의 변동을 표시하는 정밀도의 측도이며 표준편차를 의미한다. 공정능력분석에서 치우침이 없는 경우 공정평균에서 규격한계까지의 거리가 6σ가 될 때 최대공정능력지수(C_P)는 2가 되는데, 이러한 프로세스를 6시그마 수준의 프로세스라고 한다.

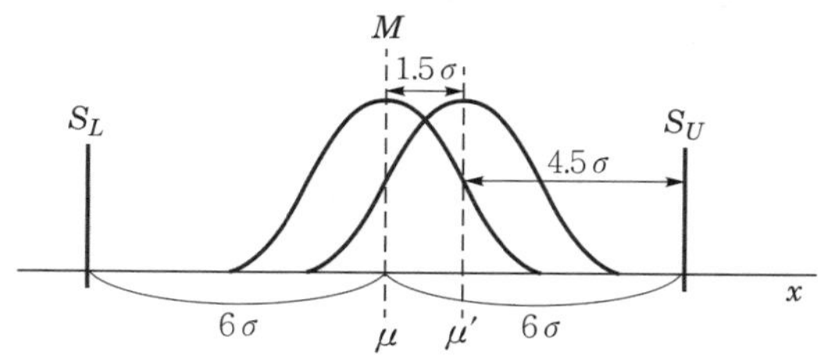

그러나 현실적으로는 시간적 변동에 의해 최대 $\pm 1.5\sigma$의 치우침이 발생할 수 있으므로, 이를 감안하면 최소공정능력지수(C_{PK})가 1.5로 나타나는 프로세스를 6시그마 수준의 프로세스라고 할 수 있다.

① 최대공정능력지수(C_P)

$$C_P = \frac{T}{6\sigma} = \frac{S_U - S_L}{6\sigma} = \frac{12\sigma}{6\sigma} = 2$$

② 최소공정능력지수(C_{PK})

$$C_{PK} = (1-k)C_P = C_P - \frac{\text{bias}}{3\sigma} = 2 - \frac{1.5\sigma}{3\sigma} = 1.5$$

(단, $\text{bias} = |\mu - M|$이다.)

시그마 수준의 계산은 공정능력지수(C_P)에 3을 곱한 값으로 계산하는데, 이는 표준정규분포의 확률변수 $u(z)$에 해당하는 값이다.

시그마 수준에 따른 공정능력지수와 PPM으로 나타낸 부적합(defect)은 다음 〈표〉와 같다.

시그마 수준	C_P	C_{PK}	PPM	적합품률
6시그마 수준	2	1.5	3.4	99.9996%
5시그마 수준	1.67	1.17	233	99.9767%
4시그마 수준	1.33	0.83	6210	99.3760%
3시그마 수준	1.00	0.50	66810	93.32%

⊙6시그마 수준의 프로세스는 치우침이 없는 경우 부적합품률이 2PPB(0.002PPM)로 정의된다. 여기서 PPB는 10억 개당 개수를, PPM은 백만 개당 개수를 의미한다.

(2) 6시그마의 정의

제품이나 서비스의 부적합을 단위당 부적합품률이나 부적합수(DPU ; Defect Per Unit) 대신에 '백만 부적합발생 기회당 부적합수(DPMO ; Defect Per Million Opportunity)'라는 측도로 계산한다. 또한 기회당 부적합수를 DPO(Defect Per Opportunity)라고 한다.

$$\text{DPMO} = \frac{\text{총결함수}}{\text{총결함발생 기회수}} \times 1,000,000$$

6시그마에서 정의하는 부적합(defect)은 다음과 같다.

① 고객 불만을 유도하는 모든 것

② 정해진 기준과 일치하지 않는 모든 것

③ 정상적인 프로세스를 벗어나는 것

④ 고객의 요구사항과 어긋나는 모든 것

(3) 6시그마의 일반적 개념

① 마이클해리와 슈뢰더(R. Schröder)의 6시그마 정의

'6시그마는 자원의 낭비를 극소화하는 동시에 고객만족을 증대시키는 방법으로 일상적인 기업활동을 재설계·관리하고 수익성을 크게 향상시키는 비즈니스 프로세스'라고 하였으며, 이는 곧 단순한 품질 개념이 아닌, 경영혁신 개념으로 받아들여지고 있다.

② 6시그마의 기본원리

품질이 좋을수록 비용이 적게 소요된다. 이는 ZD 운동을 주창한 크로스비의 철학이자, TQM이 중시하는 '처음부터 올바로 행한다(DIRFT ; Do It Right the First Time)'는 결함 예방 철학에 입각한 것이다.

③ 6시그마의 접근방향

6시그마는 경영층이 강한 의지와 목적을 가지고 주도적으로 추진하여야 한다. 명확한 방침과 고객의 요구에 연동한 목표를 세우고, 그 위에 구체적인 CTQ(Critical To Quality : 품질에 영향을 주는 치명적 요소)를 도출한다. 또한 6시그마를 도입한 경영층은 종업원에 대한 세심한 배려가 필요하며, 이를 바탕으로 조직은 통계적 방법에 입각한 체계적인 팀 활동에 의해 문제를 효과적으로 해결할 수 있도록 하여야 한다.

2 6시그마의 절차와 조직

(1) 6시그마의 절차

① 6시그마에 대한 Top의 강력한 리더십
② 성공할 수 있는 6시그마 프로젝트 선정
③ 올바른 인력의 선정과 체계적 교육
④ 프로젝트의 적당한 6시그마 방법론 적용
⑤ 프로젝트 성과에 대한 올바른 측정과 평가제도
⑥ 프로젝트 성공에 대한 적당한 보상시스템

(2) 6시그마의 조직과 자격제도

6시그마는 전 사원에게 일의 추진에 적절한 기본적 지식과 자격을 요구한다.

① Champion : 최고경영자, 사업부 책임자

목표설정, 추진방법의 확정, 6시그마 이념과 신념을 조직에 확산

② MBB(Master Black Belt) : 6시그마 전문 추진 지도자

품질 요원의 지도·교육 및 감독, 프로젝트 지원, Champion 보조

③ BB(Black Belt) : 전담요원

6시그마 프로젝트 추진

④ GB(Green Belt) : 팀원

6시그마 교육이수 요원으로 프로젝트의 개선활동에 참여

3 6시그마 프로젝트의 추진

(1) DMAIC

주로 제조 부문에서의 과제 접근방식으로, 고품질 유지를 위해 6개월 이내의 과제로 활동한다.

① **정의(D ; Define)** : 고객의 정의, 고객 요구사항 파악, 개선 프로젝트 선정
② **측정(M ; Measure)** : 벤치마킹, 부적합 정량화, 프로세스 매핑(mapping)
③ **분석(A ; Analyze)** : 부적합 원인 규명, 잠재원인에 대한 자료 확보, 치명원인 도출(vital few)
④ **개선(I ; Improve)** : 프로세스 개선방법 모색, 브레인스토밍, 최적해 도출이 가능한 해결방법의 실험적 실시
⑤ **통제(C ; Control)** : 개선 프로세스의 지속방법 모색, 표준화, 모니터링

(2) DFSS와 DMAD(O)V

6시그마가 지향하는 근본적 문제해결을 위해서는 설계나 개발 단계와 같이 초기단계부터 결함을 예방하는 6시그마 설계인 DFSS(Design For Six Sigma)가 필요하며, DFSS의 추진에는 DMADV라는 절차가 보편적으로 사용된다.

① 정의(D ; Define)
② 측정(M ; Measure)
③ 분석(A ; Analyze)
④ 설계(D ; Design)
⑤ 최적화(O ; Optimize)
⑥ 검증(V ; Verify)

4 6시그마의 평가

(1) GE의 6시그마 프로젝트 진척도에 대한 평가

① **고객만족** : 5점 척도로 고객에게 각 분야별 최고회사를 평가하게 함
② **COPQ(Cost Of Poor Quality)** : 사업부에 내제된 품질 부적합 비용
③ **공급자 품질** : 부품의 품질이 CTQ의 허용기준을 만족함을 요구
④ **내부성과** : 조직 내부의 프로세스에서 발생한 결함을 측정

(2) 6시그마 실행의 성공요소

① Top의 리더십 발휘
② 6시그마 노력은 조직의 경영전략, 성과척도 등과 통합 전개
③ 프로세스적 사고방식
④ 고객·시장지식 정보의 체계적 수집이 필요
⑤ 프로젝트는 실질적인 절약 효과나 수익증대 효과가 있어야 함
⑥ 잘 훈련된 요원들에 의해 추진되어야 함
⑦ 지속적인 모니터링과 요원들에 대한 정당한 보상이 필요

2 Single PPM 운동

Single PPM 운동은 100ppm 운동을 확대한 것이다. Single PPM이란 백만 개 중 부적합품을 한 자릿수 이하로 낮추려는 품질혁신운동으로서, 프로젝트 중심의 개선활동을 요구한다.

프로젝트의 수행절차는 기업의 환경이나 처해진 상황, 여건에 따라 달라질 수 있겠지만, 대체적으로 구체적이고 단계적인 해결방법으로 제시된 것이 S, I, N, G, L, E이다. 이 단계를 거치면서 과거의 경험, 제품과 공정에 대한 지식, 통계적 기법의 사용, 체계적인 문제해결과 교육의 병행 등을 통하여 시행착오를 줄이고 효율적인 문제해결을 할 수 있게 된다.

1 Single PPM의 목적과 필요성

(1) 목적

현재 대부분의 기업은 경쟁에서 이기려는 수단으로 품질보증의 기간을 늘리는 등 고객만족을 지향하고 있다. 이는 품질관리를 철저히 하지 않으면 회사가 도태될 수 있는 환경이 되었다는 것을 의미한다. 즉, 품질관리 소홀로 인한 실패비용의 증가를 억제하려면 예방비용에 많은 투자를 해야 하며, 이의 효율적 달성이 Single PPM의 목적이라고 할 수 있다.

(2) 필요성

① 품질비용 감소에 따른 이익 증대
② 품질문제 해결에 따른 납기 단축 및 생산성 향상
③ 각종 정책자금의 우선지원 및 단체 수의계약 물량 배정 시 우대

2 S, I, N, G, L, E의 6단계

(1) S(Scope) : 범위선정

추진조직을 구성하고 적절한 프로젝트를 선정하여 CTQ를 규명하는 단계이다.

(2) I(Illumination) : 현상확인

현실 문제를 파악하고 측정시스템을 분석하여 현재의 불량빈도 수준에 대한 사실적이고 객관적인 신뢰성 있는 데이터를 확보한다.

(3) N(Nonconformity analysis) : 원인분석

현실적인 문제를 통계적인 문제로 전환하고, 결함이 언제, 어디서, 어떻게, 왜 발생하는지를 통계적 도구를 이용하여 파악하고 분석하며 원인을 조사·분석한다.

(4) G(Goal) : 목표설정

타사와의 벤치마킹과 자사 수준을 파악하여 적절한 목표를 설정하고, 기대효과를 분석한다.

(5) L(Level-up) : 개선

통계적인 문제를 해결하고 공정을 어떻게 개선할 수 있는지에 대하여 관련 부문과 협력하여 개선의 타당성에 대한 검토를 한다. 원인분석 단계에서 규명된 핵심요인에 대하여 3차원적인 개선대책을 수립하고 실시함으로써 목표설정 단계에서 정한 목표를 달성하고 이를 평가한 후 개선효과가 지속될 수 있도록 표준화를 실시한다.

(6) E(Evaluation) : 평가

통계적인 해결을 실제적인 해결로 정착시키고 공정을 어떻게 개선된 수준으로 유지할 수 있는지에 대해 지속적으로 모니터링하고 전체의 개선 프로젝트 및 품질시스템을 평가하여 Single PPM의 추진 완료 여부를 판정한다.

3 Single PPM 목표관리운동의 성공요소

① 최고경영자의 강한 의지와 추진력
② 품질비전의 공유
③ 이상적인 품질목표의 제시
④ 품질지향적 기업문화의 형성
⑤ 성과에 대한 보상체제 마련

CHAPTER 07 품질비용

품질비용이란 품질관리에 수반되는 제 비용으로, QC 활동을 비용 면에서 평가할 수 있는 경제적·합리적·효과적인 척도이다.

품질비용은 품질관리활동을 위하여 사용되는 모든 비용을 기간원가로 계산하여 품질관리활동의 개별 효과를 파악함과 동시에, 이것을 분석하여 품질관리활동상의 문제점을 발견하고, 발견된 문제점에 대한 개선대책을 강구하여 품질관리활동의 경제성과 효과를 증대시키는 경영통제를 목적으로 한다.

1 품질비용의 개념

1 품질비용의 정의

(1) 품질비용의 의미

품질비용은 요구된 품질(설계품질)을 실현하기 위한 원가로서 주로 제조원가의 부분원가를 의미한다. 따라서 TQC 실시효과가 비용 면에서 만족할만하다는 것은 실패비용와 평가비용 절감에 대하여 예방비용의 증가가 작다는 것을 뜻한다.

(2) 품질비용의 측정목적

① 현장(단위부서) 경영자에게 품질 문제를 품질비용으로 이해시켜 적절한 대책을 마련하게 한다.

② 품질 문제가 어디에 있는지를 제시하여 현장 관리자에게 효율적인 해결방안을 꾀하도록 한다.

③ 현장 경영자가 품질비용의 절감목표를 설정하고, 이를 위한 계획을 수립할 수 있도록 한다.

④ 수립된 품질목표의 달성이 원활히 이루어지도록 한다.

⑤ 기업 경영자가 현장의 관리자로 하여금 야심찬 목표를 설정하도록 동기를 부여하고, 목표를 달성할 수 있도록 돕게 한다.

2 품질비용의 구성

(1) 품질비용의 구분

생산현장에서의 품질비용은 부적합품을 만들지 않도록 하는 데 투입되는 비용인 적합비용(예방비용과 평가비용)과 그럼에도 불구하고 발생된 부적합비용(사내 실패비용과 사외 실패비용)으로 구분된다.

① 예방비용(P-cost ; Prevention cost)

처음부터 부적합품이 생기지 않도록 방지하는 데 소요되는 비용으로, 생산 전에 발생하는 비용이다. 품질 조사, 교육, 인증, 심사, 외주지도비 등이 포함된다.

② 평가비용(A-cost ; Appraisal cost)

소정의 품질수준을 유지하기 위하여 소요되는 비용으로, 생산 중에 발생되는 품질평가비용이다. 각종 검사비용, 시험비용, 시험기·측정기의 PM 비용 등이 포함된다.

③ 실패비용(F-cost ; Failure cost)

품질수준을 유지하는 데 실패하였기에 발생하는 부적합품, 부적합한 원료에 의한 손실비용이다. 제품이 생산된 후에 발생하며, 소비자에게 인도되기 전과 후로 나누어 사내 실패비용(IF-cost)과 사외 실패비용(EF-cost)로 분류된다.

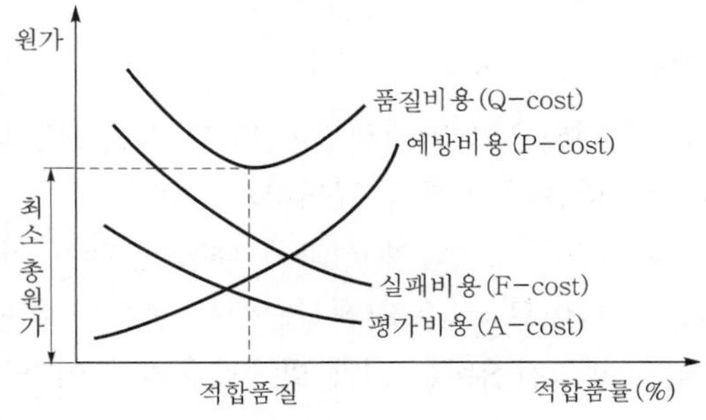

참고 P-cost를 약간 증가시키면 A-cost와 F-cost는 현격히 줄어든다. 하지만 P-cost나 A-cost가 F-cost보다 크다면 TQC 활동의 성과가 효율적으로 높아졌다고 할 수 없다.

(2) 품질비용의 편성

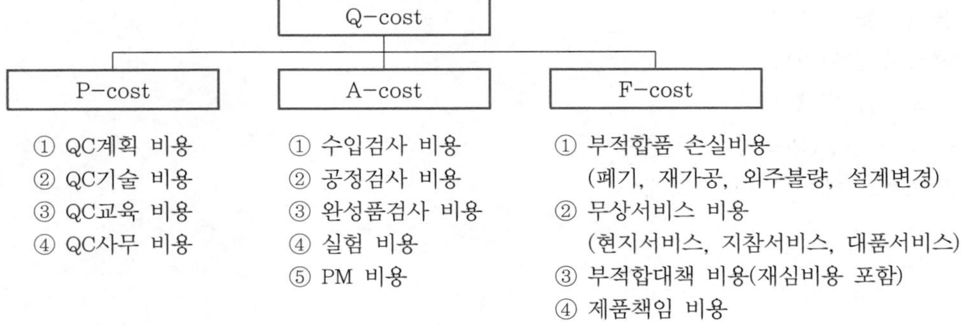

(3) 품질비용의 구성비

일반적으로 품질비용은 제조원가의 부분원가로 8~9% 정도이며, 세부 비율은 예방비용이 5%, 평가비용이 25%, 실패비용이 70%를 구성하고 있다. 그러나 요즘은 COPQ(Cost Of Poor Quality)적 사고 도입으로 품질비용을 기업 총비용의 20~30%로 본다.

COPQ란 품질 저하에 따른 숨겨진 실패비용으로, 밖으로 드러난 실패비용은 수면 위로 보이는 빙산의 일각이며, 수면 아래 잠겨진 비용을 지칭한다.

2 품질비용의 측정 및 효과

1 품질비용의 한계

(1) 품질비용의 측정상 문제점

① 품질비용 산정의 어려움
② 정확한 정보수집의 어려움
③ 감추어진(hidden) 품질비용이 존재

(2) 품질비용의 운용상 제약

① 부적합의 발생시점과 실패비용의 발생시점이 달라 원인규명 및 조처가 어렵다.
② 부적합비용에 대한 적합비용의 영향을 규명하기 어렵다.
③ 특히 예방비용은 무형적이고 애매하여 성과에 대한 판단이 어렵다.
④ 품질비용과 회계비용의 차이로 기존 회계시스템을 충분히 활용할 수 없다.
⑤ 단일기준으로 배부되는 제조간접비는 실제 발생비용과 차이가 커서 품질의 인과관계를 규명하기 힘들다.
⑥ '요건충족'으로 표현되는 품질 정의로 인해 경영자들이 품질비용의 적용을 소홀히하기 쉽다.

2 품질비용 집계의 5단계

① 품질비용을 총괄
② 책임부문별 할당
③ 주요 제품별 할당
④ 주요 공정별(외주공정별) 할당
⑤ 프로젝트 해석을 위한 집계

3 품질비용의 효용(A.V. Feigenbaum)

① 품질비용은 측정의 기준으로 이용된다.
② 품질비용은 공정품질 분석의 도구로 이용된다.
③ 품질비용은 계획수립의 도구로 이용된다.
④ 품질비용은 예산편성의 도구로 이용된다.

⊙ ASQC(미국 품질관리학회)에서 제정한 현 품질비용의 기준은 전통적 원가시스템의 한계를 극복하려면 활동기준원가(ABC ; Activity Based Costing)를 활용하는 것이 바람직하다고 주장한다. ABC는 활동별 원가변동 요인을 이용하여 급증하고 있는 제조간접비를 직접비로 전환하는 기법으로, 투입자원이 제품이나 서비스로 전환되는 과정을 명확히 밝혀 전체의 품질비용에 할당할 수 있다. 이를 활동기준 품질비용시스템이라고 한다.

품질혁신활동 및 수법

1 품질개선활동

기업이란 변화하는 환경의 테두리에 놓여져 있기 때문에 환경과의 적응능력을 갖지 않으면 안 된다. 품질활동도 공정이나 품질을 현 상태에서 안정되게 유지하려는 활동이지만, 현 상태를 토대로 좀더 나은 상태로 진보·발전시키는 것이 중요하다.

품질개선활동에서는 자기가 담당하는 업무를 좀 더 나은 상태로 발전시키기 위해 스스로 문제점을 제기하고 개선목표를 설정하여 문제의 해결안을 찾는 창의성과 진취성이 필요하다고 할 수 있다.

(1) 개선활동 추진에 필요한 3요소

① 개선하고자 하는 의욕
② 문제해결에 필요한 능력(지식, 기술)
③ 개선안을 실행으로 옮기는 결단

(2) 개선활동의 전제조건

① 전체로서 조화가 취해진 개선일 것
② 스스로의 문제로 착수할 것

(3) 개선활동의 추진순서

① 문제점의 파악(개선대상 선정)
② 문제점의 결정(개선목표 결정)
③ 개선을 위한 조직 만들기(팀 편성)
④ 문제점에 대한 실험분석(공정해석)
⑤ 개선방법의 입안 및 검토
⑥ 개선안 실시
⑦ 개선성과의 확인

2 도수분포

1 도수분포표의 작성

도수분포표(frequency distribution table)란 어떤 일정한 기준에 의해 전체의 데이터가 포함되는 구간을 여러 개의 급 구간으로 분할하고, 데이터를 분할된 급 구간에 따라 분류하여 만들어 놓은 표이다.

다음 도수분포표는 공정 데이터 100개로부터 8개의 급을 정하고 각 급에 포함되는 도수(f_i)를 처리한 표이다.

급번호 (k)	급의 폭 (h)	대표값 (x_i)	체크시트	도수 (f_i)	u_i	f_iu_i	$f_iu_i^2$
1	16.5~18.5	17.5	///	3	−4	−12	48
2	18.5~20.5	19.5	~~////~~ //	7	−3	−21	63
3	20.5~22.5	21.5	~~////~~ ~~////~~ ~~////~~	15	−2	−30	60
4	22.5~24.5	23.5	~~////~~ ~~////~~ ~~////~~ //	17	−1	−17	17
5	24.5~26.5	25.5	~~////~~ ~~////~~ ~~////~~ ~~////~~ ///	23	0	0	0
6	26.5~28.5	27.5	~~////~~ ~~////~~ ~~////~~ //	17	1	17	17
7	28.5~30.5	29.5	~~////~~ ~~////~~ /	11	2	22	44
8	30.5~32.5	31.5	~~////~~ //	7	3	21	63
				Σf_i		Σf_iu_i	$\Sigma f_iu_i^2$

(1) 도수분포표의 일반적 용도

① 보고용

② 공정능력·기계능력 조사용

③ 해석용

④ 관리용

(2) 도수분포표를 만드는 목적

① 데이터의 퍼짐상태를 파악하고 싶을 때

② 공정의 평균과 표준편차를 알고 싶을 때

③ 공정능력을 알고 싶을 때

④ 공정상태의 해석 및 부적합품률을 파악하고 싶을 때

(3) 도수분포표의 작성순서

① 데이터의 수와 데이터의 최대치(x_{max}), 최소치(x_{min})를 구한다.

② 범위(R)을 구한다.

$R = x_{max} - x_{min}$

③ 데이터의 최소단위를 구한다.

④ 급의 수(k)를 정한다.

〈 k의 일반적인 기준 〉

데이터의 수	k
50~100	7~10
100~500	10~15
500~1000	15~20

[H.A. Sturges법]

$$k = \frac{\log n}{\log 2} + 1 = 3.3219 \log n + 1$$

⊙ 데이터수(n)와 급의 수(k)의 이상적 관계는 $n = 2^{k-1}$ 상태이다.

⑤ 급의 폭(h)을 계산한다.

$$h = \frac{x_{max} - x_{min}}{k} = \frac{R}{k}$$

⊙ 급의 폭은 데이터의 끝자리와 일치시킨다.

⑥ 도수분포용지를 준비한다.

⑦ 급의 구간을 결정하여 용지에 기입한다.

좌단 경계치$(L) = x_{min} - \frac{1}{2} \times$ 최소단위수

⑧ 각 급의 대표값(x_i)을 구한다.

$$x_i = \frac{\text{각 급의}\ (x_{max} + x_{min})}{2}$$

⑨ 수치변환단위(u_i)를 기입한다.

u_i는 도수가 최대인 것을 0으로 하여 상한은 -1, -2, ……, 하한은 1, 2, …… 의 값을 기입한다.

$$u_i = \frac{x_i - x_o}{h}$$

(단, x_o는 중앙급의 대표값이다.)

2 도수분포의 해석

(1) 평균과 표준편차의 계산

① 수치변환을 한 경우

㉠ $\bar{x} = x_o + \dfrac{\Sigma f_i u_i}{\Sigma f_i} \times h = \hat{\mu}$

㉡ $S = \left(\Sigma f_i u_i^2 - \dfrac{(\Sigma f_i u_i)^2}{\Sigma f_i} \right) \times h^2$

㉢ $s = \sqrt{\left(\Sigma f_i u_i^2 - \dfrac{(\Sigma f_i u_i)^2}{\Sigma f_i} \right) \Big/ (\Sigma f_i - 1)} \times h$

$= \sqrt{\dfrac{\Sigma f_i u_i^2}{\Sigma f_i - 1} - \dfrac{(\Sigma f_i u_i)^2}{\Sigma f_i (\Sigma f_i - 1)}} \times h = \hat{\sigma}$

② 수치변환을 하지 않은 경우

㉠ $\bar{x} = \dfrac{\Sigma f_i x_i}{\Sigma f_i} = \hat{\mu}$

㉡ $S = \Sigma f_i x_i^2 - \dfrac{(\Sigma f_i x_i)^2}{\Sigma f_i}$

㉢ $s = \sqrt{\dfrac{\Sigma f_i x_i}{\Sigma f_i - 1} - \dfrac{(\Sigma f_i x_i)^2}{\Sigma f_i (\Sigma f_i - 1)}} = \hat{\sigma}$

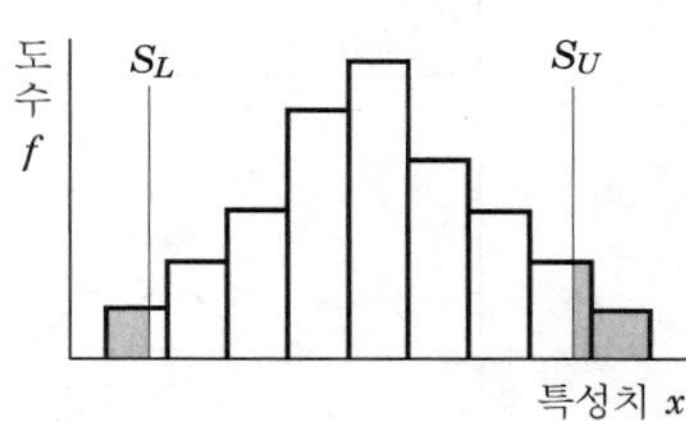

▌히스토그램의 작성▐

(2) 공정 부적합품률의 추정

① 도수분포를 이용하는 경우

히스토그램에 의한 방법은 작성된 도수분포가 정규성 여부와는 관계없이 부적합품률의 추정에 이용할 수 있다(편기, 이상원인이 존재하는 경우에도 사용하여 현실적 능력을 파악할 수 있다).

$\hat{P} = \dfrac{\text{규격을 벗어난 도수의 합}}{\text{총도수}} \times 100$

② 정규분포를 이용하는 경우

작성된 도수분포가 정규분포를 따르고 있는 경우, 표준정규분포를 이용하여 규격을 벗어나는 확률인 부적합품률을 구할 수 있다.

$\hat{P} = P(x > S_U) + P(x < S_L)$

$= P\left(u > \dfrac{S_U - \hat{\mu}}{\hat{\sigma}}\right) + P\left(u < \dfrac{S_L - \hat{\mu}}{\hat{\sigma}}\right)$

3 QC 7가지 기본수법(QC 7도구)

QC의 기본수법에는 히스토그램, 특성요인도, 체크시트, 산점도, 파레토도, 층별 그리고 각종 그래프의 7가지가 있으며, 이 수법들은 데이터의 기초적 정리방법으로 널리 사용되는 것들로서 품질관리활동을 수행하는 데 있어서 가장 필수적인 통계적 방법이다.

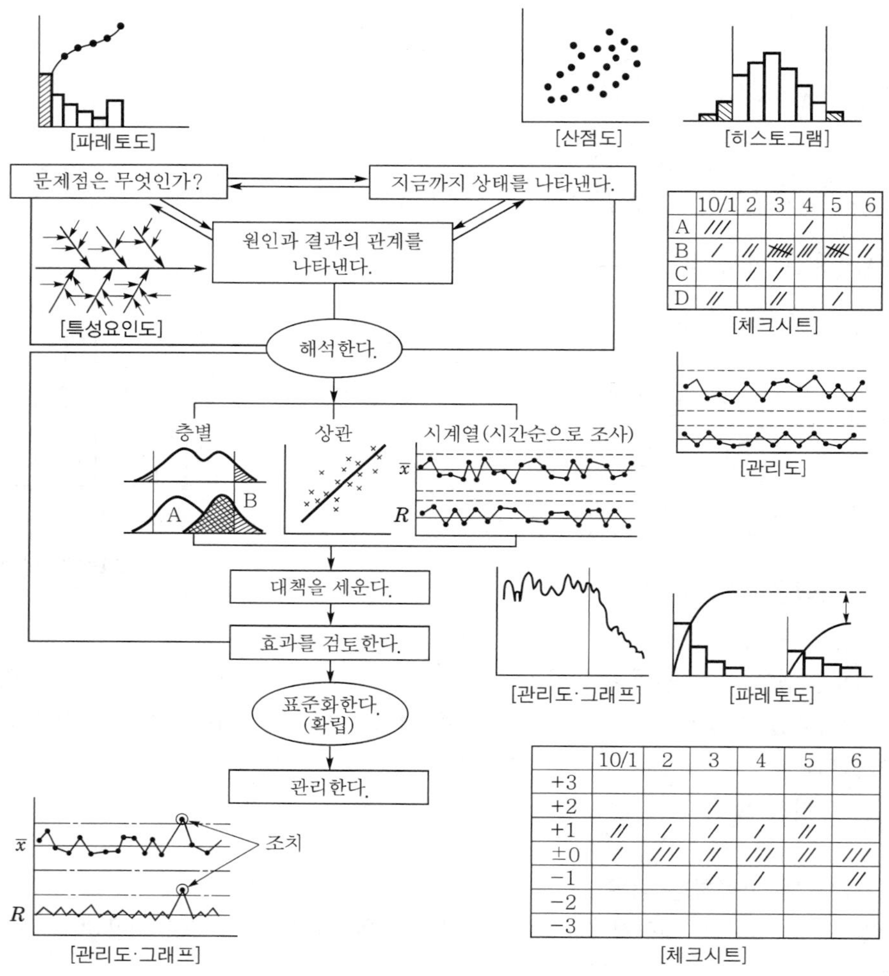

▌문제해결(개선활동)을 위한 QC의 7가지 도구(그림)▐

1 히스토그램(histogram)

길이, 무게, 강도 등과 같이 계량치 데이터가 어떤 분포를 하고 있는지를 알아보기 위하여 작성하는 것으로, 평균, 산포를 알기 쉽다. 좌우대칭의 종(bell) 모양 분포가 아니면 공정에 이상이 있는 경우이다.

(1) 작성상 이점

① 품질 또는 데이터 분포의 상태파악이 용이하다.
② 공정현상의 이상 유무를 체크할 수 있다.
③ 공정의 해석, 관리에 용이하다.
④ 규격과 대비하면 공정능력을 알 수 있다.

(2) 이상현상의 유형

다음의 히스토그램은 공정에 각종 이상이 있을 때 생겨나는 히스토그램이므로, 원인을 규명하여 조치하는 것이 필요하다.

① **낙도형** : 떨어져 있는 부분에 이질적 자재의 유입이나 공정의 순간장애 같은 이상원인이 존재하는 경우가 많으므로, 그 원인을 규명·조치한다.
② **쌍봉형** : 서로 다른 두 개의 이질적인 집단을 혼합한 경우 발생한다.
③ **이빠진형** : 작업자의 측정법에 잘못된 버릇이 있거나 작업자가 의식적으로 혹은 무의식적으로 특정 구간의 작업을 회피하는 경우에 발생한다.
④ **절벽형** : 규격에 맞추기 위해 전수검사를 행한 후 경계치 이하 또는 이상의 제품만을 가지고 도수분포표를 작성하는 경우 발생한다.

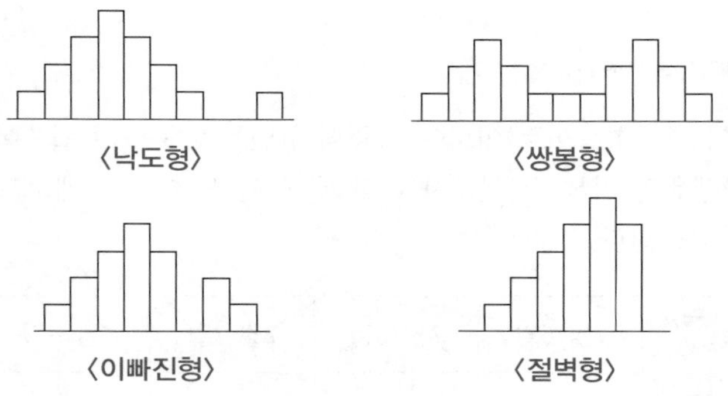

▌히스토그램의 유형▐

2 특성요인도(characteristic diagram)

(1) 개요

1953년 일본 Kawasaki 제철에서 품질관리를 지도할 목적으로 처음 사용된 것으로, 결과에 요인이 어떻게 관련되어 있는가를 규명하기 위하여 작성하는 그림이다. 결과에 영향을 미치는 요인을 4M(작업자, 기계, 재료, 방법)으로 대별하여 중요 원인을 발견하는 데 사용되며, 생선뼈를 닮았다고 하여 fish-bone chart라고도 한다.

(2) 작성순서

① 관심 있는 품질특성을 정한다.
② 요인을 4M별 중간 가지로 작성하여 [   ] 로 만든다.
③ 각 요인마다 작은 요인을 작은 가지에 적는다.
④ 특성요인도 작성목적, 작성시기, 작성자를 기록한다.

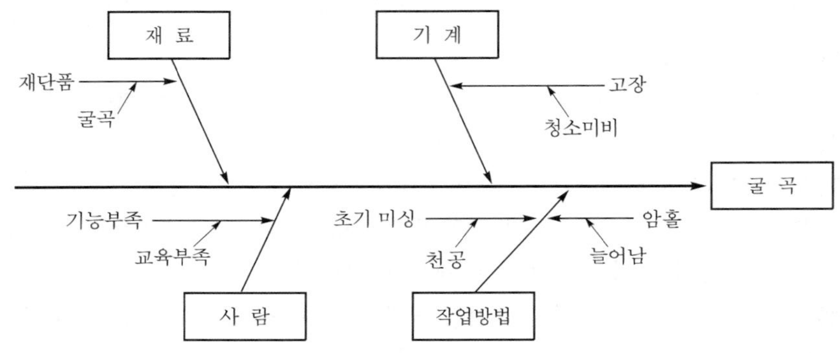

‖ 특성요인도의 예 ‖

3 체크시트(check sheet)

계수치의 데이터가 분류항목별로 어디에 집중되어 있는가를 알기 쉽도록 나타낸 표로서 부적합품이나 부적합의 발생원인 기록, 원인조사를 할 때 쓰인다. 이는 파레토그램을 위한 데이터의 수집단계에서 작성되기도 한다.

항목 \ 날짜	7월 5일	7월 6일	7월 7일	7월 8일	계
납땜 불량	//	//	///	////	11
결품 발생	/	//		///	6
조임불량	////	~~////~~ /	///	~~////~~ //	20
벗겨짐	/	//	//	//	7
기타	/	//	/	/	5
계	9	14	9	17	48

‖ 체크시트의 예 ‖

4 산점도(scatter diagram)

서로 대응되는 두 개의 짝으로 된 데이터를 그래프용지 위에 점으로 나타낸 것으로, x와 y 간의 관계를 규명하기 위해 사용한다.

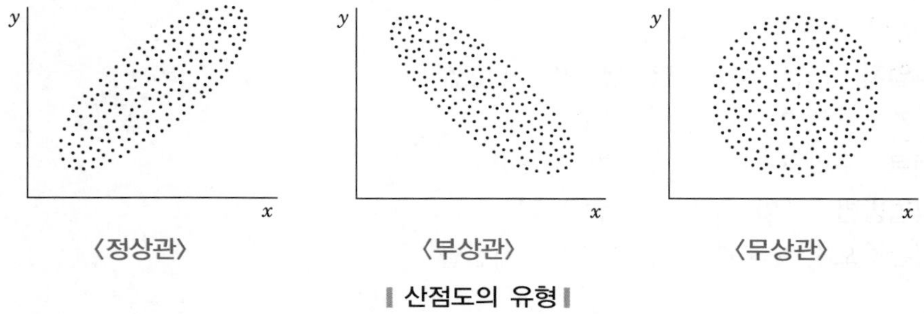

‖ 산점도의 유형 ‖

5 파레토도(Pareto diagram)

이탈리아 경제학자 파레토가 1897년 소득분배곡선으로 발표한 것을 Juran이 수정하여 품질관리에 적용한 것으로, 20/80법칙을 이용하여 중요 항목을 선정하는 중점관리기법이다.

[파레토그램의 작성순서]

① 데이터의 분류항목을 결정한다.
② 기간을 정하여 데이터를 수집한다.
③ 분류항목별로 데이터를 분류한다.
④ 그래프용지의 세로축에는 데이터를, 가로축에는 분류항목을 기입한다.
⑤ 데이터의 크기 순서대로 막대그래프를 그린다.
⑥ 데이터에 누적도수를 꺾은선으로 기입한다.
⑦ 데이터의 수집기간, 기록자, 목적 등을 기입한다.

⊙ 기타 항목은 데이터의 크기가 크더라도 가로축의 오른쪽에 배치한다.

부적합 항목	손실액	누적손실액	누적률
납땜 불량	① 82	82	52.6
결품 발생	② 42	124	79.5
조임 불량	③ 19	143	91.7
벗겨짐	④ 4	147	94.2
접촉 불량	⑤ 3	150	96.2
기판 불량	⑥ 2	152	97.4
동선 불량	⑦ 1	153	98.1
기타	⑧ 3	156	100
계	156		

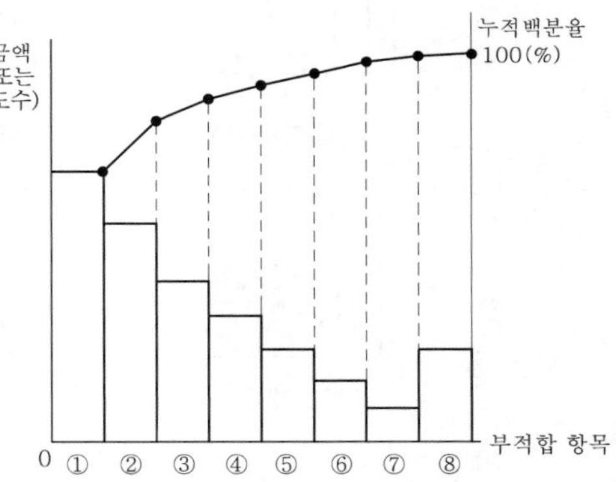

‖ 손실액에 의한 파레토도 ‖

6 층별(stratification)

집단을 구성하고 있는 많은 데이터를 어떤 특징에 따라 몇 개의 부분집단으로 나누는 것을 말한다. 변동의 원인이 되는 인자에 관하여 층별하면 원인 규명이 용이하고, 전체적인 군을 부분군으로 나누기 때문에 군의 변동을 줄일 수 있는 장점이 있다.

층별방법의 예는 다음과 같다.

① 작업자 : 조별, 숙련도별, 남녀별, 연령별
② 기계 : 라인별, 위치별, 구조별
③ 재료 : 구입처별, 구입시기별, 상표별
④ 작업방법 : 작업조건별, 측정방법별
⑤ 시간 : 오전/오후별, 주간/야간별, 계절별

7 각종 그래프

그래프에 여러 가지가 있는데, 이를 표현내용에 따라서 분류하면 다음과 같다.

① 계통도표
② 예정도표
③ 기록도표
④ 통계도표

그래프의 작성 시에는 그 그래프가 뜻하는 것을 단번에 알 수 있도록 나타내야 한다. 따라서 그래프 작성의 목적을 명확히 하여 가장 간략하게 그 뜻을 전할 수 있는 방법을 강구하도록 하여야 한다.

특히 꺾은선그래프에서 데이터의 점에 이상이 있는가 없는가를 판단하기 위하여 중앙에 중심선을 긋고 위아래로 한계선을 기입하여 공정을 관리하는 그래프를 '관리도'라 부른다.

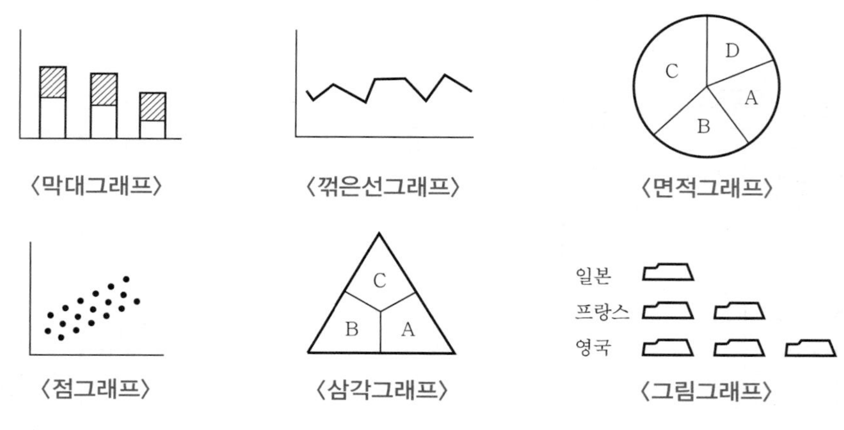

▌각종 그래프의 모양▐

4 품질향상을 위한 모티베이션

1 작업자의 오류

작업자의 오류는 대체로, 부주의로 인한 오류, 기술부족으로 인한 오류, 고의성의 오류의 3가지 유형으로 분류된다.

(1) 부주의로 인한 오류

작업자가 주의를 게을리하는 경우 발생하는 작업자 오류이다.

① 무의도성

② 비고의성

③ 불예측성

⊙ 개선방안 : Fool proof, Job rotation, QC circle, 경보기 등

(2) 기술부족으로 인한 오류

업무에 필요한 전문지식의 부족에서 오는 작업자 오류이다.

① 무의도성

② 선택성(필요한 기술 결여)

③ 지속성

④ 고의성·비고의성(양면성 존재)

⑤ 불가피성(노력과 관계없음)

⊙ 개선방안 : Fool proof, 교육훈련, 공정의 개선

(3) 고의성의 오류

작업자의 고의적이고 의도적인 오류이다.

① 고의성(오류가 범해짐을 알고 있음)

② 의도성

③ 지속성

⊙ 개선방안 : 의사소통, 책임설정, 동기부여, 위반자에 대한 대책 등

2 품질 모티베이션

품질 모티베이션이란 품질에 대한 동기부여로서 구성원들의 품질개선 의욕를 불러일으키는 작용 또는 과정이라고 할 수 있다. 경영의 관점에서 보면 동기부여란 개인이나 집단의 행위가 조직목표를 달성할 수 있도록 그 행위의 방향과 정도에 대해 영향력을 행사하려는 경영자 측의 의도적인 시도를 의미한다.

(1) 매슬로우(A. Maslow)의 인간의 욕구 5단계설

① **생리적 욕구** : 의식주 등의 기본 욕구
② **안전의 욕구** : 생명, 생활의 자기보전 욕구
③ **사회적 욕구** : 소속감과 애정의 욕구
④ **자아의 욕구** : 자존심, 존경, 자아독립의 욕구
⑤ **자기실현의 욕구** : 잠재능력 실현의 욕구

(2) 허츠버그(Herzberg)의 위생요인과 동기요인

동기부여는 목표지향적이며 목표나 성과는 개인을 이끄는 동인이다. 특히 위생(불만)요인은 아무리 개선하여도 종업원의 인간적 욕구는 만족되지 않으므로, 단기적으로 불만요인을 어느 정도 해소시킨 후 장기적으로 동기(만족)요인에 충실한 것이 동기부여의 효과가 오래 지속된다.

⊙ 위생요인이 결핍되면 불만족이 발생하지만, 충족되어도 불만족이 제거될 뿐이고, 만족할 수는 없다. 또한 만족요인이 결핍되면 만족이 발생하지 않을 뿐이지, 불만족이 발생하지는 않는다. 따라서 Herzberg 이론은 만족과 불만족이 하나의 연속선상에서의 대비관계가 있는 단일개념이 아니고, 별개의 독립 메커니즘에 의해 결정되는 두 개의 서로 다른 개념이라는 것을 주장한다. 이 이론에서 초기에는 승진을 위생요인으로 취급했으나, 업무에 대한 인정이나 책무의 증진으로 보는 추세이므로 동기요인으로 해석되고 있다.

① 위생요인(불만요인)
회사정책과 관리, 감독, 근무환경(작업조건), 임금(보수), 대인관계, 직무안정성

② 동기요인(만족요인)
성취감, 인정, 책임감, 능력·지식의 개발, 승진, 직무 자체, 성장과 발전, 자기개발

여기서, 승진을 업무에 대한 인정이나 책무의 증진으로 보면 동기요인(내재적 요인)이 될 수 있고, 업무와 급여 등의 종합적 개념으로 보면 위생요인(외재적 요인)이라고도 할 수 있으나, 동기요인 쪽으로 해석하는 것이 보편적 경향이다.

참고 알더퍼(Alderfer)의 ERG 이론(욕구 3단계)

1. 존재욕구(Exstence)
2. 관계욕구(Relatedness)
3. 성장욕구(Growth)

3 분임조활동(QC circle)

품질관리 분임조란 같은 직장에서 품질관리활동을 자주적으로 실천하는 작은 그룹으로서 전사적 품질관리활동(TQC)의 일환이 되며, 자기계발과 상호계발을 도모하고, 품질관리기법을 활용하여 직장의 관리·개선을 작업원까지 포함한 전원이 참가하여 계속적으로 추진하는 활동이다. 또한 분임조 활동은 품질의식, 문제의식, 개선의식의 고양을 꾀한다.

(1) 분임조의 기본이념

① 인간성을 존중하며, 활력 있고 명랑한 직장을 만든다.
② 인간의 능력을 발휘하게 하여 무한한 가능성을 창출한다.
③ 기업의 체질 개선 및 발전에 기여한다.

참고 분임조활동이란 인간성을 존중하며, 공부하고 행동하는 분임조를 만드는 것을 의미한다.

(2) 테마 선정의 원칙

① 자신에게 가깝고 비근한 문제의 선정
② 공통적인 문제의 선정
③ 단기간 해결 가능한 문제의 선정
④ 개선의 필요성이 있는 문제의 선정

(3) QC 분임조활동의 순서 및 요령

① 테마 선정
② 현상파악
③ 목표설정
④ 원인분석
⑤ 대책 수립 및 실시
⑥ 효과 파악
⑦ 표준
⑧ 사후관리
⑨ 반성 및 향후 계획

4 아이디어 발상법

(1) 브레인스토밍(brainstorming)

브레인스토밍은 창의적 태도나 능력을 증진시키기 위한 기술로서 일상적인 사고방법이 아닌 제멋대로 거침없이 생각하도록 격려함으로써 좀 더 다양하고 폭넓은 사고를 통하여 새롭고 우수한 아이디어를 얻고자 하는 방법이다.

브레인스토밍이라는 용어는 원래 정신병 환자의 정신착란을 의미하는 것이었으나, 오스본이 회의방식에 도입한 뒤로는 자유분방한 아이디어의 도출을 의미하게 되었다.

이 과정에서 지켜야 할 몇 가지 기본원칙은 다음과 같다.

① 비판 엄금
② 자유분방한 사고(아이디어)
③ 다량의 발언(많은 의견 도출)
④ 연상의 활발한 전개(남의 아이디어에 편승)

(2) 고든법(Gordon techique)

고든(Gordon)이 만든 아이디어 발상법의 하나로 추상적인 사고법이다. 가령 초콜릿을 한 단계 더 추상하면 과자가 되고, 과자는 음식물로 생각된다. 이처럼 초콜릿을 개량하려면 초콜릿으로 생각하기보다 과자라고 생각하거나 음식물이라고 생각해서 더 많은 아이디어를 얻을 수 있게 하는 방법이다.

만일 면도기의 신제품 개발을 한다면 테마를 '깎는다'로만 제시하고 진행한다. 이 경우 참가자들로 부터 깎는 것과 관련된 다양한 발언들이 튀어나온다. 따라서 의외의 기발한 발상들이 나올 수 있는 것이다.

고든법의 활동순서는 다음과 같다.

① 다양한 분야의 능력을 가진 사람으로 그룹을 편성한다.
② 리더는 문제를 이해하고 있지만, 멤버들에게는 문제를 알리지 않는다.
③ 리더는 발상의 방향을 제시하여 자유롭게 발언하도록 한다.
④ 문제해결에 가까운 아이디어가 나오면 리더는 문제가 무엇인지 알려 구체적으로 실현가능성을 논의하고 아이디어를 유용한 것으로 형성해 간다.

(3) 브레인라이팅(brain writing)

6명이 한 팀이 되어 전용 용지를 돌려가며 아이디어를 개발하는 발상법이다.

(4) 특성열거법

어떤 사물의 특성을 명사적, 형용사적, 동사적으로 열거하여 개선점을 찾는 방법이다.

(5) 결점열거법과 희망점열거법

고려하고 있는 대상의 결점이나 희망사항을 모두 나열하고 해결책을 찾는 방법이다.

5 ZD 운동(Zero Defect movement or program)

(1) 정의

ZD 운동이란 무결점운동이라고 하며, 1961년 미국의 항공회사인 Martin사에서 로켓 생산을 앞두고 무결점을 목표로 시작한 것이 효시가 되어, 1963년 제너럴 일렉트릭사가 회사의 전 부문을 대상으로 모든 업무를 무결점으로 하자는 운동으로 확대되었다. 이러한 ZD 운동은 제품의 결함이 작업자의 태만과 부주의에 있다는 데 착안하여, ECRS의 제안으로 결함을 제거하고자 하는 전사적 품질관리(TQC)의 일환이라고 볼 수 있다.

(2) 특징

① 종업원 각 개인의 주의와 연구를 통하여 고도의 신뢰성, 원가절감, 납기엄수, 품질향상 등을 통해 고객을 만족시키는 제품을 생산한다.
② 작업장의 개개인이 분담하는 업무를 틀림없이 수행하여 작업상의 결함을 zero로 한다.
③ 경영자, 관리자는 종업원들이 자발적으로 틀림 없이 일을 하도록 하기 위해 계속적으로 동기부여를 한다.
④ 소집단활동을 통한 삶의 보람을 찾는 정신운동으로, 인간중심의 조직개발을 중요시하는 운동으로 전개되고 있다.

참고 품질관리의 발전순서
SQC → TQC → ZD → QM → TQM

5 신QC 7도구

1 연관도법(relations diagram)

문제가 되는 사상(결과)에 대하여 요인(원인)이 복잡하게 엉켜 있는 경우에 그 인과관계나 요인 상호관계를 밝힘으로써 원인의 탐색과 구조를 명확하게 하여 문제해결의 실마리를 발견할 수 있는 방법이다. 또한 어떤 목적을 달성하기 위한 수단을 전개하는 데도 효과적이다.

2 친화도법(affinity diagram)

KJ법이라고도 하며 미지·미경험의 분야 등 혼돈된 상태 가운데서 사실·의견·발상 등을 언어데이터에 의하여 유도하여 이들 데이터를 정리함으로써, 문제의 본질을 파악하고 문제의 해결과 새로운 발상을 이끌어내는 방법이다.

3 계통도법(tree diagram)

목적·목표를 달성하기 위한 수단과 방책을 계통적으로 전개함으로써 문제(사상)에 대한 가시성(visibility)을 부여하고 문제의 핵심을 명확히 하여 목적·목표를 달성하기 위한 최적의 수단과 방책을 추구하는 방법으로, 구성요소 전개형과 방책 전개형이 있다(해결을 위한 최적수단을 계통적으로 정하기 위한 도구).

4 매트릭스도법(matrix diagram)

원인과 결과 사이의 관계, 목표와 방법 사이의 관계를 밝히고 나아가 이들 관계의 상대적인 중요도를 나타내는 방법으로, 문제가 되는 사상 가운데서 대응되는 요소를 찾아내어 이것을 행과 열에 배열하고 그 교점에 숫자, 문자 또는 부호를 사용하여 관계의 유무나 관련 정도를 표시한다.

매트릭스도법에는 L자, T자, Y자 형태가 있는데 품질계획에 많이 이용되고 있다. 특히 품질기능전개(QFD)의 품질하우스(HOQ)에서 고객이 무엇을(what) 요구하는지와 고객의 요구를 충족시키기 위하여 제품과 서비스를 어떻게(how) 설계하고 생산할 것인지를 서로 관련시켜 나타낼 때 사용되는 방법이기도 하다(많은 요인의 대응관계를 정리하고 해결을 위한 수단에 힌트를 얻기 위한 도구).

[목적(what)–수단(how) 매트릭스 구성요소의 특징]

① 설계특성
② 고객평가사항
③ 목적과 수단의 상관관계
④ 목표척도

5 매트릭스데이터 해석법(matrix-data analysis)

L형 매트릭스의 각 교점에 수치 데이터가 배열되어 있는 경우는 그들 데이터 간의 상관관계를 실마리로 하여, 그 데이터가 지닌 정보를 한꺼번에 가급적 많이 표현할 수 있도록 합성득점(중요도 합계점 : 주성분)을 구함으로써 전체를 알아보기 쉽게 정리하는 방법이다.

6 PDPC 법(process decision program chart)

신제품 개발이나 신기술 개발, 제품책임 문제의 예방이나 클레임의 절충, 나아가서는 치명적인 중대사태의 회피 등과 같이, 최초의 시점에서는 최종 결과까지의 행방을 충분히 짐작할 수 없는 문제에 대하여 그 진보과정에서 얻어지는 정보에 따라 차례로 시행되는 계획의 정도를 높여 적절한 판단을 내림으로써 사태를 바람직한 방향으로 이끌어가거나 중대사태를 회피하는 방책을 얻는 방법이다.

7 애로도법(Arrow diagram)

PERT/CPM에서 쓰이는 일정계획을 위한 네트워크 그림이다. 이는 최적의 일정계획을 세워 진행사항을 효율적으로 관리하는 진도관리방법이다.

〈신QC 7도구의 정리〉

구분	개요	용도
연관도법	원인·결과·목적·수단 등 복잡한 요인에 대한 인과관계의 명확화로 적절한 해결책을 유도하는 방법	• 방침전개 결정 • TQM 추진계획 입안 • 시장 클레임 대책 • 품질개선, 잠재부적합의 대책 • 구입품, 외부품의 QC 추진 • 납기공정관리상의 문제 대책 • 소집단활동의 효과적 추진 • 사무·영업 부문의 업무 개선
친화도법(KJ법)	사실·의견 발상을 언어 데이터화하여 상호 친화성에 의한 그림의 작성으로 문제를 해결하는 방법	• 신QC 방침의 계획 책정 • 신규사업, 신제품, 신기술에 관한 QC 방침 • 신시장 개척을 위한 시장조사 • 부문 간 중복문제 조정 • TFT, QC 서클의 팀워크 조성
계통도법	목적·목표 달성을 위해 필요한 수단 및 방책의 계통화로 중점 문제의 명확화 및 최적수단 방책을 추구하는 방법	• 신제품의 설계품질 전개 • QA의 전개 • 문제해결을 위한 아이디어 전개 • 목표·방침·실시사항의 전개 • 부문·관리기능의 명확화와 효율화 방책 추구
매트릭스 도법	다차원적 사고에 의해 문제가 되는 요소를 찾아 행과 열에 배치한 후 그 교점에서 '착상의 포인트'를 얻어 효과적으로 문제점을 해결하는 방법	• 시스템 제품의 개발·개량의 착안점 설정 • 소재 제품의 품질 전개 • 제품의 품질관리와 관리기능의 관련에 의한 품질보증 체제 강화 • 품질평가 체제의 강화 및 효율화 • 제조공정의 부적합 원인 탐색 • 제품 혼합전략의 입안 • 현재의 기술·재료·소자 등의 응용분야 탐색
매트릭스 데이터 해석법	매트릭스에서 요소 간의 관련이 정량화된 경우 이것을 계산으로 알아보기 쉽게 정리하는 기법	• 복잡한 요인의 공정대책 • 다량 데이터의 부적합요인 해석 • 시장조사자료의 요구품질 파악 • 관능특성의 분류 체계화
PDPC법(과정결정계획도)	사태의 진전과 더불어 여러 결과가 상정되는 문제에 대해 바람직한 결과에 이르는 과정을 결정하는 방법	• 목표관리의 실시계획 책정 • 기술개발과제의 실시계획 • 시스템의 중대사고 예측과 대응책 책정 • 공정의 부적합대책
애로다이어 그램법	PERT/CPM에서 쓰는 일정계획을 위한 네트워크로 일정계획 진척의 수립 및 효율적인 진도관리 수법	• 신제품 개발 • 제품의 개량 • 시작품·양산품의 일정 • 공장 이전 및 정기보전 • 공정해석과 효율화 • QC 진단대회, 분임조 발표회 등의 추진준비 계획과 진도관리

CHAPTER 09 산업표준화

1 표준화의 개념

1 표준화와 규격화의 의미

(1) 표준과 표준화

① 표준

KS Q ISO 3534 규격에서 표준(standard)은 다음과 같이 정의된다.

㉠ 관계되는 사람들 사이에서 이익 또는 편리가 공정하게 얻어지도록 통일·단순화를 도모할 목적으로 물체, 성능, 능력, 배치, 상태, 동작, 절차, 방법, 수속, 책임, 의무, 권한, 사고방법, 개념 등에 대하여 정한 결정

㉡ 측정의 보편성을 주기 위하여 정한 기준으로서 사용하는 양의 크기를 표시하는 방법 또는 일

예 질량단위의 기준이 되는 킬로그램 원기, 온도 눈금의 기준이 되는 국제 실용 온도 눈금을 실현하기 위한 온도 정점과 표준백금 저항온도계, 농도의 기준이 되는 표준물질, 강도의 기준이 되는 표준경도 시험기와 표준압자, 관능검사에 사용되는 색 견본 등

② 표준화

같은 규격에서 표준화란 '표준을 설정하여 이것을 활용하는 조직적 행위'로 정의하고 있다. 그러므로 표준화는 어느 특정 활동을 체계적으로 처리할 목적으로 규칙을 세우고, 이것을 적용하는 과정에서 관계하는 모든 사람들의 이익, 나아가 최량의 경제성을 촉진함과 동시에 기능적인 조건과 안정성의 요구도 유의하면서, 관련된 모든 사람들의 협력하에 이루어지는 조직적인 행위를 말한다. 표준화는 과학, 기술 및 경험의 종합적인 결과의 기초 위에 성립하는 것이므로 그것은 현재만이 아니라 장래의 개발에 관해서도 기준을 결정하는 것으로서 진보에 보조를 맞춘 것이어야 한다. 일반적으로 표준화란 다음과 같은 행위가 포함된다.

㉠ 단순화(simplification) : 재료, 부품, 제품 따위의 형상, 치수 등 불필요하다고 생각되는 종류를 줄이는 것을 말한다.

㉡ 전문화(specialization) : 제조기업에서 제조하는 물품의 종류를 한정하고, 경제적·능률적인 생산 및 공급 체제를 갖는 것을 말한다.

㉢ 표준화(standardization, 규격화) : 어떤 표준(기준)을 정하고 이에 따르는 것으로 표준을 합리적으로 설정하여 활용하는 조직적 행위를 말한다.

(2) 규격과 규격화

① 규격

규격(technical standard)은 상호 이해관계에 따라 정해진 표준 중 '물체에 직·간접적으로 관계되는 기술적 사항에 대하여 결정한 기준'으로, 첫째 역할은 제조자와 구매자 사이에 전달수단을 제공하는 일이다. 그것은 비교할 수 있는 물품, 크기, 성능 등을 열거하는 것과 구매자가 규격품을 구입하였을 경우에 그 품질과 신뢰성을 믿을 수 있다는 신뢰감을 구매자에게 느끼게 하는 일이다.

② 규격화

규격화란 원재료, 부품, 제품 등 공작물의 치수, 형상, 재질 등의 기술적 사항에 대한 표준화이다. 규격화는 단순화 또는 표준화라고도 하는데, 부품의 호환성을 촉진하여 생산능률을 높이고 보수나 수리를 용이하게 할 뿐만 아니라 유통단계에서는 제품의 형상, 품질, 균일화와 호환성 부품 등으로 소비자의 요구에 대응할 수 있다.

⊙ 규정 : 조직의 관리와 업무를 위하여 정해놓은 기준(규칙)

2 표준화의 목적과 원리

(1) 표준화의 목적

① 제품의 증대하는 품종과 인간생활에서 행위의 단순화
② 전달
③ 전체적인 경제
④ 안전·건강 및 생명의 보호
⑤ 소비자 및 공동사회의 이익 보호
⑥ 무역의 벽 제거
⑦ 기능과 치수의 호환성

(2) 표준화의 원리

① 표준화란 본질적으로는 사회의 의식적 노력의 결과로서, **단순화의 행위**이다. 그것은 무엇인가의 수를 줄이는 것을 필요로 하고 있다. 표준화는 현재의 복잡한 것을 적게 할 뿐만 아니라 장래에 있어서도 불필요하게 복잡해지는 것에 대한 예방을 목적으로 한다.
② 표준화는 경제활동은 물론 사회활동이며, 관계자 모든 사람의 상호협력에 의해 추진되어야 한다. 규격의 제정은 **총체적인 합의**에 의해 이루어지지 않으면 안 된다.
③ 규격을 출판한다고 하더라도 그것이 실시되지 않으면 거의 가치가 없다. 그러나 **실시**할 때는 다수의 이익을 위해 소수의 희생을 필요로 하는 경우가 있다.
④ 규격을 정할 때 행동의 본질적인 것은 선택 및 이에 이어지는 **고정화**이다.
⑤ 규격은 정해진 기간에 재검토해야 하고, **필요에 따라 개정**해야 한다. 개정과 그 다음 차례의 개정 간격은 개개의 상황에 따라 결정한다.

⑥ 제품의 성능 또는 그 밖의 특성을 규정할 때는 주어진 물품이 요구조건에 부합하든지 어떤지를 결정하기 위해 행하는 **시험방법**에 대해서 **규정**하지 않으면 안 된다. 샘플링을 채용하는 경우에는 그 방법 및 필요할 때의 시료의 크기와 변수를 규정해 두어야 한다.

⑦ 국가규격의 **법적 강제의 필요성**에 관하여는 그 규격의 성질, 그 사회의 공업화의 정도 및 시행되고 있는 법률이나 정세 등에 유의하여 신중히 생각해야 한다.

3 표준화의 구조와 효과

(1) 표준화의 구조

표준화 적용의 구조는 일반적으로 '표준화 공간'이라는 표현으로 간단히 설명된다.

표준화 공간(standaridization space)은 주제(subject)와 영역(domain)을 X축, 표준화의 국면(aspect)을 Y축, 표준화의 수준(level)을 Z축으로 도시한 것이다.

① 표준화의 주제와 영역

주제의 대다수는 유형물로서, 볼트(volt), 가정용구와 같은 하드웨어적인 물건과 기호와 같은 추상적인 것 등이 있다. 표준화의 주제는 이와 같이 광범위하고 다양하므로 이에 관련되는 몇 개의 분야별 영역으로 분류하는 것이 편하며, 이 영역으로는 공업기술, 건축, 식품, 농업, 섬유, 임업, 화학, 정보, 운수, 광업 등을 들 수 있다.

② 표준화의 국면

표준화의 국면이란 용어, 시방, 샘플링과 검사, 시험과 분석, 작업기준 등의 어떤 표준화 주제를 표준에 적합한 것으로 인정받기 위해 이 주제가 충족되어야 할 일군의 요구사항 또는 조건을 말한다.

③ 표준화의 수준

수준의 높이나 폭으로 보면 국제수준, 지역수준(유럽, 동유럽, 아시아 등), 국가수준, 단체수준, 회사수준 등에 걸친 표준적인 수준이 있다.

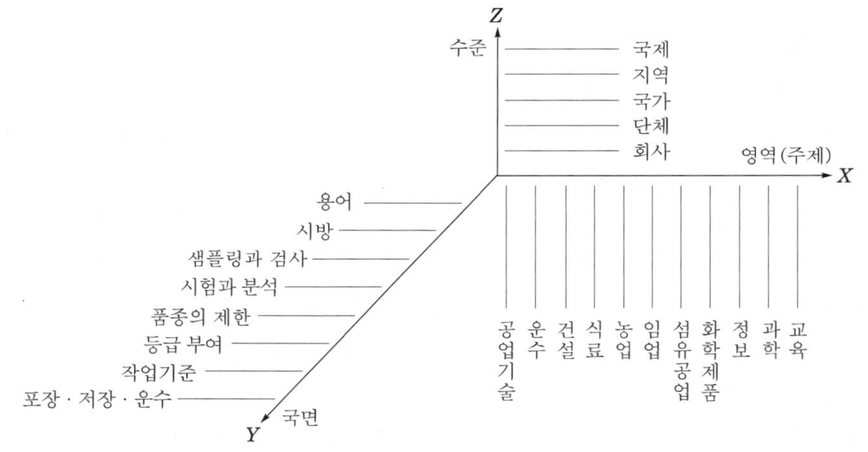

‖ 표준화 공간의 도시 ‖

(2) 표준화의 효과

생산, 소비, 유통의 여러 방면에서 능률을 증진시키고 경제성을 높이려면 표준화가 절대적으로 필요하며, 표준화에 의한 일반적인 효과는 다음과 같다.

① 생산능률이 향상되고, 생산비가 저하된다.
② 품질이 향상된다.
③ 자재가 절약된다.
④ 사용이나 소비를 합리화시킨다.
⑤ 수요 파악이 용이하여 생산을 계획적으로 할 수 있게 된다.
⑥ 기술이 향상된다.
⑦ 생산관리를 용이하게 할 수 있다.

⊙ 위 효과는 주로 생산 면에서 본 효과이며, 사용이나 유통 면에서는 거래의 단순화, 공정화 등을 기대할 수 있다.

2 산업표준과 한국산업규격(KS)

1 산업표준의 분류

산업규격은 적용되는 지역과 범위에 따라 제정자를 기준으로 다음과 같이 분류한다.

(1) 사내표준

기업 또는 공장 등에서 제정되며, 원칙적으로 그들 내부에서만 적용되는 표준이다.

(2) 관공서표준

현업기관인 관공서에 의해 제정되며, 원칙적으로 그들 기관 내에서만 적용되는 표준이다.

(3) 단체표준

국내사업자 단체, 학회 등에서 제정되며, 원칙적으로 그들의 단체원 및 내부 구성원에게만 적용되는 표준이다. 단체규격은 ASME(미국기계기사협회), API(미국석유협회), ASTM(미국재료시험협회), UL(미국보험업자연구소), SAE(자동차, 항공기 기술자협회), VDE(독일전기기술자협회) 등이 있으며, 이들 단체들에 의해 제정된 표준은 이용빈도가 높은 편이다.

(4) 국가표준

국가가 제정하며, 원칙적으로 그들 국가에서만 적용되는 표준이다. 해당 국가는 국가표준에 대한 다음 기능을 수행하기 위해 정부 내 조직을 구성하여 운영하고 있다.

① 산업표준화를 위한 국가표준의 입안과 제정
② 산업발전을 위해 필요한 표준의 채용과 적용의 촉진
③ 자국 시장에서 제조 및 판매되는 제품/서비스의 품질 보증과 인증
④ 국가 및 국제표준 양측에 대한 표준과 관련 기술사항의 정보 보급수단 제공

(5) 국제표준

국제적으로 제정되며, 해당 회원국에 적용되는 표준이다.

① 국제표준의 목적
㉠ 각국 표준의 국제성 증대, 상호이익 도모
㉡ 국가 간 산업기술의 교류 및 경제거래의 활성화(무역장벽 제거) 도모
㉢ 각국의 기술이 국제수준에 이를 수 있도록 유도
㉣ 국제 분업의 확립과 개발도상국에 대한 기술개발 촉진

② 대표적인 국제기구
㉠ IEC : 국제전기표준회의(1906년 설립)
㉡ ISO : 국제표준화기구(1947년 설립)
㉢ IBMW : 국제도량형국(1875년 설립)

참고 기타 국제기구
PASC(태평양지역 표준회의), OIML(국제법정계량기구), GATT(관세무역 일반협정), IECQ(국제전자부품 인증제도), CEN(유럽표준화원회) 등

산업표준화의 정점인 국제표준화는 국가표준을 기초로 성립하고, 국가표준은 국내의 단체표준과 사내표준을 기초로 한다. 따라서 국제표준을 정점으로 해서 그 아래에 국가표준, 단체표준 및 사내표준이 차례로 쌓이는, 이른바 피라미드 체계를 형성한다.

〈 각국 규격의 명칭 약호 〉

국가	규격	국가	규격	국가	규격
영국	BS	프랑스	NF	뉴질랜드	SANZ
독일	DIN	캐나다	CSA	노르웨이	NV
미국	ANSI	인도	IS	포르투갈	DGQ
일본	JIS	스페인	UNE	네덜란드	NNI
호주	AS	덴마크	DS	러시아 연방	GOST
아르헨티나	IRAM	스웨덴	SIS	유고슬라비아	JUST
중국	GB	이탈리아	UNI	브라질	NB
대만	CNS	벨기에	IBN	체코	CSN

2 표준의 분류

(1) 포괄적인 분류

표준을 분류하는 가장 포괄적인 분류체계는 인문사회적 표준과 과학기술적 표준으로 분류하는 것이다.

① **인문사회적 표준** : 언어·부호·법규·능력·태도·행동·규범·책임·전통·관습·권리·의무 등으로 구분

② **과학기술적 표준** : 측정표준, 참조표준, 성문표준 등으로 구분

㉠ 측정표준(measurement standards)

산업 및 과학기술 분야에서 물상상태(物象狀態) 양의 측정단위 또는 특정량의 값을 정의하고 현시하며, 보존·재현하기 위한 기준으로 사용되는 물적 척도, 측정기기, 표준물질, 측정방법 또는 측정체계를 말한다.

㉡ 참조표준(reference standards)

측정데이터 및 정보의 정확도와 신뢰도를 과학적으로 분석·평가하여 공인된 것으로서, 국가·사회의 모든 분야에서 널리 지속적으로 사용되거나 반복 사용할 수 있도록 마련된 물리화학적 상수, 물성값, 과학기술적 통계 등을 말한다.

㉢ 성문표준(documentary standards)

국가사회의 모든 분야에서 총체적인 이해성, 효율성 및 경제성 등을 높이기 위하여 강제적 또는 자율적으로 적용하는 문서화된 과학기술적 기준, 규격, 지침 및 기술규정을 말한다. 이러한 과학기술계 표준은 광의의 산업표준(industrial standards)이라고 할 수 있다.

(2) 국면에 따른 분류

① **전달규격** : 기본규격이라고도 하며, 용어, 표준수, 기호, 단위 등과 같이 물질과 행위에 관한 기초적 사항을 규정한 표준이다.

② **방법규격** : 작업표준, 시험방법, 검사방법 등 작업방법을 규정한 표준이다.

③ **제품규격** : 제품의 모양, 치수, 재질, 성능 등을 규정한 표준이다.

(3) 적용기간에 따른 분류

① **통상표준** : 일반적인 표준이며, 표준의 개시 시기가 명시된 표준이다.

② **시한표준** : 적용 개시 시기 및 종료 시기를 명시한 표준이다. 또는 일정한 시간이 지나면 의미가 소멸되는 표준이다.

③ **잠정표준** : 종래의 규격에 따르는 것이 적당하지 않을 때는 어느 특정 기간에 한하여 적용할 것을 목적으로 정한 정식 규격이다.

(4) 강제력 정도에 따른 분류

① **강제규격** : 국가 등 그 지배영역에서 규격을 반드시 인증받아야만 영업할 수 있도록 강제화한 규격으로, KC 마크, GMP 등이 해당된다. 이 규격에 대한 인증을 얻지 못하면 해당 국가에서 영업을 할 수 없으며, 일종의 면허와 같다.

② **임의표준** : 반드시 인증받을 필요는 없지만 이 규격의 유무에 따라 고객에게 차별을 받을 수도 있는 규격으로, KS, ISO 9001 등이 해당된다.

3 한국산업규격(KS)의 정의

(1) KS의 정의

한국산업규격은 「산업표준화법」에 의거하고 있으며, 산업표준심의회의 조사·심의를 거쳐 산업통상자원부장관이 이를 확정·공고함으로써 국가규격으로 제정되고, Korean industrial Standards의 머리글자를 따서 KS란 기호로 나타내고 있다.

산업표준화법은 '적정하고 합리적인 산업표준을 제정·보급하여 광공업품 및 산업활동 관련 서비스의 품질·생산효율·생산기술을 향상시키고 거래를 단순화·공정화하며 소비를 합리화함으로써 산업경쟁력을 향상시키고 국가경제를 발전시키는 것'을 목적으로 한다.

(2) 산업표준화의 의미

산업표준화법에서 '산업표준'이란 산업표준화를 위한 기준을 말하며, '산업표준화'란 다음의 사항을 통일하고 단순화하는 것을 말한다.

① 광공업품의 종류·형상·치수·구조·장비·품질·등급·성분·성능·기능·내구도·안전도

② 광공업품의 생산방법·설계방법·제도방법·사용방법·운용방법·원단위 생산에 관한 작업방법·안전조건

③ 광공업품의 포장의 종류·형상·치수·구조·성능·등급·방법

④ 광공업품 또는 광공업의 기술과 관련되는 시험·분석·감정·검사·검정·통계적 기법·측정방법 및 용어·약어·기호·부호·표준수·단위

⑤ 구축물과 그 밖의 공작물의 설계·시공방법 또는 안전조건

⑥ 기업활동과 관련되는 물품의 조달·설계·생산·운용·보수·폐기 등을 관리하는 정보체계 및 전자통신매체에 의한 상업적 거래

⑦ 산업활동과 관련된 서비스(전기통신 관련 서비스를 제외)의 제공절차·방법·체계·평가방법 등에 관한 사항

(3) KS의 부문기호

기존 한국산업규격(KS)은 21개의 영문자로 부문을 분류하고 네 자리의 숫자로 분류번호를 나타내었으나, 최근에는 ISO 등의 국제표준화가 활성화되어 부문번호에 ISO의 규격번호를 같이 나타내는 경우가 많다.

분류기호	부문
A	기본(기본 및 일반, 신인성관리 기타)
B	기계(기계기본, 기계요소, 공구, 공작기계 등)
C	전기·전자(전기일반, 전선, 전자부품 등)
D	금속(금속일반, 원재료, 주물 등)
E	광산(일반, 채광, 보안, 광산물 운반 등)
F	건설(일반, 시험, 검사, 측량, 시공 등)
G	일용품(문구 및 사무용품, 가구, 레저 등)
H	식료품(농산물 가공품, 축산물 가공품 등)
I	환경(대기, 수질, 악취, 해양환경 등)
J	생물(일반, 공정, 생물화학, 산업미생물 등)
K	섬유(일반, 피복, 실, 산업용 섬유제품 등)
L	요업(도자기, 유리, 내화물 등)
M	화학(일반, 산업약품, 플라스틱 등)
P	의료(일반, 일반의료기기, 위생용품 등)
Q	품질경영(일반, 공장관리, 관능검사 등)
R	수송기계(이륜자동차, 자전거, 철도 등)
S	서비스(일반, 산업서비스, 소비자서비스 등)
T	물류(일반, 포장, 보관, 하역 운송 등)
V	조선(일반, 선체, 항해용 기기 등)
W	항공우주(일반, 항공추진기관, 지상지원장비 등)
X	정보(일반, 정보기술(IT), 전자상거래 등)

(2020년 12월 기준)

4 한국의 표준화 관련 기관

① **국가기술표준원**(KATS ; www.kats.go.kr) : 산업규격의 제·개정 및 국제표준화 관련 기구와 교류 및 협력, 국가측정표준의 확립 및 보급을 목적으로 하는 정부기관

② **산업표준심의회** : 산업표준의 제정, 개정, 폐지에 관한 사항 조사·심의

③ **한국산업기술시험원**(KTL ; www.ktl.re.kr) : KC 마크, KS 마크, CC, K 마크 등 국내인증의 지원, 국가의 대표적 교정기관

④ **한국표준과학연구원**(KRISS ; www.kriss.re.kr) : 국가측정표준 원기의 유지·관리 및 표준과학기술의 연구·개발 및 보급

⑤ **한국표준협회**(KSA ; www.ksa.or.kr) : 한국산업규격 안의 조사·연구개발, 규격 관련 정보의 분석 및 보급을 주관하는 특별법인

⊘한국산업표준은 제정일로부터 5년마다 적정성을 검토하여 개정·확인·폐지 등의 조치를 하며, 필요한 경우 5년 이내라도 심의회의 심의를 거쳐 개정 또는 폐지할 수 있다.

3 KS 표시 인증제도

1 KS 표시 제도의 개요

(1) KS 표시 제도의 의미

KS 표시 인증은 산업표준을 널리 활용함으로써 업계의 사내표준화와 품질경영을 도입·촉진하고, 우수 공산품의 보급 확대로 소비자보호를 위하여 특정 상품이나 가공기술 또는 서비스가 한국산업표준 수준에 해당함을 인정하는 제품 인증제도이다.

사내표준화 및 품질경영을 통하여 한국산업표준에서 정한 품질기준 이상의 제품(또는 서비스)을 지속적으로 생산(또는 제공)할 수 있는 시스템 등을 심사하여 합격한 경우 KS 표시 인증을 부여한다. KS 표시 인증을 받은 업체는 KS 마크(㉿)를 제품에 표기할 수 있고, KS 인증업체는 KS 공장 표시판을, KS 인증 사업장은 KS 서비스업체 표시판을 부착할 수 있다.

‖ KS 공장 표시판 ‖

‖ KS 서비스업체 표시판 ‖

(2) KS 인증제품의 행정처분

KS 인증제품이어도 소비자단체의 요구가 있거나 KS 표시 인증제품의 품질 불량으로 다수의 소비자에게 피해 발생의 우려가 있는 경우 등에는 기술표준원에서 시중 유통 상품을 구입하여 시험을 실시하고, 그 결과에 따라 행정처분을 할 수 있다.

시판품 조사 결과, 제품이 KS 기준에 미달한 정도를 경결함·중결함·치명결함으로 구분하고, 결함정도에 따라 행정처분을 한다.

① **경결함** : 개선명령(기준 미달사항에 대한 시정 지시)

② **중결함** : 표시정지(일정 기간 동안 KS 마크 표시 부착을 정지)

③ **치명결함** : 인증 취소

2 KS 표시의 지정과 인증대상

(1) KS 표시의 지정

한국산업표준(KS)은 제품, 가공기술, 서비스 등 분야별로 제정되어 있으며, 표준마다 적용범위를 구체적으로 정하고 있다. 따라서 KS 인증을 획득하고자 하는 제품, 가공기술, 서비스에 대한 KS가 제정되어 있는지의 여부를 먼저 확인하여야 한다.

KS가 제정되어 있다고 해서 모두 KS 인증을 받을 수 있는 것은 아니고, 국가표준의 확산·보급을 위하여 특별히 필요하다고 인정하여 국가에서 지정한 제품, 가공기술, 서비스에 한하여 받을 수 있다. 만약 제품, 가공기술, 서비스 KS는 존재하나 KS 표시 지정이 되어 있지 않아 KS 인증을 받을 수 없는 경우, 국가기술표준원에 KS 표시 지정 신청을 할 수 있다.

(2) KS 표시 인증대상

KS 표시 인증대상은 국가기술표준원장이 표시·지정한 품목으로서, 인증심사기준도 동시에 제정·공고된다.

① 제품

㉠ 품질 식별이 용이하지 아니하여 소비자 보호를 위해 표준에 맞는 것임을 표시할 필요가 있는 광공업품

㉡ 원자재에 해당하는 것으로서 다른 산업에 미치는 영향이 큰 광공업품

㉢ 독과점 품목, 가격변동 등으로 현저한 품질저하가 우려되는 광공업품

② 가공기술

㉠ 표준에 정해진 기술수준에 도달한 가공기술

㉡ 해당 가공기술을 사용함으로써 품질 또는 생산성 향상이 가능한 가공기술

③ 서비스

㉠ 소비자의 권익보호 및 피해방지를 위하여 한국산업표준에 맞는 것임을 표시할 필요가 있는 경우

㉡ 제조업 지원서비스로 다른 산업에 미치는 영향이 큰 경우

㉢ 국가 정책적으로 서비스품질 향상이 필요한 경우

3 KS 인증심사

(1) KS 인증심사기준

KS 인증은 KS 수준 이상의 제품, 가공기술, 서비스를 지속적·안정적으로 생산·제공할 수 있는 능력에 대하여 전사적·시스템적으로 공장심사, 제품심사(서비스 인증의 경우 사업장심사, 서비스심사)를 실시하고 있으며, 이때 적용하는 기준을 'KS 인증심사기준'이라 한다.

KS 인증심사기준의 심사항목은 제품 가공기술 인증과 서비스 인증으로 나뉘며, 서비스 인증의 경우 사업장 심사기준과 서비스 심사기준으로 구분하여 구체적인 심사사항을 정하고 있다.

① 제품 가공기술 인증(6개 심사항목)

㉠ 품질경영관리
㉡ 자재관리
㉢ 공정·제조설비 관리
㉣ 제품관리
㉤ 시험·검사설비 관리
㉥ 소비자보호 및 환경·자원관리

② 서비스 인증

사업장 심사기준(5개 심사항목)	서비스 심사기준(3개 심사항목)
㉠ 서비스 품질경영관리 ㉡ 서비스 운영체계 ㉢ 서비스 운영 ㉣ 서비스 인적자원관리 ㉤ 시설·장비, 환경 및 안전관리	㉠ 고객이 제공받은 사전 서비스 ㉡ 고객이 제공받은 서비스 ㉢ 고객이 제공받은 사후 서비스

(2) 인증심사의 준비

인증을 받고자 하는 제품, 가공기술, 서비스 KS의 심사기준을 입수하여 심사기준에서 요구하는 사항을 충분히 이해하고, 그 내용에 따라 공장심사, 제품심사(서비스 인증의 경우 사업장심사 및 서비스심사)를 준비함으로써 효율적으로 업무를 추진할 수 있다.

① 제품인증

㉠ 공장 심사 : 제품을 제조하는 공장의 기술적 생산조건이 해당 제품의 인증심사기준에 적합한지의 여부를 해당 공장에서 실시하는 심사

㉡ 제품 심사 : 해당 제품의 품질이 해당 KS에 적합한지의 여부를 확인하기 위해 해당 공장에서 시료를 채취하여 공인시험기관에서 실시하는 심사

② 서비스 인증

㉠ 사업장 심사 : 서비스를 제공하는 사업장의 서비스 제공 시스템이 해당 인증심사기준에 적합한지의 여부를 해당 서비스 제공 사업장에서 실시하는 심사

㉡ 서비스 심사 : 서비스를 직접 제공받는 자 등을 대상으로 해당 인증심사기준에 적합한지 여부를 서비스가 행해지는 장소에서 실시하는 심사

CHAPTER 10 사내표준화

1 사내표준과 사내표준화

1) 사내표준화의 필요성

KS Q 3534-1 규격에서 사내표준(company standard)은 '회사, 공장 등에서 재료·부품, 제품 및 조직과 구매, 제조, 검사, 관리 등의 일에 적용할 것을 목적으로 하여 정한 규격서'로 정의하고 있다. 즉, 사내표준화란 사내에서 물체, 성능, 능력, 배치 등에 대해서 규정을 설정하고 이것을 문장, 그림, 표 등을 사용하여 구체적으로 표현하여 조직적 행위로서 활용하는 것을 뜻한다.

일반적으로 사내표준은 가장 기본이자 중요한 표준화 수준이며, 이는 실질적으로 경제적 이익이 추구되는 결과를 결정하는 근본이기 때문이다. 그러므로 기업의 사내표준화 추진은 목표달성을 위한 출발점이 되며, 품질보증 측면에서도 현재의 기술수준에서 알고 있는 가장 효과적인 방법을 표준화하여 실행하여야 공정능력을 최적화할 수 있으므로, 기업은 재료, 기계, 사람, 방법(4M)을 표준화해야 한다.

이러한 측면에서 사내표준은 조직에서 다음과 같은 조건을 만족하고 있어야 한다.

① 사내표준은 문서화 또는 정보화되어 성문화된 자료로 존재하여야 한다. 즉, 기억이나 습관에 맡겨서는 안 된다.

② 자료는 조직원 누구나가 볼 수 있고 활용될 수 있도록, 배치 또는 네트워크화 해두어야 한다.

③ 회사의 경영자 또는 경영간부가 솔선하여 사내규격의 유지와 실시를 촉진시켜야 한다.

2) 사내표준화의 대상

사내표준화의 대상을 물건과 업무로 나누어 나타내면, 표준의 성질이나 활용하는 계층에 따라 다음과 같은 표준류가 사내표준화의 대상이 된다.

(1) 규정(절차서)

규정이란 조직의 관리와 업무를 위해 정한 기준(규칙)을 의미한다.

① **조직 및 기본규정**
회사의 조직 또는 업무 같은 기본적인 사항에 대하여 규정한 것으로, 조직규정, 업무규정, 종업원 취업규칙, 회의규정, 정보·보안규정, 회의·위원회규정 등을 말한다.

② **관리표준**
회사의 관리활동을 확실하고 원활하게 수행하기 위해 업무수행절차, 관리절차, 교육·훈련 등 주로 업무의 관리방법에 관하여 규정한 것으로, 문서관리규정, 품질관리규정, 검사업무규정, 판매관리규정, 애프터서비스규정 등을 말한다.

(2) 규격

제품과 제품에 사용되는 부품·재료·생산설비·보관설비·수송설비 등에 관하여 성능·능력·강도·효율·배치·위치·배열·방향·상태·치수·중량·조직·조성·표면·조도·경도·온도·습도·동작순서·조작순서·시간조건·온도조건·시행방법·분석방법·제도방법 등을 규정한 것으로, 제도규격, 제품규격, 재료규격, 검사규격, 포장규격, 시험방법 표준 및 시방서 등을 말한다.
시방(specification)은 재료, 제품, 공구, 설비 등에 대하여 요구하는 특정 모양, 구조, 치수, 성분, 능력, 정도, 성능, 제조방법 및 시험방법 등을 정한 것으로, 시방을 문서화한 것을 시방서라 한다.

⊙ 표준 중 주로 관리상 기준을 규정, 물체의 기준을 규격이라고 한다.

(3) 작업표준, 작업지도서

① **작업표준**(process specification) : 작업조건, 작업방법, 사용재료, 사용설비, 기타 주의사항 등에 관한 기준을 정한 것이다.
② **작업지도서** : 운전원, 보전원, 검사원 등 일선 근무자들의 작업방법, 작업조건, 품질특성에 대한 기준서 또는 작업절차서류를 말한다.

3 사내표준화의 요건

(1) 표준화의 효과적 추진

표준화의 역효과가 나타나지 않고 효과적으로 추진하기 위해 제조공정의 사내표준화 활동은 다음과 같은 요건을 가져야 한다.

① 엄수하여야 할 최적조건 및 방법을 실행자 중심에서 최적점을 추구하여 표준화할 것
② 기술 및 관리의 진보와 연동하여 적시에 신속히 개정·보급되도록 할 것
③ 조직원이 자율적으로 효과적 방법을 찾아 개선점을 찾을 수 있는 환경을 조성할 것
④ 규격은 반드시 최신본(관리본)으로만 적용될 수 있도록 규격의 제·개정 및 폐지 시 배포처와의 관계를 분명히 하여 명확히 처리되도록 할 것

(2) 사내표준의 요건

업종, 조직의 규모, 원재료, 기술, 정보, 관리, 훈련정도 등을 고려하여 실정에 맞는 추진방법이 필요하며, 이러한 사고방식을 구체화하기 위한 제조공정의 사내표준 요건은 다음과 같다.

① 사내표준을 작성하는 대상은 공정변화에 대해 기여도가 큰 것부터 중심적으로 취급할 것
기여도가 큰 것의 의미는 다음과 같다.

㉠ 중요한 개선이 이루어져 불만, 부적합, 납기지연, 불필요한 비용의 증가, 안전사고 등이 해결된 결과를 제조현장에 정착시킬 수 있는 경우의 표준이다.

㉡ 베테랑 숙련공이 작업하는 방법을 표준화한다. 이는 베테랑이 하는 방법대로 후임자에게 인계될 수 있다.

㉢ 산포가 큰 작업의 경우이다. 산포가 클수록 작업을 표준화하여 최대한 산포가 커지는 것을 억제하는 것이 중요하다.

㉣ 공정의 품질변경 요인인 자재 로트의 변경, 품종 교체, 표준의 변경 또는 작업 변경점의 경우이다. 일반적으로 품질은 부원료, 공구, 치구, 설비 소모품, 오일 등을 제때 바꾸거나 제대로 바꾸는 것을 어기면 부적합이 증가한다. 이를 준수하고 지키는 것이 매우 중요하다.

㉤ 통계적 수법 등을 활용하여 관리하고자 하는 대상을 표준화한다.

㉥ 기타 공정에 변화가 발생할 수 있는 경우 등이 있다.

② 실행 가능한 내용일 것
사내표준은 실험이나 경험에 의해 확인된 결과에 의하여 정해야 한다.

③ 당사자의 의견을 고려하여 절차로 정할 것
실제 일을 하는 당사자의 의견이 무시되면 그 표준은 교육훈련을 통한다 하더라도 실행된다고 보장할 수 없다. 당사자의 의견이 중심이 되어 정하도록 한다.

④ 기록내용이 구체적·객관적일 것
표준을 해석하는 사람에 따라 해석이 달라지면 작업이 표준화될 수 없다. 최대한 수치화 또는 비교 가능한 방안을 강구하여 구체적이고 객관적인 표현으로 정한다.

⑤ 직관적으로 보기 쉬운 표현을 할 것
당사자는 작업의 대체적 순서는 숙지하고 있으므로, 중점사항 등에 대해 그림이나 표로 요구사항만을 정리하여 직감적으로 파악할 수 있도록 표현하는 것이 좋다.

⑥ 정확·신속하게 개정 향상시킬 것
사내표준은 개정되지 않으면 얼마 가지 않아 진부화된다. 따라서 개정·폐지가 정례적이고 신속하게 행해지도록 표준관리에 대한 조직과 권한의 확립이 필요하며, 양식이나 취급기준도 절차화하는 것이 필요하다.

⑦ 장기적인 방침 및 체계하에서 추진할 것
사내표준은 조직의 확장성·미래성과 연계될 수 있도록 문서관리를 체계화하여야 한다. 이는 회사가 지속되는 한 계속 회사의 운영방식을 표현하는 수단이 되기 때문이다.

4 사내표준의 분류체계

(1) 사내표준의 분류

회사에서는 조직의 복잡한 기능에 따라 많은 규격이나 규정이 제·개정 및 폐지되고 있고, 이런 많은 표준류는 어떤 사고방식 아래 분류·정리되어 체계적으로 운영되고 있다.

사내표준은 표준화의 사고에서 제시한 대로 형식상 분류인 규정(절차서)과 규격으로 나누는 것이 가장 보편적이지만, 조직의 업무를 기준으로 분류하여, 규격을 관리하는 경우가 일반적이다. 아래의 〈표〉는 업무에 따른 규격 분류방식의 예시이다.

〈 업무별 규격의 분류(예) 〉

구분	규격의 분류	구분	규격의 분류
품질경영	① 문서관리규정 ② 품질기록관리규정 ③ 경영검토규정 ④ 내부심사규정 ⑤ 품질경영규정 ⑥ 품질경영위원회규정	제품	제품규격 (작업, 시험)방법규격
		공정품	공정품규격 (작업, 시험)방법규격
		자재	자재규격 (작업, 시험)방법규격
설비 및 계측설비 관리	① 설비관리규정 ② 치공구관리규정 ③ 계측설비관리규정	검사 관계	① 검사업무규정 ② QC공정도(관리계획서) ③ 검사기준서 ④ 제품검사규격 ⑤ 중간검사규격 ⑥ 수입검사규격
설계관리	① 품질계획서 ② 상품설계규정 ③ 설계개발규정 ④ 신뢰성시험규정 ⑤ 현지시험규정		
구매관리	① 구매업무규정 ② 협력업체관리규정 ③ 협력업체등록규정 ④ 구매시방서	창고·운반·포장 관계	① 자재관리규정 ② 제품관리규정 ③ 운반관리규정 ④ 포장규격
제조 관계	① 생산관리규정 ② 제조업무규정 ③ 작업표준 ④ 작업지도서	기타	① ERP관리규정 ② 정보보안관리규정 ③ 폐기물관리규정 ④ 환경·안전관리규정

이와 같이 사내표준화 추진에 있어 반드시 필수적인 것은 아니지만, 회사의 규모에 관계없이 사내규격으로 공통적으로 만들어 활용되어야 할 표준류는 다음과 같다.

① 품질매뉴얼, 품질방침, 품질목표, 품질계획서(또는 QC 공정도, 관리계획서)

② 문서관리규정, 품질기록관리규정, 부적합품관리규정, 불만처리규정, 시정조치규정, 예방조치규정, 내부심사규정, 변경점관리규정

③ 구매시방서, 제품규격, 제조표준, 검사표준

(2) 사내표준의 작성 · 검토 · 승인

사내표준화에 있어 실제 표준의 적용범위를 감안하여 작성자와 승인자를 구분하는 방법이다. 일반적으로 절차서는 조직의 운영에 관한 사항이므로 해당 부문장이 작성하고, 최고경영자의 승인으로 발효되며, 작업지침서 등 해당 부문에서 활용되는 표준류는 해당 부서 담당자가 작성하여 해당 부서장의 승인으로서 발효된다.

하지만 품질경영시스템을 효과적으로 유지하기 위해서는 절차서와 작업지도서에 관계없이 품질경영시스템에 영향을 주는 표준류는 표준 담당 부서가 승인 전 검토를 하게 함으로써 표준이 상충되거나 진부화되지 않도록 결재단계를 체계화하는 것이 매우 중요하다.

(3) 분류체계 확립 시 고려사항

회사 규격의 분류체계를 확립할 때는 회사 실정에 따라 다음 사항에 착안할 필요가 있다.

① 규격을 폐지 또는 추가해야 할 때 취급하기 좋도록 분류한다.

② 규격별 고유번호(소분류)를 주어 보관·관리에 편리하도록 한다.

③ 외부의 요구사항(KS 표시 허가 공장, 강제규격의 요구사항, 임의규격 인증 시 요구사항, 고객 요구사항 등)을 충분히 고려하여 누락이나 중복이 없도록 한다.

2 사내표준화 각론

1 사내표준화의 표준류

(1) 관리표준

① 표준(사내규격)관리규정

② 품질관리규정

③ 개발업무규정

④ 시방관리규정

⑤ 구매업무규정

⑥ 생산관리규정

⑦ 창고관리규정

⑧ 공정관리규정

⑨ 도면관리규정

⑩ 불만처리규정

⑪ 기타 규정

(2) 제품표준

① 제품규격
② 도면
③ 제품검사규격
④ 포장 및 표시 규격

(3) 설계표준

① 도면양식
② 제도방식
③ 재료, 부분품 선정기준
④ 기능설계기준

(4) 재료·부분품 표준

① 구매시방서·구매 규격
② 재료·부분품 규격
③ 외주시방서·외주 규격
④ 수입검사규격

(5) 제조기술표준

(6) 작업표준

① 제조공정도
② 작업지도서

(7) 설비보전표준

2 사내규격 관리규정

(1) 규정할 사항

① 전사적 표준화의 방침과 체제의 상태
② 표준의 제정, 개정 및 폐지에 대하여 입안·원안 작성·심의·승인·실시 등, 담당부문·수속·절차·요령 등
③ 표준의 기본적인 양식, 체제, 쓰는 방법, 정리번호 등
④ 표준의 등록, 배부, 보관, 취급 등의 방법 및 담당 부문
⑤ 배부된 표준에 대한 보관책임자, 보관방법, 취급 등

(2) 제정·개정 및 폐지의 규정

① 제정
㉠ 신제품(설비변경 포함)의 생산을 개시할 때

㉡ 신제조방식(설비변경 포함)을 실시할 때
㉢ 필요한 규격이 현행 규격에 없을 때
㉣ 기타 규격화의 필요성이 생겼을 때

② 개정
㉠ 현행 규격의 내용, 운영 면에 대한 불합리 또는 개선하여야 할 점이 발견되었을 때
㉡ 관리업무 또는 생산공정의 변경, 개선 등이 생겼을 때
㉢ 해당 국가규격 변경 등의 사유가 생겼을 때
㉣ 기타 규격 개정의 필요성이 생겼을 때

③ 폐지
㉠ 규격이 개정되었을 때
㉡ 생산품목의 변경, 공정의 조절 등으로 현행 규격이 필요 없을 때
㉢ 기타 규격의 폐지가 필요한 경우가 생겼을 때

3 제품규격

제품규격의 항목은 원칙적으로 다음과 같이 구성되어 있으며, 2개 이상의 항목을 결합하거나 항목을 세분하거나 일부를 생략하여도 좋다.

① 적용범위**
② 용어의 뜻*
③ 종류·등급**
④ 성능**
⑤ 성분·화학적 성질, 물리적 성질
⑥ 구조
⑦ 모양·치수(각도, 면적, 부피, 질량 등)
⑧ 겉모양 및 관능적 특성
⑨ 기타 품질
⑩ 재료·원료
⑪ 제조방법
⑫ 부속품 및 예비품
⑬ 시험방법**
⑭ 검사방법**
⑮ 포장*
⑯ 제품의 호칭
⑰ 표시*
⑱ 취급상의 주의사항

⊙ ** 표시항목은 규격에 필히 규정될 항목, * 표시항목은 되도록이면 규정할 항목이다.

(1) 성능

품질특성 중 계량치로 표현되는 것을 총칭하여 성능이라고 하며, 성능은 일반적으로 기능도 포함한다. 성능은 실용특성(참특성)과 이와 관련이 있는 대용특성을 대상으로 하는데, 실용특성은 실제의 사용목적을 달성하기 위하여 갖추어야 할 본질적인 품질특성이며, 대용특성은 실용특성에 상관이 있는 품질특성으로서 실용특성을 간접적으로 보증하기 위한 것이다.

규격에서는 가장 핵심적으로 다루어야 할 성능을 다음과 같이 규정한다.

① 품질은 그 제품에 대해서 진실로 필요한 것, 즉 제품의 실용특성을 되도록이면 계량적인 표현으로 규정한다.

② 성능이 대용특성일 때에는 다음 몇 가지 점에 주의한다.

㉠ 대용특성과 실용특성의 관계가 명확하게 잡아질 경우에는 실용특성을 규정하지 않아도 된다.

㉡ 대용특성과 실용특성의 관계를 잡을 수 없어서 대용특성에 의하지 않으면 안 될 경우에는 규격의 참고 또는 해설에서 명백히 해두는 것이 요구된다.

③ 성능의 규격치는 그것을 구하는 방법, 조건, 측정기기의 정밀도 및 정확도 등을 고려하여 규정한다. 규격에서는 절대로 '적당히'라는 용어가 통하지 않으며, 성능의 규격치는 측정오차, 로트 내의 산포 등을 포함시키고 있으므로 규격치에는 기준치와 허용차를 주거나 허용한계치(최소치, 최대치)를 명백히 하여야 한다. 성능을 시험 또는 검사의 항에서 규정하는 것은 가능하면 피하는 것이 좋다.

(2) 성분·화학적 성질, 물리적 성질

① 규격에 규정하는 것이 좋은 경우

㉠ 최종 품질특성으로서 중요하며, 규격으로 정하는 것이 적당한 경우

㉡ 다른 특성항목으로 충분히 품질을 규정할 수 없는 경우

② 규격에 규정하지 않는 것이 좋은 경우

㉠ 성능만으로 충분할 경우

㉡ 기술의 진보 면에서 좋지 못할 경우

㉢ 생산자의 자주성을 존중하는 것이 좋은 경우

㉣ 다른 항목에서 규정하는 것이 적당할 경우

㉤ 별로 의미가 없는 경우

③ 성분·화학적 성질, 물리적 성질을 규정할 경우의 고려사항

㉠ 성능에 관련되는 사항은 그 관계를 명백히 한다.

㉡ 제품의 품질특성에 따라서 성분·화학적 성질 중 필요한 항목에 대하여만 규정한다.

㉢ 성분·화학적 성질, 물리적 성질의 규격치는 그것을 구하는 방법, 조건, 측정기기의 정밀도 등을 고려하여 규정한다.

㉥ 이것들의 규격치는 측정오차, 샘플링오차, 로트 내 산포 등을 포함한 측정치를 대상으로 하여 규정하도록 하고, 규격치는 기준치와 허용차를 주거나 허용한계치를 명백히 한다.

㉦ 특히 품질이 떨어질 우려가 있는 물품의 경우에는 규격 본문의 적당한 개소에 제조 연, 월, 유효기간 등을 표시하는 주지의 규정 및 보존의 방법을 규정한다.

(3) 구조

① 구조를 규정하는 것이 좋은 경우

㉠ 내구성, 호환성, 구조, 사용, 안전 등의 관점에서 특히 구조를 규정할 필요가 있는 경우

㉡ 성능에 관하여 최종 특성항목에서 규정하는 것보다 구조 항목에서 규정하는 것이 알기 쉽고 품질의 확보에 효과가 얻어질 경우

② 구조를 규정하지 않는 것이 좋은 경우

㉠ 성능의 표시로 충분할 경우

㉡ 기술의 진보면에서 좋지 않을 경우

㉢ 생산자의 자주성을 존중하는 것이 좋을 경우

(4) 형상·치수

① 형상과 치수를 규정하는 것이 좋은 경우

㉠ 호환성, 단순화의 관점에서, 특히 형상이나 치수를 규정할 필요가 있을 경우

㉡ 성능에 관하여 최종 특성항목으로 규정하는 것보다 형상 및 치수의 항에서 규정하는 것이 알기 쉽고 품질 확보에 효과가 있을 경우

② 형상과 치수를 규정하지 않는 것이 좋은 경우

㉠ 기술의 진보면에서 좋지 않을 경우

㉡ 생산자의 자주성을 존중하는 것이 좋을 경우

㉢ 다른 항목에서 형상 및 치수에 관한 사항을 규정하는 편이 적절할 경우

(5) 제조방법

① 제조방법을 규정하는 것이 좋은 경우

㉠ 최종검사만으로는 품질보증이 충분하지 않은 경우

㉡ 제조방법을 표기하지 않으면 품질기준을 명확히 표현하기 힘든 경우

㉢ 검사비용이 많이 들어 품질보증을 위한 검사가 곤란할 경우

② 제조방법을 규정하지 않는 것이 좋은 경우

㉠ 기술의 진보 면에서 좋지 않을 경우

㉡ 품질기준을 규정할 수 있는 경우

㉢ 재료의 항목에서 규정하는 것이 보다 필요한 품질보증을 할 수 있는 경우

㉣ 메이커의 자주성을 존중하는 것이 좋을 경우

③ 제조방법을 규정할 경우의 유의사항

㉠ 품질보증상 특정 제조방법에 한할 필요가 있을 경우에만 그 제조방법에 대하여 규정한다.

㉡ 특정한 제조방법에 따르도록 추천하고 싶은 경우 또는 지도적인 의미에서 그 방법을 표시할 경우에는 참고 또는 해설에 기재한다.

㉢ 제조방법에는 제조품질을 포함시키지 않는다.

㉣ 용해, 가공, 열처리 등 제조에 관한 사항이 둘 이상 있을 때에는 이를 제조방법으로 묶고, 각 사항은 이 항의 세목으로 규정한다.

3 사내표준화의 요소

1 규격서 서식(KS A 0001)

적용범위, 용어의 뜻, 규격서의 구성, 문체, 표시글 및 용어, 번호붙이기 및 세별번호, 기술부호 및 띄어쓰기, 비고, 각주 및 보기, 그림과 표, 식이 규격서의 서식에 규정되어 있다.

(1) 용어의 뜻

① **본체** : 표준요소를 서술한 부분(다만, 부속서(규정)를 제외)

② **부속서(규정)** : 내용으로는 본래 표준의 본체에 포함시켜도 되는 사항이지만, 표준의 구성상 특별히 추려서 본체에 준하여 정리한 것

③ **추록** : 표준 중 일부의 규정요소를 개정(추가 또는 삭제를 포함)하기 위하여 표준의 전체 개정과 같은 순서를 거쳐 발효되는 것으로, 개정내용만을 서술한 표준

④ **참고** : 본체 및 부속서의 규정내용과 관련되는 사항을 보충하는 것
본문 중에 기재하는 '참고'와 특별히 뽑아서 본체 및 부속서(규정)와는 별도로 정리하여 기재하는 '부속서(참고)'가 있다. 둘 다 규정의 일부는 아니다.

⑤ **해설** : 본체 및 부속서에 규정한 사항, 부속서(참고)에 기재한 사항 및 이들과 관련된 사항을 설명하는 것. 다만, 표준의 일부는 아니다.

⑥ **조항** : 본체 및 부속서의 구성부분인 개개의 독립인 규정으로서, 문장, 그림, 표, 식으로 구성되며, 각각 하나의 정리된 요구사항을 나타내는 것

⑦ **본문** : 조항 구성부분의 주체가 되는 문장

⑧ **비고** : 본문, 그림, 표 등의 내용을 이해하기 위하여 없어서는 안 될 것이지만, 그 안에 직접 기재하면 복잡해지는 사항을 따로 기재하는 것

⑨ **각주** : 본문, 비고, 그림, 표 등의 안에 있는 일부 사항에 각주번호를 붙이고, 그 사항을 보충하는 내용을 해당하는 쪽의 맨 아랫부분에 따로 기재하는 것

⑩ **보기/예** : 본문, 비고, 각주, 그림, 표 등에 나타내는 사항의 이해를 돕기 위한 예시

(2) 규격서의 구성

규격서는 원칙적으로 본체만으로 하고, 부속서가 있는 경우에는 '부속서'라고 명시하고 본체 바로 다음에 오게 한다. 또한 규격서에는 필요하면 참고나 해설을 붙일 수 있다.
참고는 '참고'라고 명시하고 원칙적으로 본체 다음(부속서가 있는 경우 부속서 다음)에 오게 한다.
해설은 '해설'이라 명시하고 원칙적으로 본체 다음(부속서 또는 참고가 있을 때에는 이들 다음)에 오게 한다.

(3) 문장의 기술

① 문장 : 규격의 문장은 한글을 전용하고, 조항별로 나열한다.
② 문체 : 문체는 알기 쉬운 문장으로 한다.
③ 기술방법 : 기술하는 방법은 왼쪽에서부터 가로쓰기로 한다.

(4) 표시글 및 용어

① 표시글
㉠ 글자 : 한글을 사용하되, 기술용어 및 알기 어려운 말은 묶음표 안에 한자 또는 원어를 병기할 수 있다.
㉡ 한글 : 한글 맞춤법 통일안에 따른다.
② 용어 : 술어 및 특정 용어는 산업표준심의회에서 정한 용어 및 과학기술처에서 제정한 과학기술용어의 차례에 따른다.
③ 전문용어 : 원칙적으로 산업표준심의회에서 정한 용어 및 과학기술처에서 제정한 과학기술용어의 차례에 따라 쓴다.
④ 숫자 : 원칙적으로 아라비아숫자를 쓴다.
⑤ 문장의 끝 : 그 뜻에 따라 다음의 〈보기〉와 같이 쓴다.

〈 문장 끝의 보기 〉

뜻의 구별	문장 끝에 쓰는 용어
요구사항	• ~하여야 한다. • ~하여서는 안 된다.
실현성 및 가능성	• ~할 수 있다. • ~할 수 없다.
권장사항	• ~하는 것이 좋다. • ~하지 않는 것이 좋다.
허용	• ~해도 된다. • ~할 필요가 없다.

2 시험장소의 표준상태(KS A 0006)

(1) 표준상태

① 표준상태의 온도 : 시험의 목적에 따라 20℃, 23℃, 25℃의 어느 것으로 한다.
② 표준상태의 습도 : 상대습도 50% 또는 65%의 어느 것으로 한다.
③ 표준상태의 기압 : 86kPa 이상, 106kPa 이하로 한다.
④ 표준상태 : 표준상태의 기압에서, 표준상태의 온도 및 표준상태의 습도를 각 1개씩 조합시킨 상태로 한다.

(2) 표준상태의 허용차

① 표준상태 온도의 허용차

온도 15급은 표준상태의 온도 20℃에 대하여서만 사용하며, 또한 5~35℃의 온도범위를 상온이라 한다.

② 표준상태 습도의 허용차

습도 20급은 표준상태의 상대습도 65%에 대하여만 사용하며, 또한 45~85%의 습도범위를 상습이라 한다.

③ 표준상태의 허용차

표준상태 온도의 허용차 및 표준상태 습도의 허용차를 각 1개씩 조합시킨 것으로 한다.

(3) 표준상태의 조사

표준상태의 온도, 습도 및 허용차에 따른다. 허용차의 표시를 필요로 하지 않을 경우에는 그 표시를 생략한다.

온도의 급 구분	허용차(℃)	습도의 급 구분	허용차(%)
온도 0.5급	±0.5	습도 2급	±2
온도 1급	±1	습도 5급	±5
온도 2급	±2	습도 10급	±10
온도 5급	±5	습도 20급	±20
온도 15급	±15	–	–

3 수치의 맺음법(KS A 3251-1)

어떤 수치를 유효숫자 n자리의 수치로 맺을 때 또는 소수점 이하 n자리의 수치로 맺을 때, $(n+1)$자리 이하의 수치를 다음과 같이 정리한다.

① $(n+1)$자리 이하의 수치가 n자리 1단위의 1/2 미만일 때는 버린다.

② $(n+1)$자리 이하의 수치가 n자리 1단위의 1/2을 넘을 때는 n자리를 1단위만 올린다.

③ $(n+1)$자리 이하의 수치가 n자리 1단위의 1/2일 때 또는 $(n+1)$자리 이하의 수치가 버려진 것인지 올려진 것인지 알 수 없을 때는 다음 ㉠ 또는 ㉡과 같이 한다.

㉠ n자리의 수치가 0, 2, 4, 6, 8이면 버린다.

㉡ n자리의 수치가 1, 3, 5, 7, 9이면 n자리를 1단위만 올린다.

④ $(n+1)$자리 이하의 수치가 버려진 것인지 올려진 것인지 알고 있을 때는 ㉠ 또는 ㉡의 방법으로 하지 않으면 안 된다.

4 표준수

(1) 용어의 뜻

① **표준수** : 표준수란 10의 정수멱을 포함한 공비가 각각 $\sqrt[5]{10}$, $\sqrt[10]{10}$, $\sqrt[20]{10}$, $\sqrt[40]{10}$ 및 $\sqrt[80]{10}$ 인 등비수열 각 항의 값을 실용상 편리한 수치로 정리한 것이다. 이 수열을 각각 R5, R10, R20, R40 및 R80의 기호로 표시한다.

② **기본수열** : R5, R10, R20, R40의 수열

③ **특별수열** : R80의 수열

④ **이론치** : 10의 정수멱(+ 또는 −)을 포함한 공비가 각각 $\sqrt[5]{10}$, $\sqrt[10]{10}$, $\sqrt[20]{10}$, $\sqrt[40]{10}$, $\sqrt[80]{10}$ 인 등비수열의 각 항의 값

⑤ **계산치** : 이론치를 유효숫자 5자리에서 정리하여 구한 수치
(이론치와의 상대오차는 1/20000 이하이다.)

⑥ **증가율** : 표준수의 각 수열 내에 있어서 어떤 수치에서 다음 수치에 이르는 증가비율

⑦ **배열번호(serial number)** : 표준수의 배열순서 번호

(2) 표준수의 사용법

① 산업표준화, 설계 등에 있어서 단계적으로 수치를 결정할 경우에는 표준수를 사용하며, 단일치수를 결정할 경우에도 표준수에서 선택하도록 한다.

② 표준수는 기본수열 중 증가율이 큰 수열부터 취한다. 즉, R5, R10, R20, R40의 순서로 사용한다. 특별수열은 기본수열에 따르지 못할 경우에만 부득이 사용한다.

③ 표준수 적용 시에 어떤 수열을 그대로 사용할 수 없을 때에는 다음과 같이 사용한다.

㉠ 수개의 수열을 병용 : 어떤 범위 전부를 동일 수열에서 취할 수 없을 경우에는 그 범위를 필요에 따라 수개로 나누어 각각의 범위에 대하여 가장 적합한 수열을 선택하여 사용한다.

㉡ 유도수열(derived series)로 하여 사용 : 어떤 수열의 어느 수치부터 2번째, 3번째, ⋯, p번째마다 취하여 사용하는데, 이와 같은 경우의 수열을 유도수열이라고 한다. 또한 2, 3, ⋯, p를 피치(pitch)수라고 한다.

㉢ 변위수열로 하여 사용 : 어떤 수열에 의하여 결정된 특성에 관계가 있는 다른 특성의 수치를 같은 수열에서 취할 수 없을 때는 그 특성에 적합한 수치를 포함한 다른 수열을 선택하여 이것을 본래의 특성과 같은 증가율을 가진 유도수열을 만들어 사용한다. 이와 같은 경우의 수열을 변위수열이라 한다.

㉣ 계산치를 사용 : 표준수보다 더 정확한 수치를 필요로 하는 경우에는 이에 대응하는 계산치를 사용한다.

5 종이의 재단치수

종이의 가공 재단치수는 다음 〈표〉와 같다. 폭과 길이의 비는 1 : $\sqrt{2}$ 이며, A_0의 넓이는 $1m^2$, B_0의 넓이는 $1.414m^2$이다.

〈 종이의 치수 〉

(단위 : mm)

구분	A열	구분	B열
A_0	841 × 1189	B_0	1000 × 1414
A_1	594 × 841	B_1	707 × 1000
A_2	420 × 594	B_2	500 × 707
A_3	297 × 420	B_3	353 × 500
A_4	210 × 297	B_4	250 × 353
A_5	148 × 210	B_5	176 × 250
A_6	105 × 148	B_6	125 × 176
A_7	74 × 105	B_7	88 × 125
A_8	52 × 74	B_8	62 × 88
A_9	37 × 52	B_9	44 × 62
A_{10}	26 × 37	B_{10}	31 × 44

다만, A열 중에서 전진 크기의 배수가 필요할 때는 다음과 같이 한다.

$4A_0$: 1682mm×2378mm

$2A_0$: 1189mm×1682mm

6 안전색채 · 안전색광 사용통칙

(1) 안전색채 사용통칙

안전색채는 빨간색, 주황색, 노란색, 초록색, 파란색, 자주색, 흰색 및 검은색의 8색으로 하고, 각 색상의 표시사항과 사용장소는 다음과 같다.

① 빨간색

㉠ 표시사항 : "방화, 멈춤, 금지"를 표시하는 기본색이다.

㉡ 사용장소 : 방화, 멈춤, 금지를 표시하는 것 또는 그 장소에 사용한다.

② 주황색

㉠ 표시사항 : "위험"을 표시하는 기본색이다.

㉡ 사용장소 : 재해, 상해를 일으키는 위험성이 있는 것을 표시하는 것 또는 그 장소에 사용한다.

③ 노란색

㉠ 표시사항 : "주의"를 표시하는 기본색이다.

㉡ 사용장소 : 충돌, 추락, 걸려서 넘어지기 쉽거나 위험성이 있는 것 또는 그 장소에 사용한다.

④ 초록색

㉠ 표시사항 : "안전, 진행, 구급, 구호" 등을 표시하는 기본색이다.

㉡ 사용장소 : 위험이 없는 것 또는 위험방지나 구급에 관계가 있는 것 또는 그 장소에 사용한다.

⑤ 파란색

㉠ 표시사항 : "조심"을 표시하는 기본색이다.

㉡ 사용장소 : 아무렇게 다루거나 부려서는 안 되는 것 또는 그 장소에 사용한다.

⑥ 자주색

㉠ 표시사항 : 노란색을 바탕으로 하여, "방사능"을 표시하는 기본색이다.

㉡ 사용장소 : 방사능표지 또는 방사능표지로서 방사능이 있는 것 또는 그 장소에 사용한다.

⑦ 흰색

㉠ 표시사항 : "통로, 정돈"을 표시하는 기본색이다. 또한, 빨간색, 초록색, 파랑색, 검은색을 잘 보이게 하기 위하여 보조적으로 사용한다.

㉡ 사용장소 : 통로 표시, 방향 표시, 정돈 및 청소를 필요로 하는 것 또는 그 장소에 사용한다.

⑧ 검은색

㉠ 표시사항 : 주황색, 노란색, 흰색을 잘 나타내기 위하여 보조적으로 사용한다.

㉡ 사용장소 : 방화표지의 화살표, 주의표지의 띠모양, 위험표지의 글자에 사용한다.

(2) 안전색광 사용통칙

안전색광은 빨간색, 노란색, 초록색, 자주색 및 흰색의 5색광으로 하고, 각 색상의 표시사항과 사용장소는 다음과 같다.

① 빨간색

㉠ 표시사항 : "멈춤, 방화, 위험, 긴급" 등의 사항을 표시한다.

㉡ 사용장소 : 멈춤, 방화, 위험 및 긴급을 표시하는 것 또는 그 장소에 사용한다.

② 노란색

㉠ 표시사항 : "주의"를 표시한다.

㉡ 사용장소 : 주의를 촉구할 필요가 있는 것 또는 그 장소에 사용한다.

③ 초록색

㉠ 표시사항 : "안전, 진행, 구급" 등의 사항을 표시한다.

㉡ 사용장소 : 안전, 진행 및 구급에 관계있는 것 또는 그 장소에 사용한다.

④ 자주색

㉠ 표시사항 : "유도, 방사성 물질" 등의 사항을 표시한다.

㉡ 사용장소 : 방사성 물질의 저장장소, 항공기의 지상 유도 및 차량을 유도하는 것 또는 그 장소에 사용한다.

⑤ 흰색

㉠ 표시사항 : 보조색으로, 글자와 화살표 등에 사용한다.

㉡ 사용장소 : 색광 표시의 글자 및 화살표에 사용한다.

CHAPTER 11 품질경영시스템 인증

1 국제표준화기구(ISO)

1 ISO의 설립

(1) ISO의 설립목적

ISO(International Organization for Standardization)의 설립목적은 ISO 정관(statute) 제2조에 명기된 바와 같이, 상품 및 서비스의 국제적 교환을 촉진하고, 지적·과학적·기술적·경제적 활동분야에서의 협력 증진을 위하여 세계의 표준화 및 관련 활동의 발전을 촉진시키는 데 있다.

(2) ISO의 수행업무

이러한 목적 달성을 위하여 ISO는 다음과 같은 업무를 수행할 수 있다.

① 표준 및 관련 활동의 세계적인 조화를 촉진시키기 위한 조치를 취한다.
② 국제표준을 개발·발간하며, 이 표준들이 세계적으로 사용되도록 조치를 취한다.
③ 회원기관 및 기술위원회의 작업에 관한 정보의 교환을 주선한다.
④ 관련 문제에 관심을 갖는 다른 국제기구와 협력하고, 특히 이들이 요청하는 경우 표준화 사업에 관한 연구를 통하여 타 국제기구와 협력한다.
⑤ 표준화사업에 관한 연구를 통하여 타 국제기구와 협력한다.

(3) ISO의 구성

ISO는 1947년 설립되었으며, 2020년 7월 기준으로 정회원(member body) 111개국, 준회원(correspondent member) 49개국, 통신회원(subscriber member) 4개국 등 총 164개국이 가입·활동하고 있다.

우리나라는 1963년 상공부 표준국이 우리나라를 대표하여 ISO에 정회원으로 최초 가입하였다. 1973년 상공부 표준국이 독립하여 공업진흥청으로 변경되었으며, 1996년 이후로는 현재의 국가기술표준원(KATS ; Korean Agency for Technology and Standards)이 정회원으로 활동하고 있다.

2 ISO의 현황

(1) ISO 조직도

① 이사회는 18개국으로 구성되어 있으며, 매년 개최된다.

② 총회는 3년에 1회 개최한다.

③ 품질경영시스템에 관한 사항은 기술위원회 TC 176에서 담당하고 있다.

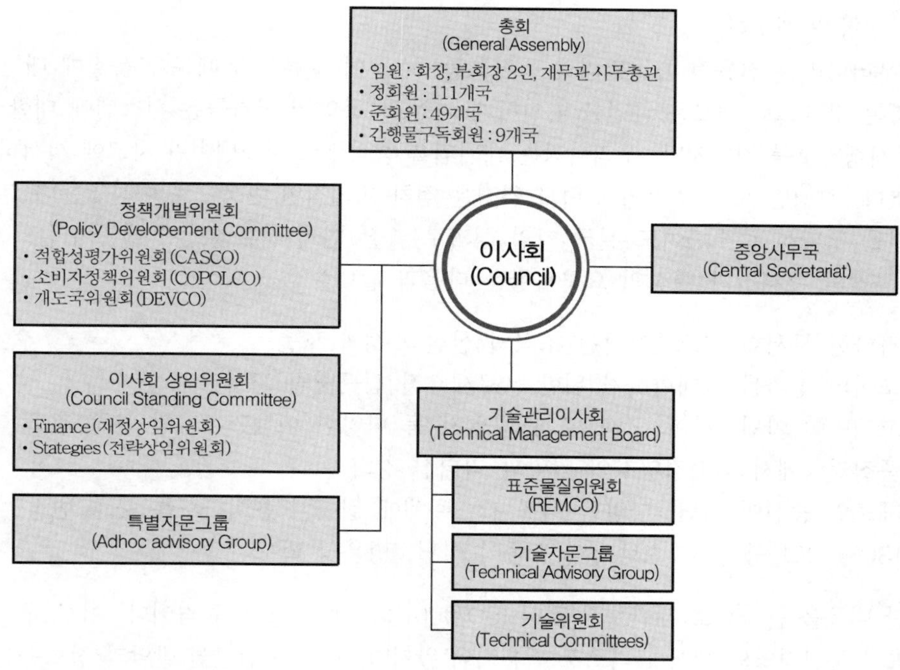

(2) ISO 규격 제정현황

ISO의 최초 표준은 1951년 발간된 「Standard Reference temperature for industrial measurement」로, 설립 이후 10년 동안 57종의 표준을 발간하였으며, 1969년에 1000번째 표준을 발간하였다. 이후 1985년에 5000종, 1997년에 10000종, 2005년에 15649종, 2011년에 19023종을 발간하는 등 활발한 표준화가 이루어지고 있다.

(3) ISO의 공식 언어

ISO의 공식 언어는 영어, 불어 및 러시아어이다. ISO에서 발행하는 국제표준 및 가이드와 총회 및 이사회 회의록은 영어, 불어, 러시아어로 출판되며, 각국의 정회원 기관은 그들 자신의 책임하에 ISO가 발간한 출판물과 문서를 자국 관련 언어로 번역할 수 있다.

2 KS Q ISO 9001 품질경영시스템

1 KS Q ISO 9001의 제정동기

ISO 9001 패밀리 규격은 국가 간 관세장벽을 제거하고, 국가 상호 간 인증의 필요성이 대두되어 1987년 탄생하였다. 이 규격은 전 세계적으로 품질보증에 대한 인식을 크게 바꾸었으며, 우리나라에도 큰 영향을 끼쳤다.

당시 우리나라는 전통적 품질관리와 품질보증시스템이 주류였기 때문에 품질에 대한 시스템적 접근이라는 것만으로 새로운 국면을 맞이하게 되었고, 동양권 국가들은 시스템에 대한 개념이 높아 많은 시행착오를 겪었지만, 우리나라는 대기업을 중심으로 시스템이란 사고에 서서히 적응하기 시작하였다. 하지만 도입 초기의 노력과 열정은 점차 회의적인 반응으로 변하였는데 그 시스템의 요구조건을 명확히 준수하여도 결국 기업 성과로는 잘 연계되지 않았기 때문이다.

당시 규격의 문제점과 현장의 요구사항은 다음과 같다.

① 과다한 문서화 시스템보다는 조직의 실질적 성과 도출
② 조직의 성과를 극대화하기 위한 프로세스적 접근방법 도입
③ 고객만이 아닌, 사회·고객·조직·공급자 등 다양한 이해관계자의 만족 추구
④ 품질경영에서 최고경영자의 역할과 리더십 강화
⑤ 제조업 중심이 아닌, 다양한 비즈니스 주체에 접근이 용이하도록 구조 변경
⑥ ISO 14001 등 타 시스템과의 충돌이 아닌, 병용성 확보

이러한 내용을 근간으로 재탄생한 것이 ISO 9001 : 2000 패밀리 규격이다. 이후 규격이 조금씩 보완되면서 품질경영의 핵심 규격으로 적용되어 왔지만, 최근 통신산업 발달과 정보통신의 약진으로 당시 규격으로는 품질경영을 설명하기가 곤란해지고 있다. 또한 각 산업별 요구조건을 명시한 규격이 제정되어 이를 기본으로 하기 때문에 ISO 9001 규격의 병용성 확대와 신규 산업에의 점진성을 요구하는 시점에 이르렀다.

2 KS Q ISO 9001 : 2015 규격의 특징

(1) 기존 ISO 9001 : 2008 규격의 지향점

① 고객만족 중심의 품질경영시스템으로, 예방에 중점을 둔 최소한의 품질요건이다.
② 조직이 품질경영을 위해 갖추어야 할 최소한의 요구사항이다.
③ 목표품질의 제품 혹은 서비스를 만들 수 있도록 하기 위한 품질경영시스템의 요구사항으로, 관리사이클을 기반으로 하는 품질경영시스템이다.

④ Top-down 방식의 경영자 관심과 리더십 및 전원참여 품질활동으로, 품질방침 및 품질목표의 명시와 경영자의 책임을 강조한다.
⑤ 정기적인 품질경영시스템의 적합성 확인 및 타당성 확인이 강조되어 정기적인 품질감사와 경영검토 및 시정조치·예방조치의 품질경영시스템의 최적화를 도모한다.
⑥ 품질경영시스템의 운영에서 절차, 프로세스의 문서화·실행·기록·분석·조처를 통한 입증을 요구하며, 조직 경영성과의 지속적 개선을 추구한다.

(2) 기존 규격에서 KS Q ISO 9001 : 2015 규격으로의 주요 수정사항

① 제품 및 서비스에 대한 적합성을 제공할 수 있는 조직의 능력 제고
② 고객을 만족시키는 조직의 능력 제고
③ ISO 9001에 기반한 품질경영시스템에 대한 고객의 확신 제고
④ 고객과 조직의 가치달성 측면에 초점
⑤ 문서화(documentation)에 대한 감소화에 초점(output에 초점)
⑥ 목표달성을 위한 리스크 경영에 초점(RBT ; Risk Based Thinking)

(3) KS Q ISO 9001 규격의 기대효과

내적 효과	외적 효과
• 부서 간·계층 간 의사소통의 원활화 • 노하우(know-how) 공유 및 축적 • 능률 향상 및 잠재력 도출 • 개선활동 전개의 기초 • 인재 개발 • 일관성 있는 조직 체질개선 및 유지	• 객관적 입증 및 신뢰성 확보 • 논쟁으로부터 위험성 감소 • 무역 및 기술장벽에 대응 • 제조물 책임에 대비 • 정보화에 대응 • 기업 이미지 제고 • 마케팅 경쟁력 향상

(4) KS Q ISO 9001 : 2015 품질경영시스템의 요구사항

① 조직상황(4장)
② 리더십(5장)
③ 기획(6장)
④ 자원(7장) : Do
⑤ 운용(8장) : Do
⑥ 성과평가(9장) : Check
⑦ 개선(10장) : Action

3 KS Q ISO 9001 : 2015의 주요 개정내용

2000년 개정된 ISO 9001은 ISO 14001 규격 등과 병용성이 확대되어 상당 부분 문제점이 해소되었으나, 변화하는 경영환경이나 품질경영시스템의 진화를 모두 담을 수는 없었다. 더구나 ISO 14001을 포함한 ZATF 16949, TL 9000 등 관련 규격과의 병용성 요구와 리스크 경영에 대한 품질경영의 역할이 요구됨에 따라 이 규격의 새로운 정의가 필요하게 되었다.

(1) PDCA cycle에서 표준의 구조

ISO 9001의 새로운 규격은 PDCA 사이클과 관련하여 다음과 같이 표현할 수 있다.

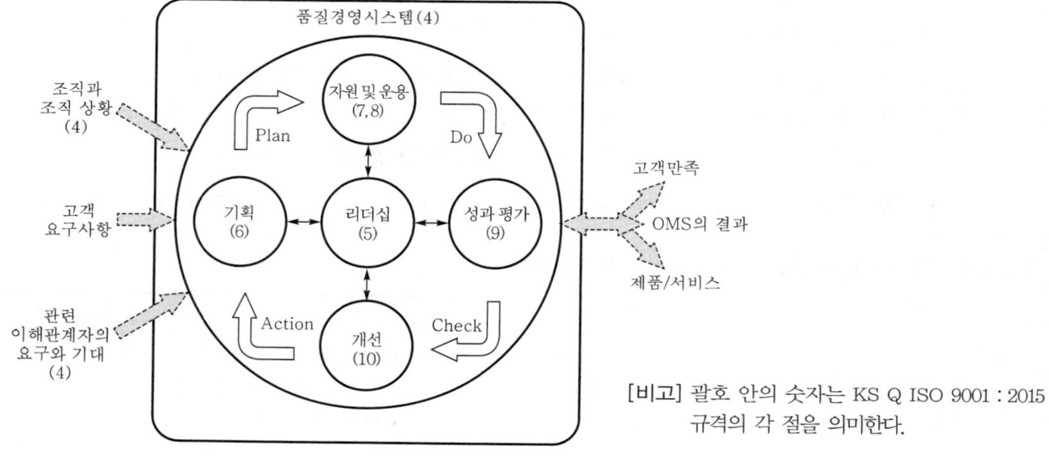

PDCA cycle에서 표준의 구조 표현

① Plan : 시스템과 프로세스의 목표 수립, 고객 요구사항과 조직의 방침에 따른 결과를 인도, 리스크와 기회를 식별하고 다루기 위하여 필요한 자원의 수립
② Do : 계획된 것의 실행
③ Check : 방침, 목표, 요구사항 및 계획된 활동에 대비하여 프로세스와 그 결과로 나타나는 제품/서비스에 대한 모니터링과 측정(해당되는 경우) 및 그 결과의 보고
④ Action : 필요에 따라 성과를 개선하기 위한 활동

(2) 품질경영 원칙(ISO 9001 : 2015)

① 고객 중시
② 리더십
③ 인원의 적극 참여
④ 프로세스 접근법
⑤ 개선
⑥ 증거기반 의사결정
⑦ 관계관리/관계경영

⊙ 프로세스 접근법이 품질경영시스템 내에서 사용될 경우, 다음 사항에 대한 중요성이 강조된다.
- 요구사항의 이해 및 충족 : 적합성
- 부가가치 측면에서 프로세스를 고려할 필요 : 효율성
- 프로세스 성과 및 효과성에 대한 결과의 획득 : 효과성
- 객관적 결과/효율에 근거한 프로세스의 지속적 개선 : 최종 Target

(3) ISO 9001 : 2008과 ISO 9001 : 2015의 차이점

ISO 9001 : 2015는 ISO 9001 : 2009보다 다음과 같은 측면이 더 강조되었다.

① 고객 중시
② 리스크 기반 사고
③ 조직의 전략에 QMS 방침과 목표를 일치화(alignment)
④ 문서화에 대한 유연성 강화
⑤ 적합한 제품과 서비스의 지속적인 제공

3 품질시스템 인증제도

1 품질인증제도의 유형과 적용

제품에 대한 인증이 제품의 해당 규격에 대한 적합성, 즉 규정된 품질과 안전요건의 충족을 증명하는 것임에 반하여, 품질시스템 인증은 고객에게 제품이나 서비스를 제공하는 조직의 전반적인 품질보증능력을 심사하여 인증해 주는 제도이다.

(1) 인증의 구분

구 분	인증내용	사례
인증대상별 구분	제품인증(product certification)	KS, NT, KT, Q 마크
	시스템인증(system certification)	ISO 9000, GMP
	안전(safety)	'전' UL 마크
인증목적별 구분	품질(quality)	ISO 9000
	보건(health)	GMP
	환경보호, 소비자 보호, 에너지, 전자파, 기타	'E', '열' 마크, EMI/EMC
인증규격별 구분	국제인증	ISO 9000, IECQ
	지역인증	CE
	국가인증	KS, JIS
	단체인증	UL, ASME

(2) 인증제도 적용업종

① 하드웨어(hardware) : 제작한 부품이나 조립품으로 구성된 제품

② 소프트웨어(software) : 컴퓨터 소프트웨어를 비롯한 지식, 기술 등

③ Processed Material : 판재, 탱크, 파이프라인, 롤과 같은 용기에 포함하여 고체, 액체, 기체 또는 이들의 혼합제로 구성된 제품

④ 서비스(service) : 고객과의 접촉에 의한 조직의 활동, 고객의 요구에 맞도록 하는 모든 조직의 활동의 결과(호텔, 병원, 관청 등)

2 인증심사

(1) 심사의 의미와 구분

"심사"라는 의미를 미국에서는 Audit, 영국에서는 Assessment라고 하는데, 품질에 영향을 주는 활동과 그 결과가 문서화된 품질경영시스템에 따라 실시되는지, 그러한 품질경영 시스템이 효과적으로 실행되는지, 규격의 요구사항에 일치하고 적합한지를 결정하기 위한 체계적이고 독립된 조사활동을 품질심사라고 한다.

심사의 목적에 따라 제1자·제2자·제3자 심사로 분류한다.

① 제1자 심사(내부심사) : 조직 품질경영시스템의 이행상태를 점검하고 효율성을 평가하여 지속적인 자체 개선을 하기 위한 것으로, 고객이나 인증기관의 심사에 대하여 조직 스스로가 사전 점검하는 일환으로 추진한다.

② 제2자 심사(고객심사) : 고객사가 적합한 협력업체의 선정과 구매 품질을 확보하기 위해 실시한다.

③ 제3자 심사(인증기관) : 고객을 대신하여 공인된 인증기관에서 조직 품질경영시스템의 적합성과 효율성을 평가하여 인증서를 주고 지속적으로 관리한다.

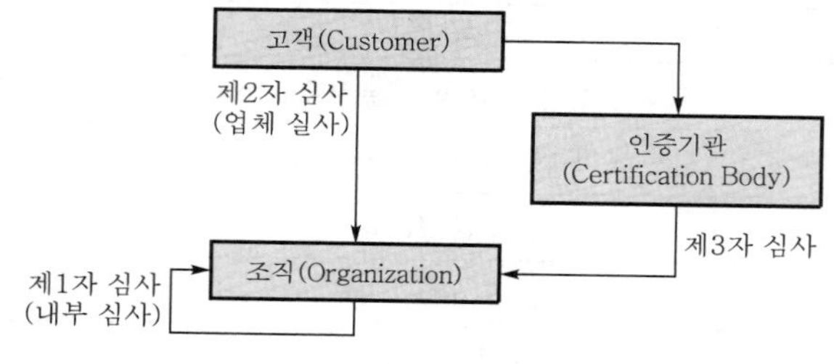

▌심사의 분류▐

(2) 인증기관 심사시기에 따른 구분

① 인증심사 : 최초 인증서를 발급하기 위하여 실시되는 심사로, 문서심사와 현장심사로 구분되며, 피심사조직의 전 부서를 대상으로 품질경영시스템의 적합성과 유효성을 평가한다.

② 사후관리심사 : 품질보증체제 인증획득기업이 해당 인증조건을 계속하여 준수하고 실행하고 있음을 검증하기 위하여 인증기관이 실시하는 심사로, 그 주기는 1년을 초과할 수 없다.

⊙ 특별 사후관리심사
인증받은 기업의 품질보증체제에 중대한 변경이 발생하거나 인증심사기준에 영향을 줄 수 있는 변동이 있는 경우 실시하는 심사이다. 여기서 중대한 변경이란 품질시스템, 조직 및 주요 임원, 중요한 방침 및 절차, 공정이나 설비 등의 변동을 의미한다.

③ 갱신심사 : 최초 인증서 발급 후 3년 주기로 품질경영시스템에 대하여 인증심사와 똑같이 심사를 실시한 다음, 인증요건을 만족할 경우 인증서를 갱신하여 발급한다. 갱신심사를 기점으로 조직에서는 현재의 인증기관에 대하여 취사 선택을 할 수 있다.

3 ISO 9000 인증제도

(1) 본질적 요구사항

① 소비자가 공급자에게 요구하는 강제력을 가진 품질시스템으로 문서는 품질매뉴얼 및 관련되는 절차서, 지침서로 절차의 성문화가 엄격히 요구된다.
② 이행의 증거인 기록의 명확화 및 전 사원에 대한 교육이 요구된다.
③ 기업의 품질보증을 위해 갖추어야 할 최소한의 요구사항이며, 기업의 품질보증능력에 대한 소비자 입장의 요구사항이다.
④ 목표한 제품의 품질을 만들어내기 위한 시스템에 대한 요구사항이다.

(2) 품질경영시스템 인증 시 기대효과

기업의 이미지 제고, 무역장벽에 대한 대처능력의 원활, 책임과 권한의 명확화, 품질에 대한 마인드 제고 등을 들 수 있다.

4 KS Q ISO 9000 : 2015의 주요 용어

1 사람 · 조직 관련 용어

① 최고경영자/최고경영진(top management) : 최고계층에서 조직을 지휘하고 관리하는 사람 또는 그룹
② 조직(organization) : 조직의 목표달성에 대한 책임, 권한 및 관계가 있는 자체의 기능을 가진 사람 또는 사람의 집단
③ 이해관계자(interested party) : 의사결정 또는 활동에 영향을 줄 수 있거나 영향을 받을 수 있거나 또는 그들 자신이 영향을 받는다는 인식을 할 수 있는 사람 또는 조직
④ 고객(customer) : 개인 또는 조직을 위해 의도되거나 그들에 의해 요구되는 제품 또는 서비스를 받을 수 있거나 제공받는 개인 또는 조직
⑤ 공급자(provider/supplier) : 제품 또는 서비스를 제공하는 조직

2 활동 관련 용어

① 개선(improvement) : 성과를 향상시키기 위한 활동
② 지속적 개선(continual improvement) : 성과를 향상시키기 위하여 반복하는 활동
③ 경영/관리(management) : 조직을 지휘하고 관리하는 조정활동
④ 품질경영(quality management) : 품질에 관한 경영
⑤ 품질기획(quality planning) : 품질목표를 세우고, 품질목표를 달성하기 위하여 필요한 운영 프로세스 및 관련 자원을 규정하는 데 중점을 둔 품질경영의 일부
⑥ 품질보증(quality assurance) : 품질 요구사항이 충족될 것이라는 신뢰를 제공하는 데 중점을 둔 품질경영의 일부
⑦ 품질관리(quality control) : 품질 요구사항을 충족하는 데 중점을 둔 품질경영의 일부
⑧ 품질개선(quality improvement) : 품질 요구사항을 충족시키는 능력을 증진하는 데 중점을 둔 품질경영의 일부

3 프로세스 · 시스템 관련 용어

① 프로세스(process) : 의도한 결과를 만들어내기 위하여 입력을 사용하여 상호 관련되거나 상호 작용하는 활동의 집합
② 프로젝트(project) : 착수일과 종료일이 있는, 조정되고 관리되는 활동의 집합으로 구성되어 시간, 비용 및 자원의 제약을 포함한 특정 요구사항에 적합한 목표를 달성하기 위해 수행되는 고유의 프로세스
③ 절차(procedure) : 활동 또는 프로세스를 수행하기 위하여 규정된 방식
④ 계약(contract) : 구속력 있는 합의
⑤ 시스템(system) : 상호 관련되거나 상호 작용하는 요소들의 집합
⑥ 경영시스템(management system) : 방침과 목표를 수립하고 그 목표를 달성하기 위한 프로세스를 수립하기 위한, 상호 관련되거나 상호 작용하는 조직 요소의 집합
⑦ 품질경영시스템(quality management system) : 품질에 관한 경영시스템의 일부
⑧ 방침(policy) : 최고경영자에 의해 공식적으로 표명된 조직의 의도 및 방향
⑨ 품질방침(quality policy) : 품질에 관한 방침
⑩ 기반구조(infrastructure) : 조직의 운영에 필요한 시설, 장비 및 서비스의 시스템

4 요구사항 관련 용어

① 대상(object), 항목(item), 실체(entity) : 인지할 수 있거나 생각할 수 있는 것
② 품질(quality) : 대상의 고유특성의 집합이 요구사항을 충족시키는 정도
③ 등급(grade) : 동일한 기능으로 사용되는 대상에 대하여 상이한 요구사항으로 부여되는 범주 또는 순위

④ 요구사항(requirement) : 명시적인 니즈 또는 기대, 일반적으로 묵시적이거나 의무적인 요구 또는 기대
⑤ 부적합(nonconformity) : 요구사항의 불충족
⑥ 결함(defect) : 의도되거나 규정된 용도에 관련된 부적합
⑦ 능력(capability) : 해당 출력에 대한 요구사항을 충족시키는 출력을 실현할 수 있는 대상의 능력
⑧ 신인성(dependability) : 요구되는 만큼, 그리고 요구될 때 수행할 수 있는 능력
⑨ 추적성(traceability) : 대상의 이력, 적용 또는 위치를 추적하기 위한 능력

5 결과 관련 용어

① 목표(objective) : 달성되어야 할 결과
② 품질목표(quality objective) : 품질에 관련된 목표
③ 제품(product) : 조직과 고객 간에 어떠한 행위, 거래, 처리도 없이 생산될 수 있는 조직의 출력
④ 서비스(service) : 조직과 고객 간에 필수적으로 수행되는 적어도 하나의 활동을 가지는 조직의 출력
⑤ 성과(performance) : 측정 가능한 결과
⑥ 리스크(risk) : 불확실성의 영향
⑦ 효과성(effectiveness) : 계획된 활동이 실현되어 계획된 결과가 달성되는 정도
⑧ 효율성(efficiency) : 달성된 결과와 사용된 자원과의 관계

6 데이터 · 정보 · 문서 관련 용어

① 데이터(data) : 대상에 관한 사실
② 정보(information) : 의미 있는 데이터
③ 객관적 증거(objective evidence) : 사물의 존재 또는 사실을 입증하는 데이터
④ 문서(document) : 정보 및 정보가 포함된 매체
⑤ 시방서(specification) : 요구사항을 명시한 문서
⑥ 품질매뉴얼(quality manual) : 조직의 품질경영시스템에 대한 시방서
⑦ 품질계획서(quality plan) : 특정 대상에 대해 적용시점과 책임을 정한 절차 및 연관된 자원에 관한 시방서
⑧ 기록(record) : 달성된 결과를 명시하거나 수행한 활동의 증거를 제공하는 문서
⑨ 검증(verification) : 규정된 요구사항이 충족되었음을 객관적 증거의 제시를 통하여 확인하는 것
⑩ 실현성 확인/타당성 확인(validation) : 특정하게 의도된 용도 또는 적용에 대한 요구사항이 충족되었음을 객관적 증거의 제시를 통하여 확인하는 것

7 고객 · 특성 관련 용어

① 피드백(feedback) : 제품, 서비스, 또는 불만처리 프로세스에 대한 의견, 논평 및 관심의 표현
② 고객만족(customer satisfaction) : 고객의 기대치가 어느 정도까지 충족되었는지에 대한 고객의 인식
③ 불만/불평(complaint) : 제품 또는 서비스에 관련되거나, 대응 또는 해결이 명시적 또는 묵시적으로 기대되는 불만-처리 프로세스 자체에 관련되어 조직에 제기된 불만족의 표현
④ 특성(characteristic) : 구별되는 특징
⑤ 품질특성(quality characteristic) : 요구사항과 관련된 대상의 고유특성
⑥ 역량/적격성(competence) : 의도된 결과를 달성하기 위해 지식 및 스킬을 적용하는 능력

8 결정 관련 용어

① 검토(review) : 수립된 목표 달성을 위한 대상의 적절성, 충족성 또는 효과성에 대한 확인 결정
② 모니터링(monitoring) : 시스템, 제품, 서비스 또는 활동의 상태를 확인 결정
③ 측정(measurement) : 값을 결정/확인하는 프로세스
④ 확인 결정/결정(determination) : 하나 또는 하나 이상의 특성 및 그 특성값을 찾아내기 위한 활동
⑤ 검사(inspection) : 규정된 요구사항에 대한 적합의 확인 결정
⑥ 시험(test) : 특정하게 의도된 용도 또는 적용을 위한 요구사항에 따른 확인 결정

9 조치 관련 용어

① 예방조치(preventive action) : 잠재적 부적합 또는 기타 원하지 않은 잠재적 상황의 원인을 제거하기 위한 조치
② 시정조치(corrective action) : 부적합의 원인을 제거하고 재발을 방지하기 위한 조치
③ 시정(correction) : 발견된 부적합을 제거하기 위한 행위
④ 재등급/등급변경(regrade) : 최초 요구사항과 다른 요구사항에 적합하도록 부적합한 제품 또는 서비스의 등급을 변경하는 것
⑤ 특채(concession) : 규정된 요구사항에 적합하지 않은 제품 또는 서비스를 사용하거나 불출하는 것에 대한 허가
⑥ 불출/출시/해제(release) : 프로세스의 다음 단계 또는 다음 프로세스로 진행하도록 허가
⑦ 규격완화(deviation permit) : 실현되기 전의 제품 또는 서비스가 원래 규정된 요구사항을 벗어나는 것에 대한 허가
⑧ 재작업(rework) : 부적합한 제품 또는 서비스에 대해 요구사항에 적합하도록 하는 조치
⑨ 수리(repair) : 부적합한 제품 또는 서비스에 대해 의도된 용도에 쓰일 수 있도록 하는 조치
⑩ 폐기(scrap) : 부적합 제품 또는 서비스에 대해 원래의 의도된 용도로 쓰이지 않도록 취하는 조치

10 심사 관련 용어

① 심사(audit) : 심사기준에 충족되는 정도를 결정하기 위하여 객관적인 증거를 수집하고 객관적으로 평가하기 위한 체계적이고 독립적이며 문서화된 프로세스
② 심사 프로그램(audit program) : 특정한 기간 동안 계획되고, 특정한 목적을 위하여 관리되는 하나 또는 그 이상의 심사의 조합
③ 심사기준(audit criteria) : 객관적인 증거를 비교하는 기준으로 사용되는 방침, 절차 또는 요구사항의 조합
④ 심사증거(audit evidence) : 심사기준에 관련되고 검증할 수 있는 기록, 사실의 기술 또는 기타 정보
⑤ 심사 발견사항(audit findings) : 심사기준에 대하여 수집된 심사증거를 평가한 결과
⑥ 심사결론(audit conclusions) : 심사목표 및 모든 심사 발견사항을 고려한 심사결과
⑦ 심사 의뢰자(audit client) : 심사를 요청하는 조직 또는 개인
⑧ 피심사자(auditee) : 심사를 받는 조직
⑨ 심사원(auditor) : 심사를 수행하는 인원
⑩ 심사팀(audit team) : 심사를 수행하는 한 명 또는 그 이상의 인원(필요한 경우 기술전문가의 지원을 받는다.)
⑪ 기술전문가(technical expert) : 심사팀에 특정한 지식 또는 전문성을 제공하는 사람
⑫ 심사계획서(audit plan) : 심사와 관련된 활동 또는 준비사항을 기술한 문서
⑬ 심사범위(audit scope) : 심사의 영역 및 경계

CHAPTER 12 서비스 품질경영

1 서비스 품질

(1) 서비스 품질의 개념

서비스를 기반으로 하는 산업은 일반 제조산업과 달리, 고객과 직접 관계가 이루어질 때 제품/서비스가 형성된다.

가시적인 형체를 지닌 제조물인 제품은 품질특성을 설계도면과 적합한지 측정해 봄으로써 객관적인 품질수준을 평가해 볼 수 있지만, 비가시적이고 무형적인 서비스는 객관적인 방법으로 품질수준을 평가하기가 쉽지 않다. 따라서 서비스 품질의 평가는 고객이 지니는 주관적인 평가속성, 즉 고객의 지각에 의존하여 이루어지게 된다.

비가시적이고 무형적인 특징을 갖는 서비스란 제품은 서비스 발생(생산)과정 중에서 고객의 행위에 의거하여 서비스 대응이 달라지므로 고객이 결과적으로 품질에 영향을 미치게 되지만, 고객 스스로 품질을 결정하고 있다는 인식은 하지 않고 고객의 행위와 연관되어 제공되는 서비스 품질 자체만을 인지하고 지각하게 된다. 그러므로 서비스기업의 품질경영활동은 제조업체의 품질경영활동보다 더 어렵고 고객의 영향력이 훨씬 강하다고 할 수 있다.

서비스의 품질은 조직원만이 아닌 고객과도 직접적으로 관련이 있으므로 품질특성상 관리가 매우 어려울 수밖에 없다. 게다가 서비스 품질 중에는 고객에게 제공된 후 상당한 시간이 경과된 뒤에야 제공된 서비스의 품질을 알 수 있는 경우도 있다. 예를 들면 대형 수술을 받은 경우 시간이 지나봐야 성공 여부를 알게 된다는 것이다. 이러한 측면에서 실제 서비스 품질경영활동이 어렵다는 것을 알 수 있다.

고객의 지각을 중심으로 하는 서비스 품질의 개념에 대하여 서비스를 고객에게 제공할 때 인식되는 성과로 설명될 수 있다면, 이 성과를 도구적 성과(instrumental performance)와 표현적 성과(expressive performance)로 구분하여 설명할 수 있다. 도구적 성과는 서비스가 제공하는 핵심 기능이며, 표현적 성과는 고객이 인지하는 심리적 만족도로 설명될 수 있다. 예를 들어, 음식을 시켰을 때 제공되는 음식의 질과 내용은 도구적 성과이며, 업장의 청결도, 분위기 및 종업원의 대응 태도 등은 표현적 성과가 된다.

전통적으로 제품과 서비스의 차이에 대해 무형성(intangibility), 동시성/비분리성(simultaneity/inseparability), 소멸성(perishability), 불균일성(heterogeneity)의 4가지 차원으로 설명해 왔다.

다음 〈표〉는 4가지 서비스 차원에 대한 특성과 문제점을 설명한 것이다.

〈 새서(Sasser)의 4가지 서비스 차원에 대한 특성과 문제점〉

서비스 차원	특성	문제점
무형성 (intangibility)	• 객관적 의미 : 형체가 보이지 않으며, 만질 수도 없다. • 주관적 의미 : 서비스의 형태를 표현하기 어렵다.	• 저장이 불가능하다. • 서비스의 측정·평가·관리가 어렵다.
동시성 (simultaneity)	• 서비스 제공과 소비가 동시에 발생한다. • 고객이 서비스 제공에 참여한다. • 대부분 고객과 서비스의 접촉으로 발생한다.	• 서비스의 제공 시 고객 대응이 참여된다. • 구입 전에는 비교·평가가 불가능하다.
소멸성 (perishability)	• 판매되지 않는 서비스는 소멸된다. • 서비스 수요와 제공에 시한성이 존재한다.	재고로 저장할 수 없다.
불균일성 (heterogeneity)	• 표준화가 어렵다. • 서비스 제공 시 여러 가지 변수가 발생하므로 종업원이 동일한 서비스를 제공하여도 고객과 시점에 따라 서비스가 달라질 수 있다.	• 서비스의 표준화와 관리가 곤란하다. • 품질의 측정·평가·관리가 어렵다. • 고객 개개인을 만족시키기가 어렵다.

(2) 서비스 품질의 정의

서비스 품질의 정의는 매우 어렵다. 측정 가능한 유형의 제품과 달리 무형의 제품이 제공되는 서비스의 품질은 고객의 지각에 의해 결정되기 때문이다. 즉, 서비스 속성의 집합이 고객을 만족시키는 정도를 서비스의 품질이라 할 수 있으며, 이것은 고객의 기대에 대한 인식의 일치 정도로, 이러한 측면에서 서비스 품질은 2가지로 설명될 수 있다.

① 고객이 요구하는 서비스의 속성이 특정 서비스에 정의되어 있으며, 그것이 부합되는 정도

② 이러한 속성에 대한 요구수준이 성취되어 사용자에게 인식되는 정도

파라슈라만 등(A. Parasuraman, V.A. Zeithaml & L.L. Berry)에 의하면 '서비스 품질은 서비스 기업이 제공해야 한다고 소비자들이 기대한 서비스 수준과 서비스 기업에서 제공한 서비스(과정 및 결과)에 대해 고객이 지각한 것의 차이'라고 정의한다. 이들은 실증연구를 통하여 이 정의를 확인하고, 고객의 기대에 영향을 주는 요소들로 고객들의 입소문, 경험, 개인적 욕구, 의사소통 등을 꼽고, 소비자들이 이용하는 서비스 품질의 평가기준을 10가지의 품질특성으로 종합하여 서브퀄(SERVQUAL) 모델로 제시하였다.

1988년, 5개의 차원으로 수정한 서브퀄을 제시하였으며, 다음 〈표〉와 같다. 그러나 〈표〉에서 제시된 10가지 품질속성은 서비스의 내용이나 유형에 따라 그 중요도가 달라진다. 카르만(J.M. Carman)은 이 품질속성들에 대해 여러 가지 실험을 거쳐 서비스 유형별로 특정 품질 속성을 제시하였는데, 의료서비스는 유형성, 신뢰성, 접근성과 안전성 및 가격이 중시되며, 백화점은 유형성, 신뢰성, 대응성, 커뮤니케이션, 접근성 등이 중시된다고 분류하고 있다.

〈 서비스 품질의 속성 〉

서비스 품질 속성	내용	5가지 SERVQUAL
유형성 (tangibles)	서비스가 가진 유형물, 즉 시설, 도구, 장비, 종업원 외모, 커뮤니케이션 자료의 외양 등	유형성 (tangibles)
신뢰성 (reliability)	약속한 서비스를 올바르게 수행하는 정도, 지정된 시간의 준수, 제시된 상품설명서와 서비스의 일치	신뢰성 (reliability)
대응성 (responsiveness)	서비스를 제공하는 조직원의 서비스 제공 태세, 즉 빠른 서비스 제공과 신속하고 적극적인 자세	대응성 (responsiveness)
능력 (competence)	조직원의 서비스 수행에 관한 기술과 지식의 정도, 조사 및 분석 능력	확신성 (assurance)
예절 (courtesy)	조직원의 고객에 대한 공손함, 외모의 단정함, 친절과 배려심 등	
안전성 (security)	신체나 재산의 손괴에 대한 리스크의 정도, 보안 정도	
진실성 (credibility)	정직한 정도, 믿을 수 있는 정도, 고객에게 진정성이 느껴지는 정도	
접근성 (access)	고객이 접근하기에 용이한 정도, 편리한 위치, 편리한 시간대, 통신 등을 활용한 접근	공감성 (empathy)
커뮤니케이션 (communication)	고객이 이해하는 언어표현으로 정보 제공, 고객의 의견 숙지와 고객 수준에 적절한 맞춤형 설명	
고객이해 (understanding)	고객의 요구를 이해하려는 노력, 단골손님의 인식, 즉 구체적이고 개개적 특화된 서비스 노력	

⊙ 확신성 : 믿고 따를 수 있는 임직원의 지식, 예절, 능력, 진실성
공감성 : 회사가 고객에게 제공하는 개별적 배려와 관심

(3) 서비스에 대한 고객의 기대

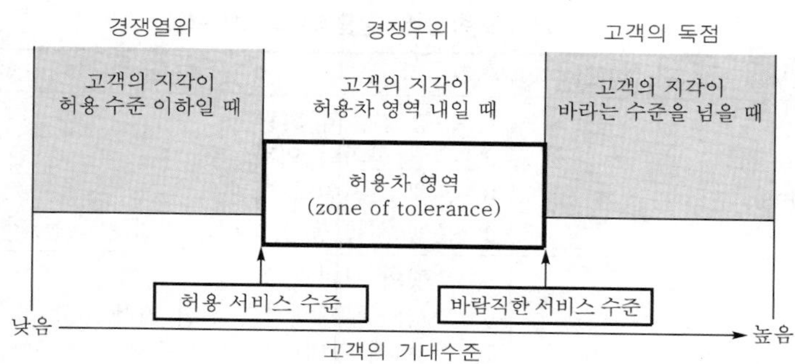

▌서비스에 대한 고객의 기대수준과 서비스 경쟁력의 관계▐

일반적으로 서비스 품질수준에 대한 고객의 기대는 위의 [그림]과 같이 '허용 서비스 수준(adequate service level)'과 '바람직한 서비스 수준(desired service level)'이 존재한다. 허용 서비스 수준은 고객이 받아들일 수 있는 최소한의 품질수준이며, 바람직한 서비스 수준은 고객이 제공받고 싶어 하는 품질수준을 의미한다.

허용 서비스 수준과 바람직한 서비스 수준의 차이를 허용차 영역(acceptance quality level)이라 하며, 허용차 영역의 크기는 고객 개개인의 성향과 시점에 따라 다르기 때문에 크기를 정의할 수는 없다. 제공되는 서비스에 대해 고객이 바람직한 서비스 수준으로 지각하고 있다면 경쟁우위를 통해 고객을 독점적으로 확보할 수 있지만, 반대로 제공되는 서비스에 대해 고객이 허용 서비스 수준보다 낮다고 지각하게 된다면 경쟁열위를 면하기 어려워진다. 그러므로 두 서비스 품질의 차이를 인식하고 경쟁사에 대해 비교우위에 설 수 있도록 노력하는 것이 중요하다.

2 서비스 품질의 측정 및 인증

1 SERVQUAL과 서비스 품질의 측정

(1) SERVQUAL

서브퀄(SERVQUAL)은 미국의 파라수라만(A. Parasuraman), 자이사믈(V.A. Zeithaml), 베리(L.L. Berry) 등 3사람에 의해 개발된 서비스 품질의 측정도구로서 서비스 기업이 고객의 기대와 평가를 이해하는 데 사용할 수 있는 다문항 척도(multiple item scale)이다.

파라수라만 등은 서비스 품질은 서비스의 고유한 특성으로 인해 객관적으로 측정하기 어려운 추상적 개념이고, 기업이 서비스 품질을 평가하는 적절한 접근방법은 소비자의 지각을 측정하는 것이라고 제시하였다. 파라수라만 등은 서비스 품질의 개념을 정의한 후, 이것의 측정척도로서 SERVQUAL이라고 하는 다문항 척도를 처음으로 개발하였으며, 초기에는 서비스 품질의 구성요인을 10개 속성 97개 항목으로 도출하였으나, 이후 5개 속성 22개 항목으로 축약하였다.

다음 〈표〉는 은행을 예로 하여 속성 및 항목을 나타낸 것이다.

〈 서비스 속성 및 설문항목의 예(은행) 〉

SERVQUAL	항목수	설문항목
유형성 (tangibles)	4	1. 은행 건물의 외관 2. 은행 설비의 외관 3. 은행 조직원의 외관 4. 은행 서류(통장, 양식, 카탈로그 등)의 외관
신뢰성 (reliability)	5	5. 은행의 서비스 약속시간 준수 6. 고객의 문제해결을 위한 자세 7. 한 번에 완벽한 서비스 수행 8. 약속한 시간에 서비스 제공 여부 9. 은행의 실수
대응성 (responsiveness)	4	10. 정확한 서비스 제공시간 약속 11. 신속한 서비스 12. 은행 직원들의 대고객 서비스에 대한 자발성 13. 바쁜 것과 관계없이 고객의 요구에 항상 대응
확신성 (assurance)	4	14. 은행 직원에 대한 고객의 확신 15. 고객들의 안전감 16. 은행 직원들의 친절도 17. 은행 직원들의 업무지식
공감성 (empathy)	5	18. 고객 개개인에 대한 관심 19. 고객에게 편리한 시간대 조절 20. 은행 직원의 고객에 대한 개인적인 관심도 21. 고객이익 우선 22. 고객의 욕구 이해

SERVQUAL은 서비스의 기대 측정, 서비스 경험 측정의 2가지를 구분하여 전자를 먼저 측정한 후, 후자를 측정하여 측정된 기대와 성과의 차이(gap)를 이용하여 서비스 품질을 평가하는 방법으로 이를 표현하면 다음 [그림]과 같다.

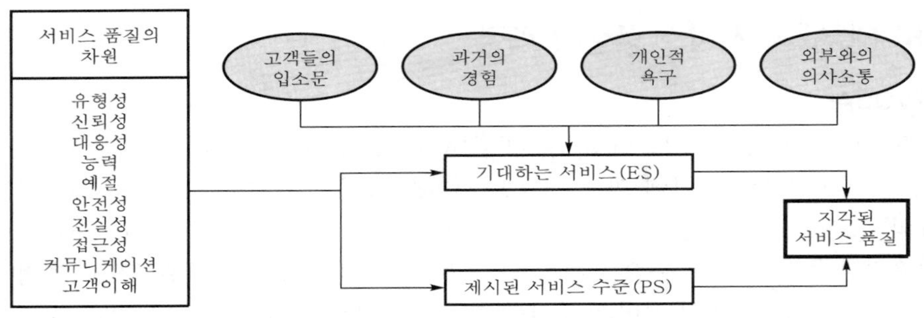

▮ SERVQUAL 모형 ▮

이러한 SERVQUAL 모형에 대해 티스(Teas)는 기대(expectation)에 대한 개념 정의와 측정 타당도에 문제가 있다고 지적하였다. 기대수준은 규범적 기대수준이므로 SERVQUAL은 어떠한 이상적 기준과의 비교를 나타낸 결과이지 예견된 서비스와 제공된 서비스의 차이를 나타내지 않는다고 주장하며, 평가된 성과를 바탕으로 서비스 품질을 측정하는 EP(Evaluated Performance) 모형과 규범화된 품질인 NQ(Normed Quality) 모형을 제시한 후 실증연구를 통해 EP 모형이 우수하다고 결론을 내렸다.

또한, SERVQUAL 모형은 기대 서비스 수준과 지각 서비스 수준을 함께 측정하기 때문에 설문 응답자에게 정보과잉(information overloading) 또는 부담을 초래할 위험이 존재한다.

(2) SERVPERF

크로닌(Cronin Jr.)과 테일러(Taylor)는 1992년에 은행, 해충방역, 드라이클리닝, 패스트푸드의 4가지 서비스산업을 대상으로 각각 2개 기업씩 모두 8개 기업에 대한 조사 결과를 바탕으로 기존의 SERVQUAL이 제안하는 서비스 품질 측정개념의 타당성과 효과성을 분석하였다. 이 연구를 통해 단순 성과만을 측정하는 SERVQUAL 모형과 성과항목에 중요도를 적용하는 가중 SERVPERF(weighted SERVPERF) 모형을 개발하여 평가·비교하였다.

이러한 연구를 통해 서비스 품질수준이 서비스에 대한 고객만족도에 영향을 미치는 선행요소로 작용하게 되고, 고객만족도는 서비스 구매의도에 중요한 영향을 미친다는 것을 알게 되었으며, 서비스 품질보다는 고객만족도, 즉 성과에 대한 지각만으로 서비스 품질을 평가하는 것이 보다 타당하다는 것을 실증적으로 입증하였다.

〈 SERVQUAL 모형과 SERVPERF 모형의 비교 〉

구분	SERVQUAL 모형	SERVPERF 모형
제안자	Parasuraman, Zeithaml, Berry	Cronin, Taylor
모델의 구성	성과 – 기대	성과
기대의 정의	규범적 기대(제공해야만 할 수준)	기대측정 안 함
측정자원	5개 차원, 22개 항목	5개 차원, 22개 항목

2 서비스분야 품질 인증의 3P 모형

서비스 품질인증 평가는 사전적·예방적 접근방법에 기반을 둔 서비스 성과모형인 3P 모형을 기반으로 한다. 3P 모형은 사전적이며 예방적인 접근방법에 기반을 둔 서비스성과 평가모형(proactive and preventive service quality performance evaluation model)으로, 3P란 서비스의 전략변수가 되는 서비스 참여자(participants), 서비스의 제공절차(process of service assembly), 서비스의 업무(유형의) 환경(physical evidence)을 지칭한다.

3P 모형은 다음과 같은 5개 범주로 되어 있으며, 이를 적용해 서비스 품질을 평가할 경우 서비스 기업의 서비스 품질과 관련된 역량과 성과를 동시에 평가할 수 있고, 현업 적응성도 뛰어나다는 장점이 있다.

① 디자인에 의한 품질
② 측정과 분석에 의한 품질
③ 인적자원에 대한 품질
④ 시스템과 표준에 의한 품질
⑤ 외적 커뮤니케이션에 의한 품질

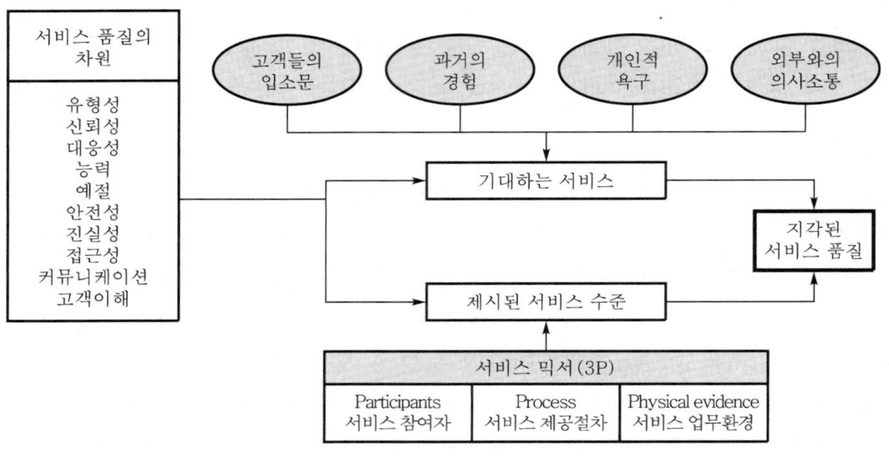

‖ 서비스 품질에 대한 고객의 평가와 3P ‖

3 서비스 품질의 향상방안

서비스 품질을 향상시키려면 다음과 같은 몇 가지의 노력이 수반되어야 한다.

① **고객의 서비스에 대한 기대를 이해하고 확인하기 위한 자료의 수집에 관한 노력이다.**
고객 관련 데이터 수집을 위한 SERVQUAL을 설계하고, 프로세스의 흐름도(process flow chart) 작성 및 정보, 고객, 자재 등의 투입요소에 대한 검토를 통해 이루어진다.

② **프로세스 단계별로 서비스 품질의 요구사항을 정의하는 것이다.**
서비스가 전달되는 시스템을 설계하고, 대기시간, 투입품질규정, 산출품질규정, 불만 고객의 수, 절차 및 체크리스트에 대한 운영기준 등의 설정을 수행하는 것이다.

③ **품질기준을 설계하고 그에 따른 실행을 수행하는 것이다.**

④ **서비스 품질 전달시스템의 수행 결과를 설계로의 피드백이다.**

또한 서비스 품질향상을 통해 경쟁기업에게 승리를 추구하는 기업이라면, 단기적 관점이 아닌 장기적 관점에서 기업의 문화, 조직 내 인간관계, 그리고 정보통신기술을 비롯한 기술의 전략적 활용에서 그 길을 찾아야 하며, 서비스 품질을 지속적으로 추구하기 위해서는 고객의 기대에 조직이 어느 정도 부합되고 있는지를 지속적으로 평가하는 평가시스템을 개발하고 운영하여야 한다.

PART 7

생산시스템

품질경영기사 필기

Chpater 1 생산시스템과 생산전략 / Chpater 2 수요예측과 제품조합
Chpater 3 자재관리전략 / Chpater 4 생산계획 수립
Chpater 5 표준작업관리 / Chpater 6 설비보전관리

PART 7

생산시스템

CHAPTER 01 생산시스템과 생산전략

1 생산시스템의 개요

1 생산시스템과 생산관리의 의미

(1) 생산시스템의 의미

생산시스템은 원자재, 노동력, 에너지, 설비 등의 자원을 경제적으로 활용하여 목적하는 제품이나 서비스를 산출하는 시스템이다. 제품을 산출하는 공장에서는 원자재, 노동력, 에너지가 설비에 투입되고, 서비스를 산출하는 곳에서는 시설, 서비스, 기술, 노동력이 활용된다. 따라서 생산시스템이란 이용 가능한 생산자원인 인간(man), 기계(machine), 원자재(material)를 유용하게 활용하여 제품이나 서비스로 바꾸는 변환과정(transformation process)이며, 경제적이고 효율적인 생산과 고객만족이라는 측면을 만족시킬 수 있어야 한다.

참고 시스템(system)이란 하나의 전체를 구성하는 사물(구성요소)의 모임, 또는 특정한 목적을 달성하기 위하여 관련성을 지닌 여러 요소가 유기체적으로 결합된 집합체이며, 다음 4가지의 공통적 특성을 갖는다.

- 집합성
- 관련성
- 목적추구성
- 환경적응성

(2) 생산관리의 의미

생산관리(production management)란 생산목표를 달성할 수 있도록 생산의 활동이나 생산의 과정을 관리하는 것이다. 즉, 적정 제품/서비스를 적기에 적가로 생산·공급할 수 있도록 이에 관련되는 생산과정이나 생산활동 전체를 가장 경제적으로 조정하는 관리활동으로서, IO 시스템(Input Output system)의 효율적 관리라 할 수 있다.

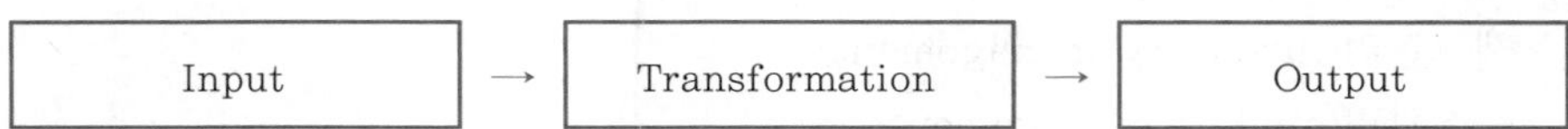

| IO system |

2 생산관리의 기능과 원칙

생산관리의 기능은 시장의 고객으로부터 재화나 서비스에 대한 수요가 있을 때, 고객이 원하는 수요의 요건에 생산시스템이 효과적으로 대응하기 위하여 주어진 자원과 생산능력을 계획, 조직 및 운영·통제하는 것이다.

⊙ 여기서 "수요의 요건"이란 적품·적량·적시·적가를 의미한다.

(1) 생산관리의 기능

생산관리의 기본기능은 크게 설계(design), 계획(planning), 통제(control)의 세 가지로 나눌 수 있다.

① 설계기능

기업의 기술적인 능력과 운영특성에 의해 수립되는 장기적·전략적인 의사결정에 대한 기능으로, 어떤 제품을 어느 공정에서 어떻게 생산할 것인가를 계획·설계하는 것이며, 여기에는 다음과 같은 세부 기능이 있다.

㉠ 제품 및 서비스의 설계(design of product and service)
㉡ 설비선정(facilities selection)
㉢ 공정설계(process design)
㉣ 생산능력계획(production capacity planning)
㉤ 공장입지(plant location)
㉥ 설비배치(facilities layout)
㉦ 작업설계(work design)
㉧ 작업측정(work measurement)

② 계획기능

기대되는 시장의 수요에 적절히 대응하고 고객이 만족하는 제품을 생산하기 위하여 주어진 자원을 최대로 이용하는 것으로, 다음과 같은 세부 기능이 있다.

㉠ 수요예측(demand forecasting)
㉡ 총괄생산계획(aggregate production planning)
㉢ 개별생산일정계획(scheduling planning)

③ 통제기능

제품의 생산이 계획된 대로 적절히 운영되고 있는지를 확인하고 조정하는 기능으로, 다음과 같은 세부 기능이 있다.

㉠ 일정관리(sheduling management)
㉡ 재고관리(inventory management)
㉢ 품질관리(quality management)
㉣ 설비유지관리(facilities maintenance)

(2) 생산관리의 원칙(3S 원칙)

생산시스템을 합리적으로 관리하는 데는 표준화(Standardization), 단순화(Simplification), 전문화(Specialization)의 세 가지 원칙(3S 원칙)이 적용된다.

① **표준화** : 제품/서비스의 규격, 품질수준, 모양 등 측정기준을 일정하게 정해두는 규격화 원칙으로, 일정한 규격을 설정해둠으로써 제품을 생산하는 과정에서 작업능률을 증가시켜 비용을 절감하고 대량 생산을 가능하게 한다. 그러나 기술발전에 적응력이 부족하고, 고객의 다양한 요구를 충족시킬 수 없다는 단점이 있다.

② **단순화** : 제품/서비스의 구성부품이나 품목을 줄이고, 작업과정을 간단하게 하는 원칙을 의미한다. 제품의 품목, 부품, 형태, 등급 등을 감소시킴으로써 자재를 절감하게 하는 효과가 있는 반면, 고객의 다양한 요구를 충족시켜 줄 수 없다는 한계성도 존재한다.

③ **전문화** : 생산작업에서 작업자가 특정 작업에만 종사하게 함으로써 작업능률을 향상시키려는 원칙으로, 전문화의 방법으로는 작업과정을 전문 분야별로 세분하고, 제품 생산도 공장별로 나누어 하며, 전문 기계·공구 등을 사용하는 것 등이 있다. 그러나 작업자가 한 작업에만 종사함으로써 작업에 권태감을 느끼게 하는 단점이 있다.

3 생산시스템의 특징

(1) 생산시스템의 분류

제품을 생산할 때 생산제품의 종류·크기·수량·품질 등에 따라 생산·관리시스템은 크게 달라지는데, 생산시스템을 분류해 보면 다음과 같다.

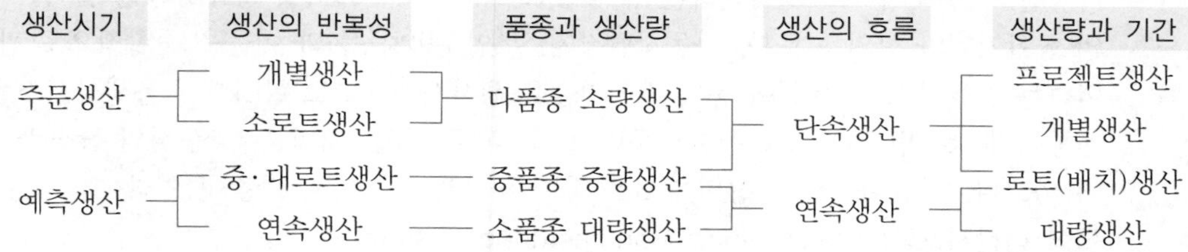

(2) 생산시스템의 종류

① **단속생산시스템(intermittent production system)**

고객의 주문에 의해 생산되는 경우가 많기 때문에 생산의 흐름이 연속적이지 못하고 끊어지는 특징이 있으며, 범용설비가 사용되고, 투입물은 일반적으로 표준화되어 있지 않다. 다품종 소량생산을 하는 건축업, 조선업, 주문가구 제조업, 산업용 기계 제조업 등에서 볼 수 있는 생산형태로, 사전에 정해진 시방대로 제품을 생산하는 폐쇄적 주문생산방식과 고객이 주문한 시방에 맞춰 제품을 생산하는 개방적 주문생산방식이 있다.

② **연속생산시스템(continuous production system)**

생산의 흐름이 연속적이고 반복적인 생산시스템으로, 수요 예측에 의한 계획생산의 특징을 갖는다. 소품종 대량생산을 하는 석유정제업, 화학공업, 자동차 제조업 등에서 볼 수 있다.

〈단속생산의 연속생산과 특징 비교〉

특징	단속생산	연속생산
생산시기	주문생산	예측생산
품종과 생산량	다품종 소량생산	소품종 대량생산
생산속도	느림	빠름
단위당 생산원가	높음	낮음
운반설비	자유경로형	고정경로형
기계설비	범용설비(일반목적용)	전용설비(특수목적용)
설비가동률	낮음	높음
작업의 형태	작업자 위주의 작업	기계 위주의 작업

③ 모듈러 생산시스템(modular production system)

소품종 대량생산시스템에서 다양한 수요와 수요변동에 신축성 있게 대응하기 위해 보다 적은 부분품으로 보다 많은 종류의 제품을 생산하려는 방식이다. 표준화된 자재와 구성부분품으로 다양한 제품을 만들며, 경제적 생산을 추구한다.

④ 그룹테크놀로지(GT ; Group Technology)

다품종 소량생산시스템에서 유사한 가공물들을 집약·가공할 수 있도록 부품 설계·작업 준비·가공 등을 계통적으로 행하여 생산효율을 높이는 기법으로서, 집적가공법 또는 유사부품가공법이라고 한다.

⑤ 유연생산시스템(FMS ; Flexible Manufacturing System)

다양한 제품을 자동으로 생산하는 유연자동화의 개념에 의하여 자동생산관리기술(여러 대의 공작기계와 산업용 로봇, 자동착탈장치, 무인운반차 등)과 이들을 종합적으로 관리·제어하는 컴퓨터, 소프트웨어 등의 관리기술을 생산시스템으로 합성한 흐름생산시스템이다. 전통적인 생산방식과 비교하면 노동력 절감, 빠른 작업, 저비용, 고품질의 장점과 유연성이 있으나, 자동화시설과 장비에 소요되는 투자액이 높다는 단점이 있다.

⑥ 셀형 생산시스템(CMS ; Cellular Manufacturing System)

GT의 개념을 NC 공작기계와 산업용 로봇을 사용하는 생산공정에 연결시켜 생산의 유연성을 높이는 방식으로, GT 내지 NC 공작기계와 FMS의 중간형태라고 할 수 있다.

참고 NC 공작기계란 수치제어(Numeric Control) 기술을 공작기계에 적용하여 기계 가공을 자동으로 행하는 것으로, 컴퓨터에 기억된 프로그램에 의해 수행되는 특징이 있다.

⑦ 컴퓨터 종합생산시스템(CIM ; Computer Integrated Manufacturing system)

메카트로닉스 기술인 기계기술과 전자기술, 그리고 정보기술의 발전으로 FA(공장자동화), FMS(유연생산시스템), MIS(경영정보시스템), OA(사무자동화) 등을 유기적으로 결합한 고도의 자동생산시스템을 의미한다.

4 테일러 시스템과 포드 시스템

(1) 테일러 시스템의 특징

테일러(Taylor)는 작업방법을 포함한 생산조업(production operation)에 대하여 신체적·생리적인 연구를 시행하였으며, 이 연구결과는 과학적 관리의 이념을 대표한다고 할 수 있다. 관리방법을 제도화하는 단계에서 작업의 경험적인 통제 위주의 관리기능을 과학적인 계획 위주로 대체시킴으로써 테일러주의(Taylorism)라는 과학적 관리법의 기초를 확립시켰다.

① 과업관리(task management)

과학적 관리법이 실시되기 이전에는 인습적이고 방임적인 관리가 성행하였는데, 이러한 비능률적인 관리를 개선하기 위해 능률증진운동의 일환으로, 정상 능력을 가진 작업자가 건강을 해치지 않을 정도로 온종일 할 수 있는 일(a large daily work)을 과업으로 정의하였다. 과업을 책정하기 위해서는 시간연구 및 동작연구가 요구되며, 높은 임금과 낮은 노무비(high wage and low labour cost)를 실현시킨 과업관리의 4대 원리는 다음과 같다.

㉠ 공정한 과업(최적 과업 설정)

㉡ 제 조건의 표준화

㉢ 성공에 대한 우대(고임금 지급)

㉣ 실패한 경우 근로자의 손실

② 기능적 관리(functional management)

일반 작업자보다는 직장(foreman)의 태업을 방지하는 데 목적을 둔 것으로, 직장의 직무성격상 직장을 과업이라는 수단으로 묶어 태업을 방지할 수 없기 때문에, 테일러는 조직의 재편성을 통해 기능적 직장제도를 마련하였다. 이는 종래에 일반 작업자가 수행하던 계획기능과 과업관리 중 계획기능을 분리시켜 직장이 맡도록 하고, 일반 작업자는 과업관리만을 맡도록 함으로써 분업에 의한 전문화의 이점을 얻으려고 한 것이다.

⊙ 과학적 관리법은 테일러 시스템에서 구체화되었으나, 작업자의 자기 의사에 의하여 능률이 좌우될 여지가 남아 있다는 결점이 있다.

(2) 포드 시스템의 특징

20세기에 들어와서 생산의 기계화가 실현되고 노동조합이 출현하며 기업 규모가 거대화됨에 따라, 과업과 차별적 성과급을 중심으로 하는 테일러 시스템만으로는 작업자의 작업의욕이나 의사를 통제할 수 없게 되었다. 즉, 작업자만을 대상으로 하여 능률을 최고로 향상시키는 데에는 한계가 나타났고, 이러한 상황에서 생산능률의 향상을 작업조직의 합리화로 달성하기 위해 개발된 작업체계가 포드(Ford) 시스템이며, 다음과 같은 특징이 있다.

① 제품의 단순화, 부분품의 규격화(표준화), 공장의 전문화, 기계 및 공구의 전문화, 작업의 단순화 등을 포함한 생산의 표준화

② 컨베이어시스템을 활용한 이동조립법

참고 컨베이어시스템에 의한 이동조립방식(moving assembly method)은 한 부분에서 작업을 중단하면 전체 작업이 중단되기 때문에, 작업을 종합화함으로써 태업을 방지하고 제조산업의 발전에 커다란 기여를 하였다. 포드 자동차회사에서는 이 방법으로 자동차의 생산원가를 크게 절감하고, 판매가격을 인하하면서 종업원에게 고임금을 지급할 수 있었다.

이동조립생산법은 단일제품의 대량생산이 전제되어야 하고, 공장 전체의 표준화가 선행되어야 한다.

(3) 테일러 시스템과 포드 시스템의 비교

비교사항	테일러 시스템	포드 시스템
일반통칭	과업관리	동시관리
적용목적	주로 개별생산의 공장, 특히 기계 제작공장에서 관리기술의 합리화가 목적	연속생산의 능률 향상 및 관리의 합리화가 목적
근본정신	고임금·저노무비의 원칙	저가격·고임금의 원칙
기본이념	• 공정한 과업(최적과업) • 제 조건의 표준화 • 성공에 대한 우대 • 실패 시 근로자의 손실	최저 생산비로 사회에 봉사
수단 (구체적 전제)	〈과업관리 합리화를 위한 수단〉 • 기초적 시간연구 • 직능식 조직 • 차별적 성과급제 • 지도표제도의 채용	〈동시관리 합리화를 위한 전제〉 • 생산의 표준화(제품의 단순화, 부분품의 규격화, 기계·공구의 전문화, 작업의 단순화) • 이동조립법(conveyor system) • 일급제 급여

5 생산형태의 유형

(1) 판매형태에 의한 분류

제품 생산은 특정 고객으로부터 주문을 받아 생산하는 주문생산과 시장의 일반 고객들을 대상으로 판매하기 위해 생산하는 계획생산(예측생산)의 두 가지로 나눌 수 있는데, 이는 생산규격의 결정을 생산자가 하는지 고객이 하는지에 따른 기준으로도 구분할 수 있다.

① 주문생산(production for job order)

고객으로부터 주문을 받아 제품을 생산하여 판매하는 경우의 생산이다. 주문에 의하여 생산한 제품을 주문품(order made)이라고 하며, 주문생산시스템에는 폐쇄적 주문생산과 개방적 주문생산이 있다.

② 계획생산(production for stock)

고객의 주문과는 관계없이 시장수요에 공급하기 위하여 몇 가지의 제품을 대량으로 생산하는 것으로, 계획생산에 의해 생산된 제품을 기성품(ready made)이라고 한다. 계획생산에서 가장 중요한 문제는 정확한 시장의 수요예측이고, 재고가 발생하였을 때 마케팅 활동을 강화하는 것이다. 최근에는 다품종화의 경향으로 계획생산 시스템에서 SCM(공급망관리) 방식으로 전환되는 추세이다.

(2) 품종과 생산량에 의한 분류

생산하는 제품의 종류가 적고 생산량이 많은 소품종 대량생산과, 제품의 종류는 많고 생산량은 적은 다품종 소량생산, 양자의 중간단계인 중품종 중량생산이 있다.

① **소품종 대량생산**

몇 가지의 제품을 생산하기 위하여 일정한 생산공정을 설계하고 반복해서 생산하는 연속생산형태이다. 이러한 생산형태는 비교적 단위당 생산비용이 낮고 고도의 생산기술이 요구되지 않는 제품 생산에 일반적으로 적용되고 있다. 소품종 대량생산의 특징은 다음과 같다.

㉠ 제품 생산의 변동에 탄력성이 낮다.
㉡ 생산설비는 일정한 품목만을 생산할 수 있는 전용설비로 생산한다.
㉢ 제품의 단위당 생산비가 비교적 낮다.
㉣ 생산공정의 통제가 쉽고 생산량, 원료구매, 재고통제 등이 중점적으로 관리된다.
㉤ 작업자는 전문화된 단순업무에만 종사하는 경우가 많다.
㉥ 자본집약적 생산공정이다.
㉦ 시장 수요의 정확한 예측을 필요로 한다.

② **다품종 소량생산**

여러 가지 다양한 제품을 소량으로 생산하는 형태로, 대부분 고객의 주문에 의하여 생산되는 단속생산의 형태를 갖추고 있다. 제품의 규모가 큰 것으로는 선박, 발전시설, 고층빌딩 등이 있고, 작은 것에는 특수한 기계공구, 맞춤의류 등이 있다.

다품종 소량생산의 특징은 다음과 같다.

㉠ 제품 생산의 변동에 탄력성이 높다.
㉡ 생산설비로는 여러 가지 다양한 제품 생산이 가능한 범용기계를 가지고 있다.
㉢ 다양한 제품의 주문으로 생산공정의 통제가 어렵고 납기관리가 어렵다.
㉣ 작업자는 여러 가지 제품 생산에 대한 생산기술과 경험을 가지고 있어야 한다.
㉤ 단위당 생산비용이 비교적 높다.
㉥ 노동집약적 생산공정이다.
㉦ 자재관리(재고관리)를 거의 필요로 하지 않는다.

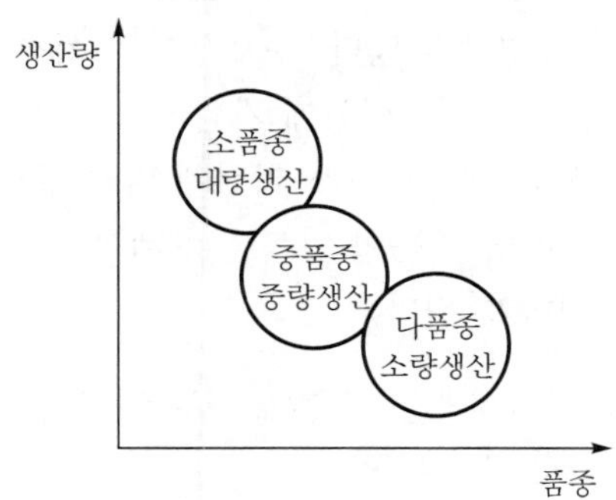

| 생산량과 품종의 관계(P-Q 도표) |

(3) 작업의 연속성에 의한 분류

생산작업의 흐름이 연속으로 되어 있느냐, 단속으로 되어 있느냐에 따라 분류한 생산형태로서, 단속생산(intermittent production)과 연속생산(continuous production)의 두 가지 형태가 있다.

① 단속생산

생산의 작업흐름이 단속적인 형태로 건축, 조선, 자동차수리, 맞춤의류의 생산 등이 있으며, 다품종 소량생산의 형태이다.

② 연속생산

생산의 작업흐름이 연속적인 형태로 석유정제, 자동차, TV 조립 공장 등에서 볼 수 있는 생산형태이며, 소품종 대량생산의 형태이다.

(4) 생산량과 기간에 의한 분류

생산하는 제품이나 서비스의 생산량과 생산기간에서 볼 때 프로젝트 생산, 개별생산, 로트생산, 대량생산으로 나눌 수 있다.

① 프로젝트생산

생산규모가 거대한 반면에 생산수량이 작고 장기간에 걸쳐 이루어진다. 교량, 댐, 고속도로건설과 같은 대규모 공사가 대부분으로, 특징은 다음과 같다.

㉠ 제품의 생산량이 매우 적고 다양성이 높다.
㉡ 장기간에 걸친 생산활동이 이루어진다.
㉢ 자동화나 설비전용률이 매우 낮다.
㉣ 단속생산의 형태를 취한다.

② 개별생산

프로젝트생산에 비해 생산기간이 단기적이며 소량생산을 한다는 면에서 구분이 되지만 생산의 흐름이 단속적인 면에서는 공통성을 지니고 있다. 단속생산형태의 개별생산은 양산에 의한 규모의 경제를 기대할 수 없기 때문에 생산수량이 적고 제품이 크며, 고가인 경우 유리하다. 기본적인 특징은 수요변화에 따른 탄력성이 크며, 다품종 소량생산의 형태이다.

③ 로트(lot) 생산[배치(batch) 생산]

개별생산과 연속생산의 중간형태로서 개별생산방식의 공장이라도 제품을 구성하는 부분품은 로트생산방식을 취하는 경우가 많다. 로트생산의 성격을 규정하는 것은 생산 로트의 크기로서 로트의 크기가 작으며 개별생산에 가깝고, 로트의 크기가 큰 경우는 연속생산형태에 가까워진다. 이러한 생산로트 크기가 커짐에 따라 설비 시스템이 범용설비에서 전용설비로 변화를 유도하기도 하며, 주문이 반복해서 계속적으로 있는 경우는 사실상 예측에 의한 연속생산의 형태를 취하게 된다.

참고 로트생산과 유사한 개념으로 배치생산이 있는데, 이는 화학공정과 같은 장치산업에서 품종을 달리하는 제품을 동일한 장치에서 생산하는 방식이다.

④ 대량생산

제품의 단위당 생산시간이 매우 짧고 1회 생산량이 대량인 생산시스템으로 연속생산형태에 속한다. 대량생산의 경우는 전용설비를 이용하여 일정 품목을 생산하기 때문에 규모의 경제를 실현할 수 있고 로트 생산시스템에 비해 제품 단위당 생산원가가 훨씬 낮다는 이점이 있는 반면, 다양한 수요에 대한 제품 생산에서는 유연성이 적다는 것이 단점이다.

2 설비배치

설비배치(facility layout)란 자재를 투입하는 곳부터 완제품을 생산하여 출고하는 곳까지의 생산공정에서 원료, 반제품, 완제품 등의 흐름을 가장 적은 비용으로 가장 적절한 야(quantity)을 처리하기 위하여, 선정된 기계를 가장 적절한 장소에 순서대로 공장 내에 배치하는 것이다. 공장배치(plant layout)에서는 기계설비의 배치가 중심이 되므로 흔히 “설비배치”라고 한다.

1 설비배치의 목적과 원칙

(1) 설비배치의 목적

설비배치의 목적은 최소의 투자로 생산시스템이 큰 유효성은 갖도록 기계, 원자재, 작업자 등 생산요소와 생산배열을 최적화하려는 것으로, 일반적으로 다음의 6가지 목적이 있다.

① 생산공정의 단순화

생산공정의 단순화는 효율적인 설비배치의 포괄적인 목적이다. 설비배치를 합리적으로 하는 것은 모든 생산공정을 효율적으로 운영하는 데 도움을 줄 수 있는 가장 좋은 방법이다.

② 물자취급의 최소화

최소의 비용으로 작업물이 흘러가도록 설치배치를 해야 하므로, 작업물의 흐름은 최소의 이동거리를 두고 유동하도록 한다. 따라서 합리적인 설비배치는 생산공정 내 물자취급을 최소화하는 것이다.

③ 공간의 효율적 이용

설비를 배치하는 공장의 공간은 토지이므로 일반적으로 그 넓이도 제약되어 있고 투자비용도 높다. 생산공정에 따라 설비를 합리적으로 배치함으로써 제약되어 있는 공간을 효율적으로 이용할 수 있기 때문에 생산공정, 기계 및 작업자 간의 상호관계를 세밀하게 분석하여 활동공간을 결정하고, 유휴공간이 최소가 되도록 설비배치를 하여야 한다.

④ 작업자의 편리와 만족

합리적인 설비배치는 작업자가 가능한 한 쾌적한 작업환경 속에서 편리하게 작업할 수 있도록 해야 한다. 공구를 놓아두는 장소, 자재에 접근하는 거리, 소음의 방지, 난방, 통풍, 습기와 먼지 제거 등 작업자의 안전과 편리함을 위해 여러 가지를 고려하여 배치가 이루어져야 한다.

⑤ 투자의 효율화

각 작업부서 간 적절한 조정에 의한 설비의 합리적인 배치는 설비 대수를 감소시킴으로써 설비 투자의 효율화를 가져온다.

예를 들어, 여러 부서가 공동으로 사용하는 기계를 적절한 장소에 위치시키는 것, 밀접한 관계를 가지고 있는 기계를 서로 가까이 위치시키는 것 등은 설비의 이용률을 최대로 높여 투자의 효율화를 이룰 수 있다.

⑥ 노동의 효율적 이용

합리적인 설비배치는 설비의 비합리적인 배치에 의해 노동시간이 낭비되는 것을 방지하며, 노동을 효율적으로 이용할 수 있도록 한다. 설비배치를 합리적으로 하여 노동의 효율화를 이룰 수 있는 것은 생산작업에 관련된 직접노동, 간접노동, 사무노동 및 감독자의 업무 등이다.

(2) 설비배치의 원칙(목표)

설비배치는 생산관리의 기본목표인 Q.C.D와 생산의 유연성을 확보하기 위한 설비의 효율적 체계 구축을 의미하며, 기본원칙은 다음과 같다.

① 균형과 조화의 원칙

② 만족과 안전의 원칙

③ 흐름의 원칙

④ 운반수량의 최적화

⑤ 기계설비의 효과적 이용

⑥ 배치·변경의 융통성

⑦ 적정 공간의 원칙

⑧ 인력의 효율적 배치

2 설비배치의 유형

설비를 배치하는 기본적인 유형에는 공정별 배치, 제품별 배치 및 고정위치형 배치의 세 가지가 있으며, 이들 유형을 혼합한 혼합형 배치가 있다.

기타 배치방법으로는 집적가공방법(GT)과 택트시스템 등이 있다.

(1) 공정별 배치(process layout)

기능별 배치(functional layout)라고도 하며, 유사한 생산기능을 수행하는 기계와 작업자를 그룹별로 일정한 장소에 배치하는 형태로, 여러 가지 제품을 한 작업장에서 생산할 때 검사, 페인팅, 드릴링, 그라인딩 등과 같은 작업을 질서 있게 배치해 놓는다. 기계공장, 병원 등에서 이러한 배치유형을 사용하며, 제품의 종류가 다양하고 생산수량이 적은 다품종 소량생산에 주로 적용된다.

다음 [그림]은 주문생산을 하는 생산공정의 배치를 나타낸 것으로, 작업의 흐름은 단속적이고 주문된 작업의 성질에 따라 주문별로 작업이 진행된다.

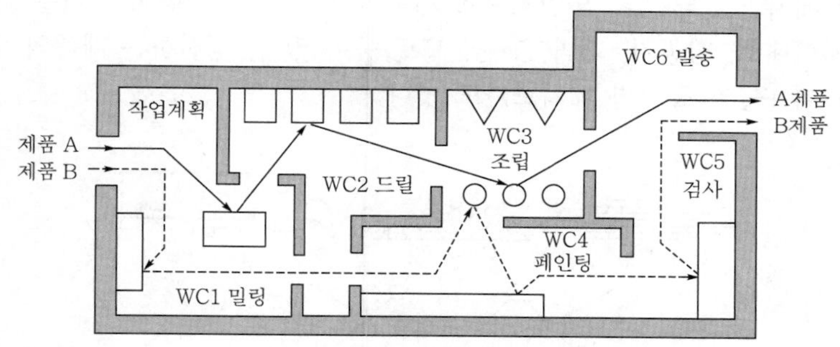

▌공정별 배치▐

(2) 제품별 배치(product layout)

라인 배치(line layout)라고도 하며, 제품 생산에 투입되는 작업자나 설비를 생산작업순서에 따라 배치하는 형태로, 대량생산방식의 설비배치이다. 조립기계와 작업자가 정해진 생산라인에 위치하여 부여된 작업만을 수행하고 다음 작업단계로 흘려보내도록 배치되어 생산수량이 많고 작업이 단순한 생산에 많이 적용되는데, 컨베이어나 자동화된 기계를 사용하는 공장에 주로 적용하며, 자동차 조립라인, 전자제품 생산라인, 식료품 공장 등에서 볼 수 있다. 제품별 배치에서 성과를 얻으려면 설비를 경제적으로 이용할 수 있는 생산량, 제품 수요의 안정, 제품의 표준화, 부분품의 호환성이 전제조건으로 충족되어야 한다.

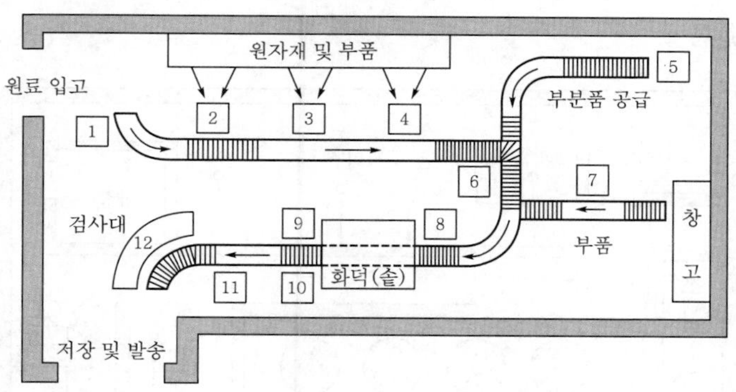

▌제품별 배치▐

(3) 고정위치형 배치(fixed-position layout)

생산하는 장소를 정해 놓고, 이 곳에 주요 원자재, 부품, 기계 및 작업자를 투입하여 작업을 수행하도록 배치한 형태이다. 일반적으로 제품이 매우 크고 중량이 무거운 것을 생산할 때 적용되는 배치형태로, 항공기, 선박, 건물, 도로 등이 있다. 생산하는 제품의 수량은 극히 소량이며, 설비 이용률이 공정별 배치보다도 낮다.

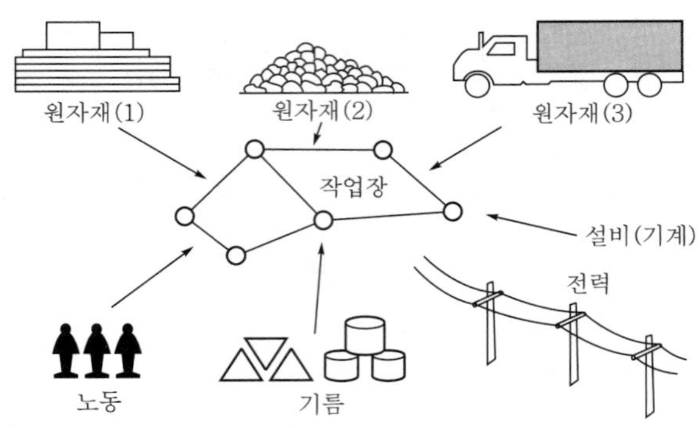

‖ 고정위치형 배치 ‖

(4) 혼합형 배치(combined layout)

제품 생산의 모든 경우에 있어 공정별·제품별·고정위치형의 배치가 항상 유용할 수는 없다. 따라서 공정별·제품별·고정위치형 배치의 세 가지 유형을 혼합하여 배치하는 경우도 있다. 혼합형 배치는 일반적으로 서비스 생산시스템이나 유연 생산시스템에서 흔히 볼 수 있으며, 그룹테크놀로지의 그룹별 배치 내지 셀형 배치 또는 JIT의 U형 배치가 대표적인 혼합형 배치라고 할 수 있다.

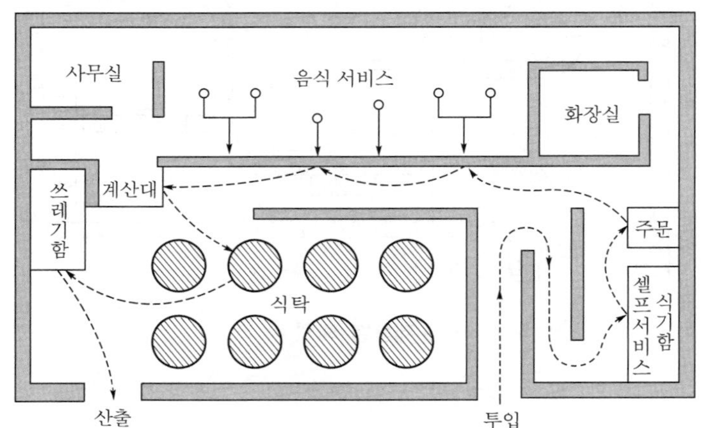

‖ 혼합형 배치의 간이 식당시설 ‖

참고 유연 생산시스템의 설비배치

현재의 산업은 설비배치의 목표로 품질과 유연성이 강조되고 있는데, 유연성이 강조됨에 따라 신속한 제품 변경이나 생산량 변화에 대응한 유연성 지향 배치, 즉 공정별 배치 공장에서 셀(cell)형 배치와 U자형 배치가 늘고 있다. 전통적인 서구의 대량생산방식은 push system이지만, 수요자의 요구에 따라 다양하게 생산하는 pull system에서는 생산라인의 유연성이 최우선으로 강조된다.

혼합모델을 생산하는 경우 GT를 이용하여 공정별 배치와 제품별 배치를 혼합한 그룹별(셀형) 배치(group layout) 형태를 취해 복합적인 공용 생산라인(multiple dedicated lines)을 구축하게 되는데, 라인의 패턴은 U형, S형, 평행형 등의 배치모양을 갖는 것이 일반적인 형태이다.

(5) 그룹테크놀로지(GT ; Group Technology) : 집적가공방법

① GT의 개념

GT는 다품종 소량생산을 보다 효율적으로 수행하기 위한 기법 또는 사고방법으로, 유사한 부품(형상이 비슷한 것, 치수가 비슷한 것, 가공방법이 비슷한 것 등)끼리 모아서 그룹화하여 공정 설계를 합리화하고, 각 그룹별로 적절한 기계와 공구를 사용함으로써 작업 준비시간, 공정 사이의 운반시간, 가공을 위한 대기시간 등을 감소시키고 가공하는 로트 크기를 증가시켜 대량생산에 가까운 효과를 얻어 생산성을 향상시키고자 하는 것이다.

GT의 기본은 가공부품의 분류방법에 있는데 이것을 부품분류법(C&C)이라고 하며, 분류는 다음의 몇 가지의 기준에 의하여 정해진다.

㉠ 가공물의 형상(형태)

㉡ 가공물의 치수(크기)

㉢ 가공방법, 작업준비, 기계 가공·조립공정 순서, 측정방법 등

부품 분류시스템은 설계도면에 표시된 부품의 가공방법이나 형상정보를 수치로 바꾸어 표시하는 코딩시스템으로 되어 있으며, 여러 종류의 부품 분류시스템이 개발되어 있다.

참고 가공물 분류의 접근방식

- 목측법
- 부품분류법(C&C)
- 생산흐름분석법(PFA)

② GT에 의한 설비배치

GT에 의한 설비배치는 제품의 종류 P와 생산수량 Q의 비율이 제품별 배치와 공정별 배치의 중간정도인 작업에서, 유사한 부품을 그룹으로 모아 하나의 로트로 가공할 수 있도록 설비를 효율적으로 배치하는 것이다.

GT의 설비배치방법에는 그룹화된 부품의 가공흐름이 라인형태와 같게 되어 있는지, 같지 않게 되어 있는지에 따라 다음 세 가지로 나눌 수 있다.

㉠ GT 흐름 라인

유사한 부품 그룹의 가공공정이 같아서 가공의 흐름이 동일한 경우의 설비배치로, 대량생산의 흐름생산방식에 가까운 설비배치 유형이며, 가장 바람직한 형식이라고 할 수 있다.

㉡ GT 셀(cell)

여러 종류의 기계 그룹(machine group)에서 부품 그룹에 속하는 모든 부품, 또는 대부분의 부품을 가공할 수 있는 경우의 설비배치이다. 하나 또는 여러 개의 유사한 부품그룹을 가공하는 데 필요한 공작기계 그룹을 배치한 것을 'GT 셀'이라 하는데, GT 셀에서는 할당된 유사 부품 그룹에 속하는 모든 부품을 전부 가공하는 것이 원칙이지만, 현실적으로는 사용빈도가 낮은 기계나 특수한 기계는 GT 셀과는 별도의 장소에 배치하는 경우가 많다. 이는 공정별 배치의 유연성을 유지하면서 제품별 배치의 효율성을 혼합한 방식이다.

㉢ GT 센터(center)

어느 한 종류의 작업장에서 가공방법이 유사한 부품을 가공할 수 있도록 같은 성능의 기계를 모아서 배열한 설비배치로, GT 설비배치 중 가장 수준이 낮으며, 기능별 설비배치에 가까운 형태를 갖고 있다.

(6) 택트시스템(tact system)

① 택트시스템의 개념

택트시스템은 제2차 세계대전 중 독일의 융커스 항공기(발전기 제작회사)가 개발한 작업배치기법으로, 독일식 유동작업조직이라고도 한다.

택트시스템은 정지 및 절동식 유동작업조직으로, 가공 중에는 이동을 정지하고 완료되면 이동한다. 따라서 가공물은 전진 이동과 정지를 규칙적으로 반복한다. 택트시스템과 유동작업시스템은 컨베이어를 사용한다는 점에서는 같지만, 운영방식이 다르다. 즉 택트시스템은 작업흐름이 시간적 규칙성을 가지고 전진과 정지를 되풀이하는 절동식 전진방식이 특징이다.

② 택트시스템의 구성

㉠ 작업공정이 동일한 시간 내에 진행되도록 각 택트 작업반으로 분할한다.

㉡ 각 택트 작업반은 일정한 택트 시간 작업을 종료하면, 곧 다음 택트 작업반으로 작업가공물을 이동한다. 이때 택트 작업반에 소요되는 작업시간은 모두 같다.

③ 택트시스템의 특징

㉠ 택트 작업시간의 단축에 따라, 제품 생산시간이 단축된다.

㉡ 작업통제가 쉽다.

㉢ 택트 작업반은 집단작업으로 이루어지므로 협동정신이 발휘된다.

3 설비배치의 분석

(1) 공정별 배치의 분석

공정별 배치에서 공정이나 작업장의 최적배열을 가늠하는 결정적 변수는 전체 운반코스트(TC)로서, TC가 최소가 되는 지점에 각 공정을 배열하는 것이 최적배열의 한 방법이다.

$$TC = \sum_i \sum_j C_{ij} \cdot N_{ij} \cdot D_{ij} \Rightarrow \text{최소}$$

여기서, C_{ij} : 공정 i에서 공정 j까지의 단위당 운반코스트
N_{ij} : 일정 기간 중 i에서 j까지의 운반량 또는 운반횟수
D_{ij} : i에서 j까지의 운반거리

⊙ C_{ij}와 N_{ij}는 설비배열마다 같다고 보면 상수로 정의되기 때문에, TC를 최소화하기 위해서는 전체 운반거리 D_{ij}를 최소로 하는 배열을 모색해야 한다.

① 도시해법에 의한 분석(graphical approach)

마일리지차트(mileage chart)를 이용한 분석기법이 대표적인 방법으로, 작업순서에 따라 운반량과 운반거리를 마일리지차트에 나타내어 공정 간의 배열을 분석·검토하는 방법이다.

② 체계적 설비계획(SLP ; Systematic Layout Planning)에 의한 분석

Muther에 의해 개발된 것으로, 생산, 운수, 창고, 지원서비스, 사무활동과 관련된 여러 문제들을 적용하여 계획을 수립하는 조직적인 접근방법이다.

정보를 수집하여 자재의 흐름과 생산활동을 분석한 후, 부문 간 활동 관련도를 만들고, 제약조건과 시설 및 설비 공간을 고려한 수정사항, 실제적 제한사항을 근거로 여러 대안을 만든 후 평가하는 방법으로, 다음과 같은 순서로 행한다.

㉠ 부문 간 활동 관련도의 작성
㉡ 면적 관련도의 작성
㉢ 최종 배치안의 개선

③ 컴퓨터에 의한 분석

공정별 배치에서 여러 개의 작업장과 배치장소가 있을 때, 이들의 조합에 의하여 최적배치 설계안을 찾아낼 수 있는 방법은 모든 대안을 평가하는 것이다. 작업장과 배치장소가 많을 때는 배치설계에 소요되는 비용을 사람이 직접 계산하는 것은 거의 불가능하므로, 컴퓨터로 비용을 계산하고 평가하는 방법이다. 컴퓨터에 의한 설비배치방법은 구성형 프로그램과 개선형 프로그램으로 나눌 수 있으며, 구성형 프로그램에는 ALDEP, CORELAP이 있고, 개선형 프로그램에는 총수송비용이 최소화되는 대안을 선택하는 CRAFT와 COFAD가 있다.

(2) 제품별 배치의 분석

제품별 배치는 제품의 흐름이 일정하기 때문에 각 공정 간 생산능력의 균형(작업시간의 균형)이 중요하다. 따라서 전체 생산라인의 능력을 균형 있게 배열하는 라인밸런싱이 핵심이다.

라인밸런싱(line balancing)

라인밸런싱이란 생산시스템 운영에서 노동과 생산설비를 최대로 이용하고, 작업자의 유휴시간은 최소로 하기 위한 것으로, 작업장의 작업활동이 시간적으로 균형을 이루도록 작업순서를 배분하는 것이다. 라인밸런싱의 수법에는 다음과 같은 것이 있다.

- 피치다이어그램(pitch diagram)
- 피치타임(pitch time)
- 대기행렬이론
- 순열조합이론
- 시뮬레이션(simulation)

① **피치다이어그램(pitch diagram)에 의한 라인밸런싱**

흐름식 라인에서는 어느 작업장이든 유휴시간이 전혀 발생되지 않는 상황은 현실적으로 불가능하다. 따라서 각 공정 간에는 여력의 불균형이 발생하기 마련인데, 각 공정의 공정시간을 기초로 피치다이어그램을 작성하고, 피치다이어그램상에서의 애로공정을 중심으로 공정을 분할하거나 종합함으로써 각 공정의 여력을 균형화시켜 투입된 노동이나 설비 능률을 향상시키려는 방법이 라인밸런싱이다. 흐름작업의 공정 균형을 표시하는 척도로서 라인밸런스효율 또는 라인불균형률을 사용하는데, 다음 식에 의하여 구한다.

㉠ 라인밸런스효율(line balancing efficiency) : E_b

각 공정의 능력이 전체적으로 균형을 이루고 있는가를 나타내는 산식으로, 라인효율이라고도 한다. 라인밸런스효율은 80% 이상이어야 공정이 효율적이며, 75% 이하는 흐름식 생산에서 비효율적인 경우가 된다.

$$E_b = \frac{\Sigma t_i}{m \cdot t_{\max}} \times 100$$

㉡ 라인불균형률(line balancing loss) : L_s(또는 d)

라인의 유휴시간 비율을 나타낸 산식으로, E_b의 역수가 되며, 라인균형손실이라고도 한다.

$$L_s = \frac{m \cdot t_{\max} - \Sigma t_i}{m \cdot t_{\max}} \times 100 = 1 - E_b$$

㉢ 라인불평형률(process unbalance effiency) : P_{ub}

각 작업의 표준공정시간에 대한 유휴손실시간의 대비로 나타난 산식으로, LOB의 양부를 측정하는 척도이다(LOB법에서 주로 사용).

$$P_{ub} = \frac{m \cdot t_{\max} - \Sigma t_i}{\Sigma t_i} \times 100$$

여기서, Σt_i : 각 작업의 공정시간 합계, $t_{\max}$: 애로 공정시간, m : 작업자 수 혹은 공정 수

여기서 $m \cdot t_{\max} - \Sigma t_i$를 손실공수합계 혹은 균형지연(balancing delay)이라고 하며, 유휴손실시간의 합계로 낮을수록 경제적이다.

② 피치타임에 의한 라인밸런싱

피치타임이란 일간 생산목표량을 달성하기 위한 제품 단위당 제작 소요시간으로, 최종 공정에서 완성품이 나오는 시간 간격을 말한다.

택트타임이란 택트작업에서 사용되는 피치타임으로, P_t를 피치타임, N을 1일 생산량, T를 1일 실동시간으로 하여 이들 관계를 수식으로 표시하면 다음과 같다.

$$P_t = \frac{T}{N}$$

㉠ 전형적인 흐름작업일 경우

$$P = t_1 = t_2 = \cdots\cdots = t_n$$

$$\therefore \ P_t = \frac{\sum t_i}{n}$$

㉡ 가공 불량이나 재료 부적합을 감안할 경우

$$N' = \frac{N}{(1-\alpha)}$$

$$\therefore \ P_t = \frac{T(1-\alpha)}{N}$$

여기서, N' : N개의 생산을 하기 위해 예견되는 부적합품을 포함시킨 수량

α : 부적합품률

㉢ 라인여유율을 감안하는 경우

$$T' = (1-y_1)T$$

$$\therefore \ P_t = \frac{(1-y_1)T}{N}$$

여기서, T' : 정미실동시간

y_1 : 라인여유율

㉣ 부적합품률과 라인여유율을 모두 감안할 경우

$$P_t = \frac{T'}{N'} = \frac{(1-y_1)T}{N/(1-\alpha)} = \frac{(1-\alpha)(1-y_1)T}{N}$$

참고 어떤 제품을 생산하기 위하여 원료가 투입되어 작업이 시작되면서부터 생산이 완료될 때까지의 공정은 하나 또는 두 개 이상의 작업장을 거쳐 생산·가공이 진행되는데, 각 작업장에서 생산작업 시 소요되는 최대시간($t_{\max}$)을 사이클타임(CT ; Cycle Time)이라고 한다. 따라서 사이클타임은 그 기본성질에 비추어 생산성(procuctivity)이라고 할 수 있다. 만약 N개의 작업지시를 받아 T시간에 생산을 완료하였다면 일반적으로 사이클타임은 $CT = \frac{T}{N}$로 정의된다.

3 생산전략과 공급망관리(SCM)

1 생산전략

전략 지향의 생산경영은 환경변화에 적응하고자 생산전략(manufacturing strategy)을 수립하고 실행하는 과정이며, 생산전략이란 경쟁력의 유지·향상이라는 목적에 관해서 일관성을 갖는 생산에 관한 장기적 의사결정이나 행동패턴을 의미한다.

(1) 경쟁전략의 기본 접근방법

① 생산전략 : 원가우위 확보
② 마케팅전략 : 경쟁우위 확보를 위한 차별적 능력
③ 집중화전략 : 집중화(특징 : 공정기술, 시장요구, 제품 생산량, 품질수준, 생산과업)

(2) 경쟁우위의 요소

① 원가(cost) : 저원가
② 품질(quality) : 고기능 품질, 일관된 품질
③ 시간(time), 속도(speed) : 납기속도, 정시납품, 개발속도
④ 유연성/신축성(flexibility) : 고객중심의 다양화, 수량의 유연성

⊘ 집중화 공장(focused facility)

회사의 모든 제품을 생산하는 하나의 큰 공장을 전문화된 여러 작은 공장으로 분할하는 것으로, 하나의 설비에서 수행하는 수요의 범위를 좁힘으로써 경영진이 소수의 과업에 집중하게 되고 작업자들은 단일화된 목표를 갖게 되므로 성과를 개선할 수 있다.

(3) 생산전략의 전개

① 생산 목적 및 대상의 결정
② 생산시스템의 설계
③ 관리시스템의 설계·운영
④ 생산성과의 측정·평가

2 의사결정

경영상의 모든 문제들은 의사결정의 문제라 할 수 있는데, 의사결정(decision making)이란 불확실성하에서 어떤 문제를 해결하기 위하여 여러 대안 중 가장 적합한 대안을 선택하는 과정으로, 문제해결(problem solving)과 같은 의미이다.

의사결정의 과정은 일반적으로 '문제의 확인 → 대안의 작성 → 기준 작성 → 대안의 평가 → 최적대안의 선정과 실행'으로 이루어지며, 의사결정을 유형로 분류하면 다음과 같다.

(1) 경영계층에 따른 분류

① **전략적 의사결정** : 조직 전체의 목적과 목표에 관한 의사결정이다.

② **관리적 의사결정** : 전략적 의사결정을 구체화하기 위한 의사결정이다.

③ **업무적 의사결정** : 모든 자원의 변환과정을 최적화시키는 것과 관련된 의사결정이다.

(2) 상황조건에 따른 분류

① 확실성(certainty)하의 의사결정

상황에 대한 정보를 사전에 알고 있는 경우로, 각 상황에 대한 이해가 명확하므로 최적대안을 바로 결정할 수 있으며, 대체안에 따른 수익을 계상하여 최대의 수익을 얻을 수 있는 차원에서 의사결정을 하게 된다.

확실성하의 의사결정기법으로는 선형계획법, 동적계획법, 손익분기점법, 미적분법 등이 있으며, 선형계획법은 제한된 자원의 최적배분을 목적으로 하여 제약조건하에서 목적함수를 최대로 하는 최적해를 제시하는 방법으로, 심플렉스 해법이 가장 보편적으로 사용된다.

② 불확실성(uncertainty)하의 의사결정

상황에 대한 정보를 전혀 모르는 경우로, 라플라스기준, 최대최소기준, 최대최대기준, 후르비츠 기준 등의 의사결정규칙을 이용한다.

대안 \ 상황	수요 높음(S_1)	수요 보통(S_2)	수요 낮음(S_3)
소형 설비(d_1)	300	500	−100
중형 설비(d_2)	200	250	300
대형 설비(d_3)	400	300	100

㉠ 라플라스(Laplace) 기준

각 상황의 확률이 동일하게 발생하는 것으로 가정하고, 보상의 가중평균이 가장 좋은 대안인 대형 설비(d_3)를 선택한다.

$$EMV(d_1) = \frac{1}{3}(300) + \frac{1}{3}(500) + \frac{1}{3}(-100) = 233.3$$

$$EMV(d_2) = \frac{1}{3}(200) + \frac{1}{3}(250) + \frac{1}{3}(300) = 250$$

$$EMV(d_3) = \frac{1}{3}(400) + \frac{1}{3}(300) + \frac{1}{3}(100) = 266.7$$

㉡ 최대최소(MaxiMin) 기준

각 대안의 최소성과를 구해 최대의 성과를 갖는 기준을 선택하는 비관적 견해의 전략 선택이다. 각 대안(d_i)의 최소성과(−100, 200, 100) 중 최대성과(200)인 중형 설비(d_2)를 선택한다.

㉢ 최대최대(MaxiMax) 기준
각 대안의 최대성과를 구해 최대의 성과를 갖는 기준을 선택하는 낙관적 견해의 전략 선택이다. 각 대안(d_i)의 최대성과(500, 300, 400) 중 최대성과(500)인 소형 설비(d_1)를 선택한다.

㉣ 후르비츠(Hurwicz) 기준
맥시민 기준과 맥시맥스 기준을 절충하여 가장 성과가 큰 대안을 선택하는 기준이다.

㉤ 유감액(기회비용)기준
기회비용의 가치를 갖고 의사결정의 기준을 결정하는 방법이다.

㉥ Savage 기준 : 기회손실의 최대값이 최소화되는 대안을 선택하는 기준으로, 최대후회 최소화(MiniMax regret) 기준이라고도 한다.

기대화폐가치(EMV) 기준은 각 대안의 기대화폐가치를 계산한 후 가장 큰 값을 갖는 대안을 선택하고, 기대기회손실(EOL) 기준은 각 대안의 기대기회손실을 계산하여 가장 작은 값을 갖는 대안을 선택한다.

$EV_i = \sum P_i X_i$

여기서, P_i : 성과 X_i의 확률, X_i : 화폐금액으로 표시된 결과(성과)

③ 위험성(risk)하의 의사결정
상황에 관한 확률분포를 알고 있어 확률로 추론되는 경우로 대기행렬, 시뮬레이션, Decision tree, 통계적 분석, 휴리스틱 방법, 네트워크 방법 등이 있다.

3 공급망관리(SCM)

공급망이란 고객에게 완제품을 인도하는 데 포함되는 모든 활동의 네트워크로, 제품을 제조하여 고객에게 연결시키는 모든 수송과 물류 서비스를 포함하는 가치창조의 통로이다.

공급망관리(SCM ; Supply Chain Management)는 크게 공급망계획(SCP ; Supply Chain Planning)과 실제 제품 판매 시 유통과정에서 제품의 흐름을 관리하는 시스템인 공급망실행(SCE ; Supply Chain Execution)으로 구분된다.

(1) 공급망관리의 유형

① 반응적 공급사슬(responsive supply chains)
공급의 불확실성은 낮지만 수요의 불확실성이 높은 경우로, 유연성을 기반으로 재고의 크기와 생산능력을 설정하여 시장수요에 민감하게 대응하는 공급사슬이다.
예 패션의류, K팝 등

② 효율적 공급사슬(efficient supply chains)
공급과 수요의 불확실성이 낮으므로 재고를 최소화하고 공급사슬 내 서비스업체와 제조업체의 효율을 최대화하기 위해 제품 및 서비스의 흐름을 조정하는 데 목적을 둔 공급사슬이다.
예 식료품, 기본의류, 가스 등

③ 위험방지형 공급사슬(risk-hedging supply chains)

공급사슬의 불확실성은 높지만 수요의 불확실성은 낮은 경우로, 공급의 불확실성을 보완하기 위하여 핵심 부품 등의 안전재고를 다른 회사와 공유하는 방법으로 위험에 대비하는 공급사슬이다.

예 수력발전 등

④ 민첩형 공급사슬(agile supply chains)

공급과 수요의 불확실성이 높은 경우로, 위험방지형 공급사슬과 반응적 공급사슬의 장점을 결합한 공급사슬이다.

예 텔레콤, 반도체 등

〈 공급사슬의 공급·수요 불확실성 〉

유형	공급의 불확실성	수요의 불확실성
반응적 공급사슬	낮음	높음
효율적 공급사슬	낮음	낮음
위험방지형 공급사슬	높음	낮음
민첩형 공급사슬	높음	높음

(2) 피셔(M.L. Fisher)의 제품 수요 특성에 따른 분류

① 기능성(functional) 제품

수요의 불확실성이 낮은 제품으로, 고객의 기본요구를 충족시키는 제품이다. 이는 예측이 가능하며 마진이 적으므로, 효율적 공급사슬과 연결된다.

② 혁신적(innovation) 제품

수요의 불확실성이 높은 제품으로, 고객의 기본요구에 추가적인 기술이나 혁신이 도입된 제품이며, 반응적 공급사슬과 연결된다.

(3) 공급망관리의 전략적 방안

① 전략적 통합

제3자 물류, 소매상과 공급자의 파트너십, 유통자의 통합

② 아웃소싱

기업의 경쟁력 우위를 달성할 수 있는 것만 자사 통제하에 두고, 비핵심활동은 전부 아웃소싱의 대상이 된다. 전략적 측면에서 기업의 재무 측면, 개선 측면, 조직 측면, 수익 측면, 원가 측면의 이점이 있는 것이 그 대상이다.

(4) 공급망관리의 상쇄관계(trade off)

SCM은 프로세스 간의 성과 측정과정에서 상쇄관계가 발생한다. 상쇄관계에는 배치(batch)의 크기와 재고비용, 수송비용과 재고비용, 고객서비스와 재고비용, 리드타임과 창고비용 등이 있다.

(5) 채찍효과(bullwhip effect)

채찍효과는 공급사슬에서 고객으로부터 생산자로 갈수록 주문량의 변동폭이 증가하는 현상이다.

① 채찍효과의 원인

수요예측, 리드타임, batch 주문, 가격변동, 과장된 주문에 의하여 발생한다.

㉠ 내부요인 : 재고 고갈, 설계 변경, 신제품 출시, 제품/서비스의 판매촉진, 정보 오류 등

㉡ 외부요인 : 수량 변경, 제품/서비스의 구성비 변경, 배달 지연, 부분 선적 등

② 채찍효과의 방지방안(J.N. Wright)

㉠ 불확실성의 감소(reducing uncertainty)

㉡ 변동폭의 감소(reducing variability)

㉢ 리드타임의 단축(leadtime reduction)

㉣ 전략적 파트너십(strategic partnerships)

CHAPTER 02 수요예측과 제품조합

1 수요예측

1 수요예측의 개요

(1) 수요예측의 정의와 분류

수요예측(demand forecasting)이란 기업의 산출물인 제품이나 서비스에 대하여 미래의 시장 수요를 추정하는 방법으로, 생산의 제 활동을 계획하는 데 가장 근본이 되는 과정이라고 할 수 있다. 이러한 수요예측은 크게 정성적 수요예측기법과 정량적 수요예측기법으로 나뉘어진다.

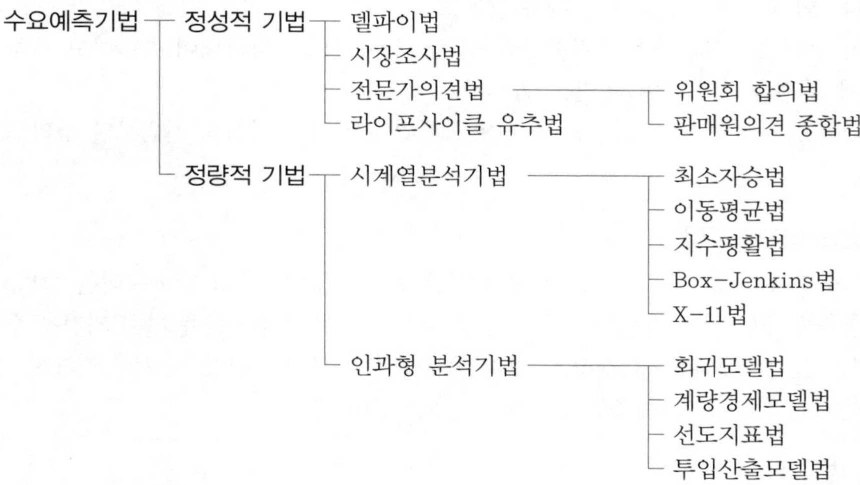

(2) 수요예측의 목적

① 생산설비의 신설·확장 규모 결정
② 기존 설비장치에서 생산되는 복수품목, 전체 생산기간, 생산계획량의 결정
③ 기존 설비장치에서 각 품목마다 월별 생산계획량의 결정

(3) 수요예측의 고려사항

① 예측의 정확성
② 소요비용
③ 소요시간

(4) 수요예측의 변동요인

① 추세요인(Trend) : T
② 순환요인(Cycle) : C
③ 계절요인(Seasonality) : S
④ 불규칙요인(Randomness) : R(I)

2 정성적 수요예측

정성적(qualitative) 수요예측은 과거 관련 자료가 빈약하거나 장기 예측의 성격을 띠고 있어 객관적인 자료를 토대로 수요예측을 하는 것이 아니라, 경험이나 직관력을 토대로 주관적인 의견을 사용하는 접근방법으로, 직관력에 의한 예측, 의견조사에 의한 예측, 유추에 의한 예측으로 구분된다. 예측이 간단하며 고도의 기술을 요하지 않고 비용이 적게 드는 반면, 전문가나 구성원의 능력과 경험에 따른 예측결과의 차이가 크고 예측의 정확도가 낮다는 특징이 있다.

(1) 델파이(Delphi)법

신제품의 수요나 장기 예측에 사용하는 기법으로, 전문가의 직관력을 이용하여 장래를 예측하는 방법이다. 델파이법은 전문가를 한자리에 모아 의견을 개진하는 것이 아니라, 의견질문서를 배포하여 수집 후 전체 의견을 평균치와 4분위(分位)값으로 나타내어 종합하고 재차 의견을 묻는 피드백 과정을 거듭하여 의견을 좁혀나간다.
집단의 창의력을 자극할 수는 없지만, 중·장기 계획에서 여타 정성적 기법보다 정확도가 높은 편이다.

(2) 시장조사법(소비자조사법)

제품을 출시하기 전에 소비자 의견조사 내지 시장조사를 행하여 수요를 예측하는 방법으로, 조사하려는 내용에 대한 일정 가설을 세우고 면담 조사나 설문지 조사를 통하여 의견을 수렴한다. 시장조사법은 한정된 표본을 대상으로 하기 때문에 통계적 방법론을 사용해야 하며, 단기 예측능력은 높지만, 중·장기 예측능력은 매우 낮은 편이다.

(3) 전문가의견법

관련 분야의 전문가, 학자 또는 판매담당자의 의견을 수집하는 방법으로, 비교적 단기간에 걸쳐 양질의 정보를 입수할 수는 있지만, 자신의 경험이나 주관에 치우쳐서 예측하는 경향이 많다.

(4) 라이프사이클 유추법

전문가의 도움이나 경영자의 경험을 토대로 제품의 라이프사이클을 판단하여 수요를 예측하는 방법으로, 기존 제품의 과거 자료를 기초로 하여 수요예측을 할 때 사용하는 자료유추법(historical analogy)의 하나로 볼 수 있다.

3 정량적 수요예측

정량적(qualitative) 수요예측은 시계열분석기법과 인과형 분석기법으로 구분된다.

시계열분석(time series analysis)이란 년, 월, 주, 일 등의 시간 간격에 따라 제시된 과거 자료(수요량, 매출액)를 토대로 그 추세나 경향을 분석하여 미래의 수요를 예측하는 방법이다.

① **시계열적 변동의 구분**

시계열 변동은 성격에 따라 추세변동, 순환변동, 계절변동 및 불규칙변동으로 구분되며, 이들은 시계열 자료의 주요 구성요소를 이루고 있다.

㉠ 추세변동(T ; Trend movement) : 장기간에 걸쳐 수요가 일정하게 증가 또는 감소하는 추세의 형태를 말하며, 이는 장기 변동의 전반적인 추세를 나타낸다.

㉡ 순환변동(C ; Cyclical fluctuation) : 일정한 주기 없이 사이클 현상으로 1년 이상 장기간에 걸쳐 반복되는 변동이다. 수요의 추세가 경기순환과 같은 경기변동에 의하여 결정되고, 순환의 기간이 변동적이다.

㉢ 계절변동(S ; Seasonal variation) : 1년 주기로 계절요인에 따라 수요량이 주기적으로 되풀이되는 변동이다.

㉣ 불규칙변동(I ; Irregular movement) : 수요의 추세가 돌발적인 원인이나 불분명한 원인으로 일어나는 '우연변동'으로, 단기간에 일어나고, 예측이나 통제가 불가능하다.

② **시계열분석법의 사용**

㉠ 가장 최근의 수요실적 사용 시 : 전기수요법(last period demand)

㉡ 전반기 중앙시점값과 후반기 중앙시점값 연결 시 : 2점 평균법(semi average method)

㉢ 추세변동 분석 시 : 최소자승법(least square method)

㉣ 계절변동 분석 시 : 이동평균법(moving average method)

㉤ 단기 불규칙변동 분석 시 : 지수평활법(exponential smoothing method)

(1) 최소자승법(추세분석법)

상승 또는 하강 경향이 있는 수요 계열에 쓰이며, 관측치와 경향치 편차제곱의 총합계가 최소가 되도록 동적 평균선(회귀직선)을 구하고, 회귀직선을 연장해서 수요의 추세변동을 예측하는 방법이다.

① **n이 짝수인 경우**

$y=a+bx$의 표준연립방정식에서 오차변동이 최소가 되도록 a와 b에 대하여 미분하면 다음과 같다.

$\sum y = na + b\sum x$, $\sum xy = a\sum x + b\sum x^2$

이를 a와 b에 대하여 정리하면 다음과 같다.

$$a = \frac{\sum y - b\sum x}{n} = \bar{y} - b\bar{x}$$

$$b = \frac{n\sum xy - \sum x \sum y}{n\sum x^2 - (\sum x)^2} = \frac{S_{(xy)}}{S_{(xx)}}$$

여기서, y : 수요량, x : 연도

② n이 홀수인 경우(간편법)

$\sum x = 0$인 경우이다.

$y = a + bx$

이를 a와 b에 대하여 정리하면 다음과 같다.

$$a = \frac{\sum y}{n}$$

$$b = \frac{\sum xy}{\sum x^2}$$

⊙ 최소자승법은 시계열 도중에 경향이 변화할 경우 민감하게 대응할 수 없으나, 이동평균법은 시계열 상의 최근 데이터를 중점으로 고려하여 점차 경향을 갱신해가는 방법이다.

(2) 이동평균법

전기수요법을 발전시킨 형태로서, 과거 일정 기간의 실적을 평균하여 수요의 계절변동을 예측하는 방법으로, 추세변동을 고려하는 경우 가중 이동평균법을 사용한다.

① 단순 이동평균법

최소자승법처럼 경향에 민감하게 대응할 수는 없으나, 최근 데이터를 고려하여 점차 경향을 갱신해가는 수요예측법이다.

$$M_t = \frac{\sum x_{t-i}}{n} = \frac{X_{t-1} + X_{t-2} + \cdots + X_{t-n}}{n}$$

여기서, M_t : 당기 예측치, X_{t-1} : 최근 실적치

② 가중 이동평균법

단순 이동평균법에서 경향을 고려한 수요예측기법이다.

㉠ $\sum w_i = 0$일 때

$$ED = \frac{\sum X_{t-i}}{n} + SN_i \text{ (단, 가중치가 주어지지 않는 경우)}$$

$$S = \frac{\sum w_i X_i}{\sum w_i^2},\ N_i = \frac{(n+1)}{2} \text{ (단, } n\text{은 홀수이다.)}$$

여기서, ED : 예측수요, w_i : 가중치

㉡ $\sum w_i = 1$일 때(가중치의 합을 1로 함)

$$M_t = \sum w_{t-i} X_{t-i}$$
$$= w_{t-1}X_{t-1} + w_{t-2}X_{t-2} + \cdots\cdots + w_{t-n}X_{t-n}$$

㉢ $\sum w_i \neq 1$일 때

$$M_t = \frac{1}{\sum w_i} \sum w_{t-i} X_{t-i}$$
$$= \frac{1}{\sum w_i}(w_{t-1}X_{t-1} + w_{t-2}X_{t-2} + \cdots\cdots + w_{t-n}X_{t-n})$$

(3) 지수평활법(exponential smoothing method)

과거 자료에 따라 예측을 할 경우 현 시점에서 가장 가까운 자료에 비중을 제일 많이 두고, 과거로 거슬러 올라갈수록 그 비중을 지수적으로 감소해나가는 지수형 가중 이동평균법으로, 단기 예측법으로 가장 많이 사용한다. 불규칙변동이 있는 경우 최근 데이터로 예측이 가능하다는 장점이 있다.

① 단순 지수평활법

최근 실적치에 높은 비중을 두고, 과거로 거슬러 올라갈수록 그 비중을 적게 두고 계산하는 방법으로, 최근 데이터로만 예측이 가능하다.

㉠ 당기 데이터를 고려하여 차기 예측치를 구하는 식

$$F_t = F_{t-1} + \alpha(D_{t-1} - F_{t-1}) = \alpha D_{t-1} + (1-\alpha)F_{t-1}$$

여기서, F_t : 차기 예측치

D_{t-1} : 당기 판매실적치

F_{t-1} : 당기 예측치

㉡ 전기 데이터와 당기 데이터를 고려하여 차기 예측치를 구하는 식

$$F_t = \alpha D_{t-1} + \alpha(1-\alpha)D_{t-2} + (1-\alpha)^2 F_{t-2}$$

여기서, D_{t-1} : 당기 판매실적치

D_{t-2} : 전기 판매실적치

F_{t-2} : 전기 예측치

⊘ 평활계수 α는 $0 \le \alpha \le 1$ 사이의 계수값이며 일반적으로 $0.01 \le \alpha \le 0.03$ 정도로 설정하나, 변동에 민감한 제품(수요변동이 큰 제품)에 대해서는 α를 크게 하고, 수요변동이 크지 않은 경우는 α를 작게 한다.

② 추세조정(이중) 지수평활법

선형 경향을 갖는 수요예측을 하기 위한 방법으로 일률적으로 증가 또는 감소세를 보이는 제품 예측에 이용한다.

(4) Box-Jenkins법

지수평활법의 일종으로, 시계열 자료를 사용하면서 나타나는 예측 오류가 최소화되도록 매개변수를 추정하여 사용하는 방법이다. 과거 실적자료가 2년 이상의 것으로 구성되어야 예측이 정확해진다.

(5) X-11법

시계열분석을 추세요인·순환요인·계절요인·불규칙요인으로 나누어 예측하는 방법으로, 기업에서 부서별 판매의 추적·분석·예측에 사용한다. 미국통계국에서 개발되었다.

4 예측기법의 적용과 예측오차

(1) 예측기법의 선정

예측기법의 선정에는 과거 실적자료의 가용성과 예측의 적시성, 정확성, 간편성, 객관성 등이 중요한 평가기준이 된다.

(2) 예측기법의 적용

① 재고관리 등 단기적 예측 : 시계열분석법
② 단기 및 중기 예측의 총괄생산계획 : 인과형 예측법, 시계열 예측법
③ 공장입지 등 장기적 예측 : 정성적 예측법

(3) 예측오차의 측정과 평가

① 평균예측오차(ME ; Mean forecast Error)

$$ME = \frac{\sum_{i=1}^{n}(A_i - F_i)}{n} = \frac{RSFE}{n}$$

② 절대평균오차(MAD ; Mean Absolute Deviation)

$$MAD = \frac{\sum_{i=1}^{n}|A_i - F_i|}{n}$$

③ 평균제곱오차(MSE ; Mean Squared Error)

$$MSE = \frac{\sum_{i=1}^{n}(A_i - F_i)^2}{n}$$

④ 추적지표(TS ; Tracking Signal)

추적지표는 예측치의 평균이 일정 진로를 유지하고 있는가를 나타낸 척도로, 0에 가까울수록 예측이 정확해진다. 예측의 평가는 TS 관리도를 작성하여 타점된 TS값이 관리한계선($\pm 3.75MAD$)을 벗어나면 수요의 성격을 재평가하고, 예측방법을 검토할 필요가 있다.

$$TS = \frac{RSFE}{MAD} = \frac{\sum_i (A_i - F_i)}{\frac{\sum_i |A_i - F_i|}{n}}$$

여기서, $RSFE$(Running Sum of Forecasting Error)를 누적예측오차(CFE)라고도 한다.

⊙ $1\sigma = \sqrt{\pi/2}\,MAD = 1.25MAD$

2 제품조합

1 제품조합의 개요

(1) 제품조합의 의미

시장 수요예측과 생산계획량이 결정되면 각종 제품의 생산계획이 구체적으로 수립되어야 하는데, 수익성을 최대로 추구할 수 있는 상태에서 제품별 생산계획을 수립하게 된다. 원재료 공급능력의 한계나 노력의 한도, 기계설비 능력의 한계 등을 고려하여 최대이익을 올릴 수 있는, 또는 최소비용으로 생산할 수 있는 제품별 생산비율을 결정하는 것이다. 이때 제품의 최적 결합비율을 결정하는 제품의 구성을 제품조합(product mix)이라고 한다.

(2) 제품조합 결정방법

① 현재의 설비를 이용하여 제품 계열을 다양화(diversification)하는 방법
② 현재의 설비를 다른 방법을 사용하여 제품 계열을 확장하는 방법
③ 현재의 제품에 색채나 모양을 다양화함으로써 제품 계열을 확장하는 방법

(3) 제품조합의 방법

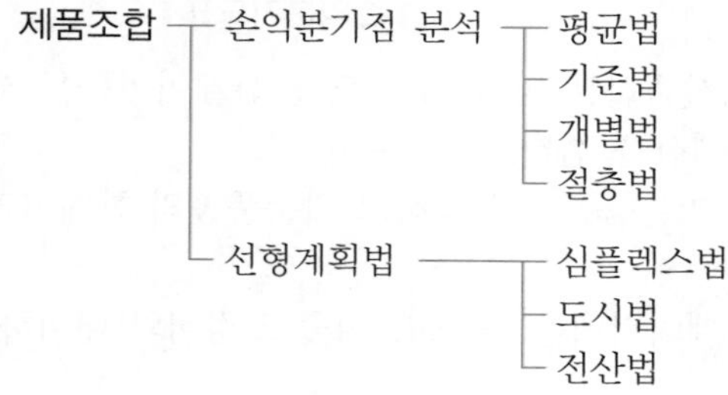

2 손익분기점 분석

(1) 손익분기점 분석 개요

손익분기점 분석(break-even point analysis)은 비용·수익 및 생산량의 관계를 분석하는 것으로, 생산수량에 따른 이익의 발생을 나타낸다. 분석의 구성요인으로는 고정비, 변동비 및 수익이 있으며, 이들 관계는 수량에 따라 나타낸다.

① **고정비(fixed cost) : F**
기업을 운영하는 기본능력을 보유하는 부분에서 고정적으로 발생하는 비용
고정비=가격×한계이익률×생산량
예 감가상각비, 임차료, 고정비자산세, 임금, 세금, 조사비, 광고비, 고정노무비, 공장보수비

② **변동비(variable cost) : V**
기업에서 현재 판매량 또는 생산량의 증감에 따라 변동하는 비용
예 직접재료비, 직접노무비, 소모품비, 연료비, 외주가공비

⊙ 손익분기점(BEP)
일정 기간의 매출액(생산액)과 총비용이 균형하는 점이다. 수익액과 비용액이 일치하는 점이므로, 이익과 손실이 발생하지 않는 균형점이다.

(2) 손익분기점 산출공식

$$BEP = \frac{\text{고정비}}{\text{한계이익률}} = \frac{F}{1-\dfrac{V}{S}} = \frac{F}{1-\text{변동비율}}$$

단, $\text{한계이익률} = \dfrac{\text{매상고} - \text{변동비}}{\text{매상고}} = \dfrac{\text{한계이익}}{\text{매상고}}$

총한계이익=(예상 판매가−단위제품의 변동비)×예상판매량

① 일정한 매출액을 올렸을 경우의 공식

$$g = S\times\left(1-\frac{V}{S}\right) - F$$

② 일정한 이익(g)을 올리는 데 필요한 공식

$$BEP = (F+g) \div \left(1-\frac{V}{S}\right)$$

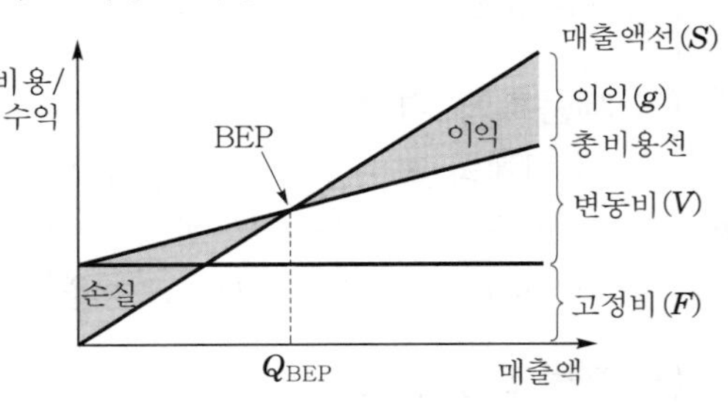

┃손익분기도표┃

(3) 손익분기점 분석방법의 종류

① **평균법** : 평균 한계이익률로 손익분기점을 산출하는 방식으로, 평균 한계이익률은 제품들의 총한계이익액을 총매출액으로 나누어 계산을 한다.

② **기준법** : 다품종 제품에서 대표적인 품종을 기준품종으로 정하고 기준품종의 한계이익률로 손익분기점을 산출하는 방식이다.

③ **개별법** : 품종별 한계이익률을 사용하여 한계이익액을 구하고, 이를 고정비와 대비하여 손익분기점을 산출하는 방식이다.

④ **절충법** : 개별법에 평균법과 기준법을 절충한 방법이다.

3 선형계획법

M.K. Wood와 D.B. Dantzig가 연구개발한 것으로 목적 달성을 위하여 투입되어야 하는 비용이나 노력을 최소로 하여 자원의 효용을 최대화하려는, 이른바 최적화(optimization)를 이용한 제품조합의 방법이다. 일반적으로 변수 간의 관계를 직선적 관계(1차 관계)로 전제했을 때 제약조건(restriction) 위에서 목적함수(objective function)를 만족시키는 해(solution)를 구하는 기법이며, 심플렉스법, 도시법, 전산법이 있다.

참고 생산계획(product plan)

- 생산수량 계획 : BEP 필요
- 품종 계획 : 제품조합(product mix)
- 생산절차 계획(공정계획)
- 일정 계획(공정계획)

자재관리전략

1 자재관리

자재관리(materials management)란 경제적 가치의 용역과 제품을 생산하는 조직체에 필요한 기본적 부분으로서, 생산활동에 필요한 자재를 적당한 품질과 수량으로 적절한 시기에 적정한 가격으로 준비하고, 생산활동에 지장이 없도록 효율적으로 관리해 나가는 과학적인 관리기능이다. 생산에 소요되는 모든 재료를 생산계획에 대응하여 원활하게 조달할 수 있도록 자재의 구매 및 저장 등에 소요되는 경비를 최소화시키기 위한 일체의 관리수단이라 할 수 있다.

(1) 자재관리의 영역

① 자재계획 및 통제(자재계획·조달계획)
② 구매관리(외주관리·계열사 관리)
③ 재고관리(소요량관리·저장관리·분배관리)

(2) 자재관리의 목적

① 작업의 독립성 유지
② 수요변화에 대한 적응
③ 생산계획 수립의 융통성
④ 원자재 주문기간의 확률적 변동에 대응
⑤ 경제적 주문량의 결정

2 자재계획

1 개요

자재관리의 시발로서, 생산계획에 따른 자재 소비량의 산출, 자재 구매량의 결정 및 불요자재의 처분계획에 이르는 일련의 계획이다. 자재계획방침의 수립, 자재계획의 제 요인 및 원단위 산정, 사용계획, 재고계획, 구매계획 등을 포함한다.

(1) 자재계획의 제 요인(고려사항)

① 수량적 요인
② 품질적 요인
③ 시간적 요인
④ 공간적 요인
⑤ 자본적 요인
⑥ 원가적 요인

(2) 자재 분류의 원칙

① **점진성** : 취급되는 자재의 가감이 용이하도록 자재 분류에 융통성을 갖추어야 한다는 원칙이다.
② **포괄성** : 미래에 발생할 수 있는 새로운 품목에 대하여 기존 체계에 영향을 주지 않는 상태에서 모두 분류할 수 있어야 한다는 원칙이다.
③ **상호배제성** : 한 자재에 분류항목이 둘 이상이어서는 안 된다는 원칙이다.
④ **용이성** : 자재의 분류는 가능한 한 불편하지 않고, 기억하기 쉬워야 한다는 원칙이다.

참고 자재계획 단계

1. 원단위 산정
2. 사용계획
3. 재고계획
4. 구매계획

2 원단위 산정

원단위란 완성된 설계도를 기초로 한 제품 또는 반제품의 단위당 기준재료 소요량을 말한다. 원단위는 생산계획에 따른 재료의 소요량 산출, 구매계획, 재고계획, 자금계획 등의 기초가 되므로, 중요성이 무엇보다도 크다고 할 수 있다.

(1) 원단위 산정방법의 종류

① 실적치에 의한 방법

과거 일정 기간의 소비량과 생산량을 비교하면서 단위생산에 대한 소비량을 산정하는 것으로서, 일반적으로 자료가 충분히 정비되어 있을 때 사용되며, 다음과 같은 방법이 있다.

㉠ 제일 양호한 실적과 불량한 실적의 평균치에 의한 방법
㉡ 최근 3개월, 6개월 이상의 평균치에 의한 방법
㉢ 양호한 실적의 평균치에 의한 방법
㉣ 평균 이상의 평균치에 의한 방법

② 이론치에 의한 방법

생산과정에서 일어나는 화학반응의 방정식이나 설계도면 또는 제작도면으로부터 원단위를 이론적으로 산정하는 것으로서, 화학·전기공업에 많이 사용된다.

③ 시험분석치에 의한 방법

과거 실적이 정비되어 있지 않을 때 사용하는 방법으로, 실제로 제품을 시작하여 그 결과로부터 원단위를 산정하는 방법이다.

(2) 원단위의 산정

① 공정이 간단할 경우

원료 투입량과 제품 생산량의 대비로 산정한다.

$$\text{재료의 원단위} = \frac{\text{원료의 투입량}}{\text{제품의 생산량}} \times 100$$

$$X\text{의 원단위} = \frac{X\text{의 투입량}}{Y\text{의 생산량}} \times Y\text{의 원단위}$$

② 공정이 복잡할 경우

공정별·작업별·단계별로 원단위를 산정한다.

(3) 자재 소요량 산출

자재 소요량은 자재기준표에 표시된 기준량에 예비량을 더한 것이다. 이때 예비량은 자재불량, 가공불량, 분실, 마모, 불용품 등을 감안한 것으로 일반적으로 백분율(%)로 나타낸다.

$$M = m \times (1 + k)$$

여기서, M : 자재 소요량, m : 자재기준표의 기준량, k : 예비율

3 A.B.C 분석

1951년 H.F. Deckie에 의하여 제창된 재고관리기법으로서, 이를 파레토분석기법 또는 통계적 선택법이라고도 한다. 수량은 적으나 비용이 많이 드는 것은 A급 품목집단에, 수량은 많으나 비용이 상대적으로 적게 드는 것은 B급 품목집단에, 수량은 더욱 많으나 비용이 가장 적게 드는 것은 C급 품목집단에 등급별로 집계하여, 세밀 또는 간소하게 차별을 두어 관리하는 방식이다.

이러한 A.B.C 분석은 비용이 적고 수량이 많은 C급 품목을 개선하기 보다는 비용이 높고 수량이 적은 A급 품목을 중점관리하여 개선의 효율을 높이려는 데 목적이 있다.

(1) A.B.C 분석의 특징

① 차별관리방식

② 중점관리방식

③ 파레토분석방식

(2) A.B.C 등급의 분류

등급	내용	전 품목에 대한 비율	총사용금액에 대한 비율	관리비중	안전재고	발주형태
A	고가치품	10~20%	70~80%	중점관리	소량	정기발주시스템
B	중가치품	20~40%	15~20%	직접관리기준 설정	중량	정량발주시스템
C	저가치품	40~60%	5~10%	관리체계 간소화	대량	투빈(two-bin)시스템

참고 A.B.C 관리방식은 MRP 시스템으로 관리되는 종속수요품에는 적용되지 않고, 긴급자재는 중요도에 따라 A급이나 B급으로 분류할 수도 있다.

(3) A.B.C 분석의 관리법

① A급 품목의 관리
- ㉠ 정기주문방식에 의한 완전충당방식으로, 유효수 재고 제로방식의 접근을 꾀한다.
- ㉡ 납기지연 방지에 노력한다.
- ㉢ 시장단가조사와 원가절감을 철저히 한다.

② B급 품목의 관리
- ㉠ 정량주문방식 중 유효수 재고에 의한 주문점법을 적용한다.
- ㉡ 경제주문량 단위의 주문에 의한 비용절감을 꾀한다.

③ C급 품목의 관리
- ㉠ 정량주문방식 중 이봉법(two-bin system)이나 포장법을 적용시킨다.
- ㉡ 안전재고를 충분히 고려한 일괄구입방식을 사용한다.

3 구매관리

구매관리(purchasing management)란 생산에 필요한 적질의 자재를 적시에 최소비용으로 구입하기 위한 관리활동으로, '구매계획 – 구매수속 – 구매평가'의 PDS cycle을 갖는다.

참고 합리적 구매의 5가지 전제조건

1. 적질(right quality)
2. 적소(right source)
3. 적기(right time)
4. 적량(right quantity)
5. 적가(right price)

1 구매계획

구매계획이란 질적·양적으로 조사·검토하는 조달계획에 의하여 결정된 자재의 구입수량을 결정하는 것으로, 시장 상황이나 자재의 수급상태, 가격의 변동상황 내지 신제품의 출시 등을 고려하여 합리적으로 조정·수립한다.

(1) 구매계획의 종류

① 기능적 구매계획
② 창의적 구매계획
③ 탄력적 구매계획
④ 가치지향적 구매계획

(2) 집중구매와 분산구매의 비교

사업장이 전국적으로 분산되어 있는 대기업의 자재 구매는 본사에서 집중적 구매할 것인지, 현지에서 분산 구매할 것인지에 대하여 구매방침을 결정해야 하는데, 이 경우 집중구매와 분산구매의 장·단점을 비교하여 합리적인 결정을 내려야 한다.

구분	장점	단점
집중구매	• 대량구매로, 가격과 거래조건이 유리하다. • 공통 자재를 일괄 구매하므로 구매단가가 싸며, 재고를 줄일 수 있다. • 종합구매로 구매비용이 적게 든다. • 시장조사, 거래처 조사, 구매효과의 측정 등을 효과적으로 할 수 있다.	• 각 사업장의 재고상황을 알기 어렵다. • 각 사업장에서는 구매의 자주성이 없고, 수속도 복잡해진다. • 납품업자가 멀리 떨어져 있는 경우 조달기간과 운임이 증대된다. • 자재의 긴급조달이 어렵다.
분산구매	• 자주적 구매가 가능하다. • 긴급수요의 경우 유리하다. • 구매수속을 신속히 처리할 수 있다. • 납품업자가 공장과 가까운 거리에 있을 때 유리하다.	• 본사 방침과 다른 자재를 구입할 수 있다. • 일괄 구매에 비하여 구매경비가 많이 들고, 구매단가도 비싸다. • 시장과 멀리 떨어진 사업장에서는 적절한 자재를 구입하기가 어려울 수 있다.

참고 조달계획의 내용

- 생산계획상 자재 소요량 조사
- 소요자재 중에서 보유자재를 조사하여 구입할 자재의 정확한 파악
- 대용자재(代用資材)의 유무에 대한 조사·검토
- 물가조사 및 시장조사의 실시
- 구입수량에 따른 구입가격 차이의 조사·검토
- 구입시기의 공급계절성 내지는 시장정세에 따른 판단
- 조달기간 및 납기의 적합성 검토

2 구매수속 및 구매평가

(1) 구매수속

구매계획이 결정되면 이를 집행하는 절차로서, 구매방법의 결정과 공급자의 선정을 실시한다.

① 구매방법(계약방식)
　㉠ 경쟁계약방법
　㉡ 수의계약방법

② 공급자 선정의 평가기준
　㉠ 납품가격
　㉡ 납기이행률
　㉢ 품질수준
　㉣ 기술능력
　㉤ 제조능력
　㉥ 재무능력
　㉦ 관리능력
　㉧ 공장 간의 거리(입지)

참고 기존 공급자의 평가 시에는 ㉠, ㉡, ㉢의 기준이 주로 적용되며,
신규 공급자를 평가하는 경우에는 ㉣, ㉤, ㉥, ㉦, ㉧의 기준도 흔히 적용된다.
이외에도 서비스 기록사항 및 교육훈련 프로그램 사항을 적용하기도 한다.

(2) 구매평가

구매업무의 능률 및 구매성과를 측정하는 보편적인 성과 측정은 예산(원가) 절감액, 납기이행률, 품질(부적합품률)의 평가가 중심이 된다.

참고 구매업무의 능률 및 성과를 측정하는 객관적 척도
- 예산절감액
- 표준단가와 실제 단가의 비교
- 납기이행실적
- 구매비용
- 구입물품의 품질수준
- 구입물품의 가치
- 부과된 벌과금

4 재고관리

1 재고관리의 개요

재고란 원재료·반제품 및 완제품 등으로 사용 또는 판매를 기대하여 보관 중인 것과 제조과정에 있는 것이며, 재고관리(inventory control)는 재고 수량의 적정 유지와 평가과정이라 할 수 있다.

재고관리는 재고의 수요와 공급을 연결시키는 시기와 연관이 있다. 적정 재고량을 초과하는 과잉재고는 장기간 보관함으로써 자연감소는 물론 저장비·운반비 등으로 손실을 초래할 수 있으며, 반면에 생산적기에 재료가 부족하면 생산이 지연되어 노무비 및 설비유지를 위한 제 비용이 발생하게 되고, 판매기회를 잃을 수도 있다.

생산시설이나 기술의 개선으로 생산원가를 절감시키기는 매우 어렵지만, 자재비의 합리적인 관리로 이를 실현하는 것은 비교적 쉽다. 따라서 재고관리의 기능은 재고수량에 대한 계획 및 통제라고 규정할 수 있으며, 특히 생산에 소요되는 적정량의 재고유지는 재고관리의 일차적 기능이라 할 수 있다.

(1) A.J. Arrow의 재고보유 동기

① **거래동기** : 수요량을 이미 알고 있는 시장에서 가치체계가 시간적으로 변화하지 않는 경우의 재고보유 동기를 의미한다.

② **예방동기** : 위험에 대비하기 위한 것으로, 오늘날 대다수 기업의 가장 주된 동기라 할 수 있다.

③ **투기동기** : 대폭적인 가격변동을 예상하고 재고를 보유하는 동기이다.

(2) 수요패턴에 따른 재고관리시스템

① 수요패턴의 형태

㉠ 독립수요품 : 수요량 면에서 안정된 연속 수요를 갖는 수요품으로, 정확한 수요예측과 안전재고를 필요로 한다.

㉡ 종속수요품 : 상위 품목의 수요에 의해 발생하는 수요품이며, 산발적 무더기 수요를 보이고 있으나, 수요예측이나 안전재고의 필요성이 적다.

② **재고관리시스템의 기본모델**

재고관리시스템의 재고모델은 발주량, 재고량, 수요량의 세 변수 간 상호관계에서 총비용이 최소가 되는 '적정 재고량을 결정하는 방식'을 뜻하며, 다음과 같은 종류가 있다.

㉠ 정기발주형

㉡ 정량발주형

㉢ 기준재고형

㉣ 보충발주형

⊙ 여기서 가장 정형적인 것은 정기발주형과 정량발주형이다.

〈 수요패턴과 재고관리시스템 〉

수요패턴	재고관리시스템	재고모델	개념
독립수요	독립수요품의 재고관리	• 정량발주형(발주점 방식) • 정기발주형	재고보충 개념 (재고량과 발주량 관계)
종속수요	종속수요품의 재고관리	MRP 시스템	수요 요구 개념 (수요량과 발주량 관계)

〈 정기발주형과 정량발주형의 비교 〉

구분 \ 시스템	정기발주시스템(P system)	정량발주시스템(Q system)
개요	정기적으로 소요량을 발주	재고가 발주점에 이르면 정량을 발주
발주주기	정기	부정기
발주량	부정량(기간 중의 소요량)	정량(경제적 발주량)
수요정보	정도가 높은 정보가 필요	과거의 실적으로 예측
재고의 성격	안전재고	안전재고(활동재고)
적용 품목	• 금액 및 중요도가 높은 A급품 • 수요는 계속 있지만 수요변동이 큰 물품	• 금액 및 중요도가 높지 않은 B급품으로 수요변동의 변화가 작은 품목 • 금액 및 중요도가 낮은 C급품으로 수요가 계속적인 물품

참고 재고관리의 중점과제

- 1회 주문량은 얼마로 하는가? ➡ 경제적 발주량
- 언제 주문 생산하는가? ➡ 발주점
- 어느 정도의 재고수준을 유지해야 하는가? ➡ 안전재고 수준

(3) 재고 관련 비용요소

재고비용은 크게 구매비용이나 생산준비비 같은 고정비와 재고유지비나 재고부족비 같은 변동비의 성격으로 분류할 수 있다.

① 발주/구매비용(ordering or procurement cost) : C_P

자재소요에 따라 재고보충을 하거나 신규로 주문을 할 때 소요되는 비용으로, 다음과 같은 것이 있다.

㉠ 사무처리비용
㉡ 통신비용(전화, 우편 등)
㉢ 거래선 및 가격조사 비용
㉣ 입하품의 검사비용
㉤ 통관료
㉥ 입고비용(입고품의 창고배치, 기록 등)

주문비는 1회 주문에 소요되는 비용이므로 주문수량과는 관계가 없는 것으로 가정하는 것이 일반적이다. 즉, 1회 주문량이 많거나 적거나 주문비용은 일정한 것으로 한다.

② **준비비**(set up or production cost) : C_P

자재나 부품을 외부에서 구매하지 않고 자체적으로 제작하는 경우에는 주문비용은 발생하지 않는 대신, 생산공장에서 제조하기 위한 준비가 필요하다. 생산준비비란 원료의 준비, 작업원의 재배치 등과 같이 생산이 개시되기 이전의 준비단계에서 소요되는 비용으로, 다음과 같은 것이 있다.

㉠ 준비를 하는 시간 동안의 유휴시간비용

㉡ 준비하는 데 필요한 직접노무비용

㉢ 자재나 부품의 준비비용

㉣ 작업원의 재배치비용

이는 경제적 생산량을 결정하는 데 이용되는 비용요소로, 구매비용과 준비비는 발주횟수와 관계가 있다.

③ **재고유지비**(carring or holding cost) : C_H 또는 P_i

재고물품을 창고에 보관하는 데 소요되는 비용으로, 재고수량의 증가에 비례하며, 다음과 같은 비용들로 구성된다.

㉠ 재고투자비에 대한 이자(자본비용)

㉡ 저장비(과열비, 냉동비)

㉢ 재고에 부과되는 세금

㉣ 보험료

㉤ 진부화에 따르는 손실

㉥ 도난, 파손에 의한 손실

재고유지비에서 창고 감가상각비, 관리자 임금 등 고정비의 성질을 가지고 있는 것은 제외되며, '가격(P)×재고유지비율(i)'로 구한다.

④ **재고부족비**(shortage cost) : C_S

재고가 부족하여 고객의 주문에 응할 수 없어 발생되는 기회비용이다. 이 비용은 추정하기 어려운 비용으로, 다음과 같은 비용이 포함된다.

㉠ 판매기회 상실에 따른 손해비용

㉡ 고객에 대한 신뢰도 하락비용

㉢ 재고부족에 의한 조업중단 손실액

㉣ 긴급조치에 따른 추가비용

⑤ **총재고비용**(TIC ; Total Inventory Cost)

관계총비용(total incremental inventory cost)이라고도 하며 가격할인이 있는 경우와 가격할인이 없는 경우로 구분된다.

㉠ 가격할인이 있어 발주량의 크기에 따라 구매가액이 달라지는 경우 : 총재고비용이 최소가 되는 수준에서 결정한다.

㉡ 가격할인이 없는 경우 : 구매가액은 발주량의 크기와 관계없으므로 총재고비용을 고려한다.

$TIC=$ 재고유지비용(C_H) + 발주비용(C_P) + 재고부족비(C_S)

⑥ 구입단가 또는 생산단가

고객으로부터 주문받은 주문수량이 어느 수준을 넘을 경우와 경제적 생산규모로 대량생산을 할 경우에는 생산원가가 낮아지므로 구입단가나 자체 생산 시의 생산가격을 할인하게 된다. 이때 구입 또는 생산 수량이 할인을 할 수 있는 수준에 있는지의 여부에 따라 매개변수가 중요시된다.

⑦ 판매가격(sales price)

판매가격은 판매수량에 따라 할인이 허용되는지의 여부에 의해 결정되므로, 판매수량에 의하여 결정되는 가격에 대한 매개변수도 중요시된다.

2 독립수요품의 재고관리

(1) 재고관리시스템의 모델

① 정량발주시스템(fixed-order quantity system) : Q system

발주점방식(order point system)으로, Q 시스템이라고 한다. 재고가 일정 수준(발주점 ; s)에 이르면 일정량을 발주하는 시스템으로, 발주량 중심의 경제적 발주량(Q_0)을 산출하는 특징을 갖는다. 계속적인 재고조사와 재고기록 유지가 용이한 품목이나, 계속실사가 중요한 품목 또는 실사를 간소화할 수 있는 B급 또는 C급 품목에 적용된다.

㉠ 발주점(s)

s =조달기간 중 재고소비량(D_L)+안전재고(B)

㉡ 경제적 발주량(Q_0)

$$Q_0 = \sqrt{\frac{2DC_P}{C_H}}$$

여기서, Q_0 : 경제적 발주량(EOQ), D : 연간 총수요량

C_P : 1회 발주비용, C_H : 단위당 연간 재고유지비

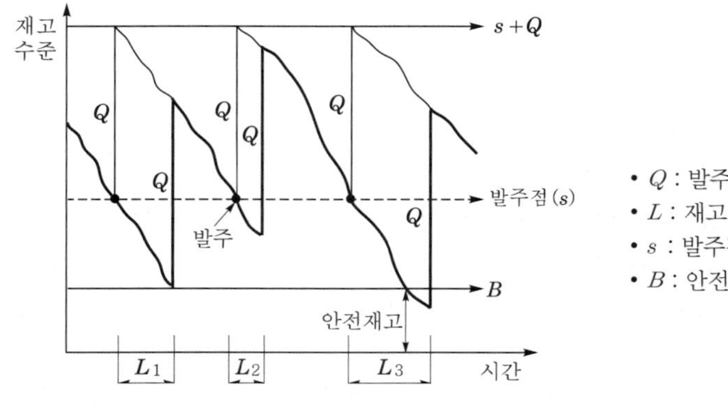

‖ 정량발주형(Q system) ‖

② **정기발주시스템(fixed time period system)** : P system

일정 시점마다 정기적으로 부정량을 발주하는 주문방식으로 P시스템이라고 하며, 정기적으로 실사하는 방식을 채택한다.

정량발주형은 조달기간 중 수요변화에 대비하는 안전재고방식이지만, 정기발주형은 조달기간 및 발주기간 중 수요변화에 대비하는 안전재고방식으로 안전재고수준이 높다. 수요변동이 큰 물품이나 A급 품목에 적용된다.

㉠ 발주량(Q) : Q = 최대재고량(S) − [현재 재고량(I) + 발주분의 예정입고량(R)]

㉡ 적정 발주주기(t_0) : $t_0 = \dfrac{Q_0}{D} = \dfrac{1}{D}\sqrt{\dfrac{2DC_P}{C_H}} = \sqrt{\dfrac{2C_P}{DC_H}}$

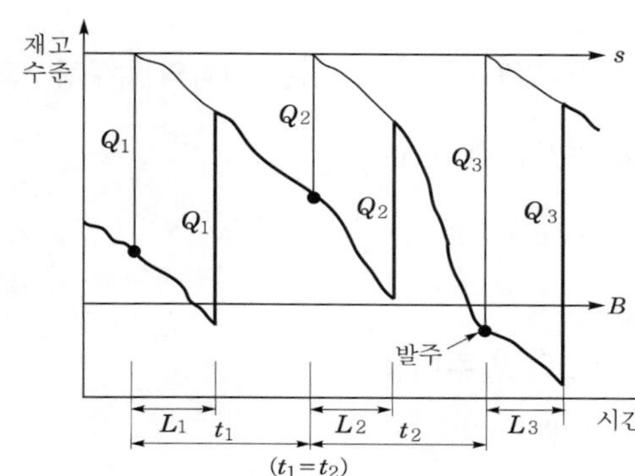

정기발주형(P system)

참고 P 시스템과 Q 시스템은 재고의 보충시기, 재고기록방식의 유형, 재고품의 가격에 따라 선택·적용해야 한다.

③ **절충형 재고관리시스템(Min-Max 시스템)** : s·S system

정기발주형과 정량발주형을 혼합한 방식으로, s·S시스템이라고도 한다. 정기적으로 재고수준이 결정되지만, 사전에 결정된 발주점 이하에 현재 잔고가 있을 때만 발주하는 방식으로 P system과 Q system의 단점을 보완하였다. 발주량의 계산이 복잡하고, 발주량이 변하는 관계로 많은 양의 안전재고를 필요로 하는 단점이 있다.

(2) 경제적 발주량(EOQ) : F.W. Harris

경제적 발주량(EOQ ; Q_0)은 일정 기간의 수요를 알고 있는 확실한 상황에서, 발주비용(C_P)과 재고유지비(C_H)의 합인 관계총비용(TIC)이 최소비용이 되는 발주량을 뜻한다.

① 기본모형과 제 가정

㉠ 발주비용(C_P)은 발주량의 크기와 관계없이 일정하다.

㉡ 수요율과 조달기간은 일정하며 확정적이다.

㉢ 재고유지비(C_H)는 발주량에 정비례하여 발생한다.

㉣ 구입단가는 발주량의 크기와 관계없이 일정하다.

㉤ 재고보충기간이 지나 재고수준이 0이 되면 안전재고는 고려하지 않는다.

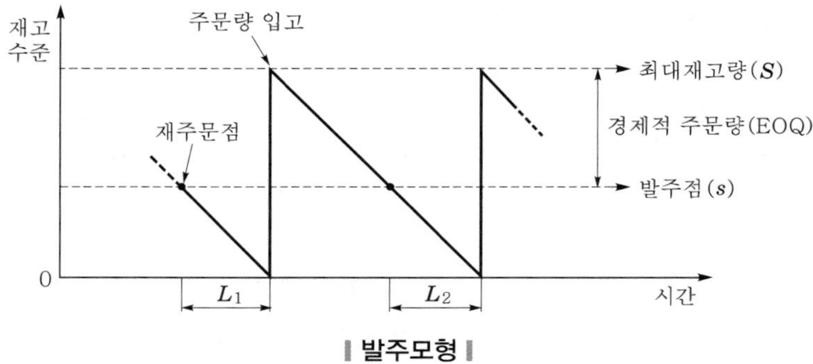

| 발주모형 |

② 경제적 발주량의 결정

경제적 발주량(EOQ)은 연간 관계총비용(TIC)을 최소화하는 지점의 발주량으로, $\frac{dTIC}{dQ}=0$ 으로 하여 Q에 관하여 정리하면 EOQ가 결정된다.

㉠ 연간 관계총비용(TIC)

$$TIC=\frac{DC_P}{Q}+\frac{QC_H}{2}$$

ⓐ 연간 발주비용(연간 발주횟수×1회 발주비용)

$$\frac{D}{Q}C_P$$

ⓑ 연간 재고유지비(평균재고량×단위당 재고유지비)

$$\frac{Q}{2}C_H=\frac{Q}{2}\times P\times i$$

㉡ 경제적 발주량(EOQ)

$$EOQ=\sqrt{\frac{2DC_P}{C_H}}$$

㉢ 적정 발주횟수(N_0)

$$N_0=\frac{D}{Q_0}$$

㉣ 적정 발주간격(t_0)

$$t_0=\frac{Q_0}{D}=\frac{1}{N_0}$$

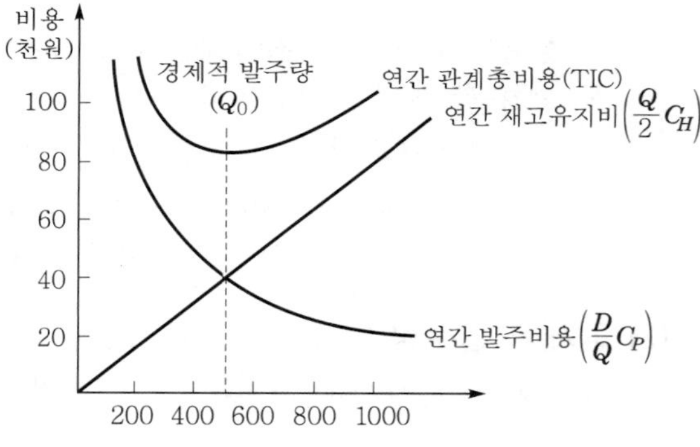

| 경제적 발주량의 결정모델 |

여기서, TIC : 연간 관계총비용

TIC_0 : 적정 연간 관계총비용

Q : 발주량, Q_0 : 경제적 발주량, D : 연간 수요량, C_P : 1회 발주비용

C_H : 단위당 연간 재고유지비, P : 구입단가 또는 제조단가

i : 단위당 연간 재고유지비율, N_0 : 연간 적정발주횟수

t_0 : 적정 발주간격 또는 생산기간

(3) 경제적 생산량(EPQ ; ELS)

경제적 생산로트의 크기를 EPQ(Economic Production Quantity)라고 한다. 경제적 발주량(EOQ)은 순간적인 데 반하여, 경제적 생산량(EPQ)은 점진적이며 구매비용 대신 생산준비비(C_P)를 사용하게 된다.

연간 관계총비용(TIC)은 연간 재고유지비과 연간 준비비의 합으로 정의된다.

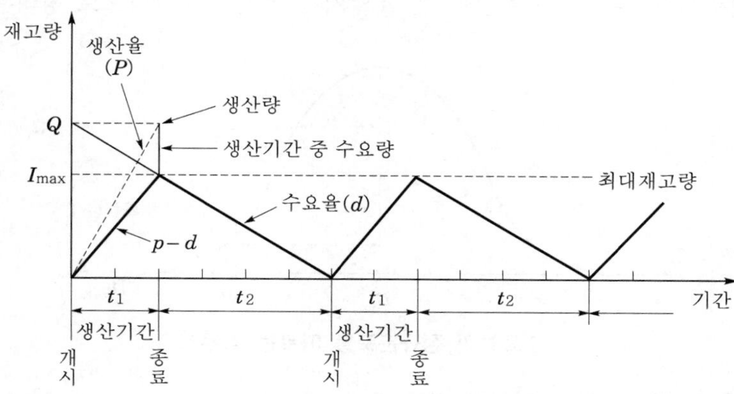

‖ ELS 모델을 위한 생산율과 수요율의 가정 ‖

① 연간 관계총비용(TIC)

$$TIC = \frac{D}{Q}C_P + P_i\frac{Q}{2}\left(1-\frac{d}{p}\right)$$

(단, p는 생산율, d는 수요율로, $p > d$이다.)

② 경제적 생산량(EPQ)

$$EPQ = \sqrt{\frac{2DC_P}{P_i\left(1-\frac{d}{p}\right)}}$$

참고
- 평균재고수준 $= \frac{\text{최대재고수준}}{2}$
- 적정 생산주기 $= \frac{Q_0}{p}$
- 적정 생산기간 $= \frac{Q_0}{d}$

여기서, p : 생산율
d : 수요율

(4) 발주점과 안전재고수준의 결정

경제적 발주량이나 생산량은 수요와 조달기간의 확실성을 전제로 하나, 수요나 조달기간이 확실하지 않은 현실상황에서는 발주점의 조정이나 안전재고의 크기를 결정하는 것이 중요하다.

① 발주점의 결정

발주점의 결정변수는 수요율(d)과 조달기간(L)이며, 발주점(OP ; Order Point)은 재발주점으로, 발주시점 혹은 재고수준에서는 조달기간 동안의 수요량으로 정의된다.

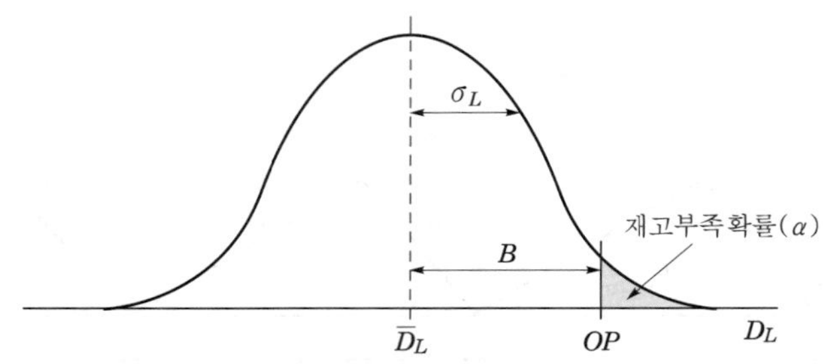

▌수요율이 정규분포를 따르는 경우▐

㉠ 수요율과 조달기간이 일정한 경우

$$OP = D_L = d \times L$$

여기서, D_L : 조달기간 중 수요량

d : 수요율

L : 조달기간

㉡ 수요율이 변하고, 조달기간이 일정한 경우

$$OP = \overline{D}_L + B$$

$$= \overline{D}_L + z_\alpha \sigma_L$$

여기서, $\overline{D}_L$: 조달기간 중 평균수요량

B : 안전재고

σ_L : 조달기간 중 수요량의 편차

② 안전재고수준의 결정

안전재고는 수요의 변화와 조달기간의 변동으로 인한 재고부족에 대처하기 위한 것이기 때문에 다음과 같은 경우 유리하다.

㉠ 재고부족에 의한 손실이 안전재고의 유지비보다 큰 경우

㉡ 안전재고의 유지비가 작은 경우

㉢ 수요가 불확실하거나 변화가 심한 경우

㉣ 품절의 위험률이 높아지는 경우

3 종속수요품의 재고관리

(1) MRP 시스템(자재소요계획시스템)

MRP(Material Requirement Plan)란 일정계획 및 재고통제기법이다. MRP는 각종 소요자재와 부품을 언제, 어느 정도의 양을 주문해야 하는가를 최종 제품이나 주요 조립품의 완성일정을 기산점으로 하여 역으로 결정하여, 조립공정별로 필요한 자재를 사용 직전에 준비시킴으로써 납기통제와 재고관리를 최소의 비용으로 동시에 완수하려는 기법이다.

① MRP system 운영에 필요한 기본적 요소

MRP 시스템은 다음 3가지 입력정보를 필요로 한다.

㉠ MPS(Master Production Shedule) : 주일정계획(기준생산계획)이라고 하며, 생산에 기본이 되는 제품별 생산일정과 생산량의 정보를 얻을 수 있다.

㉡ IRF(Inventory Recode File) : 재고기록철이라고 하며, 재고관리에 기본이 되는 자재별 수불현황이나 현재고, 조달기간 등을 파악할 수 있다.

㉢ BOM(Bill Of Materials) : 자재명세서라고 하며, 각 제품의 자재 구성이나 생산가공순서를 알 수 있다.

② MRP 기법이 사용되는 경우

㉠ 제품의 생산과정이 복잡하고, 특히 여러 개의 조립단계를 거쳐 제품이 완성될 때

㉡ 제품 원가가 비쌀 때

㉢ 구성부품 제작이나 원료 구입을 위한 소요시간이 상대적으로 길 때

㉣ 최종 제품의 생산공정이 길 때

㉤ 다품종 생산의 경우 소요자재를 일괄적으로 계획하여 경제적 주문량을 결정할 수 있을 때

③ MRP의 관리적 특징

㉠ MRP 기법은 자재소요계획을 일정계획 통제에 융합시키는 것이 특징이다.

㉡ MRP는 제품과 부품(자재)과의 상호관계를 시간적·수량적 차원에서 동시에 다룬다는 점이 PERT/CPM과 다르다.

㉢ MRP 기법에 의하면 동일 부품의 적정 재고수준은 안전재고수준이 아니고, 필요한 때에 입고된 필요한 수요량 그 자체가 된다.

㉣ 발주점 방식에 의한 관리를 부품 중심적이라고 하면, MRP는 최종제품 중심적이다.

④ MRP 시스템을 적용했을 때 기대되는 장점

㉠ 종속수요품 각각에 대해서 수요예측을 별도로 행할 필요가 없다.

㉡ 공정품을 포함한 종속수요품의 평균재고가 감소된다.

㉢ 부품 및 자재 부족현상을 최소화한다.

㉣ 작업이 원활해지고, 생산소요시간이 감축된다.

㉤ 상황변화(수요·공급·생산능력의 변화)에 따른 생산일정 및 자재계획 변경이 용이하다.

㉥ 사전 납기 통제가 가능하다.

참고 MRP 시스템의 관리상 장점

- 상황변화에 따른 신속한 자재계획
- 생산소요시간의 감축
- 사전 납기 통제
- 장기적 계획

〈 MRP 방식과 발주점 방식의 차이 〉

특징	MRP 방식	발주점 방식
개요	소요 개념에 입각한 종속수요품의 재고관리방식	보충 개념에 입각한 독립수요품의 재고관리방식
발주개념	소요(requirement) 개념	보충(replenishment) 개념
대상물품	원자재·부분품·재공품·조립부품 (조립산업, 주문생산공장)	완제품·예비부품 (도매·소매업, 연속생산품)
물품의 수요	종속수요	독립수요
수요패턴	산발적	연속적
예측자료	대일정계획(MPS)	과거의 수요실적
발주량 크기	소요량(이산량)	EOQ
통제개념	구분 없이 전품목 관리	차별관리(예 ABC 관리)

(2) ERP 시스템

ERP(Enterprise Resources Planing)란 종래 독립적으로 운영되어 온 생산, 유통, 인사, 재무 등의 단위별 인적·물적 자원을 하나로 통합하여 수주에서 출하까지의 공급망과 기간업무를 지원하는 종합적 자원관리시스템이다.

① ERP의 발전과정

㉠ 1970년대(MRP) : 자재소요계획으로, 공장 내 재고 최소화를 목적으로 자재/재고관리를 대상으로 하는 활동이다.

㉡ 1980년대(MRP-2) : 제조자원계획으로, 기업 내 원가절감을 목적으로 자재, 설비, 사람을 대상으로 하는 활동이다.

㉢ 1990년대(ERP) : 전사적 자원관리로, 기업 내 경영혁신을 목적으로 기업 내 모든 자원을 대상으로 하는 활동이다.

㉣ 2000년대(extend ERP) : ERP의 기본기능에 인터넷을 기반으로 하는 e-business 지원 시스템 및 전략적 기업경영시스템으로 이루어진다.

② ERP의 특징

㉠ 통합 정보지원시스템(공급망, 생산, 마케팅, 재무, 인사 등 모든 기간업무)

㉡ 실시간 정보처리 체계의 구축

㉢ 기업 간 자원 활용의 최적화 추구

㉣ 경영혁신(BPR ; Business Process Reengineering 등)의 도구와 연계

㉤ Open client server system

③ ERP 도입의 효과

㉠ 대고객서비스의 개선

㉡ 업무의 통합화 달성으로 효율성 증대

ⓐ 생산관리 측면 : 생산성 향상, 재고의 최소화, 리드타임 단축, 유연성 확보

ⓑ 마케팅 측면 : 유통비용 감소, 매출액 증가

ⓒ 재무관리 측면 : 수익성 향상

ⓓ 인사관리 측면 : 적재적소에 인원배치, 업무의 효율화

㉢ 경영관리의 효율성 증대 : BPR의 혁신, 투명경영, 최신정보기술의 도입 등

(3) JIT 시스템(도요타 생산방식)

도요타 생산방식은 린 생산(lean production) 방식이라고도 하며, 소로트생산과 다품종 소량 생산체제를 지향한다. 도요타의 JIT(Just In Time) 사고방식은 생산량을 늘리지 않고 생산성을 향상시켜야 하는 과제를 해결하기 위하여, 생산에 필요한 부품을 필요한 때, 필요한 양을 생산공정이나 현장에 인도하여 적시에 생산하는 방식(just in time production)이다.

① JIT 시스템 구성의 핵심요소

㉠ 간판방식

㉡ 생산의 평준화

㉢ 소로트 생산

㉣ 혼합형 설비배치와 다기능공 제도

② 간판방식(kanban system)

JIT 생산에서 어떤 제품(부품)이 언제, 얼마나 필요한가를 알려주는 정보시스템으로, 눈으로 보는 관리방식이다. 간판방식은 필요에 따라 필요량만 확보하는 풀(pull)형 발주점 형식이며, 간판의 수(N)는 다음과 같이 구한다.

$$N = \frac{DT}{C}$$

여기서, D : 수요량, T : 간판의 순환시간, C : 상자의 크기

$$I_{max} = NC = DT$$

여기서, I_{max} : 최대재고수

③ 도요타 시스템이 제거하려는 7가지 낭비

7가지 낭비	낭비 제거의 수단
1. 불량의 낭비	
2. 재고의 낭비	JIT 생산
3. 과잉생산의 낭비	소로트 생산
4. 가공의 낭비	자동화
5. 동작의 낭비	TQC 및 현장 개선
6. 운반의 낭비	
7. 대기의 낭비	

⊘ JIT는 현장의 3무(무리, 낭비, 불균형)를 제거하는 개선기법이다.

④ JIT 시스템의 장점

㉠ 변종변량(變種變量) 생산으로 수요변화에 신속하고 유연하게 대응한다.
㉡ 생산상의 낭비 제거로 원가를 낮추고 생산성을 향상시킨다.
㉢ JIT 생산으로 원자재·재공품·제품의 재고수준을 줄인다.
㉣ 자동화(autonomation)와 소로트 생산으로 부적합품을 줄이고 품질을 향상시킨다.
㉤ 생산가동 준비시간 단축으로 총생산소요시간(lead time)을 줄인다.
㉥ 간판방식과 생산평준화로 생산의 흐름을 원활하게 한다.
㉦ 혼류(混流) 생산으로 공간과 설비의 이용률을 높인다.
㉧ 유연설비배치와 다기능공 제도로 작업자 수를 줄인다.
㉨ 라인스톱시스템으로 문제해결에 작업자를 참여시킨다.
㉩ 한정된 수의 공급자와 친밀한 유대관계를 구축한다.

JIT의 자동화

대량생산시스템에서의 자동화는 원칙적으로 기계의 작업화로 기계 스스로 이상현상을 판단할 수 없지만, JIT의 자동화(自働化)는 동(動)자에 사람인(人)자를 붙인 것으로, 기계 스스로 불량 감지가 가능하며 기계 자신이 판단하여 스스로 정지하는 라인스톱시스템이다.

⑤ JIT 시스템의 단점

공급자가 부품 조달을 제대로 이행하지 못하면 생산이 중단될 수 있으며, 간판방식이 공급자를 괴롭히고 노동자에게 과중한 노동을 강요할 수도 있다는 단점이 있다.

〈 JIT 시스템과 MRP 시스템의 비교 〉

구분	JIT 시스템	MRP 시스템
공통점	• 소요 개념(requirement philosophy)에 입각한 관리방식이다. • 낮은 재고수준, 높은 생산성 및 고객서비스를 지향한다.	
관리시스템	요구(주문)에 따르는 pull 시스템	계획대로 추진하는 push 시스템
관리목표	낭비 제거(최소의 재고)	계획 및 통제(필요시 필요량 확보)
관리수단	눈으로 보는 관리(예 간판방식)	컴퓨터 처리
생산계획	안정된 MPS 확보	변경이 잦은 MPS 수용
발주(생산)로트	준비시간 축소에 의한 소로트	경제적 발주량(생산량)
재고수준	최소한의 재고	조달기간 중 소요재고
공급자와의 관계	구성원 입장에서 장기 거래	경제적 구매 위주의 단기 거래
적용분야	반복적 생산	비반복적 생산(업종제한 없음)

5 외주관리

아웃소싱(outsourcing)이라고도 하는 '외주'는 '구매'와 약간의 뉘앙스 차이가 있다. 단적으로, 구매란 물품의 조달·구입이며, 외주란 능력(공수)의 조달이다. 즉, 외주란 자사 작업의 일부가 외부로 나온 것이므로 이에 대해서는 자사의 직종에 대한 공정관리를 적용하고, 외주선(하청)에 대해서도 공수나 일정관리를 고려해야 한다. 그런 의미에서 외주관리는 공정관리와 밀접한 관계를 갖고 있다. 그러나 외주도 거래하는 관계에서는 구매와 동일한 성격을 갖는다. 따라서 외주관리는 구매관리적인 면과 공정관리적인 특징을 동시에 갖는다. 구매는 단순한 상거래에 불과하지만, 외주는 품질과 납기에 문제가 많으므로 육성을 하는 것이 특징이고, 그것이 고도화되면 계열관계가 된다. 따라서 모기업으로서도 상당한 부담이 되는 것이 문제이다.

1 외주관리의 목적

(1) 자공장의 능력 · 기술 부족 보완

기계공업(광업)에서는 사용재료나 가공기술이 다종·다양하므로, 완전한 일관작업을 한다는 것은 기술적으로 곤란하며 비경제적이기 때문에 자사에서는 중요 부품과 중요 공정만을 담당한다. 역으로 말하면 전문 메이커를 이용하는 것이다.

(2) 원가절하

일반적으로 하청공장은 모공장보다 규모가 작으므로, 임율도, 경비율도 낮다. 그래서 동일한 기계설비로 작업할 경우, 하청공장에 맡기는 것이 더 저렴하다. 또 전문 메이커가 되면 모공장보다도 생산량이 많고 생산방식이 고도화되어 코스트는 더욱 저하된다.

(3) 생산능력의 탄력성 향상

자공장 생산능력에 탄력성을 주기 위해 판매량(수주량)의 시기적인 변동이 클 때는 제조부문의 조업도 변화가 심하다. 따라서 생산능력을 조정하고, 제조부문의 가동률을 저하시키지 않으려면 외주의 이용이 필요하다. 즉 외주 이용도는 수요기에는 증대되나, 비수요기에는 감소한다.

(4) 자본부족의 보강(생산능력 증강)

생산이 빠르게 늘어남에 따라 설비나 인원을 보충하기 위해 외주를 이용하는 경우는 매상고가 급격히 늘어 판매능력을 웃도는 경우와 발전단계의 공장에서 찾아 볼 수 있다. 이상항목의 중요도는 회사에 따라 차이가 나는 것은 물론, 같은 회사라도 때와 장소에 따라, 품종(직종)에 따라 달라진다.

참고 외주 이용의 효과

코스트 저하, 작업량 조정, 전문기술 이용, 능력 보완

2 외주선의 이용형태

(1) 적극적 이용(계열화)

자사의 생산능력을 유지·증강하는 데 자공장 자체의 능력부족을 보충하는 수단으로, 외주선을 계속적으로 이용한다. 필요할 경우 자사 생산의 합리화 일환으로 외주선의 합리화를 꾀하며, 그 선을 따라 육성·강화한다. 이것으로 외주선의 기술수준이 향상되고 이용상 편리해지는 장점이 있는 반면, 불황 시에도 경영유지를 위해 어느 정도의 발주량을 보증해야 하는 단점이 있다.

(2) 소극적 이용(단순한 안전 면)

수주량(생산량)의 변동에 대해 생산계획을 조정하고, 자공장의 조업도 유지를 위해 일시적으로 이용하는 것으로, 질적·양적으로 제약이 있다.

⊙ 하청공장의 의존도(총생산량에 대한 친기업 간의 생산량의 비율)의 경우 (1)항은 높으나 (2)항은 낮기 때문에 하청공장이 배반하기 쉬우나, 공장 지대라면 그 획득도 어느 정도까지는 자유이다. (1)항의 경우에는 모공장으로서는 부담이 되므로 일정 기준에 따라 우수한 공장의 선정이 필요하다. 그래서 대기업에서 다수의 외주공장을 이용하고 있는 경우에는 외주선을 경영능력과 납입실적 등에 따라 A, B, C 등의 등급을 매겨서 이용도를 구분한다.

3 외주공장의 지도와 육성

하청공장의 대부분은 계속적인 거래로 모공장과 밀접한 관계를 맺고 있는데, 일반적으로 하청공장의 수준은 모공장보다 낮으므로, 모공장은 하청공장에 대한 관리와 지도를 할 필요가 있다.

(1) 외주공장의 지도·육성

외주 이용도가 높을수록, 그리고 하청공장의 의존도가 높을수록 지도·육성이 중요성을 띠게 된다. 중요 지도항목은 다음과 같다.

① 기술지도(실질지도, 종업원교육, 연구회 등)
② 경영·관리면 지도(공정관리, 품질관리 등)
③ 물적 원조(자금, 설비, 재료, 치공구 등)
④ 실적 평점과 등급 매김(협력업체 심사 납입로트 성적 평가)

(2) 외주공장 조사

이용자가 비교적 많은 공장에 대해서는 생산능력과 경영내용을 정기적으로 조사할 필요가 있다.

① 생산능력에 관한 사항 : 인원구성, 기계대수, 공장면적, 의존도 등
② 경영내용에 관한 사항 : 경영보고(대차대조표, 손익계산서), 원가계산서 또는 비용명세서 등
③ 경영자 및 인력에 관한 사항 : 경영능력, 노사관계, 여론 등
④ 기술력에 관한 사항 : 특허, 인증사항, 주요 제품, 주요 거래선 등

CHAPTER 04

생산계획 수립

1 총괄생산계획(APP)

1 총괄생산계획의 정의와 전략

(1) 총괄생산계획의 정의

총괄생산계획(APP ; Aggregate Production Planning)은 중기 생산계획으로, 예측된 수요에 대하여 생산자원의 효율적 배분과 비용의 최소화를 위해 제품그룹이나 제품라인을 총괄하는 측면에서 수립되는 생산수량에 대한 계획이다. 향후 1년간 예측된 총괄수요를 가장 효율적으로 충족시킬 수 있도록 이용 가능한 자원의 한계 내에서 월별로 생산율, 고용수준, 재고수준, 작업수준, 하청수준 등의 통제 가능 변수를 최적으로 결합하여 생산수량 계획을 수립한다.

(2) 총괄생산계획의 전략

총괄생산계획은 생산과 수요를 일치시키려는 전략을 추구하며, 총괄생산계획 기간마다 수요에 맞추어 고용수준이나 생산율, 재고수준, 하청업체 등을 조정한다.

① **고용수준 변화전략** : 고용이나 해고를 이용하는 전략으로 고용수준의 탄력성 유지는 수월하지만, 신규채용비용(광고·채용·훈련비)과 해고비용, 퇴직수당이 발생하며, 숙련공의 확보와 동기부여가 어렵다.

② **생산율 조정전략** : 잔업, 단축근무, 하청 또는 휴가 등을 이용하여 생산율을 유지하는 전략으로, 잔업수당, 조업단축비용, 유휴설비의 감가상각비, 하청비용 등이 발생하며, 보전의 문제와 하청업체의 품질 문제가 대두될 수 있다.

③ **재고수준 변동(평준화)전략** : 수요의 변동과 관계없이 생산을 일정하게 유지하는 전략으로, 총괄생산계획 기간에 고용수준과 생산율은 유지하되, 잔업, 하청, 재고조절, 임시직 등으로 수요변동을 흡수하는 것이다. 재고유지비와 납기유지비 등이 발생하며, 자본의 기회손실이 발생한다.

④ **하청전략** : 한계 이상의 일시적 수요변동에 대응하는 전략으로, 경기변동의 위험부담 회피, 자본 절약, 하청기업의 저렴한 노동력 이용이라는 장점이 있으나, 안정적인 품질 확보와 지속적 관계가 어렵다.

⊙ 순수전략과 혼합전략

하나의 전략만 쓰는 것을 순수전략, 두 개 이상의 변수를 혼합하여 사용하는 전략을 혼합전략이라고 한다.

2 총괄생산계획의 대안

수요변동에 대처하는 방안으로, 반응적 대안과 공격적 대안으로 나누어진다.

(1) 반응적 대안(responsive alternative)

생산이 수요에 대응하도록 생산의 변경을 시도하는 대안이다.

① **고용수준 조정** : 고용 및 해고를 통하여 인력을 조절한다.
② **생산수준 조정** : 생산율 조정을 위하여 초과근무, 잔업 및 일시적 휴직을 이용한다.
③ **재고수준 조정** : 생산능력이 평균수요량보다 크면 재고를 보유하고, 적은 경우는 감소시킨다.
④ **하청업체 이용** : 한계 이상의 수요에 대응한다.
⑤ **납품시기 조정** : 납품을 다음 시기로 연기하는 등의 조정을 한다.

(2) 공격적 대안(agressive alternative)

적극적 대안이라고도 하며, 수요가 생산에 대응되도록 수요의 변경을 시도하는 대안이다.

① **수요 창출** : 수요를 창출하는 가격으로 판매를 촉진시키는 것으로, 판매가격의 인하(할인, 세일, 옵션 등), 판매촉진활동이 있다.
② **주문 적체** : 미래에 납품하겠다고 약속한 고객 주문의 누적분을 활용한다.
③ **보완 제품** : 비슷한 자원을 필요로 하나, 서로 다른 수요를 갖고 있는 대체제품을 만든다.

3 총괄생산계획의 기법

(1) 도시법

소수의 변수를 고려하여 총비용이 최소가 되도록 생산계획을 결정하는 방법으로, 도표를 통해 예측수요와 현재 능력을 비교하는 정태적 모형의 시행착오법이다.

(2) 선형계획법

고용수준, 재고수준, 잔업량, 하청량, 해고인원, 종업원수 등의 결정변수와 관련 비용과의 관계를 고려하여 총비용을 최소화하는 수리적 기법이다.

(3) 리니어 디시즌 룰(LDR ; Liner Decision Rule)

계획된 생산기간 동안 고용수준과 조업도 등의 문제를 계량화하여 이들의 최적 결정모델을 제시한 것으로, 2차 비용함수를 사용하여 결정한다.

(4) 휴리스틱 기법

생산수량계획의 문제를 경험적 방법 내지는 탐색적 방법을 통하여 해결하는 것으로, 회귀분석이나 시뮬레이션에 의한 근사해로 제시한다.

① **경영계수모델** : 경영자의 과거 의사결정결과를 분석하여 결정
② **탐색결정기법(SDR ; Search Decision Rule)** : 컴퓨터에 의한 탐색결정기법

2 일정계획

1 일정계획의 단계와 기능

일정계획이란 부분품 가공과 제품 조립에 필요한 자재가 적기에 조달되고, 이들이 생산된 시간까지 완성될 수 있도록 기계 및 작업자의 작업을 시간적으로 배정하고 일시를 결정하여 생산일정을 계획하는 것이다.

(1) 일정계획의 단계

① **대일정계획** : 수주로부터 출하까지의 일정계획을 취급하며, 제품의 종류 및 수량에 대한 생산시기를 결정하는 것이다.

② **중일정계획** : 공장별로 공정에 대한 일정계획을 취급하며, 대일정계획에 표시된 납기에 근거를 두고 세부적으로 일정계획을 수립하는 것이다.

③ **소일정계획** : 중일정계획의 지시일정에 따라 작업자·기계별로 구체적인 작업을 지시하기 위한 일정 편성을 하는 것이다.

(2) 일정계획의 기본기능

① 예상되는 수요를 충족시키기 위한 필요자원의 합리적 배합

② 작업흐름의 조화

③ 공정운영과 통제의 기초 제공

④ 작업관리의 표준 제공

2 기준일정과 생산일정

(1) 기준일정의 결정

기준일정이란 각 작업을 개시해서 완료할 때까지 소요되는 표준일정이며, 작업의 생산기간에 대한 기준을 결정하는 것으로, 일정계획의 기초가 된다. 기준일정은 작업시간 이외에 여유시간을 포함하고 있으며, 기준일정을 알고 있으면 납기로부터 역산하여 작업 착수시기를 결정할 수 있다.

(2) 생산일정의 결정

특정 작업 수행에 필요한 기준일정과 생산능력을 고려하여 생산일정을 결정하게 되는데, 작업의 완급순서와 기계 부하량을 감안해서 작업의 개시 시기를 결정한다.

작업배정의 평가기준

- 납기이행 수준
- 작업흐름 수준
- 유휴시간 발생 정도
- 재공품 수준

3 개별생산의 일정관리계획

1 개별생산의 일정관리 단계

개별생산의 일정관리는 절차계획, 공수계획, 일정계획, 작업배정, 여력관리, 진도관리로 구성되어, 다음과 같은 순서로 이루어진다.

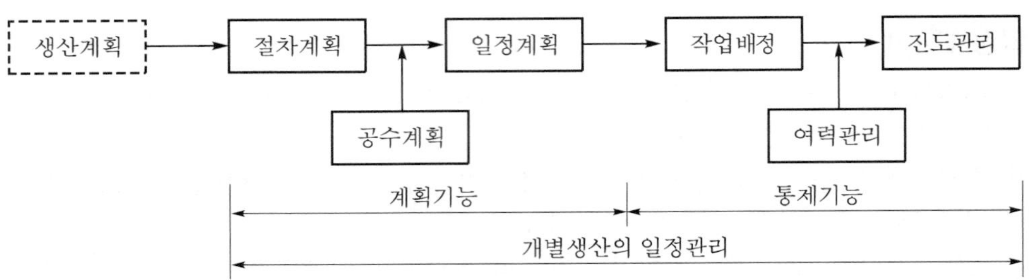

참고 공정관리는 원재료나 부분품의 가공 및 조립의 흐름을 계획하고, 순서를 결정하며(routing ; 절차계획), 예정을 세워서(scheduling ; 일정계획), 작업을 할당하고(dispatching ; 작업배정), 독촉하는(expediting ; 진도관리) 절차로, 일정관리와 큰 차이는 없으나, 일정관리에서는 절차계획이 생략된다.

2 공수계획(부하결정 ; loading)

개별일정계획에서는 납기일에 늦지 않도록 제품을 생산하기 위해 가용 생산능력을 파악하여 작업장마다 소요작업시간을 일자별로 할당하여야 한다. 이러한 일정계획을 합리적으로 입안하기 위해서는 먼저 부하결정을 해야 한다.

부하결정(loading)이란 생산작업량을 완료하는 데 필요한 소요인원과 기계의 부하, 즉 소요생산능력과 현재의 인원 및 기계의 생산능력을 비교하여 생산능력을 조정하는 것으로, 공수(工數)계획이라고도 한다.

일반적으로 부하와 능력의 비교에 사용되는 기준은 기계시간(machine hour)이며, 인시(man hour)로도 나타낸다.

(1) 부하 및 능력의 계산

① 작업자 능력(인적 능력)

$$C_p = M \times T \times (1-p)$$

여기서, C_p : 작업자 능력(인적 능력)

M : 실제 인원을 표준능력의 인원으로 환산한 인원(M=작업자수×능력환산계수)

T : 실동시간

$1-p$: 가동률(1−유휴율)

② **기계 능력(설비 능력)**

기계능력 = 유효가동시간 × 기계대수

유효가동시간 = 1개월 가동일수 × 1일 실동시간 × 가동률

(가동률 = 1 − 고장률)

③ **여력**

$$\text{여력} = \frac{\text{능력} - \text{부하}}{\text{능력}}$$

여력관리의 목표

- 수요변동이나 부하변동에 따른 일정관리
- 납기수량의 확보
- 적정 조업도의 유지와 적정 재고 보유

(2) 공수체감분석

작업자가 작업을 반복해서 수행하게 되면 그 작업에 숙달되어 생산량이 2배로 증가될 때마다 생산소요시간이 $1-R$만큼이 감소한다(단, R은 학습률이다). 이렇게 작업자가 작업을 장기간 계속하면 생산소요시간이 일정률로 체감되는 현상이 일어나게 되는데, 이것을 공수체감법칙이라고 한다. 일반적으로 작업자의 수작업시간이 많으면 체감률이 크고 기계가공시간이 많으면 체감률이 작다.

① **공수체감현상**

공수체감현상은 종합적 공수체감현상과 개별적 공수체감현상의 두 가지로 구분된다.

㉠ 기계설비 개선, 치공구 개선, 설계 개량, 제작기술 개선, 관리기술 개선, 작업자 학습, 불량률 발생의 감소, 임금제도의 자극에 의한 종합적 공수체감현상

㉡ 단순히 작업자의 학습에 의한 개별적 공수체감현상

② **평균시간모델**

㉠ 대수선형식

$$Y = AX^B$$

여기서, Y : X번째 제품의 생산소요시간

A : 첫 번째 제품의 생산소요시간

X : 제품의 누증수

B : 부의 상수($-1 < B < 0$)

$R(\text{학습률}) = 2^B \left(\therefore\ B = \dfrac{\log R}{\log 2} \right)$

㉡ 대수비선형식

$$Y = A(X+\beta)^B$$

㉢ 지수함수형식

$$Y = Ae^{BX}$$

③ **대수선형식에서 누계공수 및 누계평균공수**

㉠ X번째까지의 누계공수

$$\int Y dx = \int AX^B dx = \frac{A}{1+B} X^{1+B}$$

㉡ X번째까지의 누계평균공수

$$\overline{Y} = \frac{1}{X}\int Y dx = \frac{AX^2}{1+B} = \frac{Y}{1+B}$$

3 작업순서의 결정

개별주문생산은 생산하는 제품이 다양하므로 납기, 작업시간, 작업방법, 작업을 하는 생산기계, 주문별 이익 등이 서로 다르다. 따라서 고객이 원하는 납기에 맞추고 설비의 이용률을 높이며 최대의 이익을 올릴 수 있도록, 작업을 할당하기 위한 작업의 순서를 결정하여야 한다.

작업순서 결정규칙의 평가기준은 작업장의 평균진행시간과 작업지연시간을 최소로 하고, 재공작업 내지 공정품을 최소화하며, 노동 및 설비의 이용률을 최대로 하여 납기를 맞추는 데 초점을 두고 있다.

(1) 작업순서 결정기법(job sequencing method)

① **선착순 우선법**(FCFS ; First Come, First Served)

주문이 들어온 순서에 따라 작업순위를 결정하는 공정성에 입각한 방법이며, 주문의 긴급도나 작업지연을 고려하지 않는 문제점은 있으나, 가장 단순한 순위결정법이다.

② **최소작업시간 우선법**(SOT/SPT ; Shortest Processing Time)

작업을 완료하기까지의 작업시간이 가장 짧은 것을 우선으로 하여 순서를 결정하는 방법이다.

③ **최소여유시간 우선법**(S ; least Slack time)

남아 있는 납기일수와 작업을 완료하는 데 소요되는 일수와의 차를 여유시간이라 하는데, 여유시간이 짧은 것을 우선으로 하여 순서를 정하는 방법이다.

④ **최소납기일 우선법**(EDD ; Earlist Due Date)

주문받은 작업 가운데 납기일이 가장 빠른 작업을 최우선 순서로 정하는 방법으로, 간단하고 평균 납기지연일이 가장 작다는 장점은 있으나, 주문의 긴급도나 작업지연을 고려하지 않기 때문에 합리성이 부족한 측면이 있다.

⑤ **긴급률 우선법**(CR ; Critical Ratio)

1966년 미국 생산 및 재고관리학회(American Production and Inventory Control Society)에서 푸트남(Amold O. Putnam)이 발표한 방법으로, 작업을 완료할 수 있는 시간과 납기가 남아 있는 시간과의 비율로 얻은 지수가 작은 값을 가진 작업부터 작업순서를 결정하는 방법이다. 긴급률(CR)은 다음과 같은 공식에 의하여 산출한다.

$$\text{긴급률}(CR) = \frac{\text{잔여 납기일수}}{\text{잔여 작업일수}}$$

$CR > 1$이면 납기에 작업여유가 있어 작업순서를 늦게 배정하고,
$CR = 1$이면 정상적으로 하며,
$CR < 1$이면 작업여유가 없어 납기지연 중을 뜻하므로 작업순서를 빠르게 배정해야 한다.

⑥ **최대작업시간 우선법**(longest operation time)

⑦ **랜덤 우선법**(random selection)

⑧ **잔여작업 최소여유시간 우선법**(least slack per remain operation)

예제 7-1

M기계로 3가지 작업물을 생산하는 작업장의 제품에 따른 작업시간과 납기일은 다음 표와 같다. 최소작업시간우선법(SPT)을 적용하여 생산을 진행시킬 경우, 평균진행시간(MFT)과 평균납기 지연일(MDT)을 구하시오.

구분	작업물 1	작업물 2	작업물 3
처리시간	10일	5일	7일
납기	20일	12일	16일

구분	작업시간	진행시간	납기일	납기지연일
작업물 2	5	5	12	0
작업물 3	7	12	16	0
작업물 1	10	22	20	2
합계		39		2

• 평균진행시간 : $MFT = \frac{39}{3} = 13$ 일

• 평균납기 지연일 : $MDF = \frac{2}{3} = 0.67$ 일

(2) 존슨 법칙(Johnson's rule)

n개의 가공물을 순위가 있는 2대의 기계로 처리하여 가공하는 경우 사용하는 방법으로, 일감의 흐름이 일정한 순서인 흐름공정형이고 가공물은 모아서 처리할 수 있는 경우이며, 기계의 가공시간을 최소화하고 이용률을 최대화시키려는 규칙이다.

① 순위결정규칙

㉠ 기계별 작업시간치를 기입한 기계가공시간표를 작성한다.

㉡ 기계가공시간표에서 최소시간치를 갖는 작업물을 찾는다.
단, 수치가 같을 때는 임의로 선택한다.

㉢ 그것이 〈기계 1〉의 작업시간치일 때는 맨앞에 놓고, 〈기계 2〉의 작업시간치일 때는 마지막에 놓는다.

㉣ 순위가 결정된 작업물은 표에서 지우고 작업물의 모든 순위가 결정될 때까지 반복한다.

② 기계 이용률

기계의 이용률이란 작업물의 가공 시 기계가 행하는 작업진행시간 중 작업물이 실제로 가공되는 실제 가공시간의 비를 나타낸 것으로, 기계의 실제 작업률을 나타내고 있다.

$$\text{기계 이용률}(\%) = \frac{\text{작업진행시간} - \text{유휴시간}}{\text{작업진행시간}} \times 100$$

다음은 존슨 법칙을 이용한 작업물의 작업순위 결정과 이용률에 관한 내용을 설명한 것이다.

작업물	기계 1	기계 2	작업순서
A	6시간	8시간	2위
B	7시간	2시간	4위
C	4시간	6시간	1위
D	9시간	3시간	3위

작업순위의 결정은 다음과 같은 방식으로 행한다.

- 최소시간치[작업물 B(2시간)] : 기계 2 → 맨 뒤에 배치(4위)
- 다음 최소시간치[작업물 D(3시간)] : 기계 2 → 뒤에 배치(3위)
- 다음 최소시간치[작업물 C(4시간)] : 기계 1 → 맨 앞에 배치(1위)

따라서 작업물 C → A → D → B로 작업순위가 결정되며, 이때 기계 이용률은 다음과 같다.

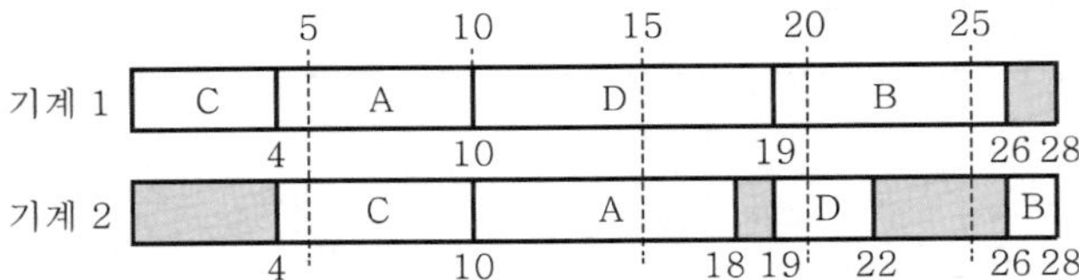

- 기계 1의 이용률 $= \dfrac{28-2}{28} = 92.9\%$
- 기계 2의 이용률 $= \dfrac{28-9}{28} = 67.9\%$

(단, 음영 부분은 기계의 유휴기간이다.)

4 PERT/CPM

프로젝트는 1회성, 비반복적 특성을 갖는 업무로서 목표지향성, 복잡성, 불확실성, 특이성, 일시성의 특징이 있다.

프로젝트의 관리는 공정계획, 일정계획, 진도관리의 과정으로 전개되며, 일정이나 시간이 중점적으로 관리되는 일정계획이 중심이 되는데, 이때 간트차트나 PERT/CPM의 기법이 주로 적용된다.

1 PERT/CPM의 개요

PERT(Program Evaluation and Review Technique)란 네크워크(network)를 이용하여 사업 계획을 효과적으로 수행할 수 있도록 일정, 노력, 비용 등을 고려하여 과학적으로 계획하고 관리하는 종합적인 일정관리기법으로서, 시간에 중점을 둔 것을 PERT/time, 비용절감도 동시에 고려한 것을 PERT/cost라고 한다.

CPM(Critical Path Method)은 프로젝트 관리에서 공기의 단축이 요구될 때 작업자나 설비를 초과 투입하여 주공정상의 어느 작업을 단축해 최소비용 증가로 공사기간을 최소화하는 기법이다. 각 작업의 시간당 비용 증가를 비교하여 최소인 작업부터 단계적으로 단축함으로써 공사비용의 증가를 최소화하는 방법으로, 비용과 시간을 동시에 고려한다.

초기의 PERT는 단계 중심의 확률모델, CPM은 활동 중심의 확정모델이라 할 수 있는데, 현재는 불확실성하의 일정관리기법을 PERT/CPM이라고 통칭하고 있다.

(1) PERT/CPM의 장점

① 상세한 계획을 수립하기 쉽고, 변화나 변경에 바로 대처할 수 있다.
② 작업 착수 전에 네트워크상의 문제점을 명확하고 종합적으로 파악할 수 있고, 중점적인 일정관리가 가능하다.
③ 총소요기간의 정도가 높다.
④ 제 자원의 효율화를 기할 수 있다.
⑤ 주공정이 들어간 네트워크는 계획내용을 상대방에게 설명하는 데 유력한 자료가 되고, 상호간 의사소통의 유력한 수단이 된다.
⑥ 정확한 계획·분석이 가능하다.
⑦ 시간을 단축하고, 비용을 절감할 수 있다.
⑧ 의사소통이나 정보교환이 용이하고 보고제도의 확립으로 팀워크가 좋아진다.
⑨ 경험이 적은 사람에 대한 교육적 효과에 기여하는 바가 크다.

(2) PER/CPM의 운용에 따른 이점

① 진도관리의 정확화와 관리통제를 강화할 수 있다.
② 사전예측 및 사전조치가 가능하다.
③ 지연작업의 합리적인 만회가 가능하다.
④ 불필요한 야간작업을 배제할 수 있다.
⑤ 작업연결 미지로 인한 착수지연을 방지할 수 있다.
⑥ 책임소재가 명확해진다.

2 네트워크의 작성

네트워크(network)는 PERT/CPM에서 단계(○)와 활동(→), 가상활동(⇢)으로 구성된 체계적 도표이다.

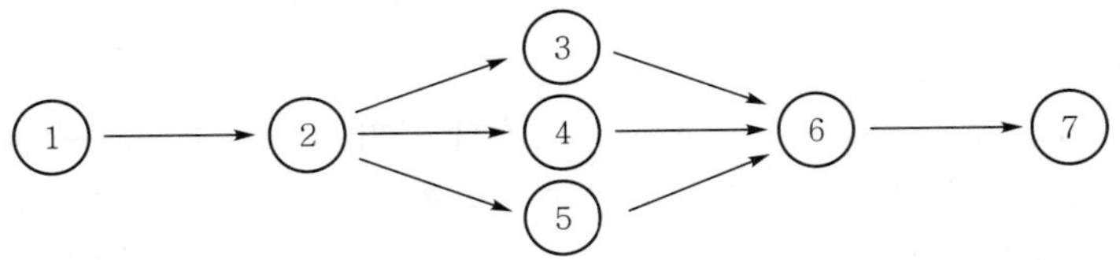

(1) 네트워크 작성 시 구성요소

① 단계(event)

㉠ 공사 중에서 뜻이 있고 주목할만한 상태의 시점을 표시한다.

㉡ 작업이나 활동의 시작과 완료 시점 및 다른 활동과의 연결시점을 표시한다.

㉢ 시간 및 자원을 일체 필요로 하지 않는다.

㉣ 일반적으로 원으로 표시한다.

㉤ 각 단계마다 번호를 부여하여 관리가 편리하도록 한다.

㉥ Sub-network 상호 간에 연결되는 단계를 접합단계라 하며, 이중 원으로 표시하기도 한다.

② 활동 또는 요소작업(activity)

㉠ 전체 공사를 구성하는 하나의 개별 단위작업을 표시한다.

㉡ 시간 또는 자원을 필요로 한다.

㉢ 실제 활동은 한쪽 방향에 화살을 가진 실선(→)으로 표시하고, 작업의 분할에 이용되는 모의활동 또는 명목상 활동(dummy activity)은 한쪽 방향에 화살표를 가진 점선(⇢)으로 표시한다. 이 활동은 활동의 선후관계를 나타낼 뿐 시간이나 자원의 요소는 일체 포함하지 않는다.

(2) 네트워크 작성의 기본원칙

① **공정원칙** : 모든 공정은 특정 공정에 대한 대체공정이 아닌 각각 독립된 공정으로 간주되어야 하며, 모든 공정이 의무적으로 수행되어야만 목표가 완수된다.

② **단계원칙** : 어떤 단계로 연결이 유도된 모든 활동이 완수될 때까지 그 단계는 그 시점에 발생할 수 없다.

③ **활동원칙** : 어떤 활동이 시작될 때 이에 선행하는 모든 활동은 완료되어야 한다. 그리고 필요에 따라 명목상 활동을 도입하여야 한다.

④ **연결원칙** : 네트워크를 작성할 때는 각 활동은 한쪽 방향의 화살표로만 표시해야 하며, 우측으로의 일방통행 원칙이 적용된다.

3 활동소요시간의 추정

(1) 기대시간치(expected time) : t_e

PERT/time에서의 활동소요시간을 기대시간치라고 한다. 낙관시간치(t_o), 정상시간치(t_m), 비관시간치(t_p)의 세 가지 시간측정치를 평균하여 하나의 추정소요시간을 산출하게 되는데, 이는 β분포에 의거하여 산출된다.

$$t_e = \frac{t_o + 4t_m + t_p}{6}$$

이와 같이 t_o, t_m, t_p의 3가지 요소에 의한 시간 추정을 3점견적이라 한다.
1점견적은 $t_e = t_m$인 경우이고, 2점견적은 t_o와 t_p의 양자에 의한 시간 추정을 말한다.

① 낙관시간치(optimistic time) : t_o
평상시보다 만사가 잘 진행될 때 그 활동을 완성시키는 데 필요한 최소시간을 의미한다.

② 정상시간치(most likely time) : t_m
그 활동을 완료하는 데 필요한 기간 중의 최량추정시간치를 의미한다.

③ 비관시간치(pessimistic time) : t_p
천재지변이나 화재 등 예측하지 못한 사고는 별도로 하고, 만사가 뜻대로 되지 않았을 경우 그 활동을 완성시키는 데 소요되는 최장시간을 의미한다.

참고 PERT/time은 3점견적법을 사용하는 확률적 모델인 반면, CPM이나 PERT/cost 같은 확정적 모델인 경우는 1점견적법을 사용한다.

(2) 기대시간치의 분산

$$\sigma^2 = \left(\frac{t_p - t_o}{6}\right)^2$$

⊙ σ^2은 t_e의 불확실성 정도를 나타내고 있으며, t_m은 분산에 영향을 주지 않는다.

4 PERT/time에 의한 계획

단계 중심의 일정 계산방법으로 시간개념에 중점을 두는 방식이다.

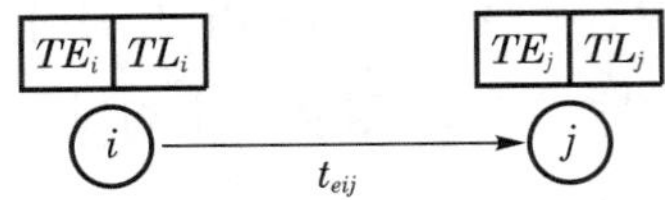

(1) 일정 계산

① TE(Earliest expected Time) : 전진 계산방식

각 단계가 가장 빨리 시작될 수 있는 시기로, 최조시간이라 한다.

㉠ $TE_i = 0$

단, TE_i는 최초단계의 TE를 의미한다.

㉡ $TE_j = TE_i + t_{eij}$

단, 합병단계에서는 각 경로별 TE_j 중 최대치를 사용한다.

② TL(Latest allowable Time) : 후진 계산방식

TE에서 계산한 시기에 맞도록 역산하여 각 단계가 가장 늦게 시작해도 좋은 시기로, 최지시간이라 한다.

㉠ $TL_j = TE_j$

단, TE_j와 TL_j는 최종단계의 TE와 TL을 의미한다.

㉡ $TL_i = TL_j - t_{eij}$

단, 분리단계에서는 각 경로별 TL_j 중 최소치를 사용한다.

③ TS(Slack Time)

일반적으로 여유시간을 $TS = TL - TE$로 표시하며, 각 단계의 여유는 상황에 따라 정여유(positive slack), 영여유(zero slack), 부여유(negative slack) 중 어느 하나가 된다. 이 여유로서 자원의 과잉영역과 곤란성의 잠재영역을 발견할 수 있다.

㉠ 정여유 : $TL - TE > 0$, 즉 $TS > 0$

㉡ 영여유 : $TL - TE = 0$, 즉 $TS = 0$

㉢ 부여유 : $TL - TE < 0$, 즉 $TS < 0$

(2) 주공정(CP)의 결정

주공정(CP ; Critical Path)이란 전체 사업이나 공사의 소요기간을 결정할 수 있는 일련의 활동시간의 합으로, 시간적으로는 가장 긴 경로이며, 주공정상의 활동이 지연되면 공사의 완료에 지장을 준다. 주공정은 여유시간이 전혀 없는 단계를 연결한 것이며, 네트워크상 굵은 선을 그어 중점 관리한다.

(3) 예정달성일(T_P)의 확률 추정

주공정 CP를 발견하여 최종단계의 TE_j가 계산되면 예정달성일(기대완료일자) 이내로 프로젝트가 완료될 확률이 어떻게 계산되는가는 중요한 관점이 된다. 이때의 확률은 정규분포를 이용하여 다음과 같이 구한다.

$$P(t \le T_P) = P\left(z \le \frac{T_P - TE}{\sqrt{\sum \sigma_{TE}^2}}\right)$$

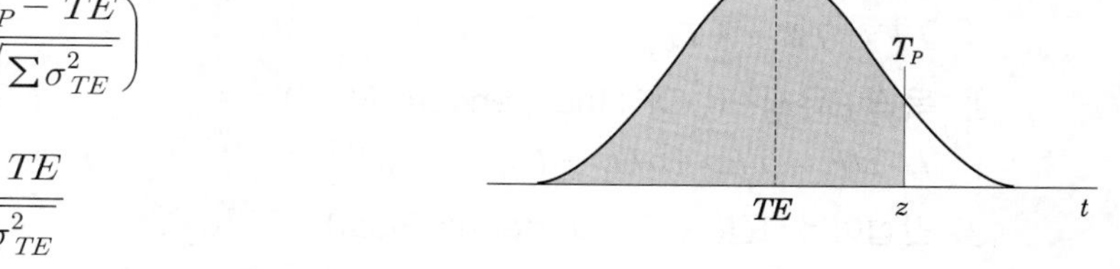

단, 확률요인 $z = \dfrac{T_P - TE}{\sqrt{\sum \sigma_{TE}^2}}$

여기서, T_P : 예정달성일, TE : 최종단계의 TE, $\sum \sigma_{TE}^2$: 주공정상 분산의 합

5 CPM에 의한 계획

활동 중심의 일정 계산방법으로, PERT/time이 3점견적법으로 AOA(Activity-On-Arc) 방식을 사용하여 기대시간치(t_e)를 계산하고 완성가능시간을 확률적으로 관리하는 반면에, CPM은 1점견적법, AON(Activity-On-Node) 방식으로 시간의 평균치에 해당하는 확정추정치를 이용하여 일정을 관리하고 있다.

(1) 활동시간의 계산

① 가장 빠른 개시시간(EST ; Earliest Start Time)

어떤 활동이 개시될 수 있는 가장 빠른 시간이다.

$EST = TE_i$

② 가장 늦은 개시시간(LST ; Latest Start Time)

어떤 활동이 출발할 수 있는 가장 늦은 시간을 의미하는데, 이보다 늦게 시작하면 공기를 지킬 수 없는 한계시간을 말한다.

$LST = TL_j - t_{eij}$

③ 가장 빠른 완료시간(EFT ; Earliest Finish Time)

가장 빠른 개시시간에 어떤 활동을 시작했을 경우, 그 활동이 완료될 수 있는 가장 빠른 예정완료일을 말한다.

$EFT = TE_i + t_{eij} = EST + t_{eij}$

④ 가장 늦은 완료시간(LFT ; Latest Finish Time)

어떤 활동을 늦어도 언제까지는 완료하지 않으면 안 되는 한계시간을 말하며, 한 활동이 완료되어 다음 단계로 넘어갈 때까지의 가장 늦은 시간을 나타낸다.

$LFT = TL_j = LST + t_{eij}$

(2) 활동여유의 계산

① 총여유시간(TF ; Total Float)

$TF = TL_j - (TE_i + t_{eij})$

$= LFT - EFT = LST - EST$

② 자유여유시간(FF ; Free Float)

$FF = TE_j - (TE_i + t_{eij})$

③ 독립여유시간(INDF ; Independent Float)

$INDF = TE_j - (TL_i + t_{eij})$

④ 간섭여유시간(INTF ; Interfering Float)

$INTF = TF - FF = TL_i - TE_j$

(3) 주공정의 발견

주공정은 총여유시간이나 자유여유시간이 최소가 되는 작업활동을 연결하여 구한다.

6 MCX(최소비용계획법)

정상적으로 계획된 공기가 예정달성일보다 긴 경우 예정달성일(T_P) 이내로 공기를 단축하려면 최소비용에 의한 일정단축을 고려하게 된다. 여기서, 각 활동을 단축하는 데 따르는 비용의 증가분이 발생하게 되는데, 이것을 비용구배(cost slope)라고 하며, 주공정상 비용구배가 가장 낮은 활동부터 일정을 단축해나가는 방법을 MCX(Minimum Cost Expedition ; 최소비용계획법)라고 한다.

(1) 비용구배(cost slope)

어떤 활동의 소요시간을 정상적인 상태(normal time)의 시간과 긴급한 상태(crash time)의 시간으로 구분할 때 각각 정상비용(normal cost)과 긴급비용(crash cost), 즉 특급비용이 발생하게 된다. 비용구배란 정상상태에서 활동시간을 한 단위 줄이는 데 발생하는 비용 증가분으로, 각 활동마다 다르게 구해진다.

$$C_s = \frac{\Delta C}{\Delta T} = \frac{C_c - C_n}{T_n - T_c}$$

여기서, C_s : 비용구배

T_n : 정상시간

T_c : 특급시간

C_n : 정상비용

C_c : 특급비용

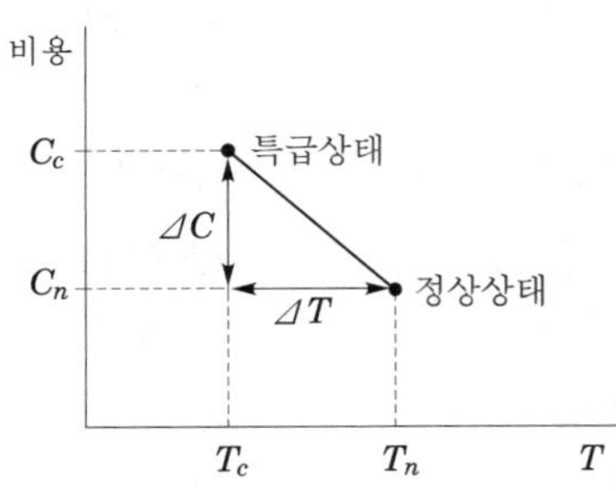

(2) MCX의 일정단축 단계

① 각 활동별 정상시간, 정상비용, 특급시간, 특급비용을 기입한 계획공정자료표와 계획공정도를 준비한다.

② 계획공정도에서 주공정 CP를 찾는다(CP는 1개 이상일수도 있다).

③ 각 활동의 비용구배(C_s)를 산정하고, 비용구배가 가장 낮은 활동을 찾는다.

④ 이 활동을 더 이상 단축시킬 수 없는 상태가 되거나 주공정이 변하는 순간까지 단축시킨다.

⑤ 주공정(CP)을 다시 찾는다.

⑥ 주공정상 비용구배가 가장 낮은 활동을 시간단축으로 인한 절감액이 직접비 증가분에 이를 때까지 단축시킨다.

⑦ 일정단축 절감액이 직접비 증가분에 이르지 못하면 중단시킨다.

(3) 최적공기의 결정

직접비와 간접비를 합하여 비용이 최소가 되는 시점에서 최적공기를 결정한다.

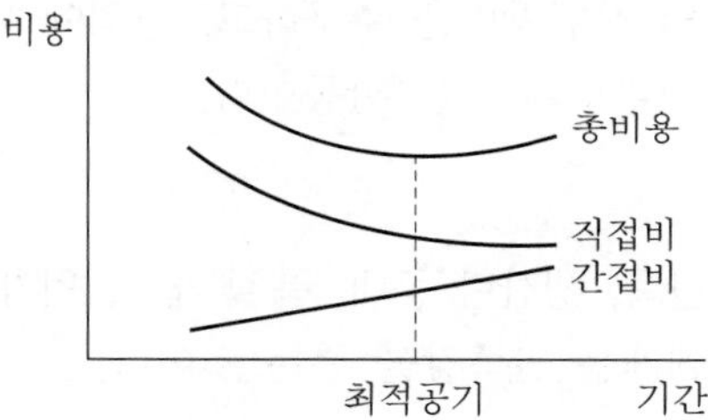

표준작업관리

1 작업관리의 개요

1 작업관리의 개념

작업관리(work study, time & motion study, method engineering, design & measurement of work)는 현장에서의 여러 작업방법이나 작업조건 등을 조사·연구하여 무리와 낭비 없이 원활한 작업을 할 수 있도록 최선의 작업방법을 추구하고, 작업에 나쁜 영향을 미치는 제 조건들을 개선하여 최적의 작업조건을 이루도록 하는 활동이다.

(1) 작업관리의 목표

작업의 능률화, 작업시간 단축, 생산량 증대, 품질 개선, 원가 절감을 통하여 기업에는 생산성과 경제성 향상을 작업자에게는 만족감을 주는 것이다.

(2) 작업개선의 목표와 원칙

① 작업개선의 목표
- ㉠ 피로경감
- ㉡ 품질향상
- ㉢ 경비절감
- ㉣ 시간단축

② 작업개선의 원칙
- ㉠ 분업화의 원칙
- ㉡ 표준화의 원칙
- ㉢ 기계화의 원칙
- ㉣ 동기화의 원칙
- ㉤ 자동화의 원칙
- ㉥ 동작개선의 원칙

⊙ 동기화(synchronization)

각 작업의 작업시간을 같도록 하여 흐름작업의 효율을 향상시키는 것으로, 여력의 불균형을 해소하고 시간적 균형을 이루도록 하려는 방법이다.

(3) 작업개선방법

작업개선방법에는 기존 작업방법 개선을 위한 기본형 5단계와 새로운 작업방법을 찾는 디자인 개념이 있다.

기본형 5단계의 순서는 다음과 같다.

① 연구대상 선정

경제적·기술적·인간적 측면을 고려하여 연구대상을 선정한다. 예를 들면 제조원가가 큰 제품, 생산량이 많은 제품, 폐기(scrap) 발생이 큰 제품, 재작업 발생이 자주 일어나거나 애로공정이 있는 작업을 선택한다.

② 현 작업방법의 분석

연구대상으로 선정된 작업을 diagram, process chart를 이용하여 분석한다.

③ 분석자료 검토

수집된 자료는 5W1H의 설문방식과 개선 ECRS를 이용하여 검토한다.

㉠ 5W1H

5W	작업 자체의 제거	What(Purpose)
	작업의 결합과 작업순서 변경	Where(Place) When(Sequence) Who(Person) Why(Reason)
1H	작업의 단순화	How(Means)

㉡ ECRS

- Eliminate(제거)
- Combine(결합)
- Rearrange(교환, 재배치)
- Simplify(간결화)

④ 개선안 수립

⑤ 개선안 도입

2 작업관리의 내용과 범위

작업관리는 방법연구와 작업측정 2개의 영역으로 나눌 수 있다.

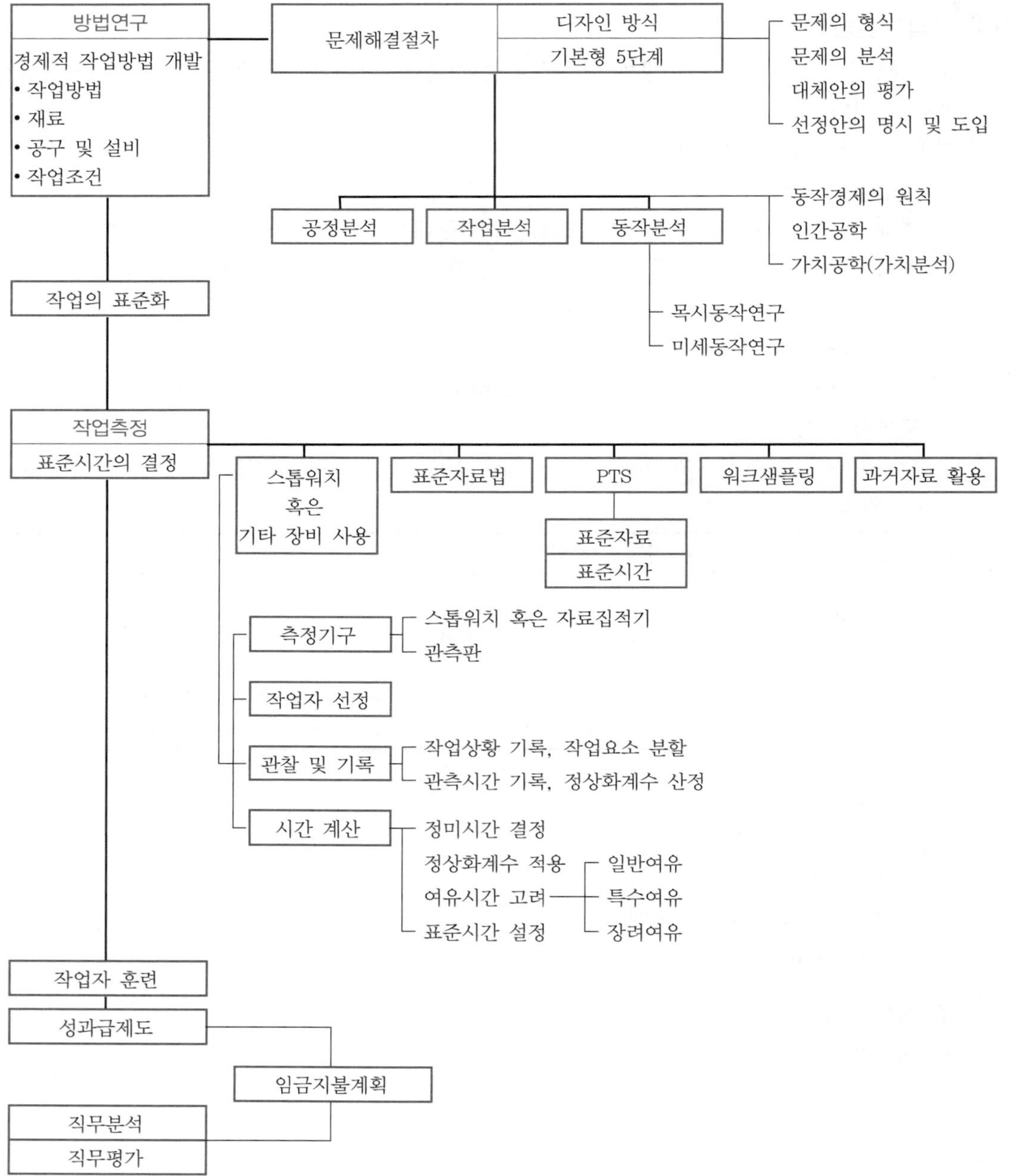

2 방법연구

방법연구란 작업 중 포함된 불필요한 동작을 제거하고 효과적이고 합리적인 작업방법을 찾아 작업과정을 합리화시키려는 연구로서 공정분석, 작업분석, 동작분석 등으로 나누어진다.

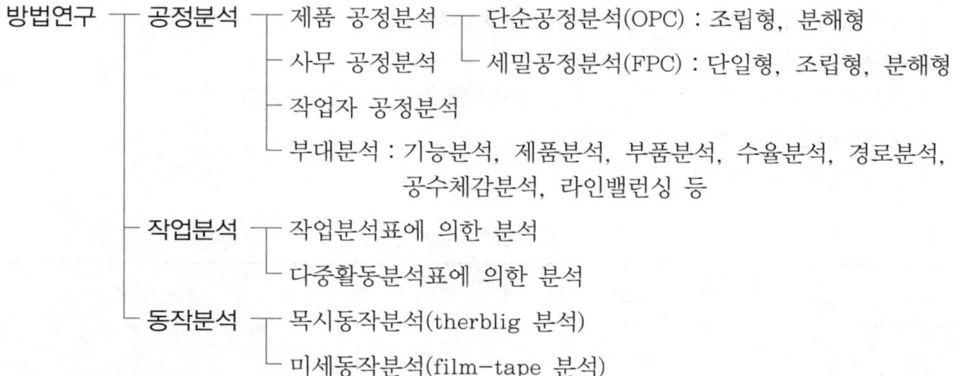

1 공정분석

공정분석(process analysis)이란 여러 가지 경로에 따른 경과시간과 이동거리를 공정도시기호를 이용하여 계통적으로 나타내어 조사·분석하는 것으로, 공정 계열의 합리화를 위한 개선방안을 모색하는 방법연구의 하나이다.

[공정분석의 목적]

① 공정 자체의 개선·설계 및 공정 계열에 대한 포괄적인 정보를 파악한다.
② 레이아웃의 개선·설계를 한다.
③ 공정관리시스템의 문제점을 파악하고, 기초자료를 제공한다.
④ 공정 편성 및 운반방법의 개선·설계를 한다.

(1) 제품 공정분석(product process chart)

소재가 제품화되는 과정을 분석·기록하기 위한 것으로, 제품화 과정에서 일어나는 공정내용을 공정도시기호를 사용하여 표시하며, 설비계획·일정계획·운반계획·인원계획·재고계획 등의 기초자료로 활용되는 분석기법이다.

제품공정도의 유형은 다음과 같다.

① 단순공정분석

세부분석을 위한 사전조사용으로 사용되며, 가공·검사의 기호만 사용하는 작업공정도(OPC ; Operation Process Chart)가 이용되고, 조립형과 분해형이 있다.

② 세밀공정분석

생산공정의 종합적 개선, 공정관리제도 개선에 사용되며, 가공·검사·운반·정체 기호를 사용하는 흐름공정도[FPC ; Flow Process Chart(material type)]가 이용된다. 단일형, 조립형, 분해형이 있다.

⊘ 제품 공정도의 작성방법

- 사전에 설계도, 조직도 등을 조사하여 예비지식을 얻어둔다.
- 공정순에 따라 5W1H를 확인해서 기입한다.
- 운반거리는 보행거리의 측정 또는 배치도를 사용하여 측정한다.
- 정체시간은 실측에 의하여 산출한다.
- 분석대상은 물건이다.

〈 공정도에 사용되는 기호 〉

KS 원용기호				설명
ASME식		길브레스식		
기호	명칭	기호	명칭	
○	작업	○	가공	원재료·부품 또는 제품이 변형·변질·조립·분해를 받는 상태 또는 다음 공정을 위해서 준비되는 상태이다.
→	운반	○	운반	원재료·부품 또는 제품이 어떤 위치에서 다른 위치로 이동해 가는 상태이다. (운반 ○ 크기는 작업 ○ 크기의 1/2~1/3 정도)
▽	저장	△	원재료의 저장	원재료·부품 또는 제품이 가공·검사되는 일이 없이 저장되고 있는 상태이다. △은 원재료 창고 내의 저장, ▽은 제품 창고 내의 저장이며, 일반적으로 △에서 시작해서 ▽으로 끝난다.
		▽	제품의 저장	
D	정체	✡	(일시적) 정체	원재료·부품 또는 제품이 가공·검사되는 일이 없이 정체되고 있는 상태이다. ✡는 로트 중 일부가 가공되고 나머지는 정지되고 있는 상태이며, ▽(이중)는 로트 전부가 정체하고 있는 상태이다.
		▽(이중)	(로트) 대기	
□	검사	◇	질 검사	원재료·부품 또는 제품을 어떤 방법으로 조사 또는 측정하고, 그 결과를 기준과 비교해서 합격 또는 불합격을 판정하는 일이다.
		□	양 검사	
		⊠	양과 질 검사	
보조 도시 기호		〰	관리구분	관리구분·책임구분 또는 공정구분을 나타낸다.
		┼	담당구분	담당자 또는 작업자의 책임구분을 나타낸다.
		╪	생략	공정 계열의 일부를 생략함을 나타낸다.
		↓×	폐기	원재료·부품 또는 제품의 일부를 폐기하는 경우를 나타낸다.

(2) 사무 공정분석(form process chart)

사무실이나 공장에서 서류를 중심으로 하는 사무제도나 수속을 분석·개선하는 데 사용되며, 업무현황이나 정보를 기록·분석하거나 발송·보관하는 일을 공정도시기호를 사용하여 분석한다. 사무 공정분석은 사무작업의 중복 내지는 불필요한 요소를 제거하거나 단순화하려는 연구를 통해 사무기록체계를 간소화시키고 서류의 흐름을 효율적으로 만드는 장점이 있다.

① 사무 공정분석에 사용되는 기호

기호	공정 명칭	정기항목	보조기사	
○	~ 기입, 타이핑 ~ 계산, 분류 복사, 인쇄 등	담당자 담당부서 (작업시간)	전표	(복사) ① 송장 ② 납품서 ③ 수령서
			도면 도표	
◇	내용의 점검 날인	담당자(담당부서)	카드	카드 비지플카드 (시그널부)
□	매수의 점검	관리자		
△	미사용 전표 보관	담당자(담당부서)	장부	
▽	사용 제전표 보관	보관기간	현품	
▽	일시정지 장부 보관	정체시간	전기	○에서 ◎로 전기
○	송달·우송	시각·담당자	대조	2종 이상의 전표 장부의 대조
	일괄 송달	도중에 전표번호를 기입	전화	○에서 ◎로 전기
~	관리구분	담당부서 구분	작업상 주의	1. 동일 장부의 △, ▽, ▽는 발행, 보관의 열을 맞춘다.
	생략	–		2. 가로선은 기호의 위로 넣고, 아래로 내보낸다.

② 시스템차트에 사용되는 기호

시스템차트(system chart)는 한 가지 종류의 서류 흐름을 분석하는 데는 용이하나, 다른 서류와의 진행과정 및 관련성을 동시에 알아보는 데는 적합하지 않기 때문에, 사무작업의 흐름을 전체적으로 분석하기 위해서 시스템차트(system chart 혹은 process flow chart)가 사용되고 있다.

시스템차트에서는 유통공정도의 기호를 다음과 같이 수정하여 사용한다.

기호	공정 명칭	내용
◎	발행	서류가 처음으로 작성됨
⊘	추기	서류에 결재사인 등 어떤 기록이 추가됨
○	처리	서류가 분류되거나 같이 철됨
Ⓣⓞ	운반	다른 사람 혹은 부서로 이동
□	점검	서류에 기록된 내용의 조사·검토
▽	지연·보관 혹은 처분	서류의 보류, 보관 혹은 처분

(3) 작업자 공정분석(operator process chart)

작업자가 한 장소에서 다른 장소로 이동하면서 수행하는 일련의 행위를 분석하는 것으로, 창고계·보전계·운반계·감독자 등의 행동분석을 통해 업무범위와 경로 등을 개선하는 데 사용된다. 이 분석은 FPC(man type)와 FD를 중심으로 분석·검토한다.

⊘ 작업분석은 작업자에 의해 수행되는 개개의 작업내용을 분석한다.

① 작업자 공정분석표의 유형

㉠ 기본형 작업자 공정분석표
㉡ 시간을 부가한 작업자 공정분석표
㉢ 시간눈금을 부가한 작업자 공정분석표
㉣ 작업자 공정분석표, 시간분석표

② 작업자 공정분석에 사용되는 기호

분석기호	시간기호	호칭	내용
◯	■	작업	한 작업장소에서의 작업
○	▦	신체이동	한 작업장소에서 다른 장소로의 신체이동 또는 한 작업장소에서 일보 이상의 신체이동
⊖	▩	운반 및 이동	한 작업장소에서 다른 장소로의 운반 및 이동 또는 한 작업장소에서 일보 이상의 운반 및 이동
▽	□	정체	수대기, 휴식 또는 작업에 불필요한 활동
▽	▨	유지	대상물을 일정한 위치에 유지(holding)
◇	▥	검사	표준과 목적물과의 질적·양적 비교
N	⧅	중단	분석작업에 직접관계가 없는 생산적인 활동

⊘ '작업'에서 '유지'까지의 기호는 작업분석표에서도 사용하는 기호이다.

(4) 공정분석의 부대분석

① 기능분석

고객이 요구하지 않는 기능, 즉 불필요한 기능을 파악하여 제거하고 비용절감의 효과까지 얻는 것이다.

$$V=\frac{F}{C}$$

여기서, V : 가치, F : 기능, C : 비용

참고 기능
- 고객이 요구하는 기능
  - 절대적 요구기능(기본기능)
  - 희망적 요구기능(보조기능)
- 고객이 요구하지 않는 기능 ― 불필요한 기능

② 제품분석

제품이나 부품의 재질, 기능, 성능, 형상 등을 도면과 비교하고 완성품의 경우는 구조, 조합순서 등을 조립도와 비교·검토하여 제품 및 그 구성품의 설계단계에서부터 과도한 공정을 배제하는 데 그 목적이 있다. 이렇게 제품 분석을 실시하면 조립의 용이, 부품의 감소, 재료의 절약, 제품과 부품의 표준화를 행할 수 있는 장점이 있다.

③ 부품분석

부품의 재료, 형상, 수량, 준비작업 등을 기록하여 부품의 합리화, 재료준비의 합리화, 자체제작 또는 외주구분의 합리화, 공정별 가공방법의 개선을 행한다. 부품 집약화를 위한 조직적인 기법을 그룹테크놀로지라고 한다.

④ 수율분석

수율은 투입된 원재료의 중량(수량)과 제품 중량(수량)과의 비율이다. 수율의 향상은 원가절감면에서 대단히 중요하며, 이를 위하여 3M(Man, Machine, Material)의 효율적 관리가 필요하다.

$$수율(\text{yield ratio})=\frac{산출량}{투입량}\times 10$$

⑤ 경로분석

경로분석은 공정순서의 공통성·유사성을 조사하여 유사공정 작업조의 편성자료나 각 가공공정의 필요 기계대수 결정의 기초자료로 활용한다. 이는 다품종 소량생산에서 공정관리의 편리성을 도모하기 위해 몇 개 부품그룹으로 분류하여 가공공정의 추이를 조사하는 데 사용된다.

㉠ 제품 – 수량 분석(Product–Quantity analysis ; P–Q 분석)

제품과 생산량의 분석을 하는 데 있어 P–Q 분석도에 의하여 A, B, C 세 구역으로 나눌 수 있다.

〈 P–Q 분석도 〉

구역	품종	자재흐름분석	설비배치
A	소품종 대량생산	작업공정도 (단순, 조립)	제품별 배치
B	중품종 중량생산	다품종 공정도	혼합형 배치
C	다품종 소량생산	유입유출표	공정별 배치

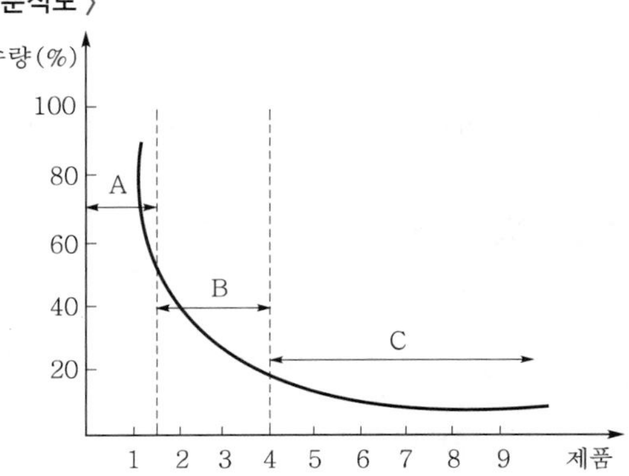

㉡ 활동 상호관계분석

공장 내에서 생산활동에 기여하는 활동 간의 관계, 근접도, 근접이유를 파악하기 위하여 사용된다.

〈 근접도 기호, 색상표시 및 예시 〉

모음 기호	가중값	도시방법	근접도	색상 표시	예시	이유(조건)
A	4	////	절대적으로 인접해 있어야 한다.	빨강	최종검사장 – 포장	하자발생 방지
E	3	///	인접해 있는 것이 대단히 중요하다.	노랑	주차장 – 접견실	편의성
I	2	//	인접해 있는 것이 중요하다.	초록	중간조립부서 – 주조립부서	물량 많음
O	1	/	인접의 필요성이 보통이다.	파랑	사무실 – 우편발송실	접촉 빈번
U	0		인접하든 안 하든 상관없다.	무색	기술부서 – 제품출하	접촉 별로 없음
X	–1	/\/\/\/	인접해 있는 것이 바람직하지 않다.	갈색	사무실 – 보일러실	연기
XX	–2, –3, –4, ?	/\/\/\/ /\/\/\/	인접해서는 절대 바람직하지 않다.	검정	용접 – 페인트	화재 발생

㉢ 흐름 – 활동 상호관계분석

활동 상호관계분석을 기초로 모든 활동 간의 근접도에 따라 모든 활동에 상대적인 위치를 도면에 표시한다(자재흐름분석표와 활동 상호관계분석표에 기초를 두고 작성한다).

㉣ 면적 상호관계분석

흐름 – 활동 상호관계분석표의 각 활동을 그 소요면적만큼 확대시킨 것으로 최종적인 공장배치 안에 상당히 근접한다. 각 부분의 소요면적 산출방법은 다음과 같다.

ⓐ 계산법(calculation)
ⓑ 전환법(converting)
ⓒ 면적표준자료법(space standard)
ⓓ 개략적배치법(roughed-out layout)
ⓔ 비율경향투사법(ratio trend and project)

2 작업분석

공정분석은 주로 공정 계열의 합리화, 즉 가공, 운반, 검사, 정체의 발생과정이나 발생빈도, 시간적·거리적 균형 등의 개선에 주안점을 두고 있으나, 작업분석(operation analysis)은 작업자에 의하여 수행되는 개개의 작업내용을 분석하여 개선하는 것을 목적으로 한다.

(1) 작업분석표에 의한 분석

기계설비에 의한 통제를 받을 필요가 없고, 손 또는 다른 신체부위에 의하여 수행되는 작업을 분석하는 데 사용되며 특히 양손을 사용하는 작업분석에 가장 널리 사용된다.

① 작업분석표의 유형

㉠ 기본형 작업분석표
㉡ 시간 칸을 부가한 작업분석표
㉢ 시간눈금을 부가한 작업분석표
㉣ 작업시간분석표

② 작업분석표에 사용되는 기호

분석기호	시간기호	호칭	내용설명
◯	■	서브오퍼레이션 (1, 2, 3)*	작업장소 내 한 작업영역에 있어서 신체부위의 활동
○	▦	신체부위의 이동	작업장소 내 한 작업영역으로부터 다른 작업영역으로의 신체부위 이동
⊖	⊠	화물 운반 및 이동	작업장소의 한 작업영역으로부터 다른 작업영역으로의 화물 운반 및 이동
▽ (이중)	▨	유지	작업을 추진하기 위하여 대상물을 정위치에 유지
▽	□	정체(1, 2, 3)*	손대기 또는 유휴시간

[비고] * 1 : 발, 2 : 눈, 3 : 무릎

(2) 다중활동표에 의한 분석

작업자와 기계가 작업을 수행하는 과정을 관측하여 이들의 관계를 공정분석기호로 표시하는 것으로서, 작업자의 담당 기계대수 결정, 작업조의 편성, 작업자와 기계의 작업효율 극대화를 통한 유휴시간의 단축을 목적으로 한다.

① **작업자 - 기계 작업분석표(man-machine chart)**

1대의 기계를 한 사람의 작업자가 조작하는 경우 사용된다.

㉠ 인간과 기계의 가동률 저하의 원인 발견

㉡ 작업자의 담당기계대수 발견

㉢ 이동중심, 안전성, 기계개선 배치 검토

② **작업자 - 복수기계 작업분석표(man-multimachine chart)**

2대 이상의 기계를 한 사람의 작업자가 조작하는 경우 사용된다.

③ **복수작업자 분석표(multiman chart) : Gang process chart**

두 사람 이상의 작업자가 조를 이루어 작업하는 경우 사용된다.

㉠ 작업자 간의 공정한 작업 재할당

㉡ 장기간 소요작업의 발견 및 개선

④ **복수작업자 - 기계 작업분석표(multiman-machine chart)**

1대의 기계를 두 사람 이상의 작업자가 조작하는 경우 사용된다.

㉠ 작업자 간의 관련성

㉡ 작업의 재분배

㉢ 기계가동률 향상

⑤ **복수작업자 - 복수기계 작업분석표(multiman-multimachine chart)**

2대 이상의 기계를 두 사람 이상이 조작하는 경우 사용된다.

✓ 작업자가 1명인지 다수인지에 따라 구분하면 쉽게 특징을 파악할 수 있다.

3 동작분석

동작분석(motion analysis)은 작업자의 행위나 동작을 분해가 가능한 최소한의 단위로 나누어 세부적으로 분석하고 동작 자체의 개선을 도모한다. 즉 작업을 행하는 데 가장 경제적인 방법을 발견하기 위하여 동작의 무리, 낭비, 불합리한 요소를 배제하고 합리적인 동작을 구성하는 데 그 목적이 있다.

(1) Therblig 분석(목시동작분석)

인간의 작업은 몇 가지기본 동작요소의 결합으로 되어 있으며, 이 동작요소를 18종류로 정하여 서블릭기호라 하고, 이 기호를 이용하여 작업동작을 분석한다.

✓ 현재는 find(👁)를 제외한 17종류만 사용된다.

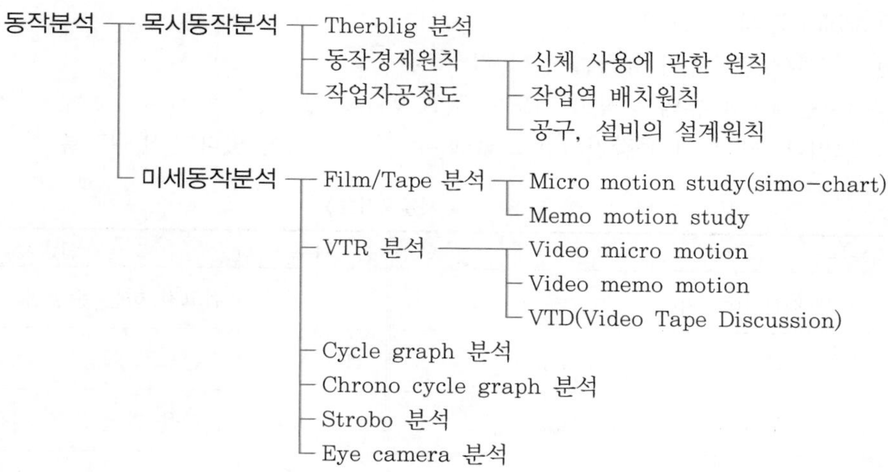

‖ 동작분석의 구분 ‖

① Therblig 분류

Therblig은 동작내용보다 동작목적에 의거하여 분류하고 있으며, 효율적인 서블릭과 비효율적인 서블릭으로 나누어 비효율적인 서블릭을 제거함으로써 합리적인 동작 계열을 구성한다.

㉠ 효율적인 서블릭

작업의 진행과 직접적인 연관을 가지는 것으로 그 소요시간을 단축시킬 수 있으나 완전히 배제하는 것은 매우 어렵다.

기본동작 부문	동작목적을 가지는 부문
① 빈손이동(TE : ◡)	① 사용(U : ⋃)
② 운반(TL : ◡)	② 조립(A : #)
③ 쥐기(G : ⋂)	③ 분해(DA : ++)
④ 내려놓기(RL : ⌒)	
⑤ 준비함(PP : 8)	

㉡ 비효율적인 서블릭

작업을 진행시키는 데 도움이 되지 못하는 것으로서 작업분석과 동작경제원칙을 적용하여 제거하도록 한다.

정신적 또는 반정신적 부문	정체적인 부문
① 찾기(Sh : ⊂⊃)	① 불가피한 지연(UD : ∠o)
② 선택(St : →)	② 피할 수 있는 지연(AD : └─♀)
③ 방향잡기(P : 9)	③ 휴식(R : ♀)
④ 검사(I : 0)	④ 잡고 있기(H : ⋂)
⑤ 계획(Pn : ß)	

② Therblig 분석의 개선점

㉠ 첫 번째, 제3류의 동작을 필히 없앨 것

㉡ 두 번째, 제2류의 동작도 되도록 없앨 연구를 할 것

㉢ 그러나, 제1류의 동작일지라도 없앨 수 있는 동작이 있다면 없애도록 할 것

〈 서블릭기호 〉

분류	명칭	기호		설명
제1류 기호	쥐다(grasp)	G	∩	쥐고자 하는 손동작
	빈손이동(transport empty)	TE	◡	빈손으로 이동
	운반(transport loaded)	TL	[illegible]	물건을 가진 손을 이동
	내려놓기(release load)	RL	⌒	쥐고 있는 물건을 놓음
	방향잡기(position)	P	9	정해진 위치에 맞춤(방향잡기)
	검사(inspect)	I	0	렌즈로 조사
	조립(assemble)	A	#	몇 개의 물건을 하나로 함
	분해(disassemble)	DA	⧺	조립된 물건을 흐트림
	사용(use)	U	U	도구를 사용
제2류 기호	찾음(search)	Sh	[illegible]	눈을 돌려 찾음
	선택(select)	St	→	목적물을 지시
	준비함(preposition)	PP	8	주동작 'P'의 준비동작
	계획, 생각(plan)	Pn	[illegible]	사람이 머리에 손을 대고 생각
	찾아냄(find)	F	[illegible]	물건을 눈으로 찾아내어 보고 있음
제3류 기호	잡고있기(hold)	H	[illegible]	쥔 동작
	불가피한 지연(unaboidable delay)	UD	[illegible]	사람이 걸려 넘어짐
	피할 수 있는 지연(avoidable delay)	AD	[illegible]	사람이 자기 의사대로 잠
	휴식(rest)	R	[illegible]	사람이 의자에 허리를 걸치고 쉼

- 제1류 기호 : 작업을 할 때 필요한 동작
- 제2류 기호 : 제1류의 작업을 늦출 경향이 있는 동작
- 제3류 기호 : 작업이 진행되지 않는 불필요한 동작

(2) 동작경제원칙

① 인체의 활용에 관한 원칙

㉠ 불필요한 동작을 배제한다.
㉡ 동작은 최단거리로 행한다.
㉢ 동작은 최적·최저 차원의 신체부위로서 행한다.
㉣ 통제(control)가 필요 없는 자연스러운 동작으로 할 수 있도록 한다(탄도동작).
㉤ 가능하다면 물리적 힘(관성, 중력)을 이용한다.
㉥ 동작은 급격한 방향전환을 없애고, 연속곡선운동으로 한다.
㉦ 동작의 율동(리듬)을 만든다.
㉧ 양손이 동시에 시작하고 동시에 끝내도록 한다.
㉨ 양손동작은 휴식 이외에는 동시에 쉬어서는 안 된다.
㉩ 양팔은 반대방향으로, 대칭적인 방향으로 동시에 행한다.

② 작업장에 관한 원칙

㉠ 공구와 재료를 정위치에 둔다.
㉡ 공구와 재료는 작업자의 전면(前面)에 가깝게 배치한다.
㉢ 공구와 재료는 작업순서대로 나열한다.
㉣ 작업면을 적당한 높이로 한다.
㉤ 작업면에 적정한 조명을 준다.
㉥ 재료의 공급, 운반을 위하여 중력(낙하)을 이용한다.

③ 공구, 설비의 설계에 관한 원칙

㉠ 손 이외의 신체부분을 이용한 조작방식을 도입한다.
㉡ 2가지 이상의 공구는 가능한 한 조합한다.
㉢ 재료와 공구는 되도록이면 처음부터 정한 장소에 정해진 방향으로 둔다.
㉣ 각각의 손가락이 특정 움직임을 하는 경우, 각 손가락의 힘이 같지 않음을 고려한다.
㉤ 재료나 공구류의 잡는 부분 등은 필요한 기능을 충족시키도록 설계한다.
㉥ 기계조작 부분의 위치는 동일 장소, 동일 자세로서 최고의 효율을 얻을 수 있도록 한다.

(3) Film－Tape 분석(미세동작연구)

필름 분석은, 대상 작업을 촬영하여 1프레임씩 분석함으로써 동작내용, 동작순서, 동작시간을 명확히하여 작업개선에 도움을 주기 위한 기법이다.

① 마이크로모션 스터디(micro-motion study)

길브레스가 고안하였으며, 보통 촬영속도(1초당 16~24frame)로 작업자 동작을 촬영 후 1프레임씩 서블릭기호에 의한 동작분석을 하는 방법으로, 최소동작단위마다 정확한 작업속도를 파악하여 미세동작을 정확히 파악할 수 있다.

동작분석 결과와 각 서블릭의 소요시간을 함께 표시한 도표를 사이모차트(simo-chart)라고 하며, 작업 사이클(cycle)이 짧거나 반복작업 분석 시에 효과적이고 작업동작의 낭비 발견 및 제거로 작업을 개선하는 데 큰 효과가 있다.

㉠ 특징

ⓐ 작업자 신체의 각 부위 사용상황

- 작업자의 동작 중에 서블릭이 가장 좋은 순서로 배열되어 있는지를 조사하기 위하여
- 소요 서블릭에 필요한 시간치의 변동이 어느 정도인가를 조사하고, 그 원인을 명확히 규명하기 위하여
- 동작의 움직임이 둔화되었을 때 그 원인을 제거하기 위하여
- 생산을 수행하기 위하여 필요한 사이클시간 등이 최소시간치가 되어야 하는데, 실제 작업시간이 이 최소시간에 비해 얼마나 편차가 있는가를 조사하기 위하여

ⓑ 작업장 배열과 기타 조건

공구나 재료가 서블릭에 가장 좋은 순서가 되도록 알맞은 곳에 배열되어 있으며, 동작에 율동이 붙어 있는지를 조사하기 위하여

㉡ 사이모차트(Simo chart)

사이모차트는 일명 서블릭 시간분석표 또는 동시동작 사이클 분석표라고도 한다. 이는 작업이 한 작업구역에서 행해질 때 손, 손가락 또는 다른 신체부위의 복잡한 동작을 영화 또는 필름분석표를 사용하여 서블릭기호에 의한 상세한 기록을 행할 경우에 사용된다.

② **메모모션 스터디(memo-motion study)**

M.E. Mundel이 고안한 방법으로, 작업을 저속(1초에 1프레임 또는 1분에 100프레임)으로 촬영한 후 정상속도로 분석하여 작업자의 동작분석, 작업자와 설비의 가동상태 분석, 운반·유통경로 분석 등을 행하는 필름분석방법이다.

Memo-motion study의 용도는 다음과 같다.

㉠ 사이클이 긴 작업

㉡ 사이클이 불규칙적인 작업

㉢ 조작업

㉣ 여러 가지 설비를 사용하는 작업

㉤ 설비배치의 개선

㉥ 워크샘플링 등 오랜 시간 동안의 동작연구

참고 VTR 분석

- 즉시성·확실성·재현성이 있다.
- 즉석분석과 정미분석이 가능하다.
- 레이팅의 오차한계가 5% 이내로서 레이팅 결과에 대한 신뢰도가 높다.
- Slow motion 방영이나 단시간 주기의 동작연구 및 공정분석에 용이하게 쓰일 수 있다.
- 여러 장면을 동시에 녹화할 수 있고, 작업에 영향을 주지 않는다.

3 작업측정

작업자의 활동시간을 매체로 측정하는 것으로, 작업 및 관리의 과학화에 필요한 제 정보를 획득할 수 있으며 주목적은 표준시간 설정에 있다.

1 표준시간

표준시간이란 부과된 작업을 올바르게 수행하는 데 필요한 숙련도를 지닌 작업자가 규정된 질과 양의 작업을 규정된 조건하에 규정된 작업방법으로 작업에 수반되는 피로와 지연을 고려하여 정상 페이스로 작업하는 데 소요되는 시간을 뜻한다.

(1) 표준시간의 계산

표준시간(ST)은 정미시간(NT)과 여유시간(AT)의 합으로 이루어진다.

$$ST = \text{정미시간}(NT) + \text{여유시간}(AT)$$

① 외경법

표준시간(ST) 산정 시 여유율(A)을 정미시간 기준으로 산정하여 사용하는 방식으로 ILO도 이 방법에 따라 표준시간을 구한다. 이 방식은 정미시간이 명확히 설정되는 경우에 사용하며, 시간측정기법 중 스톱워치법이 대표적인 예라고 할 수 있다.

㉠ 여유율 : $A = \dfrac{AT}{NT}$, $\therefore\ AT = A \cdot NT$

㉡ 표준시간 : $ST = NT + AT = NT + A \cdot NT = NT(1 + A)$

여기서, ST : 표준시간, NT : 정미시간, AT : 여유시간, OT : 관측평균시간, A : 여유율

② 내경법

표준시간 산정 시 여유율을 근무시간(operating time)을 기준으로 산정하는 방법으로, 정미시간이 명확하지 않은 경우에 사용한다. 대표적인 예로 작업자표본법(work sampling)으로 표준시간을 구하는 경우가 있다.

㉠ 여유율 : $A = \dfrac{AT}{NT + AT}$, $\therefore\ AT = \dfrac{A \cdot NT}{1 - A}$

㉡ 표준시간 : $ST = NT + AT = NT + \dfrac{A \cdot NT}{1 - A} = NT\left(1 + \dfrac{A}{1 - A}\right) = NT\left(\dfrac{1}{1 - A}\right)$

(2) 정미시간(normal time)

작업 수행에 직접 필요한 시간을 말하며, 훈련을 쌓은 다수의 작업자가 표준화된 작업방법에 의하여 작업할 때 규칙적·반복적으로 소요되는 시간이다. 스톱워치법에 의한 시간치는 레이팅을 통하여 정미시간을 산출하지만, PTS법이나 표준자료법은 레이팅 없이 그 시간치 자체가 정미시간이 된다.

2 레이팅

레이팅(rating)이란 일상 작업의 시간관측 도중 또는 직후에 작업자가 실시한 작업속도가 바람직한 척도(표준속도, 정상속도)와 비교해 어느 정도 일치했는가를 관측하여 계량적으로 평가하는 것이다. 즉, 실제 관측한 관측치를 정상 페이스의 수치로 수정하는 것이다.

$$\text{레이팅계수} = \frac{\text{표준작업 페이스}}{\text{실제작업 페이스}}$$

레이팅의 방법(수행도평가법)으로는 다음과 같은 것이 있다.

(1) 속도평가법(speed rating)

작업동작의 속도를 그 회사에서 정한 기준속도와 비교하여 작업동작의 지속비율을 계수로 표현하는 방법이다.

$$NT = OT \times \frac{\text{레이팅계수}}{100}$$

⊙ 속도평가법을 주관적 평가법이라고도 한다.

(2) 객관적 평가법(objective rating) : M.E. Mundel

시간연구자의 주관에 의한 영향을 보완하고 될 수 있는대로 평가오차를 줄이기 위한 방법이다.

$$NT = OT \times \text{1차 평가계수} \times (1 + \text{2차 조정계수})$$
$$= OT \times P \times (1 + S)$$

⊙ 1차 평가계수는 속도평가계수이고, 2차 조정계수를 난이도 조정계수라고 한다.

(3) 평준화법(leveling법 : Westing house법) : H.B. Maynald

작업자의 수행도를 숙련도, 노력도, 작업환경, 작업의 일관성 등 네 가지 요소를 각각 평가하고, 각 평가에 해당하는 평준화계수를 합산하여 레이팅계수를 구하는 것이다.

$$NT = OT \times (1 + \text{평준계수의 합})$$

(평준계수＝숙련도계수＋노력도계수＋작업환경계수＋작업의 일관성계수)

⊙ 평준계수를 leveling계수라고도 한다.

① **숙련도** : 작업자의 일에 대한 숙련의 정도
② **노력도** : 작업을 효율적으로 수행하려는 마음가짐을 실제로 표현한 것
③ **작업환경(조건)** : 작업자에게 영향을 미치는 작업장의 온도, 환기, 진동, 조명, 소음 등
④ **작업의 일관성** : 반복법을 사용하며 계속법을 사용할 때는 개별시간값을 계산하고 난 뒤에 일관성을 평가한다.

(4) 합성평가법(synthetic rating) : R.L. Morrow

레이팅 시 관측자의 주관적 판단에 의한 결함을 보정하고, 고도의 정확성을 얻기 위한 방법이다.

$$\text{레이팅계수} = \frac{\text{PTS법을 적용하여 산정된 시간값}}{\text{실제 관측시간값}}$$

3 여유시간

여유시간(allowance time)은 작업을 진행시키는 데 필요한 물적·인적 요소로서, 발생하는 것이 불규칙적이고 우발적이기 때문에 편의상 그들의 발생률, 평균시간 등을 조사·측정하여 이것을 정미시간에 가산하는 형식으로 보상하는 시간값이다.

(1) 여유율의 계산

① 외경법(정미시간에 대한 비율)

$$A(\%) = \frac{AT}{NT} \times 100$$

② 내경법(근무시간에 대한 비율)

$$A(\%) = \frac{AT}{NT + AT} \times 100$$

여기서, A : 여유율, AT : 여유시간, NT : 정미시간

(2) 여유의 분류

① 일반여유

일반여유는 그 내용에 따라 인체에 관하여 일어나는 지연, 피로회복을 위한 휴식, 피로에 의한 작업의 지연, 작업에 관하여 일어나는 지연, 직장에 관하여 일어나는 지연으로 나눌 수 있다. 이러한 일반여유는 표준시간 산정 시 어떠한 작업이든지 공통적으로 감안하는 기본적인 여유이다.

㉠ 인적여유

용무여유, 생리여유, 수달여유, 개인여유라고 하며, 물마시기, 땀닦기, 용변, 흡연, 세면 등 생리적 욕구에 의해 작업이 지연되는 시간을 보상해주기 위한 것으로, 작업환경과 작업내용에 따라 필요한 여유시간이 다르다.

(일반적으로 2~5%이며, ILO 규정에는 남자 5%, 여자 7%로 되어 있다.)

㉡ 피로여유

작업을 수행함에 따라 육체적 피로가 쌓이고 작업자가 느끼는 정신적·육체적 피로를 회복시켜 주기 위하여 부여하는 여유(중노동 20~30%, 경노동 5~10%)이며, 피로발생의 원인은 다음과 같다.

ⓐ 작업강도에 의한 피로

ⓑ 환경에 의한 피로

ⓒ 육체적 근육노동에 의한 피로

ⓓ 정신적 긴장에 의한 피로

정신적 피로는 육체적 피로의 1/3 정도이다.

㉢ 작업여유

작업을 수행하는 과정에서 불규칙적으로 발생하고 정미시간에 포함시키기 곤란하거나, 바람직하지 못한 작업상의 지연을 보상시키기 위한 불가피 여유로서 작업시간의 3~5%를 부여한다.

㉣ 관리여유(직장여유)

직장관리상 필요하거나 관리상의 결함(불비)에 의하여 발생하는 작업상의 지연을 보상받기 위한 여유로(작업시간의 3~5% 부여) 관리자의 노력 여하에 따라 피할수도 있는 가피 여유이다.

② **특수여유**

특수여유는 표준시간을 개개의 작업에 적용할 경우 특별히 고려할 필요가 있는 여유로서, 다음 다섯 가지가 있다.

㉠ 기계간섭여유

한 작업자가 동일한 기계를 여러 대 담당할 경우 기계간섭이 발생하여 생산량이 불가피하게 감소되므로 이를 보상하기 위한 여유이다.

㉡ 조여유

작업자가 조를 형성하여 작업할 경우 작업자 간에 보조를 맞추기 위해 불가피하게 지연이 발생되는 것을 보상하기 위한 여유이다.

㉢ 소로트여유

로트 크기가 작기 때문에 정상적인 작업 페이스를 유지하기 곤란할 경우 보상받기 위한 여유이다.

㉣ 장사이클여유

작업사이클이 길기 때문에 발생하는 작업의 변동이나 육체적 곤란 및 복잡성을 보상하기 위한 여유이다.

㉤ 장려여유(정훈여유)

임금지급제도와 관련되는 정책적인 여유로서 성과급제도, 장려급제도, 능률급제도 등 장려제도가 실시되는 경우 할증금의 비율을 표준시간에 포함시키기 위한 계수로서 이용되는 여유이다.

4 표준시간 측정방법

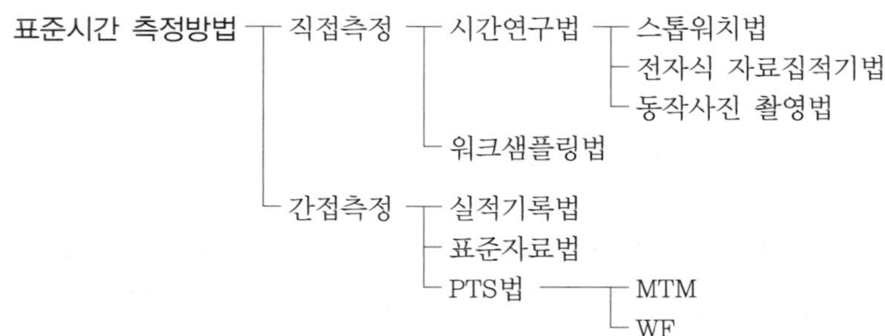

1 스톱워치법

스톱워치(ST ; Stopwatch)법은 잘 훈련된 자격을 갖춘 작업자가 정상적인 속도로 완료하는 특정 작업의 결과를 표본으로 추출하여 이로부터 필요한 표준시간을 설정하는 기법으로, 대량생산의 반복적이고 짧은 주기의 작업에 적합하다.

(1) 관측실시 준비

① 요소작업으로 분할하는 이유

㉠ 요소작업을 명확하게 기술함으로써 작업내용을 보다 정확하게 파악할 수 있다.

㉡ 같은 유형의 요소작업 시간자료로부터 표준자료를 개발할 수 있다.

㉢ 작업방법이 변경되더라도 변경된 부분만 시간연구를 다시 하여 표준시간을 쉽게 조정할 수 있다.

㉣ 작업자가 한 사이클을 통해 계속 같은 속도로 작업할 수 없으므로 작업수행도를 평가할 때 각 요소별로 성취도를 구할 수 있다.

㉤ 요소작업의 타당한 여유율을 각기 달리 산정함으로써 여유시간을 보다 정확하게 구할 수 있다.

② 요소작업의 분할원칙

㉠ 측정범위 내에서 요소작업을 세분화한다.

㉡ 규칙적 요소작업과 불규칙적 요소작업으로 구분한다.

㉢ 기계를 사용하는 작업의 경우, 작업시간이 작업자의 노력정도에 따라 변하는 작업인 작업자 요소작업과 기계성능에 의하여 시간이 좌우되는 작업인 기계 요소작업으로 분할한다.

㉣ 정수 요소작업(제품의 크기, 중량에 관계없이 일정한 것)과 변수 요소작업(각 요소작업의 작업시간)으로 구분한다.

㉤ 요소작업의 시점과 종점이 명확하게 밝혀질 수 있도록 한다.

㉥ 작업순서와 작업내용을 습득하여 작업진행순서에 따라 분할한다.

(2) 관측방법

관측방법은 계속법에 의한 관측방법과 반복법에 의한 관측방법으로 나뉜다.

① 계속법(continous timing)

첫 번째 요소작업이 시작되는 순간에 시계를 작동시켜 관측이 끝날 때까지 시계를 멈추지 않고 요소작업의 종점마다 시곗바늘을 읽어 관측용지에 기입하는 것으로, 요소작업의 사이클타임이 짧은 경우 사용하는 방식이다.

② 반복법(repetitive timing)

각 요소작업의 종점에서 시곗바늘을 멈춰 시간을 읽은 후 원점으로 되돌려 놓고, 다음 요소작업을 같은 방법으로 측정하는 것으로, 반복작업이 아닌 경우 snap back으로 인한 시간손실이 불가피한 단점이 있다. 반복법은 계속법보다 상대적으로 사이클타임이 긴 요소작업으로 구성된 작업측정에 적합한 방식이다.

③ 누적법(cummulative timing)

스톱워치 2개 또는 3개를 레버에 연결시켜 관측판에 장착시킨 후 작업이 끝날 때마다 레버를 당겨 직접시간을 읽는 방법이다. 즉, 첫 번째 시계가 정지하면 두 번째 시계가 작동하고, 두 번째 시계가 정지하면 첫 번째 시계는 다시 원점에서 작동하는 형태이다. 누적법은 계속법이나 반복법을 보다 쉽고 정확하게 읽기 위한 한 가지 수단으로 볼 수 있다.

④ 순환법(cycle timing)

요소작업이 너무 짧아 측정하기 힘들 때 몇 개의 요소작업을 번갈아 한 그룹으로 측정하여 시간값을 계산한다. 이 방법은 반복되고, 안정된 작업에만 사용할 수 있으며, 계속법과 반복법에 의한 방법이 있다.

(3) 관측횟수 결정(E.L. Grant법)

시간치의 변동이 근사적으로 정규분포라는 가정하에 통계적인 이론을 응용하여 어떠한 신뢰도를 가진 관측횟수를 결정하는 방법이다.

오른쪽 [그림]에서 신뢰도 95%이고 소요정도 5%인 경우라면, β는 평균 μ의 5%인 0.05μ가 된다. 이를 n에 관하여 정리하면 다음과 같다.

$$\beta = z_{\alpha/2}\frac{\sigma}{\sqrt{n}} = 0.05\mu$$

$$\rightarrow n = \left(\frac{z_{\alpha/2}\sigma}{0.05\mu}\right)^2 = \left(\frac{1.96\sigma}{0.05\mu}\right)^2$$

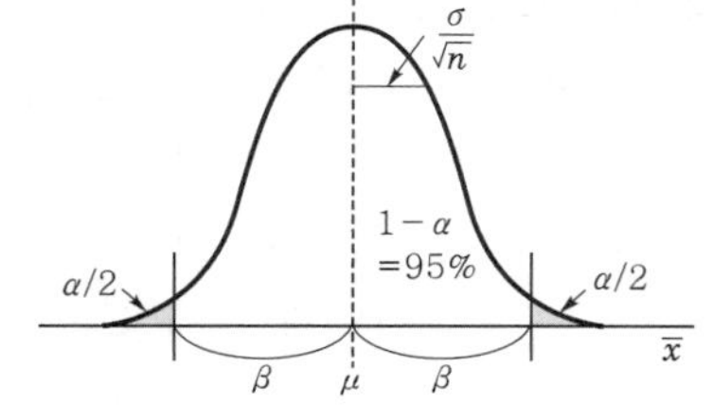

여기서, $z_{0.025} = 1.96$을 2로 하면,

$$\text{주관측횟수 } n = \left(\frac{40\sigma}{\mu}\right)^2 \text{이 된다.}$$

예비관측을 통하여 계산된 관측시간의 평균 $\bar{x}$와 편차 $s = \sqrt{\frac{S}{n}}$를 μ와 σ 대신 사용하여 정리한 식을 E.L. Grant법이라 하며, 주관측횟수 n은 다음과 같이 정의된다.

① 신뢰도 95%, 소요정도 5%인 경우

$$n = \left(\frac{40s}{\bar{x}}\right)^2 = \left(\frac{40\sqrt{n\Sigma x_i^2 - (\Sigma x_i)^2}}{\Sigma x_i}\right)^2$$

② 신뢰도 95%, 소요정도 10%인 경우

$$n = \left(\frac{20s}{\bar{x}}\right)^2 = \left(\frac{20\sqrt{n\Sigma_i^2 - (\Sigma x_i)^2}}{\Sigma x_i}\right)^2$$

⊙ 통상적으로 주관측횟수(n)를 결정하기 위하여 2분 이하의 사이클타임에 대해서는 예비관측 10회, 2분 이상의 사이클타임은 5회의 예비관측을 행한다.

(4) 이상치 취급

관측된 시간치는 이상치라고 판명되면 제거하고, 나머지 시간치로 평균 관측시간을 계산하여야 한다.

① D.V. Merrick 방법

개별 시간치를 크기순으로 나열하여 인접치가 25% 이하로 작거나 30% 이상 큰 것을 이상치로 취급한다.

② W.H. Shutt 방법

개별 시간치의 평균을 구하여 그 값으로부터 25% 이상 떨어져 있는 것을 이상치로 취급한다.

③ M.E. Mundel 방법

㉠ 불필요하거나 잘못된 동작, 정해진 방법에 따르지 않을 경우에는 그 시간치를 제거한다.

㉡ 난잡하게 놓여 있는 재료를 잘못 잡았을 경우에는 작업의 본질에 기인한 것을 그대로 사용한다.

㉢ 부적합 자재나 기계정비 등 불규칙적으로 발생하는 것에 대해서는 별도로 평가하여 그 발생비율에 따라 표준시간에 반영한다.

2 워크샘플링법

워크샘플링(WS ; Work Sampling)법은 작업자의 행동, 기계의 활동, 물건의 시간적 추이 등의 상황에서 통계적인 샘플링방법을 이용하여 관측시간 동안 차지하고 있는 관측비율(관측횟수/총관측횟수)을 각 항목별로 파악하는 작업측정의 한 방법으로, 1927년 영국의 L.H.C. Tippett에 의해 고안되었다. 관측방법이 간단하고 소요경비가 적은 반면, 작업의 세밀한 과정이나 작업방법의 시간적 관측이 불가능한 순간목시분석방법이다.

(1) WS법의 용도

① 대상 작업이 불규칙적이고 비반복적이어서 장시간 관측 시 비용이 커지는 경우 사용한다.

② 표준자료법이나 PTS법을 적용할 수 없는 사이클이 긴 작업이나 집단으로 행해지는 동종 작업을 측정할 때 사용한다.

③ 다품종 소량생산의 경우 사용한다.

(2) WS법의 특징

① 한 사람이 다수의 작업자(20~30명)를 관찰할 수 있다.

② 대상자가 의식적으로 행동하는 일이 적다.

③ 시간과 비용이 적게 든다.

④ 개개의 작업에 깊은 연구가 곤란하다.

⑤ 대상자가 작업장을 떠났을 때 그 행동을 알 수 없다.

⑥ 레이팅에 다소 문제가 있다.

(3) 관측횟수 결정(신뢰도 95%인 경우)

① 절대정도(sp)가 주어진 경우

$$n = \frac{1.96^2 p(1-p)}{(sp)^2} = \frac{4p(1-p)}{(sp)^2}$$

② 상대정도(s)가 주어진 경우

$$n = \frac{1.96^2(1-p)}{s^2 p} = \frac{4(1-p)}{s^2 p}$$

(단, p는 관측항목의 발생비율이며, 상대정도(s)란 절대정도(sp)를 평균값(p)으로 나눈 값이다.)

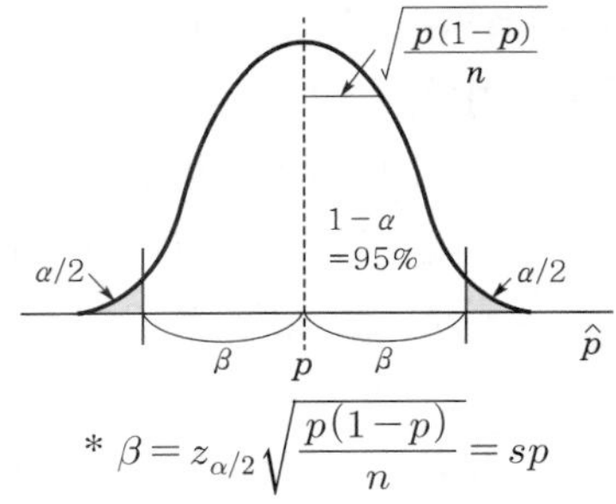

✓ 여기서 4란 신뢰율 95%인 경우 표준정규분포값 1.96을 2로 근사시킨 후 제곱을 취한 값이다.

(4) WS법의 표준시간 설정

$$ST = \frac{T}{N} \cdot (1-P) \cdot R \cdot \frac{1}{1-A}$$

여기서, T : 작업자의 총작업시간, N : 총생산량

P : 발생비율(유휴율), $(1-P)$: 작업률

R : Rating계수, A : 여유율

참고 WS의 관찰에서 1일을 8시간 기준으로 할때 한 번 순회 소요시간이 20분, 각 순회마다 16번의 관측을 한다면 이론적 최대관측횟수는 384이지만, 1일 통산 관측횟수는 이것을 4로 나눈 96회로 정하는 것이 보통이다.

(5) WS의 종류

① 퍼포먼스 워크샘플링(performance work sampling)

WS에 의해 관측과 동시에 레이팅하는 것으로 사이클이 매우 긴 작업, 그룹으로 수행되는 작업 등 표준시간 설정이 힘든 경우에 적용한다.

② 체계적 워크샘플링(systematic work sampling)

관측시각을 균등한 시간 간격으로 만들어 WS하는 방법으로, bias의 발생 염려가 없는 경우나 각 요소가 랜덤하게 발생하는 경우에 응용될 수 있다. 또한 작업에 주기성이 있어도 관측간격이 작업요소 주기보다 짧은 경우에 사용한다.

③ 층별 워크샘플링(stratified work sampling)

각 작업활동이 현저히 다른 경우 층별하여 연구를 실시한 후 가중평균치를 구하는 WS 방법이다.

3 표준자료법

정미시간 산출을 단지 경험에만 의존하지 않고 유사작업을 많이 관측하여 작업조건의 변경과 작업시간과의 관계를 찾아내어 공식화하고, 여기에 여유시간을 반영하여 표준시간을 결정한다. 이 방법은 다품종 소량생산이나 소로트 생산에 적용한다.

(1) 표준자료의 정리

작업을 E_1, E_2, $\cdots$, E_n으로 구분한 후 다음 식으로 구한다.

$$NT = NT(E_1) + NT(E_2) + \cdots\cdots + NT(E_n)$$

여기서, NT : 작업의 정미시간, $NT(E_i)$: E_i의 정미시간, $E_i(i=1,\ 2,\ \cdots,\ n)$: 분류한 요소작업

(2) 표준자료의 특징

① 장점

㉠ 표준시간이 신속하게 설정되며, 제조원가의 사전견적이 가능하다.

㉡ 시간연구 시 논쟁이 생길 수 있는 레이팅은 필요가 없다.

㉢ 표준자료의 사용법이 정확하다면 표준시간을 누가 설정하든 그 결과가 같기 때문에 일관성을 가진다.

㉣ 표준자료는 일정한 작업조건과 작업순서하에서 사용되기 때문에 작업의 표준화를 유지 또는 촉진할 수 있다.

② 단점

㉠ 표준자료 작성 시 시간변동요인을 모두 고려할 수 없기 때문에 표준시간의 정도가 떨어진다.

㉡ 거의 자동으로 표준시간이 설정되기 때문에 작업개선의 기회나 의욕이 떨어진다.

㉢ 표준자료 작성의 초기비용이 크기 때문에 생산량이 적거나 제품이 큰 경우에는 부적합하다.

㉣ 작업조건이 불안정하거나 작업의 표준화가 곤란한 경우에는 표준자료를 설정하지 못한다.

4 PTS법

인간이 행하는 작업을 기본동작으로 분석하고 각 동작에 이미 정해진 기초시간치를 사용하여 기본동작의 시간치를 구한 후 이를 집계하여 작업의 정미시간을 구하는 간접관찰법의 대표적인 기법이다. PTS(Predetermined Time Standard)법은 1925년경 A.B. Segur이 MTA(Motion Time Analysis)법을 개발한 이래 여러 가지가 개발되었지만, WF(Work Factor)와 MTM(Method Time Measurement)을 보편적으로 많이 사용한다.

① PTS법의 장점

㉠ 표준자료 작성이 용이하게 되어 표준시간 설정공수를 대폭 삭감시킬 수 있다.

㉡ 작업방법에 변경이 생겨도 표준시간 개정이 신속하고 용이하다.

㉢ 생산 개시 전에 표준시간 설정이 가능하다.

㉣ 흐름작업에 있어 라인밸런싱을 보다 높은 수준으로 끌어올릴 수 있다.

㉤ 원가견적을 정확히 할 수 있다.
㉥ 레이팅이 필요 없다.
㉦ 현재 방법을 합리적인 방법으로 개선할 수 있다.
㉧ 동작과 시간과의 관계를 관리자나 작업자에게 더 잘 인식시킬 수 있다.
㉨ 작업자에게 최적의 작업방법을 훈련시킬 수 있다.

② PTS법의 단점

㉠ 사이클타임 중 수작업시간에 몇 분 이상 소요된다면, 분석에 소요되는 시간이 상당히 길어지므로 비경제적이다.
㉡ 비반복적 작업에는 적용될 수 없다.
㉢ 자유로운 손의 동작이 제약될 경우에는 적용될 수 없다.
㉣ PTS의 여러 시스템 중 회사의 실정에 알맞는 것을 선정하는 것 자체가 도입 초기에 용이한 일이 아니라서 전문가의 자문이 필요하다.
㉤ 교육과 훈련에 드는 비용이 크다.
㉥ PTS법의 작업속도는 절대적인 것이 아니기 때문에 회사의 작업에 합당하게 조정하는 단계가 필요하다.

(1) WF(Work Factor)

Quick을 지도자로 하는 시간연구 기술자 등이 1935년경 미국의 필코 사의 라디오 공장에서 프레스의 2차 작업(구멍뚫기, 절곡 등)에 대한 표준시간 설정 연구를 시작으로 RCA 사의 캄딘 공장의 연구을 거쳐, 1945년에 WF 동작시간표와 WF 규칙이 완성되었다.

① WF의 구성

WF를 대별하면, 다음 [그림]과 같이 주어진 신체부위와 거리에 대하여 가장 편하고 빠르게 행할 수 있는 자연스런 동작인 기초동작과 중량·저항·인위적 조절 때문에 생기는 지연을 보상하기 위해 기초동작에 추가하는 시간지수인 WF로 나눌 수 있다.

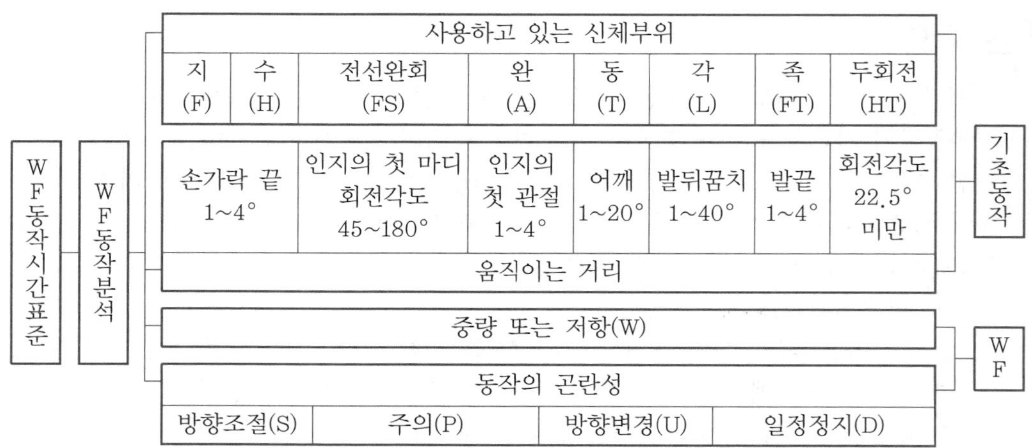

㉠ 기초동작 : 인위적인 조절을 필요하지 않는 동작으로서 동작의 정확성을 기대할 수 없는 동작이다.
 ⓐ 운반하는 대상물을 던지는 경우
 ⓑ 막연한 위치로 움직이는 경우
 ⓒ 물체에 충돌하여 정지하는 경우
 ⓓ 신체부위를 보통 자세로 되돌리는 경우

㉡ 중량(저항) : 기초동작을 방해하는 요인으로서 무게에 혹은 저항에 따라 W, W^2, W^3로 표시하며 양손을 사용할 때는 1/2W의 A동작이 된다.

㉢ 동작의 곤란성 : 인위적 조절을 필요로 하는 동작으로 동작시간을 지연시키는 요인이다.
 ⓐ 방향조절(S) : 좁은 간격을 통과하거나 작은 목적물을 향해 동작을 유도하는 상황
 ⓑ 주의(P) : 물건의 파손 내지 신체의 상해방지 또는 동작목표상 신체조절이 요구되는 상황
 ⓒ 방향변경(U) : 장애물을 제거하기 위한 동작변경이 요구될 때의 상황
 ⓓ 일정정지(D) : 작업자의 의식적인 동작정지의 상황으로 감속현상이 나타난다(물리적 장애로 인한 정지는 해당되지 않는다).

② WF의 기록순서

WF의 기록은 기초동작이 동작신체부위, 동작거리를 기입하고 다음에 WF인 중량 또는 저항을, 그 다음에 동작의 곤란성을 S, P, U, D 순으로 기입한다.

동작신체부위 → 동작거리 → W, S, P, U, D

예 A12D, A15″ W^2SD, 3F2

③ WF의 표준 8요소

㉠ Transport(Reach, Move : 이동)
㉡ Grasp(붙잡기)
㉢ Preposition(정치 : 고쳐잡기)
㉣ Assemble(조립)
㉤ Disassemble(분해)
㉥ Release(놓다)
㉦ Use(사용)
㉧ Mental Process(정신 과정)

(2) MTM(Method Time Measurement)

인간이 행하는 작업을 기본동작으로 분석하고 각 기본동작의 성질과 조건에 따라 미리 정해진 시간값을 적용하여 작업의 정미시간을 구하는 방법으로서, 기계에 의해 통제되는 작업, 정신적이나 육체적으로 제한된 동작에는 적용할 수 없다는 단점이 있어 스톱워치를 부분적으로 이용하지 않으면 안 된다. 반면 작업연구원이 시간치보다는 작업방법에 의식을 집중시킬 수 있어 좋은 작업방법을 설정할 수 있다.

MTM의 기본동작은 다음과 같다.

① 손을 뻗음(R ; Reach)

목적물 또는 어떤 구역에 손이나 손가락을 뻗는 경우로, 시간변동요인에는 다음과 같은 것이 있다.

㉠ 이동거리

㉡ 컨트롤(control) 정도

㉢ 동작유형

예 R20B, mR20B, R20Bm, mR20Bm

② 움직임(M ; Move)

손이나 손가락에 의해 목적물을 어떤 구역에 운반하는 경우로서 빈손이라도 손이 도구로서 사용되는 경우는 움직임(move)으로 취급하며, 시간변동요인은 Reach와 같다.

예 $M30B = \frac{12}{2} = 13.3 \times 1.12 + 4.3$

(단, 30 : 거리, B : case, 12 : 중량, 2 : 양손, 1.12 : 계수, 4.3 : 상수)

③ 돌림(T ; Turn)

손이나 손목, 팔꿈치를 축으로 회전시키는 동작으로 뻗침과 운반과는 구분된다. 또한 원운동을 뜻하는 크랭킹모션과도 구분된다. 시간변동에는 다음과 같은 것이 있다.

㉠ 회전각도

㉡ 목적물의 중량·저항

예 T75L=14.4TMU

(단, 75 : 회전각도, L : 중량, 14.4 : data card값)

④ 누름(AP ; Apply Pressure)

저항에 대하여 가해지는 부가적인 힘으로 동작이 거의 없는 것이 특징이다. 미숙하면 AP를 빼거나 과다하게 보기 쉬우며, 시간변동요인은 다음과 같다.

㉠ Case 1(AP 1) : 손가락이나 손의 근육에 힘이 들어가며 다시 잡는다.

㉡ Case 2(AP 2) : 다시 잡는 동작이 없다.

예 AP 1=AP 2+G 2=10.6+5.6=16.2TMU

참고 손가락으로 대상물을 누를 때 손톱 색깔이 하얗게 변하면 AP 1이고, 빨간 상태이면 AP 2라고 생각하면 된다.

⑤ 잡음(G ; Grasp)

하나 혹은 둘 이상의 목적물을 손이나 손가락으로 조정하여 다음 동작으로 옮기기 위한 기초동작이다.

㉠ G 1 : 보통 잡음

㉡ G 2 : 다시 잡음

㉢ G 3 : 옮겨 잡음

㉣ G 4 : 선택 잡음

㉤ G 5 : 접촉 잡음(보통 시간치는 “0”로 취급)

⑥ 정치(P ; Position)

축합, 형합, 함합을 위한 기초동작이며, 시간변동요인에는 다음과 같은 것이 있다.

㉠ 끼워맞춤 정도

㉡ 대칭성

㉢ 취급의 난이도

⑦ 놓음(RL ; Release)

잡음이나 접촉 등의 물체조정을 그만 두기 위해 행하는 동작으로, RL 1과 RL 2가 있다.

⑧ 떼어놓음(D ; Disengage)

접촉되어 있는 물체를 떼내기 위한 동작이며, 물체의 분리에 저항이 생긴다.

⑨ 크랭킹모션(C ; Cranking motion)

목적물을 회전시키는 동작으로서, 손 및 팔을 회전시키는 것이지 몸통을 이용하는 등의 큰 저항을 갖는 회전은 크랭킹이 아니다. 시간변동요인에는 다음과 같은 것이 있다.

㉠ 직경

㉡ 목적물 저항

㉢ 크랭크 유형

⊙ 이외에 Eye Focus(EF), Eye Travel(ET)가 있는데 정상범위 내에서는 눈의 이동시간은 불필요하고 눈의 이동시간은 최대 20TMU이며, 눈의 촛점을 맞추는 시간은 7.3TMU이다.

참고 WF와 MTM의 상이점

- WF는 규칙이 복잡하고, MTM은 규칙은 간단하나 많은 경험과 판단력을 필요로 한다.
- WF 상세법(DWF)의 시간단위는 1/10000분(1WFU), MTM의 시간단위는 1/100000시간(6/10000분, 0.036초, 1TMU)이다.
- WF의 시간치는 작업속도 기준을 장려 페이스(125%)로, MTM의 시간치는 정상 페이스(100%)를 기준으로 한 것이다.

CHAPTER 06

설비보전관리

1 설비보전

1 설비의 고장과 보전

(1) 설비보전의 의미

기계설비는 사용시간이 경과함에 따라 마모, 부식 및 노화 등으로 인해 열화현상이 나타나고, 수리나 정비를 통해 열화현상을 지연시킬 수 있는데, 보전(maintenance) 행위를 하여 열화를 지연시켜 기계설비를 유효하게 운용하고 생산시스템의 효율을 높이는 것이 설비보전이다.

(2) 설비의 고장 유형 및 원인

설비의 보전방침을 수립하는 경우 사용시간이 경과함에 따른 고장률과 빈도를 추정하여 고장에 대비하게 되는데, 초기고장기에는 고장률이 높고, 우발고장기에는 평균고장률 이하에서 고장률이 형성되며, 설비가 노후화되는 마모고장기에는 다시 고장률이 높아지는 특징을 갖는다.

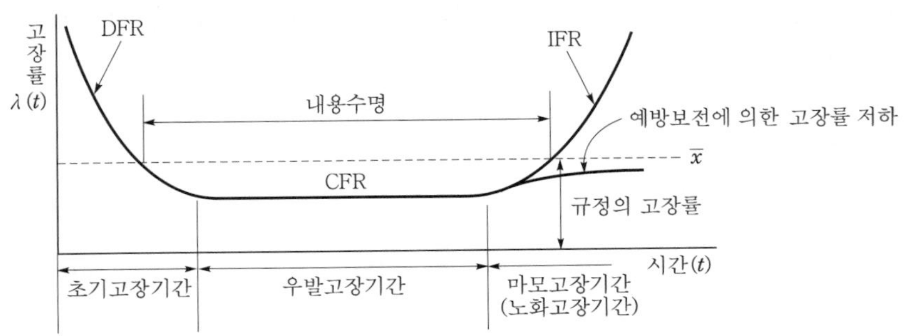

| 설비수명 특성곡선(bath-tub curve) |

〈 고장 원인과 대책 〉

구분	고장원인	대책
초기고장	• 설계, 제작, 수리 착오 • 사용방법 미숙	• Debugging, Burn-in test • 보전예방(MP) • 메이커(maker)의 품질보증에 의존
우발고장	• 설계한계 초과 • 진동 및 충격	• 설비한계의 변경 • 정상운전 실시 • 사후보전(BM) 실시 • 개량보전(CM) 실시
마모고장	마모, 피로열화, 절연열화 등의 특성열화	예방보전(PM) 실시

2 설비보전의 분류

설비를 바람직한 상태로 유지하여 설비종합효율을 향상시키기 위한 보전활동은 크게 유지활동과 개선활동으로 나뉘게 되는데, 유지활동이란 고장을 방지하고 고치는 활동이며, 개선활동이란 수명을 연장하고 보전시간을 단축하는 활동이다. 고장 제로를 목표로 하는 보전활동을 행하는 경우 유지활동과 개선활동 중 어느 것도 소홀히 할 수 없다.

보전활동은 다음과 같이 분류할 수 있다.

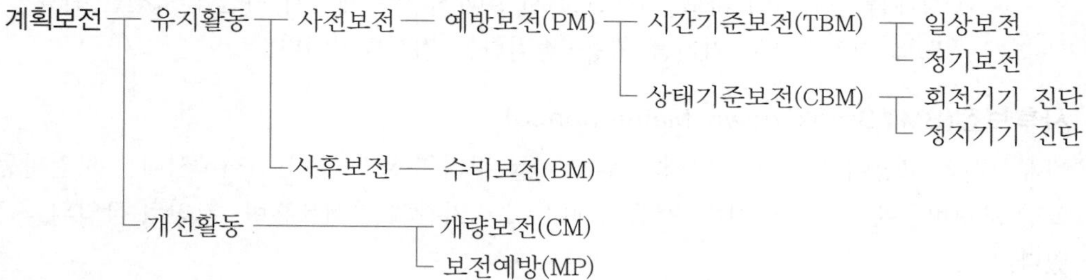

⊙ 이러한 활동은 보전의 3요소인 열화방지활동, 열화측정활동, 열화복원활동으로 구분하여 생각할 수 있다.

(1) 계획보전

TPM(Total Productive Maintenance ; 전원참가의 생산보전) 활동에서 운전 부문의 자주보전 활동과 전문보전 부문의 보전활동을 두 개의 축으로 하여, 생산시스템의 신뢰도를 유지·개선하기 위해 보전활동을 계획적으로 실시하는 보전체제를 의미한다.

(2) 예방보전(PM ; Preventive Maintenance)

예정된 시기에 점검·시험, 급유, 조정 및 분해정비(overhaul), 계획적 수리 및 부분품 갱신 등을 하여 설비 성능의 저하와 고장·사고를 미연에 방지함으로써 설비의 성능을 표준 이상으로 유지하는 보전활동을 의미한다.

① 예방보전의 효과

㉠ 생산시스템의 정지시간이 줄고, 이에 따른 유휴손실이 감소한다.

㉡ 수리작업의 횟수 및 기계 수리비용이 감소한다.

㉢ 납기 지연으로 인한 고객 불만이 없어지고 매출이 신장된다.

㉣ 예비기계를 보유할 필요가 없어지므로, 제조원가가 절감된다.

② 예방보전의 방식

㉠ 시간기준보전(TBM ; Time Based Maintenance)

돌발고장, 프로세스 오류를 예방하기 위하여 정기적으로 설비를 검사, 정비 청소하고 부품을 교환하는 보전방식이다.

㉡ 상태기준보전(CBM ; Condition Based Maintenance)

예측보전 또는 예지보전(predictive or conditional Maintenance)이라고도 하며, 고장이 일어나기 쉬운 부분에 진동분석장치·광학측정기·압력측정기·온도측정기·저항측정기 등 감도가 높은 계측장비를 연결하여 기계설비의 트러블을 예측함으로써 사전에 고장 위험을 검출하는 보전활동으로, 설비 상태를 기준으로 한 보전방식이다.

ⓐ On Condition Monitoring(OCM) : 운전상태가 아니면 기능, 성능의 상태 파악이 어렵기 때문에 행하는 검사방식이다.

ⓑ On Stream Inspection(OSI) : 보전활동의 효율을 높이기 위해 운전 중 사전에 설비의 상태를 점검하여 대보수(OVHL) 시 효과적으로 계획된 시간에 보전을 완료할 수 있도록 정기적으로 기기를 활용·점검하는 검사방식이다.

(3) 사후보전(BM ; Break down Maintenance)

기계설비의 고장이나 결함이 발생한 후에 이를 수리 또는 보수하여 회복시키는 보전활동으로, 고장 보전비용에는 수리인건비, 부품교체비, 수리기간의 기계유휴비, 지연된 작업의 촉진비가 있다.

(4) 개량보전과 보전예방

① 개량보전(CM ; Corrective Maintenance)

설비가 고장난 후에 설계변경, 부품의 개선 등으로 수명을 연장하거나 보전이 용이하도록 설비 자체의 체질개선을 꾀하는 보전방식이다.

② 보전예방(MP ; Maintenance Prevention)

설비계획 및 설치 시부터 고장이 없는 설비, 초기 수리보전이 용이한 설비를 검토하는 보전방식이다.

참고 생산보전(PM ; Productive Maintenance)

설비의 일생(lifecycle)을 통한 설비 자체비용, 설비 보전비용, 설비 열화손실비용의 합계를 최소로 하여 생산성 향상을 이룩하려는 보전방식으로, PM(예방보전), CM(개량보전), BM(사후보전), MP(보전예방)의 종합적 보전체계를 뜻한다.

3 설비보전관리

총보전비용(사후보전비용, 예방보전비용 등)을 최소화하는 수준에서, 생산시스템의 가용성을 최대화하는 시스템 보전에 대한 계획·실행·통제의 과정을 설비보전관리라고 한다.

(1) 보전방침의 결정

보전계획, 보전방침 및 보전대책 등 보전활동의 기준이 되는 보전방침을 결정하는 주요 의사 결정 변수에는 다음과 같다.

① 보전대상의 결정
② 보전방법의 결정
③ 보전주체의 결정
④ 보전조직 및 부서의 결정

(2) 보전대상의 결정

공정, 시설, 장치, 기계 등 생산시스템의 구성요소가 생산시스템에 미치는 영향이나 기여하는 정도에 따라 보전대상을 구분하고, A·B·C 관리방식을 이용하여 중요도에 따라 보전대상을 정하여 우선순위에 따라 중점관리를 할 수 있는 방침을 결정한다.

① A그룹(critical components)
기계 고장으로 전체 생산공정이 중단되고 고장손실이 큰 치명적인 구성요소에 해당하는 기계들로서, 엄격하고 집중적인 보전관리를 한다.

② B그룹(major components)
기계 고장으로 품질과 생산성을 떨어지게 하는 중요한 구성요소에 해당하는 기계들로서, 보통수준의 보전관리를 한다.

③ C그룹(minor components)
기계 고장이 생산시스템에 부분적으로 영향을 미치는 구성요소에 해당하는 기계들로서, 자주보전 등 기본적 보전관리를 한다.

참고 Three top ten 원칙
중점관리의 예방보전대상을 선정하는 일종의 경험법칙이다.
- 고장이 가장 많이 일어나는 것 10가지,
- 고장손실이 큰 것 10가지,
- 고장시간이 긴 것 10가지(설비나 항목)를 선정하여 집중적으로 예방보전을 실시하는 원칙이다.

(3) 보전방법의 결정

보전대상이 결정되면 보전방법의 결정이 필요한데, 예방보전과 사후보전의 결정이다. 예방보전과 사후보전은 상반관계에 있기 때문에 예방보전활동이 강화되면 사후보전활동은 줄게 되고, 예방보전활동이 약하게 되면 고장이 증가하여 사후보전활동이 늘어나게 된다. 따라서 예방보전활동과 사후보전활동은 적정 수준에서 정할 필요가 있다.

(4) 보전주체의 결정

보전주체 결정 시 보편적인 평가척도는 기술능력, 시간, 경제성을 들 수 있는데, 이 중 경제성을 가장 중요한 평가기준으로 삼는다.

4 설비의 예방보전

설비의 예방보전에서는 총보전비용의 최소화와 시스템의 가용성을 최대화하는 것을 목표로 하기 때문에, 합리적인 예방보전 방침을 토대로 보전활동을 전개하는 것이 유리하게 된다.

(1) 예방보전방침의 결정 시 고려사항

① 고장의 예측가능성
② 보전시간의 길이
③ 고장으로 인한 손실비용
④ 보전비용

(2) 예방보전방침의 내용

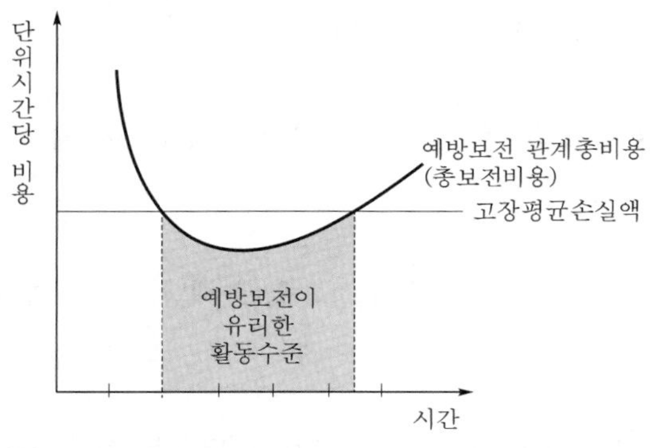

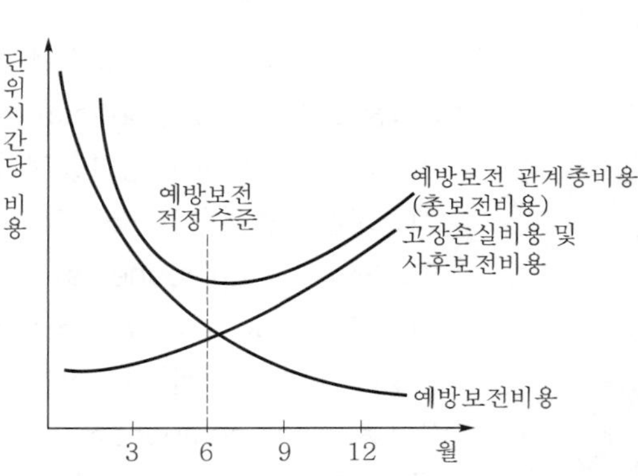

① 고장의 사전예측이 가능한 기계, 즉 일반적으로 고장시간의 분포가 평균고장시간 근처에 집중되어 있는 기계를 예방보전 대상으로 한다.
② 예방보전에 소요되는 시간이 사후보전시간보다 작은 경우에 실시한다.
③ 예방보전 관계비용(예방보전비용과 PM 기간중의 고장수리비용)이 고장평균 손실액보다 작은 경우에 실시한다.
④ 예방보전은 가장 경제적인 수준에서 실시되어야 한다. 즉 고장으로 인한 손실 및 예방보전비용과 사후보전비용(고장사후비용)의 합계(총보전비용)가 최저로 되는 수준에서 실시한다.

(3) 최적수리주기의 결정

설비란 보전비를 들여 만족한 상태를 유지시키는 경우 기회손실비(opportunity cost), 즉 열화손실비는 감소한다. 단위기간당 열화손실비는 기간 또는 처리량이 증가할수록 함께 증가하게 되고, 단위시간당 보전비는 시간이 길수록 감소하게 된다. 따라서 설비의 최적수리주기는 이 두 가지 비용의 합계가 최소가 되는 시점에서 결정하는 것이 경제적이다.

① 단위시간당 보전비 $= \dfrac{a}{x}$

② 열화손실비 곡선 : $f(x) = l + mx$

③ 최적수리주기 : $x_o = \sqrt{\dfrac{2a}{m}}$

여기서, a : 1회 보전비
x : 시간
m : 월수리비
l : 열화손실비
$f(x)$: 열화손실비 곡선함수
x_0 : 최적수리주기

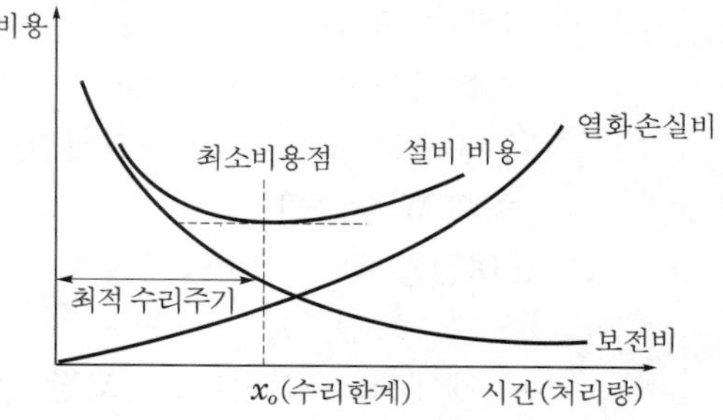

▌최적수리주기의 산출식▐

2 TPM과 설비종합효율

1 TPM의 개요

TPM(Total Productive Maintenance)이란 전원참가의 생산보전활동으로, 생산시스템 효율화의 극한 추구를(종합적 효율화) 하는 기업체질 구축을 목표로 한다. TPM은 생산시스템의 전 생애를 대상으로 재해제로, 불량제로, 고장제로 등 모든 로스(loss)를 미연에 방지하는 체제를 현장·현물에 구축하고, 생산부문을 비롯하여 개발, 영업, 관리 등 사내 전 부분에 걸쳐서 최고경영자로부터 제일선 작업원에 이르기까지 전원이 참가하여 로스제로를 달성하려는 종합적 보전활동이라고 할 수 있다.

(1) TPM의 기본이념

① 경영에 직결되는 종합적 제조기술(수익이 오르는 TPM)

② 철저한 낭비 배제
- ㉠ 고장정지로스
- ㉡ 작업준비·조정로스
- ㉢ 절삭기구로스
- ㉣ 초기운전로스
- ㉤ 일시정지·공운전로스
- ㉥ 속도저하로스
- ㉦ 불량재가공로스

③ 미연방지(예방철학)
- ㉠ MP(보전예방)
- ㉡ CM(개량보전)
- ㉢ PM(예방보전)

④ 현장·현물주의
 ㉠ 바람직한 상태의 설비
 ㉡ 눈으로 보는 관리(시각관리)
 ㉢ TPM 활동판

⑤ 참여경영 및 인간존중
 ㉠ 자주보전
 ㉡ 재해제로, 불량제로, 고장제로
 ㉢ 명랑한 직장 구축

(2) TPM 기초만들기(설비 5S)

5S는 TPM의 본격적인 추진의 전(前) 단계로서 TPM의 기본을 이루는 활동이며, 전사적·효과적으로 실천하여 직장 내 각 부문에서 제반 낭비요소를 제거하여 최대의 효율을 높이고자 하는 활동이다.

① 5S의 정의
 ㉠ 정리(Seiri) : 필요한 것과 불필요한 것을 구분하여 불필요한 것을 없애는 것
 ㉡ 정돈(Seiton) : 필요한 것을 언제든지 필요한 때 꺼내어 쓸 수 있는 상태로 하는 것
 ㉢ 청소(Seisoh) : 쓰레기와 더러움이 없는 상태로 만드는 것
 ㉣ 청결(Seiketsu) : 정리·정돈·청소의 상태를 유지하는 것
 ㉤ 습관화(Shitsuke) : 정해진 일을 올바르게 지키는 습관을 생활화하는 것

② 목적
 ㉠ 코스트 감축
 ㉡ 능률 향상
 ㉢ 품질 향상
 ㉣ 고장 감축
 ㉤ 안전 보장, 공해 방지
 ㉥ 의욕 향상

(3) TPM·생산보전·예방보전의 관계

③ 작업자의 자주보전 (소집단 활동)	② 토털시스템 MP-PM -CM	① 경제성의 추구 이익을 내는 PM	
○	○	○	TPM의 특색
	○	○	생산보전의 특색
		○	예방보전의 특색

(4) TPM의 5가지 기둥(기본활동)

① 프로젝트팀에 의한 설비 효율화 개별 개선활동
② 설비 운전사용 부문의 자주보전활동
③ 설비보전 부문의 계획보전활동
④ 운전자·보전자의 기능·기술 향상 교육훈련활동
⑤ 설비계획 부문의 설비 초기관리체제 확립활동

참고 위 5가지 외에 다음 3가지를 포함하여, TPM 8대 기둥이라고 한다.
⑥ 품질보전체제 구축
⑦ 관리간접 부문의 효율화 체계 구축
⑧ 안전·위생과 환경관리체제 구축

2 TPM 활동의 구성

(1) 생산효율화의 개별개선

설비·공정에 대한 철저한 로스 배제 및 성능 향상을 통하여 최고의 설비 효율화를 달성하기 위한 설비 개선활동으로 일상개선활동에 의하여 해결되지 못한 문제점을 개선 테마로 설정하고, 현장관리자, 보전 및 기술 부문 등으로 프로젝트팀을 편성하여 개선을 진행시키는 일련의 활동을 개별개선이라고 한다.

① 효율화를 저해하는 손실
㉠ 설비 효율화를 저해하는 7대 손실(loss)
ⓐ 고장정지손실
ⓑ 작업준비·조정손실
ⓒ 초기운전손실(초기수율손실)
ⓓ 일시정지·공운전손실
ⓔ 속도저하손실
ⓕ 불량재가공손실
ⓖ 절삭기구손실

⊙ 절삭기구손실을 제외하면 설비효율화를 저해하는 6대 손실이 된다.

㉡ 설비 조업도를 저해하는 손실
SD(Shut Down) 손실(설비의 계획보전을 위해 설비를 정지시키는 시간적 손실과 본격 가동을 위해 발생하는 물량적 손실이다.)
㉢ 사람의 효율화를 저해하는 5대 손실
ⓐ 관리손실
ⓑ 동작손실
ⓒ 편성손실
ⓓ 자동화변환손실
ⓔ 측정조정손실

㉣ 원단위 효율화를 저해하는 3대 손실

ⓐ 수율손실

ⓑ 에너지손실

ⓒ 거푸집, 지그공구 손실

② **개별개선활동**

개별개선활동은 일상업무 개선과 구분하여 6대 로스의 개선을 위한 프로젝트 테마를 설정하고 설비종합효율을 향상시키기 위한 활동이다.

㉠ 개별개선활동의 구체적 내용

ⓐ 각종 로스의 파악

ⓑ 설비종합효율의 산출과 목표 설정

ⓒ 현상의 해석과 관련 요인의 재검토

ⓓ 현상 메커니즘(phenomena mechanism) 분석 실시

ⓔ 설비의 '본래의 유용한 상태'의 철저한 추구

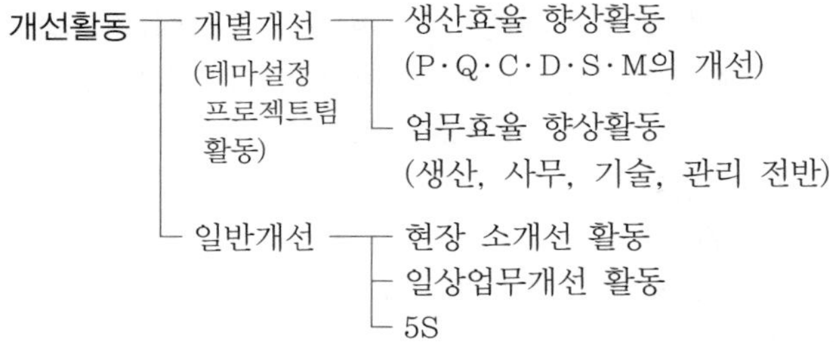

▌개별개선의 분류▐

㉡ 개별개선활동의 테마 선정

ⓐ 욕구가 큰 것

ⓑ 큰 효과가 예상되는 것

ⓒ 3개월 정도로 개선 가능한 것

㉢ 개별개선활동의 추진순서

ⓐ 모델설비의 선정

ⓑ 프로젝트팀 구성

ⓒ 6대 로스 파악 및 평가

ⓓ 개선 테마의 선정 및 추진계획의 수립

ⓔ 프로젝트 활동의 전개

ⓕ 평가 및 표준화

ⓖ 수평적 전개(자주보전활동, 예방보전활동에 반영)

⊘ 여기서 모델설비는 bottleneck 공정에 있는 자주보전설비 중에서 로스가 크고 수평적 전개 효과가 클 것으로 기대되는 설비로 정한다.

(2) 자주보전활동의 전개

① 자주보전의 개념

TPM에서 작업원이 행하는 보전활동을 전원참가 자주보전활동이라 하는데, 자주보전의 특징은 다음 두 가지로 압축할 수 있다.

㉠ 설비에 대한 이해와 일상점검능력을 갖고 다음을 행할 수 있을 것
- ⓐ 자기가 담당하고 있는 설비에 대한 일상점검, 급유
- ⓑ 정해진 범위의 부품교환과 수리
- ⓒ 이상의 조기발견 및 정도점검

㉡ 설비에 강한 오퍼레이터가 되어 다음의 능력을 가질 것
- ⓐ 설비의 이상 발견 능력
- ⓑ 이상에 대한 조치회복 능력
- ⓒ 판정기준을 결정할 수 있는 능력
- ⓓ 설비 유지관리 능력

② 자주보전의 목적

㉠ 분임조활동의 실천에 의한 사람과 조직의 개혁

㉡ 노후설비의 복원과 강제열화의 방지로 제조공정의 안정화

㉢ 발생원·곤란개소대책 등에 의해 불필요한 작업을 극소화함으로써 효율적인 작업기반 조성

㉣ 눈으로 보는 관리의 철저와 기준 작성으로 점검·보전 기능의 향상

㉤ 설비를 주제로 한 전달교육의 철저한 시행과 설비 및 예비품·공구의 관리를 통하여 자주관리체제 확립

㉥ 진단을 실시함으로써 소집단활동의 활성화

③ 자주보전 전개의 7단계

단계	명칭	활동내용
제1단계	초기청소	설비의 불합리 및 결함의 발견과 복원
제2단계	발생원 곤란부위대책	설비 고장 발생원의 방지 및 곤란 부위 개선
제3단계	청소·급유 잠정기준의 작성	일상보전을 위한 행동기준을 작성
제4단계	총점검	점검매뉴얼에 의한 점검기능교육과 총점검 실시에 의한 설비의 불합리 적출과 복원
제5단계	자주점검	자주점검기준서를 확정하여 자주점검 시행
제6단계	정리정돈	각종 현장관리항목의 표준화, 유지관리의 완전시스템화 이룩 • 청소·급유 점검기준 • 데이터 기록의 표준화 • 현장의 물류기준 • 치공구, 관리기준 등
제7단계	자주관리의 철저	회사방침·목표의 전개와 개선활동의 정상화, MTBF 분석기록을 확실하게 해석하여 설비 개선

참고 고장제로의 5가지 대책 중 다음은 자주보전에서 수행한다.
- 기본조건(청소, 점검, 주유, 덧조이기)의 정비
- 사용조건의 엄수
- 오감 점검에 의한 열화부위 발견

(3) 보전예방(MP)활동의 추진

새로운 설비를 계획하거나 건설할 때, 보전정보나 새로운 기술을 고려하여 신뢰성·보전성·경제성·조작성·안정성 등을 높이는 설계를 통해 보전비나 열화손실을 적게 하는 활동을 보전예방이라고 한다.

① 보전예방의 목적

㉠ 고장이 없는 설비의 설계

㉡ 보전하기 쉬운 설비의 설계

㉢ 안전하고 쓰기 쉬운 설비의 설계

㉣ 부적합품이 생기지 않는 설비의 설계

참고 현재 설비의 약점을 연구하고, 그것을 설계에 피드백(feedback)하여 설비의 신뢰성을 높이고자 하는 활동이 보전예방이다.

② MP 개선의 체크리스트

㉠ 신뢰성 : 기능저하, 기능정지를 일으키지 않는 성질(MTBF가 길다)

㉡ 보전성 : 열화 측정, 고장발견 복원 등의 용이성을 나타내는 성질

㉢ 자주보전성 : 운전 부문이 짧은 시간에 간단히 청소·급유·점검 등 보전활동을 하기 쉬운 성질

㉣ 조작성 : 설비의 운전이나 작업전환 시 올바른 조작을 신속·정확하게 할 수 있는 성질

㉤ 안정성 : 안전하며 피로감이 없고 작업환경을 악화시키지 않는 성질

참고 초기유동관리
설비의 설치·시운전 완료 후 실제의 제품을 생산하면서 부실점을 디버깅하여, 조기안정가동을 꾀하는 활동이다.

3 설비종합효율

(1) 설비종합효율의 산출

설비종합효율이란 설비의 가동상태를 양적·질적으로 파악하여 설비의 가용성 정도를 파악하는 척도로서, 다음과 같이 정의된다.

$$\text{설비종합효율} = \text{시간가동률} \times \text{성능가동률} \times \text{양품률}$$

① 시간가동률

부하시간에 대해 설비 정지를 제외한 실질시간의 시간적 비율을 뜻한다.

㉠ 시간가동률 $= \dfrac{\text{부하시간} - \text{정지시간}}{\text{부하시간}}$

㉡ 부하시간 = 조업시간 − (생산계획상 휴지시간 + 보전 휴지시간 + 일상관리상 휴지시간)

참고 여기서 시간가동률은 90% 이상이 되어야 한다.

② 성능가동률

성능가동률은 속도가동률과 실제가동률의 곱으로 이루어지며, 속도가동률은 설비의 고유능력과 설계능력에 대해 가동하고 있는 속도비율을 의미하고, 실제가동률은 일정한 속도의 지속성을 나타내는 것으로 단위시간 내에 일정 속도로 가동하고 있는가를 나타낸다.

$$\begin{aligned}\text{성능가동률} &= \text{실제가동률} \times \text{속도가동률} \\ &= \frac{\text{생산량} \times \text{실제 CT}}{\text{부하시간} - \text{정지시간}} \times \frac{\text{기준 CT}}{\text{실제 CT}} \\ &= \frac{\text{생산량} \times \text{기준 CT}}{\text{가동시간}}\end{aligned}$$

(단, CT는 사이클타임(cycle time)이다.)

참고 여기서 성능가동률은 95% 이상이 되어야 한다.

③ 양품률

양품률이란 양품수를 투입 수량으로 나눈 개념으로, 투입 수량은 가공된 제품 수량을 뜻한다.

양품률 $= \dfrac{\text{가공수량} - \text{불량수량}}{\text{가공수량}}$

여기서 양품률은 99% 이상이 되어야 한다.

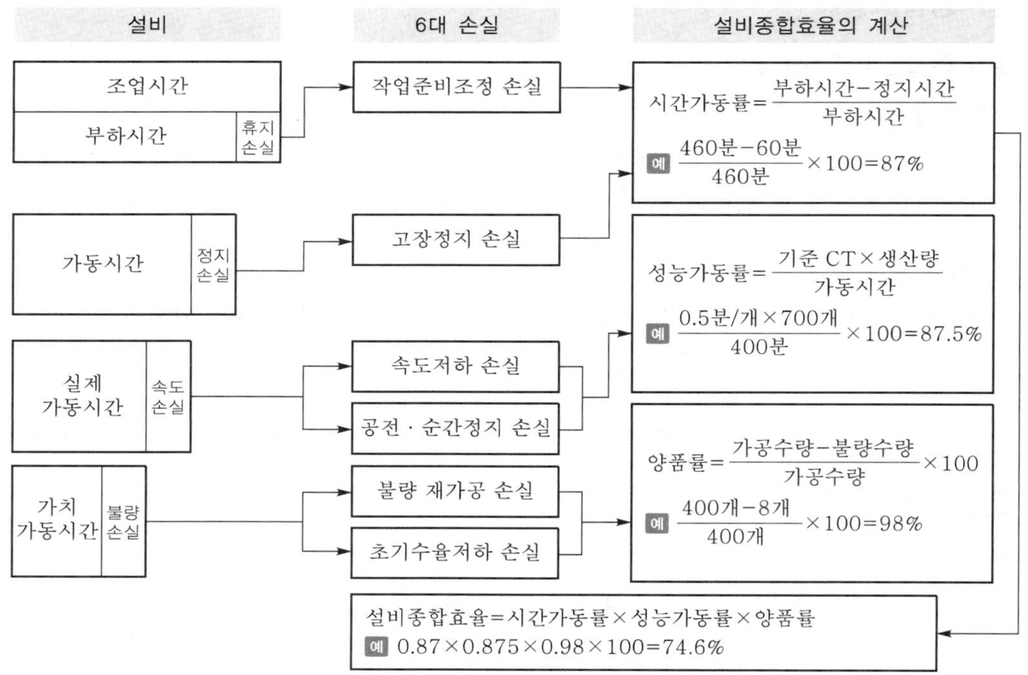

‖ 설비의 6대 손실과 설비종합효율의 관계 ‖

참고 생산의 종합적 효율화를 높이려면 생산의 output인 P·Q·C·D·S·M을 최대로 해야 하며, 특히 효율화 대상인 4M을 극대화해야 한다.

1. 생산성에 영향을 미치는 요소
   - 생산량(P ; Production)
   - 품질(Q ; Quality)
   - 원가(C ; Cost)
   - 납기(D ; Delivery)
   - 안전(S ; Safety)
   - 환경(M ; Morale)
2. 효율화 대상(4M)
   - Machine : 설비의 효율화
   - Material : 원재료, 에너지의 효율화
   - Man : 작업의 효율화
   - Method : 관리의 효율화

(2) 설비효율화를 저해하는 손실(로스)

① 장치산업의 8대 로스

구분	8대 로스	내용
휴지 로스	① SD(Shut-Down) 로스 (계획보전 로스)	계획보전에 의한 SD 공사, 정기정비, 법정정비, 일반보수공사 등으로 인한 휴지시간
	② 생산조정 로스	생산계획상의 생산조정 정지시간 재고조정을 위한 정지시간
정지 로스	③ 설비고장 로스	설비가 규정된 기능을 상실하여 돌발적으로 정지하는 시간
	④ 프로세스 고장 로스	공정 내 취급물질의 화학적·물리적 물성 변화, 조작 미스, 분진 비산 등으로 펌프가 정지하는 시간
성능 로스	⑤ 정상생산 로스	플랜트의 스타트 후의 안정화, 정지 전의 감속운전, 품종 전환으로 인해 발생하는 생산속도 저하 로스
	⑥ 비정상생산 로스	플랜트 이상으로 인하여 저부하운전, 저속운전, 기준생산비율 이하로 저하시켜 운전함에 따른 성능 로스
불량 로스	⑦ 품질불량 로스	불량품, 폐기품, 2등급품으로 인한 물량, 시간상의 로스
	⑧ 재가공 로스	최종 공정에서 불량품을 양품으로 만들기 위해 원류 공정으로 재가공(recycle)하는 데 따른 로스

② 가공조립산업의 6대 로스

구분	6대 로스	내용	목표
정지 로스	① 고장정지 로스	돌발적·만성적으로 발생되는 고장정지에 수반하는 시간적인 로스	제로
	② 작업 준비·조정 로스	준비작업 기종 교체에 수반하는 시간적인 로스, 생산을 정지하고 나서 다음 품종으로 대체, 최초의 양품이 되기까지의 정지시간	극소화
속도 로스	③ 공전·순간 정지 로스	일시적인 트러블에 의한 설비의 정지 또는 공전 로스, 본래는 정지로스의 구분에 해당하지만 시간적 정량화가 곤란한 경우가 많기 때문에 이 구분의 로스로써 포착	제로
	④ 속도저하 로스	기준 사이클타임과 실제의 사이클타임과의 차를 로스로써 포착	제로
불량 로스	⑤ 불량재가공 로스	공정 중에 불량이 되는 물량적 로스	제로
	⑥ 초기수율 로스	초기생산 시의 물량적 로스(시작업 시나 작업 준비 기종 대체에 발생되는 로스)	극소화

③ 돌발로스와 만성로스

돌발로스란 상황변화에 따라 발생하기 때문에 원인규명이 비교적 쉬우며 대책을 취하면 쉽게 해결되며, 만성로스란 지속적인 것으로 항상 동일한 현상이 어떤 산포의 범위 내에서 발생하기 때문에 원인을 규명하기가 쉽지 않고 대책을 취하기가 어렵다. 따라서 만성로스는 각종 대책을 세워도 잘 해결되지 않는 경향이 있으므로 혁신적인 대책을 세우는 현상타파의 식을 필요로 하며, 극한값의 대비에 의한 만성손실의 차이를 표면화시켜 관리한다.

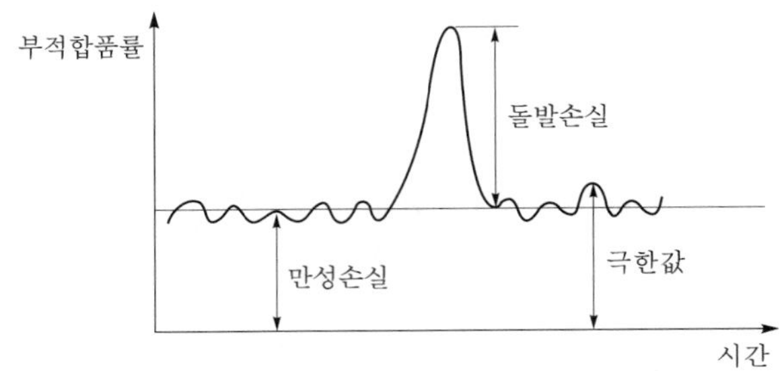

㉠ 돌발로스의 특징

ⓐ 돌발적이며 표면화가 쉽다.

ⓑ 단일 원인계인 경우가 대부분이며 원인과 결과가 명확하다.

ⓒ 1회 손실비용은 크나, 대책수립이 용이하다.

ⓓ 문제해결을 위하여 복원적 대책을 필요로 한다.

㉡ 만성로스의 특징

ⓐ 지속적이며 표면화가 곤란하다.

ⓑ 복합 원인계에 의해 발생하며 원인과 결과가 불명확하다.

ⓒ 1회 손실비용은 작으나, 대책수립이 어렵다.

ⓓ 문제해결을 위하여 혁신적 대책을 필요로 한다.

참고 만성고장의 특징

- 원인은 하나지만 원인이 될 수 있는 것은 무수히 많다.
- 복합원인에 의해 발생되며, 그 요인의 조합이 상황마다 달라진다.

④ 고장의 형태와 손실

㉠ 고장의 형태

ⓐ 파국고장 : 돌발고장, 기능정지형 고장으로 작동이나 기능자체를 정지시키는 고장의 형태이다.

ⓑ 열화고장 : 특성치나 성능을 차츰 감소시키는 고장의 형태로 기능저하형 고장과 품질저하형 고장이 있다.

㉡ 고장으로 인한 손실

ⓐ 품절로 인한 판매기회의 상실

ⓑ 불량품 및 스크랩의 증대

ⓒ 공급중단으로 인한 후속공정의 정체

ⓓ 납기지연으로 인한 고객의 불만

ⓔ 유휴자본 코스트(감가상각비 등)의 발생

ⓕ 유휴노무비의 발생

ⓖ 기계수리비용의 발생

ⓗ 산업공해의 발생

부록 1

과년도 기출문제

품질경영기사 필기

최근 품질경영기사 필기 기출문제와 해설

부록

1

과년도 기출문제

2017 제1회 품질경영기사

제1과목 실험계획법

1 2^3요인배치 실험을 교락법을 사용하여 [그림]과 같이 2개의 블록으로 나누어 실험을 하려고 할 때의 설명으로 틀린 것은?

[블록 1]	[블록 2]
(1)	a
ab	b
c	ac
abc	bc

① 블록에 교락된 것은 교호작용 $A\times B\times C$이다.
② 블록으로 나누어질 때 (1)을 포함한 것을 주블록이라 한다.
③ 블록에 교락시킬 때 주인자를 교락시키지 않도록 세심한 설계가 필요하다.
④ 블록에 교락된 교호작용은 일반적으로 단독으로 제곱합을 검출할 수 없다.

해설 $A\times B=(1+ab+c+abc-a-b-ac-bc)$
$=a(b+bc-1-c)-(b+bc-1-c)$
$=(a-1)(bc+b-c-1)$
$=(a-1)(b-1)(c+1)$
따라서, 블록에는 $A\times B$가 교락되어 있다.

2 모수요인 $A(l$ 수준), $B(m$수준)는 랜덤화가 곤란하고 모수요인 $C(n$수준)는 랜덤화가 용이하여, 요인 A, B를 일차 단위에 배치하고 요인 C를 2차 단위로 하여 실험한 1차 단위가 2요인배치인 단일분할법에서 자유도의 계산식으로 틀린 것은?

① $\nu_{e_1}=(l-1)(m-1)$
② $\nu_{e_2}=l(m-1)(n-1)$
③ $\nu_{A\times C}=(l-1)(n-1)$
④ $\nu_{B\times C}=(m-1)(n-1)$

해설 ② $\nu_{e_2}=\nu_{A\times B\times C}=\nu_A\times\nu_B\times\nu_C$
$=(l-1)(m-1)(n-1)$
※ 1차 단위오차 e_1에는 $A\times B$가 교락되어 있고, 2차 단위오차 e_2에는 $A\times B\times C$가 교락되어 있다.

3 요인의 수준 $l=4$, 반복수 $m=3$으로 동일한 1요인 실험에서 총제곱합(S_T)은 2.383, 요인 A의 제곱합(S_A)은 2.011이었다. $\mu(A_i)$와 $\mu(A_i{}')$의 평균치 차를 $\alpha=0.05$로 검정하고 싶다. 평균치 차의 절대값이 약 얼마보다 클 때 유의하다고 할 수 있는가? (단, $t_{0.975}(8)=2.306$, $t_{0.95}(8)=1.860$이다.)

① 0.284 ② 0.352
③ 0.327 ④ 0.406

해설 $S_e=2.383-2.011=0.372$

$$LSD=t_{0.975}(8)\sqrt{\frac{2V_e}{m}}$$
$$=2.306\times\sqrt{\frac{2\times(0.372/8)}{3}}$$
$$=0.406$$

(단, $\nu_e=l(m-1)=8$이다.)
※ LSD(최소유의차)는 평균차 유의성 검정 시, 차이가 있음을 입증하는 최소값을 의미한다.

4 모수요인 A는 3수준, 변량요인 B는 3수준으로 택하고 반복 2회의 2요인 실험의 분산분석표에서 $E(V_B)$의 값은?

① $\sigma_e^2+2\sigma_B^2$ ② $\sigma_e^2+2\sigma_{A\times B}^2+3\sigma_B^2$
③ $\sigma_e^2+6\sigma_B^2$ ④ $\sigma_e^2+2\sigma_{A\times B}^2+6\sigma_B^2$

해설 $E(V_B)=\sigma_e^2+lr\sigma_B^2=\sigma_e^2+6\sigma_B^2$
※ $E(V_A)=\sigma_e^2+r\sigma_{A\times B}^2+mr\sigma_A^2$
$=\sigma_e^2+2\sigma_{A\times B}^2+6\sigma_A^2$

5 실험일, 실험장소 또는 시간적 차이를 두고 실시되는 반복 등과 같은 요인은?

① 블록요인 ② 집단요인
③ 표시요인 ④ 제어요인

해설 실험일자, 실험장소 등은 블록요인에 해당되며, 서브로트의 선정, 대상 검사원의 선정 등 랜덤으로 정해지는 요인들은 해석을 목적으로 배치한 집단요인에 해당된다.

정답 1.① 2.② 3.④ 4.③ 5.①

6 다음 직교배열표에서 A가 3열, B가 5열에 배치되었을 때 A, B 간에 교호작용이 있다면 요인 C를 배치할 수 있는 열을 모두 나열한 것은?

열번호	1	2	3	4	5	6	7
성분	a	b	ab	c	ac	bc	abc

① 1, 2, 6 ② 1, 2, 4, 7
③ 1, 2, 7 ④ 1, 2, 6, 7

해설 $A \times B$는 $ab \times ac = a^2bc = bc$이므로 6열에 배치된다. 따라서, 배치 가능한 열은 1, 2, 4, 7열이다.

7 2^3형 실험계획에서 $A \times B \times C$를 정의대비(defining contrast)로 잡아 1/2 일부실시법을 행했을 때 요인 A와 별명(alias) 관계가 되는 요인은?

① B
② $A \times B$
③ $A \times C$
④ $B \times C$

해설 요인 A의 별명은 요인×정의대비(I)이므로 $A(A \times B \times C) = B \times C$이다.

8 다구찌는 사회지향적인 관점에서 품질의 생산성을 높이기 위하여 다음과 같이 정의하였다. 이때 품질 항목에 속하지 않는 것은?

생산성 = 품질(Quality) + 비용(Cost)

① 사용비용
② 기능산포에 의한 손실
③ 폐해항목에 의한 손실
④ 공해환경에 의한 손실

해설 품질 항목은 ①, ②, ③항으로 정의된다.

9 3수준 선점도에 대한 설명으로 틀린 것은?

① 선의 자유도는 2이다.
② 점의 자유도는 2이다.
③ 점은 하나의 열에 대응된다.
④ 선은 점과 점 사이에 교호작용을 나타낸다.

해설 ① 선점도의 선은 교호작용으로, 교호작용은 2개 열에 나타나므로 선의 자유도는 4가 된다.

10 3개의 공정(A)에서 나오는 제품의 부적합품률이 작업시간(B)별로 차이가 있는지 알아보기 위하여 오전, 오후, 야간 근무조에서 공정라인별로 각각 100개씩 조사하여 다음 [표]와 같은 데이터가 얻어졌다. 이 데이터를 이용하여 B_1 수준의 모부적합품률 $P(B_1)$의 95% 신뢰구간을 구하면 약 얼마인가? (단, $V_e = 0.0732$이다.)

(단위 : 100개 중 부적합품수)

작업시간 \ 공정	A_1	A_2	A_3
B_1(오전)	5	3	8
B_2(오후)	8	5	13
B_3(야간)	10	6	15

① (1.235%, 6.222%)
② (1.787%, 7.393%)
③ (2.105%, 8.005%)
④ (2.272%, 8.395%)

해설
$$\hat{p}_{B_1} = \frac{5+3+8}{300} = 0.05333$$
$$P_{B_1} = \hat{p}_{B_1} \pm u_{0.975}\sqrt{\frac{V_e}{lr}}$$
$$= 0.05333 \pm 1.96 \times \sqrt{\frac{0.0732}{300}}$$
$$= 0.05333 \pm 0.03062 \Rightarrow 0.02272 \sim 0.08395$$

11 실험계획 시 실험에 직접 취급되는 요인은 매우 다양하다. 실험에 직접 취급되는 요인으로 적용하기 어려운 것은?

① 실험의 효율을 올리기 위해서 실험환경을 층별한 요인
② 실험의 목적을 달성하기 위하여 이와 직결된 실험의 반응치
③ 실험용기, 실험시기 등과 같이 다른 요인에 영향을 줄 가능성이 있는 요인
④ 주효과의 해석은 의미가 없지만 제어요인과 교호작용효과의 해석을 목적으로 하는 요인

해설 ① : 블록인자
② : 특성치
③ : 블록인자
④ : 표시인자
※ 실험의 반응치(특성치)는 원인이 아닌, 실험의 결과이다.

정답 6.② 7.④ 8.④ 9.① 10.④ 11.②

12 2^2형 실험에서 반복 $r=4$이고, $T_{11}.=165$, $T_{12}.=84$, $T_{21}.=352$, $T_{22}.=134$일 때, 교호작용의 제곱합 $(S_{A\times B})$의 값은 약 얼마인가?

① 83.313　　② 126.125
③ 1173.063　　④ 3510.563

해설
$$S_{A\times B}=\frac{1}{N}(165+134-84-352)^2$$
$$=\frac{1}{16}(-137)^2=1173.063$$

13 다음의 [표]는 요인 A, B에 대한 반복없는 모수모형 2요인 실험의 분산분석표이다. 이 실험의 품질특성은 망대특성이라고 할 때 틀린 것은?

수준	A_1	A_2	A_3	A_4
B_1	16	26	30	20
B_2	13	22	20	17
B_3	7	9	19	5

요인	SS	DF	MS	F_0	$F_{0.95}$
A	344	2	172	18.429	5.14
B	222	3	74	7.929	4.75
e	56	6	9.333		
T	622	11			

① 최적해의 점추정치는 $\hat{\mu}(A_3B_1)=\bar{x}_3.+\bar{x}._1-\bar{\bar{x}}$이며 점추정치는 29이다.
② 모평균의 95% 신뢰구간 추정을 위한 분산은 $V(\bar{x}_3.+\bar{x}._1-\bar{\bar{x}})=\frac{lm}{l+m-1}\sigma_e^2$이다.
③ $t_{0.975}(6)=2.447$일 때 최적조건에서 모평균의 신뢰구간은 약 23.71~34.29이다.
④ 유의수준 5%로 요인 A, B는 모두 유의하며, 망대특성이므로 최적해는 $\hat{\mu}(A_3B_1)$이다.

해설
①: $\hat{\mu}(A_3B_1)=\bar{x}_3.+\bar{x}._1-\bar{\bar{x}}=\frac{69}{3}+\frac{92}{4}-\frac{204}{12}=29$

②: $n_e=\frac{N}{\nu_A+\nu_B+1}=\frac{lm}{l+m-1}$이므로,

$V(\bar{x}_3.+\bar{x}._1-\bar{\bar{x}})=\frac{\sigma_e^2}{n_e}=\frac{l+m-1}{lm}\sigma_e^2$이다.

③: $\mu(A_3B_1)=29\pm2.447\sqrt{\frac{9.333}{2}}=29\pm5.286$

※ 반복없는 2요인배치는 A와 B가 서로 독립인 실험으로 A와 B가 유의한 경우 조합 평균의 추정을 행한다.

14 완전랜덤화법(completely randomized design)을 이용하여 l개의 실험조건에서 각각 m번씩 실험하여 얻은 관측치를 분석하기 위하여 다음과 같은 수학적인 모형을 세웠다. 모형의 설명 중 틀린 것은?

$$x_{ij}=\mu+a_i+e_{ij}$$
(단, $i=1, 2, \cdots, l$이고, $j=1, 2, \cdots, m$이다.)

① μ는 실험 전체의 모평균을 나타낸다.
② x_{ij}는 i번째 실험조건에서 j번째 관측치를 나타낸다.
③ a_i는 i번째 실험조건의 영향 또는 치우침을 나타낸다.
④ e_{ij}는 오차를 나타내며 상호 종속적인 관계를 가지고 분포한다.

해설 ④ e_{ij}는 오차로, 상호 독립적인 관계를 가지고 있으며, 정규분포를 따른다.

15 A요인을 4수준, B요인을 2수준, C요인을 2수준, 반복 2회의 지분실험법을 행하고 분산분석표를 작성한 결과 다음과 같았다. 이때 $\hat{\sigma}_A^2$의 값은 약 얼마인가?

인자	SS	DF	MS
A	1.8950	3	0.63167
$B(A)$	0.7458	4	0.18645
$C(AB)$	0.3409	8	0.042613
e	0.0193	16	0.001206

① 0.0394　　② 0.0557
③ 0.1113　　④ 0.1484

해설
$$\hat{\sigma}_A^2=\frac{V_A-V_{B(A)}}{mnr}=\frac{0.63167-0.18645}{2\times2\times2}=0.05565$$
※ 지분실험법은 변량모형의 실험으로, A는 $B(A)$로, $B(A)$는 $C(AB)$로, $C(AB)$은 e로 검정한다.

16 4개의 처리를 각각 n회씩 반복하여 평균치 $\bar{y}_1$, $\bar{y}_2$, $\bar{y}_3$, $\bar{y}_4$를 얻었다. 대비(contrast)가 될 수 없는 것은?

① $\bar{y}_1-\bar{y}_3$　　② $\bar{y}_1-\bar{y}_2+\bar{y}_3+\bar{y}_4$
③ $\bar{y}_1+\bar{y}_2-\bar{y}_3-\bar{y}_4$　　④ $\bar{y}_1+\bar{y}_2+\bar{y}_3-3\bar{y}_4$

해설 대비는 선형식에서 계수의 합이 0이 되는 성질이다.
$\Sigma c_i=c_1+c_2+\cdots+c_n=0$

정답 12.③ 13.② 14.④ 15.② 16.②

17 회귀선에 의하여 설명되지 않는 편차 $y_i - \hat{y}$를 잔차(residual)라고 한다. 이 잔차(e_i)의 성질을 설명한 내용 중 틀린 것은?

① 잔차들의 합은 영이다. 즉, $\Sigma e_i = 0$
② 잔차들의 x_i에 의한 가중합은 영이다. 즉, $\Sigma x_i e_i = 0$
③ 잔차들의 제곱과 $(y_i - \bar{y})$의 가중합은 영이다. 즉, $\Sigma(y_i - \bar{y})e_i^2 = 0$
④ 잔차들의 $\hat{y}$(회귀직선추정식)에 의한 가중합은 영이다. 즉, $\Sigma \hat{y} e_i = 0$

해설 잔차의 합은 0이지만, 잔차 제곱합은 0이 될 수 없다.
※ $y_i - \bar{y} = (y_i - \hat{y}_i) + (\hat{y}_i - \bar{y})$

18 다음 라틴방격법을 설명한 내용 중 틀린 것은 어느 것인가?

① 3×3 라틴방격은 9가지의 상이한 배치가 존재한다.
② 라틴방격법에서 각 처리는 모든 행과 열에 꼭 한 번씩 나타나 있다.
③ 제1행, 제1열이 자연수 순서로 나열되어 있는 라틴방격을 표준라틴방격이라 한다.
④ 라틴방격법은 4각형 속에 라틴문자 A, B, C를 나열하여 4각형을 만들어 사용해서 라틴방격이란 이름이 붙게 되었다.

해설 총방격수=표준방격수$\times k! \times (k-1)!$
$= 1 \times 3! \times 2!$
$= 12$
(단, 3×3 라틴방격의 표준방격수는 1이다.)

19 반복이 없는 3요인 실험에서 분석결과 교호작용은 모두 유의하지 않았다. $\hat{\mu}(A_i C_k)$의 신뢰구간 추정을 할 때에 사용되는 유효반복수(n_e)의 값은? (단, A, B, C 요인의 수준수는 각각 3, 4, 5이다.)

① 4.50
② 4.98
③ 8.57
④ 9.00

해설 다구찌 공식

$$n_e = \frac{\text{실험총수}}{\text{유의한 요인의 자유도합}+1} = \frac{N}{\nu_A + \nu_C + 1} = \frac{3 \times 4 \times 5}{2+4+1} = 8.57$$

20 1요인 실험에서 완전랜덤화 모형과 2요인 실험의 난괴법에 관한 설명으로 틀린 것은?

① 난괴법에서 변량요인 B에 대해 모평균을 추정하는 것은 의미가 없다.
② 난괴법은 A요인이 모수요인, B는 변량요인이며 반복이 없는 경우를 지칭한다.
③ 난괴법에서 변량요인 B를 실험일 또는 실험장소 등인 경우로 선택할 때 집단요인이 된다.
④ k개의 처리를 r회 반복 실험하는 경우에 오차항의 자유도는 1요인 실험이 난괴법보다 $r-1$이 크다.

해설 ③ 실험일 또는 실험장소는 블록인자이다.
④ • 1요인배치 : $\nu_e = l(r-1) = lr - l$
• 난괴법 : $\nu_e = (l-1)(r-1) = lr - l - r + 1$
※ 모수인자는 평균의 해석을 행하고, 변량인자는 분산의 해석을 행한다.

제2과목 통계적 품질관리

21 로트별 합격품질한계(AQL) 지표형 샘플링검사 방식(KS Q ISO 2859-1)의 내용 중 맞는 것은?

① 연속로트인 경우 적용되는 검사방식이다.
② 수월한 검사에서 보통검사로 갈 경우에 조건부 합격제도의 활용
③ R10 등비급수를 활용한 체계적 수치표의 구성
④ 보통검사에서 까다로운 검사로의 엄격도 조정에 전환점수제도 적용

해설 조건부 합격제도는 예전 규격인 MIL-STD-105D의 경우이다. 계수값 샘플링검사(KS Q ISO 2859-1)는 R5 등비수열에 의해 샘플링검사표가 구성되어 있으며, 전환점수는 보통검사에서 수월한 검사로 갈 경우에 적용된다.

정답 17.③ 18.① 19.③ 20.③ 21.①

22 샘플링검사의 선택조건으로 틀린 것은?

① 실시하기 쉽고 관리하기 쉬울 것
② 목적에 맞고 경제적인 면을 고려할 것
③ 샘플링을 실시하는 사람에 따라 차이가 있을 것
④ 공정이나 대상물 변화에 따라 바꿀 수 있을 것

해설 ③ 샘플링을 실시하는 사람에 따른 차이가 없도록 기준이 명확해야 한다.

23 Y제품의 인장강도 평균값이 450kg/cm² 이상인 로트는 통과시키고, 420kg/cm² 이하인 로트는 통과시키지 않도록 하는 계량규준형 1회 샘플링검사법을 설계하고자 한다. 샘플링검사에서 로트의 평균값이 420kg/cm² 이하인 로트가 합격될 확률을 0.10 이하로, 로트의 평균값이 450kg/cm² 이상인 로트가 불합격될 확률을 0.05 이하로 하고 싶다. 다음 설명 중 틀린 것은? (단, $\sigma = 30\text{kg/cm}^2$이다.)

① 생산자 위험은 5%이다.
② 소비자 위험은 10%이다.
③ 로트의 평균값을 보증하는 방식이다.
④ 시료의 크기와 상한 합격판정값을 구하여야 한다.

해설 망대특성이므로 시료의 크기와 평균치의 하한 합격판정값을 구하여야 한다.

- $n = \left(\dfrac{k_\alpha + k_\beta}{m_0 - m_1}\right)^2 \sigma^2 = \left(\dfrac{1.645 + 1.282}{450 - 420}\right)^2 \times 30^2 = 9$개
- $\overline{X}_L = m_0 - k_\alpha \dfrac{\sigma}{\sqrt{n}} = 450 - 1.645 \times \dfrac{30}{\sqrt{9}}$
  $= 433.55\text{kg/cm}^2$

24 부적합률에 대한 계량형 축차 샘플링검사 방식의 표준번호로 맞는 것은?

① KS Q ISO 0001
② KS Q ISO 28591
③ KS Q ISO 9001
④ KS Q ISO 39511

해설 ① KS Q 0001 : 계수 및 계량 규준형 1회 샘플링검사
② KS Q ISO 28591 : 계수형 축차 샘플링검사
③ KS Q ISO 9001 : 품질경영시스템-요구사항
④ KS Q ISO 39511 : 계량형 축차 샘플링검사
※ KS Q ISO 2859 : 계수값 샘플링검사

25 A사에서 생산하는 강철봉의 길이는 평균 2.8m, 표준편차 0.20m인 정규분포를 따르는 것으로 알려져 있다. 25개의 강철봉의 길이를 측정하여 구한 평균이 2.72m라면 평균이 작아졌다고 할 수 있는가를 유의수준 5%로 검정할 때, 기각역(R)과 검정통계량(u_0)의 값은?

① $R = (u < -1.645)$, $u_0 = -2.0$
② $R = (u < -1.96)$, $u_0 = -2.0$
③ $R = (u > 1.645)$, $u_0 = 2.0$
④ $R = (u > 1.96)$, $u_0 = 2.0$

해설 1. 가설 : $H_0 : \mu \geq 2.8\text{m}$, $H_1 : \mu < 2.8\text{m}$
2. 유의수준 : $\alpha = 0.05$
3. 검정통계량 : $u_0 = \dfrac{2.72 - 2.8}{0.2/\sqrt{25}} = -2.0$
4. 기각치 : $-u_{0.95} = -1.645$
5. 판정 : $u_0 < -1.645$이므로, H_0 기각

26 다음 중 임의의 두 사상 A, B가 독립사상이 되기 위한 조건은?

① $P(A|B) = \dfrac{P(A \cap B)}{P(A)}$
② $P(A \cap B) = P(A) + P(B)$
③ $P(A \cup B) = P(A) \cdot P(B)$
④ $P(A \cap B) = P(A) \cdot P(B)$

해설 ①은 조건부 확률이다.

27 로트의 평균치를 보증하는 계수 및 계량 규준형 1회 샘플링검사(KS Q 0001 : 2013)에서 특성치가 망대특성일 때, 설명 중 맞는 것은?

① AOQL이 주어져야 한다.
② OC 곡선은 특성치의 평균 m의 증가함수이다.
③ OC 곡선의 Y축은 평균치의 값으로 나타낸다.
④ OC 곡선의 X축은 로트의 부적합품률(p)이 된다.

해설 OC 곡선의 Y축은 로트의 합격확률, X축은 평균값(m)을 나타낸다.

- $K_{L(m)} = \dfrac{m - \overline{X}_U}{\sigma/\sqrt{n}}$: 망소특성인 경우
- $K_{L(m)} = \dfrac{\overline{X}_L - m}{\sigma/\sqrt{n}}$: 망대특성인 경우

정답 22.③ 23.④ 24.④ 25.① 26.④ 27.②

28 어느 주물공장에서 제조한 제품의 무게는 정규분포를 한다고 한다. 이 제품의 모평균 μ를 구간추정하기 위해 모집단에서 6개를 무작위로 표본 추출하였더니 다음 [데이터]와 같다. 이 제품의 95% 신뢰구간은 약 얼마인가? (단, $t_{0.975}(5)=2.571$이다.)

[데이터] 70, 74, 76, 68, 74, 71

① (69.02, 75.31) ② (73.08, 79.90)
③ (75.50, 78.90) ④ (80.65, 86.90)

해설
$$\mu=\bar{x}\pm t_{0.975}(5)\sqrt{\frac{s^2}{n}}$$
$$=72.16667\pm 2.571\times\sqrt{\frac{2.99444^2}{6}}$$
$$=72.16667\pm 3.14298$$
$$=69.02\sim 75.31$$

29 모상관계수에 관한 검정으로 활용되는 검정통계량으로 틀린 것은?

① $r_0=\dfrac{S_{xy}}{\sqrt{S_{xx}S_{yy}}}$

② $\rho_R=\dfrac{{S_{xy}}^2}{S_{yy}}$

③ $u_0=\dfrac{z-E(z)}{D(z)}$ (단, $z=\tanh^{-1}r$이다.)

④ $t_0=\dfrac{r\sqrt{n-2}}{\sqrt{1-r^2}}$

해설 ② 기여율(ρ_R)은 1차 회귀제곱합(S_R)의 구성비율을 나타낸 척도이다.
$$\rho_R=\frac{S_R}{S_{yy}}=\frac{{S_{xy}}^2}{S_{xx}S_{yy}}=r^2$$
※ 모상관계수의 검정($\rho=0$인 검정)의 검정통계량
- $t_0=\dfrac{r-E(r)}{\sqrt{V(r)}}=\dfrac{r-0}{\sqrt{\dfrac{1-r^2}{n-2}}}=\dfrac{r\sqrt{n-2}}{\sqrt{1-r^2}}$
- $r_0=\dfrac{S_{xy}}{\sqrt{S_{xx}S_{yy}}}$

※ 모상관 유무의 검정 시 검정통계량
$$u_0=\frac{z-E(z)}{D(z)}=\frac{\tanh^{-1}r-\tanh^{-1}\rho}{\sqrt{\dfrac{1}{n-3}}}$$

30 적합도 검정에 대한 설명 중 틀린 것은?

① 적합도 검정은 계수형 자료에 주로 사용된다.
② 적합도 검정의 검정통계량은 카이제곱분포(χ^2)를 따른다.
③ 적합도 검정 시 확률 P_i의 가정된 값이 주어진 경우 유의수준 α에서 기각치는 $\chi^2_{1-\alpha/2}(k-1)$이다.
④ 적합도 검정 시 확률 P_i의 가정된 값이 주어지지 않은 경우, 자유도 $\nu=k-p-1$(p는 모수 추정치의 개수)를 따른다.

해설 확률 P_i의 값이 주어진 경우, 기각치는 $\chi^2_{1-\alpha}(k-1)$이다. 또한 확률 P_i가 주어지지 않은 경우의 자유도는 모수추정치의 개수 1개를 뺀 $\nu=k-p-1$이 된다.

31 통계적 가설 검정에서 유의수준에 대한 설명으로 틀린 것은?

① 검정에 앞서 미리 정하여 두는 위험률이다.
② 일반적으로 제2종의 오류를 범하는 확률을 의미한다.
③ 1에서 유의수준을 빼고 100%를 곱하면 신뢰율이 된다.
④ 통계적 가설 검정에서 귀무가설이 옳음에도 불구하고 기각할 확률이다.

해설 ② 유의수준은 제1종 오류를 범하는 확률을 의미한다.

32 3σ 관리한계를 적용하는 부분군의 크기(n)가 4인 $\bar{x}$ 관리도에서 $U_{CL}=13$, $L_{CL}=4$일 때, 이 로트 개개의 표준편차(σ_x)는 얼마인가?

① 1.5
② 2.25
③ 3
④ 4

해설
$$U_{CL}-L_{CL}=6\frac{\sigma_x}{\sqrt{n}}$$
$$13-4=6\frac{\sigma_x}{\sqrt{4}}$$
$$\therefore\ \sigma_x=3$$

 정답 28.① 29.② 30.③ 31.② 32.③

33 다음 중 평균치와 분산이 같은 확률분포는?

① 정규분포 ② 이항분포
③ 지수분포 ④ 푸아송분포

해설 푸아송분포는 평균과 분산이 동일한 이산형 분포이다.
$E(x) = V(x) = m$

34 p 관리도에 관한 설명으로 틀린 것은?

① 이항분포를 따르는 계수치 데이터에 적용된다.
② 부분군의 크기는 $n = 0.1/p \sim 0.5/p$를 만족하도록 설정한다.
③ 부분군의 크기가 일정할 때는 np 관리도를 활용하는 것이 작성 및 활용상 용이하다.
④ 일반적으로 부적합품률에는 많은 특성이 하나의 관리도 속에 포함되므로 $\bar{x}-R$ 관리도보다 해석이 어려울 수 있다.

해설 ② 부분군의 크기는 가급적 $n = \frac{1}{p} \sim \frac{5}{p}$를 만족시키는 범위에서 설정한다.

35 $\bar{x}-R$ 관리도에서 $\bar{x}$의 산포를 $\sigma_{\bar{x}}^2$, 군간산포를 σ_b^2, 군내산포를 σ_w^2로 표현할 때 틀린 것은? (단, k는 부분군의 수, n은 부분군의 크기, d_2는 부분군의 크기가 n일 때의 값이다.)

① $\sigma_b = \frac{\bar{R}}{d_2}$

② $\sigma_{\bar{x}}^2 = \sigma_b^2 + \frac{\sigma_w^2}{n}$

③ $\sigma_{\bar{x}}^2 = \frac{\sum_{i=1}^{k}(\bar{x}_i - \bar{\bar{x}})^2}{k-1}$

④ 완전한 관리상태일 때 $\sigma_b^2 = 0$

해설
① $\sigma_b = \sqrt{\sigma_{\bar{x}}^2 - \frac{\sigma_w^2}{n}}$

※ $\sigma_w^2 = \left(\frac{\bar{R}}{d_2}\right)^2$

$\sigma_x^2 = \sigma_w^2 + \sigma_b^2$

$\sigma_{\bar{x}}^2 = \frac{\sigma_w^2}{n} + \sigma_b^2$

36 과거 우리 회사에서 생산하는 A제품의 표면에는 평균 6개(m=6)의 핀홀(pinhole)이 있었다. 최근 새로운 도장설비로 교체를 한 후 핀홀의 수를 확인하였더니 x=1이었다. 위험률 5%에서 모부적합수는 작아졌다고 할 수 있는가?

① 커졌다고 할 수 있다.
② 작아졌다고 할 수 있다.
③ 작아졌다고 할 수 없다.
④ 현재로서는 알 수 없다.

해설 1. 가설 : $H_0 : m \geq 6$, $H_1 : m < 6$
2. 유의수준 : $\alpha = 0.5$
3. 검정통계량 : $u_0 = \frac{x-m}{\sqrt{m}} = \frac{1-6}{\sqrt{6}} = -2.04$
4. 기각치(R) : $-u_{0.95} = -1.645$
5. 판정 : $u_0 < -1.645$이므로 H_0 기각

37 관리도에 대한 설명으로 틀린 것은?

① $\bar{x}$ 관리도에서 부분군의 크기 n이 증가하면 관리한계는 좁아진다.
② $\bar{x}-R$ 관리도는 중심값과 산포를 동시에 관리할 수 있는 관리도이다.
③ 하루 생산량이 아주 적어 합리적인 군으로 나눌 수 없는 경우에 $\bar{x}-R$ 관리도를 적용한다.
④ $\bar{x}$ 관리도는 로트가 정규분포를 따른다는 가정이 필요하며 계량치 데이터에 적용 가능하다.

해설 ③ 합리적 군으로 나눌 수 없는 경우는 $x-R_m$ 관리도를 적용한다(소량생산에 적용).

38 관리도에 관한 설명으로 틀린 것은?

① $\bar{x}$ 관리도의 검출력은 x 관리도보다 좋다.
② 관리한계를 2σ 한계로 좁히면 제1종 오류가 감소한다.
③ c 관리도는 각 부분군에 대한 샘플의 크기가 반드시 일정해야 한다.
④ u 관리도에서 부분군의 샘플의 수가 다르면 관리한계는 요철형이 된다.

해설 ② 관리한계를 2σ 한계로 좁히면 제1종 오류가 증가한다.
※ 관리한계폭이 줄어들면 검출력($1-\beta$)은 증가한다.
$\bar{x}$관리도는 x관리도보다 관리한계폭이 $\sqrt{n}$ 배가 줄어든다.

정답 33.④ 34.② 35.① 36.② 37.③ 38.②

39 10톤씩 적재하는 100대의 화차에서 5대의 화차를 샘플링하여 각 화차로부터 3인크리먼트씩 랜덤하게 시료를 채취하는 샘플링 방법은?

① 집락 샘플링 ② 층별 샘플링
③ 계통 샘플링 ④ 2단계 샘플링

해설 M=100에서 1차적으로 m=5를 취하여 각각 n_i=3인크리먼트를 취하므로 2단계 샘플링이다.

40 두 모집단에서 각각 $n_1=5$, $n_2=6$으로 추출하여 어떤 특정치를 측정한 결과가 다음의 [데이터]와 같았다. 모분산비의 검정을 위한 검정통계량은 약 얼마인가?

[데이터]	$\Sigma x_1 = -3$	$\Sigma x_1^2 = 99$
	$\Sigma x_2 = -3$	$\Sigma x_2^2 = 41$

① 2.08 ② 2.80
③ 3.08 ④ 3.80

해설 $S_1 = 99 - (-3)^2/5 = 97.2$

$S_2 = 41 - (-3)^2/6 = 39.5$

$F_0 = \frac{V_1}{V_2} = \frac{97.2/4}{39.5/5} = 3.076$

제3과목 생산시스템

41 순위가 있는 두 대의 기계를 거쳐 수행되는 작업들의 총작업시간을 최소화하는 투입순서를 결정하는 데 가장 중요한 것은?

① 작업의 납기순서
② 투입되는 작업자의 수
③ 공정별 · 작업별 소요시간
④ 시스템 내 평균 작업 수

해설 존슨 법칙에 관한 사항이다.

42 각 부서별로 보전업무 담당자를 배치하여 보전활동을 실시하는 보전조직의 형태는?

① 집중보전 ② 부문보전
③ 지역보전 ④ 절충보전

해설 부서별로 담당자를 배치하여 보전활동을 하는 것은 부문보전이고, 보전부서를 한 조직으로 하여 지원하는 방식은 집중보전이다.

43 분산구매제도의 장점으로 맞는 것은?

① 거래처가 한정되어 있어 품질관리가 수월해진다.
② 공장을 둘러싼 지역사회와 좋은 관계를 창조 · 유지할 수 있고, 지역사회에 경제적 기여를 할 수 있다.
③ 구매활동의 평가가 치밀할 수 있으므로, 높은 성과를 얻을 수 있는 효율적인 관리가 가능하다.
④ 회사의 요구를 집중시킬 수 있으므로, 대량구매에 따른 구매가격의 인하가 가능해진다.

해설 분산구매는 실무자의 자주적 판단하에 구매하는 방식으로, 구매수속을 신속히 처리할 수 있으며 지역사회에 기여도가 높다.
①, ③, ④는 집중구매의 특징이다.

44 재고 저장공간을 품목별로 두 칸으로 나누고, 위 칸에는 운전재고를, 아래 칸에는 재주문점에 해당하는 재고를 쌓아둠으로써, 위 칸에 재고가 없으면 재주문점에 이르렀음을 시각적으로 파악할 수 있는 방법은?

① EPQ
② 정기발주방식
③ 콕(cock) 시스템
④ 더블빈(double-bin)법

해설 문제에서 설명하는 것은 더블빈법이고, 콕 시스템은 부족한 부분을 보충하는 보충발주방식에 해당된다.

45 설비 선정 시 표준품을 대량으로 연속 생산할 경우 어떤 기계설비를 사용하는 것이 유리한가?

① 범용기계설비
② 전용기계설비
③ GT(Group Technology)
④ FMS(Flexible Manufacturing System)

해설 대량생산은 연속생산방식으로 제품별 배치가 효과적이며, 전용기계를 배치한다.

정답 39.④ 40.③ 41.③ 42.② 43.② 44.④ 45.②

46 표준시간 산정기법 중 F. W. Taylor의 과학적 관리에서 이용한 기법은?

① PTS법
② Stop watch법
③ 실적자료법
④ Work sampling법

해설 테일러는 스톱워치를 활용하여 표준작업량을 설정하고 과업관리제도를 창안하였다.

47 다음 중 작업자 공정분석에 관한 설명으로 틀린 것은?

① 창고, 보전계의 업무와 경로 개선에 적용된다.
② 제품과 부품의 개선 및 설계를 위한 분석이다.
③ 기계와 작업자 공정의 관계를 분석하는 데 편리하다.
④ 이동하면서 작업하는 작업자의 작업위치, 작업순서, 작업동작 개선을 위한 분석이다.

해설 제품과 부품의 개선에는 세밀공정분석, 가치분석 등이 해당된다.

48 생산시스템의 투입(input) 단계에 대한 설명으로 가장 적합한 것은?

① 변환을 통하여 새로운 가치를 창출하는 단계이다.
② 필요로 하는 재화나 서비스를 산출하는 단계이다.
③ 기업의 부가가치창출활동이 이루어지는 구조적 단계이다.
④ 가치창출을 위하여 인간, 물자, 설비, 정보, 에너지 등이 필요한 단계이다.

해설 ①, ②항은 산출 단계, ③항은 변환 단계에 해당된다.

49 공정 간의 균형을 위해 애로공정을 합리적으로 해결하는 방법에 속하지 않은 것은?

① 부하거리법
② 라인밸런싱
③ 시뮬레이션
④ 대기행렬이론

해설 ① 부하거리법은 설비배치에 관한 방법이다.

50 라이트(J. M. Wright)가 주장한 채찍효과의 대처방안으로 틀린 것은?

① 변동폭의 감소(reducing variability)
② 리드타임의 단축(lead time reducing)
③ 전략적 파트너십(strategic partnership)
④ 불확실성의 증가(increasing uncertainty)

해설 ①, ②, ③항과 불확실성을 감소시켜야 채찍효과가 방지된다.
※ 채찍효과(bullwhip effect)란 공급사슬에서 고객으로부터 생산자로 갈수록 주문량의 변동폭이 증가하는 현상을 말한다.

51 변동하는 수요에 대응하여 생산율 · 재고수준 · 고용수준 · 하청 등의 관리가능변수를 최적으로 결합하기 위한 용도로 수립되는 계획은?

① 소일정계획(detail scheduling)
② 대일정계획(master scheduling)
③ 주일정계획(master production scheduling)
④ 총괄생산계획(aggregate production planning)

해설 총괄생산계획은 연단위 정도의 수요변동에 대한 전략적 대응방안을 수립하기 위한 계획으로, 수요변동에 대한 대응은 고용수준 변화, 생산율 조정 및 평준화(재고대응전략) 등이 있다.

52 최소자승법에 의한 예측의 설명으로 틀린 것은?

① 예측오차의 합을 최소화시킨다.
② 예측오차의 제곱의 합을 최소화시킨다.
③ 예측오차는 실제치와 예측치의 차이이다.
④ 회귀선, 추세선, 예측선은 같은 의미이다.

해설 ① 예측오차의 합은 0이 되므로 의미가 없다.

53 PERT에서 어떤 요소작업을 정상작업으로 수행하면 5일에 2500만원이 소요되고, 특급작업으로 수행하면 3일에 3000만원이 소요된다. 비용구배(cost slope)는 얼마인가?

① 100만원/일 ② 167만원/일
③ 250만원/일 ④ 500만원/일

해설 $c_s = \dfrac{3000-2500}{5-3} = 250$만원/일

54 제품-생산량($P-Q$) 분석에서 제품과 설비배치 유형을 맞게 연결시킨 것은?

① 다품종 소량생산 - 흐름식 배치
② 다품종 소량생산 - 제품별 배치
③ 소품종 대량생산 - 공정별 배치
④ 소품종 대량생산 - 제품별 배치

해설 다품종 소량생산은 공정별 배치가 유리하다.

55 제품별로 수요량, 생산량, 생산능력이 다를 경우 최적의 제품조합(product mix)을 구하는 데 적용하는 기법은?

① ABC 분석
② PERT/CPM
③ LP(Linear Programming)
④ SDR(Search Decision Rule)

해설 선형계획(LP)에 의한 방법에는 심플렉스법, 도시법, 전산법이 있다.

56 JIT를 적용하는 생산현장에서 부품의 수요율이 1분당 3개이고, 용기당 30개의 부품을 담을 수 있을 때 필요한 간판의 수와 최대재고수는? (단, 작업장의 리드타임은 100분이다.)

① 간판수 = 5, 최대재고수 = 100
② 간판수 = 10, 최대재고수 = 200
③ 간판수 = 10, 최대재고수 = 300
④ 간판수 = 20, 최대재고수 = 400

해설
- 간판수 $= \frac{3\times100}{30} = 10\left(N=\frac{DT}{C}\right)$
- 최대재고수 $= 10\times30 = 300$

57 위치고정형 배치가 적절한 산업은?

① 스키장
② 휴대폰 제조
③ 출판업
④ 금형 제작업

해설 위치고정형 배치는 작업장 위치가 바뀌지 않는 배치로, 프로젝트 생산방식에 적용한다.

58 설비 고장과 관련하여 물리적 잠재결함의 유형에 해당되는 것은?

① 기능이 부족하여 놓친다.
② 이 정도는 문제없다고 무시해버린다.
③ 분석하거나 진단하지 않으면 알 수 없는 내부결함이다.
④ 눈에 보이는 데도 불구하고 무관심해서 보려고 하지 않는다.

해설 물리적 잠재결함은 설비에 내재되어 눈으로 보아 파악할 수 있는 고장이 아니어서, 세부 분석을 하거나 정밀진단을 하지 않으면 발견하기가 어렵다.

59 다음 중 발주점 방식과 MRP 방식을 비교한 것으로 틀린 것은?

① 발주점 방식은 수요패턴이 산발적이지만, MRP 방식은 연속적이다.
② 발주점 방식의 발주개념은 보충개념이지만, MRP 방식의 경우 소요개념이다.
③ 발주점 방식의 수요예측자료는 과거의 수요실적에 기반을 두지만, MRP 방식은 주일정계획에 의한 수요에 의존한다.
④ 발주점 방식에서 발주량의 크기는 경제적 주문량으로 일괄적이지만, MRP 방식에서는 소요량으로 임의적이다.

해설 ① 발주점 방식은 수요패턴이 연속적이지만, MRP 방식은 수요패턴이 산발적이다.

60 어떤 조립라인 작업에서 1일 생산량 500개, 근무시간 8시간, 중식을 포함한 휴식시간은 100분일 경우, 최종 공정에서 피치마크상 완성품이 없는 경우 3%, 라인정지율이 4%일 때 피치타임은 약 얼마인가?

① 0.708분
② 0.793분
③ 0.875분
④ 0.975분

해설 $P_t = \frac{(8\times60-100)\times0.97\times0.96}{500}$
$=0.708$분

 정답 54.④ 55.③ 56.③ 57.① 58.③ 59.① 60.①

제4과목 신뢰성 관리

61 신뢰도가 각각 0.9인 부품 3개를 [그림]과 같이 연결하였을 때 이 시스템의 신뢰도는 얼마인가?

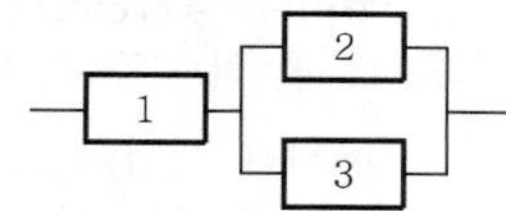

① 0.729　② 0.891
③ 0.990　④ 0.999

해설 $R_S = R_1 \times (1 - F_2 \times F_3)$
$= 0.9 \times 0.99$
$= 0.891$
※ $R_S = R_1R_2 + R_1R_3 - R_1R_2R_3 = 0.891$

62 신뢰도가 0.95인 부품이 직렬로 결합되어 시스템을 구성한다면, 시스템의 목표신뢰도 0.90을 만족시키기 위한 부품의 수는?

① 2개　② 3개
③ 4개　④ 5개

해설 $R_S = R_i^n$

$$n = \frac{\ln R_S}{\ln R_i} = \frac{\ln 0.9}{\ln 0.95} = 2.05\text{개}$$

63 부품에 가해지는 부하(y)는 평균이 25000, 표준편차가 4272인 정규분포를 따르며, 부품의 강도(x)는 평균이 50000이다. 신뢰도 0.999가 요구될 때 부품 강도의 표준편차는 약 얼마인가? (단, $P(z \geq -3.1) = 0.999$이다.)

① 6840psi　② 7840psi
③ 9850psi　④ 13680psi

해설 $R_S = P_r(x > y) = P_r(x - y > 0) = P_r(z > 0)$

$$= P_r\left(u > \frac{0 - (\mu_x - \mu_y)}{\sqrt{{\sigma_x}^2 + {\sigma_y}^2}}\right)$$

$$= P_r\left(u > \frac{25000 - 50000}{\sqrt{{\sigma_x}^2 + 4272^2}}\right)$$

$= 0.999$

여기서, $\dfrac{25000 - 50000}{\sqrt{{\sigma_x}^2 + 4272^2}} = -3.1$이므로,

$\sigma_x = 6840$psi가 된다.

64 평균수명이 4000시간인 2개의 부품이 병렬결합된 시스템의 평균수명은 몇 시간인가?

① 2000시간　② 4000시간
③ 6000시간　④ 8000시간

해설 $\theta_S = \dfrac{1}{\lambda}\left(1 + \dfrac{1}{2}\right) = 4000 \times 1.5 = 6000$시간

65 비기억(memoryless) 특성을 가짐으로 수리 가능한 시스템의 가용도(availability) 분석에 가장 많이 사용되는 수명분포는?

① 감마분포
② 와이블분포
③ 지수분포
④ 대수정규분포

해설 시간에 관계없이 고장률함수가 일정한 경우가 비기억성 분포인 CFR의 분포이다. 지수분포는 $\lambda(t) = \lambda$로 CFR의 분포이므로 조건부 확률이 존재하지 않는다.

66 신뢰성 시험에 대한 설명 중 틀린 것은?

① 현장시험(field test)은 실제 사용상태에서 실시하는 시험이다.
② 가속수명시험은 고장 매커니즘을 촉진하기 위해 가혹한 환경조건에서 실시하는 시험이다.
③ 정수중단시험은 규정된 시험시간 또는 고장발생수에 도달하면 시험을 중단하는 방식이다.
④ 단계 스트레스 시험이란 아이템에 대하여 등간격으로 여러 증가하는 스트레스 수준을 순차적으로 적용하는 시험이다.

해설 ③ 규정된 시험시간에 중단하는 방식은 정시중단시험이다.

67 용어 – 신인성 및 서비스 품질(KS Q 3004 : 2013) 규격에서 아이템의 고장확률 또는 기능열화를 줄이기 위해 미리 정해진 간격 또는 규정된 기준에 따라 수행되는 보전을 뜻하는 용어는?

① 원격보전　② 제어보전
③ 예방보전　④ 개량보전

해설 문제는 Time Based Maintenance(TBM)에 관한 사항으로, 예방보전활동에 해당된다.

정답 61.② 62.① 63.① 64.③ 65.③ 66.③ 67.③

68 고장률곡선에서 초기에 발생하는 고장률함수의 특성은?

① AFR(Average Failure Rate)
② CFR(Constant Failure Rate)
③ IFR(Increasing Failure Rate)
④ DFR(Decreasing Failure Rate)

해설 초기고장기는 고장률함수가 지속적으로 감소하는 DFR의 형태로 나타난다.

69 다음 중 신뢰성을 향상시키는 설계방법이 아닌 것은?

① 스트레스를 분산시킨다.
② 사용하는 부품의 수를 늘린다.
③ 부품에 걸리는 스트레스를 경감시킨다.
④ 스트레스에 대한 안전계수를 크게 한다.

해설 ② 직렬부품의 수를 늘리면 신뢰도는 낮아진다.
$R_S = \Pi R_i = R_i^n$

70 지수분포를 따르는 부품 10개에 대한 수명시험으로 100시간에서 중지하였다. 이 시간 동안 고장 난 부품은 4개로 고장이 각각 10, 30, 70, 90시간에서 발생하였다. 이 부품에 대한 t_0=100시간에서의 누적고장률 $H(t)$는 얼마인가?

① 0.33/hr ② 0.40/hr
③ 0.50/hr ④ 0.67/hr

해설 정시중단시험이므로,
$$\lambda = \frac{r}{\sum t_i + (n-r)t_0} = \frac{4}{200+6\times100} = \frac{1}{200}/\text{hr}$$
$H(t=100) = -\ln R(t) = \lambda t = 0.5/\text{hr}$
(단, 지수분포는 $R(t) = e^{-\lambda t}$이다.)

71 다음 [그림]에서 A, B, C의 고장확률이 각각 0.02, 0.1, 0.05인 경우 정상사상의 고장확률은?

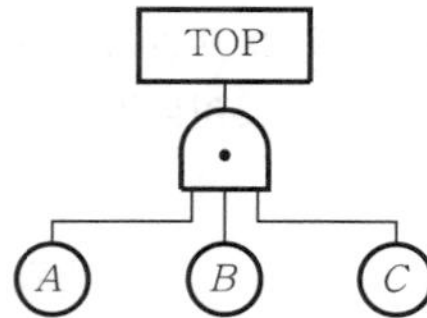

① 0.0001 ② 0.1621
③ 0.8379 ④ 0.9999

해설 $F_S = F_A F_B F_C$
$= 0.02\times0.1\times0.05 = 0.0001$

72 부품의 단가는 400원이고, 시험하는 전체 부품의 시간당 시험비는 60원이다. 총시험시간(T)을 200시간으로 수명시험을 할 때, 어느 것이 가장 경제적인가?

① 샘플 5개를 40시간 시험한다.
② 샘플 10개를 20시간 시험한다.
③ 샘플 20개를 10시간 시험한다.
④ 샘플 40개를 5시간 시험한다.

해설 ① $5\times400+40\times60=4400$
② $10\times400+20\times60=6200$
③ $20\times400+10\times60=8600$
④ $40\times400+5\times60=16300$

73 $MTBF$ 산출식으로 맞는 것은? (단, $R(t)$: 신뢰도함수, $f(t)$: 고장밀도함수이다.)

① $MTBF = \int_t^\infty \frac{f(t)}{R(t)}dt$

② $MTBF = \int_0^t F(t)dt$

③ $MTBF = \int_0^\infty \frac{dR(t)}{dt}dt$

④ $MTBF = \int_0^\infty R(t)dt$

해설 $MTBF = \int_0^\infty t f(t)dt = \int_0^\infty R(t)dt$

74 다음 FMEA의 절차를 순서대로 나열한 것은?

㉠ 시스템의 분해수준을 결정한다.
㉡ 블록마다 고장모드를 열거한다.
㉢ 효과적인 고장모드를 선정한다.
㉣ 신뢰성 블록도를 작성한다.
㉤ 고장등급이 높은 것에 대한 개선 제안을 한다.

① ㉠－㉡－㉢－㉣－㉤
② ㉢－㉤－㉠－㉣－㉡
③ ㉣－㉤－㉡－㉠－㉢
④ ㉠－㉣－㉡－㉢－㉤

해설 시스템 분해수준을 결정하고, 신뢰성 블록도를 작성하는 것이 우선이다.

 정답 68.④ 69.② 70.③ 71.① 72.① 73.④ 74.④

75 표본의 크기가 n일 때 시간 t를 지정하여 그 시간까지 고장수를 r로 한다면 수명 t에 대한 신뢰도 $R(t)$의 추정식은?

① $R(t)=\frac{r}{n}$

② $R(t)=\frac{n-r}{n}$

③ $R(t)=\frac{n}{r}$

④ $R(t)=\frac{r-n}{r}$

해설 신뢰도는 시간 t에서의 생존확률이다.

※ $F(t)=\frac{r}{n}$: 선험법

76 시스템의 고장률이 0.03/hr, 수리율이 0.10/hr인 경우, 시스템의 가용도는? (단, 고장시간과 수리시간은 지수분포를 따른다.)

① $\frac{13}{3}$

② $\frac{13}{10}$

③ $\frac{3}{13}$

④ $\frac{10}{13}$

해설 $A=\frac{\mu}{\lambda+\mu}=\frac{0.1}{0.03+0.10}=\frac{10}{13}$

77 가속수명시험의 시험조건 사이에 가속성이 성립한다는 것을 확률용지에서 어떻게 확인할 수 있는가?

① 확률용지에서 각 시험조건의 수명분포 추정선들이 서로 평행이다.

② 확률용지에서 각 시험조건의 수명분포 추정선들이 서로 직교한다.

③ 확률용지에서 각 시험조건의 수명분포 추정선들이 상호 무상관이다.

④ 확률용지에서 각 시험조건의 수명분포 추정선들의 절편이 서로 동일하다.

해설 가속수명시험은 산포에 영향을 주지 않으면서 수명을 단축하기 위한 시험방법으로, 확률지에서 정상수명시험과 가속수명시험의 추정선들이 서로 평행하게 나타난다.

78 샘플 10개에 대한 수명시험에서 얻은 [데이터]는 다음과 같다. 중앙순위법(median rank)을 이용한 $t=40$시간에서의 누적고장확률[$F(t)$]의 값은 약 얼마인가?

[데이터] (단위 : 시간)

5	10	17.5	30	40
55	67.5	82.5	100	117.5

① 0.450

② 0.452

③ 0.455

④ 0.500

해설 $i=5$이므로, 누적고장확률값은 다음과 같다.

$$F(t)=\frac{i-0.3}{n+0.4}=\frac{4.7}{10.4}=0.452$$

79 고장밀도함수가 지수분포에 따르는 부품을 100시간 사용하였을 때, 신뢰도가 0.96인 경우 순간고장률은 약 얼마인가?

① 1.05×10^{-3}/시간 ② 2.02×10^{-4}/시간

③ 4.08×10^{-4}/시간 ④ 5.13×10^{-4}/시간

해설 $R(t)=e^{-100\lambda}=0.96$

$-100\lambda=\ln 0.96$

$\therefore \lambda=4.08\times10^{-4}$/hr

※ 지수분포는 $\lambda(t)=AFR(t)=\lambda$인 분포이다.
$\lambda(t)$는 고장률함수 또는 순간고장률이라고 하며, $AFR(t)$는 t시점까지의 평균고장률을 의미한다.

80 지수분포의 확률지에 관한 설명으로 틀린 것은?

① 회귀선의 기울기를 구하면 평균고장률이 된다.

② 세로축은 누적고장률, 가로축은 고장시간을 타점하도록 되어 있다.

③ 타점 결과 원점을 지나는 직선의 형태가 되면 지수분포라 볼 수 있다.

④ 누적고장률의 추정은 t시간까지의 고장횟수의 역수를 취하여 이루어진다.

해설 ④ 지수분포의 누적고장률은 고장률에 시간을 곱하여 구한다.

$$H(t)=\int_0^t \lambda(t)dt=-\ln R(t)=\lambda t$$

정답 75.② 76.④ 77.① 78.② 79.③ 80.④

제5과목 품질경영

81 문서관리의 근본적 목적으로 맞는 것은?

① 정확한 정보가 기록으로 남도록 하기 위하여
② 문제가 발생하는 경우 근거로 사용하여야 하기 때문에
③ 올바른 문서만이 필요한 장소에서 사용되도록 하기 위하여
④ 외부기관의 심사에 대비하여 체계적으로 업무가 진행되고 있음을 보장하기 위하여

해설 문서관리의 목적은 표준이 지켜지도록 하기 위함이다.

82 품질경영시스템 – 요구사항(KS Q ISO 9001 : 2013)에서 품질경영원칙이 아닌 것은?

① 리더십 ② 고객중시
③ 프로세스 접근법 ④ 품질방침 및 품질목표

해설 품질경영 7원칙으로는 ①, ②, ③과 인원의 적극참여, 개선, 증거기반 의사결정 및 관계관리/관계경영이 있다.

83 다음 [조건]에서 계측시스템의 산포(σ_m)는 약 얼마인가?

[조건]
- 계측기의 산포(σ_1) : 0.8
- 계측자의 산포(σ_0) : 0.3
- 계측방법의 산포(σ_t) : 0.4
- 기타 산포 : 무시

① 0.78 ② 0.84
③ 0.87 ④ 0.94

해설 $\sigma_m = \sqrt{0.8^2 + 0.3^2 + 0.4^2} = 0.9434$

84 산업표준화법에서 지정하고 있는 산업표준화의 대상에 해당되지 않는 것은?

① 광공업품의 시험, 분석, 감정, 부호, 단위
② 광공업품의 생산방법, 설계방법, 제도방법
③ 구축물과 그 밖의 공작물의 설계 · 시공방법
④ 전기통신 관련 서비스의 제공절차, 체계, 평가방법

해설 서비스에서 전기통신 관련 서비스는 제외한다.

85 품질관리에 일반적으로 사용되는 용어에 대한 설명으로 틀린 것은?

① 6시그마 수준 : 부적합품(불량품) 수가 1백만 개당 3~4개 정도로 부적합품이 거의 발생하지 않는 상태를 의미한다.
② DPMO : 100만 번의 기회당 부적합 발생건수를 뜻하는 용어이며, DPMO는 시그마수준이 높을수록 작아진다.
③ 부적합비용 : 나쁜 품질에 의해 발생되는 비용으로 실패비용이라고도 하며, 내부실패비용과 외부실패비용으로 구분한다.
④ 예방비용 : 제품이나 서비스가 제대로 작동되는지 검사하는 것과 관련된 비용과 검사, 실험실 실험, 현장 실험 등에 해당하는 비용이다.

해설 ④는 적합비용 중 평가비용에 관한 사항이다.

86 다음 중 내부고객 및 외부고객에 관한 설명으로 틀린 것은?

① 고객중심의 품질경영은 고객을 외부고객으로만 규정하고 종업원이 고객에게 최선을 다할 것을 강조하는 것이 무엇보다도 중요하다.
② 데밍은 전통적인 조직의 경계를 철폐하여 완제품의 최종 소비자인 고객과 같은 외부고객은 물론, 앞공정에서 생산한 부품이나 구성품을 사용하는 후공정, 즉 내부고객의 중요성을 강조하였다.
③ 생산과정의 후공정에서 일하는 작업자는 앞공정의 고객이 된다. 이러한 관점에서 기업 내부에도 업무의 흐름에 따라 내부고객들과 유기적으로 연결되어 있으며 외부고객이란 단지 부가가치 선상의 최후에 위치해 있는 내부고객을 의미하는 것과 같다.
④ 전통적으로 고객은 제품의 개발과정에서 대개가 제외되었다. 그러나 경쟁이 치열하게 전개되는 시장에서 이러한 방법을 고수하는 것은 위험하다. 종합적 품질경영에서 외부고객의 요구를 규명하는 것은 제품개발과정에서 자연스러운 현상이다.

해설 ① 고객중심의 품질경영은 외부고객과 함께 내부고객은 물론, 공급자까지 유기적으로 연결하여 좋은 제품을 만들고 경쟁력을 갖추는 것이라 할 수 있다.

정답 81.③ 82.④ 83.④ 84.④ 85.④ 86.①

87 계량의 기본단위로 맞는 것은?

① 길이 : mm
② 질량 : g
③ 시간 : min
④ 물질량 : mol

해설 ① 길이 : m
② 질량 : kg
③ 시간 : s

88 회사정책과 관리, 감독, 작업조건 등을 종업원의 불만요인으로, 성취감, 인정, 직무, 책임감, 성장, 개인진보의 가능성 등을 만족요인으로 주장한 동기부여이론은?

① Maslow 이론
② Herzberg 이론
③ McGregor 이론
④ Cleland와 Kocaoglu 이론

해설 문제는 Herzberg의 동기부여-위생이론에 관한 이론이다.
• 위생요인 : 임금, 작업조건, 감독, 회사정책 등
• 동기요인 : 승진, 성취감, 인정, 책임감, 성장과 발전 등

89 부적합품 손실금액, 부적합품수, 부적합수 등을 요인별, 현상별, 공정별, 품종별 등으로 분류해서 크기의 차례로 늘어놓은 그림을 무엇이라 하는가?

① 산점도 ② 파레토도
③ 그래프 ④ 특성요인도

해설 파레토도는 80/20법칙을 사용하여 중점 항목을 선정하는 중점관리 기법이다.

90 전기조립품을 제조하는 공장에서 공정이 안정되어 있는가를 판단하기 위해 n=5, k=20의 $\bar{x}-R$ 관리도를 작성하였다. 그 결과 $\sum\bar{x}$=213.20, $\sum R$=31.8을 얻었으며 공정이 안정된 것으로 판정되었다. 이때 공정능력지수(C_P)가 1인 경우 규격공차($U-L$)는 약 얼마인가? (단, n=5일 때, d_2=2.326이다.)

① 1.368 ② 3.180
③ 4.102 ④ 8.204

해설 공정능력지수가 1이므로 규격공차와 공정능력치가 같다.
$$U-L=6\sigma=6\times\frac{31.8/20}{2.326}=4.1014$$

91 공정의 산포가 규격의 최대·최소치의 차보다 충분히 작고 중심이 안정된 경우에 조치사항으로 틀린 것은?

① 현행 제조공정의 관리를 계속한다.
② 검사주기를 늘리거나 간소화한다.
③ 실험을 계획하여 공정의 산포를 감소시킨다.
④ 관리한계를 벗어나는 제품은 원인을 철저히 규명하여야 한다.

해설 ③항은 공정 산포가 큰 경우의 조치사항이다.

92 6시그마 추진을 위한 교육을 받고 현 조직에서 업무를 수행하면서 동시에 개선활동팀에 참여하여 부분적인 업무를 수행하는 초급단계 요원은?

① 챔피언(champion)
② 그린벨트(green belt)
③ 블랙벨트(black belt)
④ 마스터블랙벨트(master black belt)

해설 그린벨트는 프로젝트 전담자인 블랙벨트의 지시를 받아 본인의 업무를 수행하면서 프로젝트의 부분적 업무를 수행한다.

93 품질분임조 활동의 문제해결과정에서 목표설정의 기준으로 틀린 것은?

① 간단명료한 목표설정
② 분임조 수준에 맞는 목표설정
③ 독창적이고 혁신적인 목표설정
④ 구체적이고 달성 가능한 목표설정

해설 분임조는 달성 가능하고 분임원이 누구나 참여할 수 있는 수준의 테마를 중심으로 활동하는 소집단 활동이다.

94 소비자의 안전에 위해를 주거나, 줄 우려가 있는 제품을 기업이 공개적으로 회수해서 수리·교환·환불해줌으로써 피해를 사전에 예방하는 직접적인 안전확보제도를 무엇이라 하는가?

① 제품보증제도
② 리콜(recall) 제도
③ 제조물책임제도
④ 종합적 품질관리(TQC) 제도

해설 제조물책임(PL)의 결함유형은 ① 과실책임, ② 보증책임, ③ 엄격책임이 있다. 또한 과실책임에는 ㉠ 제조상의 결함, ㉡ 설계상의 결함, ㉢ 표시상의 결함이 있다.

정답 87.④ 88.② 89.② 90.③ 91.③ 92.② 93.③ 94.②

95 문제가 되고 있는 사상 가운데서 대응되는 요소를 찾아내어 이것을 행과 열로 배치하고, 그 교점에 각 요소 간의 연관 유무나 관련 정도를 표시함으로써 이원적인 배치에서 문제의 소재나 문제의 형태를 탐색하는 신 QC 수법 중 하나는?

① PDPC법 ② 연관도법
③ 계통도법 ④ 매트릭스도법

해설 매트릭스도법은 QFD(품질기능전개)에서 이용하는 핵심 기법이다.

96 서비스에 대한 고객의 기대에 대한 설명으로 틀린 것은?

① 바람직한 서비스수준(desired service level)은 고객이 제공받기를 희망하는 서비스수준이다.
② 고객이 지각하는 서비스수준이 허용 서비스수준(adequate service level) 이하일 때 기업은 고객을 독점하게 된다.
③ 허용 서비스수준(adequate service level)은 고객이 그런대로 받아들일 수 있다고 생각하는 최저한의 품질수준이다.
④ 서비스 품질에 대한 고객의 기대는 허용 서비스수준(adequate service level)과 바람직한 서비스수준(desired service level)이 존재하며, 그 차이가 허용차 영역(zone of tolerance)이다.

해설 ② 고객이 지각하는 서비스수준이 허용 서비스수준(adequate service level) 이하일 때 기업은 경쟁열위에 처하게 되며, 바람직한 서비스수준(desired service level) 이상이면 경쟁우위를 점하게 된다.
※ 허용 서비스수준은 고객이 받아들일 수 있는 최소한의 품질수준이며, 바람직한 서비스수준은 고객이 제공받고 싶은 품질수준이다.

97 품질전략의 계획 수립 시 경영환경과 기업역량의 관계를 연결하여 무엇이 핵심 역량이고, 무엇을 보완해야 하는지를 결정하는 것이 필요하다. 이때 내부환경적 측면의 기준으로 거리가 먼 것은?

① 경영자의 리더십
② 조직의 신제품 개발능력
③ 경쟁사 또는 경쟁공장의 동향
④ 조직의 표준화 수준 및 실행정도

해설 ③은 외부환경 요인이다.

98 다음 중 파이겐바움(A. V. Feigenbaum)이 제시한 품질에 영향을 주는 요소인 9M에 해당되지 않은 것은?

① Man
② Motivation
③ Markets
④ Monitoring

해설 9M
- Man
- Machine
- Material
- Method
- Management
- Market
- Motivation
- Money
- Management information

※ Monitoring은 품질에 영향을 주는 요인이나 상황을 체크하는 행위이다.

99 품질코스트(Q-cost)와 해당 내역의 연결이 잘못된 것은?

① A 코스트 – 품질교육 코스트
② P 코스트 – 품질기술 코스트
③ F 코스트 – A/S 수리 코스트
④ F 코스트 – 부적합대책 코스트

해설 품질교육비용은 P 코스트이다.

100 사내표준에 대한 설명으로 틀린 것은?

① 사내표준은 성문화된 자료로 존재하여야 한다.
② 사내표준의 개정은 기간을 정해 정기적으로 실시한다.
③ 사내표준은 조직원 누구나 활용할 수 있도록 하여야 한다.
④ 회사의 경영자가 솔선하여 사내규격의 유지와 실시를 촉진시켜야 한다.

해설 ② 사내표준의 개정은 기술 및 관리의 진보와 연동되어, 적시에 신속히 개정되어야 한다.

 정답 95.④ 96.② 97.③ 98.④ 99.① 100.②

2017 제2회 품질경영기사

제1과목 실험계획법

1 3수준 요인 11개의 주효과에만 관심이 있어서 $L_{27}(3^{13})$ 직교배열표를 이용한 실험을 실시했다. 이때, 오차의 자유도(ν_e)는 얼마인가?

① 2　② 3
③ 4　④ 5

해설 요인을 배치하지 않은 공열의 개수는 2개의 열이므로, 오차의 자유도는 $2\times 2=4$이다(총 열의 개수는 13개로 11개의 열에는 요인이 배치되었으며, 3수준계 직교배열표에서 각 열의 자유도는 2이다).

2 요인 A, B, C가 있는 3요인 실험에서 A, B요인은 랜덤화가 곤란하고, C요인은 랜덤화가 용이하여 A, B 요인을 1차 단위로, C요인을 2차 단위로 하여 단일분할법을 적용하였다. 다음 중 2차 단위의 요인에 해당되지 않는 것은?

① $A\times B$　② $A\times C$
③ $B\times C$　④ C

해설 1차 단위 요인과 2차 단위 요인의 교호작용은 2차 단위에 나타난다. 단, 1차 단위 요인의 교호작용은 반복이 없을 경우, 1차 단위의 오차와 교락되어 있다.

3 두 변수 x, y에 대해 상관관계를 분석한 결과 상관계수(r)가 0.8일 때, 전체 제곱합에 대한 회귀 제곱합의 결정계수(기여율)는 얼마인가?

① 0.04　② 0.20
③ 0.64　④ 0.89

해설

$$R^2=\frac{S_R}{S_{(yy)}}=\frac{S_{(xy)}^2}{S_{(xx)}S_{(yy)}}=r^2=0.64$$

(단, 1차 회귀제곱합 $S_R=\dfrac{S_{(xy)}^2}{S_{(xx)}}$이고,

회귀계수 $b=\dfrac{S_{(xy)}}{S_{(xx)}}$이다.)

4 분산분석표에 표기된 오차분산에 관한 사항으로 틀린 것은?

① 오차분산의 신뢰구간 추정은 χ^2분포를 활용한다.
② 오차의 불편분산이 요인의 불편분산보다 클 수는 없다.
③ 오차분산은 요인으로서 취급하지 않은 다른 모든 분산을 포함하고 있다.
④ 오차분산은 반복 실험을 할 경우 요인의 교호작용이 분리되어 순수오차를 분석할 수 있다.

해설 요인의 불편분산이 오차의 불편분산보다 작은 경우는 유의하지 않은 경우로, 기술적 검토를 거쳐 오차항에 풀링하여 분석하게 된다.

5 수준이 기술적인 의미를 가지며 실험자에 의하여 미리 정해질 수 있는 인자는?

① 제어인자　② 집단인자
③ 블록인자　④ 보조인자

해설 ① 제어인자 : 해석을 목적으로 실험에 채택한 모수인자이다.
② 집단인자 : 해석을 목적으로 실험에 채택한 변량인자이다.
③ 블록인자 : 실험의 정도 향상을 위하여 실험에 채택한 변량인자이다.
④ 표시인자 : 제어인자와의 교호작용을 해석하기 위하여 실험에 채택한 인자이다.
※ 보조인자 : 해석 시 참조하기 위해 정하는 인자

6 반복이 없는 2^2요인 실험법에 관한 설명으로 틀린 것은?

① B의 주효과는 $\frac{1}{2}[b+(1)-ab-a]$이다.
② A의 주효과는 $\frac{1}{2}[ab+a-b-(1)]$이다.
③ 교호작용효과 AB는 $\frac{1}{2}[ab+(1)-b-a]$이다.
④ A, B, 교호작용 $A\times B$의 자유도는 모두 1이다.

해설 $B=\frac{1}{2}(a+1)(b-1)=\frac{1}{2}[ab+b-a-(1)]$

정답 1.③ 2.① 3.③ 4.② 5.① 6.①

7 반복이 있는 2요인 실험의 분산분석에서 교호작용이 유의하지 않아 오차항에 풀링했을 경우, 요인 B의 F_0(검정통계량)은 약 얼마인가?

요인	SS	DF	MS
A	542	3	180.67
B	2426	2	1213.00
$A\times B$	9	6	1.50
e	255	12	21.25
T	3232		

① 53.32 ② 57.10
③ 82.70 ④ 84.05

해설 $V_e^{*}=\dfrac{S_e+S_{A\times B}}{\nu_e+\nu_{A\times B}}=\dfrac{255+9}{12+6}=14.67$

$\therefore\ F_0(B)=\dfrac{V_B}{V_e^{*}}=\dfrac{1213.00}{14.67}=82.70$

8 3요인 실험(A, B, C)의 각각 3수준 조합에서 4번 반복하여 실험을 했을 때 오차의 자유도는? (단, $A\times B\times C$의 교호작용은 오차항에 풀링하였다.)

① 64 ② 54
③ 81 ④ 89

해설 $\nu^{*}=\nu_e+\nu_{A\times B\times C}$
$=lmn(r-1)+(l-1)(m-1)(n-1)$
$=3^3\times(4-1)+(3-1)^3$
$=89$

9 반복이 없는 2요인 실험에 대한 설명 중 틀린 것은? (단, A의 수준수는 l, B의 수준수는 m이다.)

① 오차항의 자유도는 $(l-1)(m-1)$이다.
② 분리해낼 수 있는 제곱합의 종류는 S_A, S_B, $S_{A\times B}$, S_e가 있다.
③ 한 요인은 모수이고, 나머지 요인은 변량인 경우의 실험을 난괴법이라 한다.
④ 모수모형의 경우 결측치가 발생하면 Yates가 제안한 방법으로 결측치를 추정하여 분석할 수 있다.

해설 2요인 실험에서 반복이 없을 경우 교호작용은 분리되어 나타나지 않는다.

10 난괴법 실험에서 A는 모수요인, B가 변량요인인 경우, 모수요인 각 수준 A_i에서 모평균 $\mu(A_i)$의 추정식 $\bar{x}_i\cdot$는?

① $\bar{x}_i\cdot=\mu+a_i+\bar{b}+\bar{e}_i\cdot$
② $\bar{x}_i\cdot=\mu+\bar{a}+\bar{b}+\bar{e}_i\cdot$
③ $\bar{x}_i\cdot=\mu+\bar{a}+b_j+\bar{e}_i\cdot$
④ $\bar{x}_i\cdot=\mu+a_i+b_j+\bar{e}_i\cdot$

해설 난괴법에서 요인 B의 효과는 확률변수가 된다.
$(\Sigma a_i=0,\ \Sigma b_j\neq 0)$
※ $\bar{x}\cdot_j=\mu+\bar{a}+b_j+\bar{e}\cdot_i=\mu+b_j+\bar{e}\cdot_i$

11 3×3 라틴방격에서 표준라틴방격(latin square)은?

① 1 3 2 / 2 1 3 / 3 2 1
② 1 2 3 / 3 1 2 / 2 3 1
③ 1 2 3 / 2 3 1 / 3 1 2
④ 2 3 1 / 1 2 3 / 3 1 2

해설 표준방격은 1번째 열과 1번째 행이 자연수로 나열된 경우이다.

12 $L_8(2^7)$ 직교배열표에서 교호작용 $C\times F$의 제곱합($S_{C\times F}$)은 얼마인가?

실험 횟수	열번호 1	2	3	4	5	6	7	데이터 (y)
1	1	1	1	1	1	1	1	9
2	1	1	1	2	2	2	2	12
3	1	2	2	1	1	2	2	8
4	1	2	2	2	2	1	1	15
5	2	1	2	1	2	1	2	16
6	2	1	2	2	1	2	1	20
7	2	2	1	1	2	2	1	13
8	2	2	1	2	1	1	2	13
기본 배치	a	b	ab	c	ac	bc	abc	
배치한 요인	A	C		D		B	F	

① 0.75 ② 4.5
③ 7.5 ④ 45

 정답 7.③ 8.④ 9.② 10.① 11.③ 12.②

해설 $C\times F: b\times abc = ac$ → 5열

$$S_{C\times F} = \frac{1}{8}(T_2 - T_1)^2 = \frac{1}{8}(-9+12-8+15+16-20+13-13)^2 = \frac{36}{8} = 4.5$$

13 2^3형의 교락법에서 인수분해식을 이용하여 단독교락을 실시하려 할 때, 다음 설명 중 틀린 것은?

① 블록이 2개로 나누어지는 교락을 의미한다.
② (1)을 포함하지 않는 블록을 주블록이라고 한다.
③ 주효과 A를 블록과 교락시키면, 블록1은 (1), b, c, bc이고, 블록2는 a, ab, ac, abc가 된다.
④ 블록과 교락시키기 원하는 효과에 -1을 붙이고, 인수분해를 풀어 $+$군과 $-$군으로 나누어 블록을 배치한다.

해설 ② (1)을 포함한 블록을 주블록이라고 한다.

14 2^3형의 1/2 일부실시법에 의한 실험을 하기 위해, 다음과 같이 블록을 설계하여 실험을 실시하였다. 실험 결과에 대한 해석으로 틀린 것은?

$a=76$
$b=79$
$c=74$
$abc=70$

① 요인 A의 별명은 교호작용 $B\times C$이다.
② 블록에 교락된 교호작용은 $A\times B\times C$이다.
③ 요인 A의 제곱합은 요인 C의 제곱합보다 크다.
④ 요인 A의 효과는 $A=\frac{1}{2}(76-79-74+70)=-3.5$이다.

해설 • $A\times I = A\times(A\times B\times C) = B\times C$

• $S_A = \frac{1}{4}(abc+a-b-c) = \frac{1}{4}(76-79-74+70)^2 = \frac{49}{4}$

• $S_C = \frac{1}{2}(abc+c-a-b) = \frac{1}{4}(-76-79+74+70)^2 = \frac{121}{4}$

따라서, $S_A < S_C$이다.

• $A\times B\times C = \frac{1}{4}(\underbrace{abc+a+b+c}_{\text{1블록}}-\underbrace{ab-ac-bc-1}_{\text{2블록}})$

15 1요인 실험에서 각 수준의 합계 A_1, A_2, ⋯ , A_a가 모두 b개의 측정치 합일 경우, 다음 선형식의 대비가 되기 위한 조건식은? (단, c_i가 모두 0은 아니다.)

$$L = c_1A_1 + c_2A_2 + \cdots + c_aA_a$$

① $c_1+c_2+\cdots+c_a=0$
② $c_1+c_2+\cdots+c_a=1$
③ $c_1\times c_2\times\cdots\times c_a=0$
④ $c_1\times c_2\times\cdots\times c_a=1$

해설 선형식 L의 대비조건은 $\sum c_i=0$이다.

16 다음 [표]는 요인 A의 수준 4, 요인 B의 수준 3, 요인 C의 수준 3, 반복 2회의 지분실험을 실시한 분산분석표의 일부이다. ${\sigma_{B(A)}}^2$의 추정값은 얼마인가?

요인	SS	DF
A	90	
$B(A)$	64	
$C(AB)$	24	
e	12	
T	190	71

① 1.3　② 1.5
③ 2.5　④ 4

해설 $l=4$, $m=3$, $n=3$, $r=2$이므로

$$\hat{\sigma}_{B(A)}^2 = \frac{V_{B(A)}-V_{C(AB)}}{mr} = \frac{8-1}{3\times2} = 1.3$$

이때, $V_{B(A)} = \frac{64}{4\times(3-1)} = 8$

$V_{C(AB)} = \frac{24}{4\times3\times(3-1)} = 1$

※ $\nu_{B(A)} = l(m-1) = 8$, $\nu_{C(AB)} = lm(r-1) = 24$
$\nu_e = lmn(r-1) = 36$

17 일반적으로 오차(e_{ij})는 정규분포 $N(0,\ {\sigma_e}^2)$으로부터 확률 추출된 것이라고 가정한다. 이 가정이 의미하는 것이 아닌 것은?

① 정규성(normality)
② 독립성(independence)
③ 불편성(unbiasedness)
④ 최소분산성(minimum variance)

해설 오차항의 가정은 ①, ②, ③ 및 등분산성이다.

정답 13.② 14.③ 15.① 16.① 17.④

18 Y공장은 프레스 가공기계 4대로 작업하고 있다. 적합품은 0, 부적합품은 1의 값을 주기로 하고, 4대의 기계에서 100개씩의 제품을 가지고 실험을 했더니 다음 [표]와 같은 데이터를 얻었다. 이때 총제곱합(S_T)은 약 얼마인가?

기계	A_1	A_2	A_3	A_4
적합품	93	90	95	85
부적합품	7	10	5	15

① 0.57 ② 30.71
③ 33.01 ④ 33.58

해설 $S_T = T - CT$

$$= 37 - \frac{37^2}{400} = 33.5775$$

19 망대특성 실험의 경우 특성치가 다음 [데이터]와 같을 때 SN비(Signal-to-Noise ratio)는 약 몇 dB인가?

[데이터]	36	38	32	37	40

① −31.20dB ② −21.81dB
③ 28.15dB ④ 31.20dB

해설 $$\text{SN} = -10\log\left(\frac{1}{n}\Sigma\frac{1}{y^2}\right)$$

$$= -10\log\frac{1}{5}\left(\frac{1}{36^2}+\frac{1}{38^2}+\frac{1}{32^2}+\frac{1}{37^2}+\frac{1}{40^2}\right)$$

$$= 31.196\text{dB}$$

20 A요인을 4수준 취하고, 4회 반복하여 16회 실험을 랜덤한 순서로 행하여 분석한 결과 다음과 같은 분산분석표를 얻었다. 오차분산의 추정치($\hat{\sigma}_e^2$)를 구하면 약 얼마인가?

요인	SS	DF	MS
A	162.43	3	54.14
e	21.82	12	1.82
T	184.25		

① 1.35 ② 1.82
③ 13.08 ④ 21.82

해설 $\hat{\sigma}_e^2 = V_e = 1.82$

제2과목 통계적 품질관리

21 로트의 평균치가 클수록 좋은 경우, 가능한 한 합격시키고 싶은 로트 평균값의 한계는 30%, 가능한 한 불합격시키고 싶은 로트의 평균값의 한계는 25%이다. 이 경우 $\alpha=0.05$, $\beta=0.10$을 만족시키기 위한 시료의 최소크기는 몇 개인가? (단, 로트의 모표준편차는 4%이다.)

① 4개 ② 6개
③ 8개 ④ 10개

해설 $$n = \left(\frac{k_\alpha + k_\beta}{m_0 - m_1}\right)^2 \sigma^2 = \left(\frac{1.645+1.282}{30-25}\right)^2 \times 4^2$$

$$= 5.48 \Rightarrow 6\text{개}$$

22 모상관계수 $\rho=0$인 모집단에서 크기 n의 시료를 추출하여 시료의 상관계수(r)를 구한 후, 통계량 $r\sqrt{\frac{n-2}{1-r^2}}$을 취하면, 이 통계량은 어떤 분포를 하는가?

① t분포 ② χ^2분포
③ F분포 ④ 정규분포

해설 모상관계수의 검정($\rho=0$인 검정)

$$t_0 = \frac{r-E(r)}{D(r)} = \frac{r-0}{\sqrt{\frac{1-r^2}{n-2}}} = \frac{r\sqrt{n-2}}{\sqrt{1-r^2}}$$

23 관리도에서 군 구분방법의 원칙에 대한 설명으로 틀린 것은?

① 군내의 산포는 우연원인에 의한 것만으로 나타나게 한다.
② $\bar{x}-R$ 관리도에서 관리계수가 1.2보다 크면 군 구분이 나쁘다고 볼 수 있다.
③ 군내는 가능한 한 균일하게 되도록 하여 이상원인이 포함되지 않도록 한다.
④ 군내의 산포에 의한 원인과 군간의 산포에 의한 원인이 기술적으로 구별되도록 한다.

해설 ② $\bar{x}-R$ 관리도에서 관리계수(C_f)가 1.2보다 크면 군간변동이 크다고 볼 수 있다.
※ ①, ③, ④항에 이외에 "관리하려는 산포는 군간변동에 포함되어야 한다"가 군 구분의 원칙이다.

 정답 18.④ 19.④ 20.② 21.② 22.① 23.②

24 기준값이 주어진 관리도와 기준값이 주어지지 않은 관리도에 대한 설명으로 틀린 것은?

① 기준값이 주어진 관리도에서는 자료를 얻을 때마다 관리도에 타점하고, 이상 유무를 판단한다.
② 기준값이 주어진 관리도에서 사용하는 관리한계는 공정이 개선되더라도 계속 주어진 값을 사용해야 한다.
③ 기준값이 주어지지 않은 관리도에서는 도출된 관리한계가 만족스러운 경우, 그 관리한계를 연장하여 기준값이 주어진 관리도의 관리한계로 사용할 수 있다.
④ 기준값이 주어지지 않은 관리도에서는 관리한계를 벗어나는 점에 대해서는 그 원인을 찾아 조치한 경우, 그 점에 관한 데이터를 제거한 후 관리한계를 다시 계산한다.

해설 ② 기준값이 주어진 관리도는 공정을 모니터링하기 위한 관리도이므로, 공정이 개선된 경우 기준값을 수정하여 관리한계를 설정하고 공정을 모니터링하여야 한다.

25 계수형 샘플링검사 절차 – 제1부 : 로트별 합격품질한계(AQL) 지표형 샘플링검사 방식(KS Q ISO 2859–1 : 2013)에서 검사수준에 관한 설명 중 틀린 것은?

① 검사수준은 상대적인 검사량을 결정하는 것이다.
② 보통검사수준은 Ⅰ, Ⅱ 및 Ⅲ으로 3개의 검사수준이 있다.
③ S–1, S–2, S–3 및 S–4로 4개의 특별검사수준이 있다.
④ 특별검사수준의 목적은 필요에 따라서 샘플을 크게 해두는 것이다.

해설 ④ 특별검사수준은 고가품의 파괴검사 등에 적용되는 기준으로, 검사개수가 보통검사수준에 비해 매우 작고 A_c =0인 검사방식으로 설계되어 있다.

26 $\bar{x}-R$ 관리도에서 $\bar{R}$ =2이고, R 관리도의 U_{CL}이 4.56이다. 이때 군의 크기 n은 얼마인가?

n	3	4	5	6
D_4	2.57	2.28	2.11	2.00

① 3　　② 4
③ 5　　④ 6

해설 $U_{CL}=D_4\bar{R}$

$D_4=\dfrac{4.56}{2}=2.28$

$\therefore n=4$

27 5대의 라디오를 하나의 시료군으로 구성하여 25개 시료군을 조사한 결과 195개의 부적합이 발견되었다. 이때 c 관리도와 u 관리도의 U_{CL}은 각각 약 얼마인가?

① 7.8, 1.56
② 16.18, 5.31
③ 16.18, 3.24
④ 57.73, 5.31

해설 • $\bar{c}=\dfrac{\Sigma c}{k}=\dfrac{195}{25}=7.8$

$U_{CL}=\bar{c}+3\sqrt{\bar{c}}=7.8+3\sqrt{7.8}=16.18$

• $\bar{u}=\dfrac{\Sigma c}{\Sigma n}=\dfrac{195}{5\times 25}=1.56$

$U_{CL}=\bar{u}+3\sqrt{\dfrac{\bar{u}}{n}}=1.56+3\sqrt{\dfrac{1.56}{5}}=3.24$

28 두 개의 모집단 $N(\mu_1,\ \sigma_1^2)$, $N(\mu_2,\ \sigma_2^2)$에서 H_0 : $\mu_1=\mu_2$를 검정하기 위하여 n_1 =10개, n_2 =9개의 샘플을 구하여 표본평균과 분산으로 각각 $\bar{x}_1$ =17.2, s_1^2 =1.8, $\bar{x}_2$ =14.7, s_2^2 =8.7을 얻었다. 유의수준 α =0.05로 하여 등분산성의 여부를 검토하려고 할 때, 틀린 것은? (단, $F_{0.975}(9,\ 8)$=4.36, $F_{0.025}(9,\ 8)$=0.2439이다.)

① H_0 기각한다.
② 검정통계량 $F_0=0.357$이다.
③ 등분산성은 성립하지 않는다.
④ $H_0:\sigma_1^2=\sigma_2^2$, $H_1:\sigma_1^2\neq\sigma_2^2$ 이다.

해설 1. 가설

$H_0:\sigma_1^2=\sigma_2^2$, $H_1:\sigma_1^2\neq\sigma_2^2$

2. 유의수준 : $\alpha=0.05$

3. 검정통계량 : $F_0=\dfrac{V_1}{V_2}=\dfrac{1.8}{8.7}=0.207$

4. 기각치

$F_{0.025}(9,\ 8)=0.2439$, $F_{0.975}(9,\ 8)=4.36$

5. 판정 : $F_0<0.2439$이므로, H_0 기각

따라서, 등분산성은 성립하지 않는다.

정답 24.② 25.④ 26.② 27.③ 28.②

29 계수치 축차 샘플링검사 방식(KS Q ISO 28591)에서 합격판정선(A)이 $A=-2.319+0.059n_{cum}$, 불합격판정선(R)이 $R=2.319+0.059n_{cum}$으로 주어졌다. 만약 어떤 로트가 이 검사에서 합격판정이 나지 않을 경우에 적용되는 누계 샘플 중지치(n_t)이 226개로 알려져 있다면, 이때 합격판정개수(A_t)는?

① 8개　② 10개
③ 13개　④ 14개

해설 $A_t = gn_t = 0.059\times 226 = 13.334 \Rightarrow 13$개

30 M기계회사로부터 납품되고 있는 부품의 표준편차는 0.4%이었다. 이번에 납품된 로트의 평균치를 신뢰도 95%, 정도 0.3%로 추정할 경우, 샘플을 최소 몇 개를 취하여야 하는가?

① 3개　② 5개
③ 7개　④ 9개

해설 $$n=\left(\frac{u_{1-\alpha/2}}{\beta_{\bar{x}}}\sigma\right)^2=\left(\frac{1.96}{0.3}\times 0.4\right)^2=6.83$$
$\therefore\ n=7$개
※ $\beta_{\bar{x}}=u_{1-\alpha/2}\dfrac{\sigma}{\sqrt{n}}$

31 $N(65,\ 1^2)$을 따르는 품질특성치를 위해 3σ의 관리한계를 갖는 개별치(x) 관리도를 작성하여 공정을 모니터링하고 있다. 어떤 이상요인으로 인해 품질특성치의 분포가 $N(67,\ 1^2)$으로 변화되었을 때, 관리도의 타점이 x 관리도의 관리한계를 벗어날 확률은 약 얼마인가? (단, z가 표준정규변수일 때, $P(z\le 1)=0.8413$, $P(z\le 1.5)=0.9332$, $P(z\le 2)=0.9772$이며, 관리하한을 벗어나는 경우의 확률은 무시하고 계산한다.)

① 0.1587　② 0.0668
③ 0.0456　④ 0.0228

해설 $$\begin{aligned}1-\beta &= P_r(x>U_{CL})\\ &=P_r\left(z>\frac{(65+3\times 1)-67}{1}\right)\\ &=P_r(z>1)\\ &=1-0.8413\\ &=0.1587\end{aligned}$$

32 재가공이나 폐기처리비를 무시할 경우, 부적합품 발생으로 인한 손실비용(무검사비용)을 맞게 표시한 것은? (단, N은 전체 로트 크기, a는 개당 검사비용, b는 개당 손실비용, p는 부적합품률이다.)

① aN　② bN
③ apN　④ bpN

해설 ④ bpN은 무검사 시 손실비용이다.
① aN은 검사비용이다.

33 크기가 1000인 로트에서 50개의 시료를 비복원으로 랜덤 추출하였다. 로트의 부적합품률은 1%라고 가정하고, 50개의 시료 중 부적합품이 1개 이하이면 해당 로트를 합격시키는 검사법을 적용하고자 한다. 이때 로트의 합격확률을 계산하는 방법으로 적합하지 않은 것은?

① 정규분포로 근사시켜 계산한다.
② 이항분포로 근사시켜 계산한다.
③ 푸아송분포로 근사시켜 계산한다.
④ 초기하분포를 이용하여 계산한다.

해설 ① $nP=50\times 0.01=0.5$이므로, 정규 근사는 성립되지 않는다.($nP\ge 5$인 경우 정규분포에 근사)
② $\dfrac{n}{N}<0.1$이므로, 이항분포로 근사시켜 계산이 가능하다.
③ $P=1\%<10\%$이므로, 이항분포의 푸아송 근사가 가능하다.
④ 비복원 추출이므로 초기하분포를 따른다.

34 Y제품의 품질특성에 대해 8개의 시료를 측정한 결과가 3, 4, 2, 5, 1, 4, 3, 2로 나타났다. 이 데이터를 활용하여 σ^2에 대한 95% 신뢰구간을 구하였더니 $0.75\le\sigma^2\le 7.10$이었다. 귀무가설 $H_0:\sigma^2=9$, 대립가설 $H_1:\sigma^2\ne 9$에 대하여 유의수준 $\alpha=0.05$로 검정한 결과로 맞는 것은?

① H_0를 기각한다.
② H_0를 채택한다.
③ H_0를 보류한다.
④ H_0를 기각해도 되고 채택해도 된다.

해설 σ^2의 신뢰구간에 모수가 포함되지 않으므로, 귀무가설을 기각한다.

 정답 29.③ 30.③ 31.① 32.④ 33.① 34.①

35 확률분포에 대한 설명으로 틀린 것은?

① 푸아송분포의 평균과 분산은 같다.
② 이항분포의 평균은 np, 표준편차는 $\sqrt{np(1-p)}$ 이다.
③ 초기하분포에서 $\frac{N}{n} \geq 10$이면, 이항분포로 근사시킬 수 있다.
④ 평균이 μ이고 표준편차가 σ인 정규모집단에서 샘플링한 표본평균 $\bar{x}$의 분포는 평균이 μ이고, 표준편차가 $\frac{\sigma}{n}$이다.

해설 ④ $\bar{x}$의 표준편차는 $D(\bar{x}) = \frac{\sigma}{\sqrt{n}}$ 이다.

36 모집단을 여러 개의 층(層)으로 나누고 그 중에서 일부를 랜덤 샘플링(random sampling)한 후 샘플링된 층에 속해 있는 모든 제품을 조사하는 샘플링 방법은?

① 집락 샘플링(cluster sampling)
② 층별 샘플링(stratified sampling)
③ 계통 샘플링(systematic sampling)
④ 단순랜덤 샘플링(simple random sampling)

해설 집락 샘플링의 오차분산

$$\sigma_{\bar{x}}^2 = \frac{\sigma_b^2}{m}$$

※ 2단계 샘플링 오차분산

$$\sigma_{\bar{\bar{x}}}^2 = \frac{\sigma_b^2}{m} + \frac{\sigma_w^2}{m\bar{n}}$$

※ 층별 샘플링 오차분산

$$\sigma_{\bar{\bar{x}}}^2 = \frac{\sigma_w^2}{m\bar{n}}$$

37 동일성 검정에 대한 설명 중 틀린 것은?

① 동일성 검정은 계수형 자료에 적합하다.
② 동일성 검정의 검정통계량은 카이제곱분포를 따른다.
③ 기대도수를 구하기 위해 사용되는 확률의 합은 1일 필요가 없다(즉, $p_{11} + \cdots + p_{1c} \neq 1$이다).
④ 동일성 검정통계량의 자유도는 일반적으로 $(r-1)(c-1)$로 표현된다(여기서, r은 조사표에서 행의 수, c는 조사표에서 열의 수이다).

해설 ③ 기대도수를 구하기 위해 사용되는 확률의 합은 반드시 1이어야 한다. 또한 모든 사건은 상호 배반사건이다.
※ 동일성 검정이란 모집단을 부차 모집단으로 나누고, 부차 모집단의 속성비율이 같은가를 검정하는 적합도 검정방식이다.

38 A, B 두 회사에서 제조되는 자전거 표면의 흠의 수를 조사하였더니 A회사는 자전거 1대당 10군데, B회사는 자전거 1대당 25군데가 검출되었다. 유의수준 1%로 하여 B회사에서 제조되는 자전거 1대당 표면의 흠의 수가 A회사보다 더 많은지에 대한 검정 결과로 맞는 것은? (단, $u_{0.995}=2.576$, $u_{0.99}=2.326$이다.)

① 알 수 없다.
② 두 회사 제품의 흠의 수는 같다.
③ A회사 제품의 흠의 수가 더 많다.
④ B회사 제품의 흠의 수가 더 많다.

해설 1. 가설 : $H_0 : m_B \leq m_A$, $H_1 : m_B > m_A$
2. 유의수준 : $\alpha = 0.01$
3. 검정통계량 : $u_0 = \frac{25-10}{\sqrt{25+10}} = 2.535$
4. 기각치(R) : $u_{0.99} = 2.326$
5. 판정 : $u_0 > 2.326$이므로, H_0 기각
즉, B회사 제품의 흠의 수가 더 많다.

39 Y공작기계로 만든 샤프트 중에서 랜덤하게 12개를 샘플링하여 외경을 측정하였더니, 평균($\bar{x}$)=112.7, 제곱합(S)=176을 얻었다. 샤프트 외경의 모평균 μ의 95% 신뢰구간은 약 얼마인가? (단, $t_{0.975}(11)=2.201$, $t_{0.975}(12)=2.179$이다.)

① 112.7±2.045
② 112.7±2.541
③ 112.7±3.045
④ 112.7±3.541

해설

$$\mu = \bar{x} \pm t_{1-\alpha/2}(\nu)\sqrt{\frac{V}{n}}$$
$$= \bar{x} \pm t_{0.975}(11)\sqrt{\frac{S/\nu}{n}}$$
$$= 112.7 \pm 2.201\sqrt{\frac{176/11}{12}}$$
$$= 112.7 \pm 2.541$$

※ 시료분산 s^2을 불편분산 V라고 한다.

정답 35.④ 36.③ 37.① 38.④ 39.②

40 X와 Y를 각각 정규분포 $N(2, 3)$ 및 $N(4, 6)$을 따르는 독립확률변수라 할 때, $Z=2+3X+Y$의 분산은?

① 9 ② 15
③ 33 ④ 35

해설 $V(Z)=V(2+3X+Y)$
$=V(2)+9V(X)+V(Y)$
$=9\sigma_x^2+\sigma_y^2$
$=9\times3+6=33$

제3과목 생산시스템

41 다음 중 유사한 생산흐름을 갖는 제품들을 그룹화하여 생산효율을 증대시키려고 하는 설비의 배치방식은?

① GT 배치 ② 공정별 배치
③ 라인 배치 ④ 프로젝트 배치

해설 다품종 소량생산의 한계를 극복하는 생산방식으로 GT(집적가공방법)라고 한다.

42 외주업체를 다수의 복수공급자로 가져갈 경우 규모의 경제가 어려워지므로 Global 기업들은 구성품 단위로 단일공급자를 가져가는 경우가 일반적이다. 이러한 경우에 나타나는 문제점에 해당하는 것은?

① 입고자재의 단가조정이 어렵다.
② 공급자의 기술력 향상을 기대하기 어렵다.
③ 공급의 차질이 발생한 경우 대응이 어렵다.
④ 입고자재의 균일한 품질을 기대하기 어렵다.

해설 단일기업으로 거래하는 경우 규모의 경제에 따른 가격인하, 품질향상 및 기술개발력 확보의 장점이 발생하지만, 파업, 설비 고장 등 공급불능 상태가 될 경우의 조달에 문제가 발생될 수 있다.

43 설비의 정기적인 수리주기를 미리 정하지 않고 설비진단기술에 의해 설비열화나 고장의 유무를 관측하여 그 결과에 의하여 필요한 시기에 적정한 수리를 실시하는 보전방식은?

① 예지보전 ② 긴급보전
③ 사후보전 ④ 개량보전

해설 예방보전(PM) 중 하나인 예지보전(CBM)에 관한 내용이다.

44 JIT 시스템에서 생산준비시간의 축소와 소로트화에 대한 설명으로 틀린 것은?

① 소로트화는 회차당 생산량을 가능한 최소화하는 것을 뜻한다.
② JIT 시스템에서는 평준화 생산방식으로 소로트 생산방식을 실현하고 있다.
③ 생산준비시간의 축소는 준비교체횟수를 감소시켜 실현하는 것을 목적으로 한다.
④ 생산준비시간을 고정된 개념으로 보지 않고 소로트화로 생산준비시간을 단축하려 한다.

해설 ③ 생산준비시간 축소의 목적은 준비교체횟수의 단축이 아니라, 준비교체시간을 단축시켜 소로트화를 실현하기 위함이다.

45 고정비(F), 변동비(V), 개당 판매가격(P), 생산량(Q)이 주어졌을 때 손익분기점을 산출하는 식은?

① $\dfrac{F}{\dfrac{V}{PQ}}$ ② $1-\dfrac{\left(\dfrac{F}{V}\right)}{PQ}$
③ $\left(1-\dfrac{V}{PQ}\right)-F$ ④ $\dfrac{F}{1-\dfrac{V}{PQ}}$

해설 $BEP=\dfrac{F}{1-\text{변동비율}}=\dfrac{F}{1-\dfrac{V}{S}}$

(단, 매출액은 가격×수량인 $P\times Q$로 계산된다.)

46 MRP에서 부품전개를 위해 사용되는 양식에 쓰이는 용어에 관한 설명으로 틀린 것은?

① 순소요량(net requirements)은 총소요량에서 현재고량을 뺀 후 예정수주량을 더한 것이다.
② 예정수주량(scheduled receipts)은 주문은 했으나 아직 도착하지 않은 주문량을 의미한다.
③ 계획수주량(planned receipts)은 아직 발주하지 않은 신규 발주에 따라 예정된 시기에 입고될 계획량을 의미한다.
④ 발주계획량(planned order releases)은 필요시 수령이 가능하도록 구매주문이나 제조주문을 통해 발주하는 수량으로, 보통 계획수주량과 동일하다.

해설 ① 순소요량(net requirements)은 총소요량에서 현재고량을 뺀 후 예정수주량을 뺀 것이다.

 정답 40.③ 41.① 42.③ 43.① 44.③ 45.④ 46.①

47 테일러 시스템의 과업관리의 원칙에 해당되지 않는 것은?

① 작업에 대한 표준
② 이동조립법의 개발
③ 공정한 1일 과업량의 결정
④ 과업 미달성 시 작업자의 손실

해설 ② 이동조립법은 컨베이어 시스템에 관한 사항으로 포드리즘이다.

48 총괄생산계획(APP) 기법 중 선형 결정기법(LDR)에서 사용되는 근사 비용함수에 포함되지 않는 비용은?

① 잔업비용
② 설비투자비용
③ 고용 및 해고 비용
④ 재고비용 · 재고부족비용 · 생산준비비용

해설 LDR법은 고용수준과 조업도의 결정문제를 계량화하여 이들의 최적 결정모델을 제시한 것으로, 판정함수 요인으로는 ①, ③, ④와 정규임금 코스트의 4가지가 사용된다.

49 공급사슬이론에서 채찍효과를 발생시키는 주원인은 수요나 공급의 불확실성에 있다. 이러한 채찍효과의 원인을 내부원인과 외부원인으로 구분하였을 때, 내부원인에 해당되지 않는 것은?

① 설계 변경
② 정보 오류
③ 주문수량 변경
④ 서비스, 제품 판매촉진

해설 ③ 주문수량 변경은 외부요인이다.

50 경제적 발주량의 결정 과정에 관한 설명으로 틀린 것은? (단, 연간 소요량은 D, 단가는 P, 재고유지비율은 I, 1회 발주량은 Q, 1회 발주비는 C_P이다.)

① 연간 발주비용은 DC_P/Q이다.
② 연간 재고유지비는 $QPI/2$이다.
③ 발주횟수가 증가함에 따라 재고유지비용도 증가한다.
④ 연간 재고유지비와 연간 발주비가 같아지는 점은 경제적 발주량이 정해지는 점이다.

해설 재고유지비용은 발주량의 크기와 정비례한다. 따라서 발주횟수가 증가하면 발주량이 적어지므로 재고유지비용은 감소한다.

※ 연간 관계총비용(TIC)

$$TIC = \frac{D}{Q}C_P + \frac{Q}{2}C_H$$

(단, 재고유지비용 $C_H = PI$ 이다.)

51 관측 평균시간 5분, 객관적 레이팅에 의해서 1단계 평가계수 95%, 2단계 조정계수 15%, 여유율 20%일 경우의 표준시간은 약 몇 분인가?

① 5.09분 ② 6.56분
③ 7.56분 ④ 8.39분

해설 $ST = NT(1+A)$
$= [5 \times 0.95 \times (1+0.15)] \times (1+0.2)$
$= 6.555$분

※ Stop watch에 의한 시간관측이므로 외경법을 사용하고, Work sampling법은 내경법을 사용한다.

52 MTM법에서 90초는 약 몇 TMU인가?

① 250TMU ② 417TMU
③ 2500TMU ④ 4170TMU

해설 $\frac{90}{0.036} = 2500$TMU
(단, 1TMU=0.036초이다.)

53 기업에서 다품종에 대한 효과적인 제품조합을 위해 손익분기점 분석을 많이 활용한다. 다음 중 손익분기점 분석의 방법에 해당되지 않는 것은?

① 평균법 ② 기준법
③ 개별법 ④ 단체법

해설 BEP법은 ①, ②, ③과 절충법의 4가지이다.
④ 단체법은 선형계획법에 해당된다.

54 가공조립산업에서 설비종합효율을 높이기 위하여 시간가동률을 저해하는 6대 로스(loss)를 최소로 하려고 한다. 이에 해당되는 것은?

① 초기수율로스
② 속도저하로스
③ 작업준비 · 조정로스
④ 잠깐정지 · 공회전로스

해설 ①은 양품률, ②, ④는 성능가동률을 저해하는 로스이다.

정답 47.② 48.② 49.③ 50.③ 51.② 52.③ 53.④ 54.③

55 PERT에서 어떤 활동의 3점 시간견적 결과 (4, 9, 10)을 얻었다. 이 활동시간의 기대치와 분산은 각각 얼마인가?

① 23/3, 5/3　② 23/3, 1
③ 25/3, 5/3　④ 25/3, 1

해설
• $t_e = \dfrac{t_o + 4t_m + t_p}{6} = \dfrac{4+4\times9+10}{6} = \dfrac{25}{3}$
• $\sigma^2 = \dfrac{t_p - t_o}{6} = \left(\dfrac{10-4}{6}\right)^2 = 1$
(여기서, t_p : 비관시간치, t_o : 낙관시간치, t_m : 정상시간치)

56 종래 독립적으로 운영되어 온 생산, 유통, 재무, 인사 등의 단위별 정보시스템을 하나로 통합하여, 수주에서 출하까지의 공급망과 기간업무를 지원하는 통합된 자원관리시스템은?

① JIT(Just In Time)
② ERP(Enterprise Resources Planning)
③ BPR(Business Process Reengineering)
④ MRP(Material Requirements Planning)

해설 MRP시스템에 필요한 입력요소는 ① 자재명세서, ② 주생산일정계획, ③ 재고기록철이다.

57 어떤 가공 공정에서 1명의 작업자가 2대의 기계를 담당하고 있다. 작업자가 기계에서 가공품을 꺼내고 가공될 자재를 장착시키는 데 2.4분이 소요되며, 가공품을 검사, 포장, 이동하는 기계와 무관한 작업자의 활동시간은 1.6분이 소요된다. 기계의 자동 가공시간이 8.6분이라면, 제품 1개당 소요되는 정미시간은 약 몇 분인가?

① 4.0분
② 5.5분
③ 6.3분
④ 8.0분

해설 작업자 시간 $=2\times(2.4+1.6)=8.0$분/2대
기계 가공시간 $=2.4+8.6=11.0$분/대
그러므로, 사이클타임=11.0/2대
한 번에 2대가 가공하므로,
개당 정미시간 $=\dfrac{11.0}{2}=5.5$분

58 다음 중 누적예측오차(Cumulative sum of Forecast Errors)를 절대평균편차(Mean Absolute Deviation)로 나눈 것을 무엇이라고 하는가?

① TS(추적지표)
② SC(평활상수)
③ MSE(평균제곱오차)
④ CMA(평균중심이동)

해설 $TS = \dfrac{\Sigma(A_i - F_i)}{\dfrac{\Sigma|A_i - F_i|}{n}} = \dfrac{CFE}{MAD}$
※ TS는 0에 가까울수록 예측이 정확해진다.

59 동작경제의 원칙 중 신체 사용에 관한 원칙으로 맞는 것은?

① 모든 공구나 재료는 정위치에 두도록 하여야 한다.
② 팔 동작은 곡선보다는 직선으로 움직이도록 설계한다.
③ 근무시간 중 휴식이 필요한 때에는 한 손만 사용한다.
④ 두 손의 동작은 동시에 시작하고 동시에 끝나도록 한다.

해설 ①은 작업장 배치에 관한 원칙이다.
② 팔동작은 직선보다는 곡선으로 움직이도록 설계한다.
③ 휴식시간을 제외하고는 동시에 두 손이 쉬어서는 안 된다.

60 작업우선순위 결정기법 중 긴급률(CR ; Critical Ratio) 규칙에 대한 설명으로 틀린 것은?

① CR＝잔여납기일수/잔여작업일수
② CR값이 작을수록 작업의 우선순위를 빠르게 한다.
③ 긴급률 규칙은 주문생산시스템에서 주로 활용된다.
④ 긴급률 규칙은 설비 이용률에 초점을 두고 개발한 방법이다.

해설 ④ 긴급률 규칙은 납기에 초점을 두고 개발한 방법이다.

 정답 55.④ 56.② 57.② 58.① 59.④ 60.④

제4과목 신뢰성 관리

61 2개의 부품이 병렬구조로 구성된 시스템이 있다. 각 부품의 고장률이 각각 $\lambda_1=0.02$/hr, $\lambda_2=0.04$/hr일 때, 이 시스템의 MTTF는 약 몇 시간인가?

① 58.3시간
② 63.3시간
③ 70.5시간
④ 75.0시간

해설
$$\theta_S=\frac{1}{\lambda_1}+\frac{1}{\lambda_2}-\frac{1}{\lambda_1+\lambda_2}$$
$$=\frac{1}{0.02}+\frac{1}{0.04}-\frac{1}{0.02+0.04}$$
$$=58.3\text{hr}$$

62 트랜지스터의 수명분포는 지수분포를 따르고, 고장률 $\lambda=\frac{0.002}{10000}$/hr이다. 1000시간에서 트랜지스터의 신뢰도는 약 얼마인가?

① 0.9980 ② 0.9990
③ 0.9998 ④ 0.9999

해설
$$R(t=1000)=e^{-\lambda t}$$
$$=e^{-\frac{0.002}{10000}\times 1000}$$
$$=0.9998$$

63 와이블(Weibull) 확률지를 이용한 신뢰성 척도의 추정방법을 설명한 것으로 틀린 것은? (단, t는 시간이고, $F(t)$는 t의 분포함수이다.)

① 평균수명은 $\eta\cdot\Gamma\left(1+\frac{1}{m}\right)$으로 추정한다.
② 모분산 $\hat{\sigma}^2=\eta^2\cdot\left[\Gamma\left(1+\frac{2}{m}\right)-\Gamma^2\left(1+\frac{1}{m}\right)\right]$으로 추정한다.
③ 와이블(Weibull) 확률지의 X축의 값은 t, Y축의 값은 $\ln[\ln\{1-F(t)\}]$이다.
④ 특성수명 η의 추정값은 타점의 직선이 $F(t)=63\%$인 선과 만나는 점의 t눈금을 읽으면 된다.

해설 와이블(Weibull) 확률지에서 X축의 값은 $\ln t$, Y축의 값은 $\ln\ln\frac{1}{1-F(t)}$이다.

64 신뢰성의 척도 중 시점 t에서의 순간고장률을 나타낸 것으로 틀린 것은? (단, $R(t)$는 신뢰도, $F(t)$는 불신뢰도, $f(t)$는 고장확률밀도함수, $n(t)$는 시점 t에서의 잔존개수이다.)

① $\frac{f(t)}{R(t)}$
② $R(t)\times\left(-\frac{dR(t)}{dt}\right)$
③ $\frac{dF(t)}{dt}\times\frac{1}{1-F(t)}$
④ $\frac{n(t)-n(t+\Delta t)}{n(t)}\times\frac{1}{\Delta t}$

해설
$$\lambda(t)=\frac{f(t)}{R(t)}=\frac{dF(t)}{dt}\times\frac{1}{R(t)}$$
$$=-\frac{d}{dt}R(t)\times\frac{1}{R(t)}=-\frac{R'(t)}{R(t)}$$
$$=\frac{n(t)-n(t+\Delta t)}{n(t)}\times\frac{1}{\Delta t}$$

65 어떤 시스템의 평균수명(MTBF)은 15000시간으로 추정되었고, 이 기계의 평균수리시간(MTTR)은 5000시간이다. 이 시스템의 가용도는 몇 %인가?

① 33% ② 67%
③ 75% ④ 86%

해설
$$A=\frac{MTBF}{MTBF+MTTR}$$
$$=\frac{15000}{15000+5000}$$
$$=0.75(75\%)$$

66 신뢰도 배분에 대한 설명으로 틀린 것은?

① 리던던시 설계 이후에 신뢰도를 배분한다.
② 시스템 측면에서 요구되는 고장률의 중요성에 따라 신뢰도를 배분한다.
③ 상위 시스템으로부터 시작하여 하위 시스템으로 배분한다.
④ 신뢰도를 배분하기 위해서는 시스템의 요구기능에 필요한 직렬결합 부품 수, 시스템 설계 목표치 등의 자료가 필요하다.

해설 ① 리던던시 설계는 신뢰도 배분이 끝난 후 배분된 신뢰도를 만족시키기 위해 실시한다.

정답 61.① 62.③ 63.③ 64.② 65.③ 66.①

67 20개의 동일한 설비를 6개가 고장이 날 때까지 시험을 하고 시험을 중단하였다. 시험 결과 6개 설비의 고장시간은 각각 56, 65, 74, 99, 105, 115시간째이었다. 이 제품의 수명이 지수분포를 따르는 것으로 가정하고, 평균수명에 대한 90% 신뢰구간 추정 시 하측 신뢰한계값을 구하면 약 얼마인가? (단, $\chi^2_{0.95}(12)=21.03$, $\chi^2_{0.95}(14)=23.68$, $\chi^2_{0.975}(12)=23.34$, $\chi^2_{0.975}(14)=26.12$이다.)

① 101 ② 179
③ 182 ④ 202

해설
$$\hat{\theta}_L=\frac{2T}{\chi^2_{0.95}(2r)}=\frac{2\times6\times354}{21.03}=201.997\text{hr}$$
이때, $\hat{\theta}=\frac{\sum t_i+(n-r)t_r}{r}=\frac{514+14\times115}{6}=354\text{hr}$

68 시스템 수명곡선인 욕조곡선의 초기고장기간에 발생하는 고장의 원인에 해당되지 않는 것은?

① 불충분한 정비
② 조립상의 과오
③ 빈약한 제조기술
④ 표준 이하의 재료를 사용

해설 ① 불충분한 정비는 사용 시 발생하며, 마모고장기를 앞당기는 원인이 된다.

69 수명 데이터를 분석하기 위해서는 먼저 그 데이터가 가정된 분포에 적합한지를 검정하여야 한다. 이 경우 적용되는 기법이 아닌 것은?

① χ^2 검정
② Pareto 검정
③ Bartlett 검정
④ Kolmogorov-Smirnov 검정

해설 대시료 검정은 χ^2검정을 이용하고, 소시료 검정은 ③, ④를 이용한다.

70 10개의 제품을 모두 고장이 날 때까지 시험하였다. 중앙순위(median rank)법을 사용하였을 때, 6번째 고장시간에 대한 누적고장확률[$F(t)$]은 약 얼마인가?

① 0.4017 ② 0.4548
③ 0.5481 ④ 0.6076

해설 $F(t)=\frac{i-0.3}{n+0.4}=\frac{5.7}{10.4}=0.5481$

71 FTA 작성 시 모든 입력사상이 고장 날 경우에만 상위 사상이 발생하는 것을 무엇이라 하는가?

① 기본사상
② OR 게이트
③ 제약 게이트
④ AND 게이트

해설 AND 게이트는 시스템 변환 시 병렬구조이다.

72 신뢰성 샘플링검사에서 지수분포를 가정한 신뢰성 샘플링 방식의 경우 λ_0와 λ_1을 고장률 척도로 하게 된다. 이때 λ_1을 무엇이라고 하는가?

① ARL ② AFR
③ AQL ④ LTFR

해설 ①, ②는 λ_0에 해당된다.
③은 Acceptable Quality Limit으로 합격품질한계라고 하는데, 바람직한 Lot 품질을 정의하는 부적합품률이다.
④ LTFR은 로트허용 고장률이다.

73 샘플 5개를 50시간 가속수명시험을 하였고, 고장이 한 개도 발생하지 않았다. 신뢰수준 95%에서 평균수명의 하한값은 약 얼마인가? (단, $\chi^2_{0.95}(2)=5.99$이다.)

① 84시간 ② 126시간
③ 168시간 ④ 252시간

해설 $T=nt=250\text{hr}$
$$MTBF_L=\frac{2T}{\chi^2_{0.95}(2)}=\frac{2\times250}{5.99}=83.47\text{hr}$$
또는, $MTBF_L=\frac{T}{2.99}=\frac{250}{2.99}=83.61\text{hr}$
※ $r=0$인 경우는 정시중단시험에서만 발생하므로
$MTBF_L=\frac{2T}{\chi^2_{1-\alpha}(2(r+1))}=\frac{2T}{\chi^2_{1-\alpha}(2)}$ 가 된다.

 정답 67.④ 68.① 69.② 70.③ 71.④ 72.④ 73.①

74 재료의 강도는 평균 50kg/mm^2, 표준편차가 2kg/mm^2, 하중은 평균 45kg/mm^2, 표준편차가 2kg/mm^{2}인 정규분포를 따른다고 한다. 이 재료가 파괴될 확률은? (단, z는 표준정규분포의 확률변수이다.)

① $P_r(z>-1.77)$
② $P_r(z>1.77)$
③ $P_r(z>-2.50)$
④ $P_r(z>2.50)$

해설 $P_r(\text{하중}-\text{강도}>0)=P_r\left(z>\frac{0-(45-50)}{\sqrt{2^2+2^2}}\right)$
$=P_r(z>1.77)$

75 기본설계단계에서 FMEA를 실시한다면 큰 효과를 발휘할 수 있다. FMEA의 결과로 얻을 수 있는 항목이 아닌 것은?

① 설계상 약점이 무엇인지 파악
② 컴포넌트가 고장이 발생하는 확률의 발견
③ 임무달성에 큰 방해가 되는 고장모드 발견
④ 인명손실, 건물파손 등 넓은 범위에 걸쳐 피해를 주는 고장모드 발견

해설 FMEA는 정성적인 분석기법이다.

76 현장시험의 결과 아래 [표]와 같은 데이터를 얻었다. 5시간에 대한 보전도를 구하면 약 몇 %인가? (단, 수리시간은 지수분포를 따른다.)

횟수	6	3	4	5	5
수리시간	3	6	4	2	5

① 60.22%
② 65.22%
③ 70.22%
④ 73.34%

해설 $\hat{\mu}=\frac{\Sigma f_i}{\Sigma t_i f_i}=\frac{6+3+4+5+5}{6\times3+3\times6+4\times4+5\times2+5\times5}$
$=\frac{23}{87}=0.26437$
$M(t=5)=1-e^{-\mu t}$
$=1-e^{-0.26437\times5}=0.73336(73.34\%)$
※ $M\widehat{T}TR=\frac{\Sigma t_i f_i}{\Sigma f_i}=\frac{1}{\hat{\mu}}$ 이다.

77 다음 중 파괴시험에 해당되지 않는 것은?

① 동작시험
② 정상수명시험
③ 가속수명시험
④ 강제열화시험

해설 ① 동작시험은 작동여부를 확인하기 위한 것으로 비파괴시험이다.

78 A, B, C의 총 3개의 부품이 직렬 연결된 시스템의 MTBF를 60시간 이상으로 하고자 한다. A와 B의 MTBF는 각각 300시간, 400시간일 경우, C부품의 MTBF는 약 얼마 이상인가?

① 70시간 이상 ② 80시간 이상
③ 90시간 이상 ④ 93시간 이상

해설 $\lambda_S=\frac{1}{300}+\frac{1}{400}+\frac{1}{\theta_c}=\frac{1}{60}$
$\frac{1}{\theta_c}=\frac{1}{60}-\frac{1}{300}-\frac{1}{400}=0.010833/\text{hr}$
$\therefore\ \theta_c=92.3\text{hr}$
※ $\lambda_S=\lambda_A+\lambda_B+\lambda_C=\Sigma\lambda_i$
$\frac{1}{MTBF_S}=\frac{1}{MTBF_A}+\frac{1}{MTBF_B}+\frac{1}{MTBF_C}$

79 고장률 $\lambda=0.001$/시간인 지수분포를 따르는 부품이 있다. 이 부품 2개를 신뢰도 100%인 스위치를 사용하여 대기결합모델로 시스템을 만들었다면, 이 시스템을 100시간 사용하였을 때의 신뢰도는 부품 1개를 사용한 경우와 비교하여 몇 배로 증가하는가?

① 1.0배 ② 1.1배
③ 1.5배 ④ 2.0배

해설 $R_S(t)=(1+\lambda t)R(t)$
$=(1+0.001\times100)R(t)=1.1R(t)$

80 평균수명이 5로 일정한 우발고장기의 시스템에서 $t=2$ 시점에서의 신뢰도는?

① $e^{-0.6}$ ② $e^{-0.5}$
③ $e^{-0.4}$ ④ $e^{-0.3}$

해설 $R_S(t=2)=e^{-\frac{t}{MTBF_S}}=e^{-\frac{2}{5}}=e^{-0.4}$
※ 우발고장기의 시스템은 지수분포를 따른다.

정답 74.② 75.② 76.④ 77.① 78.④ 79.② 80.③

제5과목 품질경영

81 사내표준화의 대상이 아닌 것은?

① 방법　② 재료
③ 기계　④ 특허

해설 ④ 특허는 사내표준화 대상이 아니다.

82 품질을 형성하는 직능 또는 업무를 목적, 수단의 계열에 따라 단계별로 세부적으로 전개해 나가는 것을 무엇이라 하는가?

① 품질관리　② 품질기능전개
③ 품질매뉴얼　④ 품질정보시스템

해설 ② 품질기능전개(QFD)는 what–how 매트릭스도법을 이용한 품질하우스를 활용하여 소비자의 요구사항을 제품의 설계특성으로 변환하고, 이를 다시 부품특성, 공정특성, 생산을 위한 구체적 시방으로 전개하는 과정이다.

83 품질분임조를 성공적으로 운영하기 위해서 지켜야 할 내용이 아닌 것은?

① 품질분임조 활동은 일상 활동과 구별해서는 안 된다.
② 품질분임조 활동의 주제 선정은 분임조장이 연구하여 결정한다.
③ 종업원들을 각 부서별로 자발적으로 가입하도록 유도하여야 한다.
④ 품질분임조 활동을 시작하기 전에 종업원 교육에 시간을 투자해야 한다.

해설 ② 품질분임조의 주제는 구성원 전체가 알 수 있는 공통 관심사로 함께 결정하여야 한다.

84 품질전략을 수립할 때 계획단계(전략의 형성단계)에서 SWOT 분석을 많이 활용하고 있다. 여기서 O는 무엇을 뜻하는가?

① 기회　② 위협
③ 강점　④ 약점

해설 SWOT 분석은 전략경영에서 전략 계획단계의 분석기법으로 강점(S), 약점(W), 기회(O), 위협(T)의 합성어이며, 기업환경 추세와 내부적 능력이 조화될 수 있는 전략개발을 위한 일종의 상황분석기법이다.

85 품질경영을 성공적으로 실현하기 위해서 품질조직을 구성하였을 때 최고경영자의 중요한 역할에 해당되지 않는 것은?

① 강력하고 지속적인 리더십을 발휘
② 조직의 경영철학을 바탕으로 품질방침을 결정
③ 전사적이고 효율적으로 전개할 수 있는 품질경영시스템을 확립
④ 품질정보를 수집하고 해석하여 각 부문에 품질정보의 피드백 수행

해설 최고경영자는 실무적인 일을 하지 않으며, 실무적인 일은 조직의 업무이다. 그러므로 정보의 해석, 피드백은 조직의 업무이다.

86 다음 내용은 산업표준화법의 목적을 설명한 것이다. (　) 안에 들어가는 말을 순서대로 나열한 것으로 맞는 것은?

> 이 법은 적정하고 합리적인 (　　)을 제정·보급하여 광공업품 및 산업활동 관련 서비스의 품질, 생산(　　), 생산기술을 향상시키고, 거래를 단순화·공정화하며, 소비를 (　　)함으로써 산업경쟁력을 향상시키고 국가경제를 발전시키는 것을 목적으로 한다.

① 산업표준 – 효율 – 합리화
② 산업표준 – 납기 – 합리화
③ 품질기준 – 효율 – 표준화
④ 품질기준 – 납기 – 표준화

87 길이가 각각 $X_1 \sim N(5.00,\ 0.25^2)$, $X_2 \sim N(7.00,\ 0.36^2)$ 및 $X_3 \sim N(9.00,\ 0.49^2)$인 3부품을 임의의 조립방법에 의해 길이로 직렬 연결할 때 $(X_1+X_2+X_3)$의 공차는 $\pm 3\sigma$로 잡고, 조립 시의 오차는 없는 것으로 한다면 이 조립 완제품의 규격은 약 얼마인가? (단, 단위는 cm이다.)

① 21±0.657
② 21±1.048
③ 21±1.972
④ 21±3.146

해설 $\pm 3\sigma_T = \pm 3\sqrt{0.25^2+0.36^2+0.49^2} = \pm 1.972$
※ 조립 규격은 21 ± 1.972이다.

 정답 81.④ 82.② 83.② 84.① 85.④ 86.① 87.③

88 신제품 개발, 신기술 개발 또는 제품책임 문제의 예방 등과 같이 최초의 시점에서는 최종 결과까지의 행방을 충분히 짐작할 수 없는 문제에 대하여, 그 진보 과정에서 얻어지는 정보에 따라 차례로 시행되는 계획의 정도를 높여 적절한 판단을 내림으로써 사태를 바람직한 방향으로 이끌어 가거나 중대사태를 회피하는 방책을 얻는 방법은?

① 계통도법　　② 연관도법
③ 친화도법　　④ PDPC법

해설 문제는 PDPC(Process Decision Program Chart)법의 설명이다.

89 측정시스템이 통계적 특성을 적절히 유지하고 있는지를 평가하는 방법인 측정시스템(MSA)에 관한 설명으로 틀린 것은?

① 선형성(linearity)은 특정 계측기로 동일 제품을 측정하였을 때 측정범위 내에서 측정된 평균값을 의미한다.
② 재현성(reproducibility)은 동일 계측기로 동일 제품을 여러 작업자가 측정하였을 때 나타나는 평균의 차이를 의미한다.
③ 편의(bias)는 특정 계측기로 동일 제품을 측정했을 때 얻어지는 측정값의 평균과 이 특성의 참값과의 차이를 의미한다.
④ 반복성(repeatability)은 동일 작업자가 동일 측정기를 가지고 동일 제품을 측정하였을 때 파생되는 측정의 변동을 의미한다.

해설 ① 선형성 : 측정시스템의 작업범위 내에서 치우침(bias)의 크기가 일정하게 나타나지 않고 변할 경우, 그 변화의 차이를 말하며, 직선성이라고 한다. 측정의 일관성을 평가하는 데 사용하며, 선형성의 적합은 회귀직선의 결정계수(r^2)로 판단할 수 있다.

90 품질심사의 심사 주체에 따른 분류에 관한 설명으로 틀린 것은?

① 기업에 의한 자체 품질활동 평가
② 구매자에 의한 협력업체에 대한 품질활동 평가
③ 협력업체에 의한 고객사 제품의 품질수준 평가
④ 심사기관에 의한 인증대상 기업의 품질활동 평가

해설 ① : 내부심사
② : 2자 심사
④ : 3자 심사

91 다음 중 품질경영시스템 – 기본사항 및 용어(KS Q ISO 9000 : 2013)에서 규정하고 있는 품질의 정의로 맞는 것은?

① 조직의 품질경영시스템에 대한 시방서
② 상호 관련되거나 상호 작용하는 요소들의 집합
③ 대상의 고유 특성의 집합이 요구사항을 충족시키는 정도
④ 최고경영자에 의해 표명된 조직이 되고 싶어 하는 것에 대한 열망

해설 ① : 품질매뉴얼
② : 시스템
④ : 품질목표

92 소비자가 제품을 선택하는 데 도움이 되는 품질보증 표시의 유형에 대한 설명으로 틀린 것은?

① 생산자의 상표 그 자체를 신뢰하는 경우
② 법률적 규제에 의해서 그 마크가 없으면 판매할 수 없는 경우
③ 수입 전기용품의 경우는 수입업자가 상표를 부착하여 판매하는 경우
④ 생산자가 임의로 정부기관 등 관련 기관의 보증마크를 취득해서 표시하는 경우

해설 ③ 수입 전기용품도 법률적 규제를 받으므로 KC마크가 부착되어야 한다. 즉 인증이 필요하다.

93 품질보증의 주요 기능 중 가장 나중에 실시하여야 하는 것은?

① 설계품질의 확보
② 품질방침의 설정과 전개
③ 품질조사와 클레임 처리
④ 품질정보의 수집 · 해석 · 활용

해설 **품질보증의 주요 기능 실시 순서**
품질방침의 설정과 전개 → 품질보증시스템의 구축과 운영 → 설계품질의 확보 → 품질조사와 클레임 처리 → 제품 품질심사, 품질시스템의 심사 → 품질정보의 수집 · 해석 · 활용

정답 88.④ 89.① 90.③ 91.③ 92.③ 93.④

94 다음 중 PL(Product Liability)과 가장 관계가 깊은 것은?

① 안전성 ② 유용성
③ 신뢰성 ④ 경제성

해설 ※ 제품책임(PL)에서 결함이란 제품의 통상적 사용과 소비에 있어서 예기된 안정성이 결여된 상태를 말한다.

95 6시그마 품질혁신운동에서 사용하는 시그마수준 측정과 공정능력지수(C_P)의 관계를 맞게 설명한 것은?

① 시그마수준과 공정능력지수는 차원이 다르기 때문에 상호간에 관련성이 없다.
② 시그마수준은 공정능력지수에 3을 곱하여 계산할 수 있다. 즉, C_P값이 1이면 3시그마수준이 된다.
③ 시그마수준은 부적합품률에 대한 관계를 나타내고, 공정능력지수는 적합품률을 나타내는 능력이므로, 시그마수준과 공정능력지수는 반비례관계이다.
④ 시그마수준에서 사용하는 표준편차는 장기 표준편차로 계산되고, 공정능력지수의 표준편차는 군내변동에 대한 단기 표준편차로 계산되므로, 공정능력지수는 기술적 능력을, 시그마수준은 생산수준을 나타내는 지표가 된다.

해설 $C_P = \frac{U-L}{6\sigma} = 1$인 경우 공정평균 μ와 규격까지의 거리가 3σ이므로 3시그마 수준이라고 하며 시그마 수준의 계산은 C_P값에 3을 곱하여 시그마 수준을 계산한다.
공정능력지수(C_P)가 큰 값을 갖을수록 시그마 수준도 높아지고, 부적합품률은 낮아진다.

96 공정능력을 현재의 수준으로 유지하면서 제품의 단위당 가공시간을 단축시키는 생산성 향상을 도모하는 것이 바람직한 수준은?

① $C_P = 0.45$ ② $C_P = 0.99$
③ $C_P = 1.18$ ④ $C_P = 1.88$

해설 최대공정능력 $C_P = 1.88$은 공정능력이 매우 우수한 경우에 해당된다.
※ 시간적 변동 1.5σ의 치우침이 발생하여도 최소공정능력지수 $C_{PK} = C_P - 0.5 = 1.33$이다.

97 특성요인도 작성 시 가장 먼저 하여야 할 사항은?

① 요인을 정한다.
② 품질특성을 정한다.
③ 목적, 효과, 작성자, 시기 등을 기입한다.
④ 큰 가지가 되는 화살표를 왼쪽에서 오른쪽으로 긋는다.

해설 ② → ① → ④ → ③ 순으로 이루어진다.
※ 특성요인도를 fish-bone chart라고 하며, 결과에 영향을 미치는 주요 원인을 규명하려는 QC 7도구 중 하나이다.

98 애프터서비스와 관련한 비용은 다음 중 어느 비용에 해당하는가?

① 외부실패비용 ② 예방비용
③ 내부실패비용 ④ 평가비용

해설 ① 외부실패비용은 판매 후 부적합사항에 대한 시정조치 활동에 투입되는 비용이다.

99 다음 [데이터]의 품질코스트 항목에서 예방코스트(P-cost)를 집계한 결과로 맞는 것은?

[데이터]
- 시험 코스트 : 500원
- 검교정 코스트 : 1000원
- 재가공 코스트 : 1500원
- 외주불량 코스트 : 4000원
- 불량대책 코스트 : 3000원
- 수입검사 코스트 : 1000원
- QC 계획 코스트 : 150원
- QC 사무 코스트 : 100원
- QC 교육 코스트 : 250원
- 공정검사 코스트 : 1500원
- 완제품검사 코스트 : 5000원

① 예방코스트는 250원이다.
② 예방코스트는 400원이다.
③ 예방코스트는 500원이다.
④ 예방코스트는 1500원이다.

해설 P-cost = QC 계획 코스트 + QC 기술 코스트 + QC 교육 코스트 + QC 사무 코스트
= 150원 + 250원 + 100원 = 500원
※ 검사비용, 시험비용, PM 비용은 A-cost에 해당되고 부적합품 손실비용, 외주불량비용, 재가공비용, 불량대책비용, 제품책임비용 등은 F-cost에 해당된다.

 정답 94.① 95.② 96.④ 97.② 98.① 99.③

100 일종의 품질 모티베이션 활동인 자율경영팀에 관한 내용으로 틀린 것은?

① 상호신뢰와 책임감을 고취시킨다.
② 소집단보다는 큰 집단을 전제로 한다.
③ 작업계획 및 통제는 물론 작업개선에 중점을 둔다.
④ 공동 목적을 달성하기 위해 상당한 권한을 위임받는다.

해설 자율경영팀은 소규모 조직으로 자율적 책임과 권한을 가지고 계획, 실행, 통제, 개선 활동을 전개하는 조직활동이다.

정답 100.②

2017 제4회 품질경영기사

제1과목 실험계획법

1 반복이 없는 2^3형의 단독 교락법 실험에서 교호작용($A \times B$)을 블록에 교락시킨 것으로 맞는 것은?

① 블록 1 : (1), a, c, bc
② 블록 1 : (1), a, ac, abc
③ 블록 1 : (1), ab, c, abc
④ 블록 1 : (1), ab, ac, bc

해설
$$A \times B = \frac{1}{4}(a-1)(b-1)(c+1)$$
$$= \frac{1}{4}(ab+1+abc+c-ac-bc-a-b)$$

2 어떤 화학반응 실험에서 농도를 4수준으로 반복수가 일정하지 않은 실험을 하여 다음 [표]와 같은 결과를 얻었다. 분산분석 결과 오차의 제곱합 S_e =2508.8이었다. $\mu(A_1)$과 $\mu(A_4)$의 평균치 차를 α =0.05로 검정하고자 한다. 평균치의 차가 약 얼마를 초과할 때 평균치의 차가 있다고 할 수 있는가? (단, $t_{0.975}(15)=2.131$, $t_{0.95}(15)=1.753$이다.)

요인	A_1	A_2	A_3	A_4
m_i	5	6	5	3
$\bar{x}_i.$	51.87	56.11	53.24	64.54

① 15.866
② 16.556
③ 19.487
④ 20.127

해설
$$LSD = t_{0.975}(15)\sqrt{V_e\left(\frac{1}{m_i}+\frac{1}{m_i'}\right)}$$
$$= 2.131\sqrt{\frac{2508.8}{15}\times\left(\frac{1}{5}+\frac{1}{3}\right)}$$
$$= 20.1266$$
(단, $\nu_e = \nu_T - \nu_A = 18-3 = 15$이다.)

3 하나의 실험점에서 30, 40, 38, 49(단위 : dB)의 반복 관측치를 얻었다. 자료가 망대특성이라면 SN비 값은 약 얼마인가?

① −31.58dB
② 31.48dB
③ −32.48dB
④ 31.38dB

해설
$$SN = -10\log\left(\frac{1}{n}\Sigma\frac{1}{y_i^2}\right)$$
$$= -10\log\left[\frac{1}{4}\left(\frac{1}{30^2}+\frac{1}{40^2}+\frac{1}{38^2}+\frac{1}{49^2}\right)\right]$$
$$= 31.4796\text{dB}$$

4 세 가지의 공정 라인(A)에서 나오는 제품의 부적합품률이 같은가를 알아보기 위하여 샘플링검사를 실시하였다. 작업시간별(B)로 차이가 있는가도 알아보기 위하여 오전, 오후, 야간 근무조에서 공정 라인별로 각각 100개씩 조사하여 다음과 같은 데이터가 얻어졌다. 이 자료에서 A_2 수준의 모부적합품률 $P(A_2)$의 점추정치는 몇 %인가?

(단위 : 100개 중 부적합품수)

작업시간 \ 공정 라인	A_1	A_2	A_3
B_1(오전)	2	3	6
B_2(오후)	6	2	6
B_3(야간)	10	4	10

① 2%　② 3%
③ 4%　④ 5%

해설
$$\hat{P}(A_2) = \frac{9}{300}\times 100\% = 3\%$$
※ $P(A_2) = \hat{P}(A_2) \pm u_{1-\alpha/2}\sqrt{\frac{V_e^*}{mr}}$

(단, $V_e^* = \frac{S_{e_2}+S_{e_1}}{\nu_{e_1}+\nu_{e_2}}$이다.)

 정답 1.③ 2.④ 3.② 4.②

5 $L_8(2^7)$형 직교배열표에 관한 설명 중 틀린 것은?

① 8은 행의 수 또는 실험횟수를 나타낸다.
② 각 열의 자유도는 1이고, 총자유도는 8이다.
③ 2수준의 직교배열표이므로 일반적으로 3수준을 배치시킬 수 없다.
④ 교호작용을 무시하고 전부 요인으로 배치하면 7개의 요인까지 배치가 가능하다.

해설 ② 총자유도는 열의 수로 행의 수 − 1이며, 7이다.

6 모수요인의 특성으로 볼 수 없는 것은? (단, a_i는 요인 A의 주효과이다.)

① a_i의 합은 0이다.
② a_i의 평균은 0이다.
③ a_i의 분산$[V(a_i)]$은 0이다.
④ a_i의 기대값$[E(a_i)]$은 0이다.

해설 ④ 모수요인은 효과 a_i가 상수이므로 $E(a_i)=a_i$이다.
※ 변량요인의 효과 a_i는 확률변수이며 $E(a_i)=0$이다. 이때의 a_i는 +, −값을 취하는 확률변수이기 때문이다.

7 화공물질을 촉매 반응시켜 촉매(A) 2종류, 반응온도(B) 2종류, 원료의 농도(C) 2종류로 하여 2^3요인 실험으로 합성률에 미치는 영향을 검토하여 아래의 데이터를 얻었다. $S_{A\times B}$의 값은?

데이터 표현식	데이터
(1)	72
c	65
b	85
bc	83
a	58
ac	53
ab	68
abc	63

① 0.125 ② 3.125
③ 15.125 ④ 45.125

해설
$$S_{A\times B}=\frac{1}{8}[(1)+c+ab+abc-(b+bc+a+ac)]^2$$
$$=\frac{1}{8}[72+65+68+63-85-83-58-53]^2$$
$$=15.125$$

8 [표 1]은 모수요인 A와 블록요인 B에 대해 난괴법 실험을 하는 경우이며, [표 2]는 블록요인 B를 반복으로 하는 요인 A의 1요인 실험으로 변환시킨 경우이다. 이때 A의 제곱합(S_A)에 관한 설명으로 맞는 것은?

[표 1]

A \ B	1	2	3	4
1	9.3	9.4	9.6	10.0
2	9.4	9.3	9.8	9.9
3	9.2	9.4	9.5	9.7
4	9.7	9.6	10.0	10.2

[표 2]

A \ r	1	2	3	4
1	9.3	9.4	9.6	10.0
2	9.4	9.3	9.8	9.9
3	9.2	9.4	9.5	9.7
4	9.7	9.6	10.0	10.2

① 난괴법에서 A의 제곱합(S_A)보다 1요인 실험의 제곱합(S_A)이 더 크다.
② 난괴법에서 A의 제곱합(S_A)보다 1요인 실험의 제곱합(S_A)이 더 작다.
③ 난괴법에서 A의 제곱합(S_A)과 1요인 실험의 제곱합(S_A)은 값이 같다.
④ 난괴법에서 A의 제곱합(S_A)과 B의 제곱합(S_B)을 합한 것과 1요인 실험의 제곱합(S_A)은 값이 같다.

해설 요인 A의 제곱합 계산식은 두 경우가 동일하다.
$S_T=S_A+S_e$: 1요인배치법
$=S_A+S_B+S_e$: 난괴법
(난괴법의 S_B+S_e가 1요인배치법의 S_e와 같다.)

9 반복이 일정한 1요인 실험에서 데이터 구조식이 $x_{ij}=\mu+a_i+e_{ij}(i=1, 2, \cdots, l,\ j=1, 2, \cdots, m)$로 주어질 때 $\bar{x}_{i\cdot}$의 데이터 구조식은?

① $\bar{x}_{i\cdot}=\mu$ ② $\bar{x}_{i\cdot}=\mu+e_{ij}$
③ $\bar{x}_{i\cdot}=\mu+a_i$ ④ $\bar{x}_{i\cdot}=\mu+a_i+\bar{e}_{i\cdot}$

해설 $x_{ij}=\mu_{i\cdot}+e_{ij}=(\mu+a_i)+e_{ij}$이므로
$\bar{x}_{i\cdot}=\mu_{i\cdot}+\bar{e}_{i\cdot}=\mu+a_i+\bar{e}_{i\cdot}$이다.

정답 5.② 6.④ 7.③ 8.③ 9.④

10 $L_{27}(3^{13})$형 직교배열표에서 요인 A를 5열, 요인 B를 10열에 배치하였다면, 교호작용 $A\times B$가 배치되는 열번호는?

열번호	1	2	3	4	5	6	7	8	9	10	11	12	13
기본표시	a	b	a b	a b^2	c	a c	a c^2	b c	a b c	a b^2 c^2	b c^2	a b^2 c	a b c^2
배치					A					B			

① 4열, 7열 ② 4열, 10열
③ 4열, 12열 ④ 4열, 13열

해설 • $A\times B : c\times(ab^2c^2)=ab^2 \Rightarrow$ 4열
• $A\times B^2 : c\times(ab^2c^2)^2=a^2bc^2=ab^2c \Rightarrow$ 12열
(단, $a^3=b^3=c^3=1$이다.)

11 어떤 작업의 가공 순서를 2수준으로 하고 각각 5회씩 실험을 실시하여 다음과 같은 결과를 얻었다. 이때, A_1과 A_2 평균치의 차 $L=\frac{T_1\cdot}{5}-\frac{T_2\cdot}{5}$의 제곱합($S_L$)은 얼마인가?

• A_1 : 20 25 18 22 30
• A_2 : 15 21 20 16 24

① 15.4 ② 36.1
③ 40.8 ④ 51.7

해설
$$S_L=\frac{L^2}{D}=\frac{\left(\frac{115}{5}-\frac{96}{5}\right)^2}{\left(\frac{1}{5}\right)^2\times 5+\left(-\frac{1}{5}\right)^2\times 5}=36.1$$

※ $S_A=\frac{1}{10}(96-115)^2=36.1$은 S_L이므로,
차의 선형식 제곱합이 요인 A의 제곱합이다.

12 실험의 효율을 올리기 위하여 취하는 행동 중 틀린 것은?

① 오차의 자유도를 최대한 작게 한다.
② 실험의 반복수를 최대한 크게 한다.
③ 오차분산이 최대한 작아지도록 조치한다.
④ 실험의 층별을 실시하여 충분히 관리하도록 한다.

해설 오차의 자유도가 클수록 오차분산은 작아지고 검출력이 높아지므로 실험의 효율성이 높아진다.

13 모수요인 A와 변량요인 B의 수준이 각각 l과 m이고, 반복수가 r일 경우의 모형은 다음과 같다. $E(V_A)$의 식으로 맞는 것은?

$$x_{ijk}=\mu+a_i+b_j+(ab)_{ij}+e_{ijk}$$
$$(i=1,\ 2,\ \cdots,\ l,\ j=1,\ 2,\ \cdots,\ m,\ k=1,\ 2,\ \cdots,\ r)$$

① $mr\sigma_e^2$
② $\sigma_e^2+lr\sigma_B^2$
③ $\sigma_e^2+mr\sigma_A^2$
④ $\sigma_e^2+r\sigma_{A\times B}^2+mr\sigma_A^2$

해설 $E(V_B)=\sigma_e^2+lr\sigma_B^2$
$E(V_{A\times B})=\sigma_e^2+r\sigma_{A\times B}^2$
※ F_o 검정
$F_o=\frac{V_B}{V_e},\ \frac{V_{A\times B}}{V_e},\ F_o=\frac{V_A}{V_{A\times B}}$

14 A, B, C가 모수요인이고, A는 어떤 화학용액으로 제조 후의 숙성시간이 일정한 조건을 유지해야 하며 사용시간의 제한으로 A_1, A_2, A_3를 분할할 수밖에 없고, 또한 실험물량을 최소화하기 위해 A, B요인을 1차 요인으로 하고 수준변화가 용이한 요인 C를 2차 요인으로 하여 실험을 수행할 때, 어떤 실험법이 가장 적절한가?

① 단일분할법 ② 지분실험법
③ 요인실험법 ④ 교락법

해설 1차 단위가 2요인배치인 단일분할법이다.

15 2^3요인 실험에서 정의대비를 $A\times B\times C$로 잡아 1/2 일부실시법으로 실험을 실시하는 경우, A와 별명관계에 있는 요인은?

① B ② $A\times B$
③ $B\times C$ ④ $A\times C$

해설 $A(A\times B\times C)=A^2\times B\times C=B\times C$
따라서, A의 별명관계는 $B\times C$이다.

 정답 10.③ 11.② 12.① 13.④ 14.① 15.③

16 로트 간 또는 로트 내의 산포, 기계 간의 산포, 작업자 간의 산포, 측정의 산포 등 여러 가지 샘플링 및 측정의 정도를 추정하여 샘플링 방식을 설계하거나 측정방법을 검토하기 위한 변량요인들에 대한 실험설계방법으로 가장 적합한 것은?

① 지분실험법
② 교락법
③ 라틴방격법
④ 요인배치법

해설 지분실험법에서 변량인자들 간의 교호작용은 인자 간에도 뒤엉켜 있으므로, 교호작용의 해석은 의미가 없다.

17 3×3 라틴방격법에 의하여 다음의 실험 데이터를 얻었다. 요인 C의 제곱합(S_C)을 구하면? (단, 괄호 속의 값은 데이터이다.)

B \ A	A_1	A_2	A_3
B_1	$C_1(5)$	$C_2(6)$	$C_3(8)$
B_2	$C_2(7)$	$C_3(8)$	$C_1(6)$
B_3	$C_3(7)$	$C_1(3)$	$C_2(4)$

① 14.0
② 15.8
③ 16.2
④ 30.3

해설
$$S_C = \frac{\sum T_{\cdot\cdot k}^{\ 2}}{k} - \frac{T^2}{k^2} = \frac{14^2+17^2+23^2}{3} - \frac{54^2}{9} = 14.0$$

18 요인 A, B는 모수요인, 요인 C는 변량요인인 반복 없는 3요인 실험을 하였다. $l=3$, $m=3$, $n=2$이고, $V_e=4.3$, $V_{A\times C}=106.7$, $V_{B\times C}=97.3$, $V_C=57.4$ 이였다면, $\hat{\sigma}_C^{\ 2}$의 추정값은 약 얼마인가?

① 4.8 ② 5.9
③ 6.4 ④ 28.7

해설
$$\hat{\sigma}_C^{\ 2} = \frac{V_C - V_e}{lm} = \frac{57.4-4.3}{3\times3} = 5.9$$

※ 혼합모형의 검정(A, B : 모수, C : 변량)

$$F_0 = \frac{V_{모수}}{V_{모수\times변량}},\ F_0 = \frac{V_{변량}}{V_{오차}}$$

ex) $F_0 = \frac{V_A}{V_{A\times C}}$, $F_0 = \frac{V_B}{V_{B\times C}}$, $F_0 = \frac{V_C}{V_e}$

19 다음 데이터는 두 개의 모수요인 A와 B의 각 수준에서 실험된 것이다. 요인 A의 효과를 검정할 수 있는 F_0값은 약 얼마인가? (단, 오차의 제곱합 $S_e=0.56$이다.)

B \ A	A_1	A_2	A_3
B_1	7.6	7.3	6.7
B_2	8.6	8.2	6.9
B_3	9.0	8.0	7.9
B_4	8.0	7.7	6.5

① 6.25 ② 7.93
③ 15.25 ④ 18.43

해설
$$S_A = \frac{33.2^2+31.2^2+28^2}{4} - \frac{92.4^2}{12} = 3.44$$
$$F_0 = \frac{V_A}{V_e} = \frac{3.44/2}{0.56/6} = 18.43$$
(단, $\nu_e = (l-1)(m-1) = 6$이다.)

20 두 변수 x와 y 간 n개의 데이터(x_i, y_i) $i=1$, 2, …, n에 관한 직전회귀모형은 $y_i = \beta_0 + \beta_1 x_i + e_i$이다. 여기서 β_0, β_1은 미지의 모수이며, $e_i \sim N(0, \sigma^2)$는 서로 독립된 오차를 나타내고 있다. 미지의 모수 β_0, β_1은 어떻게 추정하는가?

① x_i의 평균값을 최소화시켜(편미분하여) 구한다.
② x_i의 합을 최소화시켜(편미분하여) 구한다.
③ 오차의 합을 최소화시켜(편미분하여) 구한다.
④ 오차의 제곱합을 최소화시켜(편미분하여) 구한다.

해설 $\frac{\partial S_{y/x}}{\partial \beta_0} = 0$, $\frac{\partial S_{y/x}}{\partial \beta_1} = 0$

(단, $S_{y/x} = \sum_i (y_i - \hat{y}_i)^2$이다.)

정답 16.① 17.① 18.② 19.④ 20.④

제2과목 통계적 품질관리

21 계수 및 계량 규준형 1회 샘플링검사(KS Q 0001 : 2013)에서 평균값 500g 이하는 합격시키고 평균값 540g 이상의 로트는 불합격시키고 싶다. 표준편차가 25g이며 $\alpha=0.05$, $\beta=0.10$으로 샘플링검사를 할 때 필요한 샘플 수(n)는? (단, $k_\alpha=1.645$, $k_\beta=1.282$이다.)

① 4 ② 5
③ 6 ④ 7

해설
$$n=\left(\frac{k_\alpha+k_\beta}{m_0-m_1}\right)^2\sigma^2=\left(\frac{2.927}{\Delta m}\right)^2\sigma^2$$
$$=\left(\frac{1.645+1.282}{500-540}\right)^2\times 25^2=3.347 \Rightarrow 4\text{개}$$

22 관리도에서 일반적으로 사용하는 3σ 관리한계 대신 2σ 관리한계를 사용하면 그 결과는 어떻게 되는가?

① 제1종 오류(α)가 커진다.
② 제2종 오류(β)가 커진다.
③ 제1종 오류(α), 제2종 오류(β) 모두 커진다.
④ 제1종 오류(α), 제2종 오류(β) 모두 작아진다.

해설 관리한계가 좁아지면 검출력이 증가하므로, 제2종 오류(β)는 작아지고 제1종 오류(α)는 증가한다.

23 A자동차회사의 신차종 K자동차는 신차 판매 후 30일 이내에 보증수리를 받을 확률이 5%로 알려져 있다. 신규 판매한 자동차 5대를 추출하여 30일 이내에 보증수리를 받는 차량 수의 확률에 관한 내용으로 틀린 것은?

① 보증수리를 1대도 받지 않을 확률은 약 0.774이다.
② 적어도 1대가 보증수리를 필요로 할 확률은 약 0.226이다.
③ X를 보증수리를 받는 차량 수라 할 때, X의 기대값은 0.25이다.
④ X를 보증수리를 받는 차량 수라 할 때, X의 분산은 약 0.27이다.

해설 $V(X)=nP(1-P)=5\times0.05\times0.95=0.2375$
※ 이항분포의 확률질량함수(pmf)는
$p(x)={}_nC_x p^x q^{n-x}$이다.

24 정규분포를 따르는 모집단의 모평균에 관한 검정의 검출력에 대한 설명 중 맞는 것은? (단, 귀무가설은 $H_0:\mu=\mu_0$이다.)

① 다른 조건을 모두 같게 했을 때 모표준편차 σ가 크면 검출력은 커진다.
② 다른 조건을 모두 같게 했을 때 표본의 크기 n을 증가시키면 검출력은 작아진다.
③ 다른 조건을 모두 같게 했을 때 제2종 오류(β)의 값을 작게 하면 검출력은 커진다.
④ 다른 조건을 모두 같게 했을 때 모평균의 값과 기준치와의 차 $(\mu-\mu_0)$가 크면 검출력은 작아진다.

해설 검출력은 n이 크고 σ가 작을수록 커진다.
또한, $\hat{\mu}-\mu_0=\Delta\mu$가 클수록 검출력이 커진다.
$$u_o=\frac{\hat{\mu}-\mu_0}{\sigma/\sqrt{n}}=\frac{(\hat{\mu}-\mu_0)\sqrt{n}}{\sigma}=\frac{\Delta\mu\sqrt{n}}{\sigma}$$

25 품질변동원인 중 우연원인에 해당하지 않는 것은?

① 피할 수 없는 원인이다.
② 점들의 움직임이 임의적이다.
③ 작업자의 부주의나 태만, 생산설비의 이상 등으로 인해서 나타나는 원인이다.
④ 현재의 능력이나 기술수준으로는 원인규명이나 조치가 불가능한 원인이다.

해설 ③은 이상원인에 관한 설명이다.

26 A자동차는 신차 구입 후 5년 이상 자동차를 보유하는 고객의 비율을 추정하기를 원한다. 신뢰수준 95%에서 오차한계를 ±0.05로 하기 위해 필요한 최소의 표본 크기는 약 얼마인가?

① 373 ② 380
③ 382 ④ 385

해설
$\beta_p=u_{1-\alpha/2}\sqrt{\dfrac{P(1-P)}{n}}$ 를 n에 관하여 정리하면,
$$n=\left(\frac{1.96}{0.05}\right)^2\times0.5\times0.5=384.16 \Rightarrow 385$$
※ 모수 P를 모르는 경우, 예비조사를 행한 후 $\hat{P}$를 구하여 P 대신 사용한다. 그러나 예비조사를 행할 수 없는 경우는 모수 P의 최대치인 0.5를 사용한다.

정답 21.① 22.① 23.④ 24.③ 25.③ 26.④

27 표본상관계수(r_{xy})를 구하는 식으로 틀린 것은? (단, 확률변수 x, y의 제곱합은 $S_{(xy)}$, 확률변수 x의 제곱합은 $S_{(xx)}$, 확률변수 y의 제곱합은 $S_{(yy)}$, 공분산은 V_{xy}, x의 분산은 V_x, y의 분산은 V_y, n은 표본의 수이다.)

① $\dfrac{V_{xy}}{\sqrt{V_x}\sqrt{V_y}}$

② $\dfrac{(n-1)V_{xy}}{\sqrt{S_{(xx)}}\sqrt{S_{(yy)}}}$

③ $\dfrac{S_{(xy)}}{\sqrt{S_{(xx)}}\sqrt{S_{(yy)}}}$

④ $\dfrac{\Sigma xy - n(\Sigma x)(\Sigma y)}{\sqrt{n\Sigma x^2-(\Sigma x^2)}\sqrt{n\Sigma y^2-(\Sigma y^2)}}$

해설 $\dfrac{S_{(xy)}}{\sqrt{S_{(xx)}}\sqrt{S_{(yy)}}}$

$= \dfrac{n\Sigma xy-(\Sigma x)(\Sigma y)}{\sqrt{n\Sigma x^2-(\Sigma x)^2}\sqrt{n\Sigma y^2-(\Sigma y)^2}}$

28 계수 및 계량 규준형 1회 샘플링검사(KS Q 0001 : 2013)의 평균치 보증방식에서 망소특성인 경우, OC 곡선을 작성하기 위한 로트의 합격확률 $L(m)$의 표준정규분포에서의 좌표값 $K_{L(m)}$을 구하기 위한 공식은? (단, U는 규격상한, m은 로트의 평균치, $\overline{X}_U$는 상한 합격판정치, σ는 로트의 표준편차, n은 샘플의 크기이다.)

① $K_{L(m)} = \dfrac{\overline{X}_U - m}{\sigma/\sqrt{n}}$

② $K_{L(m)} = \dfrac{m - \overline{X}_U}{\sigma/\sqrt{n}}$

③ $K_{L(m)} = \dfrac{U - \overline{X}_U}{\sigma/\sqrt{n}}$

④ $K_{L(m)} = \dfrac{\overline{X}_U - U}{\sigma/\sqrt{n}}$

해설 $\overline{X}_U = m_1 - k_\beta\dfrac{\sigma}{\sqrt{n}}$ 를 k_β에 관해 정리하면

$k_\beta = \dfrac{m_1 - \overline{X}_U}{\sigma/\sqrt{n}} \rightarrow K_{L(m)} = \dfrac{m - \overline{X}_U}{\sigma/\sqrt{n}}$ 이다.

29 계수형 샘플링검사 절차 – 제1부 : 로트별 합격품질한계(AQL) 지표형 샘플링검사 방식(KS Q ISO 2859-1 : 2013)의 보통검사에서 수월한 검사로 전환할 때 만족되어야 하는 조건이 아닌 것은?

① 생산의 안정
② 연속 5로트 합격
③ 소관권한자의 승인
④ 전환점수의 현재값이 30 이상일 때

해설 ② 연속 5로트 합격은 까다로운 검사에서 보통검사로 복귀하기 위한 조건이다.
①, ③, ④는 수월한 검사를 위한 전제조건이다.

30 공정의 평균치가 28이고, 모표준편차(σ)가 10으로 알려져 있는 공정이 관리상태일 때 규격상한(U)이 40을 넘는 제품이 나올 확률은 약 얼마인가?

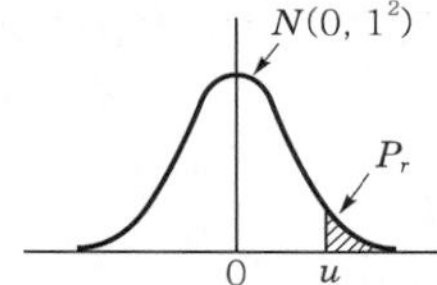

u	P_r
0.66	0.2546
0.82	0.2061
0.93	0.1762
1.20	0.1151

① 0.1151　② 0.1762
③ 0.2061　④ 0.2546

해설 $P_r(x>40) = P_r\left(z > \dfrac{40-28}{10}\right)$
$= P_r(z>1.2)$
$= 0.1151$

31 계수 및 계량 규준형 1회 샘플링검사(KS Q 0001 : 2013)에서 계수규준형 1회 샘플링검사 방식 중 생산자 위험이 가장 큰 샘플링 방식은? (단, N은 로트의 크기, n은 표본의 크기, c는 합격판정개수이다.)

① N=1000, n=10, c=0
② N=1500, n=15, c=0
③ N=2000, n=20, c=0
④ N=3000, n=30, c=0

해설 로트의 크기(N)는 충분히 크면, N은 OC 곡선에는 별다른 영향을 주지 않는다. 시료의 크기(n)가 증가하거나 c가 감소하면 소비자위험(β)은 크게 감소한다. 그러나 $c=0$인 검사가 아니라면 생산자위험(α)이 다소 증가하지만, 큰 차이를 보이지는 않는다.

정답 27.④ 28.② 29.② 30.① 31.②

32 다음 중 샘플링오차에 관한 설명으로 틀린 것을 고르면?

① 샘플링오차와 측정오차는 비례관계를 가진다.
② 전수검사를 할 경우 이론적으로 샘플링오차는 없다.
③ 시료의 크기가 클수록 샘플링오차는 작아진다.
④ 샘플링오차는 표본을 랜덤하게 샘플링하지 못함으로 인해 발생하는 오차이다.

해설 ① 샘플링오차와 측정오차는 서로 독립이다.

$$\sigma_x^2 = \sigma_s^2 + \sigma_m^2$$

$$\sigma_{\bar{x}}^2 = \frac{1}{n}(\sigma_s^2 + \sigma_m^2) = \frac{\sigma_s^2}{n} + \frac{\sigma_m^2}{n}$$

33 두 집단의 모부적합수 차에 대한 통계적 가설 검정을 정규분포 근사법을 활용할 때, 검정통계량(u_0)의 값은 얼마인가? (단, 두 집단 각각의 부적합수 $x_1 = 10$, $x_2 = 6$이다.)

① 1 ② 2
③ 3 ④ 4

해설

$$u_0 = \frac{x_1 - x_2}{\sqrt{x_1 + x_2}} = \frac{10-6}{\sqrt{10+6}} = 1.0$$

34 어느 농장에서 양이 염소보다 평소 2배 더 많은 것으로 알고 있다. 이 주장을 검정하기 위하여 농장의 표본을 조사하였더니, 양은 2500마리, 염소는 500마리였다. 적합도 검정을 하고자 할 때, 검정통계량(χ_0^2)값은 얼마인가?

① $\chi_0^2 = 125$ ② $\chi_0^2 = 250$
③ $\chi_0^2 = 300$ ④ $\chi_0^2 = 375$

해설 양과 염소는 2 : 1이므로 기대값(E_i)의 경우 양은 2000마리, 염소는 1000마리이다.

$$\chi_0^2 = \Sigma \frac{(X_i - E_i)^2}{E_i} = \frac{(2500-2000)^2}{2000} + \frac{(500-1000)^2}{1000} = 375$$

35 두 집단의 모평균 차의 구간추정에 있어서 $\sigma_1^{\,2}$, $\sigma_2^{\,2}$를 알고 있고, $\sigma_1^{\,2} = \sigma_2^{\,2} = \sigma^2$, $n_1 = n_2 = n$일 때 $(\bar{x}_1 - \bar{x}_2)$의 표준편차 $D(\bar{x}_1 - \bar{x}_2)$는?

① $\sqrt{2\sigma^2}$ ② $\sqrt{\frac{2\sigma^2}{n}}$
③ $\sqrt{\frac{1}{n}\sigma^2}$ ④ $\sqrt{\frac{\sigma^2}{2n}}$

해설

$$D(\bar{x}_1 - \bar{x}_2) = \sqrt{V(\bar{x}_1 - \bar{x}_2)} = \sqrt{\frac{\sigma_1^{\,2}}{n_1} + \frac{\sigma_2^{\,2}}{n_2}} = \sqrt{\frac{2\sigma^2}{n}}$$

36 어떤 부품의 제조공정에서 종래 장기간의 공정평균 부적합품률은 9% 이상으로 집계되고 있다. 부적합품률을 낮추기 위해 최근 그 공정의 일부를 개선한 후 그 공정을 조사하였더니 167개의 샘플 중 8개가 부적합품이었으며, 귀무가설 $H_0 : P \geq P_0$는 기각되었다. 공정평균 부적합품률의 95% 상측 신뢰한계는 약 얼마인가?

① 0.045 ② 0.065
③ 0.075 ④ 0.085

해설 모수 P가 9%보다 작다는 것이 입증되었으므로, 한쪽 추정의 신뢰상한값을 추정한다.

$$P_U = \hat{p} + u_{1-\alpha}\sqrt{\frac{\hat{p}(1-\hat{p})}{n}} = 0.0479 + 1.645 \times \sqrt{\frac{0.0479 \times (1-0.0479)}{167}} = 0.075$$

단, $\hat{p} = \frac{8}{167} = 0.0479$

37 일반적으로 R관리도에서는 (㉠)의 변화를, $\bar{x}$관리도에서는 (㉡)의 변화를 검토할 수가 있다. 다음 중 ㉠, ㉡에 알맞은 용어로 짝지어진 것은?

① ㉠ 정확도, ㉡ 정밀도
② ㉠ 정밀도, ㉡ 정확도
③ ㉠ 정밀도, ㉡ 오차
④ ㉠ 오차, ㉡ 정밀도

해설 편차는 정밀도의 척도이고, 평균은 정확도의 척도이다.

정답 32.① 33.① 34.④ 35.② 36.③ 37.②

38 계량치 검사를 위한 축차 샘플링 방식(부적합품률, 표준편차 기지)(KS Q ISO 39511)에서 연결식 양쪽 규격이고, $n_{cum} < n_t$일 때, 상측 합격판정치 A_U는?
(단, g는 합격판정선 및 불합격판정선의 기울기, h_A는 합격판정선의 절편이다.)

① $g\sigma n_{cum} - h_A\sigma$
② $g\sigma n_{cum} + h_A\sigma$
③ $(U-L-g\sigma)n_{cum} - h_A\sigma$
④ $(U-L-g\sigma)n_{cum} + h_A\sigma$

해설 ②는 하측 합격판정치(A_L)이다.

39 Σc=80, k=20일 경우 c관리도(count control chart)의 관리하한(lower control limit)은?

① −3
② 2
③ 10
④ 고려하지 않는다.

해설 $\bar{c} = \frac{\Sigma c}{k} = \frac{80}{20} = 4$

$L_{CL} = \bar{c} - 3\sqrt{\bar{c}}$
$= 4 - 3\sqrt{4}$
$= -2$

⇒ 음의 값이므로 고려하지 않는다.

40 $x_1, \cdots, x_n$을 평균(μ), 분산(σ^2)인 모집단으로부터 뽑은 확률표본이라 하고 표본평균을 $\bar{x}$, 표본분산을 $s^2 = \frac{1}{n-1}\sum_{i=1}^{n}(x_i - \bar{x})^2$으로 정의할 때, 통계량 s^2의 기대치 $E(s^2)$은?

① $\frac{2}{n-1}\sigma^4$
② σ^2
③ $\frac{n}{n-1}\sigma^2$
④ $\frac{n-1}{n}\sigma^2$

해설 $E(s^2) = \sigma^2$

$V(s^2) = \frac{2}{n-1}\sigma^4$

제3과목 생산시스템

41 MRP 시스템 운영에 필요한 기본요소 중 최종 품목 한 단위 생산에 소요되는 구성품목의 종류와 수량을 명시한 것은?

① 자재명세서(BOM)
② 발주점(OP)
③ 재고기록철(IRF)
④ 주생산일정계획(MPS)

해설 MPS 시스템의 입력요소 ①, ③, ④항 중 자재명세서(BOM)를 설명하고 있다.

42 휴대전화의 플래시메모리 1로트를 생산하는 데 소요시간은 다음과 같다. 이때 라인 불균형률($1-E_b$)을 구하면 약 얼마인가?

공정	1	2	3	4	5
소요시간	20	30	25	18	22
인원	1	1	1	1	1

① 23%　　② 25%
③ 75%　　④ 80%

해설 $1-E_b = 1 - \frac{\Sigma t_i}{m\, t_{\max}}$
$= 1 - \frac{115}{5 \times 30}$
$= 0.233(23\%)$

43 광원을 일정한 시간 간격으로 비대칭적인 밝기로 점멸하면서 사진을 촬영하여 분석하는 방법으로 작업의 속도, 방향 등의 궤적을 파악할 수 있는 것은?

① 시모차트(SIMO Chart)
② 양수 동작분석표
③ 작업자 공정분석표
④ 크로노사이클 그래프

해설
- 크로노사이클 그래프 분석이란 손이나 손가락 또는 신체부위에 꼬마전구를 부착하여 촬영 후 동작의 궤적을 분석하는 방법이다.
- SIMO Chart(Simutaneous Motion Cycle Chart)는 서브릭시간 분석표 또는 동시동작 시간분석표라고 한다.

정답 38.③ 39.④ 40.② 41.① 42.① 43.④

44 구매관리방식 중 집중구매방식의 특성으로 틀린 것은?

① 종합구매로 구매비용이 적게 든다.
② 공장별 자재의 긴급조달이 용이하다.
③ 대량구매로 가격과 거래조건이 유리하다.
④ 시장조사, 거래처조사, 구매효과의 측정 등을 효과적으로 실행할 수 있다.

해설 ②는 분산구매방식에 관한 설명이다.

45 리(H. Lee)가 주장한 4가지 유형의 '공급사슬전략'과 '수요-공급의 불확실성' 및 '기능적 · 혁신적 상품'의 연결관계로 틀린 것은?

① 효율적 공급사슬 – 수요 및 공급 불확실성 낮음 – 식품
② 민첩성 공급사슬 – 수요 및 공급 불확실성 높음 – 반도체
③ 반응적 공급사슬 – 수요 불확실성 높음, 공급 불확실성 낮음 – 패션의류
④ 위험방지 공급사슬 – 수요 불확실성 낮음, 공급 불확실성 높음 – 팝뮤직

해설 ④ 위험방지 공급사슬 – 수요 불확실성 낮음, 공급 불확실성 높음 – 수력발전
※ '팝뮤직'은 패션의류 등과 같이 반응적 공급사슬에 해당된다.

46 다음의 [표]는 M회사의 시간연구자료이다. 이 자료를 활용하여 단위당 표준시간을 구하면 약 얼마인가?

내용	데이터
작업시간	450분
생산량	300개
작업시간율(1 – 유휴시간율)	90%(1 – 10%)
Rating 계수	105%
여유율	11%

① 0.16분　　② 1.43분
③ 1.59분　　④ 1.65분

해설 작업시간에 관한 여유율이므로 내경법으로 계산한다.

$$ST = \frac{T(1-y)}{N} \times \text{Rating 계수} \times \frac{1}{1-A}$$
$$= \frac{450 \times 0.9}{300} \times 1.05 \times \frac{1}{1-0.11} = 1.59\text{분}$$

47 원단위란 제품 또는 반제품의 단위수량당 자재별 기준소요량을 의미하며, 이러한 원단위를 산출하는 데에는 여러 방법이 있다. 원단위 산출방법이 아닌 것은?

① 실적치에 의한 방법
② 이론치에 의한 방법
③ 연속치를 고려하는 방법
④ 시험분석치에 의한 방법

해설 원단위 산출방법에는 ①, ②, ④항의 방법이 있다.

48 제품 A의 1월 수요예측치는 500개이고, 실제 1월의 수요는 450개였다. 평활상수 α =0.1인 단순지수평활법을 이용한 제품 A의 2월 수요예측치는?

① 445개　　② 455개
③ 495개　　④ 505개

해설 $F_2 = \alpha D_1 + (1-\alpha)F_1$
$= 0.1 \times 450 + 0.9 \times 500$
$= 495$개

49 4가지 부품을 1대의 기계에서 가공하려고 한다. 작업일수 및 잔여 납기일수가 다음의 [표]와 같을 때, 최단작업시간규칙을 적용할 경우 평균진행일수는 얼마인가?

부품	작업일수	잔여 납기일수
A	7	20
B	4	10
C	2	8
D	10	13

① 10일　　② 11일
③ 12일　　④ 13일

해설 최단작업시간규칙에 의한 작업순서는 C → B → A → D 이므로,

부품	작업일수	잔여 납기일수	진행일수
C	2	8	2
B	4	10	6
A	7	20	13
D	10	13	23

$\therefore$ 평균진행일수$= \frac{2+6+13+23}{4} = 11$일

 정답 44.② 45.④ 46.③ 47.③ 48.③ 49.②

50 재고시스템에서 재주문점의 수준을 결정하는 요인이 아닌 것은?

① 재고유지비용
② 수요율과 조달기간
③ 수요율과 조달기간 변동의 정도
④ 감내할 수 있는 재고부족 위험의 정도

해설 OP=조달기간 중 평균수요량
+안전계수×조달기간 중 수요량의 표준편차
=조달기간 중 평균수요량+안전재고

51 다음 중 설비배치의 형태에 영향을 주는 요인이 아닌 것은?

① 품목별 생산량
② 운반설비의 종류
③ 생산품목의 종류
④ 표준시간의 설정방법

해설 ④ 표준시간의 설정은 설비배치 후 작업표준화에 따른 시간연구에서 이루어지는 활동이다.

52 간트차트에 대한 설명 중 틀린 것은?

① 일정계획의 변경에 융통성이 강하다.
② 작업장별 작업성과를 비교할 수 있다.
③ 작업의 계획과 실적을 명확히 파악할 수 있다.
④ 계획된 작업과 실적은 같은 시간축에 횡선으로 표시하여 계획과 통제를 할 수 있는 봉 도표이다.

해설 간트차트는 작업 간의 연결관계가 불분명하여 일정 변경의 융통성이 어려운 단점이 있다.

53 A회사는 조립작업장에 대해 하루 8시간 근무시간에서 오전, 오후 각각 20분간의 휴식시간을 주고 있다. 과거의 데이터를 분석해보면 컨베이어벨트가 정지하는 비율이 4%이고, 최종 검사과정에 5%의 부적합품률이 발생했다. 이 경우 일간 생산량이 1000개일 때, 피치타임(pitch time)은 약 얼마인가?

① 0.20 ② 0.30
③ 0.40 ④ 0.50

해설
$$P_t = \frac{T(1-\alpha)(1-y)}{N} = \frac{(480-40)\times 0.95\times 0.96}{1000} = 0.40$$

54 총괄생산계획(APP)의 문제를 경험적 내지 탐색적 방법으로 해결하려는 기법은?

① 선형계획법(LP)
② 선형결정기법(LDR)
③ 도시법(Graph method)
④ 휴리스틱기법(Heuristic approach)

해설 총괄생산계획(APP)에는 ㉠ 도시법, ㉡ 선형계획법, ㉢ 선형결정기법, ㉣ 휴리스틱기법이 있는데, 탐색결정기법(Search Dicision Rule)은 휴리스틱기법이다.

55 스톱워치(stopwatch)에 의한 시간연구를 할 경우, 시간관측방법으로써 측정하기 힘들 정도로 요소작업이 너무 짧을 때 사용되며, 몇 개의 요소작업을 번갈아 한 그룹으로 측정하여 시간치를 계산하는 방법은?

① 계속법
② 순환법
③ 반복법
④ 누적법

해설 시간관측방법에는 계속법과 반복법이 있는데, 누적법과 순환법은 계속법과 반복법을 보다 쉽고 정확하게 읽기 위한 한 가지 수단이라고 할 수 있다.

56 플랜트 공장에서 1개월(30일) 중 27일을 가동하였다. 1일 작업시간은 24시간이고, 기준생산량은 1일 1000톤이다. 1개월간 실제 생산량은 24000톤이고, 실제 생산량 중 150톤은 부적합품이었다면 시간가동률은 얼마인가?

① 90% ② 93%
③ 95% ④ 97%

해설 시간가동률 $= \frac{27}{30} = 0.9(90\%)$

정답 50.① 51.④ 52.① 53.③ 54.④ 55.② 56.①

57 한국회사의 Y제품 가격이 1500원, 한계이익률이 0.75일 때, 생산량은 150개이다. 고정비는 얼마인가?

① 975원
② 1388원
③ 18475원
④ 168750원

해설 고정비=한계이익률×가격×생산량
=0.75×1500×150
=168750원

58 고장이 일어나기 쉬운 부분에 감도가 높은 계측장비를 연결하여 기계설비의 트러블을 모니터링함으로써 사전에 고장위험을 검출하는 보전활동방식은?

① 사후보전
② 개량보전
③ 예지보전
④ 보전예방

해설 문제에서 설명하는 것은 예방보전(PM) 중 상태기준보전(CBM)인 예지보전이다.

59 포드 시스템에서 제시된 동시관리의 합리화 원칙으로 불리는 생산표준화의 3S로 맞는 것은?

① 단순화, 전문화, 규격화
② 단순화, 효율화, 전문화
③ 전문화, 신속화, 단순화
④ 규격화, 단순화, 표준화

해설 Ford system의 3S는 제품(작업)의 단순화, 공구의 전문화, 부품의 규격화(표준화)이다.

60 다음 중 JIT 생산방식의 특징에 대한 설명으로 잘못된 것은?

① U자형 설비배치
② 고정적인 직무할당
③ 생산준비시간의 최소화 추구
④ 필요한 양만큼 제조 및 구매

해설 JIT 생산방식은 다기능화를 목적으로, 직무순환제도를 활용한다.

제4과목 신뢰성 관리

61 와이블분포에서 형상모수값은 2.0, 척도모수값은 3604.7, 위치모수값은 0으로 추정된 경우, 평균수명은 약 몇 시간인가? (단, $\Gamma(1.5)=0.836$, $\Gamma(2)=1.000$, $\Gamma=1.329$이다.)

① 2.6hr ② 3013.5hr
③ 3604.7hr ④ 4790.6hr

해설
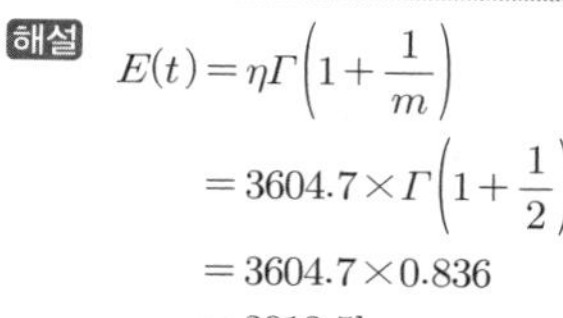

$$E(t)=\eta\Gamma\left(1+\frac{1}{m}\right)$$
$$=3604.7\times\Gamma\left(1+\frac{1}{2}\right)$$
$$=3604.7\times0.836$$
$$=3013.5\text{hr}$$

62 와이블(Weibull) 확률지에 관한 설명으로 맞는 것은?

① 관측 중단 데이터가 있으면 사용할 수 없다.
② 분포의 모수를 확률지로부터 추정할 수 있다.
③ 와이블분포는 타점 후 반드시 원점을 지나는 직선이 나오게 된다.
④ $H(t)$를 누적고장률함수라고 할 때, $H(t)$가 t의 선형함수임을 이용한 것이다.

해설 ① 와이블 확률지에서 관측 중단 데이터도 $F(t_i)$의 확률계산에 사용한다.
② 확률지에 의해 분포의 모수인 형상모수 m과 척도모수 η를 추정한다.
③ 반드시 원점을 지나는 것은 아니다.
④는 지수분포확률지로 누적고장률법에 관한 설명이다.

63 Y부품의 요구신뢰도는 0.96인데 시중에서 구입 가능한 이 부품의 신뢰도는 0.8밖에 되지 않는다. 따라서 이 부품이 사용되는 부분에 병렬 리던던시(redundancy) 설계를 사용하기로 하였다. 요구되는 최소 병렬 부품수(n)는 몇 개인가?

① 1개 ② 2개
③ 3개 ④ 4개

해설 $R_S=1-(1-R_i)^n$
$0.96=1-0.2^n$
$\therefore\ n=2$개

 정답 57.④ 58.③ 59.① 60.② 61.② 62.② 63.②

64 부하-강도 모델에서 μ_x, μ_y의 거리를 나타내는 상수가 n_x, n_y일 때, 안전계수식으로 맞는 것은? (단, 부하평균 : μ_x, 강도평균 : μ_y, 부하표준편차 : σ_x, 강도표준편차 : σ_y 이다.)

① $\frac{\mu_x - \mu_y}{\mu_y}$

② $\frac{\mu_y - n_y \sigma_y}{\mu_x - n_x \sigma_x}$

③ $\frac{\mu_x - \mu_y}{\mu_x}$

④ $\frac{\mu_y - n_y \sigma_y}{\mu_x + n_x \sigma_x}$

해설 안전계수(m)는 현실적 최대부하 대비 최소강도이다.

65 소시료 신뢰성 실험에서 평균순위법의 고장률함수를 맞게 표현한 것은? (단, n은 시료의 수, i는 고장순번, t_i는 i번째 고장발생시간이다.)

① $\frac{1}{n+1} \times \frac{1}{t_{i+1} - t_i}$

② $\frac{1}{n+0.4} \times \frac{1}{t_{i+1} - t_i}$

③ $\frac{1}{n-i+1} \times \frac{1}{t_{i+1} - t_i}$

④ $\frac{1}{n-i+0.7} \times \frac{1}{t_{i+1} - t_i}$

해설 ③은 평균순위법의 고장률함수를, ④는 중앙값순위법의 고장률함수를 나타낸 것이다.

※ 평균순위법 : $F(t_i) = \frac{i}{n+1}$

메디안순위법 : $F(t_i) = \frac{i-0.3}{n+0.4}$

66 와이블분포가 지수분포와 동일한 특성을 갖기 위한 형상모수(m)의 값은 얼마인가?

① 0.5
② 1.0
③ 1.5
④ 2.0

해설 형상모수가 1일 때 CFR(일정형)인 지수분포를 따른다.

67 평균고장률 λ, 평균수리율 μ인 지수분포를 따를 경우 평균수리시간(MTTR)을 맞게 표현한 것은?

① $\frac{1}{\mu}$　② $\frac{\mu}{\lambda+\mu}$

③ $\frac{\lambda}{\lambda+\mu}$　④ $1-e^{-\mu t}$

해설 ② : 가용도
④ : 보전도함수

68 m/n계(n 중 m 구조) 리던던시에 관한 설명으로 맞는 것은?

① $m=n$일 때, 병렬 리던던시가 된다.
② $m=1$일 때, 병렬 리던던시가 된다.
③ $m=2$일 때, 병렬 리던던시가 된다.
④ 직렬 리던던시는 n 중 m 구조로 설명할 수 없다.

해설 $m=1$인 경우 병렬구조이고, $m=n$인 경우 직렬 구조가 된다.

69 수명시험방식 중 정시중단방식의 설명으로 맞는 것은?

① 정해진 시간마다 고장 수를 기록하는 방식
② 미리 고장개수를 정해 놓고 그 수의 고장이 발생하면 시험을 중단하는 방식
③ 미리 시간을 정해 놓고 그 시간이 되면 고장 수에 관계없이 시험을 중단하는 방식
④ 미리 시간을 정해 놓고 그 시간이 되면 고장난 아이템에 관계없이 전체를 교체하는 방식

해설 ② : 정수중단시험 방식
③ : 정시중단시험 방식

70 FMEA의 실시 절차의 순서로 맞는 것은?

㉠ 시스템의 분해레벨을 결정한다.
㉡ 효과적인 고장모드를 선정한다.
㉢ 고장등급을 결정한다.
㉣ 신뢰성 블록도를 작성한다.
㉤ 고장모드에 대한 추정원인을 열거한다.

① ㉠ → ㉡ → ㉣ → ㉢ → ㉤
② ㉣ → ㉡ → ㉠ → ㉢ → ㉤
③ ㉠ → ㉣ → ㉡ → ㉤ → ㉢
④ ㉣ → ㉡ → ㉠ → ㉤ → ㉢

해설 시스템의 분해레벨을 결정 후 신뢰성 블록도를 작성한다.

정답 64.④ 65.③ 66.② 67.① 68.② 69.③ 70.③

71 가속수명시험을 위한 가속모델 중에서 확장된 아이링(Generalized Eyring) 모델이 아레니우스(Arrhenius) 모델과 특히 다른 점은?

① 가속인자로 온도만 사용
② 두 모델에는 차이가 없음
③ 가속인자로 온도와 습도 2개를 사용
④ 가속인자로 온도 외의 다른 인자도 사용

해설 가속인자로 온도만 고려하는 모델이 아레니우스 모델인 반면, 가속인자로 온도 이외에 전압이나 습도, 압력 등 다른 스트레스까지 포함시킨 모델을 아이링 모델이라고 한다.

72 신뢰성 설계기술 중 시스템을 구성하며 각 부품에 걸리는 부하에 여유를 두고 설계하는 기법은?

① 내환경성 설계
② 디레이팅(derating) 설계
③ 설계심사(design review)
④ 리던던시(redundancy) 설계

해설 문제에서 설명하는 것은 마모고장이 없는 전자적 특성의 고장을 갖는 부품을 설계할 때 사용하는 디레이팅 설계이다.
※ 내환경성 설계는 여러 가지 환경조건이 부품에 주는 영향을 추정·평가하여 제품의 강도와 내성을 설계하는 것이다.

73 20개의 제품에 대해 5000시간의 수명시험을 실시한 실험결과 6개의 고장이 발생하였고, 고장시간은 다음과 같다. 고장시간이 지수분포를 따른다고 가정할 때, 고장률을 구하면 약 얼마인가?

[데이터] 50, 630, 790, 1670, 2300, 3400

① 0.000076/hr
② 0.00018/hr
③ 0.00025/hr
④ 0.00068/hr

해설
$$\lambda = \frac{r}{\sum t_i + (n-r)t_0} = \frac{6}{8840 + 5000 \times 14} = 7.61 \times 10^{-5}/\text{hr}$$
※ 고장률 λ는 단위시간당 고장개수이다.

74 다음 [그림]의 고장목(FT)에서 정상사상의 고장확률은 얼마인가? (단, 기본사상의 고장확률은 $F_A = 0.002$, $F_B = 0.003$, $F_C = 0.004$이다.)

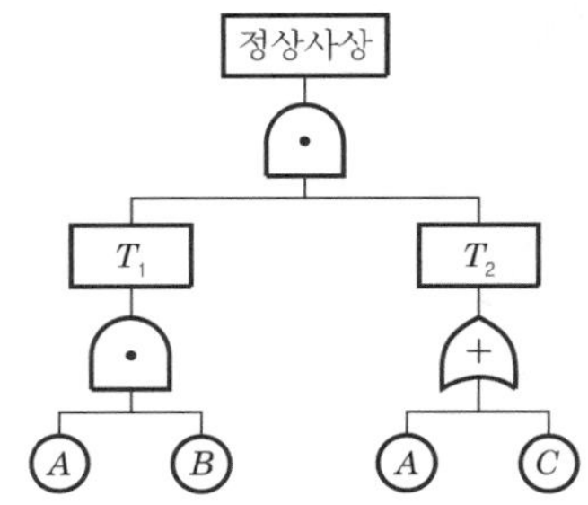

① 1.2×10^{-11}
② 4.8×10^{-11}
③ 3.6×10^{-8}
④ 6×10^{-6}

해설 중복사상이 있으므로 Boolean의 대수법칙을 이용하면,
$$ab(a+c) = a^2b + abc = ab + abc = ab(1+c) = ab$$
$$F_{TOP} = F_A \times F_B = 0.002 \times 0.003 = 6 \times 10^{-6}$$

75 취급·조작, 서비스, 설치환경 및 운용에 관한 것으로서 제품의 신뢰도를 증가시키는 것이 아니고, 설계와 제조과정에서 형성된 제품의 신뢰도를 장기간 보존하려는 신뢰성은?

① 동작 신뢰성
② 고유 신뢰성
③ 신뢰성 관리
④ 사용 신뢰성

해설 동작(작동) 신뢰성은 고유 신뢰성과 사용 신뢰성의 곱으로 나타난다.
$R_o = R_i \times R_u$

76 우발고장기간에 발생하는 고장의 원인이 아닌 것은?

① 노화
② 과중한 부하
③ 사용자의 과오
④ 낮은 안전계수

해설 ① 노화 및 피로, 수축, 균열, 부식, 산화, 부적절한 오버홀 등은 마모고장기의 고장 원인 중 하나이다.

 정답 71.④ 72.② 73.① 74.④ 75.④ 76.①

77 신뢰성 축차 샘플링검사에서 사용되는 공식 중 틀린 것은?

① $T_a = s \cdot r + h_a$　② $s = \dfrac{\ln\left(\dfrac{\lambda_1}{\lambda_0}\right)}{(\lambda_1 - \lambda_0)}$

③ $h_a = \dfrac{\ln\left(\dfrac{1-\alpha}{\beta}\right)}{(\lambda_1 - \lambda_0)}$　④ $h_r = \dfrac{\left(\dfrac{1-\alpha}{\beta}\right)}{\ln\left(\dfrac{\lambda_1}{\lambda_0}\right)}$

해설

④ $h_r = \dfrac{\ln\left(\dfrac{1-\beta}{\alpha}\right)}{\lambda_1 - \lambda_0}$

※ $T_r = sr - h_r$: 불합격 판정선

$T_a = sr + h_r$: 합격 판정선

$s = \dfrac{\ln\left(\dfrac{\lambda_1}{\lambda_0}\right)}{\lambda_1 - \lambda_0}$: 기울기

78 신뢰도함수 $R(t)$를 표현한 것으로 맞는 것은? (단, $F(t)$는 고장분포함수, $f(t)$는 고장밀도함수이다.)

① $R(t) = \int_0^t f(t)dt$

② $R(t) = \int_0^t F(t)dt$

③ $R(t) = \int_t^\infty f(t)dt$

④ $R(t) = \int_t^\infty F(t)dt$

해설 신뢰도함수 $R(t)$를 표현한 식은 ③이며, ①은 t시점까지의 누적고장확률인 불신뢰도 $F(t)$를 표현한 것이다.

79 어떤 시스템을 80시간 동안(수리시간 포함) 연속 사용한 경우 5회의 고장이 발생하였고, 각각의 수리시간이 1.0, 2.0, 3.0, 4.0, 5.0시간이었다면 이 시스템의 가용도(Availability)는 약 얼마인가?

① 81%　② 85%
③ 88%　④ 89%

해설

$A = \dfrac{MTBF}{MTBF + MTTR}$

$= \dfrac{\text{가동시간}}{\text{운전시간}} = \dfrac{80-15}{80} = 0.8125(81\%)$

80 10000시간당 고장률이 각각 25, 38, 15, 50, 102인 지수분포를 따르는 부품 5개로 구성된 직렬시스템의 평균수명은 약 몇 시간인가?

① 36.29시간　② 40.12시간
③ 43.48시간　④ 50.05시간

해설

$\theta_S = \dfrac{1}{\lambda_S} = \dfrac{1}{\Sigma\lambda}$

$= \dfrac{1}{15+25+38+50+102} \times 10000$

$= 43.478\text{hr}$

제5과목 품질경영

81 A.R. Tenner는 고객만족을 충분히 달성하기 위해서 "고객의 목소리에 귀를 기울이는 것"을 단계 2, "소비자의 기대사항을 완전히 이해하는 것"을 단계 3으로 정의하였다. 다음 중 단계 3인 완전한 고객 이해를 위한 적극적 마케팅 방법이 아닌 것은?

① 시장시험(market test)
② 벤치마킹(benchmarking)
③ 판매기록 분석(sales record analysis)
④ 포커스그룹 인터뷰(focus group interview)

해설 ③ 판매기록 분석은 고객의 목소리에 귀를 기울이는 2단계이다.

※ A.R. Tenner의 고객만족 달성의 3단계

- 단계 1 : 불만을 접수하고 처리하는 소극적 방식의 단계
- 단계 2 : 소비자 상담, 소비자 여론 수집, 판매기록 분석 등을 통하여 고객의 요구현상을 파악하는 단계
- 단계 3 : 시장시험, 벤치마킹, 포커스그룹 인터뷰, 설계 계획된 조사 등을 통하여 완전히 고객을 이해하는 단계

82 품질문제 해결과정에서 이용되는 수법 중 80/20 법칙이 적용되는 것은?

① 산점도
② 파레토도
③ 친화도
④ 특성요인도

해설 ② 파레토도는 중점관리의 사고로, 분석을 통해 vital few를 찾는 80/20 법칙을 이용한다.

정답 77.④ 78.③ 79.① 80.③ 81.③ 82.②

83 기업에서 제조물책임 방어대책(PLD)의 사전대책으로 볼 수 없는 것은?

① 책임의 한정 ② 응급체계 구축
③ 손실의 분산 ④ 사용방법의 보급

해설 ④ 사용방법의 보급은 제품책임예방(PLP)에 관한 사항이다.

84 사내표준화 활동 시 치수의 단계를 결정할 때 사용하는 표준수 중 증가율이 가장 큰 기본수열은?

① R5 ② R10
③ R40 ④ R80

해설 기본수열은 R5, R10, R20, R40이며,
$R5 = 10^{\frac{1}{5}}$, $R10 = 10^{\frac{1}{10}}$, $R20 = 10^{\frac{1}{20}}$, $R40 = 10^{\frac{1}{40}}$
의 증가율은 갖는 수열이다.
※ R80 : 특별수열

85 기업이 고객과 관련된 조직의 내·외부 정보를 층별·분석·통합하여 고객중심자원을 극대화하고, 고객 특성에 맞는 마케팅활동을 계획·지원·평가하는 방법으로 장기적인 고객관리를 가능하게 하는 기법은?

① 고객만족(CS)
② 고객의 소리(VOC)
③ 고객관계관리(CRM)
④ 고객핵심요구사항(CCR)

해설 CRM(Customer Relationship Management)은 고객층을 세분화하여 고객만족을 위한 적극적 서비스를 지원하는 관리기법이다.

86 사내표준화가 갖는 특징으로 틀린 것은?

① 하나의 기업 내에서 실시하는 표준화 활동이다.
② 정해진 사내표준은 모든 조직원이 의무적으로 지켜야 한다.
③ 일단 정해진 표준은 변경됨이 없이 계속 준수되어야 한다.
④ 사내 관계자들의 합의를 얻은 다음에 실시해야 하는 활동이다.

해설 표준은 정기적으로 검토되고, 필요시 개정되어야 한다.

87 표준을 적용기간에 따라 분류할 때 시한표준에 관한 설명으로 맞는 것은?

① 일반적인 표준은 모두 이것에 속하며 적용 개시의 시기만 명시한 것이다.
② 특정 활동을 추진함을 목적으로 하며, 적용의 개시 시기 및 종료기한을 명시한 표준이다.
③ 어떤 표준을 기획할 때 잠정적임을 전제로 하며 잠정적으로 관리하기 위해 작성한 것이다.
④ 정식 표준을 제정하기에는 아직 조건이 갖추어져 있지 않지만 방치하면 혼란이 예상되는 경우 작정한다.

해설 ①은 통상표준, ③, ④는 잠정표준에 관한 사항이다.

88 품질보증(QA) 활동 중 제품기획의 단계에 관한 설명으로 틀린 것은?

① 시장단계에서 파악한 고객의 요구를 일상용어로 변환시키는 단계이다.
② 새로 사용될 예정인 부품에 대하여 신뢰성 시험을 선행 실시하여 품질을 확인한다.
③ 신제품을 기획하고 있는 동안 기획 이후의 스텝에서 발생될 우려가 있는 문제점을 찾아내는 단계이다.
④ 기획은 QA의 원류에 위치하므로 품질에 관해서 예상되는 기술적인 문제점은 될 수 있는 대로 많이 찾아내도록 한다.

해설 ① 시장단계에서 파악한 고객의 요구를 설계특성(대응특성)으로 변환시키는 단계이다.

89 다음 중 결과에 원인이 어떻게 관계하고 있으며, 어떤 영향을 주고 있는가를 한눈에 알 수 있도록 작성하는 것은?

① 체크시트
② 히스토그램
③ 파레토도
④ 특성요인도

해설 특성요인도는 결과에 영향을 미치는 요인을 4M별로 대별하여, 주요 원인을 발견하는 QC 7도구 중 하나이다.

 정답 83.④ 84.① 85.③ 86.③ 87.② 88.① 89.④

90 품질에 대한 책임은 전 부서의 공동책임이기 때문에 무책임이 되기 쉽다. 이에 각 부서별로 품질에 대해 책임지는 업무내용의 연관성에 관한 설명으로 틀린 것은?

① 품질수준 결정에는 생산 · 검사 부서가 관계가 깊다.
② 공정 내 품질 측정은 생산 · 검사 부서가 관계가 깊다.
③ 품질코스트 분석은 회계 · 품질관리 부서가 관계가 깊다.
④ 불만 데이터 수집 및 분석은 판매 · 설계 · 품질보증 부서가 관계가 깊다.

해설 ① 품질수준 결정에는 공장장과 품질보증 부서가 관계가 깊다.

91 게이지 R&R 평가 결과 %R&R이 8.5%로 나타났다. 이 계측기에 대한 평가와 조치로 맞는 것은?

① 계측기 관리가 전혀 되지 않고 있으므로 이 계측기는 폐기해야만 한다.
② 계측기의 관리가 매우 잘 되고 있는 편이므로 그대로 적용하는 데 큰 무리가 없다.
③ 계측기 관리가 미흡하며, 반드시 계측기 오차의 원인을 규명하고 해소시켜 주어야만 한다.
④ 계측기의 수리비용이나 계측오차의 심각성 등을 고려하여 조치 여부를 선택적으로 결정해야 한다.

해설 ①, ③ : %R&R이 30% 이상(부적합)
② : %R&R이 10% 이내(적합)
④ : %R&R이 10~30%에 해당되는 조치이다. (적합하지만 개선 요함)

92 생산되는 제품의 품질에 문제가 발생하였을 경우 이에 대한 현상을 파악하기 위하여 여러 가지 도구가 활용된다. 다음 중 원인분석을 위해 사용되는 도구가 아닌 것은?

① 계통도법　② 특성요인도
③ 연관도법　④ 애로 다이어그램

해설 ④ 애로 다이어그램은 주로 PERT/CPM 같은 일정관리에 활용된다.

93 모토롤라에서 시작된 6시그마 활동에 관한 설명으로 틀린 것은?

① 공정능력지수(C_P) = 2.0을 목표로 하는 활동이다.
② 6시그마란 목표치에서 주어진 상 · 하한 규격한계까지의 σ여유폭을 의미한다.
③ 공정품질특성값의 평균값이 목표값에 위치하고 있다고 가정할 때 부적합품률 3.4ppm을 목표로 한다.
④ 6시그마 활동은 품질 우연변동요인을 고려하여 최소공정능력지수(C_{PK})는 $C_{PK} \geq 1.5$를 실현하려는 노력이다.

해설 ③ 공정품질특성값의 평균값이 목표값에 위치하고 있다고 가정할 때, 6시그마 수준이란 $C_p = 2$로 정의되는 공정품질 수준으로 부적합품률 0.002ppm(2PPB)을 목표로 한다.
그러나 시간변동요인을 고려한 $\pm 1.5\sigma$의 치우침이 발생하는 경우, $C_{PK} = C_P - kC_P = 1.5$가 되어 현실적인 결함은 3.4PPM이 나타난다.

94 3개의 부품을 조립하려고 한다. 각각의 부품의 허용차가 ±0.03, ±0.02, ±0.05일 때 조립품의 허용차는 약 얼마로 하면 좋겠는가?

① ±0.0019　② ±0.0038
③ ±0.0062　④ ±0.0616

해설 $\sigma_T = \sqrt{0.03^2 + 0.02^2 + 0.05^2}$
$= 0.06164$

95 어떤 품질특성의 규격값이 12.0±2.0으로 주어져 있다. 평균이 11.5, 표준편차가 0.5라고 할 때 최소 공정능력지수(C_{PK})는 얼마인가?

① 0.67　② 0.75
③ 1.00　④ 1.33

해설 $C_{PK} = C_{PK_L}$
$= \dfrac{\mu - L}{3\sigma}$
$= \dfrac{11.5 - 10.0}{3 \times 05}$
$= 1.00$

정답 90.① 91.② 92.④ 93.④ 94.④ 95.③

96 측정시스템에서 안정성(stability)에 대한 설명으로 틀린 것은?

① 안정성의 분석방법으로 계량치 관리도를 이용하는 방법이 대표적이다.
② 안정성 분석방법에서 산포관리도는 측정과정의 변동을 반영하는 관리도이다.
③ 안정성은 계측기의 측정범위 내에서 오차, 재현성과 반복성을 회귀식을 이용하여 평가하는 것이다.
④ 안정성 분석방법에서 산포관리도가 이상상태일 경우 측정 시스템의 반복성이 불안정함을 나타낸다.

해설 ③은 선형성에 관한 설명이다.
※ 측정시스템의 시간적 안정성은 $\bar{x}-R$관리도로 평가하는데 R관리도가 비관리상태라면 정밀도인 반복성에 문제가 있는 경우로, $\bar{x}$관리도로 나타나는 정확도의 안정성 분석은 의미가 없다.

97 표준화란 어떤 표준을 정하고 이에 따르는 것 또는 표준을 합리적으로 설정하여 활용하는 조직적인 행위이다. 표준화의 원리에 해당되지 않는 것은?

① 규격은 일정한 기간을 두고 검토하여 필요에 따라 개정하여야 한다.
② 규격을 제정하는 행동에는 본질적으로 선택과 그에 이어지는 과정이다.
③ 표준화란 본질적으로 전문화의 행위를 위한 사회의 의식적 노력의 결과이다.
④ 표준화란 경제적 · 사회적 활동이므로 관계자 모두의 상호협력에 의하여 추진되어야 할 것이다.

해설 ③ 표준화란 본질적으로 단순화의 행위를 위한 사회의 의식적 노력의 결과이다.

98 품질경영시스템 – 기본사항과 용어(KS Q ISO 9000 : 2015)에서 명시한 용어 중 "요구사항을 명시한 문서"를 무엇이라 하는가?

① 정보
② 시방서
③ 품질 매뉴얼
④ 객관적 증거

해설 • 시방서 : 요구사항을 명시한 문서
• 품질 매뉴얼 : 조직의 품질경영시스템에 대한 시방서

99 다음의 품질비용 중에서 평가비용에 해당되는 것은 무엇인가?

① 클레임 비용
② A/S 수리비용
③ 폐기물 손실자재비
④ 원자재 수입검사비용

해설 ①, ②, ③은 실패비용이다.

100 품질경영시스템 – 요구사항(ISO 9001 : 2015)에서 품질경영원칙에 속하지 않는 것은?

① 리더십
② 품질시스템
③ 고객중시
④ 인원의 적극참여

해설 품질경영원칙은 ①, ③, ④와 프로세스 접근법, 개선, 증거기반 의사결정 및 관계관리/관계경영의 7가지이다.

정답 96.③ 97.③ 98.② 99.④ 100.②

2018 제1회 품질경영기사

제1과목 실험계획법

1 분산성분을 조사하기 위하여 A는 3일을 랜덤하게 선택한 것이고, B는 각 일별로 2대의 트럭을 랜덤하게 선택한 것이고, C는 각 트럭 내에서 랜덤하게 2삽을 취한 것이다. 각 삽에서 2번에 걸쳐 소금의 염도를 측정하는 지분실험법을 실시하였다. 오차의 자유도는 얼마인가?

① 6
② 12
③ 23
④ 24

해설 변량모형인 지분실험법이다.

$\nu_e = lmn(r-1)$
$= 3 \times 2 \times 2 \times (2-1)$
$= 12$

※ $\nu_T = \nu_A + \nu_{B(A)} + \nu_{C(AB)} + \nu_e$

2 다음 중 3수준계 선점도에 관한 설명으로 틀린 것은 어느 것인가?

① 선점도를 사용할 때 3요인 교호작용은 선점도에 나타나지 않는다.
② 3수준계의 선점도는 주요인의 배정은 선에 하고, 교호작용의 배정은 점에 한다.
③ 가장 할당이 작은 것은 $L_9(3^4)$형 선점도로 오직 1가지이며, 교호작용을 고려하면 요인은 최대 2개밖에 할당할 수 없다.
④ 할당되지 않고 남는 점이나 선은 오차항이 되므로 가급적 불필요한 교호작용이나 관련 없는 요인을 억지로 할당하지 않도록 한다.

해설 ② 3수준계 선점도에서 주요인은 점에, 교호작용은 동시 2개가 선에 표시된다.

ex) 1 ●——3, 4——● 2

3 다음의 구조를 갖는 단일분할법에서 사용되는 계산으로 틀린 것은? (단, 요인 A, B, C 모두 모수요인이고, 각 수준수는 l, m, n이다.)

$$x_{ijk} = \mu + a_i + b_j + e_{(1)ij} + c_k + (ac)_{ik} + (bc)_{jk} + e_{(2)ijk}$$

① $\nu_{e_1} = (l-1)(m-1)$
② $S_{e_1} = S_{AB} - S_A - S_B$
③ $\nu_{e_2} = l(m-1)(n-1)$
④ $S_{e_2} = S_T - (S_A + S_B + S_C + S_{e_1} + S_{A\times C} + S_{B\times C})$

해설 1차 단위가 2요인(A, B) 배치인 단일분할법

- $\nu_{e_1} = (l-1)(m-1) = \nu_{A\times B}$
- $\nu_{e_2} = (l-1)(m-1)(n-1) = \nu_{A\times B\times C}$

4 수준이 k인 그레코라틴방격법의 오차의 자유도는?

① $(k-1)$
② $(k-1)(k-2)$
③ $(k-1)(k-3)$
④ $(k-1)(k-4)$

해설 $\nu_e = \nu_T - \nu_A - \nu_B - \nu_C - \nu_D$
$= k^2 - 1 - 4(k-1)$
$= (k-1)(k-3)$

※ 그레코라틴방격은 4요인배치의 라틴방격류 실험이다.

5 5수준의 모수요인 A와 4수준의 모수요인 B로 반복 없는 2요인 실험을 한 결과 주효과 A, B가 모두 유의하였다. 이 경우 최적조합조건하에서의 공정평균을 추정할 때 유효반복수 n_e는 얼마인가?

① 2.5 ② 2.9
③ 4 ④ 3

해설

$$n_e = \frac{lm}{\nu_A + \nu_B + 1} = \frac{lm}{l+m-1} = \frac{20}{5+4-1} = 2.5$$

정답 1.② 2.② 3.③ 4.③ 5.①

6 2^3형의 $\frac{1}{2}$ 일부실시법에 의한 실험을 하기 위해 다음의 블록을 설정하여 실험을 실시하려고 할 때의 설명으로 틀린 것은?

(1) ab c abc

① 위 블록은 주블록이다.
② 요인 A는 교호작용 $B\times C$와 교락되어 있다.
③ 요인 A의 효과는 $A=\frac{1}{2}(-(1)+ab-c+abc)$ 이다.
④ 주요인이 서로 교락되므로 블록을 재설계하여 실험하는 것이 좋다.

해설 ① 기본수준이 $A_1B_1C_1$인 (1)이 들어 있는 블록을 주블록이라고 한다.
② 블록에 교락되어 있는 요인의 효과(정의대비) $I=A\times B$이고, $A\times I=A\times(A\times B)=A^2\times B=B$이므로, A의 별명은 B이다.
③ $A=\frac{1}{2}(abc+ab-c-1)$
④ 주요인 A, B를 교락시키지는 않는다.

7 실험계획법에 의해 얻어진 데이터를 분산분석하여 통계적 해석을 할 때에는 측정치의 오차항에 대해 크게 4가지의 가정을 하는데, 이 가정에 속하지 않는 것은?

① 독립성　② 정규성
③ 랜덤성　④ 등분산성

해설 오차항의 4가지 가정은 독립성, 정규성, 불편성, 등분산성이다.

8 반복이 없는 모수모형의 3요인 실험 분산분석 결과 A, B, C 주효과만 유의한 경우, 3요인의 수준조합에서 신뢰구간 추정 시 유효반복수를 구하는 식은? (단, 요인 A, B, C의 수준수는 각각 l, m, n이다.)

① $\frac{lmn}{l+m-1}$　② $\frac{lmn}{l+m+n-1}$
③ $\frac{lmn}{l+m-n-1}$　④ $\frac{lmn}{l+m+n-2}$

해설
$$n_e=\frac{lmn}{\nu_A+\nu_B+\nu_C+1}=\frac{lmn}{l+m+n-2}$$

9 혼합모형의 반복없는 2요인 실험에서 모두 유의하다면 구할 수 없는 것은?

① 오차의 산포　② 모수인자의 효과
③ 변량인자의 산포　④ 교호작용의 효과

해설 혼합모형의 반복없는 2요인배치는 교호작용 $A\times B$가 오차 e에 교락되어 있는 실험이다(난괴법).

10 적합품을 0, 부적합품을 1로 표시한 0, 1의 데이터 해석에서 각 조합마다 각각 100회씩 되풀이한 결과가 [표]와 같았다. 제곱합 S_T는 약 얼마인가?

요인	B_1	B_2	B_3	계
A_1	5	4	3	12
A_2	0	3	2	5
계	5	7	5	17

① 2.97　② 7.37
③ 16.52　④ 53.37

해설
$$S_T=T-CT=17-\frac{17^2}{600}=16.52$$

11 2^3형 교락법 실험에서 $A\times B$ 효과를 블록과 교락시키고 싶은 경우 실험을 어떻게 배치해야 하는가?

① 블록 1 : a, ab, ac, abc
　블록 2 : (1), b, c, bc
② 블록 1 : b, ab, bc, abc
　블록 2 : (1), a, c, ac
③ 블록 1 : (1), ab, ac, bc
　블록 2 : a, b, c, abc
④ 블록 1 : (1), ab, c, abc
　블록 2 : a, b, ac, bc

해설
$$A\times B=\frac{1}{4}(a-1)(b-1)(c+1)=\frac{1}{4}(ab+1+abc+c-ac-bc-a-b)$$

정답 6.② 7.③ 8.④ 9.④ 10.③ 11.④

12 수준수가 4, 반복 5회인 1요인 실험의 분산분석 결과 요인 A가 유의수준 5%에서 유의적이었다. $S_T=2.478$, $S_A=1.690$이었고, $\bar{x}_{3\cdot}=8.50$일 때, $\mu(A_3)$를 유의수준 0.05로 구간 추정하면 약 얼마인가? (단, $t_{0.975}(16)=2.120$, $t_{0.95}(16)=1.746$이다.)

① $8.290 \le \mu(A_3) \le 8.710$
② $8.265 \le \mu(A_3) \le 8.735$
③ $8.306 \le \mu(A_3) \le 8.694$
④ $8.327 \le \mu(A_3) \le 8.673$

해설

$$\mu_{3\cdot}=\bar{x}_{3\cdot}\pm t_{1-\alpha/2}(\nu_e)\sqrt{\frac{V_e}{r}}$$
$$=8.50\pm 2.120\times\sqrt{\frac{0.04925}{5}}$$
$$=8.290\sim 8.710$$

단, $V_e=\dfrac{S_T-S_A}{l(r-1)}=\dfrac{2.478-1.690}{4(5-1)}=0.04925$

13 요인배치법에 대한 설명 중 틀린 것은?

① 2^2형 요인 실험은 2요인의 영향을 계산하는 데 이용된다.
② 반복이 있는 2^2형 요인 실험에서 교호작용에 대한 정보를 얻을 수 있다.
③ 실험을 반복하면 일반적으로 오차항의 자유도가 커져서 검출력이 증가한다.
④ $P^m\times G^n$ 요인 실험은 요인의 수가 $m\times n$개이고, 요인의 수준수가 $P+G$개다.

해설 $P^m\times G^n$ 요인 실험은 요인의 수가 $m+n$개인 실험이다. 수준수가 P개의 요인이 m개이고, 수준수가 G개의 요인이 n개 배치된 실험이다.

14 4수준, 4반복의 1요인 실험을 회귀분석하고자 한다. $S_{xx}=3.20$, $S_{xy}=3.40$, $S_{yy}=4.6981$일 때, 회귀에 기인하는 불편분산(V_R)은 약 얼마인가?

① 1.063 ② 1.806
③ 2.461 ④ 3.613

해설

$$V_R=\frac{S_R}{\nu_R}=\frac{(S_{xy}{}^2/S_{xx})}{1}=\frac{3.40^2}{3.20}=3.613$$

※ 각 차수에 해당되는 자유도는 1이다.

$$\nu_T=\nu_{1차}+\nu_{2차}+\cdots+\nu_{n-1차}$$

15 A_1, A_2, A_3에 관한 대비 $L=c_1x_1+c_2x_2+c_3x_3$에서 제곱합(S_L)은 얼마인가? (단, $\sum_{i=1}^{3}c_i=0$, c_i가 모두 0은 아니며, r은 요인 A의 각 수준에서의 반복수이다.)

① $S_L=\dfrac{L^2}{(c_1{}^2+c_2{}^2+c_3{}^2)r^2}$

② $S_L=\dfrac{L^2}{(c_1{}^2+c_2{}^2+c_3{}^2)r}$

③ $S_L=\dfrac{L^2}{r\sqrt{c_1{}^2+c_2{}^2+c_3{}^2}}$

④ $S_L=\dfrac{L^2}{(c_1{}^2+c_2{}^2+c_3{}^2)\sqrt{r}}$

해설

$$S_L=\frac{L^2}{\Sigma c_i^2 r_i}$$
$$=\frac{L^2}{(c_1^2+c_2^2+c_3^2)r}$$

16 1요인 실험의 분산분석을 실시하기 위해 총제곱합(S_T)을 요인 A의 제곱합(S_A)과 오차제곱합(S_e)으로 분해하고자 할 때, 계산식으로 틀린 것은 어느 것인가? (단, x_{ij}는 i번째 수준의 j번째 반복에서 측정된 특성치이며, 고려된 수준수는 $l(l>0)$, 그리고 반복수는 $m(m>0)$이다.)

① $\displaystyle\sum_{i=1}^{l}\sum_{j=1}^{m}(x_{ij}-\bar{x}_{i\cdot})^2=\sum_{i=1}^{l}\sum_{j=1}^{m}x_{ij}^2-m\sum_{i=1}^{l}(\bar{x}_{i\cdot})^2$

② $\displaystyle\sum_{i=1}^{l}\sum_{j=1}^{m}(x_{ij}-\bar{x}_{i\cdot})(\bar{x}_{i\cdot}-\bar{\bar{x}})=\sum_{i=1}^{l}\sum_{j=1}^{m}(x_{ij}-\bar{\bar{x}})^2$

③ $\displaystyle\sum_{i=1}^{l}\sum_{j=1}^{m}(\bar{x}_{i\cdot}-\bar{\bar{x}})^2=m\sum_{i=1}^{l}(\bar{x}_{i\cdot})^2-\frac{\left(\sum_{i=1}^{l}\sum_{j=1}^{m}x_{ij}\right)^2}{lm}$

④ $\displaystyle\sum_{i=1}^{l}\sum_{j=1}^{m}(x_{ij}-\bar{\bar{x}})^2=\sum_{i=1}^{l}\sum_{j=1}^{m}\left\{(x_{ij}-\bar{x}_{i\cdot})+(\bar{x}_{i\cdot}-\bar{\bar{x}})\right\}^2$

해설

- $S_T=\sum_i\sum_j(x_{ij}-\bar{\bar{x}})^2=\sum\sum x_{ij}^2-CT$
- $S_A=\sum_i\sum_j(\bar{x}_{i\cdot}-\bar{\bar{x}})^2=\sum\sum\bar{x}_{i\cdot}^2-CT$
- $S_e=\sum_i\sum_j(x_{ij}-\bar{x}_{i\cdot})^2=\sum\sum x_{ij}^2-\sum\sum\bar{x}_{i\cdot}^2$

(단, $CT=\dfrac{(\Sigma\Sigma x_{ij})^2}{lm}=\dfrac{T}{N}$이다.)

정답 12.① 13.④ 14.④ 15.② 16.②

17 망소특성 실험의 경우 다음과 같은 데이터를 얻었다. 이때 SN비(Signal-to-Noise ratio)는 약 몇 데시벨인가?

6.80	5.52	2.27	3.75

① −13.80
② −10.97
③ 7.27
④ 9.28

해설
$$SN = -10\log\left(\frac{1}{n}\Sigma y_i^{\ 2}\right)$$
$$= -10\log\left(\frac{1}{4}(6.80^2+5.52^2+2.27^2+3.75^2)\right)$$
$$= -13.80$$

18 실험계획의 기본원리 중 블록화의 원리에 대한 설명으로 틀린 것은?

① 대표적인 실험계획법은 지분실험법이다.
② 블록을 하나의 요인으로 하여 그 효과를 별도로 분리하게 된다.
③ 실험의 환경을 될 수 있는 한 균일한 부분으로 쪼개어 여러 블록으로 만든다.
④ 실험 전체를 시간적 혹은 공간적으로 분할하여 블록을 만들어 주면 정도 좋은 결과를 얻을 수 있다.

해설 블록화의 원리란 층별의 원리로 층내변동(σ_ω^2)이 줄어든다. 실험계획법에서 층내변동은 실험오차변동 S_e가 된다. 블록화의 원리를 이용한 대표적인 실험은 난괴법이고, 지분실험법은 변량모형의 실험이다.

19 반복이 있는 2요인 실험에서 요인 A는 모수이고, 요인 B는 대응이 있는 변량일 때의 검정방법으로 맞는 것은?

① A, B, $A\times B$는 모두 오차분산으로 검정한다.
② A와 $A\times B$는 오차분산으로 검정하고, B는 $A\times B$로 검정한다.
③ B와 $A\times B$는 오차분산으로 검정하고, A는 $A\times B$로 검정한다.
④ A와 B는 $A\times B$로 검정하고, $A\times B$는 오차분산으로 검정한다.

해설
$$F_0 = \frac{V_B}{V_e},\ \frac{V_{A\times B}}{V_e}$$
$$F_0 = \frac{V_A}{V_{A\times B}}$$
※ 혼합모형의 F_0 검정
$$F_0 = \frac{V_{모수}}{V_{모수\times 변량}},\ F_0 = \frac{V_{변량}}{V_e}$$
(단, 모수×모수＝모수
모수×변량＝변량,
변량×변량＝변량이다.)

20 다음 [표]는 $L_4(2^3)$형 직교배열표에 A, B 두 요인을 배치하여 실험한 결과이다. 요인 A의 제곱합 S_A는 얼마인가?

실험 \ 열	1	2	3	데이터
1	0	0	0	3
2	0	1	1	4
3	1	0	1	4
4	1	1	0	5
배치	A	B		

① 1　② 2
③ 4　④ 8

해설
$$S_A = \frac{1}{4}(T_1 - T_0)^2$$
$$= \frac{1}{4}(9-7)^2 = 1$$

제2과목 통계적 품질관리

21 다음 [표]는 주사위를 60회 던져서 1부터 6까지의 눈이 몇 회 나타나는가를 기록한 것이다. 이 주사위에 관한 적합도 검정을 하고자 할 때, 검정통계량(χ_0^2)은 얼마인가?

눈	1	2	3	4	5	6
관측치	9	12	13	9	11	6

① 1.9　② 2.5
③ 3.2　④ 4.5

정답 17.① 18.① 19.③ 20.① 21.③

해설
$$\chi_0^2 = \frac{\sum_i (X_i - E_i)^2}{E_i}$$
$$= \frac{(9-10)^2 + (12-10)^2 + \cdots + (6-10)^2}{10}$$
$$= 3.2$$
(단, $E_i = nP = 60 \times \frac{1}{6} = 10$이다.)

22 어떤 확률변수 x의 값이 그 모평균 μ로부터 3σ 이내의 범위에 드는 확률을 체비셰프(Chebyshev)의 식으로 정의할 때 맞는 것은?

① $P_r\{|x-\mu| < 3\sigma\} > \frac{1}{3}$

② $P_r\{|x-\mu| < 3\sigma\} > \frac{1}{27}$

③ $P_r\{|x-\mu| < 3\sigma\} > 1 - \frac{1}{3}$

④ $P_r\{|x-\mu| < 3\sigma\} > 1 - \frac{1}{9}$

해설 체비셰프 정리
$$P_r(\mu - k\sigma \le x \le \mu + k\sigma) > 1 - \frac{1}{k^2}$$

23 [그림]에서 회귀관계로 설명이 되지 않는 편차를 나타내는 부분은?

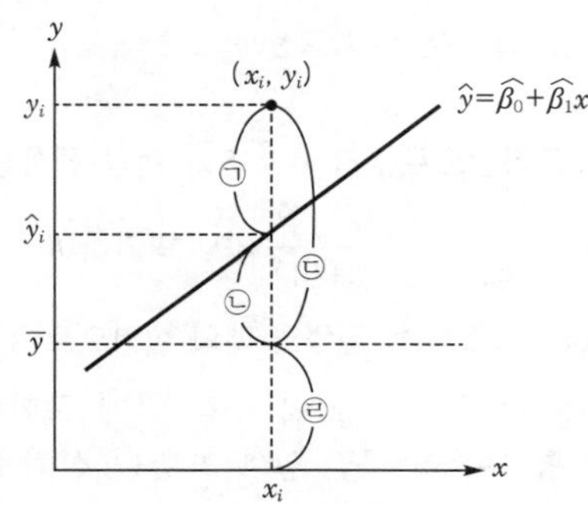

① ㉠　② ㉡
③ ㉢　④ ㉣

해설 $\underbrace{y_i - \bar{y}}_{T} = \underbrace{(y_i - \hat{y}_i)}_{y/x} + \underbrace{(\hat{y}_i - \bar{y})}_{R}$

여기서, R은 1차 회귀, y/x는 잔차를 의미한다.

※ $S_{yy} = \Sigma(y_i - \bar{y})^2 = S_T$
$= S_{y/x} + S_R$

24 기준값이 주어지는 경우의 관리도에 대한 설명으로 틀린 것은?

① 기준값이 주어지는 경우의 관리도는 계수치 관리도에 적용할 수 없다.

② 공정의 상태가 변했다고 판단될 경우 관리한계를 수정하는 것이 바람직하다.

③ 기준값이 주어지지 않는 경우의 관리도가 관리상태일 때 중심값을 기준값으로 사용할 수 있다.

④ 기준값이 주어지는 경우의 관리도는 부분군의 데이터를 얻을 때마다 관리도에 점을 타점하여 이상 유무를 판단한다.

해설 기준값이 주어지는 경우의 관리도는 공정의 관리상태를 모니터링하기 위함이므로, 계량치·계수치 관계없이 적용된다.

25 A, B 두 사람의 작업자가 동일한 기계부품의 길이를 측정한 결과 다음과 같은 데이터를 얻었다. A작업자가 측정한 것이 B작업자의 측정치보다 크다고 할 수 있겠는가? (단, $\alpha = 0.05$, $t_{0.95}(5) = 2.015$이다.)

구분	1	2	3	4	5	6
A	89	87	83	80	80	87
B	84	80	70	75	81	75

① 데이터가 7개 미만이므로 위험률 5%로는 검정할 수가 없다.

② A작업자가 측정한 것이 B작업자의 측정치보다 크다고 할 수 있다.

③ A작업자가 측정한 것이 B작업자의 측정치보다 크다고 할 수 없다.

④ 위의 데이터로는 시료 크기가 7개 이하이므로 귀무가설을 채택하기에 무리가 있다.

해설 1. 가설
$H_0 : \Delta \le 0$
$H_1 : \Delta > 0$ (단, $\Delta = \mu_A - \mu_B$이다.)
2. 유의수준 : $\alpha = 0.05$
3. 검정통계량 : $t_0 = \frac{\bar{d} - \Delta}{s_d / \sqrt{n}} = \frac{6.83 - 0}{4.806 / \sqrt{6}} = 3.481$
4. 기각치 : $t_{1-0.05}(5) = 2.015$
5. 판정 : $t_0 > 2.015$이므로, H_0 기각
따라서, A작업자가 측정한 길이가 B작업자의 측정치보다 크다고 할 수 있다.

정답 22.④ 23.① 24.① 25.②

26 로트의 품질표시방법이 아닌 것은?

① 로트의 범위 ② 로트의 표준편차
③ 로트의 평균값 ④ 로트의 부적합품률

해설 ① 로트의 범위는 시료의 품질표시방법이다.

27 지수가중이동평균(EWMA) 관리도의 설명 중 맞는 것은?

① V－마스크를 이용하여 공정의 이상상태를 판정한다.
② 이동평균관리도와 달리 최근의 데이터일수록 가중치를 높게 둔다.
③ 관리한계는 부분군의 수가 증가할수록 점점 좁아져서 검출력이 증가한다.
④ 공정의 군내변동이 점진적으로 증가하는 상황을 민감하게 검출하는 데 효과적이다.

해설 ①은 CUSUM 관리도의 설명이다.
③ 이동평균관리도는 부분군의 크기가 증가하거나, 이동평균의 수 w가 커지면 검출력이 증가한다.
④ 군내변동 → 군간변동
※ 군간변동의 감시는 평균관리도인 $\bar{x}$관리도로, 군내변동의 감시는 산포관리도인 R관리도나 s관리도로 행한다.

28 다음 중 샘플링 방법에 관한 설명으로 틀린 것은?

① 집락샘플링은 로트 간 산포가 크면, 추정의 정밀도가 나빠진다.
② 층별샘플링은 로트 내 산포가 크면, 추정의 정밀도가 나빠진다.
③ 사전에 모집단에 대한 정보나 지식이 없을 경우, 단순랜덤샘플링이 적당하다.
④ 2단계 샘플링은 단순랜덤샘플링에 비해 추정의 정밀도가 우수하고, 샘플링 조작이 용이하다.

해설
① 집락샘플링 : $\sigma_{\bar{\bar{x}}}^2 = \dfrac{\sigma_b^{\ 2}}{m}$

② 층별샘플링 : $\sigma_{\bar{\bar{x}}}^2 = \dfrac{\sigma_w^{\ 2}}{\Sigma n_i}$

③ 단순랜덤샘플링 : $\sigma_{\bar{x}}^2 = \dfrac{\sigma_x^{\ 2}}{n}$

④ 2단계 샘플링 : $\sigma_{\bar{\bar{x}}}^2 = \dfrac{\sigma_b^2}{m} + \dfrac{\sigma_w^{\ 2}}{\Sigma n_i}$

단, $\Sigma n_i = m\bar{n}$이다.

29 직물공장의 권취공정에서 사절건수는 10000m당 평균 16회이었다. 작업방법을 변경하여 운전하였더니 사절건수가 10000m당 9회로 나타났다. 작업방법 변경 후 사절건수가 감소하였다고 할 수 있는지 유의수준 0.05로 검정한 결과로 맞는 것은?

① 이 자료로는 검정할 수 없다.
② H_0 채택, 즉 감소했다고 할 수 없다.
③ H_0 채택, 즉 달라졌다고 할 수 없다.
④ H_0 기각, 즉 감소했다고 할 수 있다.

해설 1. 가설
$H_0 : m \geq 16$회, $H_1 : m < 16$회
2. 유의수준 : $\alpha = 0.05$
3. 검정통계량 : $u_0 = \dfrac{c-m}{\sqrt{m}} = \dfrac{9-16}{\sqrt{16}} = -1.75$
4. 기각치 : $-u_{1-0.05} = -1.645$
5. 판정 : $u_0 < -1.645$이므로, H_0 기각

30 계수 샘플링검사에 있어서 N, n, c가 주어지고, 로트의 부적합품률 P와 $L(P)$의 관계를 나타낸 것을 무엇이라고 하는가?

① 검사일보
② 검사성적서
③ 검사특성곡선
④ 검사기준서

해설 검사특성곡선을 OC 곡선이라고 한다.

31 정규모집단으로부터 n=15의 랜덤 샘플을 취하고 $\left(\dfrac{(n-1)s^2}{\chi^2_{0.995}(14)}, \dfrac{(n-1)s^2}{\chi^2_{0.005}(14)}\right)$에 의거하여, 신뢰구간 (0.0691, 0.531)을 얻었을 때의 설명으로 맞는 것은?

① 모집단의 99%가 이 구간 안에 포함된다.
② 모평균이 이 구간 안에 포함될 신뢰율이 99%이다.
③ 모분산이 이 구간 안에 포함될 신뢰율이 99%이다.
④ 모표준편차가 이 구간 안에 포함될 신뢰율이 99%이다.

해설 $\chi^2 = \dfrac{(n-1)s^2}{\sigma^2} \Rightarrow \sigma^2 = \dfrac{(n-1)s^2}{\chi^2}$

정답 26.① 27.② 28.④ 29.④ 30.③ 31.③

32 계량규준형 1회 샘플링검사에서 모집단의 표준편차를 알고 특성치가 낮을수록 좋은 경우, 로트의 평균치를 보증하려고 할 때 합격되는 경우는?

① $\bar{x} \geq S_U - k\sigma$　② $\bar{x} \geq m_o - G_o\sigma$
③ $\bar{x} \leq S_U + k\sigma$　④ $\bar{x} \leq m_o + G_o\sigma$

해설 • 합격판정선 : $\overline{X}_U = m_o + k_\alpha \frac{\sigma}{\sqrt{n}}$
(단, $G_o = \frac{k_\alpha}{\sqrt{n}}$ 이다.)
• 판정 : $\bar{x} \leq \overline{X}_U$ 이면, Lot 합격

33 제2종 오류를 범할 확률에 해당하는 것은?

① 공정이 관리상태일 때, 관리상태라고 판단할 확률
② 공정이 관리상태가 아닐 때, 관리상태라고 판단할 확률
③ 공정이 관리상태일 때, 관리상태가 아니라고 판단할 확률
④ 공정이 관리상태가 아닐 때, 관리상태가 아니라고 판단할 확률

해설 ① : $1-\alpha$　② : β
③ : α　④ : $1-\beta$

34 어떤 모집단의 평균이 기존에 알고 있는 모평균보다 큰지를 알아보려고 하는데, 모표준편차값을 모르고 있다. 이에 대해 검정한 결과 귀무가설이 기각되었다면, 새로운 모평균의 신뢰한계를 구하는 추정식으로 맞는 것은?

① $\mu \geq \bar{x} - t_{1-\alpha}(\nu)\frac{s}{\sqrt{n}}$
② $\mu \geq \bar{x} + t_{1-\alpha}(\nu)\frac{s}{\sqrt{n}}$
③ $\mu = \bar{x} \pm u_{1-\alpha/2}\frac{\sigma}{\sqrt{n}}$
④ $\mu = \bar{x} \pm t_{1-\alpha/2}(\nu)\frac{s}{\sqrt{n}}$

해설 가설이 $H_0 : \mu \leq \mu_0$, $H_1 : \mu > \mu_0$ 인 한쪽 검정에서 H_0 기각 시, 모평균의 추정은 신뢰하한값만을 추정하는 한쪽 추정이 된다. 모표준편차 σ 미지인 경우는 t 분포, σ 기지인 경우는 표준정규분포가 적용된다.

35 다음은 부분군의 크기와 부적합품수에 대해 9회에 걸쳐 측정한 자료표이다. 이 자료에 적용되는 관리도의 중심선은 약 얼마인가?

k	1	2	3	4	5	6	7	8	9
n	100	100	100	150	150	150	200	200	200
np	8	9	7	12	8	5	11	10	9

① 5.85%
② 5.95%
③ 6.05%
④ 6.15%

해설 부분군(n)의 크기가 변하므로 p 관리도가 적용된다.
$\bar{p} = \frac{\Sigma np}{\Sigma n} = \frac{79}{1350} = 0.0585(5.85\%)$

36 500개가 1로트로 취급되고 있는 어떤 제품이 있다. 그 중 490개는 적합품, 10개는 부적합품이다. 부적합품 중 5개는 각각 1개씩의 부적합을 지니고 있으며, 4개는 각각 2개씩을, 그리고 1개는 3개의 부적합을 지니고 있다. 이 로트의 100아이템당 부적합수는 얼마인가?

① 1.6　② 3.2
③ 4.9　④ 10.0

해설
$u = \frac{c}{n} \times 100$
$= \frac{5\times1+4\times2+1\times3}{500} \times 100$
$= 3.2/100$개

37 관리계수(C_f)와 군간변동(σ_b)에 대한 설명 중 틀린 것은?

① 관리계수 $C_f < 0.8$ 이면 군 구분이 나쁘다.
② 완전한 관리상태에서 군간변동(σ_b)은 대략 1이 된다.
③ 관리계수 $0.8 < C_f < 1.2$ 이면 대체로 관리상태에 있다고 볼 수 있다.
④ 군간변동(σ_b)이 클수록 $\bar{x}$ 관리도에서 관리한계를 벗어나는 점이 많아지게 된다.

해설 ② 완전관리상태인 경우 $\sigma_b^2 = 0$ 이 된다.

정답 32.④ 33.② 34.① 35.① 36.② 37.②

38 모집단으로부터 4개의 시료를 각각 뽑은 결과의 분포가 $X_1 \sim N(5,\ 8^2)$, $X_2 \sim N(25,\ 4^2)$이고, $Y=3X_1-2X_2$일 때, Y의 분포는 어떻게 되겠는가? (단, X_1, X_2는 서로 독립이다.)

① $Y \sim N(-35,\ (\sqrt{160})^2)$
② $Y \sim N(-35,\ (\sqrt{224})^2)$
③ $Y \sim N(-35,\ (\sqrt{512})^2)$
④ $Y \sim N(-35,\ (\sqrt{640})^2)$

해설 $Y=3X_1-2X_2$
- $E(Y)=E(3X_1-2X_2)$
  $=3E(X_1)-2E(X_2)$
  $=(3\times5)-(2\times25)=-35$
- $V(Y)=V(3X_1-2X_2)$
  $=3^2V(X_1)+2^2V(X_2)$
  $=(3^2\times8^2)+(2^2\times4^2)=640$

39 계수치 축차 샘플링검사 방식(KS Q ISO 28591)에서 P_R(CRQ)이 뜻하는 내용으로 맞는 것은?

① 합격시키고 싶은 로트의 부적합품률의 하한
② 합격시키고 싶은 로트의 부적합품률의 상한
③ 불합격시키고 싶은 로트의 부적합품률의 하한
④ 불합격시키고 싶은 로트의 부적합품률의 상한

해설
- CRQ(Q_{CR}) : 소비자(구매자) 위험품질로 불합격시키고 싶은 Lot의 부적합품률 하한이며 P_1에 해당된다.
- PRQ(Q_{PR}) : 생산자(공급자) 위험품질로 합격시키고 싶은 Lot의 부적합품률 상한이며 P_0에 해당된다.

40 통계량의 점추정치에 관한 조건에 해당하지 않는 것은?

① 유효성(efficiency)
② 일치성(consistency)
③ 랜덤성(randomness)
④ 불편성(unbiasedness)

해설 추정치 사용의 4원칙
- 불편성
- 유효성
- 일치성
- 충분성

제3과목 생산시스템

41 자주보전활동 7스텝 중 "설비의 기능구조를 알고 보전기능을 몸에 익힌다."는 내용은 어디에 해당하는가?

① 1스텝 : 초기청소
② 2스텝 : 발생원 · 곤란개소 대책
③ 3스텝 : 청소 · 급유 · 점검기준 작성
④ 4스텝 : 총점검

해설 자주보전활동은 설비에 강한 오퍼레이터의 육성을 목적으로 하며, 스텝과의 관계는 다음과 같다.
- 1단계 : 결함을 발견할 수 있다(1, 2, 3스텝).
- 2단계 : 설비의 기능구조를 안다(4, 5스텝).
- 3단계 : 설비와 품질의 관계를 안다(6스텝).
- 4단계 : 설비를 수리할 수 있다(7스텝).

※ ④ 총점검 단계는 설비의 기능을 학습하고, 학습한 내용을 중심으로 점검을 통해 이론을 체득하는 단계이다.

42 PERT 기법에서 최조시간(TE ; earliest possible time)과 최지시간(TL ; latest allowable time)의 계산방법으로 맞는 것은?

① TE, TL 모두 전진계산
② TE, TL 모두 후진계산
③ TE는 전진계산, TL은 후진계산
④ TE는 후진계산, TL은 전진계산

해설 PERT에서 단계의 시간은 전진계산으로 누적되는 TE와 후진계산으로 차감되는 TL로 구성된다.

43 다음 중 JIT 생산방식에 관한 설명으로 틀린 것은 어느 것인가?

① 생산의 평준화를 추구한다.
② 프로젝트 생산방식에 적합하다.
③ 간판을 활용한 pull 생산방식이다.
④ 생산준비시간의 단축이 필요하다.

해설 JIT 생산방식은 흐름생산방식으로 라인생산방식이지만, push형 흐름생산이 아닌 pull형 생산방식이다.

정답 38.④ 39.③ 40.③ 41.④ 42.③ 43.②

44 다음의 [표]는 Taylor, Ford 그리고 Mayo 시스템을 비교한 것이다. 내용 중 틀린 것은?

구분	시스템 / 내용	테일러 시스템	포드 시스템	메이요 시스템
㉠	핵심부분	과업관리에 의한 성과급제	이동조립법에 의한 동시관리	호손 실험에 의한 인간관계
㉡	내용	과학적 관리법	대량생산 시스템	인간관계론
㉢	중시사상	생산가치	생산가치	인간가치
㉣	약점	고능률주의로 작업자 혹사	고정비 부담이 적음	감성적인 면에 너무 치우침

① ㉠
② ㉡
③ ㉢
④ ㉣

해설 • 포드 시스템은 대량생산방식이므로 고정비의 투자가 필요하며, 수량이 적을 경우 고정비 부담이 증가한다.
• 메이요 시스템은 인간의 의지 및 동기부여에 관한 최초의 연구결과로 감성적인 면에 너무 치우쳤다고 볼 수는 없다. 생산성에는 작업환경이나 작업방법의 개선도 중요하지만, 인간관계나 감정의 중요성도 생산성의 큰 요인이라는 것을 발견하는 계기가 되었다.

45 동작경제의 원칙 중 공구 및 설비의 설계에 관한 원칙에 해당하지 않는 것은?

① 공구와 자재는 가능한 한 사용하기 쉽도록 미리 위치를 잡아준다.
② 공구류는 작업의 전문성에 따라서 될 수 있는 대로 단일기능의 것을 사용해야 한다.
③ 각 손가락이 서로 다른 작업을 할 때에는 작업량을 각 손가락의 능력에 맞게 분배해야 한다.
④ 발로 조작하는 장치를 효과적으로 사용할 수 있는 작업에서는 이러한 장치를 활용하여 양손이 다른 일을 할 수 있도록 한다.

해설 ② 지그공구(복합기능의 공구)를 사용한다.

46 다음의 자료를 보고 우선순위에 의한 긴급률법으로 작업순서를 정한 것으로 맞는 것은?

작업	작업일수	납기일	여유일
A	6	10	4
B	2	8	6
C	2	4	2
D	2	10	8

① A → C → B → D
② A → B → C → D
③ D → C → B → A
④ D → B → C → A

해설 긴급률(CR)$=\dfrac{\text{잔여 납기일수}}{\text{잔여 작업일수}}$

• $CR_A=\dfrac{10}{6}=1.67$ • $CR_B=\dfrac{8}{2}=4$

• $CR_C=\dfrac{4}{2}=2$ • $CR_D=\dfrac{10}{2}=5$

긴급률법은 CR이 작은 것부터 작업순서를 결정하므로, A → C → B → D의 순이 된다.

47 연간 10000단위 수요가 있으며 생산준비비용이 회당 2000원, 재고유지비용이 연간 단위당 100원일 때, 연간 생산율이 20000단위라면 경제적 생산량은 약 몇 단위인가?

① 525단위 ② 633단위
③ 759단위 ④ 895단위

해설 $EPQ=\sqrt{\dfrac{2DC_P}{Pi(1-d/p)}}$

$=\sqrt{\dfrac{2\times10000\times2000}{100\times(1-10000/20000)}}$

$=894.427\fallingdotseq895$단위

48 공급사슬에서 고객으로부터 생산자로 갈수록 주문량의 변동폭이 증가되는 현상을 무엇이라 하는가?

① 상쇄효과 ② 채찍효과
③ 물결효과 ④ 학습효과

해설 채찍효과란 공급사슬에서 고객으로부터 생산자로 갈수록 주문량의 변동폭이 증가하는 현상이다.

정답 44.④ 45.② 46.① 47.④ 48.②

49 MRP(Material Requirements Planning) 특징으로 맞는 것을 모두 선택한 것은?

> ㉠ MRP의 입력요소는 BOM(Bill Of Material), MPS(Master Production Scheduling), 재고기록철(Inventory record file)이다.
> ㉡ 소요량 개념에 입각한 종속수요품의 재고관리방식이다.
> ㉢ 종속수요품 각각에 대하여 수요예측을 별도로 할 필요가 없다.
> ㉣ 상황변화(수요 · 공급 · 생산능력의 변화 등)에 따른 생산일정 및 자재계획의 변경이 용이하다.
> ㉤ 상위 품목의 생산계획에 따라 부품의 소요량과 발주시기를 계산한다.

① ㉡, ㉢, ㉣, ㉤　② ㉠, ㉡, ㉢, ㉤
③ ㉠, ㉡, ㉣, ㉤　④ ㉠, ㉡, ㉢, ㉣, ㉤

해설 ㉠~㉤ 모두 MRP에 관한 내용이다.

50 불확실성하에서의 의사결정기준에 대한 설명으로 틀린 것은?

① Laplace 기준 : 가능한 성과의 기대치가 가장 큰 대안을 선택
② MaxiMin 기준 : 가능한 최소의 성과를 최대화하는 대안을 선택
③ Hurwicz 기준 : 기회손실의 최대값이 최소화되는 대안을 선택
④ MaxiMax 기준 : 가능한 최대의 성과를 최대화하는 대안을 선택

해설 불확실성하의 의사결정기준
- 라플라스(Laplace) 기준 : 모든 상황을 동일하게 가정하고 판단하는 동일확률 의사결정기준
- 맥시민(MaxiMin) 기준 : 최소성과를 최대화하는 전략을 택하는 비관적 견해의 기준
- 맥시맥스(MaxiMax) 기준 : 최대성과를 최대화하는 전략을 선택하는 낙관적 견해의 기준
- 후르비츠(Hurwicz) 기준 : 맥시민과 맥시맥스를 절충한 기준
- 유감액(기회비용) 기준 : 기회비용의 크기를 갖고 의사결정의 기준을 결정하는 방법
- 기대가치(EM) 기준 : 위험대안을 선택할 때 대안들 중에서 기대가치가 가장 큰 순으로 선택하며, 각 대안의 위험률은 선택하지 않는 기준
  $EV_i = \Sigma P_i X_i$
  여기서, P_i : 성과 X_i의 확률
  X_i : 화폐금액으로 표시된 결과 성과
- Savage 기준 : 기회손실의 최대값이 최소화되는 대안을 선택하는 기준

51 분산구매의 장점이 아닌 것은?

① 자주적 구매가 가능하다.
② 긴급수요의 경우 유리하다.
③ 가격이나 거래조건이 유리하다.
④ 구매수속이 간단하여 신속하게 처리할 수 있다.

해설 대량구매로 가격과 거래조건이 유리해지는 것은 집중구매이다.

52 다음 (　　) 안에 알맞은 것은?

> (　　)란 부품 및 제품을 설계하고, 제조하는 데 있어서 설계상, 가공상 또는 공정경로상 비슷한 부품을 그룹화하여 유사한 부품들을 하나의 부품군으로 만들어 설계 · 생산하는 방식이다.

① GT　② FMS
③ SLP　④ QFD

해설 소량생산의 한계를 탈피하는 Group Technology(GT)에 관한 내용이다.

53 스톱워치에 의한 시간연구에서 관측대상 작업을 여러 개의 요소작업으로 구분하여 시간을 측정하는 이유에 해당하지 않는 것은?

① 같은 유형의 요소작업 시간자료로부터 표준자료를 개발할 수 있다.
② 요소작업을 명확하게 기술함으로써 작업내용을 보다 정확하게 파악할 수 있다.
③ 모든 요소작업의 여유율을 동일하게 부여하여 여유시간을 정확하게 구할 수 있다.
④ 작업반경이 변경되면 해당되는 부분만 시간연구를 다시 하여 표준시간을 쉽게 조정할 수 있다.

해설 ③ 모든 요소작업의 여유율을 각기 달리 부여하여, 여유시간을 정확하게 산정할 수 있다.

54 설비배치의 일반적인 목적과 가장 거리가 먼 것은?

① 설비 및 인력의 증대
② 운반 및 물자취급의 최소화
③ 안전확보와 작업자의 직무만족
④ 공정의 균형화와 생산흐름의 원활화

해설 설비배치는 설비 및 인력의 효율화, 안전의 확보와 생산시스템의 유효성을 위해 추진하는 설계단계의 활동이다.

 정답 49.④ 50.③ 51.③ 52.① 53.③ 54.①

55 보전작업자가 각 제조부서의 감독자 밑에 있는 보전 조직을 무엇이라고 하는가?

① 부문보전 ② 집중보전
③ 지역보전 ④ 절충보전

해설 지역보전은 조직상으로는 집중적인 형태이나 배치상으로는 지역별로 분산되는 형태이다.

56 어느 작업자의 시간연구 결과 평균작업시간이 단위당 20분이 소요되었다. 작업자의 레이팅계수는 95%이고, 여유율은 정미시간의 10%일 때, 외경법에 의한 표준시간은 얼마인가?

① 14.5분 ② 16.4분
③ 18.1분 ④ 20.9분

해설 $ST=NT(1+A)=20\times0.95\times(1+0.1)=20.9$분

57 총괄생산계획(APP) 기법 중 시행착오의 방법으로 이해하기 쉽고 사용이 간편한 것은?

① 도시법 ② 탐색결정기법
③ 선형계획법 ④ 휴리스틱기법

해설 도시법은 생산량, 재고량 등 두세 가지 변수가 최소가 되는 방법을 모색하는 방법으로, 시행착오법이라고도 한다.

58 주문생산시스템에 관한 내용으로 맞는 것은?

① 생산의 흐름은 연속적이다.
② 소품종 대량생산에 적합하다.
③ 다품종 소량생산에 적합하다.
④ 동일 품목에 대하여 반복생산이 쉽다.

해설 ①, ②, ④는 연속생산시스템의 특징이다.

59 생산시스템 운영에서 생산계획을 수립하기 위한 기초자료는?

① 작업능력 검토 ② 제품 수요의 예측
③ 재고의 수준 검토 ④ 제품 품질수준 검토

해설 생산시스템의 운영은 설계, 계획 및 통제의 세 가지 단계로 분류된다. 생산계획은 수요예측을 통해 총괄생산계획 및 일정계획을 수립하는 단계를 뜻하며, 따라서,기초자료로는 제품 수요의 예측이 가장 기본이 된다.

60 표준시간 설정을 위한 수행도 평가방법에 해당하지 않는 것은?

① 속도평가법
② 라인밸런싱법
③ 객관적 평가법
④ 평준화법(Westinghouse 시스템)

해설 수행도 평가방법의 종류(레이팅의 종류)
- 주관적 평가법(속도평가법) : 속도를 고려하는 평가방법
- 객관적 평가법 : 속도와 작업의 난이도를 고려하는 평가방법
- 평준화법 : 작업변동요인 4가지(숙련도, 노력도, 작업환경, 작업의 일관성)를 고려하는 평가방법
- 합성평가법 : 주관적 결함을 보정하는 평가방법

제4과목 신뢰성 관리

61 일반적인 신뢰성시험의 평균수명시험을 추정하는 방법으로 시간이나 개수를 정해놓고 그때까지만 수명시험을 하는 시험은?

① 전수시험
② 강제열화시험
③ 가속수명시험
④ 중도중단시험

해설 정시중단시험과 정수중단시험인 중도중단시험을 설명하고 있다.

62 Y전자부품의 수명은 전압에 대하여 α승 법칙에 따른다. 전압을 정상치보다 30% 증가시켜 가속수명시험을 하여 얻은 데이터로부터 추정한 평균수명은 정상수명시험에서 얻은 데이터로부터 추정한 평균수명에 비해 약 얼마나 단축되는가? (단, $\alpha=5$이다.)

① $\frac{1}{5.0}$ ② $\frac{1}{3.7}$
③ $\frac{1}{2.5}$ ④ $\frac{1}{1.3}$

해설
$$\theta_n=\left(\frac{V_s}{V_n}\right)^{\alpha}\theta_s \text{ 이므로}$$
$$\theta_s=\left(\frac{V_n}{V_s}\right)^{\alpha}\theta_n=\left(\frac{1}{1.3}\right)^5\theta_n=\frac{1}{3.7}\theta_n$$

정답 55.① 56.④ 57.① 58.③ 59.② 60.② 61.④ 62.②

63 어떤 재료에 가해지는 부하의 분포는 평균이 1500kg/mm^2, 표준편차가 30kg/mm^{2}인 정규분포를 따르고, 사용재료의 강도 분포는 평균 1600kg/mm^2, 표준편차 40kg/mm^{2}인 정규분포를 따른다. 이 재료의 신뢰도는 약 얼마인가?

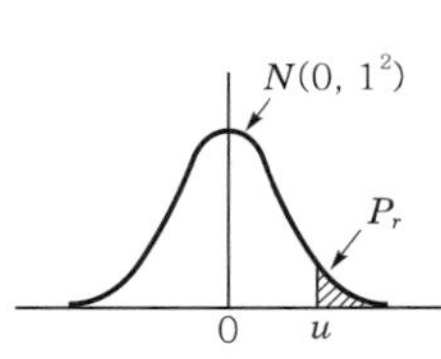

u	P_r
0.5	0.3085
1	0.1587
2	0.0228
3	0.0013

① 68.27%
② 95.46%
③ 97.72%
④ 99.73%

해설
$$P(\text{부하}-\text{강도} \le 0) = P\left(u \le \frac{0-(\mu_x-\mu_y)}{\sqrt{\sigma_x^2+\sigma_y^2}}\right) = P\left(u \le \frac{-1500+1600}{\sqrt{30^2+40^2}}\right) = P(u \le 2) = 0.9772(97.72\%)$$
(단, 부하는 x이고, 강도는 y이다.)

64 어떤 부품을 신뢰수준 90%, C=1에서 λ_1 =1%/10^{3}시간임을 보증하기 위한 계수 1회 샘플링검사를 실시하고자 한다. 이때 시험시간 t를 1000시간으로 할 때, 샘플 수는 몇 개인가? (단, 신뢰수준은 90%로 한다.)

[계수 1회 샘플링검사표]

C \ $\lambda_1 t$	0.05	0.02	0.01	0.0005
0	47	116	231	461
1	79	195	390	778
2	109	233	533	1065
3	137	266	688	1337

① 79
② 195
③ 390
④ 778

해설 C=1과 $\lambda_1 t$=0.01을 교차시키면 n=390이 구해진다. 따라서, 이 시험에서는 샘플 390개를 1000시간 시험하여 고장개수(r)가 1개 이하이면 Lot를 합격시킨다.

65 신뢰성 데이터 해석에 사용되는 확률지 중 가장 널리 사용되는 와이블 확률지에 대한 설명으로 틀린 것은?

① $E(t)$는 $\eta \cdot \Gamma\left(1+\frac{1}{m}\right)$로 계산한다.

② $F(t)$는 $\frac{i-0.3}{n+0.4}$으로 계산한 값을 타점한다.

③ 모수 m의 추정은 $\frac{\ln[1-F(x)]^{-1}}{t}$의 값이다.

④ η의 추정은 타점의 직선이 $F(t)$=63%인 선과 만나는 점의 하측 눈금(t눈금)을 읽은 값이다.

해설 ③ 모수 m의 추정은 x축의 $\ln t$와 y축의 $\ln\ln\frac{1}{1-F(t)}$를 활용하여 구한다.

66 다음은 어떤 전자장치의 보전시간을 집계한 [표]이다. $MTTR$의 추정치는 약 몇 시간인가? (단, 보전시간 t는 지수분포를 따른다.)

보전시간(h)	보전완료건수
0~1	18
1~2	12
2~3	5
3~4	3
4~5	1
5~6	1

① 1　② 2
③ 3　④ 4

해설
$$\widehat{MTTR} = \frac{\Sigma t_i f_i}{\Sigma f_i} = \frac{1\times18+2\times12+\cdots+6\times1}{40} = \frac{80}{40} = 2\text{시간}$$

67 300개의 전구로 구성된 전자제품에 대하여 수명시험을 한 결과 4시간과 6시간 사이의 고장개수가 20개였다. 4시간에서 이 전구의 고장확률밀도함수 $f(t)$는 약 얼마인가?

① 0.0333/시간　② 0.0367/시간
③ 0.0433/시간　④ 0.0457/시간

해설
$$f(t) = \frac{n(t)-n(t+\Delta t)}{N}\times\frac{1}{\Delta t} = \frac{20}{300}\times\frac{1}{2} = 0.0333$$

 정답 63.③ 64.③ 65.③ 66.② 67.①

68 [그림]과 같은 FT도에서 정상사상(Top Event)의 고장확률은 약 얼마인가? (단, 기본사상 a, b, c의 고장확률은 각각 0.2, 0.3, 0.4이다.)

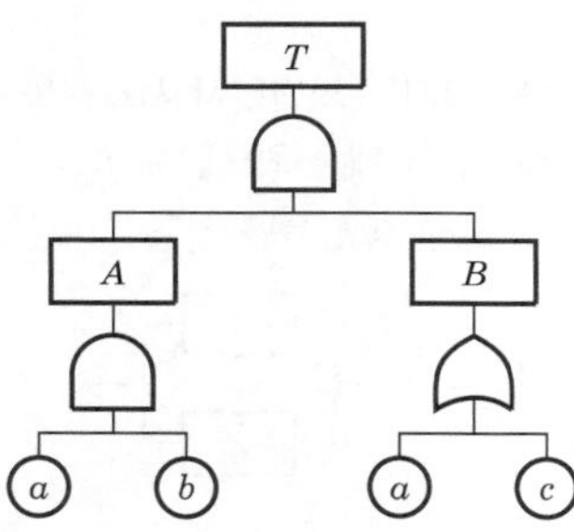

① 0.0312 ② 0.0600
③ 0.4400 ④ 0.4848

해설 중복사상이 있으므로, Boolean의 대수법칙을 이용해 단순화시키면 다음과 같다.

$T = A \times B$
$= (a \times b)(a + c)$
$= a^2b + abc = ab + abc$
$= ab(1 + c) = ab$

$F_{\text{TOP}} = \Pi F_i$
$= F_a \times F_b$
$= 0.2 \times 0.3$
$= 0.06$

(단, $a^2 = a$, $2a = a$, $(1 + a) = 1$이다.)

69 다음은 신뢰성 설계 항목에 관한 내용이다. 신뢰성 설계 순서를 나열한 것으로 맞는 것은?

> ㉠ 신뢰성 요구사항 분석
> ㉡ 신뢰도 목표 설정
> ㉢ 신뢰도 분배 및 설계
> ㉣ 설계부품 선택
> ㉤ 시험 및 검사규격 작성
> ㉥ 양산품의 신뢰성 시험

① ㉠ → ㉡ → ㉢ → ㉣ → ㉤ → ㉥
② ㉠ → ㉡ → ㉤ → ㉣ → ㉢ → ㉥
③ ㉡ → ㉠ → ㉣ → ㉢ → ㉤ → ㉥
④ ㉡ → ㉤ → ㉠ → ㉢ → ㉣ → ㉥

해설 신뢰도 설계의 목표는 시스템의 신뢰도 요구사항이 분석되어야 가능하며, 이 목표를 하위 시스템에 배분하는 것으로부터 시작된다.

70 어떤 제품의 수명이 평균 450시간, 표준편차 50시간의 정규분포에 따른다고 한다. 이 제품 200개를 새로 사용하기 시작하였다면 지금부터 500~600시간 사이에서는 평균 약 몇 개가 고장 나는가?

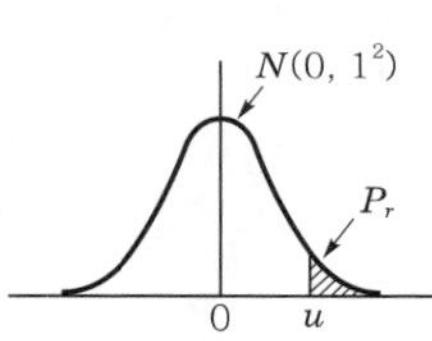

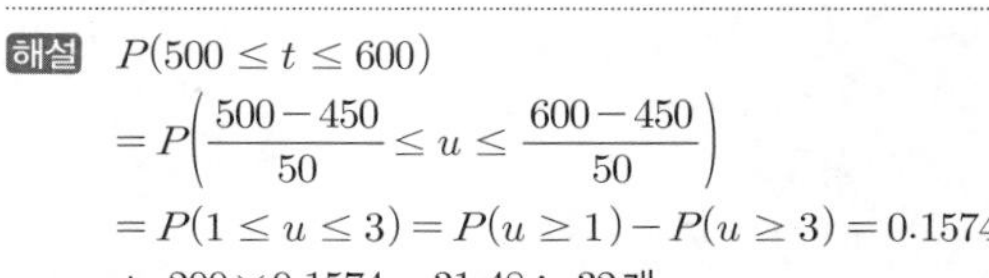

u	P_r
0.5	0.3085
1	0.1587
2	0.0228
3	0.0013

① 30개 ② 32개
③ 91개 ④ 100개

해설 $P(500 \le t \le 600)$
$= P\left(\dfrac{500-450}{50} \le u \le \dfrac{600-450}{50}\right)$
$= P(1 \le u \le 3) = P(u \ge 1) - P(u \ge 3) = 0.1574$
$\therefore\ 200 \times 0.1574 = 31.48 ≒ 32$개

71 지수분포를 따르는 어떤 기기의 고장률은 0.02/시간이고, 이 기기가 고장 나면 수리하는 데 소요되는 평균시간이 30시간일 경우, 이 기기의 가용도(Availability)는 몇 %인가?

① 37.5 ② 50.0
③ 62.5 ④ 80.0

해설 $A = \dfrac{MTBF}{MTBF + MTTR} = \dfrac{50}{50+30} = 0.625$

72 다음 중 마모고장기간에 나타나는 고장원인이 아닌 것은?

① 마모 ② 부식
③ 피로 ④ 불충분한 번인

해설 ④ 불충분한 번인은 초기고장기간의 고장원인이다.

73 각 요소의 신뢰도가 0.9인 2 out of 3 시스템(3 중 2 시스템)의 신뢰도는 약 얼마인가?

① 0.85 ② 0.95
③ 0.97 ④ 0.99

해설 $R_S = 3R^2 - 2R^3$
$= 3 \times 0.9^2 - 2 \times 0.9^3 = 0.97$

74 10개의 샘플에 대하여 4개가 고장 날 때까지 수명시험을 한 결과 10시간, 20시간, 30시간, 40시간에 각각 1개씩 고장이 났다. 이 샘플의 고장이 지수분포에 따라 발생한다고 하면 $MTBF$의 점추정치는 몇 시간인가?

① 25시간 ② 34시간
③ 85시간 ④ 100시간

해설 $\widehat{MTBF}=\frac{\Sigma t_i+(n-r)t_r}{r}=\frac{100+6\times 40}{4}=85$시간

75 정시중단시험에서 고장개수가 0개인 경우 어떠한 분포를 이용하여 평균수명을 구하는가?

① 정규분포
② 초기하분포
③ 이항분포
④ 푸아송분포

해설 정시중단시험에서 종료시간까지 고장이 발생하지 않으면 푸아송분포를 활용하여 평균수명의 하한값을 추정한다.

$$MTBF_L=-\frac{T}{\ln\alpha}$$

76 $\lambda_1=0.001$, $\lambda_2=0.001$인 두 부품으로 구성된 직렬 시스템에서 $t=100$일 때, 시스템의 신뢰도(R), 고장률(λ), $MTBF$는 각각 약 얼마인가? (단, 고장은 지수분포를 따른다.)

① $R=0.8187$, $\lambda=0.002$, $MTBF=500$
② $R=0.8187$, $\lambda=0.001$, $MTBF=1000$
③ $R=0.9048$, $\lambda=0.002$, $MTBF=500$
④ $R=0.9048$, $\lambda=0.000001$, $MTBF=1000000$

해설
- $\lambda_S=\Sigma\lambda_i=0.002/$시간
- $MTBF_S=\frac{1}{\lambda_S}=\frac{1}{0.002}=500$시간
- $R_S(t=100)=e^{-\lambda_S t}=e^{-0.002\times 100}=0.8187$

77 고장평점법에서 평점요소로 기능적 고장영향의 중요도(C_1), 영향을 미치는 시스템의 범위(C_2), 고장발생빈도(C_3)를 평가하여 평가점을 $C_1=3$, $C_2=9$, $C_3=6$을 얻었다면, 고장평점(C_S)은 약 얼마인가?

① 4.45 ② 5.45
③ 8.72 ④ 12.72

해설
$$C_S=(C_1\cdot C_2\cdot C_3)^{\frac{1}{3}}=(3\times 9\times 6)^{\frac{1}{3}}=5.45$$

78 고장률 λ를 가지는 리던던시 시스템을 [그림]과 같이 병렬로 구성하였을 때 신뢰도함수 $R_S(t)$는? (단, 각각의 부품은 동일한 고장률을 갖는 지수분포를 따른다.)

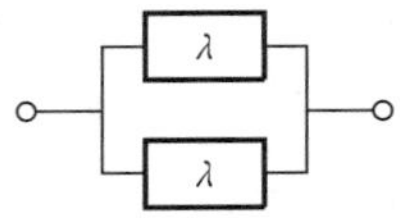

① $2e^{-\lambda t}-e^{-2\lambda t}$
② $2e^{-\lambda t}-e^{-\frac{\lambda t}{2}}$
③ $e^{-\lambda t}-e^{-\frac{\lambda t}{2}}$
④ $\frac{1}{2}e^{-\lambda t}-e^{-\frac{\lambda t}{2}}$

해설
$$R_S(t)=R_1(t)+R_2(t)-R_1(t)\cdot R_2(t)=e^{-\lambda_1 t}+e^{-\lambda_2 t}-e^{-(\lambda_1+\lambda_2)t}=2e^{-\lambda t}-e^{-2\lambda t}$$

79 신뢰성 보증시험에서 계량형 특성을 갖는 자료를 분석하는 데 주로 사용되는 수명분포는?

① 지수분포
② 초기하분포
③ 이항분포
④ 베르누이분포

해설 계량형 신뢰성 시험에서는 지수분포와 와이블분포가 주로 이용된다.

80 고장분포함수가 지수분포인 n개 부품의 고장시간이 t_1, t_2, ⋯, t_n으로 얻어졌다. 평균고장시간($MTBF$)에 대한 추정식으로 맞는 것은?

① t_1/n ② $n/\left(\sum_{i=1}^{n}t_i\right)$
③ t_n/n ④ $\left(\sum_{i=1}^{n}t_i\right)/n$

해설 $\widehat{MTBF}=\frac{T}{r}=\frac{\Sigma t_i}{n}$: 전수고장시험

 정답 74.③ 75.④ 76.① 77.② 78.① 79.① 80.④

제5과목 품질경영

81 1980년 중반에 등장한 전략경영 개념은 급변하는 기업환경 속에서 기업이 직면하고 있는 위협과 기회에 조직능력을 대응시키는 의사결정과정이라 할 수 있다. 이러한 전략적 경영을 전개해가는 3단계적 접근에 해당되지 않는 것은?

① 품질 주도(quality initiative)
② 평가 및 통제(evaluation control)
③ 전략의 형성(strategy formulation)
④ 전략의 실행(strategy implementation)

해설 전략적 품질경영 3단계는 전략의 형성, 전략의 실행, 전략 실행성과의 평가 및 통제로 구성된다.

82 MB(Malcolm Baldridge)상 평가기준의 7가지 범주에 속하지 않는 것은?

① 리더십(leadership)
② 품질중시(quality focus)
③ 고객중시(customer focus)
④ 전략기획(strategic planning)

해설 7가지 범주에는 ①, ③, ④항 이외에 정보 및 분석, 인적자원 관리, 프로세스관리, 사업관리가 있다.

83 크로스비(P. B. Crosby)의 품질경영에 대한 사상이 아닌 것은?

① 수행표준은 무결점이다.
② 품질의 척도는 품질코스트이다.
③ 품질은 주어진 용도에 대한 적합성으로 정의한다.
④ 고객의 요구사항을 해결하기 위해 공급자가 갖추어야 하는 품질시스템은 처음부터 올바르게 일을 행하는 것이다.

해설 ③에서 설명하는 용도에 대한 적합성은 쥬란(J.M. Juran)의 사상이다.
※ 크로스비는 요건에 대한 일치성으로 품질을 정의하며 처음부터 올바르게 하라(Do it right the first time)는 예방품질을 주창하였다. ①, ②, ④항과 「고객의 요구사항에 맞추는 것」을 크로스비의 품질경영 4원칙이라고 한다.

84 Y제품의 치수의 규격이 150±1.5mm라고 한다면 규정허용차는 얼마인가?

① $\sqrt{1.5}$ mm ② $\sqrt{3.0}$ mm
③ 1.5mm ④ 3.0mm

해설 150±1.5mm이면 허용차는 1.5mm이고, 공차는 3mm이다.

85 사내표준 작성의 필요성이 큰 경우에 해당되지 않는 것은?

① 산포가 큰 경우
② 공정이 변하는 경우
③ 중요한 개선이 이루어진 경우
④ 신기술 도입 초기단계인 경우

해설 ④ 기술에 관한 사항은 표준화 사항이 아니다. 아직 초기단계에는 계속 최적화 사항을 찾아가는 과정으로, 양산단계 직전에 표준이 작성된다.

86 현대 품질경영에 있어 매우 중요한 경쟁우위에 관해 설명한 것으로 틀린 것은?

① 품질과 가격 중에서 더욱 중시되어야 할 것은 가격이다.
② 같은 품질에서 더 낮은 가격도 경쟁력의 일환이다.
③ 전략적 우위는 가격경쟁력의 확대와 품질경쟁력의 확대를 통하여 확보될 수 있다.
④ 경쟁력이 없어도 광고와 같은 판매촉진 전략으로 단기적 성과는 얻을 수도 있지만, 장기적으로 지속하긴 힘들다.

해설 ① 품질과 가격 중 더욱 중요시할 요인은 품질이다. 고품질의 제품은 위기 시 타파능력이 확실하게 우위로 나타난다.

87 다음 중 어떤 문제에 대한 특성과 그 요인을 파악하기 위한 것으로 브레인스토밍이 많이 사용되는 개선활동 기법은?

① 층별(stratification)
② 체크시트(check sheet)
③ 산점도(scatter diagram)
④ 특성요인도(cause & effect diagram)

해설 특성요인도는 특성에 관한 요인을 분석할 때, 분임원의 의견을 브레인스토밍을 활용하여 유도하는 경우가 일반적이다.

정답 81.① 82.② 83.③ 84.③ 85.④ 86.① 87.④

88 품질향상에 대한 모티베이션에 관한 설명으로 틀린 것은?

① 품질개선활동에 있어서 달성 가능한 품질목표의 설정 없이는 효과적인 품질 모티베이션은 이룩될 수 없다.
② 작업조건, 임금, 감독 등의 환경적인 조건을 개선하는 것은 종업원으로 하여금 단기적으로 보다는 장기적으로 일할 의욕을 가지게 한다.
③ 허츠버그(F. Herzberg)에 의하면 위생요인(hygiene factor), 즉 일에 불만을 주는 요인을 아무리 개선하여도 종업원의 인간적 욕구는 충족되지 않는다고 한다.
④ 동기부여가 목표지향적이라는 점에서 개인이 추구하는 목표나 성과는 개인을 이끄는 동인이라 할 수 있는데, 바람직한 목표를 성취했을 때 욕구의 결핍은 현저하게 감소한다.

해설 ② 작업조건, 임금, 감독, 회사정책과 관리 등은 위생요인으로, 종업원으로 하여금 단기적으로 의욕을 고취할 수 있으나 궁극적인 방향인 장기적인 일할 의욕을 고취하는 사항은 아니다.

89 문제가 되고 있는 사상 중 대응되는 요소를 찾아내어 행과 열로 배치하고, 그 교점에 각 요소 간의 연관 유무나 관련정도를 표시함으로써 문제의 소재나 형태를 탐색하는 데 이용되는 기법은?

① 계통도법 ② 특성요인도
③ 친화도법 ④ 매트릭스도법

해설 문제는 매트릭스도법에 관한 설명으로, QFD가 매트릭스도법을 활용한 대표적인 품질기법이다.

90 산업표준화법령상 산업표준화 및 품질경영에 대한 교육을 반드시 받아야 하는데, 이에 해당되는 것은?

① 직반장교육
② 작업자교육
③ 내부품질심사요원 양성교육
④ 경영간부교육(생산 · 품질부문 팀장급 이상)

해설 산업표준화법 시행령에는 경영간부 및 품질관리담당자가 3년마다 16시간의 교육을 이수하도록 명시되어 있다.

91 인증심사의 분류에 따른 심사주체가 틀린 것은?

① 내부심사 – 조직
② 제1자 심사 – 인정기관
③ 제2자 심사 – 고객
④ 제3자 심사 – 인증기관

해설 조직은 제1자 심사를 뜻하며, 인정기관은 국가로 국가는 인증기관을 심의하지만, 일반기업은 심의하지 않는다.

92 다음 커크패트릭(Kirkpatrick)의 품질비용에 관한 모형에서 B는 어떤 비용을 의미하는 것인가?

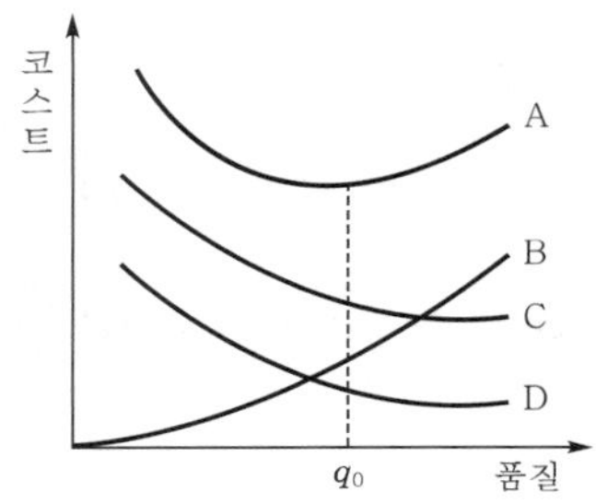

① 적합비용
② 평가비용
③ 예방비용
④ 관리비용

해설
• A : Q–Cost
• B : P–Cost
• C : F–Cost
• D : A–Cost

93 6시그마의 본질로 가장 거리가 먼 것은?

① 기업경영의 새로운 패러다임
② 프로세스 평가 · 개선을 위한 과학적 통계적 방법
③ 검사를 강화하여 제품 품질수준을 6시그마에 맞춤
④ 고객만족 품질문화를 조성하기 위한 기업경영 철학이자 기업전략

해설 6시그마는 설계나 개발과 같이 초기단계부터 결함을 예방하는 품질경영철학에 입각한 경영혁신운동으로, 검사가 아닌 예방의 원칙을 이용하여 공정능력을 확보함으로써, 6시그마 수준의 품질을 추구한다.

 정답 88.② 89.④ 90.④ 91.② 92.③ 93.③

94 [그림]과 같이 길이가 동일한 4개의 부품으로 조립된 제품의 규격은 10±0.03cm이다. 각 부품의 규격은 얼마이어야 되는가?

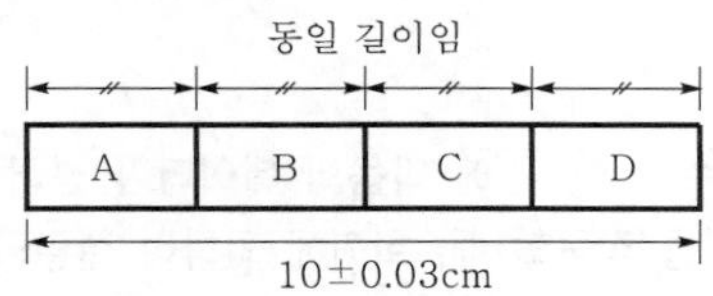

① 2.5±0.015cm
② 2.5075±0.015cm
③ 2.5±0.075cm
④ 2.4925±0.0075cm

해설 • $\mu_T = \mu_A + \mu_B + \mu_C + \mu_D = 10\text{cm}$
• $\sigma_T = \sqrt{{\sigma_A}^2 + {\sigma_B}^2 + {\sigma_C}^2 + {\sigma_D}^2} = 0.03\text{cm}$
따라서, $\mu_i = \frac{\mu_T}{4} = 2.5\text{cm}$
$\sigma_i = \sqrt{\frac{1}{4}{\sigma_T}^2} = 0.015\text{cm}$이므로
각 부품의 규격은 $2.5 \pm 0.015\text{cm}$이다.

95 표준화의 목적으로 틀린 것은?

① 무역장벽 제거
② 제품 기능의 다양화 실현
③ 안전, 건강 및 생명의 보호
④ 소비자 및 공동사회의 이익 보호

해설 ② 제품의 다양화는 표준화와 관계가 적다.
※ 최근에는 구성품의 모듈화를 통해 다양화에 대응한다.

96 오차의 발생원인 중 외부적인 영향에 의한 측정오차가 아닌 것은?

① 온도
② 군내오차
③ 되돌림오차
④ 접촉오차

해설 오차의 발생원인
• 기기오차
• 개인오차
• 측정방법에 의한 오차
• 환경오차
※ 외부적 영향에 의한 오차를 환경오차라고 하며, 기기오차, 개인오차, 측정방법이 오차의 직접 발생요인이라면, 환경오차는 오차발생의 간접원인이 된다.

97 제조물책임법에 명시된 결함의 종류에 해당되지 않는 것은?

① 제조상의 결함
② 설계상의 결함
③ 표시상의 결함
④ 유지보수상의 결함

해설 제조물책임법에 명시된 과실책임은 ①, ②, ③의 경우이다.

98 품질경영시스템 – 요구사항(KS Q ISO 9001 : 2015)에서 품질목표 달성방법을 기획할 때 조직에서 정의해야 할 사항이 아닌 것은?

① 달성방법 ② 달성대상
③ 필요자원 ④ 완료시기

해설 ②, ③, ④ 이외에, 책임자, 결과평가방법이 있다.

99 품질코스트의 항목 중 동일한 비용으로만 묶여진 것이 아닌 것은?

① 평가코스트 – 수입검사비용, 공정검사비용, 완성품검사비용, 시험 · 검사설비 보전비용
② 외부실패코스트 – 판매 기회손실비용, 반품처리비용, 현지서비스비용, 제품책임비용
③ 내부실패코스트 – 스크랩비용, 재작업비용, 고장발견 및 불량분석 비용, 보증기간 중의 불만처리비용
④ 예방코스트 – 품질계획비용, 품질 사무용품비용, 외주업체 지도비용, 품질관련 교육훈련비용

해설 내부 실패코스트(IF – Cost)와 외부 실패코스트(EF – Cost)의 차이는 고객인도 이전과 고객인도 이후로 구분한다.

100 회사의 경영철학을 바탕으로 경영목표를 설정하고 품질방침을 결정하는 주체는?

① 최고경영자
② 품질관리부서장
③ 판매부서장
④ 품질관리실무자

해설 품질방침은 최고경영자에 의해 공식적으로 표명된 품질에 관한 조직의 의도 및 방향이다.

정답 94.① 95.② 96.② 97.④ 98.① 99.③ 100.①

2018 제2회 품질경영기사

제1과목 실험계획법

1 A, B, C 3요인 라틴방격실험에서 분산분석 후의 추정에 관한 설명 중 맞는 것은?

① $\mu(A_i)$의 $(1-\alpha)$ 신뢰구간은 $\bar{x}_{i}.. \pm t_{1-\alpha/2}(\nu_e)\sqrt{\dfrac{V_e}{k}}$ 이다.

② 3요인 수준조합 $A_iB_jC_l$에서의 유효반복수(n_e)는 $\dfrac{k^2}{3k-1}$이다.

③ 분산분석표의 F 검정에서 유의한 요인에 대해서는 각 요인 수준에서 특성치의 모평균을 추정하는 것은 의미가 없다.

④ B는 유의하고, A와 C는 유의하지 않을 때 A_iC_l의 수준조합에서 $(1-\alpha)$ 신뢰구간은 $(\bar{x}_{i}.. + \bar{x}.._{l} - \bar{\bar{x}}) \pm t_{1-\alpha}(\nu_e)\sqrt{\dfrac{2V_e}{n_e}}$ 이다.

해설 ② 3요인 수준조합에서 $n_e = \dfrac{k^2}{3k-2}$ 이다.
③ 라틴방격은 모수모형의 실험으로, F_0 검정 결과 유의한 요인에 대해서는 모평균의 추정 및 조합평균의 추정이 의미가 있다.
④ 요인 B가 유의한 경우 $\bar{x}._{j}. \pm t_{1-\alpha/2}(\nu_e)\sqrt{\dfrac{V_e}{k}}$ 의 추정을 행한다. A와 C만 유의한 경우는 A_iC_k 수준에서 조합평균 추정을 행한다.

2 $L_{27}(3^{13})$의 직교배열표에 있어서 배치된 요인 수가 10개일 때, 오차의 자유도는?

① 6
② 8
③ 9
④ 10

해설 공열의 수 $=13-10=3$개
3수준계 직교배열표는 각 열의 자유도가 2이므로, $\nu_e = 3\times 2 = 6$이다.

3 두 변수 x, y 간에 다음의 데이터가 얻어졌다. 단순회귀식을 적용할 때, 회귀에 의하여 설명되는 제곱합 S_R을 구하면?

x_i	1	2	3	4	5
y_i	8	7	5	3	2

① 0.4　② 0.98
③ 25.6　④ 26.0

해설
$$S_R = \frac{S_{(xy)}^{\ 2}}{S_{(xx)}} = \frac{\left(\Sigma x_i y_i - \dfrac{\Sigma x_i \Sigma y_i}{n}\right)^2}{\Sigma x_i^{\ 2} - \dfrac{(\Sigma x_i)^2}{n}} = \frac{(-16)^2}{10} = 25.6$$

4 실험분석결과의 해석과 조치에 대한 설명으로 틀린 것은?

① 실험결과의 해석은 실험에서 주어진 조건 내에서만 결론을 지어야 한다.
② 실험결과로부터 최적조건이 얻어지면 확인실험을 실시할 필요가 없다.
③ 취급한 요인에 대한 결론은 그 요인수준의 범위 내에서만 얻어지는 결론이다.
④ 실험결과의 해석이 끝나면 작업표준을 개정하는 등 적절한 조치를 취해야 한다.

해설 ② 실험결과로부터 최적조건이 얻어지면, 이 조건에서 특성치에 대한 추론과 확인실험을 실시하여, 실제로 얻어진 최적조건이 최적특성치에 영향을 주는지 확인할 필요가 있다.

5 A_1 수준에 속해 있는 B_1과 A_2 수준에 속해 있는 B_1은 동일한 것이 아닌 실험설계법은?

① 난괴법　② 지분실험법
③ 교락법　④ 라틴방격법

해설 지분실험법은 변량요인들에 대한 실험으로, 재현성이 없으므로 독립성이 성립하지 않는다.

 정답 1.① 2.① 3.③ 4.② 5.②

6 동일한 물건을 생산하는 5대의 기계에서 부적합품 여부의 동일성에 관한 실험을 하였다. 적합품이면 0, 부적합품이면 1의 값을 주기로 하고, 5대의 기계에서 각각 200개씩의 제품을 만들어 부적합품 여부를 실험하여 다음과 같은 분산분석표의 일부자료를 얻었다. 기계 간의 부적합품률에 서로 차이가 있는지에 관한 가설검정을 실시했을 때, 판정기준으로 맞는 것은?

요인	SS	DF	MS	F_0	$F_{0.95}$	$F_{0.99}$
A e	0.596 ( )	( ) 995	( ) ( )	( )	2.37	3.32
T	62.511	999				

① $F_0 < F_{0.99}$이므로, 1%의 위험률로 기계 간의 부적합품률에 차이가 있다고 할 수 있다.
② $F_0 > F_{0.95}$이므로, 5%의 위험률로 기계 간의 부적합품률에 차이가 있다고 할 수 없다.
③ $F_0 > F_{0.99}$이므로, 1%의 위험률로 기계 간의 부적합품률에 차이가 있다고 할 수 없다.
④ $F_0 > F_{0.95}$이므로, 5%의 위험률로 기계 간의 부적합품률에 차이가 있다고 할 수 있다.

해설

요인	SS	DF	MS	F_0	$F_{0.95}$	$F_{0.99}$
A e	0.596 61.915	4 995	0.149 0.06223	2.394	2.37	3.32
T	62.511	999				

따라서, 요인 A는 5%로 유의하다.

7 다음의 두 선형식은 대비의 조건을 만족하고, $c_1c_1' + c_2c_2' + \cdots + c_lc_l' = 0$이 성립될 때 L_1, L_2는 서로 무엇을 하고 있다고 할 수 있는가?

- $L_1 = c_1T_1. + c_2T_2. + \cdots + c_lT_l.$
- $L_2 = c_1'T_1. + c_2'T_2. + \cdots + c_l'T_l.$

① 직교
② 종속
③ 교락
④ 교호작용

해설 대비(contrast)와 직교(orthogonality)
- $\Sigma c_i = 0$, $\Sigma c_i' = 0$: 대비
- $\Sigma c_ic_i' = 0$: 직교

8 다음 중 품질특성을 3가지 형태로 구분할 때 관련 없는 것은?

① 망소특성
② 망중특성
③ 망대특성
④ 망목특성

해설 품질특성은 망소특성, 망대특성, 망목특성의 3가지로 구분된다.

9 반복이 없는 2요인 실험(모수모형)의 분산분석표에서 ( ) 안에 들어갈 식은?

요인	SS	DF	MS	$E(V)$
A B e	772 587 234	4 3 12	193.0 195.7 19.5	$\sigma_e^2 + 4\sigma_A^2$ ( )
T	1593	19		

① $\sigma_e^2 + 2\sigma_B^2$
② $\sigma_e^2 + 3\sigma_B^2$
③ $\sigma_e^2 + 4\sigma_B^2$
④ $\sigma_e^2 + 5\sigma_B^2$

해설 $E(V_B) = \sigma_e^2 + l\sigma_A^2$
$E(V_A) = \sigma_e^2 + m\sigma_A^2$
(단, $l=5$, $m=4$이다.)

10 다음은 1요인 실험에 의해 얻어진 데이터이다. 오차의 제곱합(S_e)은 약 얼마인가?

수준 Ⅰ	90, 82, 70, 71, 81
수준 Ⅱ	93, 94, 80, 88, 92, 80, 73
수준 Ⅲ	55, 48, 62, 43, 57, 86

① 120　② 135
③ 1254　④ 1806

해설 $S_e = S_T - S_A = 1805.729$
이때, $S_T = \Sigma\Sigma x_{ij}^2 - CT = 4313.611$

$$S_A = \frac{\Sigma T_i.^2}{r_i} - CT = 2507.883$$

정답 6.④ 7.① 8.② 9.④ 10.④

11 2^2요인배치에서 $A \times B$ 교호작용의 효과는?

B \ A	A_0	A_1
B_0	270	320
B_1	150	380

① −90 ② −5
③ 5 ④ 90

해설
$$A \times B = \frac{1}{2}(T_1 - T_0)$$
$$= \frac{1}{2}(650 - 470)$$
$$= 90$$

12 1요인 실험의 분산분석에서 데이터의 구조모형은 $x_{ij} = \mu + a_i + e_{ij}$로 표시될 때, 오차($e_{ij}$)의 가정이 아닌 것은?

① 비정규성 : $e_{ij} \sim N(0,\ \sigma_e^2)$에 따르지 않는다.
② 불편성 : 오차 e_{ij}의 기대치는 0이고, 편의는 없다.
③ 독립성 : 임의의 e_{ij}와 $e_{i'j'}(i \neq i'$ 또는 $j \neq j')$는 서로 독립이다.
④ 등분산성 : 오차 e_{ij}의 분산은 σ_e^2으로 어떤 i, j에 대해서도 일정하다.

해설 ① 정규성 : $e_{ij} \sim N(0,\ \sigma_e^2)$
② 불편성 : $E(e_{ij}) = 0$
③ 독립성 : $e_{ij} \neq e_{ij}'$, $COV(e_{ij},\ e_{ij}') = 0$
④ 등분산성 : $V(e_{ij}) = \sigma_e^2$

13 일부실시법(fractional factorial design)에 대한 설명으로 틀린 것은?

① 요인의 조합 중 일부만을 실시한다.
② 고차의 교호작용이 존재하면 용이해진다.
③ 각 효과의 추정식이 같다면 각 요인은 별명이다.
④ 실험의 크기를 될수록 작게 하고자 할 때 사용한다.

해설 일부실시법은 교호작용을 해석하지 않는 대가로 실험횟수를 줄이는 실험이다.

14 다음의 1요인 분산분석표에 의하여 구한 검정통계량 F_0의 값은 약 얼마인가?

요인	SS	DF
A e	3.87 3.48	3
계		15

① 4.45 ② 5.45
③ 6.45 ④ 7.45

해설
$$F_0 = \frac{V_A}{V_e}$$
$$= \frac{3.87/3}{3.48/12} = 4.45$$

15 $L_8(2^7)$ 직교배열표를 이용하여 관심이 있는 요인 효과들의 배치가 다음과 같다. 실험번호 3번의 실험조건으로 맞는 것은?

실험번호 \ 열번호	1	2	3	4	5	6	7
1	0	0	0	0	0	0	0
2	0	0	0	1	1	1	1
3	0	1	1	0	0	1	1
4	0	1	1	1	1	0	0
5	1	0	1	0	1	0	1
6	1	0	1	1	0	1	0
7	1	1	0	0	1	1	0
8	1	1	0	1	0	0	1
기본배치	a	b	ab	c	ac	bc	abc
실험배치	A	B	$A \times B$	C	$A \times C$	e	D

① $A_0B_0C_0D_1$
② $A_0B_1C_1D_0$
③ $A_0B_1C_0D_1$
④ $A_1B_1C_0D_1$

해설 인자 A, B, C, D가 할당된 열은 1, 2, 4, 7열이므로 3행의 실험인 경우, 해당 열에 대한 실험조건은 $A_0B_1C_0D_1$ 이다.

 정답 11.④ 12.① 13.② 14.① 15.③

16 1차 단위가 1요인배치인 단일분할법의 특징 중 틀린 것은?

① 2차 단위요인이 1차 단위요인보다 더 정도가 좋게 추정된다.
② A, B 두 인자 중 수준의 변경이 어려운 인자는 1차 단위에 배치한다.
③ 1차 단위오차는 $l(m-1)(r-1)$이고, 2차 단위오차는 $(l-1)(r-1)$이다.
④ 1차 단위요인과 2차 단위요인의 교호작용은 2차 단위에 속하는 요인이 된다.

해설 1차 단위인자 A는 표시인자, 2차 단위인자 B는 제어인자로 블록 반복을 취한 단일분할법 실험이다.
※ 1차 단위오차에는 $A\times R$이 교락되어 있고, 2차 단위오차에는 $B\times R$과 $A\times B\times R$이 교락되어 있는 실험으로, 1차 단위인자보다 2차 단위에 배치한 인자가 정도 높게 추정된다.
$\nu_{e_1}=\nu_{A\times R}=(l-1)(r-1)$
$\nu_{e_2}=\nu_{B\times R}+\nu_{A\times B\times R}=l(m-1)(r-1)$

17 모수요인 A, 변량요인 B의 수준수가 각각 l, m이고, 반복수가 r회인 2요인 실험에서 요인 A에 대한 평균제곱의 기대값은?

① $\sigma_e^2+mr\sigma_A^2$
② $\sigma_e^2+l\sigma_{A\times B}^2$
③ $\sigma_e^2+lmr\sigma_A^2$
④ $\sigma_e^2+r\sigma_{A\times B}^2+mr\sigma_A^2$

해설 $E(V_A)=\sigma_e^2+r\sigma_{A\times B}^2+mr\sigma_A^2$
B가 변량요인이므로 교호작용의 영향을 받는다.
※ ①은 모수모형인 경우이다.

18 교락법에 관한 설명으로 틀린 것은?

① 실험횟수를 늘리지 않는다.
② 실험 전체를 몇 개의 블록으로 나누어 배치한다.
③ 다른 환경 내의 실험횟수는 적게 하도록 고안되었다.
④ 실험으로 실험오차를 적게 할 수 있으므로 실험정도가 향상된다.

해설 ③ 다른 환경 내 → 동일 환경 내

19 요인 A의 수준수는 5, 요인 B의 수준수는 4이며, 모든 수준조합에서 3회씩 반복하여 실험하였다. 분산분석 결과로 교호작용은 무시할 수 있었다. 두 요인의 수준조합에서 분산추정을 위한 유효반복수는 얼마인가? (단, 요인 A와 요인 B는 모수요인이며, 유의하다.)

① 2.5 ② 3
③ 7.5 ④ 12

해설 $n_e=\dfrac{lmr}{l+m-1}=\dfrac{5\times4\times3}{5+4-1}=7.5$

20 요인수가 3개(A, B, C)인 반복있는 3요인 실험에서 요인의 수준수는 각각 l, m, n이고 반복수가 r이다. A, B요인은 모수이고 C요인은 변량일 때, 평균제곱의 기대값 $E(V_A)$를 구하는 식으로 맞는 것은?

① $\sigma_e^2+mnr\sigma_A^2$
② $\sigma_e^2+mr\sigma_{A\times C}^2+mnr\sigma_A^2$
③ $\sigma_e^2+r\sigma_{A\times B\times C}^2+mnr\sigma_A^2$
④ $\sigma_e^2+r\sigma_{A\times B\times C}^2+mr\sigma_{A\times C}^2+mnr\sigma_A^2$

해설 $E(V_A)=\sigma_e^2+mr\sigma_{A\times C}^2+mnr\sigma_A^2$
C가 변량요인이므로 $A\times C$교호작용의 효과가 포함된다.
①은 C가 모수요인인 경우이다.

제2과목 통계적 품질관리

21 다음 20개 데이터(data)의 중위수(median)는 얼마인가?

[데이터]

140	140	140	140	140
140	140	140	155	155
165	165	180	180	145
150	200	205	205	210

① 152.5 ② 155
③ 160 ④ 161.75

해설 $\tilde{x}=\dfrac{150+155}{2}=152.5$
※ Data가 20개이므로 10번째와 11번째가 중앙값이다.

정답 16.③ 17.④ 18.③ 19.③ 20.② 21.①

22 **다음 중 F 분포에 대하여 설명한 것으로 잘못된 것은?**

① $F=\frac{V_1}{V_2}$에서 ν_2가 무한대라면 $F=\frac{\chi^2}{\nu_2}$으로 된다.
② $F_\alpha(\nu_1,\ \infty)$의 값은 $\chi^2_\alpha(\nu)$의 값을 ν_1으로 나눈 값과 같다.
③ F의 α값이 수치표에 없을 때에는 F의 값을 $F_\alpha(\nu_1,\ \nu_2)=\frac{1}{F_{1-\alpha}(\nu_2,\ \nu_1)}$의 관계로부터 계산해야 한다.
④ $N(\mu,\ \sigma^2)$에서 샘플 2벌을 독립되게 추출했을 때, $F=\frac{V_1}{V_2}$과 같이 표시되는 F 분포를 따른다.

해설 $\frac{\chi^2(\nu)}{\nu}=F(\nu,\ \infty)$이므로 $F=\frac{\chi^2}{\nu}$이다.

※ $\frac{\chi^2}{\nu}=\frac{1}{\nu}\cdot\frac{S}{\sigma^2}=\frac{V}{\sigma^2}=F(\nu,\ \infty)$

23 **다음 중 검사단위의 품질표시방법으로 맞는 것은 어느 것인가?**

① 특성치에 의한 표시방법
② 샘플링검사에 의한 표시방법
③ 검사성적서에 의한 표시방법
④ 엄격도검사에 의한 표시방법

해설 품질표시방법은 품질특성치에 의한 표시, 즉 평균, 표준편차, 부적합품률, 부적합수 등으로 표현한다.

24 **공정평균이 10이고, 모표준편차가 1인 공정을 $\bar{x}$ 관리도로 평균치 변화를 관리할 때, 검출력이 가장 크게 나타나는 경우는?**

① 공정평균의 변화는 크고, 시료의 크기는 작은 경우
② 공정평균의 변화는 크고, 시료의 크기도 큰 경우
③ 공정평균의 변화는 작고, 시료의 크기도 작은 경우
④ 공정평균의 변화는 작고, 시료의 크기는 큰 경우

해설 평균치의 검출력은 군내변동(σ_w^2)이 작고 평균의 변화가 클수록 높게 나타난다. 부분군의 크기(n)가 클수록 검출력은 높아진다.

25 **모부적합수 m =25인 공정에 대해 작업방법을 변경한 후에 확인해보니 표본부적합수 c =20으로 나타났다. 모부적합수가 달라졌다고 할 수 있는지에 대한 판정으로 맞는 것은?** (단, 유의수준 $\alpha=0.05$이다.)

① $u_0=-5.0$으로 H_0 기각, 모부적합수가 달라졌다고 할 수 있다.
② $u_0=-4.8$으로 H_0 기각, 모부적합수가 달라졌다고 할 수 있다.
③ $u_0=-1.12$으로 H_0 채택, 모부적합수가 달라졌다고 할 수 없다.
④ $u_0=-1.0$으로 H_0 채택, 모부적합수가 달라졌다고 할 수 없다.

해설 1. 가설
$H_0: m=25,\ \ H_1: m\neq 25$
2. 유의수준 : $\alpha=0.05$
3. 검정통계량 : $u_0=\frac{c-m}{\sqrt{m}}=\frac{20-25}{\sqrt{25}}=-1$
4. 기각치 : $-u_{1-0.025}=-1.96,\ u_{1-0.025}=1.96$
5. 판정 : $-1.96<u_0<1.96$이므로, H_0 채택

26 **계수형 샘플링검사 절차 – 제2부 : 고립로트 한계품질(LQ) 지표형 샘플링검사 방식(KS Q ISO 2859-2 : 2015)에서 사용되는 한계품질에 대한 설명으로 틀린 것은?**

① 로트가 한계품질에서도 합격할 수 있다.
② 한계품질은 생산자 위험을 낮추는 데 중점을 두었다.
③ 한계품질은 부적합품 퍼센트로 표시한 품질수준이다.
④ 한계품질은 고립로트에서 합격으로 판정하고 싶지 않은 로트의 부적합품률이다.

해설 ② 한계품질(LQ) 샘플링검사는 고립로트인 경우 적용하며, 소비자 위험($\beta=0.10$~0.13)을 낮게 억제하여, 구매자 보호에 중점을 두고 있는 샘플링검사 방식이다.

 정답 22.① 23.① 24.② 25.④ 26.②

27 $\overline{x}-R$ 관리도에서 관리계수(C_f)가 1.3이었다면, 이 공정에 대한 판정으로 맞는 것은?

① 급간변동이 크다.
② 군 구분이 나쁘다.
③ 공정상태를 알 수 없다.
④ 대체로 관리상태로 볼 수 있다.

해설 $C_f=\dfrac{\sigma_{\overline{x}}}{\sigma_w}$

- $C_f \geq 1.2$: 급간변동이 크다.
- $0.8 < C_f < 1.2$: 대체로 관리상태이다.
- $C_f \leq 0.8$: 군 구분의 잘못

28 다음의 자료로 x 관리도의 U_{CL}을 구하면? (단, 합리적인 군으로 나눌 수 있는 경우이다.)

• $n=4$	• $\overline{\overline{x}}=5.0$
• $\overline{R}=1.5$	• $A_2=0.73$

① 5.05　② 6.10
③ 6.46　④ 7.19

해설 $U_{CL}=\overline{\overline{x}}+\sqrt{n}\,A_2\,\overline{R}$
$=5.0+\sqrt{4}\times0.73\times1.5=7.19$

29 어떤 상관표로부터 계산한 결과가 $\overline{x}=4.855$, $\overline{y}=63.55$, $S_{xx}=92.9095$, $S_{xy}=651.695$이었을 때, x를 독립변수로 하는 회귀직선식은?

① $y=29.50+0.143x$　② $y=29.50+7.014x$
③ $y=34.17+0.143x$　④ $y=34.17+7.014x$

해설 $y-\overline{y}=b(x-\overline{x})=\dfrac{S_{(xy)}}{S_{(xx)}}(x-\overline{x})$
$\therefore\ y=29.50+7.014x$

30 기대치와 분산의 계산식 중 틀린 것은? (단, X, Y는 서로 독립이다.)

① $COV(X,\ Y)=0$
② $E(X\cdot Y)=E(X)\cdot E(Y)$
③ $V(X)=\sigma^2=E(X^2)-\mu$
④ $V(X\pm Y)=V(X)+V(Y)$

해설 ③ $V(X)=E\{X-E(X)\}^2=E(X^2)-\mu^2=\sigma^2$

31 다음 중 좋은 관리도로서 가져야 할 조건으로 맞는 것은?

① σ수준이 높은 관리도
② 공정이 이상 상태임을 자주 신호해주는 관리도
③ 관리상한(U_{CL})과 관리하한(L_{CL})의 간격이 좁은 관리도
④ 공정이 이상 상태로 전환되면 이를 빨리 탐지하면서, 오경보(false alarm)가 작은 관리도

해설 관리도란 공정이 비관리상태인 경우 이상원인을 탐지할 수 있는 능력이 큰 관리도가 바람직한 관리도가 된다. 이를 위하여 부분군의 크기(n)가 크고, 군내변동(σ_w^2)이 작아질수록 검출력은 높아지게 된다.

32 새로운 작업방법으로 시험 제작한 화학약품의 성분 함유량의 모평균이 기준으로 설정된 값과 같은지의 여부를 검정하고자 할 때 검정통계량의 식으로 맞는 것은? (단, 모표준편차는 모른다고 가정한다.)

① $u_0=\dfrac{\overline{x}-\mu}{\sigma/\sqrt{n}}$　② $u_0=\dfrac{x-\mu}{\sigma}$
③ $t_0=\dfrac{\overline{x}-\mu}{s/\sqrt{n}}$　④ $t_0=\dfrac{\overline{x}-\mu}{\sqrt{s/n}}$

해설 정확도의 검정인 모평균 검정의 검정통계량은 σ기지와 σ미지로 나뉘어진다.

- σ기지 : $u_0=\dfrac{\overline{x}-\mu}{\sigma/\sqrt{n}}$
- σ미지 : $t_0=\dfrac{\overline{x}-\mu}{s/\sqrt{n}}$

33 부적합률에 대한 계량형 축차 샘플링검사 방식(표준편차 기지, KS Q ISO 39511)에서 양쪽 규격한계의 결합 관리의 경우 상한 합격판정치 A_U를 구하는 식은?

① $g\sigma n_{cum}+h_A\sigma$
② $g\sigma n_{cum}-h_A\sigma$
③ $(U-L-g\sigma)n_{cum}+h_A\sigma$
④ $(U-L-g\sigma)n_{cum}-h_A\sigma$

해설
- $A_U=(U-L-g\sigma)n_{cum}-h_A\sigma$
- $R_U=(U-L-g\sigma)n_{cum}+h_R\sigma$
- $A_L=g\sigma n_{cum}+h_A\sigma$
- $R_L=g\sigma n_{cum}-h_R\sigma$

정답 27.① 28.④ 29.② 30.③ 31.④ 32.③ 33.④

34 오차에 관한 설명으로 틀린 것은?

① 측정값들의 산포의 크기가 정밀도이다.
② 측정값의 σ값이 작을수록 측정값의 정밀도는 나빠진다.
③ 측정오차는 측정계기의 부정확, 측정자의 기술부족 등에서 오는 오차이다.
④ 샘플링오차는 시료를 랜덤하게 샘플링하지 못함으로써 발생되는 오차이다.

해설 정밀도가 높아진다는 것은 편차(σ)가 작아진다는 의미이다.
※ 오차란 측정값과 참값의 차이로 정의된다.

35 푸아송분포를 하는 어떤 lot로부터 30개의 시료를 추출하여 조사하였더니, 부적합품률은 5%임이 밝혀졌다. 합격판정개수가 2개일 때 이 lot가 합격할 확률은 약 얼마인가?

① 0.586 ② 0.746
③ 0.809 ④ 0.938

해설
$$P(x \le 2) = \sum_{x=0}^{2} \frac{e^{-m} m^x}{x!}$$
$$= e^{-1.5}\left(\frac{1.5^0}{0!} + \frac{1.5^1}{1!} + \frac{1.5^2}{2!}\right)$$
$$= 0.809$$
(단, $m = nP = 30 \times 0.05 = 1.5$이다.)

36 공정 평균부적합품률 0.05, 시료의 크기 200일 때, 3σ 관리한계를 사용하는 p 관리도의 U_{CL}과 L_{CL}을 구한 것으로 맞는 것은?

① $U_{CL}=0.0808$, $L_{CL}=0.0192$
② $U_{CL}=0.0808$, $L_{CL}=$고려하지 않음
③ $U_{CL}=0.0962$, $L_{CL}=0.0038$
④ $U_{CL}=0.0962$, $L_{CL}=$고려하지 않음

해설
$$\left.\begin{matrix} U_{CL} \\ L_{CL} \end{matrix}\right] = \bar{p} \pm 3\sqrt{\frac{\bar{p}(1-\bar{p})}{n}}$$
$$= 0.05 \pm 3 \times \sqrt{\frac{0.05 \times 0.95}{200}}$$
따라서, $U_{CL} = 0.09623$
$L_{CL} = 0.0038$

37 A, B 두 개의 천칭으로 같은 물건을 측정하여 얻은 데이터로부터 편차 제곱합을 구하였더니 $S_A=0.04$, $S_B=0.24$로 나타났다. 천칭 A는 5회, 천칭 B는 7회 측정한 결과였다면 유의수준 5%로 두 천칭 A, B 간의 정밀도에 차이가 있는가? (단, $F_{0.975}(6, 4)=9.20$, $F_{0.975}(4, 6)=6.23$이다.)

① A의 정밀도가 좋다.
② B의 정밀도가 좋다.
③ 차이가 있다고 할 수 없다.
④ 차이가 있지만 어느 것이 좋은지 알 수 없다.

해설 1. 가설
$H_0 : \sigma_A^2 = \sigma_B^2$, $H_1 : \sigma_A^2 \neq \sigma_B^2$
2. 유의수준 : $\alpha = 0.05$
3. 검정통계량 : $F_0 = \frac{V_A}{V_B} = \frac{0.04/4}{0.24/6} = 0.25$
4. 기각치 : $F_{0.025}(4, 6) = \frac{1}{F_{0.975}(6, 4)} = 0.1087$
$F_{0.975}(4, 6) = 6.23$
5. 판정 : $0.1087 < F_0 < 6.23$이므로, H_0 채택
따라서, 정밀도에는 차이가 없다고 할 수 있다.

38 [그림]은 로트의 평균치를 보증하는 계량규준형 1회 샘플링검사를 설계하는 과정을 나타낸 것이다. 특성치가 망대특성일 경우 다음 설명 중 틀린 것은?

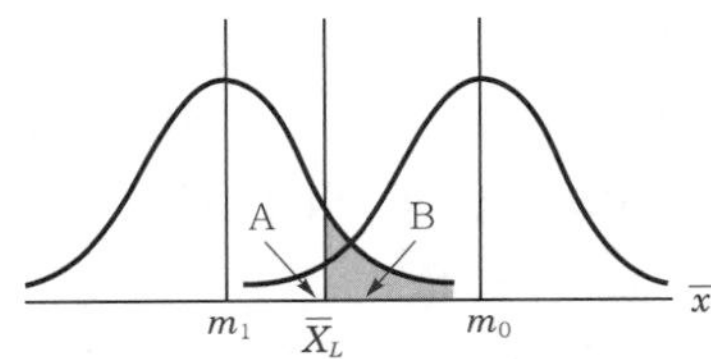

① A는 생산자 위험을 나타낸다.
② B는 소비자 위험을 나타낸다.
③ 평균값이 m_0인 로트는 좋은 로트로 받아들일 수 있다.
④ 시료로부터 얻어진 데이터의 평균이 $\overline{X}_L$보다 작으면 해당 로트는 합격이다.

해설 • $\bar{x} \ge \overline{X}_L$: Lot 합격(망대특성)
• $\bar{x} \le \overline{X}_U$: Lot 합격(망소특성)

 정답 34.② 35.③ 36.③ 37.③ 38.④

39 어떤 정규모집단으로부터 $n=9$의 랜덤 샘플을 추출, $\bar{x}$를 구하여 $H_0 : \mu=58$, $H_1 : \mu \neq 58$의 가설을 1%의 유의수준으로 검정하려고 한다. 만일 $\sigma=6$이라면 H_0 채택역은? (단, $u_{0.975}=1.96$, $u_{0.995}=2.576$, $t_{0.975}(8)=2.306$, $t_{0.995}(8)=3.355$이다.)

① $51.300 < \bar{x} < 64.700$
② $52.848 < \bar{x} < 63.152$
③ $53.388 < \bar{x} < 62.612$
④ $54.080 < \bar{x} < 61.920$

해설
$$R_L = \mu - u_{1-0.005}\frac{\sigma}{\sqrt{n}} = 58 - 2.576 \times \frac{6}{\sqrt{9}} = 52.848$$
$$R_U = \mu + u_{1-0.005}\frac{\sigma}{\sqrt{n}} = 58 + 2.576 \times \frac{6}{\sqrt{9}} = 63.152$$
(단, R_L은 하측 기각점, R_U는 상측 기각점이다.)

40 남자아이와 여자아이가 태어나는 확률은 같다고 알려졌다. 이를 검정하는 방법으로 틀린 것은?

① 자유도는 전체 조사한 아이들의 수에서 1을 뺀 수이다.
② 태어난 아이들의 성별을 조사하여 적합도 검정을 실시한다.
③ 적합도 검정 시 남자와 여자 아이들의 기대도수는 같다.
④ 귀무가설은 남자아이와 여자아이가 태어날 확률을 각각 0.5로 둔다.

해설 1. 가설
$H_0 : P_{남자}=0.5,\ P_{여자}=0.5$
$H_1 : P_{남자}\neq 0.5,\ P_{여자}\neq 0.5$
2. 유의수준 : $\alpha=0.05$
3. 검정통계량 : $\chi_0^2 = \dfrac{\sum(X_i - E_i)^2}{E_i}$
4. 기각치 : $\chi^2_{1-0.05}(1)=3.84$
5. 판정 : $\chi_0^2 > 3.84$이면 H_0 기각, $\chi_0^2 < 3.84$이면 H_0 채택

제3과목 생산시스템

41 워크샘플링 기법을 이용하여 표준시간을 결정하기 적합한 작업유형으로 맞는 것은?

① 주기가 짧고 반복적인 작업
② 주기가 짧고 비반복적인 작업
③ 주기가 길고 비반복적인 작업
④ 작업 공정과 시간이 고정된 작업

해설 • 워크샘플링(WS)법 : 소량생산(비반복, 불규칙적 작업)
• 시간관측(SW)법, PTS법 : 대량생산(반복, 규칙적 작업)

42 구매전략 중 중앙(또는 집중) 구매의 특징에 해당하지 않는 것은?

① 구매업무의 리드타임이 길어질 수 있다.
② 구매력 증진에 의한 경비절감이 가능하다.
③ 소량의 품목을 긴급 구매하는 데 유리하다.
④ 구매업무의 전문화로 효율적 구매가 가능하다.

해설 ③ 소량 품목을 긴급 구매하는 경우에는 분산구매방식이 유리하다.

43 4가지 주문작업을 1대의 기계에서 처리하고자 한다. 최소납기일 규칙에 의해 작업순서를 결정할 경우 최대납기지연시간은 얼마가 되는가? (단, 오늘은 4월 1일 아침이다.)

작업	처리시간(일)	납기
A	5	4월 10일
B	4	4월 8일
C	6	4월 16일
D	11	4월 19일

① 5일 ② 6일
③ 7일 ④ 8일

해설

작업	처리시간(일)	진행시간(일)	납기일	납기지연일
B	4	4	8	0
A	5	9	10	0
C	6	15	16	0
D	11	26	19	7
합계		54		7

• 평균진행시간 $= \dfrac{54}{4} = 13.5$일
• 평균납기지연일 $= \dfrac{7}{4} = 1.75$일

44 다품종 소량생산 환경에서 수요나 공정의 변화에 대응하기 쉽도록 주로 범용 설비를 이용하여 구성하는 배치형태는?

① 공정별 배치 ② Line 배치
③ 제품별 배치 ④ 고정위치 배치

해설 소량생산에서는 공정별 배치를, 대량생산에서는 제품별 배치를 이용한다.

45 불확실성하의 의사결정기법에 대한 설명으로 틀린 것은?

① 기대화폐가치(EMV) 기준은 낙관계수를 사용한다.
② 최소성과최대화(Maximin) 기준은 비관주의적 기준이다.
③ 라플라스(Laplace) 기준은 동일확률기준이라고도 한다.
④ 최대최대(Maximax regret) 기준은 최대성과를 최대화하는 낙관주의적 기준이다.

해설 **불확실성하의 의사결정기준**
- 라플라스(Laplace) 기준 : 모든 상황을 동일하게 가정하고 판단하는 동일확률 의사결정기준
- 맥시민(MaxiMin) 기준 : 최소성과를 최대화하는 전략을 택하는 비관적 견해의 기준
- 맥시맥스(MaxiMax) 기준 : 최대성과를 최대화하는 전략을 선택하는 낙관적 견해의 기준
- 후르비츠(Hurwicz) 기준 : 맥시민과 맥시맥스를 절충한 기준
- 유감액(기회비용) 기준 : 기회비용의 크기를 갖고 의사결정의 기준을 결정하는 방법
- 기대가치(EM) 기준 : 위험대안을 선택할 때 대안들 중에서 기대가치가 가장 큰 순으로 선택하며, 각 대안의 위험률은 선택하지 않는 기준
  $EV_i = \Sigma P_i X_i$
  여기서, P_i : 성과 X_i의 확률
  X_i : 화폐금액으로 표시된 결과 성과
- 최대후회최소화(Minimax regret) 기준 : 기회손실의 최대값이 최소화되는 대안을 선택하는 기준으로, savage 기준이라고 한다.

46 어떤 제품의 판매가격은 1000원, 생산량은 20000개이다. 이 제품의 고정비는 1200000원, 변동비는 4000000원일 때, 이 제품의 손익분기점 매출액은 얼마인가?

① 1000000원 ② 1500000원
③ 2000000원 ④ 2500000원

해설 $BEP = \dfrac{F}{1-\dfrac{V}{S}} = \dfrac{1200000}{1-\dfrac{400000}{20000 \times 1000}} = 1500000$

47 MRP 시스템의 투입자료가 아닌 것은?

① 자재명세서(bill of materials)
② 제품설계도(product drawing)
③ 재고기록파일(inventory record file)
④ 대일정계획(master production schedule)

해설 MRP 시스템의 주요 입력자료는 ①, ③, ④의 3개를 필요로 한다.

48 길브레스(Gilbreth) 부부의 업적이 아닌 것은?

① 가치분석
② 필름분석
③ 동작분석
④ 서블릭기호

해설 ① 가치분석은 마일즈가 주창한 기법이다.

49 다중활동분석표(Multiple Activity Chart)를 사용하는 경우에 해당하지 않는 것은?

① 복수의 작업자가 조작업을 할 경우
② 한 명의 작업자가 1대 또는 2대 이상의 기계를 조작할 경우
③ 복수의 작업자가 1대 또는 2대 이상의 기계를 조작할 경우
④ 사이클(cycle) 시간이 길고 비반복적인 작업을 여러 명의 작업자가 수행하는 경우

해설 ①항은 조작업분석, ②, ③항은 연합작업분석에 해당된다. ④항의 경우 WS(Work Sampling) 분석을 활용한다.

50 원자재를 가공하여 제품을 생산하는 제조공장을 대상으로 수행하는 방법연구에서 작업구분이 큰 것부터 순서대로 나열한 것은?

① 공정 – 단위작업 – 요소작업 – 동작요소
② 공정 – 단위작업 – 동작요소 – 요소작업
③ 공정 – 요소작업 – 단위작업 – 동작요소
④ 공정 – 요소작업 – 동작요소 – 단위작업

 정답 44.① 45.① 46.② 47.② 48.① 49.④ 50.①

51 다음에서 설비효율을 저해하는 6대 손실에 해당하는 것을 모두 고른 것은?

㉠ 고장정지 손실	㉡ 지구공구 손실
㉢ 수율 손실	㉣ 속도저하 손실
㉤ 초기 손실	㉥ 불량 · 재작업 손실
㉦ 에너지 손실	㉧ 준비작업 · 조정 손실
㉨ 절삭기구 손실	㉩ 일시정지 · 공운전 손실

① ㉣, ㉤, ㉥, ㉦, ㉧, ㉩
② ㉠, ㉡, ㉣, ㉤, ㉥, ㉩
③ ㉠, ㉢, ㉣, ㉤, ㉥, ㉩
④ ㉠, ㉣, ㉤, ㉥, ㉧, ㉩

해설
- 시간가동률 저해요인 : ㉠, ㉧
- 성능가동률 저해요인 : ㉣, ㉩
- 양품률 저해요인 : ㉤, ㉥

※ 6대 손실에 절삭기구 손실이 포함되면, 7대 손실이라고 한다.

52 생산시스템의 운영 시 수행목표가 되는 4가지에 해당하지 않는 것은?

① 재고 ② 품질
③ 원가 ④ 유연성

해설 현대의 생산운영관리에서는 기본목표로 품질, 원가, 납기, 유연성을 추구한다.

53 JIT 시스템과 MRP 시스템을 비교 설명한 것 중 틀린 것은?

① JIT 시스템은 재고를 부채로 인식하지만, MRP 시스템은 재고를 자산으로 인식한다.
② JIT 시스템은 납품업자를 동반자관계로 보지만, MRP 시스템은 이해관계에 의한다.
③ JIT 시스템에서 작업자 관리는 지시 · 명령에 의하지만, MRP 시스템은 의견일치 등의 합의제에 의해 관리한다.
④ JIT 시스템은 최소량의 로트 크기를 추구하지만, MRP 시스템은 생산준비비용과 재고유지비용의 균형점에서 로트의 크기를 결정한다.

해설 ③ JIT 시스템에서 작업자 관리는 다기능 작업자가 요구되지만, MRP 시스템은 전문화된 작업자가 요구된다.

54 총괄생산계획(APP) 수립에 사용되는 기법이 아닌 것은?

① 도시법(Graph)
② 선형결정기법(LDR)
③ 탐색결정기법(SDR)
④ 라인밸런싱기법(LOB)

해설 총괄생산계획기법으로는 ㉠ 도시법, ㉡ 선형계획법, ㉢ Linear Decision Rule, ㉣ 휴리스틱기법이 있다.

※ 탐색결정기법(search decision rule)은 휴리스틱기법의 일종이다.

55 Line 생산시스템의 균형효율(balance efficiency)에 관한 산출식으로 틀린 것은? (단, N : 작업장 수, C : 사이클타임, $\sum t_i$: 작업장별 표준시간 합계, I : 유휴시간)

① 균형효율 $= \dfrac{\sum t_i}{NC}$

② 불균형효율 $= 1 - \dfrac{\sum t_i}{NC}$

③ 균형효율 $= 1 - \dfrac{I}{NC}$

④ 유휴시간 $= 1 - (NC - \sum t_i)$

해설 ④ 유휴시간$(I) = NC - \sum t_i$

※ 유휴시간을 합계손실공수라고도 한다.

56 구매업무의 성과를 평가하기 위한 객관적인 척도에 해당하지 않는 것은?

① 예산절감액
② 거래업체의 수
③ 납기준수실적
④ 구매물품의 품질수준

해설 **구매업무의 능률 및 성과를 측정하는 객관적 척도**
- 예산절감액(C)
- 표준단가와 실제단가의 비교
- 납기이행실적(D)
- 구매비용
- 구매물품의 품질수준(Q)
- 구입물품의 가치
- 부과된 벌과금

※ 위의 척도 중 일반적 성과 평가기준은 주로 Q, C, D, 를 사용한다.

정답 51.④ 52.① 53.③ 54.④ 55.④ 56.②

57 포드(Ford) 시스템의 생산표준화 대상에 해당하지 않는 것은?

① 제품의 단순화 ② 부품의 표준화
③ 작업자의 단순화 ④ 기계 및 공구의 전문화

해설 ③ 작업자의 단순화 → 작업의 단순화

58 다음 중 간트차트가 지니고 있는 결점이 아닌 것은?

① 상황이 변동될 때 일정을 수정하기 어렵다.
② 작업의 성과를 작업장별로 파악하기 어렵다.
③ 문제점을 파악하여 사전에 중점 관리할 수 없다.
④ 프로젝트 규모가 크고 작업활동이 복잡한 경우에는 적합하지 않다.

해설 간트차트의 장점
• 작업의 성과를 작업장별로 파악하기 용이하다.
• 계획과 결과의 관계를 명확히 알 수 있다.
• 시용이 간편하고 비용이 적게 든다.
※ ④항에는 PERT/CPM을 이용한다.

59 수요예측방법 중 n기간 이동평균법에 대한 설명으로 틀린 것은?

① n이 작은 경우 극단적인 판매실적치가 미치는 영향이 크다.
② n을 증가시키면 변동이 작아진다.
③ 평균치를 사용하므로 추세를 반영할 수 없다.
④ 예측에 적용하는 과거의 데이터와 현재의 데이터에 대한 가중치가 같다.

해설 n이 커지면 극단적인 판매실적치의 영향을 적게 받는다. 즉 어느 정도의 자료를 요하는 예측방법이다.

60 설비보전 중 지역보전의 단점이 아닌 것은?

① 실제적인 전문가를 채용하는 것이 어렵다.
② 작업 의뢰에서 완성까지 시간이 많이 소요된다.
③ 지역별로 보전요원을 여분으로 배치하는 경향이 있다.
④ 배치전환, 고용, 초과근로에 대하여 인간 문제나 제약이 많다.

해설 ②항은 집중보전의 단점이다.

제4과목 신뢰성 관리

61 시험분석 및 시정조치(TAAF) 프로그램에 의하여 설계 및 제조상의 결함을 발견하고, 이를 시정조치함으로써 시간이 지남에 따라 신뢰성 척도가 점진적으로 향상되는 과정에 대한 시험을 무엇이라 하는가?

① 신뢰성 성장시험
② 신뢰성 인증시험
③ 생산신뢰성 수락시험
④ 환경 스트레스 스크리닝 시험

해설 • 신뢰도 인증시험은 사용자가 생산인가를 목적으로 규정된 요구에 대한 만족 여부를 파악하기 위한 시험이다.
• 생산신뢰도 수락시험은 생산된 출하 가능 제품을 규정된 사용조건에서 평가하여 요구를 만족하는지를 확인하는 시험이다.

62 우선적 AND 게이트가 있는 고장목(Fault Tree)에 관한 설명으로 가장 적절한 것은?

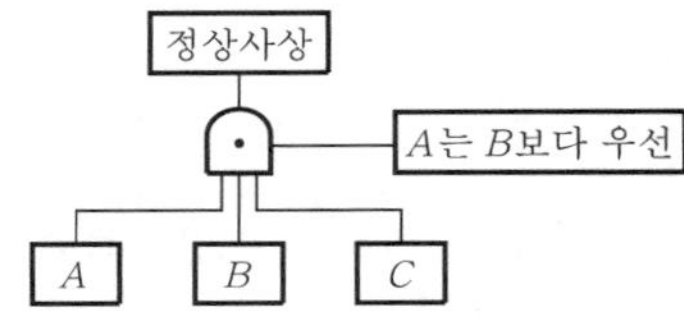

① 입력사상 A, B, C가 모두 발생될 때 정상사상이 발생된다.
② 입력사상 A, B, C가 모두 발생하고 입력사상 A가 B와 C보다 우선적으로 발생될 때 정상사상이 발생된다.
③ 입력사상 A, B, C가 모두 발생하고 입력사상 A가 B보다 우선적으로 발생될 때 정상사상이 발생된다.
④ 3개의 입력사상 A, B, C 중 2개의 입력사상 A와 B만 발생하고 A가 B보다 우선적으로 발생될 때 정상사상이 발생된다.

해설 조건부 And 게이트로 전제조건이 만족되어야 정상사상이 발생된다.

정답 57.③ 58.② 59.④ 60.② 61.① 62.③

63 와이블(Weibull) 분포에 대한 설명으로 틀린 것은?

① 형상모수에 따라 다양한 고장특성을 갖는다.
② 고장률함수가 멱함수(power function) 형태를 갖는다.
③ 비기억(memoryless) 특성을 가지므로 사용이 편리하다.
④ 증가, 감소, 일정한 형태의 고장률을 모두 표현할 수 있다.

해설 Weibull 분포는 형상모수(m)에 의해 분포의 모양이 정의되며 DFR, CFR, IFR을 모두 정의할 수 있는 분포이므로 제한된 상황에서만 비기억성 분포가 된다.

64 Y수리계 시스템을 총 50시간 동안(수리시간 포함) 연속 사용한 경우 5회의 고장이 발생하였고 각각의 수리시간이 0.5시간, 0.5시간, 1.0시간, 1.5시간, 1.5시간이었다면 $MTBF$는 얼마인가?

① 5시간 ② 9시간
③ 14시간 ④ 40시간

해설 $\widehat{MTBF}=\dfrac{T}{r}=\dfrac{50-0.5\times2-1.0-1.5\times2}{5}=9$시간

65 제조공정에 있는 한 기계의 가동시간과 고장수리시간을 조사하였더니 [표]와 같았다. 데이터로부터 이 기계의 가용도를 구하면 약 몇 %인가?

가동시간	고장수리시간
0~63	63~72
72~121	121~133
133~165	165~170
170~270	270~285
285~310	310~323
323~365	365~391
391~463	463~472

① 12.7% ② 54.7%
③ 81.1% ④ 92.8%

해설
$A=\dfrac{\text{가동시간}}{\text{운용시간}}$
$=\dfrac{\text{운용시간}-\text{고장수리시간}}{\text{운용시간}}$
$=\dfrac{472-89}{472}=0.811(81.1\%)$

66 신뢰도가 R인 부품 3개가 병렬결합모델로 설계되어 있을 때, 시스템 신뢰도의 표현으로 맞는 것은?

① $3R$ ② $3R-3R^2+R^3$
③ $(1-R)^3$ ④ $\{1-(1-R)^2\}+R$

해설 $R_S=1-\Pi(1-R_i)$
$=1-(1-R)^3$
$=3R-3R^2+R^3$

67 체계 전체의 설계목표치를 설정함과 동시에 하위 체계에 대하여 각각 신뢰성 목표치를 배분하는 신뢰성 배분의 일반적인 방침과 가장 거리가 먼 것은?

① 기술적으로 복잡한 구성품에 대해서는 낮은 목표치를 배분한다.
② 원리적으로 단순한 구성품에 대해서는 높은 목표치를 배분한다.
③ 사용경험이 많은 구성품에 대해서는 높은 목표치를 배분한다.
④ 고성능을 요구하는 구성품에 대해서는 높은 목표치를 배분한다.

해설 ④ 고성능을 요구하는 구성품에 대해서는 가능한 한 낮은 목표치를 배분한다.

68 기계 C의 평균고장률이 0.001/시간인 지수분포를 따를 경우, 100시간 사용하였을 때 신뢰도는 약 얼마인가?

① 0.9048 ② 0.9231
③ 0.9418 ④ 0.9512

해설 $R_S(t=100)=e^{-0.001\times100}=0.9048$

69 온도에 의한 가속수명시험에서 고장의 가속을 모형화하는 데 가장 널리 사용되는 수명-스트레스 관계식 모형은?

① 피로 모형 ② 아레니우스 모형
③ 거듭제곱 모형 ④ 마이그레이션 모형

해설 아레니우스 모델에서 50%가 고장 나는 시간 T_{50}은 다음과 같다.
$T_{50}=A\cdot e^{\frac{\Delta H}{kT}}$

정답 63.③ 64.② 65.③ 66.② 67.④ 68.① 69.②

70 다음 중 일반적인 FMEA 분해레벨의 배열 순서로 맞는 것은?

① 서브시스템 → 시스템 → 컴포넌트 → 부품
② 시스템 → 서브시스템 → 부품 → 컴포넌트
③ 시스템 → 컴포넌트 → 부품 → 서브시스템
④ 시스템 → 서브시스템 → 컴포넌트 → 부품

71 [그림]과 같이 4개의 부품이 직렬구조로 연결되어 있는 시스템의 신뢰도는? (단, 각 부품의 신뢰도는 R_1, R_2, R_3, R_4이다.)

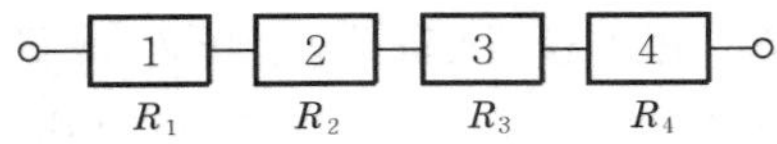

① $R_1R_2R_3R_4$
② $1-R_1R_2R_3R_4$
③ $(1-R_1)(1-R_2)(1-R_3)(1-R_4)$
④ $1-(1-R_1)(1-R_2)(1-R_3)(1-R_4)$

해설 $R_S = \Pi R_i = R_1 \times R_2 \times R_3 \times R_4$

72 제품의 설계단계에서 고유신뢰성을 증대시킬 수 있는 방법은?

① 공정의 자동화
② 품질의 통계적 관리
③ 부품과 제품의 burn-in
④ 병렬 및 대기 리던던시 활용

해설 설계단계의 고유신뢰도 증대방법
- 병렬 및 대기 리던던시 설계
- Derating 설계(안전계수에 의한 설계)
- 제품의 단순화 및 부분품의 표준화
- 고신뢰도 부품의 사용
- 신뢰성 시험의 자동화

※ ①, ②, ③항은 제조단계의 고유신뢰성 증대방법이다.

73 계량 1회 샘플링검사(DOD-HDBK H108)에서 샘플수와 총시험시간이 주어지고, 총시험시간까지 시험하여 발생한 고장개수가 합격판정개수보다 적을 경우 로트를 합격하는 시험방법은?

① 현지시험 ② 정수중단시험
③ 강제열화시험 ④ 정시중단시험

해설 계량 1회 신뢰성 샘플링검사
- 정수중단시험 : θ_1/θ_0과 α, β를 정한 후 샘플링검사표에서 r과 $\dfrac{c}{\theta_0}$를 구하고, $n>r$로 시험을 행하여 평균수명 $\hat{\theta}$이 합격판정고장시간 c보다 크면 로트를 합격시키는 샘플링검사 방식이다.
- 정시중단시험 : θ_1/θ_0과 α, β, 시험시간 t_0를 정한 후 합격고장개수(r_c)와 샘플 크기 n을 구하고, 샘플 n개를 t_0시간까지 시험하여 고장개수가 r_c 이하이면 로트를 합격시키는 샘플링검사 방식이다.

74 어떤 재료의 강도는 평균이 40kg/mm^{2}이고, 표준편차가 4kg/mm^{2}인 정규분포를 따른다. 이 재료에 걸리는 부하는 평균이 25kg/mm^{2}이고, 표준편차가 3kg/mm^{2}이다. 이때 재료가 파괴될 확률은 약 얼마인가? (단, $P(u>2)=0.02275$, $P(u>3)=0.00135$이다.)

① 0.00135 ② 0.02275
③ 0.99725 ④ 0.99865

해설
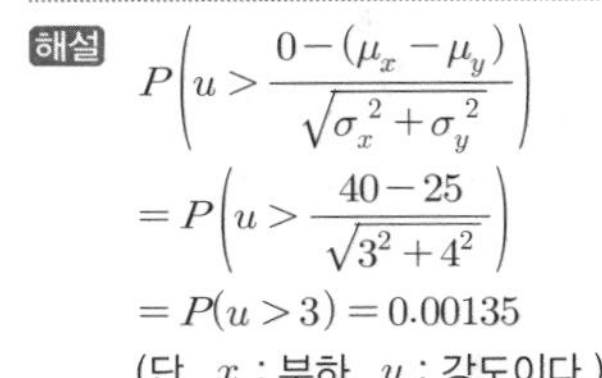
$$P\left(u > \frac{0-(\mu_x-\mu_y)}{\sqrt{{\sigma_x}^2+{\sigma_y}^2}}\right) = P\left(u > \frac{40-25}{\sqrt{3^2+4^2}}\right) = P(u>3) = 0.00135$$
(단, x : 부하, y : 강도이다.)

75 [그림]은 고장률의 변화를 나타내는 욕조곡선(bath-tub curve)이다. 각 고장기간을 맞게 나타낸 것은?

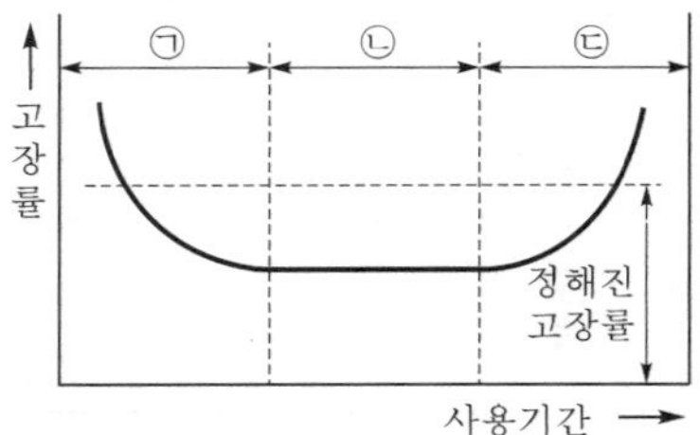

① ㉠ 초기고장기간, ㉡ 마모고장기간, ㉢ 우발고장기간
② ㉠ 우발고장기간, ㉡ 초기고장기간, ㉢ 마모고장기간
③ ㉠ 초기고장기간, ㉡ 우발고장기간, ㉢ 마모고장기간
④ ㉠ 마모고장기간, ㉡ 초기고장기간, ㉢ 우발고장기간

 정답 70.④ 71.① 72.④ 73.④ 74.① 75.③

해설 초기고장기는 DFR, 우발고장기는 CFR, 마모고장기는 IFR이다.

76 다음 [그림]과 같은 시스템의 신뢰도는 약 얼마인가? (단, A와 B의 신뢰도는 각각 0.9와 0.8이다.)

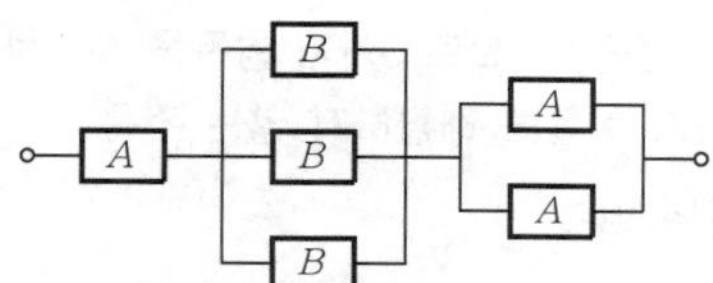

① 0.8624 ② 0.8839
③ 0.9027 ④ 0.9907

해설 $R_S = R_A \times [1-(1-R_B)^3] \times [1-(1-R_A)^2]$
$= 0.9 \times [1-(1-0.8)^3] \times [1-(1-0.9)^2]$
$= 0.8839$

77 n개의 아이템을 수명시험하여 데이터를 크기 순서대로 t_1, ⋯, t_n으로 얻었다. 고장분포함수 $F(t)$의 추정을 평균순위법으로 한다면, 이 아이템이 $t_r(1 \le r \le n)$ 이상 고장이 없을 신뢰도는 얼마로 추정할 수 있는가?

① $\dfrac{n-i}{n}$ ② $\dfrac{n+1-i}{n+1}$
③ $\dfrac{n-i}{n+1}$ ④ $\dfrac{n-r+0.5}{n}$

해설 $R(t_i) = 1 - \dfrac{i}{n+1} = \dfrac{n+1-i}{n+1}$
(단, i는 고장 순번이다.)

78 시료 n개를 샘플링하여 미리 정해진 시험 중단시간인 t_0시간까지 시험하고, t_0시간이 되면 시험을 중단하는 정시중단시험에서 평균수명을 구하는 식은? (단, 고장이 발생하여도 교체하지 않는 경우이며, r은 고장 개수이다.)

① $\dfrac{rt_0}{n}$ ② $\dfrac{\sum_{i=1}^{r} t_i + (n-r)t_0}{n}$
③ $\dfrac{nt_0}{r}$ ④ $\dfrac{\sum_{i=1}^{r} t_i + (n-r)t_0}{r}$

해설 ③ : 정시중단시험(교체하는 경우)
④ : 정시중단시험(교체하지 않는 경우)

79 수명분포가 지수분포인 부품 n개의 고장시간이 각각 t_1, ⋯, t_n일 때, 고장률 λ에 대한 추정치 $\hat{\lambda}$는?

① $\hat{\lambda} = n / \sum_{i=1}^{n} t_i$ ② $\hat{\lambda} = n / \sum_{i=1}^{n} \ln t_i$
③ $\hat{\lambda} = \dfrac{1}{n} \sum_{i=1}^{n} t_i$ ④ $\hat{\lambda} = \dfrac{1}{n} \sum_{i=1}^{n} \ln t_i$

해설 $\hat{\lambda} = \dfrac{r}{T} = \dfrac{r}{\Sigma t_i}$ (단, $r = n$인 경우)

80 Y제품의 수명시험 결과 얻은 데이터를 와이블 확률지를 사용하여 모수를 추정하였더니 형상모수 $m=1.0$, 척도모수 $\eta=3500$시간, 위치모수 $r=0$이 되었다. 이 제품의 $MTBF$는 얼마인가? (단, $\Gamma(1.5)=0.88623$, $\Gamma(2)=1.00000$, $\Gamma(2.5)=1.32934$이다.)

① 2205시간 ② 3102시간
③ 3500시간 ④ 4653시간

해설 $MTBF = \eta \cdot \Gamma\left(1+\dfrac{1}{m}\right) = 3500 \times \Gamma(2) = 3500$시간
※ 형상모수가 1인 와이블분포는 지수분포가 된다.

제5과목 품질경영

81 품질경영시스템 – 기본사항과 용어(KS Q ISO 9000 : 2015)에 기술된 품질경영원칙에 해당하지 않는 것은?

① 성과중시
② 인원의 적극참여
③ 증거기반 의사결정
④ 프로세스 접근법

해설 품질경영 7원칙
- 고객중시
- 리더십
- 인원의 적극참여
- 프로세스 접근법
- 개선
- 증거기반 의사결정
- 관계관리/관계경영

정답 76.② 77.② 78.④ 79.① 80.③ 81.①

82 측정오차 중 가장 큰 영향을 미치는 요인은?

① 측정기 자체에 의한 오차
② 외부적인 영향에 의한 오차
③ 측정하는 사람에 의한 오차
④ 계측방법의 차이에 의한 오차

해설 측정오차의 발생원인
- 기기오차
- 개인오차
- 측정방법에 의한 오차
- 환경오차

※ 측정방법의 차이에 의한 오차가 가장 크다.

83 다음 중 국가규격에 해당하지 않는 것은?

① BS ② NF
③ IEC ④ ANSI

해설 ① BS : 영국 규격
② NF : 프랑스 규격
③ IEC : 국제 전기표준회의
④ ANSI : 미국 규격

84 Y품질특성값의 규격은 50~60으로 규정되어 있다. 평균값이 55, 표준편차가 1인 공정의 시그마(σ) 수준은 어느 정도인가?

① 2시그마 수준 ② 3시그마 수준
③ 4시그마 수준 ④ 5시그마 수준

해설 $S_U-\mu=5\sigma$, $\mu-S_L=5\sigma$로, 공정평균에서 규격까지의 거리가 5σ로 정의되므로 5시그마 수준의 process이다.

※ 시그마 수준은 공정능력지수(C_P)에 3을 곱한 값으로 표시된다.

$$C_P=\frac{T}{6\sigma}=\frac{10\sigma}{6\sigma}=\frac{5}{3}$$

따라서, $\frac{5}{3}\times3=5$시그마 수준이 된다.

85 $n=5$인 $\bar{x}-R$ 관리도에서 $\bar{\bar{x}}=0.790$, $\bar{R}=0.008$을 얻었다. 규격이 0.785~0.795인 경우의 공정능력비(process capability ratio)는 약 얼마인가? (단, $n=5$일 때, $d_2=2.326$이다.)

① 0.003 ② 0.484
③ 1.064 ④ 2.064

해설

$$D_P=\frac{6\sigma}{T}=\frac{6\times\frac{0.008}{2.326}}{0.01}=2.064$$

※ 공정능력비 D_P는 공정능력지수 C_P의 역수이다.

86 포터(M.E. Porter)는 품질에 관한 경쟁전략에 대해 기본적 접근방법으로 3가지 항목을 제시하였다. 다음 중 3가지 항목에 해당하지 않는 것은?

① 차별화
② 집중화
③ 소형화
④ 원가상의 우위확보

해설 포터는 경쟁전략으로 '원가상의 우위확보', '차별화', '집중화'의 3가지를 제시하였다.

87 설계결함에 의한 제품책임 문제를 사전에 예방하기 위한 개발 · 설계 부문의 예방활동으로 볼 수 없는 것은?

① 신뢰성 및 안전성에 대한 확인시험을 실시한다.
② 기획 · 조사 단계에서 표적이 되는 제품의 안정성에 대해서 조사한다.
③ 공급물품의 지속적인 품질 유지 및 향상을 위해 기술지도와 관리점검을 강화한다.
④ 중요 구성품에 대해서 신뢰성 예측, 고장해석 등을 제품 라이프사이클의 입장에서 검토한다.

해설 ③항은 구매 및 조달 부문의 예방활동이다.

88 공정의 산포가 규격의 최대치와 최소치와의 차보다 클 때 조처하는 방법으로 틀린 것은?

① 규격을 좁힌다.
② 실험을 계획하여 공정의 산포를 감소시킨다.
③ 문제가 해결될 때까지 전 제품에 대해서 전수검사를 실시한다.
④ 적합한 공구 사용, 작업방법, 관리방법 등 기본적 공정의 개선을 꾀한다.

해설 ① 고객사와 협의하여 가능하다면 규격을 넓힌다.

※ $C_P=\frac{T}{6\sigma}<1$이므로, 공정능력이 부족한 상태로 만성적 불량이 발생하는 process이다.

정답 82.④ 83.③ 84.④ 85.④ 86.③ 87.③ 88.①

89 다음은 신QC 7가지 도구 중 어느 것을 설명한 것인가?

> 미지 · 미경험의 분야 등 혼돈된 상태 가운데서 사실, 의견, 발상 등을 언어 데이터에 의해 유도하여 이들 데이터를 정리함으로써 문제의 본질을 파악하고 문제의 해결과 새로운 발상을 이끌어내는 방법

① 계통도법　　② 친화도법
③ 연관도법　　④ 매트릭스법

해설 친화도(KJ)법에 대한 내용이다.

90 고객만족경영을 성공적으로 추진하기 위해 고려해야 할 사항으로 보기 어려운 것은?

① 전사적이고 총체적으로 기업의 모든 부문이 참여해야 한다.
② 벤치마킹한 고객만족경영의 절차와 방법을 그대로 적용한다.
③ 최고경영자를 비롯한 구성원 전체의 의식변화가 필요하다.
④ 고객의 욕구, 기대는 성장 및 변화하므로 고객만족노력을 수시로 점검하고 반성하여 발전시키는 자세로 추진해야 한다.

해설 벤치마킹은 있는 그대로가 아닌, 그들이 추진한 환경, 과정, 역사, 목적을 이해하고 우리에게 적합한 방법이 무엇인지 검토하는 과정이다.

91 품질코스트의 한 요소인 실패코스트와 적합비용과의 관계에 관한 설명으로 맞는 것은?

① 적합비용과 실패코스트는 전혀 무관하다.
② 적합비용이 증가되면 실패코스트는 줄어든다.
③ 적합비용이 증가되면 실패코스트는 더욱 높아진다.
④ 실패코스트는 총 품질코스트 중 극히 일부에 불과하므로 적합비용에 미치는 영향이 매우 적다.

해설

- 품질비용
  - 적합비용
    - 예방비용(P－cost)
    - 평가비용(A－cost)
  - 부적합비용
    - 사내 실패비용(IF－cost)
    - 사외 실패비용(EF－cost)

※ 적합비용이 증가할수록 부적합비용은 줄어든다.

92 크로스비의 품질경영의 성숙과정(quality management maturity grid)을 5단계로 나누어 기술한 것 중 단계별 내용이 틀린 것은?

① 제1단계인 수동적 관리에서는 품질관리가 전혀 실시되지 않고 있는 수준이다.
② 제2단계인 품질경영 정착에서는 품질경영이 기업시스템의 필수기능이 되는 단계이다.
③ 제3단계인 공정관리에서는 공정품질의 개선을 통해서 품질이 안정되어 품질경영이 점차 제도화되는 단계이다.
④ 제4단계인 예방적 관리에서는 전사적인 품질경영의 필요성이 인식되고 품질경영에서 최고경영자와 구성원의 역할이 강조되는 단계이다.

해설 ②항은 5단계의 경우이다. 제2단계는 '각성'으로 품질관리가 중요함을 인식하나, 시간과 자산의 투자에는 인색한 단계이다.

93 기업에서 제안활동이 종업원의 참여의식을 높일 수 있는 유효한 방법임은 분명하지만 활성화되지 않는 경우가 있는데, 그 이유가 아닌 것은?

① 최고경영자의 지원과 관심이 부족함
② 심사지연이나 비합리적인 평가제도를 운영함
③ 교육이나 홍보의 미비로 인한 종업원의 관심 부족
④ 종업원 개인들 간의 업무수행능력 차이와 자부심 결여

해설 종업원 개인들 간의 업무수행능력 차이는 제안제도와 관계가 없다.

94 제조공정에 관한 사내표준화의 요건을 설명한 것으로 적당하지 않은 것은?

① 실행가능성이 있는 것일 것
② 내용이 구체적이고 객관적일 것
③ 내용이 신기술이나 특수한 것일 것
④ 이해관계자들의 합의에 의해 결정되어야 할 것

해설 신기술이나 특수한 것은 제조공정에서의 표준화 대상이 아니고, 설계가 끝난 후 양산단계 직전(제품 초기관리)에 제조공정에 관한 사내표준화가 이루어진다.

정답 89.② 90.② 91.② 92.② 93.④ 94.③

95 품질관리부서가 해야 하는 업무로 타당하지 않은 것은?

① 공정 모니터링
② 품질정보의 제공
③ 품질관련 훈련 및 교육 실시
④ 품질계획 및 보증체계 구축

해설 공정 모니터링은 제조 부문의 업무이다.

96 다음 중 버만(L.C. Verman)이 제시한 표준화 공간에서 표준화의 구조 중 국면(aspect)에 해당되지 않는 것은?

① 시방
② 공업기술
③ 등급 부여
④ 품종의 제한

해설 **표준화 국면**

- 용어
- 시방
- 샘플링과 검사
- 시험분석
- 품종의 제한
- 등급의 결정
- 작업기준

※ ② 공업기술은 영역(주제)에 따른 분류이다.

97 품질에 대해서 사용자의 만족감을 표현하는 주관적 측면과 요구조건과의 일치성을 표현하는 객관적 측면을 함께 고려한 품질의 이원적 인식방법에 관한 설명으로 틀린 것은?

① 역품질요소 : 품질에 대해 충족되든 충족되지 않든 만족도 불만도 없음
② 일원적 품질요소 : 품질에 대해 충족이 되면 만족, 충족되지 않으면 불만
③ 매력적 품질요소 : 품질에 대해 충족이 되면 만족을 주지만, 충족되지 않더라도 무방
④ 당연적 품질요소 : 품질에 대해 충족이 되면 당연하게 여기고, 충족되지 않으면 불만

해설 ①항은 무차별 품질요소에 관한 설명이다. 역품질요소는 충족되면 불만을 갖게 되는 역기능이 발생할 경우에 대한 품질에 관한 설명이다.

98 다음 중 허츠버그(Herzberg)의 동기요인 – 위생요인 이론에서 동기(만족)요인에 해당하지 않는 것은?

① 인정　　② 자기실현
③ 성취감　　④ 대인관계

해설
- 위생요인(불만요인) : 회사정책과 관리, 감독, 작업조건, 임금, 대인관계, 직무안정성
- 동기요인(만족요인) : 승진, 성취감, 인정, 책임감, 능력 · 지식의 개발, 성장과 발전, 자기실현

99 과거의 제조중심 품질관리(Quality Control) 활동과 현재의 기업단위활동의 품질경영(Quality Management)에 대한 설명으로 틀린 것은?

① 과거의 품질관리는 고객만족과 경제적 생산을 강조한다면, 현재의 품질경영은 요구충족을 강조한다.
② 과거의 품질관리는 생산중심으로 관리기법을 강조하고, 현재의 품질경영은 고객지향의 기업문화 및 조직행동적 사고와 실천을 강조한다.
③ 과거의 품질관리는 제품 요건 충족을 위한 운영기법 및 전사적 활동이고, 현재의 품질경영은 최고경영자의 품질방침에 따른 고객만족을 위한 전사적 활동이다.
④ 과거의 품질관리는 제품의 부적합품 감소를 위해 품질표준을 설정하고 적합성을 추구하며, 현재의 품질경영은 총체적 품질향상을 통해 경영목표를 달성한다.

해설 과거의 품질관리가 요건충족 중심이라면, 현재의 품질관리는 고객만족과 경제적 생산 중심이다.

100 품질관리의 기능은 4개의 기능으로 대별하여 사이클을 형성한다. 다음 중 품질관리의 기능에 포함되지 않는 것은?

① 품질의 보증　　② 품질의 설계
③ 품질의 관리　　④ 공정의 관리

해설 **품질관리활동의 기능(Deming cycle)**

- 품질의 설계(P)
- 공정의 관리(D)
- 품질의 보증(C)
- 품질의 조사 및 개선(A)

 정답 95.① 96.② 97.① 98.④ 99.① 100.③

2018 제4회 품질경영기사

제1과목 실험계획법

1 다음 $I=ABCDE=ABC=DE$의 별명 관계 중 틀린 것은?

① $A=BCED=BC=ADE$
② $B=ACDE=AC=BDE$
③ $C=ABDE=AB=CDE$
④ $D=BCE=BCD=AE$

해설 $D\times I=D\times(ABCDE)=ABCD^2E=ABCE$
$D\times I=D\times(ABC)=ABCD$
$D\times I=D\times(DE)=D^2E=E$

2 $L_8(2^7)$인 직교배열표에서 7이 의미하는 것은?

① 실험의 횟수
② 요인의 수준수
③ 직교배열표의 행의 수
④ 배치 가능한 요인의 수

해설 $L_8(2^7)$에서 각 숫자의 의미는 다음과 같다.
- 8 : 행의 수(실험횟수)
- 2 : 수준수
- 7 : 열의 수(최대 인자배치 수)

3 난괴법(randomized complete block designs)의 특징을 나타낸 것으로 맞는 것은?

① 처리별 반복수는 똑같을 필요는 없다.
② 처리수, 블록수에 제한을 많이 받는다.
③ 랜덤화와 블록화의 원리에 따른 것이다.
④ 실험구 배치는 난해하나 통계적 분석이 간단하다.

해설 모수인자와 변량인자의 결합이므로 해석이 복잡해지며, 처리별 반복수가 일정해야 하므로 결측치가 생기면 해석이 곤란해진다.

4 표본자료를 회귀직선에 적합시킨 경우, 적합성의 정도를 판단하는 방법이 아닌 것은?

① 분산분석을 하여 판단한다.
② 결정계수(r^2)를 구하여 판단한다.
③ 추정 회귀식의 기울기를 구하여 판단한다.
④ 오차분산의 추정치(MS_e)를 구하여 판단한다.

해설 오차분산의 추정치(MS_e)는 수치변환을 하면 값이 변화하므로 단순하게 값의 크기로 적합성 여부를 판단할 수 없다.

5 어떤 분광석의 샘플링 방법을 결정하기 위하여 열차로부터 랜덤으로 3대의 화차를 택하고, 각 화차로부터 200g의 인크리먼트를 4개씩 샘플링하였다. 이 인크리먼트를 다시 축분하여 각각 2개씩의 분석시료를 얻어 3×4×2=24회의 실험을 랜덤화하여 지분실험계획을 실시하였다. 이때 화차 수준 내의 인크리먼트 간 편차 제곱합의 자유도는?

① 6 ② 8
③ 9 ④ 23

해설 자유도 $\nu_{B(A)}=\nu_{AB}-\nu_A=l(m-1)=3\times(4-1)=9$

6 다음은 Y펌프축의 마모실험을 한 데이터이다. 망소특성에 대한 SN비는 약 얼마인가?

[데이터]

11.13	8.63	4.50	6.25
9.13	11.88	12.13	

① −19.538dB
② −9.920dB
③ 9.920dB
④ 19.538dB

해설
$$SN=-10\log\left[\frac{1}{n}\Sigma y_i^2\right]$$
$$=-10\log\left[\frac{1}{6}(11.13^2+8.63^2+\cdots+12.13^2)\right]$$
$$=-19.538\text{dB}$$

정답 1.④ 2.④ 3.③ 4.④ 5.③ 6.①

7 요인의 수준수가 5이고, 각 수준에서 반복수가 5인 1요인 실험으로 얻는 관측치를 정리하여 다음과 같은 값을 얻었다. 제곱합 S_A의 값은 얼마인가?

$$\sum_{i=1}^{5} T_{i}. = 4500, \quad \sum_{i=1}^{5}\sum_{j=1}^{5} x_{ij} = 50$$

① 100　② 500
③ 800　④ 900

해설
$$S_A = \frac{\sum T_i.^2}{r} - CT$$
$$= \frac{4500}{5} - \frac{50^2}{25} = 800$$

8 2^5형의 1/4 일부실시법 실험에서 이중교락을 시켜 블록과 $ABCDE$, ABC, DE를 교락시켰다. AD와 별명관계가 아닌 것은?

① AB　② AE
③ BCE　④ BCD

해설
- $ABCDE \times AD = BCE$
- $ABC \times AD = BCD$
- $DE \times AD = AE$

(단, $A^2 = B^2 = C^2 = D^2 = E^2 = 1$이다.)

9 $y_i.$은 i번째 처리수준에서 측정값의 합을 나타낸다. 다음 중 대비(contrast)가 아닌 것은?

① $c = y_1. + y_3. - y_4. - y_5.$
② $c = 4y_1. - 3y_3. + y_4. - y_5.$
③ $c = 3y_1. + y_2. - 2y_3. - 2y_4.$
④ $c = -y_1. + 4y_2. - y_3. - y_4. - y_5.$

해설 대비(contrast)는 선형식 $L = a_1x_1 + a_2x_2 + \cdots + a_nx_n$에서 계수 $a_1 + a_2 + \cdots + a_n = 0$이 되는 성질을 의미한다.

10 $x_{ijk} = \mu + a_i + r_k + e_{(1)ik} + b_j + (ab)_{ij} + e_{(2)ijk}$인 구조를 갖는 단일분할법의 계산방법으로 틀린 것은?

① $\nu_{e_1} = (l-1)(r-1)$
② $S_{e_1} = S_{AR} - S_A - S_R$
③ $S_{e_2} = S_{B\times R} + S_{A\times B\times R}$
④ $\nu_{e_2} = (l-1)(m-1)(r-1)$

해설 ① $\nu_{e_1} = \nu_{A\times R} = (l-1)(r-1)$
② $S_{e_1} = S_{AR} - S_A - S_R = S_{A\times R}$
③ $S_{e_2} = S_{B\times R} + S_{A\times B\times R} = S_T - S_{AR} - S_B - S_{A\times B}$
④ $\nu_{e_2} = \nu_{B\times R} + \nu_{A\times B\times R} = l(m-1)(r-1)$

11 다음 [표]는 요인 A를 4수준, 요인 B를 3수준으로 하여 반복 2회의 2요인 실험한 결과이다. 이에 대한 설명으로 틀린 것은? (단, 요인 A, B는 모두 모수요인이다.)

요인	SS	DF	MS	F_0	$F_{0.95}$
A	3.3	3	1.1	5.5	3.49
B	1.8	2	0.9	4.5	3.89
$A\times B$	0.6	6	0.1	0.5	3.00
e	2.4	12	0.2		
T	8.1	23			

① 유의수준 5%로 요인 A와 B는 의미가 있다.
② 모평균의 점추정치는 요인 A, B가 유의하므로 $\hat{\mu}(A_iB_j) = \bar{x}_i.. + \bar{x}._j. - \bar{\bar{x}}$로 추정된다.
③ 교호작용 $A\times B$는 유의수준 5%에서 유의하지 않으며, 1보다 작으므로 기술적 풀링을 검토할 수 있다.
④ 교호작용을 오차항과 풀링할 경우 오차분산은 교호작용 $A\times B$와 오차항 e의 분산의 평균, 즉 0.15가 된다.

해설 ① $F_0 = \frac{V_A}{V_e} > 3.49$, $F_0 = \frac{V_B}{V_e} > 3.89$이므로 A와 B는 유의하고, $F_0 = \frac{V_{A\times B}}{V_e} < 3.00$이므로 교호작용 $A\times B$는 유의하지 않다.
② $\hat{\mu}_{A_iB_j} = \hat{\mu} + a_i + b_j$
$= (\hat{\mu} + a_i) + (\hat{\mu} + b_j) - \hat{\mu}$
$= \bar{x}_i.. + \bar{x}._j. - \bar{\bar{x}}$
③ $F_0 = \frac{V_{A\times B}}{V_e} < 1$인 경우 기술적 검토 후 오차에 풀링시킬 수 있다.
④ $V_e^* = \frac{S_e^*}{\nu_e^*} = \frac{S_e + S_{A\times B}}{\nu_e + \nu_{A\times B}} = \frac{2.4+0.6}{12+6} = 0.16667$

 정답 7.③ 8.① 9.② 10.④ 11.④

12 반복없는 3요인 실험에서 A, B, C가 모두 모수이고, 주효과와 교호작용 $A\times B$, $A\times C$, $B\times C$가 모두 유의할 때 $\hat{\mu}(A_iB_jC_k)$의 값은?

① $\bar{x}_{ij\cdot}+\bar{x}_{i\cdot k}+\bar{x}_{\cdot jk}-\bar{x}_{i\cdot\cdot}-\bar{x}_{\cdot j\cdot}-\bar{\bar{x}}$

② $\bar{x}_{ij\cdot}+\bar{x}_{i\cdot k}+\bar{x}_{\cdot jk}-\bar{x}_{i\cdot\cdot}-\bar{x}_{\cdot\cdot k}-\bar{\bar{x}}$

③ $\bar{x}_{ij\cdot}+\bar{x}_{i\cdot k}+\bar{x}_{\cdot jk}-\bar{x}_{\cdot j\cdot}-\bar{x}_{\cdot\cdot k}+\bar{\bar{x}}$

④ $\bar{x}_{ij\cdot}+\bar{x}_{i\cdot k}+\bar{x}_{\cdot jk}-\bar{x}_{i\cdot\cdot}-\bar{x}_{\cdot j\cdot}-\bar{x}_{\cdot\cdot k}+\bar{\bar{x}}$

해설
$$\begin{aligned}\hat{\mu}_{A_iB_jC_k}&=\hat{\mu}+a_i+b_j+c_k+(ab)_{ij}+(ac)_{ik}+(bc)_{jk}\\&=[\hat{\mu}+a_i+b_j+(ab)_{ij}]+[\hat{\mu}+a_i+c_k+(ac)_{ik}]\\&\quad+[\hat{\mu}+b_j+c_k+(bc)_{jk}]-(\hat{\mu}+a_i)-(\hat{\mu}+b_j)\\&\quad-(\hat{\mu}+c_k)+\hat{\mu}\\&=\bar{x}_{ij\cdot}+\bar{x}_{i\cdot k}+\bar{x}_{\cdot jk}-\bar{x}_{i\cdot\cdot}-\bar{x}_{\cdot j\cdot}-\bar{x}_{\cdot\cdot k}+\bar{\bar{x}}\end{aligned}$$

13 다음 중 변량요인에 대한 설명으로 틀린 것은 어느 것인가?

① 주효과의 기대값은 0이다.
② 주효과는 고정된 상수이다.
③ 수준이 기술적인 의미를 갖지 못한다.
④ 주효과들의 합은 일반적으로 0이 아니다.

해설 변량요인의 효과 a_i는 확률변수로 $\sum a_i \neq 0$이다.

14 4요인 A, B, C, D를 각각 4수준으로 잡고, 4×4 그레코라틴방격으로 실험을 행했다. 분산분석표를 작성하고, 최적조건으로 $A_3B_1D_1$을 구했다. $A_3B_1D_1$에서 모평균의 점추정값은 얼마인가? (단, $\bar{x}_{3\cdots}=12.50$, $\bar{x}_{\cdot 1\cdot\cdot}=11.50$, $\bar{x}_{\cdots 1}=10.00$, $\bar{\bar{x}}=15.94$이다.)

① 2.12
② 3.12
③ 3.14
④ 5.14

해설
$$\begin{aligned}\mu_{31\cdot 1}&=\hat{\mu}+a_3+b_1+d_1\\&=(\hat{\mu}+a_3)+(\hat{\mu}+b_1)+(\hat{\mu}+d_1)-2\hat{\mu}\\&=\bar{x}_{3\cdots}+\bar{x}_{\cdot 1\cdot\cdot}+\bar{x}_{\cdots 1}-2\bar{\bar{x}}\\&=12.50+11.50+10.00-2\times 15.94\\&=2.12\end{aligned}$$

15 다음 분산분석표로부터 모수요인 A, B에 대한 유의수준 10%에서의 가설 검정 결과로 맞는 것은? (단, $F_{0.90}(2, 6)=3.46$, $F_{0.90}(3, 2)=9.16$, $F_{0.90}(3, 6)=3.29$, $F_{0.90}(6, 11)=2.39$이다.)

요인	SS	DF	MS	F_0
A	185	3	61.7	3.63
B	54	2	27.0	1.59
e	102	6	17.0	
T	341	11		

① $F_{0.90}(3, 6)=3.29$이므로 귀무가설($\sigma_A^2=0$)을 기각한다.
② $F_{0.90}(3, 2)=9.16$이므로 귀무가설($\sigma_B^2=0$)을 기각한다.
③ $F_{0.90}(6, 11)=2.39$이므로 귀무가설($\sigma_B^2=0$)을 기각한다.
④ $F_{0.90}(2, 6)=3.46$이므로 귀무가설($\sigma_A^2=0$)을 기각할 수 없다.

해설
- $F_0=\dfrac{V_A}{V_e}=3.63>3.29$: H_0 기각
- $F_0=\dfrac{V_B}{V_e}=1.59<3.46$: H_0 채택

16 수준수 $l=4$, 반복수 $m=5$인 1요인 실험에서 분산분석 결과 요인 A가 1%로 유의적이었다. $S_T=2.478$, $S_A=1.690$이고, $\bar{x}_{1\cdot}=7.72$일 때, $\mu(A_1)$를 $\alpha=0.01$로 구간추정하면 약 얼마인가? (단, $t_{0.99}(16)=2.583$, $t_{0.995}(16)=2.921$이다.)

① $7.396\le\mu(A_1)\le 8.044$
② $7.430\le\mu(A_1)\le 8.010$
③ $7.433\le\mu(A_1)\le 8.007$
④ $7.464\le\mu(A_1)\le 7.976$

해설
$$\begin{aligned}\mu_{A_1}&=\bar{x}_{A_1}\pm t_{1-\alpha/2}(\nu_e)\sqrt{\frac{V_e}{m}}\\&=7.72\pm 2.921\times\sqrt{\frac{0.04925}{5}}\\&=7.430\sim 8.010\end{aligned}$$
단, $V_e=\dfrac{S_T-S_A}{l(m-1)}=0.04925$

정답 12.④ 13.② 14.① 15.① 16.②

17 K제품의 중합반응에서 흡수속도가 제조시간에 영향을 미치고 있다. 흡수속도에 대한 큰 요인이라고 생각되는 촉매량(A_i)을 2수준, 반응속도(B_j)를 2수준으로 하고, 반복 3회인 2^2형 실험을 한 [데이터]가 다음과 같을 때, B의 주효과는 얼마인가? (단, $T_{ij\cdot}$은 A의 i번째, B의 j번째에서 측정된 특성치의 합이다.)

[데이터] $T_{11\cdot}=274$ $T_{12\cdot}=292$
$T_{21\cdot}=307$ $T_{22\cdot}=331$

① 7
② 14
③ 21
④ 147

해설 $B=\frac{1}{6}(T_{12\cdot}+T_{22\cdot}-T_{11\cdot}-T_{21\cdot})$

$=\frac{1}{6}(292+331-274-307)=7$

※ B_2가 높은 수준, B_1이 낮은 수준이다.

18 동일한 제품을 생산하는 3대의 기계가 있다. 이들 간에 부적합품률에 차이가 있는가를 조사하기 위하여 적합품을 0, 부적합품을 1로 하는 계수치 데이터의 분산분석을 실시한 결과 아래와 같은 [표]를 얻었다. 오차항의 자유도 ν_e를 구하면?

기계	A_1	A_2	A_3
적합품수	190	170	180
부적합품수	10	30	20

① 2
② 3
③ 597
④ 599

해설 $\nu_e=\nu_T-\nu_A=599-2=597$

19 $L_{27}(3^{13})$형 직교배열표에서 A, B요인이 4열과 9열에 배치되어 있다. $A\times B$는 어느 열에 배치해야 하는가?

열번호	1	2	3	4	5	6	7
기본표시	a	b	ab	ab^2	c	ac	ac^2
배치				A			

열번호	8	9	10	11	12	13
기본표시	bc	abc	ab^2c^2	bc^2	ab^2c	abc^2
배치		B				

① 7열
② 7열, 11열
③ 11열
④ 10열, 13열

해설 • XY형

$ab^2\times abc=a^2b^3c=a^2c=(a^2c)^2=ac^2$

⇒ 7열

• XY^2형

$ab^2\times(abc)^2=a^3b^4c^2=bc^2$

⇒ 11열

따라서, 교호작용 $A\times B$는 7열과 11열에 동시 출현한다.

20 데이터 분석 시 발생한 결측치의 처리방법으로 틀린 것은?

① 1요인 실험인 경우 결측치를 무시하고 그대로 분석한다.
② 될 수 있으면 한번 더 실험하여 결측치를 메우는 것이 가장 좋다.
③ 반복없는 2요인 실험인 경우 Yates의 방법으로 결측치를 추정하여 대체시킨다.
④ 반복있는 2요인 실험인 경우 결측치가 들어있는 조합에서는 나머지 데이터들 중 최대값으로 결측치를 대체시킨다.

해설 ④ 반복있는 2요인 실험에서는 조합수준 데이터들의 평균값을 구하여 추정치로 사용한다.

※ 반복있는 2요인 실험 형태인 난괴법은 결측치가 생기는 경우, 결측치의 추정은 의미가 없다.

제2과목 통계적 품질관리

21 모집단 비율(p)에 대한 100(1−α)% 양측 신뢰구간의 폭을 $2A$ 이상 되지 않게 추정하기 위한 표본 크기(n)를 결정할 때의 식으로 맞는 것은?

① $n\ge u^2_{1-\frac{\alpha}{2}}\frac{p(1-p)}{A^2}$
② $n\le u^2_{1-\frac{\alpha}{2}}\frac{p(1-p)}{A^2}$
③ $n\ge u^2_{1-\alpha}\frac{p(1-p)}{A^2}$
④ $n\le u^2_{1-\alpha}\frac{p(1-p)}{A^2}$

해설 신뢰구간 폭이 $2A$이면, $\beta=A$가 된다.

$$\beta=u_{1-\alpha/2}\sqrt{\frac{p(1-p)}{n}}\Rightarrow n=\frac{u^2_{1-\alpha/2}\,p(1-p)}{\beta^2}$$

※ 모비율은 모를 때는 예비조사를 하여 추정치 $\hat{p}$을 구하여 모수 p 대신 사용하고, 여론조사와 같이 예비조사를 행할 수 없는 경우에는 p의 최대치인 0.5를 사용한다.

 정답 17.① 18.③ 19.② 20.④ 21.①

22 계수형 샘플링검사 절차－제1부 : 로트별 합격품질한계(AQL) 지표형 샘플링검사 방식(KS Q ISO 2859－1 : 2015)에서 검사수준에 관한 설명 중 틀린 것은?

① 검사수준은 소관권한자가 결정한다.
② 상대적인 검사량을 결정하는 것이다.
③ 통상적으로 검사수준은 Ⅱ를 사용한다.
④ 수준Ⅰ은 큰 판별력이 필요한 경우에 사용한다.

해설 통상검사수준 Ⅰ, Ⅱ, Ⅲ의 시료크기 비율은 0.4 : 1 : 1.6이므로, 검사수준 Ⅲ의 판별능력이 가장 높다.

23 c 관리도에서 평균부적합수 $\bar{c}=9$일 때, 3σ 관리한계 L_{CL} 및 U_{CL}은 각각 얼마인가?

① $L_{CL}=0$, $U_{CL}=18$
② $L_{CL}=3$, $U_{CL}=15$
③ $L_{CL}=6$, $U_{CL}=12$
④ $L_{CL}=$고려하지 않음, $U_{CL}=21$

해설 $\left.\begin{matrix} U_{CL} \\ L_{CL} \end{matrix}\right] = \bar{c} \pm 3\sqrt{\bar{c}} = 9 \pm 3\sqrt{9} = 0 \sim 18$

24 타이어 제조회사에서 생산 중인 타이어의 수명시간은 평균이 37000km이고, 표준편차는 5000km인 것으로 알려져 있다. 타이어의 수명을 증가시키는 공정을 개발하고 시제품을 100개 생산하여 조사한 결과 평균수명이 38000km였다. 타이어 수명시간의 표준편차가 5000km로 유지된다고 할 때, 유의수준 5%로 평균수명이 증가하였는지 검정할 경우의 설명으로 틀린 것은?

① 기각치는 1.96이다.
② 검정통계량값은 2.0이다.
③ 대립가설(H_1)은 $\mu > 37000$이다.
④ 검정결과로 귀무가설(H_0)을 기각한다.

해설 1. 가설
$H_0 : \mu \leq 37000\text{km}$, $H_1 : \mu > 37000\text{km}$
2. 유의수준 : $\alpha = 0.05$
3. 검정통계량 : $u_0 = \dfrac{\bar{x}-\mu}{\sigma/\sqrt{n}} = \dfrac{38000-37000}{5000/\sqrt{100}} = 2.0$
4. 기각치 : $u_{1-0.05} = 1.645$
5. 판정 : $u_0 > 1.645$이므로, H_0 기각

25 계수형 및 계량형 샘플링검사에 대한 설명으로 적합하지 않은 것은?

① 일반적으로 계수형 검사와 계량형 검사에서 시료의 크기는 비슷하다.
② 일반적으로 계량형 검사는 계수형 검사보다 정밀한 측정기가 요구된다.
③ 검사의 설계, 방법 및 기록은 계량형 검사가 계수형 검사보다 일반적으로 더 복잡하다.
④ 단위 물품의 검사에 소요되는 시간은 계수형 검사가 계량형 검사보다 일반적으로 더 작다.

해설 동일한 판별능력을 갖으려면, 시료 크기는 계량형보다 계수형이 훨씬 커야 한다.

26 빨간 공이 3개, 하얀 공이 5개 들어 있는 주머니에서 임의로 2개의 공을 꺼냈을 때, 2개 모두 하얀 공일 확률은 얼마인가?

① $\dfrac{3}{14}$ ② $\dfrac{9}{28}$
③ $\dfrac{5}{14}$ ④ $\dfrac{11}{28}$

해설 $P(X=2) = \dfrac{5}{8} \times \dfrac{4}{7} = \dfrac{20}{56} = \dfrac{5}{14}$
※ 비복원 추출방식(초기하분포)
$P(X=2) = \dfrac{{}_3C_0 \times {}_5C_2}{{}_8C_2} = \dfrac{5}{14}$

27 '통계적으로 유의하다'라는 표현에 관한 설명으로 가장 적절한 것은?

① 통계량이 모수와 같은 값임을 의미한다.
② 통계적 해석을 하는 데 있어서 귀무가설이 옳음을 의미한다.
③ 검정에 이용되는 통계량이 기각역에 들어간다는 것을 의미한다.
④ 검정이나 추정을 하는 데 있어서 기초가 되는 데이터의 측정시스템이 매우 신뢰할 수 있음을 의미한다.

해설 통계적으로 유의하다는 뜻은 귀무가설이 기각된 상태로 검정통계량이 기각역의 영역에 나타나는 경우이다.

정답 22.④ 23.① 24.① 25.① 26.③ 27.③

28 로트의 형성에 있어 원료별 · 기계별로 특징이 확실한 모수적 원인으로 로트를 구분하는 것은?

① 층별 ② 군별
③ 해석 ④ 군구분

해설 층별(stratification)은 ㉠ 작업자, ㉡ 기계, ㉢ 작업방법, ㉣ 재료, ㉤ 시간별로 구분한다.

29 군의 크기 $n=4$의 $\bar{x}-R$관리도에서 $\bar{\bar{x}}=18.50$, $\bar{R}=3.09$인 관리상태이다. 지금 공정평균이 15.50으로 변경되었다면, 본래의 3σ 한계로부터 벗어날 확률은? (단, $n=4$일 때 $d_2=2.059$이다.)

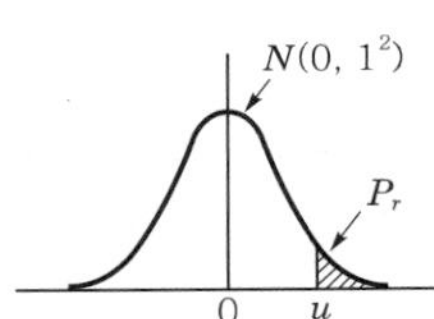

μ	P_r
1.00	0.1587
1.12	0.1335
1.50	0.0668
2.00	0.0228

① 0.1587 ② 0.1335
③ 0.8665 ④ 0.8413

해설 $1-\beta=P(\bar{x}\le L_{CL})=P\left(u\le\dfrac{L_{CL}-\mu'}{\hat{\sigma}/\sqrt{n}}\right)$

• $L_{CL}=\bar{\bar{x}}-3\dfrac{\bar{R}}{\sqrt{n}\cdot d_2}$

$=18.50-3\times\dfrac{3.09}{\sqrt{4}\times 2.059}=16.25$

• $\mu'=15.50$

• $\hat{\sigma}=\dfrac{\bar{R}}{d_2}=\dfrac{3.09}{2.059}=1.5$

따라서 $1-\beta=P\left(u\le\dfrac{16.25-15.50}{1.5/\sqrt{4}}\right)=P(u\le 1)$

$=0.8413$

※ 공정평균이 하향 이동되었으므로, $P(\bar{x}\ge U_{CL})=0$이다.

30 계수치 축차 샘플링검사 방식(KS Q ISO 28591)에서 100아이템당 부적합수 검사를 하는 경우, 1회 샘플링검사의 샘플 크기를 11개로 이미 알고 있다. 중지 시 누적 샘플 크기(중지값)는 얼마인가?

① 16개 ② 17개
③ 19개 ④ 21개

해설 $n_t=1.5n_0=1.5\times 11=16.5\fallingdotseq 17$개

31 계수규준형 샘플링검사의 검사특성(OC)곡선의 계산 방법에 대한 설명으로 맞는 것은?

① 로트의 크기 N에 관계없이 시료의 크기 n이 작으면, 푸아송분포에 의거하여 계산한다.
② 로트의 크기 N이 시료의 크기 n에 비하여 그다지 크지 않을 경우에 정규분포로 계산한다.
③ 로트의 크기 N이 시료의 크기 n에 비하여 충분히 큰 경우에는 이항분포에 의거하여 계산한다.
④ 로트의 크기 N이 크고, 시료의 크기 n과 로트의 부적합품률 P가 매우 작은 경우에는 이항분포로 근사계산을 한다.

해설
• 로트의 크기(N)가 시료의 크기(n)에 비해 그다지 크지 않은 경우 : 초기하분포
• 로트의 크기(N)가 시료의 크기(n)에 비해 충분히 크고, 모부적합품률 P값이 어느 정도 큰 경우 : 이항분포
• 로트 부적합품률(P)이 대단히 작은 경우 : 푸아송분포

32 만성적으로 존재하는 것이 아니고, 산발적으로 발생하여 품질변동을 일으키는 원인으로 현재의 기술수준으로 통제 가능한 원인을 뜻하는 용어는?

① 우연원인
② 이상원인
③ 불가피원인
④ 억제할 수 없는 원인

해설 이상원인(가피원인)은 현재의 기술이나 능력으로 조치가 가능한 원인이다.

33 합리적인 군으로 나눌 수 있는 경우, x 관리도의 관리한계(U_{CL}, L_{CL})의 표현으로 맞는 것은?

① $\bar{\bar{x}}\pm E_1\bar{R}$
② $\bar{\bar{x}}\pm E_2\bar{R}$
③ $\bar{\bar{x}}\pm E_3\bar{R}$
④ $\bar{\bar{x}}\pm E_4\bar{R}$

해설 $\left.\begin{matrix}U_{CL}\\L_{CL}\end{matrix}\right]=\bar{\bar{x}}\pm\sqrt{n}\cdot A_2\bar{R}=\bar{\bar{x}}\pm E_2\bar{R}$

(단, $E_2=\dfrac{3}{d_2}$이다.)

※ 현재의 표준은 $E_2=\sqrt{n}A_2$로 사용한다.

정답 28.① 29.④ 30.② 31.③ 32.② 33.②

34 계수 및 계량 규준형 1회 샘플링검사(KS Q 0001 : 2015)에서 계량규준형 1회 샘플링검사에 대한 설명으로 맞는 것은?

① 로트 편차를 알고 있는 경우가 모르는 경우보다 검사개수의 크기가 훨씬 크다.
② 로트 편차를 알고 있는 경우와 모르는 경우 모두 평균치 보증하는 경우와 부적합품률 보증하는 경우가 있다.
③ 로트 편차를 모르는 경우 망소특성인 경우 $\bar{x}+k's$와 S_U를 비교하여 로트의 합격과 불합격 판정을 행한다.
④ 로트 편차를 알고 있는 경우 합격판정계수 k'보다 작은 값을 갖게 되므로, 훨씬 유리한 검사를 진행시킬 수 있다.

해설 ① • σ 기지인 경우 : $n=\left(\frac{2.927}{k_{p_0}-k_{p_1}}\right)^2$

• σ 미지인 경우 : $n'=\left(1+\frac{k^2}{2}\right)\left(\frac{2.927}{k_{p_0}-k_{p_1}}\right)^2$

② σ 기지인 경우는 평균치 보증하는 경우와 부적합품률 보증하는 경우 2가지가 있으나, σ 미지인 경우는 부적합품률 보증하는 경우만 존재한다.

③ σ 미지인 경우(망소특성)

$\bar{x}+k's \leq \bar{X}_U$ 이면 Lot를 합격시키고,

$\bar{x}+k's > \bar{X}_U$이면 Lot를 불합격시킨다.

④ σ 기지인 경우와 σ 미지인 경우 합격판정계수 k는 동일하다.

$$k'=k=\frac{k_{p_0}k_\beta+k_{p_1}k_\alpha}{k_\alpha+k_\beta}$$

35 한국인과 일본인의 스포츠(축구, 농구, 야구) 선호도가 같은지 조사하였다. 각각 100명씩 랜덤 추출하여 가장 좋아하는 한 가지 운동을 선택하여 분류하였더니 다음 [표]와 같을 때, 설명 중 틀린 것은? (단, $\alpha=0.05$, $\chi^2_{0.95}(2)=5.991$이다.)

구분	축구	농구	야구
한국인	40	20	40
일본인	30	20	50

① 검정결과는 귀무가설 채택이다.
② 검정통계량(χ_0^2)은 약 2.5397이다.
③ 검정에 사용되는 자유도는 4이다.
④ 기대도수는 각 스포츠별로 선호도가 같다고 가정하여 평균을 사용한다.

해설 1. 가설

$H_0 : P_{ij}=P_i\times P_j$, $H_1 : P_{ij}\neq P_i\times P_j$

2. 유의수준 : $\alpha=0.05$

3. 검정통계량

$$\chi_0^2=\frac{\Sigma\Sigma(X_{ij}-E_{ij})^2}{E_{ij}}$$
$$=\frac{(40-35)^2}{35}+\frac{(30-35)^2}{35}+\frac{(20-20)^2}{20}+\frac{(20-20)^2}{20}+\frac{(40-45)^2}{45}+\frac{(50-45)^2}{45}$$
$$=2.5397$$

4. 기각치 : $\chi^2_{1-\alpha}[(m-1)(n-1)]=\chi^2_{1-0.05}(2)$ $=5.991$

5. 판정 : $\chi_0^2<5.991$이므로, H_0 채택

∴ 한국인과 일본인의 스포츠 선호도가 같다.

36 다음 중 확률변수의 확률분포에 관한 설명으로 틀린 것은?

① t 분포를 따르는 확률변수를 제곱한 확률변수는 F 분포를 한다.
② 정규분포를 따르는 확률변수를 제곱한 확률변수는 F 분포를 한다.
③ 정규분포를 따르는 서로 독립된 n개의 확률변수의 합은 정규분포를 한다.
④ 푸아송분포를 따르는 서로 독립된 n개의 확률변수의 합은 푸아송분포를 한다.

해설 • $t_{1-\alpha/2}(\nu)=\sqrt{F_{1-\alpha}(1\cdot\nu)}$

• $u^2_{1-\alpha/2}=\chi^2_{1-\alpha}(1)$

37 100개의 표본에서 구한 데이터로부터 두 변수의 상관계수를 구하였더니 0.8이었다. 모상관계수가 0이 아니라면, 모상관계수와 기준치와의 상이검정을 위하여 z변환할 경우 z의 값은 약 얼마인가? (단, 두 변수 x, y는 모두 정규분포에 따른다.)

① −1.099 ② −0.8
③ 0.8 ④ 1.099

해설 $z=\frac{1}{2}\ln\frac{1+r}{1-r}$
$=\tanh^{-1}0.8$
$=1.099$

정답 34.③ 35.③ 36.② 37.④

38 A와 B는 독립사건이며, $P(A)=0.3$, $P(B)=0.6$이라고 할 때, $P(A^c \cap B^c)$는 얼마인가?

① 0.22 ② 0.24
③ 0.28 ④ 0.36

해설 $P(A^c \cap B^c) = P(A^c) \times P(B^c)$
$= 0.7 \times 0.4 = 0.28$

39 2개 회사의 제품을 각각 로트로부터 랜덤하게 뽑아 인장강도를 측정하여 다음의 [데이터]를 구했다. 두 회사 제품의 평균치 차에 대한 검정결과로 맞는 것은? (단, $\sigma_S = 3\text{kg/mm}^2$, $\sigma_Q = 5\text{kg/mm}^2$, $u_{0.975} = 1.96$, $u_{0.995} = 2.576$이다.)

[데이터]
- S사 : 26 27 18 26 25 24
- Q사 : 14 20 16 17 23 21

① 유의수준 1%, 5%에서 모두 두 회사 제품의 평균치에 차이가 없다.
② 유의수준 1%에서 두 회사 제품의 평균치에 차이가 있다고 할 수 있다.
③ 유의수준 5%에서는 두 회사 제품의 평균치에 차이가 없으나, 유의수준 1%에서는 차이가 있다고 할 수 있다.
④ 유의수준 1%에서는 두 회사 제품의 평균치에 차이가 없으나, 유의수준 5%에서는 차이가 있다고 할 수 있다.

해설 1. 가설
$H_0 : \mu_S = \mu_Q$, $H_1 : \mu_S \neq \mu_Q$
2. 유의수준 : $\alpha = 0.05$ 또는 $\alpha = 0.01$
3. 검정통계량
$$u_0 = \frac{(\bar{x}_S - \bar{x}_Q) - \delta}{\sqrt{\frac{\sigma_S^2}{n_S} + \frac{\sigma_Q^2}{n_Q}}} = \frac{(24.33 - 18.5) - 0}{\sqrt{\frac{1}{6}(3^2 + 5^2)}} = 2.449$$
4. 기각치
- $\alpha = 0.05$인 경우 : $-u_{1-0.025} = -1.96$
  $u_{1-0.025} = 1.96$
- $\alpha = 0.01$인 경우 : $-u_{1-0.005} = -2.576$
  $u_{1-0.005} = 2.576$

5. 판정 : $\alpha = 0.05$에서 유의하나, $\alpha = 0.01$에서는 유의하지 않다.

40 슈하트 관리도에서 점의 배열과 관련하여 이상원인에 의한 변동의 판정규칙에 해당되지 않는 것은?

① 15개의 점이 중심선의 위아래에서 연속적으로 1σ 이내의 범위에 있는 경우
② 중심선 어느 한쪽으로 연속 6점이 타점되는 경우
③ 3개의 점 중에서 2개의 점이 중심선의 한쪽에서 연속적으로 $2\sigma \sim 3\sigma$의 범위에 있는 경우
④ 5개의 점 중에서 4개의 점이 중심선의 한쪽에서 연속적으로 $1\sigma \sim 3\sigma$의 범위에 있는 경우

해설 연(Run)이 9인 경우 비관리상태로 판정한다.

제3과목 생산시스템

41 1986년 미국의 보스사에서 최초로 도입한 것으로, 발주회사와 공급업체를 하나의 가상기업으로 인식해 각종 중복적인 업무와 비능률적인 업무를 제거하여 원가를 절감하고 업무속도의 단축을 꾀하는 경영기법의 명칭은?

① ERP 시스템
② MPR 시스템
③ JIT 시스템
④ JIT－Ⅱ 시스템

해설 납품회사로부터 필요한 때에 필요한 만큼의 자재만 공급받음으로써 재고를 최소한으로 줄이는 JIT 시스템과 다른 점은 자재 및 부품 공급자, 즉 납품회사의 직원이 발주회사에 상주하면서 구매·납품 업무를 대행하여, 두 회사 모두의 업무 효율성을 높임으로써, 서로 윈윈할 수 있는 상호협력 시스템이 JIT－Ⅱ 시스템이다.

42 총괄생산계획(APP)의 전략 중 생산율, 즉 생산성을 수요의 변동에 대응시키는 전략에서 고려되는 비용은?

① 잔업수당
② 재고유지비
③ 해고비용, 퇴직수당
④ 납기지연으로 인한 손실

해설 ②, ④항은 재고수준, ③항은 고용수준에 대한 고려비용이다. 생산율은 조업수준에 해당되어, 잔업비용 또는 유휴시간비용이 이에 해당된다.

 정답 38.③ 39.④ 40.② 41.④ 42.①

43 단일기계로 n개의 작업을 처리할 경우의 일정계획에 관한 설명으로 틀린 것은?

① 평균납기지체일을 최소화하기 위해서는 존슨의 규칙을 사용한다.
② 긴급률(critical ratio)이 작은 순으로 배정하면 대체로 평균납기지체일을 줄일 수 있다.
③ 최대납기지체일을 최소화하기 위해서는 납기일이 빠른 순으로 작업순서를 결정한다.
④ 평균흐름시간(average flow time)을 최소화하기 위해서는 최단작업시간 우선법칙을 사용한다.

해설 • Johnson의 법칙은 순위가 있는 두 대의 기계를 통하여 n개의 작업물을 처리하는 경우, 유휴시간을 최소화시키는 기법이다.
• 평균납기지연일을 최소로 하려면 최소납기일 우선법(EDD)을 사용하며, 작업 전체의 납기지연이 최소화된다.

44 다음은 생산관리에서 휠 라이트에 의해 제시된 생산과업의 우선순위 평가기준이다. 단계별 순서로 맞는 것은?

> ㉠ 전략사업 단위 인식
> ㉡ 전략사업 우선순위 결정
> ㉢ 전략사업 우선순위 평가
> ㉣ 과업기준 및 측정의 정의

① ㉠ → ㉣ → ㉡ → ㉢
② ㉡ → ㉢ → ㉠ → ㉣
③ ㉢ → ㉠ → ㉣ → ㉡
④ ㉣ → ㉠ → ㉡ → ㉢

해설 전략사업의 구체적 인식이 우선이다.

45 생산설비 배치형태를 GT 배치에 적용하였을 때, 생산성의 이점에 해당하지 않는 것은?

① 원활한 자재흐름
② 준비시간의 감소
③ 작업공간의 확대
④ 재공품 재고의 감소

해설 GT는 집적가공방식으로 유사부품을 모아 생산함으로써 대량생산의 효과를 보는 시스템이다.
GT 배치로 설비가 증가할 수 있으므로 작업공간의 확대는 장점과 거리가 멀다.

46 PTS(Predetermined Time Standard) 기법의 특징으로 틀린 것은?

① 작업자 수행도평가(performance rating)가 필요 없다.
② 전문적인 교육을 받은 전문가가 아니면 활용이 어렵다.
③ 시간연구법에 비해 작업방법을 개선할 수 있는 기회가 적다.
④ 작업동작은 한정된 종류의 기본요소동작으로 구성된다는 가정을 전제로 한다.

해설 PTS는 방법연구와 시간연구를 결합한 간접측정방식이므로 작업측정이 필요 없어 작업방법 개선에 치중할 수 있다.

47 노동력, 설비, 물자, 공간 등의 생산자원을 누가, 언제, 어디서, 무엇을, 얼마나 사용할 것인가를 결정하는 작업계획으로 주 · 일 · 시간 단위별 계획을 수립하는 것은?

① 공정계획 ② 생산계획
③ 작업계획 ④ 일정계획

해설 문제는 일정계획에 대한 내용이다.

48 다음 중 고정주문량 모형의 특징을 설명한 것으로 맞는 것은?

① 주문량은 물론 주문과 주문 사이의 주기도 일정하다.
② 최대재고수준은 조달기간 동안의 수요량 변동 때문에 언제나 일정한 것은 아니다.
③ 재고수준이 재주문점에 도달하면 주문하기 때문에 재고수준을 계속 실사할 필요는 없다.
④ 하나의 공급자로부터 상이한 수많은 품목을 구입하는 경우에 수량 할인을 받기 위해 적용하면 유리하다.

해설 • 정량발주형(고정주문량 모형) : Q system은 재고가 일정수준(발주점)에 이르면 일정량을 발주하는 형태로, 계속적 실사로 조달기간 중 수요변화에 대비하는 안전재고 방식이다. 또한, 재고가 발주점에 이르러야 발주하므로 발주주기는 부정기적이고, 재고의 성격은 활동재고로 수요가 계속적이고 수요변화가 적은 B · C급품에 적용된다.
• 정기발주형 : P system은 정기적으로 부정량을 발주하는 시스템으로 정기적으로 실사하는 방식을 채택한다. 조달기간 및 발주기간 중 수요변화에 대비하는 안전재고 방식으로 안전재고 수준이 높고, 수요변동이 큰 물품이나 A급 품목에 적용된다.

정답 43.① 44.① 45.③ 46.③ 47.④ 48.②

49 설비종합효율을 저해시키는 로스와 효율관리지표와 의 관계를 설명한 것으로 가장 적절한 것은?

① 고정로스와 초기로스는 성능가동률을 떨어지게 한다.
② 일시정지로스와 속도저하로스는 성능가동률을 떨어지게 한다.
③ 불량－수정로스와 초기－수율로스는 시간가동률을 떨어지게 한다.
④ 고장로스와 작업준비－조정로스는 양품률(적합품률)을 떨어지게 한다.

해설
- 불량로스 : 불량 재가공로스 · 초기로스 ⇒ 양품률
- 속도로스 : 공전, 순간정지로스 · 속도저하로스 ⇒ 성능가동률
- 정지로스 : 고장정지로스 · 작업준비 조정로스 ⇒ 시간가동률

※ 설비종합효율＝시간가동률×성능가동률×양품률

50 다음 설명 중 공정별(기능별) 배치의 내용으로 맞는 것은?

① 흐름생산방식이다.
② 범용 설비를 이용한다.
③ 제품 중심의 설비배치이다.
④ 소품종 대량생산방식에 적합하다.

해설
- 공정별 배치 : 다품종 소량생산의 설비배치
- 제품별 배치 : 소품종 대량생산의 설비배치

51 하루 8시간 근무시간 중 일반여유시간으로 100분이 설정되었다면 여유율은 약 몇 %인가?

① 20.8%　　② 26.3%
③ 35.7%　　④ 39.4%

해설

$$A=\frac{\text{여유시간}}{\text{근무시간}}=\frac{\text{여유시간}}{\text{정미시간}+\text{여유시간}}=\frac{100}{480}\times 100=20.8\%$$

※ 근무시간 기준으로 여유율을 구하는 방식을 내경법이라고 하고, 정미시간 기준으로 여유율을 산정하는 방식을 외경법이라고 한다.

52 시스템(system)의 개념과 관련되는 주요 내용들은 시스템의 특성 내지 속성으로 나타내는데, 시스템의 4가지 기본속성이 아닌 것은?

① 관련성　　② 목적추구성
③ 기능성　　④ 환경적응성

해설 ③ 기능성 → 집합성

53 공정도에 사용되는 기호와 이에 대한 설명으로 맞는 것은?

① ○ : 정보를 주고받을 때나 계산을 하거나 계획을 수립할 때에는 제외된다.
② □ : 완성단계로 한 단계 접근시킨 것으로 작업을 위한 사전준비작업도 포함된다.
③ D : 공식적인 어떤 형태에 의해서만 저장된 물건을 움직이게 할 수 있을 때를 의미한다.
④ ⇨ : 작업대상물의 이동으로 검사 또는 가공 도중에 작업자에 의해서 작업장소에서 발생되는 경우는 사용하지 않는다.

해설
① ○ : 작업
② □ : 검사
③ D : 정체
④ ⇨ : 운반

54 MRP의 주요 기능으로 볼 수 없는 것은?

① 재고수준 통제　　② 우선순위 통제
③ 생산능력 통제　　④ 작업순위 통제

해설 MRP는 일정계획 및 재고통제기법으로 자재소요계획을 일정계획에 융합시킨 시스템이며, 생산계획 및 통제를 목적으로 하며, 주요 기능으로는 ㉠ 발주정보 제공, ㉡ 재고수준 통제, ㉢ 우선순위 통제, ㉣ 생산능력 통제를 들 수 있다.

55 3월의 수요예측값이 500개이고, 실제 판매량이 540개일 때, 4월의 수요예측값은? (단, 지수평활계수 $\alpha=0.2$로 한다.)

① 484개　　② 496개
③ 508개　　④ 520개

해설

$$F_t=\alpha D_{t-1}+(1-\alpha)F_{t-1}=0.2\times 540+(1-0.2)\times 500=508$$

정답 49.② 50.② 51.① 52.③ 53.④ 54.④ 55.③

56 단속생산의 특징에 해당하는 것은?

① 계획생산
② 다품종 소량생산
③ 특수목적용 전용 설비
④ 수요예측에 따른 마케팅활동 전개

해설 • 주문생산 – 개별생산 – 다품종 소량생산 – 단속생산
• 예측생산 – 연속생산 – 소품종 대량생산 – 연속생산

57 품종별 한계이익을 산출하고, 이를 고정비와 대비하여 손익분기점을 구하는 방식을 무엇이라고 하는가?

① 개별법
② 기준법
③ 절충법
④ 평균법

해설 ② 기준법 : 대표적 품종을 기준품종으로 하여 기준품종의 한계이익률로 손익분기점을 산출하는 방식이다.
③ 절충법 : 개별법에 평균법과 기준법을 절충한 방식이다.
④ 평균법 : 제품들의 한계이익률이 다른 경우 평균한계이익률로 손익분기점을 산출하는 방식이다.

58 다음 중 설비보전조직의 기본유형에 해당되지 않는 것은?

① 분산보전
② 절충보전
③ 지역보전
④ 집중보전

해설 설비보전의 기본유형은 집중보전, 지역보전, 부문보전, 절충보전의 4가지이다.

59 어느 프레스공장에서 프레스 10대의 가동상태가 정지율 25%로 추정되고 있다. 이때 워크샘플링법에 의해서 신뢰도 95%, 상대오차 ±10%로 조사하고자 할 때 샘플의 크기는 약 몇 회인가?

① 72회 ② 96회
③ 1200회 ④ 1536회

해설
$$n=\frac{4(1-p)}{s^2p}$$
$$=\frac{4(1-0.25)}{0.10^2\times 0.25}$$
$$=1200$$

60 공급자가 복수일 경우와 비교하여 단일공급자인 경우의 장점이 아닌 것은?

① 품질 균일
② 규모의 경제 실현
③ 신제품 개발 협력이 용이
④ 문제 발생 시 공급자 교체 가능

해설 협력업체를 일원화할 경우 협력업체의 개발협력 용이, 품질향상 및 원가절감 등의 장점이 있지만, 문제발생 시 대체가 쉽지 않은 단점이 있다.

제4과목 신뢰성 관리

61 두 개의 부품 A와 B로 구성된 대기 시스템이 있다. 두 부품의 평균고장률이 $\lambda_1=0.03$, $\lambda_2=0.02$인 지수분포를 따른다면, 50시간까지 시스템이 작동할 확률은 약 얼마인가? (단, 스위치의 작동확률은 1.00으로 가정한다.)

① 0.264 ② 0.343
③ 0.657 ④ 0.736

해설
$$R_S(t=50)=\frac{1}{\lambda_1-\lambda_2}(\lambda_1 e^{-\lambda_2 t}-\lambda_2 e^{-\lambda_1 t})$$
$$=\frac{1}{0.03-0.02}(0.03\times e^{-0.02\times 50}-0.02\times e^{-0.03\times 50})$$
$$=0.6573$$

62 정상전압 220V의 콘덴서 10개를 가속전압 260V에서 3개가 고장 날 때까지 가속수명시험을 하였더니 63시간, 112시간, 280시간에 각각 1개씩 고장 났다. 가속계수값이 2.31인 경우 α(알파)승 법칙을 사용하여 정상전압에서의 평균수명시간을 구하면 약 얼마인가?

① 557.87 ② 1610.56
③ 1859.55 ④ 3679.55

해설
$$\theta_n=\left(\frac{V_s}{V_n}\right)^{\alpha}\theta_s$$
$$=AF\times\frac{T_s}{r_s}$$
$$=2.31\times\frac{(63+112+280)+7\times 280}{3}$$
$$=1859.55\text{시간}$$

정답 56.② 57.① 58.① 59.③ 60.④ 61.③ 62.③

63 아이템의 모든 서브 아이템에 존재할 수 있는 결함모드에 대한 조사와 다른 서브 아이템 및 아이템의 요구기능에 대한 각 결함모드의 영향을 확인하는 정성적 신뢰성 분석방법은?

① FTA
② FMEA
③ FMECA
④ Fail safe

해설 ① FTA : 정량적 분석방법
② FMEA : 정성적 분석방법
③ FMECA : FMEA에 치명도 해석을 포함시킨 방법

64 수명분포가 평균 300, 표준편차 30인 정규분포를 따르는 제품이 있다. 이미 300시간을 사용한 이 제품이 앞으로 30시간 더 작동할 신뢰도는 약 얼마인가? (단, $u_{0.8413}=1$, $u_{0.95}=1.645$, $u_{0.975}=1.96$, $u_{0.9772}=2$이다.)

① 4.56% ② 15.87%
③ 31.74% ④ 50.00%

해설
$$R(t=330/t=300)=\frac{P(t\geq 330)}{P(t\geq 300)}=\frac{P\left(z\geq\frac{330-300}{30}\right)}{P\left(z\geq\frac{300-300}{30}\right)}=\frac{P(z\geq 1)}{P(z\geq 0)}=\frac{0.1587}{0.5}=0.3174(31.74\%)$$

65 동일한 신뢰도를 갖는 2개의 부품으로 병렬 구성되어 있는 장비의 목표신뢰도가 0.95가 되려면 각 부품의 신뢰도는 약 얼마인가?

① 0.0500
② 0.2236
③ 0.7764
④ 0.9025

해설 $R_S=1-(1-R_i)^n$
$$R_i=1-(1-R_S)^{\frac{1}{n}}=1-(1-0.95)^{\frac{1}{2}}=0.7764$$

66 다음 중 신뢰성 설계에 대한 설명으로 잘못된 것을 고르면?

① 설계품질을 목표품질이라고도 부른다.
② 시스템의 품질은 설계에 의해 많이 좌우된다.
③ 설계품질에는 설계 및 기능, 신뢰성 및 보전성, 안정성이 포함된다.
④ 설계단계에서 설계품질이 떨어지더라도 제조단계에서 약간만 노력하면 좋은 품질시스템을 만들 수 있다.

해설 우수한 품질시스템의 구축은 제조단계도 중요하지만, 설계 · 개발 단계에서 시스템의 품질 구축이 거의 이루어진다.

67 신뢰성 샘플링검사에서 MTBF와 같은 수명데이터를 기초로 로트의 합부판정을 결정하는 것은?

① 계수형 샘플링검사
② 계량형 샘플링검사
③ 층별형 샘플링검사
④ 선별형 샘플링검사

해설 MTBF(평균수명)는 연속형 특성값이다.

68 다음 [그림]의 신뢰성 블록도에 맞는 FT(Fault Tree, 고장목)도를 고르면?

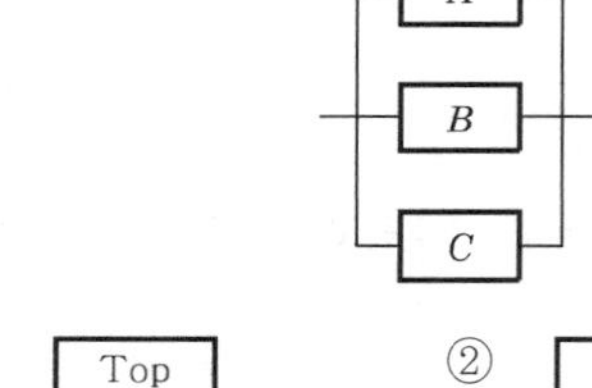

①
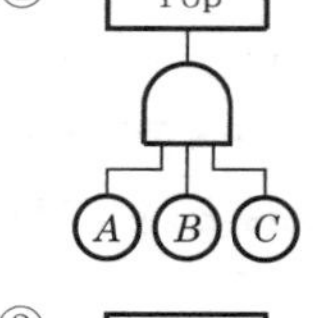

②
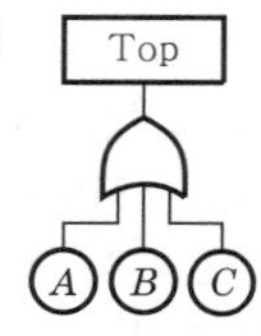

③
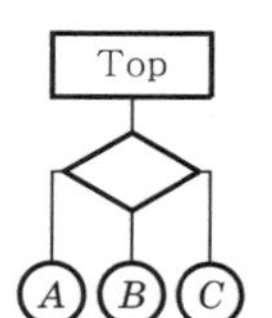

④
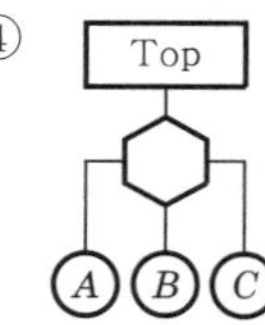

해설 • 병렬 시스템 : and gate
• 직렬 시스템 : or gate

정답 63.② 64.③ 65.③ 66.④ 67.② 68.①

69 고장시간 데이터가 와이블분포를 따르는지 알아보기 위해 사용하는 와이블확률지에 대한 설명 중 틀린 것은?

① 관측 중단된 데이터는 사용할 수 없다.
② 고장분포가 지수분포일 때도 사용할 수 있다.
③ 분포의 모수들을 확률지로부터 구할 수 있다.
④ t를 고장시간, $F(t)$를 누적분포함수라고 할 때 $\ln t$와 $\ln\ln\frac{1}{1-F(t)}$과의 직선관계를 이용한 것이다.

해설 ① 관측 중단된 데이터도 사용하여 불신뢰도의 계산을 행하나, 타점은 하지 않는다.

70 부품에 가해지는 부하(x)는 평균 25000, 표준편차 4272인 정규분포를 따르며, 부품의 강도(y)는 평균 50000이다. 신뢰도 0.999가 요구될 때 부품 강도의 표준편차는 약 얼마인가? (단, $P(u>-3.1)=0.999$이다.)

① 3680　　② 6840
③ 7860　　④ 9800

해설
$$P(y>x)=P(y-x>0)$$
$$=P(z>0)$$
$$=P\left[u>\frac{0-(\mu_y-\mu_x)}{\sqrt{\sigma_x^2+\sigma_y^2}}\right]$$
$$=0.999$$
$\Rightarrow \frac{\mu_x-\mu_y}{\sqrt{\sigma_x^2+\sigma_y^2}}=-3.1$에서 σ_y에 관하여 정리하면,
$$\sigma_y=\frac{(\mu_x-\mu_y)^2-3.1^2\sigma_x^2}{3.1^2}=6840$$

71 제품이 고장 나기 전까지 제품의 평균수명을 의미하는 용어는?

① MDT
② MTBF
③ MTTR
④ MTTF

해설
• MTBF : 수리 가능한 경우의 평균수명
• MTTF : 수리 불가능한 경우의 평균수명

72 다음 [표]는 샘플 200개에 대한 수명시험 데이터이다. 500~1000 관측시간에서의 경험적(empirical) 고장률 $[\lambda(t)]$은 얼마인가?

구간별 관측시간	구간별 고장개수
0~200	5
200~500	10
500~1000	30
1000~2000	40
2000~5000	50

① 1.50×10^{-4}/h
② 1.62×10^{-4}/h
③ 3.24×10^{-4}/h
④ 4.44×10^{-4}/h

해설
$$\lambda(t)=\frac{n(t)-n(t+\Delta t)}{n(t)}\times\frac{1}{\Delta t}$$
$$=\frac{30}{185}\times\frac{1}{500}$$
$$=3.243\times10^{-4}/\text{시간}$$

73 고장밀도함수가 지수분포를 따를 때, $MTBF$ 시점에서 신뢰도의 값은?

① e^{-1}　　② e^{-2t}
③ e^{-3t}　　④ $e^{-\lambda t}$

해설
$$R(t=MTBF)=e^{-\frac{t}{MTBF}}$$
$$=e^{-\frac{MTBF}{MTBF}}$$
$$=e^{-1}$$

74 주어진 조건에서 규정된 기간에 보전을 완료할 수 있는 성질을 보전성이라 하고, 그 확률을 보전도라 정의한다. 이때 주어진 조건에 포함되지 않아도 되는 사항은?

① 보전성의 설계
② 보전자의 자질
③ 보전예방과 사후보전
④ 설비 및 예비품의 정비

해설 보전일정계획은 주어진 조건이 아닌 일정계획상의 문제이다.

정답 69.① 70.② 71.④ 72.③ 73.① 74.③

75 부품의 신뢰도가 각각 0.85, 0.90, 0.95인 3개의 부품으로 구성된 직렬시스템이 있다. 이 시스템의 신뢰도를 향상시키고자 할 때, 특별한 제한조건이 없는 경우 시스템의 신뢰도에 가장 민감한 부품은?

① 신뢰도가 0.85인 부품
② 신뢰도가 0.90인 부품
③ 신뢰도가 0.95인 부품
④ 3개 부품 모두 동일하다.

해설 신뢰도가 낮을수록 부품 중복을 하게 되면, 시스템의 신뢰도 향상에 효과적이다.

76 욕조형(bath-tub)의 고장률 곡선에서 디버깅(de-bugging), 번인(burn-in) 등의 방법을 통해 나쁜 품질의 부품들을 걸러내야 할 필요성이 있는 시기는?

① 초기 고장기
② 우발 고장기
③ 중간 고장기
④ 마모 고장기

해설 고장률함수 DFR인 초기고장기의 조치는 보전예방(MP)과 에이징 테스트인 디버깅·번인·스크리닝 시험을 행하여 고장률을 줄인다.

77 수명분포가 지수분포인 부품 n개를 t_0시간에서 정시중단시험을 하였다. t_0시간 동안 고장수는 r개이고, 고장품을 교체하지 않는 경우 각각의 고장시간이 t_1, …, t_r이라면, 고장률 λ에 대한 추정치는?

① $r/\sum_{i=1}^{r} t_i$
② $\left(\sum_{i=1}^{r} t_i + (n-r)t_0\right)/r$
③ $n/\left(\sum_{i=1}^{r} t_i + (n-r)t_0\right)$
④ $r/\left(\sum_{i=1}^{r} t_i + (n-r)t_0\right)$

해설 $\hat{\lambda} = \frac{r}{T}$

78 8개의 테니스 라켓에 대한 신뢰성 시험에서 모두 고장이 발생했다. 6번째 고장에 대한 중앙순위(Median Rank)법을 사용했을 때, 신뢰성의 누적고장확률값은 얼마인가?

① 60% ② 64%
③ 68% ④ 75%

해설
$$F(t) = \frac{i-0.3}{n+0.4} = \frac{6-0.3}{8+0.4} = 0.679 \fallingdotseq 0.68(68\%)$$

79 Y시스템의 고장률이 시간당 0.005라고 한다. 가용도가 0.990 이상이 되기 위해서는 평균수리시간이 약 얼마여야 하는가?

① 0.4957시간
② 0.9954시간
③ 2.0202시간
④ 2.5252시간

해설 $A = \frac{MTBF}{MTBF+MTTR} = \frac{\mu}{\lambda+\mu}$ 이므로,

$$\mu = \frac{A\lambda}{1-A} = \frac{0.990\times0.005}{1-0.990} = 0.495$$

따라서, $MTTR = \frac{1}{\mu} = \frac{1}{0.495}$ =2.0202시간

80 고장률이 λ인 지수분포를 따르는 n개의 부품을 T시간 사용할 때 C건의 고장이 발생하는 확률은 어떤 분포로부터 구할 수 있는가? (단, n은 굉장히 크다고 한다.)

① 지수분포
② 푸아송분포
③ 베르누이분포
④ 와이블분포

해설 $C \geq \lambda nt + u_{1-\alpha}\sqrt{\lambda nt}$

※ 고장개수(r)의 분포는 $E(r)=\lambda nt$, $V(r)=\lambda nt$인 푸아송분포를 따른다.

 정답 75.① 76.① 77.④ 78.③ 79.③ 80.②

제5과목 품질경영

81 다음 중 품질 관련 소집단활동의 유형이라고 볼 수 있는 것은?

① 품질분임조활동 ② 경영혁신활동
③ 품질위원회활동 ④ 품질전략위원회

해설 소집단활동은 회사 종업원의 자율적인 그룹활동을 뜻하며, 품질분임조활동, 자율경영팀 등이 있다.

82 다음 중 서비스의 개념과 특징에 대한 설명으로 틀린 것은?

① 물리적 기능은 서비스도 사전에 검사되고 시험되어야 한다는 측면에서 측정 가능하고 재현성이 있는 사항에 대한 형이상학적 기능을 의미한다.
② 물리적 기능과 정서적 기능은 서비스산업에서 서비스를 구성하는 2대 기능으로, 대개는 서비스산업의 업종에 따라 두 기능의 비중이 다르다.
③ 전기, 가스, 수도, 운수, 통신 등의 업종은 물리적 기능의 비중이 높고, 음식점과 호텔 등의 업종은 물리적 기능과 정서적 기능의 비율이 분산되어 있다.
④ 정서적 기능은 물리적 기능에 부가해서 고객에게 정서, 안심감, 신뢰감 등 정신적 기쁨의 감정을 불러일으키는 기분이나 분위기를 주는 움직임을 의미한다.

해설 물리적 기능은 서비스도 사전에 검사되고 시험되어야 한다는 측면에서 측정 가능하고 재현성이 있는 사항에 대한 형이하학적 기능을 말한다.

83 품질비용으로 볼 수 없는 것은?

① 교육훈련비 ② 직접노무비
③ 스크랩 비용 ④ 검사기기의 보수비

해설 ① 교육훈련비 : P－cost
③ 스크랩 비용 : F－cost
④ 검사기기의 보수비 : A－cost(PM 비용)
※ 품질비용(Q－cost)은 적합비용인 P－cost, A－cost와 부적합비용인 F－cost로 구성된다.

84 히스토그램의 작성 목적으로 가장 관계가 먼 것을 고르면?

① 공정능력을 파악하기 위해
② 데이터의 흩어진 모양을 알기 위해
③ 품질에 영향을 주는 중요 원인을 발견하기 위해
④ 규격치와 비교하여 공정의 현황을 파악하기 위해

해설 ③항의 경우에는 특성요인도를 사용한다.

85 품질경영시스템－요구사항(KS Q ISO 9001)에서 사용되지 않는 용어는?

① 적용 제외
② 문서화된 정보
③ 외부공급자
④ 제품 및 서비스

해설 2018판에서는 "적용 제외"를 사용하지 않는다.

86 게하니(Gehani) 교수가 구상한 품질가치사슬 구조로 볼 때 최고 정점에 있다고 본 전략종합품질에 대한 품질선구자의 사상에 해당하는 것은?

① 고객만족품질과 시장품질
② 설계종합품질과 원가종합품질
③ 전사적 종합품질과 예방종합품질
④ 시장창조 종합품질과 시장경쟁 종합품질

해설 품질가치사슬은 기본적인 부가가치활동을 전개하는 테일러의 검사품질, 데밍의 공정관리 종합품질과 이시가와의 예방품질을 하층 기반으로 하여, 중심부는 설계종합품질과 원가종합품질로 구성된 '경영종합품질'을 지목하고, 상층부는 시장창조 종합품질과 시장경쟁 종합품질을 기초로 하는 '전략적 종합품질'의 제시를 통하여 고객만족품질을 이룩하려는 데 있다.

87 신QC 7가지 기법 중 장래의 문제나 미지의 문제에 대해 수집한 정보를 상호 친화성에 의해 정리하고 해결해야 할 문제를 명확히 하는 방법은?

① KJ법 ② 계통도법
③ PDPC법 ④ 연관도법

해설 KJ법을 친화도법이라고 한다.

정답 81.① 82.① 83.② 84.③ 85.① 86.④ 87.①

88 공차(Tolerance)에 대한 설명으로 틀린 것은?

① 공차란 품질특성의 총허용변동을 의미한다.
② 허용공차란 요구되는 정밀도를 규정하는 것이다.
③ 공차란 최대허용치수와 최소허용치수와의 차이를 의미한다.
④ 허용차는 공정 데이터로부터 구한 표준편차의 2배로 정하는 것이 일반적이다.

해설 허용차를 표준편차의 2배로 정하면 생산 전 부적합품률이 4.5%로 설계된다는 뜻이다. 공정 치우침을 고려한다면 적어도 4배 이상은 설계되어야 하며, 6배(6시그마)까지 요구되기도 한다.

89 제조물책임(PL)에 대한 설명으로 틀린 것은?

① 기업의 경우 PL법 시행으로 제조원가가 올라갈 수 있다.
② 제품에 결함이 있을 때 소비자는 제품을 만든 공정을 검사할 필요가 없다.
③ 제조물책임법(PL법)의 적용으로 소비자는 모든 제품의 품질을 신뢰할 수 있다.
④ 제품엔 결함이 없어야 하지만, 만약 제품에 결함이 있으면 생산, 유통, 판매 등의 일련의 과정에 관여한 자가 변상해야 한다.

해설 제조물책임법은 소비자가 피해를 보았을 때의 구제책으로, 품질의 신뢰와는 직접적 관계가 없다.

90 4개의 PCB 제품에서 각 제품마다 10개를 측정했을 때 부적합수가 각각 2개, 1개, 3개, 2개가 나왔다. 이때 6시그마 척도인 DPMO(Defects Per Million Opportunities)는?

① 0.2
② 2.0
③ 200000
④ 800000

해설
$$\text{DPMO} = \frac{2+1+3+2}{4\times 10}\times 1000000$$
$$= 200000\,\text{DPMO}$$
※ DPMO(100만 기회당 결함수)

91 샌더스(T.R.B. Sanders)가 제시한 현대적인 표준화의 목적으로 가장 거리가 먼 것은?

① 무역의 벽 제거
② 안전, 건강 및 생명의 보호
③ 다품종 소량생산체계의 구축
④ 소비자 및 공동사회의 이익 보호

해설 표준화는 다품종 소량생산에 역행된다.

92 다음 중 제조공정에 관한 사내표준화의 요건이 아닌 것은?

① 사내표준은 실행 가능한 것이어야 한다.
② 장기적인 방침 및 체계하에 추진되어야 한다.
③ 사내표준의 내용은 구체적이고 객관적으로 규정되어야 한다.
④ 사내표준 대상은 공정변화에 대해 기여비율이 작은 것부터 시도한다.

해설 ④ 사내표준의 대상은 공정변화에 대해 기여도가 큰 것부터 중점적으로 취급해가는 것이 효과적이다.

93 기업에서 측정 목적에 의한 분류 중 관리를 목적으로 분석 · 평가하는 측정활동으로 보기에 가장 거리가 먼 것은?

① 환경조건의 측정
② 제조설비의 측정
③ 시험 · 연구의 측정
④ 자재 · 에너지의 측정

해설 계측 목적에 의한 분류는 운전계측, 관리계측, 시험·연구계측의 3가지로 분류한다. ①, ②, ④항은 관리계측의 여러 가지 활동에 해당된다.

94 시험장소의 표준상태(KS A 0006 : 2015)에 정의된 상온 · 상습의 기준으로 맞는 것은?

① 온도 : 0~20℃, 습도 : 60~70%
② 온도 : 5~35℃, 습도 : 45~85%
③ 온도 : 10~40℃, 습도 : 63~67%
④ 온도 : 15~35℃, 습도 : 30~70%

해설
- 상온 : 20±15℃
- 상습 : 65±20%

 정답 88.④ 89.③ 90.③ 91.③ 92.④ 93.③ 94.②

95 S공정에서 50개의 측정치에 의하여 품질의 표준편차 $\sigma=8.25$를 얻었다. 규격상한이 70이고, 규격하한이 30인 경우, 이 공정의 공정능력지수(C_P)를 구하면 약 얼마인가?

① 0.11　② 0.47
③ 0.81　④ 1.31

해설
$$C_P=\frac{S_U-S_L}{6\sigma}$$
$$=\frac{70-30}{6\times 8.25}=0.81$$

96 허츠버그(Frederick Herzberg)의 동기부여-위생이론에서 만족(동기)요인에 해당되지 않는 것은?

① 인정
② 작업조건
③ 직무상의 성취
④ 성장, 자기실현

해설 작업조건은 위생요인(불만요인)에 해당된다.
※ Herzberg의 동기-위생 이론은 내적 요인과 외적 요인을 기본으로 이론이 전개되었다. 그러나 위생요인과 동기요인을 이렇게 구분하는 것은 문제가 있기에 승진(지위)을 위생요인이 아닌 동기요인으로 보는 학설이 요즘은 주류가 되었다.

97 품질코스트의 종류에 들지 않는 것은?

① 예방코스트
② 평가코스트
③ 실패코스트
④ 구입코스트

해설 Q-cost는 P-cost, A-cost, F-cost로 구분된다.

98 TQC의 3가지 기능별 관리에 해당되지 않는 것은?

① 자재관리
② 일정관리
③ 품질보증
④ 원가관리

해설 TQC의 3가지 기능별 관리는 Q(품질), C(가격), D(납기)를 기본으로 한다.

99 다음 중 품질경영시스템-요구사항(KS Q ISO 9001 : 2015)에서 정의한 품질경영원칙이 아닌 것은?

① 고객중시
② 리스크기반 사고
③ 인원의 적극참여
④ 증거기반 의사결정

해설 품질경영 7원칙
- 고객중시
- 리더십
- 인원의 적극참여
- 프로세스 접근법
- 개선
- 증거기반 의사결정
- 관계관리/관계경영

100 품질보증의 의의로 가장 적합한 것은?

① 품질이 규격한계에 있는지 조사하는 것이다.
② 품질특성을 조사하여 합 · 부 판정을 내리는 것이다.
③ 검사를 중심으로 안정된 품질을 확보하는 것이다.
④ 품질이 고객의 요구수준에 있음을 보증하는 것이다.

해설 ① : 검사
② : 검사
③ : 검사 중심의 품질관리
④ : 품질보증

정답 95.③ 96.② 97.④ 98.① 99.② 100.④

2019 제1회 품질경영기사

제1과목 실험계획법

1 블록 반복이 없는 5×5 라틴방격법에 의하여 실험을 행하고, 분산분석한 후 $A_2B_4C_3$ 조합에 대한 모평균의 구간 추정을 하기 위한 유효반복수는 얼마인가?

① $\frac{16}{15}$

② $\frac{19}{17}$

③ $\frac{35}{20}$

④ $\frac{25}{13}$

해설 라틴방격은 교호작용을 구할 수 없는 실험이다.

• $\hat{\mu}_{A_2B_4C_3} = \hat{\mu} + a_2 + b_4 + c_3$

$= (\hat{\mu} + a_2) + (\hat{\mu} + b_4) + (\hat{\mu} + c_3) - 2\hat{\mu}$

$= \frac{T_{A_2}}{k} + \frac{T_{B_4}}{k} + \frac{T_{C_3}}{k} - \frac{2T}{k^2}$

• $n_e = \frac{k^2}{3k-2} = \frac{25}{3\times5-2} = \frac{25}{13}$

2 망소특성을 갖는 제품에 대한 SN비 식으로 맞는 것은? (단, y_i는 품질특성의 측정값, n은 샘플의 크기, $\bar{y}$는 샘플 평균, s는 샘플 표준편차이다.)

① $SN = 10\log\left(\frac{\bar{y}}{s}\right)^2$

② $SN = -10\log\left(\frac{1}{n}\sum_{i=1}^{n} y_i^2\right)$

③ $SN = -10\log\left(\frac{1}{n}\sum_{i=1}^{n} \frac{1}{y_i^2}\right)$

④ $SN = -10\log\left(n\sum_{i=1}^{n} \frac{1}{y_i^2}\right)$

해설 ① : 망목특성
② : 망소특성
③ : 망대특성

3 3개의 공정라인(A_1, A_2, A_3)에서 나오는 제품의 부적합품률이 동일한지 검토하기 위하여 샘플링검사를 하였다. 작업시간(B)별로 차이가 있는지도 알아보기 위하여 오전, 오후, 야간 근무조에서 공정라인별로 각각 100개씩 조사하여 다음과 같은 데이터를 얻었다. 이때 S_T는 약 얼마인가? (단, 단위는 100개 중 부적합품수이다.)

작업시간 \ 공정라인	A_1	A_2	A_3	합계
B_1(오전)	5	3	8	16
B_2(오후)	8	5	13	26
B_3(야간)	10	6	15	31
합계	23	14	36	73

① 64.238

② 67.079

③ 124.889

④ 711.079

해설 $S_T = T - CT = 73 - \frac{73^2}{900} = 67.079$

4 $L_{27}(3^{13})$형 직교배열표에서 기본표시가 ab^2으로 나타나는 열에 A요인, ab^2c^2으로 나타나는 열에 C요인을 배치하였을 때 A와 C의 교호작용이 나타나는 열의 기본표시는?

① ab^2과 bc

② ab와 bc

③ ab^2c와 c

④ abc와 bc

해설 • XY형 : $ab^2 \times ab^2c^2 = a^2b^4c^2 = (a^2bc^2)^2 = ab^2c$

• XY²형 : $ab^2 \times (ab^2c^2)^2 = a^3b^6c^4 = c$

단, $a^3 = b^3 = c^3 = 1$이다.

정답 1.④ 2.② 3.② 4.③

5 실험횟수를 늘리지 않고 실험 전체를 몇 개의 블록으로 나누어 배치하고 블록에 고차 교호작용을 희생시켜 동일한 환경 내에서 적은 실험횟수로 실험의 정도를 향상시키기 위하여 고안한 실험계획법은?

① 교락법　　② 라틴방격법
③ 일부실시법　　④ 요인배치법

해설 문제는 교락법의 설명이다.
※ 교호작용을 구하지 않는 댓가로 실험횟수를 줄이는 실험을 일부실시법이라고 하며, 라틴방격이 대표적인 일부실시법의 실험 형태이다.

6 요인 A, B, C를 택하여 3회 반복의 지분실험을 하였을 때, 요인 $C(AB)$의 자유도($\nu_{C(AB)}$)와 오차의 자유도(ν_e)는 각각 얼마인가? (단, 요인 A, B, C는 각각 4수준, 3수준, 2수준이며, 모두 변량요인이다.)

① $\nu_{C(AB)}=12$, $\nu_e=24$
② $\nu_{C(AB)}=12$, $\nu_e=48$
③ $\nu_{C(AB)}=24$, $\nu_e=12$
④ $\nu_{C(AB)}=24$, $\nu_e=48$

해설
- $\nu_{C(AB)}=lm(n-1)=4\times3\times(2-1)=12$
- $\nu_e=lmn(r-1)=4\times3\times2\times(3-1)=48$

7 반복없는 3요인 실험(3요인 모두 모수)에서 $l=3$, $m=3$, $n=2$일 때, $\nu_{A\times C}$의 값은?

① 2　　② 4
③ 5　　④ 6

해설 $\nu_{A\times C}=\nu_A\times\nu_C=2\times1=2$

8 실험계획의 기본원리 중에서 실험의 환경이 될 수 있는 한 균일한 부분으로 나누어 신뢰도를 높이는 원리는?

① 반복의 원리
② 랜덤화의 원리
③ 직교화의 원리
④ 블록화의 원리

해설 블록화의 원리를 소분의 원리, 층별의 원리라고 하며, 군내변동(σ_w^2), 즉 실험오차변동(σ_e^2)를 줄일 수 있다.

9 다음의 [표]는 반복이 있는 2회인 2^2형 요인 실험이다. 요인 A와 B의 교호작용의 효과는?

요인	A_0	A_1
B_0	31	82
	45	110
B_1	22	30
	21	37

① −23　　② −12
③ 10　　④ 28

해설
$$A\times B=\frac{1}{4}(T_{A_0B_0}+T_{A_1B_1}-T_{A_1B_0}-T_{A_0B_1})$$
$$=\frac{1}{4}(76+67-192-43)=-23$$

10 완전 확률화 계획법(completely randomized design)의 장점이 아닌 것은?

① 처리별 반복수가 다를 경우에도 통계분석이 용이하다.
② 처리(treatment)수나 반복(replication)수에 제한이 없어 적용범위가 넓다.
③ 실험재료(experimental material)가 이질적(nonhomogeneous)인 경우에도 효과적이다.
④ 일반적으로 다른 실험계획보다 오차제곱합(error sum of square)에 대응하는 자유도가 크다.

해설 ③ 실험의 재료가 이질적이면, 재료가 변량요인으로 작용할 수 있어 실험오차가 증가하므로, 바람직한 실험이 되지 않는다.

11 실험의 관리상태를 알아보는 방법으로 오차의 등분산 가정에 관한 검토방법에 속하지 않는 것은?

① Hartley의 방법
② Bartlett의 방법
③ Satterthwaite의 방법
④ R 관리도에 의한 방법

해설 ③항은 이분산인 경우의 합성자유도를 의미하는 등가자유도의 추정에 대한 사항이다.

정답 5.① 6.② 7.① 8.④ 9.① 10.③ 11.③

12 모수요인을 갖는 1요인 실험에서 수준 1에서는 6번, 수준 2에서는 5번, 수준 3에서는 4번의 반복을 통해 특성치를 수집하였다. $\mu_1 - \mu_2$의 95% 양측 신뢰구간 식은?

① $(\bar{x}_1. - \bar{x}_2.) \pm t_{0.975}(12)\sqrt{\dfrac{2V_e}{11}}$

② $(\bar{x}_1. - \bar{x}_2.) \pm t_{0.975}(15)\sqrt{V_e\left(\dfrac{1}{6}+\dfrac{1}{5}\right)}$

③ $(\bar{x}_1. - \bar{x}_2.) \pm t_{0.975}(12)\sqrt{V_e\left(\dfrac{1}{6}+\dfrac{1}{5}\right)}$

④ $(\bar{x}_1. - \bar{x}_2.) \pm t_{0.975}(15)\sqrt{V_e\left(\dfrac{1}{5}+\dfrac{1}{4}\right)}$

해설

$$\mu_1. - \mu_2. = (\bar{x}_1. - \bar{x}_2.) \pm t_{1-\alpha/2}(\nu_e)\sqrt{\frac{V_e}{r_1}+\frac{V_e}{r_2}}$$

단, $\nu_e = \nu_T - \nu_A = 14 - 2 = 12$

13 모수요인 A와 변량요인 B의 수준이 각각 l과 m이고, 반복수가 r일 경우의 모형은 다음과 같다. 분산분석을 통해 A요인의 수준간 차이가 있는지를 검정하고자 한다. 이를 위해 F분포를 이용하고자 하는 경우, 분모의 자유도는 얼마인가?

$$x_{ijk} = \mu + a_i + b_j + (ab)_{ij} + e_{ijk}$$
$$i=1,\ 2,\ \cdots,\ l,\ j=1,\ 2,\ \cdots,\ m,\ k=1,\ 2,\ \cdots,\ r$$

① $lmr-1$　② $lm(r-1)$
③ $l(m-1)$　④ $(l-1)(m-1)$

해설 혼합모형에서의 A요인의 검정통계량은

$F_0 = \dfrac{V_A}{V_{A\times B}}$ 이므로

$\nu_{A\times B} = \nu_A \times \nu_B = (l-1)(m-1)$이 된다.

14 n개의 측정치 $y_1,\ y_2, \cdots,\ y_n$의 정수계수(定數係數) $c_1,\ c_2, \cdots,\ c_n$의 일차식 $L = c_1y_1 + c_2y_2 + \cdots + c_ny_n$을 무엇이라 하는가?

① 직교　② 단위수
③ 정규방정식　④ 선형식

해설 선형식의 변동

$$S_L = \frac{L^2}{D} = \frac{L^2}{\sum c_i^2 r_i}$$

※ 단위수(D) : 계수제곱합

15 벼 품종 A_1, A_2, A_3의 단위당 수확량을 비교하기 위하여 2개의 블록으로 층별하여 난괴법 실험을 하였다. 각 품종별 단위당 수확량이 다음과 같을 때 블록별(B) 제곱합 S_B는 약 얼마인가?

[블록 1]

A_1	A_2	A_3
47	43	50

[블록 2]

A_1	A_2	A_3
46	44	48

① 0.67　② 0.89
③ 0.97　④ 1.23

해설

$$S_B = \frac{1}{6}(T_{B_2} - T_{B_1})^2$$
$$= \frac{1}{6}(46+44+48-47-43-50)^2$$
$$= 0.667$$

16 $L_{16}(2^{15})$ 직교배열표에서 4수준 요인 A와 2수준 요인 B, C, D, F와 $A\times B$, $B\times C$, $B\times D$를 배치하는 경우, 오차항의 자유도는?

① 2　② 3
③ 4　④ 5

해설 2수준 직교배열표에서 4수준의 특정 인자를 배치하려면 3개 열을 필요로 하므로,
공열의 수는 $15-3-4-3-1-1=3$개 열이 된다.
따라서 오차 자유도 $\nu_e = 3$이다.
여기서, $\nu_A = 3$, $\nu_{A\times B} = \nu_A \times \nu_B = 3$이다.

17 반복이 없는 2요인 실험에서 A는 모수, B는 변량이다. A는 5수준, B는 4수준인 경우, $\hat{\sigma}_B^2$의 추정값을 구하는 식은?

① $\hat{\sigma}_B^2 = \dfrac{V_B - V_e}{5}$

② $\hat{\sigma}_B^2 = \dfrac{V_B - V_e}{4}$

③ $\hat{\sigma}_B^2 = \dfrac{V_e - V_B}{5}$

④ $\hat{\sigma}_B^2 = \dfrac{V_e - V_B}{4}$

해설

$$\hat{\sigma}_B^2 = \frac{V_B - V_e}{l} = \frac{V_B - V_e}{5}$$

정답 12.③ 13.④ 14.④ 15.① 16.② 17.①

18 다음 [그림]과 같이 변량요인 R(2수준), 모수요인 A(3수준), 모수요인 B(4수준)인 경우 해당되는 실험계획법은?

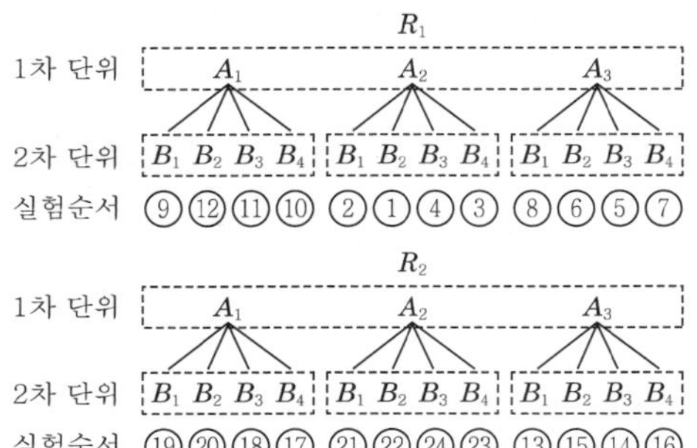

① 이단분할법
② 반복이 있는 난괴법
③ 단일분할법(일차 단위가 1요인배치)
④ 단일분할법(일차 단위가 2요인배치)

해설 1차 단위인자 A는 표시인자이고 2차 단위 B는 제어인자인 1차 단위가 1요인배치인 단일분할법의 실험이다. 1차 단위에 표시인자가 2개 배치된 경우를 1차 단위가 2요인배치인 단일분할법이라고 한다.

19 2^3형 요인배치법에서 abc, a, b, c의 4개 처리 조합을 일부실시법에 의해 실험하려고 한다. 요인 B와 별명(Alias) 관계에 있는 요인은?

① AB ② BC
③ AC ④ ABC

해설 • $B\times I=B\times(A\times B\times C)=A\times B^2\times C=A\times C$
(단, 정의대비 $I=A\times B\times C$이다.)
• $A\times B\times C=\frac{1}{4}(abc+a+b+c-ab-ac-bc-1)$

20 회귀분석에서 회귀에 의한 제곱합 S_R=62.0, 총제곱합 S_{yy}=65.5일 때, 결정계수 R^2의 값은 약 얼마인가?

① 46.1% ② 76.1%
③ 84.1% ④ 94.7%

해설
$$R^2=\frac{S_R}{S_T}\times 100=\frac{62.0}{65.5}\times 100=94.7\%$$
※ 결정계수 R^2은 r^2 혹은 ρ_R로 표기하기도 한다.

제2과목 통계적 품질관리

21 L제과회사는 10개의 대형 도매업소를 통하여 각 슈퍼마켓에 제품을 판매하고 있다. L사에서는 새로 개발한 과자의 선호도를 평가하기 위해서 도매업소 중 3개의 도매업소를 선정한 후, 각 도매업소가 공급하는 슈퍼마켓들 중 각각 5곳을 선택하여 시범 판매하려고 한다. 이것은 어떤 표본샘플링 방법인가?

① 2단계 샘플링
② 집락 샘플링
③ 단순 랜덤 샘플링
④ 층별 샘플링

해설 10개의 도매업소에서 3개의 도매업소를 취해 각각 5개의 슈퍼마켓을 선택한다면 2단계 샘플링이 된다.

22 이상적인 정규분포에 있어 중앙치, 평균치, 최빈값 간의 관계는?

① 모두 같다.
② 모두 다르다.
③ 평균치와 최빈값은 같고, 중앙치는 다르다.
④ 평균치와 중앙치는 같고, 최빈값은 다르다.

해설 완전 좌우대칭의 정규분포하면 3개의 값은 일치한다.

23 어떤 제품의 부적합수가 16개일 때, 모부적합수의 95% 신뢰한계는 약 얼마인가?

① 9.4~22.6개 ② 8.2~23.8개
③ 12.0~16.0개 ④ 15.2~16.8개

해설 $m=c\pm u_{1-\alpha/2}\sqrt{c}$
$=16\pm 1.96\sqrt{16}=8.16\sim 23.84$개

24 T제품의 개당 검사비용은 1000원이고 부적합품 혼입으로 인한 손실은 개당 15000원이다. 이 제품의 임계 부적합품률은 약 얼마인가?

① 1% ② 6.7%
③ 9.5% ④ 1.5%

해설 $P_b=\frac{a}{b}=\frac{1000}{15000}=0.067(6.7\%)$

정답 18.④ 19.③ 20.④ 21.① 22.① 23.② 24.②

25 계수치 샘플링검사 절차－제1부 : 로트별 합격품질한계(AQL) 지표형 샘플링검사 방식(KS Q ISO 2859－1 : 2016)의 보통검사에서 생산자 위험에 대한 1회 샘플링 방식에 대한 값은 100아이템당 부적합수 검사일 경우 어떤 분포에 기초하고 있는가?

① 이항분포
② 초기하분포
③ 정규분포
④ 푸아송분포

해설 결점(defect)을 부적합이라고 하며 푸아송분포를 따르고, 불량(defective)을 부적합품이라고 하는데 이항분포를 따른다.

26 공정이 안정상태에 있는 어떤 $\bar{x}-R$ 관리도에서 $n=4$, $\bar{\bar{x}}=23.50$, $\bar{R}=3.09$이었다. 이 관리도의 관리한계를 연장하여 공정을 관리할 때, $\bar{x}$ 값이 20.26인 경우 어떤 행동을 취해야 하는가? (단, $n=4$일 때, $A_2=0.73$이다.)

① 현재의 공정상태를 계속 유지한다.
② 관리한계에 대한 재계산이 필요하다.
③ 이상원인을 규명하고 조치를 취해야 한다.
④ 이 데이터를 버리고 다시 공정평균을 계산한다.

해설

$U_{CL}=\bar{\bar{x}}+A_2\bar{R}=23.50+0.73\times0.39=23.28$

$L_{CL}=\bar{\bar{x}}-A_2\bar{R}=23.50-0.73\times0.39=22.76$

$\bar{x}<L_{CL}$로 비관리상태이므로 원인규명 및 조치를 취한다.

27 검사특성곡선(OC 곡선)에 대한 설명으로 틀린 것은?

① 로트의 부적합품률과 로트의 합격확률과의 관계를 나타낸 그래프이다.
② OC 곡선에 의한 샘플링검사를 하면 나쁜 로트를 합격시키는 위험은 없다.
③ OC 곡선의 기울기가 급해지면 생산자 위험이 증가하고 소비자 위험이 감소한다.
④ OC 곡선에서 로트의 합격확률은 초기하분포, 이항분포, 푸아송분포에 의하여 구할 수 있다.

해설 OC 곡선에 의한 샘플링검사는 바람직하지 않은 품질의 Lot가 합격할 확률이 $\beta\fallingdotseq0.10$이 된다.

28 평균값 400g 이하인 로트는 될 수 있는 한 합격시키고, 평균값 420g 이상인 경우 불합격시키려고 한다. 과거의 경험으로 표준편차는 10g으로 조사되었다. 이때 $\alpha=0.05$, $\beta=0.1$을 만족시키기 위해서 시료의 크기(n)를 얼마로 하는 것이 좋은가? (단, $k_\alpha=1.645$, $k_\beta=1.282$이다.)

① 2개 ② 3개
③ 4개 ④ 5개

해설

$$n=\left(\frac{k_\alpha+k_\beta}{m_0-m_1}\right)^2\sigma^2=\left(\frac{1.645+1.282}{\Delta m}\right)^2\sigma^2$$

$$=\left(\frac{2.927}{20}\right)^2\times10^2=2.1418$$

따라서, $n=3$개가 된다.

29 컴퓨터 주변 기기 제조업자는 인터넷 광고 사이트에 배너광고를 하려고 계획 중이다. 이 사이트에 접속하는 사용자 1000명을 임의 추출하여 사용자 특성을 조사한 결과가 [표]와 같을 때, 설명으로 틀린 것은?

구분	30세 미만	30세 이상
남	250	200
여	100	450

① 임의로 선택한 사용자가 30세 미만일 확률은 0.35이다.
② 임의로 선택한 사용자가 30세 이상의 남자일 확률은 0.2이다.
③ 임의로 선택한 사용자가 여자이거나 적어도 30세 이상일 확률은 0.45이다.
④ 임의로 선택한 사용자가 남자라는 조건하에서 30세 미만일 확률은 0.56이다.

해설

① $P(\text{30세 미만})=\dfrac{350}{1000}=0.35$

② $P(\text{30세 이상 남자})=\dfrac{200}{1000}=0.2$

③ $P(\text{여자}\cup\text{30세 이상})$
$=P(\text{여자})+P(\text{30세 이상})-P(\text{여자}\cap\text{30세 이상})$
$=\dfrac{550}{1000}+\dfrac{650}{1000}-\dfrac{450}{1000}=0.75$

④ $P(\text{30세 미만}/\text{남자})$
$=\dfrac{P(\text{남자}\cap\text{30세 미만})}{P(\text{남자})}=\dfrac{250/1000}{450/1000}=0.56$

정답 25.④ 26.③ 27.② 28.② 29.③

30 상관에 관한 검정 결과 모상관계수 $\rho \neq 0$라는 결과가 나왔다. 이 결과가 의미하는 것으로 맞는 것은?

① H_0를 채택하는 것을 의미한다.
② 상관관계가 없다는 것을 의미한다.
③ 상관관계가 있다는 것을 의미한다.
④ 재검정이 필요하다는 것을 의미한다.

해설 $H_0 : \rho = 0$, $H_1 : \rho \neq 0$에서 H_0가 기각되면 $\rho \neq 0$이 되므로, 상관관계가 존재한다는 의미가 된다.

31 n=5인 $H-L$ 관리도에서 $\overline{H}$=6.443, $\overline{L}$=6.417, $\overline{R}$=0.0274일 때, U_{CL}과 L_{CL}을 구하면 약 얼마인가? (단, n=5일 때 H_2=1.36이다.)

① U_{CL}=6.293, L_{CL}=6.107
② U_{CL}=6.460, L_{CL}=6.193
③ U_{CL}=6.467, L_{CL}=6.393
④ U_{CL}=6.867, L_{CL}=6.293

해설
$$\left.\begin{matrix} U_{CL} \\ L_{CL} \end{matrix}\right] = \overline{M} \pm H_2 \overline{R}$$
$$= \frac{6.443+6.417}{2} \pm 1.36 \times 0.0274$$
$$= 6.43 \pm 0.037$$
$$\therefore \ U_{CL} = 6.467, \ L_{CL} = 6.393$$

32 우리 회사에 부품을 납품하는 협력업체의 품질이 점점 나빠지고 있다. 이 협력업체의 품질을 조사하기 위하여 제조공정으로부터 n=10의 샘플을 취하였더니 x=3개의 부적합품이 발견되었다. 이때 모부적합품률을 추정하기 위한 $\hat{p}$의 식은? (단, N은 로트의 크기이다.)

① $N-x$
② $N-n$
③ $\frac{x}{N}$
④ $\frac{x}{n}$

해설 $\hat{p} = \frac{x}{n}$

33 유의수준 α에 대한 설명으로 맞는 것은?

① 바람직하지 않은 로트(lot)가 합격할 확률이다.
② 귀무가설이 옳은데 기각할 확률이다.
③ 공정에 이상이 있는데 없다고 판정할 확률이다.
④ 관리도에서 3σ한계 대신 2σ한계를 쓰면, α는 감소한다.

해설 ① 바람직하지 않은 로트가 합격할 확률은 β이다.
② 귀무가설을 기각시킬 확률이 α이다.
③ 공정에 이상이 있는데 없다고 판단하는 확률이 β이고, 있다고 판단하는 능력을 $1-\beta$라고 한다.
④ 관리한계폭이 좁아지면 α가 증가하고, 상대적으로 검출력 $1-\beta$가 증가한다.

34 관리도의 검출력에 대한 설명 중 틀린 것은?

① 제2종 오류의 확률이 0.2이면 검출력은 0.8이다.
② 검출력이란 공정의 이상을 발견해낼 수 있는 확률이다.
③ 검출력곡선은 합격시키고 싶은 로트가 불합격될 확률을 나타낸다.
④ 공정의 이상을 가로축에 잡고, 세로축에는 검출력을 잡은 것을 검출력곡선이라고 한다.

해설 관리도의 검출력곡선은 비관리상태인 공정의 검출 확률을 나타낸 그래프이다.

35 적합성 검정에서 기대도수의 설명으로 틀린 것은?

① 관측도수의 평균이 기대도수이다.
② 귀무가설을 기준으로 계산한 것이다.
③ 기대도수의 전체의 합과 관측도수의 전체의 합은 같다.
④ 검정통계량 카이제곱값은 기대도수와 관측도수로 계산한다.

해설 각 사건의 기대도수는 총측정횟수에 기대확률을 곱한 값이다.
ex) $E_i = nP_i$

36 $\overline{x}-R$ 관리도에서 관리계수(C_f)를 계산하였더니 0.67이었다. 이 공정에 대한 판정으로 맞는 것은?

① 군 구분이 나쁘다.
② 군간변동이 작다.
③ 군내변동이 작다.
④ 대체로 관리상태이다.

해설
- $C_f < 0.8$: 군 구분의 잘못
- $C_f > 1.2$: 군간변동이 크다.
- $0.8 < C_f < 1.2$: 대체로 관리상태

정답 30.③ 31.③ 32.④ 33.② 34.③ 35.① 36.①

37 A업종에 종사하는 종업원의 임금 실태를 조사하기 위하여 표본의 크기 120명을 조사하였더니 평균 98.87만원, 표준편차 8.56만원이었다. 이들 종업원 전체 평균임금을 유의수준 1%로 추정하면 신뢰구간은 약 얼마인가? (단, $u_{0.99}=2.33$, $u_{0.995}=2.58$이다.)

① 96.66만~101.08만원
② 96.85만~100.89만원
③ 97.19만~100.55만원
④ 97.45만~100.28만원

해설
$$\mu=\bar{x}\pm u_{1-\alpha/2}\frac{\sigma}{\sqrt{n}}$$
$$=98.87\pm 2.58\times\frac{8.56}{\sqrt{120}}$$
$$=98.87\pm 2.016$$
∴ 신뢰구간은 96.85만~100.89만원이다.

38 원료 A와 원료 B에서 만들어지는 제품의 순도를 측정한 결과가 다음 [데이터]와 같다. 원료 A로부터 만들어지는 제품의 분산을 σ_A^2이라 하고, 원료 B로부터 만들어지는 제품의 분산을 σ_B^2이라 할 때, 유의수준 0.05로 $\sigma_A^2=\sigma_B^2$인가를 검정하는 데 필요한 F_0의 값은 약 얼마인가?

[데이터]	• 원료 A : 74.9%, 75.0%, 75.4%
	• 원료 B : 75.0%, 76.0%, 75.5%

① 0.280　② 1.003
③ 1.889　④ 2.571

해설
$$F_0=\frac{V_A}{V_B}=0.280$$
(단, $V_A=\frac{0.14}{2}=0.07$, $V_B=\frac{0.5}{2}=0.25$이다.)

39 크기 n의 시료에 대한 평균치 $\bar{x}$가 얻어졌다. 모평균 μ가 μ_0라고 할 수 있는가를 알고 싶다. 모집단의 분산이 알려져 있을 때 이용하는 분포는?

① t 분포　② χ^2 분포
③ F 분포　④ 정규분포

해설 모분산이 알려져 있는 경우의 평균 검정인 정확도 검정에는 표준정규분포가, 모분산을 모르는 경우는 t 분포가 적용된다.

40 부적합률에 대한 계량형 축차 샘플링검사 방식(표준편차 기지, KS Q ISO 39511)에서 하한 규격이 주어진 경우, $n_{cum}<n_t$일 때, 합격판정치(A)를 구하는 식으로 맞는 것은? (단, h_A는 합격판정선의 절편, g는 합격판정선의 기울기, n_t는 누적 샘플 크기의 중지값, n_{cum}는 누적 샘플 크기이다.)

① $A=h_A+g\sigma n_{cum}$　② $A=-h_A+g\sigma n_{cum}$
③ $A=h_A\sigma+g\sigma n_{cum}$　④ $A=-h_A\sigma+g\sigma n_{cum}$

해설 • $A=h_A\sigma+g\sigma n_{cum}$
• $R=-h_R\sigma+g\sigma n_{cum}$
※ 누계여유치 $Y=\Sigma y_i=\Sigma(x_i-S_L)=\Sigma(S_U-x_i)$로 구한다.

제3과목 생산시스템

41 예지보전에 대한 설명으로 틀린 것은?

① 과다한 보전비용의 발생을 방지할 수 있다.
② 일정한 주기에 의해 부품을 교체하는 방식이다.
③ 불필요한 예방보전을 줄이면서 트러블에 대한 미연 방지를 도모한다.
④ 부품이 정상적으로 작동하면 교체하지 않고 지속적으로 사용하며 상태를 체크한다.

해설 ②는 예방보전(PM) 중 정기보전인 시간기준보전(TBM)이다.

42 다음 중 애로공정의 일정계획기법으로 사용되는 OPT(Optimized Production Technology)의 설명으로 틀린 것은?

① 공정의 흐름보다는 능력을 균형화시킨다.
② 애로공정이 시스템의 산출량과 재고를 결정한다.
③ 시스템의 모든 제약을 고려하여 생산일정을 수립한다.
④ 자원의 이용률(utilization)과 활성화(activation)는 다르다.

해설 애로공정(bottle-neck process)의 타파는 공정 흐름의 균형화와 원활화를 하는 데 있다.

정답 37.② 38.① 39.④ 40.③ 41.② 42.①

43 웨스팅하우스법에 의한 작업수행도 평가에 반영되는 요소가 아닌 것은?

① 작업의 숙련도(Skill)
② 작업의 노력도(Effort)
③ 작업의 난이도(Difficulty)
④ 작업의 일관성(Consistency)

해설 ③ 작업의 난이도 → 작업 조건(Condition)

44 메모동작 분석(Memo-motion study)에 적합하지 않은 것은?

① 장기적 연구대상 작업
② 사이클타임이 극히 짧은 작업
③ 집단으로 수행되는 작업자의 활동
④ 불규칙적인 사이클시간을 갖는 작업

해설 ② 사이클타임이 짧은 작업은 micro-motion study가 적합하다.
※ Micro-motion study는 대량생산의 작업분석에 적용되고, Memo-motion study는 소량생산의 작업분석에 적용된다.

45 수요예측방법에 해당하지 않는 것은?

① 회귀분석
② 시계열분석
③ 분산분석
④ 전문가의견법

해설 ③ 분산분석(ANOVA)은 품질특성치에 영향을 주는 제어 가능한 요인의 최적조건 설계 시 사용되는 실험계획의 통계적 분석방법이다.

46 부품 Y 가공작업에 대하여 1주일 3600분 동안 관측한 결과, Y 가공작업의 실동률은 80%, 생산량은 576개, 작업수행도는 120%로 평가되었다. 내경법에 의한 여유율이 10%일 때, Y 가공작업의 단위당 표준시간은?

① 5.6분 ② 6.7분
③ 7.6분 ④ 8.6분

해설 $S_T = NT \times \frac{1}{1-A}$

$= \frac{3600 \times 0.8}{576} \times 1.2 \times \frac{1}{1-0.1}$

$= 6.7$분

47 기계 M으로 다음과 같은 3가지 제품을 생산하는 작업장에서 SPT(Shortest Processing Time) 규칙으로 처리순서를 정했을 때, 평균지체시간(Average Job Tardiness)은?

구분	제품 1	제품 2	제품 3
처리시간	10일	5일	7일
납기	16일	16일	16일

① 1일 ② 2일
③ 3일 ④ 4일

해설

작업물	처리시간	진행시간	납기일	납기지연일
제품 2	5	5	16	0
제품 3	7	12	16	0
제품 1	10	22	16	6
합 계		39		6

∴ 평균 납기지연일$= \frac{6}{3} = 2$일

48 1990년대 들어 컴퓨터 기술의 발전과 더불어 기업 전체의 경영자원을 유효하게 활용한다는 관점에서 기업 자원계획 또는 전사적 자원계획이라 하며, 협의의 의미로 통합형 업무 패키지 소프트웨어라 하는 것은?

① DRP ② MRP
③ ERP ④ MRP Ⅱ

해설 ERP는 전사적 자원관리 시스템으로, 자재소요량계획인 MRR에 경영정보시스템을 결합시킨 것이다.

49 특정한 보전자재의 최근 1개월간 수요가 다음과 같다. 조달기간이 2개월일 때 품절률을 5%로 하는 발주점은 약 얼마인가? (단, 품절률 5%일 때 안전계수 α는 1.65이다.)

40 42 55 38 45 50

① 98개 ② 105개
③ 113개 ④ 121개

해설 $OP = \overline{D}_L + z_\alpha \sqrt{\sigma_L^2}$

$= 90 + 1.65\sqrt{2 \times 6.5^2}$

$= 105.15$개

여기서 $\overline{D}_L$는 조달기간 중 평균수요량이고 σ_L은 조달기간 중 수요량의 편차이다.

정답 43.③ 44.② 45.③ 46.② 47.② 48.③ 49.②

50 종속수요품의 재고관리에 MRP 시스템을 적용하였을 때 기대되는 이점이 아닌 것은?

① 평균재고 감소
② 적절한 납기 이행
③ 설비 투자의 최대화
④ 자재부족현상의 최소화

해설 자원을 최적화함으로써 설비 투자를 최소화시킨다.

51 도요타 생산방식(TPS)에서 제거하고자 하는 7대 낭비가 아닌 것은?

① 기능의 낭비 ② 재고의 낭비
③ 운반의 낭비 ④ 과잉생산의 낭비

해설 ②, ③, ④와 불량의 낭비, 가공의 낭비, 대기의 낭비, 동작의 낭비를 도요타 7대 낭비라고 한다.

52 생산관리의 기본목표에 해당되지 않는 것은?

① 품질(Quality)
② 원가(Cost)
③ 납기(Delivery)
④ 개발(Development)

해설 Q, C, D 및 생산 유연성이 생산관리의 4대 목표이다.

53 M. L. Fisher가 주장한 공급사슬의 유형으로, 재고를 최소화하고 공급사슬 내 서비스업체와 제조업체의 효율을 최대화하기 위해 제품 및 서비스의 흐름을 조정하는 데 목적을 두는 공급사슬의 명칭은 무엇인가?

① 민첩형 공급사슬
(agile supply chains)
② 효율적 공급사슬
(efficient supply chains)
③ 반응적 공급사슬
(responsive supply chains)
④ 위험방지형 공급사슬
(risk-hedging supply chains)

해설 반응적 공급사슬은 수요의 불확실성에 대비하기 위하여 시장 수요에 민감하게 반응하도록 재고 크기와 생산능력의 위치를 설계한다.

54 손익분기점 분석을 이용한 제품 조합의 방법 중 다른 품종의 제품 중에서 대표적인 품종을 기준품종으로 선택하고, 그 품종의 한계이익률로 손익분기점을 계산하는 방법은?

① 절충법 ② 평균법
③ 개별법 ④ 기준법

해설 ① 절충법 : 개별법에 평균법과 기준법을 절충한 방식
② 평균법 : 평균한계이익률로 손익분기점을 산출하는 방식
③ 개별법 : 품종별한계이익액을 구하고 이를 고정비와 대비하여 손익분기점을 구하는 방식

55 총괄생산계획에서 수요의 변동에 대응하기 위해 활용할 수 있는 대안으로 가장 거리가 먼 것은?

① 하청 생산 ② 재고수준 조정
③ 고용 및 해고 ④ 생산설비 증설

해설 총괄생산계획은 연단위 정도의 수요변동에 대한 전략적 대응방안을 수립하기 위한 계획으로, 수요 변동에 대한 대응방안은 고용수준 변동, 생산율 조정 및 재고 대응전략 등이다. 생산설비 증설은 단기간에 대응할 수 있는 전략이 아니다.

56 원재료의 공급능력, 가용 노동력 그리고 기계설비의 능력 등을 고려하여 이익을 최대화하기 위한 제품별 생산비율을 결정하는 것을 무엇이라 하는가?

① 생산계획 ② 공수계획
③ 일정계획 ④ 제품조합

해설 일정계획이란 절차계획과 공수계획 후 생산에 필요한 작업의 작업시기를 결정하는 것이며, 공수계획(부하할당)은 인원이나 기계를 생산계획량과 일치되도록 조정하는 것이다.

57 자재가 공정으로 들어오는 지점 및 공정에서 행하여지는 작업기호와 검사기호만을 사용하여 공정 전체를 파악하기 위한 공정분석도표는?

① 흐름공정도표(Flow Process Chart)
② 다중활동분석(Multiple Activity Chart)
③ 작업공정도표(Operation Process Chart)
④ 작업자-기계도표(Man-Machine Chart)

해설 작업기호와 검사기호만으로 공정분석을 실시하는 기법은 작업공정도표(단순공정도표) OPC이다.

정답 50.③ 51.① 52.④ 53.② 54.④ 55.④ 56.④ 57.③

58 TPM의 목적과 가장 거리가 먼 것은?

① 안전재고 확보　② 인간의 체질개선
③ 6대 로스의 제로화　④ 설비의 체질개선

해설 TPM(Total Productive Maintenance)의 기본목적은 설비체질개선 및 작업자 체질개선을 통하여 loss zero를 달성하려는 종합적 보전활동으로, 설비효율화를 도모하여 설비종합효율을 향상하기 위한 기법이다.

59 제품의 시장수요를 예측하여 불특정 다수 고객을 대상으로 대량 생산하는 방식은?

① 계획생산　② 주문생산
③ 동시생산　④ 프로젝트생산

해설 계획생산은 수요를 예측하고 시장에 공급하는 대량생산방식으로, 재고관리가 주된 관리대상이 된다. 또한 개별생산은 다품종 소량생산으로 일정관리가 주된 관리대상이 된다.

60 집중구매(Centralized Purchasing)에 대한 설명으로 가장 거리가 먼 것은?

① 분산구매에 비하여 구매요구에 신속하게 대응할 수 있다.
② 분산구매에 비해서 공급자와 좋은 관계를 유지할 수 있어 좋다.
③ 분산구매에 비해서 상대적으로 낮은 가격으로 구매할 수 있다.
④ 분산구매에 비해서 긴급수요에 대한 대응력이 상대적으로 낮다.

해설 ① 분산구매에 비해 구매요구에 신속 대응이 어렵다.

제4과목 신뢰성 관리

61 10개의 부품이 직렬로 연결된 어떤 시스템이 있다. 각 부품의 고장률이 0.02/시간으로 모두 같다면, 이 시스템의 평균수명(MTBF)은 몇 시간인가? (단, 각 부품의 고장률함수는 CFR을 따른다.)

① 0.2시간　② 0.5시간
③ 5시간　④ 50시간

해설 $MTBF_S = \frac{1}{\lambda_S} = \frac{1}{\Sigma\lambda_i} = \frac{1}{10\times0.02} = 5$시간

62 고장해석에 관한 설명으로 틀린 것은?

① FTA는 정량적 분석방법이다.
② 고장해석기법으로 FMEA와 FTA가 많이 활용된다.
③ FMEA의 실시과정에는 고장 메커니즘에 대한 많은 정보와 지식이 필요하다.
④ FMEA는 시스템의 고장을 발생시키는 사상과 그 원인과의 관계를 관문이나 사상기호를 사용하여 나뭇가지 모양의 그림으로 설명한다.

해설 ④는 FTA(고장목 분석)의 설명이다.

63 부하의 평균(μ_x)이 1, 표준편차(σ_x)가 0.4, 재료 강도의 표준편차(σ_y)가 0.4이고, μ_x와 μ_y로부터의 거리인 n_x와 n_y가 각각 2인 경우 안전계수를 1.52로 하고 싶다면, 재료의 평균강도(μ_y)는 약 얼마가 되어야 하는가? (단, 재료의 강도와 여기에 걸리는 부하는 정규분포를 따른다.)

① 1.25　② 2.24
③ 3.05　④ 3.54

해설
$$\begin{aligned}\mu_y &= n_y\sigma_y + m(\mu_x + n_x\sigma_x)\\ &= 2\times0.4 + 1.52(1+2\times0.4)\\ &= 0.8+2.736\\ &= 3.536\end{aligned}$$

※ 안전계수(m)$= \frac{\mu_y - n_y\sigma_y}{\mu_x + n_x\sigma_x}$

64 수명분포가 지수분포인 부품 n개에 대한 수명시험 중 고장 난 부품은 교체하고 미리 정한 시간 t_0에서 시험을 중단하였다. 시간 t_0에서의 고장개수가 총 r개일 때, 고장률의 추정값은?

① $\frac{r}{nt_0}$　② $\frac{r}{\Sigma t_i + (n-r)t_0}$
③ $\frac{n}{rt_0}$　④ $\frac{n}{\Sigma t_i + (n-r)t_0}$

해설 ②항은 부품을 교체하지 않는 경우의 정시중단방식의 고장률 추정식이다.

$$\hat{\lambda} = \frac{r}{T} = \frac{r}{\Sigma t_i + (n-r)t_0}$$

※ CFR의 지수분포는 $MTBF = \frac{1}{\lambda}$ 이다.

정답 58.① 59.① 60.① 61.③ 62.④ 63.④ 64.①

65 샘플 54개에 대한 수명시험 결과 [표]와 같은 데이터를 얻었다. 이때 구간 4~5시간에서의 순간고장률은 약 얼마인가?

시간 간격	고장개수
0~1	2
1~2	5
2~3	10
3~4	16
4~5	9
5~6	7
6~7	4
7~8	1
계	54

① 0.167/시간 ② 0.429/시간
③ 0.611/시간 ④ 0.750/시간

해설
$$\lambda(t=4)=\frac{n(t=4)-n(t=5)}{n(t=4)}\times\frac{1}{\Delta t}$$
$$=\frac{9}{21}\times\frac{1}{1}$$
$$=0.429/\text{시간}$$

66 신뢰성 시험을 실시하는 적합한 이유를 다음에서 모두 나열한 것은?

㉠ MTBF 추정을 위하여
㉡ 설정된 신뢰성 요구조건을 만족하는지 확인하기 위하여
㉢ 설계의 약점을 밝히기 위하여
㉣ 제조품의 수입이나 보증을 위하여

① ㉠, ㉡ ② ㉠, ㉡, ㉢
③ ㉡, ㉢ ④ ㉠, ㉡, ㉢, ㉣

해설 신뢰성은 품질보증의 주요 사항 중 하나이다.

67 수리하면서 사용할 수 있는 기기의 신뢰도함수는 평균고장률(λ) 0.01/시간인 지수분포에 따르며, 보전도함수는 평균수리율(μ) 0.1/시간인 지수분포에 따른다고 할 때, 이 기기의 가용도(Availability)는 약 얼마인가?

① 0.09 ② 0.10
③ 0.91 ④ 1.00

해설
$$A=\frac{\mu}{\lambda+\mu}=\frac{0.1}{0.01+0.1}=0.91$$

68 욕조곡선 형태의 고장률곡선에서 우발고장기에 주로 생기는 우발고장은 어떤 분포를 사용하여 예측하는가?

① 지수분포
② F 분포
③ 정규분포
④ 푸아송분포

해설 • 우발고장기 : CFR의 지수분포
• 마모고장기 : IFR의 정규분포

69 와이블 확률지를 구성하고 있는 가로축과 세로축의 척도로서 맞는 것은? (단, X : 가로축, Y : 세로축이다.)

① $X=\ln t,\ \ Y=\ln(1-F(t))$
② $X=\ln t,\ \ Y=\ln\left(\frac{1}{1-F(t)}\right)$
③ $X=\ln t,\ \ Y=\ln\ln(1-F(t))$
④ $X=\ln t,\ \ Y=\ln\ln\left(\frac{1}{1-F(t)}\right)$

해설
$$1-F(t)=e^{-\frac{t^m}{t_0}}$$
양변에 자연로그 ln을 취하면
$$\ln(1-F(t))=-\frac{t^m}{t_0}$$
$$\rightarrow \ln\frac{1}{1-F(t)}=\frac{t^m}{t_0}$$
다시 한번 양변에 ln을 취하면
$$\ln\ln\frac{1}{1-F(t)}=m\ln t-\ln t_0$$
이는 $y=bx-a$의 형태이므로
$y=\ln\ln\frac{1}{1-F(t)}$ 이고 $x=\ln t$가 된다.

70 10℃ 법칙이 적용되는 경우에, 가속온도 100℃에서 수명시험을 하고 추정한 평균수명이 1500시간이다. 만약 가속계수가 32인 경우 정상사용조건 50℃에서의 평균수명은?

① 3000시간 ② 4800시간
③ 48000시간 ④ 60000시간

해설
$$\theta_n=AF\ \theta_s$$
$$=2^{\alpha}\ \theta_s$$
$$=32\times1500$$
$$=48000\text{시간}$$

정답 65.② 66.④ 67.③ 68.① 69.④ 70.③

71 다음 시스템의 고장목(fault tree)을 신뢰성 블록도로 가장 적절하게 표현한 것은?

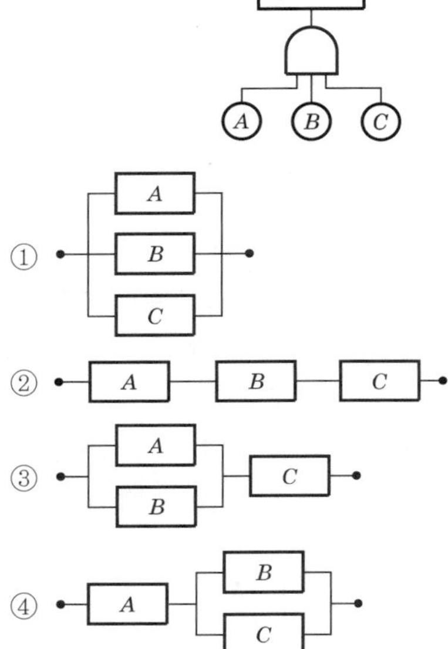

해설 FTA의 OR 게이트는 신뢰성블록도의 직렬형태이고, And 게이트는 신뢰성블록도의 병렬형태이다. FTA는 정상사상의 고장률이 F_{TOP}이고, 시스템의 신뢰도는 R_S로 서로 반대의 개념이 되기 때문에 $R_S = 1 - F_{\mathrm{TOP}}$이 된다.

72 중앙값순위(median rank) 표에서 샘플 수(n)가 10개, 고장순번(i)이 1일 때, 첫 번째 고장발생시간에서 불신뢰도 $F(t_i)$는 약 얼마인가?

① 0.013　② 0.067
③ 0.074　④ 0.083

해설
$$F(t_i) = \frac{i-0.3}{n+0.4} = \frac{1-0.3}{10+0.4} = \frac{0.7}{10.4} = 0.067$$

73 고장률함수 $\lambda(t)$가 감소형인 경우 와이블분포의 형상모수(m)는 어떠한가?

① $m<1$　② $m>1$
③ $m=1$　④ $m=0$

해설
- $m<1$: DFR(감소형)
- $m=1$: CFR(일정형)
- $m>1$: IFR(증가형)

74 신뢰도 배분에 대한 설명으로 틀린 것은?

① 신뢰도 배분은 설계 초기단계에 이루어진다.
② 신뢰도 배분은 과거 고장률 데이터가 있어야 할 수 있다.
③ 시스템의 신뢰성 목표를 서브시스템으로 배분하는 것을 의미한다.
④ 신뢰도 배분을 위해서는 시스템의 신뢰도 블록 다이어그램이 필요하다.

해설 신뢰성 배분은 시스템 설계목표치와 시스템 요구기능에 의거한 필요 직렬 결합부품수에 의해 정해지며, 과거의 고장률 데이터를 필요로 하지 않는다.

75 $MTBF$가 50000시간인 3개의 부품이 병렬로 연결된 시스템의 $MTBF$는 약 몇 시간인가?

① 13333.33시간
② 18333.33시간
③ 47666.47시간
④ 91666.67시간

해설
$$MTBF_S = \left(1+\frac{1}{2}+\frac{1}{3}\right)MTBF = \frac{11}{6}\times 50000 = 91666.67\text{시간}$$

76 어떤 부품의 수명이 와이블분포를 따를 때, 사용시간 1500시간에서의 고장률은 약 얼마인가? (단, 형상모수는 4, 척도모수는 1000, 위치모수는 1000이다.)

① 0.00045/시간
② 0.00050/시간
③ 0.00053/시간
④ 0.93940/시간

해설
$$\lambda(t) = \frac{m}{\eta}\left(\frac{t-r}{\eta}\right)^{m-1} = \frac{4}{1000}\left(\frac{1500-1000}{1000}\right)^{4-1} = 0.00050/\text{시간}$$

정답 71.① 72.② 73.① 74.② 75.④ 76.②

77 신뢰성 샘플링검사에서 고장률 척도의 설명으로 맞는 것은?

① λ_0=ARL, λ_1=LTFD
② λ_0=AQL, λ_1=LTFD
③ λ_0=ARL, λ_1=LTFR
④ λ_0=AQL, λ_1=LTFR

해설 • λ_0 : ARL(Acceptable Reliability Level)
• λ_1 : LTFR(Lot Tolerance Failure Rate)

78 어떤 장치의 고장 후 수리시간 t는 다음과 같은 파라미터의 값을 갖는 대수정규분포를 한다고 알려져 있다. 이 장치의 40시간에서 보전도 $M(t=40)$은 약 얼마인가? (단, 표준화상수 u값 계산 시 소수 셋째 자리 이하는 버린다.)

$Y=\ln t$
$\mu_Y=2.5$
$\sigma_Y=0.86$

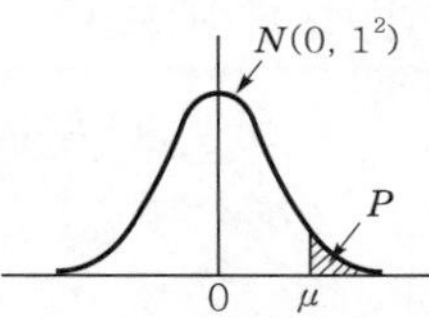

u	P_r
1.34	0.0901
1.36	0.0869
1.38	0.0838
1.40	0.0808

① 0.9099　② 0.9131
③ 0.9162　④ 0.9192

해설 $M(t=40)=P(t\le 40)$
$=P\left(z\le \frac{\ln 40-2.5}{0.86}\right)$
$=P(z\le 1.38)$
$=0.9162$

79 신뢰도 $R(t)$와 불신뢰도 $F(t)$의 관계를 맞게 나타낸 것은?

① $F(t)=R(t)-1$
② $F(t)=1-R(t)$
③ $R(t)=F(t)-1$
④ $R(t)=1-F(t)/2$

해설 $R(t)+F(t)=1$

80 동일한 부품으로 구성된 n 중 k 시스템의 신뢰도를 표현하는 데 사용되는 분포는?

① 이항분포
② 정규분포
③ 기하분포
④ 지수분포

해설 n 중 k시스템은 부품 n개 중 k개 이상이 작동되면 작동되는 시스템이므로, 이항분포의 원리가 적용된다.

$R_S=\sum_{i=k}^{n} {}_nC_i R^i(1-R)^{n-i}$

• 2/3 구조 : $R_S=3R^2-2R^3$
• 3/4 구조 : $R_S=4R^3-3R^4$

제5과목 품질경영

81 품질전략을 수립할 때 계획단계(전략의 형성단계)에서 SWOT 분석을 많이 활용하고 있다. 여기서 SWOT 분석 시 고려되는 항목이 아닌 것은?

① 근심(Trouble)
② 약점(Weakness)
③ 강점(Strength)
④ 기회(Opportunity)

해설 SWOT 분석은 SQM에서 전략 수립 시 경영현황을 직시하고 전략적 방향을 설정하는 데 사용하는 방법으로 S(강점), W(약점), O(기회), T(위협)의 약자이다.

82 어떤 제품의 규격이 8.500~8.550mm이고, $\sigma=0.015$일 때, 공정능력지수(C_P)는 약 얼마인가?

① 0.556
② 0.856
③ 0.997
④ 1.111

해설
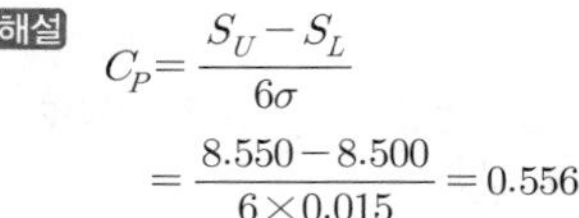
$C_P=\frac{S_U-S_L}{6\sigma}$
$=\frac{8.550-8.500}{6\times 0.015}=0.556$

정답 77.③ 78.③ 79.② 80.① 81.① 82.①

83 제품의 일반목적과 구조는 유사하나, 어떤 특정한 용도에 따라 식별할 필요가 있을 경우에 쓰는 표준화 용어는?

① 형식(type)
② 등급(grade)
③ 종류(class)
④ 시방(specification)

해설 ② 등급 : 동일한 기능으로 사용되는 대상에 대하여 상이한 요구사항으로부터 부여되는 범주 또는 순위
③ 종류 : 제품의 성능, 성분, 구조, 형상, 치수, 제조방법 등에서 구분
④ 시방 : 요구사항을 기술한 문서(시방서)

84 품질비용에 대한 설명 중 틀린 것은?

① 예방비용과 평가비용이 증가하면 실패비용은 감소한다.
② 실패비용은 공장 내 문제인 내부 실패비용과 클레임 등에서 발생되는 외부 실패비용으로 구성된다.
③ 일반적으로 실패비용이 크기 때문에 실패비용 감소효과가 예방비용이나 평가비용의 증가를 상쇄할 수 있다.
④ 회사 입장에서 총 품질비용을 최소화하는 방법은 예방비용, 평가비용 및 실패비용 사이에 적당한 타협점을 찾아야 하며, 타협점은 예방비용+평가비용=실패비용의 공식의 성립된다.

해설 예방비용과 평가비용의 합이 실패비용은 되지 않는다.

85 기업이 조직의 구성원들에게 품질에 관한 사고를 지니도록 유도하는 조직론적 방법 중 하나로서 동일한 직장에서 품질경영활동을 자주적으로 하는 활동은?

① 개선제안
② 품질분임조
③ 방침관리
④ 태스크포스팀

해설 ② 품질분임조란 품질 개선을 위하여 결성된 사내의 자주적 소그룹활동을 의미한다.
※ 방침관리계획서란 회사가 앞으로 일을 처리해 나갈 방향이나 계획을 담은 문서를 뜻한다.

86 두 개의 짝으로 된 데이터의 상관계수가 −0.9일 때, 설명으로 맞는 것은?

① 무상관관계를 나타낸다.
② 양의 상관관계를 나타낸다.
③ 음의 상관관계를 나타낸다.
④ 어떤 관계가 있는지 알 수 없다.

해설

$$r = \frac{S_{(xy)}}{\sqrt{S_{(xx)}S_{(yy)}}}$$

• $r > 0$: 양상관
• $r < 0$: 음상관
• $r = 0$: 영상관
※ $r = \pm 1$인 경우는 점의 배열이 직선을 이루는 완전상관이다.

87 다음은 국내 아무개 그룹 회장이 펼치고 있는 내용이다. 임직원에게 무엇을 불어 넣기 위한 노력의 일환인가?

> • 회장이 일일 고객상담요원으로 봉사한다.
> • 고객 A/S센터를 찾아 고객과의 대화를 마련한다.
> • 결재서류에 대표이사 다음에 고객결재란을 마련하여 고객의 입장에서 의사결정을 평가하도록 한다.

① 원가 주도적 사고
② 판매자 중심적 사고
③ 고객 지향적 사고
④ 생산자 지향적 사고

해설 고객지향적 경영에 관한 내용이다.

88 제조업자가 합리적인 대체설계(代替設計)를 채용하였더라면 피해나 위험을 줄이거나 피할 수 있었음에도 대체설계를 채용하지 아니하여 해당 제조물이 안전하지 못하게 된 경우를 의미하는 것은?

① 제조물책임
② 제조상의 결함
③ 표시상의 결함
④ 설계상의 결함

해설 대체설계가 가능함에도 채용하지 않았으므로 설계성 결함에 해당된다.
※ **제조물책임(PL)의 과실책임**
• 설계상 결함
• 제조상 결함
• 표시상 결함

 정답 83.① 84.④ 85.② 86.③ 87.③ 88.④

89 실제로 제조된 물품이 설계품질에 어느 정도 일치하고 있는가를 의미하는 완성품질은?

① 기획품질 ② 시장품질
③ 설계품질 ④ 제조품질

해설 제조품질이 설계품질에 일치되는지를 평가하는 사항으로, 적합품질이라고도 한다.

90 6시그마에 관한 설명으로 가장 거리가 먼 것은?

① 6시그마는 DMAIC 단계로 구성되어 있다.
② 게이지 R&R은 개선(Improve) 단계에 포함된다.
③ 프로세스 평균이 고정된 경우 3시그마 수준은 2700ppm이다.
④ 백만 개 중 부적합품수를 한 자릿수 이하로 낮추려는 혁신운동이다.

해설 게이지 R&R은 측정시스템 변동의 유형 중 단기적 평가의 요소로 반복성과 재현성을 뜻한다. 게이지 R&R은 측정단계와 관리단계에서 주로 실시하며, 측정오차를 최소화하기 위하여 행한다.

91 품질, 원가, 수량 · 납기와 같이 경영 기본요소별로 전사적 목표를 정하여 이를 효율적으로 달성하기 위해 각 부문의 업무분담 적정화를 도모하고 동시에 부문 횡적으로 제휴, 협력해서 행하는 활동은?

① 생산관리 ② 부문별 관리
③ 설비관리 ④ 기능별 관리

해설 Q, C, D 목표 달성을 위해 행하는 활동을 기능별 관리라고 한다.

92 품질 코스트는 요구되는 품질을 실현하기 위한 원가를 의미하며, 크게 3가지 코스트로 분류한다. 다음 중 3가지 품질 코스트에 해당되지 않는 것은?

① 실패비용(failure cost)
② 준비비용(set-up cost)
③ 평가비용(appraisal cost)
④ 예방비용(prevention cost)

해설 Q-cost는 적합비용인 P-cost, A-cost와 부적합비용인 F-cost로 구성되는데, F-cost를 어떻게 최소화하느냐에 따라 기업활동의 성패가 결정된다. 왜냐하면 적합비용인 P-cost와 A-cost의 투입보다, 눈에 보이지 않는 숨겨진 실패비용(hidden cost)이 훨씬 크기 때문이다.

93 인간이 TQM을 통해 인간이 원하는 목표를 달성하게 함으로써 최대의 만족감을 획득하고, 최대의 동기를 부여받게 하고자 한다. 이러한 욕구는 Maslow의 5가지 이론에서 어디에 해당되는가?

① 생리적 욕구 ② 자아실현의 욕구
③ 사회적 욕구 ④ 존경에 대한 욕구

해설 Maslow의 인간욕구 5단계설
㉠ 생리적 욕구
㉡ 안전 욕구
㉢ 사회적 욕구(애정과 소속의 욕구)
㉣ 자기존중의 욕구(존경욕구)
㉤ 자아실현 욕구
※ ㉠, ㉡, ㉢, ㉣을 결핍욕구, ㉤을 성장욕구라고 한다. 결핍욕구는 한 번 충족되면 더는 동기로서 작용하지는 않는다. 그러나 성장욕구는 충족될수록 그 욕구가 더욱 증대되는 욕구로, 메타욕구(meta need)라고도 한다.

94 품질경영시스템 - 기본사항 및 용어(KS Q ISO 9000 : 2015)에서 규정하고 있는 용어의 정의 중 틀린 것은?

① 절차(procedure)란 활동 또는 프로세스를 수행하기 위하여 규정된 방식을 의미한다.
② 추적성(traceability)이란 대상의 이력, 적용 또는 위치를 추적하기 위한 능력을 의미한다.
③ 프로세스(process)란 의도된 결과를 만들어 내기 위해 입력을 사용하여 상호 관련되거나 상호 작용하는 활동의 집합을 의미한다.
④ 시정조치(corrective action)란 잠재적인 부적합 또는 기타 원하지 않은 잠재적 상황의 원인을 제거하기 위한 조치를 의미한다.

해설 ④항은 예방조치(preventive action)의설명이다.

95 공차가 똑같은 부품 16개를 조립하였을 때, 공차가 $\frac{10}{300}$이었다면 각 부품의 공차는 얼마인가?

① $\frac{1}{1200}$ ② $\frac{1}{120}$
③ $\frac{1}{600}$ ④ $\frac{1}{60}$

해설 조립공차 $\sigma_T = \sqrt{n\sigma_o^2}$ 이므로

$$\sigma_o = \sqrt{\frac{1}{n}\sigma_T^2} = \sqrt{\frac{1}{16}\times\left(\frac{10}{300}\right)^2} = \frac{1}{120}$$

정답 89.④ 90.② 91.④ 92.② 93.② 94.④ 95.②

96 시험장소의 표준상태(KS A 0006 : 2015)에 대한 설명으로 틀린 것은?

① 표준상태의 기압은 90kPa 이상 110kPa 이하로 한다.
② 표준상태의 습도는 상대습도 50% 또는 65%로 한다.
③ 표준상태의 온도는 시험의 목적에 따라서 20℃, 23℃ 또는 25℃로 한다.
④ 표준상태는 표준상태의 기압하에서 표준상태의 온도 및 표준상태의 습도 각 1개를 조합시킨 상태로 한다.

해설 ① 표준상태의 기압은 86kPa 이상 106kPa 이하로 한다.

97 품질경영시스템은 시간의 흐름과 기술의 발전에 따라 진화해 왔다. 진화 순서를 바르게 나열한 것은?

① 비용 위주 시스템 → 교정 위주 시스템 → 고객 위주 시스템
② 비용 위주 시스템 → 고객 위주 시스템 → 교정 위주 시스템
③ 교정 위주 시스템 → 비용 위주 시스템 → 고객 위주 시스템
④ 교정 위주 시스템 → 고객 위주 시스템 → 비용 위주 시스템

해설 품질관리는 검사중심 품질관리에서 비용을 중심으로 하는 공정중심의 품질관리로 발전하며, 다시 구매자 눈높이에서 보는 고객중심의 품질관리로 발전되었다.

98 어떤 업무를 실행해 나가는 과정에서 발생할 수 있는 모든 상황을 상정하여 가장 바람직한 결과에 도달할 수 있도록 프로세스를 정하고자 한다. 어떤 기법을 활용하는 것이 가장 타당한가?

① PDPC ② 연관도
③ PDCA ④ 매트릭스도

해설 PDPC법
신제품 개발이나 신기술 개발, 치명적 문제회피 등과 같은 최초시점에서 최종결과까지 행방을 짐작할 수 없는 문제에 대하여 과정에 대한 해법을 얻는 기법이다.

99 좋은 측정시스템이 갖춰야 할 특성에 관한 설명으로 틀린 것은?

① 측정시스템은 통계적으로 안정된 관리상태에 있어야 한다.
② 측정시스템에서 파생된 산포는 규격공차에 비해서 충분히 작아야 한다.
③ 규격이 2.05~2.08인 경우 적절한 계측기 눈금은 0.01까지 읽을 수 있어야 한다.
④ 측정시스템에서 파생된 산포는 제조공정에서 발생한 산포에 비해서 충분히 작아야 한다.

해설 ③ 계측기의 눈금은 규격공차 또는 자연공차를 1/20 이상으로 읽을 수 있어야 한다.

100 사내표준화의 요건으로 사내표준의 작성대상은 기여비율이 큰 것으로부터 채택하여야 하는데, 공정이 현존하고 있는 경우 기여비율이 큰 것에 해당되지 않은 것은?

① 통계적 수법 등을 활용하여 관리하고자 하는 대상인 경우
② 준비 교체작업, 로트 교체작업 등 작업의 변환점에 관한 경우
③ 현재에 실행하기 어려우나 선진국에서 활용하고 있는 기술인 경우
④ 새로운 정밀기기가 현장에 설치되어 새로운 공법으로 작업을 실시하게 된 경우

해설 사내표준화는 현재 적용되는 최적의 기술이나 상태를 기반으로 하며, 미래 기술은 실행 가능시점에서 개정 또는 제정하면 된다.

 정답 96.① 97.③ 98.① 99.③ 100.③

2019 제2회 품질경영기사

제1과목 실험계획법

1 모수모형 2요인 실험의 분산분석을 실시한 결과 교호작용이 무시되었다. 오차항에 풀링한 후 요인 B의 분산비를 구하면 약 얼마인가?

요인	SS	DF	MS
A	30	2	15.0
B	55	5	11.0
$A\times B$	12	10	1.2
e	72	18	4.0
T	169	35	

① 2.75 ② 3.67
③ 5.50 ④ 9.17

해설 $V_e^* = \dfrac{S_{A\times B}+S_e}{\nu_{A\times B}+\nu_e} = \dfrac{12+72}{10+18} = 3$

$F_0 = \dfrac{V_B}{V_e^*} = \dfrac{11}{3} = 3.67$

2 1요인 실험에서 단순한 반복의 실험을 행하는 것보다는 반복을 블록으로 나누어 2요인 실험으로 하는 편이 정보량이 많게 된다. 이때 층별이 잘 되었다면 검출력과 오차항의 자유도는 어떻게 되겠는가?

① 검출력은 나빠지나 오차항의 자유도는 크게 된다.
② 검출력은 나빠지나 오차항의 자유도는 작게 된다.
③ 검출력은 좋아지며 오차항의 자유도는 크게 된다.
④ 검출력은 좋아지며 오차항의 자유도는 작게 된다.

해설 오차항의 자유도는 $l(m-1)$에서 $(l-1)(m-1)$로 작아지지만, 오차를 블록변동과 오차변동으로 분리할 수 있어 검출력은 높아진다. 난괴법은 층별의 원리가 작용하여 1요인 실험보다 오차분산 V_e가 작아지는 장점이 있다.

3 1요인 실험에서 데이터의 구조가 $x_{ij} = \mu + a_i + e_{ij}$로 주어질 때, $\bar{x}_i.$의 구조는? (단, $i=1, 2, \cdots, l$이며, $j=1, 2, \cdots, m$이다.)

① $\bar{x}_i. = \mu$ ② $\bar{x}_i. = \mu + e$
③ $\bar{x}_i. = \mu + a_i$ ④ $\bar{x}_i. = \mu + a_i + \bar{e}_i.$

해설 $x_{ij} = \mu_i. + e_{ij}$
$= \mu + a_i + e_{ij}$로, $\mu_i. = \mu + a_i$이므로
$\bar{x}_i. = \mu_i. + \bar{e}_i.$
$= \mu + a_i + \bar{e}_i.$이다.

4 $L_9(3^4)$형 직교배열표를 사용하여 다음과 같은 결과를 얻었다. 이때 오차항의 자유도는 얼마인가?

실험번호	1	2	3	4
기본표시	a	b	a b	a b^2
배치	B	A	e	C

① 1 ② 2
③ 3 ④ 4

해설 3수준계 직교배열표는 각 열의 자유도가 2이다.

5 요인 A가 변량요인일 때, 수준수가 4, 반복수가 6인 1요인 실험을 하였더니 $S_T=2.148$, $S_A=1.979$였다. 이때 $\hat{\sigma}_A^2$의 값은 약 얼마인가?

① 0.109 ② 0.126
③ 0.163 ④ 0.241

해설 $V_A = \dfrac{1.979}{3} = 0.6597$

$V_e = \dfrac{2.148-1.979}{4\times 5} = 0.00845$

$\hat{\sigma}_A^2 = \dfrac{V_A - V_e}{m} = \dfrac{0.6597-0.00845}{6}$
$= 0.10854$

정답 1.② 2.④ 3.④ 4.② 5.①

6 실험의 목적 중 어떤 요인이 반응치에 유의한 영향을 주고 있는가를 파악하는 것은 무엇에 관한 것인가?

① 검정의 문제
② 추정의 문제
③ 오차항 추정의 문제
④ 최적반응조건의 결정 문제

해설 반응치에 유의한 영향을 주는 요인을 파악하는 통계적 방법은 분산분석을 활용한 검정이다.

7 다음은 $L_8(2^7)$형 직교배열표의 일부이다. 1열에 배치된 A의 V_A는 얼마인가?

열번호	1	
수준	0	1
데이터	8	15
	11	19
	7	12
	14	12
배치	A	

① 10.5
② 20.5
③ 30.5
④ 40.5

해설

$$S_A = \frac{1}{8}(T_1 - T_0)^2 = \frac{1}{8}(58-40)^2 = 40.5$$

$$V_A = \frac{S_A}{\nu_A} = \frac{40.5}{1} = 40.5$$

8 단순회귀식 $\hat{y_i} = \hat{\beta}_0 + \hat{\beta}_1 x_i$를 다음 데이터에 의해 구할 경우 $\hat{\beta}_0$는 약 얼마인가?

x	y	x	y
29	29	51	44
33	31	54	47
38	34	60	51
42	38	68	55
45	40	80	61

① 6.45
② 7.55
③ 9.28
④ 10.14

해설 $\hat{y_i} = \hat{\beta}_0 + \hat{\beta}_1 x_i = 10.1441 + 0.657118 x_i$

(단, $\hat{\beta}_0 = \bar{y} - \hat{\beta}_1 \bar{x}$, $\hat{\beta}_1 = \dfrac{S_{(xy)}}{S_{(xx)}}$)

9 1요인 실험에 대한 설명 중 틀린 것은?

① 교호작용의 유·무를 알 수 있다.
② 결측치가 있어도 그대로 해석할 수 있다.
③ 특성치는 랜덤한 순서에 의해 구해야 한다.
④ 반복의 수가 모든 수준에 대하여 같지 않아도 된다.

해설 1요인 실험은 실험에 배치된 요인이 1개이므로, 교호작용을 구할 수 없다.

10 2개의 대비 $c_1x_1 + c_2x_2 + c_3x_3$, $d_1x_1 + d_2x_2 + d_3x_3$에서 이들이 서로 직교(orthogonal)하기 위한 조건은?

① $c_1d_1 + c_2d_2 + c_3d_3 = 0$
② $c_1d_1 + c_2d_2 + c_3d_3 = 1$
③ $c_1 + d_1 + c_2 + d_2 + c_3 + d_3 = 0$
④ $c_1^2 + c_2^2 + c_3^2 = 1$, $d_1^2 + d_2^2 + d_3^2 = 1$

해설
- 대비(contrast)
  $L = c_1x_1 + c_2x_2 + \cdots + c_nx_n$ (단, $\Sigma c_i = 0$이다.)
  $L' = d_1x_1 + d_2x_2 + \cdots + d_nx_n$ (단, $\Sigma d_i = 0$이다.)
- 직교(orthogonality)
  대비 성질을 갖고 있는 선형식 L과 L'이 서로 직교하려면 $\Sigma c_i d_i = 0$이 되어야 한다.

11 측정치가 y이고, 목표치가 m이며, 특정한 목표치가 주어져 있을 때 손실함수식은?

① $L(y) = A\Delta^2(y-m)^2$
② $L(y) = \dfrac{A}{\Delta^2}(y-m)^2$
③ $L(y) = A\Delta^2(y+m)^2$
④ $L(y) = \dfrac{A}{\Delta^2}(y+m)^2$

해설
- 망목특성
  $$L(y) = A\left(\frac{y-m}{\Delta}\right)^2 = \frac{A}{\Delta^2}(y-m)^2 = k(y-m)^2$$
- 망소특성
  $$L(y) = A\left(\frac{y-0}{\Delta}\right)^2 = A\left(\frac{y}{\Delta}\right)^2 = \frac{A}{\Delta^2}y^2 = ky^2$$
- 망대특성
  $$L(y) = A\left(\frac{\Delta}{y}\right)^2 = A\Delta^2\frac{1}{y^2} = k\frac{1}{y^2}$$
  (단, 망대특성의 경우, $k = A\Delta^2$이다.)

 정답 6.① 7.④ 8.④ 9.① 10.① 11.②

12 다음은 요인 A를 4수준, 요인 B를 2수준, 요인 C를 2수준, 반복 2회의 지분실험법을 실시한 결과를 분산분석표로 나타낸 것이다. 이에 대한 설명으로 틀린 것은?

요인	SS	DF	MS	F_0	$F_{0.95}$
A	1.893				6.59
$B(A)$	0.748				3.01
$C(AB)$	0.344				2.59
e	0.032				
T	3.017				

① 요인 A의 자유도는 3이다.
② 오차항의 자유도는 15이다.
③ 요인 $B(A)$의 자유도는 4이다.
④ 요인 $B(A)$의 분산비에 대한 검정은 요인 $C(AB)$의 분산으로 검정한다.

해설 $\nu_A = l-1 = 3$
$\nu_{B(A)} = \nu_{AB} - \nu_A = l(m-1) = 4$
$\nu_{C(AB)} = \nu_{ABC} - \nu_{AB} = lm(n-1) = 8$
$\nu_e = lmn(r-1) = 16$
$F_0 = \dfrac{V_A}{V_{B(A)}}$, $F_0 = \dfrac{V_{B(A)}}{V_{C(AB)}}$, $F_0 = \dfrac{V_{C(AB)}}{V_e}$

13 부적합 여부의 동일성에 관한 실험에서 적합품이면 0, 부적합품이면 1의 값을 주기로 하고, 4대의 기계에서 200개씩 제품을 만들어 부적합 여부를 실험하였다. ν_A와 ν_e의 값은?

① $\nu_A = 3$, $\nu_e = 396$　② $\nu_A = 4$, $\nu_e = 396$
③ $\nu_A = 3$, $\nu_e = 796$　④ $\nu_A = 4$, $\nu_e = 796$

해설 $\nu_A = l-1 = 4-1 = 3$
$\nu_e = l(r-1) = 4(200-1) = 796$

14 3^3형의 1/3 반복에서 $AB^2 \times I = ABC^2$을 정의대비로 9회 실험을 하였다. 이에 대한 설명으로 틀린 것은?

① C의 별명 중 하나는 AB이다.
② A의 별명 중 하나는 AB^2C이다.
③ AB^2의 별명 중 하나는 AB이다.
④ ABC의 별명 중 하나는 AB이다.

해설 AB^2의 별명은
• $AB^2 \times I = AB^2(ABC^2) = A^2B^3C^2 = AC$
• $AB^2 \times I^2 = AB^2(ABC^2)^2 = A^3B^4C^4 = BC$이다.
(단, $A^3 = B^3 = C^3 = 1$이다.)

15 라틴방격법에 해당하는 것은? (단, 문자 1, 2, 3은 세 가지 처리의 각각을 나타낸다.)

①
1	2	2
3	2	1
1	2	3

②
3	2	1
1	3	2
1	2	3

③
1	1	1
2	1	2
3	3	1

④
1	2	3
3	1	2
2	3	1

해설 라틴방격은 어느 행, 어느 열에도 동일한 숫자가 없는 방격이다.

16 다음과 같은 모수모형 3요인 실험의 분산분석에서 유의하지 않은 교호작용을 오차항에 풀링시켜 분산분석표를 새로 작성하면, 요인 C의 분산비(F_0)는 약 얼마인가? (단, $A \times B \times C$는 오차와 교락되어 있다.)

요인	SS	DF	MS	F_0
A	1,267	2	633.5	182.46**
B	10.889	1	10.889	3.14
C	169	2	84.5	24.34**
$A \times B$	5.444	2	2.722	0.78
$A \times C$	89.04	4	22.26	6.41*
$B \times C$	18.778	2	9.389	2.70
e	13.889	4	3.472	
T	1574.040	17		

① 13.64　② 17.74
③ 24.34　④ 31.04

해설 유의하지 않은 교호작용은 $A \times B$, $B \times C$이므로, 이들을 오차항에 풀링하여 계산하면
$S_e^* = 13.889 + 5.444 + 18.778 = 38.111$
$\nu_e^* = 4 + 2 + 2 = 8$
$V_e^* = \dfrac{38.111}{8} = 4.76388$
$F_0(C) = \dfrac{V_C}{V_e^*} = \dfrac{84.5}{4.76388} = 17.738$

정답 12.② 13.③ 14.③ 15.④ 16.②

17 반복이 없는 2^2형 요인 실험에 대한 설명 중 틀린 것은?

① 요인의 자유도는 1이다.
② 오차의 자유도는 1이다.
③ 2개의 주효과가 존재한다.
④ 교호작용 $A \times B$를 검출할 수 있다.

해설 교호작용을 검출하려면 반복있는 실험을 행하여야 가능하다.

18 A(4수준), B(5수준) 요인으로 반복없는 2요인 실험에서 결측치가 2개 생겼을 경우 측정값을 대응하여 분산분석을 하면 오차항의 자유도는?

① 8 ② 9
③ 10 ④ 11

해설 $\nu_e = (l-1)(m-1) - 2 = 12 - 2 = 10$

19 분할법에서 2차 요인과 3차 요인의 교호작용은 몇 차 단위의 요인이 되는가?

① 1차 단위 ② 2차 단위
③ 3차 단위 ④ 4차 단위

해설 고차 인자와 저차 인자의 교호작용은 고차 단위에 배치한다.

20 3^2형 요인 실험을 동일한 환경에서 실험하기 곤란하여 3개의 블록으로 나누어 실험을 한 결과 다음과 같은 데이터를 얻었다. 요인 A의 제곱합(S_A)은 얼마인가?

블록 Ⅰ	블록 Ⅱ	블록 Ⅲ
$A_1B_1 = 3$	$A_2B_1 = 0$	$A_3B_1 = -2$
$A_2B_2 = 3$	$A_3B_2 = 1$	$A_1B_2 = 1$
$A_3B_3 = 3$	$A_1B_3 = 4$	$A_2B_3 = 2$

① 6 ② 7
③ 8 ④ 9

해설

$$S_A = \frac{\sum T_{A_i}^2}{k} - CT$$
$$= \frac{T_{A_1} + T_{A_2} + T_{A_3}}{3} - \frac{T^2}{9}$$
$$= \frac{8^2 + 5^2 + 2^2}{3} - \frac{15^2}{9}$$
$$= 6$$

제2과목 통계적 품질관리

21 어떤 제품의 품질특성치는 평균 μ, 분산 σ^2인 정규분포를 따른다. 20개의 제품을 표본으로 취하여 품질특성치를 측정한 결과 평균 10, 표준편차 3을 얻었다. 분산 σ^2에 대한 95% 신뢰구간은 약 얼마인가? (단, $\chi^2_{0.975}(19) = 32.852$, $\chi^2_{0.025}(19) = 8.907$이다.)

① 5.21~19.20
② 5.21~20.21
③ 5.48~19.20
④ 5.48~20.21

해설 $S = \nu s^2 = 19 \times 3^2 = 171$

$$\frac{S}{\chi^2_{0.975}(19)} \le \sigma^2 \le \frac{S}{\chi^2_{0.025}(19)}$$
$$\frac{171}{32.852} \le \sigma^2 \le \frac{171}{8.907}$$
$$5.205 \le \sigma^2 \le 19.198$$

22 어떤 로트의 모부적합수는 $m = 16.0$이었다. 작업내용을 개선한 후에 표본의 부적합수는 $c = 12.0$이 되었다. 검정통계량(u_0)은 얼마인가?

① −1.00 ② −0.75
③ 0.75 ④ 1.00

해설 $u_0 = \dfrac{c - m_0}{\sqrt{m_0}} = \dfrac{12 - 16}{\sqrt{16}} = -1.0$

23 $|\bar{\bar{x}}_A - \bar{\bar{x}}_B| > A_2 \bar{R} \sqrt{\dfrac{1}{k_A} + \dfrac{1}{k_B}}$ 는 2개의 층 A, B 간 평균치의 차를 검정할 때 사용한다. 이 식의 전제조건으로 틀린 것은? (단, k는 시료군의 수, n은 시료군의 크기이다.)

① $k_A = k_B$일 것
② $n_A = n_B$일 것
③ $\bar{R}_A$, $\bar{R}_B$는 유의 차이가 없을 것
④ 두 개의 관리도는 관리상태에 있을 것

해설 ① k_A, k_B는 충분히 클 것

 정답 17.④ 18.③ 19.③ 20.① 21.① 22.① 23.①

24 p 관리도와 $\overline{x}-R$ 관리도에 대한 설명으로 틀린 것은?

① 일반적으로 p 관리도가 $\overline{x}-R$ 관리도보다 시료 수가 많다.
② 일반적으로 p 관리도가 $\overline{x}-R$ 관리도보다 얻을 수 있는 정보량이 많다.
③ 파괴검사의 경우 p 관리도보다 $\overline{x}-R$ 관리도를 적용하는 것이 유리하다.
④ $\overline{x}-R$ 관리도를 적용하기 위한 예비적인 조사 분석을 할 때 p 관리도를 적용할 수 있다.

해설 정보량은 계수형 관리도보다 계량형 관리도가 많다.

25 계량규준형 1회 샘플링검사(KS Q 0001 : 2018)에 있어서 로트의 표준편차 σ를 알고 하한규격치 S_L이 주어진 로트의 부적합품률을 보증하고자 할 때, 다음 중 어느 경우에 로트를 합격으로 하는가?

① $\overline{x}<S_L+k\sigma$이면 합격
② $\overline{x}\geq S_L+k\sigma$이면 합격
③ $\overline{x}<m_o+G_o\sigma$이면 합격
④ $\overline{x}\geq m_o+G_o\sigma$이면 합격

해설 로트의 부적합품률 보증방식이고 하한규격이므로, 로트가 합격하는 기준은 $\overline{x}\geq \overline{X}_L=S_L+k\sigma$의 경우이다.

26 2개의 변량 x, y의 기대치는 각각 μ_x, μ_y이고, 분산은 모두 σ^2이다. 이때 $\dfrac{x^2+y^2}{2}$의 기대치는?

① $\mu_x^2+\mu_y^2+\dfrac{\sigma^2}{2}$
② $\dfrac{1}{2}(\mu_x+\mu_y)+\sigma^2$
③ $\dfrac{1}{2}(\mu_x^2+\mu_y^2)+\sigma^2$
④ $\dfrac{1}{2}(\mu_x^2+\mu_y^2)+\dfrac{\sigma^2}{4}$

해설
$$E\left(\frac{x^2+y^2}{2}\right)=\frac{1}{2}E(x^2)+\frac{1}{2}E(y^2)$$
$$=\frac{1}{2}(\mu_x^2+\sigma_x^2)+\frac{1}{2}(\mu_y^2+\sigma_y^2)$$
$$=\frac{1}{2}(\mu_x^2+\mu_y^2)+\sigma^2$$
(단, $\sigma_x^2=\sigma_y^2=\sigma^2$인 경우)

27 두 변량 사이의 직선관계 정도를 파악하는 측도를 무엇이라 하는가?

① 결정계수 ② 회귀계수
③ 변이계수 ④ 상관계수

해설 두 변량 사이의 직선관계 정도를 파악하는 측도는 상관계수이다.

> ⊙ 다만, 결정계수나 회귀계수의 경우도 직선관계를 파악하는 측도가 될 수 있어 틀리다고 보기는 어려우므로 문제 오류의 소지가 있다.

28 $\overline{x}-R$ 관리도에 있어서 완전관리상태($\sigma_b=0$)인 경우의 관계식으로 맞는 것은? (단, σ_w^2은 군내변동, σ_b^2은 군간변동, σ_H^2은 개개의 데이터 산포이다.)

① $\sigma_{\overline{x}}^2=\sigma_w^2-\sigma_H^2$ ② $n\sigma_{\overline{x}}^2\leq\sigma_H^2\leq\sigma_w^2$
③ $n\sigma_{\overline{x}}^2=\sigma_H^2=\sigma_w^2$ ④ $\sigma_{\overline{x}}^2=\dfrac{\sum(\overline{x}-\overline{\overline{x}})^2}{k-1}$

해설
- $\sigma_{\overline{x}}^2=\dfrac{\sigma_w^2}{n}+\sigma_b^2$에서

  완전관리상태는 $\sigma_b^2=0$이므로 $n\sigma_{\overline{x}}^2=\sigma_w^2$가 된다.

  또한 $\sigma_H^2=\sigma_w^2+\sigma_b=\sigma_w^2$이므로

  $n\sigma_{\overline{x}}^2=\sigma_x^2=\sigma_w^2$이 완전관리상태이다.
- $\sigma_{\overline{x}}^2=\dfrac{\sum(\overline{x}_i-\overline{\overline{x}})^2}{k-1}=\left(\dfrac{\overline{R}_m}{d_2}\right)^2=\left(\dfrac{\overline{R}_m}{1.128}\right)^2$
- $\sigma_w^2=\left(\dfrac{\overline{R}}{d_2}\right)^2$
- $\sigma_b^2=\sigma_{\overline{x}}^2-\dfrac{\sigma_w^2}{n}$

(단, $\sigma_x^2=\sigma_H^2=\sigma_T^2$으로 표현하기도 한다.)

29 Y회사로부터 납품되는 약품의 유황 함유율 산포는 표준편차가 0.1%였다. 이번에 납품된 로트의 평균치를 신뢰율 95%, 정도(精度) 0.05%로 측정할 경우 샘플은 몇 개로 해야 하는가?

① 2 ② 4
③ 8 ④ 16

해설
$$n=\left(\frac{u_{1-\alpha/2}\times\sigma}{\beta_{\overline{x}}}\right)^2=\left(\frac{1.96\times0.1}{0.05}\right)^2$$
$=15.3\rightarrow16$개

정답 24.② 25.② 26.③ 27.④ 28.③ 29.④

30 관리도에 관한 내용 중 맞는 것은?

① $\bar{x}$ 관리도에 있어 관리한계를 벗어나는 점이 많아질수록 $\sigma_{\bar{x}}^{\ 2}$는 크게 된다.
② $\bar{x}$ 관리도의 관리한계는 $E(\bar{x}) \pm D(\bar{x})$이며, 시료의 크기는 $\sqrt{n}$으로 결정된다.
③ p 관리도에서는 각 조의 샘플의 크기(n)를 일정하게 하지 않아도 관리한계는 항상 일정하다.
④ 공정이 관리상태에 있다고 하는 것은 규격을 벗어나는 제품이 전혀 발생하지 않는다는 것을 의미한다.

해설
① $\sigma_{\bar{x}}^2 = \dfrac{\sigma_w^2}{n} + \sigma_b^2$
② $\bar{x}$ 관리도의 관리한계는 $E(\bar{x}) \pm 3D(\bar{x})$이다.
③ p 관리도는 부분군의 크기가 다르면 관리한계선에 요철이 생긴다.
④ 공정의 관리상태가 부적합품률 0을 의미하는 것은 아니다. 관리상태는 현재의 능력으로 제어 가능한 상태를 의미한다.

31 모집단이 정규분포일 경우 이것으로부터 n개의 표본을 랜덤하게 뽑고, 불편분산을 구하였을 때 분산에 대해 설명한 것으로 맞는 것은?

① $D(s^2) = \sqrt{\dfrac{2}{n} \times \sigma^2}$
② 분포의 폭은 자유도(ν)가 커지면 작아진다.
③ n이 커지면 카이제곱분포에 접근한다.
④ n이 커지면 왼쪽 꼬리가 오른쪽 꼬리보다 길어진다.

해설
시료분산 s^2의 분포는 $E(s^2) = \sigma^2$, $V(s^2) = \dfrac{2}{n-1}\sigma^4$로, 자유도와 모분산 σ^2에 의해 정의되는 좌우비대칭의 분포이며, 자유도가 증가하면 분포의 폭이 좁아지며 좌우대칭의 분포에 근사한다.

32 모분산(σ^2)을 추정할 때 자유도가 커짐에 따라 신뢰구간의 폭은 일반적으로 어떻게 변하는가?

① 일정하다.
② 점점 커진다.
③ 점점 작아진다.
④ 영향을 받지 않는다.

해설
자유도가 커질수록 χ^2분포는 χ^2값이 증가하므로, 모수값을 추측하기 위한 신뢰구간의 폭은 작아진다.

$$\frac{S}{\chi^2_{1-\alpha/2}(\nu)} \le \sigma^2 \le \frac{S}{\chi^2_{\alpha/2}(\nu)}$$

33 n=5이고, 관리상한(U_{CL})은 43.44, 관리하한(L_{CL})은 16.56인 $\bar{x}$ 관리도가 있다. 공정의 분포가 $N(30, 10^2)$일 때, 이 관리도에서 점 $\bar{x}_i$가 관리한계 밖으로 나올 확률은 얼마인가?

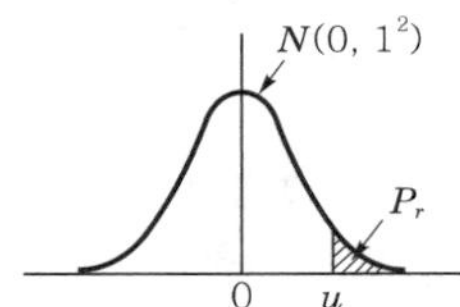

u	P_r
1.00	0.1587
1.34	0.0901
2.00	0.0228
3.00	0.00135

① 0.0027 ② 0.0456
③ 0.0901 ④ 0.1802

해설
$$\alpha = P_r(\bar{x} > U_{CL}) + P_r(\bar{x} < L_{CL})$$
$$= P_r\left(z > \frac{43.44-30}{10/\sqrt{5}}\right) + P_r\left(z < \frac{16.56-30}{10\sqrt{5}}\right)$$
$$= P_r(z > 3.0) + P_r(z < -3.0)$$
$$= 0.00135 \times 2 = 0.00267$$
※ 공정평균과 관리도의 중심값이 같은 경우로, 제1종 오류(α)이다.

34 계수값 축차 샘플링검사 방식(KS Q ISO 28591)에서 누적 샘플 크기(n_{cum})가 누계검사중지치(중지값, n_t)보다 작을 때 합격판정개수를 구하는 식으로 맞는 것은?

① 합격판정개수 $A = h_A + gn_{cum}$
소수점 이하는 올린다.
② 합격판정개수 $A = h_A + gn_{cum}$
소수점 이하는 버린다.
③ 합격판정개수 $A = -h_A + gn_{cum}$
소수점 이하는 올린다.
④ 합격판정개수 $A = -h_A + gn_{cum}$
소수점 이하는 버린다.

해설
계수치 샘플링검사에서 합격판정개수(A)는 소수점 이하를 버리고, 불합격판정개수(R)는 소수점 이하를 올린다.
ex) $A = 1.893 ≒ 1$개
$R = 3.245 ≒ 4$개

정답 30.① 31.② 32.③ 33.① 34.④

35 [그림]의 세 가지 OC 곡선은 모두 2.2%의 부적합품률을 가지는 로트를 합격시킬 확률로 0.10을 갖는 샘플링 계획을 나타낸 것이다. 생산자 위험률이 가장 낮은 것은? (단, N은 로트 크기, n은 샘플 크기, c는 합격판정개수이다.)

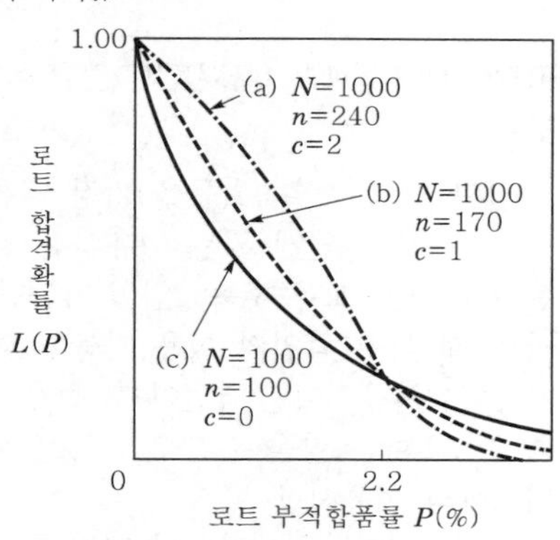

① (a) ② (b)
③ (c) ④ (b), (c)

해설 생산자 위험은 α(제1종 오류)이고 그래프에서 (a)의 경우가 가장 작다. n과 c가 동시에 커지는 비례 샘플링은 α와 β가 동시에 감소한다.

36 샘플링 방식에서 같은 조건일 때 평균 샘플 크기가 가장 작은 샘플링은 어느 것인가?

① 1회 샘플링 ② 2회 샘플링
③ 다회 샘플링 ④ 축차 샘플링

해설 평균 샘플 수는 1회 샘플링의 경우가 가장 크고, 축차 샘플링의 경우가 가장 작다.

37 $\tilde{x}-R$ 관리도에서 $\Sigma\tilde{x}=741$, $\overline{R}=27.4$이고, $k=25$, $n=5$일 때, L_{CL}은 약 얼마인가? (단, $n=5$인 경우, $A=1.342$, $A_2=0.577$, $A_3=1.427$, $A_4=0.691$이다.)

① 10.71 ② 13.83
③ 129.27 ④ 132.39

해설 $\overline{\overline{x}}=\dfrac{741}{25}=29.64$

$L_{CL}=\overline{\overline{x}}-A_4\overline{R}$
$=29.64-0.691\times27.4$
$=10.7066$

38 적합도 검정에 대한 설명 중 틀린 것은?

① 관측도수는 실제 조사하여 얻은 것이다.
② 일반적으로 기대도수는 관측도수보다 적다.
③ 기대도수는 귀무가설을 이용하여 구한 것이다.
④ 모집단의 확률분포가 어떤 특정한 분포라고 보아도 좋은가를 조사하고 싶을 때 이용한다.

해설 기대도수의 합과 관측도수의 합은 동일하다.

$$\chi_0^2=\frac{\Sigma(X_i-E_i)^2}{E_i}$$

(단, $E_i=nP_i$이다.)

39 Y제조공정에서 제조되는 부품의 특성치를 장기간에 걸쳐 통계적으로 해석하여 본 결과 $\mu=15.02$mm, $\sigma=0.03$mm인 것을 알았다. 이 공정에서 오늘 제조한 부품 9개에 대하여 특성치를 측정한 결과 $\overline{x}=15.08$mm가 되었다. 유의수준을 5%로 잡고 평균에 변화가 있는가를 검정하면?

① $u_0\le u_\alpha$로서 평균치가 변했다.
② $u_0\ge u_\alpha$로서 평균치가 변했다.
③ $u_0\le u_\alpha$로서 평균치가 변하지 않았다.
④ $u_0\ge u_\alpha$로서 평균치가 변하지 않았다.

해설 모평균의 검정
1. 가설 : $H_0:\mu=15.02$, $H_1:\mu\neq15.02$
2. 유의수준 : $\alpha=0.05$
3. 검정통계량 : $u_0=\dfrac{15.08-15.02}{0.03/\sqrt{9}}=6.0$
4. 기각치 : $u_{0.975}=1.96$, $-u_{0.975}=-1.96$
5. 판정 : $u_0>1.96$이므로, H_0 기각

40 다음 중 제조공정의 관리, 공정검사의 조정 및 검사를 점검하기 위해 시행하는 검사방법은?

① 순회검사
② 관리 샘플링검사
③ 비파괴검사
④ 로트별 샘플링검사

해설 관리 샘플링검사는 관리를 목적으로 상황에 따라 공정이나 로트 등을 체크하는 형태의 검사로, 체크 샘플링검사라고도 한다.

정답 35.① 36.④ 37.① 38.② 39.② 40.②

제3과목 생산시스템

41 GT(Group Technology)에 관한 설명으로 가장 거리가 먼 것은?

① 배치 시에는 혼합형 배치를 주로 사용한다.
② 생산설비를 기계군이나 셀로 분류·정돈한다.
③ 설계상·제조상 유사성으로 구분하여 부품군으로 집단화한다.
④ 소품종 대량생산시스템에서 생산능률을 향상시키기 위한 방법이다.

해설 소품종 대량생산방식은 제품별 배치가 효율적이고, 기능별(공정별) 배치는 다품종 소량생산에 적합하다. 또한 GT 생산방식은 유사한 부품을 묶어서 대량생산의 효과를 갖는 라인편성방법으로, 집적가공방식이라 한다.

42 생산시스템에 관한 설명으로 틀린 것은?

① 교량, 댐, 고속도로 건설 등을 프로젝트 생산이라 할 수 있으며, 시간과 비용이 많이 든다.
② 선박, 토목, 특수기계 제조, 맞춤의류, 자동차 수리업 등에서 볼 수 있는 개별생산은 수요변화에 대한 유연성이 높으며 생산성 향상과 관리가 용이하다.
③ 로트 크기가 작은 소로트 생산은 개별생산에 가깝고, 로트 크기가 큰 대로트 생산은 연속생산에 가까워서 로트 생산시스템은 개별생산과 연속생산의 중간형태라고 볼 수 있다.
④ 시멘트, 비료 등의 장치산업이나 TV, 자동차 등을 대량으로 생산하는 조립업체에서 볼 수 있는 연속생산은 품질 유지 및 생산성 향상이 용이한 반면에, 수요에 대한 적응력이 떨어진다.

해설 개별생산방식은 생산성 향상과 관리가 대량생산보다 어렵다.

43 워크샘플링에서 상대오차를 s, 관측항목의 발생비율을 p, 관측횟수를 n이라고 하면 절대오차는 어떻게 표현되는가?

① sp　　② sn
③ pn　　④ s^2p

해설
• 절대오차 $sp = 1.96\sqrt{\frac{p(1-p)}{n}} \fallingdotseq 2.0\sqrt{\frac{p(1-p)}{n}}$
• 상대오차 $s = 1.96\sqrt{\frac{1-p}{np}} \fallingdotseq 2.0\sqrt{\frac{1-p}{np}}$
※ 상대오차 s는 절대오차 sp를 평균 p로 나눈 개념이다.

44 PERT/CPM 기법에서 여유시간에 관한 설명으로 맞는 것은?

① 독립여유시간 : 후속활동을 가장 빠른 시간에 착수함으로써 얻게 되는 여유시간
② 총여유시간 : 모든 후속작업이 가능한 빨리 시작될 때 어떤 작업의 이용 가능한 여유시간
③ 자유여유시간 : 어떤 작업이 그 전체 공사의 최종 완료일에 영향을 주지 않고 지연될 수 있는 최대한의 여유시간
④ 간섭여유시간 : 선행작업이 가장 빠른 개시시간에 착수되고, 후속작업이 가장 늦은 개시시간에 착수된다 하더라도 그 작업기일을 수행한 후에 발생되는 여유시간

해설 ① : 독립여유시간
② : 자유여유시간
③ : 간섭여유시간
④ : 총여유시간

45 표준화된 자재 또는 구성 부분품의 단순화로 다양한 제품을 만드는 것으로 다품종 생산을 통해 다양한 수요를 흡수하고 표준화된 자재에 의해서 표준화의 이익, 즉 경제적 생산을 달성하려는 생산시스템은?

① JIT 생산시스템
② MRP 생산시스템
③ Modular 생산시스템
④ 프로젝트 생산시스템

해설 대량생산의 단순화 한계를 극복하는 생산방식이 MP 생산이며, 소량생산의 비용 한계성을 극복하는 생산방식이 GT 생산이다.

46 포드(Ford) 시스템의 특징에 관한 설명으로 가장 거리가 먼 것은?

① 동시관리　　② 차별성과급제
③ 이동조립법　　④ 생산의 표준화

해설 차별성과급제는 테일러 시스템의 특징이다.

 정답 41.④ 42.② 43.① 44.① 45.③ 46.②

47 기업이 ERP 시스템 구축을 추진할 때 외부전문위탁개발(Outsourcing) 방식을 택하는 경우가 많다. 이 방식의 특징과 가장 거리가 먼 것은?

① 외부전문개발인력을 활용한다.
② ERP 시스템을 확장하거나 변경하기 어렵다.
③ 개발비용은 낮으나 유지비용이 높게 소요된다.
④ 자사의 여건을 최대한 반영한 시스템 설계가 가능하다.

해설 외부위탁에 의한 ERP 시스템을 구축하는 방식은 표준화된 플랫폼을 사용하기에 초기비용은 저렴한 반면에, 자사의 실정에 맞게 플랫폼을 구축하기가 어렵고 유지비용이 높게 소요되는 경향이 있다.

48 1일 조업시간이 480분인 공장에서 1일 부하시간 450분, 고장시간 30분, 준비시간 30분, 조정시간 30분인 경우, 시간가동률은 약 몇 %인가?

① 77 ② 80
③ 82 ④ 89

해설
$$\text{시간가동률} = \frac{\text{가동시간}}{\text{부하시간}} = \frac{450-(30+30+30)}{450} = \frac{360}{450} = 0.8(80\%)$$

49 총괄생산계획(Aggregate Planning) 기법 중 탐색결정규칙(Search Decision Rule)에 대한 설명으로 틀린 것은?

① Taubert에 의해 개발된 휴리스틱 기법이다.
② 과거의 의사결정들을 다중회귀분석하여 의사결정규칙을 추정한다.
③ 총 비용함수의 값을 더 이상 감소시킬 수 없을 때 탐색을 중단한다.
④ 하나의 가능한 해를 구한 후 패턴탐색법을 이용하여 해를 개선해 나간다.

해설 SDR은 패턴탐색법에 의한 최적해를 구해 나가는 방법이고, LDR(Linear Decision Rule) 방법은 다중회귀분석을 이용하여 최적해를 결정하는 방법이다.

50 여유시간의 분류에서 특수여유에 해당하지 않는 것은?

① 조여유
② 기계간섭여유
③ 소로트여유
④ 불가피지연여유

해설 특수여유는 ①, ②, ③ 및 장사이클여유, 장려여유 등이다. 불가피여유, 피로여유, 개인여유는 일반여유에 해당된다.
※ 일반여유 중 작업여유를 불가피여유라고도 하며, 관리여유를 가피여유라고도 한다.

51 도요타 생산방식의 특징으로 틀린 것은?

① 자재흐름은 밀어내기 방식이다.
② 공정의 낭비를 철저히 제거한다.
③ 자재의 흐름시점과 수량은 간판으로 통제한다.
④ 재고를 최소화하고 조달기간은 짧게 유지한다.

해설 도요타 방식은 당기기 방식(pull system)이다.
밀어내기 방식(push system)은 대량생산방식인 연속생산시스템에 해당된다.

52 동시동작 사이클 차트(SIMO chart)를 이용하는 기법은?

① Strobo 사진분석
② Cycle Graph 분석
③ Micro Motion Study
④ Memo Motion Study

해설 SIMO chart(시모 차트)는 미세동작분석에 사용된다.

53 MRP 시스템에서 주일정계획(MPS)에 의하여 발생된 수요를 충족시키기 위해 새로 계획된 주문에 의해 충당해야 하는 수량은?

① 순소요량(net requirements)
② 계획수주량(planned receipts)
③ 총소요량(gross requirements)
④ 계획주문발주(planned order release)

해설 • 순소요량＝총소요량 － 예정수주량 － 현재고량
※ 계획수주량 : 순소요량을 충당하기 위해 예정된 시기 초에 수주하리라고 기대할 수 있는 계획된 주문량이다. 로트크기방식(lot for lot)을 사용하면 계획수주량이 순소요량을 초과할 수도 있으므로, 초과분은 다음 기간의 가용재고에 가산한다.

정답 47.④ 48.② 49.② 50.④ 51.① 52.③ 53.①

54 고장을 예방하거나 조기 조치를 하기 위하여 급유, 청소, 조정, 부품교환 등을 하는 것은?

① 설비검사 ② 보전예방
③ 개량보전 ④ 일상보전

해설 예방보전에 관한 설명으로, 일상보전, 정기보전 및 예지보전(CBM)은 예방보전의 일환으로 하는 보전활동이다.

55 작업의 우선순위 결정기준에 대한 설명으로 틀린 것은?

① 여유시간법은 여유시간이 최소인 작업을 먼저 수행한다.
② 긴급률법은 긴급률이 가장 큰 작업을 먼저 수행한다.
③ 납기우선법은 납기가 가장 빠른 작업을 먼저 수행한다.
④ 최단처리시간법은 작업시간이 가장 짧은 작업을 먼저 수행한다.

해설 긴급률법은 긴급률이 작은 작업을 우선적으로 수행한다.

56 M기업은 매년 10000단위의 부품 A를 필요로 한다. 부품 A의 주문비용은 회당 20000원, 단가는 5000원, 연간 단위당 재고유지비가 단가의 2%라면 1회 경제적 주문량은 약 얼마인가?

① 500단위 ② 1000단위
③ 1500단위 ④ 2000단위

해설

$$EOQ=\sqrt{\frac{2DC_P}{Pi}}=\sqrt{\frac{2\times 10000\times 20000}{5000\times 0.02}}=2000$$

57 한계이익률을 구하는 산출식으로 맞는 것은?

① $\frac{\text{매출액}-\text{변동비}}{\text{매출액}}\times 100$

② $\text{매출액}\times\left(1-\frac{\text{변동비}}{\text{매출액}}\right)\times 100$

③ $\frac{(1-\text{변동비율})\times\text{고정비}}{\text{매출액}}\times 100$

④ $\text{매출액}-\frac{\text{변동비}}{\text{매출액}}\times\text{고정비}\times 100$

해설 한계이익률 = 1 − 변동비율

$$BEP=\frac{\text{고정비}}{\text{한계이익률}}=\frac{F}{1-\frac{V}{S}}$$

58 MRP 시스템의 출력 결과가 아닌 것은?

① 계획납기일
② 계획주문의 양과 시기
③ 안전재고 및 안전조달기간
④ 발령된 주문의 독촉 또는 지연 여부

해설 ③항은 발주점(OP) 결정에 필요한 사항이다.

$$OP=\overline{D}_L+B=\overline{D}_L+z_\alpha\sigma_L$$

59 다중활동분석의 목적이 아닌 것은?

① 유휴시간의 단축
② 경제적인 작업조 편성
③ 작업자의 피로경감 분석
④ 경제적인 담당 기계 대수의 산정

해설 다중활동분석은 작업자와 작업자 간의 상호관계 또는 작업자와 설비 간의 상호관계를 분석하여, ①,②,④항 등을 위해 실시한다.
③ 작업자의 피로경감 분석은 여유시간 분석에서 행한다.

60 공급사슬관리에서 자재 공급업체에서 파견된 직원이 구매기업에 상주하면서 적정 재고량이 유지되도록 관리하는 기법은?

① Cross−docking
② Quick Response
③ Vendor Managed Inventory
④ Total Productive Maintenance

해설 VMI는 공급자 주도형 재고관리로서, 유통업체의 판매·재고 정보를 토대로 수요를 예측하고 적정 재고량을 보유하고 관리하는 공급자에 의한 재고관리시스템이다.

제4과목 신뢰성 관리

61 마모고장기간에 발생하는 마모고장의 원인이 아닌 것은?

① 낮은 안전계수 ② 부식 또는 산화
③ 불충분한 정비 ④ 마모 또는 피로

해설 ①항은 우발고장기의 고장원인이다.

정답 54.④ 55.② 56.④ 57.① 58.③ 59.③ 60.③ 61.①

62 아이템이 어떤 계약이나 프로젝트에 관련하여 규정된 신뢰성 및 보전성 요구조건들을 만족시킴을 보증하는 조직, 구조, 책임, 절차, 활동, 능력 및 자원들의 이행을 지원하는 문서화된 일정, 계획된 활동, 자원 및 사건들을 무엇이라고 하는가?

① 신뢰성 및 보전성 계획
(reliability and maintainability plan)
② 신뢰성 및 보전성 통제
(reliability and maintainability control)
③ 신뢰성 및 보전성 보증
(reliability and maintainability assurance)
④ 신뢰성 및 보전성 프로그램
(reliability and maintainability programme)

해설 문서화된 일정, 계획된 활동, 계획된 자원 및 사건이란 프로그램을 의미한다.

63 지수분포를 따르는 어떤 부품을 n개 택하여 t_0시점까지 수명시험한 결과 r개의 고장시간이 t_1, t_2, $\cdots$, t_r에서 일어났다고 한다면, 고장률 λ의 추정식으로 맞는 것은?

① $\hat{\lambda}=\dfrac{nt_0}{r}$
② $\hat{\lambda}=\dfrac{r}{\sum_{i=1}^{r}t_i+(n-r)t_0}$
③ $\hat{\lambda}=\dfrac{\sum_{i=1}^{r}t_i}{r}$
④ $\hat{\lambda}=\dfrac{\sum_{i=1}^{r}t_i+(n-r)t_0}{r}$

해설
$$\widehat{MTBF}=\frac{\sum_{i=1}^{r}t_i+(n-r)t_0}{r}=\frac{1}{\hat{\lambda}}$$
※ 고장률(λ)이란 단위시간당 고장개수이다.

64 지수분포 $f(t)=\lambda e^{-\lambda t}$의 분산으로 맞는 것은?

① $\dfrac{1}{\lambda^2}$
② $\dfrac{1}{\lambda}$
③ $\dfrac{2}{\lambda}$
④ $\dfrac{1}{2\lambda}$

해설 지수분포는 평균과 표준편차가 동일하다.
$$E(t)=\frac{1}{\lambda}=MTBF$$
$$D(t)=\frac{1}{\lambda}=MTBF$$

65 와이블확률지를 사용하여 μ와 σ를 추정하는 방법에 관한 설명으로 틀린 것은?

① 고장시간 데이터 t_i를 작은 것부터 크기순으로 나열한다.
② $\ln t_0=1.0$과 $\ln\ln\dfrac{1}{1-F(t)}=1.0$과의 교점을 m 추정점이라 한다.
③ 타점의 직선과 $F(t)=63\%$와 만나는 점의 아래측 t 눈금을 특성수명 η의 추정치로 한다.
④ m 추정점에서 타점의 직선과 평행선을 그을 때, 그 평행선이 $\ln t=0.0$과 만나는 점을 우측으로 연장하여 $\dfrac{\mu}{\eta}$와 $\dfrac{\sigma}{\eta}$의 값을 읽는다.

해설 $\ln t=1.0$과 $\ln\ln\dfrac{1}{1-F(t)}=0.0$과의 교점에서, $\ln t=0$인 곳까지 추정선과 동일한 평행선을 긋고, 오른쪽으로 연결하여 m을 추정한다.

66 지수수명분포를 갖는 동일한 컴포넌트를 병렬로 연결하여 시스템 평균수명을 개별 컴포넌트의 평균수명보다 2배 이상으로 하려면 최소 몇 개의 컴포넌트가 필요한가?

① 2개
② 3개
③ 4개
④ 5개

해설 $\theta_s=\dfrac{1}{\lambda}\left(1+\dfrac{1}{2}+\dfrac{1}{3}+\dfrac{1}{4}\right)=\dfrac{1}{\lambda}\times\dfrac{25}{12}$ 이므로, 최소 4개가 필요하다.

67 욕조형 고장률함수에서 우발고장기간에 대한 설명으로 맞는 것은?

① 설비의 노후화로 인하여 발생한다.
② 불량 제조와 불량 설치 등에 의해 발생한다.
③ 고장률이 비교적 크며, 시간이 지남에 따라 증가한다.
④ 고장률이 비교적 낮으며, 시간에 관계없이 일정하다.

해설 우발고장기간은 지수분포를 따르므로, 고장률은 상수로 시간에 관계없이 일정하다.
$\lambda(t)=\lambda=AFR(t)$

정답 62.④ 63.② 64.① 65.② 66.③ 67.④

68 와이블분포의 확률밀도함수가 다음과 같을 때 설명 중 틀린 것은? (단, m은 형상모수, η는 척도모수이다.)

$$f(t) = \frac{m}{\eta}\left(\frac{t}{\eta}\right)^{m-1} \cdot e^{-\left(\frac{t}{\eta}\right)^m}$$

① 와이블분포에서 $t=\eta$일 때를 특성수명이라 한다.
② 와이블분포는 지수분포에 비해 모수 추정이 간단하다.
③ 와이블분포는 수명자료 분석에 많이 사용되는 수명분포다.
④ 와이블분포에서는 고장률함수가 형상모수 m의 변화에 따라 증가형, 감소형, 일정형으로 나타난다.

해설 와이블분포의 모수는 형상모수 m, 척도모수 η, 위치모수 r의 3개로, 모수가 고장률 λ 1개인 지수분포보다 많으므로 추정이 더 복잡해진다.

69 샘플 5개를 수명시험하여 간편법에 의해 와이블 모수를 추정하였더니 $m=2$, $t_0=\eta^m=90$시간, $r=0$이었다. 이 샘플의 평균수명은 약 얼마인가? (단, $\Gamma(1.2)=0.9182$, $\Gamma(1.3)=0.8873$, $\Gamma(1.5)=0.8362$이다.)

① 7.93시간 ② 8.42시간
③ 8.68시간 ④ 8.71시간

해설
$$\eta = t_0^{\frac{1}{m}} = 90^{\frac{1}{2}} = 9.48633$$
$$E(t) = \eta \times \Gamma\left(1+\frac{1}{m}\right) = 9.48633 \times 0.8362 = 7.93289$$

70 10개의 샘플에 대한 수명시험을 50시간 동안 실시하였더니, 다음 [표]와 같은 고장시간 자료를 얻었다. 그리고 고장 난 샘플은 새것으로 교체하지 않았다. 평균수명의 점추정치는 얼마인가?

i	1	2	3	4
t_i	15	20	25	40

① 10시간 ② 25시간
③ 50시간 ④ 100시간

해설
$$\hat{\theta} = \frac{\Sigma t_i + (n-r)t_0}{r} = \frac{100 + 6 \times 50}{4} = 100\text{hr}$$

71 ESS(Environmental Stress Screening)에서 스트레스에 의하여 확인될 수 있는 고장모드에는 온도사이클과 임의진동이 있다. 이 중 온도사이클에 의한 스트레스로 발생할 수 있는 고장의 형태는?

① 끊어진 와이어
② 인접 보드와의 마찰
③ 부품 파라미터의 변화
④ 부적절하게 고정된 부품

해설 임의진동 스트레스 시험은 계속적인 진동에 의해 발생하는 고장유형이며, 온도사이클 스트레스 시험은 열에 의한 부품변형이나 경화, 발열현상 등의 고장유형을 확인하는 시험이다.

72 어떤 시스템의 MTBF가 500시간, MTTR이 40시간이라고 할 때, 이 시스템의 가용도(Availability)는 약 얼마인가?

① 91.4% ② 92.6%
③ 97.2% ④ 98.2%

해설
$$A = \frac{MTBF}{MTBF + MTTR} = \frac{500}{500+40} = 0.9259$$

73 지수분포의 수명을 갖는 n개의 부품에 대해 수명시험을 실시하여 r개의 부품이 고장 날 때 시험을 중단하였다. 이 부품의 평균수명을 θ라고 할 때, H_0 : $\theta \le \theta_0$ vs H_1 : $\theta > \theta_0$의 기각치는? (단, T는 총작동험시간이고, 유의수준은 α이다.)

① $\frac{T}{\theta_0} > \chi^2_{1-\alpha}(r)$ ② $\theta_0 T > \chi^2_{1-\alpha}(r)$
③ $\frac{2T}{\theta_0} > \chi^2_{1-\alpha}(2r)$ ④ $2\theta_0 T > \chi^2_{1-\alpha}(2r)$

해설
$$\chi_0^2 = \frac{2r\hat{\theta}}{\theta_0} = \frac{2T}{\theta_0}$$
기각치 : $\chi^2_{1-\alpha}(\nu) = \chi^2_{1-\alpha}(2r)$에서 검정통계량이 기각치보다 크면 H_0 기각이다.
※ 정수중단시험인 경우 χ^2분포의 상측 자유도는 $2r$이고, 정시중단시험은 χ^2분포의 상측 자유도는 $2(r+1)$을 따른다.

 정답 68.② 69.① 70.④ 71.③ 72.② 73.③

74 Y기기에 미치는 충격(shock)은 발생률 0.0003/h인 HPP(Homegeneous Poisson Process)를 따라 발생한다. 이 기기는 1번의 충격을 받으면 0.4의 확률로 고장이 발생한다. 5000시간에서의 신뢰도는 약 얼마인가?

① 0.2233 ② 0.5488
③ 0.5588 ④ 0.6234

해설 $R(t=5000)=e^{-\lambda\times5\times10^3}$
$=e^{-(3\times10^{-4}\times0.4)\times5\times10^3}$
$=e^{-0.6}$
$=0.548812$

75 가속수명시험 설계 시 고장 메커니즘을 추론할 때 가장 효과적인 도구는?

① 산점도 ② 회귀분석
③ 검·추정 ④ FMEA/FTA

해설 고장해석방법의 대표적인 것 중 Bottom-up 방식인 FMEA와 Top-down 방식인 FTA가 있다.

76 신뢰성 샘플링검사의 특징에 관한 설명으로 틀린 것은?

① 위험률 α와 β의 값을 작게 취한다.
② 정시중단방식과 정수중단방식을 채용하고 있다.
③ 품질의 척도로 MTBF, 고장률 등을 사용한다.
④ 지수분포와 와이블분포를 가정한 방식이 주류를 이루고 있다.

해설 신뢰성 샘플링검사는 시료수를 많이 취하기 어렵기 때문에, 시험의 목적 달성을 위해 위험률을 크게 취하는 것이 일반적이다.

77 부하-강도 모형(stress-strength model)에서 고장이 발생할 경우에 관한 설명으로 틀린 것은?

① 고장의 발생확률은 불신뢰도와 같다.
② 안전계수가 작을수록 고장이 증가한다.
③ 부하보다 강도가 크면 고장이 증가한다.
④ 불신뢰도는 부하가 강도보다 클 확률이다.

해설 부하가 강도보다 클수록 고장이 증가한다.
※ 안전계수 $m=\dfrac{\mu_y-n_y\sigma_y}{\mu_x+n_x\sigma_x}\Rightarrow\dfrac{\text{최소강도}}{\text{최대부하}}$

78 신뢰도가 동일한 10개의 부품으로 구성된 시스템이 정상 작동하기 위해서는 10개 부품 모두가 정상 작동해야 한다. 만약 시스템 신뢰도가 0.95 이상이 되려면, 부품 신뢰도는 최소 얼마 이상이어야 하는가?

① 0.950 ② 0.975
③ 0.995 ④ 0.999

해설 10개 부품의 직렬시스템이므로, $R_S=R_i$이다.
$R^{10}\geq0.95$
$R\geq0.95^{1/10}=0.994884$

79 다음 FT(Fault Tree)도에서 시스템의 고장확률은 얼마인가? (단, 각 구성품의 고장은 서로 독립이며, 주어진 수치는 각 구성품의 고장확률이다.)

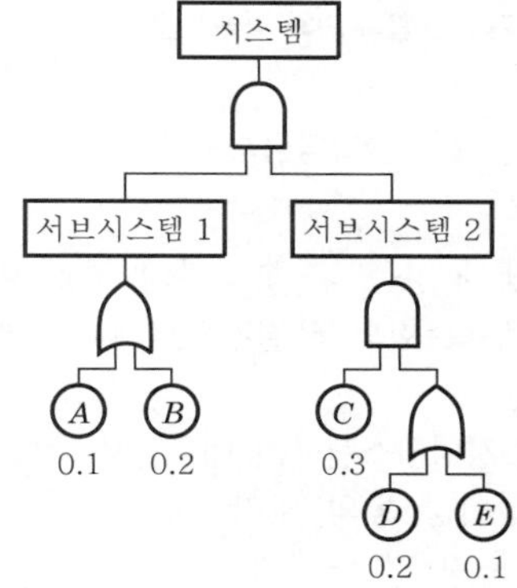

① 0.02352 ② 0.02552
③ 0.32772 ④ 0.35572

해설 $F_{DE}=1-(1-F_D)(1-F_E)=1-0.8\times0.9=0.28$
$F_{S_1}=1-(1-F_A)(1-F_B)=1-0.9\times0.8=0.28$
$F_{S_2}=F_CF_{DE}=0.3\times0.28=0.084$
$F_{\text{TOP}}=F_{S_1}F_{S_2}=0.28\times0.084=0.02352$

80 설계단계에서 신뢰성을 높이기 위한 신뢰성 설계방법이 아닌 것은?

① 리던던시 설계
② 디레이팅 설계
③ 사용부품의 표준화
④ 예방보전과 사후보전 체계 확립

해설 ④항은 사용단계의 신뢰성을 높이기 위한 방법이다.

제5과목 품질경영

81 품질이 기업경영에서 전략변수로 중시되는 이유가 아닌 것은?

① 소비자들의 제품의 안전 또는 고신뢰성에 대한 요구가 높아지고 있다.
② 기술혁신으로 제품이 복잡해짐에 따라 제품의 신뢰성 관리문제가 어려워지고 있다.
③ 제품 생산이 분업일 경우 부분적으로 책임을 지는 것이 제품의 신뢰성을 높인다.
④ 원가경쟁보다는 비가격경쟁, 즉 제품의 신뢰성, 품질 등이 주요 경쟁요인이기 때문이다.

해설 제품의 신뢰성은 부품업체와 함께 제조자, 판매자 모두의 유기적 결합에 의해 이루어진다.

82 다음 중 품질관리담당자의 역할이 아닌 것은 어느 것인가?

① 경쟁사 상품 및 부품과의 품질 비교
② 사내표준화와 품질경영에 대한 계획 수립 및 추진
③ 품질경영시스템하의 내부감사 수행 총괄, 승인
④ 공정이상 등의 처리, 애로공정, 불만처리 등의 조치 및 대책의 지원

해설 ③항은 품질경영위원회(또는 Top)의 역할이다.

83 일종의 품질 모티베이션 활동인 ZD 운동, QC 서클 활동 등은 소집단활동이라는 데 공통점이 있다. 소집단활동의 특징이 아닌 것은?

① 자주성을 키운다.
② 소수인이며, 대면접촉집단에 해당된다.
③ 대화에 의해 아이디어를 낳고, 그것이 창의성을 유발한다.
④ 소집단에 기초함으로써 문제해결에는 크게 도움이 되지 않는다.

해설 ④ 소집단 활동을 통하여 문제해결과 개선활동을 추구한다.

84 제품 또는 서비스가 품질요건을 만족시킬 것이라는 적절한 신뢰감을 주는 데 필요한 모든 계획적이고 체계적인 활동을 무엇이라 하는가?

① 품질보증 ② 제품책임
③ 품질해석 ④ 품질방침

해설 ※ 품질방침이란 최고경영자에 의해 공식적으로 표명된 품질에 관한 조직의 전반적 의도 및 방향이다.

85 길이, 무게, 강도 등과 같은 계량치의 데이터가 어떠한 분포를 하고 있는지를 보기 위하여 작성하는 QC 수법은?

① 층별 ② 히스토그램
③ 산점도 ④ 파레토그램

해설 히스토그램은 분포의 모양을 확인할 수 있는 그래프로, 품질관리(QC) 7가지 도구 중 하나이다.

86 품질시스템이 잘 갖추어진 회사는 끊임없는 개선이 이루어지는 것을 보장해야 한다. 끊임없는 개선에 대한 설명 중 틀린 것은?

① 기업에서 개선할 점은 언제든지 있다.
② 품질개선은 종업원의 창의성을 필요로 한다.
③ P－D－C－A의 개선과정을 feedback 시키는 것이다.
④ 품질개선은 반드시 표준화된 기법을 적용하여야 한다.

해설 품질개선에 표준화된 기법을 적용하는 것이 아니고, 품질시스템을 표준화하는 것이다. 개선은 PDCA 등의 기본절차를 따르지만, 표준화된 기법만을 사용하는 것은 아니다.

87 생산활동이나 관리활동과 관련하여 일상적 또는 정기적으로 실시하는 계측과 가장 거리가 먼 것은?

① 생산설비에 관한 계측
② 자재·에너지에 관한 계측
③ 작업결과나 성적에 관한 계측
④ 연구·실험실에서의 시험연구 계측

해설 시험연구 계측활동은 개발 설계단계의 활동이므로, 생산단계의 일상활동으로 볼 수 없다.

 정답 81.③ 82.③ 83.④ 84.① 85.② 86.④ 87.④

88 다음은 제조물책임법 제1조에 관한 사항이다. ㉠과 ㉡에 해당하는 용어로 맞는 것은?

> 이 법은 제조물의 결함으로 인하여 발생한 손해에 대한 (㉠) 등의 손해배상책임을 규정함으로써 피해자의 보호를 도모하고 국민생활의 (㉡) 향상과 국민경제의 건전한 발전에 기여함을 목적으로 한다.

① ㉠ 소비자, ㉡ 복지
② ㉠ 소비자, ㉡ 안전
③ ㉠ 제조업자, ㉡ 복지
④ ㉠ 제조업자, ㉡ 안전

89 6σ 적용 공장에서 현재의 $C_P=2$이다. 이때 1.5σ의 공정변동이 일어날 경우 최소공정능력지수(C_{PK}) 값은?

① 1.0 ② 1.33
③ 1.5 ④ 1.8

해설
$$C_{PK}=(1-k)C_P$$
$$=C_P-\frac{bias}{3\sigma}$$
$$=2-\frac{1.5\sigma}{3\sigma}=1.5$$

90 품질경영시스템에서 품질전략을 결정하는 데 고려하여야 할 요소와 가장 거리가 먼 것은?

① 경영목표
② 예산편성
③ 경영방침
④ 경영전략

해설 예산편성은 품질전략에 따른 실행계획을 수립하면서 관계되는 후속활동이다.

91 품질계획에서 많이 활용되는 품질기능전개(QFD)로 품질하우스 작성 시 무엇(what)과 어떻게(how)의 관계를 나타낼 때 사용하는 기법은?

① PDPC법
② 연관도법
③ 매트릭스도법
④ 친화도법

해설 QFD는 매트릭스도법을 이용한다.

92 $C_P=1.33$이고, 치우침이 없다면, 평균 μ에서 규격한계(U 또는 L)까지의 거리는 약 몇 σ인가?

① 2σ ② 3σ
③ 4σ ④ 6σ

해설 $$C_P=\frac{U-L}{6\sigma}=\frac{k\sigma}{6\sigma}=1.33$$
$\therefore k=8$이므로, $U-\mu=\mu-L=4\sigma$이다.

93 사내표준화의 요건이 아닌 것은?

① 실행 가능한 내용일 것
② 기록내용이 구체적 · 객관적일 것
③ 직관적으로 보기 쉬운 표현을 할 것
④ 장기적인 관점보다 단기적인 관점에서 추진할 것

해설 사내표준화는 장기적 관점에서 추진한다.

94 표준의 서식과 작성방법(KS A 0001 : 2018)에서 문장을 쓰는 방법의 내용 중 틀린 것은?

① "초과"와 "미만"은 그 앞에 있는 수치를 포함시키지 않는다.
② "보다"는 비교를 나타내는 경우에만 사용하고, 그 앞에 있는 수치 등을 포함시키지 않는다.
③ 한정조건이 이중으로 있는 경우에는 큰 쪽의 조건에 "때"를 사용하고, 작은 쪽의 조건에 "경우"를 사용한다.
④ "및/또는"은 병렬하는 두 개의 어구 양자를 병합한 것 및 어느 한 쪽씩의 3가지를 일괄하여 엄밀하게 나타내는 데 이용한다.

해설 한정조건이 이중으로 있는 경우에는 큰 쪽의 조건에 "경우"를 사용하고, 작은 쪽의 조건에 "때"를 사용한다. (부속서 M.2.2.5)

95 최초의 설계 잘못으로 제품의 설계 변경에 소요되는 비용은 어느 코스트에 속하는가?

① 예방코스트 ② 사내 실패코스트
③ 평가코스트 ④ 사외 실패코스트

해설 설계 오류로 인하여 발생하는 설계 변경에 관한 손실비용은 내부실패비용(IF-cost)에 해당된다.

정답 88.④ 89.③ 90.② 91.③ 92.③ 93.④ 94.③ 95.②

96 다음은 커크패트릭(Kirk Patrick)의 품질비용에 관한 그래프이다. 각 비용곡선의 명칭으로 맞는 것은?

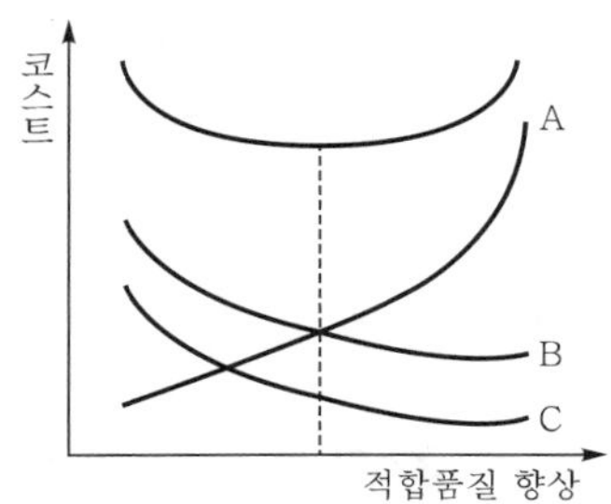

① A : 예방비용, B : 실패비용, C : 평가비용
② A : 예방비용, B : 평가비용, C : 준비비용
③ A : 평가비용, B : 실패비용, C : 예방비용
④ A : 평가비용, B : 예방비용, C : 준비비용

해설 품질비용(Q-cost)은 A : P-cost, B : F-cost, C : A-cost로 구성된다.

97 품질경영시스템 - 요구사항(KS Q ISO 9001 : 2018)의 특징이 아닌 것은?

① 목표달성을 위한 리스크 경영에 초점
② 제조중심의 검사, 시험, 감시능력 제고
③ ISO 9001에 기반한 품질경영시스템에 대한 고객의 확신 제고
④ 제품 및 서비스에 대한 적합성을 제공할 수 있는 조직의 능력을 제고

해설 ②항은 검사품질 시대의 품질보증시스템 개념이다.
※ ①, ③, ④항 이외에
- 고객을 만족시키는 조직능력의 제고
- 고객과 조직의 가치달성의 초점 제고
- 문서화보다 output에 초점 제고 등이 있다.

98 게하니(Ray Gehani) 교수가 구상한 품질가치사슬에서 TQM의 전략목표인 고객만족품질을 얻기 위하여 융합되어야 할 3가지 품질에 해당되지 않는 것은?

① 검사품질 ② 경영종합품질
③ 제품품질 ④ 전략종합품질

해설 검사품질은 공급자 종합품질과 공정관리 종합품질이 결부되어 제품품질을 이루게 되는 항목 중 하나이다.

99 산업표준화 분류방식 중 국면에 따른 분류에 해당되지 않는 것은?

① 품질규격 ② 제품규격
③ 방법규격 ④ 전달규격

해설 국면에 따른 분류는 제품규격, 방법규격 및 전달(기본)규격의 3가지로 분류한다.

100 부품 A는 $N(2.5,\ 0.03^2)$, 부품 B는 $N(2.4,\ 0.02^2)$, 부품 C는 $N(2.4,\ 0.04^2)$, 부품 D는 $N(3.0,\ 0.01^2)$인 정규분포를 따른다. 이 4개 부품이 직렬로 결합되는 경우 조립품의 표준편차는 약 얼마인가? (단, 부품 A, B, C, D는 서로 독립이다.)

① 0.003 ② 0.055
③ 0.100 ④ 0.316

해설 부품은 모두 독립이므로 분산의 가법성이 성립된다.

$$\sigma_T = \sqrt{0.03^2 + 0.02^2 + 0.04^2 + 0.01^2}$$
$$= 0.05477$$

 정답 96.① 97.② 98.① 99.① 100.②

2019 제4회 품질경영기사

제1과목 실험계획법

1 반복수가 같은 1요인 실험에서 다음의 분산분석표를 얻었다. $\bar{x}_{1\cdot}=12.85$라면, A_1수준에서의 모평균 $\mu(A_1)$의 95% 신뢰구간은 약 얼마인가? (단, $t_{0.975}(4)=2.776$, $t_{0.975}(15)=2.131$, $t_{0.975}(19)=2.093$이다.)

요인	SS	DF	MS
A	20	4	5.0
e	15	15	1.0
T	35	19	

① 12.85 ± 0.58
② 12.85 ± 1.07
③ 12.85 ± 2.10
④ 12.85 ± 4.20

해설
$$\mu_{1\cdot}=\bar{x}_{1\cdot}\pm t_{1-\alpha/2}(\nu_e)\sqrt{\frac{V_e}{r}}$$
$$=12.85\pm2.131\times\sqrt{\frac{1.0}{4}}$$
$$=12.85\pm1.07$$

2 난괴법이 층별이 잘 된 경우에 반복이 있는 1요인 실험보다 더 좋은 이점은 무엇인가?

① 정보량이 많아지고, 오차분산이 작아진다.
② 실험을 많이 함으로 원하는 모든 정보를 얻을 수 있다.
③ 처리수에 따른 반복수가 동일하지 않아도 됨으로 결측치가 생겨도 쉽게 해석할 수 있다.
④ 하나는 모수요인이고, 다른 하나는 변량요인이므로 변량요인을 이용함으로 더 쉽게 해석할 수 있다.

해설 난괴법은 층별의 원리로 실험오차 변동을 작게 하는 1요인배치의 정도 높은 실험이지만, 결측치가 발생하면 해석을 행할 수 없다.

3 실험의 결과 특성치가 다음과 같다. 이를 망목특성치로 생각하면 SN비(Signal to Noise ratio)는 약 얼마인가?

43, 47, 49, 53, 61

① 8.685 ② 17.37
③ 20.01 ④ 40.02

해설
$$SN=20\log\left(\frac{\bar{y}}{s}\right)=17.37$$

4 수준수 $l=5$, 반복수 $m=3$인 1요인 실험 단순회귀분석에서 직선회귀의 자유도(ν_R)와 고차회귀의 자유도(ν_r)는 각각 얼마인가?

① $\nu_R=1,\ \nu_r=3$ ② $\nu_R=1,\ \nu_r=4$
③ $\nu_R=2,\ \nu_r=3$ ④ $\nu_R=2,\ \nu_r=4$

해설
$$\nu_T=\nu_A+\nu_e$$
$$=\nu_R+\nu_r+\nu_e$$
$$=1+3+10=14$$
※ 1차 회귀의 자유도 ν_R은 항상 1이다.

5 2^3형 요인배치법에서 다음 [표]와 같이 8회의 실험을 하였을 때, 교호작용 $A\times C$의 효과는 얼마인가?

요인	A_0		A_1	
	B_0	B_1	B_0	B_1
C_0	5	4	2	3
C_1	7	9	10	5

① 0.55 ② 0.65
③ 0.75 ④ 0.85

해설
$$A\times C=\frac{1}{4}(T_1-T_0)$$
$$=\frac{1}{4}(5+4+10+5-2-3-7-9)$$
$$=0.75$$

정답 1.② 2.① 3.② 4.① 5.③

6 모수요인 A를 3수준, 변량요인 B를 4수준으로 하여 반복 2회의 실험을 했을 때, 요인 A의 불편분산 기대치[$E(V_A)$]는?

① $\sigma_e^2+2\sigma_{A\times B}^2+4\sigma_A^2$
② $\sigma_e^2+2\sigma_{A\times B}^2+8\sigma_A^2$
③ $\sigma_e^2+3\sigma_{A\times B}^2+8\sigma_A^2$
④ $\sigma_e^2+4\sigma_{A\times B}^2+6\sigma_A^2$

해설 $E(V_A)=\sigma_e^2+r\sigma_{A\times B}^2+mr\sigma_A^2$

7 두 개 이상의 요인 효과가 뒤섞여서 분리되지 않은 것을 무엇이라 하는가?

① 오차 ② 잔차
③ 교락 ④ 교호작용

해설 ※ 교호작용이란 2인자 이상의 결합효과를 의미한다.

8 2^3형 요인 실험을 abc, a, b, c 4개의 조합에 의한 일부실시법으로 실험하려고 한다. A의 주효과를 구하는 식으로 맞는 것은? (단, $\frac{1}{2}$블록 반복의 실험이다.)

① $\frac{1}{2}(abc-a+b-c)$ ② $\frac{1}{2}(abc+a-b+c)$
③ $\frac{1}{2}(abc-a-b+c)$ ④ $\frac{1}{2}(abc+a-b-c)$

해설
$$A=\frac{1}{2}(abc+a-b-c)=\frac{1}{2}(T_2-T_1)$$
$$B=\frac{1}{2}(abc+b-a-c)$$
$$C=\frac{1}{2}(abc+c-a-b)$$

9 $L_{16}(2^{15})$ 직교배열표에서 요인 A, B, C, D, F, G, H와 교호작용 $A\times B$, $C\times D$를 배치하는 경우 오차항의 자유도는?

① 4 ② 5
③ 6 ④ 7

해설 ν_e =공열의 개수
$=15-7-2=6$
※ 2수준계 직교배열표는 각 열의 자유도가 1이다.

10 1차 단위 요인이 A(4수준), 2차 단위 요인이 B(3수준), 반복 요인이 R(3회)인 단일분할법 실험에서 2차 단위 오차(e_2)의 자유도 ν_{e_2}는?

① 16 ② 18
③ 20 ④ 22

해설 $\nu_{e_2}=l(m-1)(r-1)$
$=4(3-1)(3-1)=16$

11 제품의 강도를 높이기 위하여 열처리온도를 요인으로 설정하여 300℃, 350℃, 400℃에서 실험을 실시했을 경우의 설명으로 틀린 것은?

① 수준수는 3이다.
② 강도는 특성치이다.
③ 열처리온도는 변량요인이다.
④ 수준은 기술적으로 미리 정해진 수준이다.

해설 실험에서 해석을 목적으로 채택한 모수인자를 제어인자라고 하며, 해석을 목적으로 채택한 변량인자를 집단인자라고 한다. 온도는 모수인자이다.

12 다음은 $L_9(3^4)$형 직교배열표를 이용하여 A, B, C 각각 3수준을 배열하여 실험한 결과를 나타낸 것이다. 요인 A의 제곱합 S_A는 약 얼마인가?

실험번호	열번호 1	2	3	4	데이터
1	1	1	1	1	14
2	1	2	2	2	17
3	1	3	3	3	1
4	2	1	2	3	58
5	2	2	3	1	56
6	2	3	1	2	56
7	3	1	3	2	62
8	3	2	1	3	35
9	3	3	2	1	32
배치	A	B		C	

① 38.22 ② 314.89
③ 340.22 ④ 3348.22

해설
$$S_A=\frac{T_1^2+T_2^2+T_3^2}{3}-\frac{T^2}{9}$$
$$=\frac{32^2+170^2+129^2}{3}-\frac{331^2}{9}=3348.22$$

 정답 6.② 7.③ 8.④ 9.③ 10.① 11.③ 12.④

13 반복수가 n으로 동일하고 a개의 수준을 갖는 1요인 실험에서, 각 처리수준에서 측정값의 합을 y_1, y_2, $\cdots$, y_a라 할 때, 처리수준별 합의 선형결합 $\sum_{i=1}^{a} c_i y_i$으로 관심을 갖는 처리 평균들을 비교하게 된다. 이때 이러한 선형결합이 대비를 이루기 위한 조건은?

① $\sum_{i=1}^{a} y_i = n\bar{y}$ ② $n\sum_{i=1}^{a} c_i = na$

③ $\sum_{i=1}^{a} c_i = n\bar{c}$ ④ $\sum_{i=1}^{a} c_i = 0$

해설 대비(contrast) : 선형식에서 계수 합이 0이 되는 성질이다.

$L = c_1x_1 + c_2x_2 + \cdots\cdots + c_nx_n$

$(c_1 + c_2 + c_3 + \cdots\cdots + c_n = 0)$

14 다음은 실험조건(A, B, C)에서 실험순서(1, 2, 3)와 날짜(월, 화, 수)를 고려한 라틴방격법이다. ㉠~㉣ 중 라틴방격법에 의한 실험계획을 모두 고른 것은?

㉠

날짜＼순서	1	2	3
월	A	B	C
화	B	C	A
수	C	A	B

㉡

날짜＼순서	1	2	3
월	A	B	C
화	B	C	A
수	C	B	A

㉢

날짜＼순서	1	2	3
월	A	C	B
화	B	A	C
수	C	B	A

㉣

날짜＼순서	1	2	3
월	B	A	C
화	C	B	A
수	A	C	B

① ㉠
② ㉡, ㉢, ㉣
③ ㉠, ㉡, ㉢, ㉣
④ ㉠, ㉢, ㉣

해설 라틴방격이란 어느 행으로 보나, 어느 열로 보나 중복되지 않는 문자 혹은 숫자가 배열된 배치방식으로, 교호작용을 구할 수 없는 일부실시법의 실험형태가 된다.

※ 라틴방격은 실험순서나 날짜와 같은 블록요인을 인자로 취하여 실험하지는 않으며, 변량인자가 아닌 모수인자의 배치를 기본으로 한다.

15 다요인 실험계획법(다요인배치법)에 대한 설명으로 틀린 것은?

① 실험의 랜덤화가 용이하다.
② 실험횟수가 급격히 증가한다.
③ 실험을 하는 데 비용이 많이 든다.
④ 불필요한 요인이라고 판단되면 요인의 수를 줄여가는 노력이 필요하다.

해설 실험에 배치된 인자 수가 많아질수록 실험횟수는 급격히 증가하게 되며, 실험순서의 랜덤화에 제약을 받게 되어 실험의 효율성이 하락한다.

16 지분실험법에 관한 설명으로 틀린 것은?

① 지분실험법의 오차항의 자유도는 (총 데이터 수) −(인자의 수준수 합)에서 유도하여 만든다.
② 요인이 유의할 경우 모평균의 추정은 의미가 없고, 산포의 추정을 행한다.
③ 일반적으로 변량요인들에 대한 실험계획법으로 많이 사용되며 완전랜덤 실험과는 거리가 멀다.
④ 여러 가지 샘플링 및 측정의 정도를 추정하여 샘플링방식을 설계할 때나 측정방법을 검토할 때에도 사용이 가능하다.

해설 $\nu_e = \nu_T - \nu_{ABC}$

$= \nu_T - (\nu_A + \nu_{B(A)} + \nu_{C(A+B)})$

※ 지분실험법은 변량모형의 실험이다.

17 다음은 반복이 다른 1요인 실험 결과에 대한 분산분석표이다. F_0의 ( ) 안에 알맞은 값은 약 얼마인가?

요인	SS	DF	MS	F_0
A e	2127 4280	2		( )
T	6407	29		

① 4.46
② 4.63
③ 6.71
④ 6.95

해설 $F_0 = \frac{V_A}{V_e} = \frac{S_A/\nu_A}{S_e/\nu_e} = \frac{2127/2}{4280/27} = 6.71$

정답 13.④ 14.④ 15.① 16.① 17.③

18 요인 A, B가 각각 4수준인 모수모형 반복없는 2요인 실험에서 결측치가 1개 발생하였다. 이것을 추정하여 분석했을 때, 오차항의 자유도(ν_e)는?

① 4　② 8
③ 9　④ 11

해설 $\nu_e = \nu_T - \nu_A - \nu_B$
$= 14 - 3 - 3$
$= 8$

19 동일한 물건을 생산하는 5대의 기계에서 부적합 여부의 동일성에 관한 실험을 하였다. 적합품이면 0, 부적합품이면 1의 값을 주기로 하고, 5대의 기계에서 200개씩의 제품을 만들어 부적합 여부를 실험하여 다음과 같은 분산분석표를 구하였다. 다음 분산분석표의 일부 자료를 이용하여 검정통계량 F_0의 값을 구하면 얼마인가?

요인	SS	DF	MS	F_0
A e	0.596 (　)	(　) (　)	(　) (　)	(　)
T	62.511	999		

① 1.782　② 2.395
③ 3.212　④ 3.410

해설 $F_0 = \dfrac{V_A}{V_e} = \dfrac{S_A/\nu_A}{S_e/\nu_e}$
$= \dfrac{0.596/4}{61.915/995}$
$= 2.395$

20 교락법에서 블록 반복을 행하는 경우에 각 반복마다 블록 효과와 교락시키는 요인의 효과가 다른 경우를 무엇이라 하는가?

① 완전교락
② 단독교락
③ 이중교락
④ 부분교락

해설 • 블록 반복마다 블록에 교락되는 요인의 효과가 동일한 교락방식을 완전교락이라고 하며, 교락되는 요인의 효과가 다른 교락방식을 부분교락이라고 한다.
• 단독교락은 블록이 2개로 나뉘고, 이중교락은 블록이 4개로 나뉘는 교락방식이다.

제2과목 통계적 품질관리

21 모상관계수 $\rho \neq 0$인 경우 $z = \dfrac{1}{2}\ln\dfrac{1+r}{1-r}$로 z 변환을 하면 z는 근사적으로 어떤 분포를 따르는가?

① t분포　② χ^2분포
③ F분포　④ 정규분포

해설 $z = \dfrac{1}{2}\ln\dfrac{1+r}{1-r} = \tanh^{-1}r$
※ r을 변환시킨 z는 $E(z) = \tan^{-1}\rho$, $V(z) = \dfrac{1}{n-3}$인 정규분포에 근사한다.

22 임의의 로트(lot)로부터 400개의 제품을 랜덤 추출하여 조사해 보니 240개가 부적합품이었다. 표본 부적합품률의 분산 추정치는?

① 0.0006　② 0.0004
③ 0.6　④ 0.4

해설 $V(p) = \dfrac{\hat{p}(1-\hat{p})}{n} = \dfrac{0.6 \times 0.4}{400} = 0.0006$
※ 모수 P를 모르는 경우로, 모수 P 대신 추정치 $\hat{p}$을 사용한다.

23 군의 수 k=40, n=4인 $\bar{x}-R$ 관리도에서 $\bar{\bar{x}}$= 27.70, $\bar{R}$=1.02이다. 군내변동 $\hat{\sigma}_w$는 약 얼마인가? (단, n=4일 때, d_2=2.059, d_3=0.88이다.)

① 0.495　② 0.693
③ 1.159　④ 13.453

해설 $\hat{\sigma}_w = \dfrac{\bar{R}}{d_2} = \dfrac{1.02}{2.056} = 0.495$

24 통계적 가설검정 시 사용되는 검정통계량 분포의 유형이 다른 것은?

① 적합도 검정　② 모분산의 검정
③ 모분산비의 검정　④ 분할표에 의한 검정

해설 • 모분산비의 검정 : F_0검정
• 적합도 검정, 모분산의 검정, 분할표의 검정 : χ^2검정

 정답 18.② 19.② 20.④ 21.④ 22.① 23.① 24.③

25 계량형 샘플링검사에 대한 설명으로 틀린 것은?

① 부적합품이 전혀 없는 로트가 불합격될 가능성이 있다.
② 계량형 품질특성치이므로 계수형 데이터로 바꾸어 적용할 수는 없다.
③ 검사대상 제품의 품질특성에 대한 분리 샘플링검사가 필요할 수 있다.
④ 품질특성의 통계적 분포가 정규분포에 근사하지 않을 경우, 적용하기 곤란하다.

해설 계량형 특성치를 계수형 데이터로 전환시킬 수는 있지만, 굳이 전환시켜 대표성이 하락하는 비효율적 해석을 할 필요는 없다.

26 모부적합수에 대한 검정을 할 때 검정통계량으로 맞는 것은?

① $u_0 = \dfrac{x-m_0}{\sqrt{m_0}}$　② $u_0 = \dfrac{x-m_0}{\sqrt{x+m_0}}$
③ $u_0 = \dfrac{x+m_0}{\sqrt{m_0}}$　④ $u_0 = \dfrac{x+m_0}{\sqrt{x-m_0}}$

해설 ※ 단위당 모부적합수의 검정통계량

$u_0 = \dfrac{\hat{u}-u}{\sqrt{u/n}}$ (단, $\hat{u} = \dfrac{c}{n}$이다.)

27 n=5인 $\bar{x}$ 관리도에서 U_{CL}=43.4, L_{CL}=16.6이었다. 공정의 분포가 $N(30,\ 10^2)$일 때 타점시킨 $\bar{x}$가 관리한계선을 벗어날 확률은 약 얼마인가?

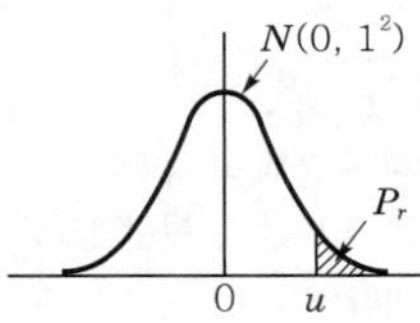

u	P_r
0.5	0.3085
1.0	0.1587
2.0	0.0228
3.0	0.00135

① 0.0014　② 0.0027
③ 0.0228　④ 0.1587

해설 $\alpha = P(\bar{x} > U_{CL}) + P(\bar{x} < L_{CL})$

$= P\left(z > \dfrac{43.44-30}{4.48}\right) + P\left(z < \dfrac{16.6-30}{4.48}\right)$

$= P(z>3) + P(z<-3)$

$= 0.00135 \times 2 = 0.0027$

(단, $6\dfrac{\sigma}{\sqrt{n}} = U_{CL} - L_{CL} = 26.88$, $\therefore \dfrac{\sigma}{\sqrt{n}} = 4.48$)

28 다음의 데이터로 np 관리도를 작성할 경우 관리한계는 얼마인가?

No.	1	2	3	4	5
검사개수	200	200	200	200	200
부적합품수	14	13	20	13	20

① 15±1.51　② 15±11.51
③ 16±8.51　④ 16±11.51

해설 $\left.\begin{matrix} U_{CL} \\ L_{CL} \end{matrix}\right] = n\bar{p} \pm 3\sqrt{n\bar{p}(1-\bar{p})}$

• $\bar{p} = \dfrac{\Sigma np}{\Sigma n} = \dfrac{80}{1000} = 0.08$

• $n\bar{p} = \dfrac{\Sigma np}{k} = \dfrac{80}{5} = 16$

따라서, $\left.\begin{matrix} U_{CL} \\ L_{CL} \end{matrix}\right] = 16 \pm 11.51$

29 멘델의 유전법칙에 의하면 4종류의 식물이 9 : 3 : 3 : 1의 비율로 나오게 되어 있다고 한다. 240그루의 식물을 관찰하였더니 각 부문별로 120 : 55 : 40 : 25로 나타났다면, 적합도 검정을 위한 통계량을 약 얼마인가?

① 9.11　② 10.98
③ 11.11　④ 12.12

해설 $\chi_0^2 = \dfrac{\Sigma(X_i - E_i)^2}{E_i}$

$= \dfrac{(120-135)^2}{135} + \dfrac{(55-45)^2}{45} + \dfrac{(40-45)^2}{45} + \dfrac{(25-15)^2}{15}$

$= 11.11$

(단, $E_i = nP_i$이다.)

30 X, Y는 확률변수이다. X와 Y의 공분산이 8, X의 기대치가 2, Y의 기대치가 3일 때, XY의 기대치는?

① 2
② $\sqrt{58}$
③ $\sqrt{70}$
④ 14

해설 $E(XY) = E(X) \cdot E(Y) + COV(XY)$

$= 2 \times 3 + 8$

$= 14$

정답 25.② 26.① 27.② 28.④ 29.③ 30.④

31 A기계와 B기계의 정도(精度)를 비교하기 위하여 각각 의 기계로 15개씩의 제품을 가공하였더니 $V_A=0.052\text{mm}^2$, $V_B=0.178\text{mm}^2$가 되었다. 유의수준 5%에서 A기계의 산포가 B기계의 산포보다 더 작다고 할 수 있는지를 검정한 결과로 맞는 것은? (단, $F_{0.95}(14,\ 14)=2.48$이다.)

① 주어진 데이터로는 판단하기 어렵다.
② 두 기계의 산포는 같다고 할 수 있다.
③ A기계의 산포가 더 작다고 할 수 없다.
④ A기계의 산포가 더 작다고 할 수 있다.

해설 1. 가설 : $H_0:\sigma_A^2 \geq \sigma_B^2$, $H_1:\sigma_A^2 < \sigma_B^2$
2. 유의수준 : $\alpha=0.05$
3. 검정통계량 : $F_0=\dfrac{V_A}{V_B}=\dfrac{0.052^2}{0.178^2}=0.085$
4. 기각치 : $F_L=\dfrac{1}{F_{0.95}(14,\ 14)}=0.4032$
5. 판정 : $F_0<0.4032$이므로, H_0 기각
(A가 B보다 산포가 작다고 할 수 있다.)

32 다음 중 스킵로트 샘플링에 대한 설명으로 적합한 것을 고르면?

① 1/5이라는 샘플링 빈도를 검사 초기부터 사용할 수 있다.
② 샘플링검사 결과 품질이 저하되면 로트별 샘플링검사로 복귀한다.
③ 제품이 소정의 판정기준을 만족한 경우에 검사빈도는 1/5을 적용할 수 없다.
④ 검사에 제출된 제품의 품질이 AOQL보다 상당히 좋다고 입증된 경우에 적용 가능하다.

해설 ① 검사 초기는 1/2, 1/3, 1/4 skip 검사만 사용 가능하고, 승급 시 1/5 skip 검사를 적용한다.
② 품질이 저하되면 로트별 검사로의 복귀, 스킵로트 중단, 스킵빈도 조정을 행한다.
③ 상태 2에서 1/4 skip 검사 시 소정의 조건을 만족하면 1/5 skip 검사가 적용된다.
④ 제출된 제품의 품질이 AQL보다 월등히 좋다고 인정되는 경우 수월한 검사 대신 사용할 수 있다.
($\bar{p}<\dfrac{\text{AQL}}{2}$ 인 경우)
※ 검사에 제출된 제품의 품질이 AQL보다 상당히 좋다는 것은 20lot 이내에서 자격인정점수가 50점 이상인 경우이다.

33 로트별 합격품질한계(AQL) 지표형 샘플링검사 방식(KS Q ISO 2859－1 : 2016)에서 전환규칙에 관한 설명으로 틀린 것은?

① 까다로운 검사에서 연속 5로트가 합격되면 보통검사로 복귀된다.
② 연속 5로트 중 2로트가 불합격되면 보통검사에서 까다로운 검사로 전환한다.
③ 불합격로트의 누계가 10로트가 될 동안 까다로운 검사를 실시하고 있으면 검사를 중지한다.
④ 검사 중지에서 공급자가 품질을 개선하여 소관권한자가 승인할 때 까다로운 검사로 실시한다.

해설 ③ 10로트 → 5로트

34 규격이 12~14cm인 제품을 매일 5개씩 취하여 16일간 조사하여 $\bar{x}-R$ 관리도를 작성하였더니 $\bar{x}$ 및 R 관리도는 안정상태였으며, $\bar{\bar{x}}=13\text{cm}$, $\bar{R}=0.38\text{cm}$이었다. 이 공정에 관한 해석으로 맞는 것은? (단, $n=5$일 때 $d_2=2.326$이다.)

① 공정능력이 1.5보다 작으므로 6시그마 수준을 위해 더 노력해야 한다.
② 공정능력이 1보다 작으므로 선별로 대응하며 빨리 공정을 개선하여야 한다.
③ 공정능력이 약 2 정도로 매우 우수하므로 현재의 품질수준을 유지하도록 한다.
④ 공정능력이 약 2 정도로 매우 우수하나 치우침이 발생하고 있으므로 중앙으로 평균을 조정한다.

해설 $C_P=\dfrac{S_U-S_L}{6\sigma}=\dfrac{14-12}{6\times0.38/2.326}=2.04$
※ $C_P=2$인 공정을 6시그마 수준의 프로세스라고 하며, 동적능력인 C_{PK}가 1.5로 정의된다. 현실적으로 발생하는 부적합은 3.4PPM이다.

35 OC 곡선의 특성을 설명한 것으로 틀린 것은?

① n이 커지면 검출력$(1-\beta)$이 증가한다.
② σ가 커지면 검출력$(1-\beta)$이 증가한다.
③ α가 증가하면 검출력$(1-\beta)$이 증가한다.
④ α와 β가 같이 증가하면 OC 곡선의 기울기는 완만해진다.

해설 $(1-\beta)\uparrow$: ㉠ $n\uparrow$ ㉡ $\sigma\downarrow$ ㉢ $k\uparrow$

 정답 31.④ 32.② 33.③ 34.③ 35.②

36 관리도에 대한 설명으로 틀린 것은?

① 공정관리용 관리도는 미리 지정된 기준값이 주어져 있지 않은 관리도이다.
② 관리하려는 품질특성이 계량형일 때 군내변동의 관리에는 R관리도를 사용한다.
③ 군의 합리적인 선택은 기술적 지식 및 제조조건과 데이터가 취해진 조건에 대한 구분에 의존한다.
④ 관리도에서 점이 관리한계를 벗어나면 반드시 원인을 조사하고, 원인을 알면 다시 일어나지 않도록 조치를 한다.

해설 기준값(표준값)이 설정된 관리도는 공정상태를 모니터링하는 관리용 관리도라고 하며, 기준값이 설정되지 않은 관리도를 단속적 기간에 적용하는 해석용 관리도라고 한다.

37 2대의 기계 A, B에서 생산된 제품에서 각각 시료를 뽑아 평균과 표준편차를 구했더니 $\bar{x}_A=15$, $\bar{x}_B=50$, $s_A=5$, $s_B=5$로 평균치의 차이가 크게 나타났다. 변동계수를 이용하여 기계 A, B로부터 생산된 제품의 산포를 비교한 결과로 맞는 것은?

① A와 B의 산포가 같다.
② A가 B보다 산포가 작다.
③ A가 B보다 산포가 크다.
④ 변동계수로는 산포를 비교할 수 없다.

해설

$$CV_A=\frac{s_A}{\bar{x}_A}=\frac{5}{15}=0.333$$

$$CV_B=\frac{s_B}{\bar{x}_B}=\frac{5}{50}=0.1$$

따라서, 상대적 편차를 정의하는 변동계수는 기계 B가 작다.

38 전수검사가 불가능하여 반드시 샘플링검사를 하여야 하는 경우는?

① 전기제품의 출력전압 측정
② 주물제품의 내경 가공에서 내경의 측정
③ 전구의 수입검사에서 전구의 점등시험
④ 진공관의 수입검사에서 진공관의 평균수명 추정

해설 수명시험은 파괴검사이므로 전수검사를 할 수 없다.

39 어떤 공작기계로 만든 샤프트 중에서 랜덤하게 13개를 샘플링하여 외경을 측정하였더니 평균은 112.7, 제곱합은 176이었다. 샤프트 외경의 모평균의 95% 신뢰구간은 약 얼마인가? (단, $t_{0.95}(12)=1.782$, $t_{0.95}(13)=1.771$, $t_{0.975}(12)=2.179$, $t_{0.975}(13)=2.160$이다.)

① 112.7±1.89 ② 112.7±2.31
③ 112.7±8.78 ④ 112.7±8.87

해설

$$\mu=\bar{x}\pm t_{1-\alpha/2}(\nu)\frac{s}{\sqrt{n}}$$
$$=112.7\pm2.179\times\frac{3.83}{\sqrt{13}}=112.7\pm2.31$$

40 부선 5척으로 광석이 입하되고 있다. 부선 5척은 각각 200톤, 300톤, 500톤, 800톤, 400톤씩 싣고 있다. 각 부선으로부터 광석을 풀 때 100톤 간격으로 인크리먼트를 떠서 이것을 대량 시료로 혼합할 경우 샘플링의 정밀도는 약 얼마인가? (단, 이 광석은 이제까지의 실험으로부터 100톤 내의 인크리먼트 간의 산포(σ_w)가 0.8인 것을 알고 있다.)

① 0.03 ② 0.036
③ 0.05 ④ 0.08

해설

$$\sigma_{\bar{\bar{x}}}^2=\frac{\sigma_w^{\ 2}}{\sum n_i}=\frac{0.8^2}{22}=0.029$$

제3과목 생산시스템

41 다음에서 설명하고 있는 수요예측기법은?

> 일종의 가중이동평균법이지만 가중치를 부여하는 방법이 다르다. 이 방법에서는 '과거로 거슬러 올라갈수록 데이터의 중요성은 감소한다'는 가정이 타당하다고 보고, 가장 가까운 과거에 가장 큰 가중치를 부여한다. 그래서 전체 예측기법 중 단기예측법으로 가장 많이 사용되고 있으며, 도·소매상의 재고관리에도 널리 이용되고 있다.

① 지수평활법 ② 박스젠킨스 모형
③ 역사자료 유추법 ④ 라이프사이클 유추법

해설

$$F_t=\alpha D_{t-1}+(1-\alpha)F_{t-1}$$
$$=F_{t-1}+\alpha(D_{t-1}-F_{t-1})$$

정답 36.① 37.③ 38.④ 39.② 40.① 41.①

42 제품 생산 시 발생되는 데이터를 실시간으로 수집하고 조회하며, 이들 정보를 통하여 생산 통제를 하는 1차 기능과 분석 및 평가를 통한 생산성 향상을 기할 수 있는 시스템은?

① POP(Point Of Production)
② POQ(Period Order Quantity)
③ BPR(Business Process Reengineering)
④ DRP(Distribution Requirements Planning)

해설 POP system이란 프로세스의 생산과정에서 기계, 설비, 작업자, 작업 등으로부터 시시각각 발생하는 생산정보를 실시간으로 직접 수집(빅데이터의 수집)·처리하여 현장 관리자에게 제공하는 시스템을 말한다.
또한 POP에서 제공하는 생산정보시스템을 총괄하는 현장시스템을 MES(Manufacturing Execution System)라고 하는데 생산환경의 실시간 모니터링, 제어, 물류 및 작업내역 추적 관리, 상태파악, 불량관리 등에 초점을 맞춘 시스템이다.

43 1일 조업시간 8시간, 1일 부하시간 460분, 1일 생산량 380개, 정지내용(준비작업 30분, 고장 30분, 조정 20분), 부적합품 5개이다. 또, 기준 사이클타임은 0.5분/개, 실제 사이클타임은 0.8분/개이다. 실질가동률은 얼마인가?

① 62.5% ② 72.6%
③ 80.0% ④ 85.3%

해설
$$\text{실질가동률} = \frac{\text{생산량} \times \text{실제 C/T}}{\text{부하시간} - \text{정지시간}} = \frac{380 \times 0.8}{460 - 80} = 0.8(80\%)$$

44 협력업체에 의한 자재조달품목으로 바람직하지 않은 것은?

① 특허권에 제약이 있는 품목
② 상호구매가 중요시되는 품목
③ 제품 생산에 중요한 중점 품목
④ 자체의 기술력에 한계가 있는 품목

해설 협력업체와 모기업은 상호보완적인 상생관계이기는 하나, 제품 생산에 중요한 중점 품목은 자체생산이 원칙이다.

45 조업도(매출량, 생산량)의 변화에 따라 수익 및 비용이 어떻게 변하는가를 분석하는 기법은?

① 이동평균법
② 손익분기점분석
③ 선형계획법
④ 순현재가치분석

해설 제품조합(Product mix)의 BEP법에 관한 설명이다.

46 다음 중 MRP 운영에 관련된 용어의 설명으로 잘못된 것은?

① 총소요량(gross requirements)은 각 기간 중에 예상되는 총수요를 뜻한다.
② 순소요량(net requirements)은 주일정계획에 의하여 발생된 수요를 충족시키기 위해 새로 계획된 주문에 의해 충당할 수량을 의미한다.
③ 보유재고량(projected on hand inventory)은 주문량을 인수하고 총소요량을 충족시킨 후 기말에 남는 재고량으로 현재 이용 가능한 기초재고량이다.
④ 로트별(lot for lot) 주문법을 사용하는 경우, 초기에 보충되어야 할 계획된 주문량을 의미하는 계획수주량(planned receipts)과 순소요량(net requirements)은 서로 다른 값을 갖는다.

해설
- 순소요량 = 총소요량 − 예정수주량 − 현재고량
- 계획수주량 : 순소요량을 충당하기 위해 예정된 시기 초에 수주하리라고 기대할 수 있는 계획된 주문량이다. 로트크기방식(lot for lot)을 사용하면 계획수주량이 순소요량을 초과할 수도 있으므로, 초과분은 다음 기간의 가용재고에 가산한다.

47 JIT 생산시스템의 특징으로 틀린 것은?

① 자재의 흐름은 푸시(push) 방법이다.
② 간판시스템의 운영으로 재고수준을 감소시킨다.
③ 작업의 표준화로 라인의 동기화(同期化)를 달성할 수 있다.
④ 준비교체시간을 최소화시켜 유연성의 향상을 추구한다.

해설 JIT system의 자재흐름은 Pull system이다.

 정답 42.① 43.③ 44.③ 45.② 46.④ 47.①

48 다음 [그림]의 네트워크에서 단계 3의 TE(Earliest Possible Time)와 TL(Latest Allowable Time)은?

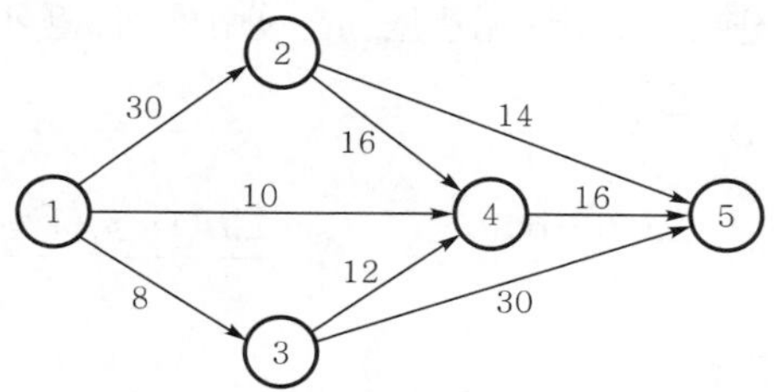

① 0과 32
② 8과 32
③ 0과 34
④ 8과 34

해설 • $TE_j = TE_i + t_{eij}$(단 $TE_i = 0$)
• $TL_i = TL_j - t_{eij}$(단 $TL_j = TE_j$)
합병단계의 TE는 최대치를 사용하고, 분리단계의 TL은 최소치를 사용한다.

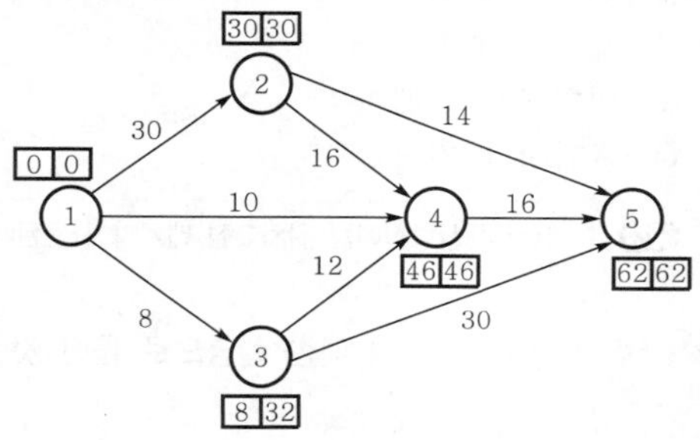

49 고객서비스 수준을 만족시키면서 전반적인 시스템 비용을 최소화하기 위해 제품이 적당한 수량으로, 적당한 장소에서, 적당한 시간에 생산되고 유통되도록 공급자, 제조업자, 창고업자, 소매업자들을 효율적으로 통합하는 데 이용되는 일련의 접근방법을 뜻하는 기법은 무엇인가?

① ERP ② MRP
③ SCM ④ TPM

해설 공급망관리(SCM ; Supply Chain Management)란 제품이 생산되어 판매되기까지의 모든 공급과정을 관리하는 시스템을 의미한다.
공급망관리는 크게 공급망계획(SCP ; Supply Chain Planning)과 실제 제품 판매 시 유통과정에서 제품의 흐름을 관리하는 시스템인 공급망실행(SCE ; Supply Chain Execution)으로 나뉜다.

50 총괄생산계획에서 재고수준 변수와 직접적인 관련성이 가장 높은 비용 항목은?

① 퇴직수당
② 교육훈련비
③ 설비확장비용
④ 납기지연으로 인한 손실비용

해설 재고수준에 따른 발생비용은 재고관리를 위한 비용과 재고부족에 의한 손실비용이 주된 비용이 된다.

51 동작경제의 원칙 중 신체사용에 관한 원칙의 내용으로 틀린 것은?

① 두 손의 동작은 같이 시작하고 같이 끝나도록 한다.
② 손의 동작은 거리가 최소가 될 수 있도록 직선동작으로 한다.
③ 두 팔의 동작은 동시에 서로 반대방향으로 대칭적으로 움직이도록 한다.
④ 가능하면 쉽고도 자연스러운 리듬이 작업동작에 생기도록 작업을 배치한다.

해설 ② 직선동작 → 연속곡선동작

52 설비배치의 형태 중 U-Line의 원칙이 아닌 것은?

① 정지작업의 원칙
② 입식작업의 원칙
③ 다공정 담당의 원칙
④ 작업량 공평의 원칙

해설 U-Line 시스템은 JIT system의 특징으로, 입식작업과 다공정 담당, 작업량 공평, 흐름작업의 원칙이 있다.

53 가중이동평균법에서 최근 자료에 높은 가중치를 부여하는 가장 큰 이유는?

① 매개변수 파악을 위하여
② 시간적 간격을 좁히기 위하여
③ 재고의 정확성을 높이기 위하여
④ 수요변화에 신속 대응하기 위하여

해설 가중이동평균법은 수요변화에 효과적으로 대응하려는 이동평균법으로, 최근 수요에 높은 가중치를 부여하여 예측의 정확성을 높인다.

정답 48.② 49.③ 50.④ 51.② 52.① 53.④

54 5개의 작업이 2대의 기계(A, B)를 거쳐 단계적으로 완성된다. 존슨 법칙(Johnson's rule)을 이용하여 기계 가공시간을 최소로 하는 작업순서로 맞는 것은? (단, 각 숫자는 가공시간을 나타낸다.)

구분	작업물 번호				
	㉠	㉡	㉢	㉣	㉤
기계 A	3	3	6	2	4
기계 B	4	1	4	3	4

① ㉢ → ㉣ → ㉠ → ㉤ → ㉡
② ㉣ → ㉠ → ㉤ → ㉢ → ㉡
③ ㉢ → ㉠ → ㉤ → ㉣ → ㉡
④ ㉣ → ㉤ → ㉢ → ㉠ → ㉡

해설 존슨 법칙의 작업순위 결정방법
1. 기계 가공시간 중 최소시간을 갖는 작업물을 찾는다.
2. 기계 A일 경우는 맨앞, 기계 B일 경우는 맨뒤에 놓는다.

구분	작업물 번호				
	㉠	㉡	㉢	㉣	㉤
기계 A	3	3	6	2	4
기계 B	4	1	4	3	4
순위	②	⑤	④	①	③

※ 기계 가공시간 중 최소시간은 기계 B의 작업물 ㉡이므로 맨뒤에 배치하고, 그 다음 최소시간은 기계 A의 ㉣ 작업물이므로 맨앞에 배치한다.

55 킹 테니스 라켓의 구입단가가 2000원이고, 여기에 필요한 1회 발주비용이 10000원이다. 재고유지비용은 단위당 구입단가의 20%이다. 이때 경제적 발주횟수는? (단, 연간 소비량은 20000대이다.)

① 10회
② 20회
③ 30회
④ 40회

해설
$$EOQ=\sqrt{\frac{2DC_P}{C_H}}=\sqrt{\frac{2\times 20000\times 10000}{2000\times 0.2}}=1000$$
$$N_o=\frac{D}{Q}=\frac{20000}{1000}=20\text{회}$$

56 목표생산주기시간(사이클타임)을 구하는 공식으로 맞는 것은? (단, Σt_i는 총작업소요시간, Q는 목표생산량, α는 부적합품률, y는 라인의 여유율이다.)

① $\dfrac{\Sigma t_i(1-y)}{Q(1-\alpha)}$ ② $\dfrac{\Sigma t_i}{Q(1-y)(1-\alpha)}$
③ $\dfrac{\Sigma t_i(1-\alpha)}{Q(1-y)}$ ④ $\dfrac{\Sigma t_i(1-y)(1-\alpha)}{Q}$

해설 $P_t=\dfrac{T(1-y)(1-\alpha)}{N}$ 이므로,
$$P_t=\frac{\Sigma t_i(1-y)(1-\alpha)}{Q}$$

57 다음과 같은 제품을 생산하는 데 적합한 배치방식은 무엇인가?

> 발전소, 댐, 조선, 대형 비행기, 우주선, 로켓

① 공정별 배치
② 제품별 배치
③ 위치고정형 배치
④ 혼합형 배치

해설 Project 생산방식에는 위치고정 배치가 사용된다.

58 작업공정도(OPC)에 대한 설명으로 틀린 것은?

① 공정계열의 개괄적 파악
② 세부분석을 위한 사전조사용
③ 중요한 정체 · 운반시간의 파악
④ 단순공정분석에 대한 분석도표

해설 OPC(단순공정분석)는 가공과 검사만을 이용하는 분석방법으로, 가공, 운반, 검사, 정체를 사용하는 세밀공정분석(FPC)의 사전조사용 분석방법이다.

59 설비보전방법 중 CBM(Condition－Based Maintenance)에 의한 기준열화 이하의 설비를 예방보전하는 방법은?

① 예지보전 ② 개량보전
③ 수리보전 ④ 사후보전

해설 예방보전(PM)은 시간기준보전(TBM)인 일상보전과 정기보전이 있고, 상태기준보전(CBM)인 예지보전은 회전기기 진단과 정지기기 진단이 있다.

 정답 54.② 55.② 56.④ 57.③ 58.③ 59.①

60 주기가 짧고 반복적인 작업에 적합한 작업측정기법으로 볼 수 없는 것은?

① WF법 ② 스톱워치법
③ MTM법 ④ 워크샘플링법

해설 주기가 짧고 반복적인 작업측정은 SW법을 사용하고, 비반복적이고 주기가 긴 불규칙적 작업의 측정은 WS법을 사용한다.

⊙ 대량생산방식과 소량생산방식을 생각하면 구분하고 기억하기가 수월하다.

제4과목 신뢰성 관리

61 강도는 평균 140kgf/cm^2, 표준편차 16kgf/cm^{2}인 정규분포를 따르고, 부하는 평균 100kgf/cm^2, 표준편차 12kgf/cm^{2}인 정규분포를 따를 경우에 부품의 신뢰도는 얼마인가? (단, $u_{0.8531}=1.05$, $u_{0.9545}=1.69$, $u_{0.9772}=2.00$, $u_{0.9913}=2.38$이다.)

① 0.8534 ② 0.9545
③ 0.9772 ④ 0.9912

해설 $P(x<y)=P(z<0)$

$$=P\left(u<\frac{0-\mu_z}{\sigma_z}\right)$$

$$=P\left(u\le\frac{\mu_y-\mu_x}{\sqrt{{\sigma_x}^2+{\sigma_y}^2}}\right)$$

$$=P\left(u\le\frac{140-100}{\sqrt{12^2+16^2}}\right)$$

$$=P(u\le 2)=0.9772$$

※ 여기서, $z=x-y$로 합성확률변수이며, u는 표준정규분포의 확률변수를 의미한다.

62 일반적으로 가정용 오디오, TV, 에어컨 등의 시스템, 기기 및 부품 등이 정해진 사용조건에서 의도하는 기간 동안 정해진 기능을 발휘할 확률은?

① 신뢰도
② 고장률
③ 불신뢰도
④ 전자부품 수명관리도

해설 • $R(t)+F(t)=1$
• 고장률(λ)은 단위시간당 고장개수를 의미한다.
ex) $\hat{p}=\frac{x}{n}$, $\hat{u}=\frac{c}{n}$

$$\hat{\lambda}=\frac{r}{T}=\frac{r}{nt}=\frac{\text{고장개수}}{\text{총작동시간}}$$

63 Y제품의 신뢰도를 추정하기 위하여 수명시험을 하고, 와이블확률지를 사용하여 형상모수(m)의 값을 추정하였더니 $m=1.0$이 되었다. 이 제품의 고장률에 대한 설명으로 맞는 것은?

① 고장률은 IFR이다.
② 고장률은 CFR이다.
③ 고장률은 DFR이다.
④ 고장률은 불규칙하다.

해설 • $m<1$: DFR(감소형)
• $m=1$: CFR(일정형)
• $m>1$: IFR(증가형)
※ $m=1$인 와이블분포가 지수분포이다.

64 다음의 고장목 그림(FT도)에서 시스템의 고장확률은? (단, 주어진 수치는 각 구성품의 고장확률이며, 각 구성품의 고장은 서로 독립이다.)

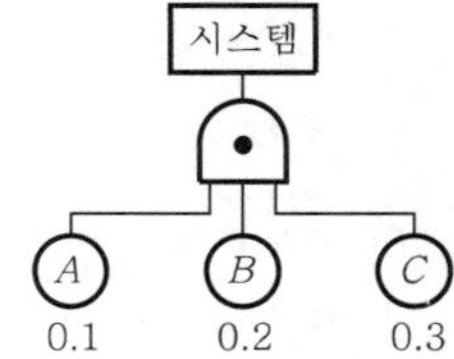

① 0.005 ② 0.006
③ 0.007 ④ 0.008

해설 $F_{TOP}=\Pi F_i=0.1\times0.2\times0.3=0.006$

65 지수분포를 따르는 어떤 부품에 대해 10개를 샘플링하여 모두 고장이 날 때까지 정상수명시험한 결과 평균수명은 100시간으로 추정되었다. 이 제품에 대한 100시간에서의 고장확률밀도함수는 약 얼마인가?

① 0.0037/시간 ② 0.0113/시간
③ 0.3678/시간 ④ 0.6321/시간

해설 $f(t=100)=\frac{1}{MTBF}e^{-\frac{t}{MTBF}}=0.003678/\text{시간}$

정답 60.④ 61.③ 62.① 63.② 64.② 65.①

66 와이블분포를 가정하여 신뢰성을 추정하는 경우 특성수명이란?

① 약 37%가 고장 나는 시간이다.
② 약 50%가 고장 나는 시간이다.
③ 약 63%가 고장 나는 시간이다.
④ 100%가 고장 나는 시간이다.

해설 와이블분포상에서 특성수명 t_0는 형상모수 m과 관계없이 63%가 고장 나는 시간으로, 척도모수 η라고 하며, 분포상의 평균수명과 밀접한 관계를 갖고 있다.

$$F(t=\eta)=1-R(t=\eta)=1-e^{-\left(\frac{t}{\eta}\right)^m}=1-e^{-1}=0.63$$

$$E(t)=\eta\Gamma\left(1+\frac{1}{m}\right)$$

67 신뢰도가 0.8인 동일한 부품을 사용하여 [그림]과 같이 만들어진 시스템에서 신뢰도는 약 얼마인가?

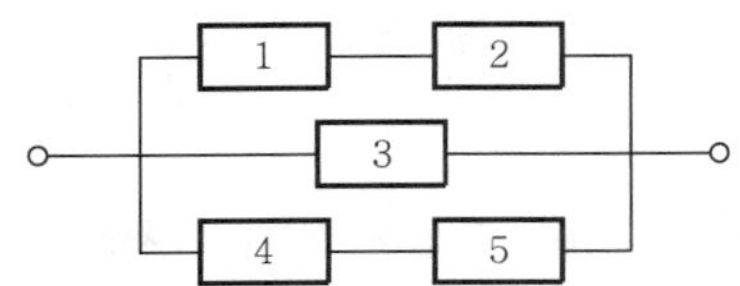

① 0.3277
② 0.7373
③ 0.9741
④ 0.9997

해설 $R_S=1-\Pi(1-R_i)$
$=1-(1-0.8^2)(1-0.8)(1-0.8^2)$
$=0.9741$

68 가속수명시험 데이터를 분석하여 사용조건에서의 수명을 예측하고자 한다. 이때 데이터 분석에 필요한 것으로 가장 타당한 것은?

① 수명분포
② 수명－스트레스 관계식
③ 수명분포와 측정 및 분석장비
④ 수명분포와 수명－스트레스 관계식

해설 시간데이터가 갖고 있는 수명분포와 가속수명시험과 정상수명시험에서 나타나는 가속계수(AF)의 관계를 알고 있어야 사용조건에서의 수명 예측이 가능하다.

69 어떤 제품이 20시간, 30시간, 40시간의 고장시간을 기록하였고, 또 하나는 70시간 동안 고장이 일어나지 않았다. 그렇다면 이 기기의 평균수명은 약 몇 시간인가?

① 30 ② 40
③ 53 ④ 95

해설 $\widehat{MTBF}=\frac{T}{r}=\frac{20+30+40+70}{3}$
$=53.3$시간

70 FMEA로 식별한 치명적 품목에 발생확률을 고려하여 치명도지수를 구한 다음에 고장등급을 결정하는 해석을 무엇이라 하는가?

① ETA ② FHA
③ FTA ④ FMECA

해설 FMECA(Failure Mode Effect and Critical Analysis)
치명도 해석법은 FMEA의 실시 결과, 고장등급이 높은 효과적 고장모드(1, 2등급 고장)가 system에 어떠한 영향력을 미치는가를 정량적으로 계산·평가하는 방법이다.

71 어느 가정의 연말 크리스마스트리가 50개의 전구로 구성되어 있다. 이 트리를 점등 후 연속 사용할 때 1000시간까지 고장 난 개수가 30개라면, 1000시간까지의 전구의 신뢰도는 얼마인가?

① 0.3 ② 0.2
③ 0.4 ④ 0.5

해설 선험법으로 계산하면,
$$R(t)=\frac{n(t)}{N}=\frac{20}{50}=0.4$$

72 지수분포를 따르는 수리계 시스템의 고장률은 0.02/시간이고, 이 시스템의 평균수리시간(MTTR)이 30시간이라면, 이 시스템의 가용도(Availability)는?

① 0.375 ② 0.488
③ 0.625 ④ 0.742

해설 $A=\frac{MTBF}{MTBF+MTTR}$
$=\frac{50}{50+30}=0.625$
(단, $MTBF=\frac{1}{\lambda}=\frac{1}{0.02}=50$시간이다.)

 정답 66.③ 67.③ 68.④ 69.③ 70.④ 71.③ 72.③

73 보전성이란 주어진 조건에서 규정된 기간에 보전을 완료할 수 있는 성질이다. 주어진 조건 중 보전성 설계에 관한 설명으로 틀린 것은?

① 수리와 회복이 신속 용이할 것
② 고장, 결합부품 및 재료의 교환이 신속 용이할 것
③ 고장이나 결함의 징조를 용이하게 검출할 수 있을 것
④ 고장이나 결함이 발생한 부분에 접근성이 용이하지 않을 것

해설 보전성을 높이려면 고장이나 결함이 발생한 부위를 쉽게 점검하고 조치할 수 있도록 접근성이 높아야 한다.

74 신뢰도를 배분할 때 고려해야 하는 사항이 아닌 것은?

① 신뢰도가 높은 구성품에는 높게 부여한다.
② 중요한 구성품에는 신뢰도를 높게 배정한다.
③ 표준구성품을 사용하여 호환성을 갖게 한다.
④ 안전성, 경제성을 고려하여 시스템 전체로 보아 균형을 취한다.

해설
- 기술적으로 복잡하고 고성능을 요구하는 구성부분은 허용한도 내에서 가능한 한 낮은 목표값을 부여하고, 단순하고 사용경험이 많은 부분은 높은 목표치를 배분한다.
- 표준구성품을 사용하면 구성품의 결함과 약점이 제거되어 안전성과 보전성을 높일 수 있다.
- 신뢰성 설계목표치 R_S의 달성을 위하여 최적 리던던시를 사용하지만, 많은 병렬 시스템을 사용한 리던던시 설계를 하면 원가, 부피, 중량 등의 제한사항을 초과하여 비효율적 설계가 될 수 있다.

※ 신뢰도의 배분은 부품 결정 이전인 설계 초기단계에서 이루어진다.

75 초기고장기간 동안 모든 고장에 대하여 연속적인 개량 보전을 실시하면서 규정된 환경에서 모든 아이템의 기능을 동작시켜 하드웨어의 신뢰성을 향상시키는 과정을 무엇이라 하는가?

① FTA　② 가속수명시험
③ FMEA　④ 번인(burn－in)

해설 초기고장기의 결함을 제거하기 위한 방법은 에이징 테스트에 의한 안정화 방법으로서 Burn-in test와 Debugging test가 있다.

76 시험 중에 연속적으로 총시험시간 대비 고장 발생 개수를 평가하여 합격영역, 불합격영역, 시험계속영역으로 구분하여 시험 종료시점까지 판정기준과 비교하여 판단하는 시험법은 무엇인가?

① 일정기간시험　② 신뢰성 축차시험
③ 신뢰성 수락시험　④ 신뢰성 보증시험

해설 판정선

$T_a = h_a + sr$

$T_r = -h_r + sr$

※ 여기서 검사 종료 시 $r_{\max} = 3r$이고 $T_{\max} = sr_{\max}$로 구하며, 총고장수 r이 $r_{\max}$에 이르면 불합격이고, $T_{\max}$에 이르면 합격시킨다.

77 3개의 모수에 의해 정의되는 와이블분포에서 임무시간 t=1000이고, 척도모수 η=1000, 위치모수 r=0일 때, 신뢰도에 대한 설명으로 맞는 것은?

① 형상모수(m)값에 무관하게 신뢰도는 일정하다.
② 형상모수(m)값에 무관하게 신뢰도는 감소하다.
③ 형상모수(m)가 증가함에 따라 신뢰도는 증가한다.
④ 형상모수(m)가 감소함에 따라 신뢰도는 증가한다.

해설

$$R(t) = e^{-\left(\frac{t-r}{\eta}\right)^m} = e^{-\left(\frac{1000-0}{1000}\right)^m} = e^{-1} = 0.37$$

※ 와이블분포에서 $t = \eta$인 경우, 형상모수 m과는 관계없이 $R(t=\eta) = 0.37$이다.

78 평균순위법을 이용하여 소시료 시험 결과 2번째 랭크에서의 고장률함수 $\lambda(t_2)$ =0.02/hr이었다. 이때 실험한 시료수가 5개이고, 3번째 고장 난 시료의 고장시간이 20시간 경과 후였다면, 2번째 시료가 고장 난 시간은?

① 7.5시간　② 10시간
③ 12시간　④ 15시간

해설

$$\lambda(t_2) = \frac{1}{n-i+1} \cdot \frac{1}{t_3 - t_2} = 0.02/\text{hr}$$

$$\rightarrow \frac{1}{5-2+1} \cdot \frac{1}{20-t_2} = 0.02/\text{hr}$$

$\therefore\ t_2 = 7.5$시간

정답 73.④ 74.③ 75.④ 76.② 77.① 78.①

79 n개의 부품으로 이루어지는 직렬 시스템에서 각 부품의 고장률이 λ_1, λ_2, $\cdots$, λ_n일 때 각 부품의 중요도를 구하는 식으로 맞는 것은?

① $w_i = \dfrac{\lambda_i}{\sum_{i=1}^{n} \lambda_i}$　　② $w_i = \dfrac{\sum_{i=1}^{n} \lambda_i}{\lambda_i}$

③ $w_i = \dfrac{1/\lambda_i}{\sum_{i=1}^{n} 1/\lambda_i}$　　④ $w_i = \dfrac{\sum_{i=1}^{n} 1/\lambda_i}{1/\lambda_i}$

80 2개의 부품 중 어느 하나만 작동하면 장치가 작동되는 경우, 장치의 신뢰도를 0.96 이상이 되게 하려면 각 부품의 신뢰도는 최소 얼마 이상이 되어야 하는가? (단, 각 부품의 신뢰도는 동일하다.)

① 0.76
② 0.80
③ 0.85
④ 0.90

해설 $R_S = 1 - \Pi(1 - R_i)$

$= 1 - (1 - R_i)^{\frac{1}{2}}$

따라서, $R_i = 1 - (1 - R_S)^{\frac{1}{2}}$

$= 1 - (1 - 0.96)^{\frac{1}{2}}$

$= 0.80$

제5과목 품질경영

81 다음 중 제조물책임에서 제조상의 결함에 해당하지 않는 것은?

① 안전시스템의 고장
② 제조의 품질관리 불충분
③ 안전시스템의 미비, 부족
④ 고유기술 부족 및 미숙에 의한 잠재적 부적합

해설 안전시스템의 미비, 부족은 설계상 결함의 유형이다.

82 연구개발, 산업생산, 시험검사 현장 등에서 측정한 결과가 명시된 불확정 정도의 범위 내에서 국가측정표준 또는 국제측정표준과 일치되도록 연속적으로 비교하고 교정하는 체계를 의미하는 용어는?

① 소급성　　② 교정
③ 공차　　④ 계량

해설 소급성(traceability)
국제적인 표준소급체계를 담당하는 기관으로는 국제도량위원회(CIPM)가 있다. 측정기 교정을 위하여는 측정소급성 체계를 확립시켜야 하며, 측정소급성을 유지하기 위해서는 계측기 및 표준기에 대한 주기적 검교정을 필요로 한다.

83 커크패트릭(Kirkpatrick)이 제안한 품질비용 모형에서 예방코스트의 증가에 따른 평가코스트와 실패코스트의 변화를 설명한 내용으로 가장 적절한 것은?

① 평가코스트 감소, 실패코스트 감소
② 평가코스트 증가, 실패코스트 증가
③ 평가코스트 감소, 실패코스트 증가
④ 평가코스트 증가, 실패코스트 감소

해설 커크패트릭의 품질비용 모형은 P-cost가 증가하면 A-cost와 F-cost는 감소한다.

84 다음 [그림]에 대한 평가로 맞는 것은?

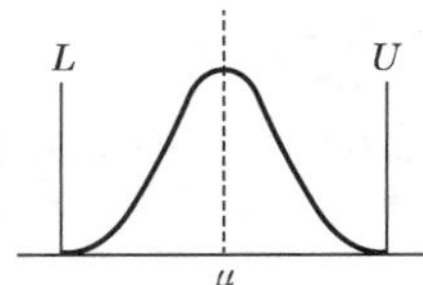

① 공정능력이 충분하므로 관리의 간소화를 추구한다.
② 공정능력에 여유가 없는 상태로 정밀도 향상을 위한 공정개선의 노력이 필요하다.
③ 공정능력이 부족하므로 현재의 규격을 재검토하거나 조정하여야 한다.
④ 공정능력이 매우 양호하므로 제품의 단위당 가공시간을 단축시키는 생산성 향상을 시도하는 것이 바람직하다.

해설 $C_P = \dfrac{U - L}{6\sigma} = 1$
공정능력은 여유가 없는 상태로 정밀도 향상을 위한 지속적 공정개선을 필요로 한다.

 정답 79.① 80.② 81.③ 82.① 83.① 84.②

85 같은 직장 또는 같은 부서 내에서 품질생산 향상을 위해 계층 간 또는 계층별 소집단을 형성하고 자주적 · 지속적으로 작업 또는 업무 개선을 하는 전사적 품질기술 혁신조직은?

① 6시그마 활동
② 개선제안 활동
③ 품질분임조 활동
④ VE(Value Engineering)

해설 소집단 개선활동인 분임조(QC 서클)에 대한 설명이다.

86 품질관리의 4대 기능은 사이클을 형성하고 있다. 그 순서로 맞는 것은?

① 품질의 설계 → 공정의 관리 → 품질의 조사 → 품질의 보증
② 품질의 설계 → 공정의 관리 → 품질의 보증 → 품질의 조사
③ 품질의 조사 → 품질의 설계 → 공정의 관리 → 품질의 보증
④ 품질의 조사 → 품질의 설계 → 품질의 보증 → 공정의 관리

해설 품질관리 PDCA 관리 사이클로 D는 공정(process)의 관리이다.

87 다음 중 종합적 품질경영(TQM)을 추진하기 위한 조직적 구조로서 활용되고 있는 팀(team) 활동으로 틀린 것은?

① 동일한 작업장의 조직원으로 구성된 자발적 문제해결집단
② 주어진 과업이 일단 완성되면 해체되는 태스크팀(task team)
③ 반복되는 문제를 해결하기 위해 수행되는 프로젝트팀(project team)
④ 일련의 작업이 할당된 단위로서, 구성원들이 융통성 있게 작업을 공유할 수 있도록 하는 팀(team)

해설 ①은 품질분임조이고, ②와 ③은 같은 조직으로 비반복적 문제해결을 위한 일시적 품질조직이다.
반복적인 문제해결은 공식조직의 해당 부문에서 행한다.

88 검사준비시간이 10분, 검사작업시간이 50분 소요되며, 직접임금 및 부품비의 합계가 8000원/시간일 때 평가비용에 해당하는 수입검사비용은 얼마인가?

① 2000원　② 4500원
③ 6000원　④ 8000원

해설 검사에 소요되는 비용과 PM 비용은 평가비용(A-cost)이다.

89 품질경영시스템 – 기본사항 및 용어(KS Q ISO 9000 : 2018)에서 인증대상별 적용범주 분류에 해당되지 않는 것은?

① 서비스(service)
② 하드웨어(hardware)
③ 소프트웨어(software)
④ 원재료(raw material)

해설 인증대상별 인증내용은 제품인증, 시스템인증, 안전인증이 있는데 적용범주의 분류는 다음과 같다.
1. 하드웨어(hardware)
2. 소프트웨어(software)
3. 가공원료(물질)(process material)
4. 서비스(service)

90 모티베이션 운동은 그 추진내용 면에서 볼 때 동기부여형과 불량예방형으로 나눌 수 있다. 동기부여형의 활동에 해당되지 않는 것은?

① 고의적 오류의 억제
② 품질의식을 높이기 위한 모티베이션 앙양 교육
③ 관리자 책임의 불량이라는 관점에서 작업자의 개선행위 추구
④ 우수한 작업자의 기술습득 및 기술개선을 위한 교육훈련을 실시

해설 동기부여란 구성원 스스로가 자발적으로 품질개선의 의욕을 불러일으키는 과정 또는 작용이므로, ③항은 동기부여형이 아닌 불량예방형 활동이다.

91 국가 규격의 연결이 잘못된 것은?

① NF – 독일　② GB – 중국
③ BS – 영국　④ ANSI – 미국

해설 독일 – DIN, 프랑스 – NF

정답 85.③ 86.② 87.③ 88.④ 89.④ 90.③ 91.①

92 전통적으로 제품과 서비스의 차이에 대해 새서(Sasser) 등은 4가지 차원으로 설명해 왔다. 이 4가지 서비스 차원에 해당하지 않는 것은?

① 무형성(intangibility)
② 분리성(separability)
③ 동시성(simultaneity)
④ 불균일성(heterogeneity)

해설 ② 분리성 → 소멸성(perishability)

93 사내표준화의 주된 효과가 아닌 것은?

① 개인의 기능을 기업의 기술로서 보존하여 진보를 위한 발판의 역할을 한다.
② 업무의 방법을 일정한 상태로 고정하여 움직이지 않게 하는 역할을 한다.
③ 품질매뉴얼이 준수되며, 책임과 권한을 명확히 하여 업무처리기능을 확실하게 한다.
④ 관리를 위한 기준이 되며, 통계적 방법을 적용할 수 있는 장이 조성되어 과학적 관리수법을 활용할 수 있게 된다.

해설 ②항은 표준화로 인해 발생하는 역기능에 해당된다. 개선의 저해 요인으로 작용한다.

94 금속가공품의 제조공장에서 부적합품을 조사하여 다음과 같은 결과를 얻었다. 손실금액의 파레토그램을 그릴 때 표면 부적합의 누적백분율은 약 몇 %인가?

부적합 항목	부적합품수(개)	1개당 손실금액(원)
재료	15	600
치수	35	2000
표면	108	200
형상	63	400
기타	35	평균 300

① 42.2　　② 52.2
③ 75.7　　④ 85.7

해설 $\frac{70000+25200+21600}{136300}\times 100 = 85.7\%$

※ 손실금액을 크기별로 나열하면 치수가 70000원, 형상이 25200원, 표면이 21600원 순이다.
※ Pareto도는 80/20법칙을 이용하여 중요 항목을 결정한다.

95 품질관리 교육방법 중에서 일상작업 중 교육을 실시하여 작업자로 하여금 업무수행에 필요한 지식, 기능, 태도 등에 대해서 배우도록 하는 직장 내 훈련방식은?

① IT
② OJT
③ CAD
④ Off－JT

해설 Off-JT는 직원을 모아서 근무와는 별개로 작업장 밖에서 훈련을 하는 집합교육방식이다.

96 표준화에 관한 용어의 설명으로 틀린 것은?

① 공차는 부품의 어떤 부분에 대하여 실제로 측정한 치수이다.
② 시험은 어떤 물체의 특성을 조사하여 데이터를 구하는 것이다.
③ 검사란 시험결과를 정해진 기준과 비교하여 로트의 합·부를 판정하는 것이다.
④ 시방은 재료, 제품 등의 특정한 형상, 구조, 성능시험방법 등에 관한 규정이다.

해설
• 공차(tolerance) : 최대허용치수(S_U)와 최소허용치수(S_L)의 차이를 의미한다.
• 허용차 : 규정된 기준치와 규정된 한계치와의 차이를 말한다.

97 다음의 내용이 설명하는 것은?

> 제품의 품질은 생산·판매하는 기업이 아니라 제공받고 이를 소비하는 고객이 판단하는 것이며, 제품에 대한 고객의 만족은 구매시점은 물론 제품의 수명이 다할 때까지 지속되어야 한다는 것과 고객의 최대 만족을 위해서는 경영자의 전략적 참여가 필요하다.

① Benchmarking
② TQC(Total Quality Control)
③ SPC(Statitics Process Control)
④ SQM(Strategic Quality Management)

해설 전략적 품질경영(SQM)에 대한 내용이다.

 정답 92.② 93.② 94.④ 95.② 96.① 97.④

98 공정능력(process capability)에 대한 설명으로 맞는 것은? (단, U는 규격상한, L은 규격하한, σ_w는 군내변동이다.)

① 공정능력비가 클수록 공정능력이 좋아진다.
② 현실적인 면에서 실현 가능한 능력을 정적 공정능력이라 한다.
③ 상한 규격만 주어진 경우 상한 공정능력지수(C_{PKU})는 $(U-L)$을 $6\sigma_w$로 나눈 값이다.
④ 하한 규격만 주어진 경우 하한 공정능력지수(C_{PKL})는 $(\bar{x}-L)$을 $3\sigma_w$로 나눈 값이다.

해설 D_P(공정능력비)는 C_P의 역수로, 작을수록 공정능력이 좋아진다.)

99 측정기의 일상점검에 대한 설명으로 틀린 것은?

① 작업 후에는 반드시 측정기에 대한 영점조정을 실시해야 한다.
② 측정자는 작업 전에 측정기 각 부위의 작동상태를 점검하여야 한다.
③ 버니어 캘리퍼스는 측정자의 흔들림, 깊이 바의 휨이나 깨짐 등을 살핀다.
④ 하이트 게이지의 경우에는 스크라이버의 손상 여부, 측정자의 흔들림 상태를 확인한다.

해설 작업 전 반드시 측정기의 영점조정을 행하여야 한다.

100 다음 중 품질보증체계도 작성에 대한 설명으로 틀린 것은?

① 정보의 피드백 및 알맞은 정보의 공유가 가능해야 한다.
② 관련 부문의 품질보증상 실시해야 할 일의 내용 및 책임이 명시되어야 한다.
③ 각 부문 사이에 일의 빠뜨림이나 실수가 없도록 상호관계가 명시되어 있어야 한다.
④ 품질보증의 전체 시스템을 일괄 표시하면 아주 복잡하고 길게 작성되기 때문에 기본시스템으로만 표시하여야 한다.

해설 품질보증체계도란 제품 기획, 설계, 생산준비, 생산/검사, 판매의 5step으로 나누고, 스텝과 조직을 매트릭스로 구성하여 품질정보의 흐름을 나타낸 것으로, 각 스텝의 역할을 명확하고 상세하게 구분하고 있다.

정답 98.④ 99.① 100.④

2020 제1·2회 통합 품질경영기사

제1과목 실험계획법

1 다음 중 라틴방격법에 관한 설명으로 맞는 것은 어느 것인가?

① 라틴방격법에서 각 요인의 수준수는 동일하다.
② 3요인 실험법의 횟수와 라틴방격법의 실험횟수는 같다.
③ 4×4 라틴방격법에는 오직 1개의 표준라틴방격이 존재한다.
④ 라틴방격법에서 수준수를 k라 하면, 총실험횟수는 k^3이다.

해설 ② 라틴방격은 k^n형 실험의 $1/k$인 일부실시법이다.
3×3 라틴방격 : $N=9$회
3^3형 실험 : $N=27$회
③ 4×4 라틴방격의 표준방격수는 4개이다.
④ 라틴방격의 실험총수는 $N=k^2$개가 된다.

2 2^3형 요인배치 실험을 교락법을 사용하여 다음과 같이 2개의 블록으로 나누어 실험하려고 할 때, 블록과 교락되어 있는 교호작용은?

[블록 Ⅰ]	[블록 Ⅱ]
ac	a
abc	bc
(1)	ab
b	c

① $A\times B$
② $A\times C$
③ $B\times C$
④ $A\times B\times C$

해설
$$A\times C=\frac{1}{4}(a-1)(b+1)(c-1)$$
$$=\frac{1}{4}(ac+1+abc+b-ab-bc-a-c)$$

3 일반적으로 변량요인들에 대한 실험계획으로 많이 사용되며, 다음과 같은 데이터의 구조식을 갖는 실험계획법은? (단, $i=1, 2, \cdots, l$, $j=1, 2, \cdots, m$, $k=1, 2, \cdots, n$, $p=1, 2, \cdots, r$이다.)

$$x_{ijkp}=\mu+a_i+b_{j(i)}+c_{k(ij)}+e_{p(ijk)}$$

① 단일분할법
② 지분실험법
③ 이단분할법
④ 삼단분할법

해설 지분실험법은 변량인자만 배치된 변량모형의 실험으로, 실험순서의 랜덤화가 곤란하여 요인변동과 교호작용의 변동이 뒤엉켜 있는 관계로 교호작용을 해석할 수 없다.

4 모수모형에서 완전랜덤실험계획(completely randomized design)을 이용하여 정해진 4개의 실험조건에서 각각 5회씩 반복 실험했을 때, 이 측정치를 분석하기 위한 다음의 내용 중 맞는 것을 모두 고른 것은? (단, $i=1, 2, 3, 4$, $j=1, 2, 3, 4, 5$이다.)

㉠ 데이터 구조식은 $x_{ij}=\mu+a_i+e_{ij}$이다.
㉡ $\sum_{j=1}^{4}a_i\neq 0$이 성립한다.
㉢ F_o 검정을 위해 분산분석을 활용한다.
㉣ 분산분석에서 실험조건에 따른 유의차가 없다는 가설은 $H_0 : a_1=a_2=a_3=a_4=0$이다.

① ㉠, ㉢, ㉣
② ㉢, ㉣
③ ㉠, ㉡, ㉢
④ ㉠, ㉡, ㉢, ㉣

해설
- 모수모형 : $\Sigma a_i=0$ (a_i는 상수)
- 변량모형 : $\Sigma a_i\neq 0$ (a_i는 확률변수)
- 요인의 효과 : $a_i=\mu_i.-\mu$
- 실험오차 : $e_{ij}=x_{ij}-\mu_i.$

정답 1.① 2.② 3.② 4.①

5 $L_{27}(3^{13})$형 직교배열표에서 C요인을 기본표시 abc로, B요인을 abc^2으로 배치했을 때, $B\times C$의 기본표시는?

① a, ac
② ac, bc
③ ab, c
④ bc^2, ab^2c

해설 • XY형 : $abc\times abc^2=a^2b^2c^3=a^2b^2$
$\rightarrow (a^2b^2)^2=ab$
• XY^2형 : $abc\times(abc^2)^2=a^3b^3c^5=c^2$
$\rightarrow (c^2)^2=c$
(단, $a^3=b^3=c^3=1$로 한다.)

6 반복이 있는 2요인 실험의 분산분석에서 교호작용이 유의하지 않아 오차항에 풀링했을 경우, 요인 B의 F_0(검정통계량)은 약 얼마인가?

요인	SS	DF	MS
A	542	3	180.67
B	2426	2	1231.00
$A\times B$	9	6	1.50
e	255	12	21.25
T	3232		

① 53.32 ② 57.10
③ 82.70 ④ 84.05

해설
$$V_e^*=\frac{S_e+S_{A\times B}}{\nu_e+\nu_{A\times B}}=\frac{255+9}{12+6}=14.66667$$
$$F_0=\frac{V_B}{V_e^*}=\frac{2436/2}{14.66667}=\frac{1213.00}{14.66667}=82.70$$

7 반복이 없는 2요인 실험에서 요인 A의 제곱합 S_A의 기대치를 구하는 식은? (단, A와 B는 모두 모수이며, A의 수준수는 l, B의 수준수는 m이다.)

① $\sigma_e^2+m\sigma_A^2$
② $(l-1)\sigma_e^2+m(l-1)\sigma_A^2$
③ $(m-1)\sigma_e^2+(m-1)\sigma_A^2$
④ $m(l-1)\sigma_e^2+l(m-1)\sigma_A^2$

해설
$$E(S_A)=E(V_A\times\nu_A)=\nu_A E(V_A)$$
$$=\nu_A(\sigma_e^2+m\sigma_A^2)$$
$$=(l-1)\sigma_e^2+m(l-1)\sigma_A^2$$

8 다음 [그림]에서 회귀제곱합(S_R)을 구할 때 사용되는 것은?

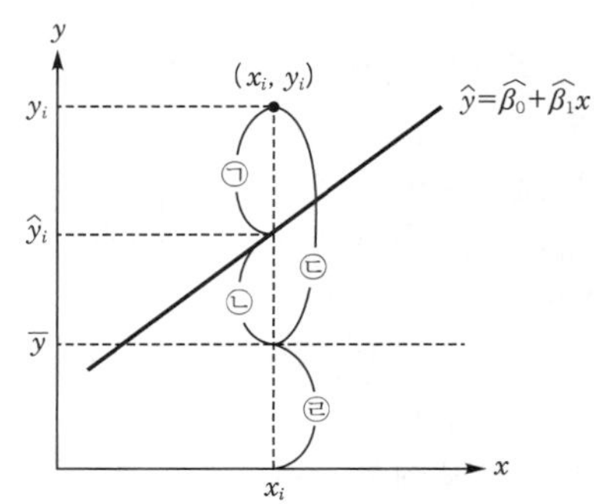

① ㉠ ② ㉡
③ ㉢ ④ ㉣

해설 ㉠ $S_{y/x}$, ㉡ S_R, ㉢ $S_T(S_{yy})$
$$S_R=\Sigma(\hat{y}_i-\bar{y})^2$$
$$=\Sigma[\bar{y}+b(x_i-\bar{x})-\bar{y}]^2$$
$$=\Sigma b^2(x_i-\bar{x})^2=b^2S_{xx}=\frac{S_{xy}^2}{S_{xx}}$$

9 1요인 실험에서 완전랜덤화 모형과 2요인 실험의 난괴법에 대한 설명으로 틀린 것은?

① 난괴법에서 변량요인 B에 대해 모평균을 추정하는 것은 의미가 없다.
② 난괴법은 A요인이 모수요인, B는 변량요인이며, 반복이 없는 경우를 지칭한다.
③ k개의 처리를 r회 반복 실험하는 경우에 오차항의 자유도는 1요인 실험이 난괴법보다 $r-1$이 크다.
④ 난괴법에서 변량요인 B를 실험일 또는 실험장소 등인 경우로 선택할 때 집단요인이 된다.

해설 변량요인 B가 실험일·실험장소인 경우는 실험의 정도향상을 위하여 채택된 블록인자(층별인자)이며, 해석을 목적으로 채택하지 않는다. 해석을 위하여 채택한 변량인자를 집단인자라고 한다.

 정답 5.③ 6.③ 7.② 8.② 9.④

10 적합품을 1, 부적합품을 0으로 한 실험을 각각 5번씩 반복 측정한 결과가 다음과 같을 때, 전체 제곱합 S_T를 구하면 약 얼마인가?

요인	B_1	B_2	B_3	계
A_1	3	5	1	9
A_2	2	2	0	4
A_3	4	2	4	10
계	9	9	5	23

① 9.71　② 11.24
③ 15.86　④ 22.59

해설 $S_T = \sum\sum x_i^2 - CT$

$= T - \dfrac{T^2}{N} = 23 - \dfrac{23^2}{45} = 11.24$

11 4개의 처리를 각각 n회씩 반복하여 평균치 $\overline{y}_1$, $\overline{y}_2$, $\overline{y}_3$, $\overline{y}_4$를 얻었을 때, 대비(contrast)가 될 수 없는 것은?

① $\overline{y}_1 - \overline{y}_3$　② $\overline{y}_1 + \overline{y}_2 - \overline{y}_3 - \overline{y}_4$
③ $\overline{y}_1 + \overline{y}_2 + \overline{y}_3 - 3\overline{y}_4$　④ $\overline{y}_1 - \overline{y}_2 + \overline{y}_3 + \overline{y}_4$

해설 $L = c_1x_1 + c_2x_2 + \cdots + c_nx_n$에서
$\sum c_i = c_1 + c_2 + \cdots + c_n = 0$이 되는 성질을 대비(contrast)라고 한다.

12 변량요인 A에 대한 설명으로 틀린 것은? (단, A요인의 수준수는 l이고, A_i수준이 주는 효과는 a_i이다.)

① a_i들의 합은 일반적으로 0이 아니다.
② a_i는 랜덤으로 변하는 확률변수이다.
③ a_i들 간의 산포의 측도로서 $\sigma_A^2 = \sum_{i=1}^{l} a_i^2/(l-1)$을 사용한다.
④ 수준이 기술적인 의미를 갖지 못하며 수준의 선택이 랜덤하게 이루어진다.

해설
• 변량인자 : $\sigma_A^2 = E\left(\dfrac{\sum(a_i - \overline{a})^2}{l-1}\right)$

(단, $\overline{a} = \dfrac{\sum a_i}{l} \neq 0$이다.)

• 모수인자 : $\sigma_A^2 = \dfrac{\sum a_i^2}{l-1}$

13 모수요인으로 반복없는 3요인 실험의 분산분석 결과를 풀링하여 다시 정리한 값이 다음과 같을 때, 설명 중 틀린 것은?

요인	SS	DF	MS	F_0	$F_{0.95}$
A	743.6	2	371.8	163.8	6.93
B	753.4	2	376.7	165.9	6.93
C	1380.9	2	690.5	304.1	6.93
$A \times B$	651.9	4	163.0	71.8	5.41
$A \times C$	56.6	4	14.2	6.3	5.41
e	27.2	12	2.27		
T	3613.6	26			

① 풀링 전 오차항의 자유도는 8이었다.
② 교호작용 $B \times C$는 오차항에 풀링되었다.
③ 현재의 자유도로 보아 결측치가 하나 있는 것으로 나타났다.
④ 최적해의 점추정치는 $\hat{\mu}(A_iB_jC_k) = \overline{x}_{ij\cdot} + \overline{x}_{i\cdot k} - \overline{x}_{i\cdot\cdot}$이다.

해설 A, B, C 모두 3수준의 실험으로
$N = lmn - 1 = 27$회이므로, $\nu_T = 26$이다.

$\hat{\mu}_{A_iB_jC_k} = \hat{\mu} + a_i + b_j + c_k + (ab)_{ij} + (ac)_{ik}$
$= [\hat{\mu} + a_i + b_j + (ab)_{ij}] + [\hat{\mu} + a_i + c_k + (ac)_{ik}] - [\hat{\mu} + a_i]$
$= \overline{x}_{ij\cdot} + \overline{x}_{i\cdot k} - \overline{x}_{i\cdot\cdot}$

14 다음은 $L_8(2^7)$형 직교배열표의 일부분이다. 1열에 배치된 A의 효과는?

열번호	1	
수준	0	1
데이터	8	15
	11	19
	7	12
	14	12
배치	A	

① 2.5　② 3.5
③ 4.5　④ 5.5

해설 $A = \dfrac{1}{4}(T_1 - T_0)$

$= \dfrac{1}{4}(58 - 40) = 4.5$

정답 10.② 11.④ 12.③ 13.③ 14.③

15 반복없는 2^2형 요인 실험에서 주효과 A를 구하는 식은?

① $A=\frac{1}{2}(ab+(1)-a-b)$

② $A=\frac{1}{2}(ab-a+b-(1))$

③ $A=\frac{1}{2}(a+b-ab-(1))$

④ $A=\frac{1}{2}(a+ab-b-(1))$

해설
$$A=\frac{1}{2}(a-1)(b+1)$$
$$=\frac{1}{2}(ab+a-b-1)$$

16 동일한 기계에서 생산되는 제품을 5개 추출하여 그 중요 특성치를 측정하였더니 다음과 같았다. 이 특성치가 망소특성인 경우에 SN(Signal to Noise)비는 약 얼마인가?

32	38	36	40	37

① −31.29dB ② −21.29dB
③ 21.29dB ④ 31.29dB

해설
$$SN=-10\log\left(\frac{1}{n}\Sigma y_i^2\right)$$
$$=-10\log\left(\frac{32^2+38^2+36^2+40^2+37^2}{5}\right)$$
$$=-31.29$$

17 어떤 화학반응 실험에서 농도를 4수준으로 반복수가 일정하지 않은 실험을 하여 다음 [표]와 같은 결과를 얻었다. 분산분석 결과 S_e=2508.8이었을 때, $\mu(A_3)$의 95% 신뢰구간을 추정하면 약 얼마인가? (단, $t_{0.95}(15)=1.753$, $t_{0.975}(15)=2.131$이다.)

요인	A_1	A_2	A_3	A_4
m_i	5	6	5	3
$\bar{x}_i.$	52	35.33	48.20	64.67

① $37.938 \le \mu(A_3) \le 58.472$

② $38.061 \le \mu(A_3) \le 58.339$

③ $35.555 \le \mu(A_3) \le 60.845$

④ $35.875 \le \mu(A_3) \le 60.525$

해설
$$\mu_{A_3}=\bar{x}_{A_3}\pm t_{1-\alpha/2}(\nu_e)\sqrt{\frac{V_e}{m_i}}$$
$$=48.20\pm 2.131\times\sqrt{\frac{2508.8/15}{5}}$$
$$=35.875\sim 60.525$$

18 2^3형 실험계획에서 $A\times B\times C$를 정의대비(defining contrast)로 정해 1/2 일부실시법을 행했을 때, 요인 A와 별명(alias) 관계가 되는 요인은?

① B

② $A\times B$

③ $A\times C$

④ $B\times C$

해설
$$A\times I=A\times(A\times B\times C)$$
$$=A^2\times B\times C$$
$$=B\times C$$

19 기술적으로 의미가 있는 수준을 가지고 있으나 실험 후 최적수준을 선택하여 해석하는 것은 무의미하며, 제어요인과의 교호작용의 해석을 목적으로 채택하는 요인은?

① 표시요인

② 집단요인

③ 블록요인

④ 오차요인

해설 모수인자는 해석을 목적으로 채택한 제어인자와, 제어인자와의 교호작용을 해석하기 위해 채택한 표시인자가 있다.

20 1차 단위 요인 A(3수준), 2차 단위 요인 B(4수준), 블록 반복 r=2의 1차 단위가 1요인 실험인 단일분할법에 의하여 실험을 실시할 경우, 1차 단위 오차의 자유도는 얼마인가?

① 2

② 6

③ 8

④ 9

해설
$$\nu_{e_1}=\nu_{A\times R}=(l-1)(r-1)=2\times 1=2$$
$$\nu_{e_2}=\nu_{B\times R}+\nu_{A\times B\times R}=l(m-1)(r-1)=9$$

정답 15.④ 16.① 17.④ 18.④ 19.① 20.①

제2과목 통계적 품질관리

21 두 개의 모집단 $N(\mu_1,\ \sigma_1^2)$, $N(\mu_2,\ \sigma_2^2)$에서 H_0 : $\mu_1=\mu_2$를 검정하기 위하여 $n_1=10$개, $n_2=9$개의 샘플을 구하여 표본평균과 분산으로 각각 $\overline{x}_1=17.2$, $s_1^2=1.8$, $\overline{x}_2=14.7$, $s_2^2=8.7$을 얻었다. 유의수준 $\alpha=0.05$로 하여 등분산성 여부를 검토하려고 할 때, 틀린 것은? (단, $F_{0.975}(9,\ 8)=4.36$, $F_{0.025}(9,\ 8)=0.2439$이다.)

① H_0를 기각한다.
② 검정통계량 $F_0=0.357$이다.
③ 등분산성은 성립하지 않는다.
④ H_0 : $\sigma_1^2=\sigma_2^2$, H_1 : $\sigma_1^2\neq\sigma_2^2$이다.

해설 1. 가설 : $H_0 : \sigma_1^2=\sigma_2^2$, $H_1 : \sigma_1^2 \neq \sigma_2^2$

2. 검정통계량 : $F_0=\dfrac{V_1}{V_2}=\dfrac{1.8}{8.7}=0.2069$

3. 기각치 : $F_{0.025}(9,\ 8)=\dfrac{1}{F_{0.975}(8,\ 9)}=0.2439$

$F_{0.975}(9,\ 8)=4.36$

4. 판정 : $F<0.2439$이므로, H_0 기각(이분산)

22 시료 부적합품률($\hat{p}$)로부터 모부적합품률에 대해 정규분포근사법을 이용하여 95%의 신뢰율로 신뢰한계를 구할 때 사용하여야 할 식으로 맞는 것은? (단, n은 샘플의 크기이다.)

① $\hat{p}\pm1.96\sqrt{\dfrac{\hat{p}(1-\hat{p})}{n}}$ ② $\hat{p}\pm1.96\sqrt{\hat{p}(1-\hat{p})}$

③ $\hat{p}\pm1.96\sqrt{\dfrac{\hat{p}(1-\hat{p})}{n^2}}$ ④ $\hat{p}\pm1.96\sqrt{n\hat{p}(1-\hat{p})}$

해설 1. 양쪽 추정(신뢰구간의 추정) : $1-\alpha=95\%$인 경우

$$p=\hat{p}\pm u_{1-0.025}\sqrt{\frac{\hat{p}(1-\hat{p})}{n}}$$
$$=\hat{p}\pm1.96\sqrt{\frac{\hat{p}(1-\hat{p})}{n}}$$

2. 한쪽 추정(신뢰한계값 추정) : $1-\alpha=95\%$인 경우

- $p_L=\hat{p}-u_{1-0.05}\sqrt{\dfrac{\hat{p}(1-\hat{p})}{n}}$
$=\hat{p}-1.645\sqrt{\dfrac{\hat{p}(1-\hat{p})}{n}}$
- $p_U=\hat{p}+1.645\sqrt{\dfrac{\hat{p}(1-\hat{p})}{n}}$

23 p 관리도에 관한 설명으로 틀린 것은?

① 이항분포를 따르는 계수치 데이터에 적용된다.
② 부분군의 크기는 가급적 $n=\dfrac{0.1}{p}\sim\dfrac{0.5}{p}$를 만족하도록 설정한다.
③ 부분군의 크기가 일정할 때는 np 관리도를 활용하는 것이 작성 및 활용상 용이하다.
④ 일반적으로 부적합품률에는 많은 특성이 하나의 관리도 속에 포함되므로 $\overline{x}-R$ 관리도보다 해석이 어려울 수 있다.

해설 ② $n=\dfrac{1}{p}\sim\dfrac{5}{p}$를 만족하도록 결정한다.

※ 계수값 관리도는 부적합품수 x나 부적합수 c가 0이 되어서 안 된다. 부적합품수나 부적합수가 0이라는 의미는 정보가 없다는 것을 뜻하고 있으므로, 이때의 샘플 크기는 상대적으로 작은 샘플로, 정보를 취득할 수 없는 의미없는 크기임을 뜻한다.

24 관리도에 관한 설명으로 틀린 것은?

① $\overline{x}$ 관리도의 검출력은 x 관리도보다 좋다.
② 관리한계를 2σ 한계로 좁히면 제1종 오류가 감소한다.
③ c 관리도는 각 부분군에 대한 샘플의 크기가 반드시 일정해야 한다.
④ u 관리도에서 부분군의 샘플 수가 다르면 관리한계는 요철형이 된다.

해설 관리한계폭↓ : α↑ : β↓ : $(1-\beta)$↑

25 $\overline{x}$ 관리도에서 $\overline{x}$의 변동을 $\sigma_{\overline{x}}^2$, 개개 데이터의 변동을 σ_H^2, 군간변동을 σ_b^2, 군내변동 σ_w^2이라고 하면, 완전한 관리상태일 때 이들 간의 관계식으로 맞는 것은?

① $n\sigma_{\overline{x}}^2=\sigma_H^2=\sigma_w^2$ ② $\sigma_H^2=\sigma_{\overline{x}}^2=\sigma_w^2$
③ $n\sigma_w^2=\sigma_H^2=\sigma_{\overline{x}}^2$ ④ $n\sigma_H^2=\sigma_{\overline{x}}^2=\sigma_w^2$

해설 완전관리상태란 $\sigma_b^2=0$인 상태로

$\sigma_{\overline{x}}^2=\dfrac{\sigma_w^2}{n}+\sigma_b^2=\dfrac{\sigma_w^2}{n}$이고

$\sigma_x^2=\sigma_w^2+\sigma_b^2=\sigma_w^2$이다.

단, $\sigma_x^2=\sigma_H^2=\sigma_T^2$으로 처리한다.

정답 21.② 22.① 23.② 24.② 25.①

26 계수형 샘플링검사 절차 - 제2부 : 고립로트 한계품질(LQ) 지표형 샘플링검사 방식(KS Q ISO 2859-2 : 2016)에 관한 설명으로 틀린 것은?

① 절차 A의 샘플링검사 방식은 로트 크기 및 한계품질(LQ)로부터 구해진다.
② 절차 B의 샘플링검사 방식은 로트 크기, 한계품질(LQ) 및 검사수준에서 구할 수 있다.
③ 절차 A는 합격판정개수가 0인 샘플링 방식을 포함하고 샘플 크기는 초기하분포에 기초하고 있다.
④ 절차 B는 합격판정개수가 0인 샘플링 방식을 포함하며 AQL 지표형 샘플링검사와는 독립적으로 구성되어 있다.

해설 절차 B의 검사는 $A_c=0$인 경우 전수검사를 행하며, LQ에 대응되는 AQL 검사절차를 따라 검사를 행한다.

27 어떤 회귀식에 대한 분산분석표가 다음과 같을 때, 회귀관계에 대한 설명으로 맞은 것은? (단, $F_{0.95}(1, 7)=5.59$, $F_{0.99}(1, 7)=12.2$이다.)

요인	제곱합	자유도
회귀	5.3	1
잔차	1.2	7

① 해당 자료로는 판단할 수 없다.
② 유의수준 5%로 회귀관계는 유의하지 않다.
③ 유의수준 1%로 회귀관계는 유의하다.
④ 유의수준 5%로 회귀관계는 유의하나, 1%로는 유의하지 않다.

해설 $F_0=\dfrac{V_R}{V_{y/x}}=\dfrac{5.3/1}{1.2/7}=30.91667$로, $F_{0.99}(1,7)=12.2$보다 큰 값이므로 회귀관계는 매우 유의하다.

28 메디안($\tilde{x}-R$) 관리도에서 $n=4$, $k=25$, $\bar{\tilde{x}}=20.5$, $U_{CL}=35.2$이면, $\bar{R}$는 약 얼마인가? (단, $n=4$일 때 $d_2=2.059$, $A_4=0.796$, $m_3=1.092$이다.)

① 9.46　② 11.23
③ 18.47　④ 26.80

해설 $U_{CL}=\bar{\tilde{x}}+A_4\bar{R}$

$$\bar{R}=\frac{U_{CL}-\bar{\tilde{x}}}{A_4}=\frac{35.2-20.5}{0.796}=18.47$$

29 크기가 1500개인 어떤 로트에 대해서 전수검사 시 개당 검사비는 10원이고, 무검사로 인하여 부적합품이 혼입됨으로써 발생하는 손실은 개당 200원이다. 이때 임계부적합품률(P_b)의 값과 로트의 부적합품률을 3%라고 할 때 이익이 되는 검사방법은?

① $P_b=1.3\%$, 무검사
② $P_b=1.3\%$, 전수검사
③ $P_b=5\%$, 무검사
④ $P_b=5\%$, 전수검사

해설 $P_b=\dfrac{a}{b}=\dfrac{10}{200}=0.05\sim5\%$

$\therefore P<P_b$이므로, 무검사가 이득이다.

30 특성변화에 주기성이 있어 그 주기성을 피하기 위해 고안한 샘플링 방법은?

① 계통 샘플링　② 네이만 샘플링
③ 층별 샘플링　④ 지그재그 샘플링

해설 단순랜덤 샘플링에서 시간적·공간적으로 층별하여 샘플링 실시에 편의성을 준 것이 계통 샘플링이며, 주기성을 피하기 위해 고안된 것이 지그재그 샘플링이다.

31 공정에 이상이 있을 경우 관리도에서 점이 관리한계선 밖으로 나갈 확률은 $1-\beta$에 해당된다. $1-\beta$에 해당하는 용어로 맞는 것은?

① 오차　② 이상원인
③ 검출력　④ 제1종 오류

해설
- 제1종 오류(α) : 관리상태인 공정을 비관리상태라고 판정하는 오류
- 제2종 오류(β) : 비관리상태인 공정을 관리상태라고 판정하는 오류
- 검출력($1-\beta$) : 비관리상태인 공정을 비관리상태라고 판정하는 능력

※ 이상변동이 내재된 공정을 비관리상태인 공정이라고한다.

32 어떤 금속판 두께의 하한 규격치가 2.3mm 이상이라고 규정되었을 때 합격판정치는? (단, $n=10$, $k=1.81$, $\sigma=0.2$mm, $\alpha=0.05$, $\beta=0.10$이다.)

① 1.938　② 2.185
③ 2.415　④ 2.662

정답 26.④ 27.③ 28.③ 29.③ 30.④ 31.③ 32.④

해설 $\overline{X}_L = S_L + k\sigma$
$= 2.3 + 1.81 \times 0.2$
$= 2.662$

33 Y제품의 품질특성에 대해 8개의 시료를 측정한 결과 3, 4, 2, 5, 1, 4, 3, 2로 나타났고, 이 데이터를 활용하여 σ^2에 대한 95% 신뢰구간을 구했더니 $0.75 \leq \sigma^2 \leq 7.10$이었다. 귀무가설 $H_0 : \sigma^2 = 9$, 대립가설 $H_1 : \sigma^2 \neq 9$에 대하여 유의수준 $\alpha = 0.05$로 검정한 결과로 맞는 것은? (단, $\chi^2_{0.025}(7) = 1.690$, $\chi^2_{0.975}(7) = 16.10$이다.)

① H_0를 기각한다.
② H_0를 채택한다.
③ H_0를 보류한다.
④ H_0를 기각해도 되고 채택해도 된다.

해설 1. 가설 : $H_0 : \sigma^2 = 9$
$H_1 : \sigma^2 \neq 9$
2. 유의수준 : $\alpha = 0.05$
3. 검정통계량 : $\chi_0^2 = \frac{(n-1)s^2}{\sigma^2} = \frac{6.84}{9} = 0.76$
4. 기각치 : $\chi^2_{0.025}(7) = 1.690$
$\chi^2_{0.975}(7) = 16.10$
5. 판정 : $\chi_0^2 < 1.690$이므로, H_0 기각
모분산은 변화되었다고 할 수 있다.
※ $\sigma^2 = 9$가 모분산의 신뢰구간 0.75~7.10 사이에 포함되지 않으므로 모분산은 변화되었다고 할 수 있다.

34 모표준편차를 모르고 있을 때 모평균의 양측 신뢰구간 추정에 사용되는 식으로 맞는 것은 어느 것인가?

① $\overline{x} \pm u_{1-\alpha/2} \frac{s^2}{\sqrt{n}}$
② $\overline{x} \pm t_{1-\alpha/2}(\nu) \frac{s^2}{\sqrt{n}}$
③ $\overline{x} \pm u_{1-\alpha/2} \sqrt{\frac{s^2}{n}}$
④ $\overline{x} \pm t_{1-\alpha/2}(\nu) \sqrt{\frac{s^2}{n}}$

해설 ※ σ를 알고 있는 경우(표준정규분포 적용)
$\mu = \overline{x} \pm u_{1-\alpha/2} \frac{\sigma}{\sqrt{n}}$

35 적합도 검정에 대한 설명으로 맞는 것은?

① 계량형 자료에만 쓴다.
② 검정통계량은 카이제곱분포를 따른다.
③ 기대도수는 대립가설에 맞추어 구한다.
④ 이론치 또는 기대치 $nP_i \leq 5$일 때 근사의 정도가 좋아진다.

해설 $\chi_0^2 = \frac{\sum(X_i - E_i)^2}{E_i}$
(단, $E_i = nP_i$이다.)

36 로트 크기는 2000, 시료의 개수는 200, 합격판정개수가 1인 계수치 샘플링검사를 실시할 때, 부적합품률이 1%인 로트의 합격 확률은 약 얼마인가? (단, 푸아송분포로 근사하여 계산한다.)

① 13.53% ② 38.90%
③ 40.60% ④ 54.00%

해설 $L(p) = \sum_{x=0}^{1} \frac{e^{-m} m^x}{x!}$ (단, $m = 2$인 경우)
$= e^{-2} + \frac{e^{-2} \cdot 2^1}{1!} = 0.4060(40.60\%)$

37 M제조공정에서 제조되는 부품의 특성치는 $\mu = 40.10$mm, $\sigma = 0.08$mm인 정규분포를 하고 있고, 이 공정에서 25개를 샘플링하여 특성치를 측정한 결과 $\overline{x} = 40.12$mm일 때, 유의수준 5%에서 이 공정의 모평균에 차이가 있는지를 검정한 결과는?

① 통계량이 1.96보다 크므로 H_0를 기각한다.
② 통계량이 1.96보다 크므로 H_0를 기각할 수 없다.
③ 통계량이 1.96보다 작고 −1.96보다 크므로 H_0를 기각한다.
④ 통계량이 1.96보다 작고 −1.96보다 크므로 H_0를 기각할 수 없다.

해설 1. 가설 : $H_0 : \mu = 40.10$mm, $H_1 : \mu \neq 40.10$mm
2. 유의수준 : $\alpha = 0.05$
3. 검정통계량 : $u_0 = \frac{\overline{x} - \mu}{\sigma / \sqrt{n}} = \frac{40.12 - 40.10}{0.08 / \sqrt{25}} = -1.25$
4. 기각치 : $-u_{0.975} = -1.96$
$u_{0.975} = 1.96$
5. 판정 : $-1.96 < u_0 < 1.96$이므로, H_0 채택

정답 33.① 34.④ 35.② 36.③ 37.④

38 크기 n인 표본 k조에서 구한 범위의 평균을 $\overline{R}$라 하고, s를 자유도 ν인 표준편차라 할 때, $\overline{R}$의 기대치는?

① $E(\overline{R}) = d_2 s$　② $E(\overline{R}) = \frac{s}{\sqrt{n}}$

③ $E(\overline{R}) = (d_3 s)^2$　④ $E(\overline{R}) = \frac{n-1}{n} s^2$

해설
- 범위(R)의 분포 : $E(R) = d_2\sigma$, $D(R) = d_3\sigma$
- 시료편차(s)의 분포 : $E(s) = c_4\sigma$, $D(s) = c_5\sigma$
  (단, $c_4^2 + c_5^2 = 1$이다.)
- 시료분산 s^2의 분포 : $E(s^2) = \sigma^2$

$$D(s^2) = \sqrt{\frac{2}{n-1}}\sigma^2$$

⊙ 잘못 출제된 문제로, s가 σ로 바뀌면 $E(\overline{R}) = d_2\sigma$가 답이다.

39 계수형 축차 샘플링검사 방식(KS Q ISO 28591)에서 생산자 위험품질(Q_{PR})에 관한 설명으로 적절한 것은?

① 될 수 있으면 합격으로 하고 싶은 로트의 부적합품률의 상한
② 될 수 있으면 합격으로 하고 싶은 로트의 부적합품률의 하한
③ 될 수 있으면 불합격으로 하고 싶은 로트의 부적합품률의 상한
④ 될 수 있으면 불합격으로 하고 싶은 로트의 부적합품률의 하한

해설 소비자 위험품질(CRQ, Q_{CR})은 규준형에서 바람직하지 않은 품질수준인 $P_1(P_R)$에 해당되고, 생산자 위험품질(Q_{PR})은 바람직한 품질수준이 $P_0(P_A)$에 해당된다.

40 로트의 부적합품률은 10%, 로트의 크기는 100이고, 시료의 크기를 20으로 할 때, 부적합품이 2개가 출현할 확률은?

① $\frac{{}_{90}C_{18} \times {}_{90}C_2}{{}_{100}C_{20}}$　② $\frac{{}_{90}C_{18} \times {}_{10}C_2}{{}_{100}C_{20}}$

③ $\frac{{}_{80}C_2 \times {}_{20}C_2}{{}_{100}C_{20}}$　④ $\frac{{}_{80}C_{18} \times {}_{20}C_2}{{}_{80}C_{20}}$

해설 $P(x) = \frac{{}_{N-M}C_{n-x} \cdot {}_{M}C_x}{{}_{N}C_n} = \frac{{}_{100-10}C_{20-2} \cdot {}_{10}C_2}{{}_{100}C_{20}}$

제3과목 생산시스템

41 생산목표를 달성할 수 있도록 적절한 품질의 제품이나 서비스를 적시에, 적량을, 적가로 생산할 수 있도록 생산과정을 이룩하고 생산활동을 관리 및 조정하는 활동을 무엇이라 하는가?

① 공정관리　② 생산관리
③ 생산계획　④ 생산전략

해설 QCD의 효율적 달성을 목표로, 생산활동을 관리·조정하는 활동을 생산관리라고 한다.

42 라인밸런스효율에 관한 내용으로 틀린 것은?

① 각 작업장의 표준작업시간이 균형을 이루는 정도를 의미한다.
② 사이클타임을 길게 하면 생산속도가 빨라져 생산율이 높아진다.
③ 사이클타임과 작업장의 수를 얼마로 하느냐에 따라서 결정된다.
④ 생산작업에 투입되는 총시간에 대한 실제 작업시간의 비율로 표현된다.

해설
- $E_b = \frac{\Sigma t_i}{m \cdot t_{max}} \times 100$
  (단, m은 공정 수 혹은 작업자 수를 의미한다.)
- 1단위당 생산소요시간을 사이클타임이라고 하며, 사이클타임이 짧아질수록 생산속도는 빨라져 생산율이 높아진다.

43 동작경제의 원칙 중 작업장 배치(arrangement of work place)에 관한 원칙에 해당하는 것은?

① 모든 공구나 재료는 지정된 위치에 있도록 한다.
② 양손 동작은 동시에 시작하고 동시에 완료한다.
③ 타자를 칠 때와 같이 각 손가락의 부하를 고려한다.
④ 가능하다면 쉽고도 자연스러운 리듬이 작업동작에 생기도록 작업을 배치한다.

해설 ① : 작업장에 관한 원칙
②, ④ : 인체활용에 관한 원칙
③ : 공구설비의 설계에 관한 원칙

정답 38.정답 없음 39.① 40.② 41.② 42.② 43.①

44 MRP 시스템의 특징이 아닌 것은?

① 주문의 발주계획 생성
② 제품 구조를 반영한 계획 수립
③ 생산 통제와 재고관리 기능의 분리
④ 주문에 대한 독촉과 지연정보 제공

해설 MRP란 일정계획 및 재고통제기법으로, 납기통제와 재고관리를 최소비용으로 완수하려는 종속수요품의 재고관리 기법이다.

45 제품 A를 자체 생산할 경우 연간 고정비는 100000원, 개당 변동비는 50원, 판매가격은 150원이다. 손익분기점의 수량은?

① 800개 ② 900개
③ 1000개 ④ 1100개

해설 $\text{BEP} = \dfrac{\text{고정비}}{\text{한계이익률}} = \dfrac{F}{1-\dfrac{V}{S}} = \dfrac{100000}{1-\dfrac{50}{150}}$

$= 150000\text{만원}$

$Q_{\text{BEP}} = \dfrac{150000}{150} = 1000\text{개}$

46 납기일 준수가 중요한 경우에 많이 사용되는 작업배정 규칙은 긴급률(critical ratio)을 이용하는 것이다. 긴급률에 대한 설명으로 맞는 것은?

① 납기까지의 여유시간 대 잔여 작업 수
② 납기까지의 남은 잔여 작업 수 대 필요한 소요시간
③ 작업을 수행하는 데 필요한 소요시간 대 잔여 작업 수
④ 작업을 수행하는 데 필요한 소요시간 대 납기까지의 남은 시간

해설 $CR = \dfrac{\text{잔여 납기일수}}{\text{잔여 작업일수}}$

- $CR > 1$: 납기에 작업여유가 있으므로 작업순서를 늦게 배정한다.
- $CR < 1$: 작업여유가 없으므로 작업순서를 빠르게 배정한다.

47 간트차트에서 "⌐" 기호가 의미하는 것은?

① 활동개시 ② 비활동기간
③ 활동종료 ④ 예상활동시간

해설 간트차트에서 "⌐"은 활동개시 일자이고, "¬"은 활동종료 일자이다.
※ 간트차트는 작업계획과 작업실적을 비교하여 작업진도를 관리·통제하는 진척관리기법으로, PERT/CPM 기법보다 변화와 변경에 약한 단점이 있다. 확실성하의 루틴이 정해진 일정관리에 사용된다.

48 M작업자의 작업소요시간을 관측한 결과 평균 0.25분이었다. 레이팅치가 80%라면, 이 작업의 정미시간은 얼마인가?

① 0.20분 ② 0.25분
③ 0.30분 ④ 0.40분

해설 $NT = OT \times \text{Rating계수}$
$= 0.25 \times 0.8 = 0.20\text{분}$

49 설비종합효율을 관리함에 있어 품질을 안정적으로 유지하기 위해 초기제품을 검수하고 리셋(reset)하는 작업에 해당되는 로스는?

① 속도저하로스 ② 고장로스
③ 일시정지로스 ④ 초기수율로스

해설 정지로스 중 "작업준비 조정로스"는 초기생산 시 최초로 양품이 되기까지의 정지시간으로 시간적 로스를 의미하며, 불량로스인 "초기수율로스"는 초기생산 시 발생하는 물량적 로스가 된다.

50 다음의 내용은 자주보전활동 7스텝 중 몇 스텝에 해당하는가?

각종 현장관리의 표준화를 실시하고 작업의 효율화와 품질 및 안전의 확보를 꾀한다.

① 4스텝 : 총점검
② 5스텝 : 자주점검
③ 6스텝 : 정리정돈
④ 7스텝 : 자주관리의 철저(생활화)

해설 **자주보전활동 7스텝**
- 1스텝 : 초기청소
- 2스텝 : 발생원 곤란부위 대책
- 3스텝 : 청소급유 잠정기준 작성
- 4스텝 : 총점검
- 5스텝 : 자주점검
- 6스텝 : 정리정돈
- 7스텝 : 자주관리 철저

정답 44.③ 45.③ 46.④ 47.① 48.① 49.④ 50.③

51 공정도시기호(KS A 3002 : 2016)에서 기본도시기호 중 저장에 해당하는 것은?

① ⇨ ② ▽
③ ○ ④ □

해설 • △ : 원재료·부품 저장
• ▽ : 제품 저장
• ⇨ : 운반
• □ : 검사
• ○ : 가공

52 ERP의 특징으로 맞는 것은?

① 보안이 중요하기 때문에 Close client server system을 채택하고 있다.
② 단위별 응용프로그램들이 서로 통합 연결된 관계로 중복업무가 많아 프로그램이 비효율적이다.
③ 생산, 마케팅, 재무 기능이 통합된 프로그램으로 보안이 중요한 인사와는 연결하지 않는다.
④ EDI, CALS, 인터넷 등으로 기업 간 연결시스템을 확립하여 기업 간 자원활용의 최적화를 추구한다.

해설 생산·유통, 인사·재무 등 단위별 정보시스템을 통합하여 수주에서 출하까지의 공급망과 기간업무를 지원하는 통합된 전사적 자원관리시스템을 ERP라고 한다.
이러한 ERP 시스템은 자재소요량 계획인 MRP에 경영정보시스템을 결합시킨 것으로, open client sever system (개방형 시스템)이며, 실시간 정보처리체계를 구축하는 특징이 있다.

53 JIT 시스템에서 생산준비시간의 단축에 관한 설명으로 틀린 것은?

① 기능적 공구의 채택으로 작업시간을 단축시킨다.
② 내적 작업준비를 가급적 지양하고 가능한 외적 작업준비로 바꾼다.
③ 외적 작업준비는 기계 가동을 중지하여 작업준비를 하는 경우이다.
④ 조정위치를 정확하게 설정하여 조정작업시간을 단축시킨다.

해설 외적 작업준비는 기계 가동 중 실시하는 작업준비를 말하며, 내적 작업준비는 기계 정지 중 실시하는 작업준비를 의미한다.

54 7월의 판매 실적치가 20000개, 판매 예측치가 22000개였고, 8월의 판매 실적치가 25000개일 때, 7월과 8월 2개월의 실적을 고려하여 지수평활법으로 9월의 판매 예측치를 계산하면 얼마인가? (단, 지수평활상수 α는 0.2이다.)

① 20880개 ② 22080개
③ 22280개 ④ 24080개

해설 차기 예측치 $F_t = F_{t-1} + \alpha(D_{t-1} - F_{t-1})$의 식으로부터
$F_8 = F_7 + \alpha(D_7 - F_7)$
$= 22000 + 0.2(20000 - 22000) = 21600$개
$F_9 = F_8 + \alpha(D_8 - F_8)$
$= 21600 + 0.2(25000 - 21600) = 22280$개
※ $F_t = \alpha D_{t-1} + \alpha(1-\alpha)D_{t-2} + (1-\alpha)^2 F_{t-2}$

55 M. L. Fisher가 주장한 공급사슬의 유형으로 수요의 불확실성에 대비하여 재고의 크기와 생산능력의 위치를 설정함으로써, 시장 수요에 민감하게 설계하는 것을 뜻하는 공급사슬의 명칭은 무엇인가?

① 민첩형 공급사슬(agile supply chain)
② 효율적 공급사슬(efficient supply chain)
③ 반응적 공급사슬(responsive supply chain)
④ 위험방지형 공급사슬(risk－hedging supply chain)

해설 ① 민첩형 공급사슬 : 공급과 수요의 불확실성이 높은 경우로 위험방지형 공급사슬과 반응적 공급사슬의 장점을 결합한 공급사슬
② 효율적 공급사슬 : 공급과 수요의 불확실성이 낮으므로 재고를 최소화하고 공급사슬 내 서비스업체와 제조업체의 효율을 최대화하기 위해 제품 및 서비스의 흐름을 조정하는 데 목적을 둔 공급사슬
③ 반응적 공급사슬 : 공급의 불확실성은 낮지만 수요의 불확실성이 높은 경우로 유연성을 기반으로 재고의 크기와 생산능력을 설정하여 시장수요에 민감하게 대응하는 공급사슬을 반응적 공급사슬
④ 위험방지형 공급사슬 : 공급의 불확실성은 높지만 수요의 불확실성은 낮은 경우로, 공급의 불확실성을 보완하기 위하여 핵심부품 등의 안전재고를 다른 회사와 공유하는 방법으로 위험에 대비하는 공급사슬

56 장기계획에 의해 생산능력이 고정된 경우, 중기적인 수요의 변동에 대응하기 위해 고용수준, 생산수준, 재고수준 등을 결정하는 계획은?

① 공수계획 ② 자재소요계획
③ 공정계획 ④ 총괄생산계획

해설 ⊙ 총괄생산계획에 관한 설명으로 출제빈도가 높은 편이다.

 정답 51.② 52.④ 53.③ 54.③ 55.③ 56.④

57 구매방법 중 기업이 현재 자재의 가격은 낮지만, 앞으로는 가격이 상승할 것으로 예상되어 구매를 하는 방법은?

① 충동구매 ② 시장구매
③ 일괄구매 ④ 분산구매

해설 구매관리는 판매나 생산활동의 합리적 운영을 목표로, 요구되는 필요량의 적격품을 적절한 시점에 적정 공급자로부터 적정 가격으로 구입함을 목적으로 한다. 이러한 구매관리는 비용절감이 목적이므로 가격변동이 예상되는 경우는 시장구매가 주된 방법이 된다.

58 스톱워치에 의한 시간관측방법 중 계속법에 관한 설명으로 틀린 것은?

① 불규칙하거나 비반복적인 작업 측정에 적합하다.
② 요소작업의 사이클타임이 짧은 경우에 적용이 용이하다.
③ 매 작업요소가 끝날 때마다 바늘을 멈추고 원점으로 되돌릴 때 발생하는 측정오차가 거의 없다.
④ 첫 번째 요소작업이 시작되는 순간에 시계를 작동시켜 관측이 끝날 때까지 시계를 멈추지 않고 요소작업의 종점마다 시곗바늘을 읽어 관측용지에 기입하는 방법으로 측정한다.

해설
- 계속법 : 요소작업의 사이클타임(cycle time)이 짧은 경우 적용
- 반복법 : 비교적 사이클타임이 긴 요소작업에 적용

※ 불규칙·비반복적 작업 측정은 WS법을 사용한다.

59 자재관리에서 자재분류의 4가지 원칙 중 창고부문, 생산부문 등 기업의 모든 부문에 적용되기 때문에 가능한 불편하지 않고 기억하기 쉽도록 분류하는 원칙은?

① 점진성
② 용이성
③ 포괄성
④ 상호배제성

해설 자재분류의 4원칙
1. 점진성
2. 포괄성
3. 상호배제성
4. 용이성

※ 자재분류의 융통성과 가감의 용이함이 있어야 하는 원칙은 점진성이다.

60 기능식 공정이 비교적 복잡하게 얽혀 있는 공정흐름을 가지고 있는 반면, 기계가 유사 부품군에 필요한 모든 작업을 처리할 수 있도록 배치되어 있어 모든 부품들이 동일 경로를 따르게 되어 있는 생산시스템은?

① JIT 생산시스템
② MRP 생산시스템
③ 모듈러(modular) 생산시스템
④ 셀룰러(cellular) 생산시스템

해설 집적식 가공방식을 GT 생산이라고 하며, 설비가 유사부품군에 필요한 모든 작업을 처리할 수 있도록 한 시스템을 GT 셀룰러 시스템이라고 한다.

제4과목 신뢰성 관리

61 시스템 수명곡선인 욕조곡선의 초기고장기간에 발생하는 고장의 원인에 해당되지 않는 것은?

① 불충분한 정비
② 조립상의 과오
③ 빈약한 제조기술
④ 표준 이하의 재료를 사용

해설 불충분한 정비는 마모고장기의 고장 원인이다.

62 부품의 단가는 400원이고, 시험하는 전체 부품의 시간당 시험비는 60원이다. 총시험시간(T)을 200시간으로 수명시험을 할 때, 가장 경제적인 것은?

① 샘플 5개를 40시간 시험한다.
② 샘플 10개를 20시간 시험한다.
③ 샘플 20개를 10시간 시험한다.
④ 샘플 40개를 5시간 시험한다.

해설

유형	부품개수	시험시간	총비용
1	5	40	5×400+40×60=4400
2	10	20	10×400+20×60=5200
3	20	10	20×400+10×60=8600
4	40	5	40×400+5×60=16300

63 다음과 같은 블록도를 갖는 시스템의 FT도를 작성한 것은?

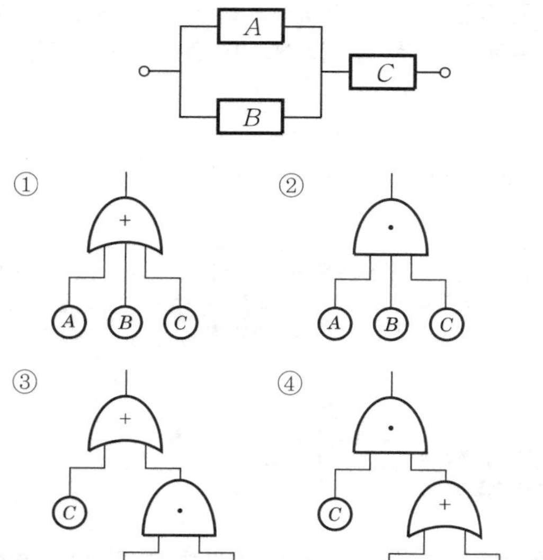

해설 • AND Gate

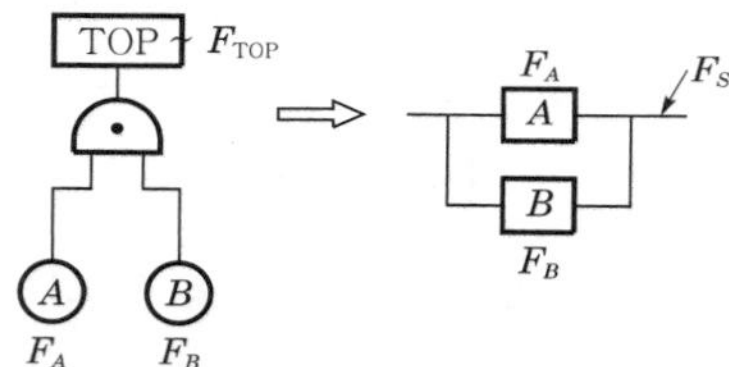

• OR Gate

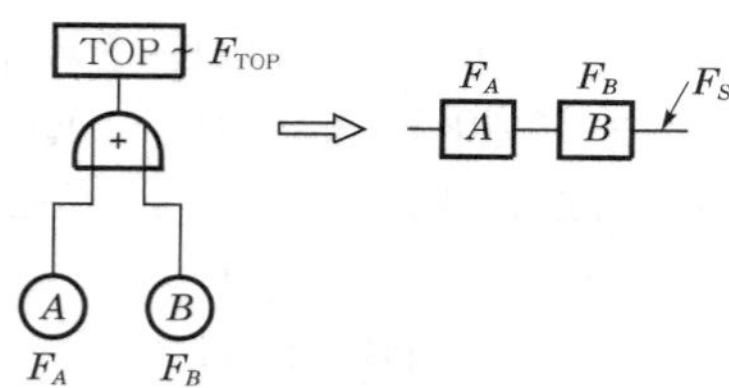

64 내용수명(useful life of longevity)이란?

① 우발고장의 기간
② 마모고장의 기간
③ 초기고장의 기간
④ 규정된 고장률 이하의 기간

해설 내용수명은 규정된 고장률(평균고장률) 이하의 기간으로, 규정된 고장률은 우발고장기의 평균고장률보다 높다.

65 신뢰성을 개선하기 위해서 계획적으로 부하를 정격치에서 경감하는 것은?

① 총생산보전(TPM)
② 디레이팅(derating)
③ 디버깅(debugging)
④ 리던던시(redundancy)

해설 디레이팅 설계란 마모고장이 없는 전자적 특성의 고장이 나타나는 부품이나 제품의 설계 시 사용하는 방법으로, 정격치에 여유를 주고 설계하는 방법이다.

66 수명시험 데이터를 분석하는 확률지 분석법에서 수명시험 데이터에 관측 중단된 데이터가 있을 때, 확률지 타점법에 관한 설명으로 맞는 것은?

① 관측 중단 여부에 관계없이 타점한다.
② 관측 중단 데이터만 타점하고, 고장시간 데이터는 타점하지 않는다.
③ 관측 중단 데이터는 버리고, 고장시간 데이터만 분석하여 타점한다.
④ 관측 중단 데이터는 누적분포함수[$F(t)$] 계산에만 이용하고, 타점은 고장시간만 한다.

해설 관측 중단된 데이터는 확률지에 타점하지 않지만, 누적고장확률 $F(t)$의 계산에는 이용한다.

67 지수분포의 수명을 갖는 8대의 튜너(tuner)에 대하여 회전수명시험을 실시한 결과 고장이 발생한 사이클 수는 다음과 같았다. 95%의 신뢰수준으로 평균수명에 대한 신뢰구간을 추정하면 약 얼마인가? (단, $\chi^2_{0.025}(16)=6.91$, $\chi^2_{0.975}(16)=28.85$이다.)

8712	21915	39400	54613
79000	110200	151208	204312

① $MTBF_L=29362$, $MTBF_U=89278$
② $MTBF_L=37246$, $MTBF_U=139327$
③ $MTBF_L=46403$, $MTBF_U=193737$
④ $MTBF_L=50726$, $MTBF_U=120829$

해설
• $MTBF_L=\dfrac{2T}{\chi^2_{0.975}(16)}=46403$
• $MTBF_U=\dfrac{2T}{\chi^2_{0.025}(16)}=193737$

 정답 63.③ 64.④ 65.② 66.④ 67.③

68 샘플 100개에 대하여 수명시험을 하고 10시간 간격으로 고장 개수를 조사하였더니 20시간에서의 누적 고장 수가 10개, 30시간에서의 누적 고장 수가 20개, 40시간에서의 누적 고장 수는 50개로 나타났다. 시점 t=30시간에서의 고장확률밀도함수는 얼마인가?

① 0.03/시간
② 0.0375/시간
③ 0.3/시간
④ 0.375/시간

해설
$$f(t=30) = \frac{n(t=30)-n(t=40)}{N} \times \frac{1}{\Delta t}$$
$$= \frac{80-50}{100} \times \frac{1}{10}$$
$$= 0.03/\text{시간}$$

69 다음과 같이 전기회로를 3개의 부품으로 병렬 리던던시 설계를 했을 경우, 전기회로 전체의 신뢰도는 약 얼마인가? (단, 부품 1의 신뢰도는 0.9, 부품 2의 신뢰도는 0.9, 부품 3과 4의 신뢰도는 0.8이다.)

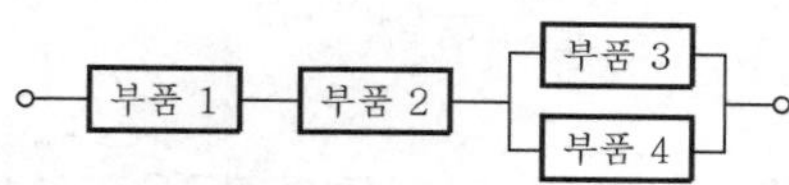

① 0.5184 ② 0.6480
③ 0.7128 ④ 0.7776

해설 $R_S = R_1R_2R_3 + R_1R_2R_4 - R_1R_2R_3R_4$
$= 0.7776$

70 고장상태를 형식 또는 형태로 분류한 것은?

① 고장
② 고장 모드
③ 고장 메커니즘
④ 고장 원인

해설
- 고장모드 : 기기 시스템의 고장상태를 분류한 것을 의미한다.
- 고장 메커니즘 : 특정 물품이 고장을 일으키기까지의 기계적·열적·전기적·화학적·재료적 과정을 뜻하며, 우발고장 메커니즘(Overstress Failure Machanism)과 마모고장 메커니즘(Wearout Failure Machanism)으로 구분된다.

71 신뢰성 시험의 설명으로 맞는 것은?

① r번 고장이 발생한 경우 평균수명의 양쪽 신뢰구간은 자유도 r인 χ^2 분포를 따른다.
② 고장이 없을 때는 정수중단의 수명 신뢰하한에서 고장횟수 r을 0으로 놓으면 된다.
③ 단 한 번 고장의 정수중단과 고장이 전혀 없는 정시중단의 수명 양쪽 구간 신뢰하한은 다르다.
④ 고장이 하나도 없을 때는 푸아송분포를 이용하여 수명의 하한값을 구하면 된다.

해설 ① 자유도가 $2r$인 χ^2분포를 따른다.

② $MTBF_L = \frac{2T}{\chi^2_{1-\alpha}(2(r+1))} = \frac{2T}{\chi^2_{1-\alpha}(2)}$: 정시중단

③ 정수중단 : $MTBF_L = \frac{2T}{\chi^2_{1-\alpha/2}(2r)} = \frac{2T}{\chi^2_{1-\alpha/2}(2)}$

정시중단 : $MTBF_L = \frac{2T}{\chi^2_{1-\alpha}(2(r+1))} = \frac{2T}{\chi^2_{1-\alpha}(2)}$

④ $MTBF_L = -\frac{T}{\ln\alpha}$

※ 정시중단시험에서 $r=0$인 경우는 $MTBF_L$의 추정만 가능하다.

이때, $MTBF_L = \frac{2T}{\chi^2_{1-\alpha}(2(r+1))} = \frac{2T}{\chi^2_{1-\alpha}(2)}$로,

푸아송분포를 이용한 $MTBF_L = -\frac{T}{\ln\alpha}$와 동일하다.

72 다음 기호를 사용하여 신뢰성의 척도를 구하는 방법으로 틀린 것은?

- $R(t)$: 신뢰도
- $F(t)$: 불신뢰도
- $f(t)$: 고장확률밀도함수
- $\lambda(t)$: 고장률함수
- $n(t)$: t시점에서 생존 개수
- N : 초기 샘플 수

① $R(t) = \frac{n(t)}{N}$ ② $F(t) = 1 - R(t)$
③ $\lambda(t) = \frac{R(t)}{f(t)}$ ④ $f(t) = \frac{-dR(t)}{dt}$

해설 $\lambda(t) = \frac{f(t)}{R(t)}$

73 40개의 시험제품 중 30개가 고장이 발생하였을 때, 평균순위법을 이용하여 신뢰도 $R(t)$를 구하면 약 얼마인가?

① 0.2683　② 0.2878
③ 0.3279　④ 0.3474

해설 $R(t_i)=1-F(t_i)=1-\dfrac{i}{n+1}$

$=\dfrac{n-i+1}{n+1}=\dfrac{40-30+1}{40+1}=0.2682$

74 고장률이 일정하며 0.005/시간으로서 동일한 부품 10개가 동시에 모두 작동해야만 기능을 발휘하는 시스템의 평균수명은?

① 2시간　② 20시간
③ 200시간　④ 2000시간

해설 직렬구조

$MTBF_S=\dfrac{1}{\lambda_S}=\dfrac{1}{\Sigma\lambda_i}=\dfrac{1}{10\times 0.005}=20$시간

75 예정된 시험기간 내에 샘플이 모두 고장 나지 않아 시험조건을 사용조건보다 강화시켜 고장발생시간을 단축하는 시험은?

① 가속수명시험　② 정상수명시험
③ 중도중단시험　④ 정시단축시험

해설 고장시간을 단축시키는 시험에는 가속수명시험 혹은 강제열화시험이 있다.

76 예방보전과 사후보전을 모두 실시할 때 보전성의 측도는?

① 수리율　② 평균정지시간(MDT)
③ 보전도함수　④ 평균수리시간(MTTR)

해설 $\text{MDT}=\dfrac{M_p f_p+M_c f_c}{f_p+f_c}$

77 신뢰도가 0.9로 동일한 부품 2개를 결합하여 만든 시스템이 2개 부품 중 어느 하나만 작동하면 기능을 발휘한다고 할 때, 이 시스템의 신뢰도는?

① 0.19　② 0.81
③ 0.90　④ 0.99

해설 $R_S=R_1+R_2-R_1R_2$

$=0.9+0.9-0.9\times 0.9=0.99$

78 표본의 크기가 n일 때 시간 t를 지정하여 그 시간까지 고장 수를 r로 한다면, 수명 t에 대한 신뢰도 $R(t)$의 추정식은?

① $R(t)=\dfrac{r}{n}$　② $R(t)=\dfrac{n-r}{n}$

③ $R(t)=\dfrac{n}{r}$　④ $R(t)=\dfrac{r-n}{r}$

해설 선험법의 $R(t)$이다.

$R(t)=1-F(t)=1-\dfrac{r}{n}=\dfrac{n-r}{n}$

79 어떤 시스템의 고장률이 시간당 0.045, 수리율은 시간당 0.85일 때, 이 시스템의 가용도는 약 얼마인가?

① 0.0503　② 0.5037
③ 0.9249　④ 0.9497

해설 $A=\dfrac{MTBF}{MTBF+MTTR}$

$=\dfrac{\mu}{\lambda+\mu}$

$=\dfrac{0.85}{0.045+0.85}=0.94972$

80 어떤 재료에 가해지는 부하의 평균은 20kg/mm²이고, 표준편차는 3kg/mm²이다. 그리고 사용재료의 강도는 평균이 35kg/mm²이고, 표준편차가 4kg/mm²이다. 이 재료의 신뢰도는 약 얼마인가? (단, 다음의 정규분포표를 이용하여 구한다.)

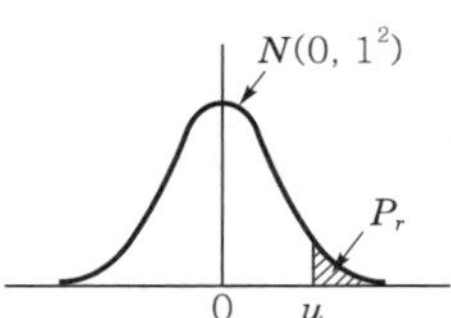

u	P_r
1.96	0.0455
2.00	0.0227
2.78	0.0027
3.00	0.0013

① 95.45%　② 97.73%
③ 99.73%　④ 99.87%

해설 $P(y-x>0)=P\left(u>\dfrac{0-(\mu_y-\mu_x)}{\sqrt{\sigma_x^2+\sigma_y^2}}\right)$

$=P\left(u>\dfrac{0-(35-20)}{\sqrt{3^2+4^2}}\right)$

$=P(u>-3)$

$=0.9987$

(단, x는 부하이고, y는 강도이다.)

정답 73.① 74.② 75.① 76.② 77.④ 78.② 79.④ 80.④

제5과목 품질경영

81 2종류의 데이터의 관계를 그림으로 나타낸 것으로, 개선하여야 할 특성과 그 요인의 관계를 파악하는 데 주로 사용되는 것은?

① 산점도 ② 특성요인도
③ 체크시트 ④ 히스토그램

해설 ①, ②, ③, ④ 이외에 파레토도, 층별, 각종 그래프(혹은 관리도)를 QC 7도구라고 한다.

82 다수의 측정자가 동일한 측정기를 이용하여 동일한 제품을 여러 번 측정하였을 때 발생하는 개인 간의 측정변동을 의미하는 것은?

① 재현성 ② 정밀도
③ 안정성 ④ 직선성

해설 1. 편의(Bias) : 동일 계측기로 측정할 때 나타나는 측정값과 기준값으로 차이로 정확성이라고 하며, 통계학의 모평균 검정으로 편의를 판단할 수 있다.
2. 반복성(정밀도) : 동일 시료를 동일한 계측자가 여러 번 측정하여 얻은 산포의 크기를 말하며, 모분산 검정으로 판단 가능하다.
3. 재현성 : 동일한 계측기로 두 사람 이상의 측정자가 동일 시료를 측정할 때 나타나는 측정 평균값의 차이를 말하며, 대응 있는 차의 검정으로 판단 가능하다.
4. 안정성 : 동일한 측정시스템으로 동일 시료를 정기적으로 측정할 때 얻어지는 측정값 평균차의 변화를 말하는 것으로, 관리도나 경향도(trend chart)로 판단 가능하다.
5. 직선성(선형성) : 계측기의 작동범위 내에서 발생하는 편의값이 일정하게 나타나지 않고 변화하는 경우, 측정의 일관성을 판단하는 데 사용하며 직선성의 적합성은 회귀직선의 결정계수로 판단 가능하다.

83 제조물책임법상 결함의 종류에 해당하지 않는 것은?

① 설계상의 결함
② 제조상의 결함
③ 표시상의 결함
④ 서비스상의 결함

해설 **과실책임의 유형**
1. 설계상 결함
2. 제조상 결함
3. 지시경고상(표시상) 결함

84 품질보증의 의미를 설명한 것 중 틀린 것은?

① 소비자의 요구품질이 갖추어져 있다는 것을 보증하기 위해 생산자가 행하는 체계적 활동
② 품질기능이 적절하게 행해지고 있다는 확신을 주기 위해 필요한 증거에 관계되는 활동
③ 소비자의 요구에 맞는 품질의 제품과 서비스를 경제적으로 생산하고 통제하는 활동
④ 제품 또는 서비스가 소정의 품질요구를 갖추고 있다는 신뢰감을 주기 위해 필요한 계획적 · 체계적 활동

해설 ③은 품질관리활동이다.

85 6σ 품질수준에서 예상되는 이상적인 공정능력지수(C_P)값은?

① 1 ② 2
③ 3 ④ 4

해설 6σ 품질수준의 process란 공정평균값(μ)에서 규격(S_U, S_L)까지의 거리가 6σ로 정의되는 process로, $S_U - S_L = 12\sigma$로 정의된다.
따라서 정적 공정능력 $C_P = \dfrac{T}{6\sigma} = \dfrac{12\sigma}{6\sigma} = 2$가 되고,
시간적 변동인 치우침 $\pm 1.5\sigma$를 감안한 동적 공정능력은 $C_{PK} = (1-k)C_P = 1.5$로 정의된다.

86 리콜(recall) 조치에 따른 비용은 어떤 품질코스트에 포함되는 비용인가?

① 예방코스트 ② 실패코스트
③ 평가코스트 ④ 감사코스트

해설 리콜 비용은 부적합비용인 실패코스트(F-cost)로, 출고 이후에 소비자에게 전달된 후 발생한 외부실패비용(IF-cost)이다.

87 산업규격은 적용되는 지역과 범위에 따라 분류할 수 있는데, 이에 해당된다고 볼 수 없는 것은?

① 사내규격 ② 전달규격
③ 국가규격 ④ 국제규격

해설 • 표준화 수준에 따른 분류 : 국제규격, 지역규격, 국가규격, 단체규격, 사내(회사)규격
• 표준화 국면에 따른 분류 : 제품규격, 방법규격, 전달규격

정답 81.① 82.① 83.④ 84.③ 85.② 86.② 87.②

88 품질 모티베이션 활동인 ZD 혁신활동의 내용에 해당되지 않는 것은?

① ZD 프로그램의 요체는 MPS(주일정계획)의 실행에 있다.
② 1960년대 미국의 마틴 사에서 원가절감으로 전개된 운동이다.
③ 품질향상에 대한 종업원의 동기부여 프로그램에 해당된다.
④ 무결점 혁신활동 또는 완전무결 혁신활동이라 불리고 있다.

해설 MPS(주일정계획)는 MRP에 요구되는 사항이다.

89 TQM의 전략목표로 가장 적절한 것은?

① 고객의 기대와 요구를 만족시키는 것
② 품질이 소정의 수준에 있음을 보증하는 것
③ 표준을 설정하고 이것에 도달하기 위해 사용되는 모든 수단의 체계
④ 최고경영자에 의해 공식적으로 표명된 품질에 관한 조직의 전반적 의도

해설 ② 품질보증, ③ 품질관리, ④ 품질방침
※ 표준화란 표준을 설정하여, 이것을 활용하는 조직적 행위이다.

90 품질시스템에서 해당 부서와 독립된 인원에 의해 수행되어야 할 업무는?

① 서비스 ② 품질보증
③ 품질심사 ④ 제품책임

해설 품질심사(품질감사)는 품질계획 및 품질시스템에 대한 품질경영의 성과를 평가·검증하는 행위로, 해당 부서와는 독립된 심사주체가 구성되며 1자, 2자, 3자 심사로 분류된다.

91 활동기준원가(activity based cost)의 적용에 따른 효과가 아닌 것은?

① 관리회계시스템의 기반을 구축할 수 있다.
② 정확한 원가 및 이익정보 제공이 가능하다.
③ 성과 평가를 위한 인프라 및 전략적 정보를 제공한다.
④ 품질 프로그램의 중요성에 대한 우선순위 결정이 가능하다.

해설 활동기준원가(ABC)는 제조간접비를 소비하는 활동이라는 개념을 설정하고, 이러한 여러 활동에 따라 제조간접비를 배분하고 각 제품별로 활동소비량에 따라 제조간접비를 배부하는 원가계산 방식이다.
④항은 활동기준원가 적용과는 아무런 관계가 없다.

92 조직을 계획하는 데 이용되는 3가지 도구 중 해당 직종의 책임, 권한, 수행업무 및 타 직무와의 관계 등을 나타낸 것은?

① 조직표
② 관리표준서
③ 책임분장표
④ 직무기술서

해설 품질조직에 이용되는 3가지 도구는 ①, ③, ④이다.

93 타인의 의견을 바탕으로 자유롭게 발상하고 발언하며, 발언에 미숙한 사람도 참가하고 타인의 의견을 같은 수준에서 받아들여 아이디어를 내는 방법은?

① 카이젠
② 브레인스토밍
③ 특성요인도
④ 희망점열거법

해설 **브레인스토밍의 4원칙**
1. 다량의 발언 유도
2. 비판 엄금
3. 자유분방한 아이디어 개진
4. 연상의 활발한 전개(남의 아이디어의 편승, 아이디어 조합 및 개선)

94 허용차와 공차에 대한 설명으로 틀린 것은?

① 최대허용치수와 최소허용치수와의 차이를 공차라고 한다.
② 허용한계치수에서 기준치수를 뺀 값을 실치수라고 한다.
③ 허용차는 규정된 기준치와 규정된 한계치와의 차이다.
④ 허용차의 표시방법은 양쪽이 같은 수치를 가질 때에는 ±를 붙여서 기재한다.

해설 허용차란 기준치수에서 허용한계치수를 뺀 차이를 의미하며, 공차란 최대허용치수에서 최소허용치수를 뺀 값이다.

정답 88.① 89.① 90.③ 91.④ 92.④ 93.② 94.②

95 사내표준화의 운용단계에서 규격의 준수와 실천을 위한 설명으로 틀린 것은?

① 사내규격은 조직의 정보공유 차원에서 다루어지고 실천한다.
② 리더는 해당자에게 철저히 훈련하여 표준이 준수될 수 있도록 한다.
③ 사내표준화가 지켜지지 않으면 그 이유가 있으므로 근본원인을 제거한다.
④ 사내규격은 회사의 기본 시스템을 언급하고 있기 때문에 형식적으로 취급한다.

해설 규격의 생명은 최소한의 요구조건이므로 반드시 준수되어야 한다.

96 고객만족도 조사의 3원칙이 아닌 것은?

① 지속성의 원칙
② 정량성의 원칙
③ 신속성의 원칙
④ 정확성의 원칙

해설 고객만족도 조사란 사후조사이므로, 정확한 조사를 원칙으로 하기에 신속성과는 거리가 멀다.
고객만족도 조사는 지속적으로 실시하며, 정량적 측정과 객관적 통계분석이 가능해야 한다.

97 다음 중 수치맺음법에 따라 계산한 것으로 틀린 것은?

① 2.2962를 유효숫자 3자리로 맺으면 2.30이다.
② 3.2967을 소수점 이하 3자리로 맺으면 3.297이다.
③ 5.346을 유효숫자 2자리로 맺을 때 첫 단계로 5.35, 둘째 단계로 5.4가 되어 결국 5.4이다.
④ 0.0745(소수점 이하 4자리가 반드시 5인지 버려진 것인지 올려진 것인지를 모른다)를 소수점 이하 3자리로 맺으면 0.074이다.

해설 5.346=5.3(유효숫자 2자리 수치맺음)

98 고객이 요구하는 참된 품질을 언어표현에 의해 체계화하여 이것과 품질특성과의 관련을 짓고, 고객의 요구를 대용특성으로 변화시키며 품질설계를 실행해 나가는 품질표를 사용하는 기법은?

① QFD
② 친화도
③ FMEA/FTA
④ 매트릭스 데이터 해석

해설 ① QFD는 what-how 매트릭스도법을 사용한다.

99 품질경영시스템 - 기본사항과 용어(KS Q ISO 9000 : 2016)에서 정의된 내용 중 계획된 활동이 실현되어 계획된 결과가 달성되는 정도를 의미하는 용어는?

① 효율성 ② 적격성
③ 효과성 ④ 적합성

해설 ① 효율성 : 달성된 결과와 사용된 자원과의 관계
② 적격성 : 의도된 결과를 달성하기 위해 지식 및 스킬을 적용하는 능력
④ 적합성 : 어떤 조건이나 정도 등에 꼭 알맞은 성질

100 Y제품의 치수 가공을 관리하기 위해서 $\bar{x}-R$ 관리도를 이용하고자 한다. 관리도의 작성을 위해 $n=5$인 부분군 25개를 추출하여 결과를 정리하니 $\sum\bar{x}_i=652.4$, $\sum R_i=13.2$이었다. 주어진 치수의 규격이 26.0±1.0mm라고 하면, 공정능력지수 C_P는 약 얼마인가? (단, $n=5$일 때, $A_2=0.58$, $D_4=2.11$, $d_2=2.326$이다.)

① 0.73 ② 0.99
③ 1.33 ④ 1.47

해설 $$C_P=\frac{S_U-S_L}{6\sigma}=\frac{2}{6\times0.227}=1.468$$

정답 95.④ 96.③ 97.③ 98.① 99.③ 100.④

2020 제3회 품질경영기사

제1과목 실험계획법

1 계수치 데이터 분석에서 기계(A)를 4수준, 열처리(B)는 3수준, 반복 $r=100$인 반복있는 2요인 실험을 하였다. 실험은 A_iB_j의 12개 조합에서 하나의 조합조건을 랜덤 선택하여 100번 실험을 마치고, 다음으로 나머지 11개의 조합에서 또 하나를 선택하여 100번 실험하는 것으로, 모두 1200번 실험하여 분석하였다. 다음 분산분석표에서 ㉠, ㉡에 적합한 값은 무엇인가?

요인	SS	DF	MS	F_0
A	2.84			㉠
B	4.18			㉡
e_1	1.14			
e_2	84.54			

① ㉠ 4.982, ㉡ 11
② ㉠ 4.982, ㉡ 29.354
③ ㉠ 13.301, ㉡ 11
④ ㉠ 13.301, ㉡ 29.354

해설 $l=4,\ m=3,\ r=100$인 계수형 2요인배치이므로

$$\nu_A=l-1=3$$
$$\nu_B=m-1=2$$
$$\nu_{e_1}=\nu_A\times\nu_B=6$$
$$\nu_{e_2}=lm(r-1)=1188$$
$$F_0=\frac{V_A}{\nu_{e_1}}=\frac{2.84/3}{1.14/6}=4.982$$
$$F_0=\frac{V_B}{V_{e_1}}=\frac{4.18/2}{1.14/6}=11$$
$$F_0=\frac{V_{e_1}}{V_{e_2}}=\frac{1.14/6}{84.54/1188}=2.67$$

※ 계수형 2요인 실험은 A_iB_j 수준을 랜덤하게 선택 후 선택된 A_iB_j 수준에서 반복을 r번 되풀이하는 이방분할법이다. 따라서 교호작용 $A\times B$는 블록오차와 교락되어 구할 수 없다.

2 다음 [표]는 수준의 조에 반복(r)이 2회 있는 2요인 실험한 결과이다. S_{AB}는 얼마인가?

요인	B_1	B_2
A_1	4	8
	7	4
A_2	5	4
	8	6

① 1.58 ② 2.50
③ 4.25 ④ 5.00

해설
$$S_{AB}=\frac{\sum\sum T_{ij\cdot}}{r}-CT$$
$$=\frac{11^2+13^2+12^2+10^2}{2}-\frac{46^2}{8}=2.5$$

3 지분실험법에 관한 설명으로 틀린 것은?

① 요인 A와 B의 효과는 확률변수이다.
② 요인 A와 B의 교호작용을 검출해낼 수 있다.
③ 일반적으로 변량요인에 대한 실험계획에 많이 사용된다.
④ 요인 A, B가 변량요인인 지분실험법은 먼저 요인 A의 수준이 정해진 후에 요인 B의 수준이 정해진다.

해설 지분실험법은 변량모형의 실험으로, 실험의 전체적인 장에서 랜덤화가 곤란하므로 요인과 교호작용이 뒤엉키게 되어 교호작용의 해석은 의미가 없다.

4 일반적으로 오차(e_{ij})는 정규분포 $N(0,\ \sigma_e^{\ 2})$으로부터 확률추출된 것이라고 가정한다. 이 가정이 의미하는 것이 아닌 것은?

① 정규성(normality)
② 독립성(independence)
③ 불편성(unbiasedness)
④ 최소분산성(minimum variance)

해설 ①, ②, ③ 이외에도 등분산성(equal variance)이 있다.
※ 최소분산성을 유효성이라고 하며, 통계량의 추정치 사용의 4원칙 중 하나이다.

 정답 1.① 2.② 3.② 4.④

5 3^2형 요인 실험을 설명한 내용 중 틀린 것은?

① 2요인 3수준인 2요인 실험과 동일하다.
② 요인 A는 수준수가 3이므로, 자유도가 2가 된다.
③ 처리조합은 00, 01, 02, 10, 11, 12, 20, 21, 22로 표현될 수 있다.
④ 만약 요인 A가 변량요인이고, 수준간격이 일정하면, 요인 A의 일차 효과와 이차 효과의 존재 여부를 찾아볼 수 있다.

해설 • k^n형 실험 : k=수준수, n=인자수
• 변량요인은 수준의 간격이 의미가 없는 랜덤 수준이므로 직교분해의 적용은 의미가 없다.

6 요인 A는 3수준, 요인 B는 4수준, 요인 C는 2수준으로 택하고, 수준의 조합에 반복이 없는 3요인 실험에서 분산분석표를 작성하여 다음의 데이터를 얻었다. $S_{A\times B}$는 얼마인가?

$S_A=1267$, $S_B=169$, $S_{AB}=1441$

① 5
② 10
③ 15
④ 20

해설 $S_{A\times B}=S_{AB}-S_A-S_B$
$=5$

7 다구찌 실험계획법에서 사용되는 파라미터 설계에서 파라미터(parameter)는 무엇을 의미하는가?

① 변수의 계수(coefficient)를 의미한다.
② 망목, 망대, 망소를 나타내는 특성치를 의미한다.
③ 제어 가능한 요인(controllable factor)을 의미한다.
④ 요인이 취할 수 있는 값의 범위(range)를 의미한다.

해설 파라미터는 설계변수로서 품질특성치에 영향을 미치는 요인으로 제어 가능한 인자를 의미한다.
※ 다구찌 실험계획은 손실함수와 SN비를 이용한 로버스트(Robust) 설계이다.

8 어떤 정유 정제공정에서 장치(A)가 4대, 원료(B)가 4종류, 부원료(C)가 4종류, 혼합시간(D)이 4종류인데, 이것으로 4×4 그레코라틴방격법 실험을 실시하여 다음 데이터를 얻었다. 총제곱합 S_T는 얼마인가?

요인	A_1	A_2	A_3	A_4
B_1	C_1D_1 3	C_2D_3 −7	C_3D_4 3	C_4D_2 −4
B_2	C_2D_2 −5	C_1D_4 8	C_4D_3 −9	C_3D_1 9
B_3	C_3D_3 −2	C_4D_1 3	C_1D_2 7	C_2D_4 8
B_4	C_4D_4 −1	C_3D_2 −3	C_2D_1 −1	C_1D_3 −3

① 31.5 ② 271.8
③ 470.0 ④ 477.8

해설 $S_T=\sum\sum\sum\sum x_{ijkl}^2-CT=477.8$

9 1요인 실험 단순회귀 분산분석표를 작성하여 S_T=35.27, S_R=33.07, S_e=1.98이라는 결과를 얻었다. 이때 나머지(고차) 회귀의 제곱합 S_r은 얼마인가?

① 0.022
② 0.22
③ 2.2
④ 2.46

해설 $S_A=S_T-S_e=35.27-1.98=33.29$
$S_r=S_A-S_R=33.29-33.07=0.22$

10 다음 [표]는 1요인 실험에 의해 얻어진 특성치이다. F_0값과 F분포의 자유도는 얼마인가?

수준 Ⅰ	90	82	70	71	81		
수준 Ⅱ	93	94	80	88	92	80	73
수준 Ⅲ	55	48	62	43	57	86	

① 10.42, (2, 15) ② 10.42, (3, 14)
③ 11.52, (14, 2) ④ 11.52, (15, 3)

해설
$F_0=\dfrac{V_A}{V_e}=\dfrac{2507.9/2}{1805.7/15}=10.416$
$F_{1-\alpha}(\nu_A, \nu_e)=F_{0.95}(2, 15)$: $\alpha=0.05$
$\nu_T=N-1=18-1=17$
$\nu_A=l-1=2$
$\nu_e=\nu_T-\nu_A=15$

정답 5.④ 6.① 7.③ 8.④ 9.② 10.①

11 다음은 $L_4(2^3)$의 직교배열표를 나타낸 것이다. 이에 대한 설명 중 틀린 것은?

실험번호	열번호		
	1	2	3
1	0	0	0
2	0	1	1
3	1	0	1
4	1	1	0
기본표시	a	b	c

① 열의 수가 3이고, 행의 수가 4인 직교배열표이다.
② 한 개의 열은 하나의 자유도를 갖고, 총자유도의 수는 열의 수와 같다.
③ 각 열 변동의 곱이 전체의 변동이 된다.
④ 각 열은 (0, 1), (1, 2), (−1, 1), (−, +) 등으로 표시하기로 한다.

해설 $S_T = S_{1열} + S_{2열} + S_{3열}$
$\nu_T = \nu_{1열} + \nu_{2열} + \nu_{3열} = 3$
※ 기본표시는 1열과 2열을 더한 후, modulus 2로 3열이 만들어진다.

12 어떤 부품에 대해서 다수의 로트에서 랜덤하게 3로트(A_1, A_2, A_3)를 골라, 각 로트에서 또한 랜덤하게 4개씩을 임의 추출하여 그 치수를 측정한 데이터의 분석방법으로 맞는 것은?

① 난괴법
② 라틴방격법
③ 1요인 실험 변량모형
④ 1요인 실험 모수모형

해설 랜덤하게 선택한 수준은 재현성이 없는 변량인자이다.

13 $L_{27}(3^{13})$형 직교배열표의 실험에서 A, B, C, D, E와 $B\times C$의 교호작용이 있을 때 오차항의 자유도는?

① 8 ② 10
③ 12 ④ 14

해설 공열의 수 $= 13-5-2=6$
$\nu_e = 6\times 2 = 12$
※ 3수준계 직교배열표에서 각 열의 자유도는 2이고, 교호작용은 2개 열에 나타난다.

14 모수요인 A(l 수준), B(m 수준)는 랜덤화가 곤란하고, 모수요인 C(n 수준)는 랜덤화가 용이하여, 요인 A, B를 일차 단위에 배치하고, 요인 C를 이차 단위로 하여 실험하였다. 일차 단위가 2요인 실험인 단일분할법에서 자유도의 계산식으로 틀린 것은?

① $\nu_{e_1} = (l-1)(m-1)$
② $\nu_{e_2} = l(m-1)(n-1)$
③ $\nu_{A\times C} = (l-1)(n-1)$
④ $\nu_{B\times C} = (m-1)(n-1)$

해설 1차 단위가 2요인배치인 단일분할법으로,
$\nu_{e_1} = \nu_{A\times B} = (l-1)(m-1)$
$\nu_{e_2} = \nu_{A\times B\times C} = (l-1)(m-1)(n-1)$이다.

15 필요한 요인에 대해서만 정보를 얻기 위해서 실험의 횟수를 가급적 적게 하고자 할 경우 대단히 편리한 실험이지만, 고차의 교호작용은 거의 존재하지 않는다는 가정을 만족시켜야 하는 실험계획법은?

① 교락법 ② 난괴법
③ 분할법 ④ 일부실시법

해설 교호작용을 희생한 대가로 실험횟수를 줄이는 실험이 일부실시법이고, 실험횟수를 늘리지 않고도 블록화로 실험의 정도를 향상시키는 실험형태가 교락법이다.

16 실험계획법에 관련된 설명으로 맞는 것은?

① 1요인 실험의 ANOVA에 대한 가설검정의 귀무가설은 $\sigma_A^2 > 0$이다.
② 오차항에서 가정되는 4가지 특성은 정규성, 독립성, 불편성, 랜덤성이 있다.
③ 자유도는 제곱을 한 편차의 개수에서 편차들의 선형 제약조건의 개수를 뺀 것과 같다.
④ 자유도는 수준 i에서의 모평균 μ_i가 전체의 모평균 μ로부터 어느 정도의 치우침을 가지는가를 나타내는 변수이다.

해설 ① $H_0 : \sigma_A^2 = 0$, $H_1 : \sigma_A^2 > 0$
② 오차항의 4가지 특성은 정규성, 불편성, 등분산성, 독립성으로 정의된다.
③ 자유도=개수－제약받는 개수
④ 자유도는 점과 기준점 간에 나타나는 선의 수이다.
※ 요인의 효과 $a_i = \mu_i. - \mu$

 정답 11.③ 12.③ 13.③ 14.② 15.④ 16.③

17 난괴법에 관한 설명으로 틀린 것은?

① 1요인은 모수이고, 1요인은 변량인 반복이 없는 2요인 실험이다.
② 일반적으로 실험배치의 랜덤에 제약이 있는 경우에 몇 단계로 나누어 설계하는 방법이다.
③ 실험설계 시 실험환경을 균일하게 하여 블록 간에 차이가 없을 때 오차항에 풀링하면, 1요인 실험과 동일하다.
④ 일반적으로 1요인 실험으로 단순반복실험을 하는 것보다 반복을 블록으로 나누어 2요인 실험하는 경우, 층별이 잘 되면 정보량이 많아진다.

해설 ②항은 부분랜덤화법인 분할법에 관한 내용이다.

18 2^3형 요인배치법에서 다음과 같이 2개의 블록(block)으로 나누어 실험하고 싶다. 블록과 교락하고 있는 교호작용은?

[블록 I]	[블록 II]
a	(1)
b	ab
ac	c
bc	abc

① $A\times B$
② $A\times C$
③ $B\times C$
④ $A\times B\times C$

해설
$$A\times B=\frac{1}{4}(a-1)(b-1)(c+1)$$
$$=\frac{1}{4}(ab+1+abc+c-ac-bc-a-b)$$

19 반복이 없는 2요인 실험에서 A(모수)요인이 5수준, B(모수)요인이 6수준일 경우, A_iB_j 조합에서 유효반복수(n_e)는?

① 1 ② 2
③ 3 ④ 4

해설 $n_e=\frac{lm}{l+m-1}=\frac{30}{5+6-1}=3$

20 직교분해(orthogonal decomposition)에 대한 설명으로 틀린 것은?

① 직교분해된 제곱합은 어느 것이나 자유도가 1이 된다.
② 어떤 제곱합을 직교분해하면 어떤 대비의 제곱합이 큰 부분을 차지하고 있는가를 알 수 있다.
③ 두 개 대비의 계수 곱의 합, 즉 $c_1c_1'+c_2c_2'+\cdots+c_lc_l'=0$이면, 두 개의 대비는 서로 직교한다.
④ 어떤 요인의 수준수가 l인 경우 이 요인의 제곱합을 직교분해하면, l개의 직교하는 대비의 제곱합을 구할 수 있다.

해설 어떠한 요인의 수준수가 l인 경우 $l-1$개의 직교하는 대비의 제곱합을 구할 수 있다.

제2과목 통계적 품질관리

21 계수형 샘플링검사 절차 – 제1부 : 로트별 합격품질한계(AQL) 지표형 샘플링검사 방식(KS Q ISO 2859–1 : 2018)에서 분수 합격판정개수의 샘플링 방식에 관한 설명으로 틀린 것은?

① 소관권한자가 인정하는 경우만 가능하다.
② 샘플 중에 부적합품이 전혀 없을 때에는 로트를 합격으로 한다.
③ 샘플링 방식이 일정하지 않은 경우 합격판정점수가 9점 이하이면 $A_c=0$으로 하여 판정한다.
④ 합격판정개수가 1/2인 검사로트에서 부적합품이 1개 발견되는 경우, 충분한 수의 직전 로트에서의 샘플 중에 부적합품이 전혀 없을 때에만 현재의 로트를 합격으로 간주해야 한다.

해설 합격판정점수(A_s)가 8점 이하인 경우는 $A_c=\frac{1}{2}\cdot\frac{1}{3}\cdot\frac{1}{5}$인 분수값 검사를 $A_c=0$인 검사로 진행하고, A_s가 9점 이상인 경우는 $A_c=1$인 검사로 진행한다.

정답 17.② 18.① 19.③ 20.④ 21.③

22 정밀도의 정의를 뜻하는 내용으로 맞는 것은?

① 데이터 분포 폭의 크기
② 참값과 측정 데이터의 차
③ 데이터 분포의 평균치와 참값과의 차
④ 데이터의 측정 시스템을 신뢰할 수 있는가 없는가의 문제

해설 ① : 정밀도
② : 오차
③ : 정확도
④ : 신뢰도

23 갑, 을 2개의 주사위를 굴렸을 때, 적어도 한쪽에 홀수의 눈이 나타날 확률은?

① $\frac{1}{4}$　② $\frac{1}{2}$
③ $\frac{2}{3}$　④ $\frac{3}{4}$

해설 $P(X \geq 1) = 1 - P(X=0) = 1 - \frac{1}{4} = \frac{3}{4}$

24 $\overline{x} - R$ 관리도로부터 층의 평균치 차이를 검정할 때, 사용하는 최소유의차에 대한 식이 다음과 같다. 이 식을 사용하기 위한 전제조건으로 틀린 것은? (단, $\overline{\overline{x}}_A$, $\overline{\overline{x}}_B$는 각각의 $\overline{x}$관리도의 중심선이며, k_A, k_B는 각각의 부분군의 수이다.)

$$\left| \overline{\overline{x}}_A - \overline{\overline{x}}_B \right| > A_2 \overline{R} \sqrt{\frac{1}{k_A} + \frac{1}{k_B}}$$

① 두 관리도의 분산은 같지 않아도 된다.
② 두 관리도가 모두 관리상태이어야 한다.
③ 두 관리도의 부분군의 크기가 같아야 한다.
④ 두 관리도의 부분군의 수는 다를 수 있다.

해설 $\sigma_A^2 = \sigma_B^2$, $n_A = n_B$이고, 두 관리도의 군의 수(k)는 충분히 커야 한다.

25 검사가 행해지는 공정에 의한 분류에 속하지 않는 것은?

① 수입검사　② 공정검사
③ 출하검사　④ 순회검사

해설 검사공정에 의한 분류
- 수입검사
- 공정검사(중간검사)
- 최종검사(완성검사)
- 출하검사(출고검사)

※ 순회검사는 검사장소에 의한 분류이다.

26 계수형 샘플링검사의 OC 곡선에 관한 설명으로 틀린 것은? (단, 로트의 크기는 시료의 크기에 비해 충분히 크다.)

① 부적합품률의 변화에 따라 합격되는 정도를 나타낸 곡선이다.
② 로트의 크기와 샘플의 크기, 합격판정개수를 알면 그에 맞는 독특한 OC 곡선이 정해진다.
③ 샘플의 크기와 합격판정개수가 일정할 때 로트의 크기가 변하면 OC 곡선에 크게 영향을 준다.
④ 부적합품률이 P일 때, 초기하분포, 이항분포, 푸아송분포 중에 하나를 사용하여 로트의 합격확률 $L(P)$를 구한다.

해설 $\frac{N}{n} > 10$인 경우 N은 OC 곡선에 거의 영향을 주지 않는다.

27 $\overline{x} - R$ 관리도의 운용에서 $\overline{x}$ 관리도는 아무 이상이 없으나, R관리도의 타점이 관리한계 밖으로 벗어났을 때 판정으로 가장 타당한 것은?

① 공정산포에 변화가 일어났을 가능성이 높다.
② 공정평균에 변화가 일어났을 가능성이 높다.
③ 공정평균과 공정산포에 모두 변화가 일어났을 가능성이 높다.
④ $\overline{x}$ 관리도는 이상이 없으므로 공정의 변화가 발생하지 않은 것으로 간주할 수 있다.

해설 R관리도는 정밀도를 감시하는 도구로서, 비관리상태인 경우 정확도를 관리하는 $\overline{x}$ 관리도의 해석은 의미가 없다. 왜냐하면 $\overline{x}$ 관리도의 관리한계선은 우연변동(σ_w^2)인 $\overline{R}$로 정의되기 때문이다. 만약에 $\overline{R}$에 이상변동이 내포되어 있다면 $\overline{x}$ 관리도의 판정기준선이 모호해져서, 평균의 변화 여부를 검출하기 어렵다. 따라서 $\overline{x}$관리도가 이탈점이 없다고 관리상태인 것이 결코 아니다. 정밀도가 깨지면 정확도도 깨질 확률이 대단히 높기 때문이다.

 정답 22.① 23.④ 24.① 25.④ 26.③ 27.③

28 계수형 축차 샘플링검사 방식(KS Q ISO 28591)에서 합격판정치를 구하는 식으로 맞는 것은?

① $-h_A+gn_{cum}$　② gn_t-1
③ $-h_R+gn_{cum}$　④ gn_t+1

해설 $A=-h_A+gn_{cum}$
$R=h_R+gn_{cum}$

29 100V짜리 백열전구의 수명분포는 μ=500시간, σ=75시간인 정규분포에 따른다고 할 때, 이미 500시간 사용한 전구를 앞으로 75시간 이상 더 사용할 수 있을 확률은 약 얼마인가?

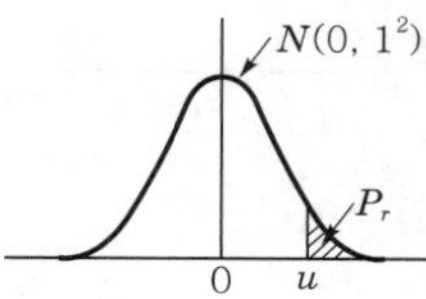

u	P_r
0.0	0.5000
1.0	0.1587
1.5	0.0668
2.0	0.0228

① 0.2440　② 0.3174
③ 0.5834　④ 0.8413

해설
$$R(t=575/t=500)=\frac{P(t\geq 575)}{P(t\geq 500)}=\frac{p\left(z\geq\frac{575-500}{75}\right)}{p\left(z\geq\frac{500-500}{75}\right)}$$
$$\frac{p(z\geq 1)}{p(z\geq 0)}=\frac{0.1587}{0.5000}=0.3174$$

30 통계적 가설검정에 대한 설명으로 맞는 것은?

① 기각역이 커질수록 제2종 오류는 증가한다.
② 제1종 오류가 결정되면 기각역을 결정할 수 있다.
③ 표본의 크기가 커지면 제2종 오류는 증가한다.
④ 제1종 오류가 결정되면 표본의 크기를 결정할 수 있다.

해설 ① $\alpha\uparrow$: $\beta\downarrow$
② 제1종 오류(α)에 의해 판정기준이 설정되며, H_0 기각역이 정해진다.
③ $n\uparrow$: $\beta\downarrow$
④ α와 β가 결정되어야 표본의 크기 n이 결정된다.

31 두 변수 x와 y 사이의 선형 관계를 규명하고자 데이터를 수집한 결과가 다음과 같을 때, y에 대한 x의 회귀식으로 맞는 것은?

$\overline{x}=1.505$,　$\overline{y}=2.303$
$S_{xy}=1.043$,　$S_{xx}=1.5$

① $y=0.695x-0.307$
② $y=0.695x+1.257$
③ $y=0.787x-0.307$
④ $y=0.787x+1.257$

해설 $y-\overline{y}=b(x-\overline{x})$
$\overline{y}=2.304$
$\overline{x}=1.505$
$b=\frac{S_{xy}}{S_{xx}}=0.695$
$\therefore\ y=0.695x+1.257$

32 K사에서 판매하는 커피 자동판매기가 한 번에 배출하는 커피의 양은 평균 μ, 표준편차 1.0cm³인 정규분포를 따른다. 배출되는 커피량이 120cm³ 이상이 될 확률이 95% 이상이 되도록 하기 위해서는 평균을 약 몇 cm³로 하여야 하는가?

① 118.355　② 120.000
③ 121.645　④ 123.290

해설 $\mu=x_0+u_{1-\alpha}\sigma$
$=120+1.645\times 1.0$
$=121.645\text{cm}^3$

33 다변량 관리도(multi variate control chart)에서 다루는 품질변동이 아닌 것은?

① 위치변동　② 주기변동
③ 시간변동　④ 산포변동

해설 Multi variate control chart(다변량 관리도)는 여러 가지 요인을 차트에 그려봄으로써, 어느 요인이 큰 영향을 주는가를 찾아내어 품질 안정을 이루려는 목적을 갖는 관리도이다. 특히 이 차트는 품질변동의 주기나 형태를 용이하게 찾을 수 있는 장점이 있으며, 규명대상 변동으로는 위치변동, 주기변동, 시간변동을 들 수 있다.

정답 28.① 29.② 30.② 31.② 32.③ 33.④

34 A회사와 B회사 제품의 로트로부터 각각 12개 및 10개 제품을 추출하여 순도를 측정한 결과, $\sum x_A$=1145.7, $\sum x_B$=947.2일 때, 두 회사 제품의 모평균 차에 대한 신뢰구간은 약 얼마인가? (단, $\sigma_A=0.3$, $\sigma_B=0.2$이며, 신뢰수준은 95%로 한다.)

① 0.54~0.79　② 0.54~0.97
③ 0.66~0.79　④ 0.66~0.97

해설 $\mu_A-\mu_B$

$$=(\overline{x}_A-\overline{x}_B)\pm u_{1-\alpha/2}\sqrt{\frac{\sigma_A^2}{n_A}+\frac{\sigma_B^2}{n_B}}$$

$$=\left(\frac{1145.7}{12}-\frac{947.2}{10}\right)\pm 1.96\times\sqrt{\frac{0.3^2}{12}+\frac{0.2^2}{10}}$$

$$=0.54\sim 0.97$$

35 제2종의 오류를 적게 하고자 해서 관리한계를 3σ에서 1.96σ로 하면, 제1종의 오류를 일으키는 확률은 0.3%에서 어떻게 되는가?

① 변하지 않는다.
② 3%로 변한다.
③ 5%로 변한다.
④ 10%로 변한다.

해설 $\alpha=0.0027$로 나타나는 3σ관리한계를 1.96σ로 하면 제1종 오류는 5%가 된다.

36 결혼 후 두 자녀 이상 갖기를 원하는 부부들의 선호도에 관한 설문을 하기 위해 미혼 남성 200명, 미혼 여성 100명을 대상으로 그 선호도를 조사하였다. 그 결과 미혼 남성 중 50명이, 미혼 여성 중 10명이 두 자녀 이상을 갖기를 원하였다. 두 자녀 이상 갖기를 원하는 남성과 여성의 비율 차에 대한 90% 신뢰구간의 신뢰상한값은 약 얼마인가? (단, $u_{0.10}=1.285$, $u_{0.05}=1.645$이다.)

① 0.080　② 0.150
③ 0.205　④ 0.221

해설 P_A-P_B

$$=(\hat{P}_A-\hat{P}_B)+u_{1-\alpha/2}\sqrt{\frac{\hat{P}_A(1-\hat{P}_A)}{n_A}+\frac{\hat{P}_B(1-\hat{P}_B)}{n_B}}$$

$$=(0.25-0.1)+1.645\sqrt{\frac{0.25\times 0.75}{200}+\frac{0.1\times 0.9}{100}}$$

$$=0.22051$$

37 계수 및 계량 규준형 1회 샘플링검사(KS Q 0001:2018)에서 계량규준형 1회 샘플링검사 중 로트의 부적합품률을 보증하는 경우, 규정상한(S_U)을 주고 표본의 크기 n과 상한 합격판정치 $\overline{X}_U$에 대한 설명으로 틀린 것은?

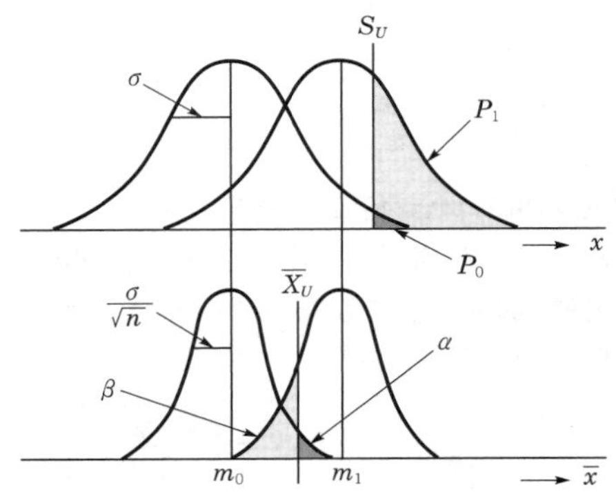

① $\overline{x}\le\overline{X}_U$이면 로트는 합격이다.
② $m_1-m_0=\left(k_{p_0}-k_{p_1}\right)\frac{\sigma}{\sqrt{n}}$로 표시된다.
③ 사선 친 $\alpha=0.05$, $\beta=0.1$의 사이에 $\overline{X}_U$가 존재한다.
④ m_1의 평균을 가지는 분포의 로트로부터 표본 n개를 뽑았을 경우 $\overline{X}_U$에 대하여 로트가 합격할 확률은 β이다.

해설 망소특성의 경우로, 상한 합격판정선($\overline{X}_U$)이 설정된다.

$$m_1-m_0=k_\alpha\frac{\sigma}{\sqrt{n}}+k_\beta\frac{\sigma}{\sqrt{n}}$$

$$=k_{p_0}\sigma-k_{p_1}\sigma$$

38 np 관리도에 관한 설명으로 틀린 것은?

① 시료의 크기는 반드시 일정해야 한다.
② 관리항목으로 부적합품의 개수를 취급하는 경우에 사용한다.
③ 부적합품의 수, 1급품의 수 등 특정한 것의 개수에도 사용할 수 있다.
④ p 관리도보다 계산이 쉽지만, 표현이 구체적이지 못해 작업자가 이해하기 어렵다.

해설 p 관리도에서 부분군의 크기(n)를 일정하게 하여 단순화시킨 관리도가 np 관리도이다.

 정답 34.② 35.③ 36.④ 37.② 38.④

39 정규분포를 따르는 모집단에서 10개의 제품을 뽑아 두께를 측정한 결과 다음과 같은 자료를 얻었다. 제품 두께의 모분산(σ^2)에 대한 90% 신뢰구간은 약 얼마인가? (단, $\chi^2_{0.05}(9)=3.33$, $\chi^2_{0.95}(9)=16.92$, $t_{0.95}(9)=1.833$, $t_{0.975}(9)=2.262$이다.)

$$\sum_{i=1}^{10} x_i = 2276$$

$$\sum_{i=1}^{10} x_i{}^2 = 518064$$

① $2.74 \le \sigma^2 \le 13.93$
② $2.74 \le \sigma^2 \le 15.48$
③ $3.04 \le \sigma^2 \le 13.93$
④ $3.04 \le \sigma^2 \le 15.48$

해설 $\sigma_L^2 = \dfrac{S}{\chi^2_{1-\alpha/2}(\nu)} = \dfrac{46.4}{16.92} = 2.74$

$\sigma_U^2 = \dfrac{S}{\chi^2_{\alpha/2}(\nu)} = \dfrac{46.4}{3.33} = 13.93$

단, $1-\alpha=0.90$이므로, $\alpha/2=0.05$이다.

40 전체 학생들의 성적이 정규분포를 따르는지 적합도 검정을 활용하여 검정하고자 할 때, 검정절차 중 가장 거리가 먼 것은?

① 귀무가설은 정규분포라고 가정한다.
② 검정통계량은 카이제곱분포를 이용한다.
③ 각각의 분류한 급에 대한 기대빈도수는 카이제곱분포로 계산한다.
④ 자유도는 조사한 데이터를 급으로 분류할 때, 급의 수보다 1이 적다.

해설 • 기대도수는 정규분포의 확률을 이용한다.
• 자유도는 급의 수(k)에서 모수추정치($\hat{\mu}$, $\hat{\sigma}$)의 개수(p)를 제외하므로, $\nu=k-p-1=k-3$이다.

제3과목 생산시스템

41 테일러 시스템과 포드 시스템에 관한 특징이 올바르게 짝지어진 것은?

① 테일러 시스템 – 직능식 조직
② 포드 시스템 – 기초적 시간연구
③ 포드 시스템 – 차별적 성과급제
④ 테일러 시스템 – 저가격, 고임금의 원칙

해설 테일러 시스템은 개발생산 시스템 시간연구의 효시이며, 포드 시스템은 대량생산 시스템의 효시가 되었다.

42 표준시간을 계산하는 데 쓰이는 MTM법에 관한 설명으로 틀린 것은?

① 목적물의 중량이나 저항을 고려해야 한다.
② 기본동작에 reach, grasp, release, move 등이 포함되어 있다.
③ MTM 시간치는 정상적인 작업자가 평균적인 기술과 노력으로 작업할 때의 값이다.
④ 작업대상이 되는 목적물이나 목적지의 상태에는 관계없이 표준시간을 알 수 있다.

해설 MTM은 인간이 행하는 작업을 기본동작으로 분석하고 각 기본동작의 성질과 조건에 따라 미리 정해진 시간값을 적용하여 작업의 정미시간을 구하는 방법으로, WF법과 함께 간접관찰법이다.

43 JIT 시스템에서 생산준비시간의 축소와 소로트화에 대한 설명으로 틀린 것은?

① 소로트화는 회차당 생산량을 가능한 최소화하는 것을 뜻한다.
② JIT 시스템에서는 평준화 생산방식으로 소로트 생산방식을 실현하고 있다.
③ 생산준비시간의 축소는 준비교체횟수를 감소시켜 실현하는 것을 목적으로 한다.
④ 생산준비시간을 고정된 개념으로 보지 않고 소로트화로 생산준비시간을 단축하려 한다.

해설 생산준비시간의 축소는 준비교체횟수를 감소시킨다고 줄어드는 것이 아니라, 그 자체의 시간을 줄이는 것이다.

정답 39.① 40.③,④ 41.① 42.④ 43.③

44 다중(복합)활동분석표에 해당하지 않는 것은?

① 복수기계분석표
② 복수작업자분석표
③ 작업자－기계 작업분석표
④ 복수작업자－기계 작업분석표

해설 복수기계분석표란 없다. 왜냐하면 작업자가 주체가 되기 때문이다.
다중활동분석표는 일반적으로 작업자와 복수작업자로 구분된다.

45 보전자재의 연간 수요량은 50개, 1회당 발주비용은 1000원이고, 자재 1개당 재고유지비용이 20원일 때, 경제적 발주량은?

① 29개　② 50개
③ 71개　④ 99개

해설
$$EOQ = \sqrt{\frac{2DC_P}{C_H}} = \sqrt{\frac{2\times 50\times 1000}{20}} = 70.71$$
→ 71개

46 LOB(Line Of Balance)에 대한 설명으로 맞는 것은?

① 라인을 균형화하기 위한 기법이다.
② 대규모 일시 프로젝트의 일정계획에 사용된다.
③ 여러 개의 구성품을 포함하고 있는 제작 · 조립 공정의 일정통제를 위한 기법이다.
④ 작업장의 투입과 산출 간의 관계를 관리함으로써 생산을 통제하는 기법이다.

해설 LOB는 선형공정계획으로 '일정통제 균형선 기법'이라고도 하는데, 공기가 비교적 길고 여러 단계의 조립과정에서 다양한 부품을 사용하여 제작이 진행되는 조립라인의 일정통제를 위해 개발된 그래픽 형태의 기법이다.

⊙ 이 문제에서 ①항도 완전히 틀리다고 보기는 어렵다. 그러나 LOB의 주된 목적은 일정통제이다.

47 일정계획의 개념에서 기준일정의 구성에 속하지 않는 것은?

① 저장시간　② 여유시간
③ 정체시간　④ 가공시간(작업시간)

해설 기준일정이란 각 작업이 개시되어 완료될 때까지 소요되는 표준적인 일정을 말한다. 기준일정에는 작업준비조정시간과 정체시간이 포함되어 있다.

48 설비종합효율의 계산식으로 맞는 것은?

① 시간가동률×속도가동률×양품률
② 시간가동률×실질가동률×양품률
③ 시간가동률×성능가동률×양품률
④ 시간가동률×속도가동률×실질가동률

해설 설비종합효율＝시간가동률×성능가동률×양품률

이때, $\text{시간가동률} = \dfrac{\text{부하시간} - \text{정지시간}}{\text{부하시간}}$

$\text{성능가동률} = \text{실질가동률}\times\text{속도가동률} = \dfrac{\text{생산량}\times\text{기준C/T}}{\text{가동시간}}$

$\text{양품률} = \dfrac{\text{가공수량} - \text{불량수량}}{\text{가공수량}}$

49 일반적으로 기업들이 아웃소싱을 하는 이유에 대한 설명으로 가장 거리가 먼 것은?

① 자본부족을 보강하기 위한 아웃소싱
② 생산능력의 탄력성을 위한 아웃소싱
③ 기술부족을 보강하기 위한 아웃소싱
④ 경영정보를 공유하기 위한 아웃소싱

해설 아웃소싱의 목적은 자본부족, 기술부족, 생산능력의 보강에 있다.
경영정보의 공유는 협력업체와의 상품개발이나 운용서비스를 목적으로 하는 경영전략의 일환으로, 아웃소싱과는 거리가 멀다.

50 각 제품의 매출액과 한계이익률이 다음과 같을 때 평균 한계이익률을 사용한 손익분기점은? (단, 고정비는 1300만원이다.)

제품	매출액(만원)	한계이익률(%)
A	500	20
B	300	30
C	200	30

① 4600만원　② 4800만원
③ 5000만원　④ 5200만원

해설
$$\text{BEP} = \frac{F}{1-\dfrac{V}{S}} = \frac{\text{고정비}}{\text{한계이익률}} = \frac{\text{고정비}}{\text{한계이익액/매출액}}$$
$$= \frac{1300}{250/1000} = 5200\text{만원}$$
이때, 평균 한계이익액
$= 500\times 0.2 + 300\times 0.3 + 200\times 0.3 = 250$

 정답 44.① 45.③ 46.① 47.① 48.③ 49.④ 50.④

51 시계열분석에 의한 수요예측모형에서 승법모델의 식으로 맞는 것은? (단, 추세변동은 T, 순환변동은 C, 계절변동은 S, 불규칙변동은 I, 판매량은 Y이다.)

① $Y=\frac{T\times C}{S\times I}$
② $Y=T\times C\times S\times I$
③ $Y=\frac{T\times C\times S}{I}$
④ $Y=(T\times C)-(S\times I)$

해설 시계열분석은 4가지 변동요인 T, C, S, I 모두를 고려하는 분석법으로, $Y=T\times C\times S\times I$로 예측한다.

52 설비의 일생(life cycle)을 통하여 설비 자체의 비용과 보전 등 설비의 운전과 유지에 드는 일체의 비용과 설비 열화에 의한 손실과의 합을 저하시키는 것으로서, 생산성을 높이는 것과 관련이 없는 것은?

① 가치관리 ② 생산보전
③ 설비관리 ④ 예방보전

해설
- 가치관리는 원가절감과 제품관리를 동시에 추구하는 경영기법으로, 설비보전과는 관계가 없다.
- 생산보전은 보전예방(MP), 예방보전(PM), 사후보전(BM), 개량보전(CM)을 모두 포함하는 보전이다.

53 MRP 시스템의 특징으로 맞는 것은?

① 독립수요
② 종속품목수요
③ 재발주점을 이용한 발주
④ 자재흐름은 끌어당기기 시스템

해설 MRP(자재 소요량 계획)는 종속수요품 관리에 이용되는 일정계획 및 재고통제기법으로, push system을 사용한다.

54 학습곡선(공수체감곡선)의 활용분야에 해당하지 않는 것은?

① 작업자 안전
② 성과급 결정
③ 제품이나 부품의 적정 구입가격 결정
④ 작업로트 크기에 따라 표준공수 조정

해설 공수체감곡선은 학습률에 의한 생산소요시간의 단축현상을 설명한 것으로, 작업자 안전은 관계가 없다.

55 다음 중 작업자 공정분석에 관한 설명으로 잘못된 것은?

① 창고, 보전계의 업무와 경로 개선에 적용된다.
② 제품과 부품의 개선 및 설계를 위한 분석이다.
③ 기계와 작업자 공정의 관계를 분석하는 데 편리하다.
④ 이동하면서 작업하는 작업자의 작업위치, 작업순서, 작업동작 개선을 위한 분석이다.

해설 작업자 공정분석은 작업자의 경로분석으로서, 작업자의 행위에 관한 분석이다. 작업자의 업무범위와 경로를 개선하는 데 사용하며, FPC와 FD를 중심으로 분석한다. ②항은 제품부품분석에 해당된다.

56 제조활동과 서비스활동의 차이에 대한 설명으로 틀린 것은?

① 서비스활동에 비해 제조활동은 품질의 측정이 용이하다.
② 제조활동의 제품은 재고로 저장이 가능한 반면, 서비스활동은 저장할 수 없다.
③ 제조활동의 산출물은 유형의 제품이고, 서비스활동의 산출물은 무형의 서비스이다.
④ 제조활동은 생산과 소비가 동시에 행해지고, 서비스활동은 생산과 소비가 별도로 행해진다.

해설 서비스활동은 제조활동과는 달리, 생산과 소비가 동시에 행해지는 특성이 있다.

57 다음 중 기업의 목적을 효율적으로 달성하기 위하여 자신의 능력으로 핵심 부분에 집중하고 조직 내부 활동이나 기능의 일부를 외부 조직 또는 외부 기업체에 전문용역을 활용하여 처리하는 경영기법을 의미하는 용어는 무엇인가?

① Loading
② Outsourcing
③ Debugging
④ Cross docking

해설 아웃소싱은 외부 기업체의 전문용역을 활용하려는 경영기법으로, 자본부족, 기술부족, 생산능력의 보강에 목적이 있다.

정답 51.② 52.① 53.② 54.① 55.② 56.④ 57.②

58 다음은 기계Ⅰ을 먼저 거친 후 기계Ⅱ를 거치는 3개의 작업에 대한 처리시간이다. 존슨법칙에 의한 최적작업순서는?

작업	기계Ⅰ	기계Ⅱ
A	10	5
B	6	8
C	9	2

① A → B → C
② C → B → A
③ B → A → C
④ C → A → B

해설 존슨법칙은 n개의 가공물을 순위가 있는 2대의 기계로 처리하여 가공하는 경우 사용되는 작업순위 결정방법이다. 최소시간치의 작업물이 기계Ⅰ일 경우는 맨 앞에 위치시키고, 기계Ⅱ일 경우는 맨뒤에 위치시킨다.
B → A → C

59 설비 선정 시 주문생산에서와 같이 제품별 생산량이 적고, 제품 설계의 변동이 심할 경우 배치가 유리한 기계설비는?

① SLP
② 범용기계
③ MAPI
④ 전용기계

해설 주문생산 같은 소량생산은 공정별 배치이므로 범용기계 배치가 유리하고, 예측생산인 대량생산은 제품별로 전용기계 배치가 유리하다.

60 변동하는 수요에 대응하여 생산율 · 재고수준 · 고용수준 · 하청 등의 관리 가능 변수를 최적으로 결합하기 위한 용도로 수립되는 계획은?

① 소일정계획(detail scheduling)
② 대일정계획(master scheduling)
③ 주일정계획(master production scheduling)
④ 총괄생산계획(aggregate production scheduling)

해설 ⊘ 총괄생산계획을 정의한 내용으로, 필히 알아두어야 할 사항이다.

제4과목 신뢰성 관리

61 샘플 수가 10개이고, 고장순번이 4일 때, 메디안 순위법을 적용하면 불신뢰도는 약 얼마인가?

① 0.0356 ② 0.0385
③ 0.3558 ④ 0.3850

해설 $F(t_i)=\dfrac{i-0.3}{n+0.4}=\dfrac{4-0.3}{10+0.4}=0.3558$

62 $\lambda_0=0.001$/시간, $\lambda_1=0.005$/시간이고, $\beta=0.1$, $\alpha=0.05$로 하는 신뢰성 계수 축차 샘플링검사의 합격선은? (단, 수식 계산 시 소수점 이하는 반올림하시오.)

① $T_a=402r+563$
② $T_a=563r+402$
③ $T_a=420r+563$
④ $T_a=563r+420$

해설 1. $T_a=h_a+sr$

• $h_a=\dfrac{\ln\left(\dfrac{1-\alpha}{\beta}\right)}{\lambda_1-\lambda_0}=\dfrac{\ln\left(\dfrac{1-0.05}{0.1}\right)}{0.005-0.001}=562.8$

• $s=\dfrac{\ln\left(\dfrac{\lambda_1}{\lambda_0}\right)}{\lambda_1-\lambda_0}=\dfrac{\ln\left(\dfrac{0.005}{0.001}\right)}{0.005-0.001}=402.6$

2. $T_r=-h_r+sr$

• $h_r=\dfrac{\ln\left(\dfrac{1-\beta}{\alpha}\right)}{\lambda_1-\lambda_0}$

• $s=\dfrac{\ln\left(\dfrac{\lambda_1}{\lambda_0}\right)}{\lambda_1-\lambda_0}$

63 일정한 시점 t까지의 잔존확률을 뜻하는 신뢰성 척도는 무엇인가? (단, $R(t)$는 신뢰도, $F(t)$는 불신뢰도, $f(t)$는 고장밀도함수, $\lambda(t)$는 고장률함수이다.)

① $1-\dfrac{f(t)}{\lambda(t)}$ ② $\dfrac{dF(t)}{dt}$
③ $1-\dfrac{dF(t)}{dt}$ ④ $\dfrac{f(t)}{\lambda(t)}$

해설 $R(t)=\dfrac{f(t)}{\lambda(t)}=\dfrac{\dfrac{d}{dt}F(t)}{\lambda(t)}=-\dfrac{\dfrac{d}{dt}R(t)}{\lambda(t)}=-\dfrac{R'(t)}{\lambda(t)}$

 정답 58.③ 59.② 60.④ 61.③ 62.① 63.④

64 A형광등의 고장확률밀도함수는 평균고장률이 5×10^{-3}/시간인 지수분포를 따르고 있다. 이 형광등 100개를 200시간 사용하였을 경우 기대누적고장개수는 약 몇 개인가?

① 36개 ② 50개
③ 64개 ④ 100개

해설 $F(t=200)=1-e^{-\lambda t}$
$=1-e^{5\times10^{-3}\times200}$
$=0.63212$
$\therefore\ 100\times0.63212=63.212$개(64개)

65 와이블(Weibull) 확률지를 이용한 신뢰성 척도 추정방법의 설명 중 틀린 것은? (단, t는 시간이고, $F(t)$는 t의 분포함수이다.)

① 평균수명은 $\eta\cdot\Gamma\left(1+\dfrac{1}{m}\right)$로 추정한다.
② 모분산 $\sigma^2=\eta^2\cdot\left[\Gamma\left(1+\dfrac{2}{m}\right)-\Gamma^2\left(1+\dfrac{1}{m}\right)\right]$로 추정한다.
③ 와이블(Weibull) 확률지의 X축의 값은 t, Y축의 값은 $\ln\ln(1-F(t))$이다.
④ 특성수명 η의 추정값은 타점의 직선이 $F(t)=63\%$인 선과 만나는 점의 t눈금을 읽으면 된다.

해설 X축은 $\ln t$, Y축은 $\ln\ln\dfrac{1}{1-F(t)}$이다.

66 다음 FMEA의 절차를 순서대로 나열한 것은?

> ㉠ 시스템의 분해수준을 결정한다.
> ㉡ 블록마다 고장모드를 열거한다.
> ㉢ 효과적인 고장모드를 선정한다.
> ㉣ 신뢰성 블록도를 작성한다.
> ㉤ 고장등급이 높은 것에 대한 개선 제안을 한다.

① ㉠-㉡-㉢-㉣-㉤
② ㉢-㉤-㉠-㉣-㉡
③ ㉣-㉤-㉡-㉠-㉢
④ ㉠-㉣-㉡-㉢-㉤

해설 시스템의 분해수준을 결정하고 신뢰성 블록도를 작성한 후, 블록에서 효과적 고장모드(1등급 고장, 2등급 고장)를 선정하여 FMEA의 등급 결정을 한다.

67 고장시간과 수리시간이 각각 모수 λ와 μ로 지수분포를 따르고, 고장률 $\lambda=0.05$/시간, 수리율 $\mu=0.6$/시간일 때 가용도는 약 얼마인가?

① 0.021 ② 0.077
③ 0.923 ④ 0.977

해설 $A=\dfrac{\mu}{\lambda+\mu}=\dfrac{0.6}{0.05+0.6}=0.923$

68 n개의 샘플이 모두 고장 날 때까지 기다리지 않고, 미리 계획된 시점 t_0에서 시험을 중단하는 시험은?

① 임의중단시험 ② 정수중단시험
③ 가속수명시험 ④ 정시중단시험

해설 중도중단시험은 정시중단시험과 정수중단시험의 방식이 있다. 정시중단시험은 시험 종료시간 t_0를 정하고, 정수중단시험은 시험 중단 고장개수 r을 정하여 시험을 행한다.

69 다음 FT도에서 시스템의 고장확률은 얼마인가?

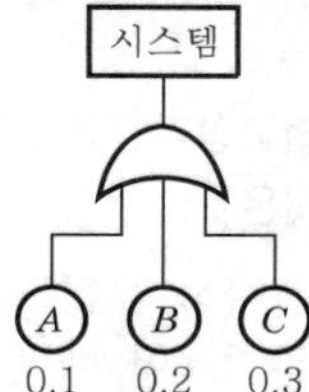

① 0.006
② 0.496
③ 0.504
④ 0.994

해설 $F_{TOP}=1-\Pi(1-F_i)$
$=1-(1-0.1)(1-0.2)(1-0.3)$
$=0.496$

70 재료의 강도는 평균이 50kg/mm^{2}이고, 표준편차가 2kg/mm^{2}이며, 하중은 평균이 45kg/mm^{2}이고, 표준편차가 2kg/mm^{2}인 정규분포를 따른다고 한다. 이 재료가 파괴될 확률은? (단, u는 표준정규분포의 확률변수이다.)

① $P_r(u>-1.77)$ ② $P_r(u>1.77)$
③ $P_r(u>-2.50)$ ④ $P_r(u>2.50)$

해설 $P(\text{부하}>\text{강도})=P(x>y)=P(x-y>0)$
$=P(z>0)=P\left(u>\dfrac{0-(\mu_x-\mu_y)}{\sqrt{\sigma_x^2+\alpha_y^2}}\right)$
$=P\left(u>\dfrac{50-45}{\sqrt{2^2+2^2}}\right)=P(u>1.77)$

정답 64.③ 65.③ 66.④ 67.③ 68.④ 69.② 70.②

71 아이템의 신뢰도가 모두 0.9인 3 out of 4 시스템(4 중 3 시스템)의 신뢰도는 얼마인가?

① 0.8106 ② 0.9477
③ 0.9704 ④ 0.9999

해설 $R_S = 4R^3 - 3R^4$
$= 4\times 0.9^3 - 3\times 0.9^4$
$= 0.9477$

72 기계 1대를 60시간 동안 연속 사용하는 과정에서 8회의 고장이 발생하였고, 각각의 고장에 대한 수리시간이 다음과 같을 때, MTBF의 추정치는 몇 시간인가?

0.4	0.6	1.2	1.0
0.4	0.8	0.6	1.0

① 6 ② 6.5
③ 6.75 ④ 7

해설 $\widehat{MTBF} = \frac{T}{r} = \frac{60-6}{8} = 6.75$시간

73 우발고장기간의 고장률을 감소시키기 위한 대책이 아닌 것은?

① 혹사하지 않도록 한다.
② 주기적인 예방보전을 한다.
③ 과부하가 걸리지 않도록 한다.
④ 사용상의 과오를 범하지 않게 한다.

해설 우발고장기는 지수분포를 따르므로 예방보전(PM)은 의미가 없고, 사후보전(BM), 개량보전(CM)을 행한다.

74 평균고장률 λ=0.001/시간인 장치를 100시간 사용하면 신뢰도는 0.9가 된다. 이 장치 2개를 둘 중 어느 하나만 작동하면 기능이 발휘되도록 결합하여 시스템을 구성하였다. 이 시스템을 100시간 사용하였을 때의 신뢰도는?

① 0.81 ② 0.9
③ 0.95 ④ 0.99

해설 $R_S(t=100) = R_1(t) + R_2(t) - R_1(t)R_2(t)$
$= 0.9 + 0.9 - 0.9\times 0.9$
$= 0.99$

75 [그림]과 같이 신뢰도 R_1, R_2, R_3를 갖는 부품으로 A는 부품 중복(redundancy)을, B는 시스템 중복(redundancy)을 시켜 설계하였다. A와 B의 신뢰도에 관한 설명으로 맞는 것은?

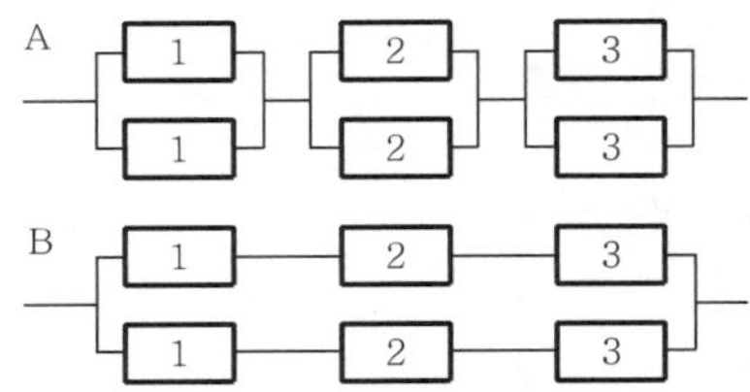

① A와 B의 신뢰도는 일반적으로 차이가 없다.
② A의 신뢰도가 B의 신뢰도보다 일반적으로 높다.
③ B의 신뢰도가 A의 신뢰도보다 일반적으로 높다.
④ A와 B의 신뢰도는 경우에 따라 대소 관계가 다르다.

해설 시스템을 중복시키는 것보다 부품을 중복시키는 것이 신뢰도가 높다.

76 가속수명시험은 150℃에서 실시되고, MTBF는 100시간으로 추정되었다. 활성화에너지(ΔH)가 0.25eV이고 가속계수가 2.0이라면 정상동작온도는 약 얼마인가? (단, 아레니우스모델(Arrhenius Model) 적용, Kelvin 온도=섭씨온도+273, Boltzman 상수=8.617$\times 10^{-5}$eV/K이다.)

① 79℃
② 111℃
③ 150℃
④ 352℃

해설 $AF = e^{\Delta H \cdot TF}$(단, $TF = \frac{1}{k}\left(\frac{1}{T_1} - \frac{1}{T_2}\right)$이다.)

$\rightarrow \ln AF = \Delta H \cdot TF$

$\rightarrow TF = \frac{\ln AF}{\Delta H} = \frac{\ln 2.0}{0.25} = 2.77$

$\rightarrow TF = \frac{1}{8.617\times 10^{-5}}\left(\frac{1}{T_1} - \frac{1}{150+273}\right) = 2.77$

따라서, Kelvin온도 $T_1 = 384$K가 계산되므로, 섭씨온도인 정상온도는 $384 - 273 = 111$℃가 된다.

 정답 71.② 72.③ 73.② 74.④ 75.② 76.②

77 시간의 경과에 따라 시스템이나 제품의 기능이 저하되는 고장은?

① 초기고장　② 우발고장
③ 파국고장　④ 열화고장

해설 기능저하형 고장은 열화고장에 속한다.

78 알루미늄 전해 커패시터의 성능 열화에 따른 수명은 와이블분포를 따른다. 척도모수가 4000시간, 형상모수가 2.0, 위치모수가 0일 때, 2000시간에서의 신뢰도는 약 얼마인가?

① 0.5000　② 0.5916
③ 0.7788　④ 0.8564

해설

$$R(t=2000)=e^{-\left(\frac{t-r}{\eta}\right)^m}=e^{-\left(\frac{2000-0}{4000}\right)^2}=0.7788$$

79 예방보전에 포함되지 않는 것은?

① 고장발견 즉시 교환, 수리
② 주유, 청소, 조정 등의 실시
③ 결점을 가진 아이템의 교환, 수리
④ 고장의 징조 또는 결점을 발견하기 위한 시험, 검사의 실시

해설 고장발견 즉시, 교환·수리 행위는 사후보전에 해당된다.

80 1000시간당 고장률이 각각 2.8, 3.6, 10.2, 3.4인 부품 4개를 직렬 결합으로 설계한다면 이 기기의 평균수명은 약 얼마인가? (단, 각 부품의 고장밀도함수는 지수분포를 따른다.)

① 50시간　② 98시간
③ 277시간　④ 357시간

해설

$$MTBF_S=\frac{1}{\lambda_S}=\frac{1}{\Sigma\lambda_i}=\frac{1}{(2.8+3.6+10.2+3.4)}\times10^3=50\text{시간}$$

※ $R_S(t)=e^{-\lambda_S t}=e^{-(2.8+3.6+10.2+3.4)\times10^{-3}\times t}$

제5과목 품질경영

81 사내표준화의 대상이 아닌 것은?

① 방법　② 특허
③ 재료　④ 기계

해설 특허나 고유기술, 노하우는 사내표준화의 대상이 아니다.

82 측정시스템에서 안정성(stability)에 대한 설명으로 틀린 것은?

① 안정성은 치우침뿐만 아니라, 산포가 커지는 현상도 발생할 수 있다는 점을 유의하여야 한다.
② 안정성 분석방법에서 산포관리도가 관리상태가 아니고 평균관리도가 관리상태라면, 측정시스템은 정확하게 측정할 수 있음을 뜻한다.
③ 안정성은 시간이 지남에 따른 동일 부품에 대한 측정결과의 변동정도를 의미하며, 시간이 지남에 따라 측정된 결과가 서로 다른 경우 안정성이 결여된 것이다.
④ 통계적 안정성은 정기적으로 교정을 하는 측정기의 경우, 기준치를 알고 있는 동일 시료를 4~5회 측정한 값을 관리도를 통해 타점해 가면서 관리선을 벗어나는지 유무로 산포나 치우침이 발생하는지를 체크할 수 있다.

해설 안정성이란 시간이 경과됨에 따른 측정시스템의 변동성을 뜻하는 것으로, 측정시스템의 산포가 안정되어 있지 않은 경우 평균의 안정성을 논하는 것은 의미가 없다.

83 분임조 활동에서 문제해결을 위한 활동계획의 수립에 대한 설명 중 틀린 것은?

① 전원이 참가하여 검토 및 이해한 후 추진한다.
② 활동계획은 5W1H에 의해 세밀하게 작성되어야 한다.
③ 전문가에 의뢰하여 계획을 세우는 것이 가장 효과적이다.
④ 문제를 세분해서 하나하나에 대해 담당자를 정해 각자의 책임하에 추진한다.

해설 분임조 활동은 자주적 개선활동이므로, 분임조원이 합의하여 계획을 세운다.

정답 77.④ 78.③ 79.① 80.① 81.② 82.② 83.③

84 **모티베이션 운동은 그 추진내용 면에서 볼 때 동기부여형(motivation package)과 부적합 예방형(prevention package)으로 나눌 수 있다. 부적합 예방형 모티베이션 운동에 해당되지 않는 것은?**

① 관리자 책임의 부적합품 또는 부적합은 관리자에게 있다.
② 부적합품 또는 부적합을 탐색 추구하는 데 있어서 작업자의 협조를 구한다.
③ 우수한 작업자의 기술을 습득하고 기술개선을 위한 교육훈련을 실시한다.
④ 관리자 책임의 부적합품 또는 부적합이라는 관점에서 작업자의 개선행위를 추구하고 있다.

해설 교육훈련은 동기부여형이다.

85 **국제표준화기구(ISO)의 설립목적과 관련이 없는 것은?**

① 표준 및 관련 활동의 세계적인 조화를 촉진
② 국가표준의 규정하지 않는 부분의 세부적 보완
③ 회원기관 및 기술위원회의 작업에 관한 정보교환의 주선
④ 국제표준의 개발, 발간 그리고 세계적으로 사용되도록 조치

해설 국제표준은 국가표준의 상위 표준이다.

86 **A부서의 직접작업비는 500원/시간이고, 간접비는 800원/시간이며, 손실시간이 30분인 경우, 이 부서의 실패비용은 약 얼마인가?**

① 333원 ② 533원
③ 650원 ④ 867원

해설 F-cost $= (500+800) \times \frac{30}{60} = 650$원

※ 여기서 실패비용은 품질비용상의 실패비용이 아닌, 생산 손실비용이다.

87 **표준화의 적용구조에서 표준화가 주제로 하고 있는 속성을 구분하는 분야를 의미하는 것은?**

① 국면 ② 수준
③ 기능 ④ 영역

해설 표준화 공간은 영역(X), 국면(Y), 수준(Z)으로 분류된다. 표준화 영역을 주제라고도 한다.

88 **다음 중 품질경영의 요건에 관한 설명으로 가장 거리가 먼 것은?**

① 부품의 품질 향상을 위해 수입검사를 강화해야 한다.
② 품질은 소비자, 즉 고객의 요구를 만족시키는 것이다.
③ 고객만족의 효과적 수행을 위해 모든 구성원의 참여가 필요하다.
④ 문제해결을 위해 통계적 수법을 포함하여 다양한 수단의 적용이 요구된다.

해설 품질경영은 품질 향상의 방법으로, 검사에만 의존하지 않고 품질시스템의 질적 향상에 주안점을 둔다.

89 **$x-R_m$ 관리도에서 $k=25$인 이동범위관리도를 작성한 결과 $\sum R_m=0.443$일 때 공정능력치(process capability)를 구하면 약 얼마인가?** (단, $n=2$일 때 $d_2=1.128$이다.)

① 0.0982
② 0.1968
③ 0.1110
④ 0.2220

해설 $C_P = \frac{S_U - S_L}{6\sigma}$에서, 6σ를 공정능력치라고 한다.

$\rightarrow 6\sigma = 6 \times \frac{\sum R_m/(k-1)}{1.128} = 0.0982$

90 **표준의 서식과 작성방법(KS A 0001 : 2018)에서 참고, 각주에 대한 설명으로 틀린 것은?**

① 본문에서 각주의 사용은 최소한도에 그쳐야 한다.
② 각주는 이들이 언급된 문단 위에 위치하는 것이 좋다.
③ 동일한 절 또는 항에 참고와 각주가 함께 기재되는 경우 참고가 우선한다.
④ 각주의 내용이 많아 해당 쪽에 모두 넣기 어려운 경우, 다음 쪽으로 분할하여 배치시켜도 된다.

해설 ② 문단 위 → 문단 아래에 위치하는 것이 좋다.

 정답 84.③ 85.② 86.③ 87.④ 88.① 89.① 90.②

91 품질심사의 심사주체에 따른 분류에 관한 설명으로 틀린 것은?

① 기업에 의한 자체 품질활동 평가
② 구매자에 의한 협력업체에 대한 품질활동 평가
③ 협력업체에 의한 고객사 제품의 품질수준 평가
④ 심사기관에 의한 인증대상기업의 품질활동 평가

해설 ① : 제1자 심사
② : 제2자 심사
④ : 제3자 심사

92 애로 다이어그램의 장점이 아닌 것은?

① 루프(loop)를 만들 수 있다.
② 계획의 진도관리가 용이하다.
③ 활동의 선후관계가 명확해진다.
④ 최소의 비용으로 공기 또는 납기를 단축할 수 있다.

해설 PERT/CPM은 애로 다이어그램을 이용하는 일정관리기법이다.

93 다음의 내용 중 ( )에 들어갈 내용을 순서대로 나열한 것은?

제조물의 결함으로 인해서 사용자에게 입힌 재산상의 손실에 대한 생산자, 판매자 측의 배상책임을 ( )(이)라고 하고, 이에 대한 대응책으로 기업은 방어적인 면보다는 적극적으로 예방하는 ( )을(를) 취하고 있다.

① QC, QA ② PL, PLP
③ PL, PLD ④ PLD, PLP

해설 • PLD : 제품책임방어
• PLP : 제품책임예방

94 데이터가 존재하는 범위를 몇 개의 구간으로 나누어 각 구간에 들어가는 데이터의 출현도수를 세어서 도수표를 만든 다음 그것을 도형화한 것은?

① 산점도 ② 특성요인도
③ 파레토도 ④ 히스토그램

해설 히스토그램의 급의 수(k)의 결정방법 : Sturges방식

$$k = \frac{\log n}{\log 2} + 1$$

95 A.R. Tenner는 고객만족을 충분히 달성하기 위하여 그 단계를 다음과 같이 정의했다. 여기서 [단계 2]에 해당하지 않는 것은?

[단계 1] 불만을 접수 처리하는 소극적 방식 [단계 2] 고객의 목소리에 귀를 기울이는 것 [단계 3] 완전한 고객 이해

① 소비자 상담 ② 소비자 여론 수집
③ 판매기록 분석 ④ 설계 · 계획된 조사

해설 ④ 설계 · 계획된 조사는 새로운 제품개발을 위한 것으로 [단계 3]에 해당된다.
①, ②, ③항은 현상파악 단계인 [단계 2]에 속한다.
※ A.R. Tenner의 고객만족 달성의 3단계
• 단계 1 : 불만을 접수하고 처리하는 소극적 방식의 단계
• 단계 2 : 소비자 상담, 소비자 여론 수집, 판매기록 분석 등을 통하여 고객의 요구현상을 파악하는 단계
• 단계 3 : 시장시험, 벤치마킹, 포커스그룹 인터뷰, 설계 계획된 조사 등을 통하여 완전히 고객을 이해하는 단계

96 구멍의 치수가 축의 치수보다 작을 때처럼 항상 죔새가 생기는 끼워맞춤 형태는?

① 중간 끼워맞춤 ② 억지 끼워맞춤
③ 틈새 끼워맞춤 ④ 헐거운 끼워맞춤

해설 항상 죔새가 나타나는 끼워맞춤을 억지 끼워맞춤이라 하고, 항상 틈새가 발생하는 끼워맞춤을 헐거운 끼워맞춤이라고 한다.

97 6시그마 활동의 추진상에 있어 일반적으로 많이 따르고 있는 DMAIC 체계 중 M 단계의 설명으로 맞는 것은?

① 문제나 프로세스를 개선하는 단계이다.
② 개선할 대상을 확인하고 정의를 하는 단계이다.
③ 결함이나 문제가 발생한 장소와 시점, 문제의 형태와 원인을 규명한다.
④ 개선할 프로세스의 품질수준을 측정하고 문제에 대한 계량적 규명을 시도한다.

해설 ① : 개선(I)
② : 정의(D)
③ : 분석(A)
④ : 측정(M)
※ C는 통제를 뜻한다. 6σ cycle을 DMAIC cycle이라고 하는데, 관리 사이클인 PDCA 사이클과 거의 유사하다.

정답 91.③ 92.① 93.② 94.④ 95.④ 96.② 97.④

98 다음 설명 중 전략적 경영과정에 있어 전략의 실행(strategy implementation)에 해당되는 활동은?

① 계획을 예산에 반영한다.
② 실행성과를 평가하고 통제한다.
③ 기업의 이념과 사명을 확인한다.
④ 목표달성을 위한 전략을 수립한다.

해설 전략적 품질경영의 주요 포인트는 3단계로 구분된다.
1. 전략의 형성 : SWOT 분석, 이념·목표·전략·방침 수립
2. 전략의 실행 : 실행계획, 예산편성, 세부절차 수립
3. 전략 실행성과의 평가 및 통제

99 품질비용의 하나인 평가비용에 해당하는 것은?

① 클레임 비용
② 재가공 작업비용
③ 업무계획 추진비용
④ 계측기 검·교정 비용

해설 ①, ②항은 F-cost, ③항은 P-cost에 해당된다.

100 협력업체 품질관리의 기능에 대한 설명 중 틀린 것은?

① 협력업체 측에서 발주기업 완제품의 품질보증을 위해서 행하는 설계감사활동
② 발주기업 측에서 협력업체 품질의 유지·향상을 위해서 행하는 품질관리활동
③ 발주기업 측이 요구품질을 만족하는 협력업체 제품을 받아들이기 위해서 행하는 수입검사활동
④ 협력업체 측에서 발주기업 측이 요구하는 제품을 제조하기 위해서 행하는 품질관리활동

해설 협력업체는 발주기업에 품질보증을 위한 설계감사활동을 행할 수 없다(주체가 뒤바뀜).

정답 98.① 99.④ 100.①

2020 제4회 품질경영기사

제1과목 실험계획법

1 실험계획에서 필요한 요인에 대한 정보를 얻기 위하여 2요인 이상의 무의미한 교호작용의 효과는 희생시켜 실험의 횟수를 적게 하도록 고안된 실험계획법은?

① 난괴법 ② 요인배치법
③ 분할법 ④ 일부실시법

해설 교호작용을 희생시켜 실험횟수를 줄이려는 실험은 일부실시법이고 실험횟수를 변화시키지 않고도 실험의 정도를 향상시키려는 실험을 교락법이라고 한다.

2 다음과 같은 1요인 실험에서 오차항의 자유도는?

A_1	A_2	A_3
10	14	12
5	18	15
8	21	17
12	15	
12		

① 9 ② 10
③ 11 ④ 12

해설 $\nu_e = \nu_T - \nu_A = 11 - 2 = 9$
- $\nu_T = N' - 1 = 12 - 1 = 11$
- $\nu_A = l - 1 = 3 - 1 = 2$

3 2요인 또는 3요인 이상의 실험에서 실험순서가 랜덤하게 정해지지 않고, 실험 전체를 몇 단계로 나누어서 단계별로 랜덤화하는 실험계획법은?

① 교락법 ② 일부실시법
③ 분할법 ④ 라틴방격법

해설 실험을 몇 단계로 나누어 단계별로 랜덤화시키는 부분 랜덤화법을 분할법이라고 하는데, 분할된 각 단마다 실험오차가 형성되는 특징이 있다.

4 다음은 변량요인 A와 B로 이루어진 지분실험법의 분산분석표이다. 여기서 $\sigma^2_{B(A)}$의 추정값은 얼마인가?

요인	SS	DF	MS	F_0
A	62.0	2	31	
$B(A)$	7.5	3	2.5	
e	9.0	6	1.5	
T	78.5	11		

① 0.5 ② 1.0
③ 1.5 ④ 2.5

해설
$$\hat{\sigma}^2_{B(A)} = \frac{V_{B(A)} - V_e}{r} = \frac{2.5 - 1.5}{2} = 0.5$$

(단, $l=3$, $V_{B(A)} = l(m-1) = 3$, $m=2$, $V_e = lm(r-1) = 6$, $r=2$인 실험이다.)

※ 지분실험법은 변량모형이므로 평균의 해석은 의미가 없다.

5 다음과 같은 $L_4(2^3)$ 직교배열표에서 요인 A의 제곱합(S_A)은 얼마인가?

실험번호	열번호 1	2	3	데이터
1	0	0	0	4
2	0	1	1	5
3	1	0	1	7
4	1	1	0	8
배치	A	B	$A \times B$	

① 3 ② 4
③ 6 ④ 9

해설
$$S_A = S_{1열} = \frac{1}{N}(T_1 - T_0)^2 = \frac{1}{4}[(7+8)-(4+5)]^2 = \frac{36}{4} = 9$$

정답 1.④ 2.① 3.③ 4.① 5.④

6 다음은 A, B 각 수준 조건에서 100개의 물건을 만들어 그 중의 불량품 수를 표시한 계수형 2요인 실험의 데이터이다. 오차분산(V_{e_2})은?

요인	A_1	A_2	계
B_1	20	15	35
B_2	10	15	25
계	30	30	60

① 0.125 ② 0.128
③ 0.254 ④ 0.256

해설
$$V_{e_2}=\frac{S_{e_2}}{\nu_{e_2}}=\frac{50.5}{396}=0.1275\fallingdotseq 0.128$$

- $S_T=T-\frac{T^2}{N}=60-\frac{60^2}{400}=51$
- $S_A=\frac{1}{N}(T_2-T_1)^2=\frac{1}{400}(30-30)^2=0$
- $S_B=\frac{1}{N}(T_2-T_1)^2=\frac{1}{400}(35-25)^2=0.25$
- $S_{AB}=\frac{20^2+10^2+15^2+15^2}{100}-\frac{60^2}{400}=0.5$
- $S_{e_1}=S_{AB}-S_A-S_B=0.5-0-0.25=0.25$
- $S_{e_2}=S_T-S_A-S_B-S_{e_1}$
  $=51-0-0.25-0.25=50.5$
- $\nu_{e_2}=lm(r-1)=2\times2(100-1)=396$

7 수준수가 4, 반복 3회의 1요인 실험 결과 S_T=2.383, S_A=2.011이었으며, $\bar{x}_{1\cdot}$=8.360, $\bar{x}_{2\cdot}$=9.70이었다. $\mu(A_1)$와 $\mu(A_2)$의 평균치 차를 신뢰율 99%로 구간추정하면 약 얼마인가? (단, $t_{0.99}(8)$=2.896, $t_{0.995}(8)$=3.355이다.)

① $-1.931\le\mu(A_1)-\mu(A_2)\le-0.749$
② $-1.850\le\mu(A_1)-\mu(A_2)\le-0.830$
③ $-1.758\le\mu(A_1)-\mu(A_2)\le-0.922$
④ $-1.701\le\mu(A_1)-\mu(A_2)\le-0.979$

해설
$$\mu_{A_1}-\mu_{A_2}=(\bar{x}_{A_1}-\bar{x}_{A_2})\pm t_{1-0.995}(8)\sqrt{\frac{2V_e}{r}}$$
$$=(8.360-9.70)\pm3.355\sqrt{\frac{2\times0.0465}{3}}$$
$$\therefore\ -1.931\le\mu_{A_1}-\mu_{A_2}\le-0.749$$
(단, $V_e=\frac{S_T-S_A}{l(r-1)}=\frac{2.383-2.011}{4(3-1)}=0.0465$)

8 연구소 등에서 신제품 개발을 위한 라인 외(off line) 품질관리활동에 해당되지 않는 것은?

① 품질 설계
② 샘플링검사
③ 허용차 설계
④ 파라미터 설계

해설 Off-line QC는 설계 개발단계의 품질관리로, 다구찌 로버스트 설계인 품질 설계(시스템 설계), 파라미터 설계, 허용차 설계가 대표적 활동이다.

9 직선회귀에서 데이터가 다음과 같을 때, 단순회귀식으로 맞는 것은?

$n=5$	$\bar{x}=4$	$\bar{y}=6.4$
$S_{xx}=10$	$S_{xy}=14$	

① $\hat{y}=0.7+1.3x$
② $\hat{y}=0.7-1.3x$
③ $\hat{y}=0.8+1.4x$
④ $\hat{y}=0.8-1.4x$

해설 $\hat{y}=0.8+1.4x$
$$\hat{\beta}_1=\frac{S_{xy}}{S_{xx}}=\frac{14}{10}=1.4$$
$$\hat{\beta}_0=\bar{y}-\hat{\beta}_1\bar{x}=6.4-1.4\times4=0.8$$

10 다음 중 반복없는 2^3요인배치법의 구조모형은 어느 것인가? (단, i, j, k=0, 1, $e_{ijk}\sim N(0,\ {\sigma_e}^2)$이고, 서로 독립이다.)

① $x_{ijk}=\mu+a_i+b_j+e_i$
② $x_{ijk}=\mu+a_i+b_j+(ab)_{ij}+e_{ijk}$
③ $x_{ijk}=\mu+a_i+b_j+c_k+(abc)_{ijk}+e_{ijk}$
④ $x_{ijk}=\mu+a_i+b_j+c_k+(ab)_{ij}+(ac)_{ik}$
$+(bc)_{jk}+e_{ijk}$

해설 ① : 반복없는 2요인배치
② : 반복있는 2요인배치
③ : 이런 형태의 기본적 구조모형은 존재하지 않는다.
④ : 반복없는 3요인배치
※ 라틴방격 : $x_{ijk}=\mu+a_i+b_j+c_k+e_{ijk}$

정답 6.② 7.① 8.② 9.③ 10.④

11 화학공장에서 수율을 높이려고 농도(A), 온도(B), 시간(C) 3요인을 선정하여 반복없이 실험한 후 분산분석표를 작성하여 유의하지 않는 요인을 풀링하였더니, 최종적으로 다음의 분산분석표로 나타났다. 이와 관련된 설명으로 틀린 것은? (단, A, B, C 모두 모수요인이고, $F_{0.95}(2,\ 20)=3.49$, $F_{0.99}(2,\ 20)=5.85$이다.)

요인	SS	DF	MS	F_0
A	43.05	2		
B	95.48	2		
C	36.22	2		
e		20		
T	184.54	26		

① A, B 요인만 유의하다.
② 반복이 없는 3요인 실험이다.
③ 3요인 교호작용이 오차항에 교락되어 있다.
④ 오차항에는 2요인 교호작용이 풀링되어 있다.

해설

요인	SS	DF	MS	F_0	$F_{0.99}$
A	43.05	2	21.525	43.97344**	5.85
B	95.48	2	47.74	97.52809**	5.85
C	36.22	2	18.11	36.99693**	5.85
e	9.79	20	0.4895		
T	184.54	26			

A, B, C 요인 모두 매우 유의하다.

12 1차 단위가 1요인 실험인 단일분할법의 특징 중 틀린 것은?

① 2차 단위 요인이 1차 단위 요인보다 더 정도가 좋게 추정된다.
② A, B 두 요인 중 수준의 변경이 어려운 요인은 1차 단위에 배치한다.
③ 1차 단위 오차는 $l(m-1)(r-1)$이고, 2차 단위 오차는 $(l-1)(r-1)$이다.
④ 1차 단위 요인과 2차 단위 요인의 교호작용은 2차 단위에 속하는 요인이 된다.

해설
- 1차 단위 오차는 $(l-1)(r-1)$이고, 2차 단위 오차는 $l(m-1)(r-1)$이다.
  $\nu_{e_1}=\nu_{A\times B}=(l-1)(r-1)$
  $\nu_{e_2}=\nu_{B\times R}+\nu_{A\times B\times R}=l(m-1)(r-1)$
- 수준변경이 힘든 요인이나 해석하지 않는 요인인 표시인자가 1차 단위의 배치 요인이 된다.

13 혼합모형(A : 모수, B : 변량)일 때, 반복있는 2요인 실험의 구조식에서 조건으로 틀린 것은?

$$x_{ijk}=\mu+a_i+b_j+(ab)_{ij}+e_{ijk}$$
(단, $i=1,\ 2,\ \cdots,\ l$, $j=1,\ 2,\ \cdots,\ m$, $k=1,\ 2,\ \cdots,\ r$)

① $\sum_{i=1}^{l} a_i=0$
② $\sum_{i=1}^{l} (ab)_{ij}=0$
③ $\sum_{j=1}^{l} b_j=0$
④ $\sum_{j=1}^{l} (ab)_{ij}\neq 0$

해설 변량인자의 효과 합은 0이 아니다.
$$\sum_{j=1}^{m} b_j \neq 0$$

14 Y화학공장에서 제품의 수율에 영향을 미칠 것으로 생각되는 반응온도(A)와 원료(B)를 요인으로 2요인 실험을 하였다. 실험은 12회 완전랜덤화하였고, 2요인 모두 모수이다. 검정 결과로 맞는 것은? (단, $F_{0.99}(3,\ 6)=9.78$, $F_{0.95}(3,\ 6)=4.76$, $F_{0.99}(2,\ 6)=10.9$, $F_{0.95}(2,\ 6)=5.14$이다.)

요인	SS	DF	MS
A	2.22	3	0.74
B	3.44	2	1.72
e	0.56	6	0.093
T	6.22	11	

① A는 위험률 1%로 유의하고, B는 위험률 5%로 유의하다.
② A는 위험률 5%로 유의하고, B는 위험률 1%로 유의하다.
③ A는 위험률 1%로 유의하지 않고, B는 위험률 5%로 유의하다.
④ A는 위험률 5%로 유의하지 않고, B는 위험률 1%로 유의하다.

해설

요인	SS	DF	MS	F_0	$F_{0.95}$	$F_{0.99}$
A	2.22	3	0.74	7.957*	4.76	9.78
B	3.44	2	1.72	18.495**	5.14	10.9
e	0.56	6	0.093			
T	6.22	11				

A는 5%로 유의하고, B는 1%로 매우 유의하다.

정답 11.① 12.③ 13.③ 14.②

15 $L_{27}(3^{13})$형 직교배열표를 사용할 때, B요인을 3열 기본표시 ab에 배치하고, D요인을 12열 기본표시 ab^2c에 배치하였다. $B\times D$는 어떤 기본표시에 나타나는가?

① bc와 bc^2
② ac^2과 bc
③ ac^2과 bc^2
④ bc^2과 abc^2

해설 1. XY형

$ab\times ab^2c = a^2b^3c$
$= a^2c = (a^2c)^2 = a^4c^2 = ac^2$

2. XY^2형

$ab\times(ab^2c)^2 = a^3b^5c^2 = b^2c^2$
$= (b^2c^2)^2 = b^4c^4 = bc$

(단, $a^3 = b^3 = c^3 = 1$)

16 3×3 라틴방격법에서 [그림] ㉠~㉣에 관한 설명으로 틀린 것은?

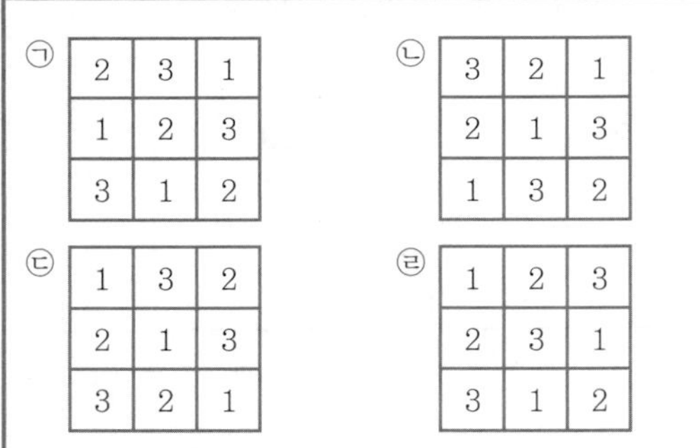

㉠

2	3	1
1	2	3
3	1	2

㉡

3	2	1
2	1	3
1	3	2

㉢

1	3	2
2	1	3
3	2	1

㉣

1	2	3
2	3	1
3	1	2

① ㉠과 ㉡은 직교이다.
② ㉡과 ㉢은 직교이다.
③ ㉠과 ㉢은 직교가 아니다.
④ ㉠과 ㉣은 직교가 아니다.

해설 2개의 라틴방격을 포개어 행렬 간 조합의 수가 같은 조합이 나타나면 직교하는 라틴방격이 아니다.

17 반투명경의 투과율을 측정하기 위하여 측정광원의 파장(A)을 4수준 지정하고 다수의 측정자로부터 랜덤으로 4명(B)을 뽑아 반복이 없는 2요인 실험을 행하고, 그 결과를 분산분석한 결과 다음 [표]를 얻었다. 측정자에 의한 분산성분의 추정치 $\hat{\sigma}_B^2$의 값은 약 얼마인가?

요인	SS	DF	MS
A	3.690	3	1.230
B	9.430	3	3.143
e	7.698	9	0.855
T	20.818	15	

① 0.322
② 0.507
③ 0.572
④ 0.763

해설 $\hat{\sigma}_B^2 = \dfrac{V_B - V_e}{l} = \dfrac{3.143-0.855}{4} = 0.572$

18 교락법에 대한 설명 중 틀린 것은?

① 교락법 배치를 위해 직교배열표를 이용할 수 없다.
② 실험오차를 작게 할 수 있으므로 실험의 정도가 향상된다.
③ 교락법을 이용한 실험배치방법으로 인수분해식과 합동식을 이용한 방법이 많이 사용된다.
④ 실험횟수를 늘리지 않고 실험 전체를 몇 개의 블록으로 나누어 배치할 수 있게 만드는 실험방법이다.

해설 교락법, 일부실시법의 배치는 보통 직교배열표를 많이 이용한다.

19 완전랜덤화배열법(completely randomized designs)의 모수모형(fixed effect model)으로 구조식이 다음과 같을 때, 틀린 것은?

$$x_{ij} = \mu + a_i + e_{ij}$$
(단, $i=1,\ 2,\ \cdots,\ l,\ j=1,\ 2,\ \cdots,\ m$)

① $E(e_{ij}) = 0$
② $E(a_i) = 0$
③ $Var(e_{ij}) = {\sigma_e}^2$
④ $a_1 + a_2 + \cdots + a_l = 0$

해설 모수인자의 효과는 상수이므로, 상수의 기대가는 상수이다.

$E(a_i) = a_i$

※ 변량인자의 효과는 +, − 값을 취하고 있는 확률변수이다.

$E(a_i) = 0,\ a_i \sim N(0,\ \sigma_A^2)$

 정답 15.② 16.④ 17.③ 18.① 19.②

20 선형식 $\sum_{i=1}^{n} c_i x_i$의 제곱합을 표현한 식으로 맞는 것은?

① $\dfrac{\sum_{i=1}^{n} {c_i}^2}{\left(\sum_{i=1}^{n} c_i x_i\right)^2}$　② $\dfrac{\left(\sum_{i=1}^{n} c_i x_i\right)^2}{\left(\sum_{i=1}^{n} c_i\right)^2}$

③ $\dfrac{\left(\sum_{i=1}^{n} c_i\right)^2}{\left(\sum_{i=1}^{n} c_i x_i\right)^2}$　④ $\dfrac{\left(\sum_{i=1}^{n} c_i x_i\right)^2}{\sum_{i=1}^{n} {c_i}^2}$

해설 $S_L = \dfrac{L^2}{D} = \dfrac{(\Sigma c_i x_i)^2}{\Sigma c_i^2}$

제2과목 통계적 품질관리

21 한국, 미국, 중국 세 나라별로 좋아하는 것에 차이가 있는지 다음과 같은 분할표를 활용하여 독립성 검정을 하고자 할 때, 검정과정으로 잘못된 것은?

구분	스포츠	영화	독서	합계
한국인	100	100	200	400
미국인	150	50	100	300
중국인	50	50	50	150
합계	300	200	350	850

① 자유도는 $9-2=7$이다.
② 미국인이 영화를 좋아할 기대도수는 $\dfrac{200\times 300}{450}=133.333$이다.
③ 검정통계량 카이제곱은 각 항별로 $\dfrac{(\text{측정개수}-\text{기대도수})^2}{\text{기대도수}}$를 계산하여, 모두 더한 것이다.
④ 한국인이 스포츠를 좋아할 확률은 (좋아하는 것에서 스포츠가 선택될 확률)×(사람 중 한국인이 선택될 확률)이다.

해설 자유도는 $(m-1)(n-1)=(3-1)(3-1)=4$이다.

※ 검정통계량 $\chi_0^2 = \dfrac{\Sigma\Sigma(X_{ij}-E_{ij})^2}{E_{ij}}$

(단, $E_{ij} = \dfrac{T_i \times T_j}{T}$ 이다.)

22 부적합률에 대한 계량형 축차 샘플링검사 방식(표준편차 기지, KS Q ISO 39511)에서 양쪽 규격한계의 결합관리인 경우 상한 합격판정치(A_U)를 구하는 식은?

① $g\sigma n_{cum}+h_A\sigma$
② $g\sigma n_{cum}-h_A\sigma$
③ $(U-L-g\sigma)n_{cum}+h_A\sigma$
④ $(U-L-g\sigma)n_{cum}-h_A\sigma$

해설 $A_U=-h_A\sigma+(U-L-g\sigma)n_{cum}$
$R_U=h_R\sigma+(U-L-g\sigma)n_{cum}$
$A_L=h_A\sigma+g\sigma n_{cum}$
$R_L=-h_R\sigma+g\sigma n_{cum}$

23 샘플링검사의 OC 곡선에 관한 설명으로 가장 거리가 먼 것은?

① 샘플의 크기 n과 합격판정개수 c를 각각 2배씩 하여 주면 OC 곡선은 크게 변한다.
② 로트의 크기 N과 합격판정개수 c가 일정할 때 샘플의 크기 n이 증가하면 OC 곡선의 경사는 점점 급하게 된다.
③ 샘플의 크기 n과 합격판정개수 c가 일정하고, 로트의 크기 N이 $10n$ 이상 크면 OC 곡선에 큰 변화가 있다.
④ 샘플의 크기 n과 로트의 크기 N이 일정하고 합격판정개수 c가 증가하면 OC 곡선은 오른쪽으로 완만해진다.

해설
- $\dfrac{N}{n}>10$일 때, N이 변화하는 경우 OC 곡선에 거의 영향이 없다.
- n이 증가하거나 c가 감소하는 경우, β가 줄어든다.

24 어떤 제품의 품질특성에 대해 σ^2에 대한 95% 신뢰구간을 구하였더니 $1.65\le\sigma^2\le6.20$이었다. 이 품질특성을 동일한 데이터를 활용하여 귀무가설(H_0) $\sigma^2=8$, 대립가설(H_1) $\sigma^2\neq8$로 하여 유의수준 0.05로 검정하였다면, 귀무가설(H_0)의 판정결과는?

① 기각한다.　② 보류한다.
③ 채택한다.　④ 판정할 수 없다.

해설 신뢰구간에 모수가 포함되지 않으므로 귀무가설을 기각한다.

정답 20.④ 21.① 22.④ 23.③ 24.①

25 모집단을 여러 개의 층(層)으로 나누고 그 중에서 일부를 랜덤 샘플링(random sampling)한 후 샘플링된 층에 속해 있는 모든 제품을 조사하는 샘플링방법은?

① 집락 샘플링(cluster sampling)
② 층별 샘플링(stratified sampling)
③ 계통 샘플링(systematic sampling)
④ 단순랜덤 샘플링(simple random sampling)

해설 여러 개의 층에서 특정 층을 샘플링한 후, 모두 조사를 하는 샘플링방법은 집락 샘플링으로, 샘플링 오차분산은 층간변동에 의해 정의된다.

$$\sigma^2_{\bar{\bar{x}}} = \frac{\sigma_b^2}{m}$$

26 계수형 샘플링검사 절차 – 제3부 : 스킵로트 샘플링 검사 절차(KS Q ISO 2859-3)를 사용하는 경우 최초검사빈도가 1/3로 결정되었다면 자격인정에 필요한 로트의 개수는?

① 10개 내지 11개
② 12개 내지 14개
③ 15개 내지 20개
④ 21개 내지 25개

해설 1/2, 1/3, 1/4 초기빈도 시 자격취득에 필요한 로트 수가 연속 20개 내에서, 자격인정점수가 50점 이상이 되어야 한다.
1. 초기빈도 1/4 : 자격인정 필요 로트 수 10~11개인 경우
2. 초기빈도 1/3 : 자격인정 필요 로트 수 12~14개인 경우
3. 초기빈도 1/2 : 자격인정 필요 로트 수 15~20개인 경우

27 어떤 부품공장에서 제조되는 부품의 특성치 분포가 μ=3.10mm, σ=0.02mm인 정규분포를 따르며, 공정은 안정상태에 있다. 이때 부품의 규격이 3.10±0.0392mm로 주어졌을 경우, 이 공정에서의 부적합품 발생률은 약 얼마인가?

① 2.5%　② 5.0%
③ 95.0%　④ 97.5%

해설
$$\begin{aligned}P &= P(x>3.1392)+P(x<3.0608)\\ &= P\left(u>\frac{3.1392-3.10}{0.02}\right)+P\left(u<\frac{3.0608-3.10}{0.02}\right)\\ &= P(u>1.96)+P(u<-1.96)\\ &= 0.05\end{aligned}$$

28 대형 컴퓨터 네트워크를 운영하는 A씨는 하루 동안의 네트워크 장애 건수 X에 대한 확률분포를 다음과 같이 구하였다. X의 기대값 μ와 표준편차 σ는 약 얼마인가?

X	0	1	2	3	4	5	6
$P(X)$	0.32	0.35	0.18	0.08	0.04	0.02	0.01

① μ=1.25, σ=1.295
② μ=1.25, σ=1.421
③ μ=1.27, σ=1.295
④ μ=1.27, σ=1.421

해설
$$\begin{aligned}E(X) &= \Sigma XP(X)\\ &= 0\times0.32+1\times0.35+\cdots+6\times0.01\\ &= 1.27\\ V(X) &= \Sigma X^2P(X)-\mu^2\\ &= [(0^2\times0.32)+(1^2\times0.35)+\cdots\\ &\quad +(5^2\times0.02)+(6^2\times0.01)]-1.27^2\\ &= 1.295\end{aligned}$$

29 어느 제조회사에 2개 공정라인이 있는데, 평균생산량의 차이를 추정하고자 10일 동안 생산량을 측정하였더니 다음과 같았다. 2개 라인의 모평균 $\mu_1-\mu_2$에 대한 95% 신뢰구간을 구하면 약 얼마인가? (단, $t_{0.975}(18)$=2.101, $t_{0.995}(18)$=2.878이고, 2개 라인의 생산량은 등분산이며, 정규분포를 한다고 가정한다.)

라인 1	1.3	1.9	1.4	1.2	2.1
	1.4	1.7	2.0	1.7	2.0
라인 2	1.8	2.3	1.7	1.7	1.6
	1.9	2.2	2.4	1.9	2.1

① −0.574 ~ 0.006
② −0.574 ~ −0.006
③ −0.679 ~ 0.099
④ −0.679 ~ −0.099

해설
$$\mu_1-\mu_2=(\bar{x}_1-\bar{x}_2)\pm t_{1-\alpha/2}(\nu^*)\sqrt{V^*\left(\frac{1}{n_1}+\frac{1}{n_2}\right)}$$
$$=(1.67-1.96)\pm2.101\times\sqrt{0.09139\left(\frac{1}{10}+\frac{1}{10}\right)}$$
$$\therefore\ -0.5740\le\mu_1-\mu_2\le-0.0060$$
(단, $V^*=\dfrac{S_1+S_2}{\nu_1+\nu_2}=\dfrac{0.961+0.684}{9+9}=0.09139$)

 정답 25.① 26.② 27.② 28.③ 29.②

30 재가공이나 폐기 처리비를 무시할 경우, 부적합품 발생으로 인한 손실비용(무검사비용)을 맞게 표시한 것은? (단, N은 전체 로트 크기, a는 개당 검사비용, b는 개당 손실비용, p는 부적합품률이다.)

① aN ② bN
③ apN ④ bpN

해설 • aN : 전수검사비용
• bpN : 무검사로 인한 손실비용

31 모부적합수(m)에 대한 한쪽 추정 시 신뢰상한값을 추정하는 식으로 맞는 것은?

① $m=x-u_{1-\alpha/2}\sqrt{x}$ ② $m=x-u_{1-\alpha}\sqrt{x}$
③ $m=x+u_{1-\alpha/2}\sqrt{x}$ ④ $m=x+u_{1-\alpha}\sqrt{x}$

해설 ※ ③항은 양쪽 추정 시 신뢰상한값이다.

32 관리도의 사용목적에 해당되지 않는 것은?

① 공정해석
② 공정관리
③ 표본 크기의 결정
④ 공정 이상의 유무 판단

해설 표본 크기의 결정은 관리도 해석 및 관리를 위한 사항이다.

33 어떤 사무실에 공기청정기를 설치하기 이전과 설치한 이후의 실내 미세먼지에 대한 자료가 다음과 같다. 공기청정기 설치 전과 후의 평균치 차를 검정하기 위한 검정통계량은 약 얼마인가? (단, $\sigma_1^2=\sigma_2^2$이다.)

설치 전	$\bar{x}_1=10.0$	$V_1=82.0$	$n_1=10$
설치 후	$\bar{x}_2=8.0$	$V_2=79.0$	$n_2=10$

① 0.473 ② 0.498
③ 0.669 ④ 0.705

해설
$$t_0=\frac{(\bar{x}_1-\bar{x}_2)-\delta}{\sqrt{V^*\left(\frac{1}{n_1}+\frac{1}{n_2}\right)}}=\frac{(10-8)-0}{\sqrt{80.5\left(\frac{1}{10}+\frac{1}{10}\right)}}=0.498$$
단, $V^*=\frac{S_1+S_2}{n_1+n_2-2}=\frac{(82\times9)+(79\times9)}{18}=80.5$

34 관리도에 대한 설명으로 맞는 것은?

① $\bar{x}$ 관리도의 검출력은 주로 군의 크기 n과 군내 변동 $\sigma_b{}^2$과 관계가 있다.
② u관리도에서는 n의 크기가 변해도 관리한계선의 폭은 변하지 않는다.
③ $n=3$, $k=30$의 $\bar{x}-R$ 관리도에서 관리계수 $C_f=1.35$라면 공정이 관리상태라고 할 수 있다.
④ 공정이 관리상태일 때에는 도수분포로부터 구한 표준편차와 R관리도의 $\bar{R}$로부터 얻어진 표준편차는 대체적으로 일치한다.

해설 ① $\bar{x}$ 관리도의 검출력은 군의 크기 n과 군의 수 k, 그리고 군내변동 σ_w^2에 의해 결정된다.
② p 관리도와 u 관리도는 n의 크기에 따라 관리한계선이 변한다.
③ C_f가 1.2 이상이면 군간산포가 크다.

35 $\bar{x}$관리도에서 $n=4$, $U_{CL}=52.9$, $L_{CL}=47.74$일 때 $\hat{\sigma}$의 값은? (단, $n=4$일 때 $d_2=2.059$이다.)

① 1.52 ② 1.72
③ 2.02 ④ 2.58

해설 $U_{CL}-L_{CL}=6\frac{\sigma}{\sqrt{n}}$
$$\therefore\ \sigma=\frac{\sqrt{n}(U_{CL}-L_{CL})}{6}=\frac{\sqrt{4}(52.9-47.74)}{6}=1.72$$

36 관리도의 OC 곡선에 관한 설명으로 틀린 것은?

① 공정이 관리상태일 때 OC 곡선은 제1종 오류(α)를 나타낸다.
② 공정이 이상상태일 때 OC 곡선은 제2종 오류(β)를 나타낸다.
③ OC 곡선은 관리도가 공정변화를 얼마나 잘 탐지하는가를 나타낸다.
④ $\bar{x}$ 관리도의 경우 정규분포의 성질을 이용하여 OC 곡선을 활용할 수 있다.

해설 OC 곡선은 합격확률을 표시한 그래프로, 공정이 관리상태일 때 OC 곡선은 $1-\alpha$를 나타낸다.

정답 30.④ 31.④ 32.③ 33.② 34.④ 35.② 36.①

37 반응온도(x)와 수율(y)과의 관계를 조사한 결과, S_{xx}=147.6, S_{yy}=56.9, S_{xy}=80.4이었다. 회귀로부터의 제곱합($S_{y/x}$)은 약 얼마인가?

① 10.354 ② 13.105
③ 43.795 ④ 56.942

해설 $S_{y/x} = S_T - S_R$

$$= S_{yy} - \frac{{S_{xy}}^2}{S_{xx}}$$

$$= 56.9 - \frac{80.4^2}{147.6} = 13.105$$

38 다음 중 계량규준형 1회 샘플링검사에 대한 설명으로 맞는 것은?

① 계량 샘플링검사는 로트 검사단위의 특성치 분포가 정규분포가 아니어도 된다.
② 샘플의 크기가 같을 때에는 계수치의 데이터가 계량치의 데이터보다 많은 정보를 제공한다.
③ 계량 샘플링검사에서 표준편차가 미지인 경우이든 기지인 경우이든 샘플의 크기(n)는 같다.
④ 계량 샘플링검사는 측정한 데이터를 기초로 판정하는 것으로서 계수 샘플링검사에 비하여 샘플의 크기는 작아진다.

해설 ① 계량 샘플링검사는 특성치의 분포가 정규분포를 따라야 한다.
② 샘플의 크기가 같은 경우 계량치 데이터가 계수치보다 정보량이 많다.
③ 계량 샘플링검사에서 σ미지인 경우가 σ기지인 경우보다 샘플 크기가 $\left(1+\frac{k^2}{2}\right)$배 크다.

$$n' = \left(1+\frac{k^2}{2}\right)n$$

39 통계량으로부터 모집단을 추정할 때 모집단의 무엇을 추측하는 것인가?

① 모수
② 변수
③ 통계량
④ 기각치

해설 추측통계학은 샘플에서 구한 통계량인 추정치를 기준으로, 모집단의 참값인 모수를 추측하는 방법론이다.

40 5대의 라디오를 하나의 시료군으로 구성하여 25개 시료군을 조사한 결과, 195개의 부적합이 발견되었다. 이때 c관리도와 u관리도의 U_{CL}은 각각 약 얼마인가?

① 7.8, 1.56
② 16.18, 5.31
③ 16.18, 3.24
④ 57.73, 5.31

해설 • c 관리도 : $U_{CL} = \bar{c} + 3\sqrt{\bar{c}}$

$$= \frac{195}{25} + 3\sqrt{\frac{195}{25}}$$

$$= 16.18$$

• u 관리도 : $U_{CL} = \bar{u} + 3\sqrt{\frac{\bar{u}}{n}}$

$$= 1.56 + 3\sqrt{\frac{1.56}{5}}$$

$$= 3.24$$

(단, $\bar{u} = \frac{\Sigma c}{\Sigma n} = \frac{195}{5\times 25} = 1.56$이다.)

제3과목 생산시스템

41 순위가 있는 두 대의 기계를 거쳐 수행되는 작업들의 총작업시간을 최소화하는 투입순서를 결정하는 데 가장 중요한 것은?

① 작업의 납기순서
② 투입되는 작업자의 수
③ 공정별 · 작업별 소요시간
④ 시스템 내 평균 작업 수

해설 존슨규칙에 대한 문제로, 존슨규칙에서는 공정별·작업별 소요시간이 중요하다.

42 설비 선정 시 표준품을 대량으로 연속 생산할 경우 어떤 기계 설비를 사용하는 것이 가장 유리한가?

① 범용기계 설비
② 전용기계 설비
③ GT(Group Technology)
④ FMS(Flexible Manufacturing System)

해설 연속생산은 제품별 배치로 전용기계를 구축하고, 단속생산은 공정별 배치로 범용기계를 구축한다.

 정답 37.② 38.④ 39.① 40.③ 41.③ 42.②

43 5개의 요소작업으로 이루어진 작업을 스톱워치로 10번 예비 관측한 자료가 다음과 같다. 신뢰도 90%, 허용오차 ±5%일 때 적합한 주관측횟수는? (단, $t_{0.95}(9)=1.833$ 이다.)

요소작업	1	2	3	4	5
$\bar{x}$	12.6	4.8	1.7	12.4	7.6
s	1.1	0.4	0.2	1.25	0.8

① 19번 ② 21번
③ 23번 ④ 25번

해설 상대적 편차가 가장 큰 3번째 요소작업이 주관측횟수가 가장 크다.

$$n=\left(\frac{t_{1-\alpha/2}(\nu)\,s}{0.05\bar{x}}\right)^2=\left(\frac{t_{0.95}(\nu)\,s}{0.05\bar{x}}\right)^2$$

$$=\left(\frac{1.833\times0.2}{0.05\times1.7}\right)^2=18.60\ \Rightarrow 19\text{번}$$

※ 신뢰도 95% 소요정도 10%인 경우

$$n=\left(\frac{t_{1-\alpha/2}(\nu)\,s}{0.10\bar{x}}\right)^2=\left(\frac{t_{0.975}(\nu)\,s}{0.10\bar{x}}\right)^2$$

44 설비의 최적수리주기 결정요인이 아닌 것은?

① 보전비 ② 열화손실비
③ 수리한계 ④ 설비획득비용

해설 열화손실비 곡선 : $f(x)=l+mx$

최적수리주기 : $x_0=\sqrt{\frac{2a}{m}}$

여기서, a : 1회 보전비, m : 월 수리비
x : 시간, l : 열화손실비

45 워밍업이 필요한 작업에서 정상작업 페이스(pace)에 도달하는 데 필요한 것보다 적은 수량을 생산함으로써 발생하는 초과시간을 보상하기 위한 여유는?

① 조여유 ② 기계간섭여유
③ 소lot여유 ④ 장cycle여유

해설 일반여유는 모든 작업에 공통적으로 적용되는 여유이고, 특수여유는 작업의 특성에 따라 고려되는 여유로 다음과 같다.

1. 일반여유
   - 인적여유 • 피로여유
   - 작업여유 • 관리여유
2. 특수여유
   - 기계간섭여유 • 조여유
   - 소로트여유 • 장사이클여유

46 라인밸런싱(line balancing)에 관한 내용으로 가장 거리가 먼 것은?

① 공정의 효율을 도출한다.
② 작업배정의 균형화를 뜻한다.
③ 조립라인의 균형화를 뜻한다.
④ 체계적 설비배치(SLP) 기법을 이용한다.

해설 라인밸런싱은 제품별 배치 분석기법이고, 체계적 설비배치(SLP) 기법은 공정별 배치 분석기법이다.

47 설비를 예정한 시기에 점검, 시험, 급유, 조정, 분해정비, 계획적 수리 및 부분품 갱신 등을 하여 설비 성능의 저하와 고장 및 사고를 미연에 방지하고, 설비의 성능을 표준 이상으로 유지하는 보전활동은?

① 예방보전 ② 사후보전
③ 개량보전 ④ 수리보전

해설 ※ 사후보전에는 수리보전(BM)과 개량보전(CM)이 있다.

48 고정주문량 모형과 고정주문주기 모형의 비교 설명으로 틀린 것은?

① 고정주문량 모형은 P시스템이고, 고정주문주기 모형은 Q시스템이다.
② 고정주문량 모형은 주문시기가 일정하지 않고, 고정주문주기 모형은 정기적으로 주문한다.
③ 고정주문량 모형은 고가의 단일품목에 적용하며, 고정주문주기 모형은 저가의 여러 품목에 적용한다.
④ 고정주문량 모형은 재고수준 파악을 수시로 하고, 고정주문주기 모형은 재고수준 파악을 정기적 검사에 의한다.

해설
- 정량발주형(고정주문량 모형)
  Q system은 재고가 일정수준(발주점)에 이르면 일정량을 발주하는 형태로, 계속적 실사로 조달기간 중 수요변화에 대비하는 안전재고 방식이다. 또한, 재고가 발주점에 이르러야 발주하므로 발주주기는 부정기적이고, 재고의 성격은 활동재고로 수요가 계속적이고 수요변화가 적은 B · C급품에 적용된다.
- 정기발주형
  P system은 정기적으로 부정량을 발주하는 시스템으로 정기적으로 실사하는 방식을 채택한다. 조달기간 및 발주기간 중 수요변화에 대비하는 안전재고 방식으로 안전재고 수준이 높고, 수요변동이 큰 물품이나 A급 품목에 적용된다.

49 작업방법의 개선을 위해서 제품이 어떤 과정 혹은 순서에 따라 생산되는지를 분석 · 조사하는 데 활용되는 도표가 아닌 것은?

① 흐름공정도(flow process chart)
② 작업공정도(operation process chart)
③ 조립공정도(assembly process chart)
④ 부품상호관계표 (activity relationship diagram)

해설 흐름공정도, 작업공정도, 조립공정도, 흐름선도, 제품공정도는 공정분석도표이며, 부문상호관계표는 근접도이다.

50 다음 [표]는 정상상태로 추진되는 작업과 특급상태로 추진되는 작업의 기간과 비용을 나타내고 있다. 비용구배(cost slope)는?

정상		특급	
소요기간	소요비용	소요기간	소요비용
14일	130000원	10일	250000원

① 10000원
② 20000원
③ 30000원
④ 40000원

해설
$$C_s = \frac{\Delta C}{\Delta t} = \frac{C_c - C_n}{t_n - t_c} = \frac{250000 - 130000}{14 - 10} \fallingdotseq 30000\text{원}$$

51 동작경제의 원칙 중 신체사용의 원칙이 아닌 것은?

① 가급적이면 낙하투입장치를 사용한다.
② 휴식시간을 제외하고는 양손이 동시에 쉬지 않도록 한다.
③ 두 손의 동작은 같이 시작하고 같이 끝나도록 한다.
④ 두 팔의 동작은 동시에 서로 반대방향으로 대칭적으로 움직이도록 한다.

해설 ①항은 작업역 배치에 관한 원칙이다.

52 자재관리에서 구매하는 자재의 가격이 결정되는 원리가 아닌 것은?

① 원가계산에 의한 가격 결정
② 수요와 공급에 따른 가격 결정
③ 소비자의 요구에 따른 가격 결정
④ 타사와의 경쟁관계에 따른 가격 결정

해설 구매하는 자재 가격의 결정에서 소비자의 요구는 직접적 관계가 없다.

53 도요타 생산방식의 운영에 관한 설명으로 틀린 것은?

① 밀어내기식의 자재흐름방식을 추구한다.
② JIT 생산을 유지하기 위해 간판방식을 적용한다.
③ 조달기간을 줄이기 위해 생산준비시간을 축소한다.
④ 작업의 유연성을 위해 다기능 작업자 제도를 실시한다.

해설 JIT는 당기기식(pull system)의 자재흐름방식을 추구한다.

54 총괄생산계획(APP) 기법 중 휴리스틱 계획 기법인 것은 어느 것인가?

① 선형결정기법(LDR)
② 선형계획법(LP)에 의한 생산계획
③ 수송계획법(TP)에 의한 생산계획
④ 매개변수에 의한 생산계획법(PPP)

해설 휴리스틱 의사결정방법에는 탐색결정법(SDR), 경영계수이론, 매개변수에 의한 생산계획법이 있다.

55 기업의 산출물인 재화나 서비스에 대한 수량, 시기 등의 미래 시장수요를 추정하는 예측의 유형을 무엇이라 하는가?

① 경제예측
② 수요예측
③ 사회예측
④ 기술예측

해설 미래시장 수요를 예측하는 것을 수요예측(Demand Forecasting)이라고 하며, 대량생산의 기본적인 전제조건이 된다.

정답 49.④ 50.③ 51.① 52.③ 53.① 54.④ 55.②

56 테일러 시스템과 포드 시스템을 비교 · 분석한 내용으로 틀린 것은?

내용 \ 시스템	테일러 시스템	포드 시스템
통칭	과업관리	동시관리
경영이념	고임금 저가격	고임금 저노무비
역점	작업자 중심	기계 중심
기본정신	이익주의	봉사주의

① 통칭
② 경영이념
③ 역점
④ 기본정신

해설 • 테일러 : 차별적 성과급제에 의한 고임금 저노무비의 원칙
• 포드 : 이동조립법에 의한 고임금 저가격의 원칙

57 MRP 시스템의 로트 사이즈 결정방법에 대한 설명으로 틀린 것은?

① 고정주문량 방법은 명시된 고정량으로 주문한다.
② 대응발주 방법은 해당 기간에 순소요량으로 주문한다.
③ 최소단위비용 방법은 총비용(준비비용+재고유지비용)을 최소화시키는 양으로 주문한다.
④ 부분기간 방법은 재고유지비와 작업준비비(주문비)가 균형화되는 점을 고려하여 주문한다.

해설 최소단위비용 방법은 각 로트의 준비비와 재고유지비를 합하고, 총 로트 수로 나누어 최소비용이 되는 로트를 선택하는 방법이다.

58 생산시스템의 투입(input) 단계에 대한 설명으로 가장 적합한 것은?

① 변환을 통하여 새로운 가치를 창출하는 단계이다.
② 필요로 하는 재화나 서비스를 산출하는 단계이다.
③ 기업의 부가가치 창출활동이 이루어지는 구조적 단계이다.
④ 가치 창출을 위하여 인간, 물자, 설비, 정보, 에너지 등이 필요한 단계이다.

해설 ①, ③항은 변환과정, ②항은 산출과정이다.

59 지수평활모델을 위한 평활상수(α)값의 결정에 관한 설명으로 맞는 것은?

① 수요 증가의 속도가 빠를수록 낮게 설정한다.
② 과거의 자료를 무시하고 최근의 자료로 평가한다.
③ α값이 클수록 과거 예측치의 가중치가 높아진다.
④ 0과 1 사이의 값으로 자료를 예측에 반영하는 가중치이다.

해설 ① 수요 증가의 속도가 빠를수록 높게 설정한다.
② 과거의 자료를 무시할 수는 없다.
③ α값이 클수록 최근 실적치의 가중치가 높아진다.

60 다음 중 일정계획의 주요 기능에 해당되지 않는 것은 어느 것인가?

① 작업 할당
② 작업 설계
③ 작업 독촉
④ 작업우선순위 결정

해설 작업설계는 생산의 설계단계에서 이루어진다.
※ 개별생산의 일정계획은 절차계획과 공수계획을 포함하며, 작업배정, 여력관리, 진도관리를 포함한다.
※ 여력 $= \frac{\text{능력} - \text{부하}}{\text{부하}}$

제4과목 신뢰성 관리

61 리던던시 구조 중 구성품이 규정된 기능을 수행하고 있는 동안 고장 날 때까지 예비로써 대기하고 있는 것은?

① 활성 리던던시
② 직렬 리던던시
③ 대기 리던던시
④ n 중 k 시스템

해설 ※ n 중 k 시스템이란 부품 n개 중 k개 이상이 작동되면 작동되는 시스템으로, $k=n$인 경우는 직렬시스템이고, $k=1$인 경우는 병렬시스템이다.

정답 56.② 57.③ 58.④ 59.④ 60.② 61.③

62 고장분포함수가 지수분포인 부품 n개의 고장시간이 t_1, t_2, $\cdots$, t_n으로 얻어졌다. 평균고장시간(MTBF 또는 MTTF)에 대한 추정치로 맞는 것은? (단, t_i는 i번째 순서 통계량이다.)

① $\dfrac{n}{\sum_{i=1}^{n} t_i}$

② $\dfrac{\sum_{i=1}^{n} t_i}{n}$

③ $\dfrac{t_{(1)}+t_{(2)}}{2}$

④ n이 홀수일 때 $t\left(\dfrac{n+1}{2}\right)$,

n이 짝수일 때 $\dfrac{t\left(\dfrac{n}{2}\right)+t\left(\dfrac{n}{2}+1\right)}{2}$

해설 $\widehat{MTBF} = \dfrac{T}{r} = \dfrac{\Sigma t_i}{n}$ (단, $r=n$인 경우)

※ 평균수명이란 1고장당 작동시간을 의미한다.

63 4개의 브레이크 라이닝 마모실험을 하여 수명을 측정하였더니, 200, 270, 310, 440시간으로 나타났다. 270시간에서의 평균순위법의 $F(t)$는 얼마인가?

① 0.3333 ② 0.3667
③ 0.4000 ④ 0.6667

해설 $F(t_i) = \dfrac{i}{n+1} = \dfrac{2}{4+1} = 0.4$

64 수명데이터를 분석하기 위해서는 먼저 그 데이터의 분포를 알아야 하는데, 분포의 적합성 검정에 사용할 수 없는 것은?

① 최우추정법
② Bartlett 검정
③ 카이제곱 검정
④ Kolmogorov–Smirnov 검정

해설 최우추정법이란 최적해를 구하기 위한 기법으로, 시간데이터가 따르는 특정 분포에 대한 적합성 여부의 검정과는 거리가 멀다.

65 표본의 크기가 n일 때 시간 t를 지정하여 그때까지의 고장 수를 r이라고 하면, 시간 t에 대한 신뢰도 $R(t)$의 점추정치를 맞게 표현한 것은?

① $\dfrac{n}{r}$ ② $\dfrac{r}{n}$
③ $\dfrac{n-r}{r}$ ④ $\dfrac{n-r}{n}$

해설 선험법에서 t시점에서 누적고장확률은 $F(t) = \dfrac{r}{n}$이므로,

$R(t) = 1 - F(t) = \dfrac{n-r}{n}$이 된다.

66 고장해석기법에 관한 사항으로 틀린 것은?

① 신뢰성과 안전성은 서로 밀접한 관계를 가지고 있다.
② 고장이나 안전성의 원인분석은 상황과 무관하게 결정한다.
③ 고장이나 안전성의 예측방법으로 FMEA, FTA 등이 많이 사용된다.
④ 고장해석에 따라 제품의 고장을 감소시킴과 동시에 고장으로 인한 사용자의 피해를 감소시키는 것이 안전성 제고이다.

해설 ② 고장이나 안전성의 원인분석은 상황을 고려하여 결정한다.

67 지수분포를 따르는 어떤 부품의 고장률이 0.01/시간인 2개가 병렬로 연결되어 있는 시스템의 평균수명은?

① 125시간 ② 150시간
③ 200시간 ④ 300시간

해설 $MTBF_S = \dfrac{3}{2} \times \dfrac{1}{\lambda_S} = \dfrac{3}{2} \times \dfrac{1}{0.01} = 150$시간

68 생산단계에서 초기고장을 제거하기 위하여 실시하는 시험은?

① 내구성 시험 ② 신뢰성 성장시험
③ 스크리닝 시험 ④ 신뢰성 결정시험

해설 스크리닝 시험은 비파괴 선별시험으로, 초기고장기에 행한다.

※ 신뢰성 결정시험이란 개발단계에서 목적하는 신뢰도에서 수명을 결정하기 위한 시험이다.

 정답 62.② 63.③ 64.① 65.④ 66.② 67.② 68.③

69 가속계수가 12인 가속수준에서 총시료 10개 중 5개의 부품이 고장 났을 때, 시험을 중단하여 다음의 데이터를 얻었다. 정상사용조건에서의 평균수명은? (단, 이 부품의 수명은 가속수준과 상관없이 지수분포를 따른다.)

24	72	168	300	500

① 59.4hr ② 356.4hr
③ 2553.6hr ④ 8553.6hr

해설 $MTBF_n = AF \times MTBF_s$

단, $MTBF_s = \dfrac{1064+(10-5)\times 500}{5} = 712.8$

$\therefore MTBF_n = 12 \times 712.8 = 8553.6\text{hr}$

70 계수 1회 샘플링검사(MIL-STD-690B)에 의하여 총시험시간을 9000시간으로 하여 고장개수가 0개이면 로트를 합격시키고 싶다. 로트 허용고장률이 0.0001/시간인 로트가 합격될 확률은 약 몇 %인가?

① 10.04% ② 20.04%
③ 30.66% ④ 40.66%

해설

$$L(\lambda_1) = \sum_{r=0}^{c} \frac{e^{-\lambda_1 T}(\lambda_1 T)^r}{r!}$$

$= e^{-\lambda_1 T}$ (단, $c=0$인 경우)

$= e^{-(0.0001\times 9000)}$

$= 0.40657$

71 신뢰성에 관한 설명 중 틀린 것은?

① 평균수명이 증가하면 신뢰도도 증가한다.
② MTTF는 수리 불가능한 아이템의 고장수명 평균치이다.
③ MTBF는 수리 가능한 아이템의 고장 간 동작시간의 평균치이다.
④ 상이한 분포를 따르는 여러 개의 부품이 조합된 기기의 고장확률밀도함수는 정규분포를 따른다.

해설 상이한 분포를 따르는 여러 개의 부품이 조합된 기기의 고장확률밀도함수는 지수분포를 따른다(Drenick의 정의).

72 부품의 고장률이 CFR이고, 평균수명이 각각 100시간인 2개의 부품이 직렬결합된 장치를 50시간 사용한 경우 신뢰도는 약 얼마인가?

① 0.3679 ② 0.3906
③ 0.6126 ④ 0.6313

해설 $R_S(t=50) = e^{-n\lambda t}$

$= e^{-2\times 0.01 \times 50}$

$= 0.36787$

(단, $R_S(t) = \Pi R_i(t)$이다.)

73 설비의 가용도(Availability)에 대한 설명으로 틀린 것은?

① 수리율이 높아지면 가용도는 낮아진다.
② 신뢰도와 보전도를 결합한 평가척도이다.
③ 어느 특정 순간에 기능을 유지하고 있을 확률이다.
④ 가용도는 동작가능시간/(동작가능시간+동작불가능시간)이다.

해설 수리율이 높아지면 가용도는 높아진다.

$$A = \frac{MTBF}{MTBF+MTTR} = \frac{\mu}{\lambda+\mu}$$

74 시스템의 FT(Fault Tree)도가 [그림]과 같을 때 이 시스템의 블록도로 맞는 것은?

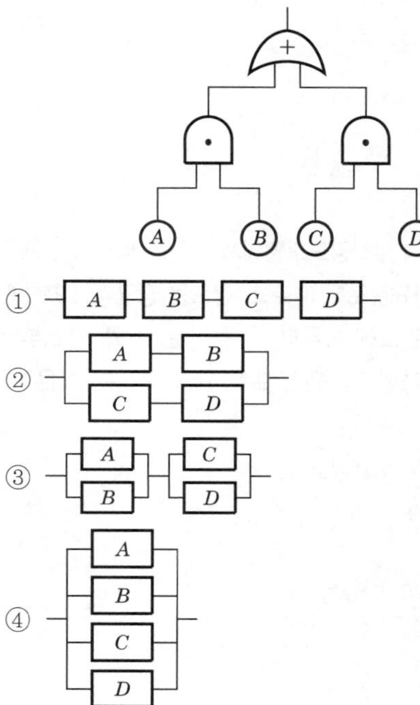

해설 FT도는 신뢰성 블록도와 반대 개념이다. 신뢰성 블록도에서 OR 게이트는 직렬, And 게이트는 병렬 구조가 된다.

정답 69.④ 70.④ 71.④ 72.① 73.① 74.③

75 신뢰성은 시간의 경과에 따라 저하된다. 그 이유에는 사용시간 또는 사용횟수에 따른 피로나 마모에 의한 것과 열화현상에 의한 것들이 있다. 이와 같은 마모와 열화현상에 대하여 수리 가능한 시스템을 사용 가능한 상태로 유지시키고, 고장이나 결함을 회복시키기 위한 제반조치 및 활동은?

① 가동 ② 보전
③ 추정 ④ 안전성

해설 보전(maintenance)이란 기기·시스템을 사용 가능한 상태로 유지하고, 고장 발생 시에는 이를 사용 가능한 상태로 회복시키는 제반조치나 활동을 의미한다. 보전의 형태에는 사전보전인 예방보전(PM), 사후보전인 수리보전(BM)과 개량보전(CM)이 있다.

76 지수분포의 수명을 갖는 어떤 부품 10개를 수명시험하여 100시간이 되었을 때 시험을 중단하였다. 고장 난 부품의 수는 5개였고, 평균수명은 200시간으로 추정되었다. 이 부품을 100시간 사용한다면 누적고장확률은 약 얼마인가?

① 0.0050 ② 0.3935
③ 0.5000 ④ 0.6077

해설 $F(t=100)=1-e^{-\lambda t}$
$=1-e^{5\times10^{-3}\times100}$
$=0.3935$

77 간섭이론의 부하강도모델에서 부하는 평균 μ_x, 표준편차 σ_x인 정규분포에 따르고, 강도는 평균 μ_y, 표준편차 σ_y인 정규분포에 따른다. n_y, n_x는 μ_y와 μ_x로부터의 거리를 나타낼 때, 안전계수 m을 구하는 식은?

① $m=\dfrac{\mu_y-n_y\sigma_y}{\mu_x+n_x\sigma_x}$

② $m=\dfrac{\mu_y+n_y\sigma_y}{\mu_x-n_x\sigma_x}$

③ $m=\dfrac{\mu_y+n_y\sigma_y}{\mu_x+n_x\sigma_x}$

④ $m=\dfrac{\mu_y-n_y\sigma_y}{\mu_x-n_x\sigma_x}$

해설 $m=\dfrac{\text{최소강도}}{\text{최대부하}}=\dfrac{\mu_y-n_y\sigma_y}{\mu_x+n_x\sigma_x}$

78 고장이 랜덤하게 발생하는 20개의 전자부품 중 5개가 고장 날 때까지 수명시험을 실시한 결과 216, 384, 492, 783, 1010시간에 각각 한 개씩 고장 났다. 이 부품의 평균고장률은 약 얼마인가?

① 2.22×10^{-4}/시간
② 2.77×10^{-4}/시간
③ 3.30×10^{-4}/시간
④ 4.51×10^{-5}/시간

해설 지수분포를 따르고 있는 부품이므로, 평균고장률(AFR)은 고장률 λ와 동일하다.

$$\lambda=\frac{r}{T}=\frac{r}{\Sigma t_i+(n-r)t_r}$$
$$=\frac{5}{2885+(20-5)\times1010}$$
$$=2.77\times10^{-4}/\text{시간}$$

※ 총작동시간 T는 샘플 n개의 작동시간의 합이다.

79 대기 시스템에서 대기 중인 부품의 고장률을 0으로 가정하는 시스템은?

① Hot standby
② Warm standby
③ Cold standby
④ On-going standby

해설
- 냉대기(cold standby)란 대기 부품의 구성요소가 완전히 교체되지 아니한 상태에서의 동작의 정지 및 휴지 상태를 말한다.
- 열대기(hot standby)란 병렬연결 상태로 작동되고 있는 경우이다.
- 온대기(warm standby)란 전원이 연결된 예열상태로 대기하고 있는 경우로, 예비부품은 작동에 필요한 에너지 일부를 공급받고 있다가, 전환될 때 전체 에너지를 공급받아 수초 내로 작동할 수 있는 대기이다.

80 와이블확률지에서 가로축과 세로축이 표시하는 것으로 맞는 것은?

① $(t,\ \ln\ln[1-F(t)])$
② $(t,\ -\ln[1-F(t)])$
③ $(\ln t,\ \ln\ln[1-F(t)])$
④ $(\ln t,\ \ln\ln\dfrac{1}{1-F(t)})$

해설 확률지 우측의 가로축은 $\ln t$이고,
상측의 세로축은 $\ln\ln\dfrac{1}{1-F(t)}$로 구성되어 있다.

 정답 75.② 76.② 77.① 78.② 79.③ 80.④

제5과목 품질경영

81 품질보증(QA)활동 중 제품기획의 단계에 관한 설명으로 틀린 것은?

① 시장단계에서 파악한 고객의 요구를 일상용어로 변화시키는 단계이다.
② 새로 사용될 예정인 부품에 대하여 신뢰성 시험을 선행 실시하여 품질을 확인한다.
③ 신제품을 기획하고 있는 동안 기획 이후의 스텝에서 발생될 우려가 있는 문제점을 찾아내는 단계이다.
④ 기획은 QA의 원류에 위치하므로 품질에 관해서 예상되는 기술적인 문제점은 될 수 있는 대로 많이 찾아내도록 한다.

해설 품질보증(QA)활동 중 제품기획단계는 시장단계에서 파악한 고객의 요구를 설계용어로 변환시키는 단계이다.

82 계통도법의 용도가 아닌 것은?

① 목표, 방침, 실시사항의 전개
② 시스템의 중대사고 예측과 그 대응책 책정
③ 부문이나 관리기능의 명확화와 효율화 방책의 추구
④ 기업 내의 여러 가지 문제해결을 위한 방책을 전개

해설 ②는 고장모드 및 영향력분석(FMEA)에 관한 내용이다.

83 품질경영을 효율적으로 추진하기 위해 많은 공장에서는 5S 운동을 전개한다. 5S에 해당하지 않는 것은?

① 정리 ② 청결
③ 습관화 ④ 단순화

해설
- 5S : 정리, 정돈, 청소, 청결, 습관화
- 3정 : 정품, 정량, 정위치

84 원자재나 제조공정 또는 제품의 규격 등 소정의 품질수준을 확보하지 못한 제품 생산에 따른 추가 재작업에 소요되는 품질비용은?

① 예방비용(P-cost) ② 결품비용(S-cost)
③ 실패비용(F-cost) ④ 평가비용(A-cost)

해설 제품 생산 후의 손실비용이므로, 실패비용이다.

85 다음 중 국제표준화기구(ISO)에 대한 설명으로 틀린 것은?

① ISO의 대표적인 표준은 ISO 9001 패밀리 규격이다.
② ISO의 공식 언어는 영어, 불어, 서반아어이다.
③ ISO의 회원은 정회원, 준회원 및 간행물 구독회원으로 구분된다.
④ ISO의 설립목적은 상품 및 서비스의 국제적 교환을 촉진하고, 지적 · 과학적 · 기술적 · 경제적 활동 분야에서의 협력 증진을 위하여 세계의 표준화 및 관련활동의 발전을 촉진시키는 데 있다.

해설 ② ISO의 공식 언어는 영어, 불어, 러시아어이다.

86 Y제품의 두께 규격이 12.0±0.05cm이다. 이 제품을 제조하는 공정의 표준편차가 $\sigma=0.02$일 경우, 이 공정의 공정능력지수(C_P)에 관한 설명으로 맞는 것은?

① 규격공차를 줄여야 한다.
② 공정상태가 매우 만족스럽다.
③ 공정능력이 부족한 상태이다.
④ $\pm 4\sigma$의 공정능력을 갖추고 있다.

해설
$$C_P = \frac{T}{6\sigma} = \frac{0.1}{6\times 0.02} = 0.833$$
$0.67 < C_P < 1$: 3등급(공정능력 부족)

87 측정시스템에서 선형성, 편의, 정밀성에 관한 설명으로 맞는 것은?

① 선형성은 Gage R&R로 측정한다.
② 편의가 기대 이상으로 크면 계측시스템은 바람직하다는 뜻이다.
③ 계측기의 측정범위 전 영역에서 편의값이 일정하면 정확성이 좋다는 뜻이다.
④ 편의는 측정값의 평균과 이 부품의 기준값(reference value)의 차이를 말한다.

해설 ① Gage R&R은 반복성과 재현성이다.
② 편의가 크면 정확도가 결여되어 있음을 뜻한다.
③ 계측기의 측정범위 전 영역에서 편의값이 일정하면 선형성이 우수하다는 것으로, 측정의 일관성이 있음을 의미한다.

정답 81.① 82.② 83.④ 84.③ 85.② 86.③ 87.④

88 **다음 중 6시그마 품질혁신운동에서 사용하는 시그마 수준 측정과 공정능력지수(C_P)의 관계를 맞게 설명한 것은?**

① 시그마 수준과 공정능력지수는 차원이 다르기 때문에 상호간에 관련성이 없다.
② 시그마 수준은 공정능력지수에 3을 곱하여 계산할 수 있다. 즉, C_P 값이 1이면 3시그마 수준이 된다.
③ 시그마 수준은 부적합품률에 대한 관계를 나타내고, 공정능력지수는 적합품률을 나타내는 능력이므로 시그마 수준과 공정능력지수는 반비례관계이다.
④ 시그마 수준에서 사용하는 표준편차는 장기표준편차로 계산되고, 공정능력지수의 표준편차는 군내변동에 대한 단기표준편차로 계산되므로, 공정능력지수는 기술적 능력을, 시그마 수준은 생산수준을 나타내는 지표가된다.

해설 ① C_P와 시그마 수준은 상호 관련성이 높다.
② $C_P=1$인 경우 $S_U-S_L=6\sigma$이므로 공정평균 μ에서 규격까지의 거리가 3σ가 된다. 따라서 $C_P\times3$을 하면 3시그마 수준이 된다.
③ 시그마 수준과 공정능력지수는 두 개 모두 부적합품률과 밀접한 관계를 갖고 있으며, 비례관계이다.
④ 시그마 수준과 공정능력지수에서 사용하는 편차는 단기표준편차이다.

89 **품질관리의 4대 기능 중에서 품질의 설계기능은 소비자가 요구하는 품질의 제품을 만들기 위한 설계 및 계획을 수립하는 단계로서, 이를 실현하는 조건과 가장 관계가 먼 것은?**

① 품질에 관한 정책이 명료하게 밝혀져 있을 것
② 사내규격이 체계화되어 품질에 대한 정책이 일관되어 있을 것
③ 연구, 개발, 설계, 조사 등에 대해서 조직이 구성되어 있으며 책임과 권한이 명확하게 되어 있을 것
④ 검사, 시험방법, 판정의 기준이 명확하며, 판정의 결과가 올바르게 처리되고 피드백되고 있을 것

해설 ④는 공정의 관리(실행기능) 업무이다.

90 **제조물책임(PL)법에 의한 손해배상책임을 지는 자가 면책을 받는 사유로 볼 수 없는 것은?** (단, 제조물을 공급한 후에 결함 사실을 알아서 그 결함으로 인한 손해의 발생을 방지하기 위하여 적절한 조치를 취한 경우이다.)

① 제조업자가 해당 제조물을 공급하지 아니하였다는 사실을 입증한 경우
② 제조업자가 판매를 위해 생산하였으나 일부만 유통되었음을 입증한 경우
③ 제조업자가 해당 제조물을 공급할 당시의 과학·기술 수준으로는 결함의 존재를 발견할 수 없었다는 사실을 입증한 경우
④ 제조물의 결함이 제조업자가 해당 제조물을 공급한 당시의 법령에서 정하는 기준을 준수함으로써 발생하였다는 사실을 입증한 경우

해설 일부만 유통하였더라도, 손해배상책임을 면할 수 없다.

91 **산업표준화 유형 중 국면에 따른 표준화 분류의 내용으로 틀린 것은?**

① 기본규격 : 표준의 제정, 운용, 개폐절차 등에 대한 규격
② 제품규격 : 제품의 형태, 치수, 재질 등 완제품에 사용되는 규격
③ 방법규격 : 성분분석 및 시험방법, 제품의 검사방법, 사용방법에 대한 규격
④ 전달규격 : 계량단위, 제품의 용어, 기호 및 단위 등 물질과 행위에 관한 규격

해설 기본규격
계량단위, 제품의 용어, 기호 및 단위 등과 같이 물질과 행위에 관한 기초적인 사항을 규정한 규격으로, 전달규격이라고도 한다.

92 **다음과 같은 규격의 3가지 부품 A, B, C를 이용하여 B+C−A와 같이 조립할 경우 이 조립품의 허용차는?**

- A부품의 규격 : 4.0±0.02
- B부품의 규격 : 8.5±0.03
- C부품의 규격 : 6.0±0.06

① ±0.050　② ±0.060
③ ±0.070　④ ±0.110

해설 $T=\pm\sqrt{0.02^2+0.03^2+0.06^2}=\pm0.070$

정답 88.② 89.④ 90.② 91.① 92.③

93 카노(Kano)의 고객만족모형 중 충족이 되면 만족을 주지만 충족이 되지 않아도 불만이 없는 요인은?

① 역품질특성 ② 일원적 품질특성
③ 당연적 품질특성 ④ 매력적 품질특성

해설 「매력적 품질」은 충족되지 않더라도, 소비자는 기대하지 않았기에 불만이 없는 품질요소이다. 고객의 기대를 훨씬 초과하는 「매력적 품질」은 고객감동의 원천이지만, 시간이 지나면 「일원적 품질」을 거쳐서 「당연적 품질」로 변한다.
※ 「당연적 품질」은 충족되어도 만족이 아닌 당연한 것으로 생각하는 품질이며, 「일원적 품질」은 충족되면 만족하는 품질이다.

94 품질방침에 따른 경영전략의 과정으로 맞는 것은?

① 경영방침 → 경영목표 → 경영전략 → 실행방침 → 실행목표 → 실행계획 → 실시
② 경영방침 → 경영목표 → 경영전략 → 실행방침 → 실행계획 → 실행목표 → 실시
③ 경영전략 → 경영방침 → 경영목표 → 실행방침 → 실행목표 → 실행계획 → 실시
④ 경영전략 → 경영방침 → 경영목표 → 실행방침 → 실행계획 → 실행목표 → 실시

해설 경영방침에 의한 경영전략이 수립되고, 하위 시스템인 구체적 실행방침에 의하여 실행목표가 설정된다.

95 품질에 대하여 구성원들의 품질개선 의욕을 불러일으키는 작용 또는 과정을 뜻하는 용어는?

① 품질 인프라(infra)
② 품질 피드백(feedback)
③ 품질 퍼포먼스(performance)
④ 품질 모티베이션(motivation)

96 국가표준으로만 구성된 것은?

① GB, DIN, JIS, NF
② IS, ISO, DIN, ANSI
③ KS, DIN, MIL, ASTM
④ KS, JIS, ASTM, ANSI

해설 GB(중국), DIN(인도), JIS(일본), NF(프랑스)
IS(인도), ISO(국제표준화기구), ANSI(미국)
MIL(미국방성 규격), ASTM(아랍 표준화계량기구)
※ GOST(러시아연방), BS(영국), AS(호주), CSA(캐나다)

97 파라슈라만 등(Parasuraman, Berry & Zeuthaml)에 의해 제시된 서비스 품질 측정도구인 SERVQUAL 모형의 5가지 품질특성에 해당되지 않는 것은?

① 신뢰성(reliability)
② 확신성(assurance)
③ 유용성(usefulness)
④ 반응성(responsiveness)

해설 SERVQUAL 모형의 5가지 품질특성
신뢰성, 확신성, 유형성, 공감성, 대응성(반응성)

98 사내표준화에 대한 설명으로 틀린 것은?

① 하나의 기업 내에서 실시하는 표준화 활동이다.
② 일단 정해진 표준은 변경됨이 없이 계속 준수되어야 한다.
③ 정해진 사내표준은 모든 조직원이 의무적으로 지켜야 한다.
④ 사내 관계자들의 합의를 얻은 다음에 실시해야 하는 활동이다.

해설 사내표준의 과정은 일정 시간을 두고 정기적으로 검토를 하며, 필요에 따라 개정하여야 한다.

99 개선활동에 있어서 부적합항목 등에 대해 개별도수 또는 개별손실금액 및 그 누적상대도수 등을 막대그래프와 꺾은선그래프를 사용하여 나타내는 것으로, 중점관리항목을 도출할 목적으로 활용하는 도구는?

① 체크시트 ② 특성요인도
③ 파레토도 ④ 히스토그램

해설 파레토도는 80/20법칙을 사용하는 중점관리기법이다.

100 사내 실패비용으로 볼 수 없는 것은?

① 클레임 비용
② 재가공 작업비용
③ 폐기품 손실자재비
④ 자재부적합 유실비용

해설 사외 실패비용으로는 수리 등 A/S, User 공정손실, 클레임 코스트 등이 있다.

정답 93.④ 94.① 95.④ 96.① 97.③ 98.② 99.③ 100.①

2021 제1회 품질경영기사

제1과목 실험계획법

1 1요인 실험에서 각 수준 간의 모평균 차에 대한 95% 신뢰수준의 신뢰구간을 보고 유의한 차가 있다고 할 수 없는 것은?

① $\mu_1 - \mu_3 = -1.39 \sim -0.85$
② $\mu_1 - \mu_2 = -0.6 \sim -0.06$
③ $\mu_2 - \mu_4 = -0.43 \sim 0.11$
④ $\mu_3 - \mu_4 = 0.35 \sim 0.89$

해설 LSD(최소유의차) 검정

$$\mu_i. - \mu_i.' = (\bar{x}_i. - \bar{x}_i.') \pm t_{1-\alpha/2}(\nu_e)\sqrt{\frac{2V_e}{r}}$$

여기서, LSD$= t_{1-\alpha/2}(\nu_e)\sqrt{\frac{2V_e}{r}}$ 이고,

$D = |\bar{x}_i. - \bar{x}_i.'|$이다.

※ 추정의 전제조건
$|D|$>LSD인 경우만 추정에 의미가 있다.
⇒ 차의 신뢰구간은 "0"을 포함할 수 없다.

2 다음과 같은 $L_{27}(3^{13})$형 직교배열표에서 요인 B(2열)의 제곱합(S_B)이 600, 요인 C(5열)의 제곱합(S_C)이 1000일 경우, 교호작용의 제곱평균값($V_{B\times C}$)은?

열번호	1	2	3	4	5	6	7
배치	A	B	e	e	C	D	e

열번호	8	9	10	11	12	13
배치	$B\times C$	e	e	$B\times C$	F	G

① 200 ② 400
③ 800 ④ 1600

해설 $L_{27}(3^{13})$형 직교배열표는 각 열의 자유도가 2이다.

$$V_{B\times C} = \frac{S_{B\times C}}{\nu_{B\times C}} = \frac{S_{8열} + S_{11열}}{\nu_B \times \nu_C} = \frac{S_{8열} + S_{11열}}{4}$$

⊙ 문제가 형성되려면 $B\times C$가 배치된 8열과 11열의 제곱합 값이 주어져야 한다.

3 2요인 실험의 계수치 데이터에서 $S_T = 7$, $S_{AB} = 5$, $S_A = 3$, $S_B = 1$일 때, S_{e_1}과 S_{e_2}는 각각 얼마인가?

① $S_{e_1} = 1$, $S_{e_2} = 2$
② $S_{e_1} = 2$, $S_{e_2} = 3$
③ $S_{e_1} = 3$, $S_{e_2} = 2$
④ $S_{e_1} = 5$, $S_{e_2} = 6$

해설 계수형 분산분석은 명목 데이터 0, 1의 분석으로, S_T 중 절대적으로 S_{e_2}가 대부분을 차지한다.
- $S_{e_1} = S_{A\times B} = S_{AB} - S_A - S_B = 1$
- $S_{e_2} = S_T - S_{AB} = 7 - 5 = 2$

⊙ 문제처럼 S_{AB}는 큰 값이 구성되지 않는다.

4 필요한 요인에 대해서만 정보를 얻기 위해서 실험의 횟수를 가급적 적게 하고자 할 경우 대단히 편리한 실험이지만, 고차의 교호작용은 거의 존재하지 않는다는 가정을 만족시켜야 하는 실험계획법은?

① 교락법 ② 난괴법
③ 분할법 ④ 일부실시법

해설 교호작용을 희생한 대가로 실험횟수를 줄이는 실험이 일부실시법이고, 실험횟수를 늘리지 않고도 실험의 정도를 향상시키는 실험형태가 교락법이다.

5 4수준 요인 A와 2수준 요인 B, C, D, F와 $A\times B$, $B\times C$, $B\times D$를 배치하는 경우 최적의 직교배열표로 맞는 것은?

① $L_4(2^3)$ ② $L_8(2^7)$
③ $L_{16}(4^{15})$ ④ $L_{16}(2^{15})$

해설 $L_{16}(2^{15})$형 직교배열표에서 특정 인자를 4수준으로 배치할 수 있다(4수준의 배치를 하려면 3개 열을 필요로 한다).

$$\nu_e = \nu_T - \nu_A - (\nu_B + \nu_C + \nu_D + \nu_F) - \nu_{A\times B} - (\nu_{B\times C} + \nu_{B\times D}) = 15 - 3 - 4 - 3 - 2 = 3$$

정답 1.③ 2.정답 없음 3.① 4.④ 5.④

6 TV 색상밀도의 기능적 한계가 $m \pm 7$이라고 가정하면 색상밀도가 $m \pm 7$일 때, 소비자의 환경이나 취향의 다양성을 고려하여 소비자의 절반이 TV가 고장이라고 한다. TV의 수리비가 평균 $A=98000$원이라고 할 때, 색상밀도가 $m+4$인 수상기를 구입한 소비자가 입은 평균손실 $L(m+4)$은?

① 8000원 ② 16000원
③ 32000원 ④ 64000원

해설 다구찌 실험

$$L(y) = A \cdot \left(\frac{y-m}{\Delta}\right)^2 = \frac{A}{\Delta^2}(y-m)^2 = k \cdot (y-m)^2$$

이때, $k = \frac{A}{\Delta^2} = \frac{98000}{7^2} = 2000$

$(y-m)^2 = ((m+4)-m)^2 = 4^2$

따라서, $L(y) = 32000$원이다.

7 데이터의 구조식이 다음과 같은 실험에서 S_{ABC}의 값은 얼마인가? (단, $S_A = 675.4$, $S_{B(A)} = 160.3$, $S_{C(AB)} = 88.1$이다.)

$$x_{ijkp} = \mu + a_i + b_{j(i)} + c_{k(ij)} + e_{p(ijk)}$$

① 248.4 ② 763.5
③ 923.8 ④ 1011.9

해설 지분실험법

$S_T = S_A + S_{B(A)} + S_{C(AB)} + S_e = S_{ABC} + S_e$

$\therefore S_{ABC} = 675.4 + 160.3 + 88.1 = 923.8$

8 반복없는 2요인 실험을 행했을 때, A_3B_2 수준조합에서 결측치가 발생하였다. 결측치 ⓨ의 값을 점추정하면?

요인	A_1	A_2	A_3	A_4	A_5	$T_{\cdot j}$
B_1	13	1	3	−19	−3	−5
B_2	18	13	ⓨ	−11	−1	19+ⓨ
B_3	28	22	2	8	−5	55
B_4	13	12	0	−10	5	20
$T_{i\cdot}$	72	48	5+ⓨ	−32	−4	89+ⓨ

① $\frac{3}{12}$ ② $\frac{1}{3}$
③ 1.0 ④ 2.17

해설 반복없는 2요인배치 결측치 추정

$$y_{ij} = \frac{lT_{i\cdot}' + mT_{\cdot j}' - T'}{(l-1)(m-1)}$$

$$\Rightarrow y_{32} = \frac{5\times5 + 4\times19 - 89}{(5-1)(4-1)} = 1$$

※ 결측치의 추정값은 표의 데이터와 끝자리를 일치시켜 분산분석을 행한다

ex) $y_{ij} = 2.3864 \Rightarrow y_{ij} = 2$

9 수준의 선택이 랜덤으로 이루어지고 각 수준이 기술적 의미를 가지고 있지 못하며 주효과 a_i들의 합이 일반적으로 0이 아닌 요인은?

① 변량요인 ② 보조요인
③ 모수요인 ④ 혼합요인

해설 $\sum_i a_i \neq 0$: 변량요인

10 3^3형 요인 실험에서 9개의 블록을 만들 때, 요인 AB^2C^2과 AC를 정의대비라고 하면 블록과 교락되는 정의대비는?

① AB^2 ② AC^2
③ BC ④ BC^2

해설 3^3형 실험

$I = AB^2C^2 = AC$인 경우

블록과 교락되는 정의대비

1. XY형

$(AB^2C^2)\times(AC) = A^2B^2C^3$

$A^2B^2 \rightarrow AB$

2. XY^2형

$(AB^2C^2)\times(AC)^2 = A^3B^2C^4$

$= B^2C^4 = B^2C = (B^2C)^2 = BC^2$

(단, $A^3 = B^3 = C^3 = 1$로 처리한다.)

11 각각 3개, 5개의 수준을 갖는 두 개 요인의 모든 수준조합에서 각각 2회 반복을 하였다. 교호작용이 무시되지 않는 경우, 오차항의 자유도는 얼마인가?

① 8 ② 12
③ 15 ④ 23

해설 반복있는 2요인배치

$l=3$, $m=5$, $r=2$

$\nu_e = lm(r-1) = 15$

정답 6.③ 7.③ 8.③ 9.① 10.④ 11.③

12 2^4형 요인배치법에서 2중교락 설계 시 블록효과와 교락시킨 2개의 요인이 ABC, BCD일 때, 블록효과와 교락되는 다른 하나의 요인은?

① AD ② AC
③ BC ④ BD

해설 2^4형 실험
$I = A \times B \times C$
$= B \times C \times D$
$= A \times D$
(단, $A^2 = B^2 = C^2 = 1$로 처리한다.)

13 회귀분석 분산분석표에서 나머지 제곱합(S_r)이 유의하지 않았다. 이런 경우 회귀로부터의 제곱합 $S_{y/x}$의 불편분산은 약 얼마인가?

요인	SS	DF
직선회귀 나머지(고차 회귀)	28.964 0.036	1 2
A e	29.000 1.05	3 12
T	30.05	15

① 0.0638 ② 0.0776
③ 1.0860 ④ 1.2100

해설 회귀분석
$S_T = S_A + S_e = (S_R + S_r) + S_e$
$S_r = S_A - S_R = 0.036$
$V_{y/x} = \dfrac{S_{y/x}}{\nu_{y/x}} = \dfrac{S_e + S_r}{\nu_e + \nu_r} = \dfrac{1.05 + 0.036}{12 + 2} = 0.0776$

14 요인 A의 3수준을 택하고, 반복 4회의 1요인 실험을 행하였을 경우, 변량요인 A의 평균제곱 V_A의 기대값은? (단, $x_{ij} = \mu + a_i + e_{ij}$, $a_i \sim N(0,\ \sigma_A^2)$, $e_{ij} \sim N(0,\ \sigma_e^2)$이다.)

① σ_e^2 ② $\sigma_e^2 + 3\sigma_A^2$
③ $\sigma_e^2 + 4\dfrac{\sum_{i=1}^{l} a_i}{3-1}$ ④ $\sigma_e^2 + 4\sigma_A^2$

해설 1요인배치($l=3$, $r=4$)
$E(V_A) = \sigma_e^2 + r\sigma_A^2 = \sigma_e^2 + 4\sigma_A^2$

15 2^3형 실험에서 교호작용 ABC를 블록과 교락시킨 후 abc가 포함된 블록으로 $\frac{1}{2}$ 일부실시법을 행하였을 때, 교호작용 BC와 별명(alias) 관계에 있는 주요인의 주효과를 맞게 표현한 것은?

① $\frac{1}{2}[(a+abc)-(b+c)]$
② $\frac{1}{2}[(b+abc)-(a+c)]$
③ $\frac{1}{2}[(c+abc)-(a+b)]$
④ $\frac{1}{2}[(abc+1)-(bc+b)]$

해설 2^3형 실험의 정의대비(I)가 $A \times B \times C$인 $\frac{1}{2}$ 일부실시법이다.
$I = A \times B \times C$이므로
$(B \times C) \times I = (B \times C) \times (A \times B \times C)$
$= A \times B^2 \times C^2$
$= A$
따라서, $B \times C$와 별명관계는 A이다.
$\therefore$ A의 주효과 $A = \frac{1}{2}(abc + a - b - c)$

• 단독교락

(1)	a
ab	b
ac	c
bc	abc

$I = A \times B \times C$

16 요인 A(원료구입선 : l수준)를 1차 단위로, 요인 B(가공방법 : m수준)를 2차 단위로 하여 블록 반복 2회 분할법에 의한 실험을 하는 경우 데이터의 구조식은? (단, $i=1,\ 2,\ \cdots,\ l$, $j=1,\ 2,\ \cdots,\ m$, $k=1,\ 2,\ \cdots,\ r$이다.)

① $x_{ijk} = \mu + a_i + b_{(i)} + e_{k(ij)}$
② $x_{ijk} = \mu + e_{(i)} + b_j + e_{(2)ijk}$
③ $x_{ijk} = \mu + a_i + r_k + e_{(1)ik} + b_j + (ab)_{ij} + e_{(2)ijk}$
④ $x_{ijk} = \mu + a_i + (ar)_{ik} + e_{(1)ik} + b_j + (ab)_{ij} + e_{(2)ijk}$

해설 단일분할법(1차 단위가 1요인배치)
$x_{ijk} = \mu + a_i + r_k + e_{(1)ik} + b_j + (ab)_{ij} + e_{(2)ijk}$
$e_{(1)ik}$에는 $(ar)_{ik}$가, $e_{(2)ijk}$에는 $(br)_{jk}$와 $(abr)_{ijk}$가 교락되어 있다.

정답 12.① 13.② 14.④ 15.① 16.③

17 3개의 수준에서 반복횟수가 8인 1요인 실험에서 각 수준에서의 측정값의 합이 $y_{1\cdot}$, $y_{2\cdot}$, $y_{3\cdot}$라고 할 때, 관심을 갖는 대비는 다음과 같은 2개가 있다. 이 두 대비가 서로 직교가 되기 위한 k 값은?

• $L_1 = y_{1\cdot} - y_{2\cdot}$ • $L_2 = \frac{1}{2}y_{1\cdot} + ky_{2\cdot} - y_{3\cdot}$

① -1 ② $\frac{1}{2}$
③ $\frac{3}{2}$ ④ 1

해설 $L_1 = y_{1\cdot} - y_{2\cdot}$
$L_2 = \frac{1}{2}y_{1\cdot} + ky_{2\cdot} - y_{3\cdot}$
• 대비(contrast) : $c_1 + c_2 + \cdots + c_n = 0$
• 직교 : $\Sigma c_i c_i' = c_1c_1' + c_2c_2' + \cdots + c_nn_n' = 0$
$\therefore\ k = \frac{1}{2}$이다.

18 4개의 모수요인에 대해 수준수를 5로 하는 그레코라틴방격 실험을 행한다면 오차의 자유도는?

① 6 ② 8
③ 12 ④ 16

해설 $\nu_e = (k-1)(k-2)$: 라틴방격
$= (k-1)(k-3)$: 그레코라틴방격
$= (k-1)(k-4)$: 초그레코라틴방격
$\therefore\ \nu_e = (5-1)(5-3) = 8$

19 난괴법에 관한 설명으로 틀린 것은?

① 난괴법에서 사용되는 변량요인은 블록요인 혹은 집단요인이다.
② 1요인은 모수요인이고, 1요인은 변량요인인 반복없는 2요인 실험이다.
③ 요인 B(변량요인)인 경우 수준 간의 산포를 구하는 것이 의미가 있고, 모평균 추정은 의미가 없다.
④ A(모수요인), B(블록요인)로 난괴법 실험을 한 경우 층별이 잘 된 경우에 정보량이 적어지는 경향이 있다.

해설 층별이 잘 되면 정보량이 많아진다.
※ 모수인자는 평균의 해석을, 변량인자는 산포의 해석을 행한다.

20 반복없는 3요인 실험에서 A, B, C 요인의 수준이 각각 l, m, n이라고 할 때, $A\times C$의 자유도($\nu_{A\times C}$)는? (단, 모수모형이고, $l=3$, $m=4$, $n=4$이다.)

① 4 ② 6
③ 8 ④ 12

해설 $\nu_{A\times C} = \nu_A \times \nu_C$
$= (l-1)(n-1) = 6$

제2과목 통계적 품질관리

21 계수형 샘플링검사 절차 – 제1부 : 로트별 합격품질한계(AQL) 지표형 샘플링검사 방식(KS Q ISO 2859-1)에서 엄격도 조정을 위한 전환규칙으로 틀린 것은?

① 수월한 검사에서 1로트가 불합격되면 보통검사로 이행한다.
② 까다로운 검사에서 연속 5로트가 합격하면 보통검사로 이행한다.
③ 까다로운 검사에서 불합격 로트의 누계가 10로트에 도달하면 검사를 중지한다.
④ 보통검사에서 연속 5로트 이내에 2로트가 불합격이 되면 까다로운 검사로 이행한다.

해설 ③ 불합격 Lot의 누계 5Lot : 검사 중지

22 전선의 인장강도(kg/mm^2)가 평균 44 이상인 로트(lot)는 합격으로 하고, 39 이하인 로트는 불합격으로 하려는 검사에서 합격판정치($\overline{X}_L$)를 구했더니 42.466이었다. 입고된 로트에서 5개의 시료 샘플을 취하여 평균을 구했더니 $\overline{x}=41.6$이었다면 이 로트의 판정은?

① 합격 ② 불합격
③ 알 수 없다. ④ 다시 샘플링해야 한다.

해설 **계량규준형(평균치 보증하는 경우)**
$m_0 = 44$, $m_1 = 39$
$\overline{X}_L = m_0 - k_\alpha \frac{\sigma}{\sqrt{m}} = 42.466$kg/mm^2
판정 : $\overline{x} \geq 42.466$kg/mm^{2}이면, Lot 합격
여기서, $\overline{x} = 41.6 < \overline{X}_L$이므로, Lot 불합격이다.

정답 17.② 18.② 19.④ 20.② 21.③ 22.②

23 확률변수 X가 다음의 분포를 가질 때 Y의 기대값은? (단, $Y=(X-1)^2$이다.)

X	0	1	2	3
$P(X)$	$\frac{1}{3}$	$\frac{1}{4}$	$\frac{1}{4}$	$\frac{1}{6}$

① $\frac{1}{2}$　② $\frac{3}{5}$

③ $\frac{3}{4}$　④ $\frac{5}{4}$

해설 • $E(X)=\sum_{X=0}^{3} XP(X)$

$=0\times\frac{1}{3}+1\times\frac{1}{4}+2\times\frac{1}{4}+3\times\frac{1}{6}$

$=\frac{3}{4}+\frac{1}{2}=1.25=\mu_X$

• $V(X)=\sum_{X=0}^{3}[X-E(X)]^2P(X)$

$=\sum_X X^2P(X)-\left[\sum_X XP(X)\right]^2$

$=\left(0^2\times\frac{1}{3}+1^2\times\frac{1}{4}+2^2\times\frac{1}{4}+3^2\times\frac{1}{6}\right)-\left(\frac{5}{4}\right)^2$

$=1.1875=\sigma_X^2$

$\therefore\ E(Y)=E(X^2-2X+1)$

$=E(X^2)-2E(X)+1$

$=(\mu_X^2+\sigma_X^2)-2\mu_X+1$

$=(1.25^2+1.1875)-2\times1.25+1$

$=1.25=\frac{5}{4}$

24 시료의 크기가 3인 시료군 30개를 측정하여 $\Sigma\bar{x}=609.9$, $\Sigma R=138.0$을 얻었다. 이때 $\bar{x}-R$ 관리도의 관리상한은 각각 약 얼마인가? (단, 군의 크기가 3일 때, $A_2=1.023$, $D_4=2.575$이다.)

① $\bar{x}$ 관리도 : 25.036, R 관리도 : 11.845

② $\bar{x}$ 관리도 : 25.036, R 관리도 : 20.047

③ $\bar{x}$ 관리도 : 32.175, R 관리도 : 11.845

④ $\bar{x}$ 관리도 : 32.175, R 관리도 : 20.047

해설 $\bar{x}-R$ 관리도

• $\bar{x}$ 관리도

$U_{CL}=\bar{\bar{x}}+A_2\bar{R}=\frac{609.9}{30}+1.023\times\frac{138.0}{30}=25.036$

• R 관리도

$U_{CL}=D_4\bar{R}=2.575\times\frac{138.0}{30}=11.845$

25 로트의 평균치를 보증하는 경우에 대한 검사특성곡선에 관한 내용으로 틀린 것은?

① 가로축의 눈금은 로트의 평균값이다.

② 세로축의 눈금은 로트의 합격확률이다.

③ 망소특성에서 합격확률 $K_{L(m)}$의 값을 구하기 위한 식은 $K_{L(m)}=\frac{(m-\bar{X}_U)\sqrt{n}}{\sigma}$이다.

④ 망소특성에서 $K_{L(m)}$의 값이 양의 값으로 나타나는 경우 로트의 평균 m이 $\bar{X}_U$보다 큰 경우로 합격확률은 최소한 50%보다 크다.

해설 **평균치 보증인 경우 OC 곡선**

가로축은 로트의 평균 m, 세로축은 로트의 합격확률 $L(m)$으로 표시되는 검사특성곡선이다.

$K_{L(m)}=\frac{m-\bar{X}_U}{\sigma/\sqrt{n}}$: 망소특성

$=\frac{\bar{X}_L-m}{\sigma/\sqrt{n}}$: 망대특성

※ $m<\bar{X}_U$, $m>\bar{X}_L$인 경우 $K_{L(m)}$은 음의 값으로, 로트 합격확률 $L(m)$은 0.5보다 큰 값이 나타난다.

26 검정통계량을 계산할 때 χ^2 통계량을 사용할 수 없는 것은?

① 한국인과 일본인이 야구, 축구, 농구에 대한 선호도가 다른지를 조사할 때

② 20대, 30대, 40대별로 좋아하는 음식(한식, 중식, 양식)에 영향을 미치는지를 조사할 때

③ 이론적으로 남녀의 비율이 같다고 하는데, 어느 마을의 남녀 성비가 이론을 따르는지 검정할 때

④ 어느 대학의 산업공학과에서 샘플링한 4학년생 10명의 토익성적과 3학년생 15명의 토익성적 산포에 대한 등분산성을 검정할 때

해설 ① : 적합도 검정(독립성 검정)

② : 적합도 검정(독립성 검정)

③ : 적합도 검정(동일성 검정)

$\chi_0^2=\frac{\Sigma\Sigma(X_{ij}-E_{ij})^2}{E_{ij}}$: $m\times n$ table

④ : 모분산비의 검정(F_0 검정)

정답 23.④ 24.① 25.④ 26.④

27 실제로 귀무가설 H_0가 옳지 않은 데도 불구하고 H_0를 기각하지 못하는 오류는?

① 제1종 오류
② 제2종 오류
③ 제3종 오류
④ 생산자의 위험

해설

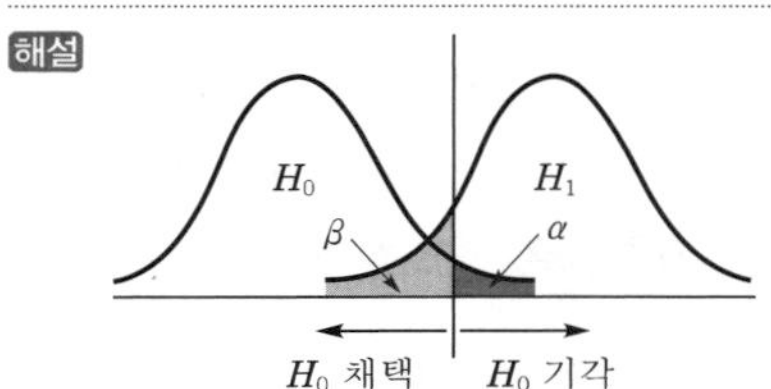

28 $n=5$, $k=30$인 $\bar{x}-R$ 관리도에서 관리계수 $C_f=1.5$일 때, 판정으로 맞는 것은?

① 군간변동이 크다.
② 군 구분이 나쁘다.
③ 대체로 관리상태이다.
④ 이상원인이 존재하지 않는다.

해설

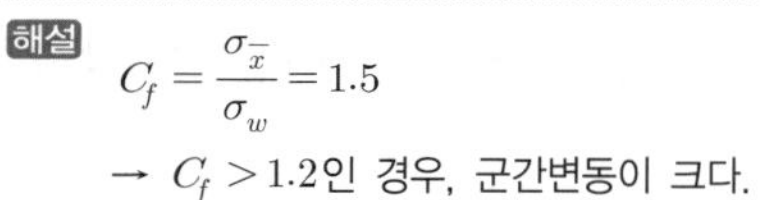

$$C_f=\frac{\sigma_{\bar{x}}}{\sigma_w}=1.5$$

→ $C_f>1.2$인 경우, 군간변동이 크다.

29 관리도에서 관리하여야 할 항목은 일반적으로 시간, 비용 또는 인력 등을 고려하여 꼭 필요하다고 생각되는 것이어야 한다. 이러한 항목에 관한 설명으로 가장 거리가 먼 것은?

① 가능한 한 대용특성을 선택하는 것은 피할 것
② 제품의 사용목적에 중요한 관계가 있는 품질특성일 것
③ 공정의 적합품과 부적합품을 충분히 반영할 수 있는 특성치일 것
④ 계측이 용이하고 경비가 적게 소요되며 공정에 대하여 조처가 쉬울 것

해설 ① 가능한 한 대용특성을 고려할 것

30 다음은 어떤 직물의 물세탁에 의한 신축성 영향을 조사하기 위해 150점을 골라 세탁 전(x), 세탁 후(y)의 길이를 측정하여 얻은 데이터이다. $H_0:\rho=0$, $H_1:\rho\neq0$에 대한 검정통계량(t_0)은 약 얼마인가?

$S_{xx}=1072.5$ $\quad S_{yy}=919.3$ $\quad S_{xy}=607.6$

① 9.412　　② 9.446
③ 11.953　　④ 11.993

해설 $\rho=0$인 검정(상관유무의 검정)
1. 가설 $H_0:\rho=0$, $H_1:\rho\neq0$
2. 유의수준 : $\alpha=0.05$
3. 통계량 계산
 • r분포를 이용하는 경우

$$r_0=\frac{S_{xy}}{\sqrt{S_{xx}S_{yy}}}\sim r(n-2)=0.6119$$

 • t분포를 이용하는 경우

$$t_0=\frac{r-\rho}{\sqrt{\frac{1-r^2}{n-2}}}\sim t(n-2)$$

 여기서, $\rho=0$이 기준이므로

$$t_0=\frac{0.6119-0}{\sqrt{\frac{1-0.6119^2}{150-2}}}=9.412$$

4. 판정
 • r분포를 이용하는 경우
 $|r_0|>r_{1-\alpha/2}(n-2)$: H_0 기각
 • t분포를 이용하는 경우
 $|t_0|>t_{1-\alpha/2}(n-2)$: H_0 기각

31 제1종 오류(α)와 제2종 오류(β)에 관한 설명으로 틀린 것은?

① α가 커지면 상대적으로 β도 커진다.
② 신뢰구간이 작아지면 β값이 상대적으로 작다.
③ 표본의 크기 n을 일정하게 하고, α를 크게 하면 $(1-\beta)$도 커진다.
④ α를 일정하게 하고, 시료 크기 n을 증가시키면 β는 작아진다.

해설 ① $\alpha\uparrow:\beta\downarrow$
② $\beta_{\bar{x}}=u_{1-\alpha/2}\frac{\sigma}{\sqrt{n}}\downarrow:\beta\downarrow:(1-\beta)\uparrow$
③ $\alpha\uparrow:(1-\beta)\uparrow$
④ $n\uparrow:\beta\downarrow$

정답 27.② 28.① 29.① 30.① 31.①

32 부적합률에 대한 계량형 축차 샘플링검사 방식(표준편차 기지, KS Q ISO 39511)에서 양쪽 규격한계가 주어지는 경우 $n_{cum} < n_t$일 때, 상한 합격판정치 A_U는? (단, σ가 규격 간격$(U-L)$과 비교하여 충분히 작은 경우이다.)

① $g\sigma n_{cum} - h_A\sigma$
② $g\sigma n_{cum} + h_A\sigma$
③ $(U-L-g\sigma)n_{cum} - h_A\sigma$
④ $(U-L-g\sigma)n_{cum} + h_A\sigma$

해설 ※ 하한 합격판정치 $A_L = h_A\sigma + g\sigma n_{cum}$

33 종래 한 로트에서 발견되는 부적합수는 평균 12개이었다. 작업방법을 개선한 후 하나의 로트를 뽑아서 부적합수를 세어보니 7개였다. 평균 부적합수가 줄었는지를 유의수준 5%로 검정할 때, 기각역과 검정통계량(u_0)의 값은 약 얼마인가?

① 기각역 : $u_0 \le -1.96$, $u_0 = -1.44$
② 기각역 : $u_0 \le -1.96$, $u_0 = -1.89$
③ 기각역 : $u_0 \le -1.645$, $u_0 = -1.44$
④ 기각역 : $u_0 \le -1.645$, $u_0 = -1.89$

해설 모부적합수의 검정

1. 가설 $H_0 : m \ge m_0$, $H_1 : m < m_0$
   (단, $m_0 = 12$이다.)
2. 유의수준 : $\alpha = 0.05$
3. 검정통계량
   $$u_0 = \frac{c-m}{\sqrt{m}} = \frac{7-12}{\sqrt{12}} = -1.4433$$
4. 기각역(Rejection region)
   $R(u \le -1.645)$: 기각치 표시
5. 판정
   $u_0 > -1.645$: H_0 채택

∴ 모결점수는 줄어들었다고 할 수 없다.
※ H_0 기각 시 모부적합수의 신뢰한계(신뢰상한값)를 추정한다.

34 샘플링검사보다 전수검사가 유리한 경우는?

① 검사항목이 많은 경우
② 검사비용에 비해 제품이 고가인 경우
③ 검사비용을 적게 하는 것이 이익이 되는 경우
④ 생산자에게 품질향상의 자극을 주고 싶은 경우

해설 ①, ③, ④ : 샘플링검사

35 10톤씩 적재하는 100대의 화차에서 5대의 화차를 샘플링하여 각 화차로부터 3인크리먼트씩 랜덤하게 시료를 채취하는 샘플링 방법은?

① 집락 샘플링　② 층별 샘플링
③ 계통 샘플링　④ 2단계 샘플링

해설 $M = 100$, $m = 5$, $\Sigma n_i = m\bar{n} = 15$

$$\sigma_{\bar{\bar{x}}}^2 = \frac{\sigma_b^{\ 2}}{m} + \frac{\sigma_w^{\ 2}}{m\bar{n}}$$: 2단계 샘플링

36 A대학 산업공학과 학생들의 통계학 시험성적을 분석한 결과 성적분포가 $N(70,\ 8^2)$이었다. 72.08점 이상 80.0점 이하인 학생에게 B학점을 주고자 한다. B학점을 받을 학생의 비율은 몇 %인가? (단, $u_{0.6026} = 0.26$, $u_{0.6915} = 0.5$, $u_{0.9332} = 1.5$, $u_{0.8944} = 1.25$이다.)

① 20.2%　② 24.2%
③ 29.2%　④ 33.1%

해설 정규분포 확률

$$P(72.08 \le x \le 80) = P\left(\frac{72.08-70}{8} \le u \le \frac{80-70}{8}\right)$$
$$= P(0.26 \le u \le 1.25)$$
$$= 0.8944 - 0.6026$$
$$= 0.2918$$

37 임의의 2개의 로트(lot)로부터 각각 크기가 8과 10인 시료를 채취하여 모평균의 차를 검정하려고 한다. 사용되는 검정통계량의 자유도는? (단, 등분산인 경우이다.)

① 15　② 16
③ 17　④ 18

해설 모평균차의 검정(σ미지)

$$t_0 = \frac{(\bar{x}_1 - \bar{x}_2) - \delta}{\sqrt{\hat{\sigma}^2\left(\frac{1}{n_1} + \frac{1}{n_2}\right)}}$$: 등분산이라고 생각되는 경우

$$\left(\text{단, } \hat{\sigma}^2 = \frac{S_1 + S_2}{\nu_1 + \nu_2} = \frac{S_1 + S_2}{n_1 + n_2 - 2}\right)$$

∴ $\nu^* = 8 + 10 - 2 = 16$

정답 32.③ 33.③ 34.② 35.④ 36.③ 37.②

38 공정에서 작은 변화의 발생을 빨리 탐지하기 위한 방법으로 가장 거리가 먼 것은?

① 부분군의 채취빈도를 늘린다.
② 관리도의 작성과정을 개선한다.
③ 관리도상의 런의 길이, 타점들의 특징이나 습성을 세심하게 관찰한다.
④ 슈하트(Shewhart) 관리도보다 지수가중이동평균(EWMA) 관리도를 이용한다.

해설 공정의 미세변동을 포착하기 위해서는 $\bar{x}-R$ 관리도보다 검출력이 높은 관리도(cusum 관리도)를 사용하거나, 군 크기 n을 증가시킨다. 혹은 부분군의 채취간격시간을 줄여 군의 수 k를 상대적으로 증가시켜 검출력을 높인다.

39 두 모집단에서 각각 $n_1=5$, $n_2=6$으로 추출하여 어떤 특정치를 측정한 결과가 다음의 [데이터]와 같았다. 모분산비의 검정을 위한 검정통계량은 약 얼마인가?

[데이터]	$\Sigma x_1=-3$	$\Sigma x_1^2=99$
	$\Sigma x_2=-3$	$\Sigma x_2^2=41$

① 2.08 ② 2.80
③ 3.08 ④ 3.80

해설 모분산비의 검정통계량

$$F_0=\frac{V_1}{V_2}=\frac{S_1/\nu_1}{S_2/\nu_2}$$

• $S_1=\Sigma x_1^2-\frac{(\Sigma x_1)^2}{n_1}=99-\frac{(-3)^2}{5}=97.2$

• $S_2=\Sigma x_2^2-\frac{(\Sigma x_2)^2}{n_2}=41-\frac{(-3)^2}{6}=39.5$

$\therefore F_0=\frac{97.2/4}{39.5/5}=3.07595$

40 다음은 일정 단위당 부분군(n)에 따른 부적합수(c) 자료이다. c 관리도의 중심선은 약 얼마인가?

k	1	2	3	4	5	6	7	8	9
c	8	9	7	12	8	5	11	10	9

① 0.8 ② 1.8
③ 4.8 ④ 8.8

해설 $\left.\begin{matrix}U_{CL}\\L_{CL}\end{matrix}\right]=\bar{c}\pm3\sqrt{\bar{c}}$

$\bar{c}=\frac{\Sigma c}{k}=\frac{79}{9}=8.77778$

제3과목 생산시스템

41 간판 시스템에서 작업장에서 부품의 수요율이 1분당 3개이고, 용기당 30개의 부품을 담을 수 있는 경우 필요한 간판의 수는? (단, 순환시간은 100분이다.)

① 10개 ② 20개
③ 25개 ④ 30개

해설 JIT system(push system) : 변종변량 시스템
$D=3,\ C=30,\ T=100$
$N=\frac{DT}{C}=\frac{3\times100}{30}=10$개

42 일반적으로 공정대기 현상을 유발시키는 요인과 가장 거리가 먼 것은?

① 일반적인 여력의 불균형
② 각 공정 간의 평준화 미흡
③ 전후공정의 작업시간이 다름
④ 직렬공정으로부터 흘러들어옴

해설 ④ 직렬공정 → 병렬공정

43 단일설비 순서계획을 위한 우선순위규칙 중 작업의 납기를 명시적으로 고려하는 것은?

① 긴급률법(CR) ② 최단시간법(SPT)
③ 최장시간법(LPT) ④ 선입선출법(FCFS)

해설 긴급률(CR) $=\frac{\text{잔여 납기일수}}{\text{잔여 작업일수}}$

44 테일러 시스템과 포드 시스템에 관한 설명으로 틀린 것은?

① 포드는 컨베이어에 의한 이동조립법을 실시하였다.
② 테일러는 고임금과 저노무비 실현을 위하여 과학적 관리법을 체계화하였다.
③ 테일러 시스템의 특징이 동시관리에 있다면, 포드 시스템은 과업관리라 할 수 있다.
④ 포드 시스템의 단순화, 표준화, 전문화는 오늘날 대량생산의 일반원칙이 되었다.

해설 ③ Ford system은 동시관리의 특징을 갖고 있으며, 단순화, 규격화, 전문화를 통한 표준화는 대량생산의 기초를 제공하였다.

정답 38.② 39.③ 40.④ 41.① 42.④ 43.① 44.③

45 수요예측에서 지수평활계수(α) 결정 시의 설명으로 맞는 것은?

① $0 < \alpha < 1$의 값을 이용하며 과거의 자료도 예측에 반영된다.
② 신제품이나 유행상품의 수요예측에서는 평활계수(α)를 작게 한다.
③ 실질적인 수요변동이 예견될 때는 예측의 감응도를 높이기 위하여 평활계수(α)를 작게 한다.
④ 수요의 기본수준에 큰 변동이 없는 것으로 예견되면 평활계수(α)를 크게 하여 예측의 안정도를 높인다.

해설 **지수평활법**
수요변화가 심한 경우 평활계수 α를 크게 한다.
$F_t = F_{t-1} + \alpha(D_{t-1} - F_{t-1})$
$= \alpha D_{t-1} + (1-\alpha)F_{t-1}$
(단, $0 \le \alpha \le 1$이다.)

46 각 작업의 작업시간과 납기가 다음과 같을 때 최단처리시간법으로 작업의 우선순위를 결정하려고 한다. 이때 평균진행시간과 평균납기지연시간은 각각 며칠인가? (단, 오늘은 3월 1일 아침이다.)

작업	작업시간(일)	납기(일)
A	3	3월 5일
B	7	3월 14일
C	2	3월 1일
D	6	3월 8일

① 8.5일, 1.2일
② 8.5일, 1.7일
③ 9일, 2일
④ 9일, 2.5일

해설 **우선순위 결정** : 최소작업시간 우선법

작업물	작업시간	진행시간	납기(일)	지연시간
C	2	2	1	1
A	3	5	5	0
D	6	11	8	3
B	7	18	14	4
		36/4		8/4

㉠ 평균진행시간＝9일
㉡ 평균납기지연시간＝2일

47 다음 중 적시생산시스템(JIT)의 특징을 설명한 것으로 잘못된 것은?

① 생산의 평준화를 위해 소로트화를 추구한다.
② 작업자의 다기능공화로 작업의 유연성을 높인다.
③ 준비교체횟수를 줄여 가동률 향상을 추구한다.
④ 공급자와는 긴밀한 유대관계로 사내 생산팀의 한 공정처럼 운영한다.

해설 JIT system은 Lead time을 최소화시키는 방식으로, 준비교체시간을 줄여 가동률의 향상을 추구한다.

48 생산운영관리에서 다루는 생산시스템에 관한 설명으로 맞는 것은?

① 시스템은 설비의 자동화를 의미한다.
② 시스템의 요건은 적품, 적량, 적시, 적가를 의미한다.
③ 시스템의 기본성능은 설계를 유용하게 하는 것이다.
④ 시스템의 공통적 특징은 집합성, 관련성, 목적추구성, 환경적응성이다.

해설 ② 수요의 요건

49 어떤 조립라인 균형 문제의 작업 선후관계와 과업시간이 [그림]과 같다. 작업장을 3개로 정할 때 얻을 수 있는 최고의 라인 효율은 약 얼마인가?

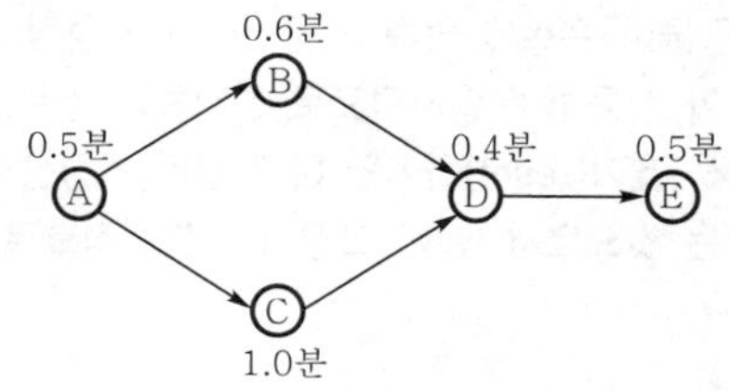

① 85.5%
② 88.9%
③ 90.9%
④ 94.5%

해설
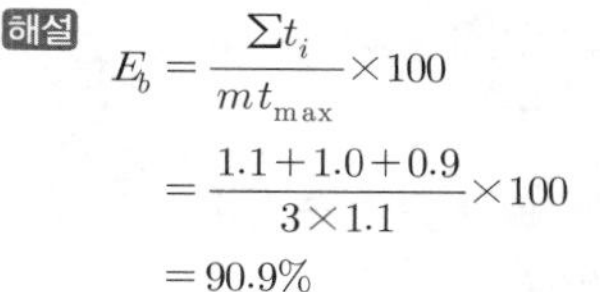
$$E_b = \frac{\Sigma t_i}{m t_{\max}} \times 100$$
$$= \frac{1.1 + 1.0 + 0.9}{3 \times 1.1} \times 100$$
$$= 90.9\%$$
※ $E_b \ge 80\%$이어야 효율적이다.

50 MRP 시스템의 투입자료가 아닌 것은?

① 자재명세서(bill of materials)
② 제품설계도(product drawing)
③ 재고기록파일(inventory record file)
④ 대일정계획(master production schedule)

해설 투입자료는 BOM, IRF, MPS이다.

51 생산하는 품종의 수와 품종별 생산량이 중간정도인 경우에 적합한 생산시스템은?

① 배치(batch) 시스템
② 잡숍(job-shop) 시스템
③ 반복(repetitive) 시스템
④ 연속(continuous) 시스템

해설 대량생산과 소량생산의 중간형태 : batch 생산

52 구매관리방식 중 집중구매방식의 특성으로 틀린 것은?

① 종합구매로 구매비용이 적게 든다.
② 공장별 자재의 긴급조달이 용이하다.
③ 대량구매로 가격과 거래조건이 유리하다.
④ 시장조사, 거래처조사, 구매효과의 측정 등을 효과적으로 실행할 수 있다.

해설 ②는 분산구매의 장점이다.

53 가공물이 슈트에 막혀서 공전하거나 품질 불량으로 센서가 작동하여 일시적으로 정지하는 경우, 이들 가공물을 제거(reset)하기만 하면 설비는 정상적으로 작동하는 것으로서, 설비 고장과는 본질적으로 다른 로스는?

① 속도 로스 ② 순간정지 로스
③ 준비·조정 로스 ④ 공구교환 로스

해설 1. 정지 로스
- 고장정지 로스(시간적 로스)
- 작업준비·조정 로스

2. 속도 로스
- 공전·순간정지 로스(정량화 불가능)
- 속도저하 로스

3. 불량 로스
- 불량재가공 로스
- 초기 로스(물량적 로스)

54 다음 중 수요예측기법으로서 정성적 기법이 아닌 것을 고르면?

① 전문가패널법
② 델파이법
③ 시계열분석법
④ 중역의견법

해설 ③ 시계열분석법은 정량적 분석기법이다.

55 다음 중 워크샘플링의 관측요령을 가장 적절하게 표현한 것은?

① 직접 및 연속 관측
② 간접 및 연속 관측
③ 랜덤한 시점에서 순간 관측
④ 정기적인 시점에서 순간 관측

해설 워크샘플링(work sampling)은 작업이 불규칙하거나 비반복적인 경우 사용하는 순간 목시관측기법으로, 발생률(유휴율)을 구하여 정미시간(NT)을 산정한다.

56 집중보전과 비교했을 때, 부문보전의 단점이 아닌 것은?

① 보전책임 소재가 불명확하다.
② 보전기술의 향상이 곤란하다.
③ 생산우선으로 보전이 경시된다.
④ 특정 설비에 대한 습숙이 곤란하다.

해설 부문보전의 장점으로는 운전과의 일체감, 현장감독의 용이성, 작업일정 조정의 용이성, 특정 설비의 습숙성 등이 있다.

57 ERP 시스템의 구축 시 ERP 패키지를 활용하는 경우의 장점으로 맞는 것은?

① 개발기간이 장기화된다.
② 사용자의 요구사항을 충실히 반영한다.
③ 비정형화된 예외업무의 수용이 용이하다.
④ Best practice의 수용으로 효율적 업무개선이 이루어진다.

해설 자체개발 ERP는 각 기업의 업무처리방식이나 상거래 관행 등을 반영하여 개발되므로, best practice 적용에 어려움이 있다.

정답 50.② 51.① 52.② 53.② 54.③ 55.③ 56.④ 57.④

58 다음 중 일정계획의 주요 기능에 해당되지 않는 것을 고르면?

① 작업할당
② 제품조합
③ 부하결정
④ 작업우선순위 결정

해설 시장의 수요예측과 생산계획량이 결정되면 각종 제품의 생산계획이 수립되는데, 제품별 생산계획 수립 시 제품의 최적결합비율을 결정하는 제품의 구성을 제품조합(product mix)이라 한다.

$$BEP = \frac{F}{1-\text{변동비율}} = \frac{F}{1-\frac{V}{S}}$$

59 불확실성하의 의사결정기법에 대한 설명으로 틀린 것은?

① 기대화폐가치(EMV) 기준은 낙관계수를 사용한다.
② 최소성과최대화(Maximin) 기준은 비관주의적 기준이다.
③ 라플라스(Laplace) 기준은 동일확률기준이라고도 한다.
④ 최대후회최소화(Minimax regret) 기준은 기회손실의 최대값이 최소화되는 대안을 선택한다.

해설 ① 기대화폐가치(EMV) 기준
$EV_i = \Sigma P_i X_i$
(P_i : 성과 X_i의 확률, X_i : 화폐금액으로 표시된 결과성과)

60 동작경제의 원칙 중 신체 사용에 관한 원칙으로 맞는 것은?

① 팔 동작은 곡선보다는 직선으로 움직이도록 설계한다.
② 근무시간 중 휴식이 필요한 때에는 한 손만 사용한다.
③ 모든 공구나 재료는 정위치에 두도록 하여야 한다.
④ 두 손의 동작은 동시에 시작하고 동시에 끝나도록 한다.

해설 ① : 연속곡선 동작
② : 양손 사용
③ : 작업역에 관한 원칙

제4과목 신뢰성 관리

61 와이블분포에 관한 설명으로 틀린 것은?

① 스웨덴의 Waloddi Weibull이 고안한 분포이다.
② 형상모수의 값이 1보다 작은 경우에는 고장률이 감소한다.
③ 고장확률밀도함수에 따라 고장률함수의 분포가 달라진다.
④ 위치모수가 0이고 사용시간이 $t=\eta$이면, 형상모수에 관계없이 불신뢰도는 e^{-1}이 된다.

해설
$$\begin{aligned} F(t=\eta) &= 1-R(t=\eta) \\ &= 1-e^{-\left(\frac{t-r}{\eta}\right)^m} \\ &= 1-e^{-\left(\frac{\eta-0}{\eta}\right)^m} \\ &= 1-e^{-1} = 0.63 \end{aligned}$$

※ 척도모수 η란 형상모수 m과는 관계없이, Weibull 분포에서 63%가 고장 나는 시간이다.

62 어떤 기기의 수명이 평균 500시간, 표준편차 50시간인 정규분포를 따른다. 이 제품을 400시간 사용하였을 때의 신뢰도는 약 얼마인가? (단, $u_{0.9938}=2.5$, $u_{0.9772}=2.0$, $u_{0.9332}=1.5$, $u_{0.8413}=1.0$이다.)

① 0.8413 ② 0.9332
③ 0.9772 ④ 0.9938

해설 정규분포 신뢰도

$$\begin{aligned} R(t=400) &= P\left(z \ge \frac{400-500}{50}\right) \\ &= P(z \ge -2) \\ &= 0.9772 \end{aligned}$$

63 KS A 3004(용어 – 신인성 및 서비스품질)에서 정의하고 있는 고장에 관한 용어 중 시험결과를 해석하거나 신뢰성의 척도를 계산하는 데 포함되어야 하는 고장으로, 판정기준을 미리 명확히 해 두어야 하는 것은?

① 부분고장 ② 연관고장
③ 오용고장 ④ 경향고장

해설 ※ 오용고장 : 제품의 규정된 능력을 초과하는 잘못된 사용으로 발생하는 스트레스로 인한 고장

정답 58.② 59.① 60.④ 61.④ 62.③ 63.②

64 어떤 부품을 신뢰수준 90%, $C=1$에서 $\lambda_1=1\%/10^3$ 시간임을 보증하기 위한 계수 1회 샘플링검사를 실시하고자 한다. 이때 시험시간 t를 1000시간으로 할 때, 샘플 수는 몇 개인가? (단, 신뢰수준은 90%로 한다.)

[계수 1회 샘플링검사표]

C \ $\lambda_1 t$	0.05	0.02	0.01	0.0005
0	47	116	231	461
1	79	195	390	778
2	109	233	533	1065
3	137	266	688	1337

① 79 ② 195
③ 390 ④ 778

해설 $C=1$과 $\lambda_1 t=1\%/10^3\times1000=0.01$을 교차시키면 샘플링검사표에서 $n=390$개가 구해진다.
※ $n=390$개의 샘플을 1000시간 시험하는 동안 고장개수 $r\le C$인 경우 로트를 합격시킨다.

65 초기고장기간에 발생하는 고장의 원인이 아닌 것은?

① 설계 결함
② 불충분한 보전
③ 조립상의 결함
④ 불충분한 번인(burn-in)

해설 ②항은 마모고장기의 고장발생 원인이다.

66 수명시험방식 중 정시중단방식의 설명으로 맞는 것은?

① 정해진 시간마다 고장개수를 기록하는 방식
② 미리 고장개수를 정해 놓고 그 수의 고장이 발생하면 시험을 중단하는 방식
③ 미리 시간을 정해 놓고 그 시간이 되면 고장개수에 관계없이 시험을 중단하는 방식
④ 미리 시간을 정해 놓고 그 시간이 되면 고장난 아이템에 관계없이 전체를 교체하는 방식

해설 ※ ② : 정수중단시험

67 와이블확률지에 수명 데이터를 타점하여 형상 파라미터 m을 구했을 때 디버깅(debugging)이 가장 유효한 경우는?

① $m<1$ ② $m=1$
③ $m>1$ ④ $m=0$

해설 초기고장기($m<1$)에는 burn-in과 debugging을 행한다.

68 규정시간을 사용하였을 때의 부품의 신뢰도가 0.45밖에 되지 않는다. 그런데 이 부품이 사용되는 곳의 신뢰도는 0.95가 되어야 한다. 따라서 병렬 리던던시 설계에 의거, 이 부품이 사용되는 곳의 신뢰도를 증대시키려고 한다. 신뢰성 목표치의 달성을 위해서는 몇 개의 부품을 병렬로 연결하여야 하는가?

① 3 ② 4
③ 5 ④ 6

해설
$$R_S=1-\Pi(1-R_i)$$
$$=1-(1-R_i)^n$$
$$\rightarrow n=\frac{\log(1-R_S)}{\log(1-R_i)}=\frac{\log 0.05}{\log 0.55}=5.84\rightarrow 6$$

69 어떤 재료의 강도는 평균이 40kg/mm²이고, 표준편차가 4kg/mm²인 정규분포를 따른다. 이 재료에 걸리는 부하는 평균이 25kg/mm²이고, 표준편차가 3kg/mm²이다. 이때 재료가 파괴될 확률은 약 얼마인가? (단, $P(u>2)=0.02275$, $P(u>3)=0.00135$이다.)

① 0.00135 ② 0.02275
③ 0.99725 ④ 0.99865

해설
$$P(x-y>0)=P\left(u\ge\frac{0-(\mu_x-\mu_y)}{\sqrt{{\sigma_x}^2+{\sigma_y}^2}}\right)$$
$$=P\left(u\ge\frac{40-25}{\sqrt{4^2+3^2}}\right)$$
$$=P(u\ge3)=0.00135$$
(여기서, x는 부하이고, y는 강도이다.)

70 FMEA 방법에 대한 설명으로 틀린 것은?

① 정성적 고장분석방법이다.
② 상향식(bottom-up) 분석방법을 취하고 있다.
③ 잠재적 고장의 발생을 감소시키거나 제거할 수 있다.
④ 기본사상에 중복이 있는 경우에는 Boolean 대수에 의해 결함수를 간소화하여야 한다.

해설
- FMEA : 정성적 기법(상향식 분석방법)
- FTA : 정량적 기법(하향식 분석방법)
- Boolean대수 법칙(중복사상의 고장목 간소화 법칙)

 정답 64.③ 65.② 66.③ 67.① 68.③ 69.① 70.④

71 다음 중 고유가동성(inherent availability)의 척도로 맞는 것은?

① $\frac{MTBF}{MTBF+MTTR}$

② $\frac{MTBF}{MTTF+MTBR}$

③ $\frac{MTTR}{MTBF+MTTR}$

④ $\frac{MTTF}{MTTF+MTBF}$

해설 $A=\frac{MTBF}{MTBF+MTTR}$

$=\frac{\mu}{\lambda+\mu}$

72 Y회사에서는 와이블분포에 의거하여 제품의 고장시간 데이터를 해석하고, 그 신뢰도를 추정하고 있다. 그 이유로서 가장 적절한 것은?

① 고장률이 IFR에 따르기 때문에
② 고장률이 CFR에 따르기 때문에
③ 일반적인 제품의 형상모수(m)는 1이기 때문에
④ 고장률이 어떤 패턴에 따르는지 모르기 때문에

해설 와이블분포는 고장률 패턴에 관계없이 신뢰성 척도를 정의할 수 있도록 고안된 분포이다.

73 지수분포의 수명을 갖는 부품 n개를 시험하여 고장개수가 r개가 되었을 때 관측을 중단하였다. 총시험시간(T)을 $T=\sum_{i=1}^{r}t_i+(n-r)t_r$이라고 할 때, 평균수명시간의 양쪽 신뢰구간을 맞게 표현한 것은?

① $\left[\frac{T}{\chi^2_{\alpha/2}(r)},\ \frac{T}{\chi^2_{1-\alpha/2}(r)}\right]$

② $\left[\frac{2T}{\chi^2_{1-\alpha/2}(r)},\ \frac{2T}{\chi^2_{\alpha/2}(r)}\right]$

③ $\left[\frac{2T}{\chi^2_{1-\alpha/2}(2r)},\ \frac{2T}{\chi^2_{\alpha/2}(2r)}\right]$

④ $\left[\frac{2T}{\chi^2_{\alpha/2}(2r)},\ \frac{2T}{\chi^2_{1-\alpha/2}(2r+2)}\right]$

해설 정수중단시험

- $MTBF_L=\frac{2r\hat{\theta}}{\chi^2_U}=\frac{2T}{\chi^2_{1-\alpha/2}(2r)}$
- $MTBF_U=\frac{2r\hat{\theta}}{\chi^2_L}=\frac{2T}{\chi^2_{\alpha/2}(2r)}$

※ 정시중단시험 시 χ^2분포의 상측 자유도는 $2(r+1)$이다.

74 A, B, C 3개의 부품이 지수분포를 따르면서 직렬로 연결된 시스템의 $MTBF_S$를 100시간 이상으로 하고자 할 때, C의 $MTBF$는? (단, $MTBF_A$=300시간, $MTBF_B$=600시간이다.)

① 50 ② 100
③ 200 ④ 400

해설 $MTBF_S=\frac{1}{\lambda_S}=\frac{1}{\lambda_A+\lambda_B+\lambda_C}$

$\rightarrow 100=\frac{1}{\frac{1}{300}+\frac{1}{100}+\frac{1}{MTBF_C}}$

$\therefore MTBF_C=200$시간

75 수명이 지수분포를 따르는 동일한 제품에 대하여 두 온도 수준에서 각각 20개씩 가속수명시험을 실시하여 다음과 같은 데이터를 얻었다. 이때 가속계수는 약 얼마인가?

> [정상사용온도(25℃)에서의 시험]
> - 중단시간(h) : 5000
> - 고장시간(h) : 450, 1550, 3100, 3980, 4310
>
> [가속열화온도(100℃)에서의 시험]
> - 중단시간(h) : 1000
> - 고장시간(h) : 58, 212, 351, 424, 618, 725, 791

① 4.6 ② 5.3
③ 7.6 ④ 8.8

해설 가속계수 $AF=\frac{t_n}{t_s}\Rightarrow AF=\frac{\hat{\theta}_n}{\hat{\theta}_s}=7.64851$

- $\hat{\theta}_n=\frac{T_n}{r_n}=\frac{(450+\cdots+4310)+15\times5000}{5}$
- $\hat{\theta}_s=\frac{T_s}{r_s}=\frac{(58+\cdots+791)+13\times1000}{7}$

정답 71.① 72.④ 73.③ 74.③ 75.③

76 다음 FTA에서 정상사상의 고장확률은 약 얼마인가? (단, $F_A=0.02$, $F_B=0.05$, $F_C=0.03$이다.)

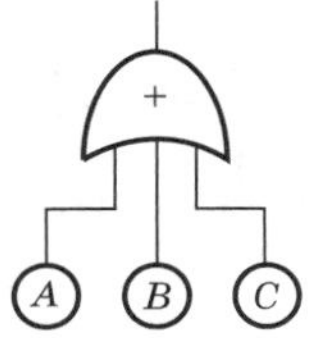

① 0.0003 ② 0.0969
③ 0.9030 ④ 0.9931

해설 FTA(OR gate)

$$F_{TOP}=1-\Pi(1-F_i)$$
$$=1-(1-0.02)(1-0.05)(1-0.03)$$
$$=0.09693$$

77 고장률 $\lambda=0.01$/hr를 갖는 지수분포를 따르는 동일한 부품으로 구성된 4 중 2 구조 시스템의 MTBF는 약 얼마인가?

① 100hr
② 108hr
③ 125hr
④ 150hr

해설

$$MTBF_S=\frac{1}{\lambda}\left(\frac{1}{2}+\frac{1}{3}+\frac{1}{4}\right)$$
$$=108.33\text{hr}$$

78 신뢰성 배분(reliability allocation)의 목적으로 맞는 것은?

① 아이템의 신뢰성을 보증하고 계약요구사항을 만족시키기 위하여 시험한다.
② 전체 시스템에 요구되는 신뢰도 목표값을 서브시스템이나 더 낮은 수준 아이템의 신뢰도 목표값으로 배정하기 위하여 시험한다.
③ 아이템의 개발과정에서 설계 마진 내환경성 잠재적 약점과 예상하지 못한 상호작용을 평가하여 개발 위험을 감소하기 위하여 시험한다.
④ 신뢰성 예측, 시험방법 개발 등 기술적 정보를 수집하거나 고장 메커니즘의 조사 및 고장의 재현, 사고대책 수립 및 유효성 확인을 위해 시험한다.

79 10개의 부품에 대하여 500시간 수명시험 결과 38, 68, 134, 248, 470시간에 각각 고장이 발생하였을 때 고장률의 추정치는? (단, 고장시간은 지수분포를 따른다.)

① 2.146×10^{-3}/시간
② 1.746×10^{-3}/시간
③ 1.546×10^{-3}/시간
④ 1.446×10^{-3}/시간

해설

$$\hat{\lambda}=\frac{r}{T}$$
$$=\frac{5}{(38+68+\cdots+470)+(10-5)\times500}$$
$$=1.446\times10^{-3}/\text{시간}$$

※ 지수분포는 $\lambda(t)=\lambda=AFR(t)$인 분포이다.

80 시스템이 고장상태에서 정상상태로 회복하는 시간(보전시간)을 t라고 할 때, $t=0$에서 보전도함수 $M(t)$의 값은?

① 0.000 ② 0.500
③ 0.667 ④ 1.000

해설

$$M(t=0)=1-e^{-\frac{t}{MTTR}}=0$$

제5과목 품질경영

81 그래프 중 수량의 크기를 비교할 목적으로 주로 사용하는 것은?

① 연관도
② 점그래프
③ 꺾은선그래프
④ 막대그래프

해설 ① 연관도 : 문제가 되는 결과와 원인이 복잡하게 엉켜 있는 경우, 인과관계나 원인의 상호관계를 밝혀 문제해결의 실마리를 찾으려는 신QC 7도구의 하나이다.
② 점그래프 : 대응되는 두 변량의 관계를 파악하기 위한 점그래프를 산점도라고도 한다.
③ 꺾은선그래프 : 점의 성향 변동을 파악하기 위한 그래프로, 기입된 점에 이상은 없는가를 판단하기 위해 위아래로 한계선을 기입하고 공정의 이상 유무를 판정하는 꺾은선그래프를 관리도라고 한다.

 정답 76.② 77.② 78.② 79.④ 80.① 81.④

82 품질관리의 4대 기능 중 품질의 설계 단계에서 실행하는 업무로 맞는 것은?

① 사내규격이 체계화되어 품질에 대한 정책이 일관되도록 하는 업무
② 설비, 기계의 능력이 품질 실현의 요구에 적합하도록 보전하는 업무
③ 검사, 시험방법, 판정의 기준이 명확하며, 판정의 결과가 올바르게 처리되도록 하는 업무
④ 원재료를 회사규격에서 규정한 품질대로 확실히 수입하여 적시에, 정량을 제조현장에 납품하는 업무

해설 품질관리의 4가지 업무
1. 신제품관리
2. 수입자재관리
3. 제품관리
4. 특별공정관리
※ ②, ③ : 제품관리이고, ④ : 수입자재관리이다.

83 표준의 서식과 작성방법(KS A 0001 : 2018)에 관한 사항 중 틀린 것은?

① 본문은 조항의 구성부분의 주체가 되는 문장이다.
② 본체는 표준요소를 서술한 부분으로, 부속서는 제외한다.
③ 추록은 본문, 각주, 비고, 그림, 표 등에 나타내는 사항의 이해를 돕기 위한 예시이다.
④ 조항은 본체 및 부속서의 구성부분인 개개의 독립된 규정으로서 문장, 그림, 표, 식 등으로 구성되며, 각각 하나의 정리된 요구사항 등을 나타내는 것이다.

해설 ③ : 보기
※ 추록 : 표준 중 일부의 규정요소를 개정(추가 또는 삭제 포함)하기 위하여 표준의 전체 개정과 같은 순서를 거쳐 발효되는 것으로, 개정내용만을 서술한 표준을 뜻한다.

84 품질전략을 수립할 때 계획 단계(전략의 형성 단계)에서 SWOT 분석을 많이 활용하고 있다. 여기서 "T"는 무엇인가?

① 기회 ② 강점
③ 약점 ④ 위협

해설
- S(Strength) : 장점
- W(Weekness) : 약점
- O(Opportunity) : 기회
- T(Threats) : 위협

85 공정능력지수(C_P)로 공정능력을 평가할 경우의 판단기준으로 맞는 것은?

① C_P가 1.67 이상 : 공정능력이 매우 우수
② C_P가 1.00~1.33 : 공정능력이 우수
③ C_P가 0.67~1.00 : 공정능력이 보통 수준
④ C_P가 0.5 이하 : 공정능력이 나쁨

해설
$$C_P = \frac{U-L}{6\sigma} = \frac{S_U - S_L}{6\sigma}$$
- $C_P \geq 1.67$: 공정능력 매우 양호
- $1.33 \leq C_P \leq 1.67$: 공정능력 양호
- $1 \leq C_P \leq 1.33$: 공정능력 보통
- $0.67 \leq C_P \leq 1$: 공정능력 부족
- $C_P < 0.67$: 공정능력 매우 부족

86 다음 중 품질비용의 3가지 분류항목에 해당되지 않는 것은?

① 예방비용 ② 평가비용
③ 준비비용 ④ 실패비용

해설 Q-cost
- P-cost(예방비용)
- A-cost(평가비용)
- F-cost(실패비용)

87 품질관리업무를 명확히 하는 데 있어 기능전개방법이 매우 유효한데 미즈노 박사가 주장하는 4가지 관리항목에 해당되지 않는 것은?

① 생산의 관리항목
② 기능의 관리항목
③ 공정의 관리항목
④ 신규업무의 관리항목

해설 미즈노 박사의 4가지 관리항목
1. 기능의 관리항목
2. 업무의 관리항목
3. 공정의 관리항목
4. 신규업무의 관리항목

정답 82.① 83.③ 84.④ 85.① 86.③ 87.①

88 품질분임조 활동 시 주제를 선정하는 방법으로 틀린 것은?

① 구체적인 문제를 선정한다.
② 품질문제에 한정하여 주제를 선정한다.
③ 분임조원들의 공통적인 문제를 선정한다.
④ 개선의 필요성을 느끼고 있는 문제를 선정한다.

해설 품질분임조 주제 선정의 원칙
1. 자신에게 가깝고 흔한 문제의 선정
2. 공통적인 문제의 선정
3. 단기간에 해결 가능한 문제의 선정
4. 개선의 필요성이 있는 문제의 선정

89 품질경영시스템 – 기본사항과 용어(KS Q ISO 9000 : 2018)에서 최고경영자에 의해 공식적으로 표명된 품질 관련 조직의 전반적인 의도 및 방향을 나타내는 것은?

① 품질경영　② 품질기획
③ 품질보증　④ 품질방침

해설 품질경영(QM)은 품질기획(QP), 품질관리(QC), 품질보증(QA), 품질개선(QI)을 포함하는 광의의 품질관리이다.

90 기업이 고객과 관련된 조직의 내·외부 정보를 층별·분석·통합하여 고객 중심 자원을 극대화하고, 고객 특성에 맞는 마케팅활동을 계획·지원·평가하는 방법으로, 장기적인 고객관계를 가능하게 하는 방법은?

① 고객의 소리(VOC)
② 품질기능전개(QFD)
③ 고객관계관리(CRM)
④ 서브퀄(SERVQUAL)

해설 ※ 서브퀄(SERVQUAL)은 서비스품질의 측정도구이다.

91 사내표준에 대한 설명으로 틀린 것은?

① 사내표준은 성문화된 자료로 존재하여야 한다.
② 사내표준의 개정은 기간을 정해 정기적으로 실시한다.
③ 사내표준은 조직원 누구나 활용할 수 있도록 하여야 한다.
④ 회사의 경영자가 솔선하여 사내규격의 유지와 실시를 촉진시켜야 한다.

해설 사내표준은 필요시 수시로 개정한다.

92 산업표준화법령상 품질관리담당자가 받아야 하는 양성교육 및 정기교육의 내용이 아닌 것은?

① 산업표준화법규 교육
② 통계적인 품질관리기법 교육
③ 산업표준화와 품질경영의 개요 교육
④ 산업표준화 및 품질경영의 추진전략 교육

해설 품질관리담당자의 정기교육 내용
1. 산업표준화법규
2. 산업표준화와 품질경영의 개요
3. 통계적 품질관리기법
4. 사내표준화 및 품질경영 추진 실시
5. 한국산업표준(KS) 인증제도 및 사후관리 실무
6. 품질담당자의 역할
7. 그 밖에 산업표준화의 촉진과 품질경영혁신을 위하여 산업통상자원부장관이 필요하다고 인정하는 사항

93 제조물책임법에서 규정하는 용어의 정의에 대한 내용으로 틀린 것은?

① 제조업자 : 제조물의 제조, 가공 또는 수입을 업으로 하는 자를 말한다.
② 제조물 : 다른 동산이나 부동산의 일부를 구성하는 경우를 제외한, 제조 또는 가공된 동산을 말한다.
③ 결함 : 해당 제조물에 제조, 설계 또는 표시상의 결함이 있거나 그 밖에 통상적으로 기대할 수 있는 안전성이 결여되어 있는 것을 말한다.
④ 제조상의 결함 : 제조업자가 제조물에 대하여 제조상·가공상의 주의 의무를 이행하였는지에 관계없이 제조물이 원래 의도한 설계와 다르게 제조·가공됨으로써 안전하지 못하게 된 경우를 말한다.

해설 제조물이란 다른 동산이나 부동산의 일부를 구성하는 경우를 포함한, 제조 또는 가공된 동산을 말한다.

94 품질비용의 분류에서 평가비용 항목에 해당되지 않는 것은?

① 수입검사비용
② 공정검사비용
③ 부적합품 처리비용
④ 계측기 검·교정비용

해설 ③ 부적합품 처리비용 : F–cost

정답 88.② 89.④ 90.③ 91.② 92.④ 93.② 94.③

95 서비스 품질을 정의할 수 있다고 해도 서비스 품질을 측정하기 쉽지 않은 이유의 설명으로 틀린 것은?

① 서비스 품질은 서비스의 전달이 완료되기 이전에는 검증되기가 어렵다.
② 서비스 품질의 개념이 객관적이기 때문에 주관적으로 측정하기가 어렵다.
③ 고객이 서비스 품질에 대한 자신의 정보를 적극적으로 제공하지 않기 때문이다.
④ 서비스 품질을 측정하려면 고객에게 직접 질의를 해야 하므로 시간과 비용이 많이 든다.

해설 ② 서비스 품질은 주관적이어서 객관적 측정이나 정량화에 어려움이 있다.

96 신제품 개발, 신기술 개발 또는 제품책임문제의 예방 등과 같이 최초의 시점에서는 최종 결과까지의 행방을 충분히 짐작할 수 없는 문제에 대하여, 그 진보과정에서 얻어지는 정보에 따라 차례로 시행되는 계획의 정도를 높여 적절한 판단을 내림으로써 사태를 바람직한 방향으로 이끌어가거나 중대사태를 회피하는 방책을 얻는 방법은?

① 계통도법　② 연관도법
③ 친화도법　④ PDPC법

해설 문제의 내용은 PDPC(Process Decision Program Chart)법에 관한 설명이다.

97 아래와 같이 조립품의 구멍과 축의 치수가 주어졌을 때 평균틈새는?

(단위 : cm)

구분	최대허용치수	최소허용치수
구멍	$A=0.6200$	$B=0.6000$
축	$a=0.6050$	$b=0.6020$

① 0.0020　② 0.0045
③ 0.0065　④ 0.0085

해설
$$\mu_c = \frac{\text{최대틈새} + \text{최소틈새}}{2} = \frac{0.018 + (-0.005)}{2} = 0.0065$$

98 게이지 R&R 평가 결과 %R&R이 8.5%로 나타났다. 이 계측기에 대한 평가와 조치로서 맞는 것은?

① 계측기 관리가 전혀 되지 않고 있으므로 이 계측기는 폐기해야만 한다.
② 계측기의 관리가 매우 잘 되고 있는 편이므로 그대로 적용하는 데 큰 무리가 없다.
③ 계측기 관리가 미흡하며, 반드시 계측기 오차의 원인을 규명하고 해소시켜주어야만 한다.
④ 계측기의 수리비용이나 계측오차의 심각성 등을 고려하여 조치여부를 선택적으로 결정해야 한다.

해설 Gage R&R(단기적 평가 : 반복성과 재현성)
- 10% 이내 : 양호
- 10~20% : 조건부 채택
- 20~30% : 조건부 폐기
- 30% 이상 : 불량(폐기)

99 기술표준에 속하지 않는 것은?

① 절차　② 재질
③ 치수　④ 형상

해설 ① 절차 : 관리표준

100 공정의 치우침이 없을 경우 6시그마 품질수준에서의 공정 부적합품률은 약 몇 ppm인가?

① 0.002　② 1
③ 3.4　④ 233

해설 6시그마 품질수준의 Process는 치우침이 없는 경우 2PPB(0.002PPM)의 결함이 나타나고, 우연적 시간변동인 치우침 1.5σ를 고려하면 3.4PPM의 결함이 현실적으로 발생한다. ($C_P=2$, $C_{PK}=1.5$인 Process를 의미한다.)

정답 95.② 96.④ 97.③ 98.② 99.① 100.①

2021 제2회 품질경영기사

제1과목 실험계획법

1 2^3형 요인 실험에서 수준의 조와 데이터가 다음과 같을 때, 요인 A의 주효과는?

수준의 조	데이터
(1)	2
a	−5
b	15
ab	13
c	−12
ac	−17
bc	−2
abc	−7

① $-\frac{19}{16}$ ② $-\frac{19}{4}$
③ $-\frac{1}{16}$ ④ $\frac{5}{16}$

해설 $A=\frac{1}{4}(abc+ab+ac+a-bc-b-c-1)$
$=-\frac{19}{4}$

2 난괴법의 조건이 아닌 것은?

① 오차항은 $N(\mu,\ \sigma_e^2)$을 따른다.
② 만일 A요인이 모수요인이라면 $\sum_{i=1}^{l} a_i=0$이다.
③ 만일 B요인이 변량요인이라면 $N(0,\ \sigma_B^2)$을 따른다.
④ 하나는 모수요인이고, 다른 하나는 변량요인이다.

해설 ① 오차항은 $e_{ij}\sim N(0,\ \sigma_e^2)$을 따른다
※ 난괴법은 1요인 모수, 1요인 변량인 혼합모형의 실험으로, 1요인배치의 정도 높은 실험으로 사용되기도 한다. (단, $\Sigma a_i=0$, $\Sigma b_j \neq 0$)

3 모수요인 A는 4수준, 모수요인 B는 3수준인 반복이 없는 2요인 실험에서 S_A=2.22, S_B=3.44, S_T=6.22일 때, S_e는 얼마인가?

① 0.56 ② 2.78
③ 4.00 ④ 5.66

해설 $S_e=S_T-S_A-S_B=0.56$

4 $L_{16}(2^{15})$형 직교배열표를 사용할 때, A요인을 기본표시 ab에, B요인을 기본표시 bcd에 배치하였다. $A\times B$는 어떤 기본표시를 가진 열에 배치시켜야 하는가?

① ad ② cd
③ acd ④ $abcd$

해설 $ab\times bcd=ab^2cd=acd$
(단, $a^2=b^2=c^2=d^2=1$로 처리한다.)

5 다음 [표]와 같이 1요인 실험 계수치 데이터를 얻었다. 적합품을 0, 부적합품을 1로 하여 분산분석한 결과 오차의 제곱합(S_e)은 60.4를 얻었다. 기계 A_2에서의 모부적합품에 대한 95% 신뢰구간을 구하면 약 얼마인가?

기계	A_1	A_2	A_3	A_4
적합품수	190	178	194	170
부적합품수	10	22	6	30

① 0.11±0.0195 ② 0.11±0.0382
③ 0.11±0.0422 ④ 0.11±0.0565

해설
$$P_{A_2}=\hat{P}_{A_2}\pm u_{1-\alpha/2}\sqrt{\frac{V_e}{r}}$$
$$=\frac{22}{200}\pm 1.96\times\sqrt{\frac{60.4/796}{200}}$$
$$=0.11\pm 0.0382$$
(단, $\nu_e=\nu_T-\nu_A=799-3=796$이므로, t분포를 표준정규분포로 근사시켜 사용한다.)

 정답 1.② 2.① 3.① 4.③ 5.②

6 어떤 부품에 대해 다수의 로트(lot)에서 랜덤하게 3로트(A_1, A_2, A_3)를 골라 각 로트에서 또한 랜덤하게 5개씩을 임의 추출하여 치수를 측정했을 때의 설명으로 틀린 것은?

① a_i들의 합은 0이다.
② 로트는 변량요인이다.
③ a_i는 랜덤으로 변하는 확률변수이다.
④ 수준이 기술적인 의미를 갖지 못한다.

해설 인자의 수준이 랜덤하게 설정된 변량모형의 실험으로, 효과의 합은 0이 아니다($\sum a_i \neq 0$).

7 A, B, C 모두 모수요인이고, 반복없는 3요인 실험에서 교호작용 $A\times B$, $A\times C$, $B\times C$가 모두 오차항에 풀링한 후 인자들을 검토한 결과 A, B만 유의하고, C 요인은 무시할 수 있을 때, $\hat{\mu}(A_iB_j)$ 값과 n_e 값은?

① $\hat{\mu}(A_iB_j)=\bar{x}_{i\cdot\cdot}+\bar{x}_{\cdot j\cdot}-\bar{\bar{x}}$, $n_e=\dfrac{lmn}{l+m-2}$

② $\hat{\mu}(A_iB_j)=\bar{x}_{i\cdot\cdot}+\bar{x}_{\cdot j\cdot}-\bar{\bar{x}}$, $n_e=\dfrac{lmn}{l+m-1}$

③ $\hat{\mu}(A_iB_j)=\bar{x}_{i\cdot\cdot}+\bar{x}_{\cdot j\cdot}+\bar{x}_{\cdot\cdot k}-2\bar{\bar{x}}$, $n_e=\dfrac{lmn}{l+m+n-2}$

④ $\hat{\mu}(A_iB_j)=\bar{x}_{i\cdot\cdot}+\bar{x}_{\cdot j\cdot}+\bar{x}_{\cdot\cdot k}-2\bar{\bar{x}}$, $n_e=\dfrac{lmn}{l+m+n-1}$

해설 1. 점추정치($\hat{\mu}_{ij\cdot}$)

$$\hat{\mu}_{ij\cdot}=\hat{\mu}+a_i+b_j=(\hat{\mu}+a_i)+(\hat{\mu}+b_j)-\hat{\mu}$$
$$=\hat{\mu}_{i\cdot\cdot}+\hat{\mu}_{\cdot j\cdot}-\hat{\mu}=\bar{x}_{i\cdot\cdot}+\bar{x}_{\cdot j\cdot}-\bar{\bar{x}}$$
$$=\frac{T_{i\cdot\cdot}}{mn}+\frac{T_{\cdot j\cdot}}{ln}-\frac{T}{lmn}$$

2. 유효반복수(n_e) : 이나 공식

$$\frac{1}{n_e}=\frac{1}{mn}+\frac{1}{ln}-\frac{1}{lmn}$$
$$\Rightarrow n_e=\frac{lmn}{l+m-1}$$

8 반복수가 같은 1요인 실험에서 오차항의 자유도는 35, 총자유도는 41일 경우, 수준수 및 반복수는 각각 얼마인가?

① 수준수 : 6, 반복수 : 7
② 수준수 : 6, 반복수 : 8
③ 수준수 : 7, 반복수 : 6
④ 수준수 : 8, 반복수 : 6

해설 $\nu_e=l(r-1)=35$
$\nu_T=lr-1=41$
$\therefore\ l=7,\ r=6$이다.

9 4요인(factor) A, B, C, D에 관한 2^4형 요인 실험의 일부실시법(fractional replication)에서 정의대비(defining contrast)를 $I=ABCD$로 하였을 때 별명관계(alias relation)로 맞는 것은?

① $A=BCD$ ② $B=ABD$
③ $C=ACD$ ④ $D=ABD$

해설 별명관계 : 요인×정의대비(I)
- $A\times I=A\times ABCD=BCD$
- $B\times I=B\times ABCD=ACD$
- $C\times I=C\times ABCD=ABD$
- $D\times I=D\times ABCD=ABC$

10 $L_{27}(3^{13})$형 직교배열표에서 만일 취하는 요인의 수가 10이면, 오차에 대한 자유도는? (단, 교호작용을 무시할 경우이다.)

① 2 ② 3
③ 6 ④ 13

해설 공열의 수$=13-10=3$이고, 각 열의 자유도는 2이므로, $\nu_e=3\times2=6$이다.

11 $k\times k$ 라틴방격에서의 가능한 배열방법의 수를 계산하는 식은?

① $k!\times(k-1)!$
② (표준방격의 수)$\times k!\times k!$
③ (표준방격의 수)$\times k!\times(k-1)!$
④ (표준방격의 수)$\times(k-1)!\times(k-1)!$

해설 표준방격이란 행과 열의 숫자 또는 문자가 동일하게 배열된 방격으로, 표준방격 수는 3×3 방격이 1개, 4×4 방격이 4개, 5×5 방격이 56개가 존재한다.

정답 6.① 7.② 8.③ 9.① 10.③ 11.③

12 교락법의 실험을 여러 번 반복하여도 어떤 반복에서나 동일한 요인효과가 블록효과와 교락되어 있는 경우의 교락실험 설계방법은?

① 부분교락
② 단독교락
③ 이중교락
④ 완전교락

해설 ① 부분교락 : 단독교락으로 블록 반복을 행할 때 블록에 교락되는 요인 효과가 다른 경우의 교락방식을 뜻한다.
② 단독교락 : 블록에 교락시키려는 요인의 효과가 1개로, 블록이 2개로 나뉘는 교락방식이다.
③ 이중교락 : 블록에 교락시키려는 요인의 효과가 2개인 교락방식으로, 블록이 4개로 나뉘어진다.

13 로트 간 또는 로트 내의 산포, 기계 간의 산포, 작업자 간의 산포, 측정의 산포 등 여러 가지 샘플링 및 측정의 정도를 추정하여 샘플링 방식을 설계하거나 측정방법을 검토하기 위한 변량요인들에 대한 실험 설계방법으로 가장 적합한 것은?

① 교락법
② 라틴방격법
③ 요인배치법
④ 지분실험법

해설 지분실험법(nested design)의 Data 구조
$x_{ijkp}=\mu+a_i+b_{j(i)}+c_{k(ij)}+e_{ijkp}$
(단, $\sum a_i \neq 0$, $\sum b_j \neq 0$, $\sum c_k \neq 0$이다.)

14 제품의 품질특성치가 잡음(noise)에 의한 영향을 받지 않거나 덜 받게 하기 위하여 다구찌 방법을 적용하고자 할 때, 가장 효과적인 단계는?

① 제조단계
② 생산단계
③ 설계단계
④ 시장조사단계

해설 다구찌 방법은 제품의 계획 및 설계단계와 생산기술단계(off-line QC)에서 시스템 설계, 파라미터 설계, 허용차 설계라는 3단계 설계를 이용하여, 제품이나 공정의 품질을 개선하는 로버스트 설계를 행한다.

15 실험계획법의 순서로 맞는 것은?

① 특성치의 선택 → 실험목적의 설정 → 요인과 요인수준의 선택 → 실험의 배치
② 특성치의 선택 → 실험목적의 설정 → 실험의 배치 → 요인과 요인수준의 선택
③ 실험목적의 설정 → 요인과 요인수준의 선택 → 특성치의 선택 → 실험의 배치
④ 실험목적의 설정 → 특성치의 선택 → 요인과 요인수준의 선택 → 실험의 배치

해설 실험목적을 달성할 수 있는 특성치를 정하고, 특성치에 영향을 미치는 요인을 선정한다.

16 4종류의 제품 관계에서 도출한 선형식(L)이 다음과 같았다. $A_1=9$, $A_2=41$, $A_3=26$, $A_4=38$일 때, 이 선형식이 대비라면 L에 대한 제곱합 S_L은 얼마인가?

$$L=\frac{A_1}{3}-\frac{A_2+A_3+A_4}{21}$$

① 10.5 ② 11.0
③ 12.6 ④ 15.2

해설
$$S_L=\frac{L^2}{\sum c_i^2 r_i}=\frac{\left(\frac{9}{3}-\frac{41+26+38}{21}\right)^2}{\left(\frac{1}{3}\right)^2\times 3+\left(-\frac{1}{21}\right)^2\times 21}=10.5$$

17 2요인 실험에서 A, B 모두 모수요인인 경우 교호작용의 평균제곱의 기대치 $E(V_{A\times B})$로 맞는 것은? (단, A는 5수준, B는 6수준, 반복 2회의 실험이다.)

① $\sigma_e^2+\sigma_{A\times B}^2$
② $\sigma_e^2+2\sigma_{A\times B}^2$
③ $\sigma_e^2+20\sigma_{A\times B}^2$
④ $\sigma_e^2+2\times 4\times 5\sigma_{A\times B}^2$

해설 모수모형 평균제곱의 기대치
$E(V_A)=\sigma_e^2+mr\sigma_A^2=\sigma_e^2+6\times 2\sigma_A^2$
$E(V_B)=\sigma_e^2+lr\sigma_B^2=\sigma_e^2+5\times 2\sigma_B^2$
$E(V_{A\times B})=\sigma_e^2+r\sigma_{A\times B}^2=\sigma_e^2+2\sigma_{A\times B}^2$
(단, $l=5$, $m=6$, $r=2$이다.)

정답 12.④ 13.④ 14.③ 15.④ 16.① 17.②

18 4수준의 1차 요인 A와 2수준의 2차 요인 B, 블록 반복 2회의 실험을 1차 단위가 1요인 실험인 단일분할법을 행하였다. 1차 단위 오차의 자유도는 얼마인가? (단, A, B는 모두 모수요인이다.)

① 3　② 6
③ 7　④ 8

해설 1차 단위가 1요인배치인 단일분할법

$\nu_{e_1} = \nu_{A\times R} = (l-1)(r-1) = 3$

$\nu_{e_2} = \nu_{B\times R} + \nu_{A\times B\times R} = l(m-1)(r-1) = 4$

$\nu_A = l-1 = 3$

$\nu_B = m-1 = 1$

$\nu_R = r-1 = 1$

$\nu_{A\times B} = (l-1)(m-1) = 3$

(단, $l=4$, $m=2$, $r=2$이다.)

19 다음 분산분석표를 보고 내린 결론으로 틀린 것은?

요인	SS	DF	MS	F_0	$F_{0.95}$
직선회귀(R) 나머지(r)	33.07 0.22	1 3	33.07 0.073	167.02 0.37	4.96 3.71
A e	33.29 1.98	4 10	8.32 0.198	42.02	3.48
T	35.27	14			

① 요인 A의 효과는 유의하다.
② 총제곱합 중 회귀직선에 의해 설명되는 부분은 약 94% 정도이다.
③ 단순회귀로써 x와 y 간의 관계를 충분히 설명할 수 있다고 할 수 있다.
④ 고차 회귀에 의해 설명될 수 있는 제곱합의 양은 총제곱합에서 직선회귀에 의한 제곱합을 뺀 값이다.

해설
- $F_0 = \dfrac{V_A}{V_e} = 42.02 > F_{0.95}(4,\ 10) = 3.48$
- $R^2 = \dfrac{S_R}{S_T} \times 100 = \dfrac{33.07}{35.27} \times 100 = 93.76\%$
- $F_0 = \dfrac{V_R}{V_e^*} = \dfrac{33.07}{0.1692} = 195.449$: 매우 유의

  (단, $V_e^* = \dfrac{S_e + S_r}{\nu_e + \nu_r}$ 이다.)
- $S_r = S_A - S_R = 33.29 - 33.07 = 0.22$

20 요인의 수준 $l=4$, 반복수 $m=3$으로 동일한 1요인 실험에서 총제곱합(S_T)은 2.383, 요인 A의 제곱합(S_A)은 2.011이었다. $\mu(A_i)$와 $\mu(A_i')$의 평균치 차를 $\alpha=0.05$로 검정하고 싶다. 평균치 차의 절대값이 약 얼마보다 클 때 유의하다고 할 수 있는가? (단, $t_{0.95}(8)=1.860$, $t_{0.975}(8)=2.306$이다.)

① 0.284　② 0.352
③ 0.327　④ 0.406

해설

$$LSD = t_{1-\alpha/2}(\nu_e)\sqrt{\frac{2V_e}{m}} = 2.306 \times \sqrt{\frac{2\times 0.0465}{3}} = 0.4060$$

(단, $V_e = \dfrac{S_T - S_A}{l(m-1)} = 0.0465$)

제2과목 통계적 품질관리

21 정규모집단으로부터 $n=15$의 랜덤 샘플을 취하고 $\left(\dfrac{(n-1)s^2}{\chi^2_{0.995}(14)},\ \dfrac{(n-1)s^2}{\chi^2_{0.005}(14)}\right)$에 의거하여서 신뢰구간 (0.0691, 0.531)을 얻었을 때의 설명으로 맞는 것은?

① 모집단의 99%가 이 구간 안에 포함된다.
② 모평균이 이 구간 안에 포함될 신뢰율이 99%이다.
③ 모분산이 이 구간 안에 포함될 신뢰율이 99%이다.
④ 모표준편차가 이 구간 안에 포함될 신뢰율이 99%이다.

해설 $\dfrac{S}{\chi^2_{1-\alpha/2}(\nu)} \le \sigma^2 \le \dfrac{S}{\chi^2_{\alpha/2}(\nu)}$ 이므로, 모분산 σ^2이 이 구간 안에 포함될 확률이 $1-\alpha = 99\%$이다.

22 F분포표로부터 $F_{0.95}(1,\ 8)=5.32$를 알고 있을 때, $t_{0.975}(8)$의 값은 약 얼마인가?

① 1.960　② 2.306
③ 2.330　④ 알 수 없다.

해설 $t_{0.975}(8) = \sqrt{F_{0.95}(1,8)} = \sqrt{5.32} = 2.306$

정답 18.① 19.④ 20.④ 21.③ 22.②

23 $N(65,\ 1^2)$을 따르는 품질특성치를 위해 3σ의 관리한계를 갖는 개별치(x) 관리도를 작성하여 공정을 모니터링하고 있다. 어떤 이상요인으로 인해 품질특성치의 분포가 $N(67,\ 1^2)$으로 변화되었을 때, 관리도의 타점이 x 관리도의 관리한계를 벗어날 확률은 약 얼마인가? (단, z가 표준정규변수일 때, $P(z \le 1)=0.8413$, $P(z \le 1.5)=0.9332$, $P(z \le 2)=0.9772$이며, 관리하한을 벗어나는 경우의 확률은 무시하고 계산한다.)

① 0.0668 ② 0.1587
③ 0.1815 ④ 0.2255

해설 $1-\beta = P(x \ge U_{CL}) + P(x \le L_{CL})$

$= P\left(z \ge \dfrac{68-67}{1}\right) + 0$

$= P(z > 1)$

$= 0.1587$

(단, $U_{CL} = \mu + 3\sigma = 68$이고, 상향 이동되었으므로, x가 L_{CL}을 벗어날 확률은 0이다.)

24 모부적합품률에 대한 검정을 할 때, 검정통계량으로 맞는 것은?

① $u_0 = \dfrac{p-P_0}{\sqrt{P_0(1-P_0)}}$

② $u_0 = \dfrac{P_0-p}{\sqrt{P_0(1+P_0)}}$

③ $u_0 = \dfrac{p-P_0}{\sqrt{\dfrac{P_0(1-P_0)}{n}}}$

④ $u_0 = \dfrac{P_0-p}{\sqrt{\dfrac{P_0(1+P_0)}{n}}}$

해설 양쪽 검정 시

1. 가설 : $H_0 : P = P_0$
$H_1 : P \ne P_0$
2. 유의수준 : $\alpha = 0.05,\ 0.01$
3. 검정통계량 : $u_0 = \dfrac{p-P_0}{\sqrt{\dfrac{P_0(1-P_0)}{n}}}$
4. 기각치 : $-u_{1-\alpha/2},\ u_{1-\alpha/2}$
5. 판정 : $|u_0| > u_{1-\alpha/2}$이면, H_0를 기각시킨다.

25 다음의 [그림]에 대한 설명으로 맞는 것은? (단, μ_m : 측정치 분포의 평균치, σ_m : 측정치 분포의 표준편차, x : 실제 측정값, μ : 참값이다.)

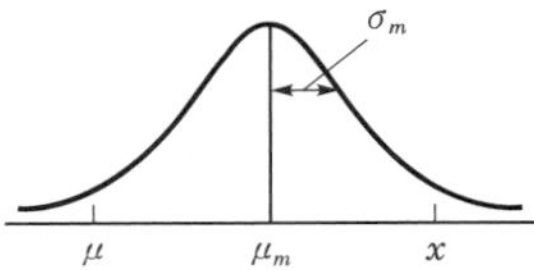

① 정밀도는 좋고, 치우침과 오차는 작다.
② 정밀도는 좋고, 치우침과 오차는 크다.
③ 정밀도는 좋고, 치우침은 작고, 오차는 크다.
④ 정밀도는 좋고, 치우침은 크고, 오차는 작다.

해설 ⊙ 분포의 3σ를 기준으로 할 때 정확도(치우침)가 떨어진다. 그러나 이 그림으로 정밀도를 설명할 수 없다. 따라서 문제의 출제가 잘못되었다.

26 다음 중 임의의 두 사상 A, B가 독립사상이 되기 위한 조건은?

① $P(A \cap B) = P(A) \cdot P(B)$
② $P(A \cup B) = P(A) \cdot P(B)$
③ $P(A \cap B) = P(A) + P(B)$
④ $P(A \mid B) = \dfrac{P(A \cap B)}{P(A)}$

해설 $P(A \cap B) = P(A) \cdot P(B \mid A)$
$= P(A) \cdot P(B)$
(단, A, B가 서로 독립이면, $P(B \mid A) = P(B)$이다.)

27 계수형 샘플링검사 절차 – 제1부 : 로트별 합격품질한계(AQL) 지표형 샘플링검사 방식(KS Q ISO 2859-1)의 보통검사에서 수월한 검사로의 전환규칙으로 틀린 것은?

① 생산의 안정
② 연속 5로트가 합격
③ 소관권한자의 승인
④ 전환점수의 현재값이 30점 이상

해설 ② 연속 5로트 합격은 까다로운 검사에서 보통검사로 전환되는 경우이다.

 정답 23.② 24.③ 25.정답 없음 26.① 27.②

28 검정이론에 대한 설명으로 틀린 것은?

① 제1종 오류란 귀무가설이 참일 때, 귀무가설을 기각하는 오류이다.
② 제2종 오류란 대립가설이 참일 때, 귀무가설을 채택하는 오류이다.
③ 유의수준이란 귀무가설이 참일 때, 귀무가설을 채택하는 확률이다.
④ 검출력이란 대립가설이 참일 때, 귀무가설을 기각하는 확률이다.

해설 유의수준(α)은 제1종 오류의 영역이다.

29 두 집단의 모평균 차의 구간추정에 있어서 σ_1^2, σ_2^2을 알고 있고, $\sigma_1^2=\sigma_2^2=\sigma^2$, $n_1=n_2=n$일 때 합성통계량 $(\overline{x}_1-\overline{x}_2)$의 표준편차 $D(\overline{x}_1-\overline{x}_2)$는?

① $\sqrt{\dfrac{2\sigma^2}{n}}$　② $\sqrt{2\sigma^2}$
③ $\sqrt{\dfrac{1}{n}\sigma^2}$　④ $\sqrt{\dfrac{\sigma^2}{2n}}$

해설 $D(\overline{x}_1-\overline{x}_2)=\sqrt{V(\overline{x}_1-\overline{x}_2)}=\sqrt{V(\overline{x}_1)+V(\overline{x}_2)}$
$=\sqrt{\dfrac{\sigma_1^2}{n_1}+\dfrac{\sigma_2^2}{n_2}}=\sqrt{\dfrac{2\sigma^2}{n}}$

30 관리도를 이용하여 제조공정을 통계적으로 관리하기 위한 기준값이 주어져 있는 경우의 관리도에 대한 설명으로 틀린 것은?

① 이상원인의 존재는 가급적 검출할 수 있어야 한다.
② 우연원인의 존재는 가급적 검출할 수 없어야 한다.
③ 변경점이 발생되어 기준값이 변할 경우 관리한계를 적절히 교정하여야 한다.
④ 기준값이 주어져 있는 관리도는 공정성능지수(Process Performance Index)를 측정할 수 없다.

해설 관리도를 작성하는 목적은 공정의 이상원인을 검출하기 위함이다. 이상원인의 검출은 타점시킨 점이 우연변동의 한계폭인 관리한계선을 벗어나는 것으로 하며, 관리도의 통계량을 이용하여 공정능력지수(C_P)나 공정성능지수(P_P)를 구한 후 공정의 상태를 파악할 수 있다.

31 $\Sigma c=80$, $k=20$일 때 c 관리도(count control chart)의 관리하한(lower control limit)은?

① -3
② 2
③ 10
④ 고려하지 않는다.

해설 $L_{CL}=\overline{c}-3\sqrt{\overline{c}}=\dfrac{80}{20}-3\sqrt{\dfrac{80}{20}}=-2$
→ 음의 값이므로 고려하지 않는다.

32 계수형 축차 샘플링검사 방식(KS Q ISO 28591 : 2018)에서 Q_{CR}이 뜻하는 내용으로 맞는 것은?

① 합격시키고 싶은 로트의 부적합품률의 하한
② 합격시키고 싶은 로트의 부적합품률의 상한
③ 불합격시키고 싶은 로트의 부적합품률의 하한
④ 불합격시키고 싶은 로트의 부적합품률의 상한

해설
• Q_{CR}(Customer's Risk Quality) : 소비자 위험품질
• Q_{PR}(Producer's Risk Quality) : 생산자 위험품질
※ Q_{PR}은 규준형의 P_0, P_A이고, Q_{CR}은 P_1, P_R과 의미가 같다. 이 문제에서 ②항은 Q_{PR}이 된다.

33 다음 중 OC 곡선에 대한 설명으로 틀린 것은? (단, N은 로트의 크기, n은 시료의 크기, A_c는 합격판정개수이다.)

① OC 곡선은 일반적으로 계수형 샘플링검사에 한하여 적용할 수 있다.
② N과 n을 일정하게 하고, A_c를 증가시키면 OC 곡선은 오른쪽으로 완만해진다.
③ $\dfrac{N}{n}\geq 10$일 때, n, A_c가 일정하고, N이 변할 경우 OC 곡선은 크게 변하지 않는다.
④ OC 곡선은 로트의 부적합품률이 주어질 때 그 로트가 합격될 확률을 그래프로 나타낸 것이다.

해설 OC 곡선에는 계수형 OC 곡선과 계량형 OC 곡선이 있다. 계수형 OC 곡선에서 $\dfrac{N}{n}>10$인 경우 N은 OC 곡선에 거의 영향을 주지 않으나, n이 증가 혹은 c가 감소하는 경우 OC 곡선의 기울기가 급해진다(β 감소).

정답 28.③ 29.① 30.④ 31.④ 32.③ 33.①

34 표본평균($\bar{x}$)의 표준오차를 원래 값의 $\frac{1}{8}$로 줄이기 위해서는 표본의 크기를 원래보다 몇 배 늘려야 하는가?

① 8배 ② 16배
③ 64배 ④ 256배

해설 $D(\bar{x}) = \frac{\sigma}{\sqrt{n}}$

35 샘플링(sampling)검사와 전수검사를 비교한 설명으로 틀린 것은?

① 파괴검사에서는 물품을 보증하는 데 샘플링검사 이외는 생각할 수 없다.
② 검사비용을 적게 하고 싶을 때는 샘플링검사가 일반적으로 유리하다.
③ 검사가 손쉽고 검사비용에 비해 얻어지는 효과가 클 때는 전수검사가 필요하다.
④ 품질향상에 대하여 생산자에게 자극을 주려면 개개의 물품을 전수검사하는 편이 좋다.

해설 품질향상의 자극은 전수검사보다 샘플링검사가 유리하다.

36 100개의 표본에서 구한 데이터로부터 두 변수의 상관계수를 구하니 0.8이었다. 모상관계수가 0이 아니라면, 모상관계수와 기준치와의 유의성 검정을 위하여 z변환하면, z의 값은 약 얼마인가? (단, 두 변수 x, y는 모두 정규분포에 따른다.)

① −1.099 ② −0.8
③ 0.8 ④ 1.099

해설
$$z = \frac{1}{2}\ln\frac{1+r}{1-r}$$
$$= \tan h^{-1} r$$
$$= \tan h^{-1} 0.8 = 1.099$$

37 샘플의 크기가 5인 $\bar{x}-R$ 관리도가 안정상태로 관리되고 있다. 관리도를 작성한 전체 데이터로 히스토그램을 작성하여 계산한 표준편차(σ_H)가 19.5이고, 군내산포(σ_w)가 13.67이었다면 군간산포(σ_b)는 약 얼마인가?

① 13.9 ② 16.6
③ 18.5 ④ 19.2

해설
$$\sigma_T^2 = \sigma_w^2 + \sigma_b^2$$
$$\sigma_{\bar{x}}^2 = \frac{\sigma_w^2}{n} + \sigma_b^2$$
$$\rightarrow \sigma_b^2 = \sqrt{\sigma_T^2 - \sigma_w^2} = \sqrt{19.5^2 - 13.67^2} = 13.9$$
(단, $\sigma_x^2 = \sigma_T^2 = \sigma_H^2$이다.)

38 어느 지역 유치원은 남자가 여자보다 1.5배 많다고 알려져 있다. 이 주장을 검정하기 위하여 해당 지역의 유치원을 임의로 방문하여 조사하였더니 남자, 여자의 수가 각각 120명, 100명이었다. 적합도 검정을 위한 검정통계량은 약 얼마인가?

① 2.64
② 2.73
③ 2.84
④ 3.11

해설
1. 가설 : $H_0 : P_1 = 0.6,\ P_2 = 0.4$
   $H_1 : P_1 \neq 0.6,\ P_2 \neq 0.4$
2. 유의수준 : $\alpha = 0.05$
3. 검정통계량
$$\chi_0^2 = \frac{\Sigma(X_i - E_i)^2}{E_i}$$
$$= \frac{(120-132)^2}{132} + \frac{(100-88)^2}{88}$$
$$= 2.727$$
4. 기각치 : $\chi_{0.95}^2(1) = 3.84$
5. 판정 : $\chi_0^2 < 3.84$이므로, H_0 채택
   → 남자가 여자보다 1.5배 많다고 할 수 없다.

※ $u_{0.975}^2 = \chi_{0.95}^2(1) = 1.96^2 = 3.84$

39 측정대상이 되는 생산로트나 배치(batch)로부터 1개의 측정치밖에 얻을 수 없거나 측정에 많은 시간과 비용이 소요되는 경우에 이동범위를 병용해서 사용하는 관리도는?

① $x-R_m$ 관리도
② $\bar{x}-R$ 관리도
③ $x-\bar{x}-R$ 관리도
④ CUSUM 관리도

해설 소량생산에 사용되는 관리도는 $x-R_m$ 관리도가 있다.

 정답 34.③ 35.④ 36.④ 37.① 38.② 39.①

40 그림은 로트의 평균치를 보증하는 계량규준형 1회 샘플링검사를 설계하는 과정을 나타낸 것이다. 특성치가 망대특성일 경우 다음 설명 중 틀린 것은?

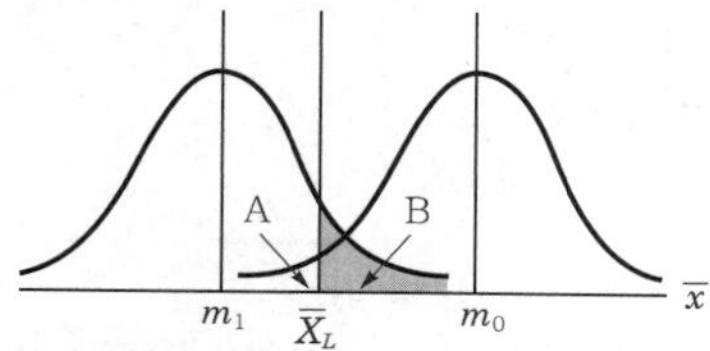

① A는 생산자 위험을 나타낸다.
② B는 소비자 위험을 나타낸다.
③ 평균값이 m_0인 로트는 좋은 로트로 받아들일 수 있다.
④ 시료로부터 얻어진 데이터의 평균이 $\overline{X}_L$보다 작으면 해당 로트는 합격이다.

해설 $\overline{x} \geq \overline{X}_L$인 경우 로트를 합격시키고, $\overline{x} < \overline{X}_L$인 경우 로트를 불합격시킨다.

(단, $\overline{X}_L = m_0 - k_\alpha \dfrac{\sigma}{\sqrt{n}} = m_0 - G_0\sigma$로 정의된다.)

제3과목 생산시스템

41 생산의 경제성을 높이기 위해 예방보전, 사후보전, 개량보전, 보전예방 활동을 의미하는 것은?

① 수리보전　② 사전보전
③ 예비보전　④ 생산보전

해설 TPM(Total Productive Maintenance)은 전원참가의 생산보전으로, 설비 고장을 없애고 설비 효율을 극대화하려는 종합적 보전활동이다.

42 ABC 분석에서 부분적으로 영향을 미치는 구성요소들로서 공식적인 보전관리보다는 가장 간소한 관리를 수행하는 그룹은?

① A그룹　② B그룹
③ C그룹　④ A, B, C그룹

해설 ABC 분석은 중점관리를 위한 재고관리기법이다.
- A그룹 : 집중관리
- B그룹 : 일상관리
- C그룹 : 관리체계의 간소화

43 총괄생산계획(APP) 기법 중 선형결정기법(LDR)에서 사용되는 근사비용함수에 포함되지 않는 비용은?

① 잔업비용
② 설비투자비용
③ 고용 및 해고 비용
④ 재고비용·재고부족비용·생산준비비용

해설 APP(총괄생산계획)의 전략
- 고용수준 변화전략(고용·해고비용, 퇴직수당)
- 생산성 조정전략(잔업수당, 단축근무, 외주비용)
- 평준화 전략(재고비용, 재고부족비용, 생산준비비용, 납기지연에 의한 손실비용)

44 정상적인 페이스와 관측대상 작업의 페이스를 비교 판단하고 관측시간치를 수정하기 위하여 하는 활동은?

① 샘플링
② 레이팅
③ 사이클
④ 오퍼레이팅

해설 레이팅이란 관측시간을 정미시간으로 정상화하는 작업이다.

$$\text{레이팅계수} = \frac{\text{표준페이스}}{\text{관측 시 작업페이스}}$$

45 ERP 시스템의 구축 시 자체개발의 경우 장·단점에 관한 설명으로 틀린 것은?

① 개발기간이 장기화된다.
② 사용자의 요구사항을 충실히 반영한다.
③ 비정형화된 예외 업무의 수용이 용이하다.
④ Best practice의 수용으로 효율적 업무개선이 이루어진다.

해설 자체개발의 경우 각 기업의 상황성을 고려하여 개발하게 되므로, Best practice 수용에 어려움이 있다.

46 JIT 생산방식에서 간판의 운영규칙이 아닌 것은?

① 생산을 평준화한다.
② 후공정에서 가져간 만큼 생산한다.
③ 부적합품을 다음 공정에 보내지 않는다.
④ 자재흐름은 전 공정에서 후 공정으로 밀어내는 방식이다.

해설 JIT 생산은 push system이 아닌, pull system이다.

정답 40.④ 41.④ 42.③ 43.② 44.② 45.④ 46.④

47 PERT 기법에서 낙관적 시간이 a, 정상시간이 m, 비관적 시간이 b로 주어졌을 때, 기대시간의 평균(t_e)과 분산(σ^2)을 구하는 식으로 맞는 것은?

① $t_e = \dfrac{a+m+b}{3}$, $\sigma^2 = \left(\dfrac{b-a}{6}\right)^2$

② $t_e = \dfrac{a+m+b}{3}$, $\sigma^2 = \left(\dfrac{b+a}{6}\right)^2$

③ $t_e = \dfrac{a+4m+b}{6}$, $\sigma^2 = \left(\dfrac{b-a}{6}\right)^2$

④ $t_e = \dfrac{a+4m+b}{6}$, $\sigma^2 = \left(\dfrac{b+a}{6}\right)^2$

해설 PERT/CPM의 추정소요시간 산출은 β분포를 따른다.

- $t_e = \dfrac{t_o + 4t_m + t_p}{6}$
- $\sigma^2 = \left(\dfrac{t_p - t_o}{6}\right)^2$

48 다음은 작은 컵을 손으로 잡고 병에 씌우는 서블릭 동작분석의 일부이다. ( ) 안에 들어갈 서블릭기호가 바르게 나열된 것은?

- 컵으로 손을 뻗는다. (㉠)
- 컵을 잡는다. (㉡)
- 컵을 병까지 나른다. (㉢)
- 컵의 방향을 고친다. (㉣)

① ㉠ (TL), ㉡ (P), ㉢ (TE), ㉣ (PP)
② ㉠ (TL), ㉡ (P), ㉢ (RE), ㉣ (TE)
③ ㉠ (TE), ㉡ (G), ㉢ (TL), ㉣ (PP)
④ ㉠ (TE), ㉡ (G), ㉢ (PP), ㉣ (TL)

해설

기호	명칭	기호	서블릭기호	기호 풀이
㉠	빈손이동	TE		Transport Empty
㉡	쥐다	G		Grasp
㉢	운반	TL		Transport Loaded
㉣	준비 (방향전환)	PP		Pre-Position

※ 서블릭 분석의 목적은 작업 시 불필요한 동작인 제3류 기호 H, UD, AD, R을 제거하여 합리적인 동작 계열을 구축하는 데 있다.

49 유사한 생산흐름을 갖는 제품들을 그룹화하여 생산효율을 증대시키려고 하는 설비의 배치방식은?

① GT 배치
② 공정별 배치
③ 라인 배치
④ 프로젝트 배치

해설 GT(Group Technology)
집적가공법이라고 하며, 유사가공물을 집적·가공하여 대량생산의 효과를 갖는 가공방식이다.

50 단일기계에서 대기 중인 4개의 작업을 처리하고자 한다. 최소납기일 규칙에 의해 작업순서를 결정할 경우 4개 작업의 평균처리시간은?

작업	처리시간(일)	납기(일)
A	5	12
B	8	10
C	7	16
D	11	18

① 14일 ② 18일
③ 31일 ④ 72일

해설

작업물	작업시간	처리시간	납기일	납기지연일
B	8	8	10	0
A	5	13	12	1
C	7	20	16	4
D	11	31	18	13
평균		72/4		18/4

평균처리시간 $= \dfrac{72}{4} = 18$일

51 자동차 부품공장에서 가동률 개선을 위한 워크샘플링 결과, 150회 관측횟수 중 비가동이 35회였다. 비가동률 추정에는 상대오차가 사용되고 허용되는 오차가 10%인 경우, 비가동률 추정치의 절대오차 허용값은?

① 2.3% ② 7.7%
③ 23.3% ④ 76.7%

해설 $SP = 10 \times \dfrac{35}{150} = 2.3\%$
(단, S : 상대오차, SP : 절대오차이며, 상대오차 S는 절대오차 SP를 평균값 P로 나눈 개념이다.)

 정답 47.③ 48.③ 49.① 50.② 51.①

52 MRP 시스템의 입력정보가 아닌 것은?

① 자재명세서 ② 발주계획보고서
③ 재고기록철 ④ 주생산일정계획

해설 MRP 시스템의 입력정보
- 자재명세서(BOM)
- 재고기록철(IRF)
- 주생산일정계획(MPS)

53 보전비를 감소하기 위한 조치로 가장 거리가 먼 것은?

① 보전담당자의 교육훈련
② 외주업자의 적절한 이용
③ 보전작업의 계획적 시행
④ 설비 사용자의 사후보전 교육

해설 고장 시 사후보전(BM)은 설비 사용자가 행할 수 없고, 전문보전요원이 행한다.

54 조사비, 수송비, 입고비, 통관비 등 구매 및 조달에 수반되어 발생하는 비용은?

① 발주비용 ② 재고부족비
③ 생산준비비 ④ 재고유지비

해설 구매 및 조달에 관계되는 비용을 발주비용(C_P)이라고 하며, EOQ는 다음과 같다.

$$EOQ=\sqrt{\frac{2DC_P}{C_H}}$$

55 표준화된 선택사양을 미리 확보하고 고객의 요구에 따라서 이들을 조합하여 공급하는 생산전략은?

① 스피드경영전략 ② 세계화전략
③ 대량고객화전략 ④ 품질경영전략

해설 대량고객화(mass customization)
맞춤화된 상품과 서비스를 대량생산을 통해 비용을 낮춰 경쟁력을 창출하는 새로운 유연생산기술과 마케팅 방식으로 대량맞춤화라고도 한다.

56 정성적인 수요예측방법으로 전문가들을 대상으로 질의-응답의 피드백 과정을 개별적으로 수차례 반복하여 예측하는 기법은?

① 델파이법 ② 자료유추법
③ 시계열분석법 ④ 시장조사법

해설 델파이법은 전문가의 직관력을 이용하는 정성적 수요예측 기법이다.

57 포드 시스템에서 대량생산의 일반원칙에 해당하지 않는 것은?

① 제품의 단순화 ② 부품의 표준화
③ 성과급 차별화 ④ 작업의 단순화

해설 차별적 성과급제는 테일러 시스템의 특징이다.

58 어떤 제품 1로트를 생산하는 데 필요한 작업 A, B, C, D, E의 소요시간이 각각 20초, 25초, 10초, 15초, 22초이다. 이때 균형손실(balance loss)은 몇 %인가?

① 26.4 ② 35.9
③ 64.1 ④ 73.6

해설
$$L_S=\frac{m\cdot t_{\max}-\Sigma t_i}{m\cdot t_{\max}}\times 100$$
$$=\frac{5\times 25-92}{5\times 25}\times 100=26.4\%$$

※ 여기서, $(m\cdot t_{\max}-\Sigma t_i)$는 손실공수합계로, 유휴손실시간을 합한 값이다.

59 누적예측오차(Cumulative sum of Forecast Errors)를 절대평균편차(Mean Absolute Deviation)로 나눈 것은?

① SC(평활상수) ② TS(추적지표)
③ MSE(평균제곱오차) ④ CMA(평균중심이동)

해설
$$TS=\frac{\Sigma(A_i-F_i)}{\frac{\Sigma|A_i-F_i|}{n}}=\frac{CFE}{MAD}$$

※ TS는 0에 가까울수록 예측이 정확해진다.

60 A제품의 판매가격이 개당 300원, 한계이익률(또는 공헌이익률)은 50%, 고정비는 1000만원이다. 500만원의 이익을 올리기 위하여 필요한 A제품의 판매수량은?

① 5만개 ② 6만개
③ 8만개 ④ 10만개

해설
$$BEP=\frac{F+g}{\text{한계이익률}}=\frac{1000\text{만원}+500\text{만원}}{0.5}=3000\text{만원}$$
$$\Rightarrow \text{판매수량}=\frac{30000000}{300}=10\text{만개}$$

정답 52.② 53.④ 54.① 55.③ 56.① 57.③ 58.① 59.② 60.④

제4과목 신뢰성 관리

61 다음 중 시스템의 신뢰도에 관한 설명으로 잘못된 것은?

① 모든 시스템은 직렬 또는 병렬 연결로 표현이 가능하다.
② 시스템 신뢰도는 직렬 또는 병렬로 표현되지 않는 경우도 구할 수 있다.
③ 모든 부품이 직렬로 연결된 것으로 보고 신뢰도를 구하면 실제 시스템 신뢰도의 하한이 된다.
④ 모든 부품이 병렬로 연결된 것으로 보고 신뢰도를 구하면 실제 시스템 신뢰도의 상한이 된다.

해설 직·병렬로 설명이 불가능한 bridge structure의 신뢰도 계산방법은 다음과 같다.
- 사상공간법
- 경로추적법
- 분해법
- 절단집합과 연결집합법

62 그림과 같은 FT도에서 정상사상(Top event)의 고장확률은 약 얼마인가? (단, 기본사상 a, b, c의 고장확률은 각각 0.2, 0.3, 0.4이다.)

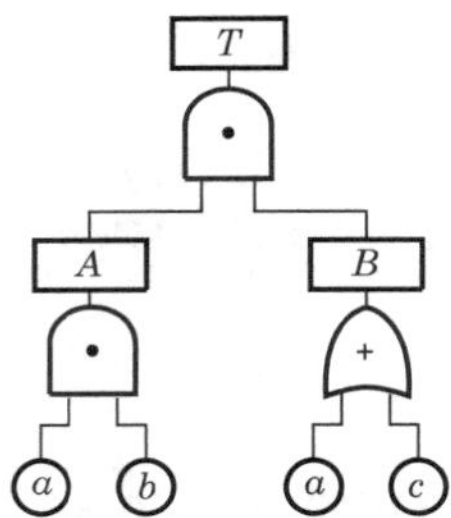

① 0.0312 ② 0.0600
③ 0.4400 ④ 0.4848

해설 중복사상이 있으므로 Boolean의 대수법칙을 이용한다.
- $(a \cdot b) \times (a+c) = a^2b + abc$
  $= ab + abc$
  $= ab(1+c) = ab$
- $F_{\mathrm{TOP}} = F_a \times F_b = 0.2 \times 0.3 = 0.06$

63 MTBF가 10^2시간인 기계의 불신뢰도를 10%로 하기 위한 사용시간은 약 얼마인가?

① 1.05시간 ② 10.5시간
③ 105시간 ④ 1050시간

해설 $F(t) = 1 - e^{-\frac{t}{MTBF}}$에서 양변에 ln을 취하면
$t = -\ln[1 - F(t)] \times MTBF$
$= -\ln 0.9 \times 100$
$= 10.536$시간

64 계량 1회 샘플링검사(DOD-HDBK H108)에서 샘플수와 총시험시간이 주어지고, 총시험시간까지 시험하여 발생한 고장개수가 합격판정개수보다 적을 경우 로트를 합격시키는 시험방법은?

① 현지시험
② 정수중단시험
③ 강제열화시험
④ 정시중단시험

해설 **계량 1회 신뢰성 샘플링검사**
- 정수중단시험 : θ_1/θ_0과 α, β를 정한 후 샘플링검사표에서 r과 $\dfrac{c}{\theta_0}$를 구하고, $n > r$로 시험을 행하여 평균수명 $\hat{\theta}$이 합격판정고장시간 c보다 크면 로트를 합격시키는 샘플링검사 방식이다.
- 정시중단시험 : θ_1/θ_0과 α, β, 시험시간 t_0를 정한 후 합격고장개수(r_c)와 샘플 크기 n을 구하고, 샘플 n개를 t_0시간까지 시험하여 고장개수가 r_c 이하이면 로트를 합격시키는 샘플링검사 방식이다.

65 정시중단시험에서 평균수명의 100(1$-\alpha$)% 한쪽 신뢰구간 추정 시 하한으로 맞는 것은? (단, $\widehat{MTBF}$는 평균수명의 점추정치, r은 고장개수이다.)

① $\dfrac{2r\widehat{MTBF}}{\chi^2_{1-\alpha}(2r)}$ ② $\dfrac{2r\widehat{MTBF}}{\chi^2_{1-\alpha}(2r+2)}$
③ $\dfrac{2r\widehat{MTBF}}{\chi^2_{1-\alpha/2}(2r)}$ ④ $\dfrac{2r\widehat{MTBF}}{\chi^2_{1-\alpha/2}(2r+2)}$

해설
- 정시중단(한쪽 신뢰하한값) : $\theta_L = \dfrac{2r\hat{\theta}}{\chi^2_{1-\alpha}(2(r+1))}$
- 정수중단(한쪽 신뢰하한값) : $\theta_L = \dfrac{2r\hat{\theta}}{\chi^2_{1-\alpha}(2r)}$

 정답 61.① 62.② 63.② 64.④ 65.②

66 Y제품의 수명시험 결과 얻은 데이터를 와이블확률지를 사용하여 모수를 추정하였더니 형상모수 $m=1.0$, 척도모수 $\eta=3500$시간, 위치모수 $r=0$이 되었다. 이 제품의 MTBF는 얼마인가? (단, $\Gamma(1.5)=0.88623$, $\Gamma(2)=1.00000$, $\Gamma(2.5)=1.32934$이다.)

① 2205시간 ② 3102시간
③ 3500시간 ④ 4653시간

해설 $MTBF=\eta\cdot\Gamma\left(1+\frac{1}{m}\right)$
$=3500\times\Gamma(2)=3500$시간
(단, $\Gamma(1)=1$, $\Gamma(2)=1$이다.)
※ $m=1$인 와이블분포는 지수분포이며, $\eta=MTBF$가 된다. 와이블분포에서 척도모수 η는 형상모수 m과는 관계없이 63%의 고장이 발생하는 시간이므로, 지수분포의 MTBF와 동일한 의미를 갖는다.

67 초기고장기간의 고장률을 감소시키기 위한 대책으로 맞는 것은?

① 부품에 대한 예방보전을 실시한다.
② 부품의 수입검사를 전수검사로 한다.
③ 부품에 대한 번인(burn-in) 시험을 한다.
④ 부품의 수입검사를 선별형 샘플링검사로 한다.

해설
- 초기고장기 대책 : MP, Debugging, Burn-in
- 우발고장기 대책 : BM, CM, 극한 상황을 고려한 설계
- 마모고장기 대책 : PM

68 Y제품에 가해지는 부하(stress)는 평균 3000kg/mm^2, 표준편차 300kg/mm^{2}이며, 강도는 평균 4000kg/mm^2, 표준편차 400kg/mm^{2}인 정규분포를 따른다. 부품의 신뢰도는 약 얼마인가? (단, $u_{0.90}=1.282$, $u_{0.95}=1.645$, $u_{0.9772}=2$, $u_{0.9987}=3$이다.)

① 90.00% ② 95.46%
③ 97.72% ④ 99.87%

해설 $P(x-y<0)=P(z<0)$
$=P\left(u<\frac{0-(\mu_x-\mu_y)}{\sqrt{{\sigma_x}^2+{\sigma_y}^2}}\right)$
$=P\left(u<\frac{4000-3000}{\sqrt{300^2+400^2}}\right)$
$=P(u<2)$
$=0.9772\sim97.72\%$
(단, x : 부하, y : 강도이다.)

69 용어 – 신인성 및 서비스 품질(KS A 3004 : 2002)에서 정의한 용어 중 시험 또는 운용 결과를 해석하거나 신뢰성 척도를 계산하는 데 포함되어야 하는 고장은?

① 오용(misuse) 고장
② 돌발(sudden) 고장
③ 연관(relevant) 고장
④ 파국(cataleptic) 고장

해설 연관고장이란 시험이나 운전 결과를 해석할 때 또는 신뢰도를 계산할 때 포함시키는 고장으로, 포함기준을 진술하는 것이 바람직하다.

70 샘플 5개를 50시간 가속수명시험을 하였고, 고장이 1개도 발생하지 않았다. 신뢰수준 95%에서 평균수명의 하한값은 약 얼마인가? (단, $\chi^2_{0.95}(2)=5.99$이다.)

① 84시간 ② 126시간
③ 168시간 ④ 252시간

해설 $MTBF_L=\frac{2T}{\chi^2_{1-\alpha}(2(r+1))}$
$=\frac{2T}{\chi^2_{1-0.05}(2)}$
$=\frac{2\times5\times50}{5.99}=83.5$시간

71 평균고장률 λ, 평균수리율 μ인 지수분포를 따를 경우 평균수리시간(MTTR)을 맞게 표현한 것은?

① $\frac{1}{\mu}$ ② $\frac{\mu}{\lambda+\mu}$
③ $\frac{\lambda}{\lambda+\mu}$ ④ $1-e^{-\mu t}$

해설 $MTTR=\frac{1}{\mu}$
$MTBF=\frac{1}{\lambda}$

72 정시중단시험에서 고장개수가 0개인 경우 어떠한 분포를 이용하여 평균수명을 구하는가?

① 정규분포 ② 초기하분포
③ 이항분포 ④ 푸아송분포

해설 $MTBF_L=-\frac{T}{\ln\alpha}$
(단, $P(r=0)=\frac{e^{-m}m^r}{r!}=e^{-\lambda nt}$이다.)

정답 66.③ 67.③ 68.③ 69.③ 70.① 71.① 72.④

73 수명 데이터를 분석하기 위해서는 먼저 그 데이터가 가정된 분포에 적합한지를 검정하여야 한다. 이 경우 적용되는 기법이 아닌 것은?

① χ^2 검정
② Pareto 검정
③ Bartlett 검정
④ Kolmogorov-Smirnov 검정

해설 • 대시료 검정 : χ^2 검정
• 소시료 검정 : Bartlett 검정, Kolmogorov-smirnov 검정

74 고장평점법에서 고장평점을 산정하는 데 사용되는 인자에 대한 설명이 틀린 것은?

① C_1 : 기능적 고장 영향의 중요도
② C_2 : 영향을 미치는 시스템의 범위
③ C_3 : 고장발생 빈도
④ C_5 : 기존 설계의 정확도

해설 • C_4 : 고장 방지 가능성
• C_5 : 신규 설계 여부

75 2개의 동일한 부품으로 이루어진 대기 리던던시에서 $t=50$에서의 신뢰도는 약 얼마인가? (단, 부품의 고장률은 0.02로 일정하고, 지수분포를 따른다.)

① 0.3679 ② 0.6313
③ 0.7358 ④ 0.8106

해설 $R(t=50)=(1+\lambda t)e^{-\lambda t}$
$=(1+0.02\times 50)e^{-0.02\times 50}=0.7358$

76 샘플 50개에 대하여 수명시험을 하고, 10시간 간격으로 고장개수를 조사한 결과가 표와 같을 때 $t=30$ 시간에서의 누적고장확률은 얼마인가?

시간 간격	고장개수
0~10	5
10~20	10
20~30	16
30~40	12
40~50	7

① 0.060 ② 0.062
③ 0.620 ④ 0.680

해설 $F(t=30)=\dfrac{N-n(t=30)}{N}=\dfrac{50-19}{50}=0.62$

77 신뢰도함수 $R(t)$가 고장률 λ인 지수분포를 따르고 보전도함수 $M(t)=1-e^{-\mu t}$일 때 가용도(Availability)는?

① $\dfrac{\mu}{\lambda+\mu}$ ② $\dfrac{\lambda}{\lambda+\mu}$
③ $\dfrac{\lambda\mu}{\lambda+\mu}$ ④ $\dfrac{\lambda+\mu}{\lambda\mu}$

해설 $A=\dfrac{MTBF}{MTBF+MTTR}=\dfrac{\mu}{\lambda+\mu}$

78 3개의 부품이 모두 작동해야만 장치가 작동되는 경우, 장치의 신뢰도를 0.95 이상이 되게 하려면 각 부품의 신뢰도는 최소한 얼마 이상이 되어야 하는가? (단, 사용된 3개 부품의 신뢰도는 동일하다.)

① 약 0.953 ② 약 0.963
③ 약 0.973 ④ 약 0.983

해설 직렬구조

$R_S=R_i^{\,n} \Rightarrow R_i=R_S^{\frac{1}{n}}=0.95^{\frac{1}{3}}=0.9830$

79 수명분포가 평균이 100, 표준편차가 5인 정규분포를 따르는 제품을 이미 105시간 사용하였다. 그렇다면 앞으로 5시간 이상 더 작동할 신뢰도는 약 얼마인가? (단, u가 표준정규분포를 따르는 확률변수라면 $P(u\geq 1)=0.1587$, $P(u\geq 2)=0.0228$이다.)

① 0.0228 ② 0.1437
③ 0.1587 ④ 0.1815

해설 $R(t=110/t=105)$

$$=\frac{P\left(z\geq\dfrac{110-100}{5}\right)}{P\left(z\geq\dfrac{105-100}{5}\right)}=\frac{P(z\geq 2)}{P(z\geq 1)}$$

$$=\frac{0.0228}{0.1587}=0.1437$$

80 1000시간당 평균고장률이 0.3으로 일정한 부품 3개를 병렬결합으로 설계, 이 기기의 평균수명은 약 몇 시간인가?

① 1111 ② 3333
③ 6111 ④ 9999

해설 $MTBF_S=\left(1+\dfrac{1}{2}+\dfrac{1}{3}\right)\dfrac{1}{\lambda}=6111$시간

 정답 73.② 74.④ 75.③ 76.③ 77.① 78.④ 79.② 80.③

제5과목 품질경영

81 품질전략을 수립할 때 계획단계(전략의 형성단계)에서 SWOT 분석을 많이 활용하고 있다. 여기서 'W'는 무엇인가?

① 약점 ② 위협
③ 강점 ④ 성장기회

해설
- S(Strength) : 강점
- W(Weakness) : 단점
- O(Opportunity) : 기회
- T(Threats) : 위협

※ SWOT 분석은 전략개발을 위한 상황분석기법이다.

82 신QC 수법 중 문제가 되고 있는 사상 가운데서 대응되는 요소를 찾아내어 이것을 행과 열로 배치하고, 그 교점에 각 요소 간의 연관 유무나 관련정도를 표시함으로써 이원적인 배치에서 문제의 소재나 문제의 형태를 탐색하는 수법은?

① PDPC법 ② 연관도법
③ 계통도법 ④ 매트릭스도법

해설 QFD(품질기능전개)는 what-how 매트릭스도법을 이용하고 있다.
※ PDPC법은 시스템의 중대사고 예측과 그 대응책 설정을 하기 위한 신QC 7도구 중 하나이다.

83 잡음에 둔감한 강건설계의 실현을 위해 다구찌가 제안한 3단계 절차 중 이상적인 조건하에서 고객의 요구를 충족시키는 제품 원형을 설계하는 단계를 무엇이라 하는가?

① 시스템 설계
② 파라미터 설계
③ 허용차 설계
④ 반응표면 설계

해설 ① 시스템 설계 : 제품 기획단계에서 제품의 원형인 시작품(proto type)을 개발하는 단계이다.
② 파라미터 설계 : 제어 가능한 인자인 파라미터의 최적 조건을 결정하는 단계이다.
③ 허용차 설계 : 파라미터 설계에서 최적조건을 구하였으나 품질특성치의 산포가 만족할만한 상태가 아닌 경우, 공정조건의 허용차나 품질변동의 원인을 찾아 허용차를 줄여주거나 원인을 제거시키는 단계이다.

84 히스토그램의 작성을 통해 확인할 수 없는 사항은?

① 품질특성의 분포상태 확인
② 품질의 시간적 변화상태 파악
③ 품질특성의 중심 및 산포크기
④ 공정의 해석 및 공정능력 파악

해설 품질의 시간적 변화상태를 파악하는 꺾은선그래프가 관리도이다.

85 허츠버그가 제시한 위생요인과 동기유발요인 중 위생요인에 해당하지 않는 것은?

① 작업조건 ② 대인관계
③ 책임의 증대 ④ 조직의 정책과 방침

해설 허츠버그(Herzberg) 이론
1. 허츠버그 이론
위생요인이 결핍되면 불만족이 발생하지만, 위생요인이 충족되어도 만족할 수 없고 불만족이 제거될 뿐이다. 또한 만족요인이 결핍되면 만족이 발생하지 않을 뿐이지 불만족이 발생하지는 않는다. 따라서, 허츠버그의 이론은 만족과 불만족이 하나의 연속선상에서의 대비관계가 있는 단일개념이 아니고, 별개의 독립적인 메커니즘에 의해 결정되는 두 개의 서로 다른 개념이라는 전제조건에서 출발한다.
2. 허츠버그의 위생요인과 동기요인
- 위생요인(불만요인) : 회사정책과 관리, 감독, 근무환경, 임금(보수), 대인관계, 직무안전성
- 동기요인(만족요인) : 성취감, 인정, 책임감, 능력·지식의 개발, 승진, 직무 자체, 성장과 발전, 자기개발

여기서, 승진을 업무에 대한 인정이나 책무의 증진으로 보면 동기요인(내재적 요인)이 될 수 있고, 업무와 급여 등의 종합적 개념으로 보면 위생요인(외재적 요인)이라고도 할 수 있으나, 동기요인 쪽으로 해석하는 것이 보편적 경향이다.

※ Alderfer의 ERG 이론(욕구 3단계)
1. 존재욕구(Exstence)
2. 관계욕구(Relatedness)
3. 성장욕구(Growth)

86 제조공정에 관한 사내표준의 요건이 아닌 것은?

① 필요시 신속하게 개정, 향상시킬 것
② 직관적으로 보기 쉬운 표현을 할 것
③ 기록내용은 구체적이고 객관적일 것
④ 미래에 추진해야 할 사항을 포함할 것

해설 표준화란 현재 추진해야 하는 사항을 최적화시키는 것으로 발생하지 않은 미래의 사항을 표준화 대상으로 하지 않으며, 발생시점에서 제정 혹은 개정을 행한다.

정답 81.① 82.④ 83.① 84.② 85.③ 86.④

87 기업에서 제안활동이 종업원의 참여의식을 높일 수 있는 유효한 방법임은 분명하지만 활성화되지 않는 경우가 있는데, 그 이유가 아닌 것은?

① 최고경영자의 지원과 관심이 부족함
② 종업원 개인들 간의 업무수행능력 차이
③ 심사지연이나 비합리적인 평가제도를 운영함
④ 교육이나 홍보의 미비로 인한 종업원의 관심 부족

해설 제안제도는 문제에 적극적 관심이 있다면 업무수행능력의 차이와는 무관하게 누구나 할 수 있는 소그룹 활동이다.

88 3개의 부품을 조립하려고 한다. 각각의 부품의 허용차가 ±0.03, ±0.02, ±0.05일 때 조립품의 허용차는 약 얼마인가?

① ±0.0019 ② ±0.0038
③ ±0.0062 ④ ±0.0616

해설 $\sigma_T = \sqrt{0.03^2 + 0.02^2 + 0.05^2} = 0.0616$

89 크로스비(P.B. Crosby)의 품질경영에 대한 사상이 아닌 것은?

① 수행표준은 무결점이다.
② 품질의 척도는 품질코스트이다.
③ 품질은 주어진 용도에 대한 적합성으로 정의한다.
④ 고객의 요구사항을 해결하기 위해 공급자가 갖추어야 되는 품질시스템은 처음부터 올바르게 일을 행하는 것이다.

해설 ③항은 J.M. Juran의 품질 정의이다.

90 계량기(측정기) 관리체계의 정비 목적으로 적절하지 않는 것은?

① 검사 및 측정업무의 효율화
② 품질 등 관리업무의 효율화
③ 제품의 품질 및 안전성의 유지 향상
④ 측정 프로세스에 대한 고객의 이해 및 관심의 고양

해설 계측기 관리체계의 효과에는 ①, ②, ③항 이외에, 계측관리에 대한 종업원의 이해 및 관심의 고양 등이 있다.

91 규정된 요구사항이 충족되었음을 객관적 증거의 제시를 통하여 확인하는 것에 대한 용어는?

① 검토(review)
② 검사(inspection)
③ 검증(verification)
④ 모니터링(monitoring)

해설 ① 검토 : 수립된 목표달성을 위한 대상의 적절성, 충족성 또는 효과성에 대한 확인·결정
② 검사 : 규정된 요구사항에 대한 적합의 확인·결정
④ 모니터링 : 시스템, 제품, 서비스 또는 활동의 상태를 확인·결정

92 어떤 표준의 일부를 구성하기 위하여 다른 표준에 제정되어 있는 사항을 중복하여 기재하지 않고 그 표준의 표준번호만을 표시해 두는 표준을 무엇이라 하는가?

① 인용(引用)표준
② 관련(關聯)표준
③ 정합(整合)표준
④ 번역(飜譯)표준

93 ㈜한국의 주력상품인 A형 동파이프의 규격은 상한 0.900, 하한 0.500이고, 실제 제조공정에서 생산된 제품의 평균은 0.738이며, 표준편차는 0.0725로 확인되었을 때, 최소공정능력지수(C_{PK})는 약 얼마인가?

① 0.19 ② 0.74
③ 0.92 ④ 1.09

해설
$$\begin{aligned} C_{PK} &= (1-k)C_P \\ &= C_P - kC_P \\ &= C_P - \frac{bias}{T/2}C_P \\ &= C_P - \frac{|\mu - M|}{3\sigma} \\ &= \frac{0.90-0.50}{6\times 0.0725} - \frac{|0.738-0.7|}{3\times 0.0725} \\ &= 0.745 \end{aligned}$$

※ 상측 치우침이 있는 경우(C_{PK_U})

$$C_{PK_U} = \frac{S_U - \mu}{3\sigma} = \frac{0.900-0.738}{3\times 0.0725} = 0.745$$

 정답 87.② 88.④ 89.③ 90.④ 91.③ 92.① 93.②

94 표준의 서식과 작성방법(KS A 0001)에서 규정하고 있는 표준의 요소에 관한 설명으로 틀린 것은?

① "참고(reference)"는 규정의 일부는 아니다.
② "해설(explanation)"은 표준의 일부는 아니다.
③ "본문(text)"은 조항의 구성부분의 주체가 되는 문장이다.
④ "보기(example)"는 본문, 그림, 표 안에 직접 넣으면 복잡하게 되므로 따로 기재하는 것이다.

해설 "보기"는 본문, 각주, 비고, 그림, 표 등에 나타나는 사항의 이해를 돕기 위한 예시를 뜻한다.
④항은 "보기"가 아닌, "비고"의 설명이다.

95 품질비용 중 상품개발을 위한 소비자 반응 조사비용과 부품 품질의 향상을 위해 협력업체를 지도할 때 소요되는 컨설팅 비용을 순서대로 올바르게 나열한 것은?

① 예방비용 – 예방비용
② 예방비용 – 평가비용
③ 평가비용 – 평가비용
④ 평가비용 – 예방비용

해설 제품 생산 전 발생하는 적합비용인 예방비용(P–cost)을 설명하고 있다.

96 평가비용에 포함되지 않는 것은?

① 공정검사비용
② 출하검사비용
③ 품질관리 교육비용
④ 계측기 검·교정비용

해설 품질관리 교육비용은 P–cost에 해당된다.

97 표준수 – 표준수 수열(KS A ISO 3)에서 기본수열 표시에 해당하지 않는 것은?

① R5
② R10(1.25…)
③ R20/4(112…)
④ R40(75…300)

해설
- 기본수열 : R5, R10, R20, R40
- 특별수열 : R80

98 엄격책임은 비합리적으로 위험한 제품의 사용으로 인해 어느 누구든 상해를 입게 되면 그 제품의 제조자는 책임을 진다. 이때 제품 자체에 초점을 맞추며, 제조자의 엄격책임을 증명하기 위해서 피해자가 입증해야 할 사항은?

① 제품이 보증된 대로 작동하지 않고 사용 중 상해를 일으킨다.
② 제조사는 제품의 제조에 있어서 합리적 주의 업무를 실행하지 않았다.
③ 제품에 신뢰할 수 없는 결함이 있었고, 그 결함이 원인이 되어 피해가 발생했다.
④ 제품의 생산, 검사 그리고 안전 가이드라인에 대한 사내표준을 무시하지 않는다.

해설 엄격책임이란 신뢰할 수 없는 결함으로 인하여 피해가 발생하였다는 인과관계가 존재하면, 피해자 측이 가해자의 과실을 입증하지 않더라도 손해배상을 받을 수 있는 경우를 말한다. 엄격책임으로 피해자가 배상받기 위하여 피해자가 입증해야 하는 2가지 사항은 다음과 같다.
1. 제품에 신뢰할 수 없는 결함이 있었고, 그것이 시장에 유통된 시점부터 존재하고 있었다는 것
2. 그 결함이 원인이 되어 피해가 발생하였다는 것(제품과 사고의 인과관계가 존재한다는 것)

99 품질보증의 주요 기능으로서 최고경영자가 직접 관여하여 가장 먼저 실행해야 할 내용은?

① 품질보증의 확보
② 품질방침의 설정과 전개
③ 품질정보의 수집·해석·활용
④ 품질보증시스템의 구축과 운영

해설 품질방침의 설정과 전개는 최고경영자가 직접 관여하여 가장 먼저 실행해야 하는 사항이다. 이후 품질보증에 대한 활동은 ② → ④ → ① → ③ 순으로 이루어진다.

100 6시그마 혁신활동에서는 실제 공정품질변동이 여러 가지 원인(재료, 방법, 장치, 사람, 환경, 측정 등)에 의하여 이론적 중심평균이 얼마까지 흔들림을 허용하는가?

① $\pm 1.0\sigma$ ② $\pm 1.5\sigma$
③ $\pm 2.0\sigma$ ④ $\pm 3.0\sigma$

해설 공정이 관리상태하에 있더라도, 시간적 변동에 의해 공정평균은 $\mu \pm 1.5\sigma$까지 변화할 수 있다.

정답 94.④ 95.① 96.③ 97.③ 98.③ 99.② 100.②

2021 제4회 품질경영기사

제1과목 실험계획법

1 2^3형 요인배치 실험 시 교락법을 사용하여 다음과 같이 2개의 블록으로 나누어 실험하려고 한다. 블록과 교락되어 있는 교호작용은?

[블록 I]	[블록 II]
b	bc
c	(1)
ac	a
ab	abc

① $A\times B$ ② $A\times C$
③ $A\times B\times C$ ④ $B\times C$

해설
$$B\times C=\frac{1}{4}(a+1)(b-1)(c-1)$$
$$=\frac{1}{4}(bc+1+abc+a-ab-ac-b-c)$$

2 반복이 없는 모수모형 4요인 실험에서 A, B, C, D의 수준수가 각각 $l=3$, $m=4$, $n=2$, $q=3$일 때, 교호작용 $A\times B\times C$의 자유도는?

① 6 ② 9
③ 12 ④ 24

해설
$$\nu_{A\times B\times C}=\nu_A\times\nu_B\times\nu_C$$
$$=(l-1)(m-1)(n-1)$$
$$=6$$

3 라틴방격법에 대한 설명 중 틀린 것은?

① 4×4 라틴방격법에서 오차의 자유도는 6이 된다.
② 라틴방격법은 교호작용이 있는 실험에 적합하다.
③ 라틴방격법은 실험횟수를 줄일 수 있는 일부실시법의 종류이다.
④ 초그레코라틴방격이란 서로 직교하는 라틴방격을 3개 조합한 것이다.

해설
- 라틴방격법은 k^n형 실험의 일부실시법 형태로 가급적 모수모형의 실험을 행하며, 교호작용은 오차항에 교락되어 구할 수 없다.
- $\nu_e=\nu_T-\nu_A-\nu_B-\nu_C=(k-1)(k-2)$

4 요인의 수준과 수준수를 택하는 방법으로 틀린 것은?

① 현재 사용되고 있는 요인의 수준은 포함시키는 것이 바람직하다.
② 실험자가 생각하고 있는 각 요인의 흥미영역에서 수준을 잡아준다.
③ 특성치가 명확이 나쁘게 되리라고 예상되는 요인의 수준은 필히 흥미영역에 포함시킨다.
④ 수준수는 보통 2~5수준이 적절하며 많아도 6수준을 넘지 않도록 하여야 한다.

해설 ③ 특성치가 명확히 좋으리라고 생각되는 요인의 수준인 최적조건을 구하기 위해 실험계획을 행한다.

5 2요인 교호작용에 관한 설명으로 틀린 것은? (단, 요인 A, B는 모수요인이다.)

① 교호작용이 유의하지 않으면 $\mu(A_i)$와 $\mu(B_j)$의 추정은 의미가 없다.
② 교호작용이 유의하지 않으면, 유의한 요인에 대해 각 수준의 모평균을 추정한다.
③ 교호작용이 유의한 경우, $\mu(A_iB_j)$를 추정하여 이것으로부터 최적조건을 선택한다
④ 교호작용이 유의한 경우, A, B가 유의하여도 각각의 모평균을 추정하는 것은 의미가 없다.

해설 1. 교호작용이 유의하지 않은 경우의 해석 : 요인 A, B를 독립적으로 해석한다.
$$\mu_{A_i}=\bar{x}_{A_i}\pm t_{1-\alpha/2}(\nu_e^*)\sqrt{\frac{V_e^*}{mr}}$$
$$\mu_{B_j}=\bar{x}_{B_j}\pm t_{1-\alpha/2}(\nu_e^*)\sqrt{\frac{V_e^*}{lr}}$$
여기서, V_e^*은 교호작용이 합성된 합성오차 분산이다.
2. 교호작용이 유의한 경우의 해석 : 조합수준 A_iB_j에서 최적조건을 구하고, 조합 평균의 해석을 행한다.
$$\mu_{A_iB_j}=\bar{x}_{A_iB_j}\pm t_{1-\alpha/2}(\nu_e)\sqrt{\frac{V_e}{n_e}}$$
(단, $\bar{x}_{A_iB_j}=\frac{T_{A_iB_j}}{r}$이다.)

 정답 1.④ 2.① 3.② 4.③ 5.①

6 망목특성을 갖는 제품에 대한 손실함수는? (단, $L(y)$는 손실함수, k는 상수, y는 품질특성치, m은 목표값이다.)

① $L(y)=\frac{k}{y^2}$　　② $L(y)=k(y-m)^2$

③ $L(y)=ky^2$　　④ $L(y)=\frac{k}{(y-m)^2}$

해설 ① 망대특성 : $k=A\Delta^2$, $L(y)=k\frac{1}{y^2}$

② 망목특성 : $k=\frac{A}{\Delta^2}$, $L(y)=k(y-m)^2$

③ 망소특성 : $k=\frac{A}{\Delta^2}$, $L(y)=ky^2$

7 $L_8(2^7)$형 직교배열표에서 요인 C와 교락되어 있는 요인은?

열번호	1	2	3	4	5	6	7
기본 표시	a	b	a b	c	a c	b c	a b c
배치	A	B	C	D	E	e	e

① BC, DE, $ABCDE$
② AC, $ABDE$, CDE
③ $ABCD$, AE, BEC
④ AB, $ACDE$, BDE

해설
- $A\times B: a\times b=ab$
- $A\times C\times D\times E: a\times ab\times c\times ac=a^3bc^2=ab$
- $B\times D\times E: b\times c\times ac=abc^2=ab$

(단, $a^2=b^2=c^2=1$로 처리한다.)

8 다음과 같은 2^2형 요인배치법에서 $S_{A\times B}$는?

요인	A_0	A_1
B_0	1	4
B_1	−2	0

① 0.25　　② 6.25
③ 12.25　　④ 18.25

해설
$$S_{A\times B}=\frac{1}{4}(ab+1-a-b)^2$$
$$=\frac{1}{4}(0+1-4-(-2))^2=0.25$$

9 다음의 [표]는 요인 A의 수준 4, 요인 B의 수준 3, 요인 C의 수준 2, 반복 2회의 지분실험을 실시한 분산분석표의 일부이다. $\sigma^2_{B(A)}$의 추정값은?

요인	SS	DF
A	90	
$B(A)$	64	
$C(AB)$	24	
e	12	
T	190	47

① 1　　② 1.5
③ 2.5　　④ 4

해설
$$\sigma^2_{B(A)}=\frac{V_{B(A)}-V_{C(AB)}}{nr}=\frac{8-2}{4}=1.5$$

요인	SS	DF	MS	F_0
A	90	3	30	3.75
$B(A)$	64	8	8	4
$C(AB)$	24	12	2	4
e	12	24	0.5	
T	190	47		

- $\nu_T=lmnr-1=47$
- $\nu_A=l-1=3$
- $\nu_{B(A)}=\nu_{AB}-\nu_A=l(m-1)=8$
- $\nu_{C(AB)}=\nu_{ABC}-\nu_{AB}=lm(n-1)=12$
- $\nu_e=lmn(r-1)=24$

10 1요인 실험에 있어서 각 수준의 합계 A_1, A_2, $\cdots$, A_a가 모두 b개의 측정치 합일 경우, 다음 선형식의 대비가 되기 위한 조건식은? (단, c_i가 모두 0은 아니다.)

$$L=c_1A_1+c_2A_2+\cdots+c_aA_a$$

① $c_1\times c_2\times\cdots\times c_a=1$
② $c_1+c_2+\cdots+c_a=1$
③ $c_1\times c_2\times\cdots\times c_a=0$
④ $c_1+c_2+\cdots+c_a=0$

해설 $\Sigma c_i=0$인 선형식을 대비(contrast) 성질을 갖고 있는 선형식이라고 한다.

정답 6.② 7.④ 8.① 9.② 10.④

11 2^3형의 1/2 일부실시법에 의한 실험을 하기 위해 다음과 같이 블록을 설계하여 실험을 실시하였다. 실험 결과에 대한 해석으로 틀린 것은?

• $a=76$	• $b=79$
• $c=74$	• $abc=70$

① 요인 A의 별명은 교호작용 $B\times C$이다.
② 블록에 교락된 교호작용은 $A\times B\times C$이다.
③ 요인 A의 제곱합은 요인 C의 제곱합보다 크다.
④ 요인 A의 효과는 $A=\frac{1}{2}(76-79-74+70)$ $=-3.5$이다.

해설 2^3형 실험에서 정의대비 $I=A\times B\times C$인 단독교락에서 취한 블록 Ⅱ이다.

$A\times B\times C=\frac{1}{4}(a-1)(b-1)(c-1)$
$=\frac{1}{4}(abc+a+b+c-ab-ac-bc-1)$

① $A\times I=A\times(A\times B\times C)=A^2\times B\times C=B\times C$

③ $S_A=\frac{1}{4}(76+70-79-74)^2$

$S_C=\frac{1}{4}(74+70-76-79)^2=20.25$

④ $A=\frac{1}{2}(abc+ab-b-c)=-3.5$

12 3개의 공정 라인(A)에서 나오는 제품의 부적합품률이 같은지 알아보기 위하여 샘플링검사를 실시하였다. 작업시간별(B)로 차이가 있는가도 알아보기 위하여 오전, 오후, 야간 근무조에서 공정 라인별로 각각 100개씩 조사하여 다음과 같은 데이터가 얻어졌다. 이 자료를 이용한 B_3 수준의 모부적합품률 추정치 $\hat{P}(B_3)$의 값은 몇 %인가?

(단위 : 100개 중 부적합품수)

공정 라인 / 작업시간	A_1	A_2	A_3	$T_{\cdot j\cdot}$
B_1(오전)	2	3	6	11
B_2(오후)	6	2	6	14
B_3(야간)	10	4	10	24
$T_{i\cdot\cdot}$	18	9	22	49

① 5 ② 6
③ 7 ④ 8

해설 $\hat{P}(B_3)=\frac{T_{B_3}}{lr}=\frac{24}{3\times100}=0.08\rightarrow8\%$

13 1요인 실험에 의한 다음 데이터에 대하여 분산분석을 할 때, 분산비(F_0)의 값을 약 얼마인가?

요인	A_1	A_2	A_3	
실험의 반복	4	5	7	
	8	4	6	
	6	3	5	
	6	5	7	
합계	24	17	25	$T=66$
평균	6	4.25	6.25	$\bar{\bar{x}}=5.5$

① 3.13 ② 3.15
③ 3.17 ④ 3.19

해설 1. 제곱합분해
• $S_T=\sum\sum x_{ij}^2-CT=23$
• $S_A=\frac{\sum T_{i\cdot}^2}{r}-CT$
$=\frac{24^2+17^2+25^2}{4}-\frac{66^2}{12}=9.5$
• $S_e=S_T-S_A=13.5$

2. 자유도분해
• $\nu_T=N-1=11$
• $\nu_A=l-1=2$
• $\nu_e=l(r-1)=9$

3. F_0 검정
$F_0=\frac{V_A}{V_e}=\frac{9.5/2}{13.5/9}=3.16667$

14 분산분석표에 표기된 오차분산에 관한 사항으로 틀린 것은?

① 오차분산의 신뢰구간 추정은 χ^2분포를 활용한다.
② 오차의 불편분산이 요인의 불편분산보다 클 수는 없다.
③ 오차분산은 요인으로서 취급하지 않은 다른 모든 분산을 포함하고 있다.
④ 오차분산은 반복 실험을 할 경우 요인의 교호작용과 분리하여 분석할 수 있다.

해설 ① $\frac{S_e}{\chi^2_{1-\alpha/2}(\nu_e)}\le\sigma_e^2\le\frac{S_e}{\chi^2_{\alpha/2}(\nu_e)}$
② 실험오차 분산인 급내변동이 요인의 분산인 군간변동보다 산술적으로 큰 값이 발생하기도 한다.

 정답 11.③ 12.④ 13.③ 14.②

15 $L_{27}(3^{13})$형 선점도에서 A는 1열, B는 5열, C는 2열에 배치할 경우 $B\times C$ 교호작용은 어느 열에 나타나게 되는가?

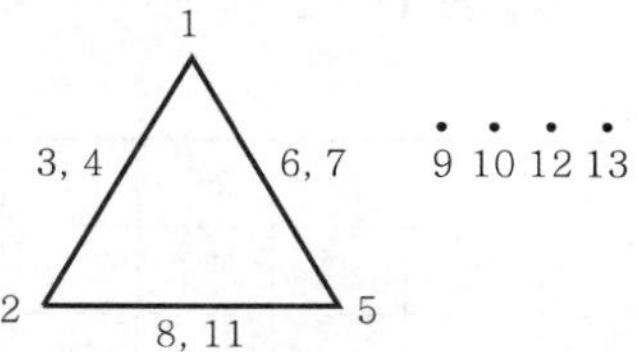

① 3열, 4열
② 6열, 7열
③ 8열, 11열
④ 9열, 12열

해설 3수준계 직교배열표에서 특정 2요인 간의 교호작용은 2개 열에 나타난다.

16 1요인 실험의 분산분석에서 데이터의 구조모형이 $x_{ij}=\mu+a_i+e_{ij}$로 표시될 때, 오차(e_{ij})의 가정이 아닌 것은?

① 비정규성 : $e_{ij}\sim N(\mu,\ \sigma_e^2)$에 따르지 않는다.
② 불편성 : 오차 e_{ij}의 기대치는 0이고, 편의는 없다.
③ 독립성 : 임의의 e_{ij}와 $e_{i'j'}(i\neq i'$ 또는 $j\neq j')$는 서로 독립이다.
④ 등분산성 : 오차 e_{ij}의 분산은 σ_e^2으로 어떤 i, j에 대해서도 일정하다.

해설 ① 정규성 : $e_{ij}\sim N(0,\ \sigma_e^2)$

17 단일분할법에서 일차 단위가 1요인 실험일 때 A, B는 모수요인이고, 수준수가 각각 l, m이며, 블록반복 R의 수준수가 r인 경우 평균제곱의 기대치로 맞는 것은? (단, 요인 A는 일차 단위, 요인 B는 이차 단위이다.)

① $E(V_A)=\sigma_{e_2}^2+mr\sigma_A^2$
② $E(V_B)=\sigma_{e_2}^2+lr\sigma_B^2$
③ $E(V_R)=\sigma_{e_2}^2+lm\sigma_R^2$
④ $E(V_{A\times B})=\sigma_{e_2}^2+r\sigma_{e_1}^2+mr\sigma_{A\times B}^2$

해설

요인	$E(V)$	요인	$E(V)$
A	$\sigma_{e_2}^2+m\sigma_{e_1}^2+mr\sigma_A^2$	B	$\sigma_{e_2}^2+lr\sigma_B^2$
R	$\sigma_{e_2}^2+m\sigma_{e_1}^2+lm\sigma_R^2$	$A\times B$	$\sigma_{e_2}^2+r\sigma_{A\times B}^2$
e_1	$\sigma_{e_2}^2+m\sigma_{e_1}^2$	e_2	$\sigma_{e_2}^2$

※ 1차 단위오차 e_1에는 $A\times R$이 교락되어 있고, 2차 단위오차 e_2에는 $B\times R$과 $A\times B\times R$이 교락되어 있다.

18 모수요인 A는 3수준, 블록요인 B는 2수준인 난괴법 실험을 실시하여 분석한 결과 다음의 데이터를 얻었다. 요인 A의 수준 A_1과 수준 A_3 간의 모평균 차이의 양측 신뢰구간을 신뢰율 95%로 추정하면 약 얼마인가? (단, $t_{0.975}(2)=4.303$, $t_{0.975}(5)=2.571$이다.)

- $\bar{x}_{1\cdot}=12.54$
- $\bar{x}_{2\cdot}=8.76$
- $\bar{x}_{3\cdot}=6.54$
- $V_e=0.81$

① 6.0 ± 2.31 ② 6.0 ± 3.28
③ 6.0 ± 3.87 ④ 6.0 ± 4.24

해설

$$\mu_{1\cdot}-\mu_{3\cdot}=(\bar{x}_{1\cdot}-\bar{x}_{3\cdot})\pm t_{1-\alpha/2}(\nu_e)\sqrt{\frac{2V_e}{m}}$$
$$=(12.54-6.54)\pm4.303\times\sqrt{\frac{2\times0.81}{2}}$$
$$=6.0\pm3.87$$

19 결정계수(r^2)에 관한 설명으로 맞는 것은?

① 회귀방정식의 정도를 측정하는 방법으로 사용될 수 없다.
② 단순회귀에서 결정계수(r^2)는 상관계수(r)의 제곱과 값이 다르다.
③ 단순회귀분석에서 얻은 r^2으로부터 상관계수를 구하면 $-r$이 된다.
④ $0\le r^2\le1$의 범위에 있고, r^2의 값이 1에 가까울수록 의미있는 회귀방정식이 된다.

해설 ① 결정계수 r^2은 1차 회귀제곱합의 구성비율을 백분율로 표시한 척도이다.

$$r^2=\frac{S_R}{S_T}\times100$$

② $r^2=\dfrac{S_R}{S_T}=\dfrac{S_{(xy)}{}^2/S_{(xx)}}{S_{(yy)}}=\left(\dfrac{S_{(xy)}}{\sqrt{S_{(xx)}S_{(yy)}}}\right)^2=r^2$

③ r^2으로부터 상관계수를 구하면 $\pm r$이 된다.

20 5수준의 모수요인 A와 4수준의 모수요인 B로 반복 없는 2요인 실험을 한 결과 주효과 A, B가 모두 유의한 경우 최적조합조건하에서의 공정평균을 추정할 때 유효반복수 n_e는?

① 2.5 ② 2.9
③ 4 ④ 3

해설 $n_e=\dfrac{lm}{l+m-1}=\dfrac{5\times4}{5+4-1}=2.5$

제2과목 통계적 품질관리

21 전수검사와 샘플링검사를 비교한 설명으로 틀린 것은?

① 전수검사에서는 이론적으로 샘플링오차가 발생하지 않는다.
② 부적합품이 로트에 포함될 수 없다면 전수검사로 실행하여야 한다.
③ 일반적으로 전수검사는 샘플링검사에 비하여 검사비용이 많이 든다.
④ 시료를 랜덤하게 추출할 경우에는 샘플링검사의 결과와 전수검사의 결과가 일치하게 된다.

해설 샘플링검사는 전수검사에 비해 비용이나 시간이 적게 드는 검사방식으로 합격로트 속에 부적합품의 혼입이 허용되는 경우 사용하며, 생산자에게 품질향상의 자극을 줄 수 있다.

22 계수 및 계량 규준형 샘플링검사(KS Q 0001) 중 제3부 : 계량규준형 1회 샘플링검사 방식(표준편차 기지)에서 샘플링검사의 적용조건으로 틀린 것은?

① 제품을 로트로 처리할 수 있어야 한다.
② 검사단위의 품질을 계량값으로 나타낼 수 있어야 한다.
③ 부적합품률을 따르는 경우는 특성치가 정규분포에 근사하는 것으로 다루어져야 한다.
④ 부적합률을 따르는 경우 부적합품률을 어느 한도 내로 보증하는 것이므로 합격로트 안에 부적합품이 들어가면 안 된다.

해설 샘플링검사는 합격로트 속에 부적합품의 혼입이 인정될 때 사용한다.

23 A, B 두 사람의 작업자가 동일한 기계부품의 길이를 측정한 결과 다음과 같은 데이터가 얻어졌다. 이때, A작업자가 측정한 것이 B작업자의 측정치보다 크다고 할 수 있겠는가? (단, $\alpha=0.05$, $t_{0.95}(5)=2.015$이다.)

부품번호	1	2	3	4	5	6
A	89	87	83	80	80	87
B	84	80	70	75	81	75

① 데이터가 7개 미만이므로 위험률 5%로는 검정할 수가 없다.
② A작업자가 측정한 것이 B작업자의 측정치보다 크다고 할 수 있다.
③ A작업자가 측정한 것이 B작업자의 측정치보다 크다고 할 수 없다.
④ 위의 데이터로는 시료 크기가 7개 이하이므로 귀무가설을 채택하기에 무리가 있다.

해설 대응있는 차의 검정
1. 가설 : $H_0:\delta\le 0$, $H_1:\delta>0$
(단, $\delta=\mu_A-\mu_B$이다.)
2. 유의수준 : $\alpha=0.05$
3. 검정통계량 : $t_0=\dfrac{\bar{d}-\delta}{s_d/\sqrt{n}}=\dfrac{6.833-0}{5.154/\sqrt{6}}=3.247$
4. 기각치 : $t_{0.95}(5)=2.015$
5. 판정 : $t_0>2.015$이므로, H_0 기각

24 관리도에 타점하는 통계량(statistic)은 정규분포를 한다고 가정한다. 공정(모집단)이 정규분포를 이룰 때 표본분포는 언제나 정규분포를 이루지만, 공정분포가 정규분포가 아니더라도 표본의 크기 n이 충분히 크다면 정규분포에 접근한다는 이론은?

① 대수의 법칙
② 체계적 추출법
③ 중심극한정리
④ 크기비례 추출법

해설 "동일한 확률분포를 갖는 독립 확률변수 n개의 평균분포는 n이 충분히 커지면 정규분포에 근사한다"는 정리를 「중심극한의 정리」라고 한다.

 정답 20.① 21.④ 22.④ 23.② 24.③

25 전기 마이크로미터의 정확도를 비교하기 위하여 A, B 2개의 전기 마이크로미터로 크랭크샤프트 5개에 대해 각각의 외경을 측정하여 다음의 결과를 얻었다. A, B 간의 차이를 검정하기 위한 검정통계량은 약 얼마인가?

시료번호	1	2	3	4	5
A	16	15	11	16	13
B	14	13	10	14	12

① 1.31 ② 3.21
③ 3.42 ④ 6.53

해설 대응있는 차의 검정

시료번호	1	2	3	4	5	
A B	16 14	15 13	11 10	16 14	13 12	
d_i	2	2	1	2	1	$\Sigma d_i=8$

1. 가설 : $H_0 : \delta=0,\ H_1 : \delta\neq 0$
(단, $\delta=\mu_A-\mu_B$이다.)
2. 유의수준 : $\alpha=0.05,\ 0.01$
3. 검정통계량 : $t_0=\dfrac{\bar{d}-\Delta}{s_d/\sqrt{n}}=\dfrac{1.6-0}{0.5477/\sqrt{5}}=6.53224$
4. 기각치 : $-t_{1-\alpha/2}(4),\ t_{1-\alpha/2}(4)$
5. 판정 : $|t_0|>t_{1-\alpha/2}(4)$: H_0 기각
$|t_0|<t_{1-\alpha/2}(4)$: H_0 채택

26 모상관계수 $\rho=0$인 모집단에서 크기 n의 시료를 추출하여 시료의 상관계수(r)를 구한 후, 통계량 $r\sqrt{\dfrac{n-2}{1-r^2}}$을 취하면, 이 통계량은 어떤 분포를 하는가?

① F분포 ② t분포
③ χ^2분포 ④ 정규분포

해설 $t_0=\dfrac{r-E(r)}{\sqrt{V(r)}}=\dfrac{r-0}{\sqrt{\dfrac{1-r^2}{n-2}}}=r\sqrt{\dfrac{n-2}{1-r^2}}$

27 각 50개씩의 부품이 들어있는 10상자의 로트가 있을 때 각 10상자에서 일부를 랜덤하게 샘플링하는 방법은?

① 집락 샘플링 ② 계통 샘플링
③ 층별 샘플링 ④ 다단계 샘플링

해설 ※ 50개의 부품이 들어있는 10상자에서 랜덤하게 3상자를 취해, 각 상자에서 5개씩 총 15개의 시료를 취한다면, 2단계 샘플링이 된다.

28 Shewhart 관리도에서 3σ관리한계를 3.5σ관리한계로 바꿀 경우 나타나는 현상으로 맞는 것은?

① 제1종 오류 α가 감소한다.
② 제2종 오류 β가 감소한다.
③ 제1종 오류 α와 제2종 오류 β가 모두 증가한다.
④ 제1종 오류 α와 제2종 오류 β가 모두 감소한다.

해설 관리한계폭이 넓어지면 α는 감소하고, β는 증가한다(검출력 $1-\beta$ 감소).

29 동전을 200번 던져 앞면이 115번, 뒷면이 85번 나타났다. 앞면이 나올 확률은 0.5라는 귀무가설을 유의수준 $\alpha=0.05$로 검정한 결과로 맞는 것은? (단, $\chi^2_{0.95}(1)=3.84,\ \chi^2_{0.975}(1)=5.02$이다.)

① 이 실험결과로는 알 수 없다.
② 앞면이 나올 확률이 $\frac{1}{2}$이라 볼 수 있다.
③ 앞면이 나올 확률이 $\frac{1}{2}$이 아니라 볼 수 있다.
④ 앞면이 나올 확률은 $\frac{1}{2}$보다 작다고 볼 수 있다.

해설 적합도 검정

1. 가설 : $H_0 : P_1=P_2=\dfrac{1}{2}$
$H_1 : P_1\neq P_2\neq\dfrac{1}{2}$
2. 유의수준 : $\alpha=0.05$
3. 검정통계량 : $\chi_0^2=\dfrac{\Sigma(X_i-E_i)^2}{E_i}$
$=\dfrac{(115-100)^2}{100}+\dfrac{(85-100)^2}{100}$
$=4.5$
4. 기각치 : $\chi^2_{0.95}(1)=3.84$
5. 판정 : $\chi_0^2>3.84$이므로, H_0 기각

정답 25.④ 26.② 27.③ 28.① 29.③

30 다음은 두 개의 층 A, B의 데이터로 작성한 $\bar{x}-R$ 관리도로부터 층의 평균치 차이를 검정할 때 사용하는 식이다. 이 식의 전제조건이 아닌 것은?

$$|\bar{\bar{x}}_A - \bar{\bar{x}}_B| > A_2\bar{R}\sqrt{\frac{1}{k_A}+\frac{1}{k_B}}$$

① k_A, k_B는 충분히 클 것
② $\bar{R}_A$, $\bar{R}_B$ 간에 유의차가 없을 것
③ 두 개의 관리도는 관리상태에 있을 것
④ 두 관리도의 부분군의 크기가 충분히 클 것

해설 ①, ②, ③항 이외에 두 관리도는 정규분포를 할 것, $n_A = n_B$일 것이 있다.

31 계수형 샘플링검사 절차 – 제1부 : 로트별 합격품질한계(AQL) 지표형 샘플링검사 방식(ISO KS Q 2859-1)에서 전환규칙 중 전환점수를 적용하여야 할 것은?

① 수월한 검사에서 보통검사로
② 보통검사에서 수월한 검사로
③ 보통검사에서 까다로운 검사로
④ 까다로운 검사에서 보통검사로

해설 전환점수(S_S)가 30점 이상인 경우 보통검사에서 수월한 검사로 적용할 수 있다.

32 u 관리도에 대한 설명으로 맞는 것은?

① U_{CL}, L_{CL}은 $\bar{u} \pm A\sqrt{\bar{u}}$ 에 의해 구할 수 있다.
② U_{CL}, L_{CL}은 c 관리도를 이용하면 $n\bar{u} \pm 3n\sqrt{\bar{u}}$ 와 같다.
③ 시료의 면적이나 길이가 일정할 경우에만 사용한다.
④ 부적합수 c의 분포는 일반적으로 이항분포를 따른다.

해설
① $\left.\begin{matrix} U_{CL} \\ L_{CL} \end{matrix}\right] = \bar{u} \pm 3\sqrt{\frac{\bar{u}}{n}} = \bar{u} \pm A\sqrt{\bar{u}}$
② $\left.\begin{matrix} U_{CL} \\ L_{CL} \end{matrix}\right] = \bar{c} \pm 3\sqrt{\bar{c}} = n\bar{u} \pm 3\sqrt{n\bar{u}}$
③ u 관리도나 p 관리도는 시료 크기(부분군의 크기)가 일정하지 않은 경우 사용한다.
④ 부적합(결점)의 분포는 푸아송분포를 따른다.

33 A, B 두 직조공정을 병행하여 가동하고 있다. A공정에서는 직물 10000m에 대하여 부적합수가 10개, B공정에서는 같은 길이의 직물에서 부적합수가 20개 있었다. 유의수준 0.05로 검정하고자 할 때, A공정의 부적합수는 B공정보다 적다고 할 수 있는가?

① A공정은 B공정과 같다고 할 수 있다.
② A공정의 부적합수는 B공정보다 적다고 할 수 있다.
③ A공정의 부적합수는 B공정보다 적다고 할 수 없다.
④ A공정과 B공정의 부적합수는 서로 비교할 수 없다.

해설 두 집단 모부적합수 차의 검정
1. 가설 : $H_0 : m_A \geq m_B$
$H_1 : m_A < m_B$
2. 유의수준 : $\alpha = 0.05$
3. 검정통계량 : $u_0 = \frac{c_A - c_B}{\sqrt{c_A + c_B}} = \frac{10-20}{\sqrt{10+20}}$
$= -1.826$
4. 기각치 : $-u_{0.95} = -1.645$
5. 판정 : $u_0 < -1.645$이므로, H_0 기각

34 계수값 축차 샘플링검사 방식(KS Q ISO 39511)에서 합격판정치(A)와 불합격판정치(R)가 다음과 같이 주어졌을 때, 어떤 로트에서 1개씩 채취하여 5번째와 40번째가 부적합품일 경우, 40번째에서 로트에 대한 조처로서 맞는 것은? (단, 누계검사중지치 $n_t = 226$이다.)

- $A = -2.319 + 0.059n_{cum}$
- $R = 2.702 + 0.059n_{cum}$

① 검사를 속행한다.
② 로트를 합격으로 한다.
③ 로트를 불합격으로 한다.
④ 아무 조처도 취할 수 없다.

해설 $A = -2.319 + 0.059 \times 40 = 0.041 \Rightarrow$ 0개
$R = 2.702 + 0.059 \times 40 = 5.062 \Rightarrow$ 6개
∴ 판정 : $0 < D < 6$이므로, 검사 속행이다.
(단, $D = 2$이다.)

정답 30.④ 31.② 32.① 33.② 34.①

35 확률분포에 관한 설명으로 틀린 것은?

① 불편분산 V의 기대치는 모분산 σ^2보다 크다.
② 자유도 ν인 t분포를 따르는 확률변수 t의 기대값은 0이다.
③ 범위 R을 이용하여 모표준편차를 추정하는 경우 $E(\overline{R})=d_2\sigma$를 이용할 수 있다.
④ 상호 독립인 불편분산 V_A와 V_B의 분산비 $\frac{V_B}{V_A}$는 자유도 ν_B와 ν_A를 가진 F분포를 따른다.

해설 ① $E(V)=\sigma^2,\ D(V)=\sqrt{\frac{2}{n-1}}\sigma^2$
② $E(t)=0,\ D(t)=\sqrt{\frac{\nu}{\nu-2}}$
③ $E(R)=d_2\sigma,\ D(R)=d_3\sigma$
$\left(E(\overline{R})=d_2\sigma,\ D(\overline{R})=\frac{d_3\sigma}{\sqrt{k}}\right)$
④ $F_0=\frac{V_A}{V_B}\sim F(\nu_A,\ \nu_B)$

36 $\overline{x}$ 관리도에서 관리한계를 벗어나는 점이 많아지고 있을 때의 설명으로 맞는 것은? (단, R 관리도는 안정상태, 군내변동 : σ_w^2, 군간변동 : σ_b^2이다.)

① σ_b^2가 크게 되어 $\sigma_{\overline{x}}^2$도 크게 된다.
② σ_w^2가 크게 되어 $\sigma_{\overline{x}}^2$도 크게 된다.
③ σ_b^2는 작게 되고, σ_w^2는 크게 된다.
④ $\sigma_{\overline{x}}^2$는 작게 되고, σ_w^2는 크게 된다.

해설 $\sigma_{\overline{x}}^2=\frac{\sigma_w^2}{n}+\sigma_b^2$이므로, σ_b^2이 증가하면 $\sigma_{\overline{x}}^2$도 증가하여 타점된 $\overline{x}$가 관리한계선을 벗어날 확률이 높아진다.

37 계수형 샘플링검사에 있어서 N, n, c가 주어지고, 로트의 부적합품률 P와 합격확률 $L(P)$의 관계를 나타낸 것을 무엇이라고 하는가?

① 검사일보 ② 검사성적서
③ 검사특성곡선 ④ 검사기준서

해설 검사특성곡선을 OC 곡선이라고 한다.

38 R_m 관리도의 관리상한을 다음의 관리도용 계수표를 사용하여 계산하면 어떻게 되는가? (단, $\overline{R}_m=\frac{\sum R_m}{k-1}$이다.)

[관리도용 계수표]

n	D_3	D_4
2	–	3.267
3	–	2.575
4	–	2.282
5	–	2.115

① $2.282\overline{R}_m$
② $3.267\overline{R}_m$
③ 알 수 없다.
④ 관리상한은 고려하지 않는다.

해설 $U_{CL}=D_4\overline{R}_m=3.267\overline{R}_m$
(단, $n=2$일 때 $D_4=3.267$이다.)

39 10개의 배치(batch)에서 각각 4개씩 샘플을 뽑아 범위(R)를 구하였더니 $\sum R=16$이었다. 이때 $\hat{\sigma}$은 얼마인가? (단, 군의 크기가 4일 때 $d_2=2.059$, $d_3=0.880$이다.)

① 0.78 ② 1.82
③ 1.94 ④ 4.55

해설 $\hat{\sigma}=\frac{\overline{R}}{d_2}=\frac{16/10}{2.059}=0.7771$

40 피스톤의 외경을 X_1, 실린더의 내경을 X_2라 한다. X_1, X_2는 서로 독립된 확률분포를 따르고, 그 표준편차가 각각 0.05, 0.03이라면 실린더와 피스톤 사이의 간격 X_2-X_1의 표준편차는?

① $0.05^2-0.03^2$ ② $\sqrt{0.05^2-0.03^2}$
③ $0.03^2+0.05^2$ ④ $\sqrt{0.03^2+0.05^2}$

해설 $D(X_2-X_1)=\sqrt{V(X_2-X_1)}$
$=\sqrt{{\sigma_{X_2}}^2+{\sigma_{X_1}}^2}$
$=\sqrt{0.03^2+0.05^2}$
$=0.04$

정답 35.① 36.① 37.③ 38.② 39.① 40.④

제3과목 생산시스템

41 4가지 주문작업을 1대의 기계에서 처리하고자 한다. 각 작업의 작업시간과 납기가 다음과 같이 주어져 있을 때 최소여유시간 우선법을 사용하여 작업순서를 결정할 경우, 평균진행시간은 며칠인가?

작업물	작업시간(일)	납기(일)
A	8	14
B	6	11
C	6	16
D	3	10

① 13일　② 14일
③ 15일　④ 16일

해설 최소여유시간 우선법

작업물	작업시간	진행시간	납기일	납기지연일
B	6	6	11	0
A	8	14	14	0
D	3	17	10	7
C	6	23	16	7
평균		60/4		14/4

42 보전작업자가 각 제조부서의 감독자 밑에 있는 보전 조직은?

① 부문보전　② 집중보전
③ 지역보전　④ 절충보전

해설 ※ 집중보전 : 조직상이나 배치상으로 보전요원을 한 관리자 밑에 두어 배치하는 보전형태

43 생산관리의 변환시스템 중 Iuput, 공장, Output의 요소가 적절하게 연결된 것은?

Input → 공장 → Output

① 재료 – 로트 – 제품
② 프로세스 – 변환 – 제품
③ 공정 – 프로세스 – 제품
④ 재료 – 프로세스 – 제품

해설 생산시스템이란 이용 가능한 생산자원인 작업자·기계·원자재를 유용하게 활용하여 제품이나 서비스를 바꾸는 변환과정이다.

44 관측 평균시간 5분, 객관적 레이팅에 의해서 1단계 평가계수 95%, 2단계 조정계수 15%, 여유율 20%일 경우의 표준시간은 약 몇 분인가?

① 5.09분　② 6.56분
③ 7.56분　④ 8.39분

해설 $ST = NT(1+A)$
$= [5 \times 0.95 \times (1+0.15)] \times (1+0.2)$
$= 6.56$분

45 부품 A의 사용량은 하루에 3000개, 평균 준비시간은 0.5일/컨테이너, 가공시간은 0.3일/컨테이너, 그리고 컨테이너 한 개에 담을 수 있는 부품 A의 수는 30개, 안전계수 α는 25%이다. 간판시스템을 운용하는 경우 부품 A를 위해 필요한 간판의 수는?

① 63개　② 100개
③ 125개　④ 200개

해설
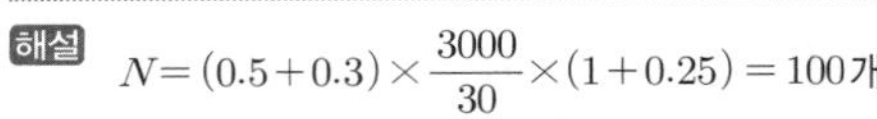
$N = (0.5+0.3) \times \frac{3000}{30} \times (1+0.25) = 100$개

※ 여기서 안전계수(α)란 안전재고율을 뜻한다.

46 다중활동분석표의 용도로 가장 거리가 먼 것은?

① 효율적인 작업조 편성
② 작업자의 미세동작 분석
③ 기계 혹은 작업자의 유휴시간 단축
④ 한 명의 작업자가 담당할 수 있는 기계대수의 산정

해설 작업자의 미세동작 분석은 film/tape 분석이나 VTR 분석 등을 행한다.

47 적시생산시스템(JIT)에 관한 설명으로 틀린 것은?

① 생산의 평준화로 작업부하량이 균일해진다.
② 생산준비시간의 단축으로 리드타임이 단축된다.
③ 간판(Kanban)이라는 부품인출시스템을 사용한다.
④ 입력정보로 재고대장, 주일정계획, 자재명세서가 요구된다.

해설 ④항은 MRP의 입력요소(IRF, MPS, BOM)이다.

 정답 41.③ 42.① 43.④ 44.② 45.② 46.② 47.④

48 생산경영관리에서 구매의 효과를 측정하는 객관적 척도를 나타낸 것으로 거리가 가장 먼 것은?

① 예산절감액　② 납기이행실적
③ 구매물품의 품질　④ 거래업체의 수

해설 구매효과를 측정하는 객관적 척도는 ①, ②, ③항의 평가가 중심이 된다.

49 다품종 소량생산의 특징이 아닌 것은?

① 단위당 생산원가는 낮다.
② 범용설비에 의한 생산이 주가 된다.
③ 주로 노동집약적 생산공정에 속한다.
④ 진도관리가 어렵고 분산작업이 이루어진다.

해설 다품종 소량생산은 단위당 생산원가가 높은 단점이 있다.

50 포드 시스템과 관련이 없는 것은?

① 과업관리　② 컨베이어
③ 동시작업　④ 고임금, 저가격

해설 ① 과업관리는 테일러 시스템의 특징이다.
※ 테일러 시스템의 특징은 과업관리와 기능적 관리로 압축할 수 있다.

51 생산계획을 집행하는 단계로서 생산계획을 세분화하여 작업계획을 시간단위로 구체화시키는 활동은?

① 일정계획　② 재고통제
③ 작업설계　④ 라인밸러싱

해설 일정계획이란 기계 내지 작업을 시간적으로 배정하고, 일시를 결정하여 생산일정을 계획하는 것이다.

52 생산계획을 위한 제품조합에서 A제품의 가격이 2000원, 직접재료비 500원, 외주가공비 200원, 동력 및 연료비가 50원일 때 한계이익률은?

① 37.5%　② 62.5%
③ 65.0%　④ 75.0%

해설
$$한계이익률 = 1 - \frac{변동비}{매상고}$$
$$= 1 - \frac{500 + 200 + 50}{2000}$$
$$= 0.625(62.5\%)$$

53 불확실성하에서의 의사결정기준에 대한 설명으로 틀린 것은?

① MaxiMin 기준 : 가능한 최소의 성과가 가장 큰 대안을 선택
② Laplace 기준 : 가능한 성과의 기대치가 가장 큰 대안을 선택
③ Hurwicz 기준 : 기회손실의 최대값이 최소화되는 대안을 선택
④ MaxiMax 기준 : 가능한 최대의 성과를 최대화하는 대안을 선택

해설 ③항은 Savage 기준의 설명이다.
※ Hurwicz 기준은 MaxiMax 기준과 MaxiMin 기준을 절충하여 가장 큰 대안을 선택하는 방법이다.

54 MRP 과정에서 품목의 순소요량이 산출되면 로트 사이즈를 결정해야 한다. 로트 사이즈 결정방법에 대한 설명으로 틀린 것은?

① 고정주문량(fixed order quantity) 방법은 주문할 때마다 주문량은 동일하게 된다.
② 대응발주(lot for lot) 방법은 순소요량만큼 발주하나 초과재고가 나타난다.
③ 부분기간(part period algorithm) 방법은 주문비와 재고유지비의 균형점을 고려하여 주문한다.
④ 기간발주량(period order quantity) 방법은 사전에 결정된 시간 간격마다 주문을 실시하되, 로트 사이즈는 주문할 때마다 이 기간 중의 소요량만큼 발주한다.

해설 ② 대응발주법은 수요량만큼만 발주하는 방식으로, 재고를 요하지 않는다.

55 총괄생산계획(APP)의 문제를 경험적 또는 탐색적 방법으로 해결하려는 기법은?

① 선형계획법(LP)
② 선형결정규칙(LDR)
③ 도시법(Graphic method)
④ 휴리스틱기법(Heuristic approach)

해설 총괄생산계획에는 도시법, 선형계획법, 선형결정규칙(Linear Decision Rule), 휴리스틱기법이 있다.

정답 48.④ 49.① 50.① 51.① 52.② 53.③ 54.② 55.④

56 수요의 추세변화를 분석할 경우에 가장 적합한 방법은?

① 상관분석법 ② 이동평균법
③ 지수평활법 ④ 최소자승법

해설 ② 이동평균법 : 계절변동 분석
③ 지수평활법 : 단기 불규칙변동 분석
④ 최소자승법 : 추세변동 분석

57 방향에 맞도록 목표물을 돌려 놓거나 위치를 잡아 놓기로서 운반동작 중 바로 놓을 수도 있는 서블릭기호는?

① PP ② G
③ P ④ H

해설 • 제1류 기호(G, TE, TL, RL, P, I, A, DA, U) : 작업에 필요한 동작
• 제2류 기호(Sh, St, PP, Pn) : 작업을 늦출 수 있는 동작
• 제3류 기호(H, UD, AD, R) : 작업에 불필요한 동작
※ P는 정해진 위치에 맞추는 방향 잡기이고, PP는 주동작 P의 준비동작이다.

58 워크샘플링 기법을 이용하여 표준시간을 결정하기 적합한 작업유형으로 맞는 것은?

① 주기가 짧고 반복적인 작업
② 주기가 짧고 비반복적인 작업
③ 주기가 길고 비반복적인 작업
④ 작업공정과 시간이 고정된 작업

해설 주기가 짧고 반복적 작업 분석에는 Stopwatch법을 이용하고, 주기가 길고 비반복적인 작업 분석에는 Work sampling법을 이용한다.

59 가공조립산업에서 시간가동률을 저해시켜 설비종합효율을 나쁘게 하는 로스(loss)는?

① 초기수율로스
② 속도저하로스
③ 작업준비·조정로스
④ 잠깐정지·공회전로스

해설 • 시간가동률을 저해하는 손실 : 고장정지로스, 작업준비·조정로스
• 성능가동률을 저해하는 손실 : 공전·순간정지로스, 속도저하로스
• 양품률을 저해하는 손실 : 불량재가공로스, 초기수율로스

60 제품별 배치와 비교할 때 공정별 배치의 장점이 아닌 것은?

① 단위당 생산시간이 짧다.
② 범용설비가 많아 시설 투자 측면에서 비용이 저렴하다.
③ 한 설비의 고장으로 인해 전체 공정에 미치는 영향이 적다.
④ 수요변화와 제품변경 등에 대응하는 제조부문의 유연성이 크다.

해설 • 대량생산의 설비배치 : 제품별 배치
• 소량생산의 설비배치 : 공정별 배치

제4과목 신뢰성 관리

61 고장률 $\lambda=0.07$/시간, 수리율 $\mu=0.5$/시간일 때, 가용도(Availability)는 약 몇 %인가?

① 12.33% ② 14.02%
③ 87.72% ④ 88.10%

해설 $A=\frac{\mu}{\lambda+\mu}=\frac{0.5}{0.07+0.5}=0.8772$

62 평균고장률이 0.002/시간인 지수분포를 따르는 제품을 10시간 사용하였을 경우 고장이 발생할 확률은 약 얼마인가?

① 0.02 ② 0.20
③ 0.80 ④ 0.98

해설 $F(t=10)=1-e^{-0.002\times 10}=0.0198 \fallingdotseq 0.02$

63 평균수명이 1000시간 정도 되는지를 판정하기 위해 샘플을 20개로 하여 고장 난 것은 즉시 새것으로 교체하면서 4번째 고장이 발생할 때까지 시험하고자 한다. 4번째 고장시간이 얼마여야 평균수명을 1000시간으로 추정할 수 있겠는가?

① 100시간 ② 200시간
③ 400시간 ④ 600시간

해설 $\hat{\theta}=\frac{nt_r}{r} \rightarrow t_r=\frac{1000\times 4}{20}=200$시간

 정답 56.④ 57.③ 58.③ 59.③ 60.① 61.③ 62.① 63.②

64 부품의 수명분포가 가장 많이 활용되는 지수분포에 관한 설명으로 틀린 것은?

① 부품 고장률의 역수가 MTBF이다.
② 중고부품이나 새 부품이나 신뢰도는 동일하다.
③ 부품 3개가 직렬로 연결된 시스템의 MTBF는 부품 MTBF의 1/3이다.
④ 부품 3개가 병렬로 연결된 시스템의 MTBF는 부품 MTBF의 3배이다.

해설 지수분포는 우발고장기의 고장분포로, $E(t)=\frac{1}{\lambda}=\theta$, $V(t)=\frac{1}{\lambda^2}=\theta^2$으로 평균과 편차가 동일하며, 조건부확률이 존재하지 않는 비기억성 분포이다.

① $E(t)=\frac{1}{\lambda}=MTBF$
② $R(t=100/t=50)=R(t=50)$
③ $MTBF_S=\frac{1}{\Sigma\lambda_i}=\frac{1}{n\lambda}=\frac{1}{n}MTBF$
④ $MTBF_S=\left(1+\frac{1}{2}+\frac{1}{3}\right)MTBF$

65 [그림]의 신뢰성 블록도에 맞는 FT(Fault Tree, 고장목)도는?

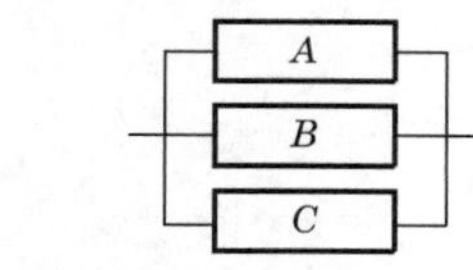

①
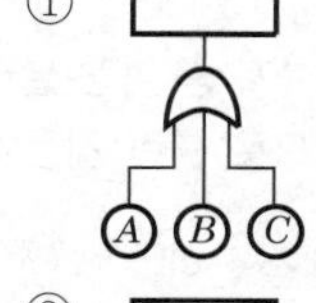

②
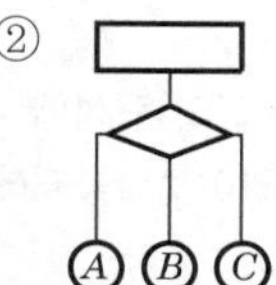

③
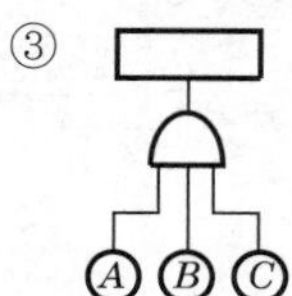

④
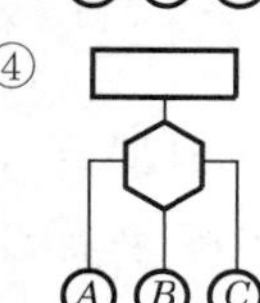

해설 • AND Gate

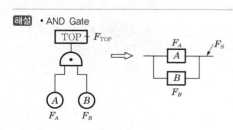

TOP ← F_{TOP} ⟹ 병렬 블록도 (F_A: A, F_B: B, F_S)
A (F_A), B (F_B)

• OR Gate

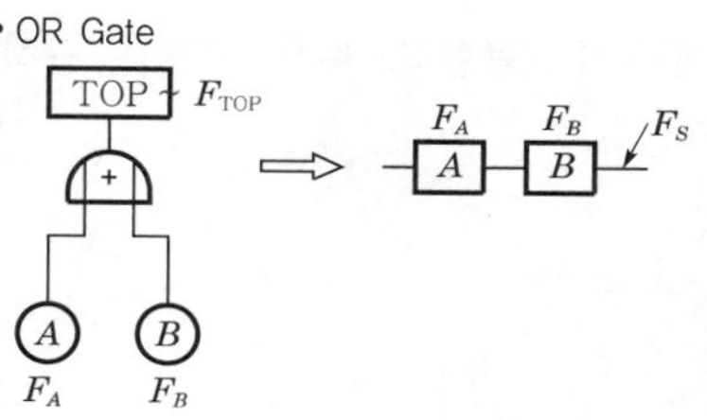

※ OR Gate 논리기호는 또는 로 표시한다.

66 [그림]은 고장시간의 전형적 분포를 보여주는 욕조곡선이다. 이 중 B 기간을 분포로 모형화할 때, 어떤 분포가 적절한가?

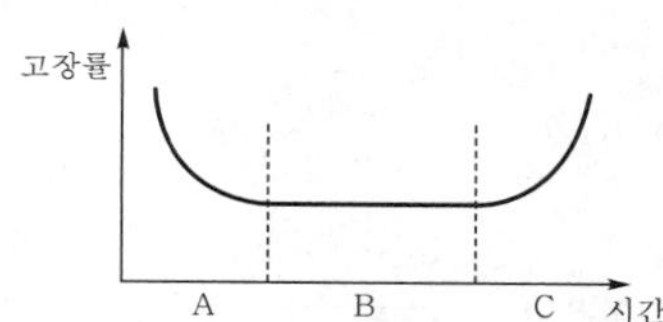

① 정규분포
② 지수분포
③ 형상모수가 1보다 큰 와이블분포
④ 형상모수가 1보다 작은 와이블분포

해설 • A : 초기고장기($m<1$)
• B : 우발고장기($m=1$)
• C : 마모고장기($m>1$)

67 수명시험 중 특히 수명시간을 단축할 목적으로 고장 메커니즘을 촉진하기 위해 가혹한 환경조건에서 행하는 시험은?

① 환경시험　② 정상수명시험
③ Screening 시험　④ 가속수명시험

해설 가속수명시험도 정상수명시험과 동일하게 전수고장시험과 중도중단시험을 행한다.

68 고장평점법에서 평점요소로 기능적 고장영향의 중요도(C_1), 영향을 미치는 시스템의 범위(C_2), 고장발생빈도(C_3)를 평가하여 평가점을 $C_1=3$, $C_2=9$, $C_3=6$을 얻었다면, 고장평점(C_S)은 약 얼마인가?

① 4.45　② 5.45
③ 8.72　④ 12.72

해설 $C_S=(C_1\cdot C_2\cdot C_3)^{\frac{1}{3}}=(3\times9\times6)^{\frac{1}{3}}=5.45$

정답 64.④ 65.③ 66.② 67.④ 68.②

69 신뢰성 축차 샘플링검사에서 사용되는 공식 중 틀린 것은?

① $T_a = sr + h_a$ ② $s = \dfrac{\ln\left(\dfrac{\lambda_1}{\lambda_0}\right)}{\lambda_1 - \lambda_0}$

③ $h_a = \dfrac{\ln\left(\dfrac{1-\alpha}{\beta}\right)}{(\lambda_1 - \lambda_0)}$ ④ $h_r = \dfrac{\dfrac{1-\alpha}{\beta}}{\ln\left(\dfrac{\lambda_1}{\lambda_0}\right)}$

해설 ① 합격판정선 $T_a = h_a + sr$

※ 불합격판정선 $T_r = -h_r + sr$

② 기울기 $s = \dfrac{\ln\left(\dfrac{\lambda_1}{\lambda_0}\right)}{\lambda_1 - \lambda_0}$

③ 절편 $h_a = \dfrac{\ln\left(\dfrac{1-\alpha}{\beta}\right)}{\lambda_1 - \lambda_0}$

④ 절편 $h_r = \dfrac{\ln\left(\dfrac{1-\beta}{\alpha}\right)}{\lambda_1 - \lambda_0}$

※ 검사속행영역에서 계속 시험을 행하는 경우 총고장수 $r = r_{\max}$이면 불합격시키고, 총시험시간 $T = T_{\max}$인 경우는 합격시킨다.

70 동일한 부품을 사용하는 5대의 기계를 200시간 동안 작동시켜 그 부품의 고장을 관찰하였다. 다음 [표]는 그 부품이 고장 났던 시간들이다. 이 부품의 고장분포는 지수분포라 하고, 고장 즉시 동일한 것으로 교체되었다. 이 부품의 평균고장시간 MTBF는?

기계	고장시간
1	75, 120
2	없음
3	없음
4	150
5	30, 85, 90

① $\dfrac{550}{6}$ ② $\dfrac{950}{6}$

③ $\dfrac{1000}{6}$ ④ 200

해설 $\widehat{MTBF} = \dfrac{nt_0}{r} = \dfrac{5 \times 200}{6} = \dfrac{1000}{6}$

71 일반적으로 신뢰도 계산을 할 때 샘플의 수가 적은 경우 사용하는 방법이 아닌 것은?

① 평균순위법
② 메디안순위법
③ 모드순위법
④ 표준편차순위법

해설 ① 평균순위법 : $F(t_i) = \dfrac{i}{n+1}$

② 메디안순위법 : $F(t_i) = \dfrac{i-0.3}{n+0.4}$

③ 모드순위법 : $F(t_i) = \dfrac{i-0.5}{n}$

④ 선험법 : $F(t_i) = \dfrac{i}{n}$

72 어떤 기계의 보전도 $M(t)$가 지수분포를 따르고, 1시간 동안의 보전도가 $M(1) = 1 - e^{-2\times 1}$가 되었다면 MTTR(평균수리시간)은?

① 0.5
② 1.0
③ 1.5
④ 2.0

해설 $M(t) = 1 - e^{-\mu t} = 1 - e^{-\frac{t}{MTTR}}$

$MTTR = \dfrac{1}{\mu} = \dfrac{1}{2} = 0.5$시간

73 신뢰성 데이터 해석에 사용되는 확률지 중 가장 널리 사용되는 와이블확률지에 대한 설명으로 틀린 것은?

① $E(t)$는 $\eta \cdot \Gamma\left(1 + \dfrac{1}{m}\right)$으로 계산한다.

② 메디안순위법으로 계산할 경우 $F(t)$는 $\dfrac{i-0.3}{n+0.4}$로 계산한 값을 타점한다.

③ 모수 m의 추정은 $\dfrac{\ln(1-F(x))^{-1}}{t}$의 값이다.

④ η의 추정은 타점의 직선이 $F(t) = 63\%$인 선과 만나는 점의 하측 눈금(t 눈금)을 읽은 값이다.

해설 $m = \ln\ln\dfrac{1}{1-F(t)} / \ln t$

 정답 69.④ 70.③ 71.④ 72.① 73.③

74 부품의 고장률이 각각 $\lambda_1=0.01$, $\lambda_2=0.04$로 고정된 고장률일 경우에 두 부품이 병렬로 연결된 시스템의 MTBF는 약 얼마인가?

① 90 ② 95
③ 100 ④ 105

해설
$$MTBF=\frac{1}{\lambda_1}+\frac{1}{\lambda_2}-\frac{1}{\lambda_1+\lambda_2}$$
$$=\frac{1}{0.01}+\frac{1}{0.04}-\frac{1}{0.05}=105\text{시간}$$

75 3개의 부품 B_1, B_2, B_3로 이루어진 직렬구조의 시스템이 있다. 서브시스템 B_1, B_2, B_3의 고장률이 각각 0.002, 0.005, 0.004(회/시간)로 알려져 있을 때, 20시간에서 시스템의 신뢰도를 0.9 이상이 되도록 하려면 서브시스템 B_1에 배분되어야 할 고장률은 약 얼마인가?

① 0.00096/시간
② 0.00176/시간
③ 0.00527/시간
④ 0.18182/시간

해설
$\lambda_o=-\frac{\ln R_S(t)}{t}=-\frac{\ln 0.90}{20}=0.00528$이므로,
고장률 가중치에 의한 고장률 할당은 다음과 같다.
$$\hat{\lambda}_{B_1}=0.00528\times\frac{0.002}{0.002+0.005+0.004}$$
$=0.00096$/시간

76 n개의 부품이 직렬구조로 구성된 시스템이 있다. 각 부품의 수명분포가 지수분포를 따르며, 각 부품의 평균수명이 MTBF로 동일할 때, 이 직렬구조 시스템의 평균수명은?

① $\frac{MTBF}{n}$
② $n\times MTBF$
③ $\left(\frac{1}{k}+\frac{1}{k+1}+\cdots\cdots+\frac{1}{n}\right)\times MTBF$
④ $\left(1+\frac{1}{2}+\frac{1}{3}+\cdots\cdots+\frac{1}{n}\right)\times MTBF$

해설
$$MTBF_S=\frac{1}{\lambda_S}=\frac{1}{n\lambda}=\frac{1}{n}MTBF$$

77 용어 – 신인성 및 서비스 품질(KS A 3004)에서 정의하고 있는 고장에 관한 용어 중 아이템의 사용시간 또는 사용횟수의 증가에 따라 요구기능이 부분고장이면서 점진적인 고장을 나타내는 용어는?

① 열화고장 ② 돌발고장
③ 취약고장 ④ 일차고장

해설 열화고장은 설비가 갖는 성능특성이 마모, 부식, 수축, 균열 등의 원인에 의해 점차 나빠져 발생하는 고장으로, 사전에 검사 또는 감시를 통하여 미리 알 수 있는 고장이다.
※ 열화고장이면서 부분고장인 것을 퇴화고장이라고 한다.

78 와이블분포에서 형상모수값이 2일 때 고장률에 대한 설명 중 맞는 것은?

① 일정하다. ② 증가한다.
③ 감소한다. ④ 증가하다 감소한다.

해설
- $m<1$: 감소형(DFR)
- $m=1$: 일정형(CFR)
- $m>1$: 증가형(IFR)

79 각 요소의 신뢰도가 0.9인 2 out of 3 시스템(3 중 2 시스템)의 신뢰도는?

① 0.852 ② 0.951
③ 0.972 ④ 0.990

해설 $R_S=3R^2-2R^3=3\times0.9^2-2\times0.9^3=0.972$

80 부품에 가해지는 부하(x)는 평균 25000, 표준편차 4272인 정규분포를 따르며, 부품의 강도(y)는 평균 50000이다. 신뢰도 0.999가 요구될 때 부품 강도의 표준편차는 약 얼마인가? (단, $P(z>-3.1)=0.999$이다.)

① 3680 ② 6840
③ 7860 ④ 9800

해설
$$P(x-y<0)=P\left(z<\frac{0-(\mu_x-\mu_y)}{\sqrt{{\sigma_x}^2+{\sigma_y}^2}}\right)=0.999\text{이려면,}$$
$$\frac{50000-25000}{\sqrt{4272^2+{\sigma_y}^2}}=3.1\text{이다.}$$
이를 σ_y에 관하여 정리하면,
$\sigma_y=6840$이 된다.

정답 74.④ 75.① 76.① 77.① 78.② 79.③ 80.②

제5과목 품질경영

81 **공차를 수식으로 올바르게 표현한 것은?**

① 기준치수+규격 허용차
② 최대허용치수－기준치수
③ 규격상한치수－규격하한치수
④ 최대허용치수+최소허용치수

해설 • 공차＝규격상한치수－규격하한치수
＝최대허용치수－최소허용치수
• 허용차＝규정한계치－규정된 기준치
＝최대허용치수－규정된 기준치
＝규정된 기준치－최소허용치수

82 **품질경영시스템 – 기본사항과 용어(KS Q ISO 9000 : 2018)에 정의된 용어의 설명으로 맞는 것은?**

① 품질매뉴얼 : 요구사항을 명시한 문서
② 품질계획서 : 조직의 품질경영시스템에 대한 시방서
③ 시정조치 : 잠재적 부적합 또는 기타 원하지 않는 잠재적 상황의 원인을 제거하기 위한 조치
④ 특채 : 규정된 요구사항에 적합하지 않는 제품 또는 서비스를 이용하거나 불출하는 것에 대한 허가

해설 ① 품질매뉴얼 : 조직의 품질경영시스템에 대한 시방서
※ ①의 내용은 시방서를 뜻한다.
② 품질계획서 : 특정 대상에 대해 적용시점과 책임을 정한 절차 및 연관된 자원에 관한 시방서
※ ②의 내용은 품질매뉴얼을 뜻한다.
③ 시정조치 : 부적합의 원인을 제거하고 재발을 방지하기 위한 조치
※ ③의 내용은 예방조치를 뜻한다.

83 **외부업체 관리비용, 신뢰성 시험비용, 품질기술비용, 품질관리 교육비용 등과 관련된 품질비용은?**

① 예방코스트 ② 평가코스트
③ 내부실패코스트 ④ 외부실패코스트

해설 품질코스트(Q-cost)는 제품을 생산하기 전 부적합품을 방지하려는 적합비용인 예방코스트(P-cost), 제품 생산 중 소정의 품질수준을 유지하기 위하여 발생하는 시험·검사 비용인 평가코스트(A-cost), 제품 생산 후 품질수준의 유지 및 실패로 인해 발생하는 실패코스트(F-cost)로 나뉜다.

84 **제조공정에 관한 사내표준화의 요건을 설명한 것으로 가장 적절하지 않은 것은?**

① 실행가능성이 있는 것일 것
② 내용이 구체적이고 객관적일 것
③ 내용이 신기술이나 특수한 것일 것
④ 이해관계자들의 합의에 의해 결정되어야 할 것

해설 신기술이나 특허는 표준화 이전의 최적화를 구하려는 활동이므로, 사내표준화 요건에 해당되지 않는다.

85 **부적합품 손실금액, 부적합품수, 부적합수 등을 요인별, 현상별, 공정별, 품종별 등으로 분류해서 크기의 순서대로 차례로 늘어놓은 그림은?**

① 산점도
② 파레토도
③ 그래프
④ 특성요인도

해설 파레토도는 중점관리 항목을 선정하는 통계적 도구로, 80/20 법칙을 사용하고 있다.

86 **품질전략을 수립할 때 계획단계(전략의 형성단계)에서 SWOT 분석을 많이 활용하고 있다. 여기서 O는 무엇을 뜻하는가?**

① 기회 ② 위협
③ 강점 ④ 약점

해설 • S(Strength) : 강점
• W(Weakness) : 단점
• O(Opportunity) : 기회
• T(Threats) : 위협
※ SWOT 분석은 전략개발을 위한 상황분석기법이다.

87 **시험장소의 표준상태(KS A 0006)에 정의된 상온, 상습의 기준으로 맞는 것은?**

① 온도 : 0~20℃, 습도 : 60~70%
② 온도 : 5~35℃, 습도 : 45~85%
③ 온도 : 10~40℃, 습도 : 55~75%
④ 온도 : 15~35℃, 습도 : 30~70%

해설 온도 15급(20℃±15℃)과 습도 20급(65%±20%)을 상온·상습이라고 한다.

정답 81.③ 82.④ 83.① 84.③ 85.② 86.① 87.②

88 다음의 제품의 유통과정에서 제조물 책임의 면책대상자로 볼 수 있는 자는?

> A사는 B사의 부품을 구입하여 가공한 제품을 C사에게 판매하였다. C사가 판매한 제품을 D사가 구입하여 이재민에게 나누어 주었다.

① A ② B
③ C ④ D

해설 제조물 배상 책임자는 다음과 같다.
1. 제조업자로, 제품을 제조·가공한 자와 수입한 자
2. 표시제조업자
3. 제조업자를 알 수 없는 경우의 판매업자
※ D사는 이재민 구호에 사용하였으므로 행위를 반복·계속한 경우라고 볼 수 없다.

89 4개의 PCB 제품에서 각 제품마다 10개를 측정했을 때, 부적합수가 각각 2개, 1개, 3개, 2개가 나왔다. 이때 6시그마 척도인 DPMO(Defects Per Million Opportunities)는?

① 0.2 ② 2.0
③ 200000 ④ 800000

해설 $\frac{2+1+3+2}{40} \times 1000000 = 200000$

90 국가품질상의 심사범주에 해당되지 않는 것은?

① 리더십 ② 시스템관리 중시
③ 전략기획 ④ 고객/시장 중시

해설 국가품질상의 심사항목은 ①, ③, ④항과 '측정·분석 및 지식경영', '인적자원 중시', '프로세스관리', '경영성과'의 7개 범주로 구성되어 있다.

91 품질보증시스템 운영과 거리가 가장 먼 것은?

① 품질시스템의 피드백 과정을 명확하게 해야 한다.
② 처음에 품질시스템을 제대로 만들어 가능한 변경하지 않아야 한다.
③ 품질시스템 운영을 위한 수단·용어·운영규정이 정해져야 한다.
④ 다음 단계로서의 진행 가부를 결정하기 위한 평가항목, 평가방법이 명확하게 제시되어야 한다.

해설 품질시스템은 상황적합능력을 갖추고 있어야 하므로, 변화된 상황에 신속하게 대응할 수 있는 체계성을 갖추어야 한다.

92 측정오차의 발생원인 중 측정오차에 가장 큰 영향을 미치는 요인은?

① 측정기 자체에 의한 오차
② 측정하는 사람에 의한 오차
③ 측정방법의 차이에 의한 오차
④ 외부적인 환경영향에 의한 오차

해설 오차 발생원인
- 기기오차
- 개인오차
- 측정방법에 의한 오차
- 환경오차

93 규격상한이 70, 규격하한이 10인 어떤 제품을 제조하는 제조공정에서 만들어진 제품의 표준편차는 7.5이다. 이 제조공정이 관리상태에 있다고 할 때 공정능력지수(C_P)는 약 얼마인가?

① 0.66 ② 1.00
③ 1.33 ④ 2.67

해설 $C_P = \frac{S_U - S_L}{6\sigma} = \frac{70-10}{6 \times 7.5} = 1.33$

94 어떤 문제에 대한 특성과 그 요인을 파악하기 위한 것으로 브레인스토밍이 많이 사용되는 개선활동기법은?

① 층별(stratification)
② 체크시트(check sheet)
③ 산점도(scatter diagram)
④ 특성요인도(cause & effect diagram)

해설 특성요인도는 결과에 대한 요인이 어떻게 관련되어 있는지를 규명하기 위한 그림으로, 결과에 영향을 미치는 요인은 4M으로 대별하여 주요 원인을 규명하는 데 사용하며, "fish-bone chart"라고도 한다.

95 신QC 7가지 기법 중 장래의 문제나 미지의 문제에 대해 수집한 정보를 상호 친화성에 의해 정리하고, 해결해야 할 문제를 명확히하는 방법은?

① KJ법 ② 계통도법
③ PDPC법 ④ 연관도법

해설 친화도법을 KJ법이라고 한다.

정답 88.④ 89.③ 90.② 91.② 92.③ 93.③ 94.④ 95.①

96 고객의 요구와 기대를 규명하고 이들을 설계 및 생산 사이클을 통하여 목적과 수단의 계열을 따라 계통적으로 전개되는 포괄적인 계획화 과정을 무엇이라 하는가?

① 연관도법
② PDPC법
③ 친화도법
④ 품질기능전개

해설 품질기능전개(QFD)란 소비자의 요구사항을 제품의 설계 특성으로 변환하고, 이를 다시 부품특성, 공정특성, 생산을 위한 구체적 시방으로 변환시키는 포괄적 계획화 과정으로, what-how 매트릭스를 이용한다.

97 Kirkpatrick의 총품질코스트 이론에서 제품의 품질을 규격과 비교하여 분석·시험·검사함으로써 회사의 품질수준을 유지하는 데 소요되는 코스트와 설명으로 맞는 것은?

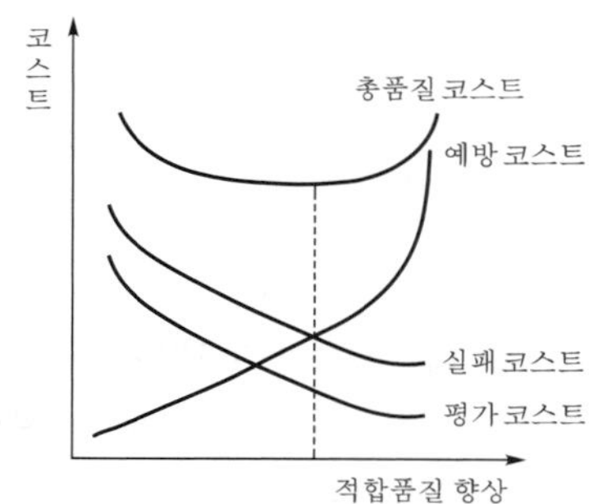

① 평가코스트 - 적합품질 향상에 따라 감소하는 품질비용
② 예방코스트 - 적합품질 향상에 따라 증가하는 품질비용
③ 실패코스트 - 적합품질 향상에 따라 감소하는 품질비용
④ 품질코스트 - 적합품질 향상에 따라 감소하다가 증가하는 품질비용

해설 F-cost는 적합비용인 P-cost가 증가하면, 감소하는 품질비용이다.

98 파이겐바움(Feigenbaum)이 분류한 품질관리부서의 하위 기능 부문 3가지에 해당되지 않는 것은?

① 원가관리기술 부문
② 품질관리기술 부문
③ 공정관리기술 부문
④ 품질정보기술 부문

해설 ② 품질관리기술 부문 : 품질계획을 담당하는 기술 부문
③ 공정관리기술 부문 : 품질 평가와 품질 해석을 담당하고 있는 기술 부문
④ 품질정보기술 부문 : 공정관리를 위한 검사·품질 측정을 담당하고 있는 기술 부문

99 표준은 단체표준, 국가표준, 지역표준, 국제표준 등으로 구분될 수 있다. 국가표준에 속하지 않은 것은?

① BS ② DIN
③ ANSI ④ ASME

해설 ① BS : 영국 규격
② DIN : 독일 규격
③ ANSI : 미국 규격
④ ASME : 미국 기계학회

100 표준화란 어떤 표준을 정하고 이에 따르는 것 또는 표준을 합리적으로 설정하여 활용하는 조직적인 행위이다. 표준화의 원리에 해당되지 않는 것은?

① 규격은 일정한 기간을 두고 검토하여 필요에 따라 개정하여야 한다.
② 표준화란 본질적으로 전문화의 행위를 위한 사회의 의식적 노력의 결과이다.
③ 규격을 제정하는 행동에는 본질적으로 선택과 그에 이어지는 과정이다.
④ 표준화란 경제적·사회적 활동이므로 관계자 모두의 상호 협력에 의하여 추진되어야 할 것이다.

해설 ② 표준화란 본질적으로 단순화 행위이다.

 정답 96.④ 97.① 98.① 99.④ 100.②

2022 제1회 품질경영기사

제1과목 실험계획법

1 Y제품을 A_iB_j에서 각각 100회씩 검사한 결과 부적합품이 다음과 같았다. 요인 A의 제곱합(S_A)은 약 얼마인가?

요인	A_1	A_2	A_3
B_1	5	12	3
B_2	10	20	8

① 0.94 ② 1.04
③ 0.14 ④ 1.24

해설
$$S_A = \frac{\sum T_{i \cdot \cdot}^2}{mr} - CT = \frac{15^2+32^2+11^2}{2\times 100} - \frac{58^2}{600} = 1.24$$

2 3^3형의 1/3 반복에서 $I = ABC^2$을 정의대비로 9회 실험을 하였다. 이에 대한 설명으로 틀린 것은?

① C의 별명 중 하나는 AB이다.
② A의 별명 중 하나는 AB^2C이다.
③ AB^2의 별명 중 하나는 AB이다.
④ ABC의 별명 중 하나는 AB이다.

해설 ① $C\times(ABC^2) = ABC^3 = AB$
$C\times(ABC^2)^2 = A^2B^2C^5 = ABC$
② $A\times(ABC^2) = A^2BC^2 = AB^2C$
$A\times(ABC^2)^2 = A^3B^2C^4 = BC^2$
③ $AB^2\times(ABC^2) = A^2B^3C^2 = AC$
$AB^2\times(ABC^2)^2 = A^3B^4C^4 = BC$
④ $ABC\times(ABC^2) = A^2B^2C^3 = AB$
$ABC\times(ABC^2)^2 = A^3B^3C^5 = C$
※ $A^3 = B^3 = C^3 = 1$로 처리하고,
맨 앞에 있는 문자에 제곱이 있으면 전체적으로 제곱을 취하여 $A^2 = A$, $B^2 = B$, $C^2 = C$가 되도록 처리한다.

3 수준이 기술적인 의미를 갖지 못하며, 수준의 선택이 랜덤으로 이루어지는 요인은?

① 모수요인
② 별명요인
③ 변량요인
④ 보조요인

해설 모수요인이란 수준을 기술적으로 지정 가능한 요인으로, 제어인자와 표시인자가 있고 효과는 상수이며, 효과의 합이 0이 되는 특징이 있다.
※ 모수인자의 효과 : $\sum a_i = 0(\bar{a} = 0)$
변량인자의 효과 : $\sum a_i \neq 0(\bar{a} \neq 0)$

4 반복없는 2^2형 요인 실험에서 주효과와 교호작용을 구하는 식으로 틀린 것은?

① $A = \frac{1}{2}(a-1)(b+1)$
② $A = \frac{1}{2}(ab+a-b-1)$
③ $B = \frac{1}{2}(ab+a+b-1)$
④ $A\times B = \frac{1}{2}(ab-a-b+1)$

해설 $B = \frac{1}{2}(a+1)(b-1) = \frac{1}{2}(ab+b-a-1)$

5 오차항 e_{ij}의 가정으로 틀린 것은?

① $E(e_{ij}) = e_{ij}$
② $Var(e_{ij}) = \sigma_e^2$
③ e_{ij}의 분산 σ_e^2은 $E(e_{ij}^2)$이다.
④ e_{ij}는 랜덤으로 변하는 값이다.

해설 ① $E(e_{ij}) = 0$: 불편성

정답 1.④ 2.③ 3.③ 4.③ 5.①

6 요인수가 3개(A, B, C)인 반복있는 3요인 실험에서 요인의 수준수가 각각 l, m, n이고, 반복수가 r이다. A, B요인은 모수이고, C요인이 변량일 경우, 평균제곱의 기대값 $E(V_A)$를 구하는 식으로 맞는 것은?

① $\sigma_e^2 + mnr\sigma_A^2$
② $\sigma_e^2 + mr\sigma_{A\times C}^2 + mnr\sigma_A^2$
③ $\sigma_e^2 + r\sigma_{A\times B\times C}^2 + mnr\sigma_A^2$
④ $\sigma_e^2 + r\sigma_{A\times B\times C}^2 + mr\sigma_{A\times C}^2 + mnr\sigma_A^2$

해설 혼합모형(반복있는 3요인배치 : A와 B(모수), C(변량))

$E(V_A) = \sigma_e^2 + nr\sigma_{A\times B}^2 + mnr\sigma_A^2$
$E(V_B) = \sigma_e^2 + lr\sigma_{B\times C}^2 + lnr\sigma_B^2$
$E(V_C) = \sigma_e^2 + lmr\sigma_C^2$
$E(V_{A\times B}) = \sigma_e^2 + r\sigma_{A\times B\times C}^2 + nr\sigma_{A\times B}^2$
$E(V_{A\times C}) = \sigma_e^2 + mr\sigma_{A\times C}^2$
$E(V_{B\times C}) = \sigma_e^2 + lr\sigma_{B\times C}^2$
$E(V_{A\times B\times C}) = \sigma_e^2 + r\sigma_{A\times B\times C}^2$
$E(V_e) = \sigma_e^2$

※ 모수×모수=모수
모수×변량=변량
※ 모수인자의 기대평균제곱에는 모수×변량의 교호작용이 포함된다.
$E(V_{\text{모수}}) = \sigma_e^2 + \text{반복수}\sigma_{\text{모수}\times\text{변량}}^2 + \sigma_{\text{모수}}^2$

7 수준수 l=4이고, 반복수 m=3인 모수모형 1요인치 실험에서 $\bar{x}_{3}\cdot$=8.92, S_T=2.383, S_A=2.011이었다. 이때 $\mu(A_3)$를 신뢰율 99%로 구간 추정하면 약 얼마인가? (단, $t_{0.99}(8)=2.896$, $t_{0.995}(8)=3.355$이다.)

① $8.505 \le \mu(A_3) \le 9.335$
② $8.558 \le \mu(A_3) \le 9.232$
③ $8.558 \le \mu(A_3) \le 9.282$
④ $8.608 \le \mu(A_3) \le 9.232$

해설

$$\mu(A_3) = \bar{x}_{A_3} \pm t_{1-\alpha/2}(\nu_e)\sqrt{\frac{V_e}{r}}$$
$$= 8.92 \pm 3.335\sqrt{\frac{0.0465}{3}}$$
$$= 8.92 \pm 0.4152$$
$$= 8.5048 \sim 9.3352$$

8 $y_i\cdot$은 i번째 처리수준에서 측정값의 합을 나타낸다. 다음 중 대비(contrast)가 아닌 것은?

① $c = y_1\cdot + y_3\cdot - y_4\cdot - y_5\cdot$
② $c = 4y_1\cdot - 3y_3\cdot + y_4\cdot - y_5\cdot$
③ $c = 3y_1\cdot + y_2\cdot - 2y_3\cdot - 2y_4\cdot$
④ $c = -y_1\cdot + 4y_2\cdot - y_3\cdot - y_4\cdot - y_5\cdot$

해설 대비(contrast)는 선형식 $L = a_1x_1 + a_2x_2 + \cdots + a_nx_n$에서 계수 $a_1 + a_2 + \cdots + a_n = 0$이 되는 성질을 의미한다.

9 직교배열표에 대한 설명 중 틀린 것은?

① 3수준계의 가장 작은 직교배열표는 $L_{12}(3^4)$이다.
② 2수준 직교배열표를 이용하여 4수준 요인도 배치가 가능하다.
③ 실험의 크기를 확대시키지 않고도 실험에 많은 요인을 짜 넣을 수 있다.
④ 2수준 요인과 3수준의 요인이 존재하는 실험인 경우에는 가수준(dummy level)을 만들어 사용한다.

해설 ① 3수준계의 가장 작은 직교배열표는 $L_9(3^4)$형이다.

10 다음은 1요인 실험에 의해 얻어진 데이터이다. 오차의 제곱합(S_e)은 약 얼마인가?

수준 Ⅰ	90, 82, 70, 71, 81
수준 Ⅱ	93, 94, 80, 88, 92, 80, 73
수준 Ⅲ	55, 48, 62, 43, 57, 86

① 120 ② 135
③ 1254 ④ 1806

해설
- $S_T = \sum\sum x_{ij}^2 - CT$
$$= (90^2 + 82^2 + \cdots + 86^2) - \frac{1345^2}{18}$$
$$= 4313.6111$$
- $S_A = \dfrac{\sum T_i\cdot^2}{r_i} - CT$
$$= \left(\frac{394^2}{5} + \frac{600^2}{7} + \frac{351^2}{6}\right) - \frac{1345^2}{18}$$
$$= 2507.88254$$
- $S_e = S_T - S_A = 1805.72857 \doteqdot 1806$

정답 6.② 7.① 8.② 9.① 10.④

11 2요인 실험에서 A_iB_j에 결측치가 있을 경우 Yates의 결측치 $\hat{y}_{ij}$ 추정공식으로 맞는 것은?

① $\dfrac{lT_i.' + mT._j' - T'}{(l-1)(m-1)}$

② $\dfrac{(l-1)T_i.' + mT._j' - T'}{(l-1)+(m-1)}$

③ $\dfrac{lT_i.' + (m-1)T._j' - T'}{(l-1)+(m-1)}$

④ $\dfrac{(l-1)T_i.' + (m-1)T._j' - T'}{(l-1)(m-1)}$

12 반복 2회인 2요인 실험에서 요인 A와 B가 유의하다. 요인 A가 4수준, 요인 B가 3수준이면, 조합 평균의 추정 시 유효반복수는 얼마인가? (단, 교호작용은 유의하다.)

① 2 ② 3
③ 4 ④ 5

해설 **반복이 있는 2요인배치(모수모형)**
1. 교호작용을 무시할 수 있는 경우
$n_e = \dfrac{lmr}{l+m-1} = \dfrac{24}{4+3-1} = 4$
2. 교호작용을 무시할 수 없는 경우(유의한 경우)
$n_e = r = 2$

13 단일분할법의 특징으로 틀린 것은?

① 자유도는 일차 단위오차가 이차 단위오차보다 작다.
② A, B 두 요인 중 정도 좋게 추정하고 싶은 요인은 일차 단위에 배치한다.
③ 일차 단위의 요인에 대해서는 다요인 실험을 하는 것보다는 일반적으로 소요되는 원료의 양을 줄일 수 있다.
④ 실험을 하는 데 랜덤화가 곤란한 경우, 예를 들어 일차 단위의 수준 변경은 곤란하지만 이차 단위요인수준 변경이 용이할 때 사용한다.

해설 1차 단위가 1요인배치인 단일분할법은 1차 단위인자 A는 표시인자, 2차 단위인자 B는 제어인자로 블록 반복을 취한 실험이다.
※ 1차 단위오차에는 $A\times R$이 교락되어 있고, 2차 단위오차에는 $B\times R$과 $A\times B\times R$이 교락되어 있는 실험으로, 1차 단위인자보다 2차 단위에 배치한 인자가 정도 높게 추정된다.
$\nu_{e_1} = \nu_{A\times R} = (l-1)(r-1)$
$\nu_{e_2} = \nu_{B\times R} + \nu_{A\times B\times R} = l(m-1)(r-1)$

14 난괴법에 관한 설명으로 틀린 것은?

① 결측치가 존재해도 쉽게 해석이 용이하다.
② 분산분석 과정은 반복이 없는 2요인 실험과 동일하다.
③ 하나는 모수요인이고, 다른 하나는 변량요인이다.
④ $x_{ij} = \mu + a_i + b_j + e_{ij}$인 데이터 구조식을 가지며, 여기서 $\sum_{i=1}^{l} a_i = 0$과 $\sum_{j=1}^{m} b_j \neq 0$이다.

해설 난괴법은 혼합모형의 실험으로, 결측치가 생기면 그 실험조건을 재현할 수 없으므로 실험의 재실시를 할 수 없다. 따라서 분산분석이 불가능해진다.

15 하나의 실험점에서 30, 40, 38, 49(단위 dB)의 반복 관측치를 얻었다. 자료가 망대특성이라면 SN비 값은 약 얼마인가?

① −32.48dB ② −31.58dB
③ 31.38dB ④ 31.48dB

해설 $\text{SN비} = -10\log\left[\dfrac{1}{4}\left(\dfrac{1}{30^2} + \dfrac{1}{40^2} + \dfrac{1}{38^2} + \dfrac{1}{49^2}\right)\right]$
$= 31.47959\text{dB}$

16 두 변수 x, y에 대한 다음의 데이터로부터 단순회귀분석을 실시하였다. 1차 회귀제곱합의 기여율은?

x	2	3	4	5	6
y	4	7	6	8	10

① 0.845 ② 0.887
③ 0.925 ④ 0.957

해설 $r^2 = \dfrac{S_R}{S_T} = \dfrac{S_{(xy)}^2}{S_{(xx)}S_{(xy)}} = 0.845$

17 교락법에서 블록과 교락시키는 것은?

① 오차
② 주효과
③ 특성치
④ 불필요한 고차의 교호작용

해설 불필요한 고차 교호작용을 블록에 교락시켜 실험의 정도를 향상시키는 실험을 교락법이라고 한다.

정답 11.① 12.① 13.② 14.① 15.④ 16.① 17.④

18 2×2 라틴방격법의 배열방법의 수는?

① 1
② 2
③ 3
④ 4

해설 총방격수 = 표준방격수 $\times k! \times (k-1)!$
$= 1 \times 2 \times 1$
$= 2$
(단, 2×2 방격의 표준방격수는 1개,
3×3 방격은 1개,
4×4 방격은 4개,
5×5 방격은 56개이다.)

19 다음과 같은 $L_8(2^7)$형 직교배열표에서 E와 교락되어 있는 요인은?

열번호	1	2	3	4	5	6	7
기본 표시	a	b	a b	c	a c	b c	a b c
배치	A	B	C	D	E	e	e

① AC, $ABDF$, CDE
② BC, DE, $ABCDE$
③ $ABCE$, AD, BCD
④ BD, ACD, ABE, CE, ABD, CD, BE, ACE

해설
• $A\times D : a\times c = ac$ → 5열
• $A\times B\times C\times E : a\times b\times(ab)\times(ac) = a^3b^2c$
$= ac$ → 5열
• $B\times C\times D : b\times(ab)\times c = ab^2c = ac$ → 5열

20 A_1수준에 속해 있는 B_1과 A_2수준에 속해 있는 B_1은 동일한 것이 아닌 실험설계법은?

① 난괴법
② 지분실험법
③ 교락법
④ 라틴방격법

해설 수준이 랜덤하게 설정되어 A_1에서 B_1의 조건과 A_2에서 B_1의 조건이 상이한 상태로 지정되는 변량모형의 실험 중 대표적인 실험이 지분실험법(nested design)이다.

제2과목 통계적 품질관리

21 품질변동 원인 중 우연원인에 해당하지 않는 것은?

① 피할 수 없는 원인이다.
② 점들의 움직임이 임의적이다.
③ 작업자의 부주의나 태만, 생산설비의 이상 등으로 인해서 나타나는 원인이다.
④ 현재의 능력이나 기술수준으로는 원인 규명이나 조치가 불가능한 원인이다.

해설 우연원인의 변동은 불가피한 변동으로, 원인 규명이나 조치가 불가능한 변동이다.
③항은 이상원인에 의한 변동이다.

22 A자동차는 신차 구입 후 5년 이상 자동차를 보유하는 고객의 비율을 추정하기를 원한다. 신뢰수준 95%에서 오차한계를 ±0.05로 하기 위해 필요한 최소의 표본 크기는 약 얼마인가?

① 373　　② 380
③ 382　　④ 385

해설
$\beta_p = u_{1-\alpha/2}\sqrt{\dfrac{P(1-P)}{n}}$ 를 n에 관하여 정리하면,
$n = \left(\dfrac{1.96}{0.05}\right)^2 \times 0.5\times0.5 = 384.16 \Rightarrow 385$
※ 모수 P를 모르는 경우 예비조사를 행한 후 $\hat{P}$를 구하여 P 대신 사용한다. 그러나, 예비조사를 행할 수 없는 경우는 모수 P의 최대치인 0.5를 사용한다.

23 지그재그 샘플링(zigzag sampling)의 설명으로 맞는 것은?

① 사전에 모집단에 대한 지식이 없는 경우 사용한다.
② 시간적·공간적으로 일정한 간격을 정해 놓고 샘플링한다.
③ 모집단을 몇 부분으로 나누어 각 층으로부터 랜덤하게 샘플링한다.
④ 계통 샘플링에서 주기성에 의한 치우침이 들어갈 위험성을 방지하도록 한 것이다.

해설 ① 랜덤 샘플링　② 계통 샘플링
③ 층별 샘플링　④ 지그재그 샘플링

정답 18.② 19.③ 20.② 21.③ 22.④ 23.④

24 로트별 합격품질한계(AQL) 지표형 샘플링검사 방식(KS Q ISO 2859-1)의 보통검사에서 수월한 검사로 전환할 때 전환점수의 계산방법이 틀린 것은?

① 2회 샘플링검사에서 제1회 샘플에서 로트 합격 시 전환점수에 2를 더하고, 그렇지 않으면 0으로 되돌린다.
② 다회 샘플링검사에서 제3회 샘플까지 합격 시 전환점수에 3을 더하고, 그렇지 않으면 0으로 되돌린다.
③ 합격판정개수 $A_c \le 1$인 1회 샘플링검사에서 로트 합격 시 전환점수에 2를 더하고, 그렇지 않으면 0으로 되돌린다.
④ 합격판정개수 $A_c \ge 2$인 1회 샘플링검사에서 AQL이 1단계 엄격한 조건에서 로트 합격 시 전환점수에 3점을 더하고, 그렇지 않으면 0으로 되돌린다.

해설 ① 2회 샘플링검사의 1회 샘플에서 로트 합격 시 전환점수(S_S)에 3점을 가산하고, 그렇지 않으면 0점으로 처리한다.

25 어떤 부품의 제조공정에서 종래 장기간의 공정평균 부적합품률은 9% 이상으로 집계되고 있다. 부적합품률을 낮추기 위해 최근 그 공정의 일부를 개선한 후 그 공정을 조사하였더니 167개의 샘플 중 8개가 부적합품이었으며, 귀무가설 $H_0 : P \ge P_0$는 기각되었다. 공정평균 부적합품률의 95% 상측 신뢰한계는 약 얼마인가?

① 0.045
② 0.065
③ 0.075
④ 0.085

해설 모수 P가 9%보다 작다는 것이 입증되었으므로, 한쪽 추정의 신뢰상한값을 추정한다.

$$P_U = \hat{p} + u_{1-\alpha}\sqrt{\frac{\hat{p}(1-\hat{p})}{n}}$$
$$= 0.0479 + 1.645 \times \sqrt{\frac{0.0479 \times (1-0.0479)}{167}}$$
$$= 0.075$$

단, $\hat{p} = \frac{8}{167} = 0.0479$

26 어떤 농기계를 생산하는 회사에서 최근 6개월 간의 부적합 발생건수가 44건으로 나타났다. 이 공장의 월평균 발생건수에 대한 95% 신뢰구간의 추정범위는 약 얼마인가?

① 2.0~12.6　② 5.2~9.5
③ 5.8~9.8　④ 9.2~14.8

해설 $u = \hat{u} \pm u_{1-\alpha/2}\sqrt{\frac{\hat{u}}{n}}$

$$= \frac{44}{6} \pm 1.96\sqrt{\frac{44/6}{6}}$$
$$= 5.16647 \sim 9.50019$$

27 $A = -2.1 + 1.2n_{cum}$, $R = 1.7 + 0.2n_{cum}$인 계수값 축차 샘플링검사 방식(KS Q ISO 28591)을 실시한 결과 6번째와 15번째, 20번째, 25번째, 30번째, 35번째 그리고 40번째에서 부적합품이 발견되었고, 44번 시료까지 판정 결과 검사가 속행되었다. 45번째 시료에서 검사결과가 적합품일 때 로트의 처리방법으로 맞는 것은? (단, 누계검사중지치(n_t)는 45개이다.)

① 검사를 속행한다.
② 로트를 합격시킨다.
③ 생산자와 협의한다.
④ 로트를 불합격시킨다.

해설 $n_{cum} = n_t$인 경우 샘플링검사 설계
$A_t = gn_t = 0.2 \times 45 = 9$개
$(D_t = 7) \le (A_t = 9)$이므로, 로트 합격

28 시료의 크기(n)를 5로 하여 작성한 $\bar{x} - R$ 관리도에서 범위 R의 평균($\bar{R}$)이 1.59이었다. 만일 $\bar{x}$의 분산($\sigma_{\bar{x}}^2$)이 0.274라면 군간분산(σ_b^2)은 약 얼마인가? (단, n=5일 때, d_2=2.326이다.)

① 0.181　② 0.425
③ 0.581　④ 0.684

해설
$$\sigma_b^2 = \sigma_{\bar{x}}^2 - \frac{\sigma_w^2}{n}$$
$$= 0.724 - \frac{(1.59/2.326)^2}{5}$$
$$= 0.181$$

정답 24.① 25.③ 26.② 27.② 28.①

29 **정규분포를 따르는 두 집단 A, B 각각의 모표준편차가 미지인 경우 유의수준 α로 모평균의 차이가 있는지를 검정할 경우 틀린 것은?** (단, s^2은 표본분산, n은 표본수, ν는 자유도이다.)

① 평균치 차의 검정을 하기 전에 등분산성의 검정이 필요하다.
② 등분산일 경우 검정통계량은 $\dfrac{\bar{x}_A - \bar{x}_B}{\sqrt{\dfrac{\nu_A s_A^2 + \nu_B s_B^2}{\nu_A + \nu_B}}}$이다.
③ 등분산의 조건에서 평균치 차에 대한 기각역은 $\pm t_{1-\alpha/2}(\nu_A + \nu_B)$이다.
④ 등분산에 관계없이 평균치 차의 검정에 대한 귀무가설은 $H_0 : \mu_A = \mu_B$로 설정한다.

해설 평균치 차의 검정통계량(σ미지)
1. 등분산이라고 생각되는 경우($\sigma_A^2 = \sigma_B^2$)

$$t_0 = \frac{(\bar{x}_A - \bar{x}_B) - \delta}{\sqrt{\hat{\sigma}^2\left(\dfrac{1}{n_A} + \dfrac{1}{n_B}\right)}} \quad \left(\text{단, } \hat{\sigma}^2 = \frac{S_A + S_B}{\nu_A + \nu_B} \text{ 이다.}\right)$$

2. 이분산이라고 생각되는 경우($\sigma_A^2 \neq \sigma_B^2$)

$$t_0 = \frac{(\bar{x}_A - \bar{x}_B) - \delta}{\sqrt{\dfrac{V_A}{n_A} + \dfrac{V_B}{n_B}}}$$

※ 여기서 $\delta = 0$인 경우의 검정통계량이다.

30 **한국인과 일본인의 스포츠(축구, 농구, 야구) 선호도가 같은지 조사하였다. 각각 100명씩 랜덤 추출하여 가장 좋아하는 한 가지 운동을 선택하여 분류한 결과가 다음 [표]와 같을 때, 설명 중 틀린 것은?** (단, $\alpha = 0.05$, $\chi^2_{0.95}(2) = 5.991$이다.)

구분	축구	농구	야구
한국인	40	20	40
일본인	30	20	50

① 검정결과는 귀무가설 채택이다.
② 검정통계량(χ_0^2)은 약 2.5397이다.
③ 검정에 사용되는 자유도는 4이다.
④ 기대도수는 각 스포츠별로 선호도가 같다고 가정하여 평균을 사용한다.

해설 1. 가설
$H_0 : P_{ij} = P_i \times P_j$, $H_1 : P_{ij} \neq P_i \times P_j$
2. 유의수준 : $\alpha = 0.05$
3. 검정통계량

$$\chi_0^2 = \frac{\sum\sum(X_{ij} - E_{ij})^2}{E_{ij}} = \frac{(40-35)^2}{35} + \frac{(30-35)^2}{35} + \frac{(20-20)^2}{20} + \frac{(20-20)^2}{20} + \frac{(40-45)^2}{45} + \frac{(50-45)^2}{45} = 2.5397$$

4. 기각치 : $\chi^2_{1-\alpha}[(m-1)(n-1)] = \chi^2_{1-0.05}(2) = 5.991$
5. 판정 : $\chi_0^2 < 5.991$이므로, H_0 채택
∴ 한국인과 일본인의 스포츠 선호도가 같다.

31 **계수 및 계량 규준형 1회 샘플링검사(KS Q 0001)의 평균치 보증방식에서 망소특성인 경우, OC 곡선을 작성하기 위한 로트의 합격확률 $L(m)$의 표준정규분포에서 좌표값 $K_{L(m)}$을 구하기 위한 공식은?** (단, U는 규격 상한, m은 로트의 평균치, $\bar{X}_U$는 상한 합격판정치, σ는 로트의 표준편차, n은 샘플의 크기이다.)

① $K_{L(m)} = \dfrac{\bar{X}_U - m}{\sigma/\sqrt{n}}$

② $K_{L(m)} = \dfrac{m - \bar{X}_U}{\sigma/\sqrt{n}}$

③ $K_{L(m)} = \dfrac{U - \bar{X}_U}{\sigma/\sqrt{n}}$

④ $K_{L(m)} = \dfrac{\bar{X}_U - U}{\sigma/\sqrt{n}}$

해설 평균치 보증인 경우 OC 곡선
가로축은 로트의 평균 m, 세로축은 로트의 합격확률 $L(m)$으로 표시되는 검사특성곡선이다.

$$K_{L(m)} = \frac{m - \bar{X}_U}{\sigma/\sqrt{n}} \text{ : 망소특성}$$

$$= \frac{\bar{X}_L - m}{\sigma/\sqrt{n}} \text{ : 망대특성}$$

※ $m < \bar{X}_U$, $m > \bar{X}_L$인 경우 $K_{L(m)}$은 음의 값을 취하게 되어 로트 합격확률 $L(m) > 0.5$가 된다.
※ 부적합품률을 보증하는 경우 OC 곡선
$K_{L(P)} = (k - k_P)\sqrt{n}$

 정답 29.② 30.③ 31.②

32 두 변수 x, y에서 x는 독립변수, y는 그에 대한 종속변수이고, 대응을 이루고 있는 표본이 n개일 때, 이들 사이의 상관관계를 분석하는 수식으로 틀린 것은? (단, S_{xx}는 확률변수 x의 제곱합, S_{yy}는 확률변수 y의 제곱합, V_{xy}는 공분산, V_x는 x의 분산, V_y는 y의 분산, n은 표본의 수이다.)

① $r_{xy}=\dfrac{V_{xy}}{\sqrt{V_x V_y}}$

② $r_{xy}=\dfrac{(n-1)V_{xy}}{\sqrt{S_{xx}S_{yy}}}$

③ $r_{xy}=\dfrac{\sum(x_i-\overline{x})(y_i-\overline{y})}{\sqrt{V_x V_y}}$

④ $r_{xy}=\dfrac{\sum(x_i-\overline{x})(y_i-\overline{y})}{\sqrt{\sum(x_i-\overline{x})^2\sum(y_i-\overline{y})^2}}$

해설

$$r_{xy}=\frac{S_{xy}}{\sqrt{S_{xx}S_{yy}}}=\frac{S_{xy}/\nu}{\sqrt{S_{xx}/\nu\cdot S_{yy}/\nu}}=\frac{V_{xy}}{\sqrt{V_x V_y}}$$

33 모집단으로부터 4개의 시료를 각각 뽑은 결과의 분포가 $X_1 \sim N(5, 8^2)$, $X_2 \sim N(25, 4^2)$이고, $Y=3X_1-2X_2$일 때, Y의 분포는 어떻게 되겠는가? (단, X_1, X_2는 서로 독립이다.)

① $Y \sim N(-35, (\sqrt{160})^2)$

② $Y \sim N(-35, (\sqrt{224})^2)$

③ $Y \sim N(-35, (\sqrt{512})^2)$

④ $Y \sim N(-35, (\sqrt{640})^2)$

해설 $Y=3X_1-2X_2$

- $E(Y)=E(3X_1-2X_2)$
  $=3E(X_1)-2E(X_2)$
  $=(3\times5)-(2\times25)$
  $=-35$
- $V(Y)=V(3X_1-2X_2)$
  $=3^2V(X_1)+2^2V(X_2)$
  $=(3^2\times8^2)+(2^2\times4^2)$
  $=640$

34 A사에서 생산하는 강철봉의 길이는 평균 2.8m, 표준편차 0.20m인 정규분포를 따르는 것으로 알려져 있다. 25개의 강철봉의 길이를 측정하여 구한 평균이 2.72m라면 평균이 작아졌다고 할 수 있는가를 유의수준 5%로 검정할 때, 기각역(R)과 검정통계량(u_0)의 값은?

① $R=\{u<-1.645\}$, $u_0=-2.0$

② $R=\{u<-1.96\}$, $u_0=-2.0$

③ $R=\{u<-1.645\}$, $u_0=2.0$

④ $R=\{u<-1.96\}$, $u_0=2.0$

해설
1. 가설 : $H_0 : \mu \geq 2.8\text{m}$, $H_1 : \mu < 2.8\text{m}$
2. 유의수준 : $\alpha=0.05$
3. 검정통계량 : $u_0=\dfrac{2.72-2.8}{0.2/\sqrt{25}}=-2.0$
4. 기각치 : $R=-u_{0.95}=-1.645$
5. 판정 : $u_0<-1.645$이므로, H_0 기각

35 계수형 샘플링검사에서 일반적으로 로트의 크기와 샘플의 크기를 일정하게 하고, 합격판정개수를 증가시킬 때 생산자 위험과 소비자 위험에 관한 설명으로 맞는 것은?

① 생산자 위험은 감소하고, 소비자 위험은 증가한다.

② 생산자 위험은 증가하고, 소비자 위험은 감소한다.

③ 생산자 위험과 소비자 위험이 모두 감소한다.

④ 생산자 위험과 소비자 위험이 모두 증가한다.

해설 $c\uparrow : \beta\downarrow\ (n\uparrow : \beta\downarrow)$

36 3σ법의 $\overline{x}$ 관리도에서 제1종 오류를 범할 확률은 얼마인가?

① 0.00135

② 0.0027

③ 0.01

④ 0.05

해설 3σ법 관리도의 제1종 오류는 $\alpha=0.0027$이고, 2σ법 관리도의 제1종 오류는 $\alpha=0.0455$이다.

정답 32.③ 33.④ 34.① 35.① 36.②

37 어떤 제품의 치수에 대한 설계 규격이 150±1mm이다. 이 제품의 제조공정을 조사하여 얻어진 공정 평균이 150.5mm, 표준편차가 0.5mm일 때 이 공정의 부적합품률은?

u	1	2	3
P	0.1587	0.0228	0.0013

$$P=\int_{u}^{\infty} f(u)du$$

① 0.0228　② 0.0456
③ 0.1600　④ 0.3174

해설 $\hat{P}=P(x\le 149)+P(x\ge 151)$
$=P\left(u\le \frac{149-150.5}{0.5}\right)+P\left(u\ge \frac{151-150.5}{0.5}\right)$
$=P(u\le -3)+P(u\ge 1)$
$=0.0013+0.1587$
$=0.1600$

38 샘플링검사의 선택조건으로 틀린 것은?

① 실시하기 쉽고, 관리하기 쉬울 것
② 목적에 맞고 경제적인 면을 고려할 것
③ 공정이나 대상물 변화에 따라 바꿀 수 있을 것
④ 샘플링을 실시하는 사람에 따라 차이가 있을 것

해설 ④ 샘플링을 실시하는 사람에 따라 차이가 없을 것
※ 이 이외에 '실시방법이 성문화되고 누구에게나 이해될 수 있을 것'이 있다.

39 다음의 데이터로 np 관리도를 작성할 경우 관리한계는 얼마인가?

No.	1	2	3	4	5
검사개수	200	200	200	200	200
부적합품수	14	13	20	13	20

① 15±1.51　② 15±11.51
③ 16±8.51　④ 16±11.51

해설 $\left.\begin{matrix}U_{CL}\\L_{CL}\end{matrix}\right]=n\bar{p}\pm 3\sqrt{n\bar{p}(1-\bar{p})}$
$=16\pm 3\sqrt{16\times 0.92}=16\pm 11.51$
(단, $\bar{p}=\frac{\sum np}{\sum n}=0.08$, $n\bar{p}=\frac{\sum np}{k}=\frac{80}{5}=16$이다.)

40 어떤 제품의 길이에 대하여 $H-L$ 관리도를 만들기 위해 $n=5$인 샘플을 25조 택하여 각 조의 최대치(H), 최소치(L) 및 범위(R)를 구하고 각각의 평균치가 다음과 같다. $H-L$ 관리도의 C_L은 약 얼마인가?

$$\overline{H}=24.52,\ \overline{L}=23.63,\ \overline{R}=0.89$$

① 21.25　② 22.77
③ 24.08　④ 25.35

해설 $C_L=\overline{M}=\frac{\overline{H}+\overline{L}}{2}=\frac{24.52+23.63}{2}=24.08$
• $H-L$ 관리도의 관리한계선
$\left.\begin{matrix}U_{CL}\\L_{CL}\end{matrix}\right]=\overline{M}\pm H_2\overline{R}$
$=\overline{M}\pm A_9\overline{R}$
(단, $\overline{R}=\overline{H}-\overline{L}$이다.)
※ 변경된 표준에서는 관리계수 A_9을 H_2로 표기한다.

제3과목 생산시스템

41 조업도(매출량, 생산량)의 변화에 따라 수익 및 비용이 어떻게 변화는가를 분석하는 기법은?

① 이동평균법
② 손익분기분석
③ 선형계획법
④ 순현재가치분석

해설 제품조합(product mix)의 BEP법에 관한 설명이다.

42 총괄생산계획에서 수요의 변동에 대응하기 위해 활용할 수 있는 대안으로 가장 거리가 먼 것은?

① 고용 및 해고
② 생산설비 증설
③ 협력업체 생산
④ 재고수준 조정

해설 총괄생산계획은 연단위 정도의 수요변동에 대한 전략적 대응방안을 수립하기 위한 계획으로, 수요변동에 대한 대응방안으로는 고용수준 변동, 생산율 조정 및 재고 대응 전략 등이 있다.
② 생산설비 증설은 단기간에 대응할 수 있는 전략이 아니다.

정답 37.③ 38.④ 39.④ 40.③ 41.② 42.②

43 기업이 ERP 시스템 구축을 추진할 때 외부전문위탁 개발(outsourcing) 방식을 택하는 경우가 많다. 이 방식의 특징과 가장 거리가 먼 것은?

① 외부전문개발인력을 활용한다.
② ERP 시스템을 확장하거나 변경하기 어렵다.
③ 개발비용은 낮으나 유지비용이 높게 소요된다.
④ 자사의 여건을 최대한 반영한 시스템 설계가 가능하다.

해설 외부위탁에 의한 ERP 시스템을 구축하는 방식은 표준화된 플랫폼을 사용하기에 초기비용은 저렴한 반면에, 자사의 실정에 맞게 플랫폼을 구축하기가 어렵고 유지비용이 높게 소요되는 경향이 있다.

44 구매정책을 설정함에 있어 자재의 구매방식을 본사가 아닌 공장에서 분산구매를 할 때의 유리한 점은?

① 긴급 수요에 대응하기 쉬움
② 종합구매에 의한 구매비용 감소
③ 대량구매에 의한 가격이나 거래조건이 유리
④ 시장조사나 거래처 조사 및 구매효과 측정이 용이

해설 ②, ③, ④항은 집중구매방식의 장점이다.

45 MRP 시스템의 구조에서 반드시 필요한 입력요소가 아닌 것은?

① 공수계획
② 자재명세서
③ 주생산일정계획
④ 재고기록파일

해설 MRP 시스템의 입력정보
- 자재명세서(BOM)
- 주생산일정계획(MPS)
- 재고기록파일(IRF)

46 생산관리의 기본기능을 크게 3가지로 분류할 경우 해당되지 않는 것은?

① 계획기능 ② 통제기능
③ 실행기능 ④ 설계기능

해설 생산관리기능은 ㉠ 설계기능, ㉡ 계획기능, ㉢ 통제기능으로 분류할 수 있다.

47 $P-Q$ 곡선 분석에서 A영역에 해당하는 설비배치로 가장 적절한 것은?

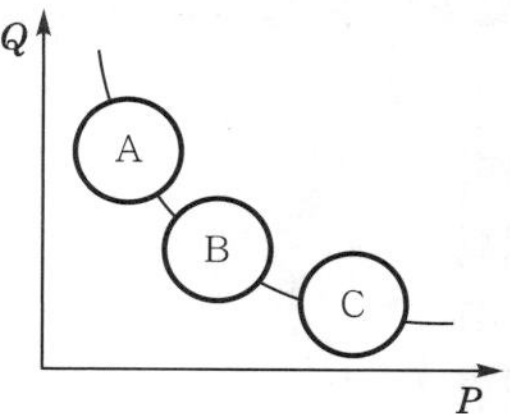

① 제품별 배치
② GT cell 배치
③ 공정별 배치
④ 위치고정형 배치

해설
- A : 대량생산 – 제품별 배치
- B : 중량생산 – GT cell 배치
- C : 소량생산 – 공정별 배치

48 어느 자동차제품의 매월 판매량이 다음과 같을 경우, 단순지수평활법(exponential smoothing)에 의한 11월의 판매 예측량은 약 얼마인가? (단, 10월에 대한 예측치는 386이었으며, $\alpha=0.3$을 사용한다.)

월	1	2	3	4	5
실제 판매량	386	408	333	463	432
월	6	7	8	9	10
실제 판매량	419	329	392	385	396

① 370.15 ② 386.00
③ 389.00 ④ 396.00

해설 $F_t=F_{t-1}+\alpha(D_{t-1}-F_{t-1})$
$=386+0.3(396-386)$
$=389$

49 고장을 예방하거나 조기 조치를 하기 위하여 행해지는 급유, 청소, 조정, 부품교환 등을 하는 것은?

① 설비검사
② 보전예방
③ 개량보전
④ 일상보전

해설 예방보전에 관한 설명이며, 일상보전, 정기보전 및 예지보전(CBM)은 예방보전의 일환으로 하는 보전활동이다.

정답 43.④ 44.① 45.① 46.③ 47.① 48.③ 49.④

50 노동력, 설비, 물자, 공간 등의 생산자원을 누가, 언제, 어디서, 무엇을, 얼마나 사용할 것인가를 결정하는 작업계획으로 주·일·시간 단위별 계획을 수립하는 것은?

① 공정계획
② 생산계획
③ 작업계획
④ 일정계획

해설 문제는 일정계획에 대한 내용이다.

51 A, B, C, D 4개의 작업물 모두 공정 1을 먼저 거친 다음 공정 2를 거친다. 최종 작업이 공정 2에서 완료되는 시간을 최소화하도록 하기 위한 작업순서는?

작업물	공정 1	공정 2
A	5	6
B	8	7
C	6	10
D	9	1

① A → C → B → D
② A → D → B → C
③ C → A → B → D
④ D → A → B → C

해설 존슨법칙에 의한 작업순위 결정
1. 공정시간 중 최소시간을 갖는 작업물을 찾는다.
2. 공정 1일 경우는 맨 앞, 공정 2일 경우는 맨 뒤에 놓는다.

구분 \ 작업물	A	B	C	D
공정 1	5	8	6	9
공정 2	6	7	10	1
순위	①	③	②	④

※ 최소시간은 작업물 D의 1시간이며 공정 2이므로 맨 뒤에 배치하고, 그 다음 작은 시간은 작업물 A의 5시간이므로 맨 앞에 배치한다. 그 다음은 작업물 C의 6시간이므로 2번째, 작업물 B는 3번째로 배치한다.

52 하루 8시간 근무시간 중 일반여유시간으로 100분이 설정되었다면 여유율은 약 몇 %인가? (단, 내경법을 이용한다.)

① 20.8%   ② 26.3%
③ 35.7%   ④ 39.4%

해설
$$A=\frac{\text{여유시간}}{\text{근무시간}}=\frac{\text{여유시간}}{\text{정미시간}+\text{여유시간}}=\frac{100}{480}\times 100=20.8\%$$

※ 근무시간 기준으로 여유율을 구하는 방식을 내경법이라고 하고, 정미시간 기준으로 여유율을 산정하는 방식을 외경법이라고 한다.

53 공급사슬이론에서 채찍효과를 발생시키는 주원인은 수요나 공급의 불확실성에 있다. 이러한 채찍효과의 원인을 내부원인과 외부원인으로 구분하였을 때, 내부원인에 해당되지 않는 것은?

① 설계변경
② 정보오류
③ 주문수량 변경
④ 서비스/제품판매 촉진

해설 ③ 주문수량 변경은 외부요인이다.

54 설계시점의 속도(또는 품종별 기준속도)에 대한 실제 속도의 손실로, 현상의 기술수준 또는 바람직한 수준의 속도가 설계시점의 속도에 비해 낮아지면서 생기는 손실을 무엇이라 하는가?

① 편성손실
② 속도저하손실
③ 초기손실
④ 일시정지손실

해설 설비종합효율 산식에서 성능가동률을 저해하는 요인은 속도저하손실과 공전·순간정지손실이 있는데, 실제 C/T 대비 기준 C/T을 속도가동률이라고 한다.

※ 설비종합효율＝시간가동률×성능가동률×양품률

이때, $\text{시간가동률}=\frac{\text{가동시간}}{\text{부하시간}}=\frac{\text{부하시간}-\text{정지시간}}{\text{부하시간}}$

$\text{성능가동률}=\text{실제 가동률}\times\text{속도가동률}=\frac{\text{생산량}\times\text{실제 C/T}}{\text{가동시간}}\times\frac{\text{기준 C/T}}{\text{실제 C/T}}$

$\text{양품률}=\frac{\text{가공수량}-\text{불량수량}}{\text{가공수량}}$

(단, C/T는 사이클타임으로, 실제 C/T은 기준 C/T보다 길다.)

정답 50.④ 51.① 52.① 53.③ 54.②

55 재고 저장공간을 품목별로 두 칸으로 나누고, 윗칸에는 운전재고를, 아랫칸에는 재주문점에 해당하는 재고를 쌓아둠으로써, 윗칸에 재고가 없으면 재주문점에 이르렀음을 시각적으로 파악할 수 있는 방법을 무엇이라 하는가?

① EPQ
② 정기발주방식
③ 콕(cock) 시스템
④ 더블빈(double-bin)법

해설 문제에서 설명하는 것은 더블빈법이다.
※ ③ 콕 시스템은 부족한 부분을 보충하는 보충발주방식에 해당된다.

56 다음 중 최적 제품조합(product mix)의 의미로 맞는 것은?

① 생산일정계획의 수립기법
② 총이익을 최대화하는 제품들의 조합
③ 각종 생산설비의 능력을 최대로 활용할 수 있는 생산능력의 조합
④ 각종 수요 예측을 통한 제품의 공정관리를 최적 상태로 유지하기 위한 공정조합

해설 이익을 최대화하는 제품의 최적 결합비율 결정을 제품조합이라고 한다.

57 A회사는 조립작업장에 대해 하루 8시간 근무시간에서 오전, 오후 각각 20분간의 휴식시간을 주고 있다. 과거의 데이터를 분석해보면 컨베이어벨트가 정지하는 비율이 4%이고, 최종 검사과정에 5%의 부적합품률이 발생했다. 이 경우 일간 생산량이 1000개일 때, 피치타임(pitch time)은 약 얼마인가?

① 0.20
② 0.30
③ 0.40
④ 0.50

해설
$$P_t = \frac{T(1-\alpha)(1-y)}{N} = \frac{(480-40)\times 0.96\times 0.95}{1000} = 0.40$$

58 스톱워치법과 비교한 PTS법의 장점으로 거리가 가장 먼 것은?

① 시스템 도입 초기에도 별도 전문가의 자문을 필요로 하지 않는다.
② 동작과 시간의 관계에 대한 자세한 자료에 의거하여 표준자료를 용이하게 작성할 수 있다.
③ 작업자를 대상으로 직접 시간을 측정하지 않기 때문에 스톱워치에 대하여 작업자가 느끼는 불편함이 없다.
④ 실제 작업이 행해지는 생산현장을 보지 않더라도 작업대 배치도와 작업방법만 알면 시간을 산출할 수 있다.

해설 PTS법은 작업방법 변경 시에도 방법연구에 치중할 수 있는 간접측정기법이므로, 표준시간의 개정이 신속하고 용이한 장점을 갖고 있다. 다만 초기 적용이 용이한 것은 아니라서 전문가의 자문을 필요로 한다.

59 JIT 시스템에서 생산현장의 상태관리를 의미하는 5S 운동이 아닌 것은?

① 정돈(seiton)
② 청결(seiketsu)
③ 습관화(shitsuke)
④ 단순화(simplification)

해설
• 5S : 정리, 정돈, 청소, 청결, 습관화
• 3정 : 정품, 정량, 정위치

60 PTS(Predetermined Time Standard) 기법의 특징으로 틀린 것은?

① 작업자수행도평가(Performance rating)가 필요 없다.
② 전문적인 교육을 받은 전문가가 아니면 활용이 어렵다.
③ 시간연구법에 비해 작업방법을 개선할 수 있는 기회가 적다.
④ 작업동작은 한정된 종류의 기본요소동작으로 구성된다는 가정을 전제로 한다.

해설 PTS는 방법연구와 시간연구를 결합한 간접측정방식이므로 작업측정이 필요 없어 작업방법 개선에 치중할 수 있다.

정답 55.④ 56.② 57.③ 58.① 59.④ 60.③

제4과목 신뢰성 관리

61 대시료 실험에 있어서의 신뢰성 척도에 관한 설명으로 틀린 것은?

① 누적고장확률과 신뢰도함수의 합은 어느 시점에서나 항상 동일하게 1로 나타난다.
② 어떤 시점 0에서 t까지 고장확률밀도함수를 적분하면 그 시점까지의 불신뢰도 $F(t)$를 알 수 있다.
③ 어느 정도 시간이 경과하여 고장개수가 상당히 발생하였을 때, 그 시점에서 고장확률밀도함수는 고장률함수보다 크거나 같다.
④ 어떤 시점 t와 $(t+\Delta t)$시간 사이에 발생한 고장개수를 시점 t에서의 생존개수로 나눈 뒤 이것을 Δt로 나눈 것을 고장률함수 $\lambda(t)$라 한다.

해설 ① $R(t)+F(t)=1$
② $F(t)=\int_0^t(t)\,dt$
③ $f(t)=\lambda(t)\,R(t)$이므로, $\lambda(t)=\dfrac{f(t)}{R(t)}$이다.
여기서, $R(t)\le 1$이므로, $\lambda(t)\ge f(t)$가 된다.
④ $\lambda(t)=\dfrac{f(t)}{R(t)}=\dfrac{n(t)-n(t+\Delta t)}{n(t)}\cdot\dfrac{1}{\Delta t}$

62 그림과 같은 고장률을 갖는 부품이 400시간 이상 작동할 확률은 약 얼마인가?

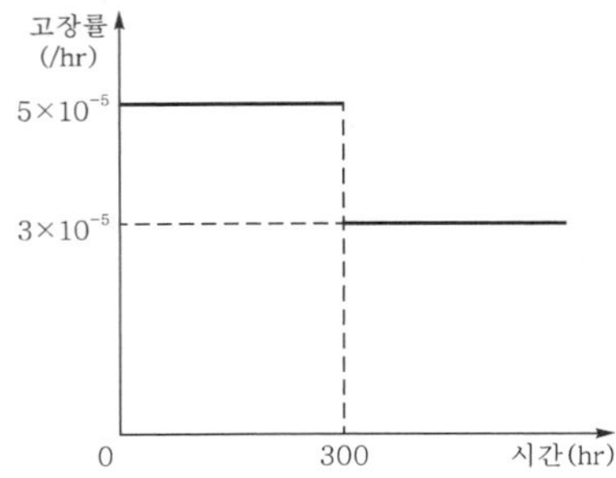

① 0.9761 ② 0.9822
③ 0.9887 ④ 0.9915

해설 $R(t=400)=e^{-5\times10^{-5}\times300}\times e^{-3\times10^{-5}\times100}$
$=0.98511\times0.99700$
$=0.98216$

63 어떤 시스템의 수리율(μ)이 0.5, 고장률(λ)이 0.09일 때 가용도(availability)는 약 얼마인가?

① 15.3%
② 84.7%
③ 93.7%
④ 95.5%

해설 $A=\dfrac{\mu}{\lambda+\mu}$
$=\dfrac{0.5}{0.09+0.5}=0.84746$

64 타이어 6개가 장착된 자동차는 6개의 타이어 중 5개만 작동되면 운행이 가능하다. 이때 각 타이어의 신뢰도가 0.95로 동일할 경우, 자동차의 신뢰도는 약 얼마인가?

① 0.7711
② 0.8869
③ 0.9512
④ 0.9673

해설 $R_S=6R^5-5R^6=0.96723$

65 신뢰성 시험은 실시장소, 시험의 목적, 부과되는 스트레스 크기 등에 따라 분류할 수 있다. 시험목적에 따른 신뢰성 시험의 분류가 아닌 것은?

① 신뢰성 현장시험
② 신뢰성 결정시험
③ 신뢰성 인증시험
④ 신뢰성 비교시험

해설 신뢰성 시험의 종류
1. 실시장소에 의한 분류
• 신뢰성 실험실시험
• 신뢰성 현장시험
2. 실시목적에 따른 분류
• 신뢰성 결정시험
• 신뢰성 인증시험(수락시험)
• 신뢰성 비교시험
• 신뢰성 개발·성장시험
3. 적용 스트레스나 크기에 따른 분류
• 정상수명시험
• 가속수명시험
• 가속열화시험

 정답 61.③ 62.② 63.② 64.④ 65.①

66 수명자료가 정규분포인 경우의 고장률함수 $\lambda(t)$의 형태는?

① 증가함수 ② 일정함수
③ 상수함수 ④ 감소함수

해설 • 정규분포(IFR) : 증가형
• 지수분포(CFR) : 일정형

67 M기기 10대에 대하여 30일간 교체 없이 수명시험을 하였더니 이 중 5대가 고장이 났으며, 이들의 고장발생이 16, 27, 14, 12, 18일이었다. 이 기기의 평균수명은?

① 50일 ② 87일
③ 47.4일 ④ 17.4일

해설 $\hat{\theta}=\frac{\sum t_i+(n-r)t_0}{r}$

$=\frac{(16+27+14+12+18)+5\times30}{5}$

$=47.4$일

68 n개의 부품을 시험하여 고장이 r개 발생할 때까지 교체 없이 시험을 실시한 경우, MTBF의 신뢰구간을 계산하기 위한 자유도의 값은? (단, 수명분포는 지수분포를 따른다.)

① n ② $2r$
③ $n-1$ ④ $2r+2$

해설 정수중단시험인 경우 $\widehat{MTBF}$가 변환된 χ^2분포는 $\nu=2r$인 χ^2분포를 따르고 있으나, 정시중단시험인 경우는 상측 자유도가 $2(r+1)$인 χ^2분포에 근사하는 특징이 있다.

$\chi^2=\frac{2r\hat{\theta}}{\theta}\sim\chi^2(2r)$

69 여러 부품이 조합되어 만들어진 시스템이나 제품의 전체 고장률이 시간에 관계없이 일정한 경우 적용되는 고장분포로 가장 적합한 것은?

① 지수분포 ② 균등분포
③ 정규분포 ④ 대수정규분포

해설 Drenick의 정리
상이한 분포를 따르는 부품들로 구성된 시스템은 근사적으로 지수분포를 따른다.

70 시점 t에서의 순간고장률을 나타낸 신뢰성 척도는?

① 불신뢰도($F(t)$)
② 누적고장률($H(t)$)
③ 고장률함수($\lambda(t)$)
④ 고장확률밀도함수($f(t)$)

해설 t시점에서 생존확률은 기준으로 하는 단위시간당 고장비율을 순간고장률이라고 하며, 순간고장률을 나타낸 신뢰성 척도를 고장률함수($\lambda(t)$)라고 하는데, DFR(감소형), CFR(일정형), IFR(증가형)이 있다.

71 기계부품이 진동에 의한 피로현상으로 파괴가 되었다. 이때 고장원인, 고장 메커니즘 및 고장모드의 구분으로 맞는 것은?

① 고장원인 : 파괴, 고장 메커니즘 : 피로, 고장모드 : 진동
② 고장원인 : 진동, 고장 메커니즘 : 파괴, 고장모드 : 피로
③ 고장원인 : 진동, 고장 메커니즘 : 피로, 고장모드 : 파괴
④ 고장원인 : 피로, 고장 메커니즘 : 진동, 고장모드 : 파괴

해설 피로현상에 의한 파괴상태이다. 고장모드란 기기·시스템의 고장상태를 분류한 것이며, 고장에 이르는 과정(구성)을 나타내는 것이 고장 메커니즘이다.

72 신뢰성 블록도와 고장나무분석(FTA)에 대한 설명으로 틀린 것은?

① 신뢰성 블록도는 성공 위주이고, 고장나무분석은 고장 위주이다.
② 신뢰성 블록도의 병렬구조는 고장나무분석의 AND 게이트에 대응된다.
③ 고장나무의 OR 게이트는 입력사상 중 최소수명을 갖는 사상에 의해 출력사상이 발생한다.
④ 시스템을 구성하는 각 요소의 신뢰도가 증가하면, 고장나무분석에서 정상사상이 발생할 확률이 높아진다.

해설 시스템의 신뢰도(R_S)가 증가하면 고장목분석(FTA)에서 정상사상의 고장확률($F_{\rm TOP}$)은 작아진다.

정답 66.① 67.③ 68.② 69.① 70.③ 71.③ 72.④

73 어떤 장치의 고장수리시간을 조사하였더니 다음과 같은 데이터를 얻었다. 수리시간이 지수분포를 따른다고 할 때, 평균수리율은 약 얼마인가?

고장건수	5	2	6	3	4
수리시간	3	6	3	2	5

① 0.2667/시간 ② 0.2817/시간
③ 0.3232/시간 ④ 0.5556/시간

해설 $\hat{\mu} = \dfrac{\Sigma f_i}{\Sigma t_i f_i}$

$= \dfrac{5+2+\cdots+4}{3\times5+6\times2+\cdots+5\times4} = 0.2817$/시간

※ 평균수리율＝수리건수/시간

74 지수분포의 누적고장률법에 의한 확률지에 관한 설명으로 틀린 것은?

① 회귀선의 기울기를 구하면 평균고장률이 된다.
② 세로축은 누적고장률, 가로축은 고장시간을 타점하도록 되어 있다.
③ 타점 결과 원점을 지나는 직선의 형태가 되면 지수분포라 볼 수 있다.
④ 누적고장률의 추정은 t시간까지의 고장횟수의 역수를 취하여 이루어진다.

해설 $H(t) = -\ln R(t) = -\ln e^{-\lambda t} = \lambda t \Rightarrow \lambda = \dfrac{H(t)}{t}$

※ 누적고장률법에 의한 확률지는 고장시간 t를 x축, 누적고장률 $H(t)$를 y축으로 하여, t에 따른 $H(t)$를 타점시킨 후 고장률 λ를 $\dfrac{H(t)}{t}$로 추정하는 방식이다. 여기서 $H(t) = \Sigma\lambda(t)$로 계산하며, $\lambda(t)$는 t시간까지의 고장횟수의 역수로 계산한다.
※ 지수분포는 $\lambda(t) = AFR(t) = \lambda$인 분포이다.

75 와이블분포의 신뢰도함수 $R(t) = e^{-\left(\frac{t}{\eta}\right)^m}$를 이용하면 사용시간 $t=\eta$에서 m의 값에 관계없이 $R(\eta) = e^{(-1)}$, $F(\eta) = 1-e^{(-1)} = 0.632$임을 알 수 있다. 이때 와이블분포를 따르는 부품들의 약 63%가 고장 나는 시간 η를 무엇이라고 하는가?

① 평균수명 ② 특성수명
③ 중앙수명 ④ 노화수명

해설 와이블분포에서 형상모수 m과는 관계없이 63%의 고장이 발생하는 시간으로, 특성수명 $t_0 = \eta^m$으로 정의된다.

76 전자장치의 정상사용전압 V_n에서의 평균수명 T_n과 가속전압 V_S에서의 평균수명 T_S는 $\dfrac{T_n}{T_S} = \left(\dfrac{V_S}{V_n}\right)^3$의 관계를 갖는다. V_S가 200볼트일 때 얻은 고장시간 데이터에 의해 추정된 T_S가 1000시간이라면 정상사용전압 100볼트에서의 평균수명 T_n는?

① 4시간 ② 4000시간
③ 8시간 ④ 8000시간

해설 $T_n = AF \times T_s (\theta_n = AF\theta_s)$

$= \left(\dfrac{200}{100}\right)^3 \times 1000$

$= 8000$시간

77 자동차가 안전하게 고속도로를 주행할 수 있는 조건을 차체 엔진부, 동력전달부, 브레이크부, 운전기사 등의 하위 시스템으로 나눌 때, 자동차의 시스템은 어느 모형에 적합한가?

① 직렬 모형 ② 병렬 모형
③ 대기 중복 ④ 브리지 모형

해설 모두 작동되어야 작동되는 시스템은 직렬 시스템이다. (이 중 어느 하나라도 고장 나면 작동되지 않는다.)
$R_S = \Pi R_i$

78 고장률이 λ로 동일한 n개의 부품이 병렬로 연결되어 있을 때 시스템의 평균수명을 표현한 식은?

① $\dfrac{n}{\lambda}$
② $\dfrac{\lambda}{n} + \dfrac{1}{n\lambda}$
③ $\dfrac{\lambda}{n} - \dfrac{1}{n\lambda}$
④ $\dfrac{1}{\lambda} + \dfrac{1}{2\lambda} + \dfrac{1}{3\lambda} + \cdots + \dfrac{1}{n\lambda}$

해설 $MTBF_S = \left(1+\dfrac{1}{2}+\cdots+\dfrac{1}{n}\right)\dfrac{1}{\lambda}$

$= \left(1+\dfrac{1}{2}+\cdots+\dfrac{1}{n}\right)MTBF$

정답 73.② 74.④ 75.② 76.④ 77.① 78.④

79 신뢰성 샘플링검사에서 지수분포를 가정한 신뢰성 샘플링 방식의 경우 λ_0와 λ_1을 고장률 척도로 하게 된다. 이때 λ_1을 무엇이라고 하는가?

① ARL ② AFR
③ LTFR ④ AQL

해설 ① ARL(Acceptable Reliability Level) : 합격신뢰수준
② AFR(Acceptable Failure Rate) : 합격고장률
③ LTFR(Lot Tolerance Failure Rate) : 로트 허용고장률
④ AQL(Acceptable Quality Level) : 합격품질수준

80 A제품의 파괴강도는 $50kg/cm^2$ 이상이다. 파괴강도의 크기가 평균 $40kg/cm^2$이고, 표준편차가 $10kg/cm^2$의 정규분포를 따른다면 이 제품이 파괴될 확률은? (단, z는 표준정규분포의 확률변수이다.)

① $Pr(z>1)$ ② $Pr(z>2)$
③ $Pr(z\le 1)$ ④ $Pr(z\le 2)$

해설 $P(y>50)=P\left(u\ge\frac{50-40}{10}\right)=P(u>1)$

※ 표준정규분포의 확률변수는 u 혹은 z로 표현한다.

제5과목 품질경영

81 A.R. Tenner는 고객만족을 충분히 달성하기 위해서 "고객의 목소리에 귀를 기울이는 것"을 단계 2, "소비자의 기대사항을 완전히 이해하는 것"을 단계 3으로 정의하였다. 다음 중 단계 3인 완전한 고객이해를 위한 적극적 마케팅 방법이 아닌 것은?

① 시장 시험(market test)
② 벤치마킹(benchmarking)
③ 판매기록 분석(sales record analysis)
④ 포커스그룹 인터뷰(focus group interview)

해설 ③ 판매기록 분석은 고객의 목소리에 귀를 기울이는 '단계 2'이다.
※ A.R. Tenner의 고객만족 달성의 3단계
• 단계 1 : 불만을 접수하고 처리하는 소극적 방식의 단계
• 단계 2 : 소비자 상담, 소비자 여론 수집, 판매기록 분석 등을 통하여 고객의 요구현상을 파악하는 단계
• 단계 3 : 시장시험, 벤치마킹, 포커스그룹 인터뷰, 설계 계획된 조사 등을 통하여 완전히 고객을 이해하는 단계

82 생산활동이나 관리활동과 관련하여 일상적 또는 정기적으로 실시하는 계측과 가장 거리가 먼 것은?

① 생산설비에 관한 계측
② 자재·에너지에 관한 계측
③ 작업결과나 성적에 관한 계측
④ 연구·실험실에서의 시험연구 계측

해설 시험연구 계측활동은 개발·설계 단계의 활동이므로, 생산단계의 일상활동으로 볼 수 없다.

83 다음 중 6시그마에 관한 설명으로 가장 거리가 먼 것은?

① 6시그마는 DMAIC 단계로 구성되어 있다.
② 게이지 R&R은 개선(Improve) 단계에 포함된다.
③ 프로세스 평균이 고정된 경우 3시그마 수준은 2700ppm이다.
④ 백만 개 중 부적합품수를 한 자릿수 이하로 낮추려는 혁신운동이다.

해설 게이지 R&R은 측정시스템 변동의 유형 중 단기적 평가의 요소로 반복성과 재현성을 뜻한다. 게이지 R&R은 측정단계와 관리단계에서 주로 실시하며, 측정오차를 최소화하기 위하여 행한다.
※ 3시그마 수준 : 공정평균에서 규격한계까지의 거리가 3σ인 프로세스로, $\mu-S_L=3\sigma$, $S_U-\mu=3\sigma$가 되며, 공정능력지수 $C_P=1$이다.

84 A.V. Feigenbaum은 실패비용을 사내·외 실패비용으로 분류하였다. 사내 실패비용 항목으로 짝지어진 것은?

① 자재부적합 유실비용, 클레임비용
② 폐기품 손실제조경비, 클레임비용
③ 폐기품 손실제조경비, A/S 환품비용
④ 폐기품 손실제조경비, 자재부적합 유실비용

해설 F-cost는 소비자에게 인도되기 전에 발생하는 사내 실패비용(IF-cost)과 소비자에게 인도된 후에 발생하는 사외 실패비용(EF-cost)로 나누어진다.
• IF-cost : 폐기품 손실자재비, 손실제조경비, 자재부적합 유실비용, 재가공작업비용
• EF-cost : A/S 수리비용, 클레임비용, user 공정손실비용, 제품책임비용

정답 79.③ 80.① 81.③ 82.④ 83.② 84.④

85 품질, 원가, 수량·납기와 같이 경영 기본요소별로 전사적 목표를 정하여 이를 효율적으로 달성하기 위해 각 부분의 업무분담 적정화를 도모하고, 동시에 부문 횡적으로 제휴·협력해서 행하는 활동은?

① 생산관리 ② 기능별 관리
③ 설비관리 ④ 부문별 관리

해설 Q, C, D 목표 달성을 위해 행하는 활동을 기능별 관리라고 한다.

86 히스토그램의 작성목적으로 거리가 가장 먼 것은?

① 공정능력을 파악하기 위해
② 데이터의 흩어진 모양을 알기 위해
③ 개선대상의 우선순위를 결정하기 위하여
④ 규격치와 비교하여 공정의 현황을 파악하기 위해

해설 ③항의 경우에는 파레토도를 사용한다.

87 품질관리시스템은 PDCA 사이클로 설명될 수 있다. PDCA 사이클에 관한 내용으로 틀린 것은?

① Plan – 목표달성에 필요한 계획 또는 표준의 설정
② Do – 계획된 것의 실행
③ Check – 실시결과를 측정하여 해석하고 평가
④ Action – 리스크와 기회를 식별하고 다루기 위하여 필요한 자원의 수립

해설 ④ Action(A) – 그동안 실행한 결과를 표준화하여 마무리하고, 합치되지 않은 미흡한 것을 수정 조치한다.

88 설계품질이 결정된 후 제품의 제조단계에서 설계품질을 제품화함으로써 실현된 품질은?

① 적합품질 ② 사용품질
③ 시장품질 ④ 목표품질

해설 제조된 제품이 설계품질에 어느 정도 일치하고 있는가를 의미하는 완성품질을 적합품질이라고 한다.

89 표준의 구성 중 표준의 일부로 볼 수 없는 것은?

① 비고 ② 해설
③ 보기 ④ 부속서

해설 참고(reference)는 보충하는 것으로 규정의 일부가 아니고, 해설(explanation)은 설명으로 표준의 일부는 아니다.

90 커크패트릭(Kirkpatrick)이 제안한 품질비용 모형에서 예방코스트의 증가에 따른 평가코스트와 실패코스트의 변화를 설명한 내용으로 가장 적절한 것은?

① 평가코스트 감소, 실패코스트 감소
② 평가코스트 증가, 실패코스트 증가
③ 평가코스트 감소, 실패코스트 증가
④ 평가코스트 증가, 실패코스트 감소

해설 커크패트릭의 품질비용 모형은 P–cost가 증가하면 A–cost와 F–cost는 감소한다.

91 $C_P=1.33$이고, 치우침이 없다면, 평균 μ에서 규격한계(U 또는 L)까지의 거리는 약 몇 σ인가?

① 2σ ② 3σ
③ 4σ ④ 6σ

해설 $C_P=\dfrac{U-L}{6\sigma}=1.33$이므로, $U-L \doteqdot 8\sigma$이다.
따라서, 공정평균 μ에서 규격한계까지의 거리는 4σ가 되므로 4σ수준이 된다.
※ $C_P \times 3=$시그마수준

92 사내표준화의 추진방법으로 경영방침으로서 사내표준화 실시의 명시 후의 순서로 맞는 것은?

> ㉠ 표준의 개정
> ㉡ 표준원안을 작성
> ㉢ 표준의 훈련과 실행
> ㉣ 표준의 심의와 결재
> ㉤ 사내표준 작성계획 수립
> ㉥ 표준의 인쇄·배포 및 보관
> ㉦ 조직의 편성과 인재의 양성
> ㉧ 사내표준 실시상황의 모니터링과 레벨업

① ㉦ → ㉤ → ㉡ → ㉣ → ㉥ → ㉢ → ㉧ → ㉠
② ㉦ → ㉤ → ㉣ → ㉥ → ㉡ → ㉢ → ㉧ → ㉠
③ ㉦ → ㉤ → ㉡ → ㉥ → ㉣ → ㉢ → ㉧ → ㉠
④ ㉦ → ㉤ → ㉣ → ㉡ → ㉥ → ㉢ → ㉧ → ㉠

해설 사내표준화 조직 편성 후 작성계획을 수립하고, 표준원안을 작성하여, 실행하며, 실시상황을 모니터링하여 문제점을 파악하고, 개선 후 표준의 개정을 행한다.

정답 85.② 86.③ 87.④ 88.① 89.② 90.① 91.③ 92.①

93 제조물책임(PL)법에 대한 설명으로 틀린 것은?

① 기업의 경우 PL법 시행으로 제조원가가 올라갈 수 있다.
② PL법의 적용으로 소비자는 모든 제품의 품질을 신뢰할 수 있다.
③ 제품에 결함이 있을 때 소비자는 제품을 만든 공정을 검사할 필요가 없다.
④ 제품엔 결함이 없어야 하지만, 만약 제품에 결함이 있으면 생산, 유통, 판매 등의 일련의 과정에 관여한 자가 변상해야 한다.

해설 제조물책임법은 소비자가 피해를 보았을 때의 구제책으로, 품질의 신뢰와는 직접적 관계가 없다.

94 다음 중 국제표준화기구(ISO)에 대한 설명으로 틀린 것은?

① ISO는 1947년 2월 23일 설립되었다.
② ISO의 공식 언어는 영어, 불어 및 러시아어이다.
③ ISO의 회원은 정회원, 준회원 및 간행물 구독회원으로 구분된다.
④ ISO의 정회원은 한 국가에서 2개의 기관까지 회원자격을 획득할 수 있다.

해설 ISO는 1946년 10월 14일날 발기하여, 1947년 2월 23일 결성되었다.
④ ISO의 정회원은 한 국가에서 1개의 기관까지 회원자격을 획득할 수 있다.

95 신 QC 7가지 도구 중 복잡한 요인이 얽힌 문제에 대하여 그 인과관계 및 요인 간의 관계를 명확히 함으로써 적절한 해결책을 찾는 데 기여하는 방법은?

① 연관도법
② PDPC법
③ 계통도법
④ 매트릭스도법

해설 ※ 계통도법은 목표달성을 위한 수단과 방법을 계통적으로 전개함으로써 문제의 전모에 대한 가시성을 부여하는 기법이다.

96 TQM 기법으로서 벤치마킹의 장점으로 거리가 가장 먼 것은?

① 자원을 적절히 이용할 수 있고, 비용이 최소화된다.
② 벤치마킹을 통하여 경쟁에 유리한 입지를 유지할 수 있다.
③ 최우수기업의 성과를 통해 내부 구성원 간의 경쟁만을 촉진한다.
④ 경쟁자와 대등하거나 그 이상의 기능을 수행할 수 있어 시장경쟁에 유리하다.

해설 벤치마킹은 경쟁회사에 대한 상대적 우위성 전략을 뜻하는 것으로, 내부 구성원의 경쟁을 유발하려는 것이 아니다.

97 품질시스템이 잘 갖추어진 회사는 끊임없는 개선이 이루어지는 것을 보장해야 한다. 끊임없는 개선에 대한 설명 중 틀린 것은?

① 기업에서 개선할 점은 언제든지 있다.
② 품질 개선은 종업원의 창의성을 필요로 한다.
③ P-D-C-A의 개선과정을 feed-back시키는 것이다.
④ 품질 개선은 반드시 표준화된 기법을 적용하여야 한다.

해설 품질 개선에 표준화된 기법을 적용하는 것이 아니고, 품질시스템을 표준화하는 것이다. 개선은 PDCA 등의 기본절차를 따르지만, 표준화된 기법만을 사용하는 것은 아니다.

98 산업표준을 적용하는 지역과 범위에 따라 분류할 때 해당되지 않는 것은?

① 잠정표준
② 사내표준
③ 단체표준
④ 국가표준

해설 잠정표준이란 규정하려고 하는 내용에 대한 실험, 연구 등이 아직 끝나지 않은 경우에 적용하는 표준을 의미한다.

정답 93.② 94.④ 95.① 96.③ 97.④ 98.①

99 J.M. Juran & Gryna에 의해 분류된 작업자 오류의 유형 중 작업자가 주의를 게을리한 즉, "부주의로 인한 오류"는 인간 오류의 중요한 원천이 되고 있다. 이러한 오류의 특징을 정의한 것으로 거리가 가장 먼 것은?

① 비고의성(unwitting)
② 불가피성(unavoidable)
③ 무의도성(unintentional)
④ 불예측성(unpredictable)

해설 작업자 오류
- 부주의로 인한 오류 : 무의도성, 비고의성, 불예측성
- 기술부족으로 인한 오류 : 무의도성, 선택성, 지속성, 고의성과 비고의성, 불가피성
- 고의성의 오류 : 고의성, 의도성, 지속성

※ ② 불가피성은 기술부족으로 인한 오류에 속한다.

100 길이가 각각 $X_1 \sim N(5.00,\ 0.25^2)$, $X_2 \sim N(7.00,\ 0.36^2)$ 및 $X_3 \sim N(9.00,\ 0.49^2)$인 세 부품을 임의의 조립방법에 의해 길이로 직렬 연결할 때 $(X_1+X_2+X_3)$의 공차는 $\pm 3\sigma$로 잡고, 조립 시의 오차는 없는 것으로 한다면 이 조립 완제품의 규격은 약 얼마인가? (단, 단위는 cm이다.)

① 21±0.657
② 21±1.048
③ 21±1.972
④ 21±3.146

해설 $\pm 3\sigma_T = \pm 3\sqrt{0.25^2+0.36^2+0.49^2} = \pm 1.972$

∴ 조립 규격은 21 ± 1.972이다.

 정답 99.② 100.③

2022 제2회 품질경영기사

제1과목 실험계획법

1 다음은 A, B, C의 요인으로 각 2수준계 8조의 2^3형 요인 실험을 랜덤으로 행한 데이터다. 이때 S_A의 값은?

요인	A_0		A_1	
	B_0	B_1	B_0	B_1
C_0	2	8	10	7
C_1	3	6	8	4

① 1.12 ② 1.87
③ 12.5 ④ 18.7

해설 $S_A = \frac{1}{N}(T_{A_1} - T_{A_0})^2$
$= \frac{1}{8}(29-19)^2$
$= 12.5$

2 2^3형의 교락법에서 인수분해식을 이용하여 단독교락을 실시하려 할 때의 설명 중 틀린 것은?

① 블록이 2개로 나누어지는 교락을 의미한다.
② (1)을 포함하지 않는 블록을 주블록이라 한다.
③ 주효과 A를 블록과 교락시키면, 블록 1은 (1), b c, bc이고, 블록 2는 a, ab, ac, abc가 된다.
④ 블록과 교락시키기 원하는 효과에 -1을 붙이고, 인수분해로 풀어 +군과 −군으로 나누어 블록을 배치한다.

해설 ② (1)을 포함하는 블록을 주블록이라고 한다.

3 A요인의 수준수가 3인 시험을 5회 반복하여 $S_T=668$, $S_A=190$을 얻었다. 오차항의 분산 $\hat{\sigma}_e^2$를 추정하면 약 얼마인가?

① 15.3 ② 39.8
③ 83.1 ④ 95.0

해설 $\hat{\sigma}_e^2 = \frac{S_e}{\nu_e} = \frac{668-190}{3(5-1)} = 39.8$

4 원래 농사시험에서 고안된 실험법으로 큰 실험구를 주구로 분할한 후 주구 내 실험단위를 세구로 등분하여 실험하는 실험방법은?

① 분할법
② 직교배열법
③ 교락법
④ k^n형 요인실험

해설 ※ 고차 교호작용을 블록에 희생시켜 실험정도를 향상시키는 실험을 교락법이라고 한다.

5 난괴법 실험에서 분산분석 결과 A(모수요인)가 유의한 경우, 요인 A의 각 수준에서 모평균 $\mu(A_i)$의 신뢰구간 추정식은? (단, ν^*는 Satterthwaite 자유도이다.)

① $\bar{x}_{i\cdot} \pm t_{1-\alpha/2}(\nu^*)\sqrt{\frac{V_B+(l-1)V_e}{lm}}$

② $\bar{x}_{i\cdot} \pm t_{1-\alpha/2}(\nu^*)\sqrt{\frac{V_e+(l-1)V_B}{lm}}$

③ $\bar{x}_{i\cdot} \pm t_{1-\alpha/2}(\nu^*)\sqrt{\frac{V_e+(l-1)V_B}{(l-1)(m-1)}}$

④ $\bar{x}_{i\cdot} \pm t_{1-\alpha/2}(\nu^*)\sqrt{\frac{V_B+(l-1)V_e}{(l-1)(m-1)}}$

해설 $\mu_{i\cdot} = \bar{x}_{i\cdot} \pm t_{1-\alpha/2}(\nu_e^*)\sqrt{V(\bar{x}_{i\cdot})}$ 에서
$V(\bar{x}_{i\cdot}) = V(\mu + a_i + \bar{b} + \bar{e}_{i\cdot})$
$= V(\bar{b}) + V(\bar{e}_{i\cdot})$
$= \frac{\sigma_B^2}{m} + \frac{\sigma_e^2}{m}$
$= \frac{\frac{V_B - V_e}{l}}{m} + \frac{V_e}{m}$
$= \frac{V_B + (l-1)V_e}{lm}$ 이다.
(단, $V(\mu)=0$, $V(a_i)=0$이다.)

6 $L_{16}(2^{15})$ 직교배열표를 이용한 실험계획에서 2수준 요인 효과를 최대로 몇 개까지 배치할 수 있는가?

① 7　② 8
③ 15　④ 16

해설 $L_{16}(2^{15})$형은 실험횟수가 16이고 최대인자배치수가 15인 2수준계 직교배열표이다.

7 제품에 영향을 미치고 있다고 생각되는 요인 A와 요인 B를 랜덤하게 반복없는 2요인 실험을 실시하여 다음과 같은 자료를 얻었다. 이때의 수정항(CT)과 총제곱합(S_T)은 각각 약 얼마인가?

요인	A_1	A_2	A_3	A_4	계
B_1	−34	−11	−20	−42	−107
B_2	−10	3	8	−4	−3
B_3	8	28	40	17	93
계	−36	20	28	−29	−17

① 수정항 : 12.04, 총제곱합 : 317146
② 수정항 : 16.71, 총제곱합 : 506.50
③ 수정항 : 18.57, 총제곱합 : 553.04
④ 수정항 : 24.08, 총제곱합 : 6342.92

해설
$$CT=\frac{T^2}{N}=\frac{(-17)^2}{12}=24.08$$
$$S_T=\Sigma\Sigma x_{ij}^2-CT=6342.92$$

8 다음 중 계량 및 계수치 요인에 대한 설명으로 잘못된 것은?

① 원료의 종류는 계수요인이다
② 계량요인은 온도, 압력 등과 같이 계량치로 측정되는 요인이다.
③ 요인이 계수치인 경우에는 요인이 갖는 종류의 2배수만큼 수준수로 취해주는 것이 바람직하다.
④ 요인이 계량치인 경우에는 수준의 최대치와 최소치를 흥미영역의 최대치와 최소치로 취해주는 것이 좋다.

해설 ③ 수준수는 실험의 목적에 의해 설정되는 것으로, 흥미영역 안에서 결정한다.

9 선형식(L)이 다음과 같을 때, 이 선형식의 단위수는?

$$L=\frac{x_1+x_2+x_3}{3}-\frac{x_4+x_5+x_6+x_7}{4}$$

① $\frac{7}{12}$
② $\frac{5}{12}$
③ $\frac{3}{4}$
④ $\frac{1}{4}$

해설
$$D=\left(\frac{1}{3}\right)^2\times 3+\left(-\frac{1}{4}\right)^2\times 4=\frac{7}{12}$$

10 4대의 기계(A)와 이들 기계에 의한 제조공정 시 열처리온도(B : 2수준)의 조합 A_iB_j에서 각각 n개씩의 제품을 만들어 검사할 때 적합품이면 0, 부적합품이면 1의 값을 주기로 한다. 이때 데이터의 구조는?

① $x_{ij}=\mu+a_i+b_j+e_{ij}$
② $x_{ijk}=\mu+a_i+b_j+e_{ijk}$
③ $x_{ijk}=\mu+a_i+b_j+(ab)_{ij}+e_{ijk}$
④ $x_{ijk}=\mu+a_i+b_j+e_{(1)ij}+e_{(2)ijk}$

해설 반복이 있는 계수형 2요인 실험은 이방분할법의 실험방식으로, 실험을 전체적인 장에서 랜덤화시키지 않으므로 교호작용 $A\times B$가 환경오차 e_1에 교락되는 실험이다.

11 다구찌는 사회지향적인 관점에서 품질의 생산성을 높이기 위하여 다음과 같이 정의하였다. 품질 항목에 속하지 않는 것은?

생산성 = 품질(quality) + 비용(cost)

① 사용비용
② 공해환경에 의한 손실
③ 기능산포에 의한 손실
④ 폐해항목에 의한 손실

해설 ①, ③, ④항은 품질 항목에 속하고, ②항은 비용 항목에 속한다.

 정답 6.③ 7.④ 8.③ 9.① 10.④ 11.②

12 반복이 있는 2요인 실험 혼합모형에서 다음과 같은 분산분석표를 구했다. ㉠에 들어갈 값은 얼마인가? (단, A는 모수요인, B는 변량요인이다.)

요인	SS	DF	MS	F_0
A	30	3	10	(㉠)
B	20	2	10	
$A\times B$	6	( )	( )	
e	6	( )	( )	
T	62	23		

① 10 ② 15.4
③ 20 ④ 30

해설 $F_0=\dfrac{V_A}{V_{A\times B}}=\dfrac{10}{1}=10$

※ 모수요인은 변량요인과의 교호작용으로 검정한다.

13 다음은 변량요인 A와 B로 이루어진 지분실험법의 분산분석표이다. $E(V_A)$를 나타낸 식으로 맞는 것은?

요인	SS	DF	MS	F_0
A	S_A	2	V_A	
$B(A)$	$S_{B(A)}$	3	$V_{B(A)}$	
e	S_e	6	V_e	
T	S_T	11		

① $E(V_A)=\sigma_e^2+3\sigma_{B(A)}^2$
② $E(V_A)=\sigma_e^2+2\sigma_{B(A)}^2+4\sigma_A^2$
③ $E(V_A)=\sigma_e^2+3\sigma_{B(A)}^2+2\sigma_A^2$
④ $E(V_A)=\sigma_e^2+3\sigma_{B(A)}^2+4\sigma_A^2$

해설 $l=3,\ m=2,\ r=2$인 지분실험법이다.

$S_T=S_A+S_{B(A)}+S_e=S_A+(S_B+S_{A\times B})+S_e$

14 7개의 3수준 요인들의 주효과에만 관심이 있다. 어느 직교배열표를 사용하는 것이 가장 경제적인가?

① $L_8(2^7)$ ② $L_9(3^4)$
③ $L_{18}(2^1\times 3^7)$ ④ $L_{27}(3^{13})$

해설 혼합형 직교배열표인 $L_{18}(2^1\times 3^7)$ 실험은 열의 수가 9이고, 행의 수가 18인 직교배열표이다.

15 직물 가공 공정에서 처리액의 농도(A) 5수준에서 4회씩 반복 실험하여 직물의 강도를 측정하였다. 농도와 강도의 관련성을 회귀식을 이용하여 규명하고자 다음과 같은 분산분석표를 얻었다. 이와 관련된 설명으로 틀린 것은?

요인	SS	DF	MS	F_0	$F_{0.95}$
A	18.06	4	4.515		
1차	9.71	1	9.710	( )	4.54
2차	5.64	1	5.640	( )	4.54
나머지	( )	2	1.355	( )	3.68
e	( )	15	( )		
T	27.04	19			

① 1차와 2차 회귀는 유의수준 0.05에서 모두 유의하다.
② 3차 이상의 고차 회귀 제곱합은 2.71이다.
③ 2차 곡선 회귀로써 농도와 강도 간의 관계를 설명할 수 있다.
④ 두 변수 간의 관련 관계를 설명하는 데 3차 이상의 고차 회귀가 필요하다.

해설

요인	SS	DF	MS	F_0	$F_{0.95}$
A	18.06	4	4.515		
1차	9.71	1	9.710	(16.22)	4.54
2차	5.64	1	5.640	(9.42)	4.54
나머지	(2.71)	2	1.355	(2.26)	3.68
e	(8.98)	15	(0.59867)		
T	27.04	19			

16 라틴방격법에서 요인 A, B, C가 있다. 수준수는 각각 4이고, 블록 반복 2회의 실험을 하였을 때, 오차항의 자유도는 얼마인가?

① 6
② 12
③ 15
④ 21

해설 $\nu_e=\nu_T-\nu_A-\nu_B-\nu_C-\nu_R$

$=31-3-3-3-1$

$=21$

정답 12.① 13.② 14.③ 15.④ 16.④

17 2^5형의 1/4 일부실시법 실험에서 이중교락을 시켜 블록과 $ABCDE$, ABC, DE를 교락시켰다. AD와 별명관계가 아닌 것은?

① AB ② AE
③ BCE ④ BCD

해설
• $ABCDE \times AD = BCE$
• $ABC \times AD = BCD$
• $DE \times AD = AE$
(단, $A^2 = B^2 = C^2 = D^2 = E^2 = 1$)

18 공장 내의 여러 분석자 중에서 랜덤하게 5명의 분석자를 선택하여 그들의 분석결과로서 공장 내 분석자의 측정산포를 고려하였다면, 이 모형은?

① 모수모형 ② 변량모형
③ 혼합모형 ④ 구조모형

해설 랜덤하게 설정된 수준을 갖는 인자를 변량인자라고 하며, 수준의 재현성이 없어 모평균의 추정은 의미가 없고 산포의 추정을 목적으로 실험에 배치한다.

19 3요인 A, B, C 모수모형의 반복이 없는 3요인 실험에서 각 제곱합을 구하는 관계식으로 맞는 것은?

① $S_{AB} = S_A + S_B$
② $S_{AB} = S_T - S_A - S_B$
③ $S_{AB} = S_{A\times B} + S_A + S_B$
④ $S_{AB} = S_{A\times B} - S_A - S_B$

해설 반복없는 3요인배치
$S_T = S_A + S_B + S_C + S_{A\times B} + S_{A\times C} + S_{B\times C} + S_e$
※ 오차항에 최종 교호작용 $A\times B\times C$가 교락되어 있는 실험이다.

20 1요인 실험에서 아래의 데이터를 얻었다. S_A의 값은?

$l=4$, $V_e = 1.25$, $F_0 = 10.64$ (l : 요인의 수준수)

① 17.80 ② 25.54
③ 23.25 ④ 39.90

해설
$F_0 = \dfrac{V_A}{V_e} \Rightarrow V_A = F_0 \times V_e = 13.3$
$\therefore S_A = \nu_A \times V_A = 39.9$

제2과목 통계적 품질관리

21 A회사와 B회사의 제품에서 각각 150개, 200개를 추출하여 부적합품수를 찾아보니 각각 30개, 25개이었다. 두 회사 제품의 부적합품률 차를 검정하기 위한 검정통계량은 약 얼마인가?

① 1.09 ② 1.63
③ 1.91 ④ 2.10

해설
$$u_0 = \frac{p_A - p_B}{\sqrt{\hat{p}(1-\hat{p})\left(\dfrac{1}{n_A} + \dfrac{1}{n_B}\right)}} = \frac{0.2 - 0.125}{\sqrt{0.15714 \times 0.84286\left(\dfrac{1}{150} + \dfrac{1}{200}\right)}} = 1.9079$$
(단, $\hat{p} = \dfrac{x_A + x_B}{n_A + n_B} = \dfrac{\Sigma x_i}{\Sigma n_i}$ 이다.)

22 계수형 축차 샘플링검사 방식(KS Q ISO 28591)에서 h_A=1.445, h_R=1.885, g=0.110일 때, $n < n_t$ 조건에서의 합격판정치(A)는?

① $A=0.110n_{cum}+1.445$
② $A=0.110n_{cum}+1.885$
③ $A=0.110n_{cum}-1.445$
④ $A=0.110n_{cum}-1.885$

해설 $A = -h_A + gn_{cum}$
$= -1.445 + 0.110n_{cum}$

23 n=5인 고-저($H-L$) 관리도에서 $\overline{x}_H$=6.443, $\overline{x}_L$=6.417일 때, U_{CL}과 L_{CL}을 구하면 약 얼마인가? (단, n=5일 때, H_2=1.363이다.)

① U_{CL}=6.293, L_{CL}=6.107
② U_{CL}=6.460, L_{CL}=6.193
③ U_{CL}=6.465, L_{CL}=6.394
④ U_{CL}=6.867, L_{CL}=6.293

해설
• $U_{CL} = \overline{M} + H_2\overline{R} = 6.43 + 1.363 \times 0.026 = 6.465$
• $L_{CL} = \overline{M} + H_2\overline{R} = 6.394$
(단, $\overline{M} = \dfrac{\overline{x}_H + \overline{x}_L}{2}$, $\overline{R} = \overline{x}_H - \overline{x}_L$, $H_2 = A_9$이다.)

정답 17.① 18.② 19.③ 20.④ 21.③ 22.③ 23.③

24 어떤 제품의 품질특성치는 평균 μ, 분산 σ^2인 정규분포를 따른다. 20개의 제품을 표본으로 취하여 품질특성치를 측정한 결과 평균 10, 표준편차를 3을 얻었다. 분산 σ^2에 대한 95% 신뢰구간은 약 얼마인가? (단, $\chi^2_{0.975}(19)=32.852$, $\chi^2_{0.025}(19)=8.907$이다.)

① 5.21~19.20　② 5.21~20.21
③ 5.48~19.20　④ 5.48~20.21

해설 $S=\nu s^2=19\times 3^2=171$

$$\frac{S}{\chi^2_{0.975}(19)}\le\sigma^2\le\frac{S}{\chi^2_{0.025}(19)}$$

$$\frac{171}{32.852}\le\sigma^2\le\frac{171}{8.907}$$

$$5.205\le\sigma^2\le 19.198$$

25 철강재의 인장강도는 클수록 좋다. 평균치가 46kg/mm² 이상인 로트는 합격시키고, 43kg/mm² 이하인 로트는 불합격시키는 경우의 합격 판정치는? (단, $\sigma=4\text{kg/mm}^2$, $\alpha=0.05$, $\beta=0.10$, $\frac{m_0-m_1}{\sigma}=\frac{46-43}{4}=0.75$인 경우, $n=16$, $G_0=0.4111$이다.)

① $\overline{X}_L=44.356\text{kg/mm}^2$
② $\overline{X}_U=44.6\text{kg/mm}^2$
③ $\overline{X}_L=47.644\text{kg/mm}^2$
④ $\overline{X}_U=47.6\text{kg/mm}^2$

해설 $\overline{X}_L=m_0-G_0\sigma=46-0.4111\times 4=44.356\text{kg/mm}^2$

26 OC 곡선에서 소비자 위험을 가능한 작게 하는 샘플링 방식은?

① 샘플의 크기를 크게 하고, 합격판정개수를 크게 한다.
② 샘플의 크기를 크게 하고, 합격판정개수를 작게 한다.
③ 샘플의 크기를 작게 하고, 합격판정개수를 크게 한다.
④ 샘플의 크기를 작게 하고, 합격판정개수를 작게 한다.

해설 $n\uparrow(c\downarrow):\beta\downarrow$

27 전수검사가 불가능하여 반드시 샘플링검사를 하여야 하는 경우는?

① 전기제품의 출력전압 측정
② 주물제품의 내경 가공에서 내경의 측정
③ 전구의 수입검사에서 전구의 점등시험
④ 진공관의 수입검사에서 진공관의 평균수명 추정

해설 ④ 수명시험은 파괴검사이므로 전수검사를 행할 수 없다.

28 A자동차회사의 신차종 K자동차는 신차 판매 후 30일 이내에 보증수리를 받을 확률이 5%로 알려져 있다. 신규 판매한 자동차 5대를 추출하여 30일 이내에 보증수리를 받는 차량 수의 확률에 관한 내용으로 틀린 것은?

① 보증수리를 1대도 받지 않을 확률은 약 0.774이다.
② 적어도 1대가 보증수리를 필요로 할 확률은 약 0.226이다.
③ X를 보증수리를 받는 차량 수라 할 때, X의 기대값은 0.25이다.
④ X를 보증수리를 받는 차량 수라 할 때, X의 분산은 0.27이다.

해설 ① $P(X=0)={}_5C_0\,0.05^0\times 0.95^5=0.77378$
② $P(X\ge 1)=1-P(X\le 0)=0.22622$
③ $E(X)=np=0.25$
④ $V(X)=npq=5\times 0.05\times 0.95=0.2375$

29 $\left|\overline{\overline{x}}_A-\overline{\overline{x}}_B\right|>A_2\overline{R}\sqrt{\frac{1}{k_A}+\frac{1}{k_B}}$는 2개의 층 A, B 간 평균치의 차를 검정할 때 사용한다. 이 식의 전제조건으로 틀린 것은? (단, k는 시료군의 수, n은 시료군의 크기이다.)

① $k_A=k_B$일 것
② $n_A=n_B$일 것
③ $\overline{R}_A$, $\overline{R}_B$는 유의 차이가 없을 것
④ 두 개의 관리도는 관리상태에 있을 것

해설 ① k_A와 k_B는 충분히 클 것

정답 24.① 25.① 26.② 27.④ 28.④ 29.①

30 어떤 공장에서 A, B, C 기계의 고장횟수는 아래 [표]와 같다. 기계에 따라 고장횟수가 차이가 있는지 검정하고자 할 때의 설명으로 틀린 것은?

기계	A	B	C
고장횟수	10	5	15

① 자유도는 2이다.
② 기대도수는 각 기계별로 10개씩이다.
③ 귀무가설(H_0) : 각 기계별 고장횟수는 같다.
대립가설(H_1) : 각 기계별 고장횟수는 다르다.
④ 검정통계량은(χ_0^2)은
$\frac{(10-10)^2}{10}+\frac{(10-5)^2}{5}+\frac{(15-10)^2}{15}=6.6667$
이다.

해설
$$\chi_0^2=\frac{\Sigma(X_i-E_i)^2}{E_i}$$
$$=\frac{(10-10)^2}{10}+\frac{(5-10)^2}{10}+\frac{(15-10)^2}{10}=5$$
(단, $E_i=np=10$이다.)

31 다음의 데이터로서 신뢰율 95%로 평균치의 신뢰구간을 구하면 약 얼마인가? (단, $t_{0.975}(9)=2.262$, $t_{0.975}(10)=2.228$이다.)

7	9	5	4	10
8	6	9	7	5

① 7.0±1.43 ② 7.0±0.41
③ 7.6±1.43 ④ 7.6±0.41

해설
$$\mu=\bar{x}\pm t_{1-\alpha/2}(\nu)\frac{s}{\sqrt{n}}$$
$$=7\pm2.262\times\frac{2}{\sqrt{10}}$$
$$=7.0\pm1.43$$

32 부적합수와 관련하여 표본의 면적이나 길이 등이 일정하지 않은 경우에 사용하는 관리도는?

① $\bar{x}$ 관리도 ② u 관리도
③ x 관리도 ④ c 관리도

해설 부분군(n)의 크기가 일정하지 않은 경우 p관리도나 u관리도를 사용한다.

33 관리도에 관한 설명으로 거리가 가장 먼 것은?

① 관리도는 제조공정이 잘 관리된 상태에 있는가를 조사하기 위해서 사용된다.
② 관리도는 일반적으로 꺾은선그래프에 1개의 중심선과 2개의 관리한계선을 추가한 것이다.
③ 우연원인에 의한 공정의 변동이 있으면 일반적으로 관리한계 밖으로 특성치가 나타난다.
④ 관리도의 사용목적에 따라 기준값이 설정되지 않는 관리도와 기준값이 설정된 관리도로 구분한다.

해설 ③ 관리한계선 밖에 타점된 점은 이상원인에 의한 경우가 거의 절대적이다.

34 다음의 두 상관도 (a), (b)에서 x, y 사이의 표본상관계수에 대한 크기를 비교한 것으로 맞는 것은?

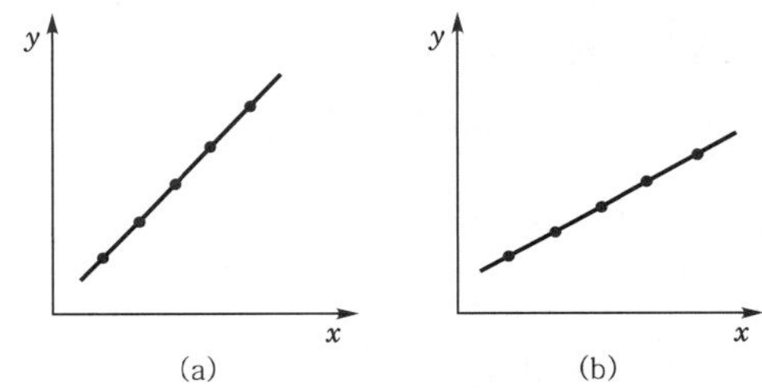

① (a) = (b)
② (a) > (b)
③ (a) < (b)
④ 비교할 수 없다.

해설 점의 배열이 직선 배열일 경우 $r=\pm1$이다.

35 계수형 샘플링검사 절차 – 제1부 : 로트별 합격품질한계(AQL) 지표형 샘플링검사 방식(KS Q IOS 2859–1)에서 검사수준에 관한 설명 중 틀린 것은?

① 검사수준은 소관권한자가 결정한다.
② 상대적인 검사량을 결정하는 것이다.
③ 통상적으로 검사수준은 Ⅱ를 사용한다.
④ 수준 Ⅰ은 큰 판별력이 필요한 경우에 사용한다.

해설 판별력을 높이려면 검사개수 n이 큰 일반검사수준 Ⅲ를 사용한다.

 정답 30.④ 31.① 32.② 33.③ 34.① 35.④

36 모표준편차를 모르는 경우 $H_0 : \mu \geq \mu_0$, $H_1 : \mu < \mu_0$의 검정에 있어서 귀무가설이 기각되는 경우 모평균의 신뢰한계를 추정하는 식은?

① $\bar{x}+t_{1-\alpha/2}(\nu)\frac{s}{\sqrt{n}}$

② $\bar{x}+t_{1-\alpha}(\nu)\frac{s}{\sqrt{n}}$

③ $\bar{x}-t_{1-\alpha/2}(\nu)\frac{s}{\sqrt{n}}$

④ $\bar{x}-t_{1-\alpha}(\nu)\frac{s}{\sqrt{n}}$

해설 $H_1 : \mu<\mu_0$가 입증되었으므로 μ가 임의의 신뢰한계값보다 작거나 같을 확률이 $1-\alpha$가 되도록 추정하므로 신뢰한계값은 신뢰상한값 μ_U가 된다.

$$\mu_U=\bar{x}+t_{1-\alpha}(\nu)\frac{s}{\sqrt{n}}$$

37 샘플링 오차에 대한 검토 시 측정치의 분포에 주목하여 통계적인 방법으로 어떠한 조치를 취하여야 되겠는가를 모색해야 한다. 이때 오차의 검토순서로 가장 타당한 것은?

① 정밀성(precision) → 정확성(accuracy) → 신뢰성(reliability)
② 신뢰성(reliability) → 정밀성(precision) → 정확성(accuracy)
③ 정확성(accuracy) → 신뢰성(reliability) → 정밀성(precision)
④ 정확성(accuracy) → 정밀성(precision) → 신뢰성(reliability)

해설 ※ 신뢰성이 보장되지 않는 경우 정밀도는 의미가 없고, 정밀도가 보장되지 않는 경우 정확도는 의미가 없다.

38 $\bar{x}-R$ 관리도에서 관리계수(C_f)가 1.33이라면 해당 공정에 대한 판단은?

① 군내변동이 작다.
② 군내변동이 크다.
③ 군간변동이 크다.
④ 대체로 관리상태이다.

해설
$$C_f=\frac{\sigma_{\bar{x}}}{\sigma_w}$$
㉠ $C_f>1.2$: 군간변동이 크다.
㉡ $0.8<C_f<1.2$: 대체로 관리상태
㉢ $C_f<0.8$: 군 구분의 잘못

39 어떤 기계로 만들어지는 샤프트의 직경은 평균치 3.000cm, 표준편차 0.010cm의 정규분포를 한다. 이 직경의 규격을 3.0±0.01cm로 하면, 부적합품률은?

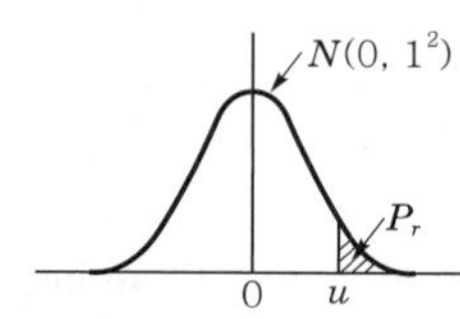

u	Pr
0.0	0.5000
0.5	0.3085
1.0	0.1587
1.5	0.0668
2.0	0.0228

① 0.1587%
② 0.3174%
③ 15.87%
④ 31.74%

해설 $P(x \geq S_U)+P(x \leq S_L)$
$$=P\left(u \geq \frac{3.01-3.00}{0.01}\right)+P\left(u<\frac{2.99-3.00}{0.01}\right)$$
$$=P(u \geq 1)+P(u \leq -1)$$
$$=0.1587+0.1587$$
$$=0.3174$$

40 추정에 관한 설명으로 틀린 것은?

① 통계량 $\bar{x}$의 기대치는 모평균 μ와 일치하는 것으로서 $\bar{x}$를 모평균의 불편 추정량이라 한다.
② 모평균을 구간 추정하였을 경우 모평균의 참값이 그 구간 내에 존재하게 되는 확률을 위험률이라 한다.
③ 유한모집단으로부터 샘플 평균 $\bar{x}$의 표준편차는 무한모집단인 경우에 비해 $\sqrt{\frac{N-n}{N-1}}$ 배가 된다.
④ 통계량은 불편성(unbiasedness), 유효성(efficiency), 일치성(consistency)을 갖추고 있어야 한다.

해설 ② 위험률 → 신뢰율

정답 36.② 37.② 38.③ 39.④ 40.②

제3과목 생산시스템

41 PERT에서 어떤 활동의 3점 시간견적 결과 (4, 9, 10)을 얻었다. 이 활동시간의 기대치와 분산은 각각 얼마인가?

① 23/3, 1　② 23/3, 5/3
③ 25/3, 1　④ 25/3, 5/3

해설
- $t_e = \frac{t_o + 4t_m + t_p}{6} = \frac{4+4\times9+10}{6} = \frac{25}{3}$
- $\sigma^2 = \left(\frac{t_p - t_o}{6}\right)^2 = \left(\frac{10-4}{6}\right)^2 = 1$

42 다음의 MRP(Material Requirements Planning) 특징으로 맞는 것을 모두 선택한 것은?

> ㉠ MRP의 입력요소는 BOM(Bill Of Material), MPS (Master Production Scheduling), 재고기록철 (Inventory record file)이다.
> ㉡ 소요량 개념에 입각한 종속수요품의 재고관리방식이다.
> ㉢ 종속수요품 각각에 대하여 수요예측을 별도로 할 필요가 없다.
> ㉣ 상황변화(수요·공급·생산능력의 변화 등)에 따른 생산일정 및 자재계획의 변경이 용이하다.
> ㉤ 상위 품목의 생산계획에 따라 부품의 소요량과 발주시기를 계산한다.

① ㉡, ㉢, ㉣, ㉤
② ㉠, ㉡, ㉢, ㉤
③ ㉠, ㉡, ㉢, ㉣, ㉤
④ ㉠, ㉡, ㉣, ㉤

해설 모든 항목이 MRP를 설명하고 있다.

43 JIT 시스템에서 소로트화의 특징이 아닌 것은?

① 검사비용을 줄일 수 있다.
② 시장수요의 적절한 대응이 어렵다.
③ 소로트화는 생산리드타임을 감소시킨다.
④ 소로트화는 공장의 작업부하를 균일하게 한다.

해설 소로트화란 회차당 생산량을 가능한 한 최소화시키는 평준화 생산방식이다.

44 고객의 요구를 효율적으로 충족시키기 위해 공급자, 생산자, 유통업자 등 관련된 모든 단계의 정보와 자재의 흐름을 계획, 설계 및 통제하는 관리기법은?

① SCM　② ERP
③ MES　④ CRM

해설 SCM(공급망관리)이란 기업의 생산, 유통 등 모든 공급망 단계를 효율적으로 최적화하여 고객서비스 수준을 만족시키면서 시스템 전체 비용을 최소화시키는 접근방법이다.

45 목표생산주기시간(사이클타임)을 구하는 공식으로 맞는 것은? (단, Σt_i는 총작업소요시간, Q는 목표생산량, α는 부적합품률, y는 라인의 여유율이다.)

① $\frac{\Sigma t_i}{Q(1-y)(1-\alpha)}$

② $\frac{\Sigma t_i(1-y)}{Q(1-\alpha)}$

③ $\frac{\Sigma t_i(1-y)(1-\alpha)}{Q}$

④ $\frac{\Sigma t_i(1-\alpha)}{Q(1-y)}$

해설 $P_t = \frac{T(1-y)(1-\alpha)}{N}$ 이므로,

$P_t = \frac{\Sigma t_i(1-y)(1-\alpha)}{Q}$

46 소모품과 같이 종류가 많고 비교적 중요하지 않은 값싼 것에 대해서는 납품업자 1개사를 지정하여 그 업자에게 모든 것을 맡겨 전문적으로 납품시키는 구매계약방법은?

① 위탁구매방식
② 수의계약
③ 지명경쟁계약
④ 연대구매방식

해설 ※ 수의계약(negotiated contract) : 경매나 입찰 등의 경쟁계약이 아니라 적당한 상태를 임의로 선택하여 계약을 하는 방식으로, 대행기관의 선정 시 경쟁계약이 있는 위탁구매와는 다르다. 위탁구매는 전문성이나 정보부족을 보완하거나 대행기관의 신용을 이용하는 것이 유리한 경우 이루어진다.

 정답 41.③ 42.③ 43.② 44.① 45.③ 46.①

47 A, B, C, D 4개의 작업은 모두 공정 1을 먼저 거친 다음에 공정 2를 거친다. 작업량이 적은 순으로 작업순위를 결정한다면 최종 작업이 공정 2에서 완료되는 시간은?

작업	공정시간(단위 : 일)	
	공정 1	공정 2
A	4	6
B	5	7
C	8	3
D	6	3

① 29일 ② 30일
③ 31일 ④ 32일

해설 작업량이 적은 순으로 작업순위를 정하면 D→A→C→B 순이 되므로 공정 1은 23일에서 끝나지만, 공정 2는 11일의 유휴시간이 발생하므로 30일에 작업이 완료된다. 따라서 최종 작업 B가 완료되는 시간은 30일이다.

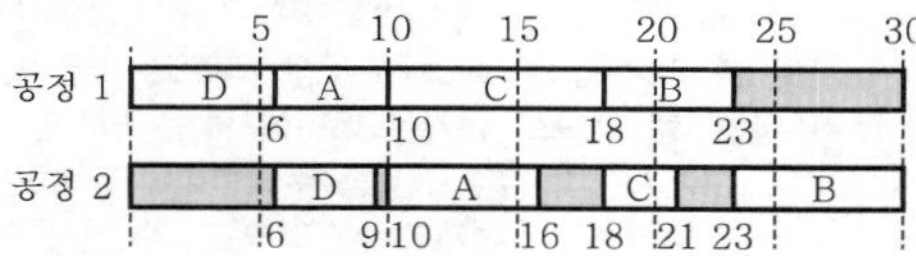

• 공정 1의 유휴율$=\frac{7}{30}\times 100=23.3\%$

• 공정 2의 유휴율$=\frac{11}{30}\times 100=36.7\%$

48 가중이동평균법에서 최근 자료에 높은 가중치를 부여하는 가장 큰 이유는?

① 매개변수 파악을 위하여
② 시간적 간격을 좁히기 위하여
③ 재고의 정확성을 높이기 위하여
④ 수요변화에 신속 대응하기 위하여

해설 가중이동평균법은 수요변화에 효과적으로 대응하려는 이동평균법으로, 최근 수요에 높은 가중치를 부여해야 예측의 정확성이 높아진다.

49 다음과 같은 제품을 생산하는 데 적합한 배치방식은 무엇인가?

발전소, 댐, 조선, 대형 비행기, 우주선, 로켓

① 공정별 배치 ② 제품별 배치
③ 위치고정형 배치 ④ 혼합형 배치

해설 Project 생산방식은 위치고정형 배치가 사용된다.

50 지수평활계수(α)에 대한 설명으로 맞는 것은?

① 초기에 설정한 α값은 변경할 수 없다.
② α값은 -1 이상, 1 이하인 실수값으로 결정한다.
③ 수요의 추세가 안정적인 경우에는 α값을 크게 한다.
④ α가 큰 경우는 최근의 실제 수요에 보다 큰 비중을 둔다.

해설 수요가 안정적이면 $0.01<\alpha<0.3$에서 결정하고, 수요 변화가 심한 경우 α에 큰 값을 부여하여 실적치에 비중을 둔다.

51 고정비(F), 변동비(V), 개당 판매가격(P), 생산량(Q)이 주어졌을 때 손익분기점을 산출하는 식은?

① $\dfrac{F}{\dfrac{V}{PQ}}$ ② $\dfrac{F}{1-\dfrac{V}{PQ}}$

③ $\left(1-\dfrac{V}{PQ}\right)-F$ ④ $1-\dfrac{\left(\dfrac{F}{V}\right)}{PQ}$

해설 $BEP=\dfrac{\text{고정비}}{\text{한계이익률}}=\dfrac{\text{고정비}}{1-\text{변동비율}}$
$=\dfrac{F}{1-\dfrac{V}{S}}=\dfrac{F}{1-\dfrac{V}{PQ}}$

52 단일설비 일정계획에서 작업시간이 가장 짧은 작업부터 우선적으로 처리하는 작업순위규칙은?

① EDD(Earliest Due Date)
② SPT(Shortest Processing Time)
③ FCFS(First Come First Serviced)
④ PTS(Predetermined Time Standard)

해설 SPT는 최단시간법(최소처리시간 우선법)으로, 평균진행시간을 최소화하는 방법이다.
① EDD : 최소납기일 우선법
③ FCFS : 선입선출법
④ PTS : 기정시간표준법(시간연구에 사용되는 방법)

정답 47.② 48.④ 49.③ 50.④ 51.② 52.②

53 다음 중 설비배치의 형태에 영향을 주는 요인이 아닌 것은?

① 품목별 생산량
② 운반설비의 종류
③ 생산품목의 종류
④ 표준시간의 설정방법

해설 ④항은 작업관리의 시간연구방법이다.

54 어느 프레스 공장에서 프레스 10대의 가동상태가 정지율 25%로 추정되고 있다. 이때 워크샘플링법에 의해서 신뢰도 95%, 상대오차 ±10%로 조사하고자 할 때 샘플의 크기는 약 몇 회인가? (단, $u_{0.025}=196$, $u_{0.05}=1.645$이다.)

① 72회 ② 96회
③ 1153회 ④ 1536회

해설 $sp=1.96\sqrt{\frac{p(1-p)}{n}}$ 에서,

㉠ $n=\frac{1.96^2p(1-p)}{(sp)^2}$: 절대오차(sp)가 주어지는 경우

㉡ $n=\frac{4(1-p)}{s^2p}$: 상대오차(s)가 주어지는 경우

따라서, $n=\frac{1.96^2(1-0.25)}{0.1^2\times0.25}=1152.48 \doteqdot 1153$회

55 재품 생산 시 발생되는 데이터를 실시간으로 수집하고 조회하며, 이들 정보를 통하여 생산 통제를 하는 1차 기능과 분석 및 평가를 통한 생산성 향상을 기할 수 있는 시스템은?

① POP(Point Of Production)
② POQ(Period Order Quantity)
③ BPR(Business Process Reengineering)
④ DPR(Distribution Requirements Planning)

해설 POP 시스템이란 프로세스의 생산과정에서 기계, 설비, 작업자 작업 등으로부터 시시각각 발생하는 생산정보를 실시간으로 직접 수집(빅데이터의 수집)·처리하여 현장 관리자에게 제공하는 시스템을 말한다.
또한 POP에서 제공하는 생산정보시스템을 총괄하는 현장시스템을 MES(Manufacturing Execution System)라고 하는데 생산환경의 실시간 모니터링, 제어, 물류 및 작업내역 추적 관리, 상태파악, 불량관리 등에 초점을 맞춘 시스템이다.

56 다음 중 고정주문량 모형의 특징을 설명한 것으로 맞는 것은?

① 주문량은 물론 주문과 주문 사이의 주기도 일정하다.
② 최대재고수준은 조달기간 동안의 수요량 변동 때문에 언제나 일정한 것은 아니다.
③ 재고수준이 재주문점에 도달하면 주문하기 때문에 재고수준을 계속 실사할 필요는 없다.
④ 하나의 공급자로부터 상이한 수많은 품목을 구입하는 경우에 수량 할인을 받기 위해 적용하면 유리하다.

해설
- 정량발주형(고정주문량 모형) : Q system은 재고가 일정수준(발주점)에 이르면 일정량을 발주하는 형태로, 계속적 실사로 조달기간 중 수요변화에 대비하는 안전재고 방식이다. 또한, 재고가 발주점에 이르러야 발주하므로 발주주기는 부정기적이고, 재고의 성격은 활동재고로 수요가 계속적이고 수요변화가 적은 B · C급품에 적용된다.
- 정기발주형 : P system은 정기적으로 부정량을 발주하는 시스템으로 정기적으로 실사하는 방식을 채택한다. 조달기간 및 발주기간 중 수요변화에 대비하는 안전재고 방식으로 안전재고 수준이 높고, 수요변동이 큰 물품이나 A급 품목에 적용된다.

57 다음은 자주보전 7가지 단계의 내용이다. 순서를 맞게 나열한 것은?

㉠ 생활화
㉡ 총점검
㉢ 초기청소
㉣ 자주점검
㉤ 정리·정돈
㉥ 발생원·곤란개소 대책
㉦ 청소·점검·급유 가기준의 작성

① ㉢ → ㉥ → ㉦ → ㉡ → ㉣ → ㉤ → ㉠
② ㉢ → ㉥ → ㉦ → ㉣ → ㉤ → ㉡ → ㉠
③ ㉦ → ㉢ → ㉥ → ㉡ → ㉣ → ㉤ → ㉠
④ ㉦ → ㉢ → ㉥ → ㉣ → ㉤ → ㉡ → ㉠

해설 초기청소(1단계) → 총점검(4단계) → 정리·정돈(6단계) → 생활화(7단계)
※ 1·2·3단계는 설비 결함을 발견하는 단계,
4·5단계는 설비의 구조를 파악하는 단계,
6단계는 유지관리 시스템화 단계,
7단계는 설비개선을 꾀하는 자주관리 단계이다.

 정답 53.④ 54.③ 55.① 56.② 57.①

58 동작경제의 원칙 중 "공구의 기능을 결합하여 사용하도록 한다"는 원칙은?

① 신체의 사용에 관한 원칙
② 작업장의 배치에 관한 원칙
③ 작업범위의 선정에 관한 원칙
④ 공구 및 설비의 디자인에 관한 원칙

해설 공구·설비 설계에 관한 원칙이다.
※ 동작경제의 원칙
• 신체사용에 관한 원칙
• 작업장 배치에 관한 원칙
• 공구류·설비 설계에 관한 원칙

59 설비보전에 관한 공식 중 틀린 것은?

① $MTBF = \frac{\text{총가동시간}}{\text{총고장건수}}$

② $\text{시간가동률} = \frac{\text{가동시간}}{\text{부하시간}} \times 100$

③ $\text{속도가동률} = \frac{\text{기준 사이클타임}}{\text{실제 사이클타임}} \times 100$

④ 설비조합효율 = 시간가동률 × 속도가동률 × 적합품류

해설 설비종합효율 = 시간가동률×성능가동률×양품률

이때, $\text{시간가동률} = \frac{\text{부하시간} - \text{정지시간}}{\text{부하시간}}$

성능가동률 = 실질가동률×속도가동률

$= \frac{\text{생산량} \times \text{기준C/T}}{\text{가동시간}}$

$\text{양품률} = \frac{\text{가공수량} - \text{불량수량}}{\text{가공수량}}$

60 인간이 행하는 손동작을 17가지 내지 18가지의 기본적인 동작으로 구분하고, 작업자의 수동작을 분석하여 작업자의 작업동작을 개선하기 위한 동작분석방법은?

① 서블릭분석 ② 공정분석
③ 메모모션분석 ④ 작업분석

해설 메모모션분석(memo-motion study)이란 작업을 매우 저속으로 촬영하여 작업자의 동작분석, 작업자와 설비의 가동상태 분석, 운반·유통, 경로 분석 등을 행하는 미세동작연구로서, 보통 촬영속도로 촬영하는 반복작업의 수작업 분석인 micro-motion study와는 차이가 있다.

제4과목 신뢰성 관리

61 제품의 신뢰성은 고유신뢰성과 사용신뢰성으로 구분된다. 사용신뢰성의 증대방법에 속하는 것은?

① 고(高) 신뢰도 부품을 사용한다.
② 기기나 시스템에 대한 사용자 매뉴얼을 작성·배포한다.
③ 부품의 전기적, 기계적, 열적 및 기타 작동조건을 경감한다.
④ 부품 고장의 영향을 감소시키는 구조적 설계방안을 강구한다.

해설 ①, ③, ④항은 고유신뢰도 증대방법이다.

62 수명분포가 지수분포를 따르는 경우에 관한 설명 중 틀린 것은?

① 단위시간당의 고장개수는 이항분포를 따른다.
② 고장률은 평균수명에 대해 역의 관계가 성립한다.
③ t시간을 사용한 뒤에도 작동되고 있다면 고장률은 처음과 같이 일정하다.
④ 시스템의 사용시간이 경과한 뒤에도 측정하는 관심 모수의 값은 변하지 않는다.

해설 단위시간당 고장개수는 푸아송분포를 따른다.

$$P(r) = \frac{e^{-\lambda nt}(\lambda nt)^r}{r!}$$

※ 지수분포는 평균과 분산이 동일한 수명분포로 고장률 함수 $\lambda(t) = \lambda$로 일정한 비기억성 분포이다.

$$f(t) = \lambda e^{-\lambda t} = \frac{1}{MTBF} e^{-\frac{t}{MTBF}}$$

63 동일한 부품 2개의 직렬체계에서 리던던시 부품 2개를 추가할 때 가장 신뢰도가 높은 구조는?

① 체계를 병렬 중복
② 부품 수준에서 병렬 중복
③ 첫째 부품을 3중 병렬 중복
④ 둘째 부품을 3중 병렬 중복

해설 시스템을 중복시키는 것보다 부품을 병렬 중복시킬 때 신뢰도가 가장 높아진다.

정답 58.④ 59.④ 60.① 61.② 62.① 63.②

64 다음 표는 고장평점법의 고장등급에 따른 고장구분, 판단기준 및 대책을 나타낸 것이다. 내용이 틀린 등급은?

등급	고장구분	판단기준	대책
Ⅰ	치명고장	임무수행 불능, 인명손실	설계변경 필요
Ⅱ	중대고장	임무의 중한 부분 미달성	설계 재검토가 필요
Ⅲ	경미고장	임무의 일부 미달성	설계변경은 불필요
Ⅳ	미소고장	일부 임무가 지연	설계변경은 불필요

① Ⅰ　② Ⅱ
③ Ⅲ　④ Ⅳ

해설 미소고장 – 영향이 전혀 없음 – 설계변경 전혀 불필요

65 신뢰도가 0.95인 부품이 직렬로 결합되어 시스템을 구성한다면, 시스템의 목표신뢰도 0.90을 만족시키기 위한 부품의 수는?

① 2개　② 3개
③ 4개　④ 5개

해설 $R_S = R_i^n$

$$n = \frac{\ln R_S}{\ln R_i} = \frac{\ln 0.9}{\ln 0.95} = 2.05\text{개}$$

66 20개의 동일한 설비를 6개가 고장이 날 때까지 시험을 하고 시험을 중단하였다. 시험 결과 6개 설비의 고장시간은 각각 56, 65, 74, 99, 105, 115시간째이었다. 이 제품의 수명이 지수분포를 따르는 것으로 가정하고, 평균수명에 대한 90% 신뢰구간 추정 시 하측 신뢰한계값을 구하면 약 얼마인가? (단, $\chi^2_{0.95}(12)=21.03$, $\chi^2_{0.95}(14)=23.68$, $\chi^2_{0.975}(12)=23.34$, $\chi^2_{0.975}(14)=23.12$이다.)

① 101　② 179
③ 182　④ 202

해설 $$\hat{\theta}_L = \frac{2T}{\chi^2_{0.95}(2r)} = \frac{2\times 6\times 354}{23.68} = 179.39\text{hr}$$

이때, $$\hat{\theta} = \frac{\sum t_i + (n-r)t_r}{r} = \frac{514 + 14\times 115}{6} = 354\text{hr}$$

67 각 부품의 신뢰도가 R로 일정한 2 out of 4 시스템의 신뢰도는?

① $2R - R^2$
② $6R^2 - 8R^3 + 3R^4$
③ $2R^2(1+R+2R^2)$
④ $6R^2(1-2R+R^2)$

해설 $$R_S = \sum_{i=2}^{4} {}_4C_i R^i (1-R)^{4-i}$$
$$= {}_4C_2 R^2(1-R)^2 + {}_4C_3 R^3(1-R)^1 + {}_4C_4 R^4(1-R)^0$$
$$= 6R^2(1-R)^2 + 4R^3(1-R) + R^4$$
$$= 6R^2 - 8R^3 + 3R^4$$

68 샘플 수가 35개, t시간까지의 누적고장개수가 22개일 때, 신뢰도 $R(t)$를 평균순위법을 이용하여 구하면 약 얼마인가?

① 0.3267　② 0.3447
③ 0.3667　④ 0.3889

해설 $$R(t) = \frac{n-i+1}{n+1} = \frac{35-22+1}{35+1} = 0.38889$$

69 Y부품의 고장률이 0.5×10^{-5}/시간이다. 하루 24시간씩 1년간 작동한다고 할 때, 이 부품이 1년 이상 작동할 확률을 구하면 약 얼마인가? (단, 1년간 작동일수는 360일이고, 부품은 지수분포를 따른다.)

① 0.3686　② 0.6321
③ 0.9577　④ 0.9988

해설 $$R(t=8640) = e^{-0.5\times 10^{-5}\times 8640} = 0.95772$$

70 고장시간이 지수분포를 따르고, 평균수명이 100시간인 2개의 부품이 병렬결합모델로 구성되어 있을 때 150시간에서의 신뢰도는 약 얼마인가?

① 0.3965
② 0.4868
③ 0.5117
④ 0.6313

해설 $$R_S(t=150) = 1 - \left(1 - e^{-\frac{150}{100}}\right)^2 = 0.39647$$

 정답 64.④ 65.① 66.② 67.② 68.④ 69.③ 70.①

71 다음 중 와이블(Weibull) 확률지에 관한 설명으로 맞는 것은?

① 관측 중단 데이터가 있으면 사용할 수 없다.
② 분포의 모수를 확률지로부터 추정할 수 있다.
③ 와이블분포는 타점 후 반드시 원점을 지나는 직선이 나오게 된다.
④ $H(t)$를 누적고장률함수라고 할 때, $H(t)$가 t의 선형함수임을 이용한 것이다.

해설 ① 와이블 확률지는 관측 중단 데이터도 확률 계산에 사용한다.
② 확률지에 의해 분포의 모수인 형상모수 m과 척도모수 η를 추정한다.
③ 반드시 원점을 지나는 것은 아니다.
④ 지수분포를 따르는 확률지로 누적고장률법에 관한 설명이다.

72 부하-강도 모형(stress-strenght model)에서 고장이 발생한 경우에 관한 설명으로 틀린 것은?

① 고장의 발생확률은 불신뢰도와 같다.
② 안전계수가 작을수록 고장이 증가한다.
③ 부하보다 강도가 크면 고장이 증가한다.
④ 불신뢰도는 부하가 강도보다 클 확률이다.

해설 ③ 부하가 강도보다 크면 고장확률이 높아진다.
※ 안전계수(m)

$$m = \frac{\mu_y - n_y \sigma_y}{\mu_x + n_x \sigma_x}$$

(단, x : 부하, y : 강도이다.)

73 고장밀도함수가 지수분포를 따를 때, MTBF 시점에서 신뢰도의 값은?

① e^{-1}
② e^{-2t}
③ e^{-3t}
④ $e^{-\lambda t}$

해설

$$R(t = MTBF) = e^{-\frac{MTBF}{MTBF}} = e^{-1} = 0.37$$

74 보전도 $M(t)$가 지수분포를 따르면 $M(t) = 1 - e^{-\mu t}$가 된다. 그렇다면 $\frac{1}{\mu}$는 무엇을 의미하는가?

① MTTR
② MTBF
③ MTTF
④ MTTFF

해설

$$M(t) = 1 - e^{-\mu t} = 1 - e^{-\frac{t}{MTTR}}$$

75 정상전압 220V의 콘덴서 10개를 가속전압 260V에서 3개가 고장 날 때까지 가속수명시험을 하였더니 63, 112, 280시간에 각각 1개씩 고장 났다. 가속계수 값이 2.31인 경우 α(알파)승법칙을 사용하여 정상전압에서의 평균수명시간을 구하면 약 얼마인가?

① 557.87
② 1610.56
③ 1859.55
④ 3679.55

해설

$$\theta_n = \left(\frac{V_s}{V_n}\right)^{\alpha} \theta_s = 2.31 \times \frac{(63+112+280)+7\times 280}{3} = 1859.55$$

76 어느 가정의 연말 크리스마스트리가 50개의 전구로 구성되어 있다. 이 트리를 점등 후 연속 사용할 때, 1000시간까지 고장 난 개수가 30개이다. 이때 1000시간까지 전구의 신뢰도는?

① 0.3
② 0.2
③ 0.4
④ 0.5

해설 선험법으로 계산하면,

$$R(t) = \frac{n(t)}{N} = \frac{20}{50} = 0.4$$

정답 71.② 72.③ 73.① 74.① 75.③ 76.③

77 FTA 작성 시 모든 입력사상이 고장 날 경우에만 상위 사상이 발생하는 것은?

① 기본사상
② OR 게이트
③ 제약게이트
④ AND 게이트

해설
• AND 게이트 : $F_{\text{Top}} = \Pi F_i$
• OR 게이트 : $F_{\text{Top}} = 1 - \Pi(1 - F_i)$

78 Y기계의 평균고장률은 0.0125/시간이고, 고장 시 평균수리시간은 20시간이다. 이때, 이 기계의 가용도(Availability)는? (단, 고장시간과 수리시간은 지수분포를 따른다.)

① 0.6　　② 0.7
③ 0.8　　④ 0.9

해설
$$MTBF = \frac{1}{0.0125} = 80$$
$$\therefore A = \frac{MTBF}{MTBF + MTTR} = \frac{80}{80+20} = 0.8$$

79 신뢰성 샘플링검사에서 MTBF와 같은 수명 데이터를 기초로 로트의 합부판정을 결정하는 것은?

① 계수형 샘플링검사
② 층별형 샘플링검사
③ 선별형 샘플링검사
④ 계량형 샘플링검사

해설 ※ 계수형 샘플링검사는 고장률 λ_0, λ_1을 기초로 설계한다.

80 시스템의 수명곡선이 욕조곡선(bath-tub curve)을 따를 때, 우발고장기간의 고장률에 해당하는 것은?

① AFR(Average Failure Rate)
② CFR(constant Failure Rate)
③ IFR(Increasing Failure Rate)
④ DFR(Decreasing Failure Rate)

해설
• 초기고장기 : DFR(감소형)
• 우발고장기 : CFR(일정형)
• 마모고장기 : IFR(증가형)

제5과목 품질경영

81 품질 코스트의 집계 단계에서 수행하는 업무가 아닌 것은?

① 책임부문별로 할당
② 품질코스트를 총괄
③ 보조 품목부품별로 할당
④ 프로젝트(project) 해석을 위한 집계

해설 품질 코스트 집계의 5단계
• 품질 코스트의 총괄
• 책임부문별로 할당
• 주요 제품별로 할당
• 주요 공정별로 할당
• Project 해석을 위한 집계

82 파라슈라만(Parasuraman) 등이 제시한 SERVQUAL 모델에 대한 설명으로 틀린 것은?

① "광고만 번지르르하고 호텔에 가 보면 별거 아니다"라는 유형성(tangibles)의 예라 할 수 있다.
② 고객에 신속하고 즉각적인 서비스를 제공하려는 의지는 신뢰성(relability)에 해당한다.
③ 확신성(assurance)은 능력(competence), 예의(courtesy), 안전성(security), 진실성(credibility)을 묶은 것이다.
④ 공감성(empathy)은 접근성(access), 의사소통(communication), 고객이해(understanding)를 묶은 것이다.

해설 ②항은 대응성(responsiveness)이다.
※ SERVQUAL 모형의 5가지 품질특성은 신뢰성(reliability), 확신성(assurance), 유형성(tangibles), 공감성(empathy), 대응성(responsiveness)이다.

83 국가 규격의 연결이 잘못된 것은?

① NF – 독일　　② GB – 중국
③ BS – 영국　　④ ANSI – 미국

해설
• 독일 – DIN
• 프랑스 – NF

정답 77.④ 78.③ 79.④ 80.② 81.③ 82.② 83.①

84 연구개발, 산업생산, 시험검사 현장 등에서 측정한 결과가 명시된 불확정 정도의 범위 내에서 국가측정표준 또는 국제측정표준과 일치되도록 연속적으로 비교하고 교정하는 체계를 의미하는 용어는?

① 소급성 ② 교정
③ 공차 ④ 계량

해설 소급성(traceability)
국제적 표준소급 체계를 담당하는 기관으로는 국제도량위원회(CIPM)가 있다. 측정기 교정을 위하여는 측정소급성 체계를 확립시켜야 하며, 측정소급성을 유지하기 위해서는 계측기 및 표준기에 대한 주기적인 검교정을 필요로 한다.

85 기업 입장에서 제품책임과 관련한 소송이 발생하였을 경우 이에 대한 대책(PLD)으로 거리가 먼 것은?

① 수리 및 리콜 등을 행한다.
② PL법에 관련된 보험에 가입한다.
③ 안전기준치보다 더 엄격한 설계를 한다.
④ 초기에 대처할 수 있게 전 종업원들을 훈련한다.

해설 • PLD : 제품책임방어
• PLP : 제품책임예방

86 품질보증의 의의로 가장 적합한 것은?

① 품질이 규격한계에 있는지 조사하는 것이다.
② 품질특성을 조사하여 합·부 판정을 내리는 것이다.
③ 품질이 고객의 요구수준에 있음을 보증하는 것이다.
④ 검사를 중심으로 안정된 품질을 확보하는 것이다.

해설 제품 또는 서비스가 품질요건을 만족시킬 것이라는 적절한 신뢰감을 주는 데 필요한 계획적이고 체계적인 모든 활동을 품질보증(QA)이라고 한다.
※ ②항은 검사(inspection)이다.

87 도수분포표를 작성할 때 일반적으로 계급의 수를 결정하는 방법이 아닌 것은? (단, n은 데이터의 수이고, 최소 100개 이상인 경우이다.)

① $\sqrt{n}$ ② $2\times n^{1/4}$
③ $1+\log_2 n$ ④ 경험적 방법

해설 도수분포표 작성 시 급의 수(k)를 결정하는 가장 일반적인 방법은 $n=2^{k-1}$의 관계를 이상적으로 보는 sturges 방식으로 다음과 같다.

$$k=\frac{\log n}{\log 2}+1=\log_2 n+1$$

88 최초의 시점에서는 최종 결과까지의 행방을 충분히 짐작할 수 없는 문제에 대하여, 그 진보과정에서 얻어지는 정보에 따라 차례로 시행되는 계획의 정도를 높여 적절한 판단을 내림으로써 사태를 바람직한 방향으로 이끌어가거나 중대사태를 회피하는 방책을 얻는 방법은?

① PDPC법
② 연관도법
③ 애로 다이어그램
④ 매트릭스데이터 해석법

해설 문제는 PDPC(Process Decision Program Chart)법의 설명이다.

89 측정기(계량기)의 측정오차 중 동일 측정조건하에서 같은 크기와 부호를 갖는 오차로서 측정기를 미리 검사·보정하여 측정값을 수정할 수 있는 계통오차(calibration error)에 해당하지 않는 것은?

① 과실오차 ② 계기오차
③ 이론오차 ④ 개인오차

해설 계통오차의 종류
• 계기오차
• 환경오차
• 이론오차
• 개인오차

90 기업이 조직의 구성원들에게 품질에 관한 사고를 지니도록 유도하는 조직론적 방법 중 하나로서 동일한 직장에서 품질경영활동을 자주적으로 하는 활동은?

① 개선제안 ② 품질분임조
③ 방침관리 ④ 태스크포스팀

해설 품질분임조 주제선정의 원칙
• 자신에게 가깝고 비근한 문제의 선정
• 공통적인 문제의 선정
• 단기간에 해결 가능한 문제의 선정
• 개선의 필요성이 있는 문제의 선정

정답 84.① 85.③ 86.③ 87.② 88.① 89.① 90.②

91 다음 중 표준화의 원리에 대한 설명으로 적절하지 않은 것은?

① 표준화란 단순화의 행위이다.
② 표준은 실시하지 않으면 가치가 없다.
③ 표준의 제정은 전체적인 합의에 따라야 한다.
④ 국가규격의 법적 강제의 필요성은 고려하지 않는다.

해설 ④ 국가규격의 법적 강제의 필요성에 대해서는 그 규격의 성질, 그 사회의 공업화 정도 및 시행되고 있는 법률이나 정세 등에 유의하면서 신중히 고려하여야 한다.

92 모티베이션 운동은 그 추진내용 면에서 볼 때 동기부여형과 불량예방형으로 나눌 수 있다. 동기부여형의 활동에 해당되지 않는 것은?

① 고의적인 오류의 억제
② 품질의식을 높이기 위한 모티베이션 앙양(昻揚) 교육
③ 우수한 작업자의 기술습득 및 기술개선을 위한 교육훈련을 실시
④ 관리자 책임의 불량이라는 관점에서 작업자의 개선행위를 추구

해설 동기부여란 구성원 스스로가 자발적으로 품질개선의 의욕을 불러일으키는 과정 또는 작용이므로, ④항은 동기부여형이 아닌 불량예방형 활동이다.

93 게하니(Gehani) 교수가 구상한 품질가치사슬 구조로 볼 때 최고 정점에 있다고 본 전략종합품질에 대한 품질선구자의 사상에 해당하는 것은?

① 고객만족품질과 시장품질
② 설계종합품질과 원가종합품질
③ 전사적 종합품질과 예방종합품질
④ 시장창조종합품질과 시장경쟁종합품질

해설 품질가치사슬은 기본적인 부가가치활동을 전개하는 테일러의 검사품질, 데밍의 공정관리 종합품질과 이시가와의 예방품질을 하층 기반으로 하여, 중심부는 설계종합품질과 원가종합품질로 구성된 '경영종합품질'을 지목하고, 상층부는 시장창조 종합품질과 시장경쟁 종합품질을 기초로 하는 '전략적 종합품질'의 제시를 통하여 고객만족품질을 이룩하려는 데 있다.

94 품질비용의 분류에서 예방비용에 해당되는 것은?

① 클레임비용 ② 품질관리 교육비용
③ 공정검사비용 ④ 설계변경 유실비용

해설 부적합을 사전에 방지하기 위한 비용을 예방비용(P-cost)이라고 하며, 품질수준 유지를 위한 평가비용(A-cost)과 함께 적합비용에 속한다. 또한 부적합비용에는 생산 후 손실비용인 실패비용(F-cost)이 있다.

95 품질경영시스템 – 요구사항(KS Q ISO 9001)에서 프로세스 접근법을 적용했을 때, 가능한 사항이 아닌 것은?

① 효과적인 프로세스 성과의 달성
② 요구사항 충족의 이해와 일관성
③ 가치부가 측면에서 프로세스의 고려
④ 수정이나 변경이 없는 품질경영시스템 구현

해설 ④ 데이터와 정보의 평가에 기반을 둔 프로세스의 개선

96 품질전략을 수립할 때 계획단계(전략의 형성단계)에서 SWOT 분석을 많이 활용하고 있다. 여기서 SWOT 분석 시 고려되는 항목이 아닌 것은?

① 근심(trouble)
② 약점(weakness)
③ 강점(strength)
④ 기회(opportunity)

해설 SWOT 분석은 SQM에서 전략 수립 시 경영현황을 직시하고 전략적 방향을 설정하는 데 사용하는 방법으로, Strength(강점), Weakness(약점), Opportunity(기회), Threats(위협)의 약자이다.

97 말콤 볼드리지상에 관한 설명으로 틀린 것은?

① 7가지의 평가요소로 분류하고 있다.
② 데밍상을 벤치마킹하여 제정한 것이다.
③ 기업경영 전체의 프로그램으로 전략에서 실행까지를 전개한다.
④ 품질향상을 위해 실천적인 "How to do"를 추구하는 프로세스 지향형이다.

해설 ④ MB상은 "What to do"를 추구하는 목표지향형이고, Deming상은 "How to do"를 추구하는 과정지향형이다.

 정답 91.④ 92.④ 93.④ 94.② 95.④ 96.① 97.④

98 **6시그마의 본질로 가장 거리가 먼 것은?**

① 기업경영의 새로운 패러다임
② 프로세스 평가·개선을 위한 과학적·통계적 방법
③ 검사를 강화하여 제품 품질수준을 6시그마에 맞춤
④ 고객만족 품질문화를 조성하기 위한 기업경영 철학이자 기업전략

해설 6σ는 설계나 개발과 같이 초기단계부터 결함을 예방하는 품질경영철학에 입각한 경영혁신운동으로, 검사가 아닌 예방의 원칙을 이용하여 공정능력을 확보함으로써, 6시그마 수준의 품질수준을 추구한다.

99 **어떤 제품의 규격이 8.3~8.5cm이다. $n=4$, $k=4$이고, $\overline{\overline{X}}=8.35$, $\overline{R}=0.05$일 때, 최소공정능력지수(C_{PK})는?** (단, $n=4$일 때, $d_2=2.059$이다.)

① 0.573 ② 0.686
③ 1.043 ④ 1.224

해설

$$C_{PK}=(1-k)C_P=C_P-kC_P=C_P-\frac{\text{bias}}{3\sigma}$$

$$=\frac{8.5-8.2}{6\times\left(\frac{0.05}{2.059}\right)}-\frac{|8.35-8.4|}{3\times\left(\frac{0.05}{2.059}\right)}=0.686$$

100 **사내표준화의 요건으로 사내표준의 작성대상은 기여비율이 큰 것으로부터 채택하여야 하는데, 공정이 현존하고 있는 경우 기여비율이 큰 것에 해당되지 않는 것은?**

① 통계적 수법 등을 활용하여 관리하고자 하는 대상인 경우
② 준비 교체작업, 로트 교체작업 등 작업의 변환점에 관한 경우
③ 현재에 실행하기 어려우나 선진국에서 활용하고 있는 기술인 경우
④ 새로운 정밀기기가 현장에 설치되어 새로운 공법으로 작업을 실시하게 된 경우

해설 사내표준의 대상은 공정변화에 대하여 기여비율이 큰 것부터 중점적으로 취급해 나가는 것이 효과적이며, 현재 적용되는 최적의 기술이나 상태를 기준으로 하기에 선진국에서 활용하는 적용이 불가한 기술은 실행 가능 시점에서 제정·개정한다.

정답 98.③ 99.② 100.③

2023 제1회 품질경영기사

제1과목 실험계획법

1 반복이 없는 3요인배치법(모수모형)의 분산분석결과 A, B, C, $A\times C$만 유의한 경우 3인자 수준조합에서 신뢰구간 추정 시 유효반복수를 구하는 식으로 옳은 것은? (단, 인자 A, B, C의 수준수는 각각 l, m, n이다.)

① $\dfrac{lmn}{l+mn-2}$　② $\dfrac{lmn}{lm+n-1}$

③ $\dfrac{lmn}{ln+m-1}$　④ $\dfrac{lmn}{ln+m-2}$

해설
$$n_e=\frac{\text{실험 총수}}{\text{유의한 요인의 자유도 합}+1}=\frac{lmn}{(l-1)+(m-1)+(n-1)+(l-1)(n-1)}=\frac{lmn}{ln+m-1}$$

2 로트 간 또는 로트 내의 산포, 기계 간의 산포, 작업자 간의 산포, 측정의 산포 등 여러 가지 샘플링 및 측정의 정도를 추정하여 샘플링 방식을 설계하거나 측정방법을 검토하기 위한 변량인자들에 대한 실험설계방법으로 가장 적합한 것은?

① 교락법　② 지분실험법

③ 라틴방격법　④ 요인배치법

해설 지분실험법(변량모형)
$$x_{ijkp}=\mu+a_i+b_{j(i)}+c_{k(ij)}+e_{p(ijk)}$$

3 단순회귀의 분산분석에서 잔차의 불편분산 $V_{y/x}$의 값은? (단, $y_i-\hat{y}_j$는 1차 회귀에 의한 잔차이다.)

① $\dfrac{\sum_{i=1}^{n}(y_i-\hat{y}_i)^2}{n-2}$　② $\dfrac{\sum_{i=1}^{n}(y_i-\hat{y}_i)^2}{n-1}$

③ $\sqrt{\dfrac{\sum_{i=1}^{n}(y_i-\hat{y}_i)^2}{n-2}}$　④ $\sqrt{\dfrac{\sum_{i=1}^{n}(y_i-\hat{y}_i)^2}{n-1}}$

해설
$$V_{y/x}=\frac{S_T-S_R}{\nu_T-\nu_R}=\frac{\sum_{i=1}^{n}(y_i-\hat{y}_i)^2}{n-2}$$
(단, $\nu_T=n-1$, $\nu_R=1$이다.)

※ $S_T=\Sigma(y_i-\bar{y})^2$, $S_R=\Sigma(\hat{y}_i-\bar{y})^2$

$S_{y/x}=\Sigma(y_i-\hat{y}_i)^2$, $S_T=S_R+S_{y/x}$

4 2^3형 교락법 실험에서 $A\times B$ 효과를 블록과 교락시키고 싶은 경우 실험을 어떻게 배치해야 하는가?

① 블록 1 : a, ab, ac, abc
　블록 2 : (1), b, c, bc

② 블록 1 : (1), ab, c, abc
　블록 2 : a, b, ac, bc

③ 블록 1 : (1), ab, ac, bc
　블록 2 : a, b, c, abc

④ 블록 1 : b, ab, bc, abc
　블록 2 : (1), a, c, ac

해설
$$A\times B=\frac{1}{4}(a-1)(b-1)(c+1)=\frac{1}{4}(ab+1+abc+c-ac-bc-a-b)$$

5 난괴법에 관한 설명으로 가장 거리가 먼 것은?

① 제곱합의 계산은 반복없는 2요인배치의 모수모형과 동일하다.

② 1인자는 모수이고 1인자는 변량인 반복이 없는 2요인배치 실험이다.

③ 인자 B가 변량인자이면, σ_B^2의 추정값을 구하는 것은 의미가 없다.

④ 인자 A가 모수인자, 인자 B가 변량인자이면 $\sum_{i=1}^{l}a_i=0$, $\sum_{j=1}^{m}b_j\neq 0$이다.

해설 모수인자는 평균의 해석이 의미가 있고, 변량인자는 산포의 해석이 의미가 있다.
$$\hat{\sigma}_B^2=\frac{V_B-V_e}{l}$$

정답 1.③ 2.② 3.① 4.② 5.③

6 동일한 기계에서 생산되는 제품을 5개 추출하여 그 중요 특성치를 측정하였더니 다음과 같았다. 이 특성치가 망소 특성인 경우에 SN(Signal to Noise)비는 약 얼마인가?

32 38 36 40 37

① −31.29dB ② −21.29dB
③ 21.29dB ④ 31.29dB

해설
$$SN = -10\log\left(\frac{1}{n}\Sigma y_i^2\right)$$
$$= -10\log\left(\frac{32^2+38^2+36^2+40^2+37^2}{5}\right)$$
$$= -31.29$$

7 2^3형 실험계획에서 $A\times B\times C$를 정의대비(defining contrast)로 정해 1/2 일부실시법을 행했을 때, 요인 A와 별명(alias) 관계가 되는 요인은?

① B ② $A\times B$
③ $A\times C$ ④ $B\times C$

해설 $A\times I = A\times(A\times B\times C)$
$= A^2\times B\times C = B\times C$

8 어떤 화학반응 실험에서 농도를 4수준으로 반복수가 일정하지 않은 실험을 하여 다음 [표]와 같은 결과를 얻었다. 분산분석 결과 S_e=2508.8이었을 때, $\mu(A_3)$의 95% 신뢰구간을 추정하면 약 얼마인가? (단, $t_{0.95}(15)=1.753$, $t_{0.975}(15)=2.131$이다.)

요인	A_1	A_2	A_3	A_4
m_i	5	6	5	3
$\bar{x}_{i\cdot}$	52	35.33	48.20	64.67

① $37.938 \le \mu(A_3) \le 58.472$
② $38.061 \le \mu(A_3) \le 58.339$
③ $35.555 \le \mu(A_3) \le 60.845$
④ $35.875 \le \mu(A_3) \le 60.525$

해설
$$\mu_{A_3} = \bar{x}_{A_3} \pm t_{1-\alpha/2}(\nu_e)\sqrt{\frac{V_e}{m_i}}$$
$$= 48.20 \pm 2.131\times\sqrt{\frac{2508.8/15}{5}}$$
$$= 35.875 \sim 60.525$$

9 기술적으로 의미가 있는 수준을 가지고 있으나 실험 후 최적수준을 선택하여 해석하는 것은 무의미하며, 제어요인과의 교호작용의 해석을 목적으로 채택하는 요인은?

① 표시요인
② 집단요인
③ 블록요인
④ 오차요인

해설 모수인자는 해석을 목적으로 채택한 제어인자와, 제어인자와의 교호작용을 해석하기 위해 채택한 표시인자가 있다.

10 2^4형 실험에서 1/2 반복만 실험하기 위해 일부실시법을 이용하였다. 그 결과 다음과 같은 [블록 1]을 얻었다. 선택한 정의대비는?

[블록 1] (1), ab, ac, ad, bc, bd, cd, $abcd$

① AB ② ABC
③ BCD ④ $ABCD$

해설 $A\times B\times C\times D$
$$= \frac{1}{8}(a-1)(b-1)(c-1)(d-1)$$
$$= \frac{1}{8}(abcd+ab+ac+bc+ad+bd+cd+1$$
$$-abc-abd-acd-bcd-a-b-c-d)$$
※ 정의대비(I)란 블록에 교락시키려는 요인의 효과를 의미한다.

11 적합품을 1, 부적합품을 0으로 한 실험을 각각 5번씩 반복 측정한 결과가 다음과 같을 때, 전체 제곱합 S_T를 구하면 약 얼마인가?

요인	B_1	B_2	B_3	계
A_1	3	5	1	9
A_2	2	2	0	4
A_3	4	2	4	10
계	9	9	5	23

① 9.71 ② 11.24
③ 15.86 ④ 22.59

해설 $S_T = \Sigma\Sigma x_i^2 - CT$
$$= T - \frac{T^2}{N} = 23 - \frac{23^2}{45} = 11.24$$

 정답 6.① 7.④ 8.④ 9.① 10.④ 11.②

12 반복이 있는 2요인 실험의 분산분석에서 교호작용이 유의하지 않아 오차항에 풀링했을 경우, 요인 B의 F_0(검정통계량)은 약 얼마인가?

요인	SS	DF	MS
A	542	3	180.67
B	2426	2	1231.00
$A\times B$	9	6	1.50
e	255	12	21.25
T	3232		

① 53.32 ② 57.10
③ 82.70 ④ 84.05

해설

$$V_e^* = \frac{S_e + S_{A\times B}}{\nu_e + \nu_{A\times B}} = \frac{255+9}{12+6} = 14.66667$$

$$F_0 = \frac{V_B}{V_e^*} = \frac{2436/2}{14.66667} = \frac{1213.00}{14.66667} = 82.70$$

13 모수요인으로 반복없는 3요인 실험의 분산분석 결과를 풀링하여 다시 정리한 값이 다음과 같을 때, 설명 중 틀린 것은?

요인	SS	DF	MS	F_0	$F_{0.95}$
A	743.6	2	371.8	163.8	6.93
B	753.4	2	376.7	165.9	6.93
C	1380.9	2	690.5	304.1	6.93
$A\times B$	651.9	4	163.0	71.8	5.41
$A\times C$	56.6	4	14.2	6.3	5.41
e	27.2	12	2.27		
T	3613.6	26			

① 풀링 전 오차항의 자유도는 8이었다.
② 교호작용 $B\times C$는 오차항에 풀링되었다.
③ 현재의 자유도로 보아 결측치가 하나 있는 것으로 나타났다.
④ 최적해의 점추정치는 $\hat{\mu}(A_iB_jC_k) = \bar{x}_{ij\cdot} + \bar{x}_{i\cdot k} - \bar{x}_{i\cdot\cdot}$이다.

해설 A, B, C 모두 3수준의 실험으로 $N=lmn-1=27$회이므로, $\nu_T=26$이다.

$$\begin{aligned}\hat{\mu}_{A_iB_jC_k} &= \hat{\mu}+a_i+b_j+c_k+(ab)_{ij}+(ac)_{ik} \\ &= [\hat{\mu}+a_i+b_j+(ab)_{ij}]+[\hat{\mu}+a_i+c_k+(ac)_{ik}] \\ &\quad -[\hat{\mu}+a_i] \\ &= \bar{x}_{ij\cdot}+\bar{x}_{i\cdot k}-\bar{x}_{i\cdot\cdot}\end{aligned}$$

14 $L_{27}(3^{13})$형 직교배열표에서 C요인을 기본표시 abc로, B요인을 abc^2으로 배치했을 때, $B\times C$의 기본표시는?

① a, ac
② ac, bc
③ ab, c
④ bc^2, ab^2c

해설 • XY형 : $abc\times abc^2 = a^2b^2c^3 = a^2b^2$
$\rightarrow (a^2b^2)^2 = ab$
• XY²형 : $abc\times(abc^2)^2 = a^3b^3c^5 = c^2$
$\rightarrow (c^2)^2 = c$
(단, $a^3=b^3=c^3=1$로 한다.)

15 반복이 없는 2요인 실험에서 요인 A의 제곱합 S_A의 기대치를 구하는 식은? (단, A와 B는 모두 모수이며, A의 수준수는 l, B의 수준수는 m이다.)

① $\sigma_e^2+m\sigma_A^2$
② $(l-1)\sigma_e^2+m(l-1)\sigma_A^2$
③ $(m-1)\sigma_e^2+(m-1)\sigma_A^2$
④ $m(l-1)\sigma_e^2+l(m-1)\sigma_A^2$

해설

$$\begin{aligned}E(S_A) &= E(V_A\times\nu_A) = \nu_A E(V_A) \\ &= \nu_A(\sigma_e^2+m\sigma_A^2) \\ &= (l-1)\sigma_e^2+m(l-1)\sigma_A^2\end{aligned}$$

16 다음 중 라틴방격법에 관한 설명으로 맞는 것은 어느 것인가?

① 라틴방격법에서 각 요인의 수준수는 동일하다.
② 3요인 실험법의 횟수와 라틴방격법의 실험횟수는 같다.
③ 4×4 라틴방격법에는 오직 1개의 표준라틴방격이 존재한다.
④ 라틴방격법에서 수준수를 k라 하면, 총실험횟수는 k^3이다.

해설 ② 라틴방격은 k^n형 실험의 $1/k$인 일부실시법이다.
3×3 라틴방격 : $N=9$회
3^3형 실험 : $N=27$회
③ 4×4 라틴방격의 표준방격수는 4개이다.
④ 라틴방격의 실험총수는 $N=k^2$개가 된다.

정답 12.③ 13.③ 14.③ 15.② 16.①

17 어떤 화학물질을 촉매반응시켜 촉매(A) 2종류, 반응온도(B) 2종류, 원료의 농도(C) 2종류로 하여 2^3요인 실험으로 합성률에 미치는 영향을 검토하여 아래 [표]와 같은 데이터를 얻었다. B의 주효과는 얼마인가?

데이터 표현식	데이터
(1)	72
c	65
b	85
bc	83
a	58
ac	53
ab	68
abc	63

① 3.19　② 4.75
③ 6.38　④ 12.75

해설
$$B=\frac{1}{4}(a+1)(b-1)(c+1)$$
$$=\frac{1}{4}(abc+ab+bc+b-ac-a-c-1)$$
$$=12.75$$

18 요인 A의 수준수는 5, 요인 B의 수준수는 4이며, 모든 수준조합에서 3회씩 반복하여 실험하였다. 분산분석 결과로 교호작용은 무시할 수 있었다. 두 요인의 수준조합에서 분산추정을 위한 유효반복수는 얼마인가? (단, 요인 A와 요인 B는 모수요인이며, 유의하다.)

① 2.5　② 3
③ 7.5　④ 12

해설 $n_e=\dfrac{lmr}{l+m-1}=\dfrac{5\times4\times3}{5+4-1}=7.5$

19 일반적으로 오차(e_{ij})는 정규분포 $N(0,\ {\sigma_e}^2)$으로부터 확률추출된 것이라고 가정한다. 이 가정이 의미하는 것이 아닌 것은?

① 정규성(normality)
② 독립성(independence)
③ 불편성(unbiasedness)
④ 최소분산성(minimum variance)

해설 ①, ②, ③ 이외에도 등분산성(equal variance)이 있다.
※ 최소분산성을 유효성이라고 하며, 통계량의 추정치 사용의 4원칙 중 하나이다.

20 반투명경의 투과율을 측정하기 위하여 측정광원의 파장(A)을 4수준 지정하고 다수의 측정자로부터 랜덤으로 4명(B)을 뽑아 반복이 없는 2요인 실험을 행하고, 그 결과를 분산분석한 결과 다음 [표]를 얻었다. 측정자에 의한 분산성분의 추정치 $\hat{\sigma}_B^2$의 값은 약 얼마인가?

요인	SS	DF	MS
A	3.690	3	1.230
B	9.430	3	3.143
e	7.698	9	0.855
T	20.818	15	

① 0.322　② 0.507
③ 0.572　④ 0.763

해설 $\hat{\sigma}_B^2=\dfrac{V_B-V_e}{l}=\dfrac{3.143-0.855}{4}=0.572$

제2과목 통계적 품질관리

21 $X=(x-10)\times10$, $Y=(y-70)\times100$으로 수치변환하여 X와 Y의 상관계수를 구했더니 0.5이었다. 이때 x와 y의 상관계수는 얼마인가?

① 0.005　② 0.05
③ 0.5　④ 5.0

해설 상관계수는 수치변환을 하여도 변하지 않는다.

22 다음 [자료]로 x관리도의 U_{CL}을 구하면? (단, 합리적인 군으로 나눌 수 있는 경우이다.)

[자료]
$n=4,\ \overline{\overline{x}}=5.0,\ \overline{R}=1.5,\ A_2=0.73$

① 5.05　② 6.10
③ 6.46　④ 7.19

해설
$$U_{CL}=\overline{\overline{x}}+\sqrt{n}A_2\overline{R}$$
$$=5.0+\sqrt{4}\times0.73\times1.5$$
$$=7.19$$
※ 단, $\sqrt{n}A_2$를 E_2로 표현하기도 한다.

정답 17.④ 18.③ 19.④ 20.③ 21.③ 22.④

23 제품의 품질특성치의 측정치가 3, 4, 2, 5, 1, 4, 3, 2로 주어져 σ^2에 대한 95% 신뢰구간을 구했더니 $0.75 \le \sigma^2 \le 7.10$이었다. 귀무가설 $H_0 : \sigma^2 = 9$, 대립가설 $H_1 : \sigma^2 \ne 9$에 대하여 유의수준 $\alpha = 0.05$로 검정하면 귀무가설(H_0)은? (단, $\chi^2_{0.025}(7) = 1.690$, $\chi^2_{1-0.025}(7) = 16.01$)

① 채택한다.
② 기각한다.
③ 보류한다.
④ 기각해도 되고 채택해도 된다.

해설 1. 가설 : $H_0 : \sigma^2 = 9$, $H_1 : \sigma^2 \ne 9$
2. 유의수준 : $\alpha = 0.05$
3. 검정통계량 : $\chi_0^2 = \dfrac{S}{\sigma^2} = \dfrac{12}{9}$
4. 기각치 : $\chi^2_{0.025}(7) = 1.690$, $\chi^2_{1-0.025}(7) = 16.01$
5. 판정 : $\chi_0^2 < 1.690$이므로, H_0 기각
※ 여기서, $0.75 \le \sigma^2 \le 7.10$이므로 $\alpha = 0.05$로, $\sigma^2 \ne 9$이다.

24 p 관리도에서 시료의 크기와 관리한계에 대한 설명으로 틀린 것은?

① 관리한계는 시료의 크기에 영향을 받는다.
② 관리한계의 폭은 $\pm 3D(p) = \pm 3\sqrt{\dfrac{\bar{p}(1-\bar{p})}{n}}$을 따른다.
③ 부분군(시료)의 크기가 커질수록 관리한계의 폭은 넓어진다.
④ 부분군(시료)의 크기가 다를 경우 관리한계선에 요철이 생긴다.

해설 $\left.\begin{matrix} U_{CL} \\ L_{CL} \end{matrix}\right] = \bar{p} \pm 3\sqrt{\dfrac{\bar{p}(1-\bar{p})}{n}}$
따라서, 부분군(시료)의 크기가 커지면 관리한계폭은 좁아진다.

25 M제조공정에서 제조되는 부품의 특성치는 $\mu = 40.10$mm, $\sigma = 0.08$mm인 정규분포를 하고 있고, 이 공정에서 25개를 샘플링하여 특성치를 측정한 결과 $\bar{x} = 40.12$mm일 때, 유의수준 5%에서 이 공정의 모평균에 차이가 있는지를 검정한 결과는?

① 통계량이 1.96보다 크므로 H_0를 기각한다.
② 통계량이 1.96보다 크므로 H_0를 기각할 수 없다.
③ 통계량이 1.96보다 작고 −1.96보다 크므로 H_0를 기각한다.
④ 통계량이 1.96보다 작고 −1.96보다 크므로 H_0를 기각할 수 없다.

해설 1. 가설 : $H_0 : \mu = 40.10$mm, $H_1 : \mu \ne 40.10$mm
2. 유의수준 : $\alpha = 0.05$
3. 검정통계량 : $u_0 = \dfrac{\bar{x} - \mu}{\sigma / \sqrt{n}} = \dfrac{40.12 - 40.10}{0.08/\sqrt{25}} = -1.25$
4. 기각치 : $-u_{0.975} = -1.96$
$u_{0.975} = 1.96$
5. 판정 : $-1.96 < u_0 < 1.96$이므로, H_0 채택

26 확률변수 X가 다음의 분포를 가질 때 Y의 기대값을 구하면? (단, $Y = (X-1)^2$이다.)

X	0	1	2	3
$P(X)$	$\frac{1}{3}$	$\frac{1}{4}$	$\frac{1}{4}$	$\frac{1}{6}$

① $\dfrac{1}{2}$ ② $\dfrac{3}{5}$
③ $\dfrac{3}{4}$ ④ $\dfrac{5}{4}$

해설 $E(Y) = E(X-1)^2 = E(X^2 - 2X + 1)$
$= E(X^2) - 2E(X) + 1 = (\mu^2 + \sigma^2) - 2\mu + 1$
$= (1.25^2 + 1.1875) - 2 \times 1.25 + 1 = 1.25$
(단, $E(X) = \Sigma XP(X)$
$= 0 \times \dfrac{1}{3} + 1 \times \dfrac{1}{4} + 2 \times \dfrac{1}{4} + 3 \times \dfrac{1}{6} = 1.25$
$V(X) = \Sigma(X - E(X))^2 P(X)$
$= (0 - 1.25)^2 \times \dfrac{1}{3} + \cdots\cdots + (3 - 1.25)^2 \times \dfrac{1}{6}$
$= 1.1875$이다.)

27 어떤 금속판 두께의 하한 규격치가 2.3mm 이상이라고 규정되었을 때 합격판정치는? (단, $n = 10$, $k = 1.81$, $\sigma = 0.2$mm, $\alpha = 0.05$, $\beta = 0.10$이다.)

① 1.938 ② 2.185
③ 2.415 ④ 2.662

해설 $\bar{X}_L = S_L + k\sigma$
$= 2.3 + 1.81 \times 0.2$
$= 2.662$

정답 23.② 24.③ 25.④ 26.④ 27.④

28 **로트 크기는 2000, 시료의 개수는 200, 합격판정개수가 1인 계수치 샘플링검사를 실시할 때, 부적합품률이 1%인 로트의 합격 확률은 약 얼마인가?** (단, 푸아송분포로 근사하여 계산한다.)

① 13.53%
② 38.90%
③ 40.60%
④ 54.00%

해설
$$L(p)=\sum_{x=0}^{1}\frac{e^{-m}m^x}{x!} \text{(단, } m=2\text{인 경우)}$$
$$=e^{-2}+\frac{e^{-2}\cdot 2^1}{1!}$$
$$=0.4060(40.60\%)$$

29 **로트의 부적합품률은 10%, 로트의 크기는 100이고, 시료의 크기를 20으로 할 때, 부적합품이 2개가 출현할 확률은?**

① $\dfrac{{}_{90}C_{18}\times{}_{90}C_2}{{}_{100}C_{20}}$
② $\dfrac{{}_{90}C_{18}\times{}_{10}C_2}{{}_{100}C_{20}}$
③ $\dfrac{{}_{80}C_2\times{}_{20}C_2}{{}_{100}C_{20}}$
④ $\dfrac{{}_{80}C_{18}\times{}_{20}C_2}{{}_{80}C_{20}}$

해설
$$P(x)=\frac{{}_{N-M}C_{n-x}\cdot{}_MC_x}{{}_NC_n}$$
$$=\frac{{}_{100-10}C_{20-2}\cdot{}_{10}C_2}{{}_{100}C_{20}}$$

30 **적합도 검정에 대한 설명으로 틀린 것은?**

① 계수형 자료를 사용하는 검정이다.
② 검정통계량은 χ^2분포를 따른다.
③ 기대도수는 대립가설에 맞추어 구한다.
④ 여러 집단의 비율차 검정에 해당된다.

해설 ③ 기대도수는 귀무가설에 의해 정의된다.
$$\chi_0^2=\frac{\Sigma(X_i-E_i)^2}{E_i}$$
(단, $E_i=nP_i$이다.)

31 **크기 n인 표본 k조에서 구한 범위의 평균을 $\overline{R}$라 하고, s를 자유도 ν인 표준편차라 할 때, $\overline{R}$의 기대치는?**

① $E(\overline{R})=d_2\sigma$
② $E(\overline{R})=\dfrac{s}{\sqrt{n}}$
③ $E(\overline{R})=(d_3s)^2$
④ $E(\overline{R})=\dfrac{n-1}{n}s^2$

해설
- 범위(R)의 분포 : $E(R)=d_2\sigma$, $D(R)=d_3\sigma$
- 시료편차(s)의 분포 : $E(s)=c_4\sigma$, $D(s)=c_5\sigma$
  (단, $c_4^2+c_5^2=1$이다.)
- 시료분산 s^2의 분포 : $E(s^2)=\sigma^2$
  $$D(s^2)=\sqrt{\frac{2}{n-1}}\sigma^2$$

32 **다음 중 OC 곡선에서 소비자 위험을 가능한 한 적게 하는 샘플링 방식은?**

① 샘플의 크기를 크게 하고 합격판정개수를 크게 한다.
② 샘플의 크기를 크게 하고 합격판정개수를 작게 한다.
③ 샘플의 크기를 작게 하고 합격판정개수를 크게 한다.
④ 샘플의 크기를 작게 하고 합격판정개수를 작게 한다.

해설 샘플 크기 n을 증가시키거나, 합격판정개수 c를 감소시키면, 제2종 오류 β는 감소한다.

33 **n=5인 $H-L$ 관리도에서 $\overline{H}$=6.443, $\overline{L}$=6.417, $\overline{R}$=0.0274일 때, U_{CL}과 L_{CL}을 구하면 약 얼마인가?** (단, n=5일 때 H_2=1.36이다.)

① U_{CL}=6.293, L_{CL}=6.107
② U_{CL}=6.460, L_{CL}=6.193
③ U_{CL}=6.467, L_{CL}=6.393
④ U_{CL}=6.867, L_{CL}=6.293

해설
$$\left.\begin{matrix}U_{CL}\\L_{CL}\end{matrix}\right]=\overline{M}\pm H_2\overline{R}$$
$$=\frac{6.443+6.417}{2}\pm1.36\times0.0274$$
$$=6.43\pm0.037$$
$$\therefore U_{CL}=6.467,\ L_{CL}=6.393$$

 정답 28.③ 29.② 30.③ 31.① 32.② 33.③

34 A업종에 종사하는 종업원의 임금 실태를 조사하기 위하여 표본의 크기 120명을 조사하였더니 평균 98.87만원, 표준편차 8.56만원이었다. 이들 종업원 전체 평균임금을 유의수준 1%로 추정하면 신뢰구간은 약 얼마인가? (단, $u_{0.99}=2.33$, $u_{0.995}=2.58$이다.)

① 96.66만~101.08만원
② 96.85만~100.89만원
③ 97.19만~100.55만원
④ 97.45만~100.28만원

해설
$$\mu=\bar{x}\pm u_{1-\alpha/2}\frac{\sigma}{\sqrt{n}}$$
$$=98.87\pm2.58\times\frac{8.56}{\sqrt{120}}$$
$$=98.87\pm2.016$$
∴ 신뢰구간은 96.85만~100.89만원이다.

35 부적합률에 대한 계량형 축차 샘플링검사 방식(표준편차 기지, KS Q ISO 39511)에서 하한 규격이 주어진 경우, $n_{cum}<n_t$일 때, 합격판정치(A)를 구하는 식으로 맞는 것은? (단, h_A는 합격판정선의 절편, g는 합격판정선의 기울기, n_t는 누적 샘플 크기의 중지값, n_{cum}는 누적 샘플 크기이다.)

① $A=h_A+g\sigma n_{cum}$
② $A=-h_A+g\sigma n_{cum}$
③ $A=h_A\sigma+g\sigma n_{cum}$
④ $A=-h_A\sigma+g\sigma n_{cum}$

해설
- $A=h_A\sigma+g\sigma n_{cum}$
- $R=-h_R\sigma+g\sigma n_{cum}$

※ 누계여유치 $Y=\Sigma y_i=\Sigma(x_i-S_L)=\Sigma(S_U-x_i)$로 구한다.

36 $\bar{x}-R$ 관리도에서 관리계수(C_f)를 계산하였더니 0.67이었다. 이 공정에 대한 판정으로 맞는 것은?

① 군 구분이 나쁘다.
② 군간변동이 작다.
③ 군내변동이 작다.
④ 대체로 관리상태이다.

해설
- $C_f<0.8$: 군 구분의 잘못
- $C_f>1.2$: 군간변동이 크다.
- $0.8<C_f<1.2$: 대체로 관리상태

37 공정이 안정상태에 있는 어떤 $\bar{x}-R$ 관리도에서 $n=4$, $\bar{\bar{x}}=23.50$, $\bar{R}=3.09$이었다. 이 관리도의 관리한계를 연장하여 공정을 관리할 때, $\bar{x}$ 값이 20.26인 경우 어떤 행동을 취해야 하는가? (단, $n=4$일 때, $A_2=0.73$이다.)

① 현재의 공정상태를 계속 유지한다.
② 관리한계에 대한 재계산이 필요하다.
③ 이상원인을 규명하고 조치를 취해야 한다.
④ 이 데이터를 버리고 다시 공정평균을 계산한다.

해설
$$U_{CL}=\bar{\bar{x}}+A_2\bar{R}=23.50+0.73\times0.39=23.28$$
$$L_{CL}=\bar{\bar{x}}-A_2\bar{R}=23.50-0.73\times0.39=22.76$$
$\bar{x}<L_{CL}$로 비관리상태이므로 원인규명 및 조치를 취한다.

38 어떤 제품의 부적합수가 16개일 때, 모부적합수의 95% 신뢰한계는 약 얼마인가?

① 9.4~22.6개
② 8.2~23.8개
③ 12.0~16.0개
④ 15.2~16.8개

해설
$$m=c\pm u_{1-\alpha/2}\sqrt{c}=16\pm1.96\sqrt{16}$$
$=8.16$~23.84개

39 T제품의 개당 검사비용은 1000원이고 부적합품 혼입으로 인한 손실은 개당 15000원이다. 이 제품의 임계 부적합품률은 약 얼마인가?

① 1%
② 6.7%
③ 9.5%
④ 1.5%

해설
$$P_b=\frac{a}{b}=\frac{1000}{15000}=0.067(6.7\%)$$

40 계수형 샘플링검사 절차 – 제1부 : 로트별 합격품질한계(AQL) 지표형 샘플링검사 방식(KS Q ISO 2859–1)의 보통검사에서 수월한 검사로의 전환규칙으로 틀린 것은?

① 생산의 안정
② 연속 5로트가 합격
③ 소관권한자의 승인
④ 전환점수의 현재값이 30점 이상

해설 ② 연속 5로트 합격은 까다로운 검사에서 보통검사로 전환되는 경우이다.

정답 34.② 35.③ 36.① 37.③ 38.② 39.② 40.②

제3과목 생산시스템

41 MRP 시스템 운영에 필요한 기본요소 중 최종 품목 한 단위 생산에 소요되는 구성품목의 종류와 수량을 명시한 것은?

① 주생산일정계획
② 자재명세서
③ 재고기록철
④ 발주점

해설 입력자료 ①, ②, ③항 중 자재명세서(BOM)에 관한 내용이다.

42 단일설비에서 처리하는 주문 A, B, C의 처리시간과 납기가 [표]와 같다. 최소처리시간법(SPT ; Shortest Processing Time)과 최단납기일법(EDD ; Earliest Due Date)에 의해 산출한 작업순서와 평균납기지연시간(일)은?

주문	A	B	C
처리시간(일)	9	7	16
납기(일)	13	16	23

① SPT : A–B–C(3일), EDD : B–A–C(4일)
② SPT : B–A–C(3일), EDD : A–B–C(4일)
③ SPT : A–B–C(4일), EDD : B–A–C(3일)
④ SPT : B–A–C(4일), EDD : A–B–C(3일)

해설 • 최소작업시간 우선법(SPT)

작업물	작업 시간	진행 시간	납기일	납기 지연일
B	7	7	16	0
A	9	16	13	3
C	16	32	23	9
합계		55		12

∴ 평균납기지연일$=\frac{12}{3}=4$일

• 최소납기일 우선법(EDD)

작업물	작업 시간	진행 시간	납기일	납기 지연일
A	9	9	13	0
B	7	16	16	0
C	16	32	23	9
합계		57		9

∴ 평균납기지연일$=\frac{9}{3}=3$일

43 다음 내용 중 라인밸런스효율에 관한 설명으로 잘못된 것은?

① 각 작업장의 표준작업시간이 균형을 이루는 정도를 의미한다.
② 사이클타임을 길게 하면 생산속도가 빨라져 생산율이 높아진다.
③ 사이클타임과 작업장의 수를 얼마로 하느냐에 따라서 결정된다.
④ 생산작업에 투입되는 총시간에 대한 실제 작업시간의 비율로 표현된다.

해설
• $E_b=\frac{\Sigma t_i}{m \cdot t_{\max}}\times 100$
(단, m은 공정 수 혹은 작업자 수를 의미한다.)
• 1단위당 생산소요시간을 사이클타임이라고 하며, 사이클타임이 짧아질수록 생산속도는 빨라져 생산율이 높아진다.

44 다음 네트워크에서 활동 F의 가장 빠른 착수시간(EST)과 가장 빠른 완료시간(EFT)은 얼마인가?

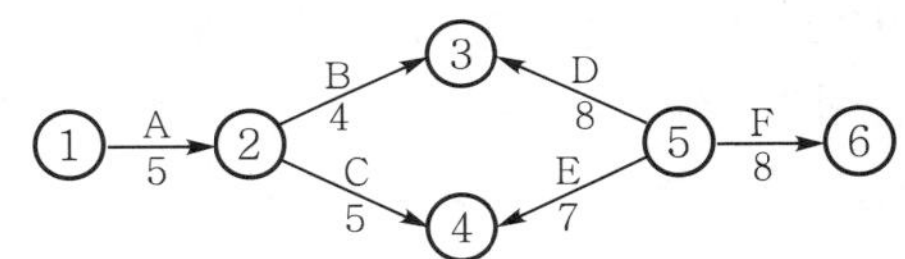

① $EST=18$, $EFT=26$
② $EST=17$, $EFT=25$
③ $EST=18$, $EFT=25$
④ $EST=17$, $EFT=26$

해설

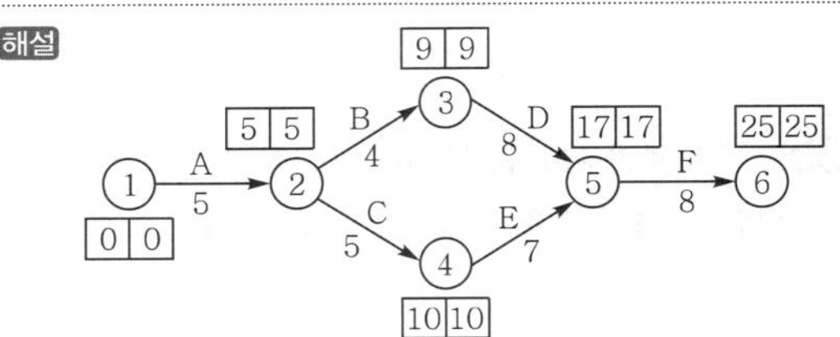

따라서, $EST=17$, $EFT=25$이다.
※ $EST=TE_i$
$EFT=TE_i+te_{ij}$

정답 41.② 42.④ 43.② 44.②

45 설비종합효율을 관리함에 있어 품질을 안정적으로 유지하기 위해 초기제품을 검수하고 리셋(reset)하는 작업에 해당되는 로스는?

① 속도저하로스 ② 고장로스
③ 일시정지로스 ④ 초기수율로스

해설 정지로스 중 "작업준비 조정로스"는 초기생산 시 최초로 양품이 되기까지의 정지시간으로 시간적 로스를 의미하며, 불량로스인 "초기수율로스"는 초기생산 시 발생하는 물량적 로스가 된다.

46 A사는 연간 40000개의 품목을 개당 1000원에 구매하고 있다. 이 품목의 수요가 일정하고, 회당 주문비용이 2000원, 연간 단위당 재고유지비용이 40원일 때 경제적 주문량(EOQ)과 최적주문횟수는?

① 2000개, 16회 ② 2500개, 16회
③ 2000개, 20회 ④ 2500개, 20회

해설
$$EOQ=\sqrt{\frac{2DC_P}{C_H}}=\sqrt{\frac{2\times40000\times2000}{40}}=2000\text{개}$$
$$N_o=\frac{D}{Q_o}=\frac{40000}{2000}=20\text{회}$$

47 생산계획을 위한 제품조합에서 A제품의 가격이 2000원, 직접재료비 500원, 외주가공비 200원, 동력 및 연료비가 50원일 때 한계이익률은 얼마인가?

① 37.5% ② 62.5%
③ 65.0% ④ 75.0%

해설
$$\text{한계이익률}=\frac{S-V}{S}=\frac{2000-(500+200+50)}{2000}=0.625$$

48 공정별(기능별) 배치의 내용으로 가장 적합한 것은?

① 소품종 대량생산방식에 적합하다.
② 흐름생산방식이다.
③ 제품중심의 설비배치이다.
④ 범용설비를 이용한다.

해설 ①, ②, ③항은 제품별 배치의 내용이다.

49 어느 작업자의 시간연구 결과 평균작업시간이 단위당 20분이 소요되었다. 작업자의 레이팅계수는 95%이고, 여유율은 정미시간의 10%일 때, 표준시간은 약 얼마인가?

① 14.5분 ② 16.4분
③ 18.1분 ④ 20.9분

해설 $ST=NT(1+A)=20\times0.95(1+0.1)=20.9$분
※ 숙련공의 레이팅계수는 100%보다 크다.

50 동작경제의 원칙 중 작업장 배치(arrangement of work place)에 관한 원칙에 해당하는 것은?

① 모든 공구나 재료는 지정된 위치에 있도록 한다.
② 양손 동작은 동시에 시작하고 동시에 완료한다.
③ 타자를 칠 때와 같이 각 손가락의 부하를 고려한다.
④ 가능하다면 쉽고도 자연스러운 리듬이 작업동작에 생기도록 작업을 배치한다.

해설 ① : 작업장에 관한 원칙
②, ④ : 인체활용에 관한 원칙
③ : 공구설비의 설계에 관한 원칙

51 ERP의 특징으로 맞는 것은?

① 보안이 중요하기 때문에 Close client server system을 채택하고 있다.
② 단위별 응용프로그램들이 서로 통합 연결된 관계로 중복업무가 많아 프로그램이 비효율적이다.
③ 생산, 마케팅, 재무 기능이 통합된 프로그램으로 보안이 중요한 인사와는 연결하지 않는다.
④ EDI, CALS, 인터넷 등으로 기업 간 연결시스템을 확립하여 기업 간 자원활용의 최적화를 추구한다.

해설 생산·유통, 인사·재무 등 단위별 정보시스템을 통합하여 수주에서 출하까지의 공급망과 기간업무를 지원하는 통합된 전사적 자원관리시스템을 ERP라고 한다.
이러한 ERP 시스템은 자재소요량 계획인 MRP에 경영정보시스템을 결합시킨 것으로, open client sever system(개방형 시스템)이며, 실시간 정보처리체계를 구축하는 특징이 있다.

정답 45.④ 46.③ 47.② 48.④ 49.④ 50.① 51.④

52 구매방법 중 기업이 현재 자재의 가격은 낮지만, 앞으로는 가격이 상승할 것으로 예상되어 구매를 하는 방법은?

① 충동구매
② 시장구매
③ 일괄구매
④ 분산구매

해설 구매관리는 판매나 생산활동의 합리적 운영을 목표로, 요구되는 필요량의 적격품을 적절한 시점에 적정 공급자로부터 적정 가격으로 구입함을 목적으로 한다. 이러한 구매관리는 비용절감이 목적이므로 가격변동이 예상되는 경우는 시장구매가 주된 방법이 된다.

53 JIT 시스템에서 생산준비시간의 단축에 관한 설명으로 틀린 것은?

① 기능적 공구의 채택으로 작업시간을 단축시킨다.
② 내적 작업준비를 가급적 지양하고 가능한 외적 작업준비로 바꾼다.
③ 외적 작업준비는 기계 가동을 중지하여 작업준비를 하는 경우이다.
④ 조정위치를 정확하게 설정하여 조정작업시간을 단축시킨다.

해설 외적 작업준비는 기계 가동 중 실시하는 작업준비를 말하며, 내적 작업준비는 기계 정지 중 실시하는 작업준비를 의미한다.

54 자재관리에서 자재분류의 4가지 원칙 중 창고부문, 생산부문 등 기업의 모든 부문에 적용되기 때문에 가능한 불편하지 않고 기억하기 쉽도록 분류하는 원칙은?

① 점진성
② 용이성
③ 포괄성
④ 상호배제성

해설 **자재분류의 4원칙**
1. 점진성
2. 포괄성
3. 상호배제성
4. 용이성
※ 자재분류의 융통성과 가감의 용이함이 있어야 하는 원칙은 점진성이다.

55 M. L. Fisher가 주장한 공급사슬의 유형으로 수요의 불확실성에 대비하여 재고의 크기와 생산능력의 위치를 설정함으로써, 시장 수요에 민감하게 설계하는 것을 뜻하는 공급사슬의 명칭은 무엇인가?

① 민첩형 공급사슬(agile supply chain)
② 효율적 공급사슬(efficient supply chain)
③ 반응적 공급사슬(responsive supply chain)
④ 위험방지형 공급사슬(risk – hedging supply chain)

해설 ① 민첩형 공급사슬 : 공급과 수요의 불확실성이 높은 경우로 위험방지형 공급사슬과 반응적 공급사슬의 장점을 결합한 공급사슬
② 효율적 공급사슬 : 공급과 수요의 불확실성이 낮으므로 재고를 최소화하고 공급사슬 내 서비스업체와 제조업체의 효율을 최대화하기 위해 제품 및 서비스의 흐름을 조정하는 데 목적을 둔 공급사슬
③ 반응적 공급사슬 : 공급의 불확실성은 낮지만 수요의 불확실성이 높은 경우로 유연성을 기반으로 재고의 크기와 생산능력을 설정하여 시장수요에 민감하게 대응하는 공급사슬을 반응적 공급사슬
④ 위험방지형 공급사슬 : 공급의 불확실성은 높지만 수요의 불확실성은 낮은 경우로, 공급의 불확실성을 보완하기 위하여 핵심부품 등의 안전재고를 다른 회사와 공유하는 방법으로 위험에 대비하는 공급사슬

56 다음은 기계 Ⅰ을 먼저 거친 후 기계 Ⅱ를 거치는 3개의 작업에 대한 처리시간이다. 존슨법칙에 의한 최적작업순서는?

작업	기계 Ⅰ	기계 Ⅱ
A	10	5
B	6	8
C	9	2

① A → B → C
② C → B → A
③ B → A → C
④ C → A → B

해설 존슨법칙은 n개의 가공물을 순위가 있는 2대의 기계로 처리하여 가공하는 경우 사용되는 작업순위 결정방법이다. 최소시간치의 작업물이 기계 Ⅰ일 경우는 맨 앞에 위치시키고, 기계 Ⅱ일 경우는 맨뒤에 위치시킨다.
B → A → C

정답 52.② 53.③ 54.② 55.③ 56.③

57 일정계획의 개념에서 기준일정의 구성에 속하지 않는 것은?

① 저장시간 ② 여유시간
③ 정체시간 ④ 가공시간(작업시간)

해설 기준일정이란 각 작업이 개시되어 완료될 때까지 소요되는 표준적인 일정을 말한다. 기준일정에는 작업준비조정시간과 정체시간이 포함되어 있다.

58 다음 중 작업자 공정분석에 관한 설명으로 적절하지 않은 것은?

① 창고, 보전계의 업무와 경로 개선에 적용된다.
② 제품과 부품의 개선 및 설계를 위한 분석이다.
③ 기계와 작업자 공정의 관계를 분석하는 데 편리하다.
④ 이동하면서 작업하는 작업자의 작업위치, 작업순서, 작업동작 개선을 위한 분석이다.

해설 작업자 공정분석은 작업자의 경로분석으로서, 작업자의 행위에 관한 분석이다. 작업자의 업무범위와 경로를 개선하는 데 사용하며, FPC와 FD를 중심으로 분석한다.
②항은 제품부품분석에 해당된다.

59 테일러 시스템과 포드 시스템에 관한 특징이 올바르게 짝지어진 것은?

① 테일러 시스템 – 직능식 조직
② 포드 시스템 – 기초적 시간연구
③ 포드 시스템 – 차별적 성과급제
④ 테일러 시스템 – 저가격, 고임금의 원칙

해설 테일러 시스템은 개발생산 시스템 시간연구의 효시이며, 포드 시스템은 대량생산 시스템의 효시가 되었다

60 일반적으로 기업들이 아웃소싱을 하는 이유에 대한 설명으로 가장 거리가 먼 것은?

① 자본부족을 보강하기 위한 아웃소싱
② 생산능력의 탄력성을 위한 아웃소싱
③ 기술부족을 보강하기 위한 아웃소싱
④ 경영정보를 공유하기 위한 아웃소싱

해설 아웃소싱의 목적은 자본부족, 기술부족, 생산능력의 보강에 있다.
경영정보의 공유는 협력업체와의 상품개발이나 운용서비스를 목적으로 하는 경영전략의 일환으로, 아웃소싱과는 거리가 멀다.

제4과목 신뢰성 관리

61 강도는 평균 140kgf/cm^2, 표준편차 16kgf/cm^{2}인 정규분포를 따르고, 부하는 평균 100kgf/cm^2, 표준편차 12kgf/cm^{2}인 정규분포를 따를 경우에 부품의 신뢰도는 얼마인가? (단, $u_{0.8531}=1.05$, $u_{0.9545}=1.69$, $u_{0.9772}=2.00$, $u_{0.9913}=2.38$이다.)

① 0.8534 ② 0.9545
③ 0.9772 ④ 0.9912

해설
$$P(x<y)=P(z<0)$$
$$=P\left(u<\frac{0-\mu_z}{\sigma_z}\right)$$
$$=P\left(u\le\frac{\mu_y-\mu_x}{\sqrt{{\sigma_x}^2+{\sigma_y}^2}}\right)$$
$$=P\left(u\le\frac{140-100}{\sqrt{12^2+16^2}}\right)$$
$$=P(u\le 2)=0.9772$$
※ 여기서, $z=x-y$로 합성확률변수이며, u는 표준정규분포의 확률변수를 의미한다.

62 Y제품의 신뢰도를 추정하기 위하여 수명시험을 하고, 와이블확률지를 사용하여 형상모수(m)의 값을 추정하였더니 $m=1.0$이 되었다. 이 제품의 고장률에 대한 설명으로 맞는 것은?

① 고장률은 IFR이다.
② 고장률은 CFR이다.
③ 고장률은 DFR이다.
④ 고장률은 불규칙하다.

해설
- $m<1$: DFR(감소형)
- $m=1$: CFR(일정형)
- $m>1$: IFR(증가형)

※ $m=1$인 와이블분포가 지수분포이다.

63 보전시간 t에 대한 보전도함수 $M(t)=1-e^{-1.5t}$일 때 수리율 $\mu(t)$는?

① 0.27 ② 0.43
③ 0.67 ④ 1.50

해설 $M(t)=1-e^{-\mu t}=1-e^{-1.5t}$
$\therefore\ \mu=1.5$/시간

정답 57.① 58.② 59.① 60.④ 61.③ 62.② 63.④

64 다음의 고장목 그림(FT도)에서 시스템의 고장확률은? (단, 주어진 수치는 각 구성품의 고장확률이며, 각 구성품의 고장은 서로 독립이다.)

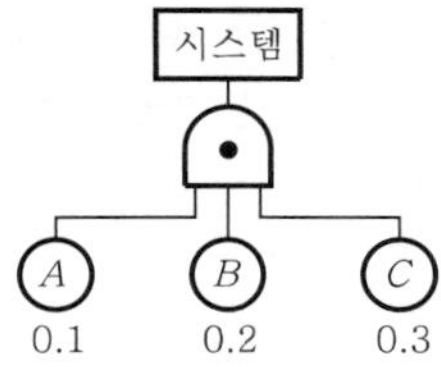

① 0.005 ② 0.006
③ 0.007 ④ 0.008

해설 $F_{\text{TOP}} = \Pi F_i = 0.1 \times 0.2 \times 0.3$
$= 0.006$

65 평균수명(MTBF)을 나타내는 식으로 옳은 것은? (단, $R(t)$는 신뢰도, $F(t)$는 불신뢰도, $\lambda(t)$는 고장률, $f(t)$는 고장밀도함수이다.)

① $MTBF = \int_0^{\infty} R(t)dt$

② $MTBF = \int_0^{\infty} \lambda(t)dt$

③ $MTBF = \int_0^{\infty} f(t)dt$

④ $MTBF = \int_0^{\infty} F(t)dt$

해설 $MTBF = \int_0^{\infty} tf(t)dt = \int_0^{\infty} R(t)dt$

※ 시스템은 수리 가능하므로 평균수명의 기호로 수리 가능한 경우의 평균수명인 MTBF를 주로 사용한다.

66 수명분포가 지수분포인 20개의 제품을 교체하면서 계속 시험하여 마지막 10번째 고장 나는 시간을 측정하였더니 100시간이었다. 100시간에서의 신뢰도는 얼마인가?

① $e^{-\frac{100}{200}}$ ② $e^{-\frac{100}{180}}$
③ $e^{-\frac{100}{100}}$ ④ $e^{-\frac{2000}{100}}$

해설 $\widehat{MTBF} = \frac{nt_r}{r} = \frac{20 \times 100}{10} = 200$시간

$R(t=100) = e^{-\frac{t}{MTBF}} = e^{-\frac{100}{200}}$

67 $MTBF$가 50000시간인 지수분포를 따르는 세 개의 부품이 병렬로 연결된 시스템의 $MTBF$는 약 몇 시간인가?

① 13333.33시간
② 18333.33시간
③ 47666.47시간
④ 91666.67시간

해설 $MTBF_S = \left(1 + \frac{1}{2} + \frac{1}{3}\right) MTBF$
$= \frac{11}{6} MTBF$
$= 91666.67$시간

68 다음 설명 중 틀린 것은?

① 제품의 사용단계에 있어서 제품의 신뢰도는 증가하지 않는다.
② 제품의 사용단계에서는 설계나 제조과정에서 형성된 제품의 고유신뢰도를 될 수 있는 대로 단기간 보존하는 것이다.
③ 출하 후의 신뢰성 관리를 위해 중요한 것은 예방보전과 사후보전의 체계를 확립하는 것이다.
④ 예방보전과 수리방법을 과학적으로 설정하여 실시하여야 한다.

해설 ② 단기간 보존 → 장기간 보존

69 Y시스템의 고장률이 시간당 0.005라고 한다. 가용도가 0.990 이상이 되기 위해서는 평균수리시간이 약 얼마여야 하는가?

① 0.4957시간
② 0.9954시간
③ 2.0202시간
④ 2.5252시간

해설 $A = \frac{\mu}{\lambda + \mu}$

$\rightarrow \mu = \frac{A}{1-A}\lambda = \frac{0.9}{1-0.99} \times 0.005 = 0.495$

$\therefore MTTR = \frac{1}{\mu} = 2.0202$시간

 정답 64.② 65.① 66.① 67.④ 68.② 69.③

70 가속수명시험에 관한 설명으로 틀린 것은?

① 가속요인으로는 전압이나 온도 등이 활용된다.
② 가속시험에서 얻어진 수명을 정상조건으로 환원할 때 수명추정의 신뢰도는 수명이 지수분포인 경우 가장 높다.
③ 가속수명시험은 시험시간을 단축시키기 위해 실시한다.
④ 온도가 가속요인일 때 활용되는 모델로는 아레니우스 모델(Arrhenius model)이 있다.

해설 ② 가속수명시험에서 얻은 수명을 정상조건으로 환원할 때 추정수명의 신뢰도는 분포에 따라 변화하지 않는다.
※ 가속수명시험의 분포와 정상수명시험의 분포는 동일한 분포가 형성된다.

71 어떤 기계의 고장은 1000시간당 2.5%의 비율로 일정하게 발생한다. 이 기계의 MTBF는 몇 시간인가?

① 40시간 ② 400시간
③ 4000시간 ④ 40000시간

해설 $MTBF=\frac{1000}{0.025}=40000\text{hr}$
※ 고장률(λ)은 1시간당 고장개수이다.

72 수명분포가 지수분포인 부품 n개의 고장시간이 각각 $t_1, \cdots, t_n$일 때, 고장률 λ에 대한 추정치 $\hat{\lambda}$는?

① $\hat{\lambda}=\frac{1}{n}\sum_{i=1}^{n}t_i$ ② $\hat{\lambda}=n/\sum_{i=1}^{n}t_i$
③ $\hat{\lambda}=\frac{1}{n}\sum_{i=1}^{n}\ln t_i$ ④ $\hat{\lambda}=n/\sum_{i=1}^{n}\ln t_i$

해설 $\hat{\lambda}=\frac{r}{T}=\frac{r}{\Sigma t_i}=\frac{n}{\Sigma t_i}$ (단, $r=n$인 경우)

73 각 부품의 신뢰도가 동일한 10개의 부품으로 조립된 제품이 있다. 제품의 설계목표신뢰도를 0.99로 하기 위한 각 부품의 신뢰도는 약 얼마인가? (단, 각 부품은 직렬결합으로 구성된다.)

① 0.9989955 ② 0.9998995
③ 0.9999895 ④ 0.9999995

해설 $R_S=R_i^n$, $0.99=R_i^{10}$
$R_i=(0.99)^{\frac{1}{10}}=0.998995471$

74 다음 [표]는 샘플 200개에 대한 수명시험 데이터이다. 구간 (500, 1000)에서의 경험적(empirical) 고장률[$\lambda(t)$]은 얼마인가?

구간별 관측시간	구간별 고장개수
0~200	5
200~500	10
500~1000	30
1000~2000	40
2000~5000	50

① 1.50×10^{-4}/hr ② 1.62×10^{-4}/hr
③ 3.24×10^{-4}/hr ④ 4.44×10^{-4}/hr

해설 $\lambda(t=500)=\frac{n(t)-n(t+\Delta t)}{n(t)}\times\frac{1}{\Delta t}$
$=\frac{30}{185}\times\frac{1}{500}=3.24324\times10^{-4}/\text{hr}$

75 다음 중 일반적인 FMEA 분해레벨의 배열 순서로 옳은 것은?

① 시스템 → 서브시스템 → 컴포넌트 → 부품
② 서브시스템 → 시스템 → 컴포넌트 → 부품
③ 시스템 → 서브시스템 → 부품 → 컴포넌트
④ 시스템 → 컴포넌트 → 부품 → 서브시스템

해설 컴포넌트는 구성요소라는 뜻으로, 독립적인 단위 모듈이므로 부품의 결합으로 이루어진다.

76 시간의 경과에 따라 시스템이나 제품의 기능이 저하되는 고장은?

① 초기고장 ② 우발고장
③ 열화고장 ④ 파국고장

해설 열화고장에는 기능저하형 고장과 품질저하형 고장이 있다.

77 예방보전에 대한 설명으로 옳지 않은 것은?

① 노화가 시작되는 부품의 수리
② 주유, 청소, 조정활동
③ 불량 부품의 교환수리활동
④ 고장 시 원인을 발견하기 위한 시험검사

해설 노화고장기의 조치가 예방보전(PM)이다.

정답 70.② 71.④ 72.② 73.① 74.③ 75.① 76.③ 77.④

78 10000시간당 고장개수가 각각 25, 38, 15, 50, 102인 지수분포를 따르는 부품 5개로 구성된 직렬시스템의 평균수명은 약 몇 시간인가?

① 50.05시간 ② 43.48시간
③ 40.12시간 ④ 36.29시간

해설 $MTBF_S = \frac{1}{\Sigma\lambda_i}$

$= \frac{1}{0.0025+0.0038+0.0015+0.005+0.0102}$

$=43.47826$시간

79 와이블분포의 형상모수(m)가 3이고, 척도모수(η)가 100시간인 기기가 있다. 이 기기에 대한 평균수명은 약 얼마인가? (단, $\Gamma\left(1+\frac{1}{3}\right)=0.89338$, $\Gamma\left(1+\frac{2}{3}\right)=0.9033$)

① 1051.72시간 ② 179.67시간
③ 90.33시간 ④ 89.338시간

해설 $E(t)=\eta \cdot \Gamma\left(1+\frac{1}{m}\right)$

$=100\times\Gamma\left(1+\frac{1}{3}\right)$

$=100\times0.89338=89.338$시간

80 두 개의 부품 A와 B로 구성된 대기 시스템이 있다. 두 부품의 고장률이 각각 $\lambda_A=0.02$, $\lambda_B=0.03$일 때, 50시간까지 시스템이 작동할 확률은 약 얼마인가? (단, 스위치의 작동확률은 1.00으로 가정한다.)

① 0.264 ② 0.343
③ 0.657 ④ 0.736

해설 $R_S(t)=\frac{1}{\lambda_B-\lambda_A}(\lambda_B e^{-\lambda_A t}-\lambda_A e^{-\lambda_B t})$

$=\frac{1}{0.03-0.02}(0.03e^{-0.02\times50}-0.02e^{-0.03\times50})$

$=\frac{1}{0.01}(0.03\times e^{-1}-0.02\times e^{-1.5})$

$=0.6574$

〈다른 풀이〉 $R_S(t)=\frac{\lambda_A R_B-\lambda_B R_A}{\lambda_A-\lambda_B}$

$=\frac{0.02\times0.22313-0.03\times0.36788}{0.02-0.03}$

$=0.657$

⊙ $\lambda_A\neq\lambda_B$인 경우로, 꾸준히 출제되는 문제이다.

제5과목 품질경영

81 ㈜한국의 주력상품인 A형 동파이프의 규격은 상한 0.900, 하한 0.500이고, 실제 제조공정에서 생산된 제품의 평균은 0.738이며, 표준편차는 0.0725로 확인되었을 때, 치우침을 고려한 공정능력지수 C_{PK}는 약 얼마인가?

① 0.19 ② 0.74
③ 0.92 ④ 1.09

해설 $C_{PK}=(1-k)\frac{T}{6\sigma}$

$=\left(1-\frac{|0.75-0.738|}{\frac{0.4}{2}}\right)\times\frac{0.4}{6\times0.0725}=0.74$

※ $C_{PK_U}=\frac{S_U-\mu}{3\sigma}=0.74$

82 제품 또는 서비스가 품질요건을 만족시킬 것이라는 적절한 신뢰감을 주는 데 필요한 모든 계획적이고 체계적인 활동을 무엇이라 하는가?

① 품질보증
② 제품책임
③ 품질해석
④ 품질방침

해설 문제는 품질보증의 정의이다.

83 제조물책임(PL) 소송에 관한 설명으로 잘못된 것은?

① 보증은 제품이 원래 의도대로 작동할 것이라는 제조사의 약속이다.
② 제조자의 설계, 생산 결함에 대한 배상책임을 엄격책임이라 한다.
③ 사용상의 위험을 충분히 경고하지 않은 경우 과실책임이 발생할 수 있다.
④ 생산자가 계약사항을 위반하는 경우 보증책임이 발생할 수 있다.

해설 제조상의 결함, 설계상의 결함, 표시·경고상의 결함을 과실책임이라고 한다.

 정답 78.② 79.④ 80.③ 81.② 82.① 83.②

84 통계그래프 중 시간에 따라 변화하는 수량과 같은 시계열 자료를 나타내는 데 적합한 것은?

① 원그래프
② 띠그래프
③ 막대그래프
④ 꺾은선그래프

해설 ④ 꺾은선그래프 : 관리도

85 품질비용의 분류, 집계 목적이 아닌 것은?

① 공정품질의 해석기준으로 활용하기 위해서
② 계획을 수립하는 기준으로 활용하기 위해서
③ 품질 예방비용을 줄이기 위해서
④ 예산편성의 기초자료로 활용하기 위해서

해설 ①, ②, ④항 외에 측정의 기준으로 활용한다.

86 신제품 개발 단계의 품질관리 추진에서 가장 효과적인 것은?

① 공정능력지수
② 관리도
③ 품질기능전개
④ QC 공정도

해설 품질기능전개(QFD)
고객의 요구와 기대를 규명하고 이를 제품의 설계특성으로 변환시킨 후, 다시 부품특성, 공정특성, 그리고 생산을 위한 구체적 시방으로 변환시키는 포괄적 계획화 과정이다.

87 파이겐바움(A.V. Feigenbaum)이 제시한 품질에 영향을 주는 요소인 9M에 해당되지 않은 것은?

① Markets ② Motivation
③ Men ④ Motion

해설 9M
1. Man
2. Materials
3. Machine & Mechanization
4. Markets
5. Money
6. Management
7. Motivation
8. Modern information methods
9. Mounting product requirement

88 구멍의 치수가 축의 치수보다 작을 때처럼 항상 죔새가 생기는 끼워맞춤 형태는?

① 헐거운 끼워맞춤
② 중간 끼워맞춤
③ 억지 끼워맞춤
④ 틈새 끼워맞춤

해설 항상 죔새가 발생하는 끼워맞춤은 억지 끼워맞춤이다.

89 Y품질특성값의 규격은 50~60으로 규정되어 있다. 평균값이 55, 표준편차가 1인 공정의 시그마(σ) 수준은 어느 정도인가?

① 2시그마 수준
② 3시그마 수준
③ 4시그마 수준
④ 5시그마 수준

해설 $S_U - \mu = 5\sigma$, $\mu - S_L = 5\sigma$이므로
공정평균에서 규격까지의 거리가 5σ로 정의되고 있다.
따라서 시그마 수준은 5시그마 수준의 process이다.

90 공정능력에 관한 설명 중 옳지 않은 것은?

① 정적 공정능력은 문제의 대상물이 갖는 잠재능력이다.
② 동적 공정능력은 현실적인 면에서 실현되는 능력이다.
③ 단기 공정능력은 임의의 일정 시점에 있어서 공정의 정상적인 상태이다.
④ 장기 공정능력은 정상적인 공구 마모에 의한 변동을 배제한다.

해설 ④ 장기 공정능력은 정상적인 공구 마모의 영향과 재료의 배치 간 미세한 변동 및 유사한 변동을 포함한다.

91 길이의 규격이 각각 6m±10cm, 3m±10cm, 5m±10cm인 3개의 봉을 연결시켰을 때 연결된 봉의 허용차는 약 얼마인가? (단, 봉의 길이는 정규분포를 따르고, 연결할 때 로스는 없다고 가정한다.)

① ±5.5cm ② ±17.3cm
③ ±30.0cm ④ ±34.6cm

해설 $\sigma_T = \sqrt{10^2 \times 10^2 \times 10^2} = 17.32\text{cm}$

정답 84.④ 85.③ 86.③ 87.④ 88.③ 89.④ 90.④ 91.②

92 KS 표시 허가를 획득하기 위한 '공장심사'의 심사항목이 아닌 것은?

① 자재관리
② 제품관리
③ 공정·제조설비관리
④ 수요예측

해설 공장심사 항목
1. 품질경영관리
2. 자재관리
3. 공정·제조 설비관리
4. 제품관리
5. 시험·검사 설비관리
6. 소비자보호 및 환경·자원관리

93 품질관리수법 중 친화도법의 장점이 아닌 것은?

① 새로운 발상을 얻을 수 있다.
② 진척사항의 체크가 용이하다.
③ 전원 참여를 촉진할 수 있다.
④ 문제를 일목요연하게 정리할 수 있다.

해설 ②항은 애로도법(Arrow diagram)에 관한 내용이다.

94 연구개발, 산업생산, 시험검사 현장 등에서 측정한 결과가 명시된 불확정 정도의 범위 내에서 국가측정표준 또는 국제측정표준과 일치되도록 연속적으로 비교하고 교정하는 체계를 의미하는 용어는?

① 소급성 ② 교정
③ 공차 ④ 계량

해설 소급성(traceability)
국제적인 표준소급체계를 담당하는 기관으로는 국제도량위원회(CIPM)가 있다. 측정기 교정을 위하여는 측정소급성 체계를 확립시켜야 하며, 측정소급성을 유지하기 위해서는 계측기 및 표준기에 대한 주기적 검교정을 필요로 한다.

95 품질경영시스템 – 기본사항 및 용어(KS Q ISO 9000 : 2018)에서 인증대상별 적용범주 분류에 해당되지 않는 것은?

① 서비스(service)
② 하드웨어(hardware)
③ 소프트웨어(software)
④ 원재료(raw material)

해설 인증대상별 인증내용은 제품인증, 시스템인증, 안전인증이 있는데, 적용범주의 분류는 다음과 같다.
1. 하드웨어(hardware)
2. 소프트웨어(software)
3. 가공원료(물질)(process material)
4. 서비스(service)

96 사내표준화의 주된 효과가 아닌 것은?

① 개인의 기능을 기업의 기술로서 보존하여 진보를 위한 발판의 역할을 한다.
② 업무의 방법을 일정한 상태로 고정하여 움직이지 않게 하는 역할을 한다.
③ 품질매뉴얼이 준수되며, 책임과 권한을 명확히 하여 업무처리기능을 확실하게 한다.
④ 관리를 위한 기준이 되며, 통계적 방법을 적용할 수 있는 장이 조성되어 과학적 관리수법을 활용할 수 있게 된다.

해설 ②항은 표준화로 인해 발생하는 역기능에 해당된다. 개선의 저해 요인으로 작용한다

97 전통적으로 제품과 서비스의 차이에 대해 새서(Sasser) 등은 4가지 차원으로 설명해 왔다. 이 4가지 서비스 차원에 해당하지 않는 것은?

① 무형성(intangibility)
② 분리성(separability)
③ 동시성(simultaneity)
④ 불균일성(heterogeneity)

해설 ② 분리성 → 소멸성(perishability)

98 모티베이션 운동은 그 추진내용 면에서 볼 때 동기부여형과 불량예방형으로 나눌 수 있다. 동기부여형의 활동에 해당되지 않는 것은?

① 고의적 오류의 억제
② 품질의식을 높이기 위한 모티베이션 앙양 교육
③ 관리자 책임의 불량이라는 관점에서 작업자의 개선행위 추구
④ 우수한 작업자의 기술습득 및 기술개선을 위한 교육훈련을 실시

해설 동기부여란 구성원 스스로가 자발적으로 품질개선의 의욕을 불러일으키는 과정 또는 작용이므로, ③항은 동기부여형이 아닌 불량예방형 활동이다.

정답 92.④ 93.② 94.① 95.④ 96.② 97.② 98.③

99 다수의 측정자가 동일한 측정기를 이용하여 동일한 제품을 여러 번 측정하였을 때 발생하는 개인 간의 측정변동을 의미하는 것은?

① 재현성 ② 정밀도
③ 안정성 ④ 직선성

해설 **측정시스템 변동의 유형**

1. 편의(bias) : 동일 계측기로 측정할 때 나타나는 측정값과 기준값으로 차이로 정확성이라고 하며, 통계학의 모평균 검정으로 편의를 판단할 수 있다.
2. 반복성(정밀도) : 동일 시료를 동일한 계측자가 여러 번 측정하여 얻은 산포의 크기를 말하며, 모분산 검정으로 판단 가능하다.
3. 재현성 : 동일한 계측기로 두 사람 이상의 측정자가 동일 시료를 측정할 때 나타나는 측정 평균값의 차이를 말하며, 대응 있는 차의 검정으로 판단 가능하다.
4. 안정성 : 동일한 측정시스템으로 동일 시료를 정기적으로 측정할 때 얻어지는 측정값 평균차의 변화를 말하는 것으로, 관리도나 경향도(trend chart)로 판단 가능하다.
5. 직선성(선형성) : 계측기의 작동범위 내에서 발생하는 편의값이 일정하게 나타나지 않고 변화하는 경우, 측정의 일관성을 판단하는 데 사용하며 직선성의 적합성은 회귀직선의 결정계수로 판단 가능하다.

100 4개의 PCB 제품에서 각 제품마다 10개를 측정했을 때 부적합수가 각각 2개, 1개, 3개, 2개가 나왔다. 이때 6시그마 척도인 DPMO(Defects Per Million Opportunities)는?

① 0.2
② 2.0
③ 200000
④ 800000

해설

$$\mathrm{DPMO} = \frac{2+1+3+2}{4\times 10} \times 1000000 = 200000\,\mathrm{DPMO}$$

※ DPMO(100만 기회당 결함수)

정답 99.① 100.③

2023 제2회 품질경영기사

제1과목 실험계획법

1 다음은 A, B, C의 요인으로 각 2수준계 8조의 2^3형 요인 실험을 랜덤으로 행한 데이터다. 이때 S_A의 값은?

요인	A_0		A_1	
	B_0	B_1	B_0	B_1
C_0	2	8	10	7
C_1	3	6	8	4

① 1.12 ② 1.87
③ 12.5 ④ 18.7

해설
$$S_A = \frac{1}{N}(T_{A_1} - T_{A_0})^2 = \frac{1}{8}(29-19)^2 = 12.5$$

2 반복이 있는 2요인 실험 혼합모형에서 다음과 같은 분산분석표를 구했다. ㉠에 들어갈 값은 얼마인가? (단, A는 모수요인, B는 변량요인이다.)

요인	SS	DF	MS	F_0
A	30	3	10	(㉠)
B	20	2	10	
$A \times B$	6	( )	( )	
e	6	( )	( )	
T	62	23		

① 10
② 15.4
③ 20
④ 30

해설
$$F_0 = \frac{V_A}{V_{A\times B}} = \frac{10}{1} = 10$$
※ 모수요인은 변량요인과의 교호작용으로 검정한다.

3 2^5형의 1/4 일부실시법 실험에서 이중교락을 시켜 블록과 $ABCDE$, ABC, DE를 교락시켰다. AD와 별명관계가 아닌 것은?

① AB ② AE
③ BCE ④ BCD

해설
- $ABCDE \times AD = BCE$
- $ABC \times AD = BCD$
- $DE \times AD = AE$

(단, $A^2 = B^2 = C^2 = D^2 = E^2 = 1$)

4 직물 가공 공정에서 처리액의 농도(A) 5수준에서 4회씩 반복 실험하여 직물의 강도를 측정하였다. 농도와 강도의 관련성을 회귀식을 이용하여 규명하고자 다음과 같은 분산분석표를 얻었다. 이와 관련된 설명으로 틀린 것은?

요인	SS	DF	MS	F_0	$F_{0.95}$
A	18.06	4	4.515		
1차	9.71	1	9.710	( )	4.54
2차	5.64	1	5.640	( )	4.54
나머지	( )	2	1.355	( )	3.68
e	( )	15	( )		
T	27.04	19			

① 1차와 2차 회귀는 유의수준 0.05에서 모두 유의하다.
② 3차 이상의 고차 회귀 제곱합은 2.71이다.
③ 2차 곡선 회귀로써 농도와 강도 간의 관계를 설명할 수 있다.
④ 두 변수 간의 관련 관계를 설명하는 데 3차 이상의 고차 회귀가 필요하다.

해설

요인	SS	DF	MS	F_0	$F_{0.95}$
A	18.06	4	4.515		
1차	9.71	1	9.710	(16.22)	4.54
2차	5.64	1	5.640	(9.42)	4.54
나머지	(2.71)	2	1.355	(2.26)	3.68
e	(8.98)	15	(0.59867)		
T	27.04	19			

 정답 1.③ 2.① 3.① 4.④

5 난괴법의 조건이 아닌 것은?

① 오차항은 $N(\mu,\ \sigma_e^2)$을 따른다.

② 만일 A요인이 모수요인이라면 $\sum_{i=1}^{l} a_i = 0$이다.

③ 만일 B요인이 변량요인이라면 $N(0,\ \sigma_B^2)$을 따른다.

④ 하나는 모수요인이고, 다른 하나는 변량요인이다.

해설 ① 오차항은 $e_{ij} \sim N(0,\ \sigma_e^2)$을 따른다
※ 난괴법은 1요인 모수, 1요인 변량인 혼합모형의 실험으로, 1요인배치의 정도 높은 실험으로 사용되기도 한다. (단, $\sum a_i = 0,\ \sum b_j \neq 0$)

6 반복수가 같은 1요인 실험에서 오차항의 자유도는 35, 총자유도는 41일 경우, 수준수 및 반복수는 각각 얼마인가?

① 수준수 : 6, 반복수 : 7
② 수준수 : 6, 반복수 : 8
③ 수준수 : 7, 반복수 : 6
④ 수준수 : 8, 반복수 : 6

해설 $\nu_e = l(r-1) = 35,\ \nu_T = lr - 1 = 41$
$\therefore\ l = 7,\ r = 6$이다.

7 $L_{27}(3^{13})$형 직교배열표에서 만일 취하는 요인의 수가 10이면, 오차에 대한 자유도는? (단, 교호작용을 무시할 경우이다.)

① 2　② 3
③ 6　④ 13

해설 공열의 수 $= 13 - 10 = 3$이고, 각 열의 자유도는 2이므로, $\nu_e = 3 \times 2 = 6$이다.

8 어떤 부품에 대해 다수의 로트(lot)에서 랜덤하게 3로트($A_1,\ A_2,\ A_3$)를 골라 각 로트에서 또한 랜덤하게 5개씩을 임의 추출하여 치수를 측정했을 때의 설명으로 틀린 것은?

① a_i들의 합은 0이다.
② 로트는 변량요인이다.
③ a_i는 랜덤으로 변하는 확률변수이다.
④ 수준이 기술적인 의미를 갖지 못한다.

해설 인자의 수준이 랜덤하게 설정된 변량모형의 실험으로, 효과의 합은 0이 아니다($\sum a_i \neq 0$).

9 요인의 수준 $l=4$, 반복수 $m=3$으로 동일한 1요인 실험에서 총제곱합(S_T)은 2.383, 요인 A의 제곱합(S_A)은 2.011이었다. $\mu(A_i)$와 $\mu(A_i')$의 평균치 차를 $\alpha=0.05$로 검정하고 싶다. 평균치 차의 절대값이 약 얼마보다 클 때 유의하다고 할 수 있는가? (단, $t_{0.95}(8) = 1.860,\ t_{0.975}(8) = 2.306$이다.)

① 0.284　② 0.352
③ 0.327　④ 0.406

해설

$$LSD = t_{1-\alpha/2}(\nu_e)\sqrt{\frac{2V_e}{m}} = 2.306 \times \sqrt{\frac{2 \times 0.0465}{3}} = 0.4060$$

(단, $V_e = \dfrac{S_T - S_A}{l(m-1)} = 0.0465$)

10 반복수가 n으로 동일하고 a개의 수준을 갖는 1요인 실험에서, 각 처리수준에서 측정값의 합을 $y_1,\ y_2,\ \cdots,\ y_a$라 할 때, 처리수준별 합의 선형결합 $\sum_{i=1}^{a} c_i y_i$으로 관심을 갖는 처리 평균들을 비교하게 된다. 이때 이러한 선형결합이 대비를 이루기 위한 조건은?

① $\sum_{i=1}^{a} y_i = n\bar{y}$　② $n\sum_{i=1}^{a} c_i = na$
③ $\sum_{i=1}^{a} c_i = n\bar{c}$　④ $\sum_{i=1}^{a} c_i = 0$

해설 대비(contrast) : 선형식에서 계수 합이 0이 되는 성질이다.
$L = c_1x_1 + c_2x_2 + \cdots\cdots + c_nx_n$
$(c_1 + c_2 + c_3 + \cdots\cdots + c_n = 0)$

11 1차 단위 요인이 A(4수준), 2차 단위 요인이 B(3수준), 반복 요인이 R(3회)인 단일분할법 실험에서 2차 단위 오차(e_2)의 자유도 ν_{e_2}는?

① 16　② 18
③ 20　④ 22

해설 $\nu_{e_2} = l(m-1)(r-1) = 4(3-1)(3-1) = 16$

정답 5.① 6.③ 7.③ 8.① 9.④ 10.④ 11.①

12 반복수가 같은 1요인 실험에서 다음의 분산분석표를 얻었다. $\bar{x}_{1}. = 12.85$라면, A_1수준에서의 모평균 $\mu(A_1)$의 95% 신뢰구간은 약 얼마인가? (단, $t_{0.975}(4) = 2.776$, $t_{0.975}(15) = 2.131$, $t_{0.975}(19) = 2.093$이다.)

요인	SS	DF	MS
A	20	4	5.0
e	15	15	1.0
T	35	19	

① 12.85±0.58 ② 12.85±1.07
③ 12.85±2.10 ④ 12.85±4.20

해설

$$\mu_{1}. = \bar{x}_{1}. \pm t_{1-\alpha/2}(\nu_e)\sqrt{\frac{V_e}{r}}$$
$$= 12.85 \pm 2.131 \times \sqrt{\frac{1.0}{4}}$$
$$= 12.85 \pm 1.07$$

13 교락법에서 블록 반복을 행하는 경우에 각 반복마다 블록 효과와 교락시키는 요인의 효과가 다른 경우를 무엇이라 하는가?

① 완전교락 ② 단독교락
③ 이중교락 ④ 부분교락

해설 • 블록 반복마다 블록에 교락되는 요인의 효과가 동일한 교락방식을 완전교락이라고 하며, 교락되는 요인의 효과가 다른 교락방식을 부분교락이라고 한다.
• 단독교락은 블록이 2개로 나뉘고, 이중교락은 블록이 4개로 나뉘는 교락방식이다.

14 동일한 제품을 생산하는 3대의 기계가 있다. 이들 간에 부적합품률에 차이가 있는가를 조사하기 위하여 적합품을 0, 부적합품을 1로 하는 계수치 데이터의 분산분석을 실시한 결과 아래와 같은 [표]를 얻었다. 오차항의 자유도 ν_e를 구하면?

기계	A_1	A_2	A_3
적합품수	190	170	180
부적합품수	10	30	20

① 2 ② 3
③ 597 ④ 599

해설 $\nu_e = \nu_T - \nu_A = 599 - 2 = 597$

15 다음 [표]는 요인 A를 4수준, 요인 B를 3수준으로 하여 반복 2회의 2요인 실험한 결과이다. 이에 대한 설명으로 틀린 것은? (단, 요인 A, B는 모두 모수요인이다.)

요인	SS	DF	MS	F_0	$F_{0.95}$
A	3.3	3	1.1	5.5	3.49
B	1.8	2	0.9	4.5	3.89
$A\times B$	0.6	6	0.1	0.5	3.00
e	2.4	12	0.2		
T	8.1	23			

① 유의수준 5%로 요인 A와 B는 의미가 있다.
② 모평균의 점추정치는 요인 A, B가 유의하므로 $\hat{\mu}(A_iB_j) = \bar{x}_{i}.. + \bar{x}_{.j}. - \bar{\bar{x}}$로 추정된다.
③ 교호작용 $A\times B$는 유의수준 5%에서 유의하지 않으며, 1보다 작으므로 기술적 풀링을 검토할 수 있다.
④ 교호작용을 오차항과 풀링할 경우 오차분산은 교호작용 $A\times B$와 오차항 e의 분산의 평균, 즉 0.15가 된다.

해설 ① $F_0 = \dfrac{V_A}{V_e} > 3.49$, $F_0 = \dfrac{V_B}{V_e} > 3.89$이므로 A와 B는 유의하고, $F_0 = \dfrac{V_{A\times B}}{V_e} < 3.00$이므로 교호작용 $A\times B$는 유의하지 않다.

② $\hat{\mu}_{A_iB_j} = \hat{\mu} + a_i + b_j = (\hat{\mu} + a_i) + (\hat{\mu} + b_j) - \hat{\mu}$
$= \bar{x}_{i}.. + \bar{x}_{.j}. - \bar{\bar{x}}$

③ $F_0 = \dfrac{V_{A\times B}}{V_e} < 1$인 경우 기술적 검토 후 오차에 풀링시킬 수 있다.

④ $V_e^{*} = \dfrac{S_e^{*}}{\nu_e^{*}} = \dfrac{S_e + S_{A\times B}}{\nu_e + \nu_{A\times B}} = \dfrac{2.4+0.6}{12+6} = 0.16667$

16 4요인 A, B, C, D를 각각 4수준으로 잡고, 4×4 그레코라틴방격으로 실험을 행했다. 분산분석표를 작성하고, 최적조건으로 $A_3B_1D_1$을 구했다. $A_3B_1D_1$에서 모평균의 점추정값은 얼마인가? (단, $\bar{x}_{3}... = 12.50$, $\bar{x}_{.1}.. = 11.50$, $\bar{x}_{...1} = 10.00$, $\bar{\bar{x}} = 15.94$이다.)

① 2.12 ② 3.12
③ 3.14 ④ 5.14

 정답 12.② 13.④ 14.③ 15.④ 16.①

해설 $\mu_{31 \cdot 1} = \hat{\mu} + a_3 + b_1 + d_1$
$= (\hat{\mu} + a_3) + (\hat{\mu} + b_1) + (\hat{\mu} + d_1) - 2\hat{\mu}$
$= \bar{x}_{3} ... + \bar{x}_{\cdot 1} .. + \bar{x}_{\cdots 1} - 2\bar{\bar{x}}$
$= 12.50 + 11.50 + 10.00 - 2 \times 15.94$
$= 2.12$

17 어떤 분광석의 샘플링 방법을 결정하기 위하여 열차로부터 랜덤으로 3대의 화차를 택하고, 각 화차로부터 200g의 인크리먼트를 4개씩 샘플링하였다. 이 인크리먼트를 다시 축분하여 각각 2개씩의 분석시료를 얻어 3×4×2=24회의 실험을 랜덤화하여 지분실험계획을 실시하였다. 이때 화차 수준 내의 인크리먼트 간 편차 제곱합의 자유도는?

① 6 ② 8
③ 9 ④ 23

해설 자유도 $\nu_{B(A)} = \nu_{AB} - \nu_A = l(m-1) = 3 \times (4-1) = 9$

18 반복 2회인 2요인 실험에서 요인 A와 B가 유의하다. 요인 A가 4수준, 요인 B가 3수준이면, 조합 평균의 추정 시 유효반복수는 얼마인가? (단, 교호작용은 유의하다.)

① 2 ② 3
③ 4 ④ 5

해설 반복이 있는 2요인배치(모수모형)
1. 교호작용을 무시할 수 있는 경우
$n_e = \dfrac{lmr}{l+m-1} = \dfrac{24}{4+3-1} = 4$
2. 교호작용을 무시할 수 없는 경우(유의한 경우)
$n_e = r = 2$

19 2요인 실험에서 A_iB_j에 결측치가 있을 경우 Yates의 결측치 $\hat{y}_{ij}$ 추정공식으로 맞는 것은?

① $\dfrac{l T_{i\cdot}' + m T_{\cdot j}' - T'}{(l-1)(m-1)}$
② $\dfrac{(l-1) T_{i\cdot}' + m T_{\cdot j}' - T'}{(l-1)+(m-1)}$
③ $\dfrac{l T_{i\cdot}' + (m-1) T_{\cdot j}' - T'}{(l-1)+(m-1)}$
④ $\dfrac{(l-1) T_{i\cdot}' + (m-1) T_{\cdot j}' - T'}{(l-1)(m-1)}$

20 망목특성을 갖는 제품에 대한 손실함수는? (단, $L(y)$는 손실함수, k는 상수, y는 품질특성치, m은 목표값이다.)

① $L(y) = \dfrac{k}{y^2}$ ② $L(y) = k(y-m)^2$
③ $L(y) = ky^2$ ④ $L(y) = \dfrac{k}{(y-m)^2}$

해설 ① 망대특성 : $k = A\Delta^2$, $L(y) = k\dfrac{1}{y^2}$
② 망목특성 : $k = \dfrac{A}{\Delta^2}$, $L(y) = k(y-m)^2$
③ 망소특성 : $k = \dfrac{A}{\Delta^2}$, $L(y) = ky^2$

제2과목 통계적 품질관리

21 샘플링검사의 선택조건으로 틀린 것은?

① 실시하기 쉽고 관리하기 쉬울 것
② 목적에 맞고 경제적인 면을 고려할 것
③ 샘플링을 실시하는 사람에 따라 차이가 있을 것
④ 공정이나 대상물 변화에 따라 바꿀 수 있을 것

해설 ③ 샘플링을 실시하는 사람에 따른 차이가 없도록 기준이 명확해야 한다.

22 A사에서 생산하는 강철봉의 길이는 평균 2.8m, 표준편차 0.20m인 정규분포를 따르는 것으로 알려져 있다. 25개의 강철봉의 길이를 측정하여 구한 평균이 2.72m라면 평균이 작아졌다고 할 수 있는가를 유의수준 5%로 검정할 때, 기각역(R)과 검정통계량(u_0)의 값은?

① $R = (u < -1.645)$, $u_0 = -2.0$
② $R = (u < -1.96)$, $u_0 = -2.0$
③ $R = (u > 1.645)$, $u_0 = 2.0$
④ $R = (u > 1.96)$, $u_0 = 2.0$

해설 1. 가설 : $H_0 : \mu \geq 2.8\text{m}$, $H_1 : \mu < 2.8\text{m}$
2. 유의수준 : $\alpha = 0.05$
3. 검정통계량 : $u_0 = \dfrac{2.72 - 2.8}{0.2/\sqrt{25}} = -2.0$
4. 기각치 : $-u_{0.95} = -1.645$
5. 판정 : $u_0 < -1.645$이므로, H_0 기각

정답 17.③ 18.① 19.① 20.② 21.③ 22.①

23 **계수치 축차 샘플링검사 방식(KS Q ISO 28591) 규격에서 합격판정선(A)과 불합격판정선(R)이 다음과 같이 주어졌을 때, 어떤 로트에서 1개씩 채취하여 5번째와 40번째가 부적합품일 경우, 40번째에서 로트에 대한 조처로서 맞는 것은?** (단, 누계 샘플 사이즈의 중지값 $n_t=226$이다.)

$$A=-2.319+0.059n_{cum}$$
$$R=2.702+0.059n_{cum}$$

① 검사를 속행한다.
② 로트를 합격으로 한다.
③ 로트를 불합격으로 한다.
④ 아무 조처도 취할 수 없다.

해설 $A=-2.319+0.059n_{cum}$
$=-2.319+0.059\times40=0.041$
소수점 이하는 버리므로, $A=0$
$R=2.702+0.059n_{cum}$
$=2.702+0.059\times40=5.062$
소수점 이하는 올리므로, $R=6$
$\therefore\ 0<(D=2)<6$이므로, 검사를 속행한다.

24 **A기계와 B기계의 산포를 비교하기 위하여 각각의 기계로 15개씩 제품을 가공하였더니 V_A=0.052mm, V_B=0.178mm가 되었다. 다음 중 유의수준 5%에서 A기계의 산포가 B기계의 산포보다 더 작다고 할 수 있는지를 검정한 결과로 맞는 것을 고르면?** (단, $F_{0.95}(14,\ 14)=2.48$이다.)

① 주어진 정보로는 판단하기 어렵다.
② 두 기계의 산포는 같다고 할 수 있다.
③ A기계의 산포가 더 작다고 할 수 있다.
④ A기계의 산포가 더 작다고 할 수 없다.

해설 1. 가설 : $H_0:{\sigma_A}^2\geq{\sigma_B}^2$
$H_1:{\sigma_A}^2<{\sigma_B}^2$
2. 유의수준 : 5%
3. 검정통계량 : $F_0=\dfrac{V_A}{V_B}=\dfrac{0.0052}{0.0178}=0.29213$
4. 기각치 : $F_L=\dfrac{1}{F_{0.95}(14,\ 14)}=\dfrac{1}{2.48}=0.40323$
5. 판정 : $F_0<0.40323$
따라서, A기계의 정밀도가 더 좋다고 할 수 있다.

25 **관리도의 OC 곡선에 관한 설명으로 틀린 것은?**

① 공정이 관리상태일 때 OC 곡선은 제1종 오류(α)를 나타낸다.
② 공정이 이상상태일 때 OC 곡선은 제2종 오류(β)를 나타낸다.
③ OC 곡선은 관리도가 공정 변화를 얼마나 잘 탐지하는가를 나타낸다.
④ $\bar{x}$ 관리도의 경우 정규분포의 성질을 이용하여 OC 곡선을 활용할 수 있다.

해설 ① 공정이 관리상태일 때 OC 곡선은 로트가 합격하는 확률$(1-\alpha)$을 나타낸다.

26 **어느 주물공장에서 제조한 제품의 무게는 정규분포를 한다고 한다. 이 제품의 모평균 μ를 구간추정하기 위해 모집단에서 6개를 무작위로 표본 추출하였더니 다음 [데이터]와 같다. 이 제품의 95% 신뢰구간은 약 얼마인가?** (단, $t_{0.975}(5)=2.571$이다.)

[데이터] 70, 74, 76, 68, 74, 71

① (69.02, 75.31)
② (73.08, 79.90)
③ (75.50, 78.90)
④ (80.65, 86.90)

해설
$$\mu=\bar{x}\pm t_{0.975}(5)\sqrt{\frac{s^2}{n}}$$
$$=72.16667\pm2.571\times\sqrt{\frac{2.99444^2}{6}}$$
$$=72.16667\pm3.14298$$
$$=69.02\sim75.31$$

27 **두 확률변수 X, Y에 대한 기대치와 분산의 법칙에 대한 설명 중 틀린 것은?**

① a, b가 상수이면 $E(aX-b)=aE(X)$이다.
② 확률변수 X, Y가 서로 독립일 경우 $V(X-Y)=V(X)+V(Y)$이다.
③ a, b가 상수이면 $V(aX-b)=a^2V(X)$이다.
④ 확률변수 X, Y가 서로 독립일 때 a, b가 상수이면 $E(aX-bY)=aE(X)+aE(Y)$이다.

해설 ① $E(aX-b)=aE(X)-b$

정답 23.① 24.③ 25.① 26.① 27.①

28 10톤씩 적재하는 100대의 화차에서 5대의 화차를 샘플링하여 각 화차로부터 3인크리먼트씩 랜덤하게 시료를 채취하는 샘플링 방법은?

① 집락 샘플링 ② 층별 샘플링
③ 계통 샘플링 ④ 2단계 샘플링

해설 M=100에서 1차적으로 m=5를 취하여 각각 n_i=3인 크리먼트를 취하므로 2단계 샘플링이다.

29 $\chi^2_{0.95}(9)$=16.92이면 $F_{0.95}(9, \infty)$의 값은?

① 0.94 ② 1.88
③ 4.11 ④ 16.92

해설 $\frac{\chi^2_{1-\alpha}(\nu)}{\nu} = F_{1-\alpha}(\nu, \infty)$

$F_{0.95}(9, \infty) = \frac{\chi^2_{0.95}(9)}{9} = \frac{16.92}{9} = 1.88$

30 Y제품의 인장강도 평균값이 450kg/cm^2 이상인 로트는 통과시키고, 420kg/cm^2 이하인 로트는 통과시키지 않도록 하는 계량규준형 1회 샘플링검사법을 설계하고자 한다. 샘플링검사에서 로트의 평균값이 420kg/cm^2 이하인 로트가 합격될 확률을 0.10 이하로, 로트의 평균값이 450kg/cm^2 이상인 로트가 불합격될 확률을 0.05 이하로 하고 싶다. 다음 설명 중 틀린 것은? (단, σ=30kg/cm^{2}이다.)

① 생산자 위험은 5%이다.
② 소비자 위험은 10%이다.
③ 로트의 평균값을 보증하는 방식이다.
④ 시료의 크기와 상한 합격판정값을 구하여야 한다.

해설 망대특성이므로 시료의 크기와 평균치의 하한 합격판정값을 구하여야 한다.

- $n = \left(\frac{k_\alpha + k_\beta}{m_0 - m_1}\right)^2 \sigma^2 = \left(\frac{1.645 + 1.282}{450 - 420}\right)^2 \times 30^2 = 9$개
- $\overline{X}_L = m_0 - k_\alpha \frac{\sigma}{\sqrt{n}} = 450 - 1.645 \times \frac{30}{\sqrt{9}}$
$= 433.55$kg/cm^2

31 이항분포를 따르는 모집단에서 n=100이고, $P = \frac{1}{2}$일 때, 부적합품 X의 표준편차는 얼마인가?

① 5 ② 10
③ 15 ④ $5\sqrt{3}$

해설 $D(X) = \sqrt{nP(1-P)} = \sqrt{100 \times \frac{1}{2}\left(1 - \frac{1}{2}\right)} = 5$

※ 부적합품률(p)의 분포

$E(p) = P$, $V(p) = \frac{P(1-P)}{n}$

32 2σ 관리한계를 갖는 p 관리도에서 공정 부적합품률 $\bar{p}$=0.1, 시료의 크기 n=81이면 관리하한(L_{CL})은 약 얼마인가?

① −0.033
② 0
③ 0.033
④ 고려하지 않는다.

해설 $L_{CL} = \bar{p} - 2\sqrt{\frac{\bar{p}(1-\bar{p})}{n}}$

$= 0.1 - 2\sqrt{\frac{0.1(1-0.1)}{81}} = 0.0333$

33 3σ 관리한계를 적용하는 부분군의 크기(n)가 4인 $\bar{x}$ 관리도에서 U_{CL}=13, L_{CL}=4일 때, 이 로트 개개의 표준편차(σ_x)는 얼마인가?

① 1.5 ② 2.25
③ 3 ④ 4

해설 $U_{CL} - L_{CL} = 6\frac{\sigma_x}{\sqrt{n}}$

$13 - 4 = 6\frac{\sigma_x}{\sqrt{4}}$

$\therefore \sigma_x = 3$

34 계량치 축차 샘플링검사 방식(KS Q ISO 39511)에 따라 제품의 특성을 검사하고자 한다. 규격 하한이 200kV, 로트의 표준편차가 1.2kV, h_A=4.312, h_R=5.536, g=2.315, n_t=49이다. n_{cum}=12에서 합격판정치(A)의 값은 약 얼마인가?

① 26.693 ② 29.471
③ 38.510 ④ 41.293

해설 $A = h_A\sigma + g\sigma n_{cum}$
$= 4.312 \times 1.2 + 2.315 \times 1.2 \times 12$
$= 38.5104$

정답 28.④ 29.② 30.④ 31.① 32.③ 33.③ 34.③

35 12개의 표본으로부터 두 변수 x, y에 대하여 데이터를 구하였더니, x의 제곱합 S_{xx}=10, y의 제곱합 S_{yy}=26, x, y의 곱의 합 S_{xy}=16이었다. 이때 회귀계수(β_1)의 95% 신뢰구간을 추정하면? (단, $t_{0.975}(10)=2.228$, $t_{0.975}(11)=2.201$이다.)

① 1.6 ± 0.139
② 1.6 ± 0.141
③ 2.6 ± 0.139
④ 2.6 ± 0.141

해설
$$V_{y/x} = \frac{S_{yy} - S_R}{n-2} = \frac{26 - 16^2/10}{12-2} = 0.04$$
$$\beta_1 = \hat{\beta}_1 \pm t_{1-\alpha/2}(n-2)\sqrt{\frac{V_{y/x}}{S_{xx}}}$$
$$= 1.6 \pm 2.228\sqrt{\frac{0.04}{10}}$$
$$= 1.6 \pm 0.141$$

36 모상관계수에 관한 검정으로 활용되는 검정통계량으로 틀린 것은?

① $r_0 = \frac{S_{xy}}{\sqrt{S_{xx}S_{yy}}}$
② $\rho_R = \frac{{S_{xy}}^2}{S_{yy}}$
③ $u_0 = \frac{z - E(z)}{D(z)}$ (단, $z = \tanh^{-1} r$이다.)
④ $t_0 = \frac{r\sqrt{n-2}}{\sqrt{1-r^2}}$

해설 ② 기여율(ρ_R)은 1차 회귀제곱합(S_R)의 구성비율을 나타낸 척도이다.
$$\rho_R = \frac{S_R}{S_{yy}} = \frac{{S_{xy}}^2}{S_{xx}\,S_{yy}} = r^2$$
※ 모상관계수의 검정($\rho = 0$인 검정)의 검정통계량
• $t_0 = \frac{r - E(r)}{\sqrt{V(r)}} = \frac{r - 0}{\sqrt{\frac{1-r^2}{n-2}}} = \frac{r\sqrt{n-2}}{\sqrt{1-r^2}}$
• $r_0 = \frac{S_{xy}}{\sqrt{S_{xx}S_{yy}}}$
※ 모상관 유무의 검정 시 검정통계량
$$u_0 = \frac{z - E(z)}{D(z)} = \frac{\tanh^{-1} r - \tanh^{-1}\rho}{\sqrt{\frac{1}{n-3}}}$$

37 $\sigma_1 = 2.0$, $\sigma_2 = 3.0$인 모집단에서 각각 $n_1 = 5$개, $n_2 = 6$개를 추출하여 어떤 특성치를 측정한 결과 $\sum x_1 = 22.0$, $\sum x_2 = 25.1$이었다. 두 모평균 차의 검정을 위한 검정통계량(u_0)의 값은 약 얼마인가?

① 0.143
② 0.341
③ 2.982
④ 3.535

해설
$$u_0 = \frac{\bar{x}_1 - \bar{x}_2}{\sqrt{\frac{\sigma_1^2}{n_1} + \frac{\sigma_2^2}{n_2}}} = \frac{22/5 - 25.1/6}{\sqrt{\frac{2.0^2}{5} + \frac{3.0^2}{6}}} = 0.1429$$

38 관리도에 관한 설명으로 틀린 것은?

① $\bar{x}$ 관리도의 검출력은 x 관리도보다 좋다.
② 관리한계를 2σ 한계로 좁히면 제1종 오류가 감소한다.
③ c 관리도는 각 부분군에 대한 샘플의 크기가 반드시 일정해야 한다.
④ u 관리도에서 부분군의 샘플의 수가 다르면 관리한계는 요철형이 된다.

해설 ② 관리한계를 2σ 한계로 좁히면 제1종 오류가 증가한다.
※ 관리한계폭이 줄어들면 검출력($1-\beta$)은 증가한다.
$\bar{x}$관리도는 x관리도보다 관리한계폭이 $\sqrt{n}$ 배가 줄어든다.

39 어떤 제조공정으로부터 np 관리도를 작성하기 위해 n=100개씩 20조를 취하여 부적합품수를 조사했더니 $\sum np$=68이었다. np 관리도의 관리상한(U_{CL})은 약 얼마인가?

① 5.437 ② 7.025
③ 8.837 ④ 8.932

해설
$$n\bar{p} = \frac{\sum np}{k} = \frac{68}{20} = 3.4$$
$$\bar{p} = \frac{\sum np}{\sum n} = \frac{68}{20 \times 100} = 0.034$$
$$\therefore U_{CL} = n\bar{p} + 3\sqrt{n\bar{p}(1-\bar{p})}$$
$$= 3.4 + 3\sqrt{3.4 \times (1 - 0.034)}$$
$$= 8.837$$

정답 35.② 36.② 37.① 38.② 39.③

40 N=500, n=40, c=1인 계수규준형 1회 샘플링검사에서 모부적합품률 P=0.3%일 때 로트가 합격할 확률 $L(P)$는 약 얼마인가? (단, 푸아송분포로 계산하시오.)

① 0.621
② 0.887
③ 0.896
④ 0.993

해설
$$L(P)=\sum_{x=0}^{c}\frac{e^{-m}m^x}{x!}$$
$$=\frac{e^{-0.12}\,0.12^0}{0!}+\frac{e^{-0.12}\,0.12^1}{1!}$$
$$=e^{-0.12}(1+0.12)=0.993$$
단, $m=nP=40\times0.003=0.12$

제3과목 생산시스템

41 다음의 [표]는 Taylor, Ford 그리고 Mayo 시스템을 비교한 것이다. 내용 중 틀린 것은?

구분	내용 \ 시스템	테일러 시스템	포드 시스템	메이요 시스템
㉠	핵심부분	과업관리에 의한 성과급제	이동조립법에 의한 동시관리	호손 실험에 의한 인간관계
㉡	내용	과학적 관리법	대량생산 시스템	인간관계론
㉢	중시사상	생산가치	생산가치	인간가치
㉣	약점	고능률주의로 작업자 혹사	고정비 부담이 적음	감성적인 면에 너무 치우침

① ㉠ ② ㉡
③ ㉢ ④ ㉣

해설 • 포드 시스템은 대량생산방식이므로 고정비의 투자가 필요하며, 수량이 적을 경우 고정비 부담이 증가한다.
• 메이요 시스템은 인간의 의지 및 동기부여에 관한 최초의 연구결과로 감성적인 면에 너무 치우쳤다고 볼 수는 없다. 생산성에는 작업환경이나 작업방법의 개선도 중요하지만, 인간관계나 감정의 중요성도 생산성의 큰 요인이라는 것을 발견하는 계기가 되었다.

42 최소자승법에 의한 예측의 설명으로 틀린 것은?

① 예측오차의 합을 최소화시킨다.
② 예측오차의 제곱의 합을 최소화시킨다.
③ 예측오차는 실제치와 예측치의 차이이다.
④ 회귀선, 추세선, 예측선은 같은 의미이다.

해설 ① 예측오차의 합은 0이 되므로 의미가 없다.

43 길브레스(Gilbreth) 부부의 업적이 아닌 것은?

① 가치분석
② 필름분석
③ 동작분석
④ 서블릭기호

해설 ① 가치분석은 마일즈가 주창한 기법이다.

44 JIT 시스템과 MRP 시스템을 비교 설명한 것 중 틀린 것은?

① JIT 시스템은 재고를 부채로 인식하지만, MRP 시스템은 재고를 자산으로 인식한다.
② JIT 시스템은 납품업자를 동반자관계로 보지만, MRP 시스템은 이해관계에 의한다.
③ JIT 시스템에서 작업자 관리는 지시 · 명령에 의하지만, MRP 시스템은 의견일치 등의 합의제에 의해 관리한다.
④ JIT 시스템은 최소량의 로트 크기를 추구하지만, MRP 시스템은 생산준비비용과 재고유지비용의 균형점에서 로트의 크기를 결정한다.

해설 ③ JIT 시스템에서 작업자 관리는 다기능 작업자가 요구되지만, MRP 시스템은 전문화된 작업자가 요구된다.

45 다품종 소량생산 환경에서 수요나 공정의 변화에 대응하기 쉽도록 주로 범용 설비를 이용하여 구성하는 배치형태는?

① 공정별 배치
② Line 배치
③ 제품별 배치
④ 고정위치 배치

해설 소량생산에서는 공정별 배치를, 대량생산에서는 제품별 배치를 이용한다.

정답 40.④ 41.④ 42.① 43.① 44.③ 45.①

46 다음의 자료를 보고 우선순위에 의한 긴급률법으로 작업순서를 정한 것으로 맞는 것은?

작업	작업일수	납기일	여유일
A	6	10	4
B	2	8	6
C	2	4	2
D	2	10	8

① A → C → B → D
② A → B → C → D
③ D → C → B → A
④ D → B → C → A

해설

긴급률(CR)$=\dfrac{\text{잔여 납기일수}}{\text{잔여 작업일수}}$

- $CR_A = \dfrac{10}{6} = 1.67$
- $CR_B = \dfrac{8}{2} = 4$
- $CR_C = \dfrac{4}{2} = 2$
- $CR_D = \dfrac{10}{2} = 5$

긴급률법은 CR이 작은 것부터 작업순서를 결정하므로, A → C → B → D의 순이 된다.

47 PERT에서 어떤 요소작업을 정상작업으로 수행하면 5일에 2500만원이 소요되고, 특급작업으로 수행하면 3일에 3000만원이 소요된다. 비용구배(cost slope)는 얼마인가?

① 100만원/일 ② 167만원/일
③ 250만원/일 ④ 500만원/일

해설 $c_s = \dfrac{3000-2500}{5-3} = 250$만원/일

48 구매전략 중 중앙(또는 집중) 구매의 특징에 해당하지 않는 것은?

① 구매업무의 리드타임이 길어질 수 있다.
② 구매력 증진에 의한 경비절감이 가능하다.
③ 소량의 품목을 긴급 구매하는 데 유리하다.
④ 구매업무의 전문화로 효율적 구매가 가능하다.

해설 ③ 소량 품목을 긴급 구매하는 경우에는 분산구매방식이 유리하다.

49 변동하는 수요에 대응하여 생산율 · 재고수준 · 고용수준 · 하청 등의 관리가능변수를 최적으로 결합하기 위한 용도로 수립되는 계획은?

① 소일정계획(detail scheduling)
② 대일정계획(master scheduling)
③ 주일정계획(master production scheduling)
④ 총괄생산계획(aggregate production planning)

해설 총괄생산계획은 연단위 정도의 수요변동에 대한 전략적 대응방안을 수립하기 위한 계획으로, 수요변동에 대한 대응은 고용수준 변화, 생산율 조정 및 평준화(재고대응전략) 등이 있다

50 어떤 가공 공정에서 1명의 작업자가 2대의 기계를 담당하고 있다. 작업자가 기계에서 가공품을 꺼내고 가공될 자재를 장착시키는 데 2.4분이 소요되며, 가공품을 검사, 포장, 이동하는 기계와 무관한 작업자의 활동시간은 1.6분이 소요된다. 기계의 자동 가공시간이 8.6분이라면, 제품 1개당 소요되는 정미시간은 약 몇 분인가?

① 4.0분 ② 5.5분
③ 6.3분 ④ 8.0분

해설 작업자 시간 $= 2\times(2.4+1.6) = 8.0$분/2대
기계 가공시간 $= 2.4+8.6 = 11.0$분/대
그러므로, 사이클타임=11.0/2대
한 번에 2대가 가공하므로,
개당 정미시간 $= \dfrac{11.0}{2} = 5.5$분

51 공급사슬에서 고객으로부터 생산자로 갈수록 주문량의 변동폭이 증가되는 현상을 무엇이라 하는가?

① 상쇄효과
② 채찍효과
③ 물결효과
④ 학습효과

해설 채찍효과란 공급사슬에서 고객으로부터 생산자로 갈수록 주문량의 변동폭이 증가하는 현상이다.

 정답 46.① 47.③ 48.③ 49.④ 50.② 51.②

52 경제적 발주량의 결정 과정에 관한 설명으로 틀린 것은? (단, 연간 소요량은 D, 단가는 P, 재고유지비율은 I, 1회 발주량은 Q, 1회 발주비는 C_P이다.)

① 연간 발주비용은 DC_P/Q이다.
② 연간 재고유지비는 $QPI/2$이다.
③ 발주횟수가 증가함에 따라 재고유지비용도 증가한다.
④ 연간 재고유지비와 연간 발주비가 같아지는 점은 경제적 발주량이 정해지는 점이다.

해설 재고유지비용은 발주량의 크기와 정비례한다. 따라서 발주횟수가 증가하면 발주량이 적어지므로 재고유지비용은 감소한다.
※ 연간 관계총비용(TIC)

$$TIC = \frac{D}{Q}C_P + \frac{Q}{2}C_H$$

(단, 재고유지비용 $C_H = PI$ 이다.)

53 어떤 조립라인 작업에서 1일 생산량 500개, 근무시간 8시간, 중식을 포함한 휴식시간은 100분일 경우, 최종 공정에서 피치마크상 완성품이 없는 경우 3%, 라인정지율이 4%일 때 피치타임은 약 얼마인가?

① 0.708분
② 0.793분
③ 0.875분
④ 0.975분

해설

$$P_t = \frac{(8\times60-100)\times0.97\times0.96}{500} = 0.708\text{분}$$

54 설비의 정기적인 수리주기를 미리 정하지 않고 설비 진단기술에 의해 설비열화나 고장의 유무를 관측하여 그 결과에 의하여 필요한 시기에 적정한 수리를 실시하는 보전방식은?

① 예지보전
② 긴급보전
③ 사후보전
④ 개량보전

해설 예방보전(PM) 중 하나인 예지보전(CBM)에 관한 내용이다.

55 다음 중 발주점 방식과 MRP 방식을 비교한 것으로 틀린 것은?

① 발주점 방식은 수요패턴이 산발적이지만, MRP 방식은 연속적이다.
② 발주점 방식의 발주개념은 보충개념이지만, MRP 방식의 경우 소요개념이다.
③ 발주점 방식의 수요예측자료는 과거의 수요실적에 기반을 두지만, MRP 방식은 주일정계획에 의한 수요에 의존한다.
④ 발주점 방식에서 발주량의 크기는 경제적 주문량으로 일괄적이지만, MRP 방식에서는 소요량으로 임의적이다.

해설 ① 발주점 방식은 수요패턴이 연속적이지만, MRP 방식은 수요패턴이 산발적이다.

56 가공조립산업에서 설비종합효율을 높이기 위하여 시간가동률을 저해하는 6대 로스(loss)를 최소로 하려고 한다. 이에 해당되는 것은?

① 초기수율로스
② 속도저하로스
③ 작업준비 · 조정로스
④ 잠깐정지 · 공회전로스

해설 ①은 양품률, ②, ④는 성능가동률을 저해하는 로스이다.

57 PERT에서 어떤 활동의 3점 시간견적 결과 (4, 9, 10)을 얻었다. 이 활동시간의 기대치와 분산은 각각 얼마인가?

① 23/3, 5/3
② 23/3, 1
③ 25/3, 5/3
④ 25/3, 1

해설

• $t_e = \dfrac{t_o + 4t_m + t_p}{6} = \dfrac{4+4\times9+10}{6} = \dfrac{25}{3}$

• $\sigma^2 = \dfrac{t_p - t_o}{6} = \left(\dfrac{10-4}{6}\right)^2 = 1$

여기서, t_p : 비관시간치
t_o : 낙관시간치
t_m : 정상시간치

정답 52.③ 53.① 54.① 55.① 56.③ 57.④

58 불확실성하에서의 의사결정기준에 대한 설명으로 틀린 것은?

① Laplace 기준 : 가능한 성과의 기대치가 가장 큰 대안을 선택
② MaxiMin 기준 : 가능한 최소의 성과를 최대화하는 대안을 선택
③ Hurwicz 기준 : 기회손실의 최대값이 최소화되는 대안을 선택
④ MaxiMax 기준 : 가능한 최대의 성과를 최대화하는 대안을 선택

해설 불확실성하의 의사결정기준
- 라플라스(Laplace) 기준 : 모든 상황을 동일하게 가정하고 판단하는 동일확률 의사결정기준
- 맥시민(MaxiMin) 기준 : 최소성과를 최대화하는 전략을 택하는 비관적 견해의 기준
- 맥시맥스(MaxiMax) 기준 : 최대성과를 최대화하는 전략을 선택하는 낙관적 견해의 기준
- 후르비츠(Hurwicz) 기준 : 맥시민과 맥시맥스를 절충한 기준
- 유감액(기회비용) 기준 : 기회비용의 크기를 갖고 의사결정의 기준을 결정하는 방법
- 기대가치(EM) 기준 : 위험대안을 선택할 때 대안들 중에서 기대가치가 가장 큰 순으로 선택하며, 각 대안의 위험률은 선택하지 않는 기준
  $EV_i = \Sigma P_i X_i$
  여기서, P_i : 성과 X_i의 확률
  X_i : 화폐금액으로 표시된 결과 성과
- Savage 기준 : 기회손실의 최대값이 최소화되는 대안을 선택하는 기준

59 고정비(F), 변동비(V), 개당 판매가격(P), 생산량(Q)이 주어졌을 때 손익분기점을 산출하는 식은?

① $\dfrac{\frac{F}{V}}{PQ}$ ② $1-\dfrac{\left(\frac{F}{V}\right)}{PQ}$
③ $\left(1-\dfrac{V}{PQ}\right)-F$ ④ $\dfrac{F}{1-\frac{V}{PQ}}$

해설 $BEP = \dfrac{F}{1-\text{변동비율}} = \dfrac{F}{1-\frac{V}{S}}$

(단, 매출액은 가격×수량인 $P \times Q$로 계산된다.)

60 스톱워치에 의한 시간연구에서 관측대상 작업을 여러 개의 요소작업으로 구분하여 시간을 측정하는 이유에 해당하지 않는 것은?

① 같은 유형의 요소작업 시간자료로부터 표준자료를 개발할 수 있다.
② 요소작업을 명확하게 기술함으로써 작업내용을 보다 정확하게 파악할 수 있다.
③ 모든 요소작업의 여유율을 동일하게 부여하여 여유시간을 정확하게 구할 수 있다.
④ 작업반경이 변경되면 해당되는 부분만 시간연구를 다시 하여 표준시간을 쉽게 조정할 수 있다.

해설 ③ 모든 요소작업의 여유을 각기 달리 부여하여, 여유시간을 정확하게 산정할 수 있다.

제4과목 신뢰성 관리

61 2개의 부품이 병렬구조로 구성된 시스템이 있다. 각 부품의 고장률이 각각 $\lambda_1=0.02$/hr, $\lambda_2=0.04$/hr일 때, 이 시스템의 MTTF는 약 몇 시간인가?

① 58.3시간
② 63.3시간
③ 70.5시간
④ 75.0시간

해설
$$\theta_S = \frac{1}{\lambda_1}+\frac{1}{\lambda_2}-\frac{1}{\lambda_1+\lambda_2} = \frac{1}{0.02}+\frac{1}{0.04}-\frac{1}{0.02+0.04} = 58.3\text{hr}$$

62 20개의 제품에 대해 5000시간의 수명시험을 실시한 실험결과 6개의 고장이 발생하였고, 고장시간은 다음과 같다. 고장시간이 지수분포를 따른다고 가정할 때, 고장률을 구하면 약 얼마인가?

[데이터] 50, 630, 790, 1670, 2300, 3400

① 0.000076/hr ② 0.00018/hr
③ 0.00025/hr ④ 0.00068/hr

 정답 58.③ 59.④ 60.③ 61.① 62.①

해설 $\lambda = \dfrac{r}{\Sigma t_i + (n-r)t_0}$

$= \dfrac{6}{8840 + 5000 \times 14}$

$= 7.61 \times 10^{-5}/\text{hr}$

※ 고장률 λ는 단위시간당 고장개수이다.

63 수명이 지수분포를 따르는 동일한 제품에 대하여 두 온도 수준에서 각각 20개씩 가속수명시험을 실시하여 다음과 같은 데이터를 얻었다. 이때 가속계수는 약 얼마인가?

> [정상사용온도(25℃)에서의 시험]
> • 중단시간(h) : 5000
> • 고장시간(h) : 450, 1550, 3100, 3980, 4310
> [가속열화온도(100℃)에서의 시험]
> • 중단시간(h) : 1000
> • 고장시간(h) : 58, 212, 351, 424, 618, 725, 791

① 4.6
② 5.3
③ 7.6
④ 8.8

해설 가속계수 $AF = \dfrac{t_n}{t_s} \Rightarrow AF = \dfrac{\hat{\theta}_n}{\hat{\theta}_s} = 7.64851$

• $\hat{\theta}_n = \dfrac{T_n}{r_n} = \dfrac{(450 + \cdots + 4310) + 15 \times 5000}{5}$

• $\hat{\theta}_s = \dfrac{T_s}{r_s} = \dfrac{(58 + \cdots + 791) + 13 \times 1000}{7}$

64 신뢰도 배분에 대한 설명으로 틀린 것은?

① 리던던시 설계 이후에 신뢰도를 배분한다.
② 시스템 측면에서 요구되는 고장률의 중요성에 따라 신뢰도를 배분한다.
③ 상위 시스템으로부터 시작하여 하위 시스템으로 배분한다.
④ 신뢰도를 배분하기 위해서는 시스템의 요구기능에 필요한 직렬결합 부품 수, 시스템 설계 목표치 등의 자료가 필요하다.

해설 ① 리던던시 설계는 신뢰도 배분이 끝난 후 배분된 신뢰도를 만족시키기 위해 실시한다.

65 소시료 신뢰성 실험에서 평균순위법의 고장률함수를 맞게 표현한 것은? (단, n은 시료의 수, i는 고장순번, t_i는 i번째 고장발생시간이다.)

① $\dfrac{1}{n+1} \times \dfrac{1}{t_{i+1} - t_i}$

② $\dfrac{1}{n+0.4} \times \dfrac{1}{t_{i+1} - t_i}$

③ $\dfrac{1}{n-i+1} \times \dfrac{1}{t_{i+1} - t_i}$

④ $\dfrac{1}{n-i+0.7} \times \dfrac{1}{t_{i+1} - t_i}$

해설 ③은 평균순위법의 고장률함수를, ④는 중앙값순위법의 고장률함수를 나타낸 것이다.

※ 평균순위법 : $F(t_i) = \dfrac{i}{n+1}$

메디안순위법 : $F(t_i) = \dfrac{i-0.3}{n+0.4}$

66 그림과 같은 FT도에서 정상사상(Top event)의 고장확률은 약 얼마인가? (단, 기본사상 a, b, c의 고장확률은 각각 0.2, 0.3, 0.4이다.)

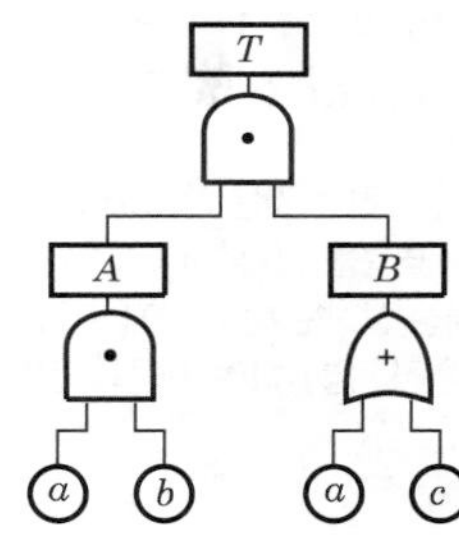

① 0.0312 ② 0.0600
③ 0.4400 ④ 0.4848

해설 중복사상이 있으므로 Boolean의 대수법칙을 이용한다.

• $(a \cdot b) \times (a+c) = a^2b + abc$
$= ab + abc$
$= ab(1+c)$
$= ab$

• $F_{\text{TOP}} = F_a \times F_b$
$= 0.2 \times 0.3$
$= 0.06$

정답 63.③ 64.① 65.③ 66.②

67 현장시험의 결과 아래 [표]와 같은 데이터를 얻었다. 5시간에 대한 보전도를 구하면 약 몇 %인가? (단, 수리시간은 지수분포를 따른다.)

횟수	6	3	4	5	5
수리시간	3	6	4	2	5

① 60.22%　② 65.22%
③ 70.22%　④ 73.34%

해설 $\hat{\mu}=\dfrac{\Sigma f_i}{\Sigma t_i f_i}=\dfrac{6+3+4+5+5}{6\times3+3\times6+4\times4+5\times2+5\times5}$

$=\dfrac{23}{87}=0.26437$

$M(t=5)=1-e^{-\mu t}$

$=1-e^{-0.26437\times5}=0.73336(73.34\%)$

※ $\widehat{MTTR}=\dfrac{\Sigma t_i f_i}{\Sigma f_i}=\dfrac{1}{\hat{\mu}}$ 이다.

68 신뢰성 설계기술 중 시스템을 구성하며 각 부품에 걸리는 부하에 여유를 두고 설계하는 기법은?

① 내환경성 설계
② 디레이팅(derating) 설계
③ 설계심사(design review)
④ 리던던시(redundancy) 설계

해설 문제에서 설명하는 것은 마모고장이 없는 전자적 특성의 고장을 갖는 부품을 설계할 때 사용하는 디레이팅 설계이다.
※ 내환경성 설계는 여러 가지 환경조건이 부품에 주는 영향을 추정·평가하여 제품의 강도와 내성을 설계하는 것이다.

69 샘플 5개를 50시간 가속수명시험을 하였고, 고장이 한 개도 발생하지 않았다. 신뢰수준 95%에서 평균수명의 하한값은 약 얼마인가? (단, $\chi^2_{0.95}(2)=5.99$이다.)

① 84시간　② 126시간
③ 168시간　④ 252시간

해설 $T=nt=250\text{hr}$

$MTBF_L=\dfrac{2T}{\chi^2_{0.95}(2)}=\dfrac{2\times250}{5.99}=83.47\text{hr}$

또는, $MTBF_L=\dfrac{T}{2.99}=\dfrac{250}{2.99}=83.61\text{hr}$

※ $r=0$인 경우는 정시중단시험에서만 발생하므로

$MTBF_L=\dfrac{2T}{\chi^2_{1-\alpha}(2(r+1))}=\dfrac{2T}{\chi^2_{1-\alpha}(2)}$ 가 된다.

70 각 요소의 신뢰도가 0.9인 2 out of 3 시스템(3 중 2 시스템)의 신뢰도는?

① 0.852　② 0.951
③ 0.972　④ 0.990

해설 $R_S=3R^2-2R^3$

$=3\times0.9^2-2\times0.9^3$

$=0.972$

71 부품에 가해지는 부하(x)는 평균 25000, 표준편차 4272인 정규분포를 따르며, 부품의 강도(y)는 평균 50000이다. 신뢰도 0.999가 요구될 때 부품 강도의 표준편차는 약 얼마인가? (단, $P(z>-3.1)=0.999$이다.)

① 3680　② 6840
③ 7860　④ 9800

해설 $P(x-y<0)=P\left(z<\dfrac{0-(\mu_x-\mu_y)}{\sqrt{{\sigma_x}^2+{\sigma_y}^2}}\right)=0.999$이려면,

$\dfrac{50000-25000}{\sqrt{4272^2+{\sigma_y}^2}}=3.1$이다.

이를 σ_y에 관하여 정리하면,

$\sigma_y=6840$이 된다.

72 신뢰성의 척도 중 시점 t에서의 순간고장률을 나타낸 것으로 틀린 것은? (단, $R(t)$는 신뢰도, $F(t)$는 불신뢰도, $f(t)$는 고장확률밀도함수, $n(t)$는 시점 t에서의 잔존개수이다.)

① $\dfrac{f(t)}{R(t)}$

② $R(t)\times\left(-\dfrac{dR(t)}{dt}\right)$

③ $\dfrac{dF(t)}{dt}\times\dfrac{1}{1-F(t)}$

④ $\dfrac{n(t)-n(t+\Delta t)}{n(t)}\times\dfrac{1}{\Delta t}$

해설 $\lambda(t)=\dfrac{f(t)}{R(t)}=\dfrac{dF(t)}{dt}\times\dfrac{1}{R(t)}$

$=-\dfrac{d}{dt}R(t)\times\dfrac{1}{R(t)}$

$=-\dfrac{R'(t)}{R(t)}$

$=\dfrac{n(t)-n(t+\Delta t)}{n(t)}\times\dfrac{1}{\Delta t}$

 정답 67.④ 68.② 69.① 70.③ 71.② 72.②

73 와이블분포에서 형상모수값은 2.0, 척도모수값은 3604.7, 위치모수값은 0으로 추정된 경우, 평균수명은 약 몇 시간인가? (단, $\Gamma(1.5)=0.836$, $\Gamma(2)=1.000$, $\Gamma=1.329$이다.)

① 2.6hr ② 3013.5hr
③ 3604.7hr ④ 4790.6hr

해설
$$E(t)=\eta\Gamma\left(1+\frac{1}{m}\right)$$
$$=3604.7\times\Gamma\left(1+\frac{1}{2}\right)$$
$$=3604.7\times0.836$$
$$=3013.5\text{hr}$$

74 지수분포의 누적고장률법에 의한 확률지에 관한 설명으로 틀린 것은?

① 회귀선의 기울기를 구하면 평균고장률이 된다.
② 세로축은 누적고장률, 가로축은 고장시간을 타점하도록 되어 있다.
③ 타점 결과 원점을 지나는 직선의 형태가 되면 지수분포라 볼 수 있다.
④ 누적고장률의 추정은 t시간까지의 고장횟수의 역수를 취하여 이루어진다.

해설
$$H(t)=-\ln R(t)=-\ln e^{-\lambda t}=\lambda t\Rightarrow\lambda=\frac{H(t)}{t}$$

※ 누적고장률법에 의한 확률지는 고장시간 t를 x축, 누적고장률 $H(t)$를 y축으로 하여, t에 따른 $H(t)$를 타점시킨 후 고장률 λ를 $\frac{H(t)}{t}$로 추정하는 방식이다. 여기서 $H(t)=\Sigma\lambda(t)$로 계산하며, $\lambda(t)$는 t시간까지의 고장횟수의 역수로 계산한다.
※ 지수분포는 $\lambda(t)=AFR(t)=\lambda$인 분포이다.

75 어떤 시스템의 평균수명(MTBF)은 15000시간으로 추정되었고, 이 기계의 평균수리시간(MTTR)은 5000시간이다. 이 시스템의 가용도는 몇 %인가?

① 33% ② 67%
③ 75% ④ 86%

해설
$$A=\frac{MTBF}{MTBF+MTTR}$$
$$=\frac{15000}{15000+5000}$$
$$=0.75(75\%)$$

76 부하-강도 모델에서 μ_x, μ_y의 거리를 나타내는 상수가 n_x, n_y일 때, 안전계수식으로 맞는 것은? (단, 부하평균 : μ_x, 강도평균 : μ_y, 부하표준편차 : σ_x, 강도표준편차 : σ_y이다.)

① $\frac{\mu_x-\mu_y}{\mu_y}$ ② $\frac{\mu_y-n_y\sigma_y}{\mu_x-n_x\sigma_x}$
③ $\frac{\mu_x-\mu_y}{\mu_x}$ ④ $\frac{\mu_y-n_y\sigma_y}{\mu_x+n_x\sigma_x}$

해설 안전계수(m)는 현실적 최대부하 대비 최소강도이다.

77 부품의 수명분포가 가장 많이 활용되는 지수분포에 관한 설명으로 틀린 것은?

① 부품 고장률의 역수가 MTBF이다.
② 중고부품이나 새 부품이나 신뢰도는 동일하다.
③ 부품 3개가 직렬로 연결된 시스템의 MTBF는 부품 MTBF의 1/3이다.
④ 부품 3개가 병렬로 연결된 시스템의 MTBF는 부품 MTBF의 3배이다.

해설 지수분포는 우발고장기의 고장분포로, $E(t)=\frac{1}{\lambda}=\theta$, $V(t)=\frac{1}{\lambda^2}=\theta^2$으로 평균과 편차가 동일하며, 조건부확률이 존재하지 않는 비기억성 분포이다.

① $E(t)=\frac{1}{\lambda}=MTBF$
② $R(t=100/t=50)=R(t=50)$
③ $MTBF_S=\frac{1}{\Sigma\lambda_i}=\frac{1}{n\lambda}=\frac{1}{n}MTBF$
④ $MTBF_S=\left(1+\frac{1}{2}+\frac{1}{3}\right)MTBF$

78 시스템 수명곡선인 욕조곡선의 초기고장기간에 발생하는 고장의 원인에 해당되지 않는 것은?

① 불충분한 정비
② 조립상의 과오
③ 빈약한 제조기술
④ 표준 이하의 재료를 사용

해설 ① 불충분한 정비는 사용 시 발생하며, 마모고장기를 앞당기는 원인이 된다.

정답 73.② 74.④ 75.③ 76.④ 77.④ 78.①

79 10000시간당 고장률이 각각 25, 38, 15, 50, 102인 지수분포를 따르는 부품 5개로 구성된 직렬시스템의 평균수명은 약 몇 시간인가?

① 36.29시간 ② 40.12시간
③ 43.48시간 ④ 50.05시간

해설
$$\theta_S = \frac{1}{\lambda_S} = \frac{1}{\Sigma\lambda} = \frac{1}{15+25+38+50+102} \times 10000 = 43.478\text{hr}$$

80 계량 1회 샘플링검사(DOD-HDBK H108)에서 샘플수와 총시험시간이 주어지고, 총시험시간까지 시험하여 발생한 고장개수가 합격판정개수보다 적을 경우 로트를 합격시키는 시험방법은?

① 현지시험 ② 정수중단시험
③ 강제열화시험 ④ 정시중단시험

해설 계량 1회 신뢰성 샘플링검사
- 정수중단시험 : θ_1/θ_0과 α, β를 정한 후 샘플링검사표에서 r과 $\frac{c}{\theta_0}$를 구하고, $n>r$로 시험을 행하여 평균수명 $\hat{\theta}$이 합격판정고장시간 c보다 크면 로트를 합격시키는 샘플링검사 방식이다.
- 정시중단시험 : θ_1/θ_0과 α, β, 시험시간 t_0를 정한 후 합격고장개수(r_c)와 샘플 크기 n을 구하고, 샘플 n개를 t_0시간까지 시험하여 고장개수가 r_c 이하이면 로트를 합격시키는 샘플링검사 방식이다.

제5과목 품질경영

81 전통적으로 제품과 서비스의 차이에 대해 새서(Sasser) 등은 4가지 차원으로 설명해 왔다. 이 4가지 서비스 차원에 해당하지 않는 것은?

① 무형성(intangibility)
② 분리성(separability)
③ 동시성(simultaneity)
④ 불균일성(heterogeneity)

해설 ② 분리성 → 소멸성(perishability)

82 품질전략을 수립할 때 계획단계(전략의 형성단계)에서 SWOT 분석을 많이 활용하고 있다. 여기서 SWOT 분석 시 고려되는 항목이 아닌 것은?

① 근심(trouble) ② 약점(weakness)
③ 강점(strength) ④ 기회(opportunity)

해설 SWOT 분석은 SQM에서 전략 수립 시 경영현황을 직시하고 전략적 방향을 설정하는 데 사용하는 방법으로, Strength(강점), Weakness(약점), Opportunity(기회), Threats(위협)의 약자이다.

83 A부서의 직접작업비는 500원/시간이고, 간접비는 800원/시간이며, 손실시간이 30분인 경우, 이 부서의 실패비용은 약 얼마인가?

① 333원 ② 533원
③ 650원 ④ 867원

해설 F-cost $= (500+800) \times \frac{30}{60} = 650$원

※ 여기서 실패비용은 품질비용상의 실패비용이 아닌, 생산 손실비용이다.

84 품질심사의 심사주체에 따른 분류에 관한 설명으로 틀린 것은?

① 기업에 의한 자체 품질활동 평가
② 구매자에 의한 협력업체에 대한 품질활동 평가
③ 협력업체에 의한 고객사 제품의 품질수준 평가
④ 심사기관에 의한 인증대상기업의 품질활동 평가

해설 ① : 제1자 심사
② : 제2자 심사
④ : 제3자 심사

85 사내표준화의 주된 효과가 아닌 것은?

① 개인의 기능을 기업의 기술로서 보존하여 진보를 위한 발판의 역할을 한다.
② 업무의 방법을 일정한 상태로 고정하여 움직이지 않게 하는 역할을 한다.
③ 품질매뉴얼이 준수되며, 책임과 권한을 명확히 하여 업무처리기능을 확실하게 한다.
④ 관리를 위한 기준이 되며, 통계적 방법을 적용할 수 있는 장이 조성되어 과학적 관리수법을 활용할 수 있게 된다.

 정답 79.③ 80.④ 81.② 82.① 83.③ 84.③ 85.②

해설 ②항은 표준화로 인해 발생하는 역기능에 해당된다. 개선의 저해 요인으로 작용한다

86 다음 중 허츠버그(Herzberg)의 동기요인－위생요인 이론에서 동기(만족)요인에 해당하지 않는 것은?

① 인정
② 자기실현
③ 성취감
④ 대인관계

해설
- 위생요인(불만요인) : 회사정책과 관리, 감독, 작업조건, 임금, 대인관계, 직무안정성
- 동기요인(만족요인) : 승진, 성취감, 인정, 책임감, 능력·지식의 개발, 성장과 발전, 자기실현

87 표준의 서식과 작성방법(KS A 0001 : 2018)에서 참고, 각주에 대한 설명으로 틀린 것은?

① 본문에서 각주의 사용은 최소한도에 그쳐야 한다.
② 각주는 이들이 언급된 문단 위에 위치하는 것이 좋다.
③ 동일한 절 또는 항에 참고와 각주가 함께 기재되는 경우 참고가 우선한다.
④ 각주의 내용이 많아 해당 쪽에 모두 넣기 어려운 경우, 다음 쪽으로 분할하여 배치시켜도 된다.

해설 ② 문단 위 → 문단 아래에 위치하는 것이 좋다.

88 연구개발, 산업생산, 시험검사 현장 등에서 측정한 결과가 명시된 불확정 정도의 범위 내에서 국가측정 표준 또는 국제측정표준과 일치되도록 연속적으로 비교하고 교정하는 체계를 의미하는 용어는?

① 소급성
② 교정
③ 공차
④ 계량

해설 소급성(traceability)
국제적인 표준소급체계를 담당하는 기관으로는 국제도량위원회(CIPM)가 있다. 측정기 교정을 위하여는 측정소급성 체계를 확립시켜야 하며, 측정소급성을 유지하기 위해서는 계측기 및 표준기에 대한 주기적 검교정을 필요로 한다.

89 6시그마의 본질로 가장 거리가 먼 것은?

① 기업경영의 새로운 패러다임
② 프로세스 평가·개선을 위한 과학적·통계적 방법
③ 검사를 강화하여 제품 품질수준을 6시그마에 맞춤
④ 고객만족 품질문화를 조성하기 위한 기업경영 철학이자 기업전략

해설 6σ는 설계나 개발과 같이 초기단계부터 결함을 예방하는 품질경영철학에 입각한 경영혁신운동으로, 검사가 아닌 예방의 원칙을 이용하여 공정능력을 확보함으로써, 6시그마 수준의 품질수준을 추구한다.

90 분임조 활동에서 문제해결을 위한 활동계획의 수립에 대한 설명 중 틀린 것은?

① 전원이 참가하여 검토 및 이해한 후 추진한다.
② 활동계획은 5W1H에 의해 세밀하게 작성되어야 한다.
③ 전문가에 의뢰하여 계획을 세우는 것이 가장 효과적이다.
④ 문제를 세분해서 하나하나에 대해 담당자를 정해 각자의 책임하에 추진한다.

해설 분임조 활동은 자주적 개선활동이므로, 분임조원이 합의하여 계획을 세운다.

91 다음의 내용이 설명하는 것은?

> 제품의 품질은 생산·판매하는 기업이 아니라 제공받고 이를 소비하는 고객이 판단하는 것이며, 제품에 대한 고객의 만족은 구매시점은 물론 제품의 수명이 다할 때까지 지속되어야 한다는 것과 고객의 최대 만족을 위해서는 경영자의 전략적 참여가 필요하다.

① Benchmarking
② TQC(Total Quality Control)
③ SPC(Statitics Process Control)
④ SQM(Strategic Quality Management)

해설 전략적 품질경영(SQM)에 대한 내용이다.

정답 86.④ 87.② 88.① 89.③ 90.③ 91.④

92 어떤 제품의 규격이 8.3~8.5cm이다. $n=4$, $k=4$이고, $\overline{\overline{X}}=8.35$, $\overline{R}=0.05$일 때, 최소공정능력지수(C_{PK})는? (단, $n=4$일 때, $d_2=2.059$이다.)

① 0.573 ② 0.686
③ 1.043 ④ 1.224

해설
$$C_{PK}=(1-k)C_P=C_P-kC_P=C_P-\frac{\text{bias}}{3\sigma}$$
$$=\frac{8.5-8.2}{6\times\left(\frac{0.05}{2.059}\right)}-\frac{|8.35-8.4|}{3\times\left(\frac{0.05}{2.059}\right)}=0.686$$

93 측정시스템에서 안정성(stability)에 대한 설명으로 틀린 것은?

① 안정성은 치우침뿐만 아니라, 산포가 커지는 현상도 발생할 수 있다는 점을 유의하여야 한다.
② 안정성 분석방법에서 산포관리도가 관리상태가 아니고 평균관리도가 관리상태라면, 측정시스템은 정확하게 측정할 수 있음을 뜻한다.
③ 안정성은 시간이 지남에 따른 동일 부품에 대한 측정결과의 변동정도를 의미하며, 시간이 지남에 따라 측정된 결과가 서로 다른 경우 안정성이 결여된 것이다.
④ 통계적 안정성은 정기적으로 교정을 하는 측정기의 경우, 기준치를 알고 있는 동일 시료를 4~5회 측정한 값을 관리도를 통해 타점해 가면서 관리선을 벗어나는지 유무로 산포나 치우침이 발생하는지를 체크할 수 있다.

해설 안정성이란 시간이 경과됨에 따른 측정시스템의 변동성을 뜻하는 것으로, 측정시스템의 산포가 안정되어 있지 않은 경우 평균의 안정성을 논하는 것은 의미가 없다.

94 다음 중 제조물책임에서 제조상의 결함에 해당하지 않는 것은?

① 안전시스템의 고장
② 제조의 품질관리 불충분
③ 안전시스템의 미비, 부족
④ 고유기술 부족 및 미숙에 의한 잠재적 부적합

해설 안전시스템의 미비, 부족은 설계상 결함의 유형이다.

95 다음 중 표준화의 원리에 대한 설명으로 적절하지 않은 것은?

① 표준화란 단순화의 행위이다.
② 표준은 실시하지 않으면 가치가 없다.
③ 표준의 제정은 전체적인 합의에 따라야 한다.
④ 국가규격의 법적 강제의 필요성은 고려하지 않는다.

해설 ④ 국가규격의 법적 강제의 필요성에 대해서는 그 규격의 성질, 그 사회의 공업화 정도 및 시행되고 있는 법률이나 정세 등에 유의하면서 신중히 고려하여야 한다.

96 6시그마 활동의 추진상에 있어 일반적으로 많이 따르고 있는 DMAIC 체계 중 M 단계의 설명으로 맞는 것은?

① 문제나 프로세스를 개선하는 단계이다.
② 개선할 대상을 확인하고 정의를 하는 단계이다.
③ 결함이나 문제가 발생한 장소와 시점, 문제의 형태와 원인을 규명한다.
④ 개선할 프로세스의 품질수준을 측정하고 문제에 대한 계량적 규명을 시도한다.

해설 ① : 개선(I)
② : 정의(D)
③ : 분석(A)
④ : 측정(M)
※ C는 통제를 뜻한다. 6σ cycle을 DMAIC cycle이라고 하는데, 관리 사이클인 PDCA 사이클과 거의 유사하다.

97 품질경영시스템 – 기본사항 및 용어(KS Q ISO 9000 : 2018)에서 인증대상별 적용범주 분류에 해당되지 않는 것은?

① 서비스(service)
② 하드웨어(hardware)
③ 소프트웨어(software)
④ 원재료(raw material)

해설 인증대상별 인증내용은 제품인증, 시스템인증, 안전인증이 있는데, 적용범주의 분류는 다음과 같다.
1. 하드웨어(hardware)
2. 소프트웨어(software)
3. 가공원료(물질)(process material)
4. 서비스(service)

 정답 92.② 93.② 94.③ 95.④ 96.④ 97.④

98 게하니(Gehani) 교수가 구상한 품질가치사슬 구조로 볼 때 최고 정점에 있다고 본 전략종합품질에 대한 품질선구자의 사상에 해당하는 것은?

① 고객만족품질과 시장품질
② 설계종합품질과 원가종합품질
③ 전사적 종합품질과 예방종합품질
④ 시장창조종합품질과 시장경쟁종합품질

해설 품질가치사슬은 기본적인 부가가치활동을 전개하는 테일러의 검사품질, 데밍의 공정관리 종합품질과 이시가와의 예방품질을 하층 기반으로 하여, 중심부는 설계종합품질과 원가종합품질로 구성된 '경영종합품질'을 지목하고, 상층부는 시장창조 종합품질과 시장경쟁 종합품질을 기초로 하는 '전략적 종합품질'의 제시를 통하여 고객만족품질을 이룩하려는 데 있다.

99 품질관리의 4대 기능은 사이클을 형성하고 있다. 그 순서로 맞는 것은?

① 품질의 설계 → 공정의 관리 → 품질의 조사 → 품질의 보증
② 품질의 설계 → 공정의 관리 → 품질의 보증 → 품질의 조사
③ 품질의 조사 → 품질의 설계 → 공정의 관리 → 품질의 보증
④ 품질의 조사 → 품질의 설계 → 품질의 보증 → 공정의 관리

해설 품질관리 PDCA 관리 사이클로 D는 공정(process)의 관리이다.

100 최초의 시점에서는 최종 결과까지의 행방을 충분히 짐작할 수 없는 문제에 대하여, 그 진보과정에서 얻어지는 정보에 따라 차례로 시행되는 계획의 정도를 높여 적절한 판단을 내림으로써 사태를 바람직한 방향으로 이끌어가거나 중대사태를 회피하는 방책을 얻는 방법은?

① PDPC법
② 연관도법
③ 애로 다이어그램
④ 매트릭스데이터 해석법

해설 문제는 PDPC(Process Decision Program Chart)법의 설명이다.

정답 98.④ 99.② 100.①

2023 제4회 품질경영기사

제1과목 실험계획법

1 다음 [표]는 요인 A의 수준 4, 요인 B의 수준 3, 요인 C의 수준 3, 반복 2회의 지분실험을 실시한 분산분석표의 일부이다. ${\sigma_{B(A)}}^2$의 추정값은 얼마인가?

요인	SS	DF
A	90	
$B(A)$	64	
$C(AB)$	24	
e	12	
T	190	71

① 1.3
② 1.5
③ 2.5
④ 4

해설 $l=4$, $m=3$, $n=3$, $r=2$이므로

$$\hat{\sigma}_{B(A)}{}^2=\frac{V_{B(A)}-V_{C(AB)}}{mr}=\frac{8-1}{3\times2}=1.3$$

이때, $V_{B(A)}=\frac{64}{4\times(3-1)}=8$

$V_{C(AB)}=\frac{24}{4\times3\times(3-1)}=1$

※ $\nu_{B(A)}=l(m-1)=8$

$\nu_{C(AB)}=lm(r-1)=24$

$\nu_e=lmn(r-1)=36$

2 3요인 실험(A, B, C)의 각각 3수준 조합에서 4번 반복하여 실험을 했을 때 오차의 자유도는? (단, $A\times B\times C$의 교호작용은 오차항에 풀링하였다.)

① 64　② 54
③ 81　④ 89

해설 $\nu^*=\nu_e+\nu_{A\times B\times C}$

$=lmn(r-1)+(l-1)(m-1)(n-1)$

$=3^3\times(4-1)+(3-1)^3$

$=89$

3 반복이 없는 2요인 실험(모수모형)의 분산분석표에서 (　) 안에 들어갈 식은?

요인	SS	DF	MS	$E(V)$
A	772	4	193.0	$\sigma_e^2+4\sigma_A^2$
B	587	3	195.7	(　　)
e	234	12	19.5	
T	1593	19		

① $\sigma_e^2+2\sigma_B^2$　② $\sigma_e^2+3\sigma_B^2$
③ $\sigma_e^2+4\sigma_B^2$　④ $\sigma_e^2+5\sigma_B^2$

해설 $E(V_B)=\sigma_e^2+l\sigma_A^2$

$E(V_A)=\sigma_e^2+m\sigma_A^2$

(단, $l=5$, $m=4$이다.)

4 두 변수 x, y 간에 다음의 데이터가 얻어졌다. 단순회귀식을 적용할 때, 회귀에 의하여 설명되는 제곱합 S_R을 구하면?

x_i	1	2	3	4	5
y_i	8	7	5	3	2

① 0.4　② 0.98
③ 25.6　④ 26.0

해설
$$S_R=\frac{{S_{(xy)}}^2}{S_{(xx)}}=\frac{\left(\sum x_iy_i-\frac{\sum x_i\sum y_i}{n}\right)^2}{\sum x_i^2-\frac{(\sum x_i)^2}{n}}=\frac{(-16)^2}{10}=25.6$$

5 혼합모형의 반복없는 2요인 실험에서 모두 유의하다면 구할 수 없는 것은?

① 오차의 산포　② 모수인자의 효과
③ 변량인자의 산포　④ 교호작용의 효과

해설 혼합모형의 반복없는 2요인배치는 교호작용 $A\times B$가 오차 e에 교락되어 있는 실험이다(난괴법).

 정답 1.① 2.④ 3.④ 4.③ 5.④

6 수준수가 4, 반복 5회인 1요인 실험의 분산분석 결과 요인 A가 유의수준 5%에서 유의적이었다. $S_T=2.478$, $S_A=1.690$이었고, $\bar{x}_{3\cdot}=8.50$일 때, $\mu(A_3)$를 유의수준 0.05로 구간 추정하면 약 얼마인가? (단, $t_{0.975}(16)=2.120$, $t_{0.95}(16)=1.746$이다.)

① $8.290 \le \mu(A_3) \le 8.710$
② $8.265 \le \mu(A_3) \le 8.735$
③ $8.306 \le \mu(A_3) \le 8.694$
④ $8.327 \le \mu(A_3) \le 8.673$

해설

$$\mu_{3\cdot}=\bar{x}_{3\cdot}\pm t_{1-\alpha/2}(\nu_e)\sqrt{\frac{V_e}{r}}$$
$$=8.50\pm 2.120\times\sqrt{\frac{0.04925}{5}}$$
$$=8.290\sim 8.710$$

단, $V_e=\dfrac{S_T-S_A}{l(r-1)}=\dfrac{2.478-1.690}{4(5-1)}=0.04925$

7 반복이 없는 모수모형의 3요인 실험 분산분석 결과 A, B, C 주효과만 유의한 경우, 3요인의 수준조합에서 신뢰구간 추정 시 유효반복수를 구하는 식은? (단, 요인 A, B, C의 수준수는 각각 l, m, n이다.)

① $\dfrac{lmn}{l+m-1}$　② $\dfrac{lmn}{l+m+n-1}$
③ $\dfrac{lmn}{l+m-n-1}$　④ $\dfrac{lmn}{l+m+n-2}$

해설 $n_e=\dfrac{lmn}{\nu_A+\nu_B+\nu_C+1}=\dfrac{lmn}{l+m+n-2}$

8 반복이 없는 2^3형의 단독 교락법 실험에서 교호작용 $(A\times B)$을 블록에 교락시킨 것으로 맞는 것은?

① 블록 1 : (1), a, c, bc
② 블록 1 : (1), a, ac, abc
③ 블록 1 : (1), ab, c, abc
④ 블록 1 : (1), ab, ac, bc

해설

$$A\times B=\frac{1}{4}(a-1)(b-1)(c+1)$$
$$=\frac{1}{4}(ab+1+abc+c-ac-bc-a-b)$$

9 3×3 라틴방격법에 의하여 다음의 실험 데이터를 얻었다. 요인 C의 제곱합(S_C)을 구하면? (단, 괄호 속의 값은 데이터이다.)

B \ A	A_1	A_2	A_3
B_1	$C_1(5)$	$C_2(6)$	$C_3(8)$
B_2	$C_2(7)$	$C_3(8)$	$C_1(6)$
B_3	$C_3(7)$	$C_1(3)$	$C_2(4)$

① 14.0　② 15.8
③ 16.2　④ 30.3

해설

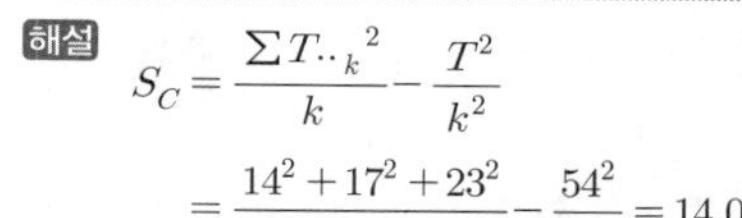

$$S_C=\frac{\sum T_{\cdot\cdot k}{}^2}{k}-\frac{T^2}{k^2}$$
$$=\frac{14^2+17^2+23^2}{3}-\frac{54^2}{9}=14.0$$

10 2^3형의 1/2 일부실시법에 의한 실험을 하기 위해, 다음과 같이 블록을 설계하여 실험을 실시하였다. 실험 결과에 대한 해석으로 틀린 것은?

$a=76$
$b=79$
$c=74$
$abc=70$

① 요인 A의 별명은 교호작용 $B\times C$이다.
② 블록에 교락된 교호작용은 $A\times B\times C$이다.
③ 요인 A의 제곱합은 요인 C의 제곱합보다 크다.
④ 요인 A의 효과는
$A=\dfrac{1}{2}(76-79-74+70)=-3.5$이다.

해설 ① $A\times I=A\times(A\times B\times C)=B\times C$

② $A\times B\times C=\dfrac{1}{4}(abc+a+b+c-ab-ac-bc-1)$

③ $S_A=\dfrac{1}{4}(abc+a-b-c)$
$$=\frac{1}{4}(76-79-74+70)^2=\frac{49}{4}$$
$S_C=\dfrac{1}{2}(abc+c-a-b)$
$$=\frac{1}{4}(-76-79+74+70)^2=\frac{121}{4}$$
따라서, $S_A<S_C$이다.

정답 6.① 7.④ 8.③ 9.① 10.③

11 어떤 작업의 가공 순서를 2수준으로 하고 각각 5회씩 실험을 실시하여 다음과 같은 결과를 얻었다. 이때, A_1과 A_2 평균치의 차 $L=\frac{T_1\cdot}{5}-\frac{T_2\cdot}{5}$의 제곱합 ($S_L$)은 얼마인가?

- A_1 : 20 25 18 22 30
- A_2 : 15 21 20 16 24

① 15.4 ② 36.1
③ 40.8 ④ 51.7

해설
$$S_L=\frac{L^2}{D}=\frac{\left(\frac{115}{5}-\frac{96}{5}\right)^2}{\left(\frac{1}{5}\right)^2\times 5+\left(-\frac{1}{5}\right)^2\times 5}=36.1$$

※ $S_A=\frac{1}{10}(96-115)^2=36.1$은 S_L이므로, 차의 선형식 제곱합이 요인 A의 제곱합이다.

12 하나의 실험점에서 30, 40, 38, 49(단위 : dB)의 반복 관측치를 얻었다. 자료가 망대특성이라면 SN비 값은 약 얼마인가?

① −31.58dB ② 31.48dB
③ −32.48dB ④ 31.38dB

해설
$$SN=-10\log\left(\frac{1}{n}\Sigma\frac{1}{y_i^2}\right)$$
$$=-10\log\left[\frac{1}{4}\left(\frac{1}{30^2}+\frac{1}{40^2}+\frac{1}{38^2}+\frac{1}{49^2}\right)\right]$$
$$=31.4796\text{dB}$$

13 반복이 없는 2요인 실험에 대한 설명 중 틀린 것은? (단, A의 수준수는 l, B의 수준수는 m이다.)

① 오차항의 자유도는 $(l-1)(m-1)$이다.
② 분리해낼 수 있는 제곱합의 종류는 S_A, S_B, $S_{A\times B}$, S_e가 있다.
③ 한 요인은 모수이고, 나머지 요인은 변량인 경우의 실험을 난괴법이라 한다.
④ 모수모형의 경우 결측치가 발생하면 Yates가 제안한 방법으로 결측치를 추정하여 분석할 수 있다.

해설 2요인 실험에서 반복이 없을 경우 교호작용은 분리되어 나타나지 않는다.

14 적합품 여부의 동일성에 관한 실험에서 적합품이면 0, 부적합품이면 1의 값을 주기로 하고, 4대의 기계에서 나오는 200개씩의 제품을 만들어 부적합품 여부를 조사하였다. 기계 간의 제곱합 S_A를 구하면?

기계	A_1	A_2	A_3	A_4
적합품	190	178	194	170
부적합품	10	22	6	30
합계	200	200	200	200

① 0.15 ② 1.82
③ 5.78 ④ 62.22

해설
$$S_A=\frac{\Sigma T_i\cdot^2}{r}-C_T$$
$$=\frac{10^2+22^2+6^2+30^2}{200}-\frac{68^2}{800}$$
$$=1.82$$

15 실험계획의 기본원리 중 블록화의 원리에 대한 설명으로 틀린 것은?

① 대표적인 실험계획법은 지분실험법이다.
② 블록을 하나의 요인으로 하여 그 효과를 별도로 분리하게 된다.
③ 실험의 환경을 될 수 있는 한 균일한 부분으로 쪼개어 여러 블록으로 만든다.
④ 실험 전체를 시간적 혹은 공간적으로 분할하여 블록을 만들어 주면 정도 좋은 결과를 얻을 수 있다.

해설 블록화의 원리란 층별의 원리로 층내변동(σ_ω^2)이 줄어든다. 실험계획법에서 층내변동은 실험오차변동 S_e가 된다. 블록화의 원리를 이용한 대표적인 실험은 난괴법이고, 지분실험법은 변량모형의 실험이다.

16 2^2요인배치에서 $A\times B$ 교호작용의 효과는?

B \ A	A_0	A_1
B_0	270	320
B_1	150	380

① −90 ② −5
③ 5 ④ 90

 정답 11.② 12.② 13.② 14.② 15.① 16.④

해설
$$A\times B=\frac{1}{2}(T_1-T_0)$$
$$=\frac{1}{2}(650-470)$$
$$=90$$

17 요인 A, B, C가 있는 3요인 실험에서 A, B요인은 랜덤화가 곤란하고, C요인은 랜덤화가 용이하여 A, B 요인을 1차 단위로, C요인을 2차 단위로 하여 단일분할법을 적용하였다. 다음 중 2차 단위의 요인에 해당되지 않는 것은?

① $A\times B$
② $A\times C$
③ $B\times C$
④ C

해설 1차 단위 요인과 2차 단위 요인의 교호작용은 2차 단위에 나타난다.
단, 1차 단위 요인의 교호작용은 반복이 없을 경우, 1차 단위의 오차와 교락되어 있다.

18 반복이 있는 2요인 실험에서 요인 A는 모수이고, 요인 B는 대응이 있는 변량일 때의 검정방법으로 맞는 것은?

① A, B, $A\times B$는 모두 오차분산으로 검정한다.
② A와 $A\times B$는 오차분산으로 검정하고, B는 $A\times B$로 검정한다.
③ B와 $A\times B$는 오차분산으로 검정하고, A는 $A\times B$로 검정한다.
④ A와 B는 $A\times B$로 검정하고, $A\times B$는 오차분산으로 검정한다.

해설
$$F_0=\frac{V_B}{V_e},\ F_0=\frac{V_{A\times B}}{V_e}$$
$$F_0=\frac{V_A}{V_{A\times B}}$$
※ 혼합모형의 F_0 검정
$$F_0=\frac{V_{모수}}{V_{모수\times 변량}}$$
$$F_0=\frac{V_{변량}}{V_e}$$
(단, 모수×모수=모수,
모수×변량=변량,
변량×변량=변량이다.)

19 $L_8(2^7)$ 직교배열표를 이용하여 관심이 있는 요인 효과들의 배치가 다음과 같다. 실험번호 3번의 실험조건으로 맞는 것은?

열번호 / 실험번호	1	2	3	4	5	6	7
1	0	0	0	0	0	0	0
2	0	0	0	1	1	1	1
3	0	1	1	0	0	1	1
4	0	1	1	1	1	0	0
5	1	0	1	0	1	0	1
6	1	0	1	1	0	1	0
7	1	1	0	0	1	1	0
8	1	1	0	1	0	0	1
기본배치	a	b	ab	c	ac	bc	abc
실험배치	A	B	$A\times B$	C	$A\times C$	e	D

① $A_0B_0C_0D_1$
② $A_0B_1C_1D_0$
③ $A_0B_1C_0D_1$
④ $A_1B_1C_0D_1$

해설 인자 A, B, C, D가 할당된 열은 1, 2, 4, 7열이므로 3행의 실험인 경우, 해당 열에 대한 실험조건은 $A_0B_1C_0D_1$이다.

20 분산분석표에 표기된 오차분산에 관한 사항으로 틀린 것은?

① 오차분산의 신뢰구간 추정은 χ^2분포를 활용한다.
② 오차의 불편분산이 요인의 불편분산보다 클 수는 없다.
③ 오차분산은 요인으로서 취급하지 않은 다른 모든 분산을 포함하고 있다.
④ 오차분산은 반복 실험을 할 경우 요인의 교호작용이 분리되어 순수오차를 분석할 수 있다.

해설 요인의 불편분산이 오차의 불편분산보다 작은 경우는 유의하지 않은 경우로, 기술적 검토를 거쳐 오차항에 풀링하여 분석하게 된다.

정답 17.① 18.③ 19.③ 20.②

제2과목 통계적 품질관리

21 다음 [표]는 주사위를 60회 던져서 1부터 6까지의 눈이 몇 회 나타나는가를 기록한 것이다. 이 주사위에 관한 적합도 검정을 하고자 할 때, 검정통계량(χ_0^2)은 얼마인가?

눈	1	2	3	4	5	6
관측치	9	12	13	9	11	6

① 1.9
② 2.5
③ 3.2
④ 4.5

해설

$$\chi_0^2 = \frac{\sum_i (X_i - E_i)^2}{E_i}$$
$$= \frac{(9-10)^2 + (12-10)^2 + \cdots + (6-10)^2}{10}$$
$$= 3.2$$

(단, $E_i = nP = 60 \times \frac{1}{6} = 10$이다.)

22 $\bar{x} - R$ 관리도의 운용에서 $\bar{x}$ 관리도는 아무 이상이 없으나, R관리도의 타점이 관리한계 밖으로 벗어났을 때 판정으로 가장 타당한 것은?

① 공정산포에 변화가 일어났을 가능성이 높다.
② 공정평균에 변화가 일어났을 가능성이 높다.
③ 공정평균과 공정산포에 모두 변화가 일어났을 가능성이 높다.
④ $\bar{x}$ 관리도는 이상이 없으므로 공정의 변화가 발생하지 않은 것으로 간주할 수 있다.

해설 R관리도는 정밀도를 감시하는 도구로서, 비관리상태인 경우 정확도를 관리하는 $\bar{x}$ 관리도의 해석은 의미가 없다. 왜냐하면 $\bar{x}$ 관리도의 관리한계선은 우연변동(σ_w^2)인 $\bar{R}$로 정의되기 때문이다. 만약에 $\bar{R}$에 이상변동이 내포되어 있다면 $\bar{x}$ 관리도의 판정기준선이 모호해져서, 평균의 변화 여부를 검출하기 어렵다. 따라서 $\bar{x}$관리도가 이탈점이 없다고 관리상태인 것이 결코 아니다. 정밀도가 깨지면 정확도도 깨질 확률이 대단히 높기 때문이다.

23 다음 중 확률변수의 확률분포에 관한 설명으로 틀린 것은?

① t 분포를 따르는 확률변수를 제곱한 확률변수는 F 분포를 한다.
② 정규분포를 따르는 확률변수를 제곱한 확률변수는 F 분포를 한다.
③ 정규분포를 따르는 서로 독립된 n개의 확률변수의 합은 정규분포를 한다.
④ 푸아송분포를 따르는 서로 독립된 n개의 확률변수의 합은 푸아송분포를 한다.

해설
- $t_{1-\alpha/2}(\nu) = \sqrt{F_{1-\alpha}(1 \cdot \nu)}$
- $u_{1-\alpha/2}^2 = \chi_{1-\alpha}^2(1)$

24 통계량의 점추정치에 관한 조건에 해당하지 않는 것은?

① 유효성(efficiency)
② 일치성(consistency)
③ 랜덤성(randomness)
④ 불편성(unbiasedness)

해설 추정치 사용의 4원칙
- 불편성
- 유효성
- 일치성
- 충분성

25 어떤 정규모집단으로부터 $n=9$의 랜덤 샘플을 추출, $\bar{x}$를 구하여 $H_0: \mu=58$, $H_1: \mu \neq 58$의 가설을 1%의 유의수준으로 검정하려고 한다. 만일 $\sigma=6$이라면 H_0 채택역은? (단, $u_{0.975}=1.96$, $u_{0.995}=2.576$, $t_{0.975}(8)=2.306$, $t_{0.995}(8)=3.355$이다.)

① $51.300 < \bar{x} < 64.700$
② $52.848 < \bar{x} < 63.152$
③ $53.388 < \bar{x} < 62.612$
④ $54.080 < \bar{x} < 61.920$

해설

$$R_L = \mu - u_{1-0.005}\frac{\sigma}{\sqrt{n}} = 58 - 2.576 \times \frac{6}{\sqrt{9}} = 52.848$$
$$R_U = \mu + u_{1-0.005}\frac{\sigma}{\sqrt{n}} = 58 + 2.576 \times \frac{6}{\sqrt{9}} = 63.152$$

(단, R_L은 하측 기각점, R_U는 상측 기각점이다.)

 정답 21.③ 22.③ 23.② 24.③ 25.②

26 모집단 비율(p)에 대한 100(1−α)% 양측 신뢰구간의 폭을 $2A$ 이상 되지 않게 추정하기 위한 표본 크기(n)를 결정할 때의 식으로 맞는 것은?

① $n \ge u^2_{1-\frac{\alpha}{2}} \dfrac{p(1-p)}{A^2}$

② $n \le u^2_{1-\frac{\alpha}{2}} \dfrac{p(1-p)}{A^2}$

③ $n \ge u^2_{1-\alpha} \dfrac{p(1-p)}{A^2}$

④ $n \le u^2_{1-\alpha} \dfrac{p(1-p)}{A^2}$

해설 신뢰구간 폭이 $2A$이면, $\beta = A$가 된다.

$$\beta = u_{1-\alpha/2}\sqrt{\frac{p(1-p)}{n}} \Rightarrow n = \frac{u^2_{1-\alpha/2}\, p(1-p)}{\beta^2}$$

※ 모비율은 모를 때는 예비조사를 하여 추정치 $\hat{p}$을 구하여 모수 p 대신 사용하고, 여론조사와 같이 예비조사를 행할 수 없는 경우에는 p의 최대치인 0.5를 사용한다.

27 부선 5척으로 광석이 입하되고 있다. 부선 5척은 각각 200톤, 300톤, 500톤, 800톤, 400톤씩 싣고 있다. 각 부선으로부터 광석을 풀 때 100톤 간격으로 인크리먼트를 떠서 이것을 대량 시료로 혼합할 경우 샘플링의 정밀도는 약 얼마인가? (단, 이 광석은 이제까지의 실험으로부터 100톤 내의 인크리먼트 간의 산포(σ_w)가 0.8인 것을 알고 있다.)

① 0.03　② 0.036
③ 0.05　④ 0.08

해설 $\sigma_{\bar{\bar{x}}}{}^2 = \dfrac{\sigma_w{}^2}{\sum n_i} = \dfrac{0.8^2}{22} = 0.029$

28 슈하트 관리도에서 점의 배열과 관련하여 이상원인에 의한 변동의 판정규칙에 해당되지 않는 것은?

① 15개의 점이 중심선의 위아래에서 연속적으로 1σ 이내의 범위에 있는 경우
② 중심선 어느 한쪽으로 연속 6점이 타점되는 경우
③ 3개의 점 중에서 2개의 점이 중심선의 한쪽에서 연속적으로 $2\sigma \sim 3\sigma$의 범위에 있는 경우
④ 5개의 점 중에서 4개의 점이 중심선의 한쪽에서 연속적으로 $1\sigma \sim 3\sigma$의 범위에 있는 경우

해설 연(Run)이 9인 경우 비관리상태로 판정한다.

29 어떤 모집단의 평균이 기존에 알고 있는 모평균보다 큰지를 알아보려고 하는데, 모표준편차값을 모르고 있다. 이에 대해 검정한 결과 귀무가설이 기각되었다면, 새로운 모평균의 신뢰한계를 구하는 추정식으로 맞는 것은?

① $\mu \ge \bar{x} - t_{1-\alpha}(\nu)\dfrac{s}{\sqrt{n}}$

② $\mu \ge \bar{x} + t_{1-\alpha}(\nu)\dfrac{s}{\sqrt{n}}$

③ $\mu = \bar{x} \pm u_{1-\alpha/2}\dfrac{\sigma}{\sqrt{n}}$

④ $\mu = \bar{x} \pm t_{1-\alpha/2}(\nu)\dfrac{s}{\sqrt{n}}$

해설 가설이 $H_0 : \mu \le \mu_0$, $H_1 : \mu > \mu_0$인 한쪽 검정에서 H_0 기각 시, 모평균의 추정은 신뢰하한값만을 추정하는 한쪽 추정이 된다. 모표준편차 σ미지인 경우는 t분포, σ기지인 경우는 표준정규분포가 적용된다.

30 검사특성곡선(OC 곡선)에 대한 설명으로 틀린 것은?

① 로트의 부적합품률과 로트의 합격확률과의 관계를 나타낸 그래프이다.
② OC 곡선에 의한 샘플링검사를 하면 나쁜 로트를 합격시키는 위험은 없다.
③ OC 곡선의 기울기가 급해지면 생산자 위험이 증가하고 소비자 위험이 감소한다.
④ OC 곡선에서 로트의 합격확률은 초기하분포, 이항분포, 푸아송분포에 의하여 구할 수 있다.

해설 OC 곡선에 의한 샘플링검사는 바람직하지 않은 품질의 Lot가 합격할 확률이 $\beta \fallingdotseq 0.10$이 된다.

31 빨간 공이 3개, 하얀 공이 5개 들어 있는 주머니에서 임의로 2개의 공을 꺼냈을 때, 2개 모두 하얀 공일 확률은 얼마인가?

① $\dfrac{3}{14}$　② $\dfrac{9}{28}$

③ $\dfrac{5}{14}$　④ $\dfrac{11}{28}$

해설 $P(X=2) = \dfrac{5}{8} \times \dfrac{4}{7} = \dfrac{20}{56} = \dfrac{5}{14}$

※ 비복원 추출방식(초기하분포)

$$P(X=2) = \frac{{}_3C_0 \times {}_5C_2}{{}_8C_2} = \frac{5}{14}$$

32 모집단으로부터 4개의 시료를 각각 뽑은 결과의 분포가 $X_1 \sim N(5,\ 8^2)$, $X_2 \sim N(25,\ 4^2)$이고, $Y=3X_1-2X_2$일 때, Y의 분포는 어떻게 되겠는가? (단, X_1, X_2는 서로 독립이다.)

① $Y \sim N(-35,\ (\sqrt{160})^2)$
② $Y \sim N(-35,\ (\sqrt{224})^2)$
③ $Y \sim N(-35,\ (\sqrt{512})^2)$
④ $Y \sim N(-35,\ (\sqrt{640})^2)$

해설 $Y=3X_1-2X_2$

• $E(Y)=E(3X_1-2X_2)$
$=3E(X_1)-2E(X_2)$
$=(3\times5)-(2\times25)=-35$

• $V(Y)=V(3X_1-2X_2)$
$=3^2V(X_1)+2^2V(X_2)$
$=(3^2\times8^2)+(2^2\times4^2)=640$

33 계량규준형 1회 샘플링검사에서 모집단의 표준편차를 알고 특성치가 낮을수록 좋은 경우, 로트의 평균치를 보증하려고 할 때 합격되는 경우는?

① $\bar{x} \geq S_U-k\sigma$
② $\bar{x} \geq m_o-G_o\sigma$
③ $\bar{x} \leq S_U+k\sigma$
④ $\bar{x} \leq m_o+G_o\sigma$

해설 • 합격판정선 : $\overline{X}_U=m_o+k_\alpha\dfrac{\sigma}{\sqrt{n}}$

(단, $G_o=\dfrac{k_\alpha}{\sqrt{n}}$ 이다.)

• 판정 : $\bar{x} \leq \overline{X}_U$ 이면, Lot 합격

34 군의 수 k=40, n=4인 $\bar{x}-R$ 관리도에서 $\bar{\bar{x}}$=27.70, $\overline{R}$=1.02이다. 군내변동 $\hat{\sigma}_w$는 약 얼마인가? (단, n=4일 때, d_2=2.059, d_3=0.88이다.)

① 0.495　② 0.693
③ 1.159　④ 13.453

해설 $\hat{\sigma}_w=\dfrac{\overline{R}}{d_2}=\dfrac{1.02}{2.056}$
$=0.495$

35 군의 크기 n=4의 $\bar{x}-R$관리도에서 $\bar{\bar{x}}$=18.50, $\overline{R}$=3.09인 관리상태이다. 지금 공정평균이 15.50으로 변경되었다면, 본래의 3σ 한계로부터 벗어날 확률은? (단, n=4일 때 d_2=2.059이다.)

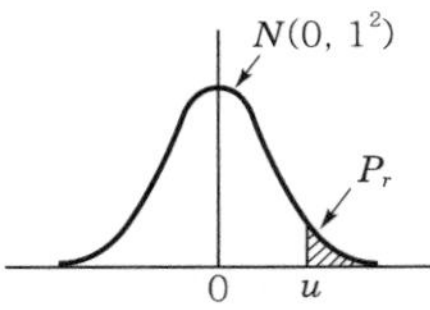

μ	P_r
1.00	0.1587
1.12	0.1335
1.50	0.0668
2.00	0.0228

① 0.1587　② 0.1335
③ 0.8665　④ 0.8413

해설 $1-\beta=P(\bar{x} \leq L_{CL})=P\left(u \leq \dfrac{L_{CL}-\mu'}{\hat{\sigma}/\sqrt{n}}\right)$

• $L_{CL}=\bar{\bar{x}}-3\dfrac{\overline{R}}{\sqrt{n}\cdot d_2}$
$=18.50-3\times\dfrac{3.09}{\sqrt{4}\times2.059}=16.25$

• $\mu'=15.50$

• $\hat{\sigma}=\dfrac{\overline{R}}{d_2}=\dfrac{3.09}{2.059}=1.5$

따라서, $1-\beta=P\left(u \leq \dfrac{16.25-15.50}{1.5/\sqrt{4}}\right)=P(u \leq 1)$
$=0.8413$

※ 공정평균이 하향 이동되었으므로, $P(\bar{x} \geq U_{CL})=0$이다.

36 다음 중 샘플링 방법에 관한 설명으로 틀린 것은?

① 집락샘플링은 로트 간 산포가 크면, 추정의 정밀도가 나빠진다.
② 층별샘플링은 로트 내 산포가 크면, 추정의 정밀도가 나빠진다.
③ 사전에 모집단에 대한 정보나 지식이 없을 경우, 단순랜덤샘플링이 적당하다.
④ 2단계 샘플링은 단순랜덤샘플링에 비해 추정의 정밀도가 우수하고, 샘플링 조작이 용이하다.

해설
① 집락샘플링 : $\sigma_{\bar{\bar{x}}}^2=\dfrac{\sigma_b^2}{m}$

② 층별샘플링 : $\sigma_{\bar{\bar{x}}}^2=\dfrac{\sigma_w^2}{\Sigma n_i}$

③ 단순랜덤샘플링 : $\sigma_{\bar{x}}^2=\dfrac{\sigma_x^2}{n}$

④ 2단계 샘플링 : $\sigma_{\bar{\bar{x}}}^2=\dfrac{\sigma_b^2}{m}+\dfrac{\sigma_w^2}{\Sigma n_i}$

단, $\Sigma n_i=m\bar{n}$이다.

 정답 32.④ 33.④ 34.① 35.④ 36.④

37 계수값 축차 샘플링검사 방식(KS Q ISO 28591)에서 100아이템당 부적합수 검사를 하는 경우, 1회 샘플링검사의 샘플 크기를 11개로 이미 알고 있다. 누계 검사중지치(n_t)는 얼마인가?

① 16개 ② 17개
③ 19개 ④ 21개

해설 $n_t = 1.5n_0 = 1.5 \times 11 = 16.5 ≒ 17$개

38 A, B 두 사람의 작업자가 동일한 기계부품의 길이를 측정한 결과 다음과 같은 데이터를 얻었다. A작업자가 측정한 것이 B작업자의 측정치보다 크다고 할 수 있겠는가? (단, $\alpha = 0.05$, $t_{0.95}(5) = 2.015$이다.)

구분	1	2	3	4	5	6
A	89	87	83	80	80	87
B	84	80	70	75	81	75

① 데이터가 7개 미만이므로 위험률 5%로는 검정할 수가 없다.
② A작업자가 측정한 것이 B작업자의 측정치보다 크다고 할 수 있다.
③ A작업자가 측정한 것이 B작업자의 측정치보다 크다고 할 수 없다.
④ 위의 데이터로는 시료 크기가 7개 이하이므로 귀무가설을 채택하기에 무리가 있다.

해설 1. 가설
$H_0 : \Delta \le 0$
$H_1 : \Delta > 0$ (단, $\Delta = \mu_A - \mu_B$이다.)
2. 유의수준 : $\alpha = 0.05$
3. 검정통계량 : $t_0 = \dfrac{\overline{d} - \Delta}{s_d/\sqrt{n}} = \dfrac{6.83 - 0}{4.806/\sqrt{6}} = 3.481$
4. 기각치 : $t_{1-0.05}(5) = 2.015$
5. 판정 : $t_0 > 2.015$이므로, H_0 기각
따라서, A작업자가 측정한 길이가 B작업자의 측정치보다 크다고 할 수 있다.

39 100개의 표본에서 구한 데이터로부터 두 변수의 상관계수를 구하였더니 0.8이었다. 모상관계수가 0이 아니라면, 모상관계수와 기준치와의 상이검정을 위하여 z변환할 경우 z의 값은 약 얼마인가? (단, 두 변수 x, y는 모두 정규분포에 따른다.)

① −1.099 ② −0.8
③ 0.8 ④ 1.099

해설
$$z = \frac{1}{2}\ln\frac{1+r}{1-r}$$
$$= \tanh^{-1}0.8$$
$$= 1.099$$

40 500개가 1로트로 취급되고 있는 어떤 제품이 있다. 그 중 490개는 적합품, 10개는 부적합품이다. 부적합품 중 5개는 각각 1개씩의 부적합을 지니고 있으며, 4개는 각각 2개씩을, 그리고 1개는 3개의 부적합을 지니고 있다. 이 로트의 100아이템당 부적합수는 얼마인가?

① 1.6 ② 3.2
③ 4.9 ④ 10.0

해설
$$u = \frac{c}{n} \times 100$$
$$= \frac{5\times1 + 4\times2 + 1\times3}{500} \times 100$$
$$= 3.2/100\text{개}$$

제3과목 생산시스템

41 다음 중 작업자 공정분석에 관한 설명으로 틀린 것은?

① 창고, 보전계의 업무와 경로 개선에 적용된다.
② 제품과 부품의 개선 및 설계를 위한 분석이다.
③ 기계와 작업자 공정의 관계를 분석하는 데 편리하다.
④ 이동하면서 작업하는 작업자의 작업위치, 작업순서, 작업동작 개선을 위한 분석이다.

해설 제품과 부품의 개선에는 세밀공정분석, 가치분석 등이 해당된다.

42 MRP 시스템의 투입자료가 아닌 것은?

① 자재명세서(bill of materials)
② 제품설계도(product drawing)
③ 재고기록파일(inventory record file)
④ 대일정계획(master production schedule)

해설 MRP 시스템의 주요 입력자료는 ①, ③, ④의 3개를 필요로 한다.

정답 37.② 38.② 39.④ 40.② 41.② 42.②

43 종래 독립적으로 운영되어 온 생산, 유통, 재무, 인사 등의 단위별 정보시스템을 하나로 통합하여, 수주에서 출하까지의 공급망과 기간업무를 지원하는 통합된 자원관리시스템은?

① JIT(Just In Time)
② ERP(Enterprise Resources Planning)
③ BPR(Business Process Reengineering)
④ MRP(Material Requirements Planning)

해설 MRP시스템에 필요한 입력요소는 ① 자재명세서, ② 주생산일정계획, ③ 재고기록철이다.

44 원자재를 가공하여 제품을 생산하는 제조공장을 대상으로 수행하는 방법연구에서 작업구분이 큰 것부터 순서대로 나열한 것은?

① 공정 – 단위작업 – 요소작업 – 동작요소
② 공정 – 단위작업 – 동작요소 – 요소작업
③ 공정 – 요소작업 – 단위작업 – 동작요소
④ 공정 – 요소작업 – 동작요소 – 단위작업

45 시계열분석에 의한 수요예측모형에서 승법모델의 식으로 맞는 것은? (단, 추세변동은 T, 순환변동은 C, 계절변동은 S, 불규칙변동은 I, 판매량은 Y이다.)

① $Y=\frac{T\times C}{S\times I}$
② $Y=T\times C\times S\times I$
③ $Y=\frac{T\times C\times S}{I}$
④ $Y=(T\times C)-(S\times I)$

해설 시계열분석은 4가지 변동요인 T, C, S, I 모두를 고려하는 분석법으로, $Y=T\times C\times S\times I$로 예측한다.

46 순위가 있는 두 대의 기계를 거쳐 수행되는 작업들의 총작업시간을 최소화하는 투입순서를 결정하는 데 가장 중요한 것은?

① 작업의 납기순서
② 투입되는 작업자의 수
③ 공정별 · 작업별 소요시간
④ 시스템 내 평균 작업 수

해설 존슨 법칙에 관한 사항이다.

47 총괄생산계획(APP) 기법 중 선형 결정기법(LDR)에서 사용되는 근사 비용함수에 포함되지 않는 비용은?

① 잔업비용
② 설비투자비용
③ 고용 및 해고 비용
④ 재고비용 · 재고부족비용 · 생산준비비용

해설 LDR법은 고용수준과 조업도의 결정문제를 계량화하여 이들의 최적 결정모델을 제시한 것으로, 판정함수 요인으로는 ①, ③, ④와 정규임금 코스트의 4가지가 사용된다.

48 설비종합효율을 관리함에 있어 품질을 안정적으로 유지하기 위해 초기제품을 검수하고 리셋(reset)하는 작업에 해당되는 로스는?

① 속도저하로스
② 고장로스
③ 일시정지로스
④ 초기수율로스

해설 정지로스 중 "작업준비 조정로스"는 초기생산 시 최초로 양품이 되기까지의 정지시간으로 시간적 로스를 의미하며, 불량로스인 "초기수율로스"는 초기생산 시 발생하는 물량적 로스가 된다.

49 JIT를 적용하는 생산현장에서 부품의 수요율이 1분당 3개이고, 용기당 30개의 부품을 담을 수 있을 때 필요한 간판의 수와 최대재고수는? (단, 작업장의 리드타임은 100분이다.)

① 간판수 = 5, 최대재고수 = 100
② 간판수 = 10, 최대재고수 = 200
③ 간판수 = 10, 최대재고수 = 300
④ 간판수 = 20, 최대재고수 = 400

해설
- 간판수 $=\frac{3\times 100}{30}=10\left(N=\frac{DT}{C}\right)$
- 최대재고수 $=10\times 30=300$

50 다음 중 유사한 생산흐름을 갖는 제품들을 그룹화하여 생산효율을 증대시키려고 하는 설비의 배치방식은?

① GT 배치
② 공정별 배치
③ 라인 배치
④ 프로젝트 배치

해설 다품종 소량생산의 한계를 극복하는 생산방식으로 GT(집적가공방법)라고 한다.

 정답 43.② 44.① 45.② 46.③ 47.② 48.④ 49.③ 50.①

51 동작경제의 원칙 중 신체 사용에 관한 원칙으로 맞는 것은?

① 모든 공구나 재료는 정위치에 두도록 하여야 한다.
② 팔 동작은 곡선보다는 직선으로 움직이도록 설계한다.
③ 근무시간 중 휴식이 필요한 때에는 한 손만 사용한다.
④ 두 손의 동작은 동시에 시작하고 동시에 끝나도록 한다.

해설 ①은 작업장 배치에 관한 원칙이다.
② 팔동작은 직선보다는 곡선으로 움직이도록 설계한다.
③ 휴식시간을 제외하고는 동시에 두 손이 쉬어서는 안 된다.

52 PERT 기법에서 최조시간(TE ; earliest possible time)과 최지시간(TL ; latest allowable time)의 계산방법으로 맞는 것은?

① TE, TL 모두 전진계산
② TE, TL 모두 후진계산
③ TE는 전진계산, TL은 후진계산
④ TE는 후진계산, TL은 전진계산

해설 PERT에서 단계의 시간은 전진계산으로 누적되는 TE와 후진계산으로 차감되는 TL로 구성된다.

53 어떤 제품의 판매가격은 1000원, 생산량은 20000개이다. 이 제품의 고정비는 1200000원, 변동비는 4000000원일 때, 이 제품의 손익분기점 매출액은 얼마인가?

① 1000000원 ② 1500000원
③ 2000000원 ④ 2500000원

해설
$$BEP=\frac{F}{1-\frac{V}{S}}=\frac{1200000}{1-\frac{400000}{20000\times1000}}=1500000$$

54 다음 중 누적예측오차(Cumulative sum of Forecast Errors)를 절대평균편차(Mean Absolute Deviation)로 나눈 것을 무엇이라고 하는가?

① TS(추적지표) ② SC(평활상수)
③ MSE(평균제곱오차) ④ CMA(평균중심이동)

해설
$$TS=\frac{\sum(A_i-F_i)}{\frac{\sum|A_i-F_i|}{n}}=\frac{CFE}{MAD}$$
※ TS는 0에 가까울수록 예측이 정확해진다.

55 설비의 일생(life cycle)을 통하여 설비 자체의 비용과 보전 등 설비의 운전과 유지에 드는 일체의 비용과 설비 열화에 의한 손실과의 합을 저하시키는 것으로서, 생산성을 높이는 것과 관련이 없는 것은?

① 가치관리 ② 생산보전
③ 설비관리 ④ 예방보전

해설 • 가치관리는 원가절감과 제품관리를 동시에 추구하는 경영기법으로, 설비보전과는 관계가 없다.
• 생산보전은 보전예방(MP), 예방보전(PM), 사후보전(BM), 개량보전(CM)을 모두 포함하는 보전이다.

56 어느 작업자의 시간연구 결과 평균작업시간이 단위당 20분이 소요되었다. 작업자의 레이팅계수는 95%이고, 여유율은 정미시간의 10%일 때, 외경법에 의한 표준시간은 얼마인가?

① 14.5분 ② 16.4분
③ 18.1분 ④ 20.9분

해설 $ST=NT(1+A)=20\times0.95\times(1+0.1)=20.9$분

57 테일러 시스템과 포드 시스템에 관한 특징이 올바르게 짝지어진 것은?

① 테일러 시스템 – 직능식 조직
② 포드 시스템 – 기초적 시간연구
③ 포드 시스템 – 차별적 성과급제
④ 테일러 시스템 – 저가격, 고임금의 원칙

해설 테일러 시스템은 개발생산 시스템 시간연구의 효시이며, 포드 시스템은 대량생산 시스템의 효시가 되었다.

58 작업우선순위 결정기법 중 긴급률(CR ; Critical Ratio) 규칙에 대한 설명으로 틀린 것은?

① CR＝잔여납기일수/잔여작업일수
② CR값이 작을수록 작업의 우선순위를 빠르게 한다.
③ 긴급률 규칙은 주문생산시스템에서 주로 활용된다.
④ 긴급률 규칙은 설비 이용률에 초점을 두고 개발한 방법이다.

해설 ④ 긴급률 규칙은 납기에 초점을 두고 개발한 방법이다.

정답 51.④ 52.③ 53.② 54.① 55.① 56.④ 57.① 58.④

59 분산구매의 장점이 아닌 것은?

① 자주적 구매가 가능하다.
② 긴급수요의 경우 유리하다.
③ 가격이나 거래조건이 유리하다.
④ 구매수속이 간단하여 신속하게 처리할 수 있다.

해설 대량구매로 가격과 거래조건이 유리해지는 것은 집중구매이다.

60 재고 저장공간을 품목별로 두 칸으로 나누고, 위 칸에는 운전재고를, 아래 칸에는 재주문점에 해당하는 재고를 쌓아둠으로써, 위 칸에 재고가 없으면 재주문점에 이르렀음을 시각적으로 파악할 수 있는 방법은?

① EPQ
② 정기발주방식
③ 콕(cock) 시스템
④ 더블빈(double-bin)법

해설 문제에서 설명하는 것은 더블빈법이고, 콕 시스템은 부족한 부분을 보충하는 보충발주방식에 해당된다.

제4과목 신뢰성 관리

61 와이블(Weibull) 확률지를 이용한 신뢰성 척도 추정 방법의 설명 중 틀린 것은? (단, t는 시간이고, $F(t)$는 t의 분포함수이다.)

① 평균수명은 $\eta \cdot \Gamma\left(1+\frac{1}{m}\right)$로 추정한다.
② 모분산 $\sigma^2=\eta^2 \cdot \left[\Gamma\left(1+\frac{2}{m}\right)-\Gamma^2\left(1+\frac{1}{m}\right)\right]$로 추정한다.
③ 와이블(Weibull) 확률지의 X축의 값은 t, Y축의 값은 $\ln\ln(1-F(t))$이다.
④ 특성수명 η의 추정값은 타점의 직선이 $F(t)=63\%$인 선과 만나는 점의 t눈금을 읽으면 된다.

해설 X축은 $\ln t$, Y축은 $\ln\ln\frac{1}{1-F(t)}$이다.

62 어떤 기기의 수명이 평균 500시간, 표준편차 50시간인 정규분포를 따른다. 이 제품을 400시간 사용하였을 때의 신뢰도는 약 얼마인가? (단, $u_{0.9938}=2.5$, $u_{0.9772}=2.0$, $u_{0.9332}=1.5$, $u_{0.8413}=1.0$이다.)

① 0.8413 ② 0.9332
③ 0.9772 ④ 0.9938

해설 정규분포 신뢰도

$$R(t=400)=P\left(z\geq\frac{400-500}{50}\right)=P(z\geq -2)=0.9772$$

63 다음 FMEA의 절차를 순서대로 나열한 것은?

㉠ 시스템의 분해수준을 결정한다. ㉡ 블록마다 고장모드를 열거한다. ㉢ 효과적인 고장모드를 선정한다. ㉣ 신뢰성 블록도를 작성한다. ㉤ 고장등급이 높은 것에 대한 개선 제안을 한다.

① ㉠-㉡-㉢-㉣-㉤
② ㉢-㉤-㉠-㉣-㉡
③ ㉣-㉤-㉡-㉠-㉢
④ ㉠-㉣-㉡-㉢-㉤

해설 시스템의 분해수준을 결정하고 신뢰성 블록도를 작성한 후, 블록에서 효과적 고장모드(1등급 고장, 2등급 고장)를 선정하여 FMEA의 등급 결정을 한다.

64 1000시간당 고장률이 각각 2.8, 3.6, 10.2, 3.4인 부품 4개를 직렬 결합으로 설계한다면 이 기기의 평균수명은 약 얼마인가? (단, 각 부품의 고장밀도함수는 지수분포를 따른다.)

① 50시간 ② 98시간
③ 277시간 ④ 357시간

해설

$$MTBF_S=\frac{1}{\lambda_S}=\frac{1}{\Sigma\lambda_i}=\frac{1}{(2.8+3.6+10.2+3.4)}\times 10^3=50\text{시간}$$

※ $R_S(t)=e^{-\lambda_S t}=e^{-(2.8+3.6+10.2+3.4)\times 10^{-3}\times t}$

정답 59.③ 60.④ 61.③ 62.③ 63.④ 64.①

65 시스템의 FT(Fault Tree)도가 [그림]과 같을 때 이 시스템의 블록도로 맞는 것은?

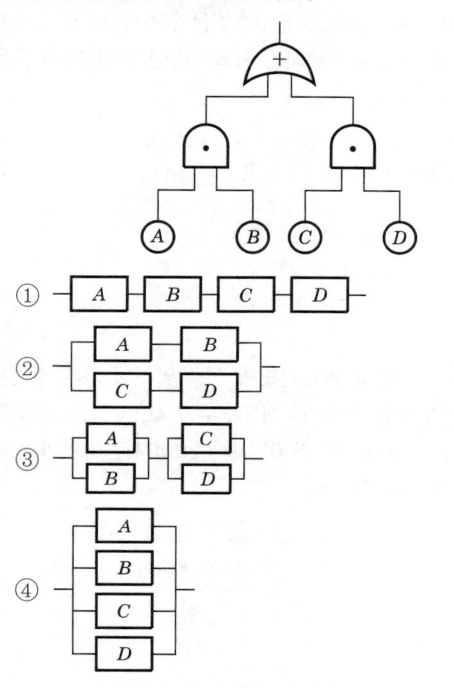

해설 FT도는 신뢰성 블록도와 반대 개념이다. 신뢰성 블록도에서 OR 게이트는 직렬, And 게이트는 병렬 구조가 된다.

66 어떤 부품을 신뢰수준 90%, $C=1$에서 $\lambda_1=1\%/10^3$ 시간임을 보증하기 위한 계수 1회 샘플링검사를 실시하고자 한다. 이때 시험시간 t를 1000시간으로 할 때, 샘플 수는 몇 개인가? (단, 신뢰수준은 90%로 한다.)

[계수 1회 샘플링검사표]

C \ $\lambda_1 t$	0.05	0.02	0.01	0.0005
0	47	116	231	461
1	79	195	390	778
2	109	233	533	1065
3	137	266	688	1337

① 79 ② 195
③ 390 ④ 778

해설 $C=1$과 $\lambda_1 t = 1\%/10^3 \times 1000 = 0.01$을 교차시키면 샘플링검사표에서 $n=390$개가 구해진다.
※ $n=390$개의 샘플을 1000시간 시험하는 동안 고장개수 $r \le C$인 경우 로트를 합격시킨다.

67 가속계수가 12인 가속수준에서 총 시료 10개 중 5개의 부품이 고장 났을 때, 시험을 중단하여 다음의 데이터를 얻었다. 정상사용조건에서의 평균수명은? (단, 이 부품의 수명은 가속수준과 상관없이 지수분포를 따른다.)

24	72	168	300	500

① 59.4hr
② 356.4hr
③ 2553.6hr
④ 8553.6hr

해설 $MTBF_n = AF \times MTBF_s$

단, $MTBF_s = \dfrac{1064+(10-5)\times 500}{5} = 712.8$

$\therefore MTBF_n = 12 \times 712.8 = 8553.6\text{hr}$

68 다음 FTA에서 정상사상의 고장확률은 약 얼마인가? (단, $F_A=0.02$, $F_B=0.05$, $F_C=0.03$이다.)

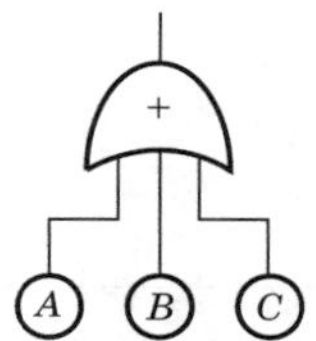

① 0.0003 ② 0.0969
③ 0.9030 ④ 0.9931

해설 FTA(OR gate)

$$F_{\text{TOP}} = 1-\Pi(1-F_i) = 1-(1-0.02)(1-0.05)(1-0.03) = 0.09693$$

69 4개의 브레이크 라이닝 마모실험을 하여 수명을 측정하였더니, 200, 270, 310, 440시간으로 나타났다. 270시간에서의 평균순위법의 $F(t)$는 얼마인가?

① 0.3333
② 0.3667
③ 0.4000
④ 0.6667

해설 $F(t_i) = \dfrac{i}{n+1} = \dfrac{2}{4+1} = 0.4$

정답 65.③ 66.③ 67.④ 68.② 69.③

70 계수 1회 샘플링검사(MIL-STD-690B)에 의하여 총시험시간을 9000시간으로 하여 고장개수가 0개이면 로트를 합격시키고 싶다. 로트 허용고장률이 0.0001/시간인 로트가 합격될 확률은 약 몇 %인가?

① 10.04% ② 20.04%
③ 30.66% ④ 40.66%

해설
$$L(\lambda_1)=\sum_{r=0}^{c}\frac{e^{-\lambda_1 T}(\lambda_1 T)^r}{r!}$$
$=e^{-\lambda_1 T}$ (단, $c=0$인 경우)
$=e^{-(0.0001\times 9000)}$
$=0.40657$

71 A, B, C 3개의 부품이 지수분포를 따르면서 직렬로 연결된 시스템의 $MTBF_S$를 100시간 이상으로 하고자 할 때, C의 $MTBF$는? (단, $MTBF_A$=300시간, $MTBF_B$=600시간이다.)

① 50 ② 100
③ 200 ④ 400

해설
$$MTBF_S=\frac{1}{\lambda_S}=\frac{1}{\lambda_A+\lambda_B+\lambda_C}$$
$$\rightarrow 100=\frac{1}{\frac{1}{300}+\frac{1}{100}+\frac{1}{MTBF_C}}$$
$\therefore\ MTBF_C=200$시간

72 대기 시스템에서 대기 중인 부품의 고장률을 0으로 가정하는 시스템은?

① Hot standby
② Warm standby
③ Cold standby
④ On-going standby

해설 ① 열대기(hot standby)란 병렬연결 상태로 작동되고 있는 경우이다.
② 온대기(warm standby)란 전원이 연결된 예열상태로 대기하고 있는 경우로, 예비부품은 작동에 필요한 에너지 일부를 공급받고 있다가, 전환될 때 전체 에너지를 공급받아 수초 내로 작동할 수 있는 대기이다.
③ 냉대기(cold standby)란 대기 부품의 구성요소가 완전히 교체되지 아니한 상태에서의 동작의 정지 및 휴지 상태를 말한다.

73 지수분포의 수명을 갖는 어떤 부품 10개를 수명시험하여 100시간이 되었을 때 시험을 중단하였다. 고장 난 부품의 수는 5개였고, 평균수명은 200시간으로 추정되었다. 이 부품을 100시간 사용한다면 누적고장확률은 약 얼마인가?

① 0.0050 ② 0.3935
③ 0.5000 ④ 0.6077

해설 $F(t=100)=1-e^{-\lambda t}$
$=1-e^{5\times 10^{-3}\times 100}$
$=0.3935$

74 알루미늄 전해 커패시터의 성능 열화에 따른 수명은 와이블분포를 따른다. 척도모수가 4000시간, 형상모수가 2.0, 위치모수가 0일 때, 2000시간에서의 신뢰도는 약 얼마인가?

① 0.5000 ② 0.5916
③ 0.7788 ④ 0.8564

해설 $R(t=2000)=e^{-\left(\frac{t-r}{\eta}\right)^m}$
$=e^{-\left(\frac{2000-0}{4000}\right)^2}$
$=0.7788$

75 초기고장기간에 발생하는 고장의 원인이 아닌 것은?

① 설계 결함
② 불충분한 보전
③ 조립상의 결함
④ 불충분한 번인(burn-in)

해설 ②항은 마모고장기의 고장발생 원인이다.

76 n개의 샘플이 모두 고장 날 때까지 기다리지 않고, 미리 계획된 시점 t_0에서 시험을 중단하는 시험은?

① 임의중단시험
② 정수중단시험
③ 가속수명시험
④ 정시중단시험

해설 중도중단시험은 정시중단시험과 정수중단시험의 방식이 있다. 정시중단시험은 시험 종료시간 t_0를 정하고, 정수중단시험은 시험 중단 고장개수 r을 정하여 시험을 행한다.

 정답 70.④ 71.③ 72.③ 73.② 74.③ 75.② 76.④

77 다음과 같이 전기회로를 3개의 부품으로 병렬 리던던시 설계를 했을 경우, 전기회로 전체의 신뢰도는 약 얼마인가? (단, 부품 1의 신뢰도는 0.9, 부품 2의 신뢰도는 0.9, 부품 3과 4의 신뢰도는 0.8이다.)

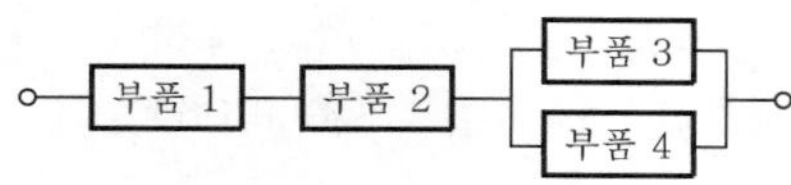

① 0.5184 ② 0.6480
③ 0.7128 ④ 0.7776

해설 $R_S = R_1R_2R_3 + R_1R_2R_4 - R_1R_2R_3R_4$
$= 0.7776$

78 어떤 재료의 강도는 평균이 40kg/mm^{2}이고, 표준편차가 4kg/mm^{2}인 정규분포를 따른다. 이 재료에 걸리는 부하는 평균이 25kg/mm^{2}이고, 표준편차가 3kg/mm^{2}이다. 이때 재료가 파괴될 확률은 약 얼마인가? (단, $P(u > 2)=0.02275$, $P(u > 3)=0.00135$이다.)

① 0.00135 ② 0.02275
③ 0.99725 ④ 0.99865

해설
$$P(x-y>0) = P\left(u \geq \frac{0-(\mu_x-\mu_y)}{\sqrt{{\sigma_x}^2+{\sigma_y}^2}}\right) = P\left(u \geq \frac{40-25}{\sqrt{4^2+3^2}}\right) = P(u \geq 3) = 0.00135$$
(여기서, x는 부하이고, y는 강도이다.)

79 지수분포의 수명을 갖는 8대의 튜너(tuner)에 대하여 회전수명시험을 실시한 결과 고장이 발생한 사이클 수는 다음과 같았다. 95%의 신뢰수준으로 평균수명에 대한 신뢰구간을 추정하면 약 얼마인가? (단, $\chi^2_{0.025}(16)=6.91$, $\chi^2_{0.975}(16)=28.85$이다.)

8712	21915	39400	54613
79000	110200	151208	204312

① $MTBF_L=29362$, $MTBF_U=89278$
② $MTBF_L=37246$, $MTBF_U=139327$
③ $MTBF_L=46403$, $MTBF_U=193737$
④ $MTBF_L=50726$, $MTBF_U=120829$

해설
- $MTBF_L = \dfrac{2T}{\chi^2_{0.975}(16)} = 46403$
- $MTBF_U = \dfrac{2T}{\chi^2_{0.025}(16)} = 193737$

80 10개의 부품에 대하여 500시간 수명시험 결과 38, 68, 134, 248, 470시간에 각각 고장이 발생하였을 때 평균 고장률의 추정치는? (단, 고장시간은 지수분포를 따른다.)

① 2.146×10^{-3}/시간
② 1.746×10^{-3}/시간
③ 1.546×10^{-3}/시간
④ 1.446×10^{-3}/시간

해설 $\hat{\lambda} = \dfrac{r}{T} = \dfrac{5}{(38+68+\cdots+470)+(10-5)\times 500}$
$= 1.446 \times 10^{-3}$/시간
※ 지수분포는 $\lambda(t) = \lambda = AFR(t)$인 분포이다.

제5과목 품질경영

81 품질관리의 기능은 4개의 기능으로 대별하여 사이클을 형성한다. 다음 중 품질관리의 기능에 포함되지 않는 것은?

① 품질의 보증 ② 품질의 설계
③ 품질의 관리 ④ 공정의 관리

해설 품질관리활동의 기능(Deming cycle)
- 품질의 설계(P)
- 공정의 관리(D)
- 품질의 보증(C)
- 품질의 조사 및 개선(A)

82 제조공정에 관한 사내표준화의 요건을 설명한 것으로 적당하지 않은 것은?

① 실행가능성이 있는 것일 것
② 내용이 구체적이고 객관적일 것
③ 내용이 신기술이나 특수한 것일 것
④ 이해관계자들의 합의에 의해 결정되어야 할 것

해설 신기술이나 특수한 것은 제조공정에서의 표준화 대상이 아니고, 설계가 끝난 후 양산단계 직전(제품 초기관리)에 제조공정에 관한 사내표준화가 이루어진다.

정답 77.④ 78.① 79.③ 80.④ 81.③ 82.③

83 제조물책임(PL)에 대한 설명으로 틀린 것은?

① 기업의 경우 PL법 시행으로 제조원가가 올라갈 수 있다.
② 제품에 결함이 있을 때 소비자는 제품을 만든 공정을 검사할 필요가 없다.
③ 제조물책임법(PL법)의 적용으로 소비자는 모든 제품의 품질을 신뢰할 수 있다.
④ 제품엔 결함이 없어야 하지만, 만약 제품에 결함이 있으면 생산, 유통, 판매 등의 일련의 과정에 관여한 자가 변상해야 한다.

해설 제조물책임법은 소비자가 피해를 보았을 때의 구제책으로, 품질의 신뢰와는 직접적 관계가 없다.

84 허츠버그가 제시한 위생요인과 동기유발요인 중 위생요인에 해당하지 않는 것은?

① 작업조건
② 대인관계
③ 책임의 증대
④ 조직의 정책과 방침

해설 **허츠버그(Herzberg) 이론**

1. 허츠버그 이론
   위생요인이 결핍되면 불만족이 발생하지만, 위생요인이 충족되어도 만족할 수 없고 불만족이 제거될 뿐이다. 또한 만족요인이 결핍되면 만족이 발생하지 않을 뿐이지 불만족이 발생하지는 않는다. 따라서, 허츠버그의 이론은 만족과 불만족이 하나의 연속선상에서의 대비관계가 있는 단일개념이 아니고, 별개의 독립적인 메커니즘에 의해 결정되는 두 개의 서로 다른 개념이라는 전제조건에서 출발한다.
2. 허츠버그의 위생요인과 동기요인
   - 위생요인(불만요인) : 회사정책과 관리, 감독, 근무환경, 임금(보수), 대인관계, 직무안전성
   - 동기요인(만족요인) : 성취감, 인정, 책임감, 능력·지식의 개발, 승진, 직무 자체, 성장과 발전, 자기개발

   여기서, 승진을 업무에 대한 인정이나 책무의 증진으로 보면 동기요인(내재적 요인)이 될 수 있고, 업무와 급여 등의 종합적 개념으로 보면 위생요인(외재적 요인)이라고도 할 수 있으나, 동기요인 쪽으로 해석하는 것이 보편적 경향이다.

※ Alderfer의 ERG 이론(욕구 3단계)
1. 존재욕구(Exstence)
2. 관계욕구(Relatedness)
3. 성장욕구(Growth)

85 $n=5$인 $\bar{x}-R$ 관리도에서 $\bar{\bar{x}}=0.790$, $\bar{R}=0.008$을 얻었다. 규격이 0.785~0.795인 경우의 공정능력비(process capability ratio)는 약 얼마인가? (단, $n=5$일 때, $d_2=2.326$이다.)

① 0.003 ② 0.484
③ 1.064 ④ 2.064

해설

$$D_P = \frac{6\sigma}{T} = \frac{6 \times \frac{0.008}{2.326}}{0.01} = 2.064$$

※ 공정능력비 D_P는 공정능력지수 C_P의 역수이다.

86 측정오차 중 가장 큰 영향을 미치는 요인은?

① 측정기 자체에 의한 오차
② 외부적인 영향에 의한 오차
③ 측정하는 사람에 의한 오차
④ 계측방법의 차이에 의한 오차

해설 **측정오차의 발생원인**
- 기기오차
- 개인오차
- 측정방법에 의한 오차
- 환경오차

※ 측정방법의 차이에 의한 오차가 가장 크다.

87 제조공정에 관한 사내표준의 요건이 아닌 것은?

① 필요시 신속하게 개정·향상시킬 것
② 직관적으로 보기 쉬운 표현을 할 것
③ 기록내용은 구체적이고 객관적일 것
④ 미래에 추진해야 할 사항을 포함할 것

해설 표준화란 현재 추진해야 하는 사항을 최적화시키는 것으로 발생하지 않은 미래의 사항을 표준화 대상으로 하지 않으며, 발생시점에서 제정 혹은 개정을 행한다.

88 품질코스트의 한 요소인 실패코스트와 적합비용과의 관계에 관한 설명으로 맞는 것은?

① 적합비용과 실패코스트는 전혀 무관하다.
② 적합비용이 증가되면 실패코스트는 줄어든다.
③ 적합비용이 증가되면 실패코스트는 더욱 높아진다.
④ 실패코스트는 총 품질코스트 중 극히 일부에 불과하므로 적합비용에 미치는 영향이 매우 적다.

정답 83.③ 84.③ 85.④ 86.④ 87.④ 88.②

해설

- 품질비용
  - 적합비용
    - 예방비용(P-cost)
    - 평가비용(A-cost)
  - 부적합비용
    - 사내 실패비용(IF-cost)
    - 사외 실패비용(EF-cost)

※ 적합비용이 증가할수록 부적합비용은 줄어든다.

89 규정된 요구사항이 충족되었음을 객관적 증거의 제시를 통하여 확인하는 것에 대한 용어는?

① 검토(review)
② 검사(inspection)
③ 검증(verification)
④ 모니터링(monitoring)

해설 ① 검토 : 수립된 목표달성을 위한 대상의 적절성, 충족성 또는 효과성에 대한 확인·결정
② 검사 : 규정된 요구사항에 대한 적합의 확인·결정
④ 모니터링 : 시스템, 제품, 서비스 또는 활동의 상태를 확인·결정

90 다음 중 버만(L.C. Verman)이 제시한 표준화 공간에서 표준화의 구조 중 국면(aspect)에 해당되지 않는 것은?

① 시방　② 공업기술
③ 등급 부여　④ 품종의 제한

해설 표준화 국면
- 용어
- 시방
- 샘플링과 검사
- 시험분석
- 품종의 제한
- 등급의 결정
- 작업기준

※ ② 공업기술은 영역(주제)에 따른 분류이다.

91 표준의 서식과 작성방법(KS A 0001)에서 규정하고 있는 표준의 요소에 관한 설명으로 틀린 것은?

① "참고(reference)"는 규정의 일부는 아니다.
② "해설(explanation)"은 표준의 일부는 아니다.
③ "본문(text)"은 조항의 구성부분의 주체가 되는 문장이다.
④ "보기(example)"는 본문, 그림, 표 안에 직접 넣으면 복잡하게 되므로 따로 기재하는 것이다.

해설 "보기"는 본문, 각주, 비고, 그림, 표 등에 나타나는 사항의 이해를 돕기 위한 예시를 뜻한다.
④항은 "보기"가 아닌, "비고"의 설명이다.

92 다음은 신QC 7가지 도구 중 어느 것을 설명한 것인가?

미지·미경험의 분야 등 혼돈된 상태 가운데서 사실, 의견, 발상 등을 언어 데이터에 의해 유도하여 이들 데이터를 정리함으로써 문제의 본질을 파악하고 문제의 해결과 새로운 발상을 이끌어내는 방법

① 계통도법
② 친화도법
③ 연관도법
④ 매트릭스법

해설 친화도(KJ)법에 대한 내용이다.

93 품질보증의 주요 기능으로서 최고경영자가 직접 관여하여 가장 먼저 실행해야 할 내용은?

① 품질보증의 확보
② 품질방침의 설정과 전개
③ 품질정보의 수집·해석·활용
④ 품질보증시스템의 구축과 운영

해설 품질방침의 설정과 전개는 최고경영자가 직접 관여하여 가장 먼저 실행해야 하는 사항이다. 이후 품질보증에 대한 활동은 ② → ④ → ① → ③ 순으로 이루어진다.

94 공차(Tolerance)에 대한 설명으로 틀린 것은?

① 공차란 품질특성의 총허용변동을 의미한다.
② 허용공차란 요구되는 정밀도를 규정하는 것이다.
③ 공차란 최대허용치수와 최소허용치수와의 차이를 의미한다.
④ 허용차는 공정 데이터로부터 구한 표준편차의 2배로 정하는 것이 일반적이다.

해설 허용차를 표준편차의 2배로 정하면 생산 전 부적합품률이 4.5%로 설계된다는 뜻이다. 공정 치우침을 고려한다면 적어도 4배 이상은 설계되어야 하며, 6배(6시그마)까지 요구되기도 한다.

정답 89.③ 90.② 91.④ 92.② 93.② 94.④

95 품질관리부서가 해야 하는 업무로 타당하지 않은 것은?

① 공정 모니터링
② 품질정보의 제공
③ 품질관련 훈련 및 교육 실시
④ 품질계획 및 보증체계 구축

해설 공정 모니터링은 제조 부문의 업무이다.

96 품질경영시스템 – 기본사항과 용어(KS Q ISO 9000 : 2015)에 기술된 품질경영원칙에 해당하지 않는 것은?

① 성과중시
② 인원의 적극참여
③ 증거기반 의사결정
④ 프로세스 접근법

해설 품질경영 7원칙
- 고객중시
- 리더십
- 인원의 적극참여
- 프로세스 접근법
- 개선
- 증거기반 의사결정
- 관계관리/관계경영

97 품질비용으로 볼 수 없는 것은?

① 교육훈련비
② 직접노무비
③ 스크랩 비용
④ 검사기기의 보수비

해설 ① 교육훈련비 : P–cost
③ 스크랩 비용 : F–cost
④ 검사기기의 보수비 : A–cost(PM 비용)
※ 품질비용(Q–cost)은 적합비용인 P–cost, A–cost와 부적합비용인 F–cost로 구성된다.

98 6시그마 혁신활동에서는 실제 공정품질변동이 여러 가지 원인(재료, 방법, 장치, 사람, 환경, 측정 등)에 의하여 이론적 중심평균이 얼마까지 흔들림을 허용하는가?

① $\pm 1.0\sigma$　② $\pm 1.5\sigma$
③ $\pm 2.0\sigma$　④ $\pm 3.0\sigma$

해설 공정이 관리상태하에 있더라도, 시간적 변동에 의해 공정평균은 $\mu \pm 1.5\sigma$까지 변화할 수 있다.

99 품질에 대해서 사용자의 만족감을 표현하는 주관적 측면과 요구조건과의 일치성을 표현하는 객관적 측면을 함께 고려한 품질의 이원적 인식방법에 관한 설명으로 틀린 것은?

① 역품질요소 : 품질에 대해 충족되든 충족되지 않든 만족도 불만도 없음
② 일원적 품질요소 : 품질에 대해 충족이 되면 만족, 충족되지 않으면 불만
③ 매력적 품질요소 : 품질에 대해 충족이 되면 만족을 주지만, 충족되지 않더라도 무방
④ 당연적 품질요소 : 품질에 대해 충족이 되면 당연하게 여기고, 충족되지 않으면 불만

해설 ①항은 무차별 품질요소에 관한 설명이다. 역품질요소는 충족되면 불만을 갖게 되는 역기능이 발생할 경우에 대한 품질에 관한 설명이다.

100 품질특성값의 규격은 50~60으로 규정되어 있다. 평균값이 55, 표준편차가 1인 공정의 시그마(σ) 수준은 어느 정도인가?

① 2시그마 수준　② 3시그마 수준
③ 4시그마 수준　④ 5시그마 수준

해설 $S_U - \mu = 5\sigma$, $\mu - S_L = 5\sigma$로, 공정평균에서 규격까지의 거리가 5σ로 정의되므로 5시그마 수준의 process이다.
※ 시그마 수준은 공정능력지수(C_P)에 3을 곱한 값으로 표시된다.

$$C_P = \frac{T}{6\sigma} = \frac{10\sigma}{6\sigma} = \frac{5}{3}$$

따라서, $\frac{5}{3} \times 3 = 5$시그마 수준이 된다.

정답 95.① 96.① 97.② 98.② 99.① 100.④

2024 제1회 품질경영기사

제1과목 실험계획법

1 2^3형 교락법 실험에서 $A \times B$ 효과를 블록과 교락시키고 싶은 경우 실험을 어떻게 배치해야 하는가?

① 블록 1 : a, ab, ac, abc
　블록 2 : (1), b, c, bc
② 블록 1 : (1), ab, c, abc
　블록 2 : a, b, ac, bc
③ 블록 1 : (1), ab, ac, bc
　블록 2 : a, b, c, abc
④ 블록 1 : b, ab, bc, abc
　블록 2 : (1), a, c, ac

해설
$$A \times B = \frac{1}{4}(a-1)(b-1)(c+1)$$
$$= \frac{1}{4}(ab+1+abc+c-ac-bc-a-b)$$

2 4종류의 제품 T_1, T_2, T_3, T_4에 대하여 각각 3개, 5개, 10개, 8개를 샘플로 취하여 시험한 경우, 외국제품과 국내제품 간의 차의 대비(L)는? (단, T_1 : 미국제품, T_2 : 일본 제품, T_3 : 국내 자사 제품, T_4 : 국내 타사 제품)

① $L = \dfrac{T_1 + T_2}{8} - \dfrac{T_3 + T_4}{18}$

② $L = \dfrac{T_1 + T_2}{18} - \dfrac{T_3 - T_4}{8}$

③ $L = \dfrac{(T_1 + T_2) - (T_3 + T_4)}{26}$

④ $L = \left(\dfrac{T_1}{3} - \dfrac{T_2}{5}\right) - \left(\dfrac{T_3}{10} - \dfrac{T_4}{8}\right)$

해설 $L = \dfrac{T_1 + T_2}{8} - \dfrac{T_3 + T_4}{18}$

3 $l=4$, $m=5$인 1요인배치 실험에서 분산분석 결과 인자 A가 1%로 유의적이었다. $S_T=2.478$, $S_A=1.690$이고, $\bar{x}_{1\cdot}=7.72$일 때, $\mu(A_1)$를 $\alpha=0.01$로 구간추정하면? (단, $t_{0.99}(16)=2.583$, $t_{0.995}(16)=2.921$이다.)

① $7.430 \le \mu(A_1) \le 8.010$
② $7.396 \le \mu(A_1) \le 8.044$
③ $7.433 \le \mu(A_1) \le 8.007$
④ $7.464 \le \mu(A_1) \le 7.976$

해설
$$\mu(A_1) = \bar{x}_{A_1} \pm t_{1-\alpha/2}(\nu_e)\sqrt{\frac{V_e}{m}}$$
$$= 7.72 \pm 2.921 \times \sqrt{\frac{0.04925}{5}}$$
$$= 7.430 \sim 8.010$$

4 2^5형의 1/4 일부실시법 실험에서 이중교락을 시켜 블록과 $ABCDE$, ABC, DE를 교락시켰다. AD의 별명관계가 아닌 것은?

① AB　　② AE
③ BCE　　④ BCD

해설
- $ABCDE \times AD = BCE$
- $ABC \times AD = BCD$
- $DE \times AD = AE$

(단, $A^2 = B^2 = C^2 = D^2 = E^2 = 1$이다.)

5 필요한 요인에 대해서만 정보를 얻기 위해서 실험의 횟수를 가급적 적게 하고자 할 경우 대단히 편리한 실험이지만, 고차의 교호작용은 거의 존재하지 않는다는 가정을 만족시켜야 하는 실험계획법은?

① 교락법
② 난괴법
③ 분할법
④ 일부실시법

해설 실험횟수를 줄이는 실험을 일부실시법이라고 한다.

정답 1.② 2.① 3.① 4.① 5.④

6 난괴법 실험(A : 모수인자, B : 변량인자)에서 다음의 분산분석표가 얻어졌다. 인자 B의 분산추정값($\hat{\sigma}_B^2$)은 약 얼마인가?

요인	SS	DF	MS	$E(MS)$
A	1.43	2	0.715	$\sigma_e^2+3\sigma_A^2$
B	0.14	2	0.070	$\sigma_e^2+3\sigma_B^2$
e	0.18	4	0.045	σ_e^2
T	1.75	8		

① 0.0083　② 0.0140
③ 0.0250　④ 0.2233

해설 $\hat{\sigma}_B^2=\dfrac{V_B-V_e}{l}=\dfrac{0.070-0.045}{3}=0.00833$

※ 요인 A의 실험반복수는 요인 B의 수준수 m이 되고, 요인 B의 반복수는 요인 A의 수준수 l이 된다.

7 하나의 실험점에서 30dB, 40dB, 38dB, 49dB의 반복 관측치를 얻었다. 자료가 망대특성치일 때 SN비의 값은 약 얼마인가?

① 24.86　② 31.48
③ 38.68　④ 42.43

해설 $\text{SN비}=-10\log\left[\dfrac{1}{4}\left(\dfrac{1}{30^2}+\dfrac{1}{40^2}+\dfrac{1}{38^2}+\dfrac{1}{49^2}\right)\right]$
$=31.47959\text{dB}$

8 동일한 제품을 생산하는 5대의 기계에서 적합 여부의 동일성에 관한 실험을 하였다. 적합품이면 0, 부적합품이면 1의 값을 주기로 하고, 5대의 기계에서 100개씩의 제품을 만들어 적합 여부를 판정하여 다음과 같은 결과를 얻었다. 총제곱합(S_T)은 약 얼마인가?

기계	A_1	A_2	A_3	A_4	A_5
적합품	78	85	88	92	90
부적합품	22	15	12	8	10
합계	100	100	100	100	100

① 47.04　② 52.43
③ 58.02　④ 62.13

해설 $S_T=T-CT=67-\dfrac{67^2}{5\times100}=58.022$

9 특성치의 산포를 제곱합으로 나타내고, 이 제곱합을 실험과 관련된 요인의 제곱합으로 분해하여 실험오차에 비해 큰 영향을 주는 요인을 찾아내는 분석기법은?

① 분산분석　② 중심극한정리
③ 불량률분석　④ 신뢰성분석

해설 문제에서 설명하는 기법은 분산분석(Analysis of Variance ; ANOVA) 기법이다.

10 1차 단위인자 A가 1요인배치인 단일분할법의 경우에 F_0를 구하는 식으로 올바른 것은? (단, A, B는 모수인자이며, 수준수는 l, m이고, R은 변량인자이며, 수준수는 r이다.)

① $F_A=\dfrac{V_A}{V_{e_2}}$　② $F_B=\dfrac{V_B}{V_{e_2}}$
③ $F_R=\dfrac{V_R}{V_{e_2}}$　④ $F_{A\times B}=\dfrac{V_{A\times B}}{V_{e_1}}$

해설 $F_A=\dfrac{V_A}{V_{e_1}}$, $F_R=\dfrac{V_R}{V_{e_1}}$, $F_{A\times B}=\dfrac{V_{A\times B}}{V_{e_2}}$

11 A인자를 4수준 취하고 4회 반복하여 16회 실험을 랜덤한 순서로 행하여 분석한 결과 다음과 같은 분산분석표를 얻었다. 실험오차의 추정치 $\hat{\sigma}_e$는 약 얼마인가?

요인	SS	DF	MS
A	162.43	3	54.14
e	21.82	12	1.82
T	184.25		

① 0.68　② 1.35
③ 1.82　④ 9.52

해설 $\hat{\sigma}_e=\sqrt{V_e}=\sqrt{1.82}=1.35$

12 모수모형 1요인배치법의 데이터 구조를 $x_{ij}=\mu+a_i+e_{ij}$라고 할 때, 옳지 않는 것은? (단, $i=1, 2, \cdots, m$이며, $j=1, 2, \cdots, m$이다.)

① $E(a_i)=a_i$　② $V(a_i)\neq0$
③ $\sum_{i=1}^{l}a_i=0$　④ $\bar{a}=0$

해설 모수모형인 경우 a_i는 상수이므로, $E(a_i)=a_i$, $V(a_i)=0$이다.

 정답 6.① 7.② 8.③ 9.① 10.② 11.② 12.②

13 블록 반복이 없는 5×5 라틴방격에 의하여 실험을 행하고 분산분석한 후 3요인(인자) 수준조합($A_2B_4C_3$)에 대한 구간추정을 할 때의 유효반복수(n_e)는 얼마인가?

① $\frac{8}{25}$ ② $\frac{7}{9}$
③ $\frac{35}{20}$ ④ $\frac{25}{13}$

해설 라틴방격은 교호작용을 구할 수 없는 실험이다.

• $\hat{\mu}_{A_2B_4C_3} = \hat{\mu} + a_2 + b_4 + c_3$

$= (\hat{\mu} + a_2) + (\hat{\mu} + b_4) + (\hat{\mu} + c_3) - 2\hat{\mu}$

$= \frac{T_{A_2}}{k} + \frac{T_{B_4}}{k} + \frac{T_{C_3}}{k} - \frac{2T}{k^2}$

• $n_e = \frac{k^2}{3k-2} = \frac{25}{3\times5-2} = \frac{25}{13}$

14 반복이 있는 3요인배치법에서 A, B, C 인자의 수준수는 3, 4, 5이고 반복수는 3이다. 오차항의 자유도는? (단, A, B, C는 모수인자이며, 분산분석표에서 풀링되는 요인은 없다.)

① 180 ② 120
③ 48 ④ 24

해설 $\nu_e = lmn(r-1) = 3\times4\times5\times(3-1) = 120$

15 다음 [표]는 지분실험을 실시하여 얻은 분산분석표의 일부이다. 이때 $\hat{\sigma}_A^2$의 값은 약 얼마인가? (단, A, B, C는 변량요인(변량인자)이다.)

요인	SS	DF	MS
A	90	2	45
$B(A)$	60	6	10
$C(AB)$	36	18	2
e	27	27	1
T	213	53	

① 1.94 ② 2.50
③ 4.50 ④ 45.00

해설 $\hat{\sigma}_A^2 = \frac{V_A - V_{B(A)}}{mnr} = \frac{45-10}{3\times3\times2} = 1.944$

※ $V_A = l-1$

$V_{B(A)} = l(m-1)$

$V_{C(AB)} = lm(n-1)$

$V_e = lmn(r-1)$

16 인자 A는 4수준, 인자 B는 5수준의 2요인배치 실험에서 다음과 같은 값을 얻었다. 인자 A의 분산비(F_0)를 구하면 약 얼마인가?

요인	SS	DF	MS	F_0
A	92.38			
B	20.26			
e	6.52			
T	119.16	19		

① 72.61 ② 63.71
③ 59.25 ④ 56.67

해설 $F_0 = \frac{V_A}{V_e} = \frac{S_A/\nu_A}{S_e/\nu_e}$

$= \frac{\left(\frac{S_A}{l-1}\right)}{\left(\frac{S_e}{(l-1)(m-1)}\right)} = \frac{\left(\frac{92.38}{3}\right)}{\left(\frac{6.52}{12}\right)} = 56.67$

17 기술적으로 의미가 있는 수준을 가지고 있으나 실험 후 최적수준을 선택하여 해석하는 것이 목적이 아니며, 제어인자와의 교호작용의 해석을 목적으로 채택하는 인자는?

① 집단인자 ② 표시인자
③ 블록인자 ④ 오차인자

해설 문제에서 설명하는 인자는 모수인자 중 표시인자이다.

18 모수인자 A, B와 변량인자 C에 대한 3요인배치 실험에서 A가 3수준, B는 2수준, C는 2수준인 경우 인자 B의 기대평균제곱 $E(V_B)$는?

① $\sigma_e^2 + 6\sigma_B^2$

② $\sigma_e^2 + 2\sigma_{B\times C}^2 + 6\sigma_B^2$

③ $\sigma_e^2 + 6\sigma_{B\times C}^2 + 6\sigma_B^2$

④ $\sigma_e^2 + 3\sigma_{B\times C}^2 + 6\sigma_B^2$

해설 $E(V_B) = \sigma_e^2 + l\sigma_{B\times C}^2 + ln\sigma_B^2$

$= \sigma_e^2 + 3\sigma_{B\times C}^2 + 6\sigma_B^2$

※ 혼합모형에서 $E(V)$의 기술

$E(V_{\text{모수}}) = \sigma_e^2 + \text{반복수}\,\sigma_{\text{모수}\times\text{변량}}^2 + \text{반복수}\,\sigma_{\text{모수}}^2$

$E(V_{\text{변량}}) = \sigma_e^2 + \text{반복수}\,\sigma_{\text{변량}}^2$

정답 13.④ 14.② 15.① 16.④ 17.② 18.④

19 다음 1요인배치의 실험에서 인자 A의 제곱합 S_A의 값은?

n \ A	A_1	A_2	A_3	A_4	계
1	−1	5	2	6	
2	2	−	3	−	
3	5	6	3	10	
4	4	4	1	−	
계	10	15	9	16	50

① 39.95　② 46.66
③ 55.94　④ 92.00

해설
$$S_A = \frac{\sum T_{i\cdot}^2}{r_i} - CT$$
$$= \left(\frac{T_{1\cdot}^2}{r_1} + \frac{T_{2\cdot}^2}{r_2} + \frac{T_{3\cdot}^2}{r_3} + \frac{T_{4\cdot}^2}{r_4}\right) - \frac{T^2}{N}$$
$$= \left(\frac{10^2}{4} + \frac{15^2}{3} + \frac{9^2}{4} + \frac{16^2}{2}\right) - \frac{50^2}{13}$$
$$= 55.94$$

20 반복이 있는 2요인배치법에서 교호작용 $A \times B$가 유의가 아니어서 오차항에 풀링되었다. 이때 새로운 오차항을 e^*라고 할 때, $\mu(A_iB_j)$의 $100(1-\alpha)\%$ 신뢰구간 공식은? (단, 각 수준조합에서의 반복수는 r이고, n_e는 유효반복수이다.)

① $\overline{\overline{x}} \pm t_{1-\alpha/2}(\nu_e^*)\sqrt{\frac{V_e^*}{r}}$

② $\overline{\overline{x}} \pm t_{1-\alpha/2}(\nu_e^*)\sqrt{\frac{V_e^*}{n_e}}$

③ $(\overline{x}_{i\cdot\cdot} + \overline{x}_{\cdot j\cdot} - \overline{\overline{x}}) \pm t_{1-\alpha/2}(\nu_e^*)\sqrt{\frac{V_e^*}{n_e}}$

④ $(\overline{x}_{i\cdot\cdot} + \overline{x}_{\cdot j\cdot} - \overline{\overline{x}}) \pm t_{1-\alpha/2}(\nu_e^*)\sqrt{\frac{V_e^*}{r}}$

해설 ※ 유효반복수 $n_e = \frac{lmr}{l+m-1}$이다.

제2과목 통계적 품질관리

21 로트별 합격품질한계(AQL) 지표형 샘플링검사(KS Q ISO 2859-1)에서 샘플링표 구성의 특징으로 틀린 것은?

① 로트의 크기에 따라 생산자 위험이 일정하게 되어 있다.
② AQL과 시료의 크기에는 등비수열이 채택되어 있다.
③ 구매자에게는 원하지 않는 품질의 로트를 합격시키지 않도록 설계되어 있으며 장기적인 품질보증을 할 수 있도록 설계되어 있다.
④ 까다로운 검사의 경우 보통검사와 검사개수는 같고 A_c를 조정하게 되어 있으나, $A_c=0$인 경우에는 시료수가 증가하게 되어 있는 샘플링검사 방식이다.

해설 AQL 지표형 샘플링검사는 로트 크기에 따라 제1종 오류 α값이 변하는 비례샘플링이다.

22 $n=5$인 $\overline{x}$관리도에서 $U_{CL}=43.4$, $L_{CL}=16.6$이었다. 공정의 분포가 $N(30,\ 10^2)$일 때 타점시킨 $\overline{x}$가 관리한계선 밖으로 벗어날 확률은 약 얼마인가?

① 0.027　② 0.013
③ 0.0027　④ 0.0013

해설
$$\alpha = P(\overline{x} > U_{CL}) + P(\overline{x} < L_{CL})$$
$$= P\left(z > \frac{43.4-30}{4.47}\right) + P\left(z < \frac{16.6-30}{4.47}\right)$$
$$= P(z>3) + P(z<-3)$$
$$= 0.00135 \times 2 = 0.0027$$
(단, $6\frac{\sigma}{\sqrt{n}} = U_{CL} - L_{CL} = 26.8$, $\therefore \frac{\sigma}{\sqrt{n}} = 4.47$)

23 $N(50,\ 4)$의 분포를 하고 있는 모집단으로부터 취한 $n=5$의 랜덤 샘플에 대해 통계량 $S_{(xx)} = \sum(x_i - \overline{x})^2$을 구하면 $S_{(xx)}$의 기대치는?

① 3.2　② 4
③ 12.8　④ 16

해설 $E(S) = E(s^2\nu) = E(s^2) \times \nu = \sigma^2 \times \nu = 4 \times 4 = 16$

정답 19.③ 20.③ 21.① 22.③ 23.④

24 확률변수 X의 평균이 15이고, 분산이 4일 경우에 $E(2X^2+5X+8)$의 값은?

① 493 ② 509
③ 525 ④ 541

해설 $E(X^2)=\mu^2+\sigma^2$

$$\begin{aligned}E(2X^2+5X+8)&=2E(X^2)+5E(X)+8\\&=2(\mu^2+\sigma^2)+5\mu+8\\&=2(15^2+4)+5\times15+8\\&=541\end{aligned}$$

25 2σ 관리한계를 갖는 p 관리도에서 공정 부적합품률 $\bar{p}=0.1$, 시료의 크기 $n=81$이면 관리하한(L_{CL})은 약 얼마인가?

① -0.033
② 0
③ 0.033
④ 고려하지 않는다.

해설

$$L_{CL}=\bar{p}-2\sqrt{\frac{\bar{p}(1-\bar{p})}{n}}=0.1-2\sqrt{\frac{0.1(1-0.1)}{81}}=0.0333$$

26 샘플링에 관한 설명으로 옳지 않은 것은?

① 2단계 샘플링은 층별 샘플링에 비해 추정의 정밀도가 좋고 샘플링의 조작도 쉬우므로 권장할만하다.
② 집락 샘플링은 로트 간 산포가 크면 추정정밀도가 나빠진다.
③ 층별 샘플링은 추정의 정밀도가 좋으나, 각 로트 내 산포가 크면 추정의 정밀도가 나빠진다.
④ 사전에 모집단에 대한 정보나 지식이 없을 경우 단순랜덤 샘플링이 적당하다.

해설

- 2단계 샘플링의 정밀도 : $\sigma^2_{\bar{\bar{x}}}=\frac{\sigma_b^2}{m}+\frac{\sigma_w^2}{m\bar{n}}$
- 층별 샘플링의 정밀도 : $\sigma^2_{\bar{\bar{x}}}=\frac{\sigma_w^2}{m\bar{n}}$
- 집락 샘플링의 정밀도 : $\sigma^2_{\bar{\bar{x}}}=\frac{\sigma_b^2}{m}$

※ 동일 상황하에서 2단계 샘플링의 정밀도가 가장 나쁘다.

27 다음 중 OC 곡선에서 소비자 위험을 가능한 한 적게 하는 샘플링 방식은?

① 샘플의 크기를 크게 하고 합격판정개수를 크게 한다.
② 샘플의 크기를 크게 하고 합격판정개수를 작게 한다.
③ 샘플의 크기를 작게 하고 합격판정개수를 크게 한다.
④ 샘플의 크기를 작게 하고 합격판정개수를 작게 한다.

해설 샘플 크기 n을 증가시키거나, 합격판정개수 c를 감소시키면, 제2종 오류 β는 감소한다.

28 $\bar{\bar{x}}=20.5$, $\bar{R}=5.5$, $n=5$일 때, $\bar{x}$ 관리도의 U_{CL}과 L_{CL}을 구하면 약 얼마인가? (단, $d_2=2.326$, $d_3=0.864$이다.)

① $U_{CL}=25.05$, $L_{CL}=15.95$
② $U_{CL}=22.77$, $L_{CL}=18.23$
③ $U_{CL}=24.43$, $L_{CL}=18.57$
④ $U_{CL}=23.67$, $L_{CL}=17.33$

해설

$$U_{CL}=\bar{\bar{x}}\pm A_2\bar{R}=20.5\pm3\times\frac{5.5}{\sqrt{5}\times2.326}$$

$\Rightarrow U_{CL}=23.67$, $L_{CL}=17.33$

단, $A_2=\frac{3}{\sqrt{n}\cdot d_2}$이다.

29 $N=500$, $n=40$, $c=1$인 계수규준형 1회 샘플링검사에서 모부적합품률 $P=0.3\%$일 때 로트가 합격할 확률 $L(P)$는 약 얼마인가? (단, 푸아송분포로 계산하시오.)

① 0.621 ② 0.887
③ 0.896 ④ 0.993

해설

$$\begin{aligned}L(P)&=\sum_{x=0}^{c}\frac{e^{-m}m^x}{x!}\\&=\frac{e^{-0.12}\,0.12^0}{0!}+\frac{e^{-0.12}\,0.12^1}{1!}\\&=e^{-0.12}(1+0.12)=0.993\end{aligned}$$

단, $m=nP=40\times0.003=0.12$

정답 24.④ 25.③ 26.① 27.② 28.④ 29.④

30 전기 마이크로미터의 정확도를 비교하기 위하여 A, B 2개의 전기 마이크로미터로 크랭크샤프트 5개에 대해 각각 외경을 측정하여 다음의 결과를 얻었다. A, B 간의 차이를 검정하기 위한 검정통계량은 약 얼마인가?

시료번호	1	2	3	4	5
A	16	15	11	16	13
B	14	13	10	14	12

① 1.31 ② 3.21
③ 3.42 ④ 6.53

해설 대응있는 차의 검정

시료번호	1	2	3	4	5	
A B	16 14	15 13	11 10	16 14	13 12	
d_i	2	2	1	2	1	$\Sigma d_i = 8$

1. 가설 : $H_0 : \delta = 0$, $H_1 : \delta \neq 0$(단, $\delta = \mu_A - \mu_B$)
2. 유의수준 : $\alpha = 0.05$, 0.01
3. 검정통계량 : $t_0 = \dfrac{\bar{d} - \Delta}{s_d / \sqrt{n}} = \dfrac{1.6 - 0}{0.5477 / \sqrt{5}} = 6.53224$
4. 기각치 : $-t_{1-\alpha/2}(4)$, $t_{1-\alpha/2}(4)$
5. 판정 : $|t_0| > t_{1-\alpha/2}(4)$: H_0 기각
$|t_0| < t_{1-\alpha/2}(4)$: H_0 채택

31 평균값 400g 이하인 로트는 될 수 있는 한 합격시키고, 평균값 420g 이상인 경우 불합격시키려고 한다. 과거의 경험으로 표준편차는 15g으로 조사되었다면 $\alpha = 0.05$, $\beta = 0.1$을 만족시키기 위한 시료의 크기(n)는 얼마인가? (단, $k_\alpha = 1.645$, $k_\beta = 1.282$이다.)

① 1개 ② 3개
③ 4개 ④ 5개

해설
$$n = \left(\frac{k_\alpha + k_\beta}{m_1 - m_0}\right)^2 \sigma^2 = \left(\frac{2.927}{\Delta m}\right)^2 \sigma^2$$
$$= \left(\frac{2.927}{420 - 400}\right)^2 \times 15^2 = 4.819 \fallingdotseq 5\text{개}$$

32 어떤 공장에서 생산하는 탁구공의 지름은 평균 1.30인치, 표준편차 0.04인치의 정규분포를 따르는 것으로 알려져 있다. 이때 탁구공 4개의 평균이 1.28인치에서 1.30인치 사이일 확률은? (단, $u \sim N(0,\ 1^2)$일 때, $P(u > 1) = 0.1587$이다.)

① 0.3413 ② 0.1915
③ 0.1498 ④ 0.5328

해설
$$P(1.28 \le \bar{x} \le 1.30)$$
$$= P\left(z \le \frac{1.30 - 1.30}{0.04/\sqrt{4}}\right) - P\left(z \le \frac{1.28 - 1.30}{0.04/\sqrt{4}}\right)$$
$$= P(z \le 0) - P(z \le -1)$$
$$= 0.5 - 0.1587 = 0.3413$$

33 다음 중 관리도의 특성에 대한 설명으로 틀린 것은?

① 검출력은 공정이 변화했을 때 관리한계선 밖으로 벗어나는 확률이다.
② 3σ법 관리도에서는 제2종 오류가 극히 작아지도록 만들어졌다.
③ 공정능력의 변화나 공정의 표준편차의 변화는 R관리도의 OC 곡선을 사용한다.
④ 시료군의 크기(n)가 커지면 관리도의 OC 곡선은 경사가 급해진다.

해설 ② 3σ법 관리도는 $\alpha = 0.0027$이며, 제2종 오류 β는 상대적으로 커지므로 n과 k를 증가시켜 β를 작게 조정한다.

34 1로트 약 5000개에서 100개의 랜덤시료 중에 부적합품수가 10개 발견되었다. 이 로트의 모부적합품률의 95% 추정 정밀도를 구하면 약 얼마인가?

① ±0.035 ② ±0.059
③ ±0.196 ④ ±0.345

해설
$$\beta = \pm u_{1-\alpha/2}\sqrt{\frac{\hat{p}(1-\hat{p})}{n}} = \pm 1.96 \times \sqrt{\frac{0.1(1-0.1)}{100}}$$
$$= \pm 0.059$$
단, $\hat{p} = \dfrac{x}{n} = \dfrac{10}{100} = 0.1$

35 어떤 직물의 물세탁에 의한 신축성 영향을 조사하기 위해 150점을 골라 세탁 전(x), 세탁 후(y)의 길이를 측정한 결과가 $S_{(xx)} = 1072.5$, $S_{(yy)} = 919.3$, $S_{(xy)} = 607.6$일 때, $H_0 : \rho = 0$, $H_1 : \rho \neq 0$에 대한 검정통계량(t_o)은?

① 9.412 ② 9.446
③ 11.953 ④ 11.993

해설
• r분포를 이용하는 경우
$$r_o = \frac{S_{(xy)}}{\sqrt{S_{(xx)} \cdot S_{(yy)}}} = \frac{607.6}{\sqrt{1072.5 \times 919.3}} = 0.6119$$
• t분포를 이용하는 경우
$$t_o = \frac{r_o\sqrt{n-2}}{\sqrt{1-r_o^2}} = \frac{0.6119\sqrt{148}}{\sqrt{1-0.6119}} = 9.4117$$

정답 30.④ 31.④ 32.① 33.② 34.② 35.①

36 KS Q ISO 39511 계량치 축차 샘플링검사 방식(부적합률, 표준편차 기지)에서 한쪽 규격이 주어지는 경우, 규격하한 $L=200$, $\sigma=1.2$이고, $h_A=4.312$, $h_R=5.536$, $g=2.315$ 및 $n_t=49$를 표에서 얻었다면 $n_{cum}<n_t$일 때 합격판정치의 계산식은?

① $2.778n_{cum}+5.1744$
② $2.778n_{cum}-6.6432$
③ $2.778n_{cum}+6.6432$
④ $2.778n_{cum}-5.1744$

해설 $A=h_A\sigma+g\sigma n_{cum}$
$=4.312\times1.2+2.315\times1.2\times n_{cum}$
$=5.1744+2.778n_{cum}$

37 어떤 로트의 모부적합수는 $m=16.0$이었다. 작업내용을 개선한 후에 시료의 부적합수는 $c=12.0$이 되었다. 검정통계량(u_o)은 얼마인가?

① -1.00
② 0.25
③ 0.75
④ 1.50

해설 $u_o=\dfrac{c-m}{\sqrt{m}}=\dfrac{12-16}{\sqrt{16}}=-1$

38 확률분포에 대한 설명으로 틀린 것은?

① 푸아송분포의 평균과 분산은 같다.
② 이항분포의 평균은 np, 표준편차는 $\sqrt{np(1-p)}$이다.
③ 초기하분포에서 $\dfrac{N}{n}\geq10$이면 이항분포로 근사시킬 수 있다.
④ 평균이 μ이고 표준편차가 σ인 정규모집단에서 샘플링한 시료평균 $\bar{x}$의 분포는 평균이 μ이고, 표준편차가 $\dfrac{\sigma}{n}$이다.

해설
- 정규분포 : $E(\bar{x})=\mu$, $D(\bar{x})=\dfrac{\sigma}{\sqrt{n}}$
- 푸아송분포 : $E(X)=m$, $V(X)=m$
(단, $m=nP$이다.)

39 $N(\mu,\ \sigma^2)$을 따르는 모집단에서 크기 n인 시료를 추출하고 시료평균 $\bar{x}$를 구하여 모평균(μ)을 추정할 경우 모평균이 신뢰구간 $\bar{x}-1.96\sigma/\sqrt{n}$와 $\bar{x}+1.96\sigma/\sqrt{n}$에 포함될 확률은 얼마인가?

① 5% ② 10%
③ 95% ④ 99%

해설
$\mu=\bar{x}\pm1.96\dfrac{\sigma}{\sqrt{n}}$
$=\bar{x}\pm u_{1-0.025}\dfrac{\sigma}{\sqrt{n}}$
$=\bar{x}\pm u_{1-\alpha/2}\dfrac{\sigma}{\sqrt{n}}$
$\therefore\ 1-\alpha=0.95(95\%)$

40 남자와 여자의 음식 선호도를 조사하였다. 각각 100명씩 랜덤 추출하여 가장 좋아하는 음식을 선택하여 분류하였더니 [표]와 같을 때 설명이 맞는 것은? (단, $\chi^2_{0.95}(2)=5.99$, $\chi^2_{0.95}(3)=7.81$, $\chi^2_{0.95}(4)=9.49$이다.)

구분	한식	양식	중식
남자	50	20	30
여자	30	50	20

① 귀무가설(H_0) 채택이다.
② χ^2 통계량의 자유도는 2이다.
③ 검정통계량은 $\chi_0^2=5.857$이다.
④ 남자가 한식을 선택할 기대도수는 35이다.

해설 1. 가설
- H_0 : 성별에 따른 음식의 선호도에는 차이가 없다.
- H_1 : 성별에 따른 음식의 선호도에는 차이가 있다.

2. 유의수준 : $\alpha=0.05$
3. 검정통계량 : $\chi_0^2=\dfrac{\sum\sum(X_{ij}-E_{ij})^2}{E_{ij}}=19.86$
(단, $E_{ij}=\dfrac{T_i\times T_j}{T}$이다.)
ex) $E_{A_1}=\dfrac{T_A\times T_1}{T}=\dfrac{80\times100}{200}=40$
4. 기각치 : $\chi^2_{1-\alpha}[(m-1)(n-1)]=\chi^2_{0.95}(2)=5.99$
5. 판정 : $\chi_0^2>5.99$이므로 유의차가 있다.

※ 독립성 검정은 해석을 위한 요인이 2개가 배치된 경우로, 성별과 음식의 독립 여부를 가리는 적합성 검정이다.

정답 36.① 37.① 38.④ 39.③ 40.②

제3과목 생산시스템

41 작업분석에 이용되는 도표가 아닌 것은?

① 흐름공정도표(flow process chart)
② 복수작업자 분석도표(gang process chart)
③ 다중활동 분석도표(multiple activity chart)
④ 작업자-기계 작업분석도표(man-machine chart)

해설 ① Flow Process Chart는 가공, 운반, 검사, 정체의 4가지 공정도시기호를 이용하는 공정분석에 활용된다.

42 처음부터 보전이 불필요한 설비를 설계하는 것으로 보전을 근본적으로 방지하는 신뢰성과 보전성을 동시에 높일 수 있는 보전방식은?

① CM(개량보전) ② PM(예방보전)
③ MP(보전예방) ④ BM(사후보전)

해설 계획보전은 유지활동과 개선활동으로 나뉘는데, 개선활동에는 개량보전(CM)과 보전예방(MP)이 있다.
여기서, 보전예방(MP)은 설비의 수명을 연장하고 보전시간을 단축하는 활동이다.

43 고객의 요구에 효율적으로 충족시키기 위해 공급자, 생산자, 유통업자 등 관련된 모든 단계의 정보와 자재의 흐름을 계획, 설계 및 통제하는 관리기법은?

① SCM ② ERP
③ MES ④ CRM

해설 공급사슬관리(Supply Chain Management ; SCM)란 기업에서 원재료의 생산·유통 등 모든 공급망 단계를 최적화하여, 수요자가 원하는 제품을 원하는 시간과 장소에 제공하는 '공급망 관리'를 뜻한다. SCM은 부품 공급업체와 생산업체 그리고 고객에 이르기까지 거래관계에 있는 기업들 간 IT를 이용한 실시간 정보공유를 통해 시장이나 수요자들의 요구에 기민하게 대응하도록 지원하는 것이다.

44 MRP 시스템의 구조에서 반드시 필요한 입력요소가 아닌 것은?

① 공수계획 ② 자재명세서
③ 주생산일정계획 ④ 재고기록파일

해설 **MRP 시스템의 입력정보**
- 자재명세서(BOM)
- 주생산일정계획(MPS)
- 재고기록파일(IRF)

45 리(H. Lee)가 주장한 4가지 유형의 '공급사슬전략'과 '수요-공급의 불확실성' 및 '기능적·혁신적 상품'의 연결관계로 틀린 것은?

① 효율적 공급사슬 - 수요 및 공급 불확실성 낮음 - 식품
② 민첩성 공급사슬 - 수요 및 공급 불확실성 높음 - 반도체
③ 반응적 공급사슬 - 수요 불확실성 높음, 공급 불확실성 낮음 - 패션의류
④ 위험방지 공급사슬 - 수요 불확실성 낮음, 공급 불확실성 높음 - 팝뮤직

해설 ④ 위험방지 공급사슬 - 수요 불확실성 낮음, 공급 불확실성 높음 - 수력발전
※ '팝뮤직'은 패션의류 등과 같이 반응적 공급사슬에 해당된다.

46 휴대전화의 플래시메모리 1로트를 생산하는 데 소요시간은 다음과 같다. 이때 라인 불균형률($1-E_b$)을 구하면 약 얼마인가?

공정	1	2	3	4	5
소요시간	20	30	25	18	22
인원	1	1	1	1	1

① 23% ② 25%
③ 75% ④ 80%

해설 $$1-E_b=1-\frac{\Sigma t_i}{m\,t_{\max}}=1-\frac{115}{5\times 30}=0.233(23\%)$$

47 7월의 판매 실적치가 20000개, 판매 예측치가 22000개였고, 8월의 판매 실적치가 25000개일 때, 7월과 8월 2개월의 실적을 고려하여 지수평활법으로 9월의 판매 예측치를 계산하면 얼마인가? (단, 지수평활상수 α는 0.2이다.)

① 20880개 ② 22080개
③ 22280개 ④ 24080개

해설 차기 예측치 $F_t=F_{t-1}+\alpha(D_{t-1}-F_{t-1})$의 식으로부터

$F_8=F_7+\alpha(D_7-F_7)$
$=22000+0.2(20000-22000)=21600$개
$F_9=F_8+\alpha(D_8-F_8)$
$=21600+0.2(25000-21600)=22280$개

※ $F_t=\alpha D_{t-1}+\alpha(1-\alpha)D_{t-2}+(1-\alpha)^2F_{t-2}$

정답 41.① 42.③ 43.① 44.① 45.④ 46.① 47.③

48 대상물을 손에서 놓는 동작으로, 대상물이 손에서 떠날 때부터 손 또는 손가락에서 완전히 떨어졌을 때까지를 의미하는 서블릭 문자기호는?

① H(Hold)
② RL(Release Load)
③ TE(Transport Empty)
④ TL(Transport Loaded)

해설 ① : 잡고있기(H)
② : 내려놓기(RL)
③ : 빈손이동(TE)
④ : 운반(TL)

49 제품 A를 생산하기 위하여 한 로트당 정상시간은 400분이다. 외경법에 의한 여유율이 20%일 때 제품 A를 300로트 생산하는 데 필요한 작업시간은?

① 2200시간 ② 2400시간
③ 4067시간 ④ 4200시간

해설 $ST = NT(1+A) = 400(1+0.2) = \frac{480\text{분}}{60} = 8\text{시간}$

∴ 작업시간＝8시간×300로트＝2400시간

50 A제품의 판매가격이 개당 300원이고, 한계이익률(또는 공헌이익률)은 50%이며, 고정비는 1000만원이다. 500만원의 이익을 올리기 위하여 필요한 A제품의 판매수량은 얼마인가?

① 5만개 ② 6만개
③ 8만개 ④ 10만개

해설 $BEP = \frac{\text{고정비}+\text{이익}}{\text{한계이익률}}$

$= \frac{1000\text{만원}+500\text{만원}}{0.5} = 3000\text{만원}$

$\therefore Q = \frac{3000\text{만원}}{300\text{원}} = 100000\text{개}(10\text{만개})$

51 다음 중 포드(Ford) 생산시스템의 내용이 아닌 것은?

① 동시관리 ② 이동조립법
③ 기능식 조직 ④ 저가격 고임금 추구

해설 **포드 시스템과 테일러 시스템의 주요 특징**
- 포드 : 생산의 표준화, 이동조립법, 일급제 급여, 동시관리
- 테일러 : 최적과업 결정, 제조건의 표준화, 성공에 대한 우대, 기능식 조직, 과업관리

52 설계시점의 속도(또는 품종별 기준속도)에 대한 실제 속도의 손실로, 현상의 기술수준 또는 바람직한 수준의 속도가 설계시점의 속도에 비해 낮아지면서 생기는 손실을 무엇이라 하는가?

① 편성손실
② 속도저하손실
③ 초기손실
④ 일시정지손실

해설 설비종합효율 산식에서 성능가동률을 저해하는 요인은 속도저하손실과 공전·순간정지손실이 있는데, 실제 C/T 대비 기준 C/T을 속도가동률이라고 한다.
※ 설비종합효율＝시간가동률×성능가동률×양품률

이때, $\text{시간가동률} = \frac{\text{가동시간}}{\text{부하시간}} = \frac{\text{부하시간}-\text{정지시간}}{\text{부하시간}}$

$\text{성능가동률} = \text{실제 가동률} \times \text{속도가동률}$

$= \frac{\text{생산량} \times \text{실제 C/T}}{\text{가동시간}} \times \frac{\text{기준 C/T}}{\text{실제 C/T}}$

$\text{양품률} = \frac{\text{가공수량}-\text{불량수량}}{\text{가공수량}}$

(단, C/T는 사이클타임으로, 실제 C/T은 기준 C/T보다 길다.)

53 구매방법 중 기업이 현재 자재의 가격은 낮지만 앞으로는 가격이 상승할 것으로 예상되어 구매를 하는 방법으로 시장 가격변동을 이용하여 기업에 유리한 구매를 하려는 것은?

① 충동구매 ② 시장구매
③ 일괄구매 ④ 분산구매

해설 시장의 가격변동에 대비하는 예상구매를 시장구매라고 한다.

54 적시생산시스템(JIT)에서 자동화에 관한 설명으로 틀린 것은?

① 품질통제와는 거리가 멀다.
② ‘自働化(autonomation)’로 표기한다.
③ 자율적 품질관리를 전제로 한다.
④ 작업자 또는 기계가 공정을 체크하여 이상여부를 판단한다.

해설 자동화(autonomation)는 JIT 생산시스템에서 불량이 발생하면 기계 스스로 인식하여 자동으로 라인이 스톱되고 불량을 후속공정에 보내지 않는다는 불량 0 방식의 Fool proof 등의 기본 시스템과 자율적 품질관리를 의미한다.

정답 48.② 49.② 50.④ 51.③ 52.② 53.② 54.①

55 총괄생산계획(APP) 전략 중 수요변동에 따라 종업원을 일일이 고용·해고하는 어려움을 대신하여 고용인원을 고정하고 잔업, 운휴 또는 조업단축, 하도급계약, 다수교대제도 등을 이용함으로써 수요변동에 대응하는 전략은?

① 미납주문 조정
② 생산율의 조정
③ 고용수준 변동
④ 재고수준의 조정

해설 APP의 4가지 전략
- 고용수준 변화 전략 : 고용이나 해고를 이용
- 생산율 조정 전략 : 잔업, 단축근무, 하청 또는 휴가
- 평준화 전략 : 재고수준 변동
- 하청 전략 : 일시적 수요변동에 대응하는 전략

56 단일기계에서 대기 중인 4개의 작업을 처리하고자 한다. 최소납기일규칙에 의해 작업순서를 결정할 경우 4개 작업의 평균진행시간은?

작 업	작업시간(일)	납기(일)
A	5	12
B	8	10
C	7	16
D	11	18

① 14일 ② 18일
③ 31일 ④ 72일

해설 납기일이 빠른 작업의 순으로 가공한다.
B → A → C → D

$\therefore$ 평균진행시간 $= \dfrac{(8+13+20+31)}{4} = \dfrac{72}{4} = 18$일

57 A사는 연간 40000개의 품목을 개당 1000원에 구매하고 있다. 이 품목의 수요가 일정하고, 회당 주문비용이 2000원, 연간 단위당 재고유지비용이 40원일 때 경제적 주문량(EOQ)과 최적주문횟수는?

① 2000개, 16회 ② 2500개, 16회
③ 2000개, 20회 ④ 2500개, 20회

해설
$$EOQ = \sqrt{\frac{2DC_P}{C_H}} = \sqrt{\frac{2\times 40000\times 2000}{40}} = 2000\text{개}$$
$$N_o = \frac{D}{Q_o} = \frac{40000}{2000} = 20\text{회}$$

58 PERT에서 어떤 활동의 3점 시간견적 결과 (4, 9, 10)을 얻었다. 이 활동시간의 기대치와 분산은 각각 얼마인가?

① 23/3, 1 ② 23/3, 5/3
③ 25/3, 1 ④ 25/3, 5/3

해설
- $t_e = \dfrac{t_o + 4t_m + t_p}{6} = \dfrac{4+4\times 9+10}{6} = \dfrac{25}{3}$
- $\sigma^2 = \left(\dfrac{t_p - t_o}{6}\right)^2 = \left(\dfrac{10-4}{6}\right)^2 = 1$

59 워크샘플링을 이용하여 표준시간을 정하는 기법의 장점이 아닌 것은?

① 사이클타임이 긴 작업에도 적용이 가능하다.
② 한 사람이 여러 작업자를 대상으로 실시할 수 있다.
③ 비반복작업인 준비작업 등에도 적용이 용이하다.
④ 작업방법이 변경되면 변경된 부분만 다시 실시하면 표준시간 개정이 신속 용이하다.

해설 ④항은 PTS법의 장점이다.
※ PTS법은 작업방법 변경 시에도 방법연구에 치중할 수 있는 간접측정기법이므로, 표준시간의 개정이 신속하고 용이한 장점을 갖고 있다.

60 [표]와 같은 내용을 갖는 조립라인에서 사이클타임(C)과 최소의 이론적 작업장수(N_t)를 구하면? (단, 목표생산량은 120개/일, 총작업시간은 420분/일이다.)

작업	선행작업	작업소요시간(분)
A	–	2.8
B	A	4.2
C	B	3.6
D	C	3.8

① $C=3.5$, $N_t=5$
② $C=3.5$, $N_t=6$
③ $C=4.2$, $N_t=5$
④ $C=4.2$, $N_t=6$

해설
- $C = \dfrac{T}{N_t} = \dfrac{420}{120} = 3.5$분
- $N_t = \dfrac{\sum t_i}{C} = 4.11429 \fallingdotseq 5$개

정답 55.② 56.② 57.③ 58.③ 59.④ 60.①

제4과목 신뢰성 관리

61 1000시간당 평균고장률이 0.3으로 일정한 부품 3개를 병렬결합으로 설계한다면, 이 기기의 평균수명은 약 몇 시간인가?

① 1111시간 ② 3333시간
③ 6111시간 ④ 9999시간

해설 $MTBF_S = \left(1+\frac{1}{2}+\frac{1}{3}\right)\frac{1}{\lambda} = \frac{11}{6\lambda}$

$= \frac{11}{6\times\frac{0.3}{1000}}$

$= 6111$시간

62 $MTBF$ 산출식으로 맞는 것은? (단, $R(t)$: 신뢰도함수, $f(t)$: 고장밀도함수이다.)

① $MTBF = \int_t^{\infty}\frac{f(t)}{R(t)}dt$

② $MTBF = \int_0^{t}F(t)dt$

③ $MTBF = \int_0^{\infty}\frac{dR(t)}{dt}dt$

④ $MTBF = \int_0^{\infty}R(t)dt$

해설 $MTBF = \int_0^{\infty}tf(t)dt = \int_0^{\infty}R(t)dt$

63 샘플 10개에 대한 수명시험에서 얻은 [데이터]는 다음과 같다. 중앙순위법(median rank)을 이용한 t=40시간에서의 누적고장확률[$F(t)$]의 값은 약 얼마인가?

[데이터] (단위 : 시간)

5	10	17.5	30	40
55	67.5	82.5	100	117.5

① 0.450 ② 0.452
③ 0.455 ④ 0.500

해설 $i=5$이므로, 누적고장확률값은 다음과 같다.

$F(t) = \frac{i-0.3}{n+0.4} = \frac{4.7}{10.4} = 0.452$

64 제품의 제조단계에서 고유신뢰도를 증대시키기 위한 방법이 아닌 것은?

① 제조기술의 향상
② 디레이팅(derating)
③ 제조품질의 통계적 관리
④ 스크리닝 또는 번인(burn-in)

해설 ①, ③, ④항 및 제조공정의 자동화는 제조단계에서 고유신뢰도를 증대시키는 방법이고, ②항은 설계단계에서의 신뢰도 증대방법이다.

65 60개의 동일한 아이템에 대해 10개가 고장이 날 때까지 시험을 하고 중단하였다. 시험 결과 10개의 고장시간은 시간단위로 다음과 같다. 이 아이템의 수명이 지수분포를 따르는 것으로 가정하고, 600시간 시점에서의 신뢰도를 구하면 약 얼마인가?

[고장시간] 110, 151, 280, 376, 492,
540, 623, 715, 880, 966

① 0.8908 ② 0.8918
③ 0.8928 ④ 0.8938

해설 $\widehat{MTBF} = \frac{\Sigma t_i + (n-r)t_r}{r}$

$= \frac{5133+(60-10)\times 966}{10} = 5343.3\text{hr}$

$\therefore\ R(t=600) = e^{-\frac{t}{MTBF}} = e^{-\frac{600}{5343.3}} = 0.89379$

※ 신뢰성에서 일반적으로 표시되는 평균수명의 추정치 $\hat{\theta}$을 지수분포에서는 $\widehat{MTBF}$, 정규분포에서는 $\hat{\mu}$로 표시한다.

66 다음 FT도에서 정상사상의 고장확률은 얼마인가?

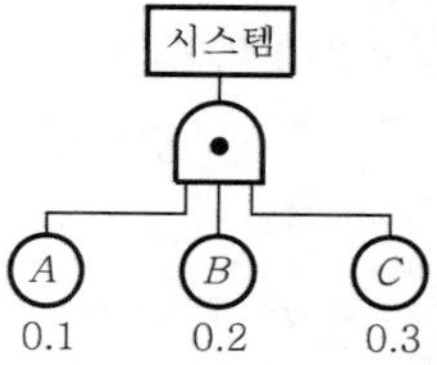

① 0.006 ② 0.496
③ 0.504 ④ 0.994

해설 $F_{TOP} = F_A \times F_B \times F_C$

$= 0.1\times 0.2\times 0.3$

$= 0.006$

67 Y부품에 가해지는 부하(stress)는 평균 3000kg/mm^2, 표준편차 300kg/mm^{2}이며, 강도는 평균 4000kg/mm^2, 표준편차 400kg/mm^{2}인 정규분포를 따른다. 부품의 신뢰도는 약 얼마인가? (단, $u_{0.90}=1.282$, $u_{0.95}=1.645$, $u_{0.9772}=2$, $u_{0.9987}=3$이다.)

① 90.00% ② 95.46%
③ 97.72% ④ 99.87%

해설 신뢰도$=P_r$(부하<강도)$=P_r$(부하−강도<0)

$$=P_r\left(z<\frac{0-(\mu_{부하}-\mu_{강도})}{\sqrt{\sigma_{부하}{}^2+\sigma_{강도}{}^2}}\right)$$
$$=P_r\left(z<\frac{4000-3000}{\sqrt{300^2+400^2}}\right)$$
$$=P_r(z<2.0)=0.9772$$

68 지수분포를 따르는 부품 10개에 대한 수명시험으로 100시간에서 중지하였다. 이 시간 동안 고장 난 부품은 4개로 고장이 각각 10, 30, 70, 90시간에서 발생하였다. 이 부품에 대한 t_0=100시간에서의 누적고장률 $H(t)$는 얼마인가?

① 0.33/hr ② 0.40/hr
③ 0.50/hr ④ 0.67/hr

해설 정시중단시험이므로,

$$\lambda=\frac{r}{\sum t_i+(n-r)t_0}=\frac{4}{200+6\times100}=\frac{1}{200}/\text{hr}$$
$H(t=100)=-\ln R(t)=\lambda t=0.5$/hr
(단, 지수분포는 $R(t)=e^{-\lambda t}$이다.)

69 수명분포가 평균이 100, 표준편차가 5인 정규분포를 따르는 제품을 이미 105시간 사용하였을 경우 앞으로 5시간 이상 더 작동할 신뢰도는 약 얼마인가? (단, z가 표준정규분포를 따르는 확률변수라면 $P(z\geq1)=0.1587$, $P(z\geq2)=0.0228$이다.)

① 0.0228 ② 0.1437
③ 0.1587 ④ 0.1815

해설
$$R(110/105)=\frac{P_r(T\geq110)}{P_r(T\geq105)}=\frac{P_r\left(u\geq\frac{110-100}{5}\right)}{P_r\left(u\geq\frac{105-100}{5}\right)}=\frac{P_r(u\geq2)}{P_r(u\geq1)}=\frac{0.0228}{0.1587}=0.1437$$

70 와이블분포의 신뢰도함수 $R(t)=e^{-\left(\frac{t}{\eta}\right)^m}$을 이용하면 사용시간 $t=\eta$에서 m의 값에 관계없이 $R(\eta)=e^{-1}$, $F(\eta)=1-e^{-1}=0.632$임을 알 수 있다. 이때 와이블분포를 따르는 부품들이 형상모수 m과는 관계없이 약 63%가 고장 나는 시간 η는 무엇인가?

① 평균수명
② 특성수명
③ 중앙수명
④ 노화수명

해설 와이블분포의 특성수명은 형상모수 m과는 관계없이 63%가 고장 나는 시간으로 $t_o=\eta$인 경우 t_o를 척도모수 η라고 한다.

71 샘플 50개에 대하여 수명시험을 하고 100시간 간격으로 고장개수를 조사한 결과가 다음 [표]와 같다. t=300시간에서의 신뢰도는 얼마인가?

시간 간격	고장개수
0 ~ 100	5
100 ~ 200	10
200 ~ 300	16
300 ~ 400	12
400 ~ 500	7

① 0.038 ② 0.062
③ 0.38 ④ 0.62

해설 $R(t=300)=\frac{n(t)}{N}=\frac{19}{50}=0.38$

72 고장시간 데이터가 와이블분포를 따르는지 알아보기 위해 사용하는 와이블확률지에 대한 설명 중 틀린 것은?

① 관측 중단된 데이터는 사용할 수 없다.
② 고장분포가 지수분포일 때도 사용할 수 있다.
③ 분포의 모수들을 확률지로부터 구할 수 있다.
④ t를 고장시간, $F(t)$를 누적분포함수라고 할 때 $\ln t$와 $\ln\ln\frac{1}{1-F(t)}$과의 직선관계를 이용한 것이다.

해설 ① 관측 중단된 데이터도 $F(t)$의 계산에 사용된다.

 정답 67.③ 68.③ 69.② 70.② 71.③ 72.①

73 고장률곡선에서 초기에 발생하는 고장률함수의 특성은?

① AFR(Average Failure Rate)
② CFR(Constant Failure Rate)
③ IFR(Increasing Failure Rate)
④ DFR(Decreasing Failure Rate)

해설 초기고장기는 고장률함수가 지속적으로 감소하는 DFR의 형태로 나타난다.

74 계수 1회 샘플링검사(MIL－STD－690B)에 의해 총시험시간을 9000시간으로 하여 고장개수가 0개이면 로트를 합격시키고 싶다. 로트 허용 고장률이 0.0001시간인 로트가 합격될 확률은 약 몇 %인가?

① 10.04% ② 20.04%
③ 30.66% ④ 40.66%

해설 $m=\lambda T=0.0001\times 9000=0.9$

$$L(\lambda)=\sum_{r=0}^{c}\frac{e^{-m}m^r}{r!}=\frac{e^{-0.9}\times 0.9^0}{0!}$$
$$=0.4066(40.66\%)$$

(단, $T=nt$이다.)

75 가속계수가 12인 가속수준에서 총 시료 10개 중 5개의 부품이 고장 났을 때, 시험을 중단하여 다음의 [데이터]를 얻었다. 정상사용조건에서의 평균수명은? (단, 이 부품의 수명은 가속수준과 상관없이 지수분포를 따른다.)

[데이터]	24, 72, 168, 300, 500

① 59.4hr ② 356.4hr
③ 2553.6hr ④ 8553.6hr

해설 $MTBF_n=AF\times MTBF_s=12\times 712.8=8553.6\text{hr}$

단, $MTBF_s=\dfrac{1064+5\times 500}{5}=712.8$

76 고장률이 각각 λ_1, λ_2, λ_3인 부품 3개가 직렬로 연결되어 있을 때 시스템의 고장률은?

① $\lambda_1\cdot\lambda_2\cdot\lambda_3$
② $\lambda_1+\lambda_2+\lambda_3$
③ $1-(\lambda_1\cdot\lambda_2\cdot\lambda_3)$
④ $1-(1-\lambda_1)(1-\lambda_2)(1-\lambda_3)$

해설
$$\lambda_S=\sum_{i=1}^{n}\lambda_i$$

※ 직렬시스템의 고장률은 부품 고장률의 합이다.

77 현장시험의 결과 아래 [표]와 같은 데이터를 얻었다. 5시간에 대한 보전도를 구하면 약 몇 %인가? (단, 수리시간은 지수분포를 따른다.)

횟수	6	3	4	5	5
수리시간	3	6	4	2	5

① 60.22% ② 65.22%
③ 70.22% ④ 73.34%

해설
$$\hat{\mu}=\frac{\Sigma f_i}{\Sigma t_i f_i}=\frac{6+3+4+5+5}{6\times3+3\times6+4\times4+5\times2+5\times5}$$
$$=\frac{23}{87}=0.26437$$
$$M(t=5)=1-e^{-\mu t}$$
$$=1-e^{-0.26437\times 5}=0.73336(73.34\%)$$

※ $\widehat{MTTR}=\dfrac{\Sigma t_i f_i}{\Sigma f_i}=\dfrac{1}{\hat{\mu}}$이다.

78 고장률 $\lambda=0.001$/시간인 지수분포를 따르는 부품이 있다. 이 부품 2개를 신뢰도 100%인 스위치를 사용하여 대기결합모델로 시스템을 만들었다면, 이 시스템을 100시간 사용하였을 때의 신뢰도는 부품 1개를 사용한 경우와 비교하여 몇 배로 증가하는가?

① 1.0배 ② 1.1배
③ 1.5배 ④ 2.0배

해설 $R_S(t)=(1+\lambda t)R(t)$
$=(1+0.001\times 100)R(t)=1.1R(t)$

79 신뢰성 증대를 위한 설계방법이 아닌 것은?

① 부품의 복잡화 설계
② 리던던시(redundancy) 설계
③ 디레이팅(derating) 설계
④ 내환경성 설계

해설 ① 복잡화 → 단순화

80 고장률 λ인 지수분포를 따르는 n개의 부품을 t시간 사용할 때 C건의 고장이 발생하는 확률은 어떤 분포로부터 구할 수 있는가? (단, N은 굉장히 크다고 한다.)

① 지수분포 ② 푸아송분포
③ 베르누이분포 ④ 와이블분포

해설 $C\geq \lambda nt+u_{1-\alpha}\sqrt{\lambda nt}$

정답 73.④ 74.④ 75.④ 76.② 77.④ 78.② 79.① 80.②

제5과목 품질경영

81 **품질관리담당자의 역할이 아닌 것은?**

① 사내표준화와 품질경영에 대한 계획 및 추진
② 경쟁사 상품 및 부품 품질 비교
③ 공정이상 등의 처리, 애로공정, 불만처리 등의 조치 및 대책의 지원
④ 품질경영시스템하의 내부감사 수행 총괄, 승인

해설 품질관리담당자의 역할
- 사내표준화와 품질경영에 대한 계획입안 및 추진
- 사내표준의 제정, 개정 등 총괄
- 상품 및 가공품의 품질수준 평가
- 공정별 사내표준화 및 품질관리 실시에 관한 지도, 조언 부문 간 조정
- 공정에서 발생하는 문제점 해결 조치, 개선대책 지도·조언
- 직원에 대한 사내표준화 및 품질경영에 관한 교육훈련
- 협력업체 관리 및 지도, 조언
- 불합격품, 부적합사항에 대한 조치
- 제품의 품질검사업무 총괄 등

82 **품질보증시스템 운영과 거리가 가장 먼 것은?**

① 품질시스템의 피드백 과정을 명확하게 해야 한다.
② 처음에 품질시스템을 제대로 만들어 가능한 변경하지 않아야 한다.
③ 품질시스템 운영을 위한 수단·용어·운영규정이 정해져야 한다.
④ 다음 단계로서의 진행 가부를 결정하기 위한 평가항목, 평가방법이 명확하게 제시되어야 한다.

해설 품질시스템은 상황적합능력을 갖추고 있어야 하므로, 변화된 상황에 신속하게 대응할 수 있는 체계성을 갖추어야 한다.

83 **A. R. Tenner는 고객만족을 충분히 달성하기 위하여 그 단계를 다음과 같이 정의하였다. [단계 2]에 해당하지 않는 것은?**

> [단계 1] 불만을 접수 처리하는 소극적 방식
> [단계 2] 고객의 목소리에 귀를 기울이는 것
> [단계 3] 완전한 고객이해

① 소비자 상담 ② 소비자 여론 수집
③ 판매기록 분석 ④ 설계 · 계획된 조사

해설 [단계 2]에는 소비자 상담, 소비자 여론조사, 판매기록 분석 등이 있으며, ④항은 [단계 3]에 해당된다.
※ A.R. Tenner의 고객만족 달성의 3단계
- 단계 1 : 불만을 접수하고 처리하는 소극적 방식의 단계
- 단계 2 : 소비자 상담, 소비자 여론 수집, 판매기록 분석 등을 통하여 고객의 요구현상을 파악하는 단계
- 단계 3 : 시장시험, 벤치마킹, 포커스그룹 인터뷰, 설계 계획된 조사 등을 통하여 완전히 고객을 이해하는 단계

84 **카노(Kano)의 고객만족모형 중 충족이 되면 만족을 주지만 충족이 되지 않아도 불만이 없는 요인은?**

① 역품질특성 ② 일원적 품질특성
③ 당연적 품질특성 ④ 매력적 품질특성

해설 「매력적 품질」은 충족되지 않더라도, 소비자는 기대하지 않았기에 불만이 없는 품질요소이다. 고객의 기대를 훨씬 초과하는 「매력적 품질」은 고객감동의 원천이지만, 시간이 지나면 「일원적 품질」을 거쳐서 「당연적 품질」로 변한다.
※ 「당연적 품질」은 충족되어도 만족이 아닌 당연한 것으로 생각하는 품질이며, 「일원적 품질」은 충족되면 만족하는 품질이다.

85 **엄격책임은 비합리적으로 위험한 제품의 사용으로 인해 어느 누구든 상해를 입게 되면 그 제품의 제조자는 책임을 진다. 이때 제품 자체에 초점을 맞추며, 제조자의 엄격책임을 증명하기 위해서 피해자가 입증해야 할 사항은?**

① 제품이 보증된 대로 작동하지 않고 사용 중 상해를 일으킨다.
② 제조사는 제품의 제조에 있어서 합리적 주의 업무를 실행하지 않았다.
③ 제품에 신뢰할 수 없는 결함이 있었고, 그 결함이 원인이 되어 피해가 발생했다.
④ 제품의 생산, 검사 그리고 안전 가이드라인에 대한 사내표준을 무시하지 않는다.

해설 엄격책임이란 신뢰할 수 없는 결함으로 인하여 피해가 발생하였다는 인과관계가 존재하면, 피해자 측이 가해자의 과실을 입증하지 않더라도 손해배상을 받을 수 있는 경우를 말한다. 엄격책임으로 피해자가 배상받기 위하여 피해자가 입증해야 하는 2가지 사항은 다음과 같다.
1. 제품에 신뢰할 수 없는 결함이 있었고, 그것이 시장에 유통된 시점부터 존재하고 있었다는 것
2. 그 결함이 원인이 되어 피해가 발생하였다는 것(제품과 사고의 인과관계가 존재한다는 것)

 정답 81.④ 82.② 83.④ 84.④ 85.③

86 품질코스트 중 예방코스트는?

① 검사측정비
② 폐각손실액
③ 설계변경 코스트
④ 품질관리에 관한 세미나 수강료

해설 ① : 평가비용
②, ③ : 손실비용
④ : 예방비용

87 표준의 서식과 작성방법(KS Q 0001)에 관한 사항 중 틀린 것은?

① 본문은 조항의 구성부분의 주체가 되는 문장이다.
② 본체는 표준요소를 서술한 부분이다. 다만, 부속서를 제외한다.
③ 추록은 본문, 비고, 각주, 그림, 표 등에 나타내는 사항의 이해를 돕기 위한 예시이다.
④ 조항은 본체 및 부속서의 구성부분인 개개의 독립된 규정으로서 문장, 그림, 표, 식 등으로 구성되며, 각각 하나의 정리된 요구사항 등을 나타내는 것이다.

해설 ③ 본문, 비고, 각주, 그림, 표 등에 나타내는 사항의 이해를 돕기 위한 예시는 '보기/예'이다.

88 동일한 측정자가 동일한 측정기를 이용하여 동일한 제품을 여러 번 측정하였을 때 파생되는 측정변동을 의미하는 것은?

① 안정성(stability)
② 정확성(accuracy)
③ 반복성(repeatability)
④ 재현성(reproducibility)

해설 측정변동의 유형
㉠ 정확성 : 측정값의 평균과 기준값의 차이
㉡ 반복성 : 측정자 개인의 우연변동(정밀도)
㉢ 재현성 : 측정자 간의 측정 평균의 변동
㉣ 안정성 : 시간경과에 따른 측정시스템의 평균이 갖는 변동의 안정성
㉤ 선형성 : 측정의 일관성을 평가하는 편의값의 변화
※ 위치변동에는 정확성, 안정성, 선형성이 있고, 퍼짐변동에는 반복성, 재현성이 있다.

89 표준화의 원리에 대한 설명으로 적절하지 않은 것은?

① 표준화란 단순화의 행위이다.
② 표준은 실시하지 않으면 가치가 없다.
③ 표준의 제정은 전체적인 합의에 따라야 한다.
④ 국가규격의 법적 강제의 필요성은 고려하지 않는다.

해설 ④ 국가규격의 법적 강제의 필요성에 대해서는 그 규격의 성질, 그 사회의 공업화 정도 및 시행되고 있는 법률이나 정세 등에 유의하면서 신중히 고려하여야 한다.

90 품질관리의 기능을 4가지로 대변할 때 해당되지 않는 것은?

① 품질의 관리　② 품질의 설계
③ 공정의 관리　④ 품질의 보증

해설 Deming cycle
1. 품질설계
2. 공정관리
3. 품질보증
4. 품질조사

91 품질경영에 대한 설명으로 틀린 것은?

① 품질방침 및 품질계획, 품질관리, 품질보증, 품질개선을 포함한다.
② 고객지향의 기업문화와 조직행동적 사고 및 실천을 강조하고 있다.
③ 최고경영자의 품질방침에 따른 고객만족을 위한 모든 부문의 전사적 활동이다.
④ 활동과 프로세스의 유효성을 증가시키는 활동은 품질경영 분야 중 품질관리에 해당된다.

해설 QM＝QP＋QC＋QA＋QI
④항은 QI(품질개선)에 해당된다.

92 전통적으로 제품과 서비스의 차이에 대해 새서(Sasser) 등은 4가지 차원으로 설명해 왔다. 이 4가지 서비스 차원에 해당하지 않는 것은?

① 무형성(intangibility)
② 분리성(separability)
③ 동시성(simultaneity)
④ 불균일성(heterogeneity)

해설 ② 분리성 → 소멸성(perishability)

정답 86.④ 87.③ 88.③ 89.④ 90.① 91.④ 92.②

93 어떤 조립품의 구멍과 축의 치수가 [표]와 같이 주어질 때 평균틈새는 얼마인가?

구분	구멍	축
최대허용치수	$A=0.6009$	$a=0.6004$
최소허용치수	$B=0.6006$	$b=0.6000$

① 0.00055 ② 0.00045
③ 0.00035 ④ 0.00025

해설

$$\text{평균틈새} = \frac{\text{최대틈새}+\text{최소틈새}}{2} = \frac{(A-b)+(B-a)}{2} = \frac{(0.6009-0.6000)+(0.6006-0.6004)}{2} = 0.00055$$

94 어떤 제품의 품질특성 조사 결과 표준편차는 0.02, 공정능력지수(C_P)는 1.20이었다. 규격하한이 15.50이라면 규격상한은 약 얼마인가?

① 15.57 ② 15.64
③ 16.10 ④ 16.55

해설

$$C_P = \frac{U-L}{6\sigma}$$

$$1.2 = \frac{U-15.50}{6\times 0.02}$$

$\therefore\ U=15.64$

(단, U는 상한 규격(S_U), L은 하한 규격(S_L)이다.)

95 다음 중 6시그마에 관한 설명으로 잘못된 것은?

① 6시그마는 DMAIC 단계로 구성되어 있다.
② 게이지 R&R은 개선(Improve) 단계에 포함된다.
③ 프로세스 평균이 고정된 경우 3시그마 수준은 2700ppm이다.
④ 백만 개 중 부적합품수를 한 자릿수 이하로 낮추려는 혁신운동이다.

해설 게이지 R&R은 측정시스템 변동의 유형 중 단기적 평가의 요소로 반복성과 재현성을 뜻한다. 게이지 R&R은 측정단계와 관리단계에서 주로 실시하며, 측정오차를 최소화하기 위하여 행한다.

※ 3시그마 수준 : 공정평균에서 규격한계까지의 거리가 3σ인 프로세스로, $\mu-S_L=3\sigma$, $S_U-\mu=3\sigma$가 되며, 공정능력지수 $C_P=1$이다.

96 허츠버그가 제시한 위생요인과 동기유발요인 중 위생요인에 해당하지 않는 것은?

① 작업조건
② 대인관계
③ 책임의 증대
④ 조직의 정책과 방침

해설 **허츠버그(Herzberg) 이론**

1. 허츠버그 이론
   위생요인이 결핍되면 불만족이 발생하지만, 위생요인이 충족되어도 만족할 수 없고 불만족이 제거될 뿐이다. 또한 만족요인이 결핍되면 만족이 발생하지 않을 뿐이지 불만족이 발생하지는 않는다. 따라서, 허츠버그의 이론은 만족과 불만족이 하나의 연속선상에서의 대비관계가 있는 단일개념이 아니고, 별개의 독립적인 메커니즘에 의해 결정되는 두 개의 서로 다른 개념이라는 전제조건에서 출발한다.
2. 허츠버그의 위생요인과 동기요인
   - 위생요인(불만요인) : 회사정책과 관리, 감독, 근무환경, 임금(보수), 대인관계, 직무안전성
   - 동기요인(만족요인) : 성취감, 인정, 책임감, 능력·지식의 개발, 승진, 직무 자체, 성장과 발전, 자기개발

   여기서, 승진을 업무에 대한 인정이나 책무의 증진으로 보면 동기요인(내재적 요인)이 될 수 있고, 업무와 급여 등의 종합적 개념으로 보면 위생요인(외재적 요인)이라고도 할 수 있으나, 동기요인 쪽으로 해석하는 것이 보편적 경향이다.

※ Alderfer의 ERG 이론(욕구 3단계)

1. 존재욕구(Exstence)
2. 관계욕구(Relatedness)
3. 성장욕구(Growth)

97 신QC 수법 중 문제가 되고 있는 사상 가운데서 대응되는 요소를 찾아내어 이것을 행과 열로 배치하고, 그 교점에 각 요소 간의 연관 유무나 관련정도를 표시함으로써 이원적인 배치에서 문제의 소재나 문제의 형태를 탐색하는 수법은?

① PDPC법
② 연관도법
③ 계통도법
④ 매트릭스도법

해설 QFD(품질기능전개)는 what-how 매트릭스도법을 이용하고 있다.

※ PDPC법은 시스템의 중대사고 예측과 그 대응책 설정을 하기 위한 신QC 7도구 중 하나이다.

 정답 93.① 94.② 95.② 96.③ 97.④

98 산업표준화 유형 중 국면에 따른 표준화 분류의 내용으로 틀린 것은?

① 기본규격 : 표준의 제정, 운용, 개폐절차 등에 대한 규격
② 제품규격 : 제품의 형태, 치수, 재질 등 완제품에 사용되는 규격
③ 방법규격 : 성분분석 및 시험방법, 제품의 검사방법, 사용방법에 대한 규격
④ 전달규격 : 계량단위, 제품의 용어, 기호 및 단위 등 물질과 행위에 관한 규격

해설 **기본규격**
계량단위, 제품의 용어, 기호 및 단위 등과 같이 물질과 행위에 관한 기초적인 사항을 규정한 규격으로, 전달규격이라고도 한다.

99 다음 중 품질경영시스템 – 기본사항 및 용어(KS Q ISO 9000)에서 규정하고 있는 품질의 정의로 맞는 것은?

① 조직의 품질경영시스템에 대한 시방서
② 상호 관련되거나 상호 작용하는 요소들의 집합
③ 대상의 고유 특성의 집합이 요구사항을 충족시키는 정도
④ 최고경영자에 의해 표명된 조직이 되고 싶어 하는 것에 대한 열망

해설 ① : 품질매뉴얼
② : 시스템
④ : 품질목표

100 제품분야 KS 표시허가를 받고자 하는 업체에서는 공장심사기준에 대해 준비하게 되는데, 반드시 갖추어야 할 인증심사기준에 해당되지 않는 것은?

① 자재관리
② 제품관리
③ 고객정보관리
④ 공정 · 제조설비 관리

해설 **KS 인증심사기준(제품, 가공기술 인증)**
- 품질경영관리
- 자재관리
- 공정·제조설비 관리
- 제품관리
- 시험검사설비 관리
- 소비자보호 및 환경·자원 관리

정답 98.① 99.③ 100.③

2024 제2회 품질경영기사

제1과목 실험계획법

1 화학공정에서 수율을 향상시킬 목적으로 온도를 3수준, 실험일을 3일 선택하여 실험을 실시하려고 한다. 다음 중 인자의 종류에 따라 분류할 때 실험계획에서 사용되는 모형은?

① 모수모형 ② 변량모형
③ 혼합모형 ④ 블록모형

해설 온도는 제어 가능한 모수인자이고, 실험일은 블록인자로 변량인자이다.

2 4요인(factor) A, B, C, D에 관한 2^4요인 실험의 일부실시법(fractional replication)에서 정의대비(defining contrast)를 $I=ABCD$로 하였을 때 별명관계(alias relation)로 옳은 것은?

① $A=BCD$ ② $B=ABD$
③ $C=ACD$ ④ $D=ABD$

해설 별명관계 : 요인×정의대비(I)
- $A\times I=A\times ABCD=BCD$
- $B\times I=B\times ABCD=ACD$
- $C\times I=C\times ABCD=ABD$
- $D\times I=D\times ABCD=ABC$

3 다음은 인자 A가 4수준인 1요인배치 실험의 분산분석표이다. 이 [표]에 의한 다음 값 중 틀린 것은?

요인	SS	DF	MS
A e	1636.5		
T	3654.5	23	

① $S_e=2018$ ② $\nu_A=3$
③ $V_A=545.5$ ④ $F_0=4.5$

해설 ④ $F_0=\frac{V_A}{V_e}=\frac{545.5}{100.9}=5.406$

4 2수준의 인자 A, B, C, D를 $L_8(2^7)$형 직교배열표의 1, 2, 4, 7열을 택하여 배치하고 실험한 결과 다음 [표]를 얻었다. 인자 A의 주효과는?

실험번호	A	B	C	D	데이터
1	1	1	1	1	2
2	1	1	2	2	1
3	1	2	1	2	14
4	1	2	2	1	1
5	2	1	1	2	20
6	2	1	2	1	5
7	2	2	1	1	26
8	2	2	2	2	27
	계				96

① 10 ② 15
③ 24 ④ 48

해설 효과 $A=\frac{1}{4}(78-18)=15$: 1열

5 다음 [표]와 같이 1요인배치 실험 계수치 데이터를 얻었다. 적합품을 0, 부적합품을 1로 하여 분산분석한 결과 오차의 제곱합(S_e)은 60.4를 얻었다. 기계 A_2에서의 모부적합품에 대한 95% 신뢰구간을 구하면 약 얼마인가?

기계	A_1	A_2	A_3	A_4
적합품수	190	178	194	170
부적합품수	10	22	6	30

① 0.11 ± 0.0195
② 0.11 ± 0.0382
③ 0.11 ± 0.0422
④ 0.11 ± 0.0565

해설
$$P(A_2)=\hat{p}(A_2)\pm u_{1-\alpha/2}\sqrt{\frac{V_e}{r}}$$
$$=0.11\pm1.96\sqrt{\frac{60.4/796}{200}}$$
$$=0.11\pm0.0382$$
※ $l=4$, $r=200$인 계수형 1요인배치이다.

 정답 1.③ 2.① 3.④ 4.② 5.②

6 난괴법에 관한 설명으로 틀린 것은?

① 1인자는 모수이고, 1인자는 변량인 반복이 없는 2요인배치의 실험이다.
② 일반적으로 실험배치의 랜덤에 제약이 있는 경우에 몇 단계로 나누어 설계하는 방법이다.
③ 실험설계 시 실험환경을 균일하게 하여 블록 간에 차이가 없을 때 오차항에 풀링하면 1요인배치 실험과 동일하다.
④ 일반적으로 1요인배치로 단순 반복실험을 하는 것보다 블록으로 나누어 2요인배치를 하는 경우, 층별이 잘 되면 실험의 정도가 높아진다.

해설 ②는 분할법의 설명이다.

7 반복이 2회인 2^2요인배치법에서 요인 A의 효과가 -7.5일 때, 요인 A의 제곱합(S_A)은 얼마인가?

① 56.5 ② 112.5
③ 168.5 ④ 225.5

해설
$$S_A=\frac{1}{N}(T_2-T_1)^2$$
$$=\frac{1}{2^2\times 2}(T_2-T_1)^2$$
$$=\frac{1}{2^2}(T_2-T_1)\times\frac{1}{2}(T_2-T_1)$$
$$=(-7.5)\times[2\times(-7.5)]=112.5$$
(단, $A=\frac{1}{N/2}(T_2-T_1)=\frac{1}{2^2}(T_2-T_1)=-7.5$이다.)

8 반복없는 3요인배치에서 A, B, C가 모두 모수이고, 주효과와 교호작용 $A\times B$, $A\times C$, $B\times C$가 모두 유의할 때 $\hat{\mu}(A_iB_jC_k)$의 값은?

① $\bar{x}_{ij\cdot}+\bar{x}_{i\cdot k}+\bar{x}_{\cdot jk}-\bar{x}_{i\cdot\cdot}-\bar{x}_{\cdot j\cdot}-\bar{x}_{\cdot\cdot k}+\bar{\bar{x}}$
② $\bar{x}_{ij\cdot}+\bar{x}_{i\cdot k}+\bar{x}_{\cdot jk}-\bar{x}_{i\cdot\cdot}-\bar{x}_{\cdot j\cdot}-\bar{\bar{x}}$
③ $\bar{x}_{ij\cdot}+\bar{x}_{i\cdot k}+\bar{x}_{\cdot jk}-\bar{x}_{\cdot j\cdot}-\bar{x}_{\cdot\cdot k}+\bar{\bar{x}}$
④ $\bar{x}_{ij\cdot}+\bar{x}_{i\cdot k}+\bar{x}_{\cdot jk}-\bar{x}_{i\cdot\cdot}-\bar{x}_{\cdot\cdot k}-\bar{\bar{x}}$

해설 $\hat{\mu}(A_iB_jC_k)$
$$=\hat{\mu}+a_i+b_j+c_k+(ab)_{ij}+(ac)_{ik}+(bc)_{jk}$$
$$=[\hat{\mu}+a_i+b_j+(ab)_{ij}]+[\hat{\mu}+a_i+c_k+(ac)_{ik}]+[\hat{\mu}+b_j+c_k+(bc)_{jk}]-[\hat{\mu}+a_i]-[\hat{\mu}+b_j]-[\hat{\mu}+c_k]+\hat{\mu}$$
$$=\bar{x}_{ij\cdot}+\bar{x}_{i\cdot k}+\bar{x}_{\cdot jk}-\bar{x}_{i\cdot\cdot}-\bar{x}_{\cdot j\cdot}-\bar{x}_{\cdot\cdot k}+\bar{\bar{x}}$$

9 수준수 4, 반복수 5인 1요인배치 실험에서 분산분석 결과 인자 A가 1%로 유의적이었다. $S_T=2.478$, $S_A=1.690$이었고, $\bar{x}_{1}.=7.72$, $\bar{x}_{3}.=8.50$이었다. $\mu(A_3)$와 $\mu(A_1)$의 평균치 차를 $\alpha=0.01$로 구간추정한다면 약 얼마인가? (단, $t_{0.99}(16)=2.583$, $t_{0.995}(16)=2.921$이다.)

① $0.321\le\mu(A_3)-\mu(A_1)\le 1.239$
② $0.370\le\mu(A_3)-\mu(A_1)\le 1.190$
③ $0.374\le\mu(A_3)-\mu(A_1)\le 1.186$
④ $0.417\le\mu(A_3)-\mu(A_1)\le 1.143$

해설
$$\mu_3.-\mu_1.=(\bar{x}_3.-\bar{x}_1.)\pm t_{0.995}(\nu_e)\sqrt{\frac{2V_e}{r}}$$
$$=(8.50-7.72)\pm 2.921\sqrt{\frac{2\times 0.04925}{5}}$$
$$=0.78\pm 0.40998$$

10 다음은 A, B, C 3인자에 관한 반복 2회인 지분실험법의 분산분석표이다. $\hat{\sigma}_{C(AB)}{}^2$의 값은? (단, A, B, C는 변량인자이고, $\hat{\sigma}_{C(AB)}{}^2$는 A, B 수준 내의 인자 C에 의한 모분산의 추정치이다.)

요인	SS	DF	MS
A	91	1	91
$B(A)$	60	6	10
$C(AB)$	32	8	4
e	8	16	0.5
T	191	31	

① 1.32 ② 1.63
③ 1.75 ④ 3.00

해설
$$\hat{\sigma}_{C(AB)}{}^2=\frac{V_{C(AB)}-V_e}{r}$$
$$=\frac{4-0.5}{2}=1.75$$
여기서, $l=2$, $m=4$, $n=2$, $r=2$이다.

11 반복이 있는 2요인배치법에서 인자 A, B의 수준수와 반복이 각각 $l=4$, $m=3$, $r=2$일 경우 교호작용의 자유도($\nu_{A\times B}$)는?

① 6 ② 12
③ 15 ④ 17

해설 $\nu_{A\times B}=\nu_A\times\nu_B=(l-1)(m-1)=6$

정답 6.② 7.② 8.① 9.② 10.③ 11.①

12 반복이 있는 2요인배치법(인자 A는 모수, 인자 B는 변량)에서 제곱평균의 기대치[$E(V_A)$]들에 대한 표현으로 틀린 것은? (단, A는 l수준, B는 m수준, 반복 r회이다.)

① $E(V_e)=\sigma_e^2$

② $E(V_B)=\sigma_e^2+lr\sigma_B^2$

③ $E(V_A)=\sigma_e^2+mr\sigma_A^2$

④ $E(V_{A\times B})=\sigma_e^2+r\sigma_{A\times B}^2$

해설 ③ $E(V_A)=\sigma_e^2+r\sigma_{A\times B}^2+mr\sigma_A^2$

13 2^4형 요인 실험에서의 정의대비 $I=ABC$, BCD, AD를 블록과 교락시켜 4개의 블록으로 나누어 실험을 실시한 결과 다음과 같은 데이터를 얻었다. 블록 간의 제곱합(S_R)은?

블록 I	블록 II	블록 III	블록 IV
$(1)=3$	$d=2$	$a=2$	$c=4$
$bc=-2$	$ab=-4$	$bd=-3$	$b=3$
$abc=1$	$ac=5$	$cd=-4$	$ad=3$
$acd=-1$	$bcd=-2$	$abc=5$	$abcd=-6$

① 1.37 ② 2.25
③ 3.47 ④ 4.58

해설
$$S_R=\frac{T_{R_1}^2+T_{R_2}^2+T_{R_3}^2+T_{R_4}^2}{4}-\frac{T^2}{16}$$
$$=\frac{1^2+1^2+0^2+4^2}{4}-\frac{6^2}{16}=2.25$$

14 라틴방격류 실험계획법에 대한 설명 중 틀린 것은?

① 3×3 라틴방격에서 오차항의 자유도는 2이다.

② 4×4 그레코라틴방격에서 오차항의 자유도는 3이다.

③ 그레코라틴방격이란 서로 직교하는 라틴방격 2개를 조합한 방격이다.

④ 실험을 반복하면 일반적으로 오차항의 자유도는 커져서 검출력이 감소한다.

해설 ④ 오차항의 자유도가 커지면 검출력이 증가한다.
※ ① $\nu_e=(k-1)(k-2)=2$: Latin 방격
② $\nu_e=(k-1)(k-3)=3$: Graco-Latin 방격

15 목표 출력전압이 110V인 스테레오 시스템에 사용되는 전력공급 기기의 출력전압이 110±20V일 때, 출력허용한계를 벗어나면 고장 나서 수선해야 한다. 스테레오 수리비가 50000원이라고 가정할 때 출력전압이 120V라면 평균손실비용은?

① 1250원

② 12500원

③ 25000원

④ 30000원

해설 $L(y)=k(y-m)^2$
$$=\frac{50000}{20^2}(120-110)^2=12500\text{원}$$
(단, $k=\frac{A}{\Delta^2}$ 이다.)

16 2^3형 실험에서 교호작용 ABC를 블록과 교락시킨 후 abc가 포함된 블록으로 $\frac{1}{2}$ 일부실시법을 행하였을 때, 교호작용 BC와 별명(alias) 관계에 있는 주요인의 주효과를 바르게 표현한 것은?

① $\frac{1}{2}[(b+abc)-(a+c)]$

② $\frac{1}{2}[(a+abc)-(b+c)]$

③ $\frac{1}{2}[(c+abc)-(a+b)]$

④ $\frac{1}{2}[(abc+1)-(bc+b)]$

해설 2^3형 실험의 정의대비(I)가 $A\times B\times C$인 $\frac{1}{2}$ 일부실시법이다.
$I=A\times B\times C$이므로
$(B\times C)\times I=(B\times C)\times(A\times B\times C)$
$=A\times B^2\times C^2$
$=A$
따라서, $B\times C$와 별명관계는 A이다.
∴ A의 주효과 $A=\frac{1}{2}(abc+a-b-c)$

• 단독교락

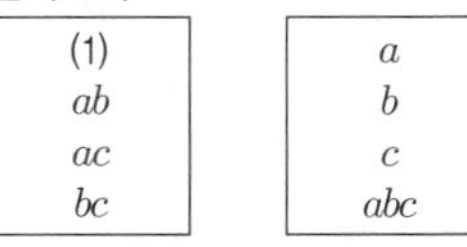

(1)	a
ab	b
ac	c
bc	abc

$I=A\times B\times C$

 정답 12.③ 13.② 14.④ 15.② 16.②

17 1차 단위에 배치한 인자가 A인 단일분할법에서 인자 A, B는 모수인자, 블록반복 R은 변량인자인 경우, 측정치 및 통계량을 구하는 공식으로 틀린 것은? (단, A, B의 수준수는 l, m, 블록반복 R의 수준수는 r이다.)

① $\hat{\sigma}_{e_2}^2 = V_{e_2}$　　② $\hat{\sigma}_R^2 = \dfrac{V_R - V_{e_1}}{lm}$

③ $F_{e_1} = \dfrac{V_{e_1}}{V_{e_2}}$　　④ $\hat{\sigma}_{e_1}^2 = \dfrac{V_{e_2} - V_{e_1}}{m}$

해설 ④ $\hat{\sigma}_{e_1}^2 = \dfrac{V_{e_1} - V_{e_2}}{m} = \hat{\sigma}_{A\times R}^2$

(단, e_1에는 교호작용 $A\times R$이 교락되어 있다.)

18 $L_{27}(3^{13})$인 직교배열표에서 배치한 인자의 수가 8이고, 교호작용을 배치하지 않았다면 오차항에 대한 자유도는?

① 5　　② 8
③ 10　　④ 12

해설 공열의 수 $=13-8=5$이므로,
$\nu_e = 5\times 2 = 10$
(3수준계 직교배열표는 각 열의 자유도가 2이다.)

19 직물 가공 공정에서 처리액의 농도(A) 5수준에서 4회씩 반복 실험하여 직물의 강도를 측정하였다. 농도와 강도의 관련성을 회귀식을 이용하여 규명하고자 아래와 같은 분산분석표를 얻었다. 옳지 않은 것은?

요인	SS	DF	MS	F_0	$F_{0.95}$
A	18.06	4	4.515		
1차	9.71	1	9.71	( )	4.54
2차	5.64	1	5.64	( )	4.54
나머지(고차 회귀)	( )	2	1.355	( )	3.68
e	( )	15	( )		
T	27.04	19			

① 3차 이상의 고차 회귀제곱합은 2.71이다.
② 1차와 2차 회귀는 모두 유의하다.
③ 2차 곡선회귀로는 농도와 강도 간의 관계를 설명할 수 있다.
④ 두 변수 간의 상관관계를 설명하는 데 3차 이상의 고차 회귀가 필요하다.

해설

요인	SS	DF	MS	F_0	$F_{0.95}$
A	18.06	4	4.515		
1차	9.71	1	9.71	(16.22)	4.54
2차	5.64	1	5.64	(9.42)	4.54
나머지	(2.71)	2	1.355	(2.26)	3.68
e	(8.98)	15	(0.59867)		
T	27.04	19			

20 $y_i\cdot$은 i번째 처리수준에서 측정값의 합을 나타낸다. 다음 중 대비(contrast)가 아닌 것은?

① $L = y_1. + y_3. - y_4. - y_5.$
② $L = 3y_1. + y_2. - 2y_3. - 2y_4.$
③ $L = 4y_1. - 3y_3. + y_4. - y_5.$
④ $L = -y_1. + 4y_2. - y_3. - y_4. - y_5.$

해설 ③은 계수 합이 $4+(-3)+1+(-1) \neq 0$이므로 대비가 아니다.

제2과목 통계적 품질관리

21 타이어 제조회사에서 생산 중인 타이어의 수명시간은 평균이 37000km이고, 표준편차는 5000km인 것으로 알려져 있다. 타이어의 수명을 증가시키는 공정을 개발하고 시제품을 100개 생산하여 조사한 결과 평균수명이 38000km였다. 타이어 수명시간의 표준편차가 5000km로 유지된다고 할 때, 유의수준 5%로 평균수명이 증가하였는지 검정한 결과로 틀린 것은?

① 대립가설 $H_1 : \mu > 37000\text{km}$
② 기각치=1.96
③ 검정통계량 $u_0 = 2.0$
④ 귀무가설(H_0) 기각

해설 1. 가설
$H_0 : \mu \le 37000\text{km}$, $H_1 : \mu > 37000\text{km}$
2. 유의수준 : $\alpha = 0.05$
3. 검정통계량 : $u_0 = \dfrac{\bar{x}-\mu}{\sigma/\sqrt{n}} = \dfrac{38000-37000}{5000/\sqrt{100}} = 2.0$
4. 기각치 : $u_{1-0.05} = 1.645$
5. 판정 : $u_0 > 1.645$이므로, H_0 기각

정답 17.④ 18.③ 19.④ 20.③ 21.②

22 군의 크기 $n=4$의 $\overline{x}-R$ 관리도에서 $\overline{\overline{x}}=18.50$, $\overline{R}=3.09$인 관리상태이다. 지금 공정평균이 15.50으로 되었다면 본래의 3σ 한계로부터 벗어날 확률은? (단, $n=4$일 때 $d_2=2.059$이다.)

μ	1.00	1.12	1.50	2.00
P	0.1587	0.1335	0.0668	0.0228

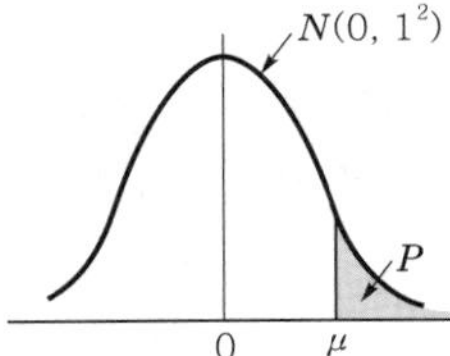

① 0.1587 ② 0.1335
③ 0.6680 ④ 0.8413

$$1-\beta=P(\overline{x}\le L_{CL})=P\left(u\le\frac{L_{CL}-\mu'}{\hat{\sigma}/\sqrt{n}}\right)$$

- $L_{CL}=\overline{\overline{x}}-3\dfrac{\overline{R}}{\sqrt{n}\cdot d_2}$

$$=18.50-3\times\frac{3.09}{\sqrt{4}\times 2.059}=16.25$$

- $\mu'=15.50$
- $\hat{\sigma}=\dfrac{\overline{R}}{d_2}=\dfrac{3.09}{2.059}=1.5$

따라서, $1-\beta=P\left(u\le\dfrac{16.25-15.50}{1.5/\sqrt{4}}\right)$

$=P(u\le 1)=0.8413$

※ 공정평균이 하향 이동되었으므로, $P(\overline{x}\ge U_{CL})=0$이다.

23 피스톤의 외경을 X_1, 실린더의 내경을 X_2라 한다. X_1, X_2가 서로 독립된 확률분포를 하고, 그 표준편차가 각각 0.05, 0.03이라면 실린더와 피스톤 사이의 간격 X_2-X_1의 표준편차는?

① $0.05^2-0.03^2$ ② $\sqrt{0.05^2-0.03^2}$
③ $0.05^2+0.03^2$ ④ $\sqrt{0.05^2+0.03^2}$

해설 $y=X_1-X_2$라고 하면

$\sigma_y=\sqrt{{\sigma_1}^2+{\sigma_2}^2}$

$=\sqrt{0.05^2+0.03^2}$

24 어떤 제품의 품질특성에 대해 σ^2에 대한 95% 신뢰구간을 구하였더니 $1.65\le\sigma^2\le 6.20$이었다. 이 품질특성을 동일한 데이터를 활용하여 귀무가설(H_0) $\sigma^2=8$, 대립가설(H_1) $\sigma^2\ne 8$로 하여 유의수준 0.05로 검정하였다면, 귀무가설(H_0)의 판정결과는?

① 기각한다.
② 보류한다.
③ 채택한다.
④ 판정할 수 없다.

해설 신뢰구간에 모수가 포함되지 않으므로 귀무가설을 기각한다.

25 이항분포를 따르는 모집단에서 $n=100$이고, $P=\dfrac{1}{2}$일 때, 부적합품 X의 표준편차는 얼마인가?

① 5
② 10
③ 15
④ $5\sqrt{3}$

해설 $D(X)=\sqrt{nP(1-P)}=\sqrt{100\times\frac{1}{2}\left(1-\frac{1}{2}\right)}=5$

※ 부적합품률(p)의 분포

$E(p)=P$, $V(p)=\dfrac{P(1-P)}{n}$

26 KS Q ISO 2859-1 : 2010 계수치 샘플링검사 절차 – 제1부 : 로트별 합격품질한계(AQL) 지표형 샘플링검사 방안에서 합격판정개수 A_c가 2개 이상의 검사가 진행되는 경우이면 몇 개의 로트가 한 단계 엄격한 AQL에서 연속 합격되어야 수월한 검사로 전환할 수 있는가?

① 연속 8로트
② 연속 10로트
③ 연속 13로트
④ 연속 15로트

해설
- $A_c\le 1$인 검사 : 합격 시 전환점수(S_S) 2점 가산
- $A_c\ge 2$인 검사 : 한 단계 엄격한 AQL에서 합격 시 전환점수(S_S) 3점 가산

※ 합격되지 않으면 전환점수(S_S)는 0점 처리한다.

 정답 22.④ 23.④ 24.① 25.① 26.②

27 $\sigma_1 = 0.3$, $\sigma_2 = 0.4$인 두 정규모집단의 평균치 차에 대해 $H_0 : \mu_1 \le \mu_2$, $H_1 : \mu_1 > \mu_2$인 검정을 하려고 한다. 검정 결과 유의하다면, 신뢰율 $1-\alpha$일 때 신뢰한계를 구하는 계산식은?

① $(\bar{x}_1 - \bar{x}_2) - u_{1-\alpha}\sqrt{\dfrac{0.3^2}{n_1} + \dfrac{0.4^2}{n_2}}$

② $(\bar{x}_1 - \bar{x}_2) + u_{1-\alpha}\sqrt{\dfrac{0.3^2}{n_1} + \dfrac{0.4^2}{n_2}}$

③ $(\bar{x}_1 - \bar{x}_2) \pm u_{1-\alpha}\sqrt{\dfrac{0.3^2}{n_1} + \dfrac{0.4^2}{n_2}}$

④ $(\bar{x}_1 - \bar{x}_2) \pm u_{1-\alpha/2}\sqrt{\dfrac{0.3^2}{n_1} + \dfrac{0.4^2}{n_2}}$

해설 검정결과는 H_0 기각으로 $\mu_1 - \mu_2 > 0$이 입증되었으므로, $\mu_1 - \mu_2$가 신뢰하한값보다 크거나 같을 확률이 $1-\alpha$이다. 따라서 한쪽 추정의 신뢰하한값이 추정된다.

28 $A = -2.1 + 0.2n_{cum}$, $R = 1.7 + 0.2n_{cum}$인 계수치 축차 샘플링검사 방식(KS Q ISO 28591)을 실시한 결과 6번째, 15번째, 20번째, 25번째, 30번째, 35번째 그리고 40번째에서 부적합품이 발견되었고, 44번 시료까지 판정결과 검사가 속행되었다. 45번째 시료에서 검사결과가 적합품이라면 로트를 어떻게 처리해야 하는가? (단, 누계 샘플 중지값은 45개이다.)

① 검사를 속행한다.
② 생산자와 협의한다.
③ 로트를 합격시킨다.
④ 로트를 불합격시킨다.

해설 $n_{cum} = n_t$인 경우 검사 설계
$A_t = gn_t = 0.2 \times 45 = 9$개
$(D_t = 7) \le (A_t = 9)$이므로, 로트 합격

29 적합도 검정에 관한 설명으로 틀린 것은?

① 기대도수는 계산된 수치이다.
② 적합도 검정은 주로 χ^2 분포를 이용한다.
③ 주어진 데이터가 정규분포를 따르는지에 대한 검토에 사용할 수 있다.
④ 적합도 검정은 확률 P_i 값이 정해지지 않는 경우 사용할 수 없다.

해설 적합도 검정은 확률 P_i가 설정된 경우와 확률 P_i가 설정되지 않은 경우로 나뉜다.

30 12개의 표본으로부터 두 변수 x, y에 대하여 데이터를 구하였더니, x의 제곱합 $S_{xx}=10$, y의 제곱합 $S_{yy}=26$, x, y의 곱의 합 $S_{xy}=16$이었다. 이때 회귀계수(β_1)의 95% 신뢰구간을 추정하면? (단, $t_{0.975}(10) = 2.228$, $t_{0.975}(11) = 2.201$이다.)

① 1.6 ± 0.139
② 1.6 ± 0.141
③ 2.6 ± 0.139
④ 2.6 ± 0.141

해설
$$V_{y/x} = \frac{S_{yy} - S_R}{n-2} = \frac{26 - 16^2/10}{12-2} = 0.04$$
$$\beta_1 = \hat{\beta}_1 \pm t_{1-\alpha/2}(n-2)\sqrt{\frac{V_{y/x}}{S_{xx}}}$$
$$= 1.6 \pm 2.228\sqrt{\frac{0.04}{10}}$$
$$= 1.6 \pm 0.141$$

31 병당 100정이 들은 약품 10000병이 있다. 여기서 10병을 랜덤으로 고르고 각 병으로부터 5정씩 랜덤으로 샘플링하여 각 정마다 중량을 측정한 결과 병 내의 군내변동(σ_w^2)은 400mg, 각 병 간의 군간변동(σ_b^2)은 200mg이 되었다. 측정오차를 고려하지 않을 때, 평균치의 분산에 대한 정밀도$\left(\sigma_{\bar{x}}^2\right)$는 얼마인가?

① 5.3mg
② 10.0mg
③ 28.0mg
④ 100.0mg

해설
$$V(\bar{\bar{x}}) = \frac{\sigma_b^2}{m} + \frac{\sigma_w^2}{m\bar{n}}$$
$$= \frac{200}{10} + \frac{400}{10 \times 5} = 28.0$$

32 만성적으로 존재하는 것이 아니고 산발적으로 발생하여 품질변동을 일으키는 원인으로 현재의 기술수준으로 통제 가능한 원인을 뜻하는 용어는?

① 불가피원인
② 억제할 수 없는 원인
③ 우연원인
④ 이상원인

해설 통제 가능원인을 이상원인, 통제(제어) 불가능원인을 우연원인이라고 한다.

정답 27.① 28.③ 29.④ 30.② 31.③ 32.④

33 최근 대졸자의 정규직 취업이 사회적 문제로 대두되고 있다. 올해 정부의 대졸 정규직 취업률 목표치인 70%보다 실제 취업률이 낮은지를 검정하기 위하여 대졸자 500명을 조사한 결과 300명이 정규직으로 취업한 것으로 나타나 목표치보다 낮은 것으로 검증되었다. 올해 취업률에 대한 95% 상측 신뢰한계는 약 얼마인가?

① 0.632　② 0.636
③ 0.638　④ 0.643

해설 $H_0 : P \geq 0.7$, $H_1 : P < 0.7$임이 입증되었으므로 한쪽 추정의 신뢰상한값을 추정한다.

$$P_U = \hat{p} + u_{1-\alpha}\sqrt{\frac{\hat{p}(1-\hat{p})}{n}}$$
$$= 0.6 + 1.645 \times \sqrt{\frac{0.6(1-0.6)}{500}} = 0.636$$

34 $\bar{x}-s$ 관리도에서 $\bar{x}$ 관리도의 관리상한(U_{CL})=13.0, 관리하한(L_{CL})=7.0일 때 부분군의 크기(n)는 얼마인가? (단, $\bar{s}$=3.052, c_4=0.763이다.)

① 4　② 8
③ 12　④ 16

해설
$$U_{CL} - L_{CL} = 6\frac{\bar{s}}{c_4\sqrt{n}} = 6$$
$$\sqrt{n} = \frac{3.052}{0.763} = 4$$
$$\therefore n = 16$$

35 $\chi^2_{0.95}(9)$=16.92이면 $F_{0.95}(9,\ \infty)$의 값은?

① 0.94　② 1.88
③ 4.11　④ 16.92

해설
$$\frac{\chi^2_{1-\alpha}(\nu)}{\nu} = F_{1-\alpha}(\nu,\ \infty)$$
$$F_{0.95}(9,\ \infty) = \frac{\chi^2_{0.95}(9)}{9} = \frac{16.92}{9} = 1.88$$

36 어떤 제조공정으로부터 np 관리도를 작성하기 위해 n=100개씩 20조를 취하여 부적합품수를 조사했더니 Σnp=68이었다. np 관리도의 관리상한(U_{CL})은 약 얼마인가?

① 5.437　② 7.025
③ 8.837　④ 8.932

해설
$$n\bar{p} = \frac{\Sigma np}{k} = \frac{68}{20} = 3.4$$
$$\bar{p} = \frac{\Sigma np}{\Sigma n} = \frac{68}{20\times100} = 0.034$$
$$\therefore U_{CL} = n\bar{p} + 3\sqrt{n\bar{p}(1-\bar{p})}$$
$$= 3.4 + 3\sqrt{3.4\times(1-0.034)} = 8.837$$

37 계수 및 계량 규준형 1회 샘플링검사(KS Q 0001) 규격에서 로트의 표준편차를 알고 있는 경우, 계량규준형 1회 샘플링검사의 적용조건에 해당하지 않는 것은?

① 제품을 로트로 처리할 수 있어야 한다.
② 검사단위의 품질을 계량치로 나타낼 수 있어야 한다.
③ 부적합품률을 보증하는 경우 특성값이 정규분포에 근사하고 있어야 한다.
④ 부적합품률을 보증하는 경우 부적합품률을 어느 한도 내로 보증하는 것이므로 합격 로트 안에 부적합품이 들어가면 안 된다.

해설 ④ 합격 로트 안에 부적합품이 어느 정도 혼입되는 것을 허용할 수 있어야 한다.
※ 계량규준형 샘플링검사는 평균치를 보증하는 경우와 부적합률을 보증하는 경우로 나뉘어진다.

38 10개의 배치(batch)에서 각각 4개씩의 샘플을 뽑아 범위(R)를 구하였더니 ΣR=16이었다. 이때 $\hat{\sigma}$는 약 얼마인가? (단, 군의 크기가 4일 때 d_2=2.059, d_3=0.880이다.)

① 0.78　② 1.82
③ 1.94　④ 4.55

해설
$$\hat{\sigma} = \frac{\bar{R}}{d_2} = \frac{\Sigma R/k}{d_2} = \frac{16/10}{2.059} = 0.78$$

39 어떤 회사의 사무실 출입은 엘리베이터에 의존하는데 오랫동안 조사한 결과, 내려오는 것은 2분에 1회 정도로 균등(uniform) 분포를 따랐다. 어떤 사람이 12시에서 12시 10분 사이에 엘리베이터에 도착하여 30초 이내로 타고 내려올 수 있는 확률은?

① 1%　② 5%
③ 25%　④ 50%

해설 분당 탑승확률 $p = \frac{1}{2}$
∴ 30초간 탑승확률 $= \frac{1}{2}\times\frac{1}{2} = \frac{1}{4}$

 정답 33.② 34.④ 35.② 36.③ 37.④ 38.① 39.③

40 로트의 부적합품률을 보증하기 위한 계량규준형 샘플링검사에서 합격시키고 싶은 Lot의 부적합품률 $p_o=5.5\%$일 때 $k_{p_o}=1.6$이다. 하한규격 $S_L=40\text{kg/cm}^2$이고, 이 Lot의 분포는 정규분포로서 $\sigma=4\text{kg/cm}^2$이다. 이때, Lot의 평균치 m은 얼마인가?

① 31.4kg/cm² ② 46.4kg/cm²
③ 49.1kg/cm² ④ 51.2kg/cm²

해설 $m_o=S_L+k_{p_o}\sigma=40+1.6\times4=46.4\text{kg/cm}^2$

제3과목 생산시스템

41 TPM(Total Productive Maintenance)의 5가지 기둥(기본활동)으로 틀린 것은?

① 5S 활동
② 계획보전활동
③ 설비 초기관리활동
④ 설비 효율화 개별개선활동

해설 TPM 활동의 5대 기둥
- 개별개선
- 자주보전
- 계획보전
- 교육 · 훈련
- 설비 초기관리

42 다음의 [표]는 M회사의 시간연구자료이다. 이 자료를 활용하여 단위당 표준시간을 구하면 약 얼마인가?

내용	데이터
작업시간	450분
생산량	300개
작업시간율(1−유휴시간율)	90%(1−10%)
Rating 계수	105%
여유율	11%

① 0.16분 ② 1.43분
③ 1.59분 ④ 1.65분

해설 작업시간에 관한 여유율이므로 내경법으로 계산한다.

$$ST=\frac{T(1-y)}{N}\times\text{Rating 계수}\times\frac{1}{1-A}$$
$$=\frac{450\times0.9}{300}\times1.05\times\frac{1}{1-0.11}=1.59\text{분}$$

43 생산관리의 기본기능을 크게 3가지로 분류할 경우 해당되지 않는 것은?

① 계획기능
② 통제기능
③ 실행기능
④ 설계기능

해설 생산관리기능은 ㉠ 설계기능, ㉡ 계획기능, ㉢ 통제기능으로 분류할 수 있다.

44 1일 부하시간은 460분, 작업준비 및 고장 등으로 인한 정지시간은 30분, 1일 총생산량은 600개, 설비작업의 기준 사이클타임은 0.3분/개이며, 실제 사이클타임은 0.5분/개이다. 적합품률이 95%일 경우 설비종합효율은 약 몇 %인가?

① 37.2% ② 39.1%
③ 39.8% ④ 41.9%

해설 설비종합효율＝시간가동률×성능가동률×양품률

이때, 시간가동률$=\dfrac{\text{부하시간}-\text{정지시간}}{\text{부하시간}}$

$=\dfrac{460-30}{460}=0.9348$

성능가동률$=\dfrac{\text{생산량}\times\text{기준 사이클타임}}{\text{가동시간}}$

$=\dfrac{600\times0.3}{430}=0.4186$

양품률$=\dfrac{\text{가공수량}-\text{불량수량}}{\text{생산량}}=0.95$

따라서, 설비종합효율$=0.9348\times0.4186\times0.95$
$=0.3717(37.2\%)$

※ 성능가동률＝실제 가동률×속도가동률

45 워크샘플링법을 이용하여 기계 가동실태를 조사한 결과 정지율이 29%로 추정되었다. 정지율 추정에 사용된 관측치가 모두 1000개였다면 신뢰수준 95% 수준에서 상대오차는 약 몇 %인가?

① ±8.1% ② ±14.8%
③ ±9.9% ④ ±19.8%

해설
$$SP=2\sqrt{\frac{p(1-p)}{n}}$$
$$\therefore S=\frac{2}{0.29}\sqrt{\frac{0.29\times0.71}{1000}}=0.099(9.9\%)$$

※ 상대오차(S)는 절대오차를 평균 p로 나눈 개념이다.

정답 40.② 41.① 42.③ 43.③ 44.① 45.③

46 광원을 일정한 시간 간격으로 비대칭적인 밝기로 점멸하면서 사진을 촬영하여 분석하는 방법으로 작업의 속도, 방향 등의 궤적을 파악할 수 있는 것은?

① 시모차트(SIMO Chart)
② 양수 동작분석표
③ 작업자 공정분석표
④ 크로노사이클 그래프

해설 • 크로노사이클 그래프 분석이란 손이나 손가락 또는 신체부위에 꼬마전구를 부착하여 촬영 후 동작의 궤적을 분석하는 방법이다.
• SIMO Chart(Simutaneous Motion Cycle Chart)는 서브릭시간 분석표 또는 동시동작 시간분석표라고 한다.

47 다음 [그림]과 같은 PERT 네트워크에서 주공정의 값은 얼마인가?

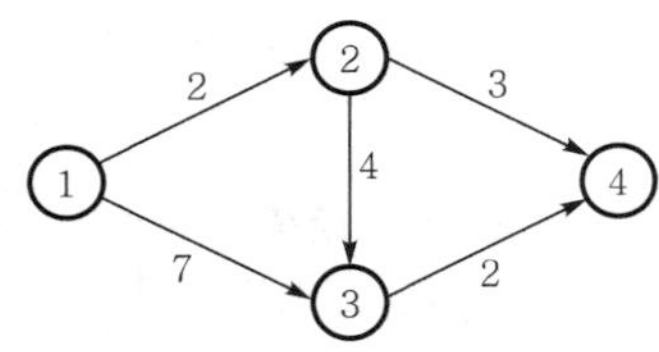

① 5일 ② 8일
③ 9일 ④ 14일

해설 주공정 : ① → ③ → ④
∴ 7+2=9일
※ 주공정(CP)은 시간적으로 가장 긴 경로가 된다.

48 MRP에서 부품전개를 위해 사용되는 양식에 쓰이는 용어에 관한 설명으로 틀린 것은?

① 순소요량(net requirements)은 총소요량에서 현재고량을 뺀 후 예정수주량을 더한 것이다.
② 예정수주량(scheduled receipts)은 주문은 했으나 아직 도착하지 않은 주문량을 의미한다.
③ 계획수주량(planned receipts)은 아직 발주하지 않은 신규 발주에 따라 예정된 시기에 입고될 계획량을 의미한다.
④ 발주계획량(planned order releases)은 필요 시 수령이 가능하도록 구매주문이나 제조주문을 통해 발주하는 수량으로, 보통 계획수주량과 동일하다.

해설 ① 순소요량(net requirements)은 총소요량에서 현재고량을 뺀 후 예정수주량을 뺀 것이다.

49 단일설비에서 처리하는 주문 A, B, C의 처리시간과 납기가 [표]와 같다. 최소처리시간법(SPT ; Shortest Processing Time)과 최단납기일법(EDD ; Earliest Due Date)에 의해 산출한 작업순서와 평균납기지연시간(일)은?

주문	A	B	C
처리시간(일)	9	7	16
납기(일)	13	16	23

① SPT : A−B−C(3일), EDD : B−A−C(4일)
② SPT : B−A−C(3일), EDD : A−B−C(4일)
③ SPT : A−B−C(4일), EDD : B−A−C(3일)
④ SPT : B−A−C(4일), EDD : A−B−C(3일)

해설 • 최소작업시간 우선법(SPT)

작업물	작업 시간	진행 시간	납기일	납기 지연일
B	7	7	16	0
A	9	16	13	3
C	16	32	23	9
합계		55		12

∴ 평균납기지연일 $= \frac{12}{3} = 4$일

• 최소납기일 우선법(EDD)

작업물	작업 시간	진행 시간	납기일	납기 지연일
A	9	9	13	0
B	7	16	16	0
C	16	32	23	9
합계		57		9

∴ 평균납기지연일 $= \frac{9}{3} = 3$일

50 다품종 생산일정계획 수립 시 고려할 내용이 아닌 것은?

① 품목별 생산완료시점
② 작업장별 생산품목
③ 판매가격
④ 품목별 생산수량

해설 생산일정계획 수립 시 고려해야 하는 사항
• 작업장별 생산품목
• 품목별 생산수량
• 품목별 생산완료시점
• 납기
• 생산기간의 결정
• 생산능력
• 각 작업의 기준일정 등

 정답 46.④ 47.③ 48.① 49.④ 50.③

51 다음 중 작업자 공정분석에 관한 설명으로 틀린 것은?

① 창고, 보전계의 업무와 경로 개선에 적용된다.
② 제품과 부품의 개선 및 설계를 위한 분석이다.
③ 기계와 작업자 공정의 관계를 분석하는 데 편리하다.
④ 이동하면서 작업하는 작업자의 작업위치, 작업순서, 작업동작 개선을 위한 분석이다.

해설 제품과 부품의 개선에는 세밀공정분석, 가치분석 등이 해당된다.

52 JIT를 적용하는 생산현장에서 부품의 수요율이 1분당 3개이고, 용기당 30개의 부품을 담을 수 있을 때 필요한 간판의 수와 최대재고수는? (단, 작업장의 리드타임은 100분이다.)

① 간판수 = 5, 최대재고수 = 100
② 간판수 = 10, 최대재고수 = 200
③ 간판수 = 10, 최대재고수 = 300
④ 간판수 = 20, 최대재고수 = 400

해설
- 간판수 $= \frac{3\times 100}{30} = 10\left(N = \frac{DT}{C}\right)$
- 최대재고수 $= 10\times 30 = 300$

53 종래 독립적으로 운영되어 온 생산, 유통, 재무, 인사 등의 단위별 정보시스템을 하나로 통합하여, 수주에서 출하까지의 공급망과 기간업무를 지원하는 통합된 자원관리시스템은?

① JIT(Just In Time)
② ERP(Enterprise Resources Planning)
③ BPR(Business Process Reengineering)
④ MRP(Material Requirements Planning)

해설 MRP시스템에 필요한 입력요소는 ① 자재명세서, ② 주생산일정계획, ③ 재고기록철이다.

54 A회사에서 생산되는 어느 제품의 연간 수요량은 4000개이며, 연간 생산능력은 8000개이다. 1회 생산 시 준비비용은 2000원, 연간 단위당 재고유지비용은 20원일 때, 경제적 생산량(EPQ)은 약 몇 개인가?

① 1064.9　② 1164.9
③ 1264.9　④ 1364.9

해설
$$EPQ = \sqrt{\frac{2DC_P}{Pi\left(1-\frac{d}{p}\right)}} = \sqrt{\frac{2\times 4000\times 2000}{20\left(1-\frac{4000}{8000}\right)}} = 1264.9$$

55 A, B, C, D 4개의 작업물 모두 공정 1을 먼저 거친 다음 공정 2를 거친다. 최종 작업이 공정 2에서 완료되는 시간을 최소화하도록 하기 위한 작업순서는?

작업물	공정 1	공정 2
A	5	6
B	8	7
C	6	10
D	9	1

① A → C → B → D
② A → D → B → C
③ C → A → B → D
④ D → A → B → C

해설 존슨법칙에 의한 작업순위 결정
1. 공정시간 중 최소시간을 갖는 작업물을 찾는다.
2. 공정 1일 경우는 맨 앞, 공정 2일 경우는 맨 뒤에 놓는다.

작업물	A	B	C	D
공정 1	5	8	6	9
공정 2	6	7	10	1
순위	①	③	②	④

※ 최소시간은 작업물 D의 1시간이며 공정 2이므로 맨 뒤에 배치하고, 그 다음 작은 시간은 작업물 A의 5시간이므로 맨 앞에 배치한다. 그 다음은 작업물 C의 6시간이므로 2번째, 작업물 B는 3번째로 배치한다.

56 재고시스템에서 재주문점의 수준을 결정하는 요인이 아닌 것은?

① 재고유지비용
② 수요율과 조달기간
③ 수요율과 조달기간 변동의 정도
④ 감내할 수 있는 재고부족 위험의 정도

해설 OP = 조달기간 중 평균수요량 + 안전계수×조달기간 중 수요량의 표준편차
= 조달기간 중 평균수요량 + 안전재고

정답 51.② 52.③ 53.② 54.③ 55.① 56.①

57 원단위란 제품 또는 반제품의 단위수량당 자재별 기준소요량을 의미하며, 이러한 원단위를 산출하는 데에는 여러 방법이 있다. 원단위 산출방법이 아닌 것은?

① 실적치에 의한 방법
② 이론치에 의한 방법
③ 연속치를 고려하는 방법
④ 시험분석치에 의한 방법

해설 원단위 산출방법에는 ①, ②, ④항의 방법이 있다.

58 각 제품의 매출액과 한계이익률이 다음 [표]와 같다. 평균 한계이익률을 사용한 손익분기점은? (단, 고정비는 1300만원이다.)

제품	매출액(만원)	한계이익률(%)
A	500	20
B	300	30
C	200	30

① 4600만원
② 4800만원
③ 5000만원
④ 5200만원

해설
$$BEP = \frac{\text{고정비}}{\frac{\text{평균한계이익액}}{\text{매출액}}} = \frac{1300}{\frac{500\times0.2+300\times0.3+200\times0.2}{1000}} = 5200\text{만원}$$

59 다음 중 누적예측오차(Cumulative sum of Forecast Errors)를 절대평균편차(Mean Absolute Deviation)로 나눈 것을 무엇이라고 하는가?

① TS(추적지표)
② SC(평활상수)
③ MSE(평균제곱오차)
④ CMA(평균중심이동)

해설
$$TS = \frac{\Sigma(A_i - F_i)}{\frac{\Sigma|A_i - F_i|}{n}} = \frac{CFE}{MAD}$$

※ TS는 0에 가까울수록 예측이 정확해진다.

60 라이트(J. M. Wright)가 주장한 채찍효과의 대처방안으로 틀린 것은?

① 변동폭의 감소(reducing variability)
② 리드타임의 단축(lead time reducing)
③ 전략적 파트너십(strategic partnership)
④ 불확실성의 증가(increasing uncertainty)

해설 ①, ②, ③항과 불확실성을 감소시켜야 채찍효과가 방지된다.
※ 채찍효과(bullwhip effect)란 공급사슬에서 고객으로부터 생산자로 갈수록 주문량의 변동폭이 증가하는 현상을 말한다.

제4과목 신뢰성 관리

61 번인(burn-in) 시험의 목적으로 맞는 것은?

① 고장률의 확인 ② 초기고장의 감소
③ 우발고장의 감소 ④ 마모고장의 감소

해설 Burn-in(번인)
초기결함을 제거하기 위하여 일반적으로 정상 사용조건보다 높은 온도에서 일정 시간 동안 저장 또는 동작시키는 시험으로, Debugging과 함께 에이징 테스트라고 한다.

62 수명분포가 지수분포인 20개의 제품을 교체하면서 계속 시험하여 마지막 10번째 고장 나는 시간을 측정하였더니 100시간이었다. 100시간에서의 신뢰도는 얼마인가?

① $e^{-\frac{100}{200}}$ ② $e^{-\frac{100}{180}}$
③ $e^{-\frac{100}{100}}$ ④ $e^{-\frac{2000}{100}}$

해설
$$\widehat{MTBF} = \frac{nt_r}{r} = \frac{20\times100}{10} = 200\text{시간}$$
$$R(t=100) = e^{-\frac{t}{MTBF}} = e^{-\frac{100}{200}}$$

63 고장확률밀도함수가 지수분포를 따르는 세탁기 3대를 97시간 동안 실험했을 때, 고장이 한 번도 발생하지 않았다면 평균수명의 하한값은? (단, 신뢰수준이 90%일 때 $MTBF$ 하한치의 추정계수는 2.3이다.)

① 32.33시간 ② 42.17시간
③ 97.32시간 ④ 126.52시간

해설
$$MTBF_L = \frac{T}{2.3} = \frac{97\times3}{2.3} = 126.521$$

 정답 57.③ 58.④ 59.① 60.④ 61.② 62.① 63.④

64 부품 A는 평균수명이 100시간인 지수분포를, 부품 B는 평균 100시간, 표준편차 46시간인 정규분포를 따를 경우, 이들 부품의 10시간에서의 신뢰도에 대하여 맞게 표현한 것은? (단, $u_{0.90}=1.282$, $u_{0.95}=1.645$, $u_{0.975}=1.96$이다.)

① 동일하다.
② 비교 불가능하다.
③ 부품 A의 신뢰도가 더 높다.
④ 부품 B의 신뢰도가 더 높다.

해설 • $R_A(t)=e^{-\lambda t}=e^{-(1/100)\times 10}=0.90484$

• $R_B(t)=P_r\left(u\geq \dfrac{10-100}{46}\right)$
$=P_r(u\geq -1.96)=0.975$

65 설계단계에서 신뢰성을 높이기 위한 신뢰성 설계방법이 아닌 것은?

① 리던던시 설계
② 디레이팅 설계
③ 사용부품의 표준화
④ 예방보전과 사후보전 체계 확립

해설 ④ 예방보전과 사후보전 체계 확립은 사용신뢰성의 증대 방법이다.

66 평균고장률과 평균수리율이 각각 λ와 μ인 지수분포의 경우 가용도는?

① $\dfrac{\mu}{\lambda+\mu}$　② $\dfrac{\lambda}{\lambda+\mu}$
③ $\dfrac{\mu}{\lambda-\mu}$　④ $\dfrac{\lambda}{\lambda-\mu}$

해설 $A=\dfrac{MTBF}{MTBF+MTTR}=\dfrac{\mu}{\lambda+\mu}$

67 설계에 대한 신뢰성 평가의 한 방법으로서 설계된 시스템이나 기기의 잠재적인 고장모드를 찾아내고 가동 중인 시스템 등에 고장이 발생하였을 경우의 영향을 조사·평가하여 영향이 큰 고장모드에 대하여는 적절한 대책을 세워 고장의 발생을 미연에 방지하고자 하는 기법은?

① IFR　② DFR
③ NBU　④ FMEA

해설 ④ FMEA는 Bottom-up 방식의 정성적 해석방법이다.

68 부품에 가해지는 부하(y)는 평균이 25000, 표준편차가 4272인 정규분포를 따르며, 부품의 강도(x)는 평균이 50000이다. 신뢰도 0.999가 요구될 때 부품 강도의 표준편차는 약 얼마인가? (단, $P(z\geq -3.1)=0.999$이다.)

① 6840psi　② 7840psi
③ 9850psi　④ 13680psi

해설 $R_S=P_r(x>y)=P_r(x-y>0)=P_r(z>0)$
$=P_r\left(u>\dfrac{0-(\mu_x-\mu_y)}{\sqrt{{\sigma_x}^2+{\sigma_y}^2}}\right)$
$=P_r\left(u>\dfrac{25000-50000}{\sqrt{{\sigma_x}^2+4272^2}}\right)$
$=0.999$

여기서, $\dfrac{25000-50000}{\sqrt{{\sigma_x}^2+4272^2}}=-3.1$이므로,
$\sigma_x=6840$psi가 된다.

69 $\lambda_0=0.001$/시간, $\lambda_1=0.005$/시간, $\beta=0.1$, $\alpha=0.05$로 하는 신뢰성 계수 축차 샘플링검사의 합격선은? (단, 수식 계산 시 소수점 이하는 반올림하시오.)

① $T_a=402r+563$　② $T_a=563r+402$
③ $T_a=420r+402$　④ $T_a=563r+420$

해설 합격선 : $T_a=sr+h_a=402r+563$

이때, $s=\dfrac{\ln\left(\dfrac{\lambda_1}{\lambda_0}\right)}{\lambda_1-\lambda_0}=402$

$h_a=\dfrac{\ln\left(\dfrac{1-\alpha}{\beta}\right)}{\lambda_1-\lambda_0}=563$

70 어떤 기계의 고장은 1000시간당 2.5%의 비율로 일정하게 발생한다. 이 기계의 MTBF는 몇 시간인가?

① 40시간　② 400시간
③ 4000시간　④ 40000시간

해설 $MTBF=\dfrac{1000}{0.025}=40000\text{hr}$

※ 고장률(λ)은 1시간당 고장개수이다.

정답 64.④ 65.④ 66.① 67.④ 68.① 69.① 70.④

71 비기억(memoryless) 특성을 가짐으로 수리 가능한 시스템의 가용도(availability) 분석에 가장 많이 사용되는 수명분포는?

① 감마분포 ② 와이블분포
③ 지수분포 ④ 대수정규분포

해설 시간에 관계없이 고장률함수가 일정한 경우가 비기억성 분포인 CFR의 분포이다. 지수분포는 $\lambda(t)=\lambda$로 CFR의 분포이므로 조건부 확률이 존재하지 않는다.

72 다음 중 전체 구간에서 "단위시간당 어떤 비율로 고장이 발생하고 있는가?"를 뜻하는 신뢰성 척도를 나타낸 것은? (단, $R(t)$는 신뢰도, $F(t)$는 불신뢰도, $f(t)$는 고장밀도함수, $\lambda(t)$는 고장률함수이다.)

① $-\dfrac{dR(t)}{dt}$ ② $\dfrac{f(t)}{R(t)}$
③ $1-\dfrac{f(t)}{\lambda(t)}$ ④ $1-\displaystyle\int_0^t f(t)dt$

해설
$$f(t)=\frac{d}{dt}F(t)=\frac{d}{dt}(1-R(t))$$
$$=-\frac{d}{dt}R(t)=-R'(t)$$
$$\lambda(t)=\frac{f(t)}{R(t)}=-\frac{R'(t)}{R(t)}$$
$$R(t)=1-F(t)=1-\int_0^t f(t)dt=\int_t^\infty f(t)dt$$

73 신뢰도가 0.9인 동일한 기기(component)로 구성된 4 중 2 시스템의 신뢰도는?

① 0.9801 ② 0.9900
③ 0.9963 ④ 0.9999

해설
$$R_S=\sum_{i=2}^{4}{}_nC_i\,R^i(1-R)^{4-i}$$
$$={}_4C_2R^2(1-R)^2+{}_4C_3R^3(1-R)^1+{}_4C_4R^4(1-R)^0$$
$$=6\times0.9^2\times(1-0.9)^2+4\times0.9^3\times(1-0.9)^1+0.9^4$$
$$=0.9963$$
※ $$R_S=\sum_{i=2}^{4}{}_4C_i\,R^i(1-R)^{4-i}$$
$$={}_4C_2R^2(1-R)^2+{}_4C_3R^3(1-R)^1+{}_4C_4R^4(1-R)^0$$
$$=6R^2(1-R)^2+4R^3(1-R)+R^4$$
$$=6R^2-8R^3+3R^4$$

74 다음 [표]는 샘플 200개에 대한 수명시험 데이터이다. 구간 (500, 1000)에서의 경험적(empirical) 고장률[$\lambda(t)$]은 얼마인가?

구간별 관측시간	구간별 고장개수
0~200	5
200~500	10
500~1000	30
1000~2000	40
2000~5000	50

① 1.50×10^{-4}/hr ② 1.62×10^{-4}/hr
③ 3.24×10^{-4}/hr ④ 4.44×10^{-4}/hr

해설
$$\lambda(t=500)=\frac{n(t)-n(t+\Delta t)}{n(t)}\times\frac{1}{\Delta t}$$
$$=\frac{30}{185}\times\frac{1}{500}$$
$$=3.24324\times10^{-4}/\text{hr}$$

75 와이블분포의 형상모수(m)가 3이고, 척도모수(η)가 100시간인 기기가 있다. 이 기기에 대한 평균수명은 약 얼마인가? (단, $\Gamma\left(1+\frac{1}{3}\right)=0.89338$, $\Gamma\left(1+\frac{2}{3}\right)=0.9033$)

① 1051.72시간 ② 179.67시간
③ 90.33시간 ④ 89.338시간

해설
$$E(t)=\eta\cdot\Gamma\left(1+\frac{1}{m}\right)$$
$$=100\times\Gamma\left(1+\frac{1}{3}\right)$$
$$=100\times0.89338=89.338\text{시간}$$

76 지수분포의 확률지에 관한 설명으로 틀린 것은?

① 회귀선의 기울기를 구하면 평균고장률이 된다.
② 세로축은 누적고장률, 가로축은 고장시간을 타점하도록 되어 있다.
③ 타점 결과 원점을 지나는 직선의 형태가 되면 지수분포라 볼 수 있다.
④ 누적고장률의 추정은 t시간까지의 고장횟수의 역수를 취하여 이루어진다.

해설 ④ 지수분포의 누적고장률은 고장률에 시간을 곱하여 구한다.
$$H(t)=\int_0^t\lambda(t)dt=-\ln R(t)=\lambda t$$

 정답 71.③ 72.① 73.③ 74.③ 75.④ 76.④

77 어떤 전자부품은 150℃ 가속수명시험에서 평균수명이 100시간으로 추정되었다. 이 부품의 활성화에너지가 0.25eV이고 가속계수가 2.0일 때, 정상사용조건의 온도는 약 몇 ℃인가? (단, 볼츠만상수는 8.617×10^{-5}eV/K이며, 아레니우스 모델을 적용하였다.)

① 47 ② 73
③ 100 ④ 111

해설 $AF=e^{\Delta H\cdot TF}\left(\text{단, } TF=\frac{1}{k}\left(\frac{1}{T_1}-\frac{1}{T_2}\right)\text{이다.}\right)$

$\rightarrow \ln AF=\Delta H\cdot TF$

$\rightarrow TF=\frac{\ln AF}{\Delta H}=\frac{\ln 2.0}{0.25}=2.77$

$\rightarrow TF=\frac{1}{8.617\times10^{-5}}\left(\frac{1}{T_1}-\frac{1}{150+273}\right)=2.77$

$\therefore T_1=\frac{1}{2.603\times10^{-3}}-273=111℃$

78 병렬 리던던시(redundancy) 시스템의 목표 설계 평균수명이 약 41666시간이 되도록 설계하고자 한다. 고장률이 0.05회/1000시간인 부품으로 구성할 때 필요한 부품수는?

① 1개 ② 2개
③ 3개 ④ 4개

해설 $MTBF_S=\left(1+\frac{1}{2}+\frac{1}{3}+\frac{1}{4}\right)MTBF$

$=\frac{25}{12}MTBF=\frac{25}{12}\times20000=41666$시간

$\therefore n=4$개다.

79 n개의 고장 데이터가 주어졌고 i번째 고장발생시간을 t_i라고 할 때 중앙순위법(median rank)의 $F(t_i)$는?

① $\frac{i}{n}$ ② $\frac{i-0.3}{n+0.4}$
③ $\frac{i}{n+1}$ ④ $\frac{i-0.5}{n}$

해설 ① : 선험법
② : 중앙순위법
③ : 평균순위법
④ : 모드순위법

80 다음 [그림]의 고장목(FT)에서 정상사상의 고장확률은 얼마인가? (단, 기본사상의 고장확률은 $F_A=0.002$, $F_B=0.003$, $F_C=0.004$이다.)

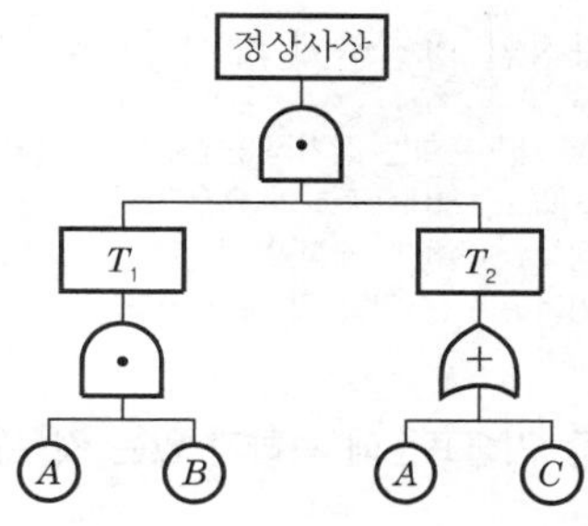

① 1.2×10^{-11}
② 4.8×10^{-11}
③ 3.6×10^{-8}
④ 6×10^{-6}

해설 중복사상이 있으므로 Boolean의 대수법칙을 이용하면,
$ab(a+c)=a^2b+abc=ab+abc=ab(1+c)=ab$
$F_{\text{TOP}}=F_A\times F_B=0.002\times0.003=6\times10^{-6}$

제5과목 품질경영

81 다음 중 국가품질대상의 심사범주에 해당되는 것이 아닌 것은?

① 리더십
② 고객과 시장 중시
③ 전략기획
④ 시스템관리 중시

해설 한국품질대상의 7가지 범주
- 리더십
- 전략기획
- 고객 및 시장 중시
- 측정 · 분석 및 지식경영
- 인적자원 중시
- 운영관리 중시
- 경영성과

※ 「말콤볼드리지상」은 리더십에 역점을 둔 반면에 「국가품질대상」은 프로세스 관리에 역점을 두고 있다.

정답 77.④ 78.④ 79.② 80.④ 81.④

82 사내표준화의 요건으로 볼 수 없는 것은?

① 실행 가능한 내용일 것
② 기록이 구체적이고 객관적일 것
③ 직관적으로 보기 쉬운 표현을 할 것
④ 단기적인 방침하에 체계적으로 추진할 것

해설 ④ 사내표준화는 장기적 방침하에 운영되어야 한다.
이외에도, 사내표준화의 요건으로는
• 정확·신속하게 개정할 것
• 기여도가 큰 것일 것 등이 있다.

83 다음 중 기술표준에 속하지 않는 것은?

① 재질
② 절차
③ 치수
④ 형상

해설 ② 절차는 규정이다.
※ 기술표준이란 기술적인 시스템에 대한 규범이나 요구사항을 의미한다. 이러한 것은 표준 중 주로 물체에 직접·간접적으로 관계되는 기술적 사항에 관하여 규정된 기준인 규격이 있다.

84 다음 중 품질 관련 소집단활동 유형이 아닌 것을 고르면?

① 자율경영팀
② 품질프로젝트팀
③ 품질위원회
④ 품질분임조활동

해설 소집단활동은 품질관리활동을 자주적으로 실천하는 사내의 작은 그룹활동이다.
③ 품질관리위원회는 공식적 품질추진 조직이다.

85 품질전략을 수립할 때 계획단계(전략의 형성단계)에서 SWOT 분석을 많이 활용하고 있다. 여기서 O는 무엇을 뜻하는가?

① 기회 ② 위협
③ 강점 ④ 약점

해설 SWOT 분석은 전략경영에서 전략 계획단계의 분석기법으로 강점(S), 약점(W), 기회(O), 위협(T)의 합성어이며, 기업환경 추세와 내부적 능력이 조화될 수 있는 전략개발을 위한 일종의 상황분석기법이다.

86 품질이 기업경영에서 전략변수로 중시되는 이유가 아닌 것은?

① 소비자들이 제품의 안전 또는 고신뢰성에 대한 요구경향이 높아지고 있다.
② 기술혁신으로 제품이 복잡해짐에 따라 제품의 신뢰성 관리문제가 어려워지고 있다.
③ 제품 생산이 분업일 경우 부분적으로 책임을 지는 것이 제품의 신뢰성을 높인다.
④ 원가경쟁보다는 비가격경쟁, 즉 제품의 신뢰성, 품질 등이 주요 경쟁요인이기 때문이다.

해설 ③ 분업화된 제품 생산을 하더라도 종합적 책임을 지는 것이 제품의 신뢰도를 높인다.

87 표준의 서식과 작성방법(KS A 0001)에서 본문, 그림, 표 등의 내용을 이해하기 위하여 없어서는 안 될 것이지만, 그 안에 직접 기재하면 복잡해지는 사항을 따로 기재하는 것을 나타내는 용어는?

① 비고 ② 각주
③ 보기 ④ 참고

해설 ② 각주 : 본문, 비고, 그림, 표 등의 안에 있는 일부의 사항에 각주번호를 붙이고, 그 사항을 보충하는 내용을 해당하는 쪽의 아랫부분에 따로 기재하는 것
③ 보기 : 본문, 각주, 비고, 그림, 표 등에 나타내는 사항의 이해를 돕기 위한 예시
④ 참고 : 본체 및 부속서의 규정내용과 관련되는 사항을 보충하는 것

88 품질보증의 사후대책과 가장 관계가 깊은 것은?

① 품질심사 ② 시장조사
③ 기술연구 ④ 고객에 대한 PR

해설 ②, ③, ④항은 사전대책이다.

89 다음의 관리활동 중 기업의 목적·경영이념·경영정책·중장기 경영계획 등을 토대로 해서 수립된 연도 경영방침(사장방침)을 달성하기 위해서 계층별로 방침을 전개·책정, 즉 실행계획을 세워서 이를 실시한 다음 그 결과를 검토하여 필요한 조처를 취하는 조직적인 관리활동은?

① 품질관리 ② 방침관리
③ 목표관리 ④ 수율관리

해설 방침(policy)이란 최고경영자에 의해 공식적으로 표명된 조직의 의도 및 방향이다.

 정답 82.④ 83.② 84.③ 85.① 86.③ 87.① 88.① 89.②

90 소비자의 안전에 위해를 주거나, 줄 우려가 있는 제품을 기업이 공개적으로 회수해서 수리 · 교환 · 환불해줌으로써 피해를 사전에 예방하는 직접적인 안전확보제도를 무엇이라 하는가?

① 제품보증제도
② 리콜(recall) 제도
③ 제조물책임제도
④ 종합적 품질관리(TQC) 제도

해설 제조물책임(PL)의 결함유형은 ① 과실책임, ② 보증책임, ③ 엄격책임이 있다. 또한 과실책임에는 ㉠ 제조상의 결함, ㉡ 설계상의 결함, ㉢ 표시상의 결함이 있다.

91 파라슈라만 등(Parasuraman, Berry & Zeithamal)에 의해 제시된 서비스 품질 측정도구인 "SERVQUAL 모형"의 5가지 품질특성에 해당되지 않는 것은?

① 확신성(assurance)
② 신뢰성(reliability)
③ 유용성(usefulness)
④ 반응성(responsiveness)

해설 SERVQUAL 모형의 5가지 품질특성
1. 신뢰성(reliability)
2. 확신성(assurance)
3. 유형성(tangibles)
4. 공감성(empathy)
5. 대응성(responsiveness)

92 게하니(Ray Gehani) 교수가 구상한 품질가치사슬에서 TQM의 전략목표인 고객만족품질을 얻기 위하여 융합되어야 할 3가지 품질에 해당되지 않는 것은?

① 검사품질 ② 경영종합품질
③ 제품품질 ④ 전략종합품질

해설 검사품질은 공급자 종합품질과 공정관리 종합품질이 결부되어 제품품질을 이루게 되는 항목 중 하나이다.

93 다음 중 품질경영시스템 – 기본사항과 용어(KS Q ISO 9000)에서 요구사항을 명시한 문서는?

① 지침(guidelines)
② 시방서(specification)
③ 품질계획서(quality plan)
④ 품질매뉴얼(quality manual)

해설 품질경영의 주요 용어
- 품질매뉴얼 : 조직의 품질경영시스템에 대한 시방서
- 품질계획서 : 특정 대상에 대한 적용시점과 책임을 정한 절차 및 연관된 자원에 관한 시방서
- 절차서 : 활동 또는 프로세스를 일관되게 수행하기 위하여 규정된 방식을 제공하는 문서
- 지침서 : 특정 개인 또는 부서의 구체적 업무나 작업을 수행하기 위한 방법을 제공하는 문서
- 시방서 : 요구사항을 명시한 문서

※ 지침(guidelines) : 권고 또는 제안을 명시한 문서
※ 기록(record) : 달성된 결과를 명시하거나 수행한 활동 증거를 제공하는 문서

94 시험장소의 표준상태(KS A 0006)에서 규정된 표준상태의 온도에 해당하지 않는 것은?

① 18℃
② 20℃
③ 23℃
④ 25℃

해설 표준상태의 온도는 20℃, 23℃ 또는 25℃이다.

95 생산되는 제품의 품질에 문제가 발생하였을 경우 이에 대한 현상을 파악하기 위하여 여러 가지 도구가 활용된다. 다음 중 원인분석을 위해 사용되는 도구가 아닌 것은?

① 계통도법
② 특성요인도
③ 연관도법
④ 애로 다이어그램

해설 ④ 애로 다이어그램은 주로 PERT/CPM 같은 일정관리에 활용된다.

96 6σ 수준의 품질이 수립될 때 예상되는 공정능력지수(C_P)값은?

① 1
② 2
③ 3
④ 4

해설 평균에서 규격까지의 거리가 6σ로 정의되는 공정을 6시그마 수준의 공정(process)이라고 하며, 공정능력지수는 $C_P=2$와 $C_{PK}=1.5$로 나타나게 된다.

정답 90.② 91.③ 92.① 93.② 94.① 95.④ 96.②

97 공정능력(process capability)에 대한 설명으로 맞는 것은? (단, U는 규격상한, L은 규격하한, σ_w는 군내변동이다.)

① 공정능력비가 클수록 공정능력이 좋아진다.
② 현실적인 면에서 실현 가능한 능력을 정적 공정능력이라 한다.
③ 하한 규격만 주어진 경우 하한 공정능력지수(C_{PKL})는 $(\mu-L)$을 $3\sigma_w$로 나눈 값이다.
④ 상한 규격만 주어진 경우 상한 공정능력지수(C_{PKU})는 $(U-L)$을 $6\sigma_w$로 나눈 값이다.

해설 ① 공정능력비의 값이 크면 공정능력은 낮다.
② 정적 공정능력 → 공적 공정능력
④ $C_{PKU}=\dfrac{U-\mu}{3\sigma}=C_{PK}=(1-k)C_P$
※ $C_{PKL}=\dfrac{\mu-L}{3\sigma}=C_{PK}=(1-k)C_P$

98 규정공차가 똑같은 16개의 부품을 조립할 때 조립품의 규정공차가 10/300이 된다면 개개 부품의 규정공차는?

① 1/60 ② 1/120
③ 1/600 ④ 1/1200

해설 $T=\sqrt{16\sigma_o^2}$ 이므로
$$\sigma_o=\sqrt{\frac{T^2}{16}}=\sqrt{\frac{(10/300)^2}{16}}=\frac{10}{1200}=\frac{1}{120}$$

99 측정시스템의 재현성이 클 경우 그 원인에 대한 설명으로 맞는 것은?

① 기준값이 틀림
② 불규칙한 사용시기
③ 측정자의 측정 미숙
④ 개인별 측정자의 버릇

해설 재현성(reproducibility)이란 동일한 계측기로 두 사람의 다른 작업자가 동일 시료를 측정할 때에 나타나는 측정 데이터 평균의 차이를 말한다.

100 다음 [데이터]의 품질코스트 항목에서 예방코스트(P-cost)를 집계한 결과로 맞는 것은?

[데이터]
- 시험 코스트 : 500원
- 검교정 코스트 : 1000원
- 재가공 코스트 : 1500원
- 외주불량 코스트 : 4000원
- 불량대책 코스트 : 3000원
- 수입검사 코스트 : 1000원
- QC 계획 코스트 : 150원
- QC 사무 코스트 : 100원
- QC 교육 코스트 : 250원
- 공정검사 코스트 : 1500원
- 완제품검사 코스트 : 5000원

① 예방코스트는 250원이다.
② 예방코스트는 400원이다.
③ 예방코스트는 500원이다.
④ 예방코스트는 1500원이다.

해설 P-cost =QC 계획 코스트+QC 기술 코스트 +QC 교육 코스트+QC 사무 코스트 =150원+250원+100원=500원
※ 검사비용, 시험비용, PM 비용은 A-cost에 해당되고 부적합품 손실비용, 외주불량비용, 재가공비용, 불량대책비용, 제품책임비용 등은 F-cost에 해당된다.

 정답 97.③ 98.② 99.④ 100.③

2024 제3회 품질경영기사

제1과목 실험계획법

1 $L_9(3^4)$ 직교배열표를 이용하여 [표]와 같이 실험을 배치하였다. 다음 중 틀린 것은?

실험번호	1열	2열	3열	4열	데이터
1	0	0	0	0	8
2	0	1	1	1	12
3	0	2	2	2	10
4	1	0	1	2	10
5	1	1	2	0	12
6	1	2	0	1	15
7	2	0	2	1	22
8	2	1	0	2	18
9	2	2	1	0	18
기본표시	a	b	ab	ab^2	$T=125$
인자 할당	A	B	e	C	

① 수정항(CT)은 약 1736.1이다.
② 총실험수는 9개이며, 총제곱합(S_T)은 약 170.1이다.
③ 위의 할당으로 보아 교호작용은 별로 영향을 끼치지 않는다고 판단한 것이다.
④ 실험번호 3의 실험조건은 $A_0B_2C_2$ 수준으로 조건을 설정하여 실험하였다는 뜻이다.

해설 $S_T=\sum x_i{}^2-CT$
$=(8^2+12^2+\cdots+18^2+18^2)-1736.1$
$=172.9$

단, $CT=\dfrac{T^2}{N}=\dfrac{125^2}{9}=1736.1$

※ $S_A=\dfrac{T_0^2+T_1^2+T_2^2}{3}-\dfrac{T^2}{9}$
$=\dfrac{30^2+37^2+58^2}{3}-\dfrac{125^2}{9}$
$=141.56$

2 혼합모형(A : 모수, B : 변량)일 때 반복있는 2요인배치 실험의 [구조식]에서 조건식이 아닌 것은?

[구조식]
$$x_{ijk}=\mu+a_i+b_j+(ab)_{ij}+e_{ijk}$$
(단, $i=1, 2, \cdots, l$, $j=1, 2, \cdots, m$, $k=1, 2, \cdots, r$)

① $\sum_{i=1}^{l}(ab)_{ij}=0$　② $\sum_{i=1}^{l}a_i=0$
③ $\sum_{j=1}^{m}(ab)_{ij}\neq 0$　④ $\sum_{j=1}^{m}b_j=0$

해설 모수인자 A의 $\sum_{i=1}^{l}a_i=0$이고, 변량인자 B의 $\sum_{j=1}^{m}b_j\neq 0$이다. 또한, 교호작용 $A\times B$의 효과 $(ab)_{ij}$의 합은 변량으로 취급되어 0이 아니다($\sum\sum(ab)_{ij}\neq 0$).

3 선형식(L)이 다음과 같을 경우 이 선형식의 단위수는?

$$L=\frac{x_1+x_2+x_3}{3}-\frac{x_4+x_5+x_6+x_7}{4}$$

① $\frac{1}{4}$　② $\frac{3}{4}$
③ $\frac{5}{12}$　④ $\frac{7}{12}$

해설 $D=\sum c_i^2 r_i=\left(\frac{1}{3}\right)^2\times 3+\left(-\frac{1}{4}\right)^2\times 4=\frac{7}{12}$

4 표본자료를 회귀직선에 적합시킨 경우, 적합성의 정도를 판단하는 방법이 아닌 것은?

① 분산분석을 하여 판단한다.
② 결정계수(r^2)를 구하여 판단한다.
③ 추정회귀식의 절편을 구하여 판단한다.
④ 오차의 추정치(MS_e)를 구하여 판단한다.

해설 ①, ②, ④항 이외에 $\beta_1=0$인 회귀계수의 검정이 있다.

정답 1.② 2.④ 3.④ 4.③

5 잡음에 둔감한 강건설계의 실현을 위해 다구찌가 제안한 3단계 절차 중 이상적인 조건하에서 고객의 요구를 충족시키는 제품 원형을 설계하는 단계를 무엇이라 하는가?

① 시스템 설계 ② 파라미터 설계
③ 허용차 설계 ④ 반응표면 설계

해설 ① 시스템 설계 : 제품 기획단계에서 제품의 원형인 시작품(proto type)을 개발하는 단계이다.
② 파라미터 설계 : 제어 가능한 인자인 파라미터의 최적조건을 결정하는 단계이다.
③ 허용차 설계 : 파라미터 설계에서 최적조건을 구하였으나 품질특성치의 산포가 만족할만한 상태가 아닌 경우, 공정조건의 허용차나 품질변동의 원인을 찾아 허용차를 줄여주거나 원인을 제거시키는 단계이다.

6 다음 [표]는 1차 단위인자 A와 2차 단위인자 B를 모수인자로 하고, 블록반복 R회의 단일분할 실험을 하여 분산분석을 한 결과이다. 다음 중 틀린 것은?

요인	SS	DF	MS
A	85.4	2	42.7
R	1.4	1	1.4
e_1	12.6	2	6.3
B	25.8	2	12.9
$A\times B$	2.8	4	0.7
e_2	11.3	6	1.88
T	139.3	17	

① $F_A=6.78$
② $F_B=6.86$
③ $F_{e_1}=3.35$
④ $F_{A\times B}=0.27$

해설
① $F_A=\dfrac{V_A}{V_{e_1}}=\dfrac{42.7}{6.3}=6.7778$

② $F_B=\dfrac{V_B}{V_{e_2}}=\dfrac{12.9}{1.88}=6.86170$

③ $F_{e_1}=\dfrac{V_{e_1}}{V_{e_2}}=\dfrac{6.3}{1.88}=3.35106$

④ $F_{A\times B}=\dfrac{V_{A\times B}}{V_{e_2}}=\dfrac{0.7}{1.88}=0.37234$

7 인자 A가 4수준이고, 인자 B가 2수준이면 교호작용 $A\times B$는 2수준계 직교배열표에서 몇 개의 열에 배치되는가?

① 1 ② 2
③ 3 ④ 4

해설 $\nu_{A\times B}=\nu_A\times\nu_B=3\times1=3$
(2수준계 직교배열표는 각 열의 자유도가 1이다.)

8 2^3형의 1/2 일부실시법에 의한 실험을 하기 위해 다음의 블록을 설정하여 실험을 실시하려 한다. 옳지 않은 것은?

(1)
ab
c
abc

① 위 블록은 주블록이다.
② 인자 A의 효과는 $A=\dfrac{1}{2}(-(1)+ab-c+abc)$이다.
③ 인자 A는 교호작용 $B\times C$와 교락되어 있다.
④ 주인자가 서로 교락되므로 블록을 재설계하여 실험하는 것이 좋다.

해설 ③ 정의대비(I)가 $A\times B$이므로, $A\times I=A\times(A\times B)=B$로 A에는 B가 교락되어 있다. 따라서 재설계를 필요로 한다.
※ 기본수준인 (1)이 포함되어 있는 블록을 주블록이라고 한다.

9 다음은 온도(A), 농도(B), 촉매(C)가 각각 2수준인 2^3형 실험을 한 데이터이다. 교호작용 $B\times C$의 효과는?

조합	데이터	조합	데이터
(1)	59.61	c	50.54
a	74.70	ac	81.85
b	50.58	bc	46.44
ab	69.67	abc	79.81

① 3.96 ② 2.64
③ 1.98 ④ 1.58

해설
$$B\times C=\frac{1}{4}(a+1)(b-1)(c-1)$$
$$=\frac{1}{4}(bc+1+abc+a-ab-ac-b-c)$$
$$=1.98$$

 정답 5.① 6.④ 7.③ 8.③ 9.③

10 적합품 여부의 동일성에 관한 실험에서 적합품이면 0, 부적합품이면 1의 값을 주기로 하고, 4대의 기계에서 나오는 200개씩의 제품을 만들어 부적합품 여부를 조사하였다. 기계 간의 제곱합 S_A를 구하면?

기계	A_1	A_2	A_3	A_4
적합품	190	178	194	170
부적합품	10	22	6	30
합계	200	200	200	200

① 0.15 ② 1.82
③ 5.78 ④ 62.22

해설
$$S_A = \frac{\sum T_i.^2}{r} - C_T = \frac{10^2+22^2+6^2+30^2}{200} - \frac{68^2}{800} = 1.82$$

11 다음 분산분석표를 해석한 결과로 틀린 것은? (단, 유의수준(α)은 5%이며, 인자 A, B는 모수인자, $F_{0.95}(2,\ 6)=5.14$, $F_{0.95}(3,\ 6)=4.76$이다.)

요인	SS	DF	MS	F_0
A	495	3	165	9.71
B	54	2	27	1.59
e	102	6	17	
T	651	11		

① 인자 B에 대한 귀무가설 $H_0 : b_1=b_2=b_3=0$은 유의수준 $\alpha=0.05$에서 채택된다.
② 인자 A에 대한 귀무가설 $H_0 : a_1=a_2=a_3=a_4=0$은 유의수준 $\alpha=0.05$에서 기각된다.
③ 인자 A의 각 수준에서의 평균에 대한 95% 신뢰구간의 폭을 구하기 위해서는 오차의 평균제곱 $V_e=17$ 값이 반드시 필요하다.
④ 인자 A의 각 수준에서의 평균에 대한 95% 신뢰구간의 폭을 구하기 위해서는 인자 A의 평균제곱 $V_A=165$ 값이 반드시 필요하다.

해설
- $F_0(A) > 4.76$: 유의하다.
- $F_0(B) < 5.14$: 유의하지 않다.
- $\mu_i. = \overline{x}_i. \pm t_{1-\alpha/2}(\nu_e)\sqrt{\frac{V_e}{m}}$

12 지분실험법에 관한 설명으로 틀린 것은?

① 지분실험법에서 오차항의 자유도는 (총데이터수)−(인자의 수준수 합)에서 유도하여 만든다.
② 일반적으로 변량인자들에 대한 실험계획법으로 많이 사용되며, 완전랜덤실험과는 거리가 멀다.
③ 인자가 유의할 경우 모평균의 추정은 별로 의미가 없고, 산포의 정도를 추정하는 것이 의미가 있다.
④ 여러 가지 샘플링 및 측정의 정도를 추정하여 샘플링 방식을 설계할 때나 측정방법을 검토할 때도 사용이 가능하다.

해설 $\nu_e = \nu_T - \nu_A - \nu_{B(A)} - \nu_{C(AB)} = \nu_T - \nu_{ABC}$

13 3^3형의 1/3 반복에서 $I=ABC^2$을 정의대비로 9회 실험을 하였다. 다음 중 틀린 것은?

① C의 별명 중 하나는 AB이다.
② A의 별명 중 하나는 AB^2C이다.
③ AB^2의 별명 중 하나는 AB이다.
④ ABC의 별명 중 하나는 AB이다.

해설 별명관계는 '주인자×정의대비'로 구한다.

$$A\times I = A(ABC^2) = A^2BC^2 = (A^2BC^2)^2 = AB^2C$$
$$A\times I^2 = A(ABC^2)^2 = A^3B^2C^4 = B^2C^4 = B^2C = BC^2$$

※ 2수준형의 실험은 별명관계가 1개이지만, 3수준형의 실험은 별명관계가 2개이다. AB^2의 별명은 AC와 BC가 된다.

14 변량모형의 반복이 같은 1요인배치법에서 A요인의 수준수가 3이고 반복수가 4일 때, A요인 분산의 추정치($\hat{\sigma}_A^2$)를 구하는 식은?

① $\hat{\sigma}_A^2 = V_A$ ② $\hat{\sigma}_A^2 = \frac{V_A - V_e}{3}$
③ $\hat{\sigma}_A^2 = V_A + V_e$ ④ $\hat{\sigma}_A^2 = \frac{V_A - V_e}{4}$

해설 $\hat{\sigma}_A^2 = \frac{V_A - V_e}{r} = \frac{V_A - V_e}{4}$

정답 10.② 11.④ 12.① 13.③ 14.④

15 수준수가 $k=5$인 라틴방격법 실험을 하여 분산분석한 결과가 다음 [표]와 같다. C_1 수준에서의 평균치가 $\bar{x}_{\cdot\cdot 1}=12.38$이라면, $\mu(C_1)$의 95% 신뢰구간은 약 얼마인가? (단, $t_{0.975}(12)=2.179$이다.)

요인	SS	DF
A	12	4
B	16	4
C	25	4
e	6	12
T	59	24

① 12.38±0.69
② 12.38±1.38
③ 12.38±2.33
④ 12.38±3.83

해설
$$\mu_{\cdot\cdot 1}=\bar{x}_{\cdot\cdot 1}\pm t_{0.975}(12)\sqrt{\frac{V_e}{k}}$$
$$=12.38\pm 2.179\sqrt{\frac{(6/12)}{5}}$$
$$=12.38\pm 0.68906$$

16 모수인자 A, B의 수준이 각각 l과 m이고, 반복수가 r인 경우의 모형은 다음과 같다. 분산분석의 결과, 교호작용이 무시될 수 없다면, A인자의 i번째 수준과 B인자의 j번째 수준의 조합에서 모평균에 대한 추정값은? (단, A와 B는 유의하다.)

$$x_{ijk}=\mu+a_i+b_j+(ab)_{ij}+e_{ijk}$$
$$(i=1,\ 2,\ \cdots,\ l,\ j=1,\ 2,\ \cdots,\ m,\ k=1,\ 2,\ \cdots,\ r)$$

① $\bar{x}_{ij\cdot}$
② $\bar{x}_{ij\cdot}-\bar{\bar{x}}$
③ $\bar{x}_{i\cdot\cdot}+\bar{x}_{\cdot j\cdot}-\bar{\bar{x}}$
④ $\bar{x}_{i\cdot\cdot}-\bar{x}_{\cdot j\cdot}$

해설 교호작용을 무시할 수 없는 경우
$$\bar{x}_{ij\cdot}=\hat{\mu}+a_i+b_j+(ab)_{ij}=\frac{T_{ij\cdot}}{r}$$
※ 교호작용을 무시할 수 있는 경우
$$\bar{x}_{ij\cdot}=\bar{x}_{i\cdot\cdot}+\bar{x}_{\cdot j\cdot}-\bar{\bar{x}}$$
$$=\frac{T_{i\cdot\cdot}}{mr}+\frac{T_{\cdot j\cdot}}{lr}-\frac{T}{lmr}$$

17 A인자가 모수이고 B인자가 변량인 난괴법 실험에서 $\mu(A_i)$의 점추정치는 $\bar{x}_{i\cdot}$이다. 이 $\bar{x}_{i\cdot}$에 대한 분산의 추정치로 가장 올바른 것은? (단, A인자의 수준수 $l=4$, B인자의 수준수 $m=3$)

① $\frac{1}{3}V_e$　② $\frac{1}{12}(V_B+2V_e)$
③ $\frac{V_e}{n_e}$　④ $\frac{1}{12}(V_B+3V_e)$

해설
$$V(\bar{x}_{i\cdot})=\frac{V_B+(l-1)V_e}{N}=\frac{V_B+(4-1)V_e}{12}$$

18 인자 수가 3개(A, B, C)인 반복이 있는 3요인배치 실험에 관한 다음과 같은 분산분석표에 있어서 요인 $A\times B$의 제곱평균의 비 F_0는 약 얼마인가? (단, A, B 인자는 모수이고, C 인자는 변량이다.)

요인	SS	DF	F_0
A	616.78	2	
B	175.56	3	
C	5.03	2	
$A\times B$	809.44	6	
$A\times C$	179.06	4	
$B\times C$	242.19	6	
$A\times B\times C$	231.07	12	
e	1248.00	36	

① 3.01　② 3.44
③ 3.89　④ 7.01

해설
$$V_{A\times B}=\frac{S_{A\times B}}{\nu_{A\times B}}=\frac{809.44}{6}=134.90667$$
$$V_{A\times B\times C}=\frac{S_{A\times B\times C}}{\nu_{A\times B\times C}}=\frac{231.07}{12}=19.25583$$
$$\therefore\ F_0=\frac{V_{A\times B}}{V_{A\times B\times C}}=\frac{134.91}{19.26}=7.01$$
※ 혼합모형의 F_0 검정
$$F_0=\frac{V_{모수}}{V_{모수\times 변량}},\ F_0=\frac{V_{변량}}{V_e}$$
(단, 모수×모수=모수,
모수×변량=변량,
변량×변량=변량이다.)

 정답 15.① 16.① 17.④ 18.④

19 데이터분석 시 발생한 결측치의 처리방법으로 옳지 않은 것은?

① 될 수 있으면 한 번 더 실험하여 결측치를 메우는 것이 가장 좋다.
② 1요인배치법인 경우 결측치를 무시하고 그대로 분석한다.
③ 반복없는 2요인배치법인 경우 Yates의 방법으로 결측치를 추정하여 대체시킨다.
④ 반복있는 2요인배치법인 경우 결측치가 들어있는 조합에서의 나머지 데이터들 중 최대값으로 결측치를 대체시킨다.

해설 ④ 데이터의 최대값이 아닌 평균값을 사용한다.

20 다음 [표]는 1요인배치 실험에 의해 얻은 특성치이다. F_0값과 F분포의 자유도는 얼마인가?

수준 Ⅰ	90	82	70	71	81		
수준 Ⅱ	93	94	80	88	92	80	73
수준 Ⅲ	55	48	62	43	57	86	

① 10.42, (2, 15)
② 10.42, (3, 14)
③ 11.52, (14, 2)
④ 11.52, (15, 3)

해설
- $S_A = \Sigma \frac{T_i.^2}{r_i} - CT$
$= \left(\frac{394^2}{5} + \frac{600^2}{7} + \frac{351^2}{6}\right) - \frac{1345^2}{18} = 2507.9$
- $S_e = S_T - S_A$
$= 4313.6 - 2507.9 = 1805.7$
- $F_0 = \frac{V_A}{V_e}$
$= \frac{S_A/\nu_A}{S_e/\nu_e}$
$= \frac{S_A/(l-1)}{S_e/[l(r-1) - \text{결측치수}]}$
$= \frac{2507.9/(3-1)}{1805.7/(18-3)}$
$= \frac{1253.95}{120.38} = 10.42$
- $F_{1-\alpha}(\nu_A,\ \nu_e) = F_{1-\alpha}(2,\ 15)$

제2과목 통계적 품질관리

21 임의의 공정에서 추출된 크기 9의 샘플에 들어 있는 특수성분의 함량(g)을 조사하였더니 $\bar{x}=7$, $s=\sqrt{V}=0.234$이었다. 모분산을 모를 때, 모평균의 95% 신뢰구간은 약 얼마인가? (단, $t_{0.975}(8)=2.306$이다.)

① 6.63~7.67 ② 6.80~7.20
③ 6.82~7.18 ④ 6.84~7.26

해설 $\hat{\mu} = \bar{x} \pm t_{1-\alpha/2}(\nu)\frac{s}{\sqrt{n}}$
$= \bar{x} + t_{0.975}(8)\frac{s}{\sqrt{9}}$
$= 7 \pm 2.306 \times \frac{0.234}{\sqrt{9}}$
$= 6.82 \sim 7.18$

22 계수값 축차 샘플링검사 방식(KS Q ISO 28591)에서 $P_A(Q_{PR})$에 관한 설명으로 가장 적절한 것은?

① 될 수 있으면 합격으로 하고 싶은 로트의 부적합품률의 상한
② 될 수 있으면 합격으로 하고 싶은 로트의 부적합품률의 하한
③ 될 수 있으면 불합격으로 하고 싶은 로트의 부적합품률의 상한
④ 될 수 있으면 불합격으로 하고 싶은 로트의 부적합품률의 하한

해설 P_A는 계수규준형 샘플링검사의 P_0와 같은 의미이다.
※ ④항은 $P_R(Q_{CR})$, P_1을 의미한다.

23 다음 중 이항분포의 성질로 틀린 것은?

① $P=0.5$일 때 평균에 대해 대칭이다.
② 평균과 분산은 각각 $\mu=nP$, $\sigma^2=nP(1-P)$이다.
③ $P \geq 0.1$이고, $n \leq 20$이면 푸아송분포로 근사시킬 수 있다.
④ $P \leq 0.5$이고, $nP \geq 5$이면서 $n(1-P) \geq 5$이면 정규분포로 근사시킬 수 있다.

해설 $P \to 0$이고, $n \to \infty$인 경우 푸아송분포에 근사한다.

정답 19.④ 20.① 21.③ 22.① 23.③

24 확률변수 X가 다음의 분포를 가질 때 Y의 기대값을 구하면? (단, $Y=(X-1)^2$이다.)

X	0	1	2	3
$P(X)$	$\frac{1}{3}$	$\frac{1}{4}$	$\frac{1}{4}$	$\frac{1}{6}$

① $\frac{1}{2}$　② $\frac{3}{5}$
③ $\frac{3}{4}$　④ $\frac{5}{4}$

해설
$$E(Y)=E(X-1)^2$$
$$=E(X^2-2X+1)$$
$$=E(X^2)-2E(X)+1$$
$$=(\mu^2+\sigma^2)-2\mu+1$$
$$=(1.25^2+1.1875)-2\times1.25+1$$
$$=1.25$$
(단, $E(X)=\sum XP(X)$
$$=0\times\frac{1}{3}+1\times\frac{1}{4}+2\times\frac{1}{4}+3\times\frac{1}{6}$$
$$=1.25$$
$$V(X)=\sum(X-E(X))^2P(X)$$
$$=(0-1.25)^2\times\frac{1}{3}+\cdots\cdots+(3-1.25)^2\times\frac{1}{6}$$
$=1.1875$이다.)

25 KS Q 0001 규격에서 계수규준형 1회 샘플링검사 중 좋은 로트의 합격확률을 계산하는 식으로 맞는 것은? (단, α는 제1종 오류, β는 제2종 오류, p_0는 좋은 로트의 부적합품률, p_1은 나쁜 로트의 부적합품률, c는 합격판정개수이다.)

① $\alpha=\sum_{x=0}^{c}\binom{n}{x}{p_1}^x(1-p_1)^{n-x}$

② $\beta=\sum_{x=0}^{c}\binom{n}{x}{p_0}^x(1-p_0)^{n-x}$

③ $1-\alpha=\sum_{x=0}^{c}\binom{n}{x}{p_0}^x(1-p_0)^{n-x}$

④ $1-\beta=\sum_{x=0}^{c}\binom{n}{x}{p_1}^x(1-p_1)^{n-x}$

해설
- $L(p_0)=\sum_{x=0}^{c}\binom{n}{x}p_0^x(1-p_0)^{n-x}=1-\alpha$
- $L(p_1)=\sum_{x=0}^{c}\binom{n}{x}p_1^x(1-p_1)^{n-x}=\beta$

26 L제과회사는 10개의 대형 도매업소를 통하여 각 슈퍼마켓에 제품을 판매하고 있다. L사에서는 새로 개발한 과자의 선호도를 평가하기 위해서 각 도매업소가 공급하는 슈퍼마켓들 중에서 5개씩을 선택하여 시범 판매하려고 한다. 이것은 어떤 표본 샘플링방법인가?

① 단순 랜덤샘플링
② 층별샘플링
③ 취락샘플링
④ 2단계샘플링

해설 10개의 서브 모집단에서 각각 5개씩 선택하므로, $\sum n_i=50$인 층별샘플링이다.

27 슈하트 관리도(KS Q ISO 7870)에 관한 설명으로 틀린 것은?

① 슈하트의 $\bar{x}-R$ 관리도는 공정의 평균과 산포의 변화를 동시에 볼 수 있는 특징이 있다.
② 슈하트 관리도에서 타점된 점이 $\pm3\sigma$ 관리도의 관리한계를 벗어나면 공정은 관리상태이다.
③ 슈하트 관리도에서 $\pm3\sigma$ 관리도의 관리한계 안에서 변동이 생기는 원인은 일반적으로 우연원인에 기인한다.
④ 관리도는 현장에서 공정의 이상이 발생하였을 때 작업자가 조처를 취하기 위한 공정의 품질변화에 관한 모니터링 도구이다.

해설 ② 슈하트 관리도에서 타점된 점이 관리도의 관리한계를 벗어나면 비관리상태이다.

28 슈하트(Shewhart) 관리도, 누적합(CUSUM) 관리도, 지수가중이동평균(EWMA) 관리도의 설명 중 맞는 것은?

① 누적합 관리도는 슈하트 관리도에 비해 작성이 간편하다.
② 슈하트 관리도와 누적합 관리도는 공정의 큰 변화를 잘 탐지한다.
③ 지수가중이동평균 관리도에 비해 누적합 관리도의 작성이 간편하다.
④ 누적합 관리도와 지수가중이동평균 관리도는 공정의 작은 변화를 잘 탐지한다.

해설 CUSUM 관리도와 EWMA 관리도는 $\bar{x}$관리도보다 공정의 작은 변화에 민감하게 반응한다.

 정답 24.④ 25.③ 26.② 27.② 28.④

29 통계량으로부터 모집단 추정은 모집단의 무엇을 알기 위한 것인가?

① 정수 ② 통계량
③ 모수 ④ 기각치

해설 추측통계학은 추정치인 통계량으로 모수를 추측한다.

30 Y제조회사의 라인 1, 2에서 생산되는 품질특성에 대해 평균값의 차이를 추정하고자 10일 동안 품질특성을 측정하였더니 다음과 같았다. 2개 라인의 품질특성에 대한 모평균 차 $\mu_1-\mu_2$에 대한 95% 신뢰구간을 구하면 약 얼마인가? (단, $t_{0.975}(18)=2.101$, $t_{0.995}(18)=2.878$이고, 두 모집단은 등분산이 성립되고 정규분포를 따르며 관리상태이다.)

라인 1	1.3	1.9	1.4	1.2	2.1
	1.4	1.7	2.0	1.7	2.0
라인 2	1.8	2.3	1.7	1.7	1.6
	1.9	2.2	2.4	1.9	2.1

① $-0.574 \sim 0.006$ ② $-0.574 \sim -0.006$
③ $-0.679 \sim 0.099$ ④ $-0.679 \sim -0.099$

해설

$$\mu_1-\mu_2=(\bar{x}_1-\bar{x}_2)\pm t_{1-\alpha/2}(\nu_e^{\ *})\sqrt{V^*\left(\frac{1}{r_1}+\frac{1}{r_2}\right)}$$

$$=(1.67-1.96)\pm 2.101\sqrt{0.09139\times\left(\frac{1}{10}+\frac{1}{10}\right)}$$

$$=-0.29\pm 0.284$$

단, $V^*=\dfrac{s_1^2\times\nu_1+s_2^2\times\nu_2}{\nu_1+\nu_2}=0.09139$

31 다음 중 c 관리도와 u 관리도에 관한 설명으로 틀린 것은?

① 표본의 크기가 일정하지 않을 때 c 관리도를 사용한다.
② 표본의 크기가 일정할 때 c 관리도의 중심선은 변하지 않는다.
③ 표본의 크기가 일정하지 않을 때 u 관리도의 중심선은 변하지 않는다.
④ 표본의 크기가 일정하지 않을 때 u 관리도의 관리한계는 n에 따라 변한다.

해설 • c 관리도 : 부적합수 관리도
• u 관리도 : 단위당 부적합수 관리도

32 로트별 합격품질한계(AQL) 지표형 샘플링검사 방식(KS Q ISO 2859-1)에서 전환규칙에 관한 설명으로 틀린 것은?

① 까다로운 검사에서 연속 5로트가 합격되면 보통검사로 복귀된다.
② 연속 5로트 중 2로트가 불합격되면 보통검사에서 까다로운 검사로 전환한다.
③ 불합격 로트의 누계가 10개가 될 동안 까다로운 검사를 실시하고 있으면 검사를 중지한다.
④ 검사 중지에서 공급자가 품질을 개선하여 소관권한자가 승인할 때 까다로운 검사로 실시한다.

해설 ③ 까다로운 검사에서 불합격되는 로트의 누계가 5로트이면 검사를 중지한다. 이후 검사 대기 중인 로트는 전수검사가 행하여진다.

33 KS Q 0001 규격에서 계량규준형 1회 샘플링검사 중 로트의 부적합품을 보증하는 경우 규격상한(S_U)을 주고, 표본의 크기 n과 상한 합격판정치 $\overline{X}_U$에 대한 설명으로 틀린 것은?

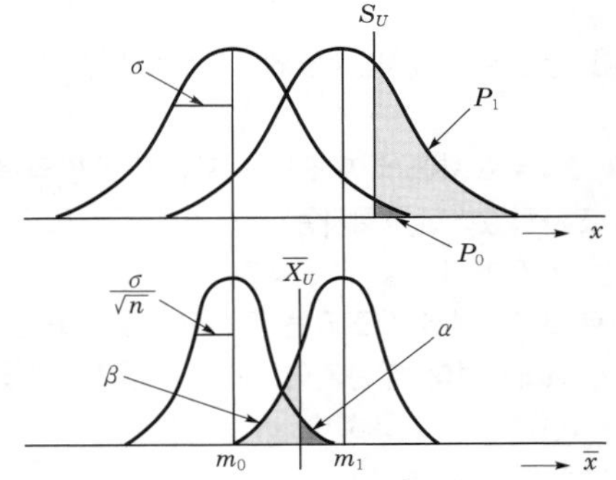

① $\bar{x}\le\overline{X}_U$이면 로트는 합격이다.
② $m_1-m_0=(k_{p_0}-k_{p_1})\dfrac{\sigma}{\sqrt{n}}$로 표시된다.
③ 사선 친 $\alpha=0.05$와 $\beta=0.1$의 사이에 $\overline{X}_U$가 존재한다.
④ m_1의 평균을 가지는 분포의 로트로부터 표본 n개를 뽑았을 경우 $\overline{X}_U$에 대하여 로트가 합격할 확률은 β이다.

해설 ② $m_1-m_0=(k_{P_0}-k_{P_1})\sigma$로 표시된다.
※ $S_U=\overline{X}_U+k\sigma$, $S_L=\overline{X}_L-k\sigma$

정답 29.③ 30.② 31.① 32.③ 33.②

34 합리적인 군 구분이 안 될 때 k=25군이고, Σx= 128.10, ΣR_m=8.20이다. 이때 U_{CL}과 L_{CL}은 약 얼마인가?

① $U_{CL}=6.033$, $L_{CL}=4.215$
② $U_{CL}=6.133$, $L_{CL}=5.214$
③ $U_{CL}=6.330$, $L_{CL}=4.521$
④ $U_{CL}=7.240$, $L_{CL}=5.521$

해설 $\left.\begin{matrix} U_{CL} \\ L_{CL} \end{matrix}\right] = \bar{x} \pm 2.66\bar{R}_m$

$= 5.124 \pm 2.66 \times 0.34167$

단, $\bar{R}_m = \dfrac{\Sigma R_m}{k-1} = \dfrac{8.20}{25-1} = 0.34167$

$\bar{x} = \dfrac{\Sigma x}{k} = \dfrac{128.10}{25} = 5.124$

$\therefore\ U_{CL} = 6.033,\ L_{CL} = 4.215$

35 $X=(x-10)\times 10$, $Y=(y-70)\times 100$으로 수치변환하여 X와 Y의 상관계수를 구했더니 0.5이었다. 이때 x와 y의 상관계수는 얼마인가?

① 0.005 ② 0.05
③ 0.5 ④ 5.0

해설 상관계수는 수치변환을 하여도 변하지 않는다.

36 A, B 두 회사에서 제조되는 자전거 표면의 흠의 수를 조사하였더니 A회사는 자전거 1대당 10군데, B회사는 자전거 1대당 25군데가 검출되었다. 유의수준 1%로 B회사에서 제조되는 자전거 1대당 표면의 흠의 수가 A회사보다 많은지에 대한 검정결과로 옳은 것은? (단, $u_{0.995}=2.576$, $u_{0.99}=2.326$이다.)

① A회사 제품의 흠의 수가 더 많다.
② B회사 제품의 흠의 수가 더 많다.
③ 두 회사 제품의 흠의 수는 같다.
④ 알 수 없다.

해설 1. 가설
$H_0: m_B \le m_A$, $H_1: m_B > m_A$
2. 검정통계량
$u_0 = \dfrac{c_B - c_A}{\sqrt{c_B + c_A}} = \dfrac{25-10}{\sqrt{10+25}} = \dfrac{15}{\sqrt{35}}$
$= 2.53546$
3. 판정
$u_0 > 2.326$이므로, H_0 기각
∴ B회사 제품의 흠의 수가 더 많다고 할 수 있다.

37 다음 중 정밀도의 정의를 뜻하는 내용으로 적절한 것은?

① 참값과 측정 데이터의 차
② 데이터 분포의 폭의 크기
③ 데이터 분포의 평균치와 참값과의 차
④ 데이터의 측정 시스템을 신뢰할 수 있는가 없는가의 문제

해설 ① : 오차
② : 정밀도
③ : 정확도
④ : 신뢰성

38 다음 중 $\bar{x}$ 관리도에서 OC 곡선에 관한 설명으로 틀린 것은?

① 공정이 관리상태일 때 OC 곡선값은 $1-\alpha$이다.
② OC 곡선은 관리도의 효율을 나타내는 중요한 척도이다.
③ 공정이 이상상태일 때 OC 곡선의 값은 제2종의 오류인 β이다.
④ $\bar{x}$ 관리도에서 OC 곡선은 $\bar{x}$가 관리한계선 밖으로 나갈 확률이다.

해설 ④ $\bar{x}$ 관리도에서 OC 곡선은 합격확률을 나타낸 것으로, $\bar{x}$가 관리한계 안에 포함될 확률이다.

39 정규분포 $N(0,\ 1^2)$을 따르는 확률변수의 제곱은 어떠한 분포를 따르는가?

① χ^2분포 ② 감마분포
③ 지수분포 ④ 정규분포

해설 $(u_{1-\alpha/2})^2 = \chi^2_{1-\alpha}(1) = 1.96^2$(단, $\alpha=0.05$)
※ 표준정규분포의 확률변수 u^2의 분포는 자유도가 1인 χ^2 분포를 따른다.

40 x의 분포가 $N(64,\ 16)$일 때 $P(x \ge x_0)$=0.95이다. x_0의 값은?

① 56.16 ② 57.42
③ 70.58 ④ 71.84

해설 $x_0 = \mu - u_{1-0.05}\sigma$
$= 64 - 1.645 \times 4 = 57.42$

정답 34.① 35.③ 36.② 37.② 38.④ 39.① 40.②

제3과목 생산시스템

41 포드 시스템에서 제시된 동시관리의 합리화 원칙으로 불리는 생산표준화의 3S로 맞는 것은?

① 단순화, 전문화, 규격화
② 단순화, 효율화, 전문화
③ 전문화, 신속화, 단순화
④ 규격화, 단순화, 표준화

해설 Ford system의 3S는 제품(작업)의 단순화, 공구의 전문화, 부품의 규격화(표준화)이다.

42 스톱워치를 이용한 시간연구 결과 평균실측시간은 10분, 레이팅계수는 120%로 측정되었다. 외경법에 의한 여유율이 25%인 경우, 이 작업의 표준시간은 얼마인가?

① 12.5분 ② 13.3분
③ 15.0분 ④ 16.0분

해설 $ST = OT \times R \times (1+A)$
$= 10 \times 1.2 \times (1+0.25)$
$= 15$분

43 장기계획에 의해 생산능력이 고정된 경우, 중기적인 수요의 변동에 대응하기 위해 고용수준, 생산수준, 재고수준 등을 결정하는 계획은?

① 공수계획 ② 자재소요계획
③ 공정계획 ④ 총괄생산계획

해설 문제는 총괄생산계획(APP)의 정의이다.

44 다음은 작은 컵을 손으로 잡고 병에 씌우는 서블릭 동작분석의 일부이다. ( ) 안에 들어갈 서블릭기호가 바르게 나열된 것은?

- 컵으로 손을 뻗는다. (㉠)
- 컵을 잡는다. (㉡)
- 컵을 병까지 운반한다. (㉢)
- 컵의 방향을 고친다. (㉣)

① ㉠ ◡(TE), ㉡ ∩(G), ㉢ 8(PP), ㉣ ◡(TL)
② ㉠ ◡(TL), ㉡ 9(P), ㉢ ◡(TE), ㉣ 8(PP)
③ ㉠ ◡(TL), ㉡ 9(P), ㉢ ⌒(RE), ㉣ ◡(TE)
④ ㉠ ◡(TE), ㉡ ∩(G), ㉢ ◡(TL), ㉣ 8(PP)

해설
- 제1류 기호 : 작업에 필요한 동작(9개)
- 제2류 기호 : 작업을 지연시키는 동작(4개)
- 제3류 기호 : 작업에 불필요한 동작(4개)

⊘ 서블릭기호는 시험에 자주 나오는 문제이므로, 1류 기호, 2류 기호, 3류 기호로 나누어 숙지하여야 한다.

45 제품 A의 공정별 소요시간을 이용하여 총 6명의 작업자로 구성된 생산라인을 편성하고자 한다. 균형효율이 최대가 되는 편성안을 채택했을 때 이 라인의 1일 최대생산량은? (단, 1일 실제 가동시간은 480분, 각 공정에는 최소 1명의 작업자를 배치한다.)

공정	1	2	3	4	5
소요시간(초)	10	15	20	9	11

① 1100개 ② 1152개
③ 1440개 ④ 1920개

해설 1일 최대생산량 $= \frac{480 \times 60}{15초} = 1920$개

※ 균형효율이 최대가 되는 경우는 1회 분할 시이다.

46 손익분기점을 산출하여 제품조합을 결정하는 방법 중 품종별 한계이익률을 사용하여 한계이익액을 산출하고 이를 고정비와 대비하여 손익분기점을 구하는 방법은?

① 개별법 ② 평균법
③ 기준법 ④ 절충법

해설 ② 평균법 : 평균한계이익률로 손익분기점을 산출한다.
③ 기준법 : 대표적인 품종을 기준품종으로 정하고 기준품종의 한계이익률로 손익분기점을 구하는 방식이다.
④ 절충법 : 개별법에 평균법과 기준법을 절충한 방식이다.

47 5S 활동 중에서 필요한 것을 필요할 때 사용할 수 있는 상태로 하는 것은?

① 정리 ② 정돈
③ 청소 ④ 청결

해설 5S
- 정리 : 불필요한 것을 버리는 것
- 정돈 : 사용하기 좋게 하는 것
- 청소 : 더러움을 없애는 것
- 청결 : 정리·정돈·청소상태를 유지하는 것
- 습관화 : 정해진 일을 행하는 것을 생활화하는 것

정답 41.① 42.③ 43.④ 44.④ 45.④ 46.① 47.②

48 가공조립산업에서 설비종합효율을 높이기 위하여 시간가동률을 저해하는 6대 로스(loss)를 최소로 하려고 한다. 이에 해당되는 것은?

① 초기수율로스
② 속도저하로스
③ 작업준비 · 조정로스
④ 잠깐정지 · 공회전로스

해설 ①은 양품률, ②, ④는 성능가동률을 저해하는 로스이다.

49 제품 A의 구조도가 [그림]과 같을 때 주생산계획(MPS)이 100개인 경우 자재 E의 총소요량은? (단, [그림]에서 괄호의 숫자는 상위 품목 1단위 생산에 필요한 하위 품목 수량이다.)

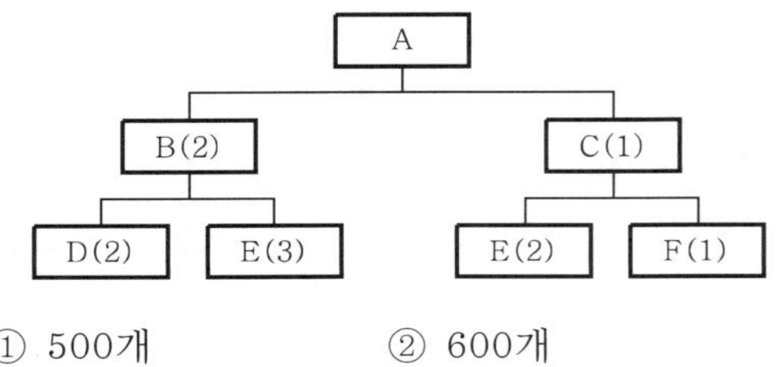

① 500개 ② 600개
③ 800개 ④ 1200개

해설 총소요량$=100\times(2\times3+1\times2)=800$개

50 분산구매의 장점에 해당되는 것은?

① 긴급수요의 경우에 유리하다.
② 구매전문가의 육성이 용이하다.
③ 구매단가가 싸고 재고를 줄일 수 있다.
④ 시장조사, 구매효과의 측정을 효과적으로 할 수 있다.

해설 ②, ③, ④항은 집중구매의 장점이다.

51 GT(Group Technology)에 관한 설명으로 가장 거리가 먼 것은?

① 배치 시에는 혼합형 배치를 주로 사용한다.
② 생산설비를 기계군이나 셀로 분류 · 정돈한다.
③ 설계상 · 제조상 유사성으로 구분하여 부품군으로 집단화한다.
④ 소품종 대량생산시스템에서 생산능률을 향상시키기 위한 방법이다.

해설 ④ GT는 다품종 소량생산에서 생산효율을 향상시키려는 유사 부품을 모아서 가공하는 직접가공방식이다.

52 경제적 발주량의 결정 과정에 관한 설명으로 틀린 것은? (단, 연간 소요량은 D, 단가는 P, 재고유지비율은 I, 1회 발주량은 Q, 1회 발주비는 C_P이다.)

① 연간 발주비용은 DC_P/Q이다.
② 연간 재고유지비는 $QPI/2$이다.
③ 발주횟수가 증가함에 따라 재고유지비용도 증가한다.
④ 연간 재고유지비와 연간 발주비가 같아지는 점은 경제적 발주량이 정해지는 점이다.

해설 재고유지비용은 발주량의 크기와 정비례한다. 따라서 발주횟수가 증가하면 발주량이 적어지므로 재고유지비용은 감소한다.
※ 연간 관계총비용(TIC)

$$TIC=\frac{D}{Q}C_P+\frac{Q}{2}C_H$$

(단, 재고유지비용 $C_H=PI$이다.)

53 도요타 생산방식(TPS)에서 제거하고자 하는 7대 낭비가 아닌 것은?

① 기능의 낭비 ② 재고의 낭비
③ 운반의 낭비 ④ 과잉생산의 낭비

해설 도요타 생산방식의 7가지 낭비
- 과잉생산 낭비
- 대기 낭비
- 운반 낭비
- 가공 낭비
- 재고 낭비
- 동작 낭비
- 불량 낭비

54 다음 중 MRP 시스템에서 최종 품목 한 단위 생산에 소요되는 구성품목의 종류와 수량을 나타내는 입력자료는?

① BOM(자재명세서)
② IRF(재고상황파일)
③ CRP(능력소요계획)
④ MPS(주생산일정계획)

해설 MRP의 입력자료는 BOM, IRF, MPS의 3가지를 필요로 한다.

 정답 48.③ 49.③ 50.① 51.④ 52.③ 53.① 54.①

55 4가지 부품을 1대의 기계에서 가공하려고 한다. 작업일수 및 잔여 납기일수가 다음의 [표]와 같을 때, 최단작업시간규칙을 적용할 경우 평균진행일수는?

부품	작업일수	잔여 납기일수
A	7	20
B	4	10
C	2	8
D	10	13

① 10일 ② 11일
③ 12일 ④ 13일

해설 최단작업시간규칙에 의한 작업순서는 C → B → A → D 이므로,

부품	작업일수	잔여 납기일수	진행일수
C	2	8	2
B	4	10	6
A	7	20	13
D	10	13	23

∴ 평균진행일수 $= \frac{2+6+13+23}{4} = 11$일

56 다음 [표]는 정상상태로 추진되는 작업과 특급상태로 추진되는 작업의 기간과 비용을 나타낸 것이다. 비용구배(cost slope)는?

정상		특급	
소요기간	소요비용	소요기간	소요비용
14일	130000원	10일	250000원

① 10000원 ② 20000원
③ 30000원 ④ 40000원

해설
$$C_s = \frac{C_c - C_n}{T_n - T_c}$$
$$= \frac{250000-130000}{14-10} = \frac{120000}{4} = 30000\text{원}$$

57 추세변동, 순환변동, 계절변동, 우연 또는 불규칙 변동은 어느 분석기법에서 나타나는 현상인가?

① 회귀분석 ② 시장조사법
③ 델파이법 ④ 시계열분석법

해설 T, C, S, I는 시계열분석의 변동요인이다.

58 작업개선 4원칙이 아닌 것은?

① Common
② Simplify
③ Eliminate
④ Rearrange

해설 ECRS 개선 4원칙(작업개선방법)
- Eliminate(제거)
- Combine(결합)
- Rearrange(교환, 재배치)
- Simplify(간소화)

59 자동차 부품을 생산하는 공장의 하루 생산 목표량은 1800개이다. 이 공장은 하루 8시간 작업에 오전, 오후 각 30분씩의 휴식시간을 주고 점심시간은 50분이다. 또한 라인 여유율이 7%이고 생산된 제품의 부적합품률이 2%이다. 이 공장의 피치타임은?

① 7.24초 ② 11.24초
③ 9.24초 ④ 13.24초

해설
$$P_t = \frac{T}{N}(1-y_1)(1-\alpha)$$
$$= \frac{(8\times60-110)\times0.93\times0.98}{1800}$$
$$= 0.1873\times60$$
$$= 11.238\text{초}$$

60 웨스팅하우스에서 개발한 작업속도 평준화법을 이용한 평준화계수가 [표]와 같이 주어졌을 때 정미시간(normal time)을 구하면 약 몇 분인가? (단, 관측평균시간은 0.54분이다.)

요인	구 분	평준화계수
숙련	B_2	0.08
노력	A_2	0.12
작업조건	F	−0.07
일관성	C	0.01

① 0.379분 ② 0.409분
③ 0.577분 ④ 0.616분

해설 $NT = OT[1+\text{평준화계수의 합}]$
$= 0.54[1+(0.08+0.12-0.07+0.01)]$
$= 0.6156$분

정답 55.② 56.③ 57.④ 58.① 59.② 60.④

제4과목 신뢰성 관리

61 다음 FT(Fault Tree)도에서 시스템의 고장확률은 얼마인가? (단, 각 구성품의 고장은 서로 독립이며, 주어진 수치는 각 구성품의 고장확률이다.)

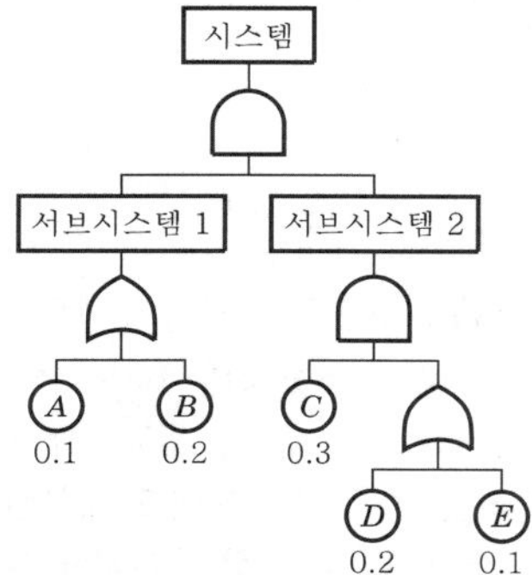

① 0.02352 ② 0.02552
③ 0.32772 ④ 0.35572

해설 $F_{DE}=1-0.8\times0.9=0.28$
$F_{CDE}=0.3\times0.28=0.084$
$F_{AB}=1-0.9\times0.8=0.28$
$\therefore\ F_S=0.28\times0.084=0.02352$

62 두 개의 부품 A와 B로 구성된 대기 시스템이 있다. 두 부품의 고장률이 각각 $\lambda_A=0.02$, $\lambda_B=0.03$일 때, 50시간까지 시스템이 작동할 확률은 약 얼마인가? (단, 스위치의 작동확률은 1.00으로 가정한다.)

① 0.264 ② 0.343
③ 0.657 ④ 0.736

해설
$$R_S(t)=\frac{1}{\lambda_B-\lambda_A}(\lambda_B e^{-\lambda_A t}-\lambda_A e^{-\lambda_B t})$$
$$=\frac{1}{0.03-0.02}(0.03e^{-0.02\times50}-0.02e^{-0.03\times50})$$
$$=\frac{1}{0.01}(0.03\times e^{-1}-0.02\times e^{-1.5})$$
$$=0.6574$$

〈다른 풀이〉 $R_S(t)=\dfrac{\lambda_A R_B-\lambda_B R_A}{\lambda_A-\lambda_B}$
$$=\frac{0.02\times0.22313-0.03\times0.36788}{0.02-0.03}$$
$$=0.657$$

⊙ $\lambda_A\neq\lambda_B$인 경우로, 꾸준히 출제되는 문제이다.

63 재료에 가해지는 부하(stress)는 평균(μ_x)이 1, 표준편차(σ_x)가 0.5인 정규분포를 따르고, 재료의 강도는 평균이 μ_y, 표준편차(σ_y)는 0.5인 정규분포를 따른다. μ_x와 μ_y로부터의 거리가 각각 $n_x=n_y=2$이고 안전계수(m)를 2로 하고 싶은 경우, 재료의 평균강도(μ_y)는 얼마인가?

① 1.5 ② 2.8
③ 4.4 ④ 5.0

해설
$$m=\frac{\mu_y-n_y\sigma_y}{\mu_x+n_x\sigma_x}$$
$$=\frac{\mu_y-2\times0.5}{1+2\times0.5}=2$$
$\therefore\ \mu_y=5.0$

64 동일한 부품 2개의 직렬체계에서 리던던시 부품 2개를 추가할 때 신뢰도가 가장 높은 구조는?

① 체계를 병렬 중복
② 부품 수준에서 중복
③ 첫째 부품을 3중 병렬 중복
④ 둘째 부품을 3중 병렬 중복

해설 시스템 중복보다 부품 중복의 신뢰도가 더 높다.

65 어떤 부품을 신뢰수준 90%, $C=1$에서 $\lambda_1=1\%/10^3$시간임을 보증하기 위한 계수 1회 샘플링검사를 실시하고자 한다. 이때 시험시간 t를 1000시간으로 할 때, 샘플 수는 몇 개인가? (단, 신뢰수준은 90%로 한다.)

[계수 1회 샘플링검사표]

C \ $\lambda_1 t$	0.05	0.02	0.01	0.0005
0	47	116	231	461
1	79	195	390	778
2	109	233	533	1065
3	137	266	688	1337

① 79 ② 195
③ 390 ④ 778

해설 $C=1$과 $\lambda_1 t=0.01$을 교차시키면 $n=390$이 구해진다. 따라서, 이 시험에서는 샘플 390개를 1000시간 시험하여 고장개수(r)가 1개 이하이면 Lot를 합격시킨다.

 정답 61.① 62.③ 63.④ 64.② 65.③

66 다음 FMEA의 절차를 순서대로 나열한 것은?

> ㉠ 시스템의 분해수준을 결정한다.
> ㉡ 블록마다 고장모드를 열거한다.
> ㉢ 효과적인 고장모드를 선정한다.
> ㉣ 신뢰성 블록도를 작성한다.
> ㉤ 고장등급이 높은 것에 대한 개선 제안을 한다.

① ㉠－㉡－㉢－㉣－㉤
② ㉢－㉤－㉠－㉣－㉡
③ ㉣－㉤－㉡－㉠－㉢
④ ㉠－㉣－㉡－㉢－㉤

해설 시스템 분해수준을 결정하고, 신뢰성 블록도를 작성하는 것이 우선이다.

67 와이블 확률지를 사용하여 μ와 σ를 추정하는 방법에 관한 설명으로 가장 거리가 먼 것은?

① 고장시간 데이터 t_i를 작은 것부터 크기순으로 나열한다.
② $\ln t = 1.0$과 $\ln\ln\dfrac{1}{1-F(t)} = 1.0$과의 교점을 m 추정점이라 한다.
③ 타점의 직선과 $F(t) = 63\%$와 만나는 점의 아래 측 t 눈금을 특성수명 η의 추정치로 한다.
④ m추정점에서 타점의 직선과 평행선을 그을 때 그 평행선이 $\ln t = 0.0$과 만나는 점을 우측으로 연장하여 $\dfrac{\mu}{\eta}$와 $\dfrac{\sigma}{\eta}$의 값을 읽는다.

해설 ② $\ln t = 1.0$과 $\ln\ln\dfrac{1}{1-F(t)} = 0$에서 $\ln t = 0$까지 추정선과 평행선을 긋고 오른쪽으로 연결하여 m의 추정값을 구한다(－값을 ＋값으로 바꾼다).

68 정상사용온도(30℃)에서 수명이 10000시간일 경우 10℃ 법칙에 의거하여 가속수명시험온도(130℃)에서의 수명을 구하면 약 몇 시간인가?

① 10시간 ② 12시간
③ 14시간 ④ 16시간

해설
$$\alpha = \frac{130-30}{10} = 10$$
$$AF = 2^\alpha = 2^{10}$$
$$\theta_n = AF \times \theta_s$$
$$\therefore\ \theta_s = \frac{\theta_n}{AF} = \frac{10000}{2^{10}} = 9.8 \Rightarrow \text{약 10시간}$$

69 고장률 λ를 가지는 리던던시 시스템을 [그림]과 같이 병렬로 구성하였을 때 신뢰도함수 $R_S(t)$는? (단, 각각의 부품은 동일한 고장률을 갖는 지수분포를 따른다.)

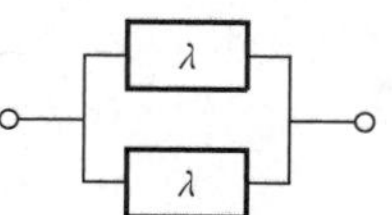

① $2e^{-\lambda t} - e^{-2\lambda t}$ ② $2e^{-\lambda t} - e^{-\frac{\lambda t}{2}}$
③ $e^{-\lambda t} - e^{-\frac{\lambda t}{2}}$ ④ $\dfrac{1}{2}e^{-\lambda t} - e^{-\frac{\lambda t}{2}}$

해설
$$\begin{aligned} R_S(t) &= R_1(t) + R_2(t) - R_1(t)\cdot R_2(t) \\ &= e^{-\lambda_1 t} + e^{-\lambda_2 t} - e^{-(\lambda_1+\lambda_2)t} \\ &= 2e^{-\lambda t} - e^{-2\lambda t} \end{aligned}$$

70 평균수리시간이 2시간인 시스템의 가용도가 0.95 이상이 되려면 이 시스템의 MTBF는 얼마 이상이어야 하는가? (단, 이 시스템의 수명분포는 지수분포를 따른다.)

① 36시간 ② 37시간
③ 38시간 ④ 39시간

해설
$$A = \frac{\mu}{\lambda+\mu} \rightarrow \lambda = \frac{1-A}{A}\mu$$
$$\therefore\ MTBF = \frac{A}{(1-A)}MTTR = \frac{0.95}{0.05} \times 2 = 38\text{시간}$$

71 와이블분포에 관한 설명으로 틀린 것은?

① 스웨덴의 Waloddi Weibull이 고안한 분포이다.
② 형상모수의 값이 1보다 작은 경우에는 고장률이 감소한다.
③ 고장확률밀도함수에 따라 고장률함수의 분포가 달라진다.
④ 위치모수가 0이고 사용시간이 $t = \eta$일 경우 형상모수에 관계없이 불신뢰도는 e^{-1}이 된다.

해설
$$\begin{aligned} F(t=\eta) &= 1 - R(t=\eta) \\ &= 1 - e^{-\left(\frac{t-r}{\eta}\right)^m} = 1 - e^{-\left(\frac{\eta-0}{\eta}\right)^m} \\ &= 1 - e^{-1} = 0.63 \end{aligned}$$
※ 척도모수 η란 형상모수 m과는 관계없이, Weibull 분포에서 63%가 고장 나는 시간이다.

정답 66.④ 67.② 68.① 69.① 70.③ 71.④

72 고장밀도함수가 지수분포에 따르는 부품을 100시간 사용하였을 때, 신뢰도가 0.96인 경우 순간고장률은 약 얼마인가?

① 1.05×10^{-3}/시간 ② 2.02×10^{-4}/시간
③ 4.08×10^{-4}/시간 ④ 5.13×10^{-4}/시간

해설 $R(t)=e^{-100\lambda}=0.96$
$-100\lambda=\ln 0.96$
$\therefore\ \lambda=4.08\times10^{-4}/\text{hr}$
※ 지수분포는 $\lambda(t)=AFR(t)=\lambda$인 분포이다.
$\lambda(t)$는 고장률함수 또는 순간고장률이라고 하며, $AFR(t)$는 t시점까지의 평균고장률을 의미한다.

73 일반적으로 가정용 오디오, TV, 에어컨 등의 시스템, 기기 및 부품 등이 정해진 사용조건에서 의도하는 기간 동안 정해진 기능을 발휘할 확률은?

① 신뢰도
② 고장률
③ 불신뢰도
④ 전자부품 수명관리도

해설 $R(t)=P(t\geq t_i)$
$$=\int_t^\infty f(t)dt$$

74 상이한 분포를 따르는 여러 부품이 조합되어 만들어진 시스템이나 제품의 전체 고장률이 시간에 관계없이 일정한 경우 적용되는 고장분포로 가장 적합한 것은?

① 균등분포 ② 지수분포
③ 정규분포 ④ 대수정규분포

해설 상이한 분포를 따르는 부품들로 결합된 시스템은 근사적으로 지수분포를 따른다(Drenick의 정리).

75 평균순위를 이용하여 소시료 시험 결과 2번째 순위에서의 고장률함수 $\lambda(t_2)$=0.02hr이었다. 이때 실험한 시료수는 5개이고, 3번째 고장 난 시료의 고장시간이 20시간 경과 후였다면 2번째 시료가 고장 난 시간은?

① 7.5시간 ② 10시간
③ 12시간 ④ 15시간

해설 $\lambda(t_2)=\dfrac{1}{n-i+1}\times\dfrac{1}{t_3-t_2}$
$$=\frac{1}{(5-2+1)(20-t_2)}=0.02/\text{시간}$$
$\therefore\ t_2=7.5$시간

76 지수분포의 수명을 갖는 전자부품 10개를 수명시험하여 100시간이 되었을 때 시험을 중단하였다. 그 동안 고장 난 부품의 수는 6개였으며, 그 [데이터]는 다음과 같다. 고장률에 대한 추정치는 약 얼마인가?

[데이터]	16, 31, 66, 78, 94, 96

① 0.0077/hr
② 0.0128/hr
③ 0.0157/hr
④ 0.0262/hr

해설 $\hat{\lambda}=\dfrac{r}{T}$
$$=\frac{r}{\Sigma t_i+(n-r)t_o}$$
$$=\frac{6}{(16+31+66+78+94+96)+(10-6)\times100}$$
$=0.00768/\text{hr}$

77 제품의 신뢰성은 고유신뢰성과 사용신뢰성으로 구분된다. 다음 중 사용신뢰성의 증대방법에 속하는 설명은 무엇인가?

① 기기나 시스템에 대한 사용자 매뉴얼을 작성 · 배포한다.
② 부품의 전기적, 기계적, 열적 및 기타 작동조건을 경감한다.
③ 부품고장의 영향을 감소시키는 구조적 설계방안을 강구한다.
④ 병렬 및 대기 리던던시(redundancy) 설계방법에서 활용한다.

해설 ②, ③, ④항은 고유신뢰도 증대방법이다.

 정답 72.③ 73.① 74.② 75.① 76.① 77.①

78 여러 가지 종류의 부품으로 구성된 기기의 고장률함수는 욕조곡선을 따른다고 할 때 다음 중 틀린 것은?

① 초기고장은 번인(burn-in) 시험에 의해 감소시킬 수 있다.
② 초기고장기간은 시간이 경과함에 따라 고장률이 점점 증가한다.
③ 마모고장기간의 고장률을 감소시키기 위해서는 예방보전이 유효하다.
④ 일정형 고장률을 갖는 우발고장기간에서는 사후보전이 유효하다.

해설 ② 초기고장기는 고장률이 시간이 경과함에 따라 감소하는 DFR의 분포를 따른다.

79 300개의 소자로 구성된 전자제품의 수명시험 결과 2시에서 4시 사이의 고장개수가 23개였다. 이 구간에서 고장확률밀도함수[$f(t)$]의 값은 약 얼마인가?

① 0.0333/시간
② 0.0367/시간
③ 0.0383/시간
④ 0.0457/시간

해설 $f(t)=\dfrac{n(t)-n(t+\Delta t)}{N}\cdot\dfrac{1}{\Delta t}$

$=\dfrac{23}{300}\times\dfrac{1}{2}$

$=0.0383$/시간

80 신뢰도 관련 함수 중 틀린 것은?

① $f(t)=-\dfrac{dR(t)}{dt}$

② $R(t)=e^{-\int_0^t \lambda(t)dt}$

③ $F(t)=e^{1-\int_0^t \lambda(t)dt}$

④ $\lambda(t)=\dfrac{f(t)}{R(t)}$

해설 $F(t)=\int_0^t f(t)dt$

$=1-e^{-\lambda t}$

제5과목 품질경영

81 품질경영시스템은 PDCA 사이클로 설명될 수 있다. PDCA 사이클의 설명으로 틀린 것은?

① Plan – 목표 달성에 필요한 계획 또는 표준의 설정
② Do – 계획된 것의 실행
③ Check – 실시 결과를 측정하여 해석하고 평가
④ Action – 리스크와 기회를 식별하고 다루기 위하여 필요한 자원의 수립

해설 ④ Action – 목표와 실시 결과의 차이가 있으면 필요한 수정 조처를 취하는 것

82 고객에 대한 불만처리규정의 내용이 아닌 것은?

① 대책의 수립방법
② 대책의 실시방법
③ 불만 등의 정보수집방법
④ 점검이나 정비 결과의 기록방법

해설 ④항은 설비관리규정상의 내용이다.

83 품질경영시스템 – 요구사항(KS Q ISO 9001)에서 품질경영원칙이 아닌 것은?

① 리더십
② 고객중시
③ 프로세스 접근법
④ 품질방침 및 품질목표

해설 품질경영 7원칙으로는 ①, ②, ③과 인원의 적극참여, 개선, 증거기반 의사결정 및 관계관리/관계경영이 있다.

84 어떤 조립품은 2개의 부품으로 조립된다. 조립품의 규정공차가 ±0.015일 때, 1개의 부품은 공차가 ±0.010으로 이미 만들어져 있다. 나머지 부품의 공차는 약 얼마로 설계해야 하는가?

① ±0.0112 ② ±0.0250
③ ±0.0350 ④ ±0.0550

해설 $\sigma_T=\pm\sqrt{\sigma_1^2+\sigma_2^2}=\pm\sqrt{0.01^2+\sigma_2^2}=\pm 0.015$

$\therefore\ \sigma_2=\pm 0.0112$

정답 78.② 79.③ 80.③ 81.④ 82.④ 83.④ 84.①

85 파이겐바움(Feigenbaum)이 분류한 품질관리부서의 하위 기능 부문 3가지에 해당되지 않는 것은?

① 원가관리기술 부문
② 품질관리기술 부문
③ 공정관리기술 부문
④ 품질정보기술 부문

해설 ② 품질관리기술 부문 : 품질계획을 담당하는 기술 부문
③ 공정관리기술 부문 : 품질 평가와 품질 해석을 담당하고 있는 기술 부문
④ 품질정보기술 부문 : 공정관리를 위한 검사·품질 측정을 담당하고 있는 기술 부문

86 다음 중 품질보증의 의미를 설명한 것으로 틀린 것은 어느 것인가?

① 소비자의 요구품질이 갖추어져 있다는 것을 보증하기 위해 생산자가 행하는 체계적 활동
② 품질기능이 적절하게 행해지고 있다는 확신을 주기 위해 필요한 증거에 관계되는 활동
③ 소비자의 요구에 맞는 품질의 제품과 서비스를 경제적으로 생산하고 통제하는 활동
④ 제품 또는 서비스가 소정의 품질요구를 갖추고 있다는 신뢰감을 주기 위해 필요한 계획적 · 체계적 활동

해설 ③항은 품질관리에 대한 내용이다.

87 다음 중 요구품질로부터 품질방침을 설정하고 세일즈포인트를 명확히 정한다거나 적정한 대용특성으로 치환하여 품질설계를 하기 위한 가장 효과적인 방법은?

① 공정해석 ② 설계심사
③ 품질개선 ④ 품질전개

해설 소비자의 요구사항을 설계특성으로 변환하는 것을 QFD(품질기능전개)라고 한다.

88 한국산업표준(KS) 서비스 분야에서 '서비스 심사기준'에 해당되지 않는 것은?

① 서비스 품질경영관리
② 고객이 제공받은 서비스
③ 고객이 제공받은 사전 서비스
④ 고객이 제공받은 사후 서비스

해설 • 서비스 심사기준
1. 고객이 제공받은 서비스
2. 고객이 제공받은 사전 서비스
3. 고객이 제공받은 사후 서비스
• 사업장 심사기준
1. 서비스 품질경영관리
2. 서비스 운영체계
3. 서비스 운영
4. 서비스 인적자원관리
5. 시설 · 장비, 환경 및 안전관리

89 어떤 공정에서 가공되는 품질특성은 두께로서 규정공차가 5.0±0.05mm로 주어져 있다. 생산제품의 평균두께가 4.98mm, 표준편차는 0.02mm였다. 이때 최소공정능력지수(minimum process capability index, C_{PK})는 얼마인가?

① 0.33 ② 0.50
③ 0.83 ④ 1.17

해설
$$C_{PK}=(1-k)C_P=(1-k)\frac{T}{6\sigma}$$
$$=(1-k)\frac{U-L}{6\sigma}=(1-0.4)\frac{5.05-4.98}{6\times0.02}=0.5$$
단, $k=\frac{|M-\mu|}{T/2}=\frac{|5.0-4.98|}{0.1/2}=0.4$

※ 최소공정능력은 생산 후에 나타나는 동적 공정능력으로, 치우침이 있는 경우의 공정능력이다.
$$C_{PK}=C_P-kC_P$$
$$=C_P-\frac{|\mu-M|}{3\sigma}=C_P-\frac{bias}{3\sigma}=C_P-\frac{0.02}{3\sigma}$$

90 고객만족의 가치는 고객을 만족시키지 못했을 때 이탈하는 고객의 가치를 추정함으로써 평가할 수 있다. 다음 자료에서 고객을 만족시키지 못함으로써 발생되는 연간 손실액은?

• 연간 총고객수 : 60000명
• 금년 고객 이탈률 : 5%
• 고객 1인당 평균 구매액 : 5만원
• 평균 이익률 : 20%

① 1000만원 ② 2000만원
③ 3000만원 ④ 6000만원

해설 연간 손실액 $=60000\times0.05\times50000\times0.2$
$=3000$만원

 정답 85.① 86.③ 87.④ 88.① 89.② 90.③

91 제품책임의 예방대책에 해당되지 않는 것은?

① 고도의 QA 체제를 확립한다.
② 신뢰성 및 안전성에 대한 확인시험을 한다.
③ 공급물품에 대한 기술지도 및 관리점검을 강화한다.
④ 제품의 기능, 품질, 사용 측면에서 사용자에게 충분히 애프터서비스한다.

해설 ④에서 설명하는 제품책임 대책은 사후대책이다.

92 A.R. Tenner는 고객만족을 충분히 달성하기 위해서 "고객의 목소리에 귀를 기울이는 것"을 단계 2, "소비자의 기대사항을 완전히 이해하는 것"을 단계 3으로 정의하였다. 다음 중 단계 3인 완전한 고객 이해를 위한 적극적 마케팅 방법이 아닌 것은?

① 시장시험(market test)
② 벤치마킹(benchmarking)
③ 판매기록 분석(sales record analysis)
④ 포커스그룹 인터뷰(focus group interview)

해설 ③ 판매기록 분석은 고객의 목소리에 귀를 기울이는 2단계이다.
※ A.R. Tenner의 고객만족 달성의 3단계
- 단계 1 : 불만을 접수하고 처리하는 소극적 방식의 단계
- 단계 2 : 소비자 상담, 소비자 여론 수집, 판매기록 분석 등을 통하여 고객의 요구현상을 파악하는 단계
- 단계 3 : 시장시험, 벤치마킹, 포커스그룹 인터뷰, 설계 계획된 조사 등을 통하여 완전히 고객을 이해하는 단계

93 KS Q ISO 9000 품질경영시스템 – 기본사항과 용어에서 '시험'을 뜻하는 용어는?

① 값을 결정 · 확인하는 프로세스
② 규정된 요구사항에 대한 적합의 확인 결정
③ 특정하게 의도된 용도 또는 적용을 위한 요구사항에 따른 확인 결정
④ 심사기준에 충족되는 정도를 결정하기 위하여 객관적인 증거를 수집하고 객관적으로 평가하기 위한 체계적이고 독립적이며 문서화된 프로세스

해설 ① : 측정
② : 검사
③ : 시험
④ : 심사

94 측정시스템분석(Measurement System Analysis)에서 측정시스템의 변동 유형에 대한 설명으로 맞는 것은?

① 위치 – 정확성, 반복성
② 위치 – 안정성, 재현성
③ 퍼짐 – 안정성, 정확성
④ 퍼짐 – 재현성, 반복성

해설
- 위치에 따른 변동 유형 : 편의 · 안전성 · 선형성
- 퍼짐에 따른 변동 유형 : 반복성 · 재현성

95 파라슈라만(Parasuraman) 등은 4가지 형태의 서비스를 제공받고 있는 고객들을 상대로 연구를 행한 결과, 고객들이 제공받는 서비스 형태가 제각기 다름에도 불구하고 서비스 품질수준을 인식할 때 평가하게 되는 기준 10가지를 밝히고 '서비스 품질의 결정요소'로 활용하였다. 이에 대한 설명으로 틀린 것은?

① 유형성(tangibles) : 서비스의 유형적 단서
② 신뢰성(reliability) : 약속된 서비스를 정확하게 이행하는 능력
③ 대응성(responsiveness) : 고객에게 서비스를 신속하게 제공하려는 의지
④ 접근성(access) : 서비스를 수행하는 데 필요한 구성원들의 지식과 기술을 적용하는 능력

해설 ④는 '적격성(competence)'에 관한 설명이다.

96 6시그마 단계 중 측정단계에서 수행하는 대표적인 기법은?

① 실험계획법
② 추정과 검정
③ 공정능력분석
④ 핵심인자 선정

해설 공정능력의 분석은 시그마 수준으로 표시한다.
ex) 4.5시그마 수준, 5시그마 수준, 6시그마 수준

정답 91.④ 92.③ 93.③ 94.④ 95.④ 96.③

97 부적합의 발생은 인간의 실수에서 오고 '인간은 왜 실수를 저지를까?', '그 까닭은 무엇일까?' 등을 연구해서 3가지를 알아냈고 이를 대응하기 위해 zero defect 운동이 시작되었다. 이 3가지 오류에 해당하지 않는 것은?

① 부주의
② 작업표준에 의한 오류
③ 지식과 교육훈련의 부족
④ 충분하지 못한 작업준비

해설 ZD 운동은 제품 결함이 작업자의 부주의와 태만에 있다는 것에 착안하여, ECRS의 제안으로 제품의 결함을 제거하자는 TQC 일환이다.

98 제품의 인증 구분에서 제품의 일반목적과는 유사하나, 어떤 특정 용도에 따라 식별할 필요가 있을 경우에 분류하는 용어는?

① 형식(type)
② 등급(grade)
③ 종류(class)
④ 패턴(pattern)

해설 ② 등급(grade) : 제품의 한 형식에 관하여 다수의 서로 다른 부류를 규정하는 것이 바람직할 때 다시 구분하는 것
③ 종류(class) : 서로 전혀 다른 재료 또는 제품의 집합을 하나 또는 그 이상의 특정한 성질에 근거하여 군을 구분하는 경우의 각 군

99 품질비용의 분류로서 평가비용 항목에 해당되지 않는 것은?

① 수입검사비용
② 부적합품 처리비용
③ 공정 검사비용
④ 계측기 검교정비용

해설 ②항은 실패비용이다.
※ **평가비용(A-cost)**
- PM 코스트
- 시험 코스트
- 수입검사 코스트
- 완제품검사 코스트
- 공정검사 코스트

100 품질관리업무를 명확히 하는 데 있어 기능전개방법이 매우 유효한데 미즈노 박사가 주장하는 4가지 관리항목에 해당되지 않는 것은?

① 생산의 관리항목
② 기능의 관리항목
③ 공정의 관리항목
④ 신규업무의 관리항목

해설 **미즈노 박사의 4가지 관리항목**
1. 기능의 관리항목
2. 업무의 관리항목
3. 공정의 관리항목
4. 신규업무의 관리항목

 정답 97.② 98.① 99.② 100.①

부록 2

수험용 수치표

품질경영기사 필기

부록 2

수험용 수치표

Ⅱ 수험용 수치표 (2)

1. KS Q 0001 계수규준형 1회 샘플링검사표

($\alpha \fallingdotseq 0.05$, $\beta \fallingdotseq 0.10$)

p_1(%) / p_0(%)	0.71~0.91	0.91~1.12	1.13~1.40	1.41~1.80	1.81~2.24	2.25~2.80	2.81~3.55	3.56~4.50	4.51~5.60	5.61~7.10	7.11~9.00	9.01~11.2	11.3~14.0	14.1~18.0	18.1~22.4	22.5~28.0	28.1~35.5	p_1(%) / p_0(%)
0.090~0.112	*	400 1	↓	←	↓	→	60 0	50 0	←	↓	↓	←	↓	↓	↓	↓	↓	0.090~0.112
0.113~0.140	*	↓	300 1	↓	→	↓	→	↑	40 1	←	↓	↓	←	↓	↓	↓	↓	0.113~0.140
0.141~0.180	*	500 2	↓	250 1	↓	←	↓	→	↑	30 0	←	↓	↓	→	↓	↓	↓	0.141~0.180
0.181~0.224	*	*	400 2	↓	200 1	↓	←	↓	→	↑	25 0	←	↓	↓	←	↓	↓	0.181~0.224
0.225~0.280	*	*	500 3	300 2	↓	150 1	↓	←	↓	→	↑	20 0	←	↓	↓	←	↓	0.225~0.280
0.281~0.355	*	*	*	400 4	250 2	↓	120 1	↓	←	↓	→	↑	15 0	←	↓	↓	←	0.281~0.355
0.356~0.450	*	*	*	500 6	300 3	200 2	↓	100 1	↓	←	↓	→	↑	15 0	←	↓	↓	0.356~0.450
0.451~0.560	*	*	*	*	400 4	250 2	150 2	↓	80 1	↓	←	↓	→	↑	10 0	←	↓	0.451~0.560
0.561~0.710	*	*	*	*	500 6	300 4	200 3	120 2	↓	60 1	↓	←	↓	→	↑	7 0	←	0.561~0.710
0.711~0.900	*	*	*	*	*	400 6	250 4	150 4	100 2	↓	50 1	↓	←	↓	→	↑	5 0	0.711~0.900
0.901~1.12		*	*	*	*	*	300 6	200 6	120 3	80 2	↓	40 1	↓	←	↓	↑	↑	0.901~1.12
1.13~1.40			*	*	*	*	500 10	250 6	150 4	100 3	60 2	↓	30 1	↓	←	↓	↑	1.13~1.40
1.41~1.80				*	*	*	*	300 10	200 6	120 4	80 3	50 2	↓	25 1	↓	←	↓	1.41~1.80
1.81~2.24					*	*	*	*	250 10	150 6	100 4	60 3	40 2	↓	20 1	↓	←	1.81~2.24
2.25~2.80						*	*	*	*	250 10	120 6	70 4	50 3	30 2	↓	15 1	↓	2.25~2.80
2.81~3.55							*	*	*	*	200 10	100 6	60 4	40 3	25 2	↓	10 1	2.81~3.55
3.56~4.50								*	*	*	*	150 10	80 6	50 4	30 3	20 2	↓	3.56~4.50
4.51~5.60									*	*	*	*	120 10	60 6	40 4	25 3	15 2	4.51~5.60
5.61~7.10										*	*	*	*	100 10	50 6	30 4	20 3	5.61~7.10
7.11~9.00											*	*	*	*	70 10	40 6	25 4	7.11~9.00
9.01~11.2												*	*	*	*	60 10	30 6	9.01~11.2
p_0(%) / p_1(%)	0.71~0.90	0.91~1.12	1.13~1.40	1.41~1.80	1.81~2.24	2.25~2.80	2.81~3.55	3.56~4.50	4.51~5.60	5.61~7.10	7.11~9.00	9.01~11.2	11.3~14.0	14.1~18.0	18.1~22.4	22.5~28.0	28.1~35.5	p_0(%) / p_1(%)

[KS Q 0001 샘플링검사 설계보조표]

p_1/p_0	c	n
17 이상	0	$2.56 / p_0 + 115 / p_1$
16~7.9	1	$17.8 / p_0 + 194 / p_1$
7.8~5.6	2	$40.9 / p_0 + 266 / p_1$
5.5~4.4	3	$68.3 / p_0 + 344 / p_1$
4.3~3.6	4	$98.5 / p_0 + 400 / p_1$
3.5~2.8	6	$164 / p_0 + 527 / p_1$
2.7~2.3	10	$308 / p_0 + 700 / p_1$
2.2~2.0	15	$502 / p_0 + 1065 / p_1$
1.99~1.86	20	$704 / p_0 + 1350 / p_1$

2. KS Q 0001 계량규준형 1회 샘플링검사표

[표 1. m_0, m_1을 근거로 하여 n, G_0를 구하는 표]

(α=0.05, β=0.10)

$\frac{\lvert m_1 - m_0 \rvert}{\sigma}$	n	G_0
2.069 이상	2	1.163
1.690~2.068	3	0.950
1.463~1.686	4	0.822
1.309~1.462	5	0.736
1.195~1.308	6	0.672
1.106~1.194	7	0.622
1.035~1.105	8	0.582
0.975~1.034	9	0.548
0.925~0.974	10	0.520
0.882~0.924	11	0.469
0.845~0.881	12	0.475
0.812~0.844	13	0.456
0.772~0.811	14	0.440
0.756~0.771	15	0.425
0.732~0.755	16	0.411
0.710~0.731	17	0.399
0.690~0.709	18	0.383
0.671~0.689	19	0.377
0.654~0.670	20	0.368
0.585~0.653	25	0.329
0.534~0.584	30	0.300
0.495~0.533	35	0.278
0.463~0.494	40	0.260
0.436~0.462	45	0.245
0.414~0.435	50	0.233

3. KS Q 0001 계량규준형 샘플링검사표(σ기지)

[p_0, p_1을 기초로 하여 n, k를 구하는 표(부적합품률을 보증하는 경우)]

($\alpha \fallingdotseq 0.05$, $\beta \fallingdotseq 0.10$)

p_0(%) \ p_1(%) 대표치		0.80	1.00	1.25	1.60	2.00	2.50	3.15	4.00	5.00	6.30	8.00	10.0
	범위	0.71 ~ 0.90	0.91 ~ 1.12	1.13 ~ 1.40	1.41 ~ 1.80	1.81 ~ 2.24	2.25 ~ 2.80	2.81 ~ 3.55	3.56 ~ 4.50	4.51 ~ 5.60	5.61 ~ 7.10	7.11 ~ 9.00	9.01 ~ 11.2
대표치	범위												
0.100	0.090~0.112	2.71 18	2.66 15	2.61 12	2.56 10	2.51 8	2.45 7	2.40 6	2.34 5	2.28 4	2.21 4	2.14 3	2.08 3
0.125	0.113~0.140	2.68 23	2.63 18	2.58 14	2.53 11	2.48 9	2.43 8	2.37 6	2.31 5	2.25 5	2.19 4	2.11 3	2.05 3
0.160	0.141~0.180	2.64 29	2.60 22	2.55 17	2.50 13	2.45 11	2.39 9	2.35 7	2.28 6	2.22 5	2.15 4	2.09 4	2.01 3
0.200	0.181~0.224	2.61 39	2.57 28	2.52 21	2.47 16	2.42 13	2.36 10	2.30 8	2.25 7	2.19 6	2.12 5	2.05 4	1.98 3
0.250	0.225~0.280	*	2.54 37	2.49 27	2.44 20	3.38 15	2.33 12	2.28 10	2.21 8	2.15 6	2.09 5	2.02 4	1.95 4
0.315	0.281~0.355	*	*	2.46 36	2.40 25	2.35 19	2.30 14	2.24 11	2.18 9	2.12 7	2.06 6	1.99 5	1.92 4
0.400	0.356~0.450	*	*	*	2.37 33	2.32 24	2.26 18	2.21 14	2.15 11	2.08 8	2.02 7	1.95 6	1.89 5
0.500	0.451~0.560	*	*	*	2.33 46	2.28 31	2.23 23	2.17 17	2.11 13	2.05 10	1.99 8	1.92 6	1.85 5
0.630	0.561~0.710	*	*	*	*	2.25 44	2.19 30	2.14 21	2.08 15	2.02 12	1.95 9	1.89 7	1.81 6
0.800	0.711~0.900	*	*	*	*	*	2.16 42	2.10 28	2.04 20	1.98 15	1.91 11	1.84 8	1.78 7
1.00	0.901~1.12		*	*	*	*	*	2.06 39	2.00 26	1.94 18	1.88 14	1.81 10	1.74 8
1.25	1.13~1.40			*	*	*	*	*	1.97 36	1.91 24	1.84 17	1.77 12	1.70 6
1.60	1.41~1.80				*	*	*	*	*	1.86 34	1.80 23	1.73 16	1.66 12
2.00	1.81~2.24					*	*	*	*	*	1.76 31	1.69 20	1.62 14
2.50	2.25~2.80						*	*	*	*	1.72 46	1.65 28	1.58 19
3.16	2.81~3.55							*	*	*	*	2.60 42	1.53 26
4.00	3.56~4.50								*	*	*	*	1.49 39
5.00	4.51~5.60									*	*	*	*
6.30	5.61~7.10										*	*	*
8.00	7.11~9.00											*	*
10.00	9.01~11.2												*

[주] 좌측은 k, 우측은 n

4. KS Q 0001 계량규준형 샘플링검사표(σ미지)

[p_0(%), p_1(%)을 기초로 하여 n과 k를 구하는 표]

($\alpha \fallingdotseq 0.05$, $\beta \fallingdotseq 0.10$)

p_0(%) 대표치	p_0(%) 범위 \ p_1(%) 대표치	0.80	1.00	1.25	1.60	2.00	2.50	3.15	4.00	5.00	6.30	8.00	10.0	12.50	16.00	20.00	25.00	31.50
	p_1(%) 범위	0.71~0.90	0.91~1.12	1.13~1.40	1.41~1.80	1.81~2.24	2.25~2.80	2.81~3.55	3.56~4.50	4.51~5.60	5.61~7.10	7.11~9.00	9.01~11.20	11.30~14.00	14.10~18.00	18.10~22.40	22.50~28.00	28.10~35.50
0.100	0.090~0.112	2.71 87	2.67 68	2.62 54	2.57 42	2.52 34	2.47 28	2.42 23	2.36 19	2.31 16	2.24 13	2.19 11	2.11 9	2.07 8	1.95 6	1.87 5	1.87 5	1.77 4
0.125	0.113~0.140		2.64 80	2.59 62	2.54 48	2.49 38	2.44 31	2.39 25	2.32 20	2.28 17	2.21 14	2.16 12	2.10 10	2.02 8	1.97 7	1.90 6	1.82 5	1.72 4
0.160	0.141~0.180		2.60 98	2.56 74	2.50 56	2.46 44	2.40 35	2.35 28	2.30 23	2.23 18	2.18 15	2.10 12	2.04 10	2.00 9	1.91 7	1.85 6	1.77 5	1.67 4
0.200	0.181~0.224			2.53 90	2.47 66	2.43 51	2.37 40	2.32 31	2.26 25	2.20 20	2.14 16	2.08 13	2.02 11	1.95 9	1.86 7	1.80 6	1.72 5	1.63 4
0.250	0.225~0.280				2.44 79	2.39 59	2.34 46	2.28 35	2.23 28	2.17 22	2.12 18	2.04 14	1.99 12	1.93 10	1.86 8	1.75 6	1.67 5	1.53 4
0.315	0.281~0.355				2.41 98	2.36 71	2.31 54	2.25 41	2.19 31	2.14 25	2.07 19	2.00 15	1.94 12	1.88 10	1.80 8	1.75 7	1.62 5	1.53 4
0.400	0.356~0.450					2.32 89	2.27 65	2.22 48	2.16 36	2.10 28	2.04 22	1.98 17	1.92 14	1.85 11	1.78 9	1.69 7	1.64 6	1.47 4
0.500	0.451~0.560						2.23 80	2.18 57	2.12 42	2.07 32	2.00 24	1.94 19	1.88 15	1.81 12	1.72 9	1.64 7	1.58 6	1.51 5
0.630	0.561~0.710							2.14 71	2.08 50	2.03 37	1.97 28	2.90 21	1.83 16	1.77 13	1.69 10	1.62 8	1.52 6	1.45 5
0.800	0.711~0.900							2.10 92	2.05 62	1.99 44	1.92 32	2.86 24	1.79 18	1.72 14	1.66 11	1.56 8	1.51 7	1.39 5
1.000	0.901~1.120								2.01 79	1.95 54	1.89 38	1.83 28	1.76 21	1.69 16	1.62 12	1.53 9	1.45 7	1.33 5
1.250	1.130~1.400									1.91 69	1.85 47	1.78 32	1.72 24	1.65 18	1.57 13	1.50 10	1.39 7	1.33 6
1.600	1.410~1.800									1.87 95	1.80 60	1.74 40	1.67 28	1.60 20	1.35 15	1.45 11	1.35 8	1.26 6
2.000	1.810~2.240										1.76 81	1.69 50	1.63 34	1.56 24	1.48 17	1.40 12	1.32 9	1.19 6
2.500	2.250~2.800											1.65 67	1.59 43	1.52 29	1.43 19	1.36 14	1.27 10	1.17 7
3.150	2.810~3.550											1.61 96	1.54 57	1.47 36	1.39 23	1.31 16	1.22 11	1.13 8
4.000	3.560~4.500												1.49 83	1.42 48	1.34 29	1.25 19	1.17 13	1.08 9
5.000	4.510~5.600													1.37 69	1.29 38	1.20 23	1.11 15	1.02 10
6.300	5.610~7.100														1.23 53	1.15 30	1.07 19	0.97 12
8.000	7.110~9.000														1.18 87	1.10 44	1.00 24	0.89 14
10.000	9.010~11.200															1.04 68	0.95 34	0.84 18

[주] 왼쪽 아래의 숫자는 n, 오른쪽 숫자는 k

[비고] 공란에 대한 샘플링검사 방식은 없다.

5. ISO KS Q 2859-2 LQ 지표형 샘플링검사표

[부표 B. 한계품질 5.00%에 대한 1회 샘플링 방식(절차 B, 주샘플링표)]

검사수준에 대한 로트 크기					KS Q ISO 2859-1의 1회 샘플링 방식 (보통검사)			샘플 문자	합격확률(%)의 특정값에 대응하는 공정품질의 값(1) (부적합품퍼센트)					각 검사수준에 대한 한계품질(LQ)에서의 소비자 위험(β)의 최대값(2)		
S-1~S-3	S-4	I	II	III	AQL	n	A_c		95.0	90.0	50.0	10.0	5.0	S-1~I	II	III
81(3) 이상	81(3)~ 500,000	81(3)~ 10,000	81(3)~ 1,200	81(3)~ 500	0.65	80	1	J	0.446	0.667	2.09	4.78	5.79	8.6	7.9	6.9
	500,001 이상	10,001~ 35,000	1,201~ 3,200	501~ 1,200	1.00	125	3	K	1.10	1.40	2.93	5.27	6.09	12.4	11.9	11.0
		35,001~ 150,000	3,201~ 10,000	1,201~ 3,200	1.00	200	5	L	1.31	1.58	2.83	4.59	5.18	6.2	6.2	5.7
		150,001 이상	10,001 이상	3,201 이상	1.50	315	10	M	1.97	2.24	3.38	4.85	5.33	8.1	8.1	8.1

[주] (1) 공정품질의 값은 이항분포에 기초한다.
(2) 초기하분포에 의한 소비자 위험의 정확한 값은 로트 크기에 따라서 바뀐다. 여기서는 각 검사수준의 최대값을 부여한다.
(3) 81 미만의 로트에 대해서는 전수검사한다.

[OC 곡선]

(OC 곡선은 1회 샘플링 방식에 대한 것이다. 샘플 문자 및 A_c로 식별한다.)

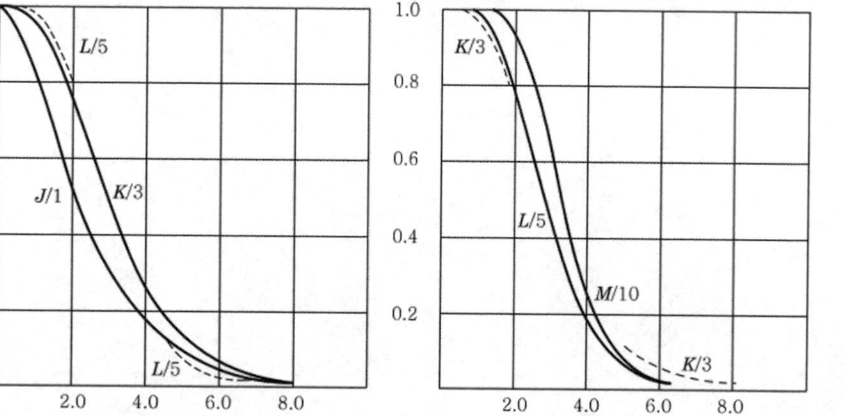

memo

품질경영기사 필기

2007. 1. 9. 초 판 1쇄 발행
2023. 1. 11. 완전개정 1판 1쇄 발행
2024. 1. 3. 개정증보 1판 1쇄 발행
2025. 1. 8. 개정증보 2판 1쇄 발행
2025. 2. 12. 개정증보 2판 2쇄(통산 20쇄) 발행

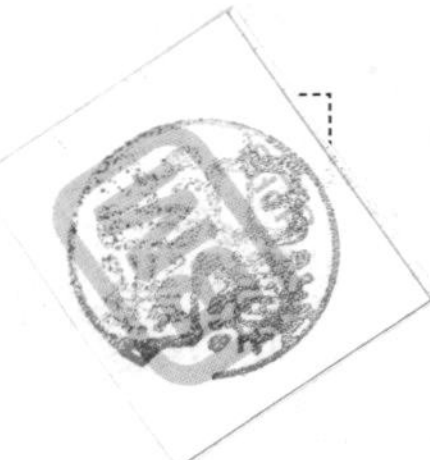

지은이 | 염경철
펴낸이 | 이종춘
펴낸곳 | BM ㈜도서출판 성안당
주소 | 04032 서울시 마포구 양화로 127 첨단빌딩 3층(출판기획 R&D 센터)
10881 경기도 파주시 문발로 112 파주 출판 문화도시(제작 및 물류)
전화 | 02) 3142-0036
031) 950-6300
팩스 | 031) 955-0510
등록 | 1973. 2. 1. 제406-2005-000046호
출판사 홈페이지 | **www.cyber.co.kr**
ISBN | 978-89-315-8442-4 (13500)
정가 | 43,000원

이 책을 만든 사람들
책임 | 최옥현
진행 | 이용화, 곽민선
교정 · 교열 | 곽민선
전산편집 | 이다혜, 이다은
표지 디자인 | 임흥순
홍보 | 김계향, 임진성, 김주승, 최정민
국제부 | 이선민, 조혜란
마케팅 | 구본철, 차정욱, 오영일, 나진호, 강호묵
마케팅 지원 | 장상범
제작 | 김유석

한번에
합격하기

품질경영
기사 필기

마무리
요점노트

염경철 지음

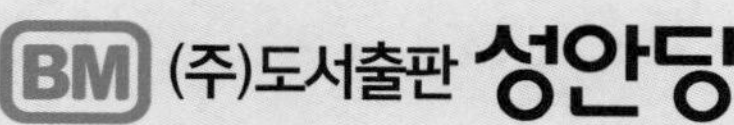

도서 A/S 안내

성안당에서 발행하는 모든 도서는 저자와 출판사, 그리고 독자가 함께 만들어 나갑니다.

좋은 책을 펴내기 위해 많은 노력을 기울이고 있습니다. 혹시라도 내용상의 오류나 오탈자 등이 발견되면 "좋은 책은 나라의 보배" 로서 우리 모두가 함께 만들어 간다는 마음으로 연락주시기 바랍니다. 수정 보완하여 더 나은 책이 되도록 최선을 다하겠습니다.

성안당은 늘 독자 여러분들의 소중한 의견을 기다리고 있습니다. 좋은 의견을 보내주시는 분께는 성안당 쇼핑몰의 포인트(3,000포인트)를 적립해 드립니다.

잘못 만들어진 책이나 부록 등이 파손된 경우에는 교환해 드립니다.

저자 문의 e-mail : clsqc@hanmail.net(염경철)
본서 기획자 e-mail : coh@cyber.co.kr(최옥현)
홈페이지 : http://www.cyber.co.kr   전화 : 031) 950-6300

차 례

마무리 요점노트

별책부록

마무리 요점노트

PART 01 공업통계학

CHAPTER 1 데이터의 기초 방법

1 모수와 통계량

(1) 모수(θ)

모집단의 특성값으로 참값이다.

(μ, σ, P, ρ 등)

(2) 통계량

모수의 추정값으로 사용한다.

($\bar{x}$, s, p, R, Me, Mo 등)

통계량은 모수 대신 사용하기 위해 분석한 제한된 정보이다.

2 중심적 경향(정확도의 측도)

데이터의 대표값(중심값)을 의미한다.

(1) 산술평균($\bar{x}$)

$$\bar{x} = \frac{\Sigma x_i}{n}$$

(2) 중앙값, 중위수(M_e)

① 시료수가 홀수 : 정중앙값

② 시료수가 짝수 : 중앙 두 데이터의 평균

(3) 범위의 중앙값(Mid-range ; M)

$$M = \frac{x_{\min} + x_{\max}}{2}$$

(4) 최빈수(M_o)

가장 도수가 많은 값이며, 2개 이상일 수 있다.

(5) 기하평균

$$H = (x_1 \cdot x_2 \cdot \cdots \cdot x_n)^{\frac{1}{n}}$$

(6) 조화평균

$$\frac{n}{\Sigma \frac{1}{x_i}}$$

3 산포의 경향(정밀도의 측도)

산포란 데이터의 퍼짐상태(변동)를 정의하는 통계량이다.

(1) 제곱합(변동)

$$S = \Sigma (x_i - \bar{x})^2$$
$$= \Sigma x_i^2 - n(\bar{x}_i)^2$$
$$= \Sigma x_i^2 - \frac{(\Sigma x_i)^2}{n}$$

(2) 시료분산

$$s^2 = V = \frac{S}{n-1} = \frac{S}{\nu}$$

(3) 시료표준편차

$$s = \sqrt{\frac{S}{n-1}} = \sqrt{\frac{S}{\nu}}$$

(4) 범위

$$R = x_{\max} - x_{\min}$$

(5) 변동계수

$$CV = \frac{s}{\bar{x}}$$

단위가 바뀌어도 변화가 없다.

(6) 상대분산

$$(CV)^2(\%) = \left(\frac{s}{\bar{x}}\right)^2 \times 100$$

4 왜도와 첨도

(1) 왜도(k)

좌우대칭 여부의 판단측도

① 좌측으로 치우침 : $k<0$

최빈수 < 중앙값 < 평균

② 우측으로 치우침 : $k>0$

최빈수 > 중앙값 > 평균

(2) 첨도(β^2)

분포의 뾰족함을 결정하는 측도

첨도값이 클수록 뾰족하다.

5 도수분포의 통계량

(1) 도수표

① $\bar{x}=\dfrac{\Sigma x_i}{n}=x_o+\dfrac{\Sigma f_i u_i}{\Sigma f_i}\times h$

② $S=\Sigma f_i {x_i}^2-\dfrac{(\Sigma f_i x_i)^2}{\Sigma f_i}$

$=\left(\Sigma f_i u_i^2-\dfrac{(\Sigma f_i u_i)^2}{\Sigma f_i}\right)h^2$

(2) 수치 변환 시

$X_i=(x_i-x_o)\times h$인 경우

① $\bar{x}=x_o+\dfrac{1}{h}\bar{X}$

② $V_x=\dfrac{1}{h^2}V_X$

CHAPTER 2 확률변수와 확률분포

2-1 확률

1 표본공간과 사건

(1) 표본공간(S)

발생 가능한 서로 다른 모든 결과의 집합

(2) 사건

표본공간의 부분집합

(3) 근원사건

표본공간을 구성하는 기본적인 결과

2 확률의 법칙

(1) 합의 법칙

① $0\le P(A)\le 1$

② $P(A\cup B)=P(A)+P(B)-P(A\cap B)$

배반사건인 경우, $P(A\cap B)=0$이다.

③ $P(S)=1$

(2) 곱의 법칙

① 독립사건인 경우

$P(A\cap B)=P(A)P(B)$

② 독립사건이 아닌 경우

$P(A\cap B)=P(A)P(B\mid A)$

$=P(B)P(A\mid B)$

(3) 여사상

① $P(A^1)=1-P(A)$

② $P(\overline{A\cup B})=P(\overline{A})\cap P(\overline{B})$

3 조건부 확률

(1) 사상 A가 일어나는 조건에서 B의 발생확률

$$P(B\mid A)=\frac{P(A\cap B)}{P(A)}$$

(2) 사상 B가 일어나는 조건에서 A의 발생확률

$$P(A\mid B)=\frac{P(A\cap B)}{P(B)}$$

4 베이스의 정리

임의의 사상 A가 특정 사상 B_j에 속할 확률 (사후 발생확률)

$$P(B_j\mid A)=\frac{P(A\cap B_j)}{\Sigma P(A\cap B_i)}$$

$$=\frac{P(B_j)P(A\mid B_j)}{\Sigma P(B_i)P(A\mid B_i)}$$

2-2 확률변수

1 확률변수의 분류

(1) 이산형 확률변수

$P(X) \geq 0,\ \Sigma P(X) = 1$

$P(a \leq X \leq b) = \sum_{X=a}^{b} P(X)$

(2) 연속형 확률변수

$f(X) \geq 0,\ \int_{-\infty}^{\infty} f(X)dX = 1$

$P(a \leq X \leq b) = \int_{a}^{b} f(X)dX$

2 기대치와 분산

(1) 기대치

$E(X) = \Sigma XP(X) = \mu$

$E(aX+b) = aE(X) + b = a\mu + b$

$E(aX \pm bY) = aE(X) \pm bE(Y)$

$E(XY) = E(X)E(Y) + Cov(XY)$

⊙ 서로 독립일 때, $Cov(XY) = 0$이다.

(2) 분산

$V(X) = E(X^2) - \mu^2 = \Sigma X^2 P(X) - \mu^2 = \sigma^2$

⊙ $E(X^2) = \Sigma X^2 P(X)$

$V(aX+b) = a^2 V(X)$

$V(aX \pm bY) = a^2 V(X) + b^2 V(Y) \pm 2abCov(X, Y)$

⊙ 서로 독립일 때, $Cov(XY) = 0$이다.

3 공분산

단위에 따라 값이 변한다.

$Cov(X, Y) = E(XY) - \mu_X \cdot \mu_Y$

$Cov(X, Y) = \sigma_{xy}$

⊙ σ_{xy}를 σ_{xy}^2으로 표기하기도 한다.

4 Chebyshev의 정리

$\Pr(\mu - k\sigma \leq X \leq \mu + k\sigma) \geq 1 - \frac{1}{k^2}$

2-3 확률분포

1 이산형 확률분포

(1) 기대치와 분산

구분	평균	분산	수식
초기하 분포	nP	$\frac{N-n}{N-1}nP(1-P)$	$\frac{_MC_x \times _{N-M}C_{n-x}}{_NC_n}$
이항 분포	nP	$nP(1-P)$	$_nC_x P^x(1-P)^{n-x}$
푸아송 분포	m	$nP = m$	$\frac{e^{-m}\ m^x}{x!}$

⊙ P는 모수, p는 통계량이다.

(2) 각 분포의 관계

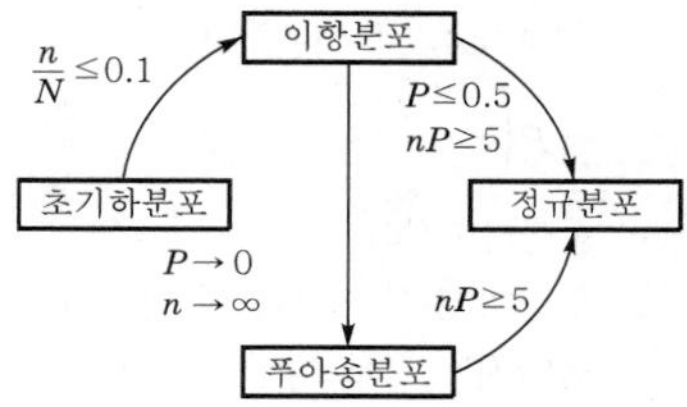

(3) 특징

① 초기하분포 : 정도가 가장 높은 분포이다.

② 이항분포 : $P = 0.5$일 때 좌우대칭이다.

③ 푸아송분포 : 기대치와 분산이 같다.

2 연속형 분포

(1) 정규분포

① 확률밀도함수

평균값 근처에서 집중성이 높은 좌우대칭의 연속형 확률분포이다.

$f(x) = \frac{1}{\sigma\sqrt{2\pi}} e^{-\frac{(x-\mu)^2}{2\sigma^2}}$

$(-\infty \leq x \leq \infty)$

② 확률면적

$\Pr(\mu \pm 1\sigma) = 0.6827$

$\Pr(\mu \pm 2\sigma) = 0.9545$

$\Pr(\mu \pm 3\sigma) = 0.9973$ ⇒ 자연공차라 한다.

③ 표준정규분포 수치값

유의수준 α	$u_{1-\alpha}$(한쪽)	$u_{1-\alpha/2}$(양쪽)
1%	2.326	2.576
5%	1.645	1.960
10%	1.282	1.645

④ 부적합품률

개개의 제품 x가 규격 밖으로 벗어나는 비율을 의미한다.

㉠ 규격 상한(망소특성)

$$P(x > S_U) = P\left(z > \frac{S_U - \mu}{\sigma}\right)$$

㉡ 규격 하한(망대특성)

$$P(x < S_L) = P\left(z < \frac{S_L - \mu}{\sigma}\right)$$

㉢ 규격 상·하한(망목특성)

$$P(x < S_L) + P(x > S_U)$$
$$= P\left(z < \frac{S_L - \mu}{\sigma}\right) + P\left(z > \frac{S_U - \mu}{\sigma}\right)$$

㉣ 중심극한정리

평균의 추정 시 샘플을 늘리면 신뢰구간이 좁아지며, 시료평균의 중심값은 모평균과 일치하게 되는 좌우대칭의 분포가 발생한다.

$$x_i \sim N(\mu,\ \sigma^2) \Rightarrow \bar{x}_i \sim \left(\mu,\ \frac{\sigma^2}{n}\right)$$

⊙ 평균의 표준편차는 $1/\sqrt{n}$ 만큼 작아진다.

(2) t 분포

σ 미지인 경우 샘플수가 작을 때의 시료평균 $\bar{x}$의 수치변환된 표준정규분포의 파생분포로서, 자유도가 충분히 크면($\nu \geq 30$) 정규분포에 근사한다.

① 통계량

$$t = \frac{\bar{x} - E(\bar{x})}{D(\bar{x})} = \frac{\bar{x} - \mu}{s/\sqrt{n}} \sim t(n-1)$$

② 기대치

$$E(t) = 0,\quad D(t) = \sqrt{\frac{\nu}{\nu - 2}} > 1$$

(단, $n \geq 4$이다.)

③ 분포의 특성

$$t_{1-\alpha/2}(\infty) = u_{1-\alpha/2}$$
$$[t_{1-\alpha/2}(\nu)]^2 = F_{1-\alpha}(1,\ \nu)$$

(3) χ^2 분포

모분산 σ^2이 최소단위 1^2으로 정의될 때 나타나는 제곱합 S의 분포로, 자유도에 의해 정의되는 좌우 비대칭의 분포이다. 표준정규분포의 확률변수 u 제곱의 분포는 자유도 1인 χ^2분포를 따른다.

① 통계량

$$\chi^2 = \frac{S}{\sigma^2} = \frac{\Sigma(x_i - \bar{x})^2}{\sigma^2} \sim \chi^2(n-1)$$

② 기대치

$$E(\chi^2) = \nu$$
$$V(\chi^2) = 2\nu$$

③ 분포의 특성

$$\chi^2_{1-\alpha}(1) = (u_{1-\alpha/2})^2$$
$$\chi^2_{1-\alpha}(\nu) = \nu F_{1-\alpha}(\nu,\ \infty)$$

(4) F 분포

서로 다른 분산비 F가 무한히 집합할 때 나타나는 좌우 비대칭의 연속형 확률분포로서, σ 미지인 경우 산포에 관한 분포를 의미한다.

① 통계량

$$F = \frac{V_1}{V_2} \sim F(\nu_1,\ \nu_2)$$

② 기대치

$$E(F) = \frac{\nu_2}{\nu_2 - 2}$$

$$V(F) = \left(\frac{\nu_2}{\nu_2 - 2}\right)^2 \times \frac{2(\nu_1 + \nu_2 - 2)}{\nu_1(\nu_2 - 4)}$$

③ 분포의 특성

$$F_\alpha(\nu_1,\ \nu_2) = \frac{1}{F_{1-\alpha}(\nu_2,\ \nu_1)}$$

(5) 분포의 특징과 관계

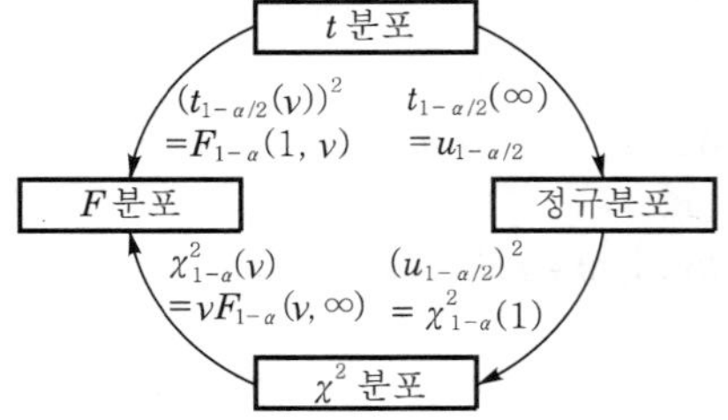

CHAPTER 3 검정과 추정

1 점추정

(1) 모평균의 점추정

$\hat{\mu} = \bar{x}$

(2) 모분산의 점추정

$\hat{\sigma}^2 = \frac{S}{n-1} = \frac{S}{\nu} = s^2 = V$

$E(s^2) = \sigma^2$

$E(S) = E(\nu s^2) = \nu E(s^2) = \nu\sigma^2$

(3) 모표준편차의 점추정

$\hat{\sigma} = \frac{\bar{R}}{d_2} = \frac{\bar{s}}{c_4}$

2 제1종·제2종 오류와 검출력

(1) 검출력$(1-\beta)$을 증가시키려면

① α를 증가시킨다.
② 샘플수 n을 증가시킨다.
③ $\mu_0 - \mu_1 = \Delta\mu$를 크게 한다.
④ 합격판정개수 C를 작게 한다.
⑤ σ 또는 정밀도를 작게 한다.

(2) 제1종 오류와 제2종 오류

결과＼현상	H_0	H_1
H_0(채택)	옳은 결정$(1-\alpha)$	제2종 오류(β)
H_0(기각)	제1종 오류(α)	옳은 결정$(1-\beta)$

✓ 기준현상 H_0의 대비되는 현상이 H_1이다.

3 샘플 개수의 추정공식

(1) 모평균의 검정(한쪽 검정 시)

$$n = \left(\frac{u_{1-\alpha} + u_{1-\beta}}{\mu_0 - \mu_1}\right)^2 \sigma^2$$

(2) 모평균 차이의 검정(한쪽 검정 시)

$$n = \left(\frac{u_{1-\alpha} + u_{1-\beta}}{\mu_1 - \mu_2}\right)^2 (\sigma_1^2 + \sigma_2^2)$$

✓ 양쪽 검정 시에는 α 대신 $\alpha/2$를 적용한다.

(3) 정도/신뢰구간의 폭을 조건으로 할 경우

① σ미지 : $\beta_{\bar{x}} = \pm u_{1-\alpha/2}\frac{\sigma}{\sqrt{n}}$

② σ기지 : $\beta_{\bar{x}} = \pm t_{1-\alpha/2}(\nu)\frac{s}{\sqrt{n}}$

4 귀무가설 및 대립가설의 설정

대립가설은 주장의 목적으로 하는 가설로서 입증되기를 바라는 귀무가설에 반하는 가설이다.

(1) 양쪽 검정 : 다르다. 또는 같지 않다.

$H_0 : \theta = \theta_0$

$H_1 : \theta \neq \theta_0$

(2) 한쪽 검정 : 커졌다.

$H_0 : \theta \leq \theta_0$

$H_1 : \theta > \theta_0$

(3) 한쪽 검정 : 작아졌다.

$H_0 : \theta \geq \theta_0$

$H_1 : \theta < \theta_0$

5 위험률(유의수준)

5%, 1%를 사용한다.

6 모평균의 검정통계량과 기각치

(1) 모평균의 검정(모편차(σ) 기지)

$u_0 = \frac{\bar{x} - \mu}{\sigma/\sqrt{n}}$

(2) 기각치(R)

① 양쪽 검정 시
기각치는 양쪽에 존재한다.
$H_1 : \mu \neq \mu_0$인 경우, $u_{1-\alpha/2}$ 혹은 $-u_{1-\alpha/2}$

② 양쪽 검정 시
기각치는 오른쪽에 존재한다.
$H_1 : \mu > \mu_0$인 경우, $u_{1-\alpha}$

③ 양쪽 검정 시
기각치는 왼쪽에 존재한다.
$H_1 : \mu < \mu_0$인 경우, $-u_{1-\alpha} = u_\alpha$

7 정확도 검정의 검정통계량

(1) 모평균의 검정

① 모편차(σ) 기지

$$u_0 = \frac{\bar{x} - \mu}{\sigma / \sqrt{n}}$$

② 모편차(σ) 미지

$$t_0 = \frac{\bar{x} - \mu}{s / \sqrt{n}}$$

(2) 모평균 차의 검정

① 모편차(σ) 기지

$$u_0 = \frac{(\bar{x}_A - \bar{x}_B) - \delta_0}{\sqrt{\frac{\sigma_A^2}{n_A} + \frac{\sigma_B^2}{n_B}}}$$

② 모편차(σ) 미지

㉠ 두 집단의 산포가 같은 경우

$$t_0 = \frac{(\bar{x}_A - \bar{x}_B) - \delta_0}{\hat{\sigma}\sqrt{\frac{1}{n_A} + \frac{1}{n_B}}}$$

(단, $\hat{\sigma} = \sqrt{\frac{\nu_A s_A^2 + \nu_B s_B^2}{\nu_A + \nu_B}} = \sqrt{\frac{S_A + S_B}{\nu_A + \nu_B}}$,

$\nu^* = \nu_A + \nu_B = n_A + n_B - 2$ 이다.)

㉡ 두 집단의 산포가 같지 않은 경우

$$t_0 = \frac{(\bar{x}_A - \bar{x}_B) - \delta_0}{\sqrt{\frac{s_A^2}{n_A} + \frac{s_B^2}{n_B}}}$$

(단, $\nu^* = \dfrac{(s_A^2/n_A + s_B^2/n_B)^2}{\dfrac{(s_A^2/n_A)^2}{\nu_A} + \dfrac{(s_B^2/n_B)^2}{\nu_B}}$ 계산 후 자유도는 정수로 반올림한다.)

(3) 대응있는 두 조의 모평균 차의 검정

① 모편차(σ_d) 기지

$$u_0 = \frac{\bar{d} - \Delta}{\sigma_d / \sqrt{n}}$$ (단, $\Delta = \mu_A - \mu_B$이다.)

② 모편차(σ_d) 미지

$$t_0 = \frac{\bar{d} - \Delta}{s_d / \sqrt{n}}$$ (단, $\Delta = \mu_A - \mu_B$이다.)

8 판정

검정통계량과 기각치를 비교한다.

(1) 검정통계량이 채택역의 범위에 존재할 때

H_0 채택

(2) 검정통계량이 기각치의 범위에 존재할 때

H_0 기각 또는 유의하다(5%), 매우 유의하다(1%)

9 모평균의 신뢰한계의 추정(σ 기지)

(1) 대립가설이 양쪽 가설($H_1 : \mu \neq \mu_0$인 경우)

$$\hat{\mu} - u_{1-\alpha/2}\frac{\sigma}{\sqrt{n}} \leq \mu \leq \hat{\mu} + u_{1-\alpha/2}\frac{\sigma}{\sqrt{n}}$$

(2) 대립가설이 한쪽 가설

① $H_1 : \mu > \mu_0$인 경우

$$\mu_L = \hat{\mu} - u_{1-\alpha}\frac{\sigma}{\sqrt{n}}$$

② $H_1 : \mu < \mu_0$인 경우

$$\mu_U = \hat{\mu} + u_{1-\alpha}\frac{\sigma}{\sqrt{n}}$$

(단, $\hat{\mu} = \bar{x}$ 이다.)

10 검정에 따른 신뢰구간(양쪽 검정 시)

(1) 모평균의 추정

① 모편차(σ) 기지 : $\mu = \bar{x} \pm u_{1-\alpha/2}\dfrac{\sigma}{\sqrt{n}}$

② 모편차(σ) 미지 : $\mu = \bar{x} \pm t_{1-\alpha/2}(\nu)\dfrac{s}{\sqrt{n}}$

(3) 모평균 차의 추정

① 모편차(σ) 기지

$$\mu_A - \mu_B = (\bar{x}_A - \bar{x}_B) \pm u_{1-\alpha/2}\sqrt{\frac{\sigma_A^2}{n_A} + \frac{\sigma_B^2}{n_B}}$$

② 모편차(σ) 미지

㉠ 두 집단의 산포가 같은 경우

$$\mu_A - \mu_B = (\bar{x}_A - \bar{x}_B) \pm t_{1-\alpha/2}(\nu)\,\hat{\sigma}\sqrt{\left(\frac{1}{n_A} + \frac{1}{n_B}\right)}$$

(단, $\hat{\sigma}^2 = \dfrac{\nu_A s_A^2 + \nu_B s_B^2}{\nu_A + \nu_B} = \dfrac{S_A + S_B}{\nu_A + \nu_B}$,

$\nu^* = \nu_A + \nu_B = n_A + n_B - 2$ 이다.)

㉡ 두 집단의 산포가 같지 않은 경우

$\mu_A - \mu_B$

$$= (\overline{x}_A - \overline{x}_B) \pm t_{1-\alpha/2}(\nu)\sqrt{\frac{s_A^2}{n_A} + \frac{s_B^2}{n_B}}$$

(단, $\nu^* = \dfrac{(s_A^2/n_A + s_B^2/n_B)^2}{\dfrac{(s_A^2/n_A)^2}{\nu_A} + \dfrac{(s_B^2/n_B)^2}{\nu_B}}$ 이다.)

(3) 대응있는 두 조의 모평균 차의 추정

① 모편차(σ_d) 기지

$$\mu = \overline{d} \pm u_{1-\alpha/2}\frac{\sigma_d}{\sqrt{n}}$$

② 모편차(σ_d) 미지

$$\mu = \overline{d} \pm t_{1-\alpha/2}(\nu)\frac{s_d}{\sqrt{n}}$$

⊙ 한쪽 추정 시 신뢰상한과 신뢰하한의 추정값은 양쪽 추정의 식에서 "+" 혹은 "−"를 이용하되, $1-\alpha/2$ 대신 $1-\alpha$를 사용하여 추정식을 구한다.
또한 차의 추정은 "0"을 포함할 수 없으므로 신뢰하한값은 항상 양(+)의 값이 나타나고, 신뢰상한값은 항상 음(−)의 값이 나타난다.

11 모분산의 검정 및 추정(정밀도의 검추정)

(1) 가설의 설정

① 양쪽 추정 : $H_1 : \sigma^2 \neq \sigma_0^2$

② 한쪽 추정 : $H_1 : \sigma^2 > \sigma_0^2$, $H_1 : \sigma^2 < \sigma_0^2$

(2) 검정통계량

$$\chi_0^2 = \frac{S}{\sigma^2} = \frac{\nu s^2}{\sigma^2} = \frac{(n-1)s^2}{\sigma^2}$$

(3) 기각치(R)

① $H_1 : \sigma^2 \neq \sigma_0^2$인 경우, $\chi^2_{\alpha/2}(\nu)$, $\chi^2_{1-\alpha/2}(\nu)$

② $H_1 : \sigma^2 > \sigma_0^2$인 경우, $\chi^2_{1-\alpha}(\nu)$

③ $H_1 : \sigma^2 < \sigma_0^2$인 경우, $\chi^2_{\alpha}(\nu)$

(4) 모분산의 신뢰구간

$$\frac{S}{\chi^2_{1-\alpha/2}(\nu)} \le \sigma^2 \le \frac{S}{\chi^2_{\alpha/2}(\nu)}$$

⊙ 한쪽 검정의 경우는 $1-\alpha$(하한) 또는 α(상한)를 적용한다.

12 모분산비의 검정과 추정

(1) 모분산비의 검정

$$F = \frac{s_1^2}{s_2^2} = \frac{V_2}{V_1}$$

(2) 기각치

$$F_{\alpha/2}(\nu_1,\ \nu_2) = \frac{1}{F_{1-\alpha/2}(\nu_2,\ \nu_1)}$$

$$F_{1-\alpha/2}(\nu_1,\ \nu_2)$$

(3) 모분산비의 신뢰구간

$$\frac{F_0}{F_{1-\alpha/2}(\nu_1,\ \nu_2)} \le \frac{\sigma_1^2}{\sigma_2^2} \le \frac{F_0}{F_{\alpha/2}(\nu_1,\ \nu_2)}$$

⊙ 한쪽 검정의 경우는 $1-\alpha$(하한) 또는 α(상한)를 적용한다.

13 모부적합품률의 검정과 추정

(1) 가설의 설정

① 모부적합품률이 달라졌다.

$H_1 : P \neq P_0$

② 모부적합품률이 커졌다.

$H_1 : P > P_0$

③ 모부적합품률이 작아졌다.

$H_1 : P < P_0$

(2) 검정통계량

$$u_0 = \frac{\hat{P} - P_0}{\sqrt{\dfrac{P_0(1-P_0)}{n}}}$$

(3) 기각치

① $H_1 : P \neq P_0$인 경우

$\pm u_{1-\alpha/2}$

② $H_1 : P > P_0$인 경우

$u_{1-\alpha}$

③ $H_1 : P < P_0$인 경우

$-u_{1-\alpha} = u_\alpha$

⊙ 기각치의 상·하한 규칙은 계수치의 경우 정규근사의 원리를 적용하므로, 모두 동일하게 적용된다.

(4) 모부적합품률의 신뢰한계

① $H_1 : P \neq P_0$인 경우,

$$P = \hat{p} \pm u_{1-\alpha/2}\sqrt{\frac{\hat{p}(1-\hat{p})}{n}}$$

② $H_1 : P > P_0$인 경우,

$$P = \hat{p} - u_{1-\alpha}\sqrt{\frac{\hat{p}(1-\hat{p})}{n}}$$

③ $H_1 : P < P_0$인 경우,

$$P = \hat{p} + u_{1-\alpha}\sqrt{\frac{\hat{p}(1-\hat{p})}{n}}$$

신뢰한계의 상·하한 규칙은 계수치의 경우 정규근사의 원리를 적용하므로, 통계량의 변화를 제외하면 모두 동일하게 적용된다.

14 두 모부적합품률 차에 관한 검정과 추정

(1) 검정통계량

$$u_0 = \frac{(\hat{p}_A - \hat{p}_B) - \delta_0}{\sqrt{\hat{p}(1-\hat{p})\left(\frac{1}{n_A} + \frac{1}{n_B}\right)}}$$

(단, $\hat{p} = \frac{x_A + x_B}{n_A + n_B}$ 이다.)

(2) 차의 신뢰구간($H_1 : P_A \neq P_B$일 때)

$$\hat{p}_A - \hat{p}_B \pm u_{1-\alpha/2}\sqrt{\frac{\hat{p}_A(1-\hat{p}_A)}{n_A} + \frac{\hat{p}_B(1-\hat{p}_B)}{n_B}}$$

모부적합품률 차의 검정과 추정은 표준편차가 서로 다르므로 유의해야 한다.

15 모부적합수에 관한 검정과 추정

(1) 검정통계량

$$u_0 = \frac{c - m_0}{\sqrt{m_0}} \text{ 또는 } \frac{\hat{u} - u_0}{\sqrt{\frac{u_0}{n}}}$$

$\hat{u}$는 단위당 부적합수이다($u = X/n$).

(2) 모부적합수의 신뢰구간($H_1 : m \neq m_0$일 때)

① 부적합수 : $m = \hat{m} \pm u_{1-\alpha/2}\sqrt{\hat{m}}$

② 단위당 부적합수 : $u = \hat{u} \pm u_{1-\alpha/2}\sqrt{\frac{\hat{u}}{n}}$

$\hat{m} = c$이다.

16 두 모부적합수 차의 검정과 추정

(1) 검정통계량

$$u_0 = \frac{c_A - c_B}{\sqrt{c_A + c_B}}$$

(2) 차의 신뢰구간($H_1 : m_A \neq m_B$일 때)

$$(c_A - c_B) \pm u_{1-\alpha/2}\sqrt{c_A + c_B}$$

17 적합도 검정

이산형 산포의 범주형 데이터 검정으로 χ^2분포를 따른다.

(1) 가설의 수립

① H_0 : 모두 같다.
특정 분포를 따른다.

② H_1 : 모두 같은 것은 아니다.
특정 분포를 따르지 않는다.

(2) 검정통계량

$$\chi_0^2 = \sum \frac{(X_i - E_i)^2}{E_i}$$

(3) 기각치

$\chi^2_{1-\alpha}(k-p-1)$

단, p : 모수 추정치의 수
k : 급의 수

1. 기각치는 한쪽 검정을 적용한다.
2. 유의하지 않은 것이 적합한 것이다.

18 동일성·독립성의 검정

(1) Yates의 2×2 table

$$\chi_0^2 = \frac{\left(|ad - bc| - \frac{T}{2}\right)^2 T}{T_1 T_2 T_A T_B}$$

(2) 기각치

$$\chi^2_{1-\alpha}[(m-1)(n-1)] = \chi^2_{0.95}(1) = 3.84$$

CHAPTER 4 상관분석과 회귀분석

1 상관관계 수식 정리

(1) 산점도

x와 y의 상호관계를 그림으로 나타낸 것이다.

(2) 상관관계를 나타내는 척도

$$S_{xx}=\Sigma x_i^2-\frac{(\Sigma x_i)^2}{n}$$

$$S_{yy}=\Sigma y_i^2-\frac{(\Sigma y_i)^2}{n}$$

$$S_{xy}=\Sigma x_i y_i-\frac{\Sigma x_i \Sigma y_i}{n}$$

① 상관계수 : $r=\dfrac{S_{xy}}{\sqrt{S_{xx}S_{yy}}}$

② 공분산 : $V_{xy}=\dfrac{S_{xy}}{n-1}$

③ 결정계수(기여율)

$$\rho_R=\frac{S_R}{S_T}=\frac{(S_{xy}^2/S_{xx})}{S_{yy}}=\frac{S_{xy}^2}{S_{xx}S_{yy}}=r^2$$

2 방향계수(β)

(1) 최소자승법에 의한 계산식

$$\hat{\beta}_1=\frac{S_{xy}}{S_{xx}}$$

$$\hat{\beta}_0=\overline{y}-\hat{\beta}_1\overline{x}$$

(2) 방향계수의 신뢰구간

$$\beta_1=\hat{\beta}_1\pm t_{1-\alpha/2}(\nu_{y/x})\sqrt{\frac{V_{y/x}}{S_{xx}}}$$

(단, $\hat{\beta}_0=a$, $\hat{\beta}_1=b$, $\nu_{y/x}=n-2$이다.)

3 $E(y)$의 추정

(1) $E(y)$의 점추정값

$$\hat{y}=\beta_0+\beta_1\times x_0$$

(2) $E(y)$의 신뢰구간

$$\hat{y}\pm t_{1-\alpha/2}(n-2)\sqrt{V_{y/x}\left(\frac{1}{n}+\frac{(x_0-\overline{x})^2}{S_{xx}}\right)}$$

4 상관계수의 수치변환

$$X=(x-x_0)\times a \Rightarrow x=\frac{1}{a}X+x_0$$

$$Y=(y-y_0)\times c \Rightarrow y=\frac{1}{c}Y-y_0$$

(1) 상관계수의 수치변환

$$r=\frac{S_{xy}}{\sqrt{S_{xx}S_{yy}}}=\frac{\frac{1}{a}\times\frac{1}{c}S_{XY}}{\sqrt{\frac{1}{a^2}S_{XX}\frac{1}{c^2}S_{YY}}}=r'$$

(2) 방향계수의 수치변환

$$b=\frac{S_{xy}}{S_{xx}}=\frac{\left(\frac{1}{a}\times\frac{1}{c}\right)S_{XY}}{\frac{1}{a^2}S_{XX}}=\frac{a}{c}\times\frac{S_{XY}}{S_{XX}}=\frac{a}{c}b'$$

5 1차 회귀계수의 ANOVA 분석

① 회귀 : 회귀에 의한 제곱합(1차 회귀변동)

② 잔차 : 회귀로부터의 제곱합(잔차 회귀변동)

구분	SS	DF	MS	F_0
회귀	$S_R=\dfrac{S_{xy}^2}{S_{xx}}$	1	V_R	$\dfrac{V_R}{V_{y/x}}$
잔차	$S_{y/x}=S_{yy}-S_R$	$n-2$	$V_{y/x}$	
전체	S_{yy}	$n-1$		

6 모상관계수의 유·무 검정($\rho=0$인 검정)

(1) 가설의 수립

$H_0:\rho=0$

$H_1:\rho\neq 0$

(2) 검정통계량

$$t_0=\frac{r-0}{\sqrt{\frac{1-r^2}{n-2}}}=\frac{r}{\sqrt{\frac{1-r^2}{n-2}}}=\frac{r\sqrt{n-2}}{\sqrt{1-r^2}}$$

(3) 기각치

$t_{1-\alpha/2}(\nu)$, $-t_{1-\alpha/2}(\nu)$

(단, $\nu=n-2$이다.)

⊙ 기각이 되어야 상관관계가 존재한다.

7 r검정표를 이용한 모상관계수의 검정

(1) 적용조건

r표는 $\nu \geq 10$일 때 적용 가능하다.

(2) 검정통계량

$r_0 = r$

(3) 기각치

$r_{1-\alpha/2}(\nu)$, $-r_{1-\alpha/2}(\nu)$

(단, $\nu = n-2$이다.)

8 모상관계수의 검정 및 추정($\rho \neq 0$인 검정)

(1) 가설의 수립

$H_0 : \rho = \rho_0$

$H_1 : \rho \neq \rho_0$

(2) 검정통계량

$u_0 = \sqrt{n-3}\left(\tanh^{-1} r - \tan h^{-1}\rho_0\right)$

(단, $\tan h^{-1} r = \dfrac{1}{2}\ln\dfrac{1+r}{1-r}$이다.)

(3) 기각치

$u_{1-\alpha/2}$, $-u_{1-\alpha/2}$

(4) 모상관계수의 신뢰구간

① $z = \tanh^{-1} r$로 치환한다.

② z의 신뢰구간을 계산한다.

$$z \pm u_{0.975}\frac{1}{\sqrt{n-3}}$$

✓ z_L, z_U값을 구한다.

③ 모상관계수의 신뢰구간을 계산한다.

$\tanh(z_L) \leq \rho \leq \tanh(z_U)$

9 방향계수의 검정

(1) 가설의 수립

$H_0 : \beta_1 = \beta_{10}$

$H_1 : \beta_1 \neq \beta_{10}$

(2) 검정통계량

$$t_0 = \frac{\hat{\beta}_1 - \beta_1}{\sqrt{\dfrac{V_{y/x}}{S_{xx}}}}$$

(3) 기각치

$t_{1-\alpha/2}(\nu)$, $-t_{1-\alpha/2}(\nu)$

(단, $\nu = n-2$이다.)

(4) 판정

$t_0 > t_{1-\alpha/2}(\nu)$, $t_0 < -t_{1-\alpha/2}(\nu)$이면 H_0를 기각한다.

PART 02 관리도

CHAPTER 1 관리도의 개념

1 관리도란?

(1) 슈하르트의 3시그마 법칙

① 제1종 오류 0.27% 허용

② 중심선(CL)과 관리 상·하한선(U_{CL}, L_{CL})으로 구성되어 있다.

1. 경고 한계선 : $\pm 2\sigma$ 한계선을 지칭
2. 조치 한계선 : $\pm 3\sigma$ 한계선을 지칭

(2) 관리도의 종류

① **표준값이 있는 관리도** : 공정을 관리하기 위한 것(관리용 관리도)

② **표준값이 없는 관리도** : 관리를 위한 표준을 설정하기 위한 것(해석용 관리도)

2 우연원인과 이상원인

(1) 우연원인

① 불가피원인, 만성적 원인, 억제할 수 없는 원인이다.

② 우연원인으로 공정이 구성되면 관리도는 관리상태이다.

③ **우연원인의 발생원인** : 숙련도 차, 환경 차, 식별되지 않는 기계 차 등

(2) 이상원인

① 가피원인, 우발적 원인, 보아 넘기기 어려운 원인이다.

② 이상원인이 나타나면 공정이 관리상태하에 있지 않다는 것을 의미한다.

③ **이상원인의 발생원인** : 작업자 부주의, 불량 자재, 설비 이상 등

CHAPTER 2 관리도의 종류

2-1 계량값 관리도

〈계량값 관리도의 수식〉

$\mu \pm A\sigma_0$	$\overline{\overline{x}} \pm A_2\overline{R}$	$\overline{\overline{x}} \pm A_3\overline{s}$	$\overline{M_e} \pm A_4\overline{R}$
$A = \dfrac{3}{\sqrt{n}}$	$A_2 = \dfrac{3}{d_2\sqrt{n}}$	$A_3 = \dfrac{3}{c_4\sqrt{n}}$	$A_4 = m_3A_2$

표준값 σ_0는 관리상태에서 나타나는 우연변동을 정의하고 있다.

1 $\overline{x} - R$ 관리도

(1) 적용대상

실인장강도, 축지름, 아스피린 순도, 바이트 온도, 전구 소비전력 등

(2) $\overline{x}$ 관리도의 수리

① $C_L : \overline{\overline{x}} = \dfrac{\sum \overline{x}}{k}$

② $U_{CL}/L_{CL} : \overline{\overline{x}} \pm 3\dfrac{\sigma}{\sqrt{n}} = \overline{\overline{x}} \pm A_2\overline{R}$

(3) R 관리도의 수리

① $C_L : \overline{R} = \dfrac{\sum R_i}{k}$

② $U_{CL} : D_4\overline{R} = \left(1 + 3\dfrac{d_3}{d_2}\right)\overline{R}$

$L_{CL} : D_3\overline{R} = \left(1 - 3\dfrac{d_3}{d_2}\right)\overline{R}$

$U_{CL} : D_2\sigma_0 = (d_2 + 3d_3)\sigma_0$

$L_{CL} : D_1\sigma_0 = (d_2 - 3d_3)\sigma_0$

$n \leq 6$인 경우 L_{CL}은 존재하지 않는다.

2 $\bar{x}-s$ 관리도

(1) $\bar{x}$ 관리도의 수리

① $C_L : \bar{\bar{x}} = \dfrac{\sum \bar{x}_i}{k}$

② $U_{CL}/L_{CL} : \bar{\bar{x}} \pm 3\dfrac{\sigma}{\sqrt{n}} = \bar{\bar{x}} \pm A_3\bar{s}$

(2) s 관리도의 수리

① $C_L : \bar{s} = \dfrac{\sum s_i}{k}$

② $U_{CL} : B_4\bar{s} = \left(1+3\dfrac{c_5}{c_4}\right)\bar{s}$

$L_{CL} : B_3\bar{s} = \left(1-3\dfrac{c_5}{c_4}\right)\bar{s}$

$U_{CL} : B_6\sigma_0 = (c_4+3c_5)\sigma_0$

$L_{CL} : B_5\sigma_0 = (c_4-3c_5)\sigma_0$

⊙ R 관리도보다 동일한 군 크기(n)에서 이상변동에 대한 감시능력이 높다.

⊙ $n \le 5$인 경우, L_{CL}은 존재하지 않는다.

3 x 관리도

군 구분이 불가능한 관리도

(1) x 관리도의 수리

① $C_L : \bar{x} = \dfrac{\sum x_i}{k}$

② $U_{CL}/L_{CL} : \bar{x} \pm E_2\bar{R}_S = \bar{x} \pm 2.66\bar{R}_S$

(단, $E_2 = \dfrac{3}{d_2} = \sqrt{n}A_2$이다.)

(2) R_m 관리도의 수리

R_m 관리도는 군이 $k-1$개이다.

① $C_L : \bar{R}_m = \dfrac{\sum R_{m_i}}{k-1}$

② $U_{CL} : D_4\bar{R}_m = 3.27\bar{R}_m$

(L_{CL}은 음수이므로 고려하지 않는다.)

4 $x-\bar{x}-R$ 관리도

군 구분이 가능한 x 관리도

① $C_L : \bar{\bar{x}} = \dfrac{\sum \bar{x}_i}{k}$

② $U_{CL}/L_{CL} : \mu \pm 3\sigma = \bar{\bar{x}} \pm \sqrt{n}A_2\bar{R}$

⊙ $\bar{x}-R$ 관리도에 추가하여 공정의 상태를 해석하는 형태이다.

5 Me 관리도

평균치 대신 중앙값을 이용함으로써 시간과 노력을 줄이기 위해 사용된다.

① $C_L : \overline{Me} = \dfrac{\sum Me}{k}$

② $U_{CL}/L_{CL} : \overline{Me} \pm m_3A_2\bar{R} = \overline{Me} \pm A_4\bar{R}$

③ R 관리도는 $\bar{x}-R$ 관리도와 계산법이 같다.

⊙ Me 관리도는 $\bar{x}$ 관리도보다 검출력이 나쁘다.

6 $H-L$ 관리도

각 군에서 각각의 측정치의 최대치와 최소치를 연결시켜 그래프로 나타낸 관리도이다.

① $C_L : \bar{M} = \dfrac{\bar{H}+\bar{L}}{2}$

(단, $\bar{H} = \dfrac{\sum H_i}{k}$

$\bar{L} = \dfrac{\sum L_i}{k}$ 이다.)

② $U_{CL}/L_{CL} : \bar{M} \pm A_9\bar{R} = \bar{M} \pm H_2\bar{R}$

2-2 계수값 관리도

1 np 관리도(부적합품수 관리도)

(1) 적용기준

① 부분군(n)의 크기가 일정하여야 한다.
② 이항분포의 정규근사를 이용한다.

(2) 관리도의 수리

① $C_L : n\bar{p} = \dfrac{\sum np}{k}$

② $U_{CL} / L_{CL} : n\bar{p} \pm 3\sqrt{n\bar{p}(1-\bar{p})}$

⊙ 계수형 관리도에서 L_{CL}의 값이 음수가 나오면 L_{CL}은 고려하지 않는다.

2 p 관리도(부적합품률 관리도)

부분군(n)의 크기가 일정하지 않은 경우에 적용된다.

① $C_L : \bar{p} = \dfrac{\sum pn}{\sum n}$

② U_{CL} / L_{CL}

$$\bar{p} \pm 3\sqrt{\frac{\bar{p}(1-\bar{p})}{n}} = \bar{p} \pm A\sqrt{\bar{p}(1-\bar{p})}$$

3 c 관리도(부적합수 관리도)

(1) 적용기준

① 부분군(n)의 크기가 일정하여야 한다.
② 푸아송분포의 정규근사를 만족해야 한다.

(2) 관리도의 수리

① $C_L : \bar{c} = \dfrac{\sum c}{k}$

② $U_{CL} / L_{CL} : \bar{c} \pm 3\sqrt{\bar{c}}$

4 u 관리도(단위당 부적합수 관리도)

시료의 크기가 변하는 경우에 적용된다.

① $C_L : \bar{u} = \dfrac{\sum c}{\sum n}$

② $U_{CL} / L_{CL} : \bar{u} \pm 3\sqrt{\dfrac{\bar{u}}{n}} = \bar{u} \pm A\sqrt{\bar{u}}$

2-3 특수 관리도

1 특수 관리도의 특징

① 작은 변화에 민감하게 반영된다.
② 과거의 데이터와 연결되어 있다.
③ 컴퓨터의 등장과 함께 발전하였다.

2 누적합(CUSUM) 관리도

① $S_m = \sum(\bar{x}_k - \mu_0)$을 그래프로 타점한다.
② V마스크를 이용하여 판정한다.

3 이동평균(MA) 관리도

① $M_k = \bar{x}_k + \bar{x}_{k-1} + \cdots + \bar{x}_{k-w+1}$를 타점한다.

② $U_{CL} / L_{CL} : \bar{\bar{x}} \pm \dfrac{3\sigma}{\sqrt{nw}}$

(단, 급의 수 $k < w$이면 $\bar{\bar{x}} \pm \dfrac{3\sigma}{\sqrt{nk}}$이다.)

⊙ 1. w는 이동평균의 수이다.
2. w가 클수록 관리 상·하한이 좁아져서 검출력이 좋다.

4 지수가중 이동평균(EWMA) 관리도

① $Z_k = \lambda\bar{x}_k + (1-\lambda)Z_{k-1}$을 타점한다.

② $U_{CL} / L_{CL} : \bar{\bar{x}} \pm \dfrac{3\sigma}{\sqrt{n}}\sqrt{\dfrac{\lambda}{2-\lambda}}$

⊙ λ가 작을수록 검출력이 좋다.

5 관리도의 합과 차의 법칙

관리도의 U_{CL}과 L_{CL}을 합하거나 차를 계산하면 모수나 통계량의 역산이 가능하다.

(1) 합의 법칙

① $\bar{x}-R(s)$ 관리도의 경우 : $U_{CL} + L_{CL} = 2\bar{\bar{x}}$
② np 관리도의 경우 : $U_{CL} + L_{CL} = 2n\bar{p}$

(2) 차의 법칙

① $\bar{x}-R(s)$ 관리도의 경우

$$U_{CL} - L_{CL} = 2A_2\bar{R} = 2A_3\bar{s} = 6\frac{\sigma}{\sqrt{n}}$$

② $x-R_m$ 관리도의 경우

$$U_{CL} - L_{CL} = 2 \times 2.66 \times \bar{R}_m = 6\sigma$$

CHAPTER 3 관리도의 해석

1 관리도의 해석(KS Q ISO 3251의 판정규칙)

관리 상·하한선은 중심선을 중심으로 $\pm 3\sigma$ 거리에 있다. 이 범위를 σ단위로 나누어 6개 칸으로 분류한 다음, 가장 위의 칸부터 A, B, C, C, B, A로 하면 중심선을 기준으로 상하 대칭이 된다. 이 조건에서 이상원인을 정의하면 다음과 같다.

① 1점이 A영역을 벗어난다.

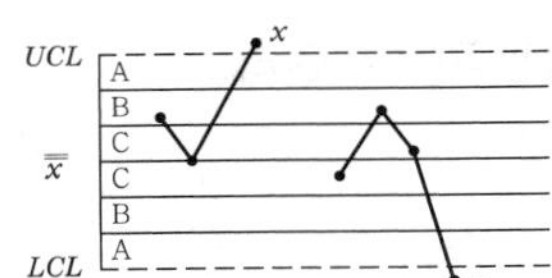

② 9점이 중심선에 대하여 같은 쪽에 있다.

③ 6점이 증가 또는 감소하고 있다.

④ 14점이 교대로 증감하고 있다.

⑤ 연속하는 3점 중 2점이 A영역선 또는 그것을 넘는 영역에 있다.

⑥ 연속하는 5점 중 4점이 B영역 또는 그것을 넘는 영역에 있다.

⑦ 연속하는 15점이 영역 C에 존재한다.

⑧ 연속하는 5점이 영역 C를 넘는 영역에 있다.

2 특수한 상태가 나타나는 경우

(1) 중심선 가까이에 많이 나타나는 경우

군 구분이 나쁘다.

(2) 한계를 벗어나는 점이 너무 많은 경우

① $\bar{x}$ 관리도

군내 산포가 너무 큰 경우

② p 관리도

n이 지나치게 크거나 전수검사한 결과로 그럴 때 ⇒ 부적합 항목을 층별해야 한다.

3 관리도의 검출력

(1) x 관리도의 검출력(1점 타점 시)

① 적용대상

$x-\bar{x}-R$, $x-R_S$관리도

② 검출력

$\Pr(x > U_{CL}) + \Pr(x < L_{CL})$

$$\Rightarrow \Pr\left(z > \frac{U_{CL}-\mu'}{\sigma}\right) + \Pr\left(z < \frac{L_{CL}-\mu'}{\sigma}\right)$$

③ $\mu' = \mu + \sigma$로 변한 경우

$$1-\beta = \Pr(x > U_{CL}) = \Pr\left(z > \frac{(\mu+3\sigma)-(\mu+\sigma)}{\sigma}\right) = \Pr(z > 2)$$

(2) $\bar{x}$ 관리도의 검출력(1점 타점 시)

① 적용대상

$\bar{x}-R$, $\bar{x}-s$ 관리도

② 검출력

$\Pr(\bar{x} > U_{CL}) + \Pr(\bar{x} < L_{CL})$

$$\Rightarrow \Pr\left(z > \frac{U_{CL}-\mu'}{\sigma/\sqrt{n}}\right) + \Pr\left(z < \frac{L_{CL}-\mu'}{\sigma/\sqrt{n}}\right)$$

③ $\mu' = \mu + \sigma$로 변한 경우($n=4$일 때)

$$1-\beta = \Pr(\bar{x} > U_{CL}) = \Pr\left(z > \frac{(\mu+3\sigma/\sqrt{4})-(\mu+\sigma)}{\sigma/\sqrt{4}}\right) = \Pr(z > 1)$$

(3) p 관리도의 검출력

(50% 이상 검출될 확률의 n 구하기)

$$1-\beta = \Pr(p > U_{CL}) = \Pr\left(z > \frac{\left(\bar{p}+3\sqrt{\frac{\bar{p}(1-\bar{p})}{n}}\right)-p'}{\sqrt{\frac{p'(1-p')}{n}}}\right) = \Pr(z > 0)$$

$\bar{p}+3\sqrt{\frac{\bar{p}(1-\bar{p})}{n}}-p'=0$으로 구한다.

(4) k 점 타점 시 관리도의 검출력

한 점 타점 시 검출력이 β_i일 때

$1-\beta_T = 1-\Pi\beta_i = 1-\beta_i^k$

4 군내변동, 군간변동과 관리계수(C_f)

(1) 군내변동의 계산방법

$$\sigma_w = \frac{\overline{R}}{d_2}$$

(단, d_2는 군의 크기 n에 따른다.)

(2) 군간변동의 계산방법

$$\sigma_{\bar{x}} = \frac{\overline{R}_m}{d_2} = \frac{\overline{R}_m}{1.128}$$

(단, $\overline{R}_m$는 $\bar{x}_i$의 이동범위 평균값이다.)

$$\sigma_b^2 = \sigma_{\bar{x}}^2 - \frac{\sigma_w^2}{n}$$

(3) 전체 변동의 계산방법

$$\sigma_T^2 = \sigma_H^2 = \sigma_w^2 + \sigma_b^2$$

(4) 관리계수

$$C_f = \frac{\sigma_{\bar{x}}}{\sigma_w}$$

(5) 관리계수의 평가

① $C_f \geq 1.2$: 급간변동이 크다.

② $C_f < 0.8$: 군구분이 나쁘다.

③ $0.8 \leq C_f < 1.2$: 대체로 안정상태이다.

(6) 완전관리상태($\sigma_b^2 = 0$)

$$n\sigma_{\bar{x}}^2 = \sigma_w^2 = \sigma_H^2$$

✓ 군내변동(σ_w^2)은 우연변동으로 구성되어 있다.

5 PCI(공정능력지수)와 PPI/MPI

(1) 공정능력치

$\pm 3\sigma_w$

(2) 공정능력지수(PCI ; C_P)

$$C_P = \frac{S_U - S_L}{6\sigma_w}$$

(3) 치우침을 고려한 공정능력지수(C_{PK})

① 치우침도

$$k = \frac{|m-\mu|}{(S_U - S_L)/2}$$

② C_{PK}의 계산

$$C_{PK} = (1-k)C_P = \min(C_{P_U},\ C_{P_L})$$

✓ C_{PK}는 치우친 방향으로 한쪽 규격의 공정능력 계산방식과 값이 같다.

(4) 공정성능지수(PPI ; P_P)

$$P_P = \frac{S_U - S_L}{6\sigma_T}$$

(5) 설비성능지수(MPI ; C_{PM})

$$MPI = \frac{S_U - S_L}{6\sqrt{\sigma^2 + (m-\mu)^2}}$$

(6) 공정능력지수의 평가

등급	기준	판정
0	PCI ≥ 1.67	검사를 간소화한다.
1	PCI ≥ 1.33	공정능력이 충분하다.
2	PCI ≥ 1.00	관리에 주의를 요함
3	PCI ≥ 0.67	공정개선, 선별 필요

(7) 공정능력비(D_P)

$$D_P = \frac{1}{C_P} = \frac{6\sigma}{S_U - S_L}$$

6 두 관리도의 평균치 차의 검정

(1) 기본조건

① 관리도는 정규분포를 따를 것

② 관리도는 관리상태일 것

③ k_A, k_B는 충분히 클 것

④ $n_A = n_B$일 것

⑤ $\overline{R}_A$, $\overline{R}_B$는 유의차가 없을 것

(2) 등분산의 검정

① 보조표에서 n, k값으로 ν, c를 찾는다.

② 검정통계량

$$F_0 = \frac{(\overline{R}_A/c_A)^2}{(\overline{R}_B/c_B)^2}$$

③ 기각치

$F_{1-\alpha/2}(\nu_A, \nu_B)$, $F_{\alpha/2}(\nu_A, \nu_B)$

(3) 평균치 차의 검정

① $\overline{R} = \dfrac{k_A\overline{R}_A + k_B\overline{R}_B}{k_A + k_B}$

② $\left|\overline{\overline{x}}_A - \overline{\overline{x}}_B\right| > A_2\overline{R}\sqrt{\dfrac{1}{k_A} + \dfrac{1}{k_B}}$ 가 성립하면, 두 관리도의 평균치에 대한 차이가 유의하다.

7 공정해석 특성치 선정요령

① 공정에서 중요한 것을 선택한다.

② 해석을 위한 특성과 관리를 위한 특성은 반드시 일치하지 않아도 된다.

③ 해석을 위한 특성은 가능한 한 많이 선정한다.

④ 수치화하기 쉬운 것으로 정한다.

PART 03 샘플링

CHAPTER 1 검사의 개요

1 임계부적합품률

전수검사와 무검사 손실비용이 균형을 이루는 공정 부적합품률이다.

(1) 용어 정의

① a : 개당 검사비용
② b : 무검사 시 개당 손실비용
③ c : 재가공비용

(2) 임계부적합품률 수식

$$P_b = \frac{a}{b} = \frac{a}{b-c}$$

2 검사의 분류

(1) 검사가 행해지는 공정에 따른 분류

수입(구입)검사, 공정(중간)검사, 최종(완성)검사, 출하(출고)검사

(2) 검사가 행해지는 장소에 따른 분류

정위치검사, 순회검사, 출장검사

(3) 검사의 성질에 따른 분류

파괴검사, 비파괴검사, 관능검사

(4) 판정 대상에 따른 분류

전수검사, 관리샘플링검사(체크검사), 로트(lot)별 샘플링검사, 무검사

(5) 검사항목에 따른 분류

질량, 무게, 외관, 수량, 치수

3 샘플링검사와 전수검사

(1) 샘플링검사가 유리한 경우

파괴검사, 생산자 자극, 검사항목이 많은 경우

(2) 검사로트의 크기 결정사항

로트의 형성, 로트의 크기, 정지로트인가 이동로트인가

(3) 샘플링검사의 실시조건

① 데이터가 계량값이면 정규분포를 할 것
② 품질기준이 명확할 것
③ 제품이 로트로 처리될 수 있을 것
④ 시료의 샘플링은 랜덤할 것
⑤ 합격로트 중에도 부적합(품)이 허용될 것

4 검사단위의 품질표시

(1) 치명부적합품

인명의 위협, 설비의 파괴

(2) 중부적합품

소기의 목적 달성이 되지 못함

(3) 경부적합품

성능이나 수명이 감소됨

(4) 미부적합품

단순히 가치만 저하됨

5 품질표시방법

(1) 로트

부적합품률, 부적합수, 평균, 표준편차

(2) 시료

부적합품수, 부적합수, 평균, 표준편차, 범위

CHAPTER 2 샘플링검사

1 단순랜덤샘플링

(1) 단순랜덤샘플링

모든 모집단의 개체가 뽑힐 확률이 동일한 샘플링 방법으로 모집단의 정보를 몰라도 적용이 가능하다.

$$V(\bar{x}) = \frac{N-n}{N-1} \times \frac{\sigma^2}{n}$$

단, $\frac{N}{n} > 10$이면 이항분포를 따르므로, 이하 모두 유한수정계수를 고려하지 않는다.

(2) 계통샘플링

① 첫 시료를 랜덤으로 뽑은 후 일정 간격(K)으로 샘플을 채취하는 방식이다.

② 주기가 있으면 적용이 곤란하다.

(3) 지그재그샘플링

계통샘플링의 주기에 의한 편기를 제거하는 샘플링 방법으로, 계통을 복수로 적용한다.

2 층별샘플링

정도가 랜덤샘플링보다 좋으며, 모든 층에서 시료를 뽑는 방법이다.

(1) 샘플링오차

$$V(\bar{\bar{x}}) = \frac{N-n}{N-1} \cdot \frac{\bar{\sigma}_w^2}{\bar{n}m}$$

(2) 특징

① 군내변동으로만 오차가 계산된다.

② σ_b^2이 커질수록 샘플링 정도가 높아진다.

(3) 종류

① 층별비례샘플링 : $n_i = \frac{N_i}{\sum N_i} \times n$

② 네이만 샘플링 : $n_i = \frac{N_i \sigma_i}{\sum N_i \sigma_i} \times n$

③ 데밍 샘플링 : 샘플링 비용을 고려한다.

3 집락샘플링

서브로트를 몇 개 선택하여 모두 시료로 취하는 방식이다.

(1) 샘플링오차

$$V(\bar{\bar{x}}) = \frac{M-m}{M-1} \cdot \frac{\sigma_b^2}{m}$$

(2) 특징

① 군간변동으로 오차가 계산된다.

② σ_b가 작을수록 정도가 좋다.

4 2단계 샘플링

로트가 서브로트로 구성되어 있을 때 샘플링 비용 또는 시간의 감소를 목적으로 단계적으로 샘플링하는 방식이다.

(1) 샘플링오차

$$V(\bar{\bar{x}}) = \frac{M-m}{M-1} \cdot \frac{\sigma_b^2}{m} + \frac{N-n}{N-1} \cdot \frac{\bar{\sigma}_w^2}{\bar{n}m}$$

(2) 특징

랜덤샘플링보다 정도가 일반적으로 나쁘지만, $n=1$이면 랜덤샘플링과 정도가 같아진다.

5 오차

참값과 모집단의 측정값 차이를 의미한다.

(1) 신뢰성

데이터를 믿을 수 있는가

(2) 정밀도

반복하여 측정한 측정값의 산포(변동)

(3) 치우침

참값과 측정값의 평균 차이

6 샘플링오차와 측정오차

(1) 축분을 하지 않는 경우

$$V(\bar{x}) = \frac{\sigma_s^2}{n} + \frac{\sigma_m^2}{nk}$$

(2) 혼합하여 축분한 후 측정하는 경우

$$V(\bar{x}) = \frac{\sigma_s^2}{n} + \frac{\sigma_r^2}{l} + \frac{\sigma_m^2}{lk}$$

7 평균샘플수(ASS ; Average Sample Size)

샘플링의 형식에 따른 분류에서 실제 샘플링을 시행하였을 때의 기대 샘플수로, 축차샘플링의 경우에 ASS가 가장 작아진다.

⊙ 2회 샘플링의 경우
$ASS = n_1 + n_2(1 - P_{a_1} - P_{r_1})$

8 계수치 샘플링과 계량치 샘플링의 비교

구분	계수치 샘플링	계량치 샘플링
품질 표시	부적합(품)수	특성치
검사시간	짧음	길
시료수	많음	적음
측정설비	간단	복잡
검사기록	다른 용도 활용 곤란	다른 용도 활용 용이
검사원	숙련을 요하지 않음	숙련이 필요함
이론 제약	쉽게 만족	정규분포일 것

⊙ 파괴검사 시 계량 샘플링검사가 유리하다.

9 OC 곡선의 성질

(1) 샘플링 방식(N, n, c)의 결정에 따라 로트 부적합품률별로 합격확률[$L(P)$]을 그래프로 나타낸 도표

⊙ $L(P) = \Pr(X \le c)$로 각 분포에 따라 계산하여 구한다.

(2) n, c를 고정시키고, N을 증가시킬 때
① OC 곡선은 큰 변화가 없다.
② 제1종·제2종 오류는 약간 커진다.

⊙ 가능한 범위에서 로트 N을 크게 하는 것이 바람직하다.

(3) c, n, N의 비례샘플링
① OC 곡선이 비율별로 전혀 다르다.
② n의 영향이 커서 n이 클수록 기울기가 급해진다.

(4) n만 커지는 경우
기울기가 급해진다(제2종 오류(β) 감소).

(5) c만 커지는 경우
기울기가 완만해진다(제2종 오류(β) 증가).

10 샘플링검사 형식

(1) 종류
1회, 2회, 다회, 축차로 구성되어 있으며, KS Q ISO 2859-1은 1회, 2회, 다회(5회)만 존재한다.

(2) 형식 중 1회 검사의 단점
① 샘플수가 많아 비용이 많이 든다.
② 심리적 효과가 나쁘다.

(3) 형식 중 1회 검사의 장점
① 검사가 단순하여 쉬운 편이다.
② 검사로트마다 검사개수의 변동이 없다.

CHAPTER 3 샘플링검사의 형태

3-1 규준형 샘플링검사

1 계수규준형 1회 샘플링검사(KS Q 0001)

(1) 규준형 샘플링검사의 특징
① P_0, P_1을 결정해야 한다.
② 소비자와 생산자를 동시에 보호한다.
③ 파괴검사에 적용이 가능하다.
④ 첫 거래에도 적용이 가능하다.

(2) 설계방법
① P_0, P_1을 결정하여 샘플링검사표를 찾아 n, c를 설계한다.
② 샘플링검사표에서 화살표가 나오면 화살표를 따라가며 나오는 n, c를 선택한다.
③ 샘플링검사표에서 *가 나오면 보조표를 활용한다. 이때, 수식에서 P는 %값을 입력한다.

(3) 합격역의 OC 곡선 수식

$$1 - \alpha = \sum_{x=0}^{C} {}_nC_x P_0^x (1 - P_0)^{n-x}$$

$$\beta = \sum_{x=0}^{C} {}_nC_x P_1^x (1 - P_1)^{n-x}$$

2 KS Q 0001(평균치 보증) : 계량규준형

(1) 특성치가 낮은 것이 좋은 경우(망소특성)

① 수리

㉠ 샘플수 : $n=\left(\dfrac{k_\alpha+k_\beta}{m_0-m_1}\right)^2\sigma^2=\left(\dfrac{2.927}{\Delta m}\right)^2\sigma^2$

㉡ 합격판정계수 : $G_0=\dfrac{k_\alpha}{\sqrt{n}}$

✓ 샘플링검사표 이용 시 : $\dfrac{|m_0-m_1|}{\sigma}$ 값을 계산하여 샘플링검사표에서 n, G_0를 찾는다.

② 합격판정기준 : $\overline{X}_U=m_0+G_0\sigma$

n개를 검사하여 $\overline{x}\le\overline{X}_U$이면 로트를 합격시킨다.

③ 평균치 m일 때의 OC 곡선

$$K_{L(m)}=\frac{m-\overline{X}_U}{\sigma/\sqrt{n}}\rightarrow L(m)$$

(2) 특성치가 높은 것이 좋을 경우(망대특성)

① 수리

샘플수 : $n=\left(\dfrac{k_\alpha+k_\beta}{m_0-m_1}\right)^2\sigma^2=\left(\dfrac{2.927}{\Delta m}\right)^2\sigma^2$

② 합격판정기준 : $\overline{X}_L=m_0-G_0\sigma$

n개를 검사하여 $\overline{x}>\overline{X}_L$이면 로트를 합격시킨다.

③ 평균치 m일 때의 OC 곡선

$$K_{L(m)}=\frac{\overline{X}_L-m}{\sigma/\sqrt{n}}\rightarrow L(m)$$

(3) 특성치가 망목특성인 경우

① 수리

㉠ $m_0-m_0{}'$가 $\sigma/\sqrt{n}$의 1.7배 이상이 되어야 한다.

㉡ 계산방식은 망대특성이나 망소특성의 계산방식과 동일하다.

② 합격판정기준 : $\overline{X}_L=m_0{}'-G_0\sigma$

$\overline{X}_U=m_0+G_0\sigma$

위 식에서 n개를 검사하여 $\overline{X}_L\le\overline{x}\le\overline{X}_U$이면 로트를 합격시킨다.

3 KS Q 0001(부적합품률 보증) : 계량규준형

(1) 상한 규격이 설정된 경우(망소특성)

① 수리

㉠ 샘플수 : $n=\left(\dfrac{k_\alpha+k_\beta}{k_{P_0}-k_{P_1}}\right)^2$

㉡ 합격판정계수 : $k=\dfrac{k_\alpha k_{P_1}+k_\beta k_{P_0}}{k_\alpha+k_\beta}$

✓ 샘플링검사표 이용 시 : P_0, P_1값으로 샘플링검사표에서 n, k를 찾는다.

② 합격판정기준 : $\overline{X}_U=S_U-k\sigma$

n개를 검사하여 $\overline{x}\le\overline{X}_U$이면 로트를 합격시킨다.

③ 부적합품률 P일 때의 OC 곡선

$k_{L(P)}=\sqrt{n}(k-k_P)\rightarrow L(P)$

(2) 하한 규격이 설정된 경우(망대특성)

① 수리

㉠ 샘플수 : $n=\left(\dfrac{k_\alpha+k_\beta}{k_{P_0}-k_{P_1}}\right)^2$

㉡ 합격판정계수 : $k=\dfrac{k_\alpha k_{P_1}+k_\beta k_{P_0}}{k_\alpha+k_\beta}$

✓ 샘플링검사표 이용 시 : P_0, P_1으로 샘플링검사표에서 n, k를 찾는다.

② 합격판정기준 : $\overline{X}_L=S_L+k\sigma$

n개를 검사하여 $\overline{x}\ge\overline{X}_L$이면 로트를 합격시킨다.

③ 부적합품률 P일 때의 OC 곡선

$k_{L(P)}=\sqrt{n}(k-k_P)\rightarrow L(P)$

(3) 특성치가 망목특성인 경우

① 수리

계산방식은 망대특성이나 망소특성의 계산방식과 동일하다.

② 합격판정기준 : $\overline{X}_L=S_L+k\sigma$

$\overline{X}_U=S_U-k\sigma$

위 식에서 n개를 검사하여 $\overline{X}_L\le\overline{x}\le\overline{X}_U$이면 로트를 합격시킨다.

4 KS Q 0001(부적합품률 보증 : σ 미지)

(1) 규격 하한이 주어졌을 경우

$S_L < \bar{x} - ks$ 이면, 합격이다.

(2) 규격 상한이 주어졌을 경우

$S_U > \bar{x} + ks$ 이면, 합격이다.

(3) 수리

① k는 σ기지인 경우와 동일하다.

② $n' = \left(1 + \dfrac{k^2}{2}\right)n$

⊘ k는 변화가 없고, n이 σ기지보다 약 3배 정도 증가한다.

3-2 계수값 샘플링검사

1 KS Q ISO 2859-1

AQL 지표형 샘플링검사

(1) 특징

① 검사의 엄격도 전환으로 생산자에 자극을 준다.

② 연속적 거래로 장기 품질보증방식이다.

③ 불합격로트의 처리방법이 정해져 있다.

④ 로트의 크기에 따라 α보다 β가 더 크게 변한다.

⑤ AQL, 시료 크기는 R-5 등비수열이다.

⑥ N과 n의 관계가 정해져 있다.

⑦ 샘플링 형식[1회, 2회, 다회(5회)], 검사수준 수(일반 3, 특별 4)가 정해져 있다.

(2) 적용범위

① 연속로트이며, 장기 거래 시 사용한다.

② 부적합품률이 어느 정도 인정될 것

(3) A_c=0일 때 AQL 품질 로트의 합격확률

$100L(P)(\%) = 100 - n \times \text{AQL}(\%)$

2 전환규칙(KS Q ISO 2859-1)

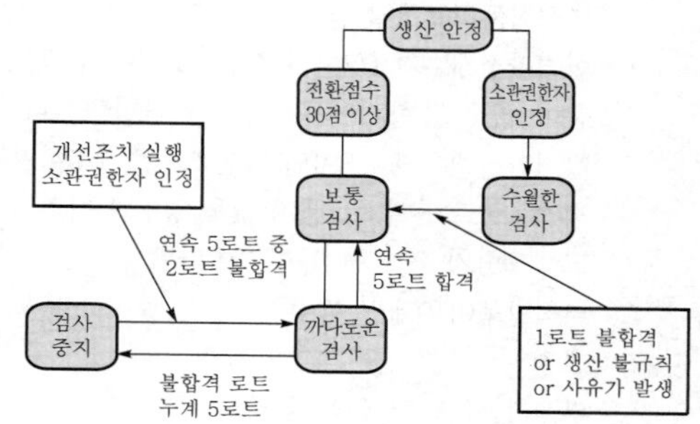

3 전환점수의 계산

전환점수(S_S)는 수월한 검사로의 전환규정을 검토하는 것이므로 보통검사에서만 적용된다.

(1) 합격판정개수($A_c \geq 2$)인 검사

AQL이 한 단계 엄격한 조건에서 합격 시 3점을 가산한다. 한 단계 엄격한 조건에서 불합격되면 0점으로 복귀된다.

(2) 합격판정개수($A_c \leq 1$)인 검사

합격이면 2점을 가산하고, 불합격되면 0점으로 복귀된다.

(3) 2회 샘플링

1회 샘플링에서 합격이면 3점을 가산하고, 아니면 0점으로 복귀된다.

(4) 다회(5회) 샘플링

3회 샘플링까지 합격이면 3점을 가산하고, 아니면 0점으로 복귀된다.

4 분수 합격판정의 합부판정점수 환산원칙

〈부표 2〉의 검사방식에서 A_c 0과 1 사이의 화살표 ↑, ↓을 1/5, 1/3, 1/2로 (R-5 등비급수) 변형시킨 〈부표 11〉을 사용하는 검사방식이다.

⊘ 1/5은 축소검사에만 적용된다.

(1) 샘플링 개수가 일정할 때

① 부적합품이 1개일 경우
합격판정개수가 1/2이면 직전 1로트에 부적합품이 없으면 합격이고, 아니면 불합격이다. 합격판정개수가 1/3이면 직전 2로트, 1/5이면 직전 4로트가 부적합품이 없을 경우만 합격이고, 그렇지 않으면 불합격이다.

② 부적합품이 0개일 경우
합격

③ 부적합품이 2개 이상일 경우
불합격

(2) 샘플링 개수가 일정하지 않을 때

합격판정개수가 분수 합격판정개수일 경우 검사 전 합부판정점수가 9 이상이면 부적합품수 1개를 합격판정개수로 하고, 검사 전 합부판정점수가 8 이하이면 0개를 합격판정개수로 설정한다.

(3) 합부판정점수의 계산

샘플링검사표에서 합부판정개수(A_c)가
$A_c \geq 1$이면 7점,
$A_c = 1/2$이면 5점,
$A_c = 1/3$이면 3점,
$A_c = 1/5$이면 2점,
$A_c = 0$이면 0점을 가산하여 평가한다.

○ 합부판정 후 부적합품이 시료에 존재하면 검사 후 합부판정점수를 0으로 한다.

5 KS Q ISO 2859-2

LQ 지표형 샘플링검사

(1) 특징

① 고립로트인 경우 적용한다.
② β(소비자위험)가 0.1~0.13으로 설계되어 있다.
③ LQ는 통상 AQL의 3배 이상으로, 단기간 로트의 품질보증방식이다.

(2) 검사절차 A

생산자와 구매자 모두가 고립로트(1회 거래)로 인정하는 경우에 적용되며, $A_c = 0$인 경우가 포함되어 있다.

(3) 검사절차 B

소비자는 고립로트로 거래하지만 공급자가 연속로트라고 생각하는 경우에 적용한다. 합격판정개수가 0인 경우는 없고, 만약 로트수가 시료수보다 작다면 $A_c = 0$인 전수검사를 실시한다.

3-3 축차 샘플링검사

1 계수형 축차 샘플링검사(KS Q ISO 28591)

(1) 파라미터(parameter)의 설계

P_A, P_R을 설정하여 샘플링검사표에서 h_A, h_R, g, n_t 값을 결정한다.

(2) 중지값의 계산

① 1회 샘플링수 n_0를 아는 경우
$n_t = 1.5n_0$

② 부적합품률 검사의 경우
$$n_t = \frac{2h_A h_R}{g(1-g)}$$

③ 부적합수 검사의 경우
$$n_t = \frac{2h_A h_R}{g}$$

(3) 합부판정선(단, $n < n_t$)

① 합격판정선
$A = -h_A + g n_{cum}$: 무조건 정수로 내린다.

② 불합격판정선
$R = h_R + g n_{cum}$: 무조건 정수로 올린다.

③ 판정
누계 부적합(품)수 D로 하면,
$A < D < R$: 검사 속행
$D \leq A$: 로트 합격
$D \geq R$: 로트 불합격

(4) 합부판정선(단, $n = n_t$)

$A_t = g \cdot n_t \geq D$: 로트 합격
$A_t < D$: 로트 불합격

2 부적합률에 대한 계량형 축차 샘플링검사 (KS Q ISO 39511)

한쪽 규격인 경우이다.

(1) 파라미터의 설계

P_A, P_R을 설정하여 샘플링검사표에서 h_A, h_R, g, n_t 값을 결정한다.

(2) 합부판정선(단, $n < n_t$)

① 합격판정선

$A = h_A\sigma + g\sigma n_{cum}$

② 불합격판정선

$R = -h_R\sigma + g\sigma n_{cum}$

③ 판정

누계여유치 Y를

$Y = \Sigma(x_i - S_L)$ or $\Sigma(S_U - x_i)$로 하면,

$R < Y < A$: 검사 속행

$Y \geq A$: 로트 합격

$Y \leq R$: 로트 불합격

(3) 합부판정선(단, $n = n_t$)

$Y \geq A_t = g\sigma n_t$: 로트 합격

$Y < A_t$: 로트 불합격

3 연결식 계량 축차 샘플링검사

양쪽 규격으로 상·하한에 적용되는 AQL이 같은 경우이다.

(1) 파라미터의 설계

P_A, P_R을 설정하여 샘플링검사표에서 h_A, h_R, g, n_t 값을 결정한다.

(2) 전제조건 : LPSD(한계 프로세스 표준편차)

LPSD=(UTL−LTL)×$\psi > \sigma$가 성립되지 않으면 설계할 수 없다.

(3) 합부판정선(단, $n < n_t$)

① 합격판정선

$A^{(U)} = (U - L - g\sigma)n_{cum} - h_A\sigma$

$A^{(L)} = g\sigma n_{cum} + h_A\sigma$

② 불합격판정선

$R^{(U)} = (U - L - g\sigma)n_{cum} + h_R\sigma$

$R^{(L)} = g\sigma n_{cum} - h_R\sigma$

③ 판정

누계여유치 $Y = \Sigma(X - S_L)$로 하면,

$R^{(L)} < Y < A^{(L)}$, $A^{(U)} < Y < R^{(U)}$] 검사 속행

$A^{(L)} \leq Y \leq A^{(U)}$: 로트 합격

$Y \leq R^{(L)}$ or $Y \geq R^{(U)}$: 로트 불합격

(4) 합부판정선(단, $n = n_t$)

$A_t^{(U)} = (U - L - g\sigma)n_t$

$A_t^{(L)} = g\sigma n_t$

$A_t^{(L)} \leq Y \leq A_t^{(U)}$: 로트 합격

4 개별식 계량 축차 샘플링검사

양쪽 규격으로 상·하한에 적용되는 AQL이 다른 경우이다.

(1) 파라미터의 설계

P_A, P_R을 설정하여 샘플링검사표에서 $h_A^{(U)}$, $h_R^{(U)}$, $g^{(U)}$, $n_t^{(U)}$, $h_A^{(L)}$, $h_R^{(L)}$, $g^{(L)}$, $n_t^{(L)}$ 값을 결정한다. 이때 중지값 n_t는 둘 중 큰 값으로 한다.

(2) 전제조건 : MPSD(최대 프로세스 표준편차)

MPSD=(UTL−LTL)×$f > \sigma$가 성립되지 않으면 로트를 불합격 처리한다.

(3) 합부판정선(단, $n < n_t$)

① 합격판정선

$A^{(U)} = (U - L - g^{(U)}\sigma)n_{cum} - h_A^{(U)}\sigma$

$A^{(L)} = g^{(L)}\sigma n_{cum} + h_A^{(L)}\sigma$

② 불합격판정선

$R^{(U)} = (U - L - g^{(U)}\sigma)n_{cum} + h_R^{(U)}\sigma$

$R^{(L)} = g^{(L)}\sigma n_{cum} - h_R^{(L)}\sigma$

③ 판정

누계여유치 $Y=\sum(X-S_L)$로 하면

$R^{(L)}<Y<A^{(L)}$, $A^{(U)}<Y<R^{(U)}$: 검사 속행

$A^{(L)}\leq Y\leq A^{(U)}$: 로트 합격

$Y\leq R^{(L)}$ or $Y\geq R^{(U)}$: 로트 불합격

(4) 합부판정선(단, $n=n_t$)

$A_t^{(U)}=(U-L-g^{(U)}\sigma)n_t$

$A_t^{(L)}=g^{(L)}\sigma n_t$

$A_t^{(L)}\leq Y\leq A_t^{(U)}$: 로트 합격

실험계획법

CHAPTER 1 실험계획법의 개념

1 실험계획법의 기본원리

① 랜덤화의 원리
② 반복의 원리
③ 블록화의 원리
④ 직교의 원리
⑤ 교락의 원리

2 실험배치에 의한 분류

(1) 완비형 실험계획법

요인배치법, 난괴법, 라틴방격법 등

(2) 불완비형 실험계획법

① 실험이 랜덤이 아니거나 일부 수준의 조합에 대한 실험이 이루어지지 않은 경우
② 분할법, 일부실시법, 교락법, 유덴방격법 등

3 인자의 분류

(1) 모수인자

① 제어인자 : 최적수준의 선택이 의미가 있는 인자
② 표시인자 : 제어인자와의 교호작용만 의미가 있는 인자

(2) 변량인자

① 집단인자 : 로트, 작업자 등의 산포 해석을 목적으로 하는 인자
② 블록인자 : 단지 실험의 정도를 높임을 목적으로 하는 인자

(3) 보조인자

단순히 참고용으로 사용하기 위한 인자

4 모수인자와 변량인자의 비교

구분	모수인자	변량인자
a_i 의 기대치	$E(a_i)=a_i$	$E(a_i)=0$
a_i 의 평균	$\bar{a}=0$ $\Sigma a_i=0$	$\bar{a}\neq 0$ $\Sigma a_i \neq 0$
a_i 의 분산	$V(a_i)=0$	$V(a_i)=\sigma_A^2$
σ_A^2	$E\left(\frac{1}{l-1}\Sigma a_i^2\right)$	$E\left(\frac{1}{l-1}\Sigma(a_i-\bar{a})^2\right)$

5 구조모형에 의한 분류

① 모수모형 : 모수인자로 구성된 모형
② 변량모형 : 변량인자로 구성된 모형
③ 혼합모형 : 모수인자와 변량인자가 혼합된 구조모형

6 오차항의 법칙

(1) 오차항의 특성

① 정규성 : $N\sim(0,\ \sigma_e^2)$
② 독립성 : $e_{ij}\neq e_{ij}$
③ 등분산성 : $V(e_{ij})=\sigma_e^2$
④ 불편성 : $E(e_{ij})=0$

(2) 오차항의 일반식

① $\sigma_e^2=E(e_{ij}^2)$
② $\sigma_e^2=E\left(\frac{1}{lr-1}\sum_i\sum_j(e_{ij}-\bar{\bar{e}})^2\right)$
③ $\sigma_e^2=E\left(\frac{r}{l-1}\sum_i(\bar{e}_{i\cdot}-\bar{\bar{e}})^2\right)$
④ $\sigma_e^2=E\left(\frac{1}{r-1}\sum_j(e_{ij}-\bar{e}_{i\cdot})^2\right)$

CHAPTER 2 실험계획법의 분류

2-1 요인 배치법

1 구조모형의 법칙

(1) 데이터의 구조식

① 1요인 배치 : $x_{ij}=\mu+a_i+e_{ij}$

② 2요인 배치 : $x_{ij}=\mu+a_i+b_j+e_{ij}$

③ 반복있는 2요인 배치

$x_{ij}=\mu+a_i+b_j+(ab)_{ij}+e_{ijk}$

✓ 데이터 구조식에 최종 교호작용이 있으면 반복이 있다는 뜻이다.

(2) 평균치의 데이터 구조식

① $\overline{x}_{i}..=\mu+a_i+\overline{b}+(a\overline{b})_{i}.+\overline{e}_{i}..$

② $\overline{\overline{x}}=\mu+\overline{b}+\overline{\overline{e}}$

✓ 1. B_j가 모수인자이면 $\overline{b}=0$이어서 구조식에서 없어지고(예 $\overline{x}_{i}.=\mu+a_i+\overline{e}_{i}.$), 변량이라면 ①, ②항 처럼 구조식에 표현된다.

2. 오차 e의 형태는 x의 형태와 항상 같다.

2 귀무가설과 대립가설

H_0 : $a_1=a_2=\cdots=a_n$ 또는 $\sigma_A^2=0$

H_1 : 모두 0은 아니다. 또는 $\sigma_A^2>0$

3 제곱합(SS)의 계산

(1) 전체 제곱합 및 주인자 제곱합의 계산

① $CT=\dfrac{T^2}{N}$

② 총제곱합

$S_T=\sum\sum x_{ij}^2-CT$

③ 반복없는 2요인 배치 : 인자 A

$$S_A=\frac{\sum T_{i}.^2}{m}-CT$$

④ 반복없는 2요인 배치 : 인자 B

$$S_B=\frac{\sum T_{.j}^2}{l}-CT$$

(2) 급간제곱합의 계산

① 1요인 배치

$$S_A=\frac{\sum T_{i}.^2}{r}-CT$$

② 반복있는 2요인 배치

$$S_{AB}=\frac{\sum\sum T_{ij}.^2}{r}-CT$$

③ 반복있는 3요인 배치

$$S_{ABC}=\frac{\sum\sum\sum T_{ijk}.^2}{r}-CT$$

(3) 교호작용의 제곱합 계산

$S_{A\times B}=S_{AB}-S_A-S_B$

$S_{A\times B\times C}=S_{ABC}-S_A-S_B-S_C$
$\qquad -S_{A\times B}-S_{A\times C}-S_{B\times C}$

(4) 오차 제곱합의 계산

오차 제곱합은 반복이 있으면 총제곱합에서 급간 제곱합을 뺀다.

반복이 없으면 전체 제곱합에서 모든 요인의 제곱합을 빼서 구한다.

① 1요인 배치 : $S_e=S_T-S_A$

② 2요인 배치 : $S_e=S_T-S_{AB}$

③ 3요인 배치 : $S_e=S_T-S_{ABC}$

④ 반복없는 2요인 배치 : $S_e=S_T-S_A-S_B$

4 자유도(DF)의 계산

(1) 총자유도

$\nu_T=lmnr-1=N-1$

✓ 단, 결측치가 있으면 결측치의 수만큼 총자유도에서 빼야 한다.

(2) 반복이 있는 경우 오차의 자유도

$\nu_e=lmn\cdots(r-1)$ → 수준수(반복수 -1)

(3) 반복이 없는 경우 오차의 자유도

$\nu_e=(l-1)(m-1)(n-1)\cdots$ → 최종 교호작용

✓ 반복이 없는 경우의 오차의 자유도는 반복이 있을 때 최종 교호작용의 자유도와 같다.

(4) 요인의 자유도

$\nu_{요인} = 수준수 - 1$

(5) 교호작용의 자유도

$\nu_{요인 \times 요인'} = \nu_{요인} \times \nu_{요인'}$

5 제곱평균(MS)의 계산

(1) 제곱평균의 계산식

$$V_{요인} = \frac{S_{요인}}{\nu_{요인}}$$

(2) 오차항에 유의하지 않은 인자를 풀링하는 경우

$$V_e' = \frac{S_e + \sum S_{\text{pooling}}}{\nu_e + \sum \nu_{\text{pooling}}}$$

6 $E(V)$의 법칙

(1) 모수모형

$E(V_{요인}) = \sigma_e^2 + 반복수 \sigma_{요인}^2$

(2) 혼합모형

r은 반복, A, B는 모수인자, C는 변량인자인 경우

인자	$E(V)$
A	$\sigma_e^2 + mr\sigma_{A\times C}^2 + mnr\sigma_A^2$
B	$\sigma_e^2 + lr\sigma_{B\times C}^2 + lnr\sigma_B^2$
C	$\sigma_e^2 + lmr\sigma_C^2$
$A\times B$	$\sigma_e^2 + r\sigma_{A\times B\times C}^2 + nr\sigma_{A\times B}^2$
$A\times C$	$\sigma_e^2 + mr\sigma_{A\times C}^2$
$B\times C$	$\sigma_e^2 + lr\sigma_{B\times C}^2$
$A\times B\times C$	$\sigma_e^2 + r\sigma_{A\times B\times C}^2$
e	σ_e^2

1. 변량인자(C) 또는 변량인자와의 교호작용은 오차와 변량인자 또는 변량인자와의 교호작용으로만 구성된다.
2. 모수인자 또는 모수인자 간의 교호작용은 해당 인자(또는 교호작용)와 변량인자와의 교호작용이 별도로 있을 경우 오차+변량인자와의 교호작용+주인자(또는 교호작용)의 변동으로 구성된다.

7 F_0의 계산법

인자	SS	DF	F_0
A	S_A	$l-1$	$V_A/V_{A\times B}$
B	S_B	$m-1$	V_B/V_e
$A\times B$	$S_{AB}-S_A-S_B$	$(l-1)(m-1)$	$V_{A\times B}/V_e$
e	S_T-S_{AB}	$lm(r-1)$	
T	S_T	$lmr-1$	

① 모수모형의 모수인자는 오차로 나눈다.
② 변량인자는 오차로 나눈다.
③ 변량인자와의 교호작용도 오차로 나눈다.
④ 모수인자는 변량인자와의 교호작용이 있으면 변량인자와의 교호작용으로 나누고, 변량과의 교호작용이 없으면 오차로 나눈다.

8 분산분석 후 주인자의 신뢰구간

(1) 주인자의 최적해 추정(변량인자가 없거나 변량인자가 유의하지 않을 때)

$$\mu(A_i) = \bar{x}_{i\cdot\cdot} \pm t_{1-\alpha/2}(\nu_e)\sqrt{\frac{V_e}{mr}}$$

(2) 혼합모형의 모수인자 최적해 추정

① 교호작용이 유의하지 않을 때 또는 난괴법

$$\mu(A_{i\cdot\cdot}) = \bar{x}_{i\cdot\cdot} \pm t_{1-\alpha/2}(\nu^*)\sqrt{\frac{V_B+(l-1)V_e}{N}}$$

자유도의 계산 : 정수로 반올림한다.

$$\nu^* = \frac{(V_B+\nu_A V_e)^2}{\frac{(V_B)^2}{\nu_B} + \frac{(\nu_A V_e)^2}{\nu_e}}$$

② 교호작용이 유의할 때

$$\mu(A_{i\cdot\cdot}) = \bar{x}_{i\cdot\cdot} \pm t_{1-\alpha/2}(\nu^*)\sqrt{\frac{V_B+lV_{A\times B}-V_e}{N}}$$

1차 1인자인 단일분할법의 경우(교호작용이 유의하지 않을 때)

$$\mu(A_{i\cdot\cdot}) = \bar{x}_{i\cdot\cdot} \pm t_{1-\alpha/2}(\nu^*)\sqrt{\frac{V_R+(l-1)V_{e_1}}{N}}$$

$$\mu(B_{\cdot j\cdot}) = \bar{x}_{\cdot j\cdot} \pm t_{1-\alpha/2}(\nu^*)\sqrt{\frac{V_R+(m-1)V_{e_2}}{N}}$$

9 수준 간 차의 추정

$\mu(A_i) - \mu(A_i{}')$

모수모형과 혼합모형에서 교호작용이 유의하지 않을 경우 및 난괴법의 모수인자에 대한 차의 추정 방법은 같다.

(1) 반복수가 동일할 때

$$(\bar{x}_{i}.. - \bar{x}_{i}..{}') \pm t_{1-\alpha/2}(\nu_e)\sqrt{\frac{2V_e}{mr}}$$

⊙ 모수모형은 교호작용이 유의해도 같은 식이 적용된다.

(2) 반복수가 동일하지 않을 때

$$(\bar{x}_{i}. - \bar{x}_{i}.{}') \pm t_{1-\alpha/2}(\nu_e)\sqrt{V_e\left(\frac{1}{r} + \frac{1}{r'}\right)}$$

⊙ 혼합모형에서 교호작용이 유의할 때

$$(\bar{x}_{i}.. - \bar{x}_{i}..{}') \pm t_{1-\alpha/2}(\nu_{A\times B})\sqrt{\frac{2V_{A\times B}}{mr}}$$

10 유의한 인자가 2개 이상일 때의 점추정

유의한 인자 모형을 구조모형에 표기한 후 분리하여 점추정치를 구한다.

(1) 반복있는 2요인 배치에서 인자 A, B와 교호작용 $A\times B$가 모두 유의할 때

$$\bar{x}_{ij}. \pm t_{1-\alpha/2}(\nu_e)\sqrt{\frac{V_e}{r}}$$

⊙ $\hat{\mu} + a_i + b_j + (ab)_{ij}$는 AB의 급간평균이다.
교호작용이 있으면 묶어서 분리한다.
$\hat{\mu} + a_i + b_j + (ab)_{ij} = \bar{x}_{ij}.$

(2) 반복있는 2요인 배치나 반복없는 2요인 배치에서 인자 A, B가 유의하고, 교호작용이 유의하지 않을 때

$$(\bar{x}_{i}.. + \bar{x}._{j}. - \bar{\bar{x}}) \pm t_{1-\alpha/2}(\nu_e)\sqrt{\frac{V_e}{n_e}}$$

(단, $\frac{1}{n_e} = \frac{1}{mr} + \frac{1}{lr} - \frac{1}{lmr}$ 이다.)

⊙ 1. $\hat{\mu} + a_i + b_j$는 교호작용이 없으므로 자체적으로 평균이 나오지 않는다.
$\hat{\mu} + a_i + \hat{\mu} + b_j - \hat{\mu} = \bar{x}_{i}.. + \bar{x}._{j}. - \bar{\bar{x}}$

2. 유효반복수(n_e)의 계산
① 이나(伊奈) 공식 : 모수 추정식 계수의 합
② 다구찌(田口) 공식 : 실험 총수를 무시하지 않는 요인의 자유도의 합+1로 나눔

11 변량인자의 분산의 추정

(1) 2요인 배치일 때

$$\hat{\sigma}_B^2 = \frac{V_B - V_e}{l} \text{ or } \frac{V_B - V_e}{lr}$$

⊙ 요인 B의 반복수는 l 또는 lr이다.

(2) 반복있는 혼합모형 2요인 배치

교호작용 추정

$$\hat{\sigma}_{A\times B}^2 = \frac{V_{A\times B} - V_e}{r}$$

12 오차분산의 추정

$$\frac{S_e}{\chi^2_{1-\alpha/2}(\nu_e)} \le \sigma_e^2 \le \frac{S_e}{\chi^2_{\alpha/2}(\nu_e)}$$

13 등분산의 검정(반복있는 2요인 배치)

① 각 급별로 범위 R을 계산한다.

② $\bar{\bar{R}} = \frac{\Sigma\Sigma R_{ij}}{lm}$를 계산한다.

③ $U_{CL} = D_4\bar{\bar{R}}$보다 큰 R_{ij}가 하나도 없을 때 등분산성이 성립한다.

⊙ 단, D_4는 반복수 r일 때의 계수값이다.

14 오차항에의 풀링

① 실험의 목적을 고려한다.
② 기술적·통계적인 면을 고려한다.
③ 제2종 오류를 고려한다.

15 Yates의 결측치의 추정법

반복없는 모수모형 2요인 배치만 적용된다.

(1) 결측치가 1개인 경우

$$y = \frac{lT_{i}.{}' + mT._{j}{}' - T'}{(l-1)(m-1)}$$

⊙ 총자유도와 오차 자유도가 1 작아진다.

(2) 결측치가 2개인 경우

$y_1(l-1)(m-1)+y_2=lT_{i\cdot}'+mT_{\cdot j}'-T'$

$y_1+y_2(l-1)(m-1)=lT_{i\cdot}''+mT_{\cdot j}''-T'$

⊙ 1. 반복없는 1요인 배치의 결측치 : 반복이 다른 1요인 배치로 분산분석한다.
2. 반복있는 2요인 배치의 결측치 : 조합수준의 평균으로 추정한다.
3. 결측치가 발생하면 정도가 나빠지고, 해석이 복잡하므로 가급적 재실험이 바람직하다.

2-2 여러 가지 실험계획법의 종류

1 라틴방격법

(1) 라틴방격의 수

표준방격의 수$\times k!\times k!$

⊙ 1. 표준방격의 수
- 2×2 방격 : 1개
- 3×3 방격 : 1개
- 4×4 방격 : 4개
- 5×5 방격 : 56개

2. 표준방격은 1행, 1열이 순차적으로 정리되고, 어느 행, 어느 열에도 중복되는 수가 없는 라틴방격을 뜻한다.

(2) 라틴방격법의 특징

① 모두 모수인자이다.
② 모든 인자의 수준수와 반복수가 같다.
③ 교호작용은 구할 수 없다.

(3) 데이터의 구조식

$x_{ijk}=\mu+a_i+b_j+c_k+e_{ijk}$

(4) 제곱합(SS)의 계산

① 주인자의 제곱합

$$S_A=\frac{\sum T_{i\cdot\cdot}}{k}-CT$$

② 오차항의 제곱합

$S_e=S_T-S_A-S_B-S_C$

(5) 자유도의 계산

① 인자의 자유도 : $k-1$
② 오차항의 자유도

$\nu_e=\nu_T-\sum\nu_{인자}$

$=(k^2-1)-3(k-1)=(k-1)(k-2)$

⊙ 1. 그레코 라틴방격의 오차항의 자유도
$\nu_e=(k-1)(k-3)$
2. 초그레코 라틴방격의 오차항의 자유도
$\nu_e=(k-1)(k-4)$

(6) 유의한 인자가 A(하나)인 경우 해석

$$\mu(A_i)=\bar{x}_{i\cdot\cdot}\pm t_{1-\alpha/2}(\nu_e)\sqrt{\frac{V_e}{k}}$$

(7) 유의한 인자가 A, B인 경우 해석

$$\mu(A_iB_j)=(\bar{x}_{i\cdot\cdot}+\bar{x}_{\cdot j\cdot}-\bar{\bar{x}})\pm t_{1-\alpha/2}(\nu_e)\sqrt{\frac{V_e}{n_e}}$$

(단, $\dfrac{1}{n_e}=\dfrac{1}{k}+\dfrac{1}{k}-\dfrac{1}{k^2}=\dfrac{2k-1}{k^2}$ 이다.)

(8) 유의한 인자가 A, B, C인 경우 해석

$\mu(A_iB_jC_p)$

$$=(\bar{x}_{\cdot\cdot i}+\bar{x}_{\cdot j\cdot}+\bar{x}_{\cdot\cdot p}-2\bar{\bar{x}})\pm t_{1-\alpha/2}(\nu_e)\sqrt{\frac{V_e}{n_e}}$$

(단, $\dfrac{1}{n_e}=\dfrac{1}{k}+\dfrac{1}{k}+\dfrac{1}{k}-\dfrac{2}{k^2}=\dfrac{3k-2}{k^2}$ 이다.)

(9) 그레코 라틴방격

① 2개의 직교하는 라틴방격을 포갠 방식이다.
② 인자가 4개, 수준수 k인 실험이다.
③ k가 4 이상이어야 한다.
④ 데이터의 구조식

$x_{ijkp}=\mu+a_i+b_j+c_k+d_p+e_{ijkp}$

(10) 초그레코 라틴방격

① 3개의 직교하는 라틴방격을 포갠 방식이다.

⊙ 수준수가 반우수(2로 나누어 홀수가 되는 수)가 아니면, 최소한 $k-1$개의 직교하는 라틴방격이 존재한다.

② 인자가 5개, 수준수 k인 실험이다.
③ k가 5 이상이어야 한다.

2 계수형 실험계획법

(1) 계수치 실험계획의 특징

① 실험에 취한 데이터는 이산형이다.
② 모든 데이터는 0과 1로 표현된다.
③ 인자는 모수모형이나 교호작용을 해석할 수 없다.
④ 데이터는 충분히 커야 한다.

(2) 데이터의 구조식

① 1요인 배치

$x_{ij}=\mu+a_i+e_{ij}$

② 2요인 배치

$x_{ijk}=\mu+a_i+b_j+e_{(1)ij}+e_{(2)ijk}$

⊘ $(ab)_{ij}$가 $e_{(1)ij}$에 교락되어 있다.

(3) 제곱합의 계산

① 총제곱합 : $S_T=T-CT$

⊘ 인자의 제곱합 계산은 요인 배치와 같다.

② 2요인 배치에서의 1차 단위오차

$S_{e_1}=S_{A\times B}=S_{AB}-S_A-S_B$

③ 2요인 배치에서의 2차 단위오차

$S_{e_2}=S_T-S_{AB}$

⊘ 2요인 배치는 1차 오차가 유의하지 않아야 모수의 추정이 가능하다. 유의하지 않으면 2차 오차에 풀링한다.

(4) 최적해의 추정(계수치 2요인 배치)

① 인자 A가 유의할 때

$$P(A_i)=\frac{T_{i\cdot\cdot}}{mr}\pm u_{1-\alpha/2}\sqrt{\frac{V_e}{mr}}$$

② 인자 A, B가 유의할 때

$$P(A_iB_j)=\hat{P}_{A_i}+\hat{P}_{B_j}-\hat{P}\pm u_{1-\alpha/2}\sqrt{\frac{V_e}{n_e}}$$

$$=\frac{T_{i\cdot}}{mr}+\frac{T_{\cdot j\cdot}}{lr}-\frac{T}{lmr}\pm u_{1-\alpha/2}\sqrt{\frac{V_e}{n_e}}$$

(단, $\frac{1}{n_e}=\frac{1}{mr}+\frac{1}{lr}-\frac{1}{lmr}$ 이다.)

⊘ 계수치는 데이터가 매우 많으므로 t분포에서 정규분포로 근사되어 적용된다.

3 분할법

(1) 특징

① 실험의 완전랜덤화가 곤란할 때 적용한다.
② 오차항이 여러 개로 분리된다.
③ 오차항 정도는 고차의 오차가 높다.
④ 분산비 검정은 해당 차수의 오차항으로 실시하고, 오차항은 다음 차의 오차항으로 검정한다.
⑤ 저차 인자×고차 인자의 교호작용은 고차 단위에 나타난다.
⑥ 검추정은 복잡하나 1차 인자의 실험 재료비는 감소하고, k^n형 실험보다 실험의 실시가 쉬워지는 장점이 있다.
⑦ 블록인자와의 교호작용이 있을 시 그 차수의 오차항에 교락되어 나타난다.

(2) 데이터의 구조식

① 1차 단위(A) 1요인 배치 분할법

$x_{ijk}=\mu+a_i+r_k+e_{1(ik)}+b_j+(ab)_{ij}+e_{2(ijk)}$

② 1차 단위 2요인 배치 분할법(1차 단위(A, B), 2차 단위(C), 반복이 없을 경우)

$x_{ijk}=\mu+a_i+b_j+e_{1(ij)}+c_k+(ac)_{ik}+(bc)_{jk}$
$+e_{2(ijk)}$

③ 이방분할법

$x_{ijk}=\mu+a_i+b_j+e_{1(ij)}+e_{2(ijk)}$

(3) 오차항의 자유도

① 1차 단위가 1요인 배치인 단일분할법
㉠ 1차 오차 자유도 : $(l-1)(r-1)$
㉡ 2차 오차 자유도 : $l(m-1)(r-1)$

⊘ 오차의 자유도는 그 단위의 블록인자와 교호작용 합의 자유도이다.

② 1차 단위가 2요인 배치인 단일분할법(1차 단위(A, B), 2차 단위(C), 반복이 없을 경우)
㉠ 1차 오차 자유도 : $(l-1)(m-1)$
㉡ 2차 오차 자유도 : $(l-1)(m-1)(n-1)$

③ 이방분할법
㉠ 1차 오차 자유도 : $(l-1)(m-1)$
㉡ 2차 오차 자유도 : $lm(r-1)$

⊘ 이방분할법은 실험순서의 랜덤화가 전혀 일어나지 않는 경우로 1차 오차는 2요인 배치에서 교호작용의 자유도이다.

(4) 1차 단위가 1요인 배치인 단일분할법의 F_0 계산법

요인	SS	DF	F_0
R	S_R	$r-1$	V_R/V_{e_1}
A	S_A	$l-1$	V_A/V_{e_1}
e_1	$S_{AR}-S_A-S_R$	$(l-1)(r-1)$	V_{e_1}/V_{e_2}
B	S_B	$m-1$	V_B/V_{e_2}
$A\times B$	$S_{AB}-S_A-S_B$	$(l-1)(m-1)$	$V_{A\times B}/V_{e_2}$
e_2	$S_T-S_{AR}-S_B-S_{A\times B}$	$l(m-1)(n-1)$	
T	S_T	$lmr-1$	

(5) 오차분산의 추정

$$\hat{\sigma}_R^2=\frac{V_R-V_{e_1}}{lm}$$

4 지분실험법(다단계 실험법)

(1) 특징

① 모든 인자는 변량인자이다.
② 일간, 로트, 측정 등 집단인자이다.
③ 지분 간의 교호작용은 무의미하며, 오직 분산의 추정만이 의미있다.
④ 고차 단위 인자일수록 정도가 높게 추정된다.

(2) 데이터의 구조식

$$x_{ijkp}=\mu+a_i+b_{j(i)}+c_{k(ij)}+e_{p(ijk)}$$

(3) ANOVA Table

요인	SS	DF	MS
A	S_A	$l-1$	$V_A/V_{B(A)}$
$B(A)$	$S_{AB}-S_A$	$l(m-1)$	$V_{B(A)}/V_{C(AB)}$
$C(AB)$	$S_{ABC}-S_{AB}$	$lm(n-1)$	$V_{C(AB)}/V_e$
e	S_T-S_{ABC}	$lmn(r-1)$	
T	$\Sigma\Sigma\Sigma x_{ijkp}^2-CT$	$lmnr-1$	

(4) 분산의 기대값 $E(V)$

요인	$E(V)$
A	$\sigma_e^2+r\sigma_{C(AB)}^2+nr\sigma_{B(A)}^2+mnr\sigma_A^2$
$B(A)$	$\sigma_e^2+r\sigma_{C(AB)}^2+nr\sigma_{B(A)}^2$
$C(AB)$	$\sigma_e^2+r\sigma_{C(AB)}^2$
e	σ_e^2
T	

(5) 분산의 추정

① 인자 A의 추정

$$\hat{\sigma}_A^2=\frac{V_A-V_{B(A)}}{mnr}$$

② 인자 $B(A)$의 추정

$$\hat{\sigma}_{B(A)}^2=\frac{V_{B(A)}-V_{C(AB)}}{nr}$$

③ 인자 $C(AB)$의 추정

$$\hat{\sigma}_{C(AB)}^2=\frac{V_{C(AB)}-V_e}{r}$$

5 교락법

(1) 특징

① (1)이 포함된 블록을 주블록이라 한다.
② 실험횟수를 늘리지 않고, 실험 전체를 몇 개의 블록으로 나누어 배치하여 동일 환경 내에서 실험이 전개되도록 고안되었다.
④ 고차의 교호작용을 블록에 교락시켜 실험의 정도를 높일 수 있다.

(2) 교락법의 종류

① 단독교락 : 블록이 2개인 교락법이다.
② 이중교락 : 블록이 4개인 교락법이다.
③ 완전교락 : 반복할 때마다 블록에 교락되는 요인이 같은 교락법이다.
④ 부분교락 : 반복할 때마다 블록에 교락되는 요인이 다른 교락법이다.

(3) 블록배치방법

① 인수분해법

교락시키고 싶은 인자에 "−"를 붙여 인수분해한다.

⊙ 2^3 실험에서 $A\times B$를 블록에 교락시키려면 다음과 같이 배치한다.

$A\times B=(a-1)(b-1)(c+1)$
$=(abc+ab+c+1)-(ac+bc+a+b)$

② 합동식의 이용방법

2^3 실험에서 $A\times B$를 블록에 교락시키려면 $L=x_1+x_2(\text{mod } 2)$이다.

실험조건	$x_1x_2x_3$	L
(1)	0 0 0	0
a	1 0 0	1
b	0 1 0	1
c	0 0 0	0
ab	1 1 0	$2(\text{mod } 2)=0$
ac	1 0 0	1
bc	0 1 0	1
abc	1 1 0	$2(\text{mod } 2)=0$

⊙ 합동식에 없는 $x_i=0$으로 처리한다.

L의 0과 1로 그룹화하면 인수분해의 경우와 같다.

(4) 블록배치를 보고, 교락요인을 찾는 법

역인수분해하면 알 수 있다.

⊙ $(abc+ab+c+1)-(ac+bc+a+b)$
$=(a-1)(b-1)(c+1)$
$A\times B$가 블록에 교락되었다.

6 일부실시법

(1) 특징

① 불필요한 교호작용이나 고차의 교호작용을 희생시켜 실험수를 줄인다.

② 실험의 크기를 작게 할 수 있도록 블록의 1조합만 실험하는 방식이다.

③ 별명은 정의대비에 주인자를 곱하여 구할 수 있다.

④ 별명 중 어느 한쪽의 효과가 존재하지 않아야 적용 가능하다.

(2) 2^n형의 별명 확인법

① 1/2 실험의 경우 : 정의대비 $I=A\times B\times C$이면 인자 A의 별명은 $A(ABC)=B\times C$이다.

② 1/4 실험의 경우 : 주인자 간의 교락을 조심한다.

⊙ 정의대비는 교호작용을 가급적 3인자, 4인자로 유도한다.

$I=A\times B\times C\times D$
$=A\times C\times E$
$=B\times D\times E$

(3) 3^n형의 별명 확인법

① 3수준계를 일부실시법으로 실험하면 블록이 3개가 되므로 별명은 2개가 된다.

② 정의대비가 $A\times B\times C^2$이면 A의 별명은 2개이다.

$A(ABC^2)=(A^2BC^2)^2=A\times B^2\times C$

$A(ABC^2)^2=A^3B^2C^4=(B^2C)^2=B\times C^2$

7 직교배열표

(1) 특징

① 주인자와 기술적으로 있을 것 같은 2인자 교호작용을 검출한다.

② 기계적 조작으로 이론을 잘 모르고도 일부실시법, 분할법, 교락법 등의 배치가 용이하다.

③ 요인제곱합에 대한 계산이 용이하고, 적은 실험으로도 많은 인자의 배치가 가능하다.

④ 모든 열은 서로 직교하고 있으며, 내부의 표현기호는 (−, +), (0, 1), (1, 2), (−1, 1)로 4종류가 있다.

(2) 2수준계 직교배열표의 제원

① 명칭

$L_{2^n}2^{2^n-1}$

단, L : Latin square의 약자
2^n : 실험 크기(행의 수)
2 : 수준수
2^n-1 : 열의 수(배치 가능한 인자수, 자유도의 수)

② 종류

$L_4(2)^3$, $L_8(2)^7$, $L_{16}(2)^{15}$, $L_{32}(2)^{31}$

(3) 실험의 배치방법

실험 번호	열번호 1	2	3	4	5	6	7	데이터
1	0	0	0	0	0	0	0	9
2	0	0	0	1	1	1	1	12
3	0	1	1	0	0	1	1	8
4	0	1	1	1	1	0	0	15
5	1	0	1	0	1	0	1	16
6	1	0	1	1	0	1	0	20
7	1	1	0	0	1	1	0	13
8	1	1	0	1	0	0	1	13
성분	a	b	ab	c	ac	bc	abc	
배치 인자			A		B		C	

① 3열과 5열에 인자 A, B를 배치할 경우 : 교호작용 $A\times B=(ab)(ac)=bc$ → 6열에 나타난다.

② 2행의 실험특성값 12는 내부기호 0001111에서 $A_0B_1C_1$ 조건의 실험값이다.

③ 교호작용은 실험하는 것이 아니고, 인자배치 결과로 나타나는 값이다.

④ 2수준계에 4수준 인자를 배치할 경우 : 인자 배치 시 3개의 열을 필요로 하는 다른 인자와의 교호작용도 3개의 열에 나타난다.

(4) 2^n형의 수리

① 효과의 계산

$$A=\frac{1}{2^{n-1}}(T_1-T_0)$$

$$A\times B=\frac{1}{2^{n-1}}(T_1-T_0)$$

② 제곱합의 계산

$$S_A=\frac{1}{2^n}(T_1-T_0)^2$$

$$S_{A\times B}=\frac{1}{2^n}(T_1-T_0)^2$$

(5) 유의한 인자의 추정

✓ 교호작용부터 급간 평균으로 분리한다.

① 인자 A, $A\times C$, $B\times C$가 유의할 때

$$\mu(A_iB_jC_k)$$
$$=\mu+a_i+(ac)_{ij}+(bc)_{jk}$$
$$=(\widehat{\mu+a_i+c_k+(ac)_{ij}})+(\widehat{\mu+b_j+c_k+(bc)_{jk}})-(\widehat{\mu+b_j})-2(\widehat{\mu+c})+2\hat{\mu}$$
$$=\bar{x}_{i\cdot k}+\bar{x}_{\cdot jk}-\bar{x}_{\cdot j\cdot}-2\bar{x}_{\cdot\cdot k}+2\bar{\bar{x}}$$

$$\frac{1}{n_e}=\frac{1}{m}+\frac{1}{l}-\frac{1}{ln}-\frac{1}{lm}+\frac{2}{lmn}$$
$$=\frac{ln+mn-m-n+2}{lmn}$$

② ①항의 구간추정

$$\hat{\mu}(A_iB_jC_k)\pm t_{1-\alpha/2}(\nu_e)\sqrt{\frac{V_e}{n_e}}$$

8 선점도를 활용한 직교배열표

(1) 특징

① 특정 2인자 간의 교호작용을 취급한다.

② 점은 주인자, 선은 교호작용을 나타낸다.

③ 선점도에서 선에 숫자가 2개이면 3수준계(교호작용이 2열)이다.

④ 자유도는 2수준계는 점, 선 관계없이 1이고, 3수준계는 점은 2이고, 선은 4이다.

(2) 선점도의 수

① [2수준계] L_4 : 1개, L_8 : 2개, L_{16} : 6개

② [3수준계] L_9 : 1개, L_{27} : 3개

9 순제곱합과 기여율

(1) 순제곱합

① 인자 및 교호작용의 순제곱합

$$S_A{}'=S_A-\nu_AV_e$$

$$S_{A\times B}{}'=S_{A\times B}-\nu_{A\times B}V_e$$

② 오차의 순제곱합

$$S_e'=S_e+\Sigma(\nu_T-\nu_e)V_e=\nu_TV_e$$

(2) 기여율

$$\rho_{\text{요인}}=\frac{S_{\text{요인}}{}'}{S_T}\times100$$

10 직교와 대비

(1) 선형식의 설계

A_1과 (A_2+A_3) 간의 차이로 정의하면,

$$L=\frac{A_1}{r_1}-\frac{A_2+A_3}{r_2+r_3}=\frac{T_1}{r_1}+\frac{T_2+T_3}{r_2+r_3}$$

(2) 직교와 대비의 조건

① 대비의 조건

선형식 L에서,

$$\sum_i c_i=0$$

② 직교의 조건

선형식 L, L'에서,

$$\sum_i c_i c_i{}'=0$$

✓ r은 반복수, c는 선형식의 계수이다.

(3) 1요인 배치에서의 제곱합

① 선형식 L의 제곱합

$$S_L=\frac{L^2}{\Sigma m_i c_i^2}$$

② 잔차의 제곱합

오차 e와 유의하지 않은 나머지 제곱합 r을 합산하여 잔차 제곱합을 구한다.

$S_{y/x}=S_e+S_r$

(4) 선형식의 자유도

선형식의 자유도는 항상 1이다.

11 직교다항식과 곡선회귀

(1) 특징 및 적용조건

① 곡선회귀의 검토가 가능하다.
② 수준의 크기를 등간격으로 해야 한다.
③ 인자는 모두 모수인자이다.
④ 수준 간 반복수가 같아야 한다.

(2) 변동 및 회귀계수

① k차항의 회귀계수

$\hat{\beta}_0=y$

$$\hat{\beta}_k=\frac{\Sigma w_i^{(k)}T_i}{(\lambda S)mh^k}$$

② k차항의 유효반복수

$n_e=Smh^{2k}$

③ k차항의 제곱합

$$S_{(k)}=\frac{(\Sigma w_i^{(k)}T_i)^2}{(\lambda^2 S)m}$$

k차 제곱합은 각각 직교이므로 나머지 차수의 제곱합은 $S_r=S_A-(S_{(1)}+S_{(2)}+\cdots)$이 된다.

④ k차항의 자유도

k차항 제곱합의 자유도는 항상 1이다.

12 다구찌 실험계획법

(1) 개요

① 품질공학이라 한다.
② 비용 중심의 종합원가관리체계이다.
③ Off line QC(설계, 생산기술) 단계에서 품질의 70%가 결정된다.
④ 골대의 사고가 아닌, 손실함수의 사고방식이다.

(2) 다구찌의 품질 정의

품질은 제품이 출하된 시점으로부터 기능 특성치의 변동 부작용 등으로 인해 사회에 끼친 손실이다.

(3) 품질 손실의 종류

① 기능편차에 의한 손실
② 사용비용에 의한 손실
③ 폐해항목에 의한 손실

(4) 잡음의 개념

① 제품 간 잡음

제조과정의 불완전에서 오는 제품 간 성능 특성치의 산포로 인한 잡음

② 내부잡음

사용하면서 발생되는 내부 마모나 변화에 의한 잡음

③ 외부잡음

외부 사용환경조건의 변화에 의한 잡음

(5) 설계의 3단계

① 시스템 설계

고유기능의 설계를 뜻한다.

② 파라미터설계

㉠ 특성치에 영향을 주는 잡음에 둔감하게 최적수준을 정하여 주는 것이다.

㉡ SN비를 활용한다.

③ 허용차 설계

㉠ 변동에 대한 만족스러운 공차나 허용범위를 결정하는 것이다.

㉡ 비용이 고려되어야 하므로 손실함수를 활용한다.

(6) SN비 설계

$$\frac{\text{신호}}{\text{잡음}} = \frac{\mu^2\text{의 추정치}}{\sigma^2\text{의 추정치}}$$

⊙ 값이 클수록 잡음에 둔감하므로 좋다.

① 망목특성

$$SN = 10\log\left(\frac{\bar{y}}{s}\right)^2 = 10\log\left(\frac{1}{n}\Sigma(y-m)^2\right)$$

② 망소특성

$$SN = -10\log\left(\frac{1}{n}\Sigma y^2\right)$$

⊙ 망목특성에서 $m=0$인 경우이다.

③ 망대특성

$$SN = -10\log\left(\frac{1}{n}\Sigma\frac{1}{y^2}\right)$$

⊙ 망소특성의 역관계이다.

④ 시료 합격률

$$SN = -10\log\left(\frac{1}{P}-1\right)$$

(단, 이때의 P는 합격률이다.)

(7) 손실함수

① 망목특성

$$L(y) = k(y-m)^2 = \frac{A}{(\Delta)^2}(y-m)^2$$

② 망소특성

$$L(y) = k(y-0)^2 = \frac{A}{(\Delta)^2}y^2$$

⊙ 망목특성에서 $m=0$인 경우이다.

③ 망대특성

$$L(y) = A\left(\frac{\Delta}{y}\right)^2$$

⊙ 망소특성의 역관계이다.

PART 05 신뢰성관리

CHAPTER 1 신뢰성 개념

1 신뢰성의 정의

시스템이나 장치가 정해진 조건하에서 의도하는 기간 동안 만족하게 동작하는 시간적 안정성을 나타내는 성질이다.

✓ 신뢰도 : 성질을 확률로 표현한 것이다.

(1) 규정의 시간조건

동작횟수, 총사용시간, 사용횟수, 거리, 보관시간

(2) 규정의 공간조건

사용조건, 부하방식, 보전방법, 환경조건, 사용운전/보관방법

2 신뢰성관리

작동신뢰성(R_o)
=고유신뢰성(R_i)×사용신뢰성(R_u)

(1) 신뢰성 증대방법

① 병렬 및 대기 리던던시 사용
② 고장률 및 수리시간 감소
③ 제품의 연속작동시간 감소
④ 제품의 안정성 제고

(2) 설계단계의 증대방법

① 제품의 단순화
② 부품과 조립품의 단순화 및 표준화
③ 신뢰성시험의 자동화
④ 리던던시 설계
⑤ 디레이팅 설계
⑥ 고신뢰부품 사용

(3) 제조단계의 증대방법

① 제조기술의 향상
② 제조공정의 자동화
③ 제조품질의 통계적 관리
④ 부품과 제품의 번인(burn-in)

(4) 사용신뢰성의 증대방법

① PM/CM 체계 확립
② 애프터서비스 교육
③ 사용 중 수집된 노하우를 설계에 반영

3 지수분포의 기대치와 분산

(1) 기대치

$$E(t)=\int_0^{\infty} tf(t)dt=\int_0^{\infty} t\lambda e^{-\lambda t}dt=\frac{1}{\lambda}$$

$$E(t)=\int_0^{\infty} R(t)dt=\int_0^{\infty} e^{-\lambda t}dt=\frac{1}{\lambda}$$

(2) 분산

$$V(t)=\frac{1}{\lambda^2}$$

4 지수분포의 신뢰도함수

(1) 신뢰도

$$R(t)=\int_t^{\infty} f(t)dt$$
$$=\exp\left(-\int_0^t \lambda(t)dt\right)$$
$$=\exp(-H(t))=e^{-\lambda t}$$

(단, $\lambda(t)=\lambda$로 일정하다.)

(2) 불신뢰도

$$F(t)=\int_0^t f(t)dt=1-R(t)=1-e^{-\lambda t}$$

(3) 고장밀도함수

$$f(t)=\frac{dF(t)}{dt}=-\frac{dR(t)}{dt}$$
$$=-R'(t)=\lambda(t)R(t)$$
$$=\lambda\cdot e^{-\lambda t}=\frac{1}{\theta}e^{-\frac{t}{\theta}}$$

(4) 고장률함수

$$\lambda(t)=\frac{f(t)}{R(t)}=\lambda$$

5 지수분포의 평균수명

(1) 수리 가능한 평균수명

MTBF(Mean Time Between Failure)

(2) 수리 불가능한 평균수명

MTTF(Mean Time To Failure)

6 신뢰성척도와 계산(대시료방법)

(1) 신뢰도

일정 t시점에서의 잔존확률

$$R(t)=\frac{n(t)}{N}$$

(2) 불신뢰도(누적고장확률)

일정 t시점에서의 누적고장확률

$$F(t)=1-R(t)$$

(3) 고장밀도함수

단위시간당 고장비율 발생척도

$$f(t)=\frac{n(t)-n(t+\Delta t)}{N}\cdot\frac{1}{\Delta t}$$

(4) 고장률함수

t시점의 순간고장률

$$\lambda(t)=\frac{n(t)-n(t+\Delta t)}{n(t)}\cdot\frac{1}{\Delta t}$$

7 누적고장률과 평균고장률

(1) 누적고장률

일정 t시점에서의 누적고장률

$$H(t)=\int_{-\infty}^{t}\lambda(t)dt$$

(2) 평균고장률

시점 t까지의 평균고장률

$$AFR(t_1,\ t_2)=\overline{\lambda}(t_0)$$
$$=\frac{H(t=t_0)-H(t=0)}{t_0-0}$$
$$=\frac{\int_0^{t_0}\lambda(t_i)dt}{t_0}$$

8 신뢰성척도의 계산(소시료방법)

(1) 평균순위법

① $F(t)=\frac{i}{n+1}$

② $R(t)=1-F(t)=\frac{n-i}{n+1}$

(2) 메디안순위법

① $F(t)=\frac{i-0.3}{n+0.4}$

② $R(t)=1-F(t)=\frac{n-i+0.7}{n+0.4}$

(3) 선험법

① $F(t)=\frac{i}{n}$

② $R(t)=1-F(t)=\frac{n-i}{n}$

⊙ 선험법은 소시료에 적합하지 못하다.

(4) 최빈수법

① $F(t)=\frac{i-0.5}{n}$

② $R(t)=1-F(t)=\frac{n-i+0.5}{n}$

(5) $f(t)$의 계산방법

$$f(t)=\frac{1}{R(t)\ \text{함수의 분모}}\times\frac{1}{t_{i+1}-t_i}$$

(6) $\lambda(t)$의 계산방법

$$\lambda(t)=\frac{1}{R(t)\ \text{함수의 분자}}\times\frac{1}{t_{i+1}-t_i}=\frac{f(t)}{R(t)}$$

CHAPTER 2 신뢰성 분포

1 욕조곡선

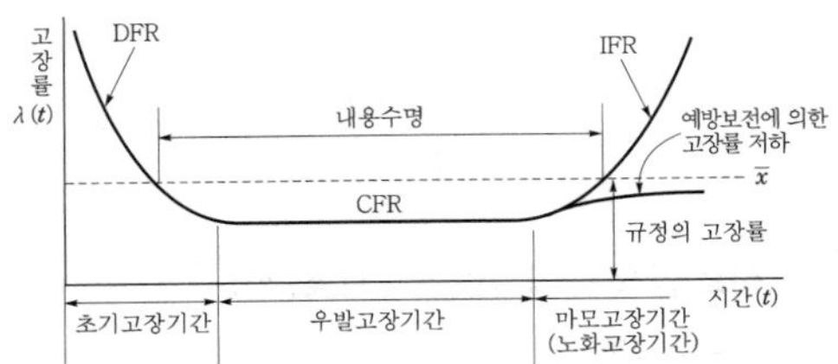

구분	척도모수	확률밀도함수 $f(t)$	고장률함수 $\lambda(t)$	표기법
초기 고장기	$m<1$	와이블	감소형	DFR
우발 고장기	$m=1$	지수분포	일정형	CFR
마모 고장기	$m>1$	정규분포	증가형	IFR

(1) 초기고장기
① 고장의 원인 : 불충분한 품질관리, 부적절한 설치, 오염 등
② 고장대책 : 보전예방(MP), Debugging test, burn-in

(2) 우발고장기
① 고장의 원인 : 안전계수가 낮음, 스트레스 높음, 탐지되지 않은 고장
② 고장대책 : 사후보전(BM, CM)

(3) 마모고장기
① 고장의 원인 : 부식, 산화, 마모, 피로, 노화, 퇴화, 불충분한 정비
② 고장대책 : 예방보전(PM)

(4) 내용수명
규정된 이하의 고장이 나는 기간

CHAPTER 3 신뢰성시험 및 추정

1 지수분포의 신뢰성 추정

(1) 확률밀도함수
$$f(t)=\lambda e^{-\lambda t}$$

(2) 모두 고장 날 때까지 실험할 경우 평균수명
$$\hat{\theta}=\frac{\sum t_i}{n}$$

(3) 정수중단방식
r개가 고장 나면 실험을 중단하는 실험방식이다.

① 고장 난 것을 새것으로 교체하는 경우
$$\hat{\theta}=\frac{nt_r}{r}=\frac{T}{r}$$
$$\hat{\lambda}=\frac{1}{\hat{\theta}}/hr$$

② 고장 난 것을 교체하지 않는 경우
$$\hat{\theta}=\frac{\sum t+(n-r)t_r}{r}=\frac{T}{r}$$
$$\hat{\lambda}=\frac{1}{\hat{\theta}}/hr$$

③ 평균수명의 신뢰구간
$$\frac{2r\hat{\theta}}{\chi^2_{1-\alpha/2}(2r)}\le\theta\le\frac{2r\hat{\theta}}{\chi^2_{\alpha/2}(2r)}$$

신뢰구간의 추정이 아닌 신뢰하한을 추정해야 할 경우 $1-\alpha$로 나눈다.

(4) 정시중단방식
t_o시간이 되면 고장개수에 관계없이 실험을 중단하는 실험방식이다.

① 고장 난 것을 새것으로 교체하는 경우
$$\hat{\theta}=\frac{nt_o}{r}=\frac{T}{r},\quad \hat{\lambda}=\frac{1}{\theta}/hr$$

② 고장 난 것을 교체하지 않는 경우
$$\hat{\theta}=\frac{\sum t+(n-r)t_o}{r}=\frac{T}{r}$$
$$\hat{\lambda}=\frac{1}{\hat{\theta}}/hr$$

③ 평균수명의 신뢰구간

$$\frac{2r\hat{\theta}}{\chi^2_{1-\alpha/2}(2(r+1))} \le \theta \le \frac{2r\hat{\theta}}{\chi^2_{\alpha/2}(2r)}$$

⊙ 신뢰구간의 추정이 아닌 신뢰하한을 추정해야 할 경우 1−α로 나눈다.

(5) 고장이 발생하지 않은 경우

고장이 없으면 신뢰하한만 추정 가능하다.

$$\mathrm{MTBF}_L = -\frac{T}{\ln\alpha}$$

① $1-\alpha(\%) = 90\%$: $\mathrm{MTBF}_L = \frac{T}{2.3}$

② $1-\alpha(\%) = 95\%$: $\mathrm{MTBF}_L = \frac{T}{2.99}$

⊙ 푸아송분포로 푼 것이며, 정시중단 시의 신뢰하한으로 풀 수도 있다.

$$\theta_L = \frac{2r\hat{\theta}}{\chi^2_{0.90}(2(r+1))} = \frac{2r\hat{\theta}}{\chi^2_{0.90}(2)} = \frac{2T}{\chi^2_{0.90}(2)} = \frac{T}{\chi^2_{0.90}(2)/2} = \frac{T}{2.3}$$

2 정규분포의 신뢰성 추정

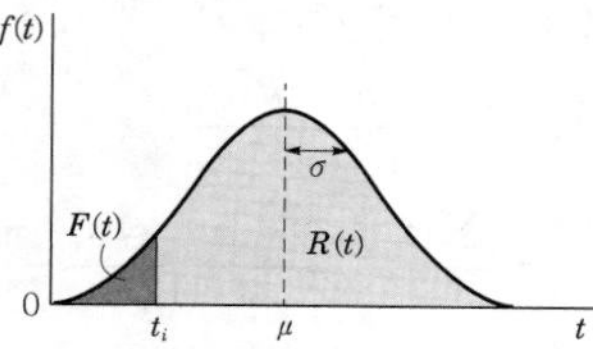

⊙ 시점 t 이후의 생존확률이 $R(t)$이다.

(1) 중도중단실험에서의 모수 추정

① 모평균의 추정

$$\hat{\mu}_t = \frac{\sum t_i + (n-r)t_{r/o}}{r} = \bar{t}$$

② 모분산의 추정

$$\hat{\sigma}_t = \sqrt{\frac{\sum(t_i-\bar{t})^2 + (n-r)(t_{r/o}-\bar{t})^2}{r-1}}$$

⊙ 정수중단방식 t_r과 정시중단방식 t_o를 함께 표현하여 $t_{r/o}$로 표기하였다.

(2) 시점 t_i에서의 불신뢰도(누적고장확률)

$$F(t) = \Pr(t < t_i) = \Pr\left(z < \frac{t_i - \bar{t}}{\sigma_t}\right)$$

(3) 시점 t_i에서의 신뢰도

$$R(t) = \Pr(t > t_i) = \Pr\left(z > \frac{t_i - \bar{t}}{\sigma_t}\right)$$

(4) 고장확률 밀도함수(정규분포)

$$f(t) = \frac{1}{\sigma\sqrt{2\pi}} e^{-\frac{(t_i-\mu)^2}{2\sigma^2}}$$

(5) 고장확률 밀도함수(표준정규분포)

$$f(z) = \phi(z) = \frac{1}{\sqrt{2\pi}} e^{\frac{-z^2}{2}}$$

$$\lambda(t) = \frac{f(t)}{R(t)} = \frac{\phi(z)}{\sigma R(t)}$$

(6) 조건부 신뢰도확률

t_0시간 사용된 것 중 Δt시간 사용한 뒤의 생존확률(이때, $t_1 = t_0 + \Delta t$이다.)

$$R(t_1/t_0) = \frac{\Pr(t > t_1)}{\Pr(t > t_0)}$$

3 와이블분포의 신뢰성 추정

(1) 특징

① $m = 1$이면, 지수분포가 된다.

② 고장률이 감소, 증가, 일정형 등 모든 특성을 표현할 수 있다.

③ 멱함수의 특성이 있다.

④ m, η의 최우추정치는 수치 해석을 이용하여 구한다.

(2) 와이블분포의 기대치와 분산

① 기대치

$$E(t) = \eta\Gamma\left(1 + \frac{1}{m}\right)$$

② 분산

$$V(t) = \eta^2\left[\Gamma\left(1 + \frac{2}{m}\right) - \Gamma^2\left(1 + \frac{1}{m}\right)\right]$$

⊙감마 계산식의 특징(예)

$\Gamma(1+1.3)=1.3\Gamma(1+0.3)$

(3) 신뢰도함수

$$R(t)=\exp\left[-\left(\frac{t-r}{\eta}\right)^m\right]$$

(4) 고장률함수

$$\lambda(t)=\frac{m}{\eta}\left(\frac{t-r}{\eta}\right)^{m-1}$$

⊙$\lambda(t)$는 누적고장률 $H(t)$를 미분한 것이다.

(5) 고장밀도함수

$$f(t)=\lambda(t)R(t)$$
$$=\frac{m}{\eta}\left(\frac{t-r}{\eta}\right)^{m-1}\exp\left[-\left(\frac{t-r}{\eta}\right)^m\right]$$

(6) 특성수명

$t=\eta$가 되면 $R(t)=\exp\left[-\left(\frac{\eta-0}{\eta}\right)^m\right]e^{-1}$이 되어, 형상모수 m과는 관계없이 고장이 63%가 발생하는 수명시간이다.

4 확률지에 의한 분포의 추정

(1) 분포의 모양을 검정하는 방법

① Bartlett법
② χ^2 적합도 검정
③ Kolmogorov-Smirnov 적합도 검정
④ 확률지법

(2) 고장확률지의 특징과 활용

① 최우추정법(지수분포)을 따른다.

⊙지수분포의 특성은 memory less이다.

② 확률지가 원점을 지나지 않을 때 : 소수의 부적합품이 혼입되었을 가능성이 있다.
③ 관측중단 데이터는 $F(t)$ 계산에만 포함되고, 타점은 되지 않는다.
④ 누적고장률($H(t)=\lambda t$법) : 종축에 $H(t)$, 횡축에 고장시간 t로 하여 타점한다.
⑤ 누적고장확률법($F(t)$법) : 종축에 $\frac{1}{1-F(t)}$, 횡축에 고장시간 t로 하여 타점한다.

(3) 정규확률지의 활용

① 종축에 $F(t)$의 평균순위, 횡축에 고장시간 t로 하여 타점한다.
② 종축 $F=50\%$ 선과 만나는 횡축의 $t=\mu$, 종축 $F=16\%$ 또는 84%와 만나는 횡축의 t에서 $|t-\mu|=\sigma$로 한다.
③ 타점한 점들에서 회귀선이 그려지면 정규분포를 따른다.

(4) 와이블확률지의 활용법

① 평균순위나 메디안랭크를 활용하여 t_i와 $F(t_i)$의 타점을 한 후 타점에 대한 회귀선을 긋는다.
② $\ln t=1.0$, $\ln\ln\frac{1}{1-F(t)}=0$이 만나는 점과 회귀선과의 평행선을 긋는다.
③ $\ln t=0$과 회귀선이 만나는 점에서 우측으로 직선을 그어 만나는 $-m$값을 읽어 형상모수를 얻는다.
④ 회귀선이 $F(t)=63\%$와 만나는 하측 눈금시간 $t=\eta$에서 척도모수를 구한다.

(5) 와이블분포의 간략법

① 기대치를 계산한다.

$$\bar{t}=\frac{\sum t+(n-r)t_{r/o}}{r}$$

$$V_t=\frac{\sum(t_i-\bar{t})^2+(n-r)(t_{r/o}-\bar{t})^2}{r-1}$$

② 형상모수 m을 계산한다.

변동계수 $CV=\frac{\sqrt{V_t}}{\bar{t}}$를 구하여 표에서 m값을 보간법(거리비례법)으로 구한다.

③ 특성수명을 계산한다.

$$t_0=\frac{\sum t^m+(n-r)t_{r/o}^m}{r}$$

④ 척도모수를 계산한다.

$$t_0=\eta^m \rightarrow \eta=t_0^{1/m}$$

⑤ 평균과 분산의 기대치를 계산한다.

$$E(t)=\eta\Gamma\left(1+\frac{1}{m}\right)$$

$$V(t)=\eta^2\left[\Gamma\left(1+\frac{2}{m}\right)-\Gamma^2\left(1+\frac{1}{m}\right)\right]$$

5 신뢰성시험

(1) 신뢰성시험의 정의

시험 및 현장 데이터를 기초로 아이템의 신뢰성 특성치를 추정하는 것이다.

(2) 신뢰성시험의 유형

① 스크린시험
- ㉠ 양품으로만 선별하여 실험을 실시한다.
- ㉡ 잠재결함을 제거하고자 함이다.
- ㉢ 비파괴실험에 적용한다.

② 스텝 스트레스실험

주기적으로 스트레스를 점차 증가시켜가며 실시하는 실험이다.

③ FEA(Finite Element Analysis)

제품의 구조를 격자(grid) 형태로 모형화하고 물리적 또는 열에 의한 영향을 모의실험을 통하여 분석하는 방법이다.

④ 환경시험

여러 가지 스트레스에 대한 영향을 조사하기 위해 실시하는 신뢰성시험이다.

⑤ 가속수명시험

시험시간 단축을 목적으로 실제 사용조건보다 강화된 조건으로 실시하는 신뢰성시험이다.

⑥ 수명시험의 종류
- ㉠ 가속수명실험
- ㉡ 정상수명시험
- ㉢ 강제열화시험
- ㉣ 방치시험

(3) 개발-생산 단계에서 실시되는 신뢰성시험

① 신뢰도 성장시험 : 장치를 실제와 가깝거나 가속한 상태에서 실험하여 인증에 앞서 개발단계에서 결함을 발견·개선하고자 하는 목적으로 시행하는 시험

② 신뢰도 인증시험 : 사용자가 생산 인가의 목적으로 규정된 신뢰성 요구에 대한 만족 여부를 파악하기 위해 실시하는 시험

③ 생산신뢰도 수락시험 : 생산된 출하 가능 제품을 규정된 실사용조건에서 평가하여 규정된 신뢰성 요구를 만족하는지를 확인하는 시험

6 가속수명시험

(1) 가속성의 성립

확률용지에서 각 시험조건의 수명분포 추정선들이 모두 평행하면 가속성이 성립한다.

(2) 가속수명시험과 정상수명시험의 관계

① 평균수명 및 고장률
- ㉠ 지수분포 : $\theta_n = AF\theta_s$
- ㉡ 정규분포 : $\mu_n = AF\mu_s$
- ㉢ 와이블분포 : $\eta_n = AF\eta_s$

AF는 가속계수이다.

② 변화가 없는 모수값
- ㉠ 정규분포 : $\sigma_s = \sigma_n$
- ㉡ 와이블분포 : 형상모수 $m_s = m_n$

(3) AF의 법칙

① 온도 10℃ 법칙

시험조건의 온도가 10℃ 증가할 때마다 2배씩 증가한다.

$AF = 2^{\alpha}$

② 압력/저항에 대한 α승 법칙

$$AF = \left(\frac{V_s}{V_n}\right)^{\alpha}$$

(단, α는 재질의 계수이다.)

③ 아레니우스 모델

가속조건으로 온도만 고려한 모델이다.

④ 아이링 모델

가속조건으로 온도 외의 다른 스트레스도 포함하는 모델이다.

7 신뢰성 설계

(1) 업의 범위

신뢰성 사양을 작성하는 것으로 시작한다.

(2) 트레이드오프

신뢰성, 보전성, 성능 등 경합요인의 타협으로 최적점을 결정하는 해석작업이다.

(3) **신뢰성 설계 절차**

① 설계목표치 결정 : 사용조건 및 환경, 평균수량, 비용, 소비자 요구조건 등을 고려한다.
② 신뢰성(하위 부품에) 배분 : 복잡하거나 고성능이 요구되는 부품은 배분 시 목표를 낮게 배분한다.
③ 시중품이 배분된 신뢰도에 만족하면 사용한다.
④ 시중품이 배분된 신뢰도를 만족하지 않으면 리던던시 설계를 한다.

⊙ 설계 시 원가, 부피, 중량 등 제한사항을 확인하여야 한다.

⑤ 시스템 설계를 실시한다.

8 신뢰도 배분방법

(1) **고장률의 가중치에 의한 배분법**

직렬시스템 B_i에 배분되어야 할 고장률

$$\lambda_i = \lambda_S \times \frac{\lambda_i}{\Sigma \lambda_i}$$

(2) **시스템에서 부품 i의 신뢰성 중요도**

$$\frac{R(p)}{p(i)}$$

단, p_i : 부품 i의 신뢰성
$R(p)$: 시스템에 요구되는 신뢰도

9 신뢰성 설계기법

(1) **리던던시(용장) 설계**

구성품 일부가 고장 나더라도 구성부분이 고장 나지 않는 방식이다. 예 병렬설계

① 부품의 신뢰도가 같을 때
부품 중복이 시스템 중복보다 신뢰도가 높다.
② 부품의 신뢰도가 다를 때
가장 신뢰도가 낮은 곳에 부품 중복을 집중하는 것이 좋다.

(2) **부품의 단순화 및 표준화로 최적 재료를 선정**

(3) **디레이팅(감률) 설계**

부하의 계획적 경감이나 낮은 부하를 부여한다.

(4) **내환경성 설계**

사용환경을 추정 평가하여 제품의 강도와 내성을 결정하는 설계이다.

(5) **강도나 스트레스의 해석**

(6) **신뢰성시험에 의한 확인**

① 동작 스트레스 : 주파수, 전압, 전류
② 환경 스트레스 : 온도, 습도, 방사능

(7) **인간공학적 설계**

인간의 육체적·심리적 조건에서 도출된 인간공학의 원칙을 활용한 설계이다.

(8) **보전성 설계**

시스템의 수리 회복률, 보전도 등 정량값에 근거하는 인간공학적 설계이다.

(9) **Fail Safe 설계**

일부 고장이 다른 고장으로 연계됨을 방지하는 설계이다.

(10) **Fool Proof 설계**

오조작을 하게 되면 작동되지 않게 하여 고장을 미연에 방지하는 방법이다.

(11) **Safe Life 설계**

절대로 고장이 나지 않는 완벽한 안전구조 설계이다.

⊙ DR(Design Review)
설계심사를 뜻하며 필요시 실시한다.

10 신뢰도 평가법(RACER법)

신뢰성 설계에 있어 부품을 선정할 때의 평가법이다.

① Reliability(신뢰도)
② Availability(이용도)
③ Compatability(융통성, 적응성)
④ Economy(경제성)
⑤ Reproductability(균일성)

11 간섭이론과 안전계수

(1) 불신뢰도

강도가 부하보다 작으면 고장이 발생한다.

$$\Pr(x > y) = \Pr\left(z > \frac{\mu_y - \mu_x}{\sqrt{\sigma_y^2 + \sigma_x^2}}\right)$$

⊙ 간섭이론은 부하와 강도가 중첩되는 현상을 뜻하며, 중첩 영역이 불신뢰도가 된다.
단, x는 부하이고, y는 강도이다.

(2) 안전계수

$$m = \frac{\mu_y - n_y\sigma_y}{\mu_x + n_x\sigma_x}$$

12 가용도와 보전도

(1) 가용도

① 정의

장치가 어떤 사용조건에서 기능을 유지하고 있을 확률이다.

② 시간의 가용도

$$A = \frac{\text{작동 가능시간}}{\text{작동 가능시간} + \text{작동 불가능시간}} = \frac{MTBF}{MTBF + MTTR} = \frac{\mu}{\lambda + \mu}$$

③ 보전계수

$$\frac{\lambda}{\lambda + \mu} = \frac{MTTR}{MTBF + MTTR}$$

④ 수리 가능 설비의 가용도

$A(T) = R(T) + F(T)M(t)$

⑤ 수리 불가능 설비의 가용도

$A(T) = R(T)$

(2) 보전도

① 정의

주어진 조건에서 규정된 기간에 보전을 완료할 확률이다.

② 보전도함수

$M(t) = 1 - e^{-\mu t}$

③ 평균수리시간

$$MTTR = \frac{\text{총고장시간}}{\text{수리건수}} = \frac{\Sigma t_i}{n} = \frac{\Sigma t_i f_i}{\Sigma f_i} = \frac{1}{\mu} = \int_0^\infty (1 - M(t))dt$$

⊙ MDT(Mean Down Time ; 평균정지시간)
예방보전과 사후보전을 모두 실시할 때 설비의 보전을 위한 정지시간을 뜻한다.

$$MDT = \frac{\text{총보전작업시간}}{\text{총보전작업건수}}$$

13 필요한 예비품수

$C \geq \lambda nt + u_{1-\alpha}\sqrt{\lambda nt}$

단, λ : 고장률, n : 부품의 수
t : 부품의 사용시간, α: 품절률

⊙ 푸아송분포이므로 분산의 가법성이 성립한다.

14 생산보전활동의 분류

Logistic 설계/Life cycle cost 설계

(1) 예방보전(PM)

① 일정한 기간마다 보전을 실시한다.
② 고장의 미연방지 사고이다.
③ 아이템을 사용 가능 상태로 유지하는 것이다.

(2) 예지보전(CBM)

어느 시점에 있어서 동작치 및 경향을 보는 것에 근거를 두는 보전이다.

(3) 사후보전(BM)

고장이 난 후 수리를 통해 설비를 회복시키는 것으로 사후수리이다.

(4) 개량보전(CM)

설비를 사용 중 고장의 감소나 점검 또는 사용의 용이성을 위해 설계변경, 재료개선 등으로 수명이 연장되거나 설비가 개선되는 것이다.

(5) 보전예방(MP)

설비계획 및 설치 시부터 고장이 적고, 운전 및 수리가 쉽도록 설계하는 것이다.

15 보전조직

(1) 집중보전

① 한 관리자에 관리기능을 집중한다.
② 권한과 책임이 명확하다.
③ 전문인력을 육성할 수 있다.
④ 조직 운영에 기동성이 있다.

(2) 지역보전

① 지역별로 보전요원을 배치하는 방식으로, 대규모 사업장에서 많이 사용한다.
② 보전요원의 감독이 용이하다.
③ 특정 설비에 습숙이 용이하다.
④ 일정 조정이 용이하다.

✓ 집중보전과 지역보전의 장·단점은 서로 대치된다.

(3) 부서보전

① 각 제조부서별로 보전요원을 배치한다.
② 보전업무가 경시되기 쉽다.
③ 보전기술의 향상이 곤란하다.
④ 보전업무의 책임이 분할된다.

(4) 절충보전

집중보전과 분산보전(지역보전+부서보전)이 융합된 형태이다.

16 보전과 보전성

(1) 보전성 결정요소

장치의 품질, 보전요원의 능력, 보전시설 및 조직의 품질

(2) 보전의 결정요소

보전시간, 설계상 판단, 보전방침, 보전요원

17 고장의 유형

(1) 파국고장

기능을 상실하는 고장으로, 갑자기 발생한다.

(2) 돌발고장

검사나 감시로 감지가 안 되는 고장으로, 갑자기 발생한다.

(3) 열화고장

서서히 기능이 저하되는 고장으로, 검사나 감지로 예방이 가능하다.

✓ 돌발고장과 열화고장은 속도 및 정도에 따른 분류이다.

(4) 연관고장

시험결과 해석 또는 특성치 계산 때 집계되는 고장이다.

(5) 오용고장

부품·재료의 적용 잘못 또는 시험, 사용, 보전 등의 잘못에 의한 고장이다.

(6) 초과응력고장

부품이나 제품에 규정능력을 넘는 응력을 가함으로써 생기는 고장이다.

(7) 열화현상의 분류

① 절대적 열화 : 노후화
② 기술적 열화 : 성능변화
③ 경제적 열화 : 가치감소
④ 상대적 열화 : 구식화

CHAPTER 4 시스템 구성 및 설계

4-1 시스템의 신뢰도

1 직렬구조

① 특징

n개 중 1개라도 고장 나면 고장 나는 구조이다.

② 시스템의 신뢰도

$$R_S = R_1 \cdots R_n$$
$$= \exp(-\Sigma\lambda_i t) = e^{-\lambda_S t}$$

③ 시스템의 고장률

$$\lambda_S = \Sigma\lambda_i = \frac{1}{\theta_S}$$

2 병렬구조

① 특징

n개 중 1개 이상이 작동되면 작동되는 구조이다.

② 시스템의 신뢰도

$R_S = 1-(1-R_1)\cdots(1-R_n)$

③ 부품 1, 2가 병렬인 경우의 평균수명

$R_S = 1-(1-R_1)(1-R_2)$

$= R_1 + R_2 - R_1R_2$

$\theta_S = \dfrac{1}{\lambda_1} + \dfrac{1}{\lambda_2} - \dfrac{1}{\lambda_1+\lambda_2}$

④ 부품 1, 2, 3이 병렬인 경우의 평균수명

$R_S = 1-(1-R_1)(1-R_2)(1-R_3)$

$= R_1+R_2+R_3-R_1R_2-R_1R_3-R_2R_3$

$+R_1R_2R_3$

$\theta_S = \dfrac{1}{\lambda_1}+\dfrac{1}{\lambda_2}+\dfrac{1}{\lambda_3}$

$-\dfrac{1}{\lambda_1+\lambda_2}-\dfrac{1}{\lambda_1+\lambda_3}-\dfrac{1}{\lambda_2+\lambda_3}$

$+\dfrac{1}{\lambda_1+\lambda_2+\lambda_3}$

⑤ 부품이 $\lambda_1=\lambda_2=\lambda_n$이면서 병렬인 경우의 평균수명

$\theta_S = \dfrac{1}{\lambda_0}\left(1+\dfrac{1}{2}+\cdots+\dfrac{1}{n}\right)$

3 대기 리던던시

① 특징 : 어떤 구성요소가 바뀔 때까지 예비로 대기한다. (단, 스위치 구조는 완벽하다.)

② 시스템의 신뢰도

$R_S(t) = (1+\lambda t)e^{-\lambda t}$

③ 평균수명

$\theta_S = \dfrac{1}{\lambda_S} = \dfrac{n}{\lambda_i}$

④ 대기 리던던시의 종류

㉠ 냉대기 : 정지상태의 대기

㉡ 온대기 : 전원 연결상태의 대기

㉢ 열대기 : 가동되면서 대기(사실상 병렬연결)

4 n 중 k 구조

① 특징

㉠ n개 중 k개만 작동하면 시스템이 작동되는 구조이다.

㉡ 이항분포로 신뢰도를 계산한다.

② 시스템의 신뢰도

$R_S = \sum_{i=k}^{n} R^i(1-R)^{n-i}$

㉠ 3 중 2 구조

$R_S = 3R^2 - 2R^3$

㉡ 4 중 3 구조

$R_S = 4R^3 - 3R^4$

③ 평균수명

$\theta_S = \dfrac{1}{\lambda_S} = \dfrac{1}{\lambda_0}\left(\dfrac{1}{k}+\cdots+\dfrac{1}{n}\right)$

4-2 고장해석방법

1 FMEA

(1) 특징

① Failure Mode & Effect Analysis

② Bottom-up 방식이다.

③ 정성적 해석방식이다.

④ 고장 mode를 찾고, 영향이 큰 mode에 대한 대책을 수립하는 것이다.

(2) 용도

설계, 제조공정, 안전성의 평가에 활용한다.

(3) 적용순서

① 시스템의 임무를 확인한다.

② 시스템의 분해수준을 결정한다.

③ 신뢰성 블록도를 작성한다.

④ 고장모드를 열거한다.

⑤ 고장모드를 선정한다.

⑥ 등급을 결정한다.

(4) 시스템의 분해수준

시스템 – 서브시스템 – 컴포넌트 – 조립품 – 부품

(5) 고장평정법

기하평균으로 계산하며, 항목 중 일부를 적용할 수도 있다.

① 계산방법

$$C_S = (C_1 \times C_2 \times C_3 \times C_4 \times C_5)^{\frac{1}{5}}$$

단, C_1 : 기능적 고장의 영향 중요도
C_2 : 영향을 미치는 시스템 범위
C_3 : 고장발생빈도
C_4 : 고장방지 가능성
C_5 : 신규 설계의 정도

② 고장등급

등급	C_S 고장평점	구분	대책
Ⅰ	7~10	치명	설계변경 필요
Ⅱ	4~7	중대	설계 재검토 필요
Ⅲ	2~4	경미	설계 재검토 불필요
Ⅳ	0~2	미소	설계 변동 전혀 불필요

(6) 치명도평점법

① 계산방법

$$C_E = F_1 \times F_2 \times F_3 \times F_4 \times F_5$$

② 고장등급

㉠ 1등급 : 3점 이상
㉡ 2등급 : 1점 초과 ~ 3점 미만
㉢ 3등급 : 1점
㉣ 4등급 : 1점 미만

2 FTA도(고장나무분석 : Fault Tree Analysis)

(1) 특징

① 시스템의 불신뢰도로 표현된다.
② 고장원인의 인과관계를 top-down 방식으로 분석한다.
③ 불신뢰도로 표현되는 정량적 방식이다.
④ 논리회로를 사용한다.
⑤ M.A. Watson에 의해 제안되었으며, 같은 사상이 발생되면 불대수로 간소화하여 해석한다.

(2) 논리회로

① ◇ : 생략사상(고려할 필요가 없거나 모를 때)
② ○ : 기본사상
③ □ : 정상사상과 중간사상
④ ⬭ : 조건기호

(3) 논리회로 적용 예

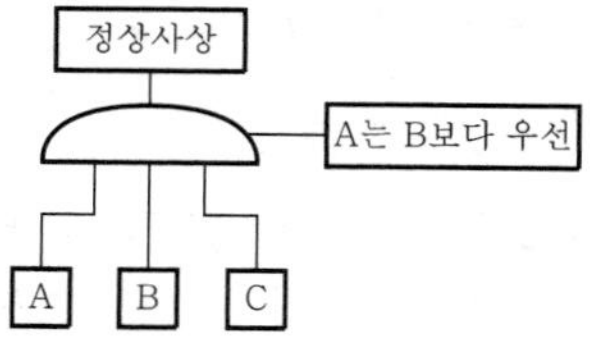

입력사상 A, B, C 가 동시에 발생하되 사상 A가 B보다 우선적으로 발생한다.

(4) AND gate와 OR gate

① AND 게이트

$$F_{TOP} = F_1 \cdots F_n$$
$$= \Pi F_i$$

신뢰성 블록도상의 병렬연결이다.

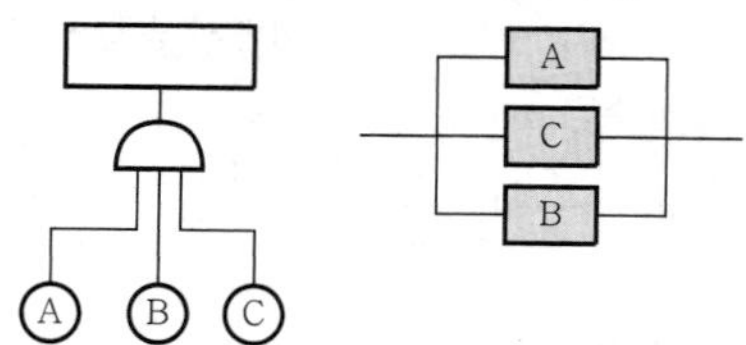

② OR 게이트

$$F_{TOP} = 1-(1-F_1)- \cdots -(1-F_n)$$
$$= 1-\Pi(1-F_i)$$

신뢰성 블록도의 직렬연결이다.

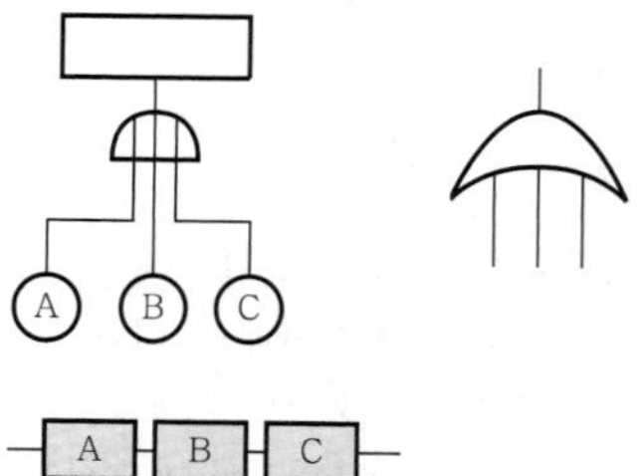

3 Boolean 대수 법칙

(1) 흡수법칙

① $A+(AB)=A$

② $A(AB)=AB$

③ $A(A+B)=A$

④ $A(1+B)=A$

(2) 동정법칙

① $A+A=AA=1$

② $1+A=1$

(3) 분배법칙

① $A+(BC)=(A+B)(A+C)$

② $A(B+C)=AB+AC$

(4) 예제

$$T=AB(A+C)$$
$$=A^2B+ABC$$
$$=AB+ABC$$
$$=AB(1+C)$$
$$=AB$$

$A+A=2A \rightarrow A$

$A\times A=A^2 \rightarrow A$

$1+A=1$

품질경영

CHAPTER 1 품질경영의 개념

1 품질경영 개요

(1) 품질경영의 영역

① 품질계획(QP)
② 품질관리(QC)
③ 품질보증(QA)
④ 품질개선(QI)

(2) 품질경영의 정의

최고경영자의 품질방침 아래 목표 및 책임을 설정하고 고객을 만족시키는 모든 전사적 활동이다.

(3) 종합적 품질경영(TQM ; Total Quality Management)

TQC 위에 기업문화의 혁신을 통한 구성원의 의식과 태도에 중점을 두고 기업 및 구성원의 사회참여 확대를 목적으로 추진되는 전략경영시스템의 일부이다.

(4) TQM의 5요소

① 고객
② 종업원
③ 공급자
④ 경영자
⑤ 프로세스(과정/공정)

(5) 품질경영의 7원칙

① 고객중심
② 리더십
③ 인원의 적극참여
④ 프로세스 접근법
⑤ 개선
⑥ 증거기반 의사결정
⑦ 관계관리/관계경영

2 품질의 개념

(1) 생산자 관점의 정의

① 크로스비 : 요건에 대한 일치성

(2) 소비자관점의 정의

① 쥬란 : 용도에의 적합성
② 파이겐바움 : 소비자 기대에 부응

(3) 사회적관점

① ISO : 제품/서비스의 명시적·묵시적 요구의 만족에 관한 특성 전체
② 다구찌 : 제품이 출하된 후 사회에서 그로 인해 발생되는 사회적 손실

3 사내의 권한과 책임을 고려한 품질수준

(1) 품질목표 : 연구개발부문

장차 도달하고자 하는 품질수준

(2) 품질표준 : 제조부문

표준대로 작업하면 달성할 수 있는 현 수준

(3) 검사표준 : 검사부문

검사판정기준으로 보증품위보다 높은 수준

(4) 보증품위 : 영업부문

소비자에게 제시한 품질수준, 계약품질

4 참특성과 대용특성

(1) 참특성(실용특성)

고객이 요구하는 품질특성으로, 소비자의 관능적 요구품질이다.

(2) 대용특성

참특성을 해석한 원인으로 참특성을 직접 측정하기 곤란할 때 대용으로 사용한다.

(3) 품질전개

소비자 요구를 대용특성으로 전환하고 설계품질을 결정한 다음, 이를 기능, 부품, 공정에 이르기까지 계통적으로 전개하는 것이다.

(4) 품질요소

물성적 요소, 기능적 요소, 인간적 요소, 경제적 요소, 시간적 요소, 시장적 요소

(5) 가빈의 품질특성

① 성능
② 특징
③ 신뢰성
④ 일치성
⑤ 내구성
⑥ 서비스성
⑦ 심미성
⑧ 인지품질

5 고객만족

(1) 카노의 고객만족모델

① **매력품질** : 고객이 미처 생각지 못한 것을 해주는 것으로, 만족되면 고객은 감동한다.
② **일원적 품질** : 충족되면 만족하지만, 아니면 불만을 일으키는 요소이다.
③ **당연적 품질** : 충족되면 당연하고, 아니면 불만을 일으키는 요소이다.

(2) 알브레치의 서비스 관계식 이론

① 이론
고객의 가치=결과−고객의 기대
② 고객의 판단
㉠ 고객불만 : 고객의 기대>고객의 가치
㉡ 고객만족 : 고객의 기대=고객의 가치
㉢ 고객감동 : 고객의 기대<고객의 가치

6 고객의 정의

(1) 내부고객

프로세스에서 창출되는 정보, 서비스, 자재를 공급받는 조직의 부서·직원

(2) 외부고객

제품/서비스를 사용 또는 구매하는 사외의 개인 또는 조직

(3) 고객의 소리(VOC ; Voice Of Customer)

애매하고 감성적이므로 품질 전개를 통해 측정가능한 CCR을 찾는 것이 필요하다.

✓CCR(Critical Customer Requirement) : 측정 가능한 고객의 핵심 요구사항이다.

7 방침관리와 목표관리

(1) 방침관리

① **정의** : 조직체에서 경영적 목표를 달성하기 위한 수단으로, 결과보다는 프로세스를 중시한다.
② **전개방법** : 중장기 경영방침에 연계된 연도계획에 따라 방침·목표·시책으로 하여 체계적으로 전개한다.
③ **전개수단** : Q, C, D에 기반을 둔 기능별 관리로 접근한다.

✓방침관리에서 일상관리는 부문별 관리에 의해 수행한다.

(2) 목표관리

결과 중심의 전개방식이다.

8 품질설계

(1) 설계 시 고려사항

기술수준과 코스트

(2) 품질 사이클

시장품질 → 설계품질 → 제조품질 → 사용품질

① **시장품질(요구품질)** : 소비자가 요구하는 품질로, 이를 기준으로 설계에 반영한다.
② **설계품질** : 제품 설계 시 목표로 하는 품질인 시장품질을 구체화하는 단계이다. 이때 품질가치와 품질비용의 관계를 고려하는 데 최대가 되면 최적이다.
③ **제조품질(적합품질)** : 실제로 제조된 품질이다.

✓사용품질 : 소비자가 제품의 사용을 통하여 인지하는 품질이다.

9 품질관리의 PDCA 사이클

(1) 관리의 2가지 측면

유지관리와 개선(현상타파)

(2) 관리의 PDCA 사이클

① 표준의 설정(P)
② 표준에 대한 적합도 평가(교육/실행)(D)
③ 차이를 줄이려는 시정조치(C)
④ 표준에 적합시키기 위한 계획과 표준의 개선에 대한 입안(A)

10 품질관리의 정의

(1) KS A

수요자의 요구에 맞는 품질의 물품/서비스를 경제적으로 만들기 위한 수단의 체계이다.

(2) 쥬란

품질의 표준을 설정하고, 이를 달성하기 위한 수단의 체계이다.

(3) 데밍 : 통계적 품질관리(SQC)

SQC란 최대한 유용하며 더욱 시장성 높은 제품을 경제적 생산을 목표로 하여 생산단계에서 통계적 수법을 활용하는 것이다.

(4) 파이겐바움 : 종합적 품질관리(TQC)

소비자가 만족하는 제품을 경제적으로 생산하기 위해 사내 각 부문이 품질개발, 품질유지, 품질개선의 노력을 조정·통합하는 체계이다.

(5) ISO 8402

품질의 제요건 충족을 위해 사용하는 제운용상의 기법과 활용이다.

✓ KSQ(품질경영) : 품질요구사항을 충족시키는 데 중점을 둔 품질경영의 일부

11 품질의 관리시스템(데밍 사이클)

① 설계(P) : 품질설계(표준설정)
② 제조(D) : 공정관리(표준교육/준수)
③ 검사판매(C) : 품질보증
④ 조치(A) : 품질조사 & 개선

12 품질관리업무(파이겐바움)

(1) 신제품 관리

① 품질의 표준을 확립한다.
② 생산 개시 전에 문제의 근원을 제거한다.

(2) 수입자재 관리

시방에 맞는 자재를 경제적으로 구입·보관·관리하는 업무이다.

(3) 제품 관리

부적합품이 만들어지기 전에 시정하고, 생산현장이나 시장의 서비스를 통해 제품을 관리하는 업무이다.

(4) 특별공정조사

부적합품의 원인을 규명하거나 품질특성의 개량 가능성을 결정하기 위한 조사나 시험이다.

13 전략적 품질경영

(SQM ; Strategic Quality Management)

(1) 전략적 품질경영의 개념

시장에서 확실한 성공을 보장받을 수 있도록 모든 실행 조치활동 및 의사결정을 수행하는 경영방식이다.

(2) 추진단계

① 전략의 형성
  ㉠ SWOT 분석을 활용하여 경영현황을 직시하고, 전략적 방향을 설정한다.

  ✓ SWOT
  1. Strength(강점)
  2. Weakness(약점)
  3. Opportunity(기회)
  4. Threats(위협)

  ㉡ 구체적으로 이념·목표·전략·방침을 수립하는 단계이다.

② 전략의 실행
  ㉠ 실행계획 및 예산의 편성
  ㉡ 세부절차의 수립

③ 전략 실행 성과의 평가 및 통제

(3) 비전 선언문

기업이 나가야 할 방향인 비전을 문장으로 한 것이다.

(4) 임무 선언문

조직의 3W(Who, What, Where)에 대한 방향을 묘사한 것이다.

14 품질가치사슬(Quality Value Chain)

(1) 주창자

Ray Gahani

(2) 제품 품질

① 기본적인 부가가치활동을 전개한다.
② 테일러의 검사품질, 데밍의 공정관리 종합품질, 이시가와의 예방종합품질을 바탕으로 제품 품질의 가치가 부여된다.

(3) 경영종합품질

① 기능별 부가가치활동이다.
② 다구찌의 설계종합품질, 크로스비의 원가종합품질, 제품 품질의 융합으로 최적화될 수 있다.

(4) 전략종합품질

① 최고경영층에 제시된 품질 개념이다.
② 마쓰다의 시장창조 종합품질, 컨스(제록스)의 시장종합경쟁품질, 경영종합품질의 융합으로 도달된다.

(5) 고객만족품질

제품 품질, 경영종합품질, 전략종합품질의 융합으로 이룰 수 있다.

(6) 크로스비의 품질경영사상

① 품질은 요구사항에의 일치로 정의한다.
② 고객의 요구사항을 만족하기 위해 조직이 갖출 품질시스템은 당초부터 올바로 행하는 것이다.
③ 수행(성과) 표준은 무결점이다.
④ 품질의 척도는 품질 코스트이다.

(7) 벤치마킹

벤치마킹은 하나의 비교 우위과정을 뜻하는 상대적 우위성 전략으로, 조직의 업적 향상을 위해 최상을 대표하는 것으로 인정되는 다른 조직의 제품, 서비스, 업무수행방식을 검토하고 자사의 조직에 새로운 아이디어를 도입하여 경쟁력 우위를 확보하려는 체계적이고 지속적인 과정이라 할 수 있다.

15 말콤볼드리지상

(Malcom Baldridge National Quality Award)

(1) 평가방법

3개 요소, 7개 범주이다.

✓ 데밍상은 3개 요소, 10개 범주이다.

(2) 접근의 사고방식

What to do(목표지향형)

✓ 데밍상 : How to do(프로세스 지향형)로 생산현장의 제품과 제조공장의 품질개선 중심이다.

(3) 특징

① 국가 품질조례를 법으로 정하였다.
② 민관 일체형 추진이다.

✓ NIST 주관 ASQ(미국품질협회) 담당이다.

③ 기업경영 전체의 프로그램으로 전략에서 실행까지를 전개한다.
④ 평가항목 : 리더십, 전략계획, 고객, 시장중시, 측정분석 및 지식경영, 인적자원중시, 프로세스관리, 경영성과

CHAPTER 2 품질관리조직 및 기능

1 조직의 원리

① 권한과 책임의 원리
② 직무할당의 원칙
③ 위임의 원칙
④ 감독범위의 원칙
⑤ 명령통일의 원칙
⑥ 조정과 통합의 원칙

2 품질관리시스템의 원칙

① 예방의 원칙
② 과학적 접근의 원칙
③ 스태프 원조의 원칙
④ 전원참가의 원칙
⑤ 종합조정의 원칙

3 공장 조직의 기본형태

(1) 직계식 조직

군대식 조직이다.

(2) 기능식(직능식) 조직

테일러가 주창하였으며 부문별 전문가를 육성하여 전문업무에 숙달하게 한 조직이나, 명령의 일원화가 되지 않은 단점이 있다.

(3) 직계참모식 조직

에머슨에 의해 주창되었으며 기능식 조직의 단점을 보완한 방법이나, 참모와 라인 간의 갈등 문제가 야기될 수 있는 조직이다.

4 품질조직 구성의 3도구

조직도, 책임분장표, 직무기술서

5 TQC 추진상의 요건

① 의식선양과 협력체제이다.
② 활동의 주체는 라인에 둔다.
③ 고유기술과의 조화를 추구한다.
④ 층별하여 추진한다.

6 품질방침

최고경영자에 의해 공식적으로 표명된 품질에 관한 조직의 전반적 의도 및 방향이다.

7 품질시스템

지정된 품질 표준을 생산하고 인도하기 위해 필요한 관리 및 기술상의 순서(절차) 및 네트워크로, 품질보증, 신제품관리, 원가관리, 납기관리 등이 유기적으로 결합된 총합관리체계이다.

8 품질관리부문과 품질관리위원회

(1) 품질관리부문

① 스태프의 역할을 수행한다.
② 교육훈련의 입안과 실행한다.
③ 각 부문 간 품질보증업무의 총합 조정이다.
④ QC에 관한 정보 제공이다.
⑤ 품질관리계획 입안 등

✓ 직접적인 표준 설정 및 변경은 staff 기능의 업무가 아니다.

(2) 품질관리위원회

① 품질관리 추진 프로그램 결정
② 각 부문의 트러블 제거 및 클레임 처리
③ 중점적 품질 해석 심의
④ 중요한 QC 문제, 품질표준 및 목표심의

✓ 품질에 관한 최고의 의사결정기구이다.

CHAPTER 3 품질보증 및 제조물 책임

1 품질보증

(1) 정의

소비자가 그 제품을 성능 면에서 안심하고 살 수 있고, 오래 사용할 수 있다는 것을 보증하는 소비자와의 약속이다.

(2) 품질보증의 3확

① 품질확보
목표의 설정과 소정의 품질수준 확보이다.
② 품질확약
품질기준을 구비함을 고객에게 약속하고, 위반 시 적절한 보상을 한다.
③ 품질확인
공정/제품의 품질수준을 체크하고, 평가하여 피드백 기능 운영이다.

(3) 품질보증표시의 유형

① 법률규제
형식승인(예 전기용품 형식승인)
② 생산자 자체상표
오메가, 파카, 구찌 등
③ 임의 기관에서 보증마크의 취득
㉠ KS(제품인증)
㉡ KS A/ISO 9001 : 2000(시스템인증) 등

(4) 품질보증체계도

마디, 스킵기준, 출하구분, 정보의 피드백 경로, 클레임의 피드백 경로, 신뢰성실험 등이 구비되어 있는 도표이다.

(5) 품질정보체계도

품질보증체계도의 스텝에 맞춰 품질정보 활용의 책임과 품질정보 처리의 루트가 제시된 도표이다.

⊙ 품질정보 : 품질특성, 코스트, 양, 납기

2 품질보증업무의 사전대책과 사후대책

(1) 사전대책

시장조사, 공정능력 파악, 고객에 대한 PR 및 기술지도

(2) 사후대책

품질감사, 보증기간방법, 제품 검사, AS

3 품질평가

(1) 정의

① 품질보증의 원점이다.

② 품질을 측정해서 그 목적에 대한 가치를 결정하는 것이다.

(2) 품질시스템에서의 품질평가

① 제품 개발단계의 품질평가
  ㉠ 제품 기획 : 시장성, 가능성
  ㉡ 설계단계 : 시작품의 평가, 설계심사(DR)

② 제조단계의 품질평가
  ㉠ 설계품질에 어느 정도 적합한가의 여부를 평가한다.
  ㉡ 수입검사, 공정검사, 최종검사, 출하검사

③ 시장단계의 품질평가
  제품의 품질평가 : 상품비교, 클레임, 직접조사

4 품질심사

(1) 정의

제품 품질을 여러 단계에서 객관적으로 평가품질 보증에 필요한 정보를 파악하기 위해서 실시하는 품질관리활동이다.

(2) 품질심사의 유형

① 자체 품질심사
② 외주업체 품질심사
③ 감사기관에 의한 심사

⊙ 감사를 균일하게 누락 없이 진행하려면 감사점검표를 사용하는 것이 좋다.

5 품질계획

(1) 정의

생산 전 설계단계에서 품질을 측정관리를 하기 위한 계획을 수립하는 것이다.

(2) 품질계획서

특정 프로젝트, 특정 제품, 특정 계약에 대하여 어떤 절차와 관련된 자원이 누구에 의해, 언제 적용되는지를 규정한 문서이다.

6 품질관리부문의 하위 기능(부차적 기능)

(1) 품질관리활동의 피드백 사이클

① 품질계획(품질관리 기술부문)
② 품질평가(공정관리 기술부문)
③ 품질해석(공정관리 기술부문)

(2) 품질관리 기술부문

① 품질계획의 입안과 목표 설정
② 제품 및 공정 품질계획
③ 품질관리교육 및 품질정보 피드백
④ 품질코스트 구성 및 품질관리 진단

(3) 공정관리 기술부문

① 공정관리를 위한 검사
② 품질 측정장치 및 시험장치의 설계 및 개발
③ 품질 측정기술 개발

(4) 공정관리 기술부문

① 공정의 QC 활동에 대한 기술적 원조
② 품질관리의 적용 실시의 감시
③ 품질능력 평가
④ 품질감사의 업무 등을 수행

7 제조물 책임(Product liability)

(1) 정의

제조물의 피해와 관련하여 소비자의 피해를 최소화할 수 있도록 대인·대물에 대한 손해배상 기능의 설정이다. 그러므로 품질보증 측면의 고객만족과는 거리가 있다.

(2) PLD(제조물 책임 방어)

① 개념 : 제조물의 결함으로 인한 손해가 발생하고 난 뒤의 방어대책

② 사전대책

㉠ 책임의 한정 : 계약, 보증서, 취급설명서

㉡ 손실의 분산 : 보험 가입

㉢ 응급체계 구축 : 창구 마련, 정보전달체계 구축, 교육

③ 사후대책

㉠ 초동대책 : 사실의 파악, 매스컴 및 피해자 대응

㉡ 손실확대 방지 : 수리, 리콜

(3) PLP(제조물 책임 예방)

① 개념 : 제조물의 사고가 나기 전에 방지하는 대책

② S/W : 적정 사용법 보급, 고도의 QA 체계, 기술지도, 사용환경 대응, 신뢰성시험, 제품안전기술

③ H/W : 재료, 부품 등의 안전 확보

(4) 제조물책임 분류

① 과실책임

㉠ 설계상 결함

㉡ 제조상 결함

㉢ 사용표시상 결함 : 경고표시 미흡

② 보증책임

㉠ 명시보증 위반 : 명시된 사항의 위반

㉡ 묵시보증 위반

③ 엄격책임

자사 제조물이 더 이상 점검되지 않고 사용될 것을 알면서 제조물을 유통시킴

CHAPTER 4 규정공차와 공정능력 분석

1 규격과 공차

(1) 규격

물체에 직·간접으로 관련되는 기술적 사항에 관해 규정된 기준

(2) 공칭치수(호칭치수, 기준치)

규격의 중심, 요구하는 품질특성의 기준

(3) 공차

① 품질특성의 총허용산포

② 규격 상한 – 규격 하한

(4) 허용차

① 규정된 기준값과 규정된 한계치와의 폭

② 규정된 허용한계

2 치수공차와 끼워맞춤

(1) 정의

① 최대허용치수와 최소허용치수의 차이

② 치수의 정밀함을 나타내는 척도

(2) 틈새

조립품의 틈새 차이가 +값으로 나타남

① 최대틈새 : 너트의 최대내경－볼트의 최소외경

② 최소틈새 : 너트의 최소내경－볼트의 최대외경

③ 평균틈새 : $\dfrac{\text{최대틈새}+\text{최소틈새}}{2}$

(3) 죔새

조립품의 틈새의 차이가 －값으로 나타남

(4) 끼워맞춤

① 헐거운 끼워맞춤 : 끼워맞춤이 항상 틈새

② 중간 끼워맞춤 : 틈새와 죔새가 같이 나타나는 끼워맞춤

③ 억지 끼워맞춤 : 끼워맞춤이 항상 죔새

3 공차설정법

(1) 통계적 개념

공차의 가법성이 성립된다.

(2) 공차의 계산

$T = A \pm B \pm C$

① 평균의 법칙 : $\mu_T = \mu_A \pm \mu_B \pm \mu_C$

② 분산의 법칙 : $\sigma_T^2 = \sigma_A^2 + \sigma_B^2 + \sigma_C^2$

(3) 조립품의 편차(공차의 가법성)

$T^2 = T_A^2 + T_B^2 + T_C^2$

4 공정능력지수

(1) 자연공차(공정능력치)

공정이 최상 상태일 때의 품질상의 달성능력으로, $\pm 3\sigma$ 혹은 6σ를 뜻한다.

(2) 특징

① 장래의 예측할 수 있는 결과이다.
② 과거에 대한 결과는 평가가 곤란하다.
③ 요인상태에 대한 규정이 필요하다.
④ 척도는 반드시 고정된 것은 아니다.
⑤ 특정 조건하에서 도달 가능한 한계상태를 표시하는 정보이다.

(3) 공정에 영향을 미치는 요인

5M1E
(설비, 작업자, 자재, 방법, 측정, 환경)

(4) 공정능력의 분류

① 정적 공정능력
문제의 대상물이 갖는 잠재능력으로 가동되지 않은 정지상태의 최대능력이다.
② 동적 공정능력
실제 운전상태의 현실능력으로 시간적 변동뿐만 아니라 원재료, 작업자 교체를 포함한 최소능력이다.
③ 단기 공정능력
㉠ 임의의 시점에서의 정상적 공정능력이며, 군내변동을 기준으로 구한다.
㉡ 보전부문은 이를 유지하여야 한다.
④ 장기 공정능력
㉠ 정상적인 공구 마모의 영향, 재료의 배치 간 미세한 변동 등을 포함한 공정능력으로 군내변동과 군간변동의 합을 기준으로 구한다.
㉡ 제조부문은 이를 잘 관리하여야 한다.

5 공정능력지수 평가

⊙ 관리도 참조

CHAPTER 5 검사설비 관리

1 계측기 관리의 개요

(1) 계측의 목적

① 개별 단위제품의 품질정보 제공
② 로트의 품질정보 제공
③ 생산공정의 능력정보 제공
④ 계측과정의 정확도와 정밀도 정보 제공

(2) 계측의 목적별 분류

운전계측, 관리계측, 시험연구계측

(3) 계측 관련 용어의 정의

① **기차** : 계측기가 표시하는 값이 실량에 미달하는 경우의 미달량
② **보정** : 비교검사 및 교정에 의해 정확한 값을 나타내게 하는 것
③ **교정** : 사용하고 있는 계측기와 교정용 표준기의 차이가 얼마나 있는가를 확인하고 계측기의 정밀도와 성능을 유지하려는 일련의 작업
④ **비교검사** : 계측기를 원기, 표준기, 기준기와 비교하여 기차를 구하는 것
⑤ **되돌림오차** : 동일 측정량에 대해 다른 방향으로 접근할 경우 측정값이 갖는 차
⑥ **지시범위** : 계측기에서 읽을 수 있는 측정량의 범위
⑦ **측정범위** : 최소눈금값과 최대눈금값에 의거한 표시된 측정량의 범위
⑧ **적합성 평가** : 제품, 서비스, 공정, 체계 등이 국가표준, 국제표준 등을 충족하는지를 평가하는 교정, 인증, 시험, 검사 등
⑨ **소급성** : 연구개발, 산업생산, 시험검사 현장 등에서 측정한 결과가 명시된 불확정 정도의 범위 내에서 국가측정표준 또는 국제측정표준과 일치되도록 연속적으로 비교하고 교정하는 체계

⊙ 1. 원기는 국가(기술표준원장)가 보관한다.
2. 기업은 교정을 위해 필요한 기준기를 가지고 있어야 한다.

(4) **계측관리의 목적**

품질보증, 품질평가, 공정능력평가

2 계량의 단위

(1) **기본단위**

① 길이 : 미터(m)
② 시간 : 초(s)
③ 질량 : 킬로그램(kg)
④ 온도 : 캘빈(K)
⑤ 광도 : 칸델라(cd)
⑥ 전류 : 암페어(A)
⑦ 몰질량 : 몰(mol)

(2) **유도단위**

기본단위를 조합한 것이다.

(3) **특수용도의 보조계량단위**

① 광학 또는 결정학에서의 길이 : 옹스트롬(Å)
② 해면 또는 공중에서의 길이 : 해리(H)
③ 보석의 질량으로서의 무게 : 캐럿(Ct)
④ 항해 및 항공에 관한 속도 : 노트(Kn)

3 감도와 관측횟수

(1) **감도**

계측기의 민감한 정도를 표시한 것

(2) **계측기의 필요 관측횟수**

$$n=\left(u_{1-\alpha/2}\frac{\sigma_e}{\beta}\right)^2$$

4 오차

(1) **오차**

측정값－참값

(2) **치우침(정확도)**

측정치의 평균－참값

(3) **오차의 발생원인**

① 측정기 자체(기기오차)
② 측정하는 사람(개인의 숙련)
③ 측정방법의 차이
④ 외부적 영향(환경오차 : 간접요인)

⊙ 가장 큰 요인은 계측방법의 차이이다.

5 측정오차의 종류

(1) **과실오차**

① 절차의 잘못
② 취급 부주의
③ 데이터를 잘못 읽음
④ 기록 실수

(2) **우연오차**

원인을 파악할 수 없어 측정자가 보정할 수 없는 고유오차

(3) **계통오차(교정오차)**

① 유형

측정기를 미리 검사·보정하면 없앨 수 있는 오차

② 종류

㉠ 계기오차 : 측정기 구조상의 오차
㉡ 환경오차 : 측정장소 환경조건의 차이
㉢ 개인오차 : 개인의 습관
㉣ 이론오차 : 간이방식의 사용에 따른 오차

6 측정의 기본방법

(1) **직접측정**

버니어캘리퍼스, 마이크로미터

(2) **비교측정**

다이얼게이지

(3) **간접측정**

블록게이지, 사인바에 의한 각도 측정

7 측정시스템 변동의 유형

(1) **편의(정확도)**

① 계측기의 마모
② 적합하지 않은 눈금 또는 계측기

(2) **반복성** : 개인의 측정오차

① 계측기 보전 미비
② 계측기 고정방법이나 위치 문제
③ 계측자의 미숙련

(3) **재현성** : 개인 간의 측정오차

① 계측자의 버릇
② 표준의 미비
③ 계측자의 해독 오차

(4) 안정성 : 시간에 따른 계측기의 변화
① 환경조건
② 불규칙한 사용시기
③ 계측기의 작동 준비상태

(5) 직선성
① 계측기 상단부나 하단부의 눈금 부적합
② 계측기의 설계 문제

8 Gage R&R의 평가

(1) 주요 내용
반복성(정밀도)와 재현성을 평가함

(2) 종류
① 범위법
② 평균-범위법

(3) 범위법의 평가방법
① R&R(%) ≤ 10% : 적합
② 10% < R&R(%) < 30% : 계측기의 수리비용이나 계측오차의 심각성을 고려하여 조치 여부 결정
③ R&R(%) ≥ 30% : 부적합

CHAPTER 6 6시그마 혁신활동과 single PPM

1 6시그마 품질경영 개요

(1) 품질수준(치우침이 없을 때)
① $C_P=2.0$
② 부적합품률 : 0.002PPM(2PPB)

(2) $\pm 1.5\sigma$의 치우침을 허용할 때 품질수준
① $C_{PK}=1.5$
② 부적합품률 : 3.4PPM

(3) 6σ 용어
① DPU(Defect Per Unit)
단위당 부적합수, 부적합품률
② DPO(Defect Per Opportunity)
기회당 부적합수, 부적합품률
③ DPMO(Defect Per Million Opportunity)
100만 기회당 부적합수, 부적합품률
④ 부적합의 정의
㉠ 고객의 불만을 유도하는 모든 것
㉡ 규격/프로세스 또는 고객 기대와의 불일치

2 6시그마 프로젝트의 추진

(1) DMAIC
① Define
㉠ 고객의 정의
㉡ 고객 요구사항 파악
㉢ 개선 프로젝트 선정
② Measure
㉠ 벤치마킹
㉡ 부적합의 정량화
㉢ 프로세스 Mapping
③ Analyze
㉠ 부적합 원인 규명
㉡ 잠재원인에 대한 자료 확보
㉢ 치명적 원인 도출
④ Improvement
㉠ 프로세스 개선방법 모색
㉡ 브레인스토밍
㉢ 최적해 도출 가능한 해결방법의 실험적 실시
⑤ Control
㉠ 개선 프로세스의 지속적 방법 모색
㉡ 표준화 및 모니터링

(2) 설계개발 프로젝트의 추진
① 전개기법
DFSS(Design For Six Sigma)
② 전개절차(DMADOV)
㉠ Define
㉡ Measure
㉢ Analyze
㉣ Design
㉤ Optimize
㉥ Verify

3 6시그마 자격제도

(1) Champion

① 대상 : 대표, 사업팀장

② 주요 업무 : 목표설정, 추진방법의 확정, 6시그마의 신념을 조직에 확산

(2) MBB(Master Black Belt)

① 대상 : 경영 Staff(참모), 임원 승진대상 간부진 등 경영 간부그룹 중 유자격자

② 주요 업무 : 직원 지도교육, BB 프로젝트에 대한 자문 지원, Champion 보조

(3) BB(Black Belt)

① 대상 : 과장, 팀장 등 Line/실무 리더 그룹의 유자격자

② 주요 업무 : 6σ 프로젝트의 추진 리더

(4) GB(Green Belt)

① 대상 : 과원 팀원 등 실무그룹 중 유자격자

② 주요 업무 : 프로젝트 요원으로 활동에 참여

4 Single PPM

(1) 활동개요

정부 주도의 중소기업 경영혁신운동이다.

(2) 활동절차

① Scope

범위 선정 및 CTQ 규명

② illumination

㉠ 현상 확인 및 측정시스템 분석

㉡ 신뢰성 있는 데이터 확보

③ Nonconformity analysis

원인 분석 – 통계적 문제로의 전환

④ Goal

목표 설정 – 벤치마킹

⑤ Level-up

개선

⑥ Evaluation

평가

✓ 각 영어 단어의 첫 글자를 이으면 SINGLE이 된다.

CHAPTER 7 품질비용

1 품질코스트 개요

(1) 정의

품질관리에 수반되는 제비용이며, 제조원가의 부분원가이다.

(2) 품질코스트의 구성비(파이겐바움)

적정한 품질비용은 제조원가의 8~9%이다.

(3) 품질코스트의 용도

① 측정의 기준

② 공정품질분석의 도구

③ 계획수립의 도구

④ 예산편성의 도구

(4) 품질코스트 집계의 5단계

① 품질코스트를 총괄

② 책임부문별 할당

③ 주요 제품별 할당

④ 주요 공정별(외주공정별) 할당

⑤ 프로젝트 해석을 위한 집계

2 품질코스트(비용)의 구성

(1) 예방비용(P-cost)

① 정의 : 처음부터 불량이 생기지 않도록 하는 비용

② 구성 : 조사비, 품질관리 인건비, 교육비, 인증비, 외주지도비, 컨설팅비 등

(2) 평가비용(A-cost)

① 정의 : 소정의 품질수준을 유지하기 위한 비용

② 구성 : 각종 검사비, PM비, 시험비, 검사설비의 보전비용

(3) 실패비용(F-cost)

① 정의 : 소정의 품질수준을 유지하는 데 실패하였기에 발생하는 비용

② 사내 실패비용 : 폐기, 재가공, 설계변경 손실, 협력업체 불량 손실비용 등 출하 전 발생된 손실비용

③ 사외 실패비용 : 불량 대책비, 현지서비스, A/S, 대품 현금보상비용 등 출하 후 발생된 손실비용

COPQ(Cost Of Poor Quality)
마이클해리가 주창한 개념으로, 기존의 실패비용에서 확대된 실패 및 hidden 비용으로 기업 총비용에 20~40%가 내재되어 있다.

CHAPTER 8 품질혁신활동 및 수법

1 QC 7가지 기본수법(7도구)

(1) 히스토그램

① 용도
- ㉠ 분포상태를 파악한다.
- ㉡ 공정능력을 알 수 있다.
- ㉢ 공정의 해석을 할 수 있다.
- ㉣ 부적합품률을 파악할 수 있다.

② 이상상태의 유형
- ㉠ 낙도형
  기계의 돌발 문제 등으로 이물이 혼입된 경우에 발생
- ㉡ 쌍봉형
  이질적 두 로트가 혼입된 경우
- ㉢ 이빠진형
  측정자의 버릇이나 군 구분이 잘못된 경우
- ㉣ 절벽형
  경계치 이하를 선별했을 경우

(2) 특성요인도

① Fish-bone chart라고도 한다.
② 결과와 원인의 관계를 규명하기 위해 작성하는 그림이다.
③ 주로 4M으로 대별하여 접근한다.

(3) 체크시트

① 계수치 데이터가 분류항목의 어디에 집중되는가를 표현한 체크표이다.
② 파레토도의 데이터 수집수단으로도 사용된다.

(4) 산점도

① 대응되는 데이터를 점으로 나타낸다.
② 변량 X와 Y의 상호관계를 규명하는 그림이다.

(5) 파레토도

① 파레토가 작성한 그림을 쥬란이 수정하여 만든 그림이다.
② 세로축은 부적합수 또는 손실금액으로, 가로축은 항목으로 하고, 우측 하단은 기타로 묶어 처리한다.
③ 꺾은선그래프와 막대그래프로 표현된다.
④ 80/20 법칙을 이용하는 중점관리항목을 선정하는 통계적 기법이다.

(6) 층별

로트의 특징에 따라 몇 개의 부분집단으로 나누는 것이다.

(7) 각종 그래프

① 뜻하는 것을 한눈에 알 수 있도록 한 그림이다.
② 꺾은선그래프(관리도)는 시간에 따른 변화의 상태를 보여준다.

2 QC 서클

(1) 기본이념

① 인간존중과 명랑한 직장분위기 조성
② 인간의 무한한 능력의 개발
③ 기업의 체질 개선과 발전에 기여

(2) 활동절차

① 테마 선정
② 현상 파악
③ 목표 설정
④ 원인 분석
⑤ 대책 수립 및 실시
⑥ 효과 파악
⑦ 표준화
⑧ 사후관리
⑨ 반성 및 향후 계획

(3) 테마의 선정

가능한 쉽고, 해결 가능한 단기적인 것을 선정한다.

(4) 브레인스토밍의 4원칙

① 비판 엄금
② 다량의 의견 도출
③ 남의 아이디어에 편승(연상의 활발한 전개)
④ 자유분방한 사고(아이디어)

3 ZD 운동

작업자의 태만에 의한 부주의를 제거하자는 운동으로 미국 마틴사에서 시작된 운동이다.

✓ 품질관리의 발전 순서
SQC → TQC → ZD → QM → TQM

4 신QC 7도구

(1) 연관도법

복잡하게 얽힌 인과관계에 대해 요인 상호관계를 밝혀 원인과 탐색 구조를 명확히 하여 문제해결의 실마리를 발견한다.

(2) 친화도법(KJ)

혼돈된 상태에서 사실·의견·발상 등을 언어 데이터에 의해 유도하여 데이터로 정리함으로써 문제의 본질을 파악하고, 문제의 해결과 새로운 발상을 이끌어 내는 방법이다.

(3) 계통도법

목표달성을 위해 수단과 방책을 계통적으로 전개하고, 문제의 핵심을 명확히 하여 최적의 수단 방책을 추구하는 방법이다.

(4) 매트릭스도법

문제의 사상을 행열에 배치하여 그 교점에 각 요소 간의 관련 유무나 관련 정도를 표시하고, 그 착상의 포인트로 하여 문제해결을 효과적으로 추진해 가는 방법이다.

✓ QFD(품질기능전개)의 수단인 품질하우스는 대표적인 매트릭스도법이다.

(5) 매트릭스 데이터 해석법

데이터 간의 상관관계를 근거로 데이터가 지닌 정보를 한꺼번에 가급적 많이 표현할 수 있도록 합성 득점을 구함으로써 전체를 알아보기 쉽게 정리하는 방법이다.

(6) PDPC법

신제품 개발이나 신기술 개발 또는 치명적 문제회피 등과 같이 최초의 시점에서 최종 결과까지의 행방을 짐작할 수 없는 문제에 대하여 중대사태에 대한 해법을 얻는 방법이다.

(7) 애로도법

네트워크로 표현된 그림으로 일정계획 수립과 비용절감에 활용한다.

5 기타 아이디어 발상법

(1) 고든법

처음에는 문제를 리더만 알고 아이디어를 발상시키다가 충분히 주제에 접근하면 그때에 주제에 관해 의견을 모아가는 방식으로, 브레인스토밍보다 많은 아이디어를 다양하게 얻을 수 있는 방법이다.

(2) 유사성 비교법(significant)

유사성의 비교를 통해 아이디어를 도출한다.

(3) 기타

질문법, 결점열거법, 오스본법, 5W1H

6 VA/VE

(1) 용어의 정의

Value = Function/Cost

(2) 접근의 사고방식

가격을 올리지 않고 기능을 달성하거나 불필요한 기능을 없애는 방법으로, 원가를 줄이자는 사고에서 출발한다.

(3) 접근 순서

① 정보의 수집
② 기능의 정의
③ 기능의 평가
④ 아이디어의 발상

(4) 가치의 종류

사용가치, 매력가치, 교환가치, 희소가치, 코스트가치

CHAPTER 9 산업표준화

1 표준화

(1) 개요

어떤 표준을 정하고, 이를 따르는 것이다.

(2) 표준화의 3S

단순화, 전문화, 표준화

(3) 표준화의 원리

① 표준화는 단순화의 개념으로 종류의 수를 감소시키는 것이다.
② 규격 제정은 관련자 총체적 합의를 요한다.
③ 다수이익을 우선하고, 소수이익은 희생될 수 있다.
④ 규격은 정기적으로 검토하고, 필요시 개정하여야 한다.

2 표준화

(1) 정의

문제를 표현하는 논리적 수단이다.

(2) 표준화 공간

① **표준화 영역(주제)** : 농업, 직물 등 관련된 주제의 군으로 분류한 것
② **표준화 수준** : 규격이 제정되는 수준
③ **표준화 국면** : 표준화의 주제가 규격에 적합한 것으로 인정되기 위해서 주제에 의해 만족되어야 할 요구조건의 일군

(3) 표준화의 효과

① 생산능률의 증진과 생산비 절감
② 자재의 절약
③ 품질의 향상
④ 사용소비의 합리화
⑤ 거래의 단순공정화
⑥ 기술의 향상

(4) 표준화의 실시 시기

성장기의 종료시점에서 규격을 제정한다.

3 산업표준

(1) 정의

개개의 표준화 노력으로 당국에 의해 승인된 것

(2) 표준의 분류

① **기술표준(규격)** : 주로 물체에 직·간접적으로 관계되는 기술적 사항에 관하여 규정되는 기준이다.
② **관리표준(규정)** : 개조식으로 쓴 문장, 그림, 보기, 표로 예시되며 절차서를 뜻한다.
③ 작업표준

(3) 과학기술계 표준의 분류

① 측정표준
② 참조표준
③ 성문표준

(4) 국면에 따른 표준의 분류

① **전달규격(기본규격)** : 계량단위, 용어, 기호 등 기초사항을 규정한 규격
② **방법규격** : 성분 분석, 시험방법, 검사방법, 사용방법에 관한 규격
③ **제품규격** : 제품의 치수, 형태, 재질 등 완제품, 부분품에 사용되는 규격

(5) 표준의 적용기간별 분류

① **통상표준** : 일반적인 표준
② **시한표준** : 적용 개시 시기와 종료시기가 명시된 표준
③ **잠정표준** : 표준이 적절하지 못해 특정 기간에 한해 적용할 목적으로 정한 표준

(6) 관련규격과 인용규격

① **관련규격** : 규격 사용 시 참조할 필요가 있는 규격
② **인용규격** : 다른 규격에 있는 사항을 규격번호로 표시해 두고 기재는 안할 때

(7) 시방

제품, 재료 혹은 조작으로 만족되어야 할 요구사항의 기술

4 품질

(1) 정의

제품의 유용성을 결정하는 특성이며, 목적을 만족시키기 위해 갖추어야 할 성질이다.

(2) 분류

① 종류
사용자의 편리를 도모하기 위해 제품의 성능, 성분, 구조, 형상, 치수, 제조방법 등의 차이에서 구분되는 것이다.

② 등급
한 종류의 제품의 중요한 품질특성에 있어 요구품질수준의 고저에 따라 다시 구분하는 것이다.

③ 형식
특정 용도에 따라 식별할 필요가 있는 경우이다.

5 국제표준

(1) 개요

① 국가표준을 기초로 성립된다.
② 국가 간 상호 경제교류를 위함이다.

(2) 국제표준화기구(ISO)

① 1946년 설립
② 공식 언어 : 영어, 프랑스어, 러시아어
③ 주요 업무 : 산업 전반에 걸친 표준화업무

(3) 국제전기표준회의(IEC)

① 1906년에 설립된 최초의 표준화기구
② 현재 : ISO에 통합되었으나, 독립적 운영기구
③ 주요 업무 : 전기 관련 표준화업무

(4) 국제도량형국(IBMW)

도량형에 대한 국가 간 표준화업무 수행

(5) 표준화지역단체

① 유럽표준화위원회(CEN)
② 범미국규격위원회(COPANT)
③ 아시아규격자문위원회(ASAC)

6 국가규격 단체

① 미국(ANSI)
② 인도(IS)
③ 호주(AS)
④ 중국(GB)
⑤ 러시아(GOST)
⑥ 유고슬라비아(JUST)
⑦ 프랑스(NF)
⑧ 독일(DIN)
⑨ 일본(JIS)
⑩ 영국(BS)
⑪ 캐나다(CSA)
⑫ 한국(KS)

7 국가규격의 대상이 되는 분야

① 기술에 관한 기초사항으로 전국적으로 통일할 필요가 있는 것이다.
② 산업의 기초자재로 통일이 필요한 것이다.
③ 기술이 급속한 발전에 있는 것은 대상이 아니다.
④ 중요도가 작은 것은 대상이 아니다.
⑤ 특정한 용도로만 사용되는 것은 대상이 아니다.
⑥ 기타 상식에 어긋나는 것은 대상이 아니다.

⊙ 한국산업규격의 제정원칙
1. 통일성 유지
2. 조사·심의 과정의 민주적 운영
3. 객관적 타당성 및 합리성 유지
4. 공중성의 유지

8 한국산업규격(KS)

(1) 목적

합리적인 산업표준의 제정·보급으로 광공업품의 품질 고도화 및 같은 제품 관련 서비스 향상, 생산효율 향상, 생산기술의 혁신을 기하고, 거래의 단순화, 공정화 및 소비의 합리화로 산업경쟁력을 향상시키며, 국가 경쟁력에 이바지함을 목적으로 한다.

(2) KS 인증심사기준

① 제품 가공기술 인증(6가지)
- ㉠ 품질경영관리
- ㉡ 자재관리
- ㉢ 공정·제조설비관리
- ㉣ 제품관리
- ㉤ 시험·검사설비관리
- ㉥ 소비자보호 및 환경·자원관리

② 서비스 인증
- ㉠ 사업장 심사기준(5가지)
  - 서비스 품질경영관리
  - 서비스 운영체계
  - 서비스 운영
  - 서비스 인적자원관리
  - 시설·장비, 환경 및 안전관리
- ㉡ 서비스 심사기준(3가지)
  - 고객이 제공받은 사전 서비스
  - 고객이 제공받은 서비스
  - 고객이 제공받은 사후 서비스

(3) 한국산업규격 분류

① A(기본)
② B(기계)
③ C(전기·전자)
④ D(금속)
⑤ E(광산)
⑥ F(건설)
⑦ G(일용품)
⑧ H(식료품)
⑨ I(환경)
⑩ J(생물)
⑪ K(섬유)
⑫ L(요업)
⑬ M(화학)
⑭ P(의료)
⑮ Q(품질경영)
⑯ R(수송기계)
⑰ S(서비스)
⑱ T(물류)
⑲ V(조선)
⑳ W(항공)
㉑ X(정보)

CHAPTER 10 사내표준화

1 사내표준화 원칙과 추진순서

(1) 사내표준화 원칙

① 규격은 책자(바꿔끼기식, 복사식, 규격번호, A4)로 기입하지 않으면 안 된다.
② 누구나 쉽게 열람할 수 있어야 한다.
③ 경영진 이하 간부의 솔선수범이 필요하다.

(2) 표준화체계 만들기

표준화 계획 → 표준화 운영 → 표준화 평가

2 사내표준화 요건

① 실행 가능성이 있을 것
② 당사자에게 말할 수 있는 기회를 줄 것
③ 필요시 적시에 개정할 것
④ 기록내용이 구체적이고 객관적일 것
⑤ 보기 쉬운 표현으로, 장기적 방침하에서 추진할 것
⑥ 기여도가 큰 것을 채택할 때
- ㉠ 중요한 개선이 있는 경우
- ㉡ 숙련공이 교체될 경우(숙련공 작업방법의 표준화)
- ㉢ 산포가 클 때
- ㉣ 통계적 수법을 활용하고 싶을 때
- ㉤ 기타 공정에 변동이 있을 때

3 사내규격 관리규정

(1) 제정

① 신제품, 신제조방식을 실시할 때
② 현행 규격이 없거나 제정이 필요할 때

(2) 개정

① 불합리점이 발견되었을 때
② 국가규격의 변경 등 개정의 사유가 생겼을 때

(3) 폐지

① 규격이 개정되었을 때
② 규격이 필요 없거나 사유가 발생했을 때

⊙ 개정이 이루어지는 것은 문서이고, 개정할 수 없는 것은 기록이다.

4 제품규격

(1) 반드시 규정될 사항

① 적용범위
② 종류·등급
③ 성능
④ 시험방법
⑤ 검사방법

검사와 시험의 구분
판정을 하면 검사로, 판정을 안 하면 시험으로 구분한다.

(2) 되도록 규정하는 것이 좋은 것

① 용어의 뜻
② 포장, 표시

(3) 기타 항목을 규격에 규정하지 않을 때

① 성능만으로 충분한 경우
② 기술의 진보 면에서 좋지 못할 경우
③ 생산자의 자주성을 존중함이 좋은 경우
④ 다른 항목에서 규정하는 것이 적당할 경우
⑤ 별로 의미가 없는 경우

(4) 기타 항목을 반드시 규정해야 할 때

① **공통** : 다른 특성으로 설명이 곤란할 때
② **성분, 화학적 성질, 물리적 성질** : 최종 품질특성으로 중요할 때
③ **형상, 치수** : 호환성, 단순화의 관점에서 필요할 때
④ **겉모양 및 관능적 특성** : 중결점에 대해 규정할 사항이 있을 때
⑤ **재료**
  ㉠ 최종 특성만으로 제품 품질을 보증할 수 없을 때
  ㉡ 신뢰성 확보를 위해 필요할 때
  ㉢ 성능상의 호환성을 확보하기 위한 경우
  ㉣ 지도성이 필요한 경우
⑥ **제조방법**
  ㉠ 최종검사로 품질보증이 불충분할 때
  ㉡ 품질보증을 위한 검사가 곤란할 때

5 작업표준

(1) 개요

개개의 작업방법에 대해 작업자를 대상으로 직접 지시하는 것이다.

(2) 작업표준의 구성

① 작업 방법/순서
② 작업상 주의사항
③ 이상 시 조처방법
④ 작업안전에 관한 사항

6 규격서의 서식(KS A 0001)

(1) 용어의 뜻 – 1

① **본체** : 형식상 주체가 되는 부분
② **부속서** : 규격의 주체이나 따로 추려 본문에 준하여 종합한 것
③ **추록** : 표준 중 일부의 규정요소를 개정(추가 또는 삭제를 포함)하기 위하여 표준의 전체 개정과 같은 순서를 거쳐 발효되는 것으로, 개정내용만을 서술한 표준
④ **참고** : 본체, 부속서의 규정에 관한 사항을 본체에 준한 형식으로 보충하는 것
⑤ **해설** : 본체, 부속서, 참고에 기재한 사항과 관련하여 설명하는 것

1. 참고와 해설은 규격이 아니다.
2. 표기순서 : 본체 → 부속서 → 참고 → 해설

(2) 용어의 뜻 – 2

① **조항** : 본체, 부속서를 이루는 독립된 개개 규정을 뜻하며, 문장, 그림, 표, 식으로 구성됨
② **본문** : 조항의 구성부분의 주체가 되는 문장
③ **비고** : 그 안에 작성하면 복잡해지는 사항을 본문, 그림, 표의 밖에 따로 기재하는 것
④ **각주** : 본문, 비고, 그림, 표의 일부 사항에 각주번호를 달고 보충내용을 따로 떼어내어 해당 쪽 아래에 기재하는 것
⑤ **보기/예** : 본문, 비고, 각주, 그림, 표 등에 나타난 사항에 대하여 예시하는 것

7 문장의 기술 및 서식의 작성

(1) 문장

① 한글을 전용한다.
② 조항별로(3단계) 나열한다.

(2) 문체

알기 쉬운 문장으로 한다.

(3) 기술방법

왼쪽부터 가로쓰기의 원칙이다.

(4) 표시글

한글이 원칙이나, 한자 병기가 가능하다.

(5) 숫자

아라비아숫자를 원칙으로 한다.

(6) 수치맺음(KS A 0021)

① 일반적으로 반올림한다.
② 정확히 5로 끝이 난 경우, 앞의 수가 홀수이면 올리고, 짝수이면 버린다.

예 3.525 → 3.52
3.535 → 3.54

8 표준수

(1) 특성

① $\sqrt[r]{10}$ 의 등비수열로 되어 있다.
② 독일에서 시작되었다.
③ 표준수의 곱, 몫, 정수멱은 모두 표준수가 된다.
④ 유효숫자 5자리까지 계산된다.
⑤ 증가율이 큰 수인 R-5부터 적용한다.

(2) 기본수열

R-5($\sqrt[5]{10}$), R-10, R-20, R-40의 수열이다.

(3) 특별수열

R-80

9 안전색채

① 빨간색 : 방화, 멈춤, 금지
② 주황색 : 위험
③ 노란색 : 주의
④ 초록색 : 안전, 진행, 구급, 구호 표시
⑤ 파란색 : 조심
⑥ 자주색 : 방사능
⑦ 흰색 : 통로, 정돈
⑧ 검은색 : 보조적으로 사용

10 안전색광

① 빨간색 : 방화, 멈춤, 위험, 긴급 등의 사항을 표시
② 노란색 : 주의를 표시
③ 흰색 : 보조색으로 글자, 화살표 등에 사용
④ 초록색 : 안전, 진행, 구급 등의 사항을 표시
⑤ 자주색 : 유도, 방사성 물질 등의 사항을 표시

CHAPTER 11 품질경영시스템 인증

1 SO 9000 패밀리 규격

(1) 제정기관

ISO TC 176(품질경영 및 품질보증)

(2) 규격의 종류

ISO 9001/2015로 통합 운영

(3) 시스템 요구사항

① 조직상황(4장)
② 리더십(5장)
③ 기획(6장)
④ 자원(7장)
⑤ 운용(8장)
⑥ 성과평가(9장)
⑦ 개선(10장)

(4) ISO 9001 : 2015의 주안점

① 고객중시
② 리스크 기반 사고
③ 조직의 전략에 QMS 방침과 목표의 일치화
④ 문서에 대한 유연성 강조
⑤ 적합한 제품과 서비스의 지속적 제공

(5) 문서화 필수요소

① 품질방침, 품질목표
② 품질매뉴얼
③ 품질절차서(문서관리, 기록관리, 내부감사, 시정조치, 예방조치, 부적합제품 관리)

(6) 품질매뉴얼에 포함되어야 할 사항

① 품질경영시스템 범위
② 절차서 및 관련 기준
③ 프로세스 및 상호관계
④ ISO 요건

2 ISO 인증제도

(1) 인증방식

3자 인증제도로 시스템 인증이다.

대표적 제품 인증은 KS가 있으며 제품/포장에 인증 표시가 가능하나, 시스템 인증은 문서에 인증사실을 표시한다.

(2) 심사방식

① 문서심사
품질매뉴얼 심사
② 현장심사
QMS의 적합성과 유효성 평가

연 1회 사후관리 심사가 실시되며, 인증효력의 유효기간은 3년이다.

(3) 인정기관

한국인증원(KAB ; Korean Accreditation Body)

(4) 인증기관

인정기관에 의해 인정된 QA 기관으로 기업의 적합성 인증을 시행하는 기관이다.

3 ISO 9000/2015 용어

(1) 프로세스 및 시스템

① 프로세스 : 의도된 결과를 만들어내기 위해 입력을 사용하여 상호 관련되거나 상호 작용하는 활동의 집합
② 절차 : 활동 또는 프로세스를 수행하기 위하여 규정된 방식
③ 시스템 : 상호 관련되거나 상호 작용하는 요소들의 집합
④ 방침 : 최고경영자에 의해 공식적으로 표명된 조직의 의도 및 방향

(2) 사람 및 조직에 관한 용어

① 조직 : 체계를 갖춘 집단
② 고객 : 제품을 받는 자
③ 공급자 : 제품 또는 서비스를 제공하는 조직

(3) 요구사항 및 조치 관련 용어

① 부적합 : 요구사항의 불충족
② 결함 : 의도되거나 규정된 용도에 관련된 부적합
③ 재작업 : 부적합 제품 또는 서비스에 대해 요구사항에 적합하도록 하는 조치
④ 수리 : 부적합 제품 또는 서비스에 대해 의도된 용도로 쓸 수 있도록 하는 조치
⑤ 특채 : 규정된 요구사항에 적합하지 않은 제품 또는 서비스의 사용 또는 불출의 허가
⑥ 불출/해제(release) : 프로세스의 다음 단계 또는 다음 프로세스로 진행하도록 허가
⑦ 예방조치 : 잠재적 부적합의 원인 제거
⑧ 시정조치 : 발견된 부적합의 원인 제거

(4) 결과 관련 용어

① 효과성 : 계획된 활동이 실행되어 계획된 결과가 달성되는 정도
② 효율성 : 달성된 결과와 사용된 자원과의 관계

(5) 문서와 기록

① 정보 : 의미있는 데이터
② 문서 : 정보 및 정보가 포함된 매체
③ 기록 : 달성된 결과를 명시하거나 수행활동의 증거를 제공하는 문서

(6) 결정 관련 용어

① 타당성 확인 : 특별하게 의도된 용도 또는 적용에 대한 요구사항이 충족되었음을 객관적 증거의 제시를 통하여 확인하는 것
② 검토 : 수립된 목표를 달성하기 위하여 대상의 적절성, 충족성 및 효과성을 확인하기 위하여 시행되는 활동
③ 검증 : 규정된 요구사항이 충족되었음을 객관적 증거의 제시를 통하여 확인하는 것
④ 시험 : 절차에 따라 하나, 그 이상의 특성을 검사하는 것
⑤ 검사 : 규정된 요구사항에 대한 적합의 확인 결정
⑥ 측정 : 값을 결정·확인하는 프로세스
⑦ 모니터링 : 시스템, 제품, 서비스 또는 활동의 상태를 확인 결정

CHAPTER 12 서비스 품질경영

1 새서(Sasser)의 4가지 서비스 차원

① 무형성(intangibility)
형태가 어렵고 저장이 곤란하다.
② 동시성(simultaneity)
소비와 서비스가 동시에 발생한다.
③ 소멸성(perishability)
판매하지 않은 서비스는 소멸되며, 재고 개념이 없다.
④ 불균일성(heterogeneity)
표준화가 어렵고 재현성이 없다.

2 파라슈라만의 SERVQUAL 모델

① 유형성(tangibles)
서비스가 가진 시설, 종업원의 외모 등의 느낌
② 신뢰성(reliability)
약속한 서비스를 믿을 수 있고 정확하게 이행하는 일치 정도
③ 대응성(responsiveness)
고객에게 신속하고 적극적인 서비스를 제공하려는 자세
④ 확신성(assurance)
믿고 의지할 수 있는 구성원의 지식, 능력, 예의 및 진실성
⑤ 공감성(empathy)
고객에게 평소에 제공하는 배려와 관심

3 서비스에 대한 고객의 기대

(1) 허용서비스 수준

고객이 그런대로 받아들일 수 있는 최소한의 서비스 수준

(2) 바람직한 서비스 수준

고객이 제공받기를 희망하는 서비스 수준

(3) 허용차 영역

바람직한 서비스수준 – 허용 서비스수준
① 이는 고객마다 차이가 있으므로 일정한 것은 아니다.
② 고객독점 : 고객의 지각이 바람직한 서비스수준보다 클 때
③ 경쟁우위 : 고객의 지각이 허용차 영역 내에 있을 때
④ 경쟁열위 : 고객의 지각이 허용 서비스수준보다 작은 경우

4 품질향상을 위한 모티베이션

(1) 정의

품질에 대하여 구성원의 품질 개선 의욕을 불러일으키는 작용 또는 과정

(2) 작업자의 오류

① 부주의 의한 오류 : 무의도성, 비고의성, 불예측성
② 기술 부족으로 인한 오류
③ 고의성의 오류

(3) 매슬로우의 인간욕구 단계설

① 생리적 욕구
② 안전의 욕구
③ 사회적 욕구
④ 자아의 욕구
⑤ 자기실현의 욕구

(4) 허즈버그의 불만요인과 만족요인

① 불만요인(위생요인)
아무리 개선되어도 인간의 욕구는 충족되지 않음
예 임금, 작업조건, 회사정책과 관리, 대인관계, 직무안정

② 만족요인(동기요인)
예 승진, 성취감, 인정, 책임감, 능력, 지식개발, 성장과 발전, 자기실현

(5) 자율경영팀

① 에릭 트러스트 교수에 의해 주창

② QC 서클에 미흡한 권한과 책임을 실질적으로 부여하여 자율성 확대

③ 자율경영팀은 소규모이지만 예산, 목표, 의사결정을 분임원 스스로 결정하는 자기실현에 기반을 둔 소집단 활동이다.

PART 07 생산시스템

CHAPTER 1 생산시스템과 생산전략

1-1 생산시스템의 개요

1 생산관리의 발전방향

(1) 시스템의 정의

하나의 전체를 구성하는 서로 관련 있는 구성요소

(2) 시스템의 4요소

① 집합성
② 관련성
③ 목적추구성
④ 환경적응성

(3) 시스템 어프로치

시스템 개념을 이용 전체의 입장에서 상호관련성을 추구하여 주어진 문제의 해결을 기도하는 시스템 사고방식

(4) 생산시스템의 목표

품질, 원가, 납기, 유연성

(5) 생산관리의 기본기능

① 설계기능
제품설계, 공정설계, 입지, 설비배치 작업설계, 작업측정, 생산능력계획
② 계획기능
수요예측, 총괄생산계획, 개별생산, 일정계획 등
③ 통제기능
일정통제, 재고관리, 품질관리, 설비유지관리 등

2 생산시스템의 발전

(1) 테일러 시스템

① 과학적 관리법과 표준시간 설정
② 성공에 대한 우대
③ 성과급과 작업자의 손실책임
④ 기능식 조직
⑤ 고임금·저노무비

(2) 포드 시스템

① 동시관리
② 이동조립법
③ 저가격·고임금
④ 포드의 3S
㉠ 제품 및 작업의 단순화
㉡ 공구의 전문화
㉢ 부품의 규격화 및 표준화

3 생산형태의 분류

(1) 분류

생산방식	생산의 반복성	품종과 생산량	생산의 흐름	생산량과 기간
주문생산	개별생산	다품종 소량생산	단속생산	프로젝트생산
	소로트생산			개별생산
예측생산	중·대로트생산	중품종 중량생산	연속생산	로트생산
	연속생산	소품종 대량생산		라인생산

(2) 생산의 특성

① 단속생산
　㉠ 범용설비로 구성된다.
　㉡ 설비 이용률이 낮다.
　㉢ 숙련공을 필요로 한다.
　㉣ 설비 투자액이 적다.

② 연속생산
　㉠ 전용라인을 구축한다.
　㉡ 제조는 고정경로방식이다.
　㉢ 수요변화에 대한 탄력성이 작다.
　㉣ 예측생산방식을 적용한다.

③ 프로젝트생산
　도로, 교량, 조선 등

④ 개별생산
　맞춤양복, 주문인쇄

⑤ 로트생산
　의류, 가구, 도자기 등

⑥ 대량생산
　가전, 자동차, 정유

⑦ 주문생산
　㉠ 폐쇄형과 개방형 주문생산방식이 있다.
　㉡ 생산자가 정한 스펙 내에서 구매한다.
　㉢ 주문대로 생산한다.

4 여러 가지 생산방식의 유형

(1) GT(집적생산방식)

① 개요 : 유사 부품을 묶어 공동설비로 집약 생산한다.

② 관련기법
　㉠ 부품분류법
　㉡ 목측법
　㉢ 생산흐름분석법(PFA)

(2) Cellular 생산방식

GT의 개념을 생산공정에 연결시켜 유연성을 향상시킨 기법이다.

(3) Modular 생산

표준화된 자재, 구성부품으로 모양이 다양한 제품을 만드는 방법이다.

(4) Flexible Manufacturing System

다품종 작업장의 생산을 흐름방식으로 유연하게 연결시킨 Layout으로 유연생산방식이라 한다.

(5) JIT(린 생산방식, TPS)

① (통제형)간판을 호스트로 활용한다.
② Pull(당기기) 방식의 자재 투입이다.
③ 재고 0 생산방식이다.
④ FMS 지향형의 U라인으로 라인의 입출을 묶어 한 작업자가 투입되는 불량 0 생산을 지향한다.
⑤ 한 개 흘리기(소로트) 생산방식이다.
⑥ 생산을 평준화한다.
⑦ 자주검사에 의한 전수검사가 진행된다.
⑧ 준비작업시간이 싱글화되어 있다.
　㉠ 내 준비작업의 외 준비작업화
　㉡ 조정의 조절화
　㉢ 병행작업화 등에 의한 결과
⑨ 카이젠(소개선)이 활성화되어 있다.
⑩ 다기능공 방식을 사용한다.

도요타의 7대 낭비
1. 대기의 낭비
2. 재고의 낭비
3. 가공의 낭비
4. 과잉생산의 낭비
5. 동작의 낭비
6. 운반의 낭비
7. 불량생산의 낭비

1-2 설비배치

1 설비배치

(1) 설비배치의 원칙

① 통합의 원칙
② 최단거리의 원칙
③ 흐름의 원칙
④ 적정 공간의 원칙
⑤ 안정과 만족의 원칙
⑥ 융통성의 원칙
⑦ 균형의 원칙

(2) 제품별 배치

① 연속생산방식이다.
② 표준화에 유리한 생산방식이다.
③ 단위당 생산비용이 작다.
④ 훈련이 용이하다.
⑤ 물량의 변동이 생길 때 대응이 어렵고, 기계가 동률의 문제가 생긴다.
⑥ 설계변경이 힘들다.
⑦ 공정관리가 용이하나, 재고관리를 요한다.

(3) 공정별 배치(기능식 배치)

① 다품종 소량생산에 적합한 방식이다.
② 범용기계를 사용한다.
③ 변화에 유연하다.
④ 숙련공이 필요하다.
⑤ 재고관리를 필요로 하지 않으나, 공정관리가 복잡하다.

(4) 고정위치배치

① 프로젝트 산업에 적합한 방식이다.
② 자재, 기계, 설비가 특정 위치로 이동하여 작업하는 방식이다.
③ 숙련공이 필요하다.

(5) 그룹식 배치

배치생산방식에 적합하다.

(6) 유동식 배치

① GT 셀룰러 생산방식이다.
② FMS를 지향한다.

2 SLP(Systematics Layout Planning)

(1) 주창자

Richard Muther

(2) 주요 내용

시설 및 설비 배치에 대한 체계적 접근방법을 제시한다.

(3) 기본요소

① P(제품) ② Q(수량)
③ R(Routing) ④ S(보조 서비스)
⑤ T(시간)

(4) P－Q 분석

X축은 제품(Product), Y축은 수량(Quantity)으로 하여 큰 것부터 차례로 나열한 분석표(ABC 분석)이다.

(5) 그룹별 설비배치방법

① A그룹 : FMS, 라인 배치
② B그룹 : GT, 그룹별 배치
③ C그룹 : 공정별 배치

(6) 설비배치를 위한 주요 분석법

① A그룹 : OPC, 조립도(GOZINTO 도표)
② B그룹 : 다품종 분석표
③ C그룹 : 유입유출표(from－to 분석)

(7) SLP의 추진절차

① 다품종 분석 또는 from－to chart 분석
② 활동 상호관계분석
생산활동에 기여하는 활동 간의 관계를 근접도와 근접 이유를 기호와 숫자를 이용하여 관계를 나타내는 것이다.
③ 흐름활동 상호관계분석
모든 활동을 근접도에 따라 상대적 위치를 도면에 표시한 것이다.
④ 면적 상호관계분석
설비별 소요면적만큼 확대시켜 나타내는 사실상 도면 수준의 배치도이다.

(8) 활동상호 관계분석의 기호

① A : 절대 인접
② E : 인접 매우 중요
③ I : 인접 중요
④ O : 보통
⑤ U : 관계없음
⑥ X : 나쁨
⑦ XX : 매우 나쁨

(9) Layout을 위한 컴퓨터 프로그램

① 구성형 : 정성적 방법
ALDEP, PLANET, CORELAP, RAM COMPL
② 개선형 : 양적 요인 중심
CRAFT, COPAD

1-3 생산전략과 공급망관리(SCM)

1 생산전략

(1) 경쟁우선순위

① 원가 : 낮은 원가
② 시간 : 납기 speed, 정시납품, 개발속도
③ 품질 : 고급설계와 일관된 품질
④ 유연성 : 고객화, 다량화, 수량의 유연성

(2) 집중화 공장(focused factory)

① 스키너(W. Skinner)가 제시한 생산전략
② 집중화 공장은 공정을 여러 회사가 나누어 맡아 동일 목표를 추구함으로써 시장 요구의 공유, 공정기술의 분담에 따른 발전, 같은 공간에 따른 납기 문제의 해소 등의 장점을 갖는다.

(3) 총괄생산계획(APP)

약 1년간의 예측된 총괄수요를 효율적으로 충족시킬 수 있도록 이용 가능한 자원의 한계 내에서 월별로 생산율, 고용수준, 재고수준, 작업수준, 하청수준 등 통제 가능 변수를 최적으로 결합하여 생산수량계획을 수립하는 것이다.

① 추구전략 : 생산이 수요를 따라가는 전략
  ㉠ 고용수준 변화 : 고용이나 해고로 대응
  ㉡ 산출률(생산성) 조정 : 잔업, 단축근무, 하청 또는 휴가로 생산량을 조정 대응
  ㉢ 재고 조정 : 재고의 증감을 통해 대응
  ㉣ 평준화 : 생산은 수요의 변동과 관계없이 일정하게 유지하는 전략
② 총괄생산계획의 대안
  ㉠ 반응적 대안 : 고용수준, 생산율수준, 재고조정, 주문적체 등
  ㉡ 적극적 대안 : 가격 변경으로 시장대응, 판매촉진, 대체제품·대체시장의 개발
③ 관련기법
  ㉠ 도시법 : 소수의 변수를 고려하여 총비용이 최소가 되도록 생산계획을 결정하는 것으로, 일명 시행착오법이라고도 함
  ㉡ 리니어디시즌룰(LRD) : 고용수준, 조업도 등의 문제를 계량화하여 이들의 최적결정모델을 제시한 것
  ㉢ 휴리스틱 기법 : 생산수량계획의 문제를 경험적 내지는 탐색적 방법으로 해결하는 것

2 의사결정(Decision making)

(1) 확실성하의 의사결정

정보를 알고 최적안을 구하는 경우로 선형계획법, 손익분기법, 미적분 등

(2) 불확실성하에서의 의사결정

상황을 전혀 모르는 경우의 의사결정

상황 / 대안	수요 높음 (S_1)	수요 보통 (S_2)	수요 낮음 (S_3)
소형 설비(d_1)	300	500	-100
중형 설비(d_2)	200	250	300
대형 설비(d_3)	400	300	100

① 최대최소기준 : 각 대안의 최소성과에서 최대성과를 선택하는 방법이다.
  ⊙ (-100, 200, 100) → 중형 설비
② 최대최대기준 : 각 대안의 최대성과에서 최대성과를 선택하는 방법이다.
  ⊙ (500, 300, 400) → 소형 설비
③ 라플라스기준 : 각 대안의 확률이 동일한 것으로 보고 최대성과를 선택하는 방법이다.
  ⊙ $EMV(d_1) = \frac{1}{3}(300+500-100) = 233.3$
  $EMV(d_2) = \frac{1}{3}(200+250+300) = 250.0$
  $EMV(d_3) = \frac{1}{3}(400+300+100) = 266.7$
  → 대형 설비
④ 후르비츠 기준 : 맥시민 기준과 맥시맥시 기준을 절충하여 가장 성과가 큰 대안을 선택하는 방법이다.
⑤ Savage 기준 : 최대후회최소화(Minimax regret) 기준으로 기회손실의 최대값이 최소화되는 대안을 선택하는 방법이다.

(3) 위험성하의 의사결정

확률분포를 알고 확률로 의사결정을 하는 경우로, 대기행렬, 통계적 분석, 휴리스틱법, 네트워크법, 시뮬레이션, Decision tree 등이 있다.

3 공급망관리(supply chain management)

(1) 정의

공급자로부터 기업 내 변환과정과 유통망을 거쳐 최종 고객에 이르기까지 자재, 서비스 및 정보의 흐름을 전체 시스템의 관점에서 설계하고 관리하는 것

(2) 공급망관리의 유형

① 반응적 공급사슬

수요의 불확실성이 높아 유연성을 기반으로 재고와 생산능력을 결정

② 효율적 공급사슬

수요의 안정성을 토대로 재고를 최소화하고 서비스 및 제조업체의 효율성을 극대화하는 것

③ 위험방지형 공급사슬

공급의 불확실성을 보완하기 위해 핵심 부품의 안전재고를 다른 회사와 공유 등의 방법으로 위험에 대응

④ 민첩형 공급사슬

위험방지형 공급사슬과 반응적 공급사슬의 장점을 결합한 것

(3) 상쇄관계

SCM은 프로세스 간의 성과 측정에서 상쇄관계가 발생한다.

예 로트 크기와 재고량, 수송비용과 재고비용 등

(4) 채찍효과

① 정의 : 공급사슬에서 고객에서 생산자로 거슬러 갈수록 주문량의 변동폭이 증가하는 현상

② 채찍효과의 방지방향

㉠ 불확실성의 감소

㉡ 변동폭의 감소

㉢ 리드타임의 단축

㉣ 전략적 파트너십

4 린 생산방식(TPS)

(1) JIT의 사고방식

소로트 생산과 변종변량 생산체계를 지향하며 필요한 양을 필요한 만큼 만들어 적시에 공급한다(적시생산방식).

(2) 특징

① (통제형)간판을 호스트로 활용한다.

② Pull(당기기) 방식의 자재 투입으로 재고 0를 지향하는 생산방식이다.

③ FMS 지향형의 U라인으로 라인의 입출을 묶어 한 작업자가 투입되는 불량 0 생산을 지향한다. 이때 작업자는 자주검사에 의해 투입물과 산출물을 전수검사를 실시한다.

④ 한 개 흘리기(소로트) 생산방식이다.

⑤ 생산을 평준화한다.

⑥ 불량이 발생하면 라인을 세운다.

⑦ 준비작업시간이 싱글화되어 있다.

㉠ 내 준비작업의 외 준비작업화

㉡ 조정의 조절화

㉢ 병행 작업화 등에 의한 결과

⑧ 카이젠(소개선)이 활성화되어 있다.

⑨ 다기능공을 육성한다.

⑩ 기계 스스로 불량 감지가 가능한 자동화와 라인 스톱 시스템으로 문제해결에 작업자를 참여시킨다.

(3) 간판 방식의 운영

① 간판의 필요수량

$$N = \frac{DT}{C}$$

단, D : 소요량

T : 간판의 순환시간

C : 상자의 수량

② 최대재고수

$$I_{\max} = NC = DT$$

즉, 간판에 의한 통제수량이 된다.

(4) 도요타의 7대 낭비

① 대기의 낭비

② 재고의 낭비

③ 가공의 낭비

④ 과잉생산의 낭비

⑤ 동작의 낭비

⑥ 운반의 낭비

⑦ 불량생산의 낭비

CHAPTER 2 수요예측과 제품조합

1 수요예측

(1) 고려사항

① 소요비용
② 예측의 정확성
③ 소요시간

(2) 정성적 수요예측법

① 델파이법
㉠ 전문가들의 직관력을 이용한다.
㉡ 질문서에 의견을 취합하여 4분위수를 통해 종합하고, 재차 범위를 좁혀가며 의견을 묻는 방법이다.
② 소비자 의견조사
③ 전문가 의견법
④ 자료유추법

(3) 인과형 수요예측법

① 특성 : 자료와 비용이 많이 필요하다.
② 종류
㉠ 회귀분석모델
㉡ 계량경제모델

(4) 시계열분석에 의한 방법

① 변동의 구성
U=추세변동(T)×순환변동(C)
×계절변동(S)×불규칙변동(I)
② 계절변동 : 계절변동의 합은 4이다.

$$\text{분기별 SI} = \frac{\text{분기별 실제 수요량}}{\text{분기별 이동 평균치}}$$

분기별 예측수요=분기별 평균수요량
×분기별 SI

2 시계열분석법

(1) 전기수요법

가장 최근의 수요실적을 사용할 경우

(2) 최소자승법

① 적용상의 특징 : 추세변동의 분석에 용이하다.
② 방법 : $Y=a+bX$로 표현된다.

(3) 이동평균법

① 적용상의 특징 : 계절변동의 분석에 용이하다.
② 방법

$$M_t = \frac{\Sigma X_{t-i}}{n}$$

③ 가중이동평균법 : 최근의 실적에 가중치를 높게 두어 수요변화에 민감하게 대응할 수 있다.

(4) 지수평활법

① 적용상의 특징 : 단기불규칙 변동에 용이하다.
② 접근방법 : 현재 데이터의 비중을 높게 하고 과거로 갈수록 비중을 낮게 하는 축차형 가중평균방식이다.
③ 수식

$$F_t = F_{t-1}(1-\alpha) + D_{t-1}\alpha$$

$$F_t = \alpha D_{t-1} + \alpha(1-\alpha)D_{t-2} + (1-\alpha)^2 F_{t-2}$$

④ 수요의 변동이 심하거나 성장률이 높으면 α를 크게 한다.

3 예측기법의 평가와 적용

(1) 평가의 3요소

정확성, 적시성, 간편성

(2) 평가기법

① 절대평균편차(MAD)

$$MAD = \frac{\Sigma|A_i - F_i|}{n}$$

② 평균제곱오차(MSE)

$$MSE = \frac{\Sigma(A_i - F_i)^2}{n}$$

③ 추적지표(TS)
예측의 평균치의 정도를 나타내며 0에 가까울수록 정확하다. 예측의 평가는 TS 관리로 작성하여 타점된 TS 값이 관리한계선을 벗어나면 수요의 성격을 재평가하고 예측방법을 재검토할 필요가 있다.

$$TS = \frac{CEF}{MAD} = \frac{\Sigma(A_i - F_i)}{\Sigma|A_i - F_i|/n}$$

✓ $1\sigma = 1.25MAD$
CEF : 누적예측오차

4 제품조합

(1) 의의

원재료나 기계설비 능력의 한계 등을 분석하여 최대이익이나 최소코스트로 생산할 수 있는 제품별 생산비율을 결정하는 것이다.

(2) BEP법(손익분기점법)

① BEP(Bleak Even Point)의 정의

매출액과 총 비용이 균형을 이루는 매출액 또는 매출량이다.

② 측정방법

$$BEP = \frac{\text{고정비}(F)}{\text{한계이익률}} = \frac{F}{1-\text{변동비율}} = \frac{\text{고정비}(F)}{1-\dfrac{\text{변동비}(V)}{\text{매출액}(S)}}$$

목표이익의 확보를 포함한 균형점을 찾고 싶을 경우 고정비를 '고정비+이익'으로 하여 계산할 수 있다.

③ 고정비 = 가격 × 한계이익률 × 생산량

5 손익분기점 분석방법과 제품조합

(1) 평균법

① 계산방법

평균한계이익률을 산출하여 손익분기점을 계산한다.

② 수식

$$\text{BEP} = \frac{\text{고정비}}{\text{평균한계이익률}}$$

$$\text{평균한계이익률} = \frac{\text{품종별 한계이익 합계}}{\text{품종별 매출액 합계}}$$

③ 용도 : 이익계획 수립 시 활용

(2) 기준법

① 계산방법

기준품목의 한계이익률을 결정하여 손익분기점을 계산한다.

② 수식

$$\text{BEP} = \frac{\text{고정비}}{\text{기준품목의 한계이익률}}$$

③ 용도 : 어떤 제품을 얼마만큼 판매하면 이익인가를 알기 위해 활용한다.

(3) 개별법

① 적용방법 : 품종별 한계이익률을 사용한다.

② 용도 : 생산판매의 시기 즉 일정계획 수립에 유리하다.

(4) 절충법

① 적용방법 : 개별법에 평균법과 기준법을 절충하여 사용한다.

② 용도 : Product Mix, Process Mix 검토에 유리하다.

6 선형계획에 의한 제품조합법

도식법, 심플렉스법(단체법), 전산법

CHAPTER 3 자재관리전략

1 자재관리

(1) 자재관리의 절차

원단위 산정 → 사용계획 → 재고계획 → 구매계획 → 주문

(2) 자재분류의 원칙

용이성, 포괄성, 상호배제성, 점진성

(3) 표준자재 소요량

자재 기준량 × (1 + 자재 예비율)

(4) 원단위의 산정

① 산정방법

㉠ 이론치 방법 : 화학공업에서 많이 사용

㉡ 실적치에 의한 방법

㉢ 실험결과치에 의한 방법

② 수식

$$\text{원단위} = \frac{\text{원료 투입량}}{\text{제품 생산량}}$$

(5) Arrow의 재고보유동기

① 거래동기

② 예방동기 : 결품 방지를 위해

③ 투기동기 : 가격변동이 극심할 때

2 경제적 발주량(EOQ)

(1) EOQ 설계의 제가정

① 수요율 및 조달기간은 일정하다.
② 발주비용과 구입단가는 발주량과 관계없이 일정하다.
③ 재고유지비는 발주량에 정비례한다.
④ 안전재고는 고려하지 않는다.

(2) EOQ 수식

① $EOQ = \sqrt{\frac{2DC_P}{C_H}}$

② 발주횟수 $= \frac{D}{Q}$

③ 발주주기 $= \frac{1}{\text{발주횟수}}$

(3) 경제적 생산량(ELS)

$$ELS = \sqrt{\frac{2DC_P}{P_i\left(1 - \frac{d}{p}\right)}}$$

단, C_H : 재고유지비
A : 발주비
D : 연간 수요량
C_P : 1회당 발주비용(1회당 준비비용)
p : 생산율
d : 소비율

3 정량발주시스템

(1) 개요

Q시스템 발주점 방식으로 재고량이 발주점에 이르면 일정량을 발주하는 시스템이다.

(2) 특징

① 발주가 부정기적이다.
② ABC 분류 중 B·C급 품목에 적용한다.
③ 발주점 중심의 EOQ를 산출한다.
④ 조달기간 중 수요변화에 대응하는 안전재고 방식이다.

(3) 발주점(OP)의 기본적 공식

단위기간당 수요량×조달기간+안전재고

(4) 발주점과 안전재고 수준결정

① 수요가 변하고 조달기간이 일정할 때
$OP = \bar{d}L + B = \overline{D}_L + B$
단, $\bar{d}$: 평균수요율
L : 조달기간
B : 안전재고
$\overline{D}_L$: 조달기간 중 평균수요량

② 최대수요, 최소수요를 알 경우
(단, 조달기간은 일정하다.)
안전재고(S) = 최대수요 − 평균수요
$= L(d_{\max} - \bar{d})$

③ 수요가 정규분포를 따를 경우
안전재고 $B = u_{1-\alpha}\sqrt{\sigma_L^2}$

④ 수요가 정규분포를 따를 때의 발주점
$OP = \overline{D}_L + u_{1-\alpha}\sqrt{\sigma_L^2}$

4 정기발주시스템

(1) 개요

일정 시점마다 정기적으로 부정량을 발주하는 주문방식으로, P시스템이라 한다.

(2) 특징

① 조달기간 및 발주기간 중 수요변화에 대응하는 안전재고방식이다.
② 발주가 정기적이다.
③ ABC 분류의 A급 품목에 대응된다.
④ 최대재고량 산정이 필요하다.

(3) 발주량(OP)

① 발주량 = 최대재고량 − 현재고량 − 발주잔량
② 안전재고 = (최장)조달기간 중 최대사용량 − (평균)조달기간 중 평균사용량
③ 수요율이 정규분포를 따를 경우
안전재고 $= u_{1-\alpha}\sqrt{(L+T_0)\sigma_d^2}$
단, L : 조달기간
T_0 : 발주간격
σ_d : 수요의 산포

5 기타 발주방식

(1) 투빈 시스템

① C급 품목처럼 저가품에 적용한다.

② 2개의 용기를 준비하여 하나를 사용할 동안 나머지 하나의 빈 용기에 자재를 채워 놓아 다시 빈 용기를 가져오면 즉시 공급되게 하는 방식으로 운영하는 정량보충 발주형태이다.

(2) 콕 시스템

① 구매자는 공급자가 항상 대기시켜 놓은 자재에 대해 실제 사용하는 만큼 결재를 해주는 방식으로 볼트, 너트 같은 C급 자재의 재고운영방식의 한 형태이다.

② 수명이 짧은 품목에 해당된다.

6 재고조사

(1) 개창식 재고조사

마감을 하지 않은 상태에서 전 품목이 아닌 일부 품목의 재고조사를 실시하는 경우이다.

(2) 폐창식 재고조사

마감상태에서 전담반을 조성하여 진행하는 전반적인 자재조사이다.

(3) 특별 재고조사

7 MRP(재고소요량계획)

(1) 주창자

IBM사 Orlicky

(2) MRP의 3요소

① BOM(Bill Of Materials) : 자재명세서

② IRF(Inventory Record File) : 재고기록철

③ MPS(Master Production Schedule) : 주일정계획

(3) 수행업무

① 재고관리

② 우선순위계획(일정계획)

③ 능력소요계획(공수계획)

(4) MRP 2

재고, 자금, 설비인력, 생산능력 등 모든 자원을 포함한 통합운영시스템이다.

(5) ERP(전사적 자원관리)

MRP 2에 기업의 기간업무 기능을 부가한 것으로 생산, 재무, 유통, 인사 등의 정보시스템을 하나로 통합하여 수주에서 출하까지 공급망과 기간업무를 지원하는 통합 자원관리시스템이다.

8 ABC/MRP/JIT의 비교

구분	ABC	MRP	JIT
물품수요	독립수요	종속수요	–
발주개념	보충 개념	소요량 개념	소요량 개념
예측자료	과거의 수요	대일정계획	–
수요패턴	연속적	산발적	연속적
관리방식	차별관리	push	pull
관리목표	중점관리	계획 & 통제	낭비 제거
관리수단	–	전산처리	목시관리
생산계획	–	변경 잦은 MPS 수용	안정된 MPS 확보

9 구매관리

(1) 합리적 구매의 전제조건

① 적질(Quality)

② 적소(Source)

③ 적기(Time)

④ 적량(Quantity)

⑤ 적가(Price)

(2) 창의적 구매기능 필요

① 구매의 시장조사기능

② VE/VA를 활용한 구매

(3) 집중구매와 분산구매

① 집중구매

㉠ 가격조건이 유리하다.

㉡ 공급자와 좋은 관계를 유지할 수 있다.

㉢ 긴급자재의 조달이 어렵다.

㉣ 운임이 증대한다.

② 분산구매
㉠ 자주적 구매가 가능하다.
㉡ 구매가 신속하다.
㉢ 본사 방침과 다른 자재를 구매할 수 있다.
㉣ 구매에 관한 정보가 어둡다.

(4) 구매평가를 위한 성과측정
① 예산절감금액
② 납기이행률
③ 구매품의 품질수준(부적합품률, 반품률)

(5) 구매부문의 업무
① 구매선의 결정
② 가격의 결정
③ 주문서의 발행

10 외주관리

(1) 외주관리의 4대 기능
① 기술보완(전문기술)
② 원가절감
③ 생산능력의 탄력성
④ 자본부족의 보강

(2) OEM과 ODM
① OEM(주문자 상표 부착방식) : 단순하청
② ODM(제조자 설계 생산방식) : 기술하청

CHAPTER 4 생산계획 수립

1 일정계획

(1) 정의
절차 및 공수계획 후 생산에 필요한 작업의 작업시기를 결정하는 것이다.

(2) 대일정계획
수주에서 출하까지의 일정계획 제품의 종류 및 수량에 대한 생산시기를 결정하는 것이다.

(3) 중일정계획
대일정계획을 더욱 구체화하는 것이다.

(4) 소일정계획
작업자 기계별로 구체적 작업지시를 위한 일정편성을 행하는 것이다.

(5) 절차계획
① Route sheet, Operation sheet의 출도
② 각 작업의 표준시간
③ 필요한 자재의 종류 및 수량
④ 각 작업의 기계 및 공구
⑤ 각 작업의 실시순서
⑥ 각 작업의 실시 장소 및 경로

(6) 공수계획(부하할당)
인원이나 기계를 생산계획량과 비교하여 일치되도록 조정하는 것이다.

(7) 일정계획의 순서
절차계획 → 공수계획 → 일정계획 → 작업배정 → 여력관리 → 진도관리

2 기준일정

(1) 정의
각 작업을 개시해서 완료할 때까지의 표준적인 일정으로 정체시간이 포함되어 있다.

✓ 정체시간은 개선대상이다.

(2) 기준일정의 종류
① 개별공정 기준일정
② 부품작업 기준일정
③ 조립작업 기준일정
④ 준비작업 기준일정

(3) 부품공정(직렬형)의 배정번호의 구성
착수순번=완성순번+공정순번−1

(4) 생산합리화를 위한 일정계획 시 고려사항
① 공정의 병렬화이다.
② 이동로트의 크기를 적게 한다.
③ 생산활동을 동기화한다.

3 작업순서 결정

(1) 존슨법

① 적용대상 : 흐름공정형에서 n개의 작업을 순위가 있는 2대의 기계에서 작업하는 경우이다.

② 순서의 결정방법 : 작은 숫자 순으로 결정한다.

⊙ [예제]

작업	기계 A	기계 B
Ⅰ	3시간	2시간
Ⅱ	7시간	5시간
Ⅲ	4시간	6시간

작은 시간은 2 → 3 → 4 → 5 순이다.
1. 작업 Ⅰ의 시간 2는 기계 B이므로 가장 나중에 가공한다.
2. 시간 3은 작업 Ⅰ로 이미 배치가 되었다.
3. 작업 Ⅲ의 시간 4는 기계 A이므로 가장 앞에 가공한다.
4. 그러므로 작업순서는 Ⅲ → Ⅱ → Ⅰ

(2) Branch & Bound법

흐름공정형에서 n개의 작업을 동일한 순서로 3대의 기계에 배치할 때의 최적화방법이다.

(3) 잭슨법

개별공정형의 최적화방법으로 존슨법과 유사하다.

(4) 헝가리법

n개의 작업을 n개의 설비에 하나씩 배치하되 비용 또는 시간을 최적화하는 방법이다.

4 작업순서의 결정법

(1) 작업우선순위 결정법

① 선착순 우선법(FCFS)
주문이 들어온 순서로 작업순위 결정

② 최소작업 우선법(SOT/SOP)
작업시간이 최소인 순으로 배정

⊙ 평균처리시간이 가장 짧다.

③ 최소납기일 우선법(EDD)
남은 납기일이 최소인 순으로 배정

⊙ 평균납기지연일수가 가장 적다.

④ 최소여유시간 우선법(S)
여유시간=잔여 납기일수−잔여 작업일수
여유시간이 짧은 것부터 우선한다.

⑤ 긴급률법

$$CR=\frac{\text{잔여 납기일}}{\text{잔여 작업일}}$$

CR이 작은 순으로 먼저 배정한다.
CR의 기준은 1이며, 음수가 나올 수 있다.

⑥ 잔여 작업 최소여유시간 우선법(S/O)

$$\text{우선순위}=\frac{\text{여유시간}}{\text{잔여 작업수}}$$

우선순위가 작을수록 우선한다.

⊙ [예제] 오늘은 1일 아침이다.

부품	가공시간(일)	납기일
A	7	20
B	4	10
C	2	8
D	10	13

1. FCFS : A → B → C → D
2. SOT : C → B → A → D
3. EDD : C → B → D → A
4. CR : D → B → A → C
5. S : D → B → C → A 또는 D → C → B → A

(2) 작업배정규칙의 평가기준

① 납기 이행
② 작업진행시간의 최소화
③ 재공작업 내지 공정품의 최소화
④ 기계 및 작업 운휴시간의 최소화

(3) Flow time 및 납기지연일 계산

① 총진행시간(Total Flow time)
작업우선순위에 따라 가공시간이 축차적으로 합산된다. 이 시간의 합이다.

예 예제의 SOT의 경우 Flow time은
C : 2, B : 6, A : 13, D : 23
총 Flow time=2+6+13+23=44

② 총납기지연일
각 납기(요구)일−각 Flow time에서 음수가 나올 경우의 합이다.

예 예제의 SOT의 경우 납기지연일은
C : 0, B : 0, A : 0, D : −10
총납기지연일은 10일이다.

5 소진기간법

(1) 개요

소진기간이 짧은 순으로 생산을 우선 시작하는 방법이다.

(2) 계산식

$$소진기간 = \frac{기초재고}{주당\ 수요}$$

(3) 예제

제 품	기초재고	주당 수요	소진기간
A	6000	2000	3.00
B	2000	1000	2.00
C	8000	2000	4.00
D	10000	4000	2.50

B가 소진기간이 가장 짧다.

6 간트차트

(1) 간트차트의 적용 유형

① 작업자 및 기계기록도표
② 작업할당도표
③ 작업진도도표
④ 작업부하도표

(2) 간트차트의 특징

① 작업예정을 안다.
② 일목요연하다.
③ 이해하기 쉽다.
④ 중점관리가 안 되고 일정계획의 변경에 융통성이 약하다.

7 PERT－CPM

(1) 용도

① PERT
㉠ 3점 견적법이다.
㉡ 프로젝트 완수기간의 최소화이다.
② CPM
㉠ 1점 견적법이다.
㉡ 비용의 최소화이다.

(2) 네트워크 구성

① ○ : 단계(event)
㉠ 작업의 개시와 완료를 나타낸다.
㉡ 다른 작업과의 연결시점을 뜻한다.
㉢ 시간 또는 비용과는 관계가 없다.
② → : 활동(arrow)
㉠ 작업으로 시간과 자원이 소비된다.
㉡ 하나 이상의 선행 후속작업을 가진다.
③ ⇢ : 더미(dummy activity)
㉠ 명목상의 작업이다.
㉡ 시간자원의 소비가 일어나지 않는다.
㉢ 가급적 사용하지 않는 것이 좋다.

(3) 네트워크 작성상의 주의점

① 가급적 활동 상호 간의 교차를 피한다.
② 활동 간의 예각은 피한다.
③ 우회곡선은 사용하지 않는다.
④ 알아보기 쉽게 한다.
⑤ 활동 표시에 있어 역행은 피한다.
⑥ 단계 간의 연결은 하나의 활동으로 한다.
⑦ 더미는 최소화한다.

8 PERT/time에 의한 계획

(1) 기대시간치의 계산

① β분포를 따른다.
② 기대시간치의 추정

$$t_e = \frac{t_o + 4t_m + t_p}{6}$$

✓ 1. 낙관시간치(t_o)
2. 정상시간치(t_m)
3. 비관시간치(t_p)

③ 기대시간치의 분산

$$\sigma^2 = \left(\frac{t_p - t_o}{6}\right)^2$$

④ 프로젝트 달성확률

$$P(T < T_P) = P\left(z < \frac{T_P - T_E}{\sqrt{\Sigma\sigma_{TE}^2}}\right)$$

✓ 예정기일(T_P), 최종일정(T_E)

(2) 네트워크 작성의 예

활 동	직전 선행활동	소요시간(일)		
		낙관적	정상적	비판적
A	–	5	11	11
B	–	7	7	7
C	A	3	5	13
D	A, B	2	9	10

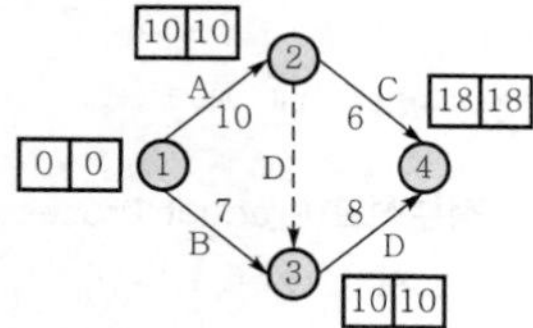

9 여유시간의 계산

(1) TS(Slack Time)

① 정여유

TL > TE, 즉 TS > 0일 때

② 영여유

TL=TE, 즉 TS=0일 때

CP(주공정)는 여유가 0인 작업이다.

③ 부여유

TL < TE 즉 TS < 0일 때

(2) 활동시간의 계산

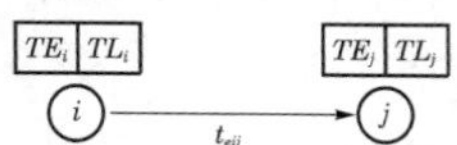

① 가장 빠른 시작시간(EST)

$EST = TE_i$

② 가장 늦은 시작시간(LST)

$LST = TL_j - te_{ij}$

③ 가장 빠른 완료시간(EFT)

$EFT = TE_i + te_{ij} = EST + te_{ij}$

④ 가장 늦은 완료시간(LFT)

$LFT = TL_j = LST + te_{ij}$

(3) 활동여유의 계산

① 총여유시간(TF)

$$TF = TL_j - (TE_i + te_{ij})$$
$$= LFT - (EST + te_{ij})$$
$$= LST - EST$$

② 자유여유시간(FF)

$$FF = TE_j - (TE_i + te_{ij})$$
$$= TF - (TL_j - TE_j)$$

③ 독립여유시간(INDF)

$$INDF = TE_j - (TL_i + te_{ij})$$

④ 간섭여유시간(IF)

$$IF = TF - FF$$

10 비용구배

(1) 정의

일정을 단위기간 단축하는 데 소요되는 비용

(2) 수리

$$C = \frac{\text{특급비용} - \text{정상비용}}{\text{정상일정} - \text{특급일정}}$$

비용구배는 1단위의 단축비용을 뜻한다.

11 라인밸런싱

(1) 목적

애로공정을 제거하여 전공정의 능력을 균형되게 하는 것이다.

(2) 라인밸런싱을 위한 컴퓨터 프로그램

COMSOL

(3) 공정대기현상의 발생원인

① 라인이 평형화 되어 있지 않을 때

② 여러 병렬공정에서 흘러 들어올 때

③ 전·후 공정의 로트 크기가 다를 때

④ 수주의 변경이 있을 때

12 라인밸런싱(LOB) 수법

(1) 피치 다이어그램에 의한 라인밸런싱

① 개요

공정마다 시간을 측정한 후 공정시간을 기초로 공정별 막대그래프로 작성한다.

② 라인편성효율

$$E_b = \frac{\Sigma t_i}{m t_{\max}}$$

③ 불균형률(L_s, d)

$$L_s = 1 - E_b$$

④ 공정분할의 방법
사이클타임이 큰 것 순으로 공정분할을 실시하여 가장 라인편성효율이 높을 때의 편성표를 선택한다.

⑤ 라인밸런싱법의 적용 순서
라인 선정 → 시간 관측 → 현상 평가 → 애로 공정 분할 → 최적안 결정

(2) 피치타임에 의한 라인밸런싱

① 피치타임의 정의 : 최종 공정에서 완제품이 나오는 시간 간격

② 수리 : $P = \frac{T(1-\alpha)(1-y_1)}{N}$

여유율(α), 정지율/유실률(β)

③ 컨베이어의 속도 : $v = \frac{l'}{P}$

속도 = 피치마크/피치타임

④ 컨베이어의 길이 : $L = nl$

컨베이어의 길이 = 공정×피치수

⑤ 벨트 상의 총재공수 : $S = \frac{L}{l'} - n$

재공수 = 총재공수 − 작업수

(3) 도표법에 의한 LOB법

① LOB법 : 입력 수행도와 시간에 관한 정보를 모집·측정하여 도표화한 수법이다.

② 활동순서 : 목표도표 → 조립도표 → 진행도표 → 균형선 작도

③ 라인불평형률

$$P_{ub} = \frac{mt_{\max} - \Sigma t_i}{\Sigma t_i}$$

$\Sigma t_i \times P_{ub} = mt_{\max} - \Sigma t_i$로 총손실공수의 파악이 가능하다.

(4) 라인 편성의 배정규칙

① 후속작업의 수가 많은 작업
② 작업시간이 큰 작업
③ 선행작업수가 적은 작업
④ 후속작업시간의 합이 큰 작업을 우선 배정

CHAPTER 5 표준작업관리

1 공정분석

(1) 용도

① 공정계열의 파악
② 레이아웃의 개선
③ 라인 편성
④ 공정관리시스템 개선

(2) 제품 공정분석표(Product Process Chart)

① 용도 : 소재가 제품화되는 과정을 분석하기 위함

② 단순공정분석표(OPC : Operation) : 가공, 검사 기호만 사용하는 총괄적인 파악방법이다.

종류 : 조립형, 분해형

③ 세밀공정분석표(FPC : Flow) : 가공, 검사, 정체, 저장, 대기로 공정을 세분하여 분석한다.

종류 : 단일형, 조립형, 분해형

④ 흐름선도(FD : Diagram) : FPC를 선, 실, 철사로 표현한 것이다.

⑤ Gozinto 도표 : 조립 공정도표

(3) 작업자 공정분석표(OPC : Operator)

작업자가 작업을 하면서 장소를 이동하는 경로를 분석한 것이다.

(4) 사무 공정분석표

Form Process Chart라고 하며 서류를 중심으로 사무제도나 수속의 흐름을 분석하는 것이다.

2 공정도시기호

(1) 주공정기호

가공 가동	운반	정 체		검 사	
		저장	정체	수량검사	품질검사
◯	○	▽	D	□	◇

(2) 보조도시기호

관리구분	담당구분	생략	폐기
∼┼∼	┼	╪	↓×

(3) 공정분석 시 표기

① $\frac{\text{1개당 가공시간} \times \text{로트수}}{\text{로트 총가공시간}}$

② $\frac{\text{1회 운반거리} \times \text{운반횟수}}{\text{총운반거리}}$

(4) 시스템차트에 사용되는 유통기호

① 추기, 처리(▨)
  ㉠ 서류에 사인 등 기록이 추가됨
  ㉡ 서류가 분류됨
② 점검(□) : 서류에 기록된 내용의 조사, 검토
③ 발행(◎) : 서류가 처음 작성됨
④ 운반(Ⓣⓞ) : 다른 사람 혹은 부서로 이동
⑤ 지연/보관/처분(▼) : 서류의 보류, 보관 혹은 처분

(5) 작업자 공정분석에 사용되는 기호

① 작업(○)
② 신체이동(○)
③ 운반이동(⊖)
④ 정체(▽)
⑤ Holding(▼)

3 부대분석

(1) 가치분석(VE/VA)

가치 $= \frac{F}{C}$

(2) 여력분석

여력 $= \frac{\text{능력} - \text{부하}}{\text{능력}} \times 100$

4 공수체감곡선

(1) 용도

① 작업자의 학습현상
② 신제품의 향후 생산성 파악
③ 작업자 훈련자료 등

(2) 공수체감곡선 수리

① 학습률$(PI) = 2^B$
② X번째 생산까지의 누적공수

$$\int Ydx = \frac{AX^{1+B}}{1+B}$$

③ X번째 생산에 소요되는 공수

$Y = AX^B = (1+B)\overline{Y}$

단, A : 최초 1개의 작업시간
  Y : 소요공수
  X : 진행된 작업수

5 문제해결방법

(1) 분석자료의 검토

5W 1H로 정리한다.

(2) 작업개선의 목표

① 피로경감
② 품질향상
③ 경비절감
④ 시간단축

(3) 개선의 4원칙(ECRS)

① Eliminate(제거)
② Combine(결합)
③ Rearrange(재배열)
④ Simplify(단순화)

6 작업분석

(1) 용도

① 작업자에 수행되는 개개의 작업내용에 대한 개선을 목적으로 한다.
② 단위작업 또는 요소작업으로 나누어 분석한다.
③ 표준시간 설정의 기초자료로 사용된다.

(2) 적용기법

① 단독작업분석표
  ㉠ 작업자의 손, 신체부위를 중심으로 분석한다.
  ㉡ 양손 동작분석표를 활용한다.
② 연합작업분석표(다중활동분석표)
  복수작업자, 기계-작업자 등의 관계를 분석하여 효율화를 추구한다.

(3) 다중활동분석표의 종류

① Man-Machine Chart
② Man-Multi Machine Chart
③ Multi Man(Gang) Chart : 알드리지
④ Multi Man-Machine Chart
⑤ Multi Man-Multi Machine Chart

(4) 이론적 기계대수의 결정

$$n = \frac{a+t}{a+b}$$

단, a : 기계, 사람의 동시작업시간
b : 순수 수작업시간
t : 순수 기계작업시간

7 동작분석

(1) 용도

① 동작개선
② 동작계열개선 설계
③ 동작개선 의식

(2) 서블릭(therblig) 기호

① 개발 : 길브레스(Gilbreth)
② 구성 : 총 18개 중 '찾았다'를 제외한 17개 사용

(3) 서블릭의 분류

① 제1류
일을 하는 데 필요한 서블릭

빈손이동	잡는다	운반	위치결정
◡	∩	ꝋ	9
TE	G	TL	P

조립	사용	분해	내려놓기	검사
#	∪	++	⌒o	0
A	U	DA	RL	I

② 제2류
작업에 보조적으로 행해지는 서블릭

찾는다	고른다	생각	준비한다
⊂⊃	→	♎	8
Sh	St	Pn	PP

③ 제3류
일을 하지 않는 서블릭

잡고 있다	휴식	피할 수 없는 지연	피할 수 있는 지연
∩	ℓ_	⌃o	⌄o
H	R	UD	AD

8 동작경제원칙

(1) 신체 사용에 관한 원칙

① 양손은 동시에 동작하고, 동시에 끝낸다.
② 손의 방향은 좌우대칭으로 움직인다.
③ 관성, 중력을 이용한다.
④ 동작의 리듬을 만든다.
⑤ 동작거리는 최대한 짧게 한다.
⑥ Control이 필요 없는 동작으로 한다.

✓ 1. 최대작업역 : 팔을 뻗은 거리
2. 정상작업역 : 앞 관절상의 거리

(2) 작업장 배치에 관한 원칙

① 공구나 재료는 가깝게 배치한다.
② 공구나 재료를 지정된 위치에 둔다.
③ 재료 공급 등에 중력(낙하)을 이용한다.
④ 공구나 재료는 순서대로 나열한다.
⑤ 작업면에 적정한 조명을 준다.

(3) 공구, 설비 설계의 원칙

① 공구는 가능한 조합한다.
② 손가락의 힘이 같지 않음을 고려한다.
③ 공구나 재료의 잡는 부문의 기능을 충족시키도록 설계한다.
④ 재료 공구는 처음 정한 장소에 정해진 방향으로, 다음에 사용하기 쉽게 둔다.

9 필름분석

(1) Micro Motion Study

① 미세동작분석으로 길브레스가 창안
② 1초에 16~24FPS의 보통속도 촬영
③ Simo chart를 사용한다.

✓ 분석시간단위 : 1Wink = 1/2000분

④ 적용범위
㉠ 작업시간이 짧다.
㉡ 반복 작업이며, 수작업이다.
㉢ 세밀한 작업이다.

✓ 작업장 환경의 관찰이 용이하다.

(2) Memo Motion Study

① 메모모션 연구로 먼델이 창안
② 1초에 1FPS의 저속촬영법이다.
③ 적용범위
　㉠ 사이클이 긴 작업
　㉡ 불규칙 작업
　㉢ 조작업

(3) 사이클 그래프분석

원하는 신체부위에 광원을 부착 후 사진 촬영하여 동작의 궤적을 기록하는 방법이다.

(4) 크로노사이클 그래프분석

전원을 일정 시간 간격으로 점멸시켜 궤적을 촬영하는 방법이다.

(5) 스트로보 사진분석

1초에 수십 회의 사진을 찍어 움직이는 동작을 촬영하는 기법이다.

(6) 아이 카메라

눈동자의 움직임을 분석하는 기법이다.

(7) 비디오분석

즉시성, 재현성, 확실성이 있다.

10 표준시간

(1) 정의

숙련공이 규정된 조건하에 정해진 방법으로 여유를 고려하여 정상 페이스로 작업하는 데 소요되는 시간이다.

(2) 외경법에 의한 표준시간 산정

① 표준시간 = 정미시간 + 여유시간
　　　　　= 정미시간 × (1 + 여유율)

② 여유율 = $\dfrac{\text{여유시간}}{\text{정미시간}}$

(3) 내경법에 의한 표준시간 산정

① 표준시간 = 정미시간 ÷ (1 − 여유율)

② 여유율 = $\dfrac{\text{여유시간}}{\text{정미시간}+\text{여유시간}} = \dfrac{\text{여유시간}}{\text{작업시간}}$

⊙ 내경법은 작업시간 기준의 계산법이고, 외경법은 정미시간 기준의 계산법이다.

(4) 준비작업을 고려한 표준시간

주체 작업시간 + 준비시간
= 1개당 표준시간 × 로트 사이즈 + 준비작업시간
= $tn(1+\alpha)+T$

11 여유시간

(1) 일반여유

① 인적 여유(개인생리여유)
　물마시기, 용변 등 생리현상에 대한 보상을 위한 여유
② 피로여유
　F = (육체여유(F_a) + 정신여유(F_b)) × 회복계수(L) + 단조감여유(F_c)
　에너지대사율(RMR)
　$= \dfrac{\text{작업 시 대사량}(C) - \text{안정 시 대사량}(C_1)}{\text{기초대사량}(C_0)}$
③ 관리여유(직장여유)
　결품 등 관리상 지연으로 발생되는 것에 대한 보정여유이나, 없앨 수 있는 요소
④ 작업여유
　경미한 청소, 작업 미스 등 작업 수행 중 불규칙하게 발생되는 지연에 대한 보정여유

(2) 특수여유

① 기계간섭여유 : 여러 대의 기계를 보는 것에 대한 기계간섭시간의 보정여유
② 조여유 : 여러 명이 작업하는 데에 대한 작업상의 간섭에 관한 보정여유
③ 소로트여유 : 잦은 라인 교체로 인한 준비작업 보정
④ 장려여유 : 성과급 유도를 위해 비율을 조정한 여유
⑤ 장사이클 여유 : 작업사이클이 길어 발생되는 작업상 여러 곤란요인에 대한 보정여유

12 정미시간과 레이팅

(1) 정미시간

① 작업 수행에 직접 필요한 시간이다.
② 표준시간에서 여유시간이 제거된 시간이다.

(2) 레이팅(수행도평가) : 정상화

작업자가 실시한 작업속도가 바람직한 척도와 비교하여 얼마나 일치했는가의 평가방법이다.

(3) 정미시간의 계산

관측시간의 평균값×레이팅계수

(4) 레이팅의 종류

① 속도평가법(수행도평가법)

주관적 요소가 높다.

$$레이팅계수=\frac{표준작업\ 페이스}{실제작업\ 페이스}\times 100$$

② 객관적 평가법

㉠ 먼델이 주창하였다.

㉡ 작업의 난이도를 고려하여 보정한다.

㉢ 2차 평가계수를 사용한다.

㉣ 레이팅계수=관측시간×1차 평가계수×(1차+2차 평가계수)

③ 평준화법(Leveling법 : Westing house)

㉠ Maynald에 의해 주창되었다.

㉡ 노력도, 숙련도, 작업환경, 일관성으로 평가하여 합산한 지표를 이용한다.

④ 합성평가법

㉠ Morrow에 의해 주창되었다.

㉡ 레이팅의 주관적 판단을 배제를 위해 PTS 시간과 실제 시간을 비교하는 방법이다.

13 시간연구법(Time Study)

(1) 측정방법

① 요소작업으로 분할하여 시간을 측정한다.

② 관측도구 : 관측판, 스톱워치, 관측시트

③ 피관측자에게 심리적 부담을 준다.

④ 1/100분계(1DM)로 측정한다.

⑤ 측정위치 : 사전방 1.5m

(2) 스톱워치기법

① 계속법 : 가장 보편적인 방법으로 사이클타임이 비교적 짧은 경우 사용하며, 시간을 누적하여 읽어나간다.

② 반복법 : 시간을 요소작업마다 되돌리며 측정하는 방법으로 비교적 긴 사이클타임에 사용된다.

③ 누적법 : 시계를 몇 개로 하여 계속법과 반복법을 쉽고 정확하게 읽기 위한 수단이다.

④ 순환법 : 사이클타임이 매우 짧을 때 적용하며, 몇 개의 요소작업을 번갈아 한 그룹으로 측정하여 시간치를 계산한다.

(3) 관측횟수결정

① 신뢰도 95%, 정도 5%

$$N=\left(\frac{2s}{0.05\bar{x}}\right)^2=\left(\frac{40\sqrt{n\sum x^2-(\sum x)^2}}{\sum x}\right)^2$$

② 신뢰도 95%, 정도 10%

$$N=\left(\frac{2s}{0.10\bar{x}}\right)^2=\left(\frac{20\sqrt{n\sum x^2-(\sum x)^2}}{\sum x}\right)^2$$

단, $u_{0.975}=1.96 \fallingdotseq 2$이고,

$s=\sqrt{\frac{S}{n}}$ 이다.

(4) 이상치의 제거방법

① Shutt의 방법

평균에서 상·하위 25%를 제외한다.

② Merrick의 방법

평균에서 하위 25%, 상위 30%를 제외한다.

14 워크샘플링법(Tippett)

(1) 측정방법

관측시간 동안의 관측비율로 각 항목의 표준시간을 파악한다.

(2) 특징

① 통계적 사고에 입각한 방법이다.

② 비반복적 작업에 효과적이다.

③ 그룹 작업에 효과적이다.

④ 한 번에 다수의 관측이 가능하나, 작업의 세밀한 파악이 곤란하다.

(3) 절대정도(SP), 상대정도(S)

$$SP=u_{1-\alpha/2}\sqrt{\frac{P(1-P)}{n}}=2\sqrt{\frac{P(1-P)}{n}}$$

상대정도(S)는 절대정도(SP)를 평균인 비율 P로 나눈 개념이다.

(4) 표준시간 산정은 내경법을 따른다.

$$ST = \frac{T}{N} \times (1-P) \times R \times \frac{1}{1-\text{여유율}}$$

⊙ $1-P$: 작업률
R : 레이팅계수

(5) WS법의 종류

① 퍼포먼스 워크샘플링
㉠ 사이클이 매우 긴 작업, 그룹작업 등에 적용한다.
㉡ 레이팅을 동시에 실시하여야 한다.

② 체계적(systematic) 워크샘플링
㉠ 균등간격으로 관측한다.
㉡ 주기가 있으면 적용할 수 없다.

③ 층별 워크샘플링
작업내용이 다른 팀을 층별하여 관측한다.

15 표준자료법

(1) 측정방법

유사 작업을 많이 관측하여 작업조건의 변경과 작업시간의 관계를 찾아 공식화하고, 여유시간을 반영하여 설정한다.

(2) 장점

① 적용이 간편하다.
② 작업내용이 바뀌어도 바뀐 부분만 재설정하므로 간편하다.
③ 레이팅이 필요 없다.
④ 표준화가 촉진된다.

(3) 단점

① 처음 만들 때 시간이 많이 걸린다.
② 반복성이 적거나 표준화가 곤란하면 적용이 어렵다.
③ 시간의 변동요인을 모두 고려할 수 없으므로 표준시간의 정도가 떨어진다.

(4) 표현형식

(회귀)식, 도표, 체크리스트, 조합표 등

16 PTS(기정시간표준법)

(1) 측정방법

동작으로 요소작업을 분할하여 미리 정해진 시간치에 따라 시간을 할당하여 조합한다.

(2) PTS법의 종류

MTM, WF, MODAPTS, MOST 등

(3) 장점

① 정미시간이 바로 도출되므로 레이팅이 필요 없다.
② 생산 개시 전에 표준시간의 설정이 가능하다.
③ 작업개선과 시간연구의 분리 적용이 가능하다.
④ 작업변경 시 표준시간의 변경이 용이하다.

(4) 단점

① 학습이 어렵다.
② 기계작업에 대해 적용이 곤란하다.

17 WF법

(1) 시간설정방법

동작 – 신체부위 – 거리 – WF

① 8대 동작의 분류 : 이동, 쥐기, 고쳐 잡기, 조립, 분해, 사용, 정신작용, 놓기

⊙ WF법은 동작을 바탕으로 한다.

② 8가지 신체부위로 분류 : 손가락, 손, 팔, 앞팔 회전, 발, 다리, 몸, 머리

③ 이동거리 및 WF : 중량, 저항(W), 정지(D), 조절(S), 주의(P), 방향변경(U)

(2) 정미시간의 속도

① 장려속도(125%)

② 시간단위 : $\frac{1}{10000}$분 = 1WFU

⊙ 길브레스 이론의 계승기법이다.

18 MTM

(1) 시간설정방법

작업방법에 대해 시간을 부여한다.

(2) 정미시간속도

① 정상속도(100%)

② 시간단위 : $\frac{1}{100000}$시간 = 0.036초 = 1TMU

CHAPTER 6 설비보전관리

1 보전의 종류

(1) 생산보전(PM ; Productive Maintenance)

① 범위 : PM(예방보전)+CM(개량보전)
+BM(사후보전)+MP설계

② 목적

㉠ 생산효율의 극한을 위한 설비관리

㉡ Life Cycle Cost 관리

(2) 예방보전(PM)

① 활동방향

정기검사에 의한 조기 수리와 고장 방지

② 영역

㉠ TBM : 정기적으로 실시(정기보전)

㉡ CBM : 경향으로 판정(예지보전)

㉢ OSI : 운전 중 점검

OSR : 운전 중 수리

㉣ 일상보전 : 자주보전활동 등

(3) 사후보전(BM)

고장을 회복시키는 수리활동

(4) 보전예방(MP)

설비의 보전성, 경제성, 생산성, 안전성 등의 확보를 위해 과거의 보전활동을 고려하여 설비의 설계 및 설치 단계에서 약점을 보완하여 적용하는 것

(5) 개량보전(CM)

설치 후 설비의 보전성, 안전성, 생산성을 위한 개선 또는 체질개선

2 설비의 열화방지

(1) 돌발고장과 만성고장

① 돌발고장

㉠ 복원적 문제이다.

㉡ 유지관리로 접근한다.

② 만성고장

㉠ 혁신적 문제이다.

㉡ 표준 개선 및 현상타파의 사고가 필요하다.

(2) 성능의 열화

① 기능 저하형 고장

설비 성능이 저하되는 고장형태로, 점검을 통해 방어가 가능하다.

② 기능 정지형 고장

㉠ 돌발고장이다.

㉡ 점검을 통한 접근이 곤란하다.

③ 열화의 현상

마모, 오손, 파손

④ 열화의 원인

충돌, 진동, 오염, 과부하, 사용시간 등

(3) 설비열화의 대책

① 열화방지

청소, 급유, 더 조이기, 소모품 교환, 보전

② 열화측정

점검(예지보전, 정기점검)

③ 열화회복

수리, 정비, OVHL(분해정비)

(4) 예방보전체계 구축을 위한 준비사항

① 대상설비

② 점검개소

③ 점검주기

④ 점검시기

⑤ 조직(담당)의 결정

3 보전비의 감소

(1) 접근방법

① 계획적인 보전활동 전개

② 담당자 교육을 통한 정예화

③ 외주업자의 유효 적절한 이용

⑤ 보전자재의 적정 재고량 구비

(2) 최적수리주기

$x = \sqrt{\frac{2a}{m}}$

단, a : 1회 보전비

m : 월 수리비

4 듀폰의 보전 평가시스템

(1) 듀폰 방식의 특징

① 보전관리자의 자기진단방식이다.
② 도식평가를 한다.
③ 보전 기본기능의 성적을 6등급으로 구분하여 평가한다.
④ 정기적으로 평가한다.
⑤ 목표 수립 후 목표 달성을 위한 개선계획을 수립한다.

(2) 평가방법

① 계획, 작업량, 생산성, 비용의 4가지 기본기능으로 나눈다.
② 기본기능을 다시 4요소로 나누어 비율로 평가한다(단, 작업량의 2항목은 비율이 아니다).

5 TPM 활동

(1) TPM 개요

① 사고의 관점
㉠ 예방철학이다.
㉡ 고장 0, 불량 0, 재해 0 사고이다.
② 기본목적 : 인간과 설비의 체질개선을 통한 기업의 체질개선을 이룩하는 것이다.
③ TPM의 정의
설비 효율의 극한을 목표로 설비 LCC를 대상으로 토탈 시스템을 확립하고 설비의 계획, 사용, 보전부문 등 관련되는 전 부문에 걸쳐 Top에서부터 작업자까지 전원이 참가하여 중복 소집단활동에 의해 PM을 전개하는 것이다.

(2) TPM의 5가지 기둥(기본활동)

① 개별개선활동
② 자주보전활동
③ 계획보전활동
④ 기능·기술 향상 교육훈련활동
⑤ 설비 초기관리체제 확립활동

위 5가지 외에 다음 3가지를 포함하여 TPM 8대 기둥이라고 한다.

⑥ 품질보전체제 구축
⑦ 관리간접부문의 효율화 체계 구축
⑧ 안전·위생과 환경관리체제 구축

(3) 개별개선활동

① 목표
설비종합효율의 극대화
② 가공 공장의 설비 6대 로스
㉠ 고장정지로스
㉡ 준비교환·조정로스
㉢ 일시정지·공운전로스
㉣ 속도저하로스
㉤ 불량재손질로스
㉥ 초기수율로스

1. 절삭기구 손실로스를 포함하여 7대 로스라고도 한다.
2. 원단위 효율화를 저해하는 손실 : 수율손실, 에너지손실, 거푸집·지그공구 손실

③ 장치산업의 설비 8대 로스
㉠ SD(계획보전)로스
㉡ 생산조정로스
㉢ 고장정지로스
㉣ 프로세스고장로스
㉤ 정상생산로스
㉥ 비정상생산로스
㉦ 품질불량로스
㉧ 재가공로스

(4) 가공작업장의 설비종합효율 구성

① $\text{시간가동률} = \dfrac{\text{부하시간} - \text{정지시간}}{\text{부하시간}}$

1. 부하시간 = 조업시간 − 휴지시간 − 관리로스
2. 가동시간 = 부하시간 − 고장정지 − 준비조정

② $\text{성능가동률} = \dfrac{\text{이론 C/T} \times \text{생산량}}{\text{가동시간}}$
$= \text{속도가동률} \times \text{실제 가동률}$

1. $\text{속도가동률} = \dfrac{\text{이론 C/T}}{\text{실제 C/T}}$
2. $\text{실제가동률} = \dfrac{\text{실제 C/T} \times \text{생산량}}{\text{가동시간}}$

③ $\text{양품률} = \dfrac{\text{양품량}}{\text{생산량}}$

④ 설비종합효율
$= \text{시간가동률} \times \text{성능가동률} \times \text{양품률}$

(5) 장치산업의 설비종합효율 구성

① 시간가동률 $= \frac{\text{가동시간}}{\text{조업시간(또는 캘린더 시간)}}$

② 성능가동률 $= \frac{\text{총생산량}}{\text{작업일수} \times \text{능력}}$

✓양품률과 설비종합효율은 가공산업의 경우와 동일하다.

(6) 자주보전활동

① 자주보전활동의 목적
   ㉠ 설비에 강한 오퍼레이터를 육성한다.
   ㉡ 설비의 일상점검능력을 갖춘다.

② 자주보전활동 추진 스텝
   ㉠ 1스텝(초기청소) : 설비의 불합리 및 결함을 발견한다.
   ㉡ 2스텝(발생원 곤란개소 대책) : 설비의 곤란 부위를 개선한다.
   ㉢ 3스텝(청소, 점검, 급유 등의 잠정기준서 작성)
   ㉣ 4스텝(총 점검) : 설비의 기능과 구조를 안다.
   ㉤ 5스텝(자주점검) : 자주점검 체크시트를 작성 및 실시한다.
   ㉥ 6스텝(정리정돈) : 품질과 설비의 관계를 파악, 표준을 정비한다. 유지관리의 완전 시스템화를 도모한다.
   ㉦ 7스텝(자주관리, 생활화) : 설비의 간단한 수리가 가능하며, 설비를 유지 및 개선한다.

(7) 계획보전활동

운전과 보전 부문을 두 축으로 전문보전활동과 자주보전활동의 상생을 꾀하는 것이다.

(8) TPM의 5대 중점항목(5대 기둥)

① 개별개선활동
② 자주보전활동
③ 계획보전활동
④ 기능교육 훈련활동
⑤ 설비 초기관리와 MP체계 구축활동

✓앞의 5항 외에 다음을 포함하여 TPM 8대 기둥이라 한다.
1. 품질보전활동
2. 안전, 위생, 환경관리체계화 활동
3. 관리·간접부문효율화 활동

6 TPM 도입추진 스텝과 5S 활동

(1) TPM 활동추진 스텝

① 도입 준비단계
   ㉠ TOP의 TPM 도입결의와 선언
   ㉡ TPM 도입의 교육과 홍보
   ㉢ TPM 추진기구의 조직
   ㉣ TPM 기본방침과 목표의 설정
   ㉤ TPM 추진의 마스터플랜 수립
② 도입 개시단계 : TPM Kick off
③ 실시단계 : TPM 8대 기둥의 구축
④ 정착단계 : TPM의 완전실시와 Level up

(2) 설비 5요소(5S)

TPM 활동의 기초를 만드는 것이다.

① 정리 : 필요한 것과 불필요한 것을 구분하여 불필요한 것을 없애는 것이다.
② 정돈 : 필요한 것을 언제든지 필요할 때 사용하도록 한다.

✓정돈은 3정이 원칙이다.
1. 정해진 품목을(정품)
2. 정해진 위치에(정위치)
3. 정해진 수량만큼(정량)

③ 청소 : 쓰레기와 더러움이 없도록 한다.
④ 청결 : 정리, 정돈, 청소상태를 유지하는 것이다.
⑤ 습관화(생활화) : 정해진 일을 지키도록 습관화하는 것이다.